"十三五"国家重点出版物出版规划项目
国家科技基础性工作专项重点项目
国家社会公益性研究专项
中国农业科学院科技创新工程

中国土壤剖面数据集

·江西卷

主　编　张维理

本卷主编　徐爱国　邵　华　吴文斌　张怀志

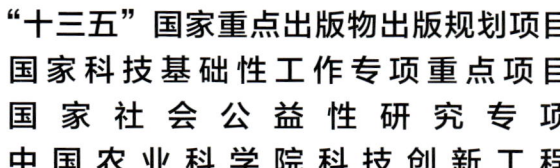

浙江科学技术出版社·杭州

版权所有　侵权必究

图书在版编目（CIP）数据

中国土壤剖面数据集. 江西卷 / 张维理主编；徐爱国等本卷主编. -- 杭州：浙江科学技术出版社, 2024. 6. -- ISBN 978-7-5739-1266-4

Ⅰ. S152.2

中国国家版本馆CIP数据核字第2024LG0719号

书　　名	中国土壤剖面数据集·江西卷			
主　　编	张维理			
本卷主编	徐爱国　邵　华　吴文斌　张怀志			
出版发行	浙江科学技术出版社			
	杭州市拱墅区环城北路177号　邮政编码：310006			
	办公室电话：0571-85152719			
	销售部电话：0571-85176040			
排　　版	杭州万方图书有限公司			
印　　刷	浙江新华数码印务有限公司			
经　　销	全国各地新华书店			
开　　本	787 mm × 1092 mm　1/8	**印　　张**	80	
字　　数	1409千字			
版　　次	2024年6月第1版	**印　　次**	2024年6月第1次印刷	
书　　号	ISBN 978-7-5739-1266-4	**定　　价**	600.00元	
地图审核号	GS浙（2024）312号			

策划组稿	詹　喜　章建林	**责任编辑**	赵雷霖　颜慧佳	**文字编辑**	汪哲远
责任校对	李亚学	**责任美编**	金　晖	**责任印务**	叶文炀

如发现印、装问题，请与承印厂联系。电话：0571-85155604

《中国土壤剖面数据集》
编委会

主　　任　赵其国

副 主 任　张维理

委　　员（按姓氏笔画排序）

　　　　　毛达如　　史学正　　刘　旭　　刘先林　　刘更另
　　　　　孙　睿　　孙九林　　孙铁珩　　杨　鹏　　张洪江
　　　　　张维理　　周健民　　赵其国　　陶　澍　　黄鸿翔
　　　　　黄德明　　傅伯杰

《中国土壤剖面数据集·江西卷》
编写人员

主　　编　张维理

本卷主编　徐爱国　　邵　华　　吴文斌　　张怀志

本卷编委（按姓氏笔画排序）

　　　　　田有国　　朱安繁　　刘　佳　　刘光荣　　刘增兵
　　　　　李模其　　吴文斌　　张认连　　张龙华　　张怀志
　　　　　张继宗　　张维理　　陈印军　　邵　华　　武淑霞
　　　　　周志成　　徐爱国　　唐先干　　冀宏杰　　魏　龙

土壤大数据整合与数字制图

设　　计　张维理

制　　作　徐爱国　　张认连　　冀宏杰

程序编制　贾　萌　　吴章生　　严　豪

地图编辑　中国地图出版社集团有限公司

内容提要

本数据集以分县主要土壤类型与土壤剖面点分布图、土壤剖面理化性状表的形式，提供了我国各地详尽的土壤资源与质量的科学数据。全集共 25 卷，收录了全国 2200 多个县（市、区）的分县土壤图和 6 万多个土壤剖面的分层理化性状数据。根据各省级行政区土壤剖面数量和地域关联特征，既有一个省（自治区）的单卷，也有多个省（自治区、直辖市、特别行政区）的合订卷。各卷内容包含分县主要土类说明、主要土壤类型与土壤剖面点分布图、中心区气候特征图表，还含有全国和各卷所涉省级行政区的土壤图、土壤有机质含量图与地势图，以便读者在全国、省级和县级不同视角和尺度上，了解土壤资源与质量状况及其空间分布特征，以及土壤类型、土壤肥力与气候条件、地势、地貌之间的相互关联。

江西省位于我国东南部，长江中下游南岸。江西省的地形地貌以江南丘陵、山地为主；盆地、谷地广布，略带鄱阳湖平原和长江中下游平原。江西省属亚热带温暖湿润季风气候，年平均气温 16.3—25℃，年降水量 1341—1943mm。境内有我国第一大淡水湖——鄱阳湖。主要土壤类型有红壤、水稻土、黄壤、石灰（岩）土、潮土、紫色土、黄褐土、黄棕壤、粗骨土、山地草甸土、火山灰土、新积土等 12 个土类。本卷收录了江西省 85 个县（市、区）4453 个典型土壤剖面的分层理化性状数据，便于读者了解江西省主要土壤类型的分布特征及剖面特征，可作为农业、林业、环境、气象、国土、水利、经济等领域的科研、管理和技术人员的工具书和参考书，也适合高等院校相关专业研究生参考使用。

序

万物土中生，有土斯有粮。土为万物之本，土壤的重要性是怎么强调都不为过的。现在，土壤相关数据已成为农业、林业、环境、气象、国土、水利等各部门、各行业的基础数据。土壤研究最基础、最重要的表现形式是土壤剖面数据，其反映了不同层次的土壤理化性状。然而，长期以来，我国一直缺乏一套完整的系统性表现全国各区域土壤性状的剖面数据。

中华人民共和国成立以来，我国曾开展了两次全国性土壤普查，其中20世纪70年代末开始的全国第二次土壤普查是迄今为止最完整的。当时全国挖掘了550余万个剖面，各地分县完成了大比例尺土壤图，数据完整且可靠性高；然而，限于种种因素，当时仅完成了全国范围小比例尺土壤类型图和养分图的汇总，未及时完成全国土壤剖面库的整理。这些纸质资料散落于各地，并且年代久远，面临丢失、损毁的风险。这些宝贵数据具有时空尺度的唯一性，一旦出现问题，将对国家和社会各层面造成无法挽回的损失。

自2001年起，在国家社会公益研究专项项目资助下，张维理研究员带领团队，在全国范围开始对分散存留各地的土壤调查资料进行抢救性收集和整理。2006年，科技部启动了国家科技基础性工作专项项目，"我国1:5万土壤图籍编撰及高精度数字土壤构建"项目被列入首批重点项目并连续获得两期资助。该项目由中国农业科学院农业资源与农业区划研究所牵头，全国近20个科研单位（两期）共同承担任务，极大地加快了土壤数据抢救的进程，为编制本数据集奠定了基础。在参与本数据集编制的土壤科技工作者20年的持续努力下，在2019年度国家出版基金的资助下，在中国农业科学院科技创新工程的持续支持下，本数据集终于得以面世。

本数据集以涵盖全国2200多个县的土壤剖面分层数据为主体，首次同时展示了分县土壤图与典型土壤剖面分布图，描述了影响土壤发生的气候特征、主要土类的性状等，内容丰富，兼具专业性和科普性。全集共25卷，既有一个省、自治区的单卷，也有多个省、自治区、直辖市、特别行政区的合订卷。鉴于其数据的完整性、系统性、科学性，本数据集可成为我国资源环境领域的必备工具书之一。

本数据集至少可以应用于以下几个方面：

第一，直接服务于农业生产，保障粮食安全和食品安全。全国分县的不同土壤类型分层养分数据、土壤质地信息，可为科学施肥、土壤培肥与耕作措施的制定提供决策依据。

第二，为水利、环境、建筑、旅游等行业提供便捷、直观的土壤分层次基础信息。信息后标有剖面点经纬度，便于查询获取。

第三，对于土壤质量演变、耕地地力演变、碳储量、面源污染、气候变化等多学科研究具有土壤科学起始点数据意义。

我国疆域辽阔，编制本数据集需要对各地分县完成的大比例尺土壤图和土壤调查资料进行数字化整合，创建覆盖我国全域的高精度数字土壤，再进行分县土壤剖面表的提取与分县土壤图的缩编。本数据集的总数据处理量达到 TB 级且数据来源多而复杂、专业性强、处理难度大，按常规方法，需数万人历时多年方能处理完成。张维理研究员创造性地将数据科学、人工智能与人机交互设计原理引入土壤学范畴，首创土壤大数据方法，以土壤科学需求设计统领其他各层级设计，以智能化、自动化、人机交互式的数据分析流程替代人工流程，高效、精准地完成了土壤大数据的时空整合和表达，这一巨著才得以面世。作为两期项目的专家组组长，我亲历了整个项目的全过程，对张维理研究员勇于创新、踏实、勤奋、务实、敬业、有担当的优秀品质印象深刻，也深感钦佩！

本数据集的完成前后历时 20 年之久，直接参与数据收集、编撰人数近百人，涉及我国各省（自治区、直辖市）的土壤肥料相关单位。正是他们的付出和努力，才使得本数据集得以面世。衷心希望本数据集能在农业、林业、环境、气象、国土、水利以及肥料工业等领域发挥积极作用，更好地服务于我国经济和社会发展。

中国科学院院士 赵其国

2021 年 12 月

前 言

土壤是农业的基础，是陆地生态系统生命过程的基础，也是维持地球上能量与水的交换、生命元素循环的重要基础。《中国土壤剖面数据集》首次以分县土壤图和土壤剖面理化性状表的形式，提供了我国陆域全覆盖的土壤资源与质量的科学数据，为农业、林业、环境、气象、国土、水利等部门和相关行业精准了解各地土壤资源分布与质量状况，科学利用土壤资源，发展绿色农业、特色农业和节水农业，进行耕地保育、科学施肥、面源污染防治和基本农田保护等提供了科学依据；也为农业科学、环境科学及地学、气象、测绘、水利等多个学科领域的科研工作者研究陆地生态系统生产力演变、地球物质循环、气候与环境变化提供了基础数据。

编入本数据集的分县土壤图和土壤剖面理化性状表主要源于对全国第二次土壤普查（以下简称"二普"）调查资料的收集、整理、提取与汇总。二普是我国现代规模最大的以查清土壤资源和土壤肥力为主要目标的土壤资源综合调查，既完成了我国迄今为止最详尽的土壤分类调查，也首次在全国范围进行了较高密度的土壤采样化验，开启了我国用土壤理化性状量化指标描述土壤资源与质量状况的时代。二普地面调查采样实施于1979—1987年，通过550万个土壤剖面观测和采样，分县完成了1∶5万比例尺土壤图绘制和10万余个土壤剖面的分层采样、化验、记录，其中的土壤质量稳定性要素，如土体构造、质地、母质、成土条件、土壤类型等时效性长，CRT值（土壤特性响应时间，characteristic response time）达上千年，可长久使用；土壤有机质含量，氮、磷、钾含量，酸碱度，耕层厚度等土壤质量变化性要素为了解土壤与环境质量演变提供了重要信息。无论从数量还是质量上看，二普获取的土壤科学数据至今都是我国最详尽、最有价值的土壤资源基础数据，其精度与质量超过许多发达国家的土壤资源基础数据。

20世纪末期以来，全球性人口和经济快速增长导致的人均土地资源与水资源紧缺、环境污染、气候变化、粮食安全危机，使科学界对土壤及其形成过程的关注度不断提高，关注重点也从了解土壤与环境质量现状转变为弄清演变趋势、引致变化的内在机理和驱动因素。土壤圈处于地球大气圈、水圈、生物圈和岩石圈的交会处。土壤层中的生物过程和物质循环过程既活跃，又具有一定的稳定性，能较好地反映地球水圈、土壤圈、大气圈、生物圈及岩石圈五大圈层动态交互作用的结果。只要对近年来国际上关于碳足迹、气候变化的研究进展稍加关注，就可知晓具有时空维度的土壤科学数据对于阐明土壤与环境过程并弄清其驱动因素、预测未来土壤与环境质量变化具有无可替代的作用。本数据集编入的土壤质量数据既是我国在全国范围内首次完成的土壤理化性状的科学记载，也是40多年前对我国土壤质量变化性要素的客观记录，能帮助我们了解改革开放以来经济、农业高速发展以及农用化学品投入量高速增长对土壤与环境质量的影响，对了解我国土壤与环境质量时空演变亦具有起始点土壤科学数据的意义。本数据集编入的起始点数据使我们对全国土壤及相关过程的认识延伸了40多年。历史上的土壤调查结果不能被新的调查结果替代，这一不可替代性使得本数据集将成为我国农业与环境领域最具影响力的工具书和参考书之一。

本数据集既是我国老一辈土壤与农业科研工作者在全国土壤普查工作中取得的成果，也是数据集编制人员长期以来默默耕耘的结晶。二普完成的大比例尺土壤图件和土壤剖面理化性状主要为手绘纸质图件和非正式出版的铅印或油印资料，份数少且由各地自行保存。二普结束后，随着各地机构调整与人员变动，土壤调查资料被损毁或丢失严重，难以发挥作用。在我国多位知名科学家的倡议和推动下，"十一五"期间，"我国1∶5万土壤图籍编撰及高精度数字土壤构建"项目（2006—2017）被列为国家科技基础性工作专项重点项目。其目的是对各地宝贵的土壤科学数据进行抢救性收集、数字化和整合，提升我国科学研究与管理基础数据的条件。为实现这一目标，项目组研究人员首先对各地分散存留的纸质分县土壤调查资料进行了全面的收集、修复和整理。针对国际范围内缺少对异源、异质、异构、异形土壤大数据的提取、整合方法的难题，项目组研究人员积极探索、勇于创新，融合应用土壤学、地理信息系统技术、数据科学、人工智能、人机交互设计方法，创建了土壤大数据方法，以层级化的流程设计实现土壤科学层面的需求设计统领体系架构、数据流程及模块设计，以独立于数据流程的监控设计实现土壤科学家对全流程的掌控和人工干预，以智能化、人机交互式数据流程替代人工流程，优质、高效地完成了对各地异源土壤资料的审核、提取、过滤、分类、整合与表达，完成了覆盖我国全陆域的1∶5万比例尺土壤图绘制与土壤剖面点空间数据库建设工作。为满足各行各业准确了解我国各地土壤资源与质量状况的广泛需求，编者通过对1∶5万比例尺土壤图数据的缩编表达与10万余个土壤剖面理化性状数据的进一步提取，最终完成了本数据集的编制。

本数据集共25卷，收录了全国2200多个县（市、区）的分县土壤图和6万多个土壤剖面的理化性状数据。根据各省级行政区土壤剖面数量的多寡和地域关联特征，既有一个省（自治区）的单卷，也有多个省（自治区、直辖市、特别行政区）的合订卷。为便于读者了解全国及各省级行政区土壤资源与质量的分布特征，特别编制了全国及各省级行政区土壤图、土壤有机质含量图与地势图三个序图，读者可以方便地查询全国及各省级行政区任何地区拥有的主要土壤类型，了解其土壤有机质含量及地势、地貌特征。在各分卷中，分县土壤资源与质量性状由主要土类说明、中心区气候特征图表、分县主要土壤类型与土壤剖面点分布图以及土壤剖面理化性状表共同呈现。

本数据集既可作为工具书、参考书，供农业、林业、环境、气象、国土、水利、经济等领域的管理人员和技术人员使用，也适合高等院校相关专业研究生参考使用。

我国幅员辽阔，从收集、整理全国分县土壤调查资料，到完成覆盖我国全境的1:5万比例尺土壤图籍，再到完成本数据集的编制，来自全国近20家研究机构的科研人员组成项目组，辛苦工作了20多年。其间，本项工作得到了国家社会公益研究专项项目、国家科技基础性工作专项重点项目的长期、连续资助和在项目实施年限上给予的充分理解，同时得到了中国农业科学院科技创新工程的资助，全国50多家国家级及省级土壤、测绘、农业科研与管理机构的大力支持以及我国老一辈土壤科学家自始至终的关心和鼓励。在整个项目实施期间，有9位院士和7位长期从事土壤科学、农业资源环境研究的专家给予了直接和全程的指导。近20年间，项目组研究人员一方面要承担艰难而繁重的科研任务，另一方面要顶着多年没有科研产出的压力，没有他们的坚持和付出，就没有本数据集的面世。在此，谨向所有参加数据集编制的科研人员及对本项工作给予支持的部门和人员一并表示衷心的感谢！

由于本数据集包含的数据量庞大，且不限于土壤学本身，尽管我们在编撰过程中极尽斟酌，仍难免存在不足之处，敬请读者批评指正，以便今后修订完善。

中国农业科学院研究员 张维理

2021年12月

目 录

第一编　编制说明与序图

编制说明

编制目的 …………………………………………………………………… 002

土壤数据基础知识 ………………………………………………………… 002

数据集内容 ………………………………………………………………… 005

土壤数据来源 ……………………………………………………………… 005

编制方法——土壤大数据方法 …………………………………………… 006

中国土壤图、中国土壤有机质含量图与中国地势图编制 ……………… 007

分省土壤图、分省土壤有机质含量图与分省地势图编制 ……………… 009

县域中心区气候特征图表编制 …………………………………………… 011

分县主要土壤类型与土壤剖面点分布图编制 …………………………… 012

分县土壤剖面理化性状表编制 …………………………………………… 012

土壤专题图与土壤剖面数据可靠性检验 ………………………………… 017

参编单位 …………………………………………………………………… 019

序　图

中国土壤图 ………………………………………………………………… 020

中国土壤有机质含量图 …………………………………………………… 022

中国地势图 ………………………………………………………………… 024

江西省土壤图 ……………………………………………………………… 026

江西省土壤有机质含量图 ………………………………………………… 028

江西省地势图 ……………………………………………………………… 030

第二编　分县土壤图与土壤剖面数据

南　昌　市

市辖区 …………………………… 034	安义县 …………………………… 051
新建区 …………………………… 040	进贤县 …………………………… 055
南昌县 …………………………… 044	

景　德　镇　市

乐平市 …………………………… 063

萍　乡　市

安源区、湘东区、上栗县、芦溪县 …… 068	莲花县 …………………………… 071

九　江　市

市辖区 …………………………… 081	都昌县 …………………………… 121
柴桑区 …………………………… 085	湖口县 …………………………… 129
武宁县 …………………………… 090	彭泽县 …………………………… 133
修水县 …………………………… 099	瑞昌市 …………………………… 140
永修县 …………………………… 109	庐山市 …………………………… 147
德安县 …………………………… 117	

新　余　市

市辖区 …………………………… 152	分宜县 …………………………… 160

鹰　潭　市

余江区 …………………………… 166	贵溪市 …………………………… 169

赣　州　市

市辖区 …………………………… 173	南康区 …………………………… 176

赣县区	189	宁都县	265
信丰县	198	于都县	279
大余县	212	兴国县	288
上犹县	222	会昌县	296
崇义县	234	寻乌县	306
安远县	244	石城县	313
定南县	252	瑞金市	325
全南县	259	龙南市	328

吉 安 市

青原区	334	泰和县	374
吉安县	337	遂川县	378
吉水县	340	万安县	386
峡江县	346	安福县	392
新干县	354	永新县	401
永丰县	364	井冈山市	407

宜 春 市

市辖区	412	靖安县	437
奉新县	417	铜鼓县	443
万载县	421	丰城市	450
上高县	427	樟树市	459
宜丰县	431	高安市	466

抚 州 市

市辖区	474	乐安县	513
东乡区	481	宜黄县	518
南城县	487	金溪县	523
黎川县	493	资溪县	529
南丰县	498	广昌县	537
崇仁县	505		

上 饶 市

广丰区 …………………………… 546	余干县 …………………………… 577
广信区 …………………………… 552	鄱阳县 …………………………… 585
玉山县 …………………………… 557	万年县 …………………………… 590
铅山县 …………………………… 562	婺源县 …………………………… 594
横峰县 …………………………… 565	德兴市 …………………………… 598
弋阳县 …………………………… 569	

附　　录

附录1　江西省县级行政区及分县主要土壤类型与土壤剖面点分布图地域名对照表
　　………………………………………………………………………………………………… 606
附录2　专题图基础地理要素图例 ………………………………………………………… 608
附录3　土壤图土类图例 …………………………………………………………………… 609
附录4　中国主要土壤类型简表 …………………………………………………………… 611
附录5　江西省主要土壤类型表 …………………………………………………………… 616
附录6　分省土壤有机质含量图有机质含量分级图例 …………………………………… 617
附录7　江西省典型剖面0—20cm土层土壤理化性状中位数与平均数 ………………… 618
附录8　江西省主要土地利用类型0—30cm土层土壤有机质含量 ……………………… 619
附录9　江西省耕地、园地、林地和草地中主要土壤类型占比 ………………………… 620
附录10　《中国土壤剖面数据集》参编单位 ……………………………………………… 621

参考文献 …………………………………………………………………………………… 623

中 国 土 壤 剖 面 数 据 集 · 江 西 卷

第一编 | 编制说明与序图

编 制 说 明

编制目的

　　土壤是农业的基础，也是维持地球碳、氮、硫、磷等重要生命元素正常循环的基础。肥沃的土壤促进了人类文明的诞生和繁荣。科学研究表明，地球上种类繁多、形态各异的土壤是在气候、生物、地形、时间、成土母质五大成土因素共同作用下形成的。北京社稷坛铺设的青、白、红、黑、黄五种不同颜色的土壤（五色土），分别代表我国东、西、南、北、中五大区域的典型土壤。不同类型的土壤性状差别很大。例如，南方红壤呈酸性，易缺乏钾离子、钙离子、镁离子等阳离子，农业生产上要注意调酸和补充富含钾、钙、镁的肥料；而西部土壤有机质含量低，施用有机肥料和秸秆还田对提高地力至关重要。我国人均土地资源紧缺，要实现粮食安全、环境安全和可持续发展，需要精准掌握各地土壤资源与质量状况，做到因土制宜，科学管理。

　　《中国土壤剖面数据集》是国家自然资源基本资料之一，其首次以分县土壤图和土壤剖面理化性状表的形式，提供了我国各地详尽的土壤资源与质量科学数据，为农业、林业、环境、气象、国土、水利等部门了解各地土壤质量状况，科学利用土壤资源，发展绿色农业、特色农业和节水农业，进行耕地保育、科学施肥、面源污染防治和基本农田保护提供了基础数据，也为农业科学、环境科学及地学、气象、测绘、水利多个学科领域的科研工作者研究陆地生态系统生产力及其演变、地球物质循环、气候与环境变化提供了科学依据。

　　本数据集编入的土壤质量数据亦是我国在全国范围内首次完成的土壤理化性状的科学记载，对了解我国土壤与环境质量时空演变具有起始点数据的意义。通过这些数据，科研工作者可以追溯我国全国范围土壤与环境相关过程至20世纪80年代，分析和了解导致土壤质量变化的环境和人为因素，并对土壤与环境质量演变趋势进行预报与预警。历史上的土壤调查结果不能被新的调查结果替代，这一不可替代性使得本数据集将成为我国农业与环境领域最具影响力的工具书和参考书之一。

土壤数据基础知识

　　本数据集收录的土壤数据源于土壤调查。为便于读者了解和应用这些数据，本节对土壤调查的目标、内容与主要方法，土壤数据的时空维度特征，土壤数据的应用领域与时效性做一简要介绍。

（一）土壤调查的目标、内容与主要方法

　　土壤调查的主要目标是查清一个区域内土壤资源与质量状况及其空间分布特征。19世纪末期至20世纪中后期，各国土壤调查的主要目标是查清土壤类型及分布特征[1-2]。由于不同土壤类型最典型的区别是成土过程中形成的土壤剖面特征，因而在传统的土壤调查中，需要在调查区域内进行多点采样，并在每个采样点对0—1—2m深土体的土壤剖面进行分层采样、观测、理化性状分析，记录剖面各分层土壤理化性状，据此进行土壤

分类、命名，并最终依据多点调查结果完成土壤图的绘制。

20世纪末期以来，全球人口及经济快速增长导致人均土地资源和水资源紧缺、环境污染、气候变化与粮食安全危机，不同行业及学科领域对土壤生产功能和环境功能的关注度不断提高，土壤调查的核心内容也逐步从查清土壤类型分布特征转为土壤功能调查。土壤功能调查的目标是了解土壤生产力、土壤环境质量和土壤健康质量等。例如，为了耕地保育和科学施肥，需要进行土壤有效养分含量状况、土壤障碍因素调查；为了了解环境质量，需要进行土壤污染状况、土壤环境容量调查；为了发展节水农业，需要进行土壤保水性状调查；为了控制水污染，需要进行流域农田土壤氮、磷流失特征与风险调查。土壤功能调查的内容主要为可量化的，或含义单一且明确、易于被其他学科和行业认知的土壤功能性指标，如土壤有机碳含量、土壤重金属含量、土壤质地类型、耕层厚度等。在土壤功能调查中，也需要在调查区进行多点采样，并根据调查目标的不同，选择适宜的采样深度。例如，当调查目标是了解土壤有效养分供应量或农田土壤污染物含量时，通常仅对耕层土壤进行采样；当调查目标是了解土壤保水性能、土壤水土流失与养分流失性状时，则需要对较深的土壤剖面进行分层采样和观测。

较早的土壤调查主要通过地面多点采样来了解一个区域土壤资源与质量性状的空间分布特征。近年来，随着遥感技术、地理信息系统（GIS）技术、模拟技术与大数据技术的发展，土壤质量相关数据（如数字高程、土地覆盖、植被数据等）产生量急剧增长，这使得在大区域尺度内通过多类型相关信息精确地捕捉和表达土壤质量性状以及相关过程成为可能。在国际上，地面采样调查与辅助信息结合的方法——数字土壤制图方法（digital soil mapping）已成为土壤调查的重要方法[3]。该方法能利用采样设计、辅助信息、推理模型与地统计检验，大幅度减少地面采样和土壤理化性状测试分析的工作量。与传统方法相比，采用数字土壤制图方法进行土壤调查，可缩短调查周期，降低调查成本，提高用土壤专题地图表征土壤资源与质量性状空间分布特征的可靠性和精度，从而提高土壤调查的效率与质量。

（二）土壤数据的时空维度特征

在现代社会，农业、环境等领域的专业工作者要了解最新的土壤调查结果，更需要掌握未来土壤质量变化趋势，以便根据变化趋势、自然与人为要素对土壤质量的影响，制定具有针对性的政策与技术措施，实现高产、稳产和环境安全。要精确进行土壤与环境质量预测和预警，就需要对重要的土壤质量性状进行周期性的采样、调查、记录，构建具有时空维度的土壤质量数据。这意味着历史上完成的土壤调查不能被新的调查所替代，所以其结果十分宝贵。

土壤数据最重要的特征之一是时空维度特征。通过历史上的土壤调查结果记录，构建具有时间序列的土壤质量科学数据，能将土壤质量现状与土壤质量演变过程相关联，并以此对土壤质量演变趋势和导致其变化的因素进行分析、预测。而土壤数据标有空间坐标，便于科研工作者将土壤调查结果与其他类别的要素和过程，如与气候、地形、土地利用情况有关的变化信息，以及随施肥投入农田的碳、氮、硫、磷数据等相关联，从而进一步提高分析的精度和预测、预报的可靠性。

土壤圈处于地球大气圈、水圈、生物圈和岩石圈的交会处。土壤层中的生物过程和物质循环过程既活跃，又具有一定的稳定性，能较好地反映地球水圈、土壤圈、大气圈、生物圈及岩石圈五大圈层动态交互作用的结果。具有时空维度的土壤科学数据对于阐明土壤与环境过程并弄清其驱动因素、预测未来土壤与环境质量变化具有不可替代的作用。

近年来，具有地理坐标的土壤剖面点数据受到科学界的广泛关注。剖面数据记载了土体构造、剖面分层土壤理化性状，是了解成土过程的基础，也是构建推理模型，量化表征区域尺度土壤过程、流域水土流失与氮磷流失特征、碳氮循环与环境质量演变的基础。在过去的半个世纪中，尽管完成了大量的土壤剖面调查，但由于在较早的土壤调查中尚未使用全球定位系统（GPS）设备，各国在构建地理坐标的土壤剖面点数据库上差别较大。目前，美国完成了约2万个有地理位点标识的土壤剖面数据[4]，澳大利亚已完成约16万个有地理坐标的土壤剖面数据[5]，欧盟各成员国共享使用的土壤剖面数据库含4000个剖面的分层土壤理化性状数据[6]。本数据集则汇集了我国总计6万多个有地理坐标的土壤剖面数据。

（三）土壤数据的应用领域与时效性

表1汇总了本数据集编入的土壤理化性状及其主要影响因素与过程、时间变化特征、所关联的土壤质量性状和应用领域。

表1　土壤理化性状及其主要影响因素与过程、时间变化特征、所关联的土壤质量性状和应用领域

土壤理化性状	主要影响因素与过程	时间变化特征	所关联的土壤质量性状	应用领域
土壤类型	成土过程	变化慢	土壤肥力与环境质量	农业、水利、环境、建筑、肥料工业等
剖面深度（指剖面各土层厚度的总和）	成土过程	变化慢	土壤肥力、土壤环境容量、土壤保水和保肥性能、土壤持水性能	农业、环境等
土体构造（指土壤剖面各发生层有规律的组合，是土壤剖面最重要的特征）	成土过程	变化慢	土壤肥力、土壤环境容量、土壤保水和保肥性能、土壤持水性能、土壤透水性能	农业、水利、环境等
母质	成土因素	变化慢	土壤肥力、土壤矿物组成、矿质养分含量、土壤质地	农业、水利、环境、肥料工业等
质地	成土过程、母质	变化慢	土壤肥力、土壤环境容量、土壤持水性能、土壤耕性、土壤有机碳与养分含量、土壤重金属吸附性能等	农业、水利、环境、建筑等
颜色	土壤氧化还原、淋溶等成土过程，土壤有机质累积过程	变化较慢	土壤肥力、土壤有机碳与养分含量	农业
土壤结构	成土过程、耕作措施	耕层：变化快；深层：变化慢	土壤水分、通气与养分供应状况，土壤持水性能、土壤透水性能、土壤阳离子交换量、土壤孔隙度、土壤松紧度、土壤耕性等多个土壤肥力相关性状	农业
有机质含量	成土过程、质地、土地利用、施肥、轮作等	变化较慢	与多项土壤肥力与环境指标密切相关，是土壤肥力最重要的指标	农业、环境、肥料工业等
全氮含量	成土过程、土地利用、施肥、轮作等	变化较慢	土壤肥力、土壤供氮性能	农业、环境等
全磷含量	成土过程、母质等	变化较慢	土壤肥力、土壤供磷性能	农业、环境等
全钾含量	成土过程、母质等	变化较慢	土壤肥力、土壤供钾性能	农业、环境等
pH	成土过程、酸雨、土壤调理剂施用等	变化快	土壤肥力、土壤养分有效性、土壤结构及重金属吸附性能	农业、环境、肥料工业等
碱解氮含量	土地利用、施肥等	变化快	土壤供氮性能、土壤氮素流失特征	农业、环境、肥料工业等
有效磷含量	土地利用、施肥等	变化快	土壤供磷性能、土壤磷素流失特征	农业、环境、肥料工业等
速效钾含量	土地利用、施肥等	变化快	土壤供钾性能、土壤钾素流失特征	农业、环境、肥料工业等
阳离子交换量	成土过程、黏粒、有机质含量、盐分含量	变化较慢	土壤供肥和保肥性能、土壤重金属吸附性能	农业、环境等

在表1中，主要影响因素与过程指对某项理化性状起主要作用的过程和因素。例如，土壤类型、土壤剖面深度、土体构造、母质、土壤质地类型主要由成土过程或成土条件决定；土壤有机质含量和土壤全氮含量则受成土过程、施肥及轮作等农业技术措施的共同影响；在耕地土壤上，施肥等农业技术措施对土壤碱解氮、有效磷、速效钾等土壤有效养分含量的影响很大。

土壤理化性状的现势性主要取决于其影响因素与过程的时间尺度。自然条件下，成土过程通常需要数万年。受成土过程影响的土壤类型、土层厚度、土体构造、土壤质地类型、母质等土壤理化性状变化很慢，CRT值（土壤特性响应时间，characteristic response time）达上千年，可称为土壤稳定性要素或慢变化性状，其相关数据时效性很长，可长久使用。而农田土壤有效养分含量、酸碱度、耕层厚度等土壤质量性状受施肥和耕作等农业措施影响大，变化较快。例如，农田土壤有效磷、速效钾养分含量，在大量施用磷、钾肥条件下，10余年后可成倍提升。这些土壤理化性状亦可称为土壤变化性要素或快变化性状。

不同土壤理化性状的应用范围既取决于其现势性、时空维度特征，又取决于其所关联的土壤质量性状。土壤剖面深度、土体构造、质地、有机质含量等与土壤持水、保肥、通气和透水性能密切相关，可供农业、水利、环境、金融等行业用于农田稳产、高产性能，农田排灌设施规划与灌溉定额编制，农田水土流失风险分级，流域农田蓄水容量与降雨后流失水量分级，农田水、旱灾害风险分级，农田环境容量测算等各方面的地力评价。土壤有效养分含量、pH与土壤需肥性状和调酸性状密切相关，可供农业、肥料生产和销售部门用于科学施肥和土壤改良。土体构造和质地、土壤结构、土壤有效养分含量还影响流域农田土壤养分流失特征，农业和环境部门在进行农业面源污染防控时，可利用这些土壤性状与其他要素共同编制流域污染源解析与控制类型区分布图，以便对农业面源污染采取分类型、分区段的源头控制措施。土壤有机质含量变化也是了解气候变化和碳减排措施效果的基础，对于环境管控和环境外交具有重要意义。

数据集内容

本数据集全集共25卷，收录了我国2200多个县（市、区）的分县土壤图和6万多个土壤剖面的理化性状数据。根据各省级行政区土壤剖面数量的多寡和地域关联特征，既有一个省（自治区）的单卷，也有多个省（自治区、直辖市、特别行政区）的合订卷。

为便于读者了解各地土壤资源与质量分布概况及其主要特征，编者为各分卷编制了省级行政区的土壤图、土壤有机质含量图与地势图三图。读者可通过分省三图查询各省级行政区任何地区拥有的主要土壤类型，了解其土壤有机质含量及其地势、地貌特征。此外，编者还编制了全国土壤图、土壤有机质含量图与地势图三图附于各分卷，供读者比较和了解各省级行政区土壤资源及质量特征同全国其他地区的区别和关联。

各分卷的第二部分为分县土壤图与土壤剖面数据。在每个省级行政区内，各分县按四部分展示土壤及其相关信息，即分县主要土类说明、本区域中心区气候特征、主要土壤类型与土壤剖面点分布图以及土壤剖面理化性状表。在本卷目录中，分县按民政部于2022年3月发布的《2021年中华人民共和国行政区划代码》中的地级、县级行政区顺序排序。各分卷目录中仅收录了县域内有土壤剖面数据的县级行政区，无土壤剖面数据的县级行政区未纳入分卷目录中，并在附录1中对其进行了标注。

土壤数据来源

编入数据集的分县土壤图与土壤剖面理化性状数据主要源于全国第二次土壤普查（以下简称"二普"）。二普是我国现代规模最大的、以查清土壤类型和土壤肥力为主要目标的土壤资源综合调查。二普之前，我国土壤调查以观测性调查和定性评价为主，很少有采样化验。在总结之前国内外土壤调查经验的基础上，二普不仅完成了我国迄今为止最为详尽的土壤分类调查，也首次在全国范围进行了高密度土壤采样化验，开启了我国用土壤理化性状量化指标描述土壤资源与质量状况的时代。

二普地面采样调查实施于1979—1987年，调查区域基本覆盖我国全陆域。二普不仅地面采样密度高，科学性和系统性也比较突出。全国百余名长期从事土壤研究的科研工作者共同制定了全国土壤分类系统和统一的土壤调查技术规程[7]。在地面调查中，各地以1∶1万比例尺地形图作为工作底图，以乡为调查单元进行野外采样作业，全国共挖取土壤观察剖面550余万个，记录了1—2m深土体各发生层形态和特征，并根据土壤分类标准对土壤进行了分类和命名。对边远区、高寒区和无人区应用遥感解译方法，填补了之前土壤调查及成图中上述地区土壤数据的空白。在大量剖面土体观测和采样调查的基础上，完成了全国绝大部分分县1∶5万比例尺土壤图的绘制，牧区和边疆地区完成了 1∶20 万—1∶10 万比例尺土壤图的绘制。二普还完成了 10 余万个典型剖面的分层采样，化验分析了剖面分层质地，有机质含量，大量、中量和微量元素含量，pH，阳离子交换量，土壤矿物组成等多项土壤理化性状，编制了分县土壤志。二普通过野外实地调查、采样和测试获取的土壤科学数据，至今仍是我国最详尽、最有实用价值的土壤资源基础数据，其精度与质量超过许多发达国家的土壤资源基础数据[8]。

如图 1 所示，收录于本数据集的土壤质量数据是对我国 40 多年前土壤质量状况的客观记录，亦是我国在全国范围内首次完成的土壤理化性状的科学记载，其中的土壤稳定性要素现势性较长，可在今后若干年间长期使用；而土壤变化性要素对了解我国土壤与环境过程的作用亦不可替代。这些数据使我们用现代科学手段研究各地土壤及相关过程的历史可上溯至 20 世纪 80 年代。

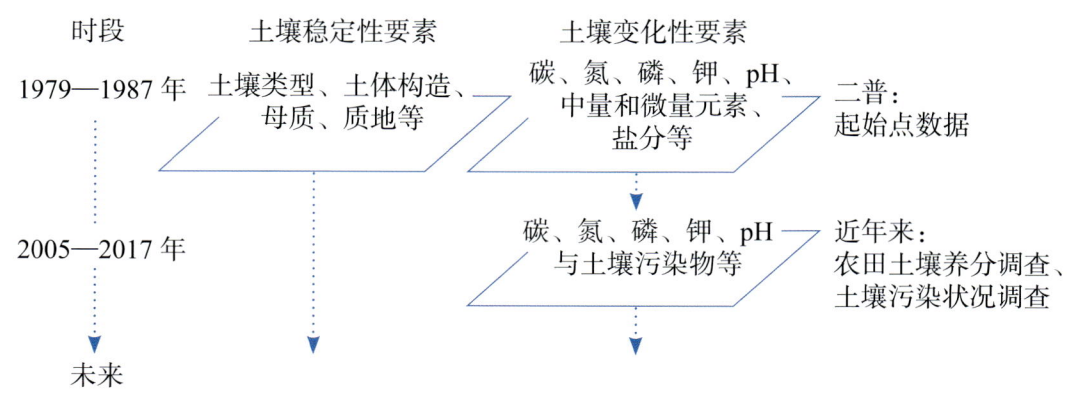

图 1　全国性土壤调查所覆盖的时段

受历史条件限制，二普完成的大比例尺土壤图和土壤剖面理化性状主要为手绘纸质图件、非正式出版的铅印或油印资料，份数少且由各地自行保存。二普结束后，随着各地机构调整与人员变动，土壤调查资料被损毁或丢失严重。2000 年以来，编者开始对各地分散存留的纸质分县土壤调查资料进行系统性收集、修复与整理，通过对宝贵的土壤科学数据的提取、整合和表达，我国科学研究与管理基础数据的水平得到了提升。本数据集收录的分县土壤图和剖面数据主要源于对全国分县土壤图、分县土种志和分省土种志的整理、提取、汇总与表达（表 2）。

表 2　数据集主要土壤资料与数据来源

资料类型	资料名称及数量
土壤图（纸质）	1∶5 万分县土壤图，总计约 1600 个县
	1∶100 万—1∶50 万省级土壤图，总计 570 个县
土壤剖面资料（纸质）	分县土种志：约 2200 册，计约 2200 个县；分省土种志：28 册
土壤有机质含量图（纸质）	全国、分省土壤有机质含量图
农区土壤耕层采样数据（电子）	2005—2017 年在全国农区采集的、含 GPS 坐标定位的 1000 万个采样点耕层有机质含量数据

为编制全国与分省土壤有机质含量分布图，本数据集还使用了我国于二普期间完成的全国、分省土壤有机质含量图纸质图件和于 2005—2017 年在全国采集的 1000 万个具有 GPS 坐标定位的采样点耕层有机质含量数据[9]。

编制方法——土壤大数据方法

我国幅员辽阔，不同地区土壤的土壤类型及其质量状况和分布特征差别较大，各地土壤调查技术条件和水平差别也较大，因此各地分县完成的图件和剖面资料在形式和内容上有较大差异。在用异源土壤数据生成新数据时，新数据的科学性既取决于各异源数据本身的科学性和可靠性，也取决于数据整合采用方法的科学性和可靠性。例如，对分县剖面资料进行整合时，对国标上未出现过的土壤类型名进行归并需要有土壤分类学上的依据；用新的土壤调查数据对原有土壤有机质含量图进行更新，也需要有进行合并表达的科学依据。编制本数据集需要对海量异源数据进行提取、分析、整合、缩编与表达，数据分析流程复杂。同时，在数据分析过程中，土壤专业问题，非标准化数据问题，计算机硬、软件平台系统问题和数据分析员、程序员疏漏问题等可能引致多类别数据分析错误。若既要准确无误地完成各项数据分析技术任务，又要在繁复的数据分析流程中有效贯彻科学原则、实现数据分析科学目标，这就需要一套科学的方法体系。为此，本数据集编者通过研究异源非标准土壤数据特征，融合应用土壤学、数据科学、人工智能、人机交互设计方法与地理信息系统技术，创建了土壤大数据方法[10-11]。

土壤大数据方法是专门供土壤科研工作者使用的一种设计方法，是对经典土壤学研究方法的补充，主要适用于对海量异源土壤数据信息的提取、筛选、分析与表达。通过土壤大数据方法的使用，科研工作者能够分析、认识和阐明土壤性状及相关过程和规律。土壤大数据方法的主要设计规则为以层级化的流程设计实现土壤科学层面的需求设计统领体系架构设计，界定各分段流程目标和关联，部署低层级分段流程、模型和功能模块；以独立于数据流程的监控设计实现土壤科学家对全流程的掌控和人工干预。土壤大数据方法的设计内容包括数据科学分析目标与科学基础界定，数据流程体系架构，流程及软件工具设计，数据流程监控设计。设计中，所有节点均采用双命名制命名，对流程中各节点数据同时进行土壤科学内涵命名和函数代码命名。应用以上设计方法编制设计文档，能在庞杂的异源、异质、异形、异构大数据分析中，实现以科学目标引领数据分析流程，以自动化、人工智能、人机交互式的数据流程替代人工流程，提高大数据分析效率。

在本数据集编制过程中，编者需要完成图件与资料数字化、矢量化，元数据构建，信息提取、过滤、分类、赋码，土壤空间数据逻辑结构、存储结构归一化，统计检验，数据整合，缩编表达、输出等多项数据分析任务，分段流程达1500余个，需要存储的重要节点数据超过2000个，数据量超过20TB。采用土壤大数据方法，编者自主设计和完成了6个土壤大数据分析工具软件包，其中包含157个功能模块（表3），设计文档的科学和工程目标实现率超过99%，为准确、高效完成数据集编制提供了保障，也为土壤学研究提供了新的方法。

表3 系列化土壤大数据分析软件包及其主要功能与模块数

软件包	主要功能	模块数/个
IMAT2.0（intelligent mapping tools）智能化制图工具	异源土壤空间数据的要素提取、过滤、分类、赋码、坐标转换，空间库要素与字段的编辑，图幅与图层的编辑，土壤要素空间库外挂属性表编辑与管理等	35
IMAT-big（intelligent mapping tools for big data）智能化大数据制图工具	超大土壤及相关要素空间数据的要素筛选、图层拆分、数据整合、节点监控、逻辑结构重组等分析	37
IMAP（intelligent map presentation）智能化地图表达工具	土壤大数据地图制图表达与输出	30
ISPA（intelligent soil profile data analysis）智能化土壤剖面数据分析	异源土壤剖面数据的信息提取、过滤、赋码、坐标匹配、检验、整合与统计等	22
ISPP（intelligent soil profile presentation）智能化土壤剖面表达	土壤剖面图表及辅助信息的表达	12
IMAT-SOM（intelligent mapping tools-SOM）土壤有机质制图工具	异源土壤有机质数据整合与表达	21

中国土壤图、中国土壤有机质含量图与中国地势图编制

编制全国三图的目的是便于读者在全国视角和尺度上了解我国各地区土壤资源与质量状况空间分布特征，土壤类型和土壤肥力与地势、地貌之间的相互关联。其中，土壤图用于展示土壤资源分布状况及与成土过程相关的土壤质量状况；土壤有机质含量图用于直观反映土壤肥力情况；地势图便于读者了解不同类型和肥力水平土壤的地势、地貌特征。全国三图的制图比例尺为1:1300万。

全国三图中采用的境界、城市等基础地理信息要素源于中国地图出版社出版的《第一次全国地理国情普查地图集》[12]和《中国地图集》[13]。全国三图中，境界、水系、居民地、地级以上城市等基础地理信息要素的图示与图例表达见附录2。

（一）中国土壤图

由于制图比例尺小，中国土壤图是在二普完成的 1∶400 万比例尺全国土壤图的基础上进行矢量化和缩编表达获得的。在缩编表达过程中，土壤类型仅保留了我国土壤分类系统中的第三层级——土类。

在土壤图中，土类颜色主要根据不同土类在其成土因素、发育程度下形成的典型颜色进行设计（附录 3）。红色系供土壤富铝化程度高的土壤选用，如红壤、砖红壤、赤红壤等；黄色系、棕色系供干旱区发育程度低的土壤选用，如黄绵土、灰漠土、灰棕漠土等。受灌水、耕作和地下水影响大的土壤采用绿色系，如水稻土、灌淤土、潮土、草甸土等，表示土壤肥力较高，绿色植物生长茂盛；黑土、黑钙土、栗钙土、棕壤、褐土、黄棕壤、紫色土等分别选用深棕色系、褐色系、紫色系；盐土、碱土、沼泽土等植物生长有障碍的土类采用暗色系，如暗紫色系、灰褐色系、青灰色系等，表示土壤生产力低下，植物生长较差。这一颜色设计与国标相关规定一致[14]。

在图例中，按照我国主要土壤类型从南到北、从东向西的地带性分布规律对土类进行排序，附录 4 所列中国主要土壤类型的排序也按此规则编排。

（二）中国土壤有机质含量图

土壤有机质含量是指土壤中各种含碳有机物质的总和。土壤有机质主要包括土壤腐殖质、半分解的动植物残体、与土壤黏粒和细粉粒紧密结合的有机物质、土壤微生物体所含的有机物质等。以动植物残体形式进入土壤的有机物质成为土壤生物的食物，供养土壤生物的生命活动；在土壤生物，特别是土壤微生物作用下生成的土壤腐殖质，能够促进土壤团聚体形成，提高土壤保水、保肥、供水、供肥性能，提高土壤肥力，并大幅度提高耕地土壤高产、稳产性能。因此，土壤有机质含量是最重要的土壤质量指标之一。土壤有机质碳量是大气总碳量的 2 倍，是地球植被总碳量的 3 倍，参与地球陆域碳循环总碳量中 80% 的碳以土壤有机质碳的形式存在。研究显示，土壤有机质含量实质上是土壤有机碳投入和分解之间动态平衡的表现，影响这一平衡的主要因素为气候、土壤质地与土地利用方式，施肥和耕作等农业技术措施对其影响则相对较小。当影响平衡的主要因素未发生变化时，土壤有机质含量也比较稳定[15]。

中国土壤有机质含量图由各分省土壤有机质含量图（0—30cm 土层）合并编制生成。制图用源数据和编制方法在分省土壤有机质含量图编制说明中加以叙述。

为展示全国范围的土壤有机质含量空间分布特征，编者在中国土壤有机质含量图的图示和图例表达中采用了有机质含量范围的非等距划分分级方式，将我国土壤有机质含量分为 7 个等级（表 4），各分级所占我国陆域面积的比例也列于表中。其中，占我国陆域面积 29% 的"很低"和"低"两个分级的土壤（有机质含量小于 10g/kg）主要分布于西北干旱地区，而"较高""高""很高"三个分级的土壤（有机质含量大于 25g/kg）主要分布于东北、西南地区，这些地区森林覆盖率较高，雨量充沛，温度适宜，有利于土壤有机质的累积。

表 4　中国土壤有机质含量（0—30cm 土层）分级

分级	分级释义	有机质含量 /（g/kg）	换算系数	有机碳含量 /（g/kg）	占陆域面积 / %
1	很低	≤ 5	1.724	≤ 2.9	5
2	低	5—10（含）	1.724	2.9—5.8（含）	24
3	较低	10—15（含）	1.724	5.8—8.7（含）	18
4	中	15—25（含）	1.724	8.7—14.5（含）	19
5	较高	25—35（含）	1.724	14.5—20.3（含）	9
6	高	35—45（含）	1.724	20.3—26.1（含）	16
7	很高	> 45	1.724	> 26.1	6

(三) 中国地势图

地势图是表示制图区域地貌特征的专题地图，强调表现地面的高低起伏、倾斜程度及其区域对比关系，以及与地形密切相关的河流、湖泊等水系要素分布特征，显示出制图区域山河分布的脉络体系、结构形式、各种地貌类型的形态特征。地势是影响土壤类型的重要因素，地势图也是编制土壤图、气候图、植被图等的基础。

中国地势图的地貌晕渲图采用 SRTM3 DEM（shuttle radar topography mission, digital elevation model, 2003）数据，考虑我国地势呈三级阶梯状分布的特点，按 0—50—100—200—500—800—1000—1200—1500—2000—2500—3000—3500—5000m 及以上设计高度表，以深绿色—黄绿色—棕色—紫色色调的象征色表示海拔由低向高过渡。其他矢量数据来源于中国地图出版社编制的 1∶400 万《中国地形图》[16]。河流参照中国地图出版社编制的《中国河流、水运资料图》进行选取、表达，三级及以上河流全部选取，二级及以上河流标注名称，低级别河流适当选取以反映区域水系特点；成图面积 4mm² 以上湖泊和水库全部表示，但仅标注大型湖泊名称，小面积湖泊适当选取以反映区域特点，如青藏高原湖泊群分布；山脉、山峰参照中国地图出版社编制的《中国山脉资料图》选取，三级及以上山脉全部选取、表达，二级山脉主峰及知名山峰标注名称和高程，我国主要高原、平原、盆地和沙漠均选取、表达；自然地理要素分级参考中国地图出版社采用的地图编制分级系统；根据版面载负量情况选取省会、部分地级市和少量县级居民点（主要位于西部地区），居民地主要用于定位参照。

分省土壤图、分省土壤有机质含量图与分省地势图编制

编制分省土壤图、分省土壤有机质含量图与分省地势图三图的主要目的是使读者了解各省级行政区内不同地区土壤类型、土壤肥力与地貌的主要分布特征及其相互关联。其中，土壤图用于展示土壤资源分布状况及与成土过程相关的土壤质量状况；土壤有机质含量图用于直观反映土壤肥力情况；地势图便于读者了解不同类型和肥力水平土壤的地势、地貌特征。为便于比较，每个省级行政区的分省三图采用的比例尺相同，制图则采用幅面固定、各省级行政区制图比例尺自适应方法。

分省三图中采用的境界、城市等基础地理信息要素源于中国地图出版社出版的《第一次全国地理国情普查地图集》[12]和《中国地图集》[13]。分省三图中，境界、水系、居民地、地级以上城市等基础地理信息要素的图示与图例表达见附录 2。

（一）分省土壤图

为编制数据集用分省土壤图，编者对二普完成的纸质分省土壤图（原图比例尺主要为 1∶50 万）进行了地理校正、空间要素提取、图层与分级码标准化、土壤学专业校正、属性表制作、挂接和专题图缩编表达。在缩编表达过程中，制图比例尺一般在 1∶200 万—1∶100 万之间。由于制图比例尺较小，土壤类型仅保留了我国土壤分类系统中的第三层级——土类。各土类颜色与中国土壤图中采用的土类颜色相同（附录 3）。在分省土壤图中，按照我国主要土壤类型从南到北、自东向西的分布规律对图例中的土壤类型进行排序。附录 4 所列中国主要土壤类型的排序也按此规则编排。附录 5 列出了江西省主要土壤类型及其占省级行政区域面积百分比。

（二）分省土壤有机质含量图

1. 数据源说明

本数据集中，土壤剖面理化性状表给出了有确切时间和空间坐标的剖面信息。分省土壤有机质含量图的主要作用是便于读者直观了解各省级行政区最重要的土壤肥力指标——土壤有机质含量的空间分布特征。

二普中，受当时技术条件限制，全国仅完成了比例尺为1∶400万的纸质土壤有机质含量分布图的绘制，19个省、自治区、直辖市完成了比例尺为1∶250万—1∶50万的纸质分省土壤有机质含量分布图的绘制。直接采用小比例尺纸质图矢量化生成的土壤有机质含量等级划线图作为分省土壤有机质含量图，存在有机质含量分级的级差大、信息均化、图斑大、制图精度不够等问题，难以精细表现一个省级行政区域内土壤有机质含量的空间分布特征。

2005—2017年，我国在农区进行了测土施肥，农田耕层采样点达到1000万个。这批数据的主要优点是采样密度大且有空间坐标，通过对这批数据进行空间插值分析，可较精细地展示各地农田土壤有机质含量分布特征；其缺点是采样点主要集中于占陆域面积不到20%的农田，仅采用这批数据难以绘制覆盖全域的土壤有机质含量分布图。考虑到土壤，尤其是林地、草地土壤的有机质含量变化较慢，在制图中采用了混合时段数据合并表达的方式。对无测土数据的林地、草地等，仍然采用从小比例尺土壤有机质含量等级划线图中提取的数据；对有测土数据的农田，则采用2005—2017年间耕层采样数据，对原有数据进行了更新。通过对两源数据的提取、土层转换、合并、插值，最终生成各省级行政区土壤有机质含量分布图（土层厚度0—30cm），这样既可较精细展示出各省级行政区土壤有机质含量的空间分布特征，也能保证所做专题图有很强的现势性。

三个数据源制图表达结果比较显示，采用异源数据合并表达的方式制图，各分省图展示的有机质含量空间分布特征与二普小比例尺图相近，但制图精度有较大改进，一个省级行政区域内土壤有机质含量的空间分布特征更为清晰（表5）。

表5　三个数据源制图表达结果比较

数据源	土壤有机质含量图制图表达效果	
	优点	存在问题
采用二普完成的手绘图	小比例尺手绘图中，土壤有机质含量地带性分布特征十分明显；基本无数据空区	局部地区图斑大，制图精度不够
采用新的测土数据插值生成	有数据的区域制图精度高	占陆域面积约80%的林地、草地和一些县域无新的测土数据，难以通过采样点插值生成覆盖全域的有机质含量图
异源数据合并表达	基本无数据空区；制图精度有较大改进；小比例尺图中土壤有机质含量的地带性分布特征被保留	用混合时段数据表达全陆域土壤有机质含量分布状况，其中林地、草地数据主要源于20世纪80年代采样数据，农田数据更新至2017年

表6汇总了分省土壤有机质含量图的主要制图信息。制图采用异源数据合并表达的方式，生成的分省土壤有机质含量图所代表的时间段为1979—2017年，图中核算土壤有机质含量的土层厚度为0—30cm。

表6　分省土壤有机质含量图制图信息

制图数据	异源数据合并表达
采样时间	草地、林地及其他非农田土壤采样时间段为1979—1987年，农田土壤采样时间段为2005—2017年
土层厚度	0—30cm（对采样深度不足0—30cm的耕层采样数据，用剖面数据进行了土层厚度转换，统一转换为0—30cm）
制图方法	普通克里金插值（ordinary Kriging）
网格尺寸	200m

2. 制图表达说明

我国地域辽阔，各地土壤有机质含量差异极大。西北部地区降水量少，土壤粗砂粒含量高，风沙土、漠土大量分布，占我国陆域总面积的12.6%，其0—30cm土层内有机质平均含量不到10g/kg；东北部地区雨量充沛，气候、植被有利于土壤有机碳累积，其0—30cm土层有机质平均含量在40g/kg以上。另外，一些省级行政区的土壤有机质含量变化范围很宽，如内蒙古土壤有机质含量主要为4—70g/kg；而北京、山东等地土壤有机质含量变化范围很窄，为7—17g/kg。

为使各省级行政区域内土壤有机质含量空间分布特征均能得到充分展示，编者在分省土壤有机质含量图的图示和图例表达中对有机质含量范围进行等距划分分级，根据各省级行政区土壤有机质含量分布特征，将有机质含量分为7—14个等级。各分级的颜色设计及其RGB与CMYK色码见附录6。

（三）分省地势图

根据各省级行政区的成图比例尺和地形特点，选取合适精度的数字高程模型（DEM）栅格数据，确定设色原则和色层表进行分层设色，编制彩色晕渲的分省地势图。图中的河流水系及山峰、山脉等地理要素基于中国地图出版社研制的多尺度中国地图数据库选取，按各省级行政区地图设定的投影参数和比例尺投影转换后进行数据融合处理，再进行图形化编辑和地图整饰，最后输出成图。各省级行政区的彩色地貌晕渲图，按0—50—200—500—1000—1500—2000—3000—4000—5000—6000及以上设计统一的高度表，但对一些低海拔平原地区，如天津、山东、上海等省、直辖市，则增添了20m等高距。确定统一的设色原则，建立色层表，以深绿色—黄绿色—棕色—紫色色调的象征色过渡方式表示海拔由低向高过渡，低海拔地区以绿色为主，中海拔地区以棕色为主，高海拔地区的高寒地带则用冷色调紫色。地势图中的其他地理要素，地级市及以上级别居民地全部选取，县级居民地根据图面载负量情况酌情选取；河流按等级选取以反映地域水系结构特点，主要河流加注名称；成图面积4mm²以上的湖泊和水库全部选取，大型湖泊、水库加注名称，适当选取小面积湖泊以反映区域分布特点；山脉按等级选取，仅标注主要山脉主峰和知名山峰。

县域中心区气候特征图表编制

气候是五大成土因素之一，也是土壤质量的重要影响因素。为便于读者了解各地土壤资源与质量状况及其与气候特征的关联，编者编制了各县域中心区（位于各县域中心点、代表面积约为400km²的区域）气候特征值表、月平均气温与月平均降水量分布图。各县域中心区气候特征值是通过对160个中国地面国际交换站的气象年值、月值以及日值数据的计算和空间分析获得的。气象数据的相关用语也采用中国地面国际交换站所用的表达方式。鉴于各地气候特征值需要依据多年气象观测数据分析和提取，而二普采样时段为1979—1987年，因此采用了1971—2000年共计30年的年值、月值和日值气象数据，气象数据时段覆盖二普采样时段。

在分县气候特征值编制过程中，先从相应的各数据源中提取出各站点年值、月值以及日值数据，再按照表7所示计算方法，计算160个站点的各项气候特征值并对其分别进行插值计算，获得覆盖我国全域、网格尺寸约为20km的网格化气候特征年值与月值数据，最后再与县域中心点图层叠加，提取出各县中心区气候特征值。各县所处气候带则是通过县域中心点图层与中国气候区划图叠加后提取获得的[17]。

表7 县域中心区气候特征值的计算方法与数据来源

县域中心区气候特征	计算方法	气象数据来源
年平均气温 /℃	30年的年值平均	中国地面国际交换站气候标准值年值数据集（160个站点，1971—2000年）
年平均最高气温 /℃		
年平均最低气温 /℃		
年降水量 /mm		
年平均相对湿度 /%		
年日照时数 /h		
月平均气温 /℃	30年的月值平均	中国地面国际交换站气候标准值月值数据集（160个站点，1971—2000年）
月平均降水量 /mm		
≥10℃的积温 /℃	一年中日平均气温≥10℃的温度值加和	中国地面国际交换站气候资料日值数据集（160个站点，1971—2000年）
干燥度	修正的谢良尼诺夫公式：$$干燥度 = 0.16 \times \frac{全年 \geq 10℃的积温}{全年 \geq 10℃期间的降水量}$$	
气候带	提取	1:3200万中国气候区划图

分县主要土壤类型与土壤剖面点分布图编制

编制分县主要土壤类型与土壤剖面点分布图的主要目的是使读者在一个较小的图幅上也能大致了解一个县域内主要土壤类型概况。编者通过对全国 1∶5 万土壤图的缩编表达，为有土壤剖面数据的县级行政区编制了分县主要土壤类型图。受地图幅面限制，在分县土壤图中，仅保留了我国土壤分类系统中的第三层级——土类，通过缩编滤掉了亚类、土属、土种信息。

各分县主要土壤类型与土壤剖面点分布图的制图采用幅面固定、制图比例尺自适应的方法，制图比例尺一般为 1∶35 万—1∶20 万，自适应制图由编制者自行设计的软件模块自动完成。

在分县主要土壤类型与土壤剖面点分布图中，各土类颜色与中国土壤图中采用的土类颜色相同（附录 3）。图中各土类在图例中的排序则按各土类占本县县域面积比例从大到小的顺序排列，便于读者了解本县内主要土壤类型的分布。

在分县主要土壤类型与土壤剖面点分布图中，为便于读者查找，剖面点按照其在图面的位置，先左后右、先上后下顺序编码，编码过程也由 ISPP 软件包（表 3）中的模块自动完成。

分县主要土壤类型与土壤剖面点分布图中的基础地理底图来源于国家基础地理信息中心提供的 1∶25 万 DLG（公众版）数据（使用许可协议编号：非 2011-1011），基础地理信息要素的图示与图例表达主要参照相关国标（详见附录 2）。为保证本数据集中主要土壤类型与土壤剖面点分布图的内容和土壤剖面数据表对应，分县主要土壤类型与土壤剖面点分布图中的市级界线、县级界线均采用二普时的普查界线，并以此作为分县主要土壤类型与土壤剖面点分布图的分幅标准。为兼顾地名位置定位准确性和图书实用性，地图中乡镇级及以上居民地分别根据新版《中华人民共和国行政区划简册》和各省级行政区地图册进行了更新，现势性截至 2021 年 12 月。为更好地表现全书的系统性与协调性，在地图下方加注说明县级行政区划变更情况，部分市辖区图幅的图名根据图上县级居民点进行了更新。

二普后，随着城市化的加快，城市周边土地利用情况变化很大，居民地面积大幅增加，导致一些分县土壤图中的土壤面积占县域面积比例和分县主要土类说明中的一些土类面积占县域面积比例较二普时均有下降。在一些大城市周边县（市、区），土地利用情况的变化使各类土壤总面积不到县域面积的 60%。

二普时，分县完成了 1∶5 万比例尺土壤图编绘后，还通过省级汇总和缩编制图，完成了 1∶50 万比例尺省级土壤图。在省级汇总中，对一些分县土壤图中原有土壤类型名进行了修订。例如，浙江在进行省级汇总时，将分县土壤图中原命名为侵蚀型红壤亚类的大部分土属划归粗骨土类；安徽、湖北等省在省级汇总时将黏盘黄棕壤亚类改为黄褐土类。在对二普调查成果的数字整合中，编者仅收集到约 1600 个县的大比例尺土壤图（表 2）。对大比例尺图数据缺失的县，则以省级土壤图裁切方式进行了补全。这种补全虽有利于完成覆盖我国全域的高、中精度土壤图，但也引起了在一个省级行政区里源于分县和分省的两类土壤图中土壤分类命名不统一的问题，编者在尽量保持调查资料原始记载的前提下，对这类问题进行了力所能及的修订。

分县土壤剖面理化性状表编制

分县土壤剖面理化性状表是本数据集的主体内容。前文已对各项土壤理化性状应用范围以及从分县纸质土种志中进行信息提取、表达和制作的方法做了说明，本节仅对土壤理化性状测试方法、剖面点坐标匹配方法与土壤剖面分类名的修订加以说明。

（一）土壤理化性状测定方法

本数据集所列土壤理化性状的测定方法见表 8。其中，土壤有机质含量，土壤氮、磷、钾全量与有效态含量，pH，土壤阳离子交换量的测定方法以及土壤分类方法均为国标方法。剖面理化性状表中的土壤全氮、全磷、全钾、碱解氮、有效磷、速效钾含量均以 N、P、K 纯养分量计。

在二普中，我国大多数地区土壤质地分级采用了卡庆斯基制，仅极少数地区采用了国际制。其中，卡庆斯基制采用了简制,将土壤质地分为3组9种类型;国际制将土壤质地分为12种类型(表9)。由于两种分级制中的质地分级名并无重复,因此在分县土壤剖面理化性状表中未对两种分级制的分级名进行合并。

表8 土壤理化性状的测定方法

土壤理化性状	测定方法
有机质	湿灰化或干灰化消化后,重铬酸钾滴定法测定(丘林法)
全氮	凯氏定氮法测定
全磷	酸溶或碱熔消化后,钼锑抗比色法测定
全钾	碱熔或酸溶消化后,火焰光度法或四苯硼钠比浊法测定
pH	水浸提法,水土比为5:1或2:1
碱解氮	扩散吸收法(康惠法)测定
有效磷	中性及石灰性土壤:Olsen法测定;酸性土壤:Bray法测定
速效钾	醋酸铵浸提后,火焰光度法或四苯硼钠比浊法测定
阳离子交换量	醋酸铵法测定

表9 卡庆斯基制与国际制土壤质地分级名

等级序号	卡庆斯基制[1] 土壤质地分级名	等级序号	国际制[2] 土壤质地分级名
1	松砂土	1	砂土
2	紧砂土	2	壤质砂土
3	砂壤土	3	砂质壤土
4	轻壤土	4	壤土
5	中壤土	5	粉砂质壤土
6	重壤土	6	砂质黏壤土
7	轻黏土	7	黏壤土
8	中黏土	8	粉砂质黏壤土
9	重黏土	9	砂质黏土
		10	壤质黏土
		11	粉砂质黏土
		12	黏土

注:1)卡庆斯基制指按卡庆斯基粒径分级的质地分类。该分类制有简制和详制两种。简制有3组9种质地,其主要特点是将土粒分为物理性黏粒和物理性砂粒两级;按物理性黏粒或物理性砂粒的数量进行质地分类,而不是按照砂粒、粉粒、黏粒三个粒级的质量比分组。详制是在简制的基础上,把9种质地进一步细分为39种质地类别,把含量最多和次多的粒组作为冠词,顺序放在简制名称前面,主要用于土壤基层分类及大比例尺制图。卡庆斯基还提出根据石砾含量而定的附加分类,也可作为质地分类的冠词,主要应用于山地土壤的质地分类。

2)国际制土壤质地分类在第二届国际土壤学会上通过,根据砂粒(粒径0.02—2mm)、粉粒(粒径0.002—0.02mm)、黏粒(粒径小于0.002mm)三粒组含量的比例,通过国际制土壤质地分类三角图,以黏粒含量为主要标准,小于15%者为砂土质地组和壤土质地组,15%—25%者为壤黏组,黏粒含量大于25%者为黏土组,划定12种质地类别。

(二)土壤剖面点的坐标匹配

含地理坐标的剖面数据可直观展示该土壤剖面点所代表土壤的土层厚度、土体构造及理化性状等特征,也是构建推理模型,进行土壤及其理化性状数字制图的基础。

二普完成的分县土种志中虽无典型剖面地理坐标记载,却有关于剖面采样地点、景观和土壤剖面分类命名的详细记录,如乡镇名、村名、高程和土类、亚类、土属、土种名等。从1:5万土壤类型图与1:5万基础地理信息数据库中也能提取出上述信息。在1∶5万比例尺空间数据库中，空间对象分辨率可达到100m×100m精度，折合为1hm²。在全国性土壤调查中，对于选择、确定典型剖面采样点点位，通常要求其所代表的土壤类型在面积上能代表采样点周围100亩（1亩≈666.7m²）以上的土壤，通过这种匹配方法获得的点位对实际采样点点位有较高的代表性。

为了使分县土种志中记载的剖面数据获得坐标，编者构建了多要素土壤剖面点坐标匹配模型，无空间坐标的土壤剖面从1∶5万土壤类型图和基础地理信息数据库中获得空间坐标。坐标匹配模型工作机制如图2所示。首先，从分县土种志中提取出A源数据，即每个剖面隶属的土类、亚类、土属、土种名及剖面采样点地名、采样点高程等多要素信息；然后，用分县1∶5万土壤图与多要素基础地理信息数据库叠加，生成含土类、亚类、土属、土种名和村名、乡镇名、高程等要素信息的空间数据，即B源数据；最后，利用多要素匹配模型，逐县对A、B两源数据进行匹配。当A源数据中某剖面点土类、亚类、土属、土种名和采样点地名、高程与B源数据中某土壤要素空间对象的四个土壤分类名、地名、高程等多要素信息一致时，该剖面点获得B源数据中土壤要素空间对象中心点坐标。若一个县域内，某剖面点与B源数据中多个空间对象存在配对关系，则取其中面积最大的空间对象的中心点坐标。

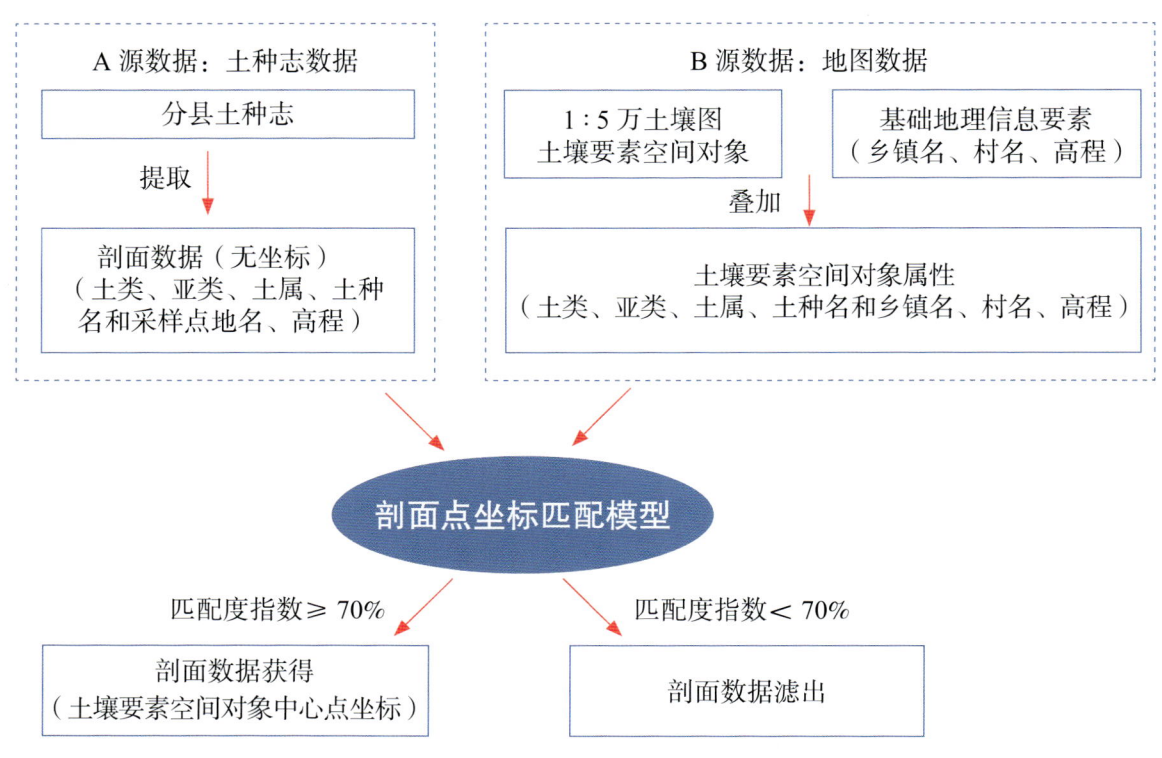

图2　土壤剖面坐标匹配模型工作机制图

为衡量每个土壤剖面坐标匹配的质量，在匹配模型中植入了匹配度评价模型，分析和提取每个土壤剖面点坐标匹配中多要素信息的吻合度。匹配度指数较高，代表两源数据中的土类、亚类、土属、土种名和地名、高程等多要素信息一致性高；匹配度指数较低，代表A、B两源多要素信息存在一些不一致性；匹配度指数小于70%的剖面数据会被滤出，该剖面也会从分县土壤剖面理化性状表中删除（表10）。利用坐标匹配模型，从分县土种志中提取出的10万余个剖面数据中，有6万多个获得了地理坐标并被收录于本数据集的分县土壤剖面理化性状表中，有约3万个由于匹配度指数较低被滤出。

表10　坐标匹配的匹配度指数及释义

匹配度指数/%	释义
90—100	匹配度高：A（分县土种志）、B（地图）两源数据中乡镇名、村名和三个以上土壤分类名（土类、亚类、土属、土种）、高程均一致
80—90	匹配度较高：A、B两源数据中乡镇名、村名和两个土壤分类名（土类、亚类）、高程一致
70—80	具有一定匹配度：A、B两源数据中乡镇名、村名、土类名、高程一致
<70	匹配度较低：A、B两源数据中地名和土类名不能全匹配

为检验通过匹配模型获得地理坐标的剖面对当地土壤类型是否具有代表性，编者自2008年以来，在河北、

山东、黑龙江、宁夏、海南等地挖取了300余个校验剖面，进行了比对研究。比对研究结果显示，校验剖面与二普完成的剖面记载在土壤类型、土体构造、母质、质地等土壤质量慢变化性状上都有很好的一致性。

（三）土壤剖面分类名的修订

分县土壤剖面理化性状表列出了每个土壤剖面的分类名。土壤分类名是对某一类土壤资源的抽象概括和表达，表述了各类土壤的主要成土过程以及各类土壤综合性的典型特征。如黑土是指在温带半湿润地区草甸草原植被条件下形成的具有深厚均匀腐殖质层的土壤，呈黑色，富含有机质和各种养分；褐土是指在暖温带半湿润地区形成的具有弱腐殖质表层和黏化层的土壤，盐基饱和度较高，呈棕褐色。土壤分类名既具有典型性，又具有综合性，是土壤最基本的属性。

二普中，我国基于全国第一次土壤普查经验制定了六等级土壤分类系统，这也是目前的国标系统。该系统中的六等级分别为土纲、亚纲、土类、亚类、土属和土种，从高级到低级，不同层级之间为隶属关系。其中，土纲用于界定水、温等主要的土壤成土条件，亚纲用来进一步区分土纲内成土条件与过程的差异，土类反映成土条件引致的最典型土壤特征，亚类反映土类内成土条件引致剖面特征的进一步分异，土属反映母质等成土条件引致亚类剖面的分异，土种反映同一土属中土壤的分异或当地群众对该土壤的命名。

在对各地土壤调查数据进行全国汇总时，编者发现，从全国2200多个分县土壤剖面资料中提取出的土壤分类名与我国在1998—2009年发布的三版《中国土壤分类与代码》国标差异较大[18-20]。国标发布的土类、亚类、土属、土种名数量分别为60个、229个、663个和3246个，而从2200多个分县土壤图件与剖面资料中提取出的土类、亚类、土属、土种名数量分别为312个、1520个、12150个和43200个。对国标上从未出现的土壤类型名进行审核和归并需要有土壤分类学上的依据。通过对俄罗斯、美国、加拿大、澳大利亚、德国、英国等各国土壤分类研究及发展状况的研究，编者总结了我国和其他世界各国过去半个世纪中在土壤分类方面的经验，确定了土壤剖面分类名的修订原则[1]。

研究显示，我国国标分类系统中的第三层级——土类（附录4），能很好地反映我国主要土壤类型形态上的典型特征。通过土类及其隶属的12大土纲可清晰展现出我国60个土类受温度、海拔、降雨、土壤发育度、地下水盐运动、耕种垦殖等主要成土条件影响而形成的地带性分布特征。另外，土类本身属于高层级分类，数目有限，命名符合汉语语言特征，易于专业及非专业人员掌握。通过土类名，读者能够辨识各种土壤类型，了解其成土过程、土壤质量与肥力特征。因此，在土壤剖面分类名的修订中，应重视维护土类名的稳定性。根据这一原则，在对分县资料中土壤分类名的编审中，编者将国标发布的60个土类名进行了归并，对亚类及以下的中、低级分类名称则在尽量保留现场获取的一手土壤调查信息的前提下进行适度归并与整合。

为便于读者了解我国目前采用的土壤分类名与国际土壤学会推荐的土壤分类名（world reference base for soil resources，WRB）[21]之间的关联，附录4中还给出了由史学正研究员通过剖面比对建立的WRB土组名与我国60个土类名的关联及WRB土组名对我国土类名的最大可参比性[22]。

（四）剖面土层代码

在形成过程中，由于物质迁移和转化，土壤会分化成一系列组成、性质和形态各不相同的层次，称为发生层或土层。土壤剖面各土层的顺序和变化情况，反映了土壤形成过程及土壤性质。

目前各国尚无统一的土层命名。1967年国际土壤学会提出将土壤剖面划分成O层（有机层）、A层（腐殖质层）、E层（淋溶层）、B层（淀积层）、C层（母质层）和R层（基岩）等6个主要土层。全国土壤普查办公室编制出版的《中国土种志》（6卷）[23-28]、《中国土壤》[29]则将自然土壤剖面划分成O层（凋落物有机质层）、A层（表层）、B层（淀积层）、C层（母质层）、D层（岩石碎屑层）和R层（坚硬岩石层）等6个主要土层；将旱地农田土壤划分成A（耕层）、C_1（心土层）和C_2（底土层）等几个主要土层；将水田土壤划分成Aa（耕作层）、Ap（犁底层）、P（渗育层）、W（潴育层）和G（潜育层）等5个主要土层。

由于分县土种志中，土层代码和释义与以上文献给出的土层码不尽相同，因此在数据集编制中，编者主要保留了2200多个分县土种志中实际采用的土层代码和释义（表11）。为便于读者参考，编者在附录4中列出了引自《中国土壤》部分土类典型剖面的土体构造及其关联的土层代码[29]。

表 11　土壤剖面土层代码和释义[1]

代码		释义
自然土壤与旱地土壤	Ao	位于土表的枯枝落叶层
	A	自然土壤指表土层，耕地土壤指耕作层
	B	心土层，受成土作用形成的淋溶淀积层
	C	底土层，受成土作用少的母质层，较紧实，通常不受耕作、施肥影响
	D	未风化的母岩层，岩石碎屑层
水田土壤	A	耕作层，亦称淹育层和作物栽培层
	P	犁底层，位于耕作层下，经机械耕作和黏粒淀积，结构较为紧实
	W[2]	潴育层，位于犁底层下，水田在干湿交替作用下，铁、锰淋溶淀积形成斑纹层，使水稻土有较好的通透性，渗水而不漏水，渍水而不滞水
	G	潜育层，存在于水稻土、沼泽土和泥炭土中。土体长期积水，通透性不良，在还原状态下形成青灰色土层又叫青泥层，作物受还原性物质危害。若在其他土层出现，可用 g 表示，如 Pg、Wg
	E	漂洗层，侧渗作用下黏粒、有机质被淋洗，铁质溶脱，形成灰白色或白色漂洗层

注：[1] 表中土层代码和释义主要根据全国各分县土种志中实际采用代码和释义进行综合与汇总。土体构造中，两个字母并列表示过渡层土壤，例如 AB 层、BC 层等。
　　[2] 一些地区将潴育层细分为 W_1（渗育层）和 W_2（淀积层）两层。渗育层指有明显水化铁层，多见黄色锈斑；淀积层指明显有铁锰淀斑或铁锰结核的土层。

（五）其他

分县土壤剖面理化性状表中，空格代表本项无数据。

若土壤剖面的土层码为数字，则表示调查中未对该剖面的各分层进行土层代码赋码。对这类剖面，编者按从地表至底土顺序赋土层序号 1、2、3……。土层序号不具有土壤发生学上的含义，仅表达每一土层的顺序。

分县土壤剖面理化性状表中土层厚度的上、下边界表示该土层采样范围。例如：土层厚度为 0—17cm，表示土层采自剖面 0—17cm 部位；土层厚度为 50—100cm 表示采自剖面 50—100cm 部位。一些剖面底土的土层厚度仅有上界而无下界。例如：85—，表示该土层采自剖面 85cm 至更深部位。

个别剖面上、下土层的上、下边界相互不衔接，例如：两个土层厚度分别为 0—10cm、30—35cm，表示该剖面的采样为不连贯采样，每个土层只选取了该土层的代表性层段。

一些剖面分层样本上、下土层的上、下边界相互不衔接，例如：按从地表至底土顺序，6 个土层采样范围分别为 0—13cm、13—18cm、18—40cm、18—32cm、32—100cm、50—100cm，其中第三个土层 18—40cm 为额外增加的采样层。在土壤调查中，当调查者认为需要对某些区域或土类的特定土层进行单独采样和分析时，往往会出现这一情形。为了最大限度保持第一手调查资料的完整性，编者将这类土层也编入了分县土壤剖面理化性状表中。

本卷收录的江西省典型土壤剖面共计 4453 个。通过对剖面数据的土层厚度转换，附录 7 给出了这些典型剖面 0—20cm 土层土壤理化性状中位数与平均数。二普剖面采样为典型土类采样，而非网格化采样。0—20cm 土层土壤理化性状中位数与平均数不代表本省土壤理化性状平均状况。但二普是我国最早的大样本量调查，附录 7 所示的 0—20cm 土层土壤理化性状中位数与平均数对了解江西省 20 世纪 80 年代土壤肥力性状量化指标具有一定参考价值。

附录 8 列出了江西省耕地、园地、林地、草地和湿地 0—30cm 土层土壤有机质含量的平均值。该值由江西省土壤有机质含量图和自然资源部土地科学数据中心编制的 2019 年 1∶100 万比例尺全国土地利用缩编图通过叠加、计算生成。其中，耕地包括水田、水浇地、旱地 3 种土地利用类型；园地包括果园、茶园和其他园地 3 种土地利用类型；林地包括有林地、灌木林地和其他林地 3 种土地利用类型；草地包括天然牧草地、人工牧草地和其他草地 3 种土地利用类型；湿地包括沼泽地、沿海滩涂和内陆滩涂 3 种土地利用类型。鉴于江西省土壤有机质含量图源于大样本量地面采样，土壤有机质含量亦为变化较慢的土壤质量性状[15]，附录8对了解江西省耕地、园地、林地、草地和湿地的土壤有机质含量状况及演变具有较高的参考价值。为便于读者了解江西省耕地、园地、林地和草地4种土地利用类型中受成土过程影响而形成的各主要土壤类型及其在各土地利用类型中的占比情况，附录9给出了主要土壤类型在这4种土地利用类型中的占比。

土壤专题图与土壤剖面数据可靠性检验

该检验目的是对数据集中的土壤专题图和土壤剖面数据能否真实反映土壤资源与土壤理化性状及其空间分布特征给出科学、客观的评价。另外，数据集中的土壤专题图和土壤剖面数据主要源于1979—1987年的二普和2005—2017年在全国测土配方施肥项目中的土壤养分调查，因此，该检验也是对我国两次全国性土壤调查所获成果的质量评估。

对土壤专题图及含地理坐标的剖面数据的检验涉及地图制图学、测绘科学、土壤学、地统计学等多学科内容，而对于不同的学科，数据检验的目标和内容也不同。对于地图制图，精度检验十分重要；而在土壤学范畴，可靠性检验更为重要。精度检验方面，本数据集剖面坐标是通过1∶5万比例尺地图数据匹配获得，匹配用地图精度直接影响剖面数据坐标精度。可靠性检验方面，土壤专题图和土壤剖面数据均属于土壤学范畴，还需要从土壤学角度给出科学评价。借助目前仍在发展中的地统计方法，编者最终给出了合理的可靠性检验方法。为便于读者理解，本节将重点说明两点：一是地图精度与土壤专题图制图的关联；二是土壤专题图和剖面数据的地统计检验结果。

在地图制图中，地图精度用于衡量某一地物点或地物轮廓点的平面位置和高程位置偏离其真实位置的平均误差。这里的地物点或地物轮廓点可以是测量控制点、水准点、道路交叉点、境界线方向变化点、山脚点、山顶等。地图精度与地图投影、比例尺、制作方法和工艺有关。地图比例尺不同，误差控制要求也不同。一般来说，地图比例尺越大，误差越小，精度越高。换言之，地图精度或比例尺主要反映对地图中基础地理信息要素，如测量控制点、河流、道路、等高线、境界的误差控制要求。

在土壤专题图制图中，需要用基础地理信息要素标识土壤要素空间位置。在较早的土壤调查中，没有GPS设备，通常用纸质地形图为底图标识采样点位置。地面土壤采样调查完成后，根据底图标记的采样点位置和实测获得的土壤要素值，由经验丰富的土壤科学家依据土壤及相关要素的空间分布、空间相关性和空间依赖性规律进行人工综合判图，在底图上手工完成土壤专题图的勾绘和制图。我国的二普与欧美各国在20世纪80年代之前进行的全国性土壤调查基本均采用这一方法进行土壤专题图编绘。二普为大样本量土壤调查，采样密度高，采用1∶1万大比例尺地形图为工作底图，全国共挖取土壤观察剖面550余万个，采集0—20cm土壤表层样本200余万个，通过综合判图和人工勾绘，最终完成分县1∶5万比例尺土壤图和各类土壤养分含量图的编制。土壤专题图比例尺不代表地图中对土壤要素的误差控制要求，客观上，地面采样中应用大比例尺的工作底图，采样密度高，土壤采样点均衡分布于调查区域中，以此为依据编制的土壤专题图能精细地表达调查区域内土壤要素的空间变化特征。采样密度低的土壤调查结果则不适合编制大比例尺土壤专题图。

近年来，随着GPS和GIS技术的发展，地统计方法已较多用于反映和研究土壤要素的空间变化规律。地统计方法不仅提供了利用含地理坐标的土壤采样点数据制作土壤专题图的地统计模型，还提供了对模拟结果进行不确定性检验的方法。地统计检验的主要目的是了解模拟结果对真实情况反演的客观性和可靠性，而不是评价地图中土壤要素的精度或误差控制。检验结果既受地面采样原则、采样量的影响，也受所选模型类型、建模过程中是否引入协变量等因素的影响。

由于二普完成的土壤图和养分含量图中没有采样点标注，难以对其进行地统计检验。为此，编者同时对我国在全国测土配方施肥项目中完成的、有GPS定位坐标的农田耕层土壤有机质含量数据进行了地统计分析和检验。与二普相似，全国测土配方施肥项目也按网格化均匀分布原则进行大样本量、高密度土壤采样，全国总计完成1000万个农田土壤耕层样本的采集。

检验方法为：首先，在我国东、南、西、北、中不同地域选取7个代表性片区，每片区包含地域相连、域内无大面积剖面点缺失的多个行政县，且含土壤剖面点500个以上。其次，提取7个片区源于二普剖面0—20cm土层和源于2005—2017年0—20cm农田耕层采样的土壤有机质含量数据。二普剖面数据的采样特征为在优先选取典型土壤类型的前提下，尽量均衡分布；样本量较小，全国有6万多个具有匹配坐标的剖面。2005—2017年农田养分调查数据为网格化均衡分布的大样本量，全国完成了1000万个有GPS定位坐标的耕层样本。最后，用普通克利金插值（ordinary Kriging）方法进行地统计分析和检验。在每片区剖面点和耕层采样点的数据中分别随机选取80%作为训练样本集，20%作为验证样本集，同时进行建模；将验证样本预测值与实测值进行线性回归，计算R^2（决定系数）和RMSE（均方根误差），以此评价两组数据表达土壤要素空间分布特征的可靠性和误差。选择土壤有机质含量作为检验指标的原因为该指标是最重要的土壤质量性状之一，且可量化表达，便于进行地统计检验。

二普剖面数据的检验结果显示，在7个代表性片区，剖面点数据表达的有机质含量分布状况可靠性均达极显著水平（表12）。这表明，尽管二普典型剖面数据为非网格化采样，含地理坐标样本量较少，需采用匹配坐标替代原点坐标，但在一个由多县组成的片区内，当剖面样本量达到一定数量后，即使未引入可极大改进R^2的地形、土地利用类型等辅助变量，用普通克利金插值仍然能比较真实、可靠地反演土壤要素空间分布特征。2005—2017年耕层采样点数据的检验结果显示，与二普剖面点数据相比，大部分片区的有机质含量分布数据R^2更大（达到中等相关至强相关），RMSE更小，可靠性和预测精度明显更优，这说明就表征土壤要素空间分布特征而言，网格化均衡分布的大样本量采样得到的数据可靠性和精度相对较高。这为二普大比例尺土壤专题图数据（土壤图和土壤pH、有机质、氮、磷、钾养分含量图）的地统计检验特征提供了佐证。二普大比例尺土壤专题图数据均源于网格化均衡分布的大样本量地面调查，其可靠性和精度应优于二普剖面点数据。

两组数据地统计检验结果还显示，尽管相隔近30年，两时段调查的土壤有机质含量也有一定变化，但各片区土壤有机质含量的空间分布规律总体相近。图3展示了东北片区两组数据通过普通克利金插值获得的土壤有机质含量分布图。可以看出，尽管二普土壤剖面样本数（546）远少于农田耕层土壤样本数（45182），20%校验集所获R^2较低，预测值与实测值偏差较大，但两组数据展示的土壤有机质含量空间分布格局相近，均为东北角最高，西南角最低。另外，该片区2005—2017年的农田耕层有机质含量均值为36.41g/kg，低于1979—1987年的二普采样结果（40.53g/kg），这一结果与东北地区所做长期定位试验结论一致。这表明，本数据集剖面数据可为了解土壤质量时空演变规律提供可靠的数据支持[9]。

表12 二普典型土壤剖面数据和2005—2017年耕层采样点数据的地统计检验结果

编号	片区名	县数	面积/km²	二普剖面土壤有机质含量[1]			耕层土壤有机质含量[2]		
				样本量	R^2 [3]	RMSE [3]	样本量	R^2 [3]	RMSE [3]
1	东北片区	19	72353	546	0.329**	14.77	45182	0.689**	6.32
2	冀鲁豫片区	64	50071	881	0.363**	5.65	256341	0.429**	3.47
3	江浙片区	53	63003	1312	0.334**	8.83	51759	0.666**	4.05
4	湖北片区	10	21044	515	0.286**	20.21	60545	0.281**	11.09
5	四川片区	39	98052	1283	0.380**	9.20	206682	0.344**	7.08
6	粤闽赣片区	27	58745	801	0.223**	13.33	51759	0.285**	6.42
7	陕甘片区	47	109010	990	0.296**	7.20	256341	0.558**	2.48

注：1）数据源于二普土壤剖面（1979—1987年采样，0—20cm土层）数据库，土壤有机质含量单位为g/kg。
2）数据源于2005—2017年农田耕层（0—20cm）土壤养分调查数据库，土壤有机质含量单位为g/kg。
3）20%验证样本所获预测值与实测值的线性回归R^2（决定系数，其中**表示1%水平显著）和RMSE（均方根误差）。

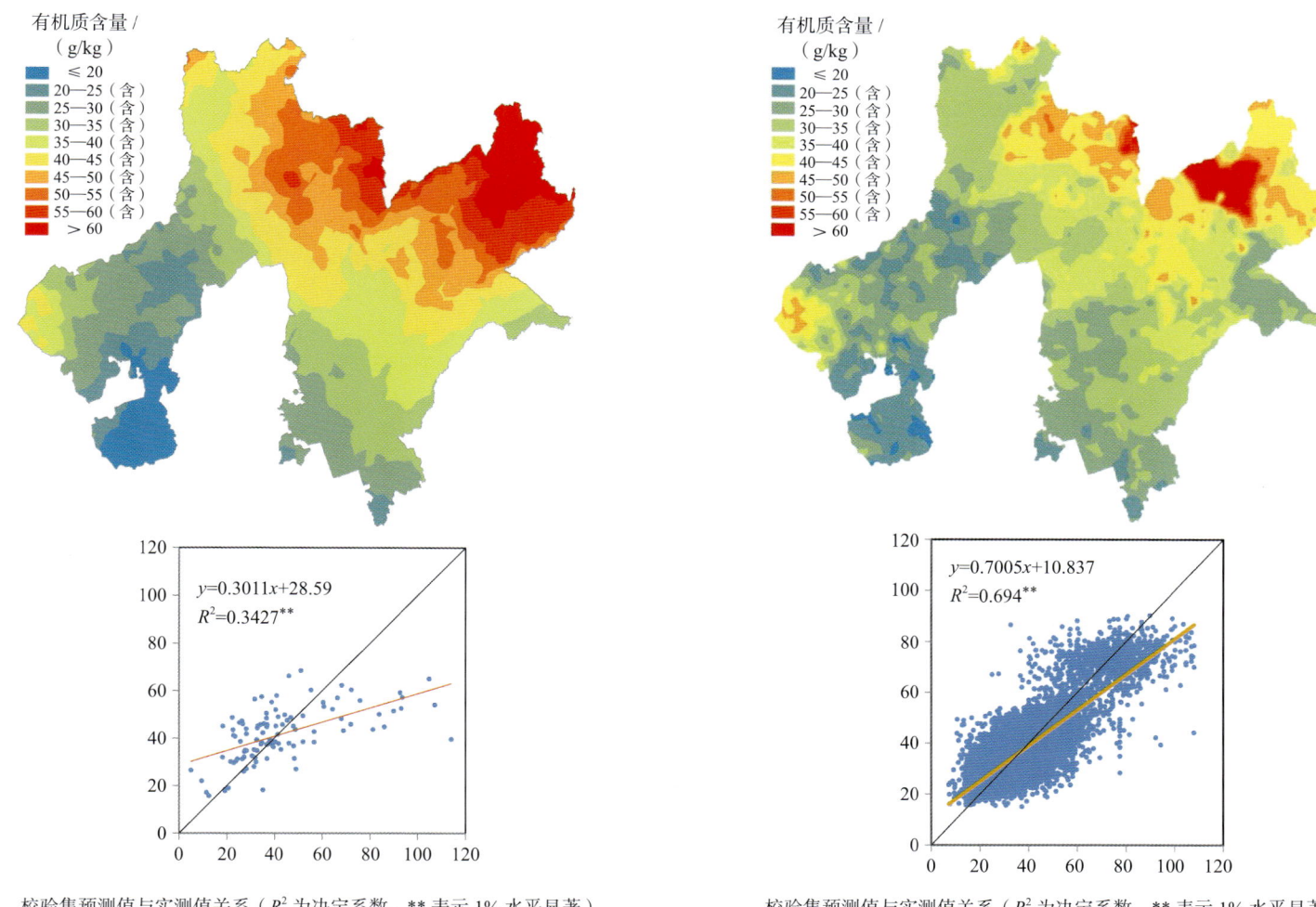

校验集预测值与实测值关系（R^2 为决定系数，** 表示 1% 水平显著）

1979—1987 年二普典型剖面采样，土层厚度 0—20cm

校验集预测值与实测值关系（R^2 为决定系数，** 表示 1% 水平显著）

2005—2017 年农田耕层土壤采样，土层厚度 0—20cm

图 3　东北片区土壤有机质含量分布图及地统计检验结果

参编单位

《中国土壤剖面数据集》的编制工作始于 1998 年。其编制过程主要分为以下两个阶段：

第一阶段为全国 1∶5 万土壤图编制和中国剖面数据库构建阶段。20 世纪末，随着现代科学研究与管理对土壤时空信息的迫切需要和大数据技术的发展，利用土壤调查结果构建我国土壤资源与质量时空数据库日益显现出可行性和必要性。1998 年，我国土壤科技工作者开始对二普分县土壤图件和资料进行系统收集和整理，这项工作曾得到国家社会公益性研究专项的资助。"十一五"期间，"我国 1∶5 万土壤图籍编撰及高精度数字土壤构建"被列为国家科技基础性工作专项重点项目。在全国各地农业、国土、档案等多家单位的大力配合和各地土壤科技工作者的支持下，项目组汇聚全国土壤科学、农业、测绘与环境领域多家专业科研院所的科研力量，深入 31 个省、自治区、直辖市以及数百个县的原始图件与资料存放部门，完成了 2200 多个县的分县大比例尺纸质土壤图与土种志的收集。同时，项目组还收集了 31 个省、自治区、直辖市的分省土壤图、土壤有机质含量图等多类别土壤专题图和分省土壤调查资料，并在此基础上，项目组研究人员通过融合多学科方法创建土壤大数据方法，以方法创新带动异源非标准海量土壤信息的时空整合与表达，至 2017 年，完成了我国 1∶5 万土壤图的整合表达和中国土壤剖面数据库的构建，为编制《中国土壤剖面数据集》奠定了科学基础、方法基础和数据基础。

第二阶段为《中国土壤剖面数据集》编制阶段。为满足我国农业、林业、环境、气象、国土、水利等各部门对公众版土壤资源与质量信息的迫切需求，项目组于 2017 年启动了数据集编制工作。在数据集编制过程中，项目组一方面利用土壤大数据方法进行数据的审核、土壤专题图的缩编与剖面数据表的表达等多项工作，另一方面组织了各省级土壤专业科研院所参与各分卷内容的审核和修订工作。数据集的编制还得到了中国农业科学院科技创新工程的资助。

本数据集的最终面世离不开多家科研单位在过去 20 多年时间里的共同付出。这些单位包括国家科技基础性工作专项重点项目"我国 1∶5 万土壤图籍编撰及高精度数字土壤构建""我国 1∶5 万土壤图籍编撰及高精度数字土壤构建二期工程"主持与参加单位、参加数据集各分卷审核和修订工作的土壤专业科研单位以及参与分县大比例尺纸质土壤图与土种志收集的各地相关管理与科研部门（附录 10）。

（张维理、徐爱国、张认连、冀宏杰）

序图

中国土壤图
1 : 13 000 000

图例

砖红壤	黑钙土	火山灰土	碱土
赤红壤	栗钙土	紫色土	水稻土
红壤	栗褐土	石质土	灌淤土
黄壤	黑垆土	粗骨土	灌漠土
黄棕壤	棕钙土	草甸土	草毡土
黄褐土	灰钙土	潮土	黑毡土
棕壤	灰漠土	砂姜黑土	寒钙土
暗棕壤	灰棕漠土	林灌草甸土	冷钙土
白浆土	棕漠土	山地草甸土	冷棕钙土
棕色针叶林土	黄绵土	沼泽土	寒漠土
燥红土	红黏土	泥炭土	冷漠土
褐土	新积土	草甸盐土	寒冻土
灰褐土	龟裂土	滨海盐土	
黑土	风沙土	漠境盐土	
灰色森林土	石灰（岩）土	寒原盐土	

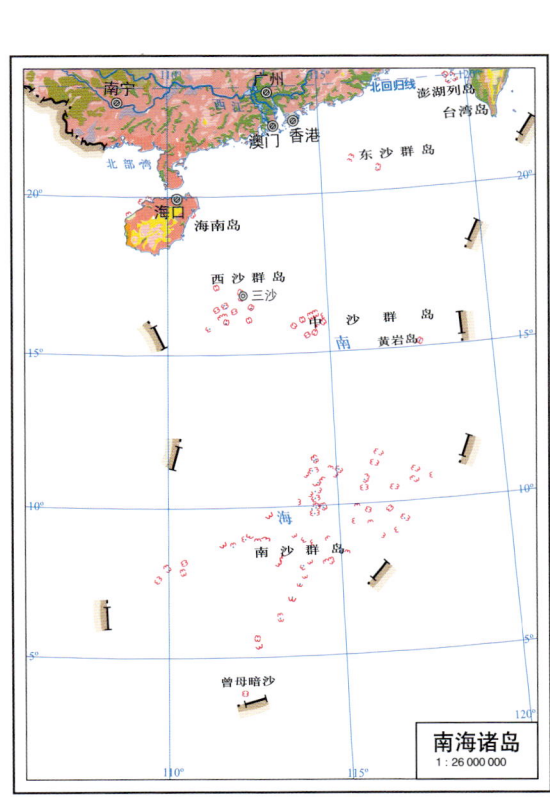

中国土壤有机质含量图
1∶13 000 000

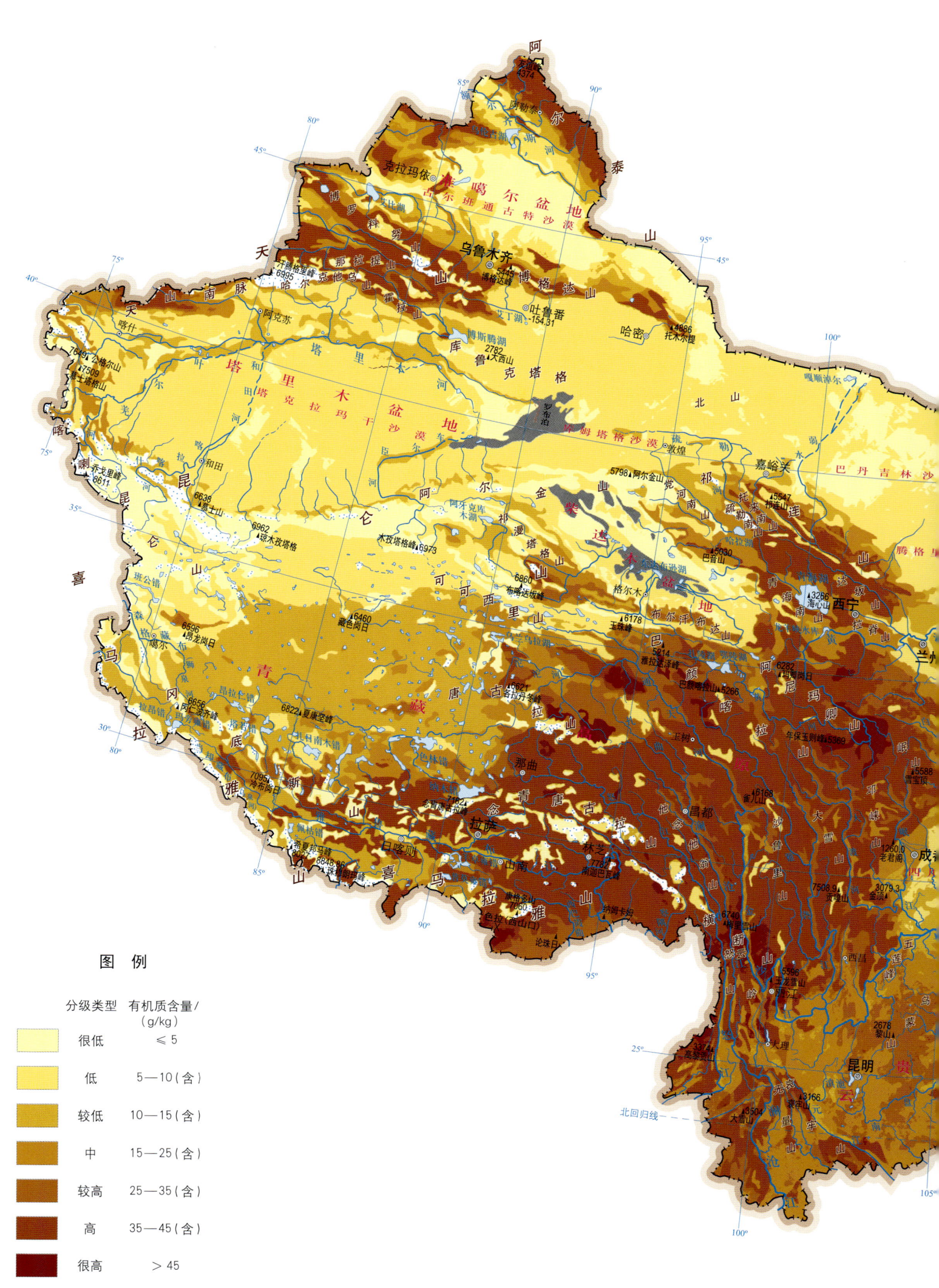

图 例

分级类型	有机质含量/(g/kg)
很低	≤5
低	5—10（含）
较低	10—15（含）
中	15—25（含）
较高	25—35（含）
高	35—45（含）
很高	>45

注：土层厚度为0—30cm。

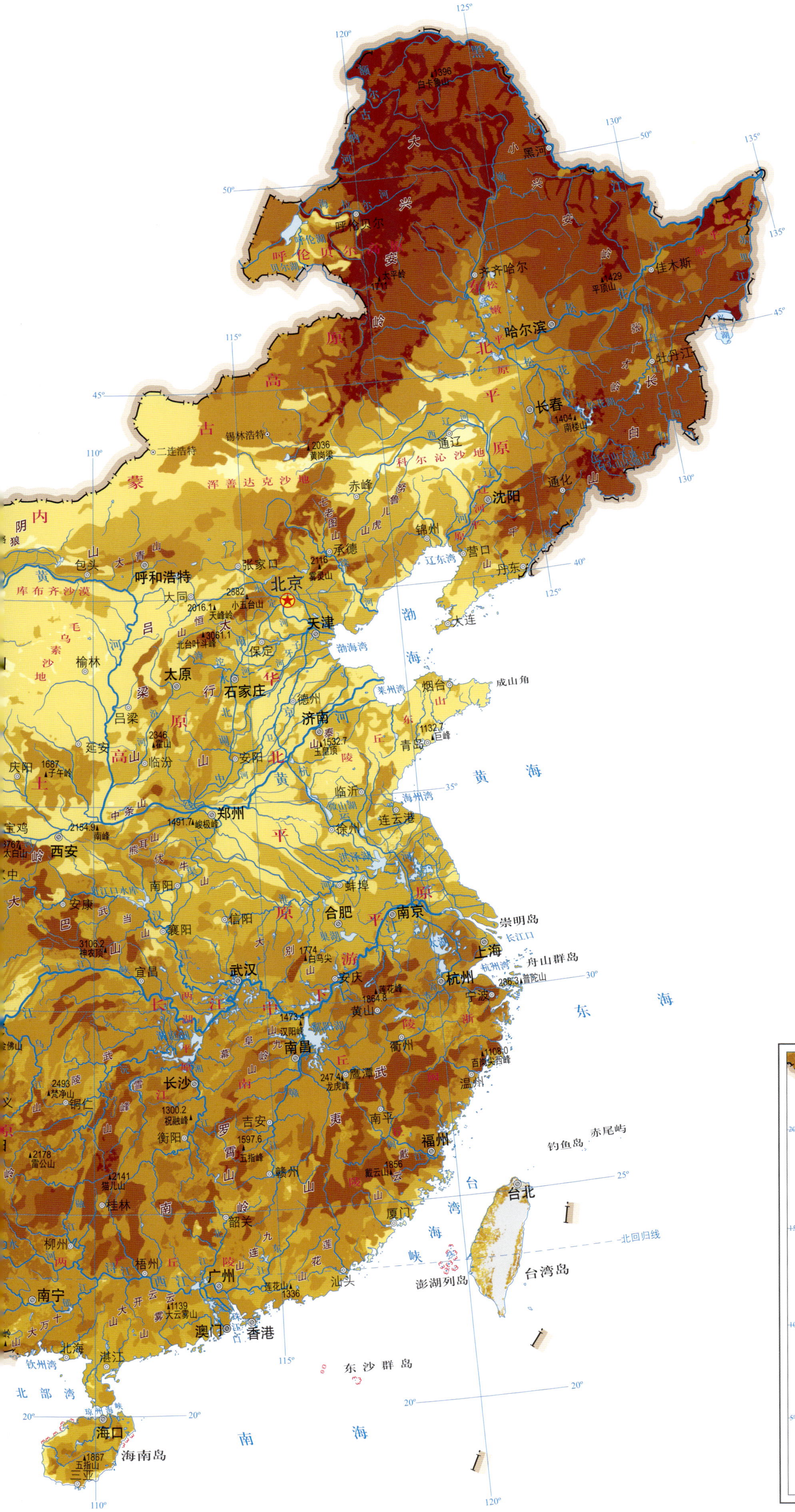

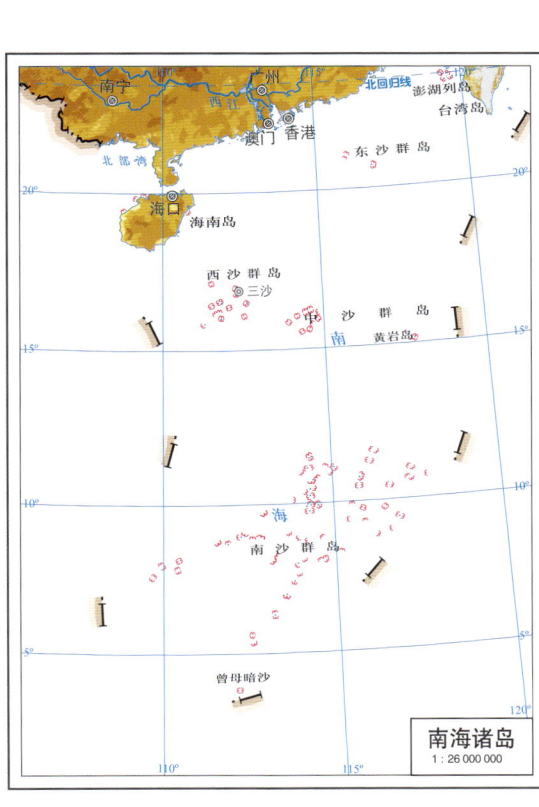

中国地势图

1 : 13 000 000

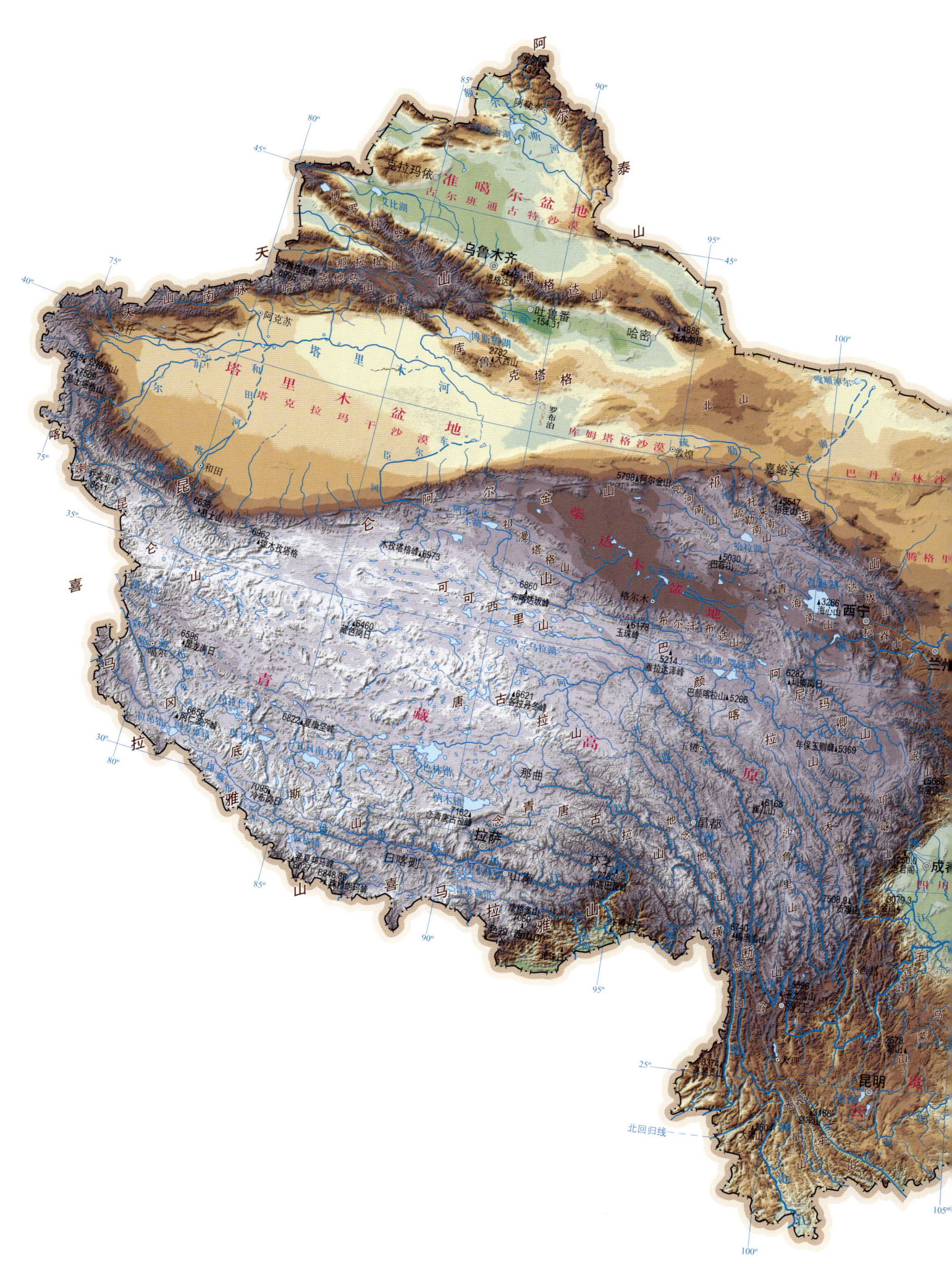

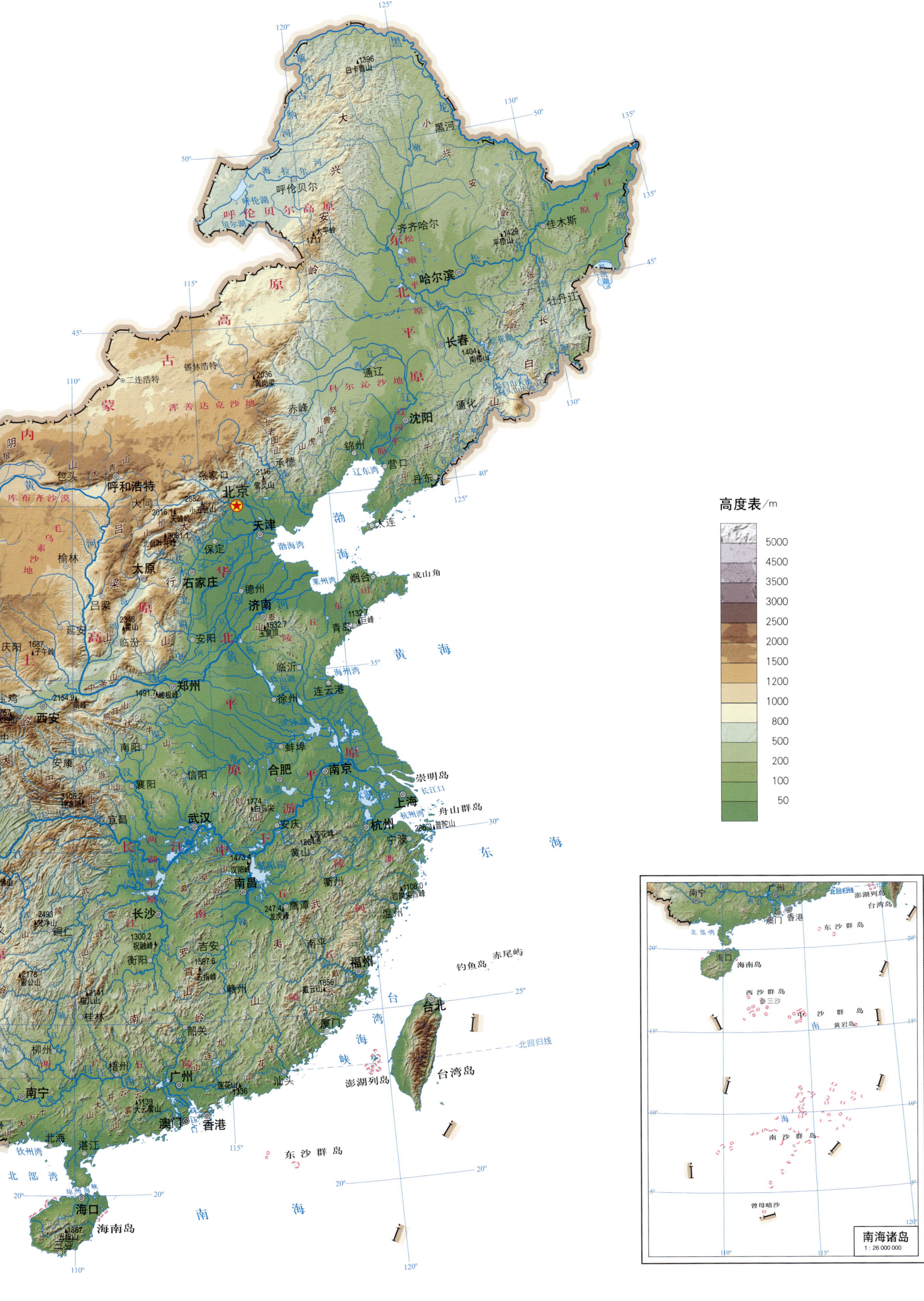

江西省土壤图
1:1 500 000

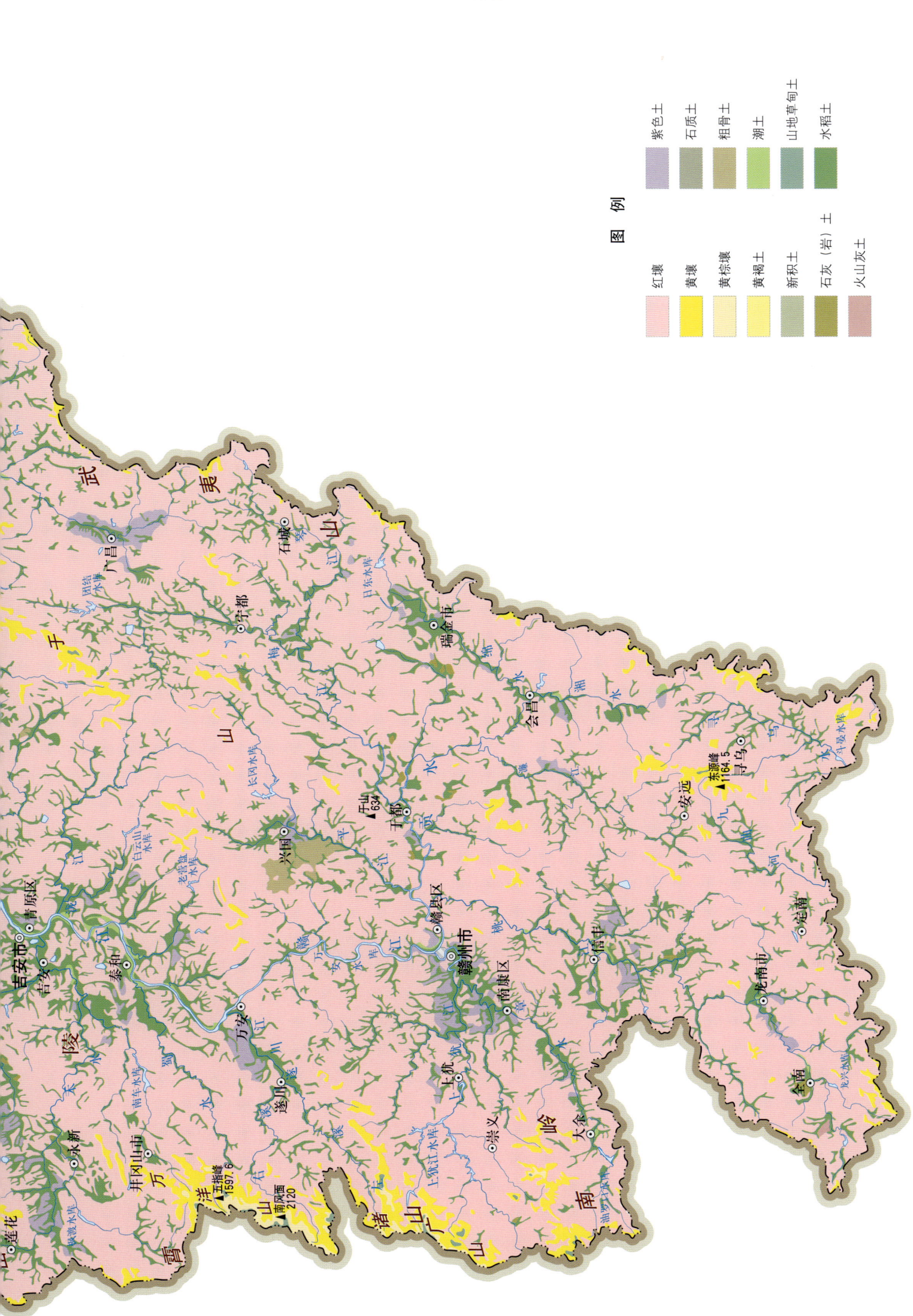

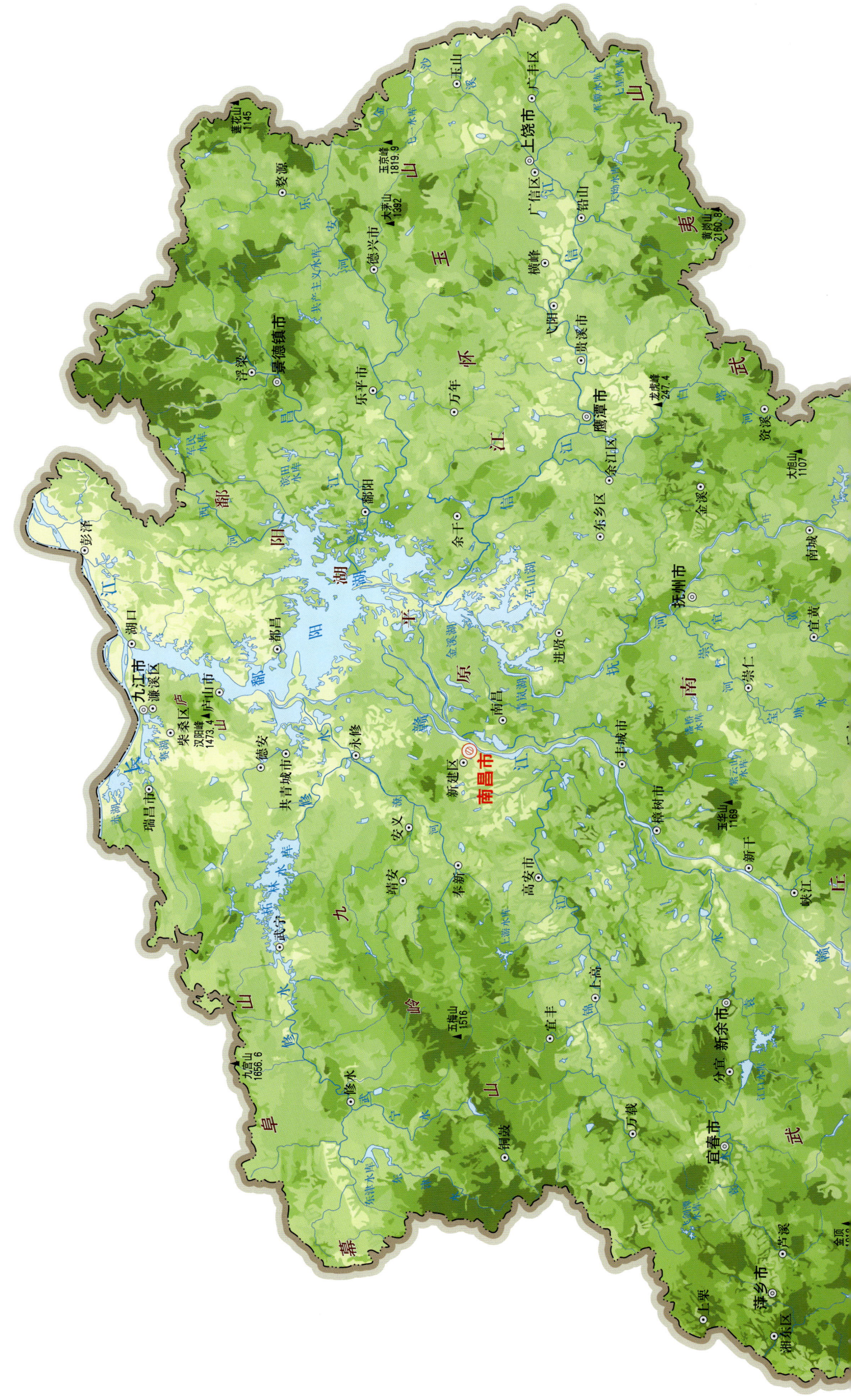

江西省土壤有机质含量图
1:1 500 000

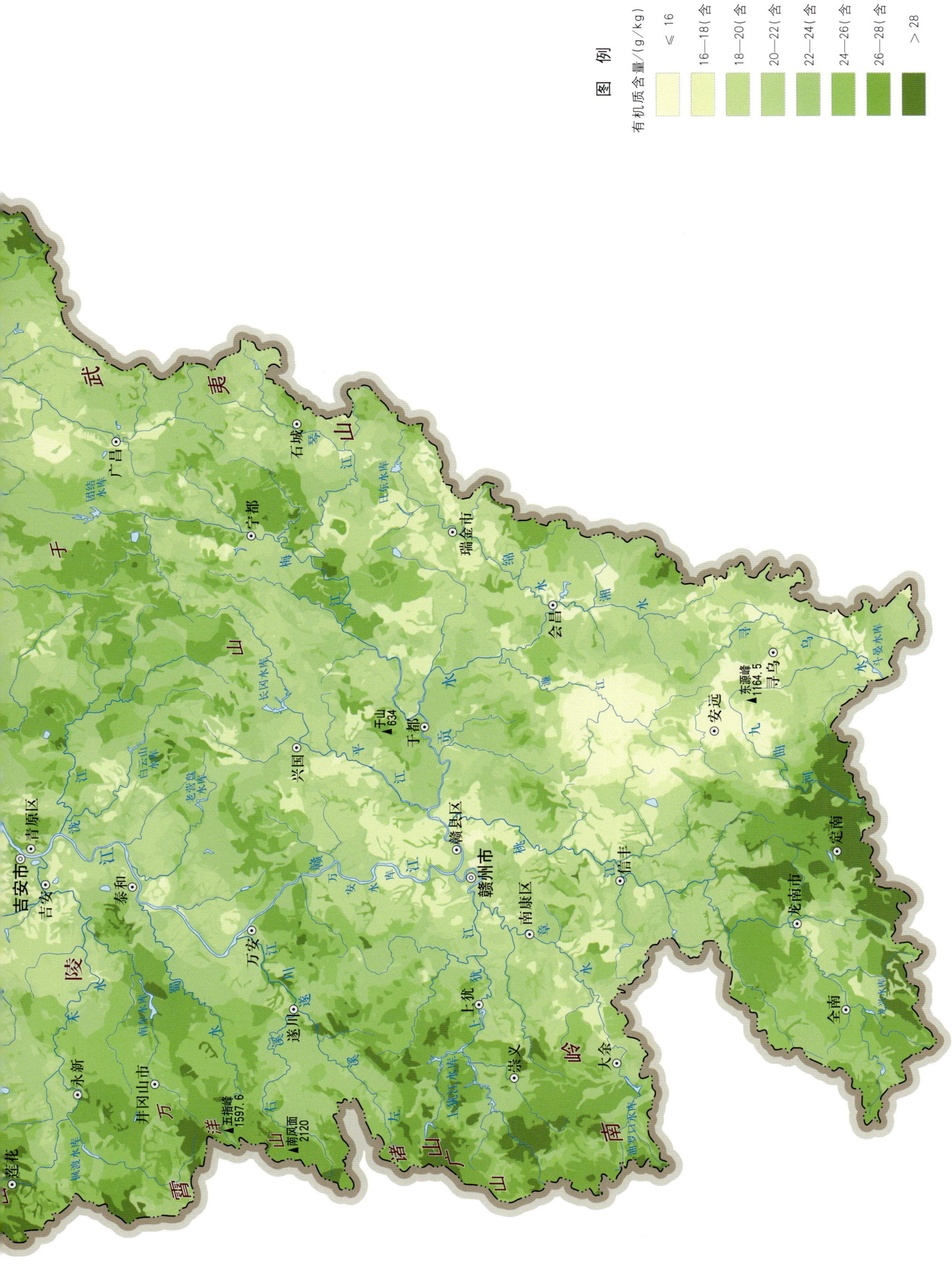

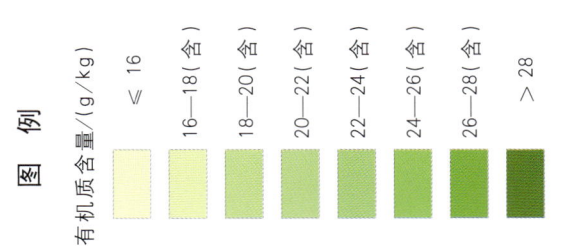

注：土层厚度为0—30cm。

江西省地势图
1:1 500 000

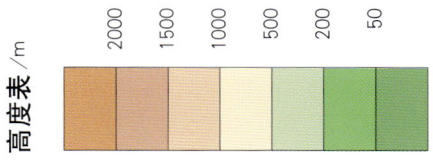
高度表 /m

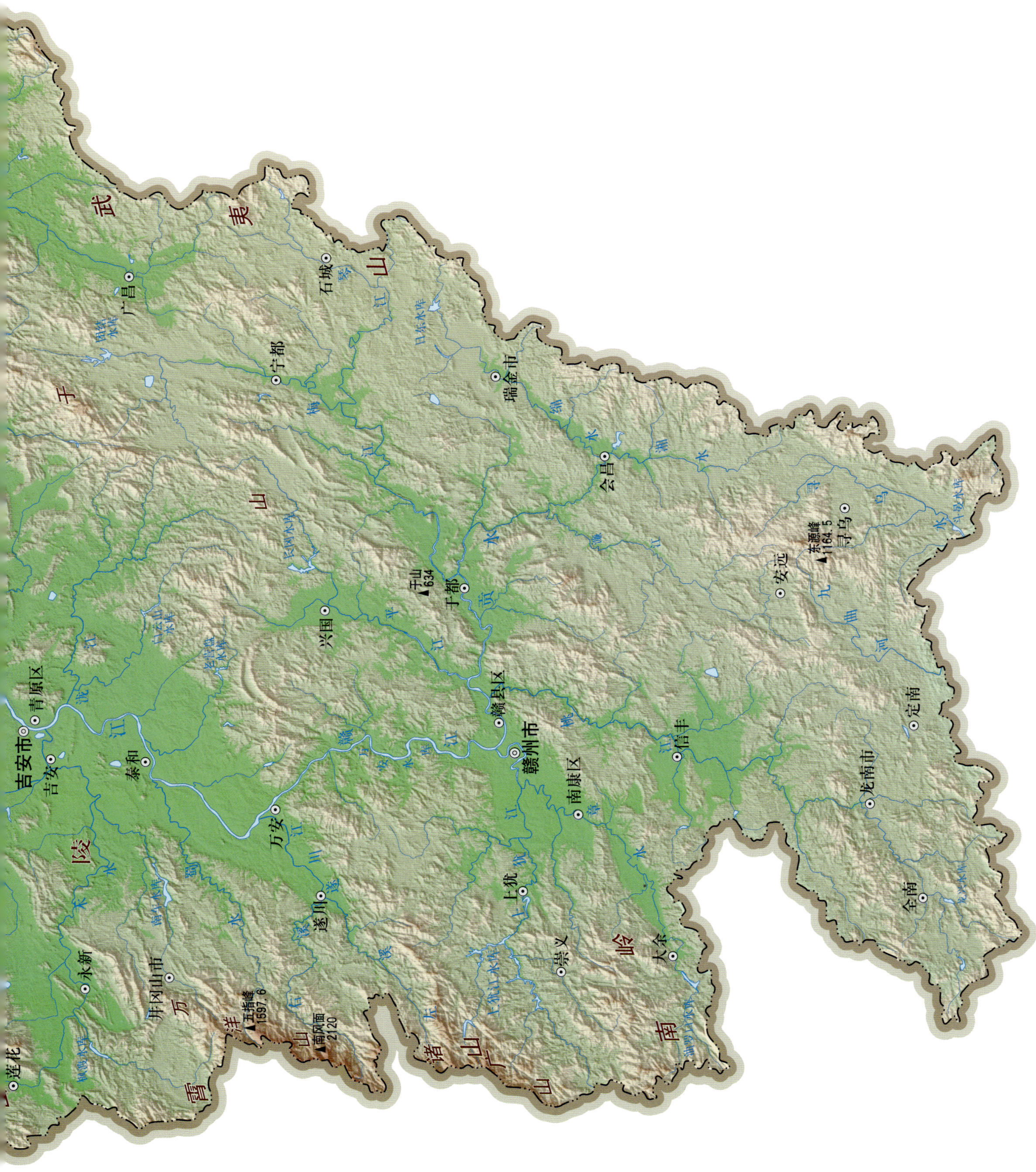

中国土壤剖面数据集·江西卷

第二编 | 分县土壤图与土壤剖面数据

南 昌 市

市 辖 区

主要土类说明

红壤是南昌市主要土壤类型，占本市地域面积的44%。红壤是在中亚热带湿热的生物气候条件下形成的地带性土壤。在土壤发育形成过程中，由于受旺盛的生物小循环和较强烈的脱硅富铝化作用的影响，土壤中矿物质和有机质分解强烈，钙、钠、钾、镁等可溶性盐类及硅酸等淋失严重，铝、铁、锰等难溶性物质则呈凝胶状态相对富集。尤其是铁铝胶体的大量积聚，使土体染成红色。该类土壤通常土层紧实、深厚，质地黏重，土壤呈酸性。

水稻土是南昌市第二大土壤类型，占本市地域面积的32%。成土母质有酸性结晶岩类风化物、泥质岩类风化物、残坡积第四纪红色黏土、河流冲积物和湖积物。其中以近代河流冲积物分布最广。本市水稻土是在长期季节性淹灌下形成的。水下翻耕、季节性脱水、氧化还原交替，使原来成土母质或母土特性改变，形成了水稻土特有的糊状淹育层、较坚实板结的犁底层、潴育层与潜育层多种发生层。根据水型和剖面形态特征，本市水稻土分为潴育水稻土、潜育水稻土、侧渗漂洗水稻土三个亚类。

潮土占本市地域面积的4%。潮土发育于近代河流冲积物，主要分布在赣江江心洲、沿岸阶地及河漫滩。由于地下水位浅，潜水参与成土过程，底土氧化还原作用交替进行，形成锈色斑纹和小型铁子。在江心洲和近河处多为主流急水沉积，流速快，沉积形成砂土或砂壤土；河漫滩沉积物下层质地较粗，为河床相冲积物，上层质地较细，为洪水泛滥沉积物（淤土）；土壤质地层次有夹层型（砂夹）和底垫型（砂底）两种，其原因是河流改道，流水缓急、沉积势力强弱的差异。

小于本市地域面积3%的土壤类型还有山地草甸土等。

本区域中心区气候特征

本区域中心区气候特征值
Regional climate characteristics in central area of the region

气候带：中亚热带湿润气候 Climate region: Subtropical humid climate	
年平均气温 /℃ Annual average temperature /℃	17.6
年平均最高气温 /℃ Annual average maximum temperature /℃	21.6
年平均最低气温 /℃ Annual average minimum temperature /℃	14.5
年降水量 /mm Annual precipitation /mm	1618
≥10℃的积温 /℃ Daily temperature accumulated in a year (≥10℃) /℃	12099
年日照时数 /h Annual sunshine /h	1820
年平均相对湿度 /% Annual average relative humidity /%	77
干燥度 Dryness	0.64

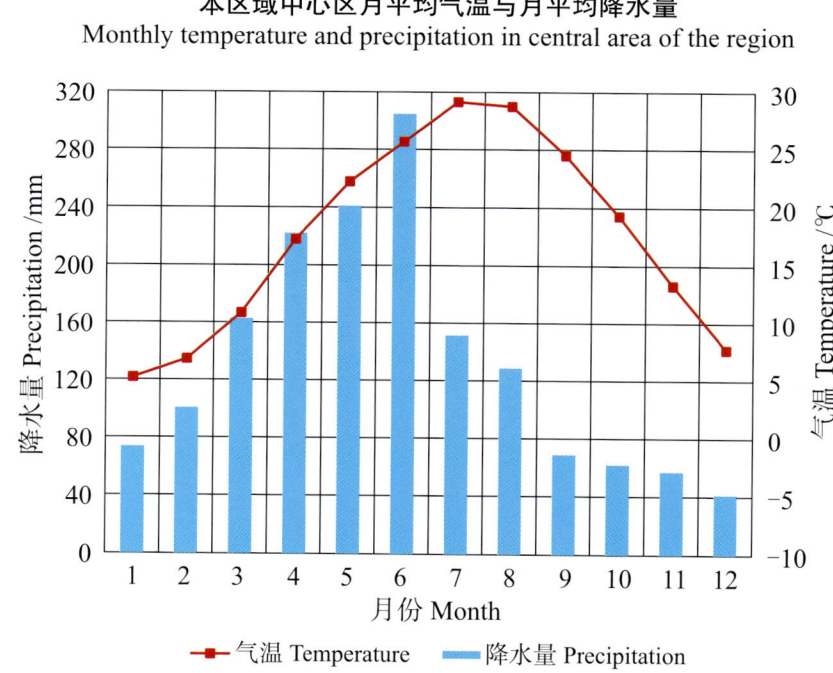

本区域中心区月平均气温与月平均降水量
Monthly temperature and precipitation in central area of the region

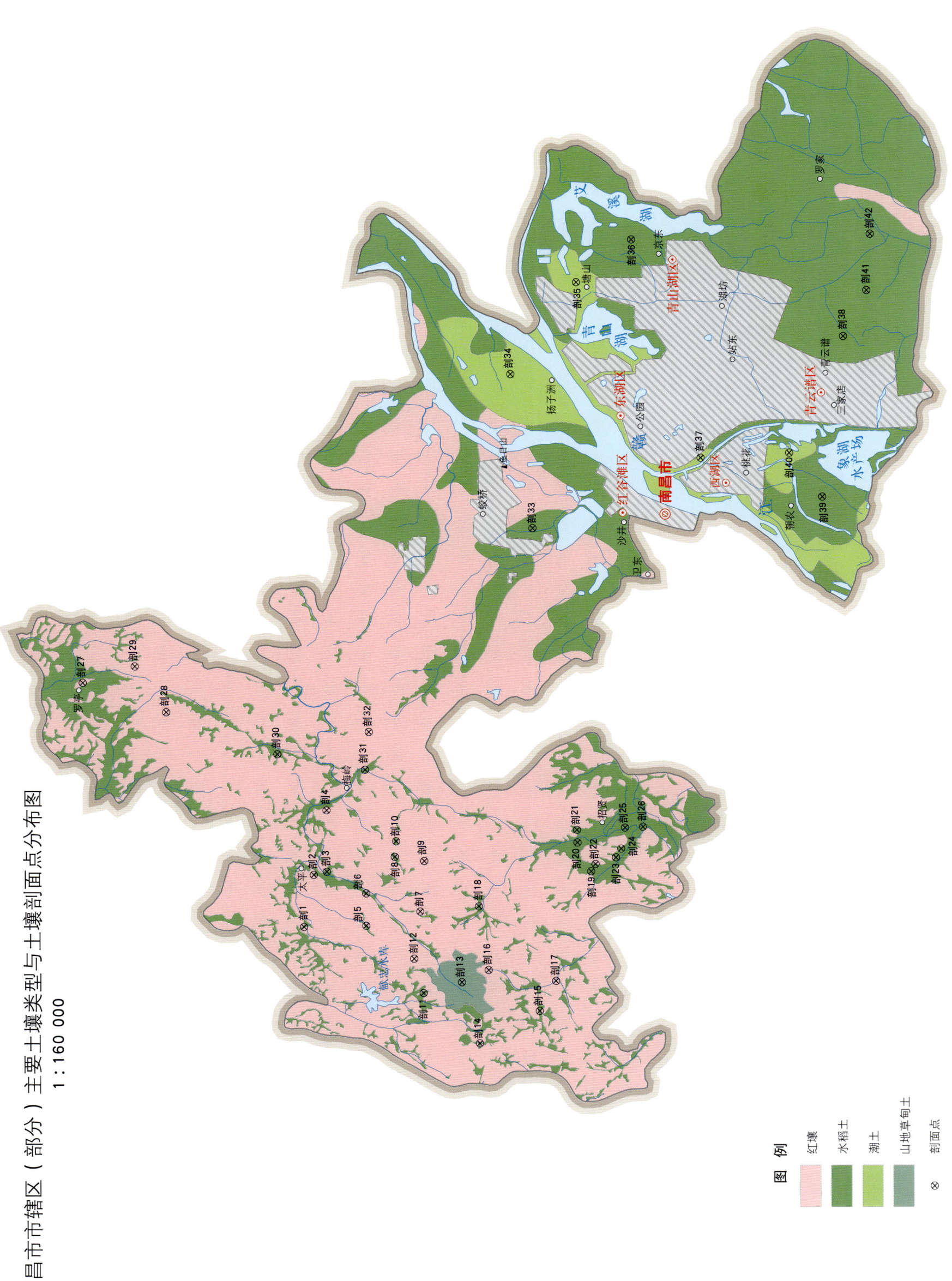

南昌市土壤剖面理化性状表

剖面号 Soil profile	土纲 Soil order	土类 Soil great group	亚类 Soil subgroup	土属 Soil genus	土种 Soil species	土层码 Layer code	土层厚度 Depth/cm	颜色 Soil color	质地 Soil texture	土壤结构 Soil structure	pH	有机质 OM/(g/kg)	全氮 TN/(g/kg)	全磷 TP/(g/kg)	全钾 TK/(g/kg)	碱解氮 AN/(mg/kg)	有效磷 AP/(mg/kg)	速效钾 AK/(mg/kg)	阳离子交换量 CEC/(cmol/kg)	土壤母质 Parent material	剖面点坐标 Profile coordinate	匹配指数 Matching index,%
剖1	人为土	水稻土	潜育水稻土	黄泥田	全层中潜乌黄泥田	A	0—25	黄灰色	中壤土	糊状	6.0	27.1	1.45	0.58		98	3.5	41		第四纪红色黏土	E 115°41′36.7″ N 28°48′33.9″	75
						Pg	25—30	青灰色	中壤土	块状	5.9	25.2	1.39	0.61								
						G	30—60	青灰色	中壤土	核粒状	5.1	19.7	1.07	0.54								
剖2	人为土	水稻土	潜育水稻土	潜育型紫红泥田	灰紫红泥土	1	0—21	棕暗色	中壤土	核块状		37.8					19.5	76		第四纪红色黏土	E 115°42′52.7″ N 28°48′19.2″	75
						2	21—30	橙黄色	重壤土	碎块状			1.30			98						
						3	30—42															
						4	42—															
剖3	人为土	水稻土	潜育水稻土	潜育型麻砂泥田	弱潜灰麻砂泥田	A	0—17	暗灰色	中壤土	碎粒状	4.5	44.7	2.85	0.84		201	8.3	45		花岗岩风化物	E 115°42′56.0″ N 28°48′05.7″	95
						P	17—23	浅灰色	中壤土	块状	5.9	28.0	1.84	0.78								
						W₁	23—60	黄棕色	中壤土	小棱块状	5.5	16.3	1.62	0.99								
						W₂	60—100	红棕色	重壤土	棱块状	5.8	9.6	0.59	0.69								
剖4	铁铝土	红壤		麻砂泥红壤	薄层砂麻泥红壤	A	0—10	黄棕色	黏质壤土	粒状	4.8	19.1	0.56	0.35	28.0		7.5		7.1	花岗岩残坡积物	E 115°44′24.2″ N 28°48′06.7″	81
						Bv	10—41	橙红色	壤质黏土	小块状	4.8	16.7	0.49	0.32	28.4				6.1			
						BvC	41—64	橙红色	砂质黏壤土	块状	4.9	6.5	0.29	0.33	32.2				5.8			
							64—117	橙红色			4.9	4.2	0.17	0.33	34.4				4.8			
剖5	人为土	水稻土	潜育水稻土	潜育型麻砂泥田	表潜性潜育型乌黄泥田	A	0—15	灰色	中壤土	屑粒状	4.8	39.4	2.05	7.15		147		65		花岗岩风化物	E 115°41′39.5″ N 28°47′15.2″	95
						P	15—20	浅灰色	重壤土	块状	4.6	35.7	1.86	0.53								
						W	20—100	灰棕色	中壤土	块状	4.4	18.7	1.09	0.43								
剖6	人为土	水稻土		黄泥田	上位弱潜灰黄泥田	A	0—18	灰黄色	黏土	小块状	4.4	27.5	1.75	0.67		134	5.0	33		第四纪红色黏土	E 115°42′25.6″ N 28°47′15.8″	75
						Pg	18—31	浅灰色	黏土	棱块状	4.5	21.4	1.29	0.63								
						G	31—48	浅青灰色	黏土	棱块状	5.0	18.8	1.13	0.59								
						W	48—70	黄灰色	黏土	棱块状	5.0	15.3	0.71	0.87								
剖7	铁铝土	红壤		花岗岩红壤	厚层多有机质花岗岩红壤	1	0—13	深灰色	轻壤土		3.6	48.3	2.59	0.76		196	2.7	75		花岗岩	E 115°42′00.2″ N 28°46′07.2″	98
						2	13—33	灰灰色	中壤土		≤3.5	24.7	1.27	0.61								
						3	33—92	暗灰色	中壤土		3.6	25.3	1.31	0.96								
						4	92—100	灰棕色	轻壤土		3.7	25.4	1.19	0.42								
剖8	人为土	水稻土	潜育水稻土	潜育型麻砂泥田	表潜性潜育型乌黄泥田	A	0—13	棕灰色	中壤土	屑粒状	5.3	64.9	2.53	0.51	35.0	161	50.0	91	8.6	花岗岩风化物	E 115°43′18.2″ N 28°46′38.8″	95
						2	13—24	棕灰色	砂壤土	块状	5.4	50.3	1.68	0.43	37.7				7.4			
剖9	铁铝土	红壤		夹砂黄泥土	厚层夹砂黄泥土	1	0—14	暗灰色	砂壤土	屑粒状	4.8	43.6	0.93	0.34	41.9				3.8	花岗岩残坡积物	E 115°43′12.7″ N 28°46′02.7″	75
						2	14—80	深暗灰色	砂质黏壤土	软块状	4.6	44.4	1.39	0.30	40.0				4.7			
剖10	人为土	水稻土	潜育水稻土	麻砂泥田	全潜乌夹砂泥田	A	0—20	黑色		软块状	6.0	50.6	2.24	1.75						花岗岩残坡积物	E 115°43′40.3″ N 28°46′38.8″	81
						Pg	20—29				4.9	26.0	1.72	1.10								
						G₁	29—88				6.8	6.0	0.60	0.35								
						G₂	88—100				6.5	6.8	0.75	0.55								
剖11	人为土	水稻土	潜育水稻土	潜育型潮砂泥土	乌潮砂泥土	1	0—28		中壤土											河流冲积物	E 115°40′04.9″ N 28°46′02.1″	75
						2	28—38		中壤土													
						3	38—52		中壤土													
剖12	铁铝土	红壤		夹砂黄泥土	厚层灰夹砂黄泥土	1	0—20		中壤土											第四纪近代冲积物	E 115°40′53.5″ N 28°46′14.6″	75
						2	20—50		中壤土													
						3	50—80		中壤土													
						4	80—100		中壤土													

续表 Continued

剖面号 Soil profile	土纲 Soil order	土类 Soil great group	亚类 Soil subgroup	土属 Soil genus	土种 Soil species	土层码 Layer code	土层厚度 Depth/cm	颜色 Soil color	质地 Soil texture	土壤结构 Soil structure	pH	有机质 OM/(g/kg)	全氮 TN/(g/kg)	全磷 TP/(g/kg)	全钾 TK/(g/kg)	碱解氮 AN/(mg/kg)	有效磷 AP/(mg/kg)	速效钾 AK/(mg/kg)	阳离子交换量CEC/(cmol/kg)	土壤母质 Parent material	剖面点坐标 Profile coordinate	匹配指数 Matching index/%
剖13	半水成土	山地草甸土	山地草甸土	山地草甸土	厚层多有机质草甸土	1	0~17	深灰色	中壤土		3.9	73.5	3.32	0.81		38	4.0	44			E 115°40′20.5″ N 28°45′14.1″	97
						2	17~43	深灰色	中壤土		3.8	17.6	1.17	0.56								
						3	43~60	灰黄色	中壤土		3.8	9.7	0.74	0.54								
剖14	人为土	水稻土	潴育水稻土	潴育型潮砂泥田	灰潮砂泥田	1	0~11				4.5	27.4	1.45	0.65		94	6.3	125		河流冲积物	E 115°38′53.7″ N 28°44′50.8″	95
						2	11~17				4.7	26.1	1.27	0.67								
						3	17~60				6.0	10.1	0.86	0.71								
						4	60~100				5.6	7.8	1.02	0.47								
剖15	人为土	水稻土	潴育水稻土	潴育型潮砂泥田	中潴乌麻砂泥田	A	0~17	暗灰色	中壤土	小团块状										花岗岩风化物、坡积物	E 115°39′41.0″ N 28°43′35.5″	81
						P	17~24	灰棕色	中壤土	团块状												
						W₁	24~73	灰棕色	轻壤土	棱块状												
						W₂	73~100	浅灰色	轻壤土	棱柱状												
剖16	铁铝土	红壤	红壤	第四纪红色黏土红壤		1	0~20		中壤土											第四纪红色黏土	E 115°40′38.1″ N 28°44′40.6″	75
						2	20~50		中壤土													
						3	50~80		轻壤土													
						4	80~100															
剖17	铁铝土	红壤	黄红壤	麻砂泥红壤	薄层灰麻砂泥黄红壤	A	0~7	灰褐色	黏壤土	粒状	5.0	39.9	1.91	0.38	24.1	136	4.0	103	6.9	花岗岩残积物、坡积物	E 115°40′23.8″ N 28°43′15.3″	95
						Bv	7~34	橙红色	砂壤土	小块状	5.4	9.7	0.53	0.29	31.1				6.8			
						BvC	34~63	橙红色	砂质黏壤土	小块状	5.0	6.0	0.37	0.29	20.6				7.6			
						C	63~100	浅褐色	中壤土	块状	5.1	2.0	≤0.10	0.35	21.2				5.9			
剖18	人为土	水稻土	潴育水稻土	潴育型潮砂泥田	弱潴灰潮砂泥田	A	0~18	深褐色	轻壤土	细块状	4.6	20.5	0.95	0.17		136	>50.0	89		河流冲积物	E 115°42′08.8″ N 28°44′53.4″	95
						P	18~30	黄褐色	中壤土	块状	4.7	8.5	0.81	0.44								
						W	30~60	灰褐色	中壤土	块状	5.5	6.4	0.58	0.64								
剖19	人为土	水稻土	淹育水稻土	麻砂泥田	淹育灰砂泥田	A	0~12	灰褐色	黏壤土	小块状	4.9	25.7	1.18	0.41	27.5	163	12.0	122	4.8	花岗岩风化物	E 115°43′00.2″ N 28°42′32.0″	81
						P	12~20	浅黄褐色	黏壤土	小块状	5.1	13.9	0.71	0.33	28.1	87	2.0	101	4.0			
						C	20~90	黄褐色	黏壤土	块状	6.2	10.0	0.37	0.36	26.1	52	7.0	97	4.9			
剖20	人为土	水稻土	潴育水稻土	潴育型潮砂泥底黄泥田	灰潮砂泥底黄泥田	A	0~13	深黄色	中壤土	小团块状	4.1	20.5	1.05	0.61		75	7.3	53		河流冲积物	E 115°42′41.1″ N 28°42′49.6″	95
						P	13~24	黄褐色	重壤土	团块状	4.8	10.3	1.00	0.56								
						W₁	24~45	黄黄色	重壤土	棱块状	6.0	11.2	7.61	0.59								
						4	45~63	浅灰色	砂壤土	粒状	5.8	5.6	0.46	0.40								
剖21	人为土	水稻土	潴育水稻土	浅麻砂泥田	灰麻砂泥田	A	0~12	浅黄色	黏壤土	小块状	4.9	25.7	1.20	0.40	27.5	136	12.0	122		花岗岩风化物	E 115°43′59.6″ N 28°42′50.5″	95
						Aa	12~20	黄黄色	黏壤土	小块状	5.1	13.9	0.70	0.30	28.1	87	2.0	101				
						Ap	20~90	亮棕褐色	黏壤土	块状	6.2	10.0	0.40	0.40	26.1	52	7.0	97				
剖22	人为土	水稻土	潴育水稻土	潴育型黄泥田	弱潴乌黄泥田	A	0~18	深灰色	中壤土	块状	4.7	25.8	1.85	0.87		133	21.5	28		花岗岩风化物	E 115°43′09.5″ N 28°42′27.6″	98
						P	18~27	黄黄色	黏土	块状	4.4	24.6	1.64	0.82								
						W₁	27~60	灰黄色	黏土	块状	4.9	14.1	0.85	1.71								
剖23	人为土	水稻土	潴育水稻土	潴育型湖泥田	弱潴湖泥田	A	0~13	黄黄色	重壤土	块状	4.6	18.1	1.40	1.04		94	12.0	68		湖积物	E 115°43′20.8″ N 28°42′00.9″	75
						P	13~30	灰黄色	重壤土	块状	5.9	12.4	0.93	0.84								
						W	30~60	棕灰色	重壤土	块状	6.0	9.4	0.74	0.92								
						4	60~100	棕灰色	重壤土	块状	6.0	6.6	0.57	0.63								
剖24	人为土	水稻土	潴育水稻土	麻砂泥田	中位中潴乌麻砂泥田	1	0~16		中壤土	块状	4.9	32.9	2.09	0.50		154	5.0	150		花岗岩风化物	E 115°43′33.2″ N 28°41′54.5″	75
						2	16~20		重壤土	块状	5.1	23.7	1.49	0.40								
						3	20~40		重壤土	块状	4.5	16.3	1.39	0.30								
						4	40~91		重壤土	棱块状	4.5	20.4	1.17	0.28								

续表 Continued

剖面号 Soil profile	土纲 Soil order	土类 Soil great group	亚类 Soil subgroup	土属 Soil genus	土种 Soil species	土层码 Layer code	土层厚度 Depth/cm	颜色 Soil color	质地 Soil texture	土壤结构 Soil structure	pH	有机质 OM/(g/kg)	全氮 TN/(g/kg)	全磷 TP/(g/kg)	全钾 TK/(g/kg)	碱解氮 AN/(mg/kg)	有效磷 AP/(mg/kg)	速效钾 AK/(mg/kg)	阳离子交换量 CEC/(cmol/kg)	土壤母质 Parent material	剖面点坐标 Profile coordinate	匹配指数 Matching index/%
剖25	人为土	水稻土	潴育水稻土	潴育型黄泥田	强潴灰黄泥田	A	0—14	灰色	黏土	小块状	4.7	10.9	1.37	0.63		126	11.8	43		第四纪红色黏土	E 115°44′03.4″ N 28°41′49.8″	97
						P	14—24	灰黄色	黏土	块状	4.6	17.0	0.65	0.73								
						W₁	24—34	灰棕色	黏土	棱块状	5.1	5.6	0.50	0.78								
						W₂	34—60	红棕色	黏土	棱块状	5.4	6.0	1.05	0.61								
剖26	人为土	水稻土	潴育水稻土	潴育型黄泥田	强潴灰黄泥田	1	0—12		重壤土											第四纪红色黏土	E 115°44′04.9″ N 28°41′27.3″	97
						2	12—23		重壤土													
						3	23—56		重壤土													
						4	56—100															
剖27	铁铝土	红壤		第四纪红色黏土红壤	厚层灰黄泥土	1	0—10	红棕色	中壤土	粒状	4.5	34.0	1.60	0.45		148	2.0	67		第四纪红色黏土	E 115°47′23.4″ N 28°53′15.8″	95
						2	10—55	棕红色	黏土	细块状	3.8	6.9	0.56	0.31								
						3	55—70	棕红色	黏土	细块状												
剖28	铁铝土	红壤		第四纪红色黏土红壤	中层乌黄泥土	1	0—10	灰棕色	黏土	粒状	3.8	17.4	1.87	0.48		66	1.5	79		第四纪红色黏土	E 115°46′42.5″ N 28°51′30.4″	98
						2	10—90	棕黄色	黏土	细块状	3.8	6.1	0.38	0.42								
						3	90—100	棕红色	黏土	细块状												
剖29	铁铝土	红壤		第四纪红色黏土红壤	中层乌黄泥土	1	0—14	黄灰色	黏土	粒状	4.4	26.0	1.55	0.88		110	5.8	51		第四纪红色黏土	E 115°47′47.6″ N 28°52′10.3″	98
						2	14—40	灰黄色	黏土	块状	3.9	6.3	0.66	0.61								
						3	40—100	灰棕色	黏土	细块状	3.8	23.7	0.60	0.59								
剖30	人为土	水稻土	潴育水稻土	麻砂泥田	上位弱潴乌麻砂泥田	Ag	0—25	深灰色	中壤土	团块状	5.1	51.9	3.20	1.19		213	12.5	42		花岗岩风化物	E 115°45′44.2″ N 28°49′09.6″	95
						P	25—35	黄灰色	中壤土	块状	6.2	11.3	0.53	0.82								
						G	35—60	浅青黄色	中壤土	棱柱状	6.4	11.5	0.59	0.49								
						W	60—90	灰棕色	中壤土	棱柱状	6.2	18.7	0.76	0.65								
剖31	人为土	潴育水稻土		潮砂泥田	灰棕砂泥田	A	0—15	黄灰色	轻壤土	屑粒状										河流冲积物	E 115°45′23.3″ N 28°47′18.7″	95
						P	15—19	黄灰色	轻壤土	块状												
						C	19—50	灰白色	砂壤土													
剖32	铁铝土	红壤		泥质岩红壤	厚层中有机质岩类红壤	1	0—20													泥质岩类	E 115°46′17.6″ N 28°47′14.3″	95
						2	20—50															
						3	50—80															
						4	80—100															
剖33	人为土	水稻土	潴育水稻土	潴育型紫泥田	灰紫泥田	1	0—15	暗棕色	重壤土	屑粒状	4.7	22.3	1.40	0.94		99	3.2	90		第四纪红色黏土	E 115°51′11.0″ N 28°43′49.8″	95
						2	18—24	黄黄色	中壤土	屑粒状	5.4	21.5	1.30	0.52								
						3	24—62	灰黄色	中壤土	棱块状	5.1	6.4	0.61	0.54								
						4	62—100	棕黄色	中壤土	棱柱状	4.7	5.9	0.51	0.75		98	34.0	75				
剖34	半水成土	潮土	灰潮土	壤质潮土	壤质灰潮砂泥土	1	0—16	暗黄色	重壤土	团粒状	4.8	5.3	0.46							河流冲积物	E 115°54′49.8″ N 28°44′19.5″	95
						2	16—60	棕黄色	中壤土	粒状	6.0	46.1	0.78	0.88		136	9.0	79				
						3	60—100	浅棕黄色	重壤土	小块状	5.6	14.0	0.60	0.68								
剖35	半水成土	潮土	灰潮土	壤质潮土	壤质灰潮土	1	0—13	浅黄黄色	砂质轻壤土	粒状	5.4	8.0	0.38	0.62		98	5.0	46		河流冲积物	E 115°57′02.4″ N 28°42′57.7″	95
						2	13—16	浅灰色	重壤土	块状	4.7	20.9	1.56	0.48								
						3	16—58	灰灰色	重壤土	棱块状	5.3	16.8	0.22	0.37								
						4	58—100	褐色	重壤土	棱块状	6.3	3.4	0.58	1.90								
剖36	人为土	水稻土	潴育水稻土	潴育型潮泥田	灰潮泥田	1	0—17	浅酱色	松壤土	屑粒状	6.4	5.0	0.47	0.86						河流冲积物	E 115°58′04.1″ N 28°41′48.3″	95
剖37	半水成土	潮土	灰潮土	砂壤质潮土	砂壤质灰潮土	2	17—27		轻壤土	松块状										河流冲积物	E 115°52′53.4″ N 28°40′18.6″	75
						3	27—62		砂壤土	屑粒状												
						4	62—100		砂壤土	块状												

续表 Continued

剖面号 Soil profile	土纲 Soil order	土类 Soil great group	亚类 Soil subgroup	土属 Soil genus	土种 Soil species	土层码 Layer code	土层厚度 Depth/cm	颜色 Soil color	质地 Soil texture	土壤结构 Soil structure	pH	有机质 OM/(g/kg)	全氮 TN/(g/kg)	全磷 TP/(g/kg)	全钾 TK/(g/kg)	碱解氮 AN/(mg/kg)	有效磷 AP/(mg/kg)	速效钾 AK/(mg/kg)	阳离子交换量 CEC/(cmol/kg)	土壤母质 Parent material	剖面点坐标 Profile coordinate	匹配指数 Matching index/%
剖38	人为土	水稻土	潴育水稻土	潴育型潮泥田	强潴灰潮泥田	A	0—12	灰黄色	重壤土		4.4	18.8	1.37	0.60		78	5.4	44		河流冲积物	E 115°55′53.6″ N 28°40′00.1″	95
						P	12—20	黄灰色	中壤土	片块状	4.7	15.7	1.07	0.55								
						W_1	20—33	浅黄灰色	中壤土	小棱块状	6.4	4.1	0.57	0.48								
						W_2	33—49	黄棕色	中壤土	核状	6.4	5.4	0.65	0.34								
						W_3	49—100	褐灰色	中壤土	小棱柱状												
剖39	人为土	水稻土	潴育水稻土	潴育型潮泥田	灰潮泥田	1	0—16				4.6	34.0	1.62	1.13		123	18.0	94		河流冲积物	E 115°51′59.9″ N 28°37′44.4″	95
						2	16—24				5.6	17.1	1.14	0.79								
						3	24—48				6.1	3.1	0.72	0.86								
						4	48—100				5.8	1.4	0.74	0.94								
剖40	半水成土	潮土	灰潮土	壤质潮土	摸质灰潮砂泥土	1	0—19				5.3	36.3	1.32	1.12		75	28.5	83		河流冲积物	E 115°53′01.5″ N 28°38′26.7″	95
						2	19—24				5.2	28.1	1.20	1.10								
						3	24—47				4.9	12.2	0.75	0.66								
						4	47—100				5.9	8.2	0.59	0.74								
剖41	人为土	水稻土	潴育水稻土	潴育型黄泥田	青瑞乌黄泥田	A	0—17	浅青灰色	重壤土	团块状	4.7	31.6	2.03	0.69		143	6.9	36		第四纪红色黏土	E 115°56′55.4″ N 28°36′51.1″	95
						P	17—25	青灰色	重壤土	棱块状	5.0	14.9	1.83	0.55								
						W_1	25—53	浅青灰色	重壤土	棱块状	6.7	2.5	1.56	0.62								
						W_2	53—88	灰黄色	重壤土	块状	6.5	2.6	0.36	0.36								
						W_3	88—100	黄色	重壤土	块状												
剖42	人为土	水稻土	潴育水稻土	潴育型潮泥田	青瑞灰潮泥田	A	0—13	灰棕色	重壤土	小团块状	4.8	37.6	1.12	1.03		155	12.3	50		河流沉积物	E 115°58′15.7″ N 28°36′47.5″	95
						P	13—22	青灰色	重壤土	块状	6.0	23.4	1.47	0.83								
						W_1	22—53	浅灰黄色	重壤土	块状	7.0	5.1	0.76	0.52								
						W_2	53—100	浅灰色	重壤土	棱块状	7.0	4.4	0.42	0.27								

新 建 区

主要土类说明

水稻土是新建区主要土壤类型，占本区地域面积的40%。水稻土是本县主要耕地土壤，是在长期季节性淹灌下形成的新的土壤类型。在水下翻耕、季节性脱水、干湿交替、氧化还原交替影响下，使原来成土母质或母土特性发生重大改变，形成了水稻土特有的糊状淹育层、较坚实板结的犁底层、渗育层、潴育层与潜育层等多种发生层。这些不同发生层段是在人为耕作、水浆管理下形成的。

红壤是新建区第二大土壤类型，占本区地域面积的27%，主要分布在丘陵缓岗的坡地上。红壤是在中亚热带常绿阔叶林条件下，经中度脱硅富铝化作用形成的。黏粒中游离铁占全铁50%—60%，红壤具有深厚的红色土层，淀积层（B层）底层可见深厚红、黄、白相间网纹红色黏土。黏土矿物以高岭石、赤铁矿为主，黏粒硅铝率为1.8—2.4，风化淋溶系数小于0.2，盐基饱和度小于35%，pH为4.5—5.5。

小于本区地域面积3%的土壤类型还有紫色土、新积土和潮土等。

本区域中心区气候特征

本区域中心区气候特征值
Regional climate characteristics in central area of the region

气候带：中亚热带湿润气候 Climate region: Subtropical humid climate	
年平均气温 /℃ Annual average temperature /℃	17.4
年平均最高气温 /℃ Annual average maximum temperature /℃	21.7
年平均最低气温 /℃ Annual average minimum temperature /℃	14.2
年降水量 /mm Annual precipitation /mm	1650
≥10℃的积温 /℃ Daily temperature accumulated in a year（≥10℃）/℃	11668
年日照时数 /h Annual sunshine /h	1821
年平均相对湿度 /% Annual average relative humidity /%	77
干燥度 Dryness	0.63

本区域中心区月平均气温与月平均降水量
Monthly temperature and precipitation in central area of the region

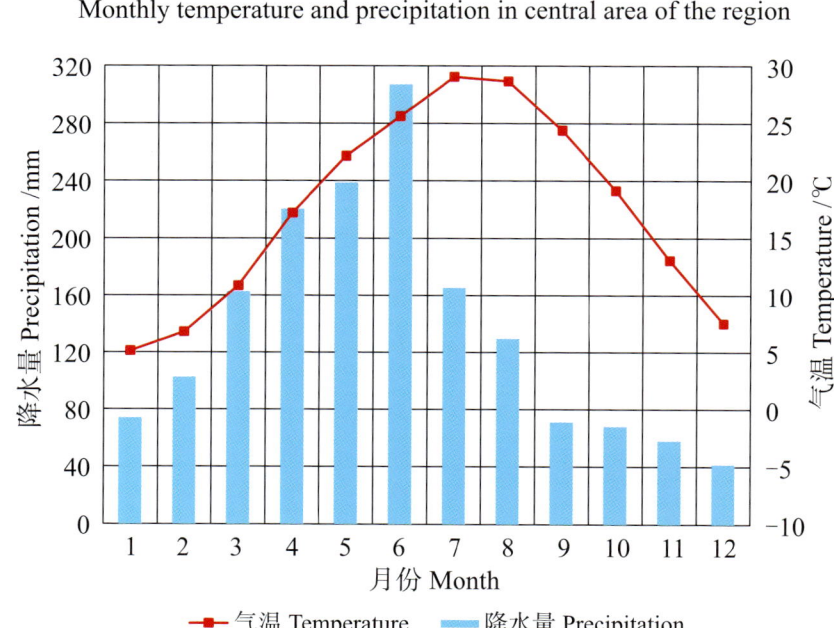

新建县主要土壤类型与土壤剖面点分布图
1∶380 000

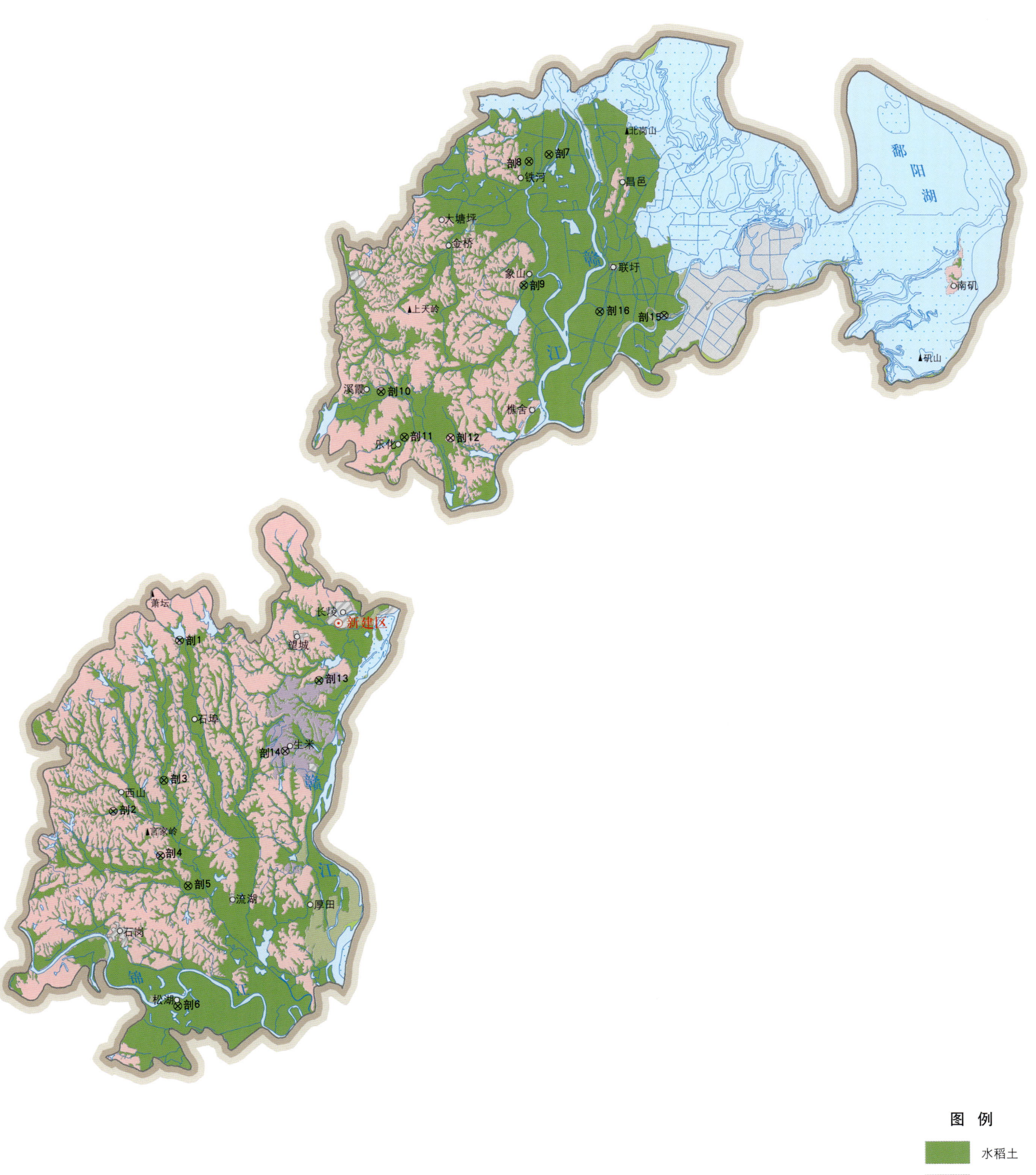

图 例

- 水稻土
- 红壤
- 紫色土
- 新积土
- 潮土
- ⊗ 剖面点

注：国务院 2615 年 7 月批准，撤销新建县，设立新建区。

第二编　分县土壤图与土壤剖面数据 | 041

新建区土壤剖面理化性状表

剖面号 Soil profile	土纲 Soil order	土类 Soil great group	亚类 Soil subgroup	土属 Soil genus	土种 Soil species	土层码 Layer code	土层厚度 Depth/cm	颜色 Soil color	质地 Soil texture	土壤结构 Soil structure	pH	有机质 OM/(g/kg)	全氮 TN/(g/kg)	全磷 TP/(g/kg)	全钾 TK/(g/kg)	碱解氮 AN/(mg/kg)	有效磷 AP/(mg/kg)	速效钾 AK/(mg/kg)	阳离子交换量 CEC/(cmol/kg)	土壤母质 Parent material	剖面点坐标 Profile coordinate	匹配指数 Matching index/%
剖1	人为土	水稻土	红壤性水稻土	红黏土红壤性水稻土	乌黄泥田	1	0—18	暗棕灰色	重壤土	粒状	6.5	27.6	1.86	0.62		137	13.6	78		第四纪红色黏土	E 115°40′30.1″ N 28°40′03.3″	97
						2	18—30	暗棕色	重壤土	小棱块状	6.3	23.6	1.19	0.71			4.0					
						3	30—70	灰棕色	重壤土	暗棱块状	5.4	15.4	0.60	0.59			3.3					
						4	70—	灰棕色	黏土		5.0	17.4	0.65	0.39			1.9					
剖2	人为土	水稻土	红壤性水稻土	千枚岩页岩风化物红壤性水稻土	灰鳝泥田	1	0—15	暗黄灰色	中壤土	屑粒状	6.6	25.3	2.06	0.68		225	6.3	40		千枚岩页岩风化物	E 115°37′06.0″ N 28°32′08.5″	95
						2	15—24	浅黄灰色	重壤土	小块状	6.8	12.6	0.62	0.62			6.0					
						3	24—60	浅黄灰色	黏土	块状	6.8	7.3	0.64	0.63			8.8					
						4	60—	浅黄色	黏土		6.6	8.2	0.69	0.69			11.3					
剖3	人为土	水稻土	红壤性水稻土	红黏土红壤性水稻土	死黄泥田	1	0—10	浅红棕色	重壤土	大块状	5.7	11.2	0.84	0.58		75	6.0	18		第四纪红色黏土	E 115°39′43.8″ N 28°33′36.4″	97
						2	10—15	棕黄色	黏土	块状	6.0	12.6	1.09	0.65			5.3					
						3	15—56	红黄色	黏土	大块状	5.6	10.8	1.09	0.56			6.0					
						4	56—		黏土		6.5	9.4	0.68	0.60			6.3					
剖4	人为土	水稻土	红壤性水稻土	红黏土红壤性水稻土	黄泥田	1	0—12	浅黄棕色	重壤土	碎块状	5.9	21.6	1.65	0.66		172	7.8	29		第四纪红色黏土	E 115°39′34.7″ N 28°30′05.9″	97
						2	12—18	棕灰色	重壤土	块状	5.4	13.2	0.92	0.58			3.8					
						3	18—75	棕黄色	重壤土	块状	6.5	7.3	0.86	0.53			4.8					
						4	75—		黏土		6.4	5.9	0.48	0.53			5.5					
剖5	人为土	水稻土	潴育水稻土	潮泥田	新建潮砂泥田	Aa	0—14	棕灰色	黏壤土	碎块状	4.8	19.3	1.00	0.30	23.6	81	12.0	79		河湖相沉积物	E 115°41′02.7″ N 28°28′42.3″	95
						Ap	14—24	灰黄棕色	黏壤土	块状	5.4	16.8	0.90	0.30	23.2		6.0					
						W₁	24—35	灰黄棕色	壤土	块状	6.9	6.8	0.40	0.30	22.7		7.0					
						W₂	35—100	浊黄橙色	壤土		6.4	5.7	0.40	0.30	25.5		9.0					
剖6	人为土	水稻土	冲积性水稻土	冲积性水稻土	河积泥水稻	1	0—15	屑粒状或棱核状	轻壤土		6.0	24.5	1.02	0.72		160	6.0	31		河流冲积物	E 115°40′32.4″ N 28°23′11.2″	95
						2	15—22	块状或棕罐状	中壤土		7.1	8.8	0.54	0.95			7.0					
						3	22—60				7.5	5.1	0.39	0.95			8.0					
						4	60—100				7.2	4.0	0.34	0.67								
剖7	人为土	水稻土	冲积性水稻土	冲积性水稻土	湖积泥水稻	1	0—16	暗棕色	重壤土	块状	6.7	17.0	1.41	0.71		132	4.3	35		湖积物	E 115°59′45.3″ N 29°02′38.3″	98
						2	16—20		重壤土	棱块状	6.9	13.9	1.13	0.88			8.2		3.0			
						3	20—41	暗棕色	重壤土	块状	6.7	8.2	0.83	0.75			8.2		3.2			
						4	41—				6.9	7.9	0.68	0.57					6.2			
剖8	人为土	水稻土	潴育水稻土	潴育型潮砂泥田	潮砂泥田	A	0—14	灰棕色	黏土	碎块状	4.8	19.3	1.01	0.28	23.6	81	12.0	79	4.8	河流冲积物	E 115°58′41.7″ N 29°02′18.7″	81
						P	14—24	黄褐色	黏土	块状	5.4	16.8	0.88	0.25	23.2		6.8					
						W₁	24—35	黄褐色	黏土	块状	6.9	6.8	0.44	0.25	22.7		9.0					
						W₂	35—100	黄棕色	黏土		6.4	5.7	0.36	0.30	25.5		5.5					
剖9	人为土	水稻土	冲积性水稻土	冲积性水稻土	河积性水稻	1	0—13	棕灰色	轻壤土	屑粒状	6.7	16.6	0.85	0.48		92	7.9	64		河流冲积物	E 115°58′27.2″ N 28°56′37.1″	95
						2	13—22	棕灰色	中壤土	块状	6.6	12.2	0.74	0.42			3.5					
						3	22—65	棕黄灰色			6.1	6.2	0.52	0.40			1.8					
						4	65—100	浅灰黄			6.5	6.6	0.65	0.43			2.5					
剖10	人为土	水稻土	红壤性水稻土	花岗岩一片红壤性水稻土	麻砂泥田	1	0—12	灰色	中壤土	屑粒状	4.5	18.6	1.16	0.68		128	11.8	36		河流冲积物	E 115°50′59.8″ N 28°51′37.6″	95
						2	12—21	棕灰色	中壤土	块状	4.9	13.3	1.08	0.60			6.0					
						3	21—42	棕灰色	中壤土		5.7	6.5	0.33	0.65			4.1					
						4	42—100	深锈黄色	中壤土	块状	5.9	3.8	0.17	0.62			4.3					

续表 Continued

剖面号 Soil profile	土纲 Soil order	土类 Soil great group	亚类 Soil subgroup	土属 Soil genus	土种 Soil species	土层码 Layer code	土层厚度 Depth/cm	颜色 Soil color	质地 Soil texture	土壤结构 Soil structure	pH	有机质 OM/(g/kg)	全氮 TN/(g/kg)	全磷 TP/(g/kg)	全钾 TK/(g/kg)	碱解氮 AN/(mg/kg)	有效磷 AP/(mg/kg)	速效钾 AK/(mg/kg)	阳离子交换量CEC/(cmol/kg)	土壤母质 Parent material	剖面点坐标 Profile coordinate	匹配指数 Matching index/%
剖11	人为土	水稻土	红壤性水稻土	花岗岩片麻岩砂壤性水稻土	乌麻砂泥田	1	0—20	深灰色	中壤土	碎块状	5.3	28.8	1.56	0.51		139	8.5	54			E 115°52′14.0″ N 28°49′32.1″	95
						2	20—32	棕灰色	中壤土	块状	5.8	14.7	0.73	0.46			3.0					
						3	32—48	锈黄色	中壤土	棱柱状	6.8	7.0	0.51	0.51			5.0					
						4	48—100	锈黄色	中壤土	棱柱状	6.9	5.0	0.29	0.29			3.0					
剖12	铁铝土	红壤	熟化红壤	红黏土性旱作红壤	黄泥土	1	0—10				5.6	14.9	0.85	0.64		80	8.8	70		第四纪红色黏土	E 115°54′40.4″ N 28°49′31.4″	97
						2	10—69				5.1	14.1	0.56	0.56			35.0					
						3	69—100				5.0	8.4	0.57	0.60			3.0					
剖13	人为土	水稻土	红壤性水稻土	红黏土红壤性水稻土	黄浆田	1	0—15	黄红色	重壤土、黏土	大块状										第四纪红色黏土	E 115°47′49.8″ N 28°38′16.2″	97
剖14	初育土	紫色土	熟化紫色土	紫泥土	紫砂泥土	1	0—14		轻壤土	屑粒状		11.9	0.85							紫色砂岩风化物	E 115°46′05.2″ N 28°34′59.8″	81
剖15	初育土	新积土	冲积土	河积性潮砂泥土	潮砂泥土	1	0—17	浅灰棕色	中壤土	屑粒状	6.7	14.2	0.76	1.41		87	6.8	46		河流冲积物	E 116°05′51.0″ N 28°55′16.2″	97
						2	17—21	灰黄棕色	中壤土	碎块状	5.7	13.1	0.47	0.70			7.5					
						3	21—63	灰棕色	砂壤土	碎块状	5.8	4.6	0.55	0.55			4.0					
						4	63—	灰棕色														
剖16	人为土	水稻土	冲积性水稻土	冲积性潮稻土	湖积性水稻土	1	0—18	暗棕灰色	重壤土	块状	6.7	29.0	1.17	1.20		142	12.0	51		湖积物	E 116°02′27.8″ N 28°55′25.6″	95
						2	18—26	棕灰色	重壤土	块状	6.6	27.3	1.10	1.41			7.8					
						3	26—53	棕灰色	重壤土	棱块状	6.9	18.0	0.70	1.15			9.3					
						4	53—100	灰棕色	黏土	棱块状	6.6	13.0	0.73	1.07			9.8					

南 昌 县

主要土类说明

水稻土是南昌县主要土壤类型,占本县地域面积的79%。长期种植水稻条件下,水耕熟化和旱耕熟化过程交替进行,水稻土进行着有机质的合成与分解、盐基淋溶与复盐基、黏粒淋溶和聚积等作用。受土壤干湿交替、氧化还原交换进行的影响,土壤剖面形态发生深刻变化,出现了具有独特土体构造的水稻土。依照剖面特征的不同,本县水稻土分为潴育水稻土、潜育水稻土、漂洗水稻土三个亚类。其中潴育水稻土的面积最大,该亚类灌溉、排水、渗透等条件良好,地下水位适中,肥力较高。

红壤是南昌县第二大土壤类型,占本县地域面积的4%。红壤发生在中亚热带常绿阔叶林下,经中度脱硅富铝化作用生成。土壤黏粒中游离铁占全铁的50%—60%,剖面具有深厚红色土层,底层可见深厚的红、黄、白相间网纹红色黏土层。黏土矿物以高岭石、赤铁矿为主,黏粒硅铝率为1.8—2.4,风化淋溶系数小于0.2,盐基饱和度小于35%,pH为4.5—5.5。

潮土是南昌县第三大土壤类型,占本县地域面积的3%。本县潮土仅有一个潮土亚类和一个砂土土属,是在冲积洲及其沿河两岸的河流冲积物上,经开垦种植旱作物而发育形成的土壤。土壤主要特征是耕层深厚,质地疏松,易耕作,通透性强,但吸肥和保水保肥力差,土温变幅大。受河床水位影响,堤外洲地只能季节性种植。

本区域中心区气候特征

本区域中心区气候特征值
Regional climate characteristics in central area of the region

气候带:中亚热带湿润气候 Climate region: Subtropical humid climate	
年平均气温 /℃ Annual average temperature /℃	17.5
年平均最高气温 /℃ Annual average maximum temperature /℃	21.7
年平均最低气温 /℃ Annual average minimum temperature /℃	14.4
年降水量 /mm Annual precipitation /mm	1643
≥10℃的积温 /℃ Daily temperature accumulated in a year (≥10℃) /℃	11850
年日照时数 /h Annual sunshine /h	1819
年平均相对湿度 /% Annual average relative humidity /%	77
干燥度 Dryness	0.63

本区域中心区月平均气温与月平均降水量
Monthly temperature and precipitation in central area of the region

南昌县主要土壤类型与土壤剖面点分布图
1 : 250 000

图例
- 水稻土
- 红壤
- 潮土
- ⊗ 剖面点

第二编　分县土壤图与土壤剖面数据　| 045

南昌县土壤剖面理化性状表

剖面号 Soil profile	土纲 Soil order	土类 Soil great group	亚类 Soil subgroup	土属 Soil genus	土种 Soil species	土层码 Layer code	土层厚度 Depth/cm	颜色 Soil color	质地 Soil texture	土壤结构 Soil structure	pH	有机质 OM/(g/kg)	全氮 TN/(g/kg)	全磷 TP/(g/kg)	全钾 TK/(g/kg)	碱解氮 AN/(mg/kg)	有效磷 AP/(mg/kg)	速效钾 AK/(mg/kg)	阳离子交换量 CEC/(cmol/kg)	土壤母质 Parent material	剖面点坐标 Profile coordinate	匹配指数 Matching index/%
剖1	人为土	水稻土	潴育水稻土	潴育型潮砂田	粗砂糊潮砂田	1	0—17	灰棕红色	砂壤土	松散粒状	4.7	11.9	1.30	0.50		77	4.2	40		河流冲积物	E 115°58′57.8″ N 28°45′17.0″	95
						2	17—25	棕灰色	砂壤土	块状	5.7	9.4	0.60	0.30								
						3	25—67	黄色	粗砂土	单粒状	6.9	1.1	0.20	≤0.10								
						4	67—100	黄灰色	轻壤土	棱粒状	5.5	9.8	1.20	0.60								
剖2	人为土	水稻土	潴育水稻土	潴育型湖砂泥田	中潴灰湖泥田	1	0—12				4.6	25.9	1.60	0.80		157	5.4	73		湖积物	E 115°59′36.0″ N 28°46′05.3″	97
						2	12—21				5.4	24.7	1.70	0.70								
						3	21—57				5.9	11.7	0.90	0.80								
						4	57—100				5.7	5.8	0.60	0.30								
剖3	人为土	水稻土	漂洗水稻土	夹砂黄泥田	弱漂夹砂黄泥田	1	0—14	棕黄色	重壤土	小块状	4.9	29.1	1.30	1.30		162	4.3	72		第四纪老沉积物（莲塘层）	E 115°51′52.8″ N 28°30′47.8″	95
						2	14—20	棕黄色	重壤土	块状	4.9	5.1	0.80	0.90								
						3	20—70	白灰色	中壤土	块状	6.9	4.7	0.50	0.70								
						4	70—100	棕黄色	中壤土	块状	7.0	5.9	0.60	0.60								
剖4	人为土	水稻土	潴育水稻土	潴育型湖泥田	中潴灰湖泥田	1	0—16	棕黄色	轻黏土	小块状	5.3	24.1	1.30	0.50		94	3.0	37		湖积物	E 115°53′18.1″ N 28°34′02.2″	98
						2	16—25	棕灰色	轻黏土	块状	5.8	17.1	1.00	0.70								
						3	25—100	灰棕色	中黏土	块状	5.8	8.0	0.60	0.70								
剖5	铁铝土	红壤	棕红壤	黏棕红泥	棕黄泥	A	0—6	亮棕色	黏土	碎屑状	5.1	5.5	0.40	0.30	26.0				5.2	第四纪老沉积物	E 115°54′23.2″ N 28°34′28.4″	95
						Bv	6—55	橙红色	黏质黏土	碎屑状	5.1	1.8	0.20	0.30	25.4				4.3			
						Bv₂	55—100	棕黄色	黏质泥土	块状	5.0	1.5	0.30	0.30	25.9				5.1			
剖6	铁铝土	红壤		黄泥土	厚层灰黄泥土	1	0—17	棕黄色	黏土	小块状	4.9	10.0	0.80	0.64	24.3	50	3.3	164	4.6	第四纪红色黏土	E 115°58′10.4″ N 28°34′21.1″	98
						2	17—60	棕黄色	黏土	块状	5.2	8.2	0.60	0.52	20.7							
						3	60—100	黄色	黏土	块状	5.2	7.1	0.50	0.53	25.1							
剖7	人为土	水稻土	潴育水稻土	潴育型砂质黄泥田	乌砂黄泥田	A	0—14	黄棕色	壤质黏土	屑粒状	5.2	32.9	1.54	0.45		54	1.9	169		第四纪老沉积物（莲塘层）	E 115°56′53.1″ N 28°32′24.8″	95
						P	14—21	暗棕色	黏质黏土	小块状	5.5	21.3	0.97	0.39								
						W	21—52	黄棕色	砂壤土	棱块状	6.0	9.6	0.66	0.31								
						G	52—100	褐黄色	砂壤土	块状	6.4	3.5	0.34	0.33								
剖8	铁铝土	红壤		红砂泥土	中层红砂泥土	1	0—20	棕黄色	轻黏土	屑粒状	5.2	10.6	0.80	0.50		71	9.4	64		红砂岩类风化物	E 115°57′17.2″ N 28°29′45.4″	95
						2	20—53	棕黄色	中壤土	小块状	5.1	3.0	0.60	0.40								
						3	53—100	黄棕色	中壤土	块状	5.1	4.0	0.60	0.40								
剖9	铁铝土	红壤		夹砂黄泥土	厚层夹砂黄泥土	1	0—14	红棕色	中壤土	屑粒状	5.3	9.7	0.90	0.40		71	3.7	94		第四纪老沉积物（莲塘层）	E 115°57′58.2″ N 28°28′44.3″	95
						2	14—50	棕红色	中壤土	细粒状	5.4	1.6	0.60	0.20								
						3	50—100	棕红色	中壤土	碎屑状	5.6	3.8	0.50	0.30								
剖10	铁铝土	红壤		红砂泥土	中层红砂泥土	1	0—23	褐棕色	重黏土	碎屑状	5.4	13.1	1.10	0.50		145		103		红砂岩类风化物	E 115°56′58.8″ N 28°26′54.8″	95
						2	23—81	红棕色	重黏土	碎屑状	5.0	3.7	0.90	0.70								
						3	81—100	红棕色	重黏土	块状	5.0	3.0	0.60	0.60								
剖11	人为土	水稻土	潴育水稻土	潮砂泥田	上位弱潜灰潮砂泥田	1	0—11	黄灰色	轻黏土	块状	5.6	21.5	1.80	0.50						河流冲积物	E 115°59′07.2″ N 28°25′07.2″	95
						2	11—19	青灰色	轻壤土	糊栏无结构	7.6	17.2	1.40	0.50								
						3	19—37	灰黄色	重壤土	块状	7.4	5.4	0.50	0.60								
						4	37—53	黄色	重壤土	块状												
						5	53—100	棕黄色	重壤土	块状												
剖12	人为土	水稻土	漂洗水稻土	潮泥田	弱漂潮泥田	1	0—13	灰棕色	重壤土	软块状	5.6	26.1	1.60	0.60		103	5.5	46		河流冲积物	E 115°56′18.7″ N 28°24′54.2″	97
						2	13—23	灰棕色	重壤土	块状	5.3	10.6	1.20	0.93								
						3	23—43	白灰色	重壤土	棱块状	6.9	2.5	0.40	0.20								
						4	43—100	白棕色	重壤土	块状	6.2	4.9	0.60	0.50								

续表 Continued

剖面号 Soil profile	土纲 Soil order	土类 Soil great group	亚类 Soil subgroup	土属 Soil genus	土种 Soil species	土层码 Layer code	土层厚度 Depth/cm	颜色 Soil color	质地 Soil texture	土壤结构 Soil structure	pH	有机质 OM/(g/kg)	全氮 TN/(g/kg)	全磷 TP/(g/kg)	全钾 TK/(g/kg)	碱解氮 AN/(mg/kg)	有效磷 AP/(mg/kg)	速效钾 AK/(mg/kg)	阳离子交换量 CEC/(cmol/kg)	土壤母质 Parent material	剖面点坐标 Profile coordinate	匹配指数 Matching index/%
剖13	人为土	水稻土	潴育水稻土	潴育型红砂泥田	中潴红砂泥田	1	0~9	灰棕色	重壤土	小块状										红砂岩类风化物	E 115°58′22.0″ N 28°22′24.5″	97
						2	9~16	灰黄色	重壤土	块状												
						3	16~100	黄褐色														
剖14	人为土	水稻土	潴育水稻土	潴育型红砂泥田	表潜性中潴灰红砂泥田	1	0~10	棕灰色	重壤土	糊烂无结构	5.5		1.90	0.68		187	4.1	49		红砂岩类风化物	E 115°58′46.0″ N 28°22′10.0″	97
						2	10~14	浅灰红色	重壤土	棱块不明显	6.9		1.50	0.62								
						3	14~100	棕红色	重壤土	棱块状	7.1		0.60	0.65								
剖15	铁铝土	红壤	红壤	夹砂黄泥土	厚层乌夹砂黄泥土	1	0~24	暗棕色	中壤土	团粒状	7.0	36.7	1.40	0.70		66	15.8	56		第四纪老沉积物（莲塘层）	E 115°59′16.4″ N 28°20′18.6″	95
						2	24~46	灰黄色	中壤土	块状	7.3	8.1	0.60	0.50								
						3	46~100	棕黄色	中壤土	块状	7.1	5.9	0.60	0.40								
剖16	人为土	水稻土	潴育水稻土	潴育型潮砂泥田	弱潜粗砂底潮砂泥田	1	0~12	浅灰棕色	砂壤土	屑块状	4.9	15.7	1.00	0.59		91	5.9	57		河流冲积物	E 116°02′35.1″ N 28°47′57.0″	95
						2	12~15	黄棕色	砂土	小块状	5.3	10.0	0.70	0.40								
						3	15~33	棕黄色	粗砂土	单粒状	6.8	2.6	0.30	≤0.10								
						4	33~100	棕黄色			6.5	2.2	0.30	0.40								
剖17	人为土	水稻土	潴育水稻土	潴育型潮砂泥田	中潴砂底潮砂泥田	1	0~17	棕灰色	轻壤土	屑块状	5.3	15.8	1.40	0.70		87	4.1	49		河流冲积物	E 116°04′49.9″ N 28°49′32.8″	95
						2	17~25	灰黄色	轻壤土	屑块状	5.5	17.8	1.10	0.50								
						3	25~72	黄棕色	轻壤土	棱块不明显	6.0	6.2	0.50	0.30								
						4	72~100	棕黄色	砂壤土	松散状	6.8	≤1.0	0.20	0.25								
剖18	人为土	水稻土	潴育水稻土	潴育型潮砂黄泥田	表潜性弱潴潮砂泥田	1	0~14	浅灰棕色	中壤土	小团块状	5.5	19.7	1.20	0.40		31	3.3	34		河流冲积物	E 116°03′59.9″ N 28°48′27.8″	95
						2	14~22	黄棕色	中壤土	块状	6.9	8.9	0.60	0.60								
						3	22~80	灰黄色	中壤土	棱块状	6.7	8.9	0.70	0.30								
						4	80~100	黄棕色	中壤土	团块状	6.6	7.3	0.60	0.60								
剖19	人为土	水稻土	潴育水稻土	潴育型潮砂泥田	表潜性弱潴潮黄砂泥田	1	0~10	浅灰棕色	中壤土	小块状	5.5	24.7	1.50	0.60		190	5.4	58		河流冲积物	E 116°03′58.6″ N 28°47′05.3″	95
						2	10~20	棕灰色	中壤土	块状	6.1	16.7	0.90	0.50								
						3	20~61	浅灰棕色	中壤土	棱块状	6.8	8.5	0.60	0.60								
						4	61~100	黄棕色	砂壤土	松散粒状	5.5	10.9	1.10	0.40								
剖20	人为土	水稻土	潴育水稻土	潴育型潮砂泥田	潮砂泥田	1	0~10	灰棕色	轻壤土	小块状	6.0	6.9	0.60	0.40		82	4.4	50		河流冲积物	E 116°05′19.3″ N 28°45′26.1″	95
						2	10~20	棕灰色	轻壤土	小块状	6.0	6.1	0.30	0.50								
						3	20~100	黄棕色	砂壤土	屑块状	6.9	4.0	0.40	0.40								
剖21	人为土	水稻土	潴育水稻土	潴育型潮黄砂泥田	中潴性中潴夹黄泥田	1	0~17		重壤土	小块状		19.8	1.40	0.80		77	5.0	64		河流冲积物	E 116°11′20.0″ N 28°49′07.1″	95
						2	17~24	棕灰色	重壤土	不明显块状		10.2	1.30	0.14								
						3	24~72	青灰色	重壤土	块状		2.6	0.60	≤0.10								
						4	72~100	灰棕色	重壤土	棱块状		14.0	0.70	0.61								
剖22	人为土	水稻土	潴育水稻土	潴育型潮砂泥田	表潜性中潴夹砂黄泥田	1	0~18	棕灰色	黏土	小块状	6.8	27.6	1.40	0.72		131	5.0	61		第四纪老沉积物（莲塘层）	E 116°12′00.1″ N 28°47′07.0″	95
						2	18~23	青灰色	黏土	碎块状	6.8	24.5	1.50	0.67								
						3	23~54	灰棕色	黏土	不明显块状	7.1	16.0	1.50	0.30								
						4	54~100	黄棕色	黏土	碎块状	7.1	5.7	0.40	0.40								
剖23	人为土	水稻土	潴育水稻土	潴育型黄砂泥田	中砂底潮黄砂泥田	1	0~14	灰棕色	重壤土	小块状	6.3	28.9	1.70	0.60		86	3.3	60		第四纪红色黏土	E 116°12′16.9″ N 28°46′40.2″	95
						2	14~19	棕灰色	重壤土	棱块状	6.2	12.7	0.80	0.70								
						3	19~44	棕黄色	重壤土	块状	6.6	8.5	0.60	0.80								
						4	44~100	黄棕色	重壤土	块状	6.8	11.4	0.50	1.00								
剖24	人为土	水稻土	潴育水稻土	潴育型潮泥田	中潴灰潮泥田	1	0~16	棕棕色	重壤土	小块状										河流冲积物	E 116°11′48.5″ N 28°46′03.7″	97
						2	16~23		重壤土	棱块状												
						3	23~50															
							50~100															

续表 Continued

剖面号 Soil profile	土纲 Soil order	土类 Soil great group	亚类 Soil subgroup	土属 Soil genus	土种 Soil species	土层码 Layer code	土层厚度 Depth/cm	颜色 Soil color	质地 Soil texture	土壤结构 Soil structure	pH	有机质 OM/(g/kg)	全氮 TN/(g/kg)	全磷 TP/(g/kg)	全钾 TK/(g/kg)	碱解氮 AN/(mg/kg)	有效磷 AP/(mg/kg)	速效钾 AK/(mg/kg)	阳离子交换量 CEC/(cmol/kg)	土壤母质 Parent material	剖面点坐标 Profile coordinate	匹配指数 Matching index/%
剖25	人为土	水稻土	潴育水稻土	潴育型夹砂夹黄泥田	乌夹砂黄泥田	1	0-15	棕黑色	中壤土	屑粒状	5.4	31.5	2.30	0.70		192	4.5	47		第四纪老沉积物（莲塘层）	E 116°11′32.8″ N 28°45′53.2″	95
						2	15-24	棕黄色	中壤土		5.1	21.8	1.90	0.40								
						3	24-55	灰黄色	重壤土	棱块状	6.9	8.0	0.90	0.40								
						4	55-100	棕黄色	中壤土	团块状	6.8	6.1	0.70	0.90								
剖26	人为土	水稻土	潴育水稻土	潴育型夹砂夹黄泥田	表潜性中潴灰夹砂黄泥田	1	0-15	棕灰色	中壤土	棱块状	5.6	19.1	1.30	0.50		122	2.9	97		第四纪老沉积物（莲塘层）	E 116°13′34.5″ N 28°46′02.8″	95
						2	15-32	青灰色	重壤土	棱块状	6.3	14.3	1.00	0.60								
						3	32-60	棕灰色	重壤土	棱块状	6.8	4.5	0.70	0.50								
						4	60-100	黄棕色	中壤土	小块状	6.8	6.9	0.70	0.50								
剖27	人为土	水稻土	潴育水稻土	潴育型夹砂夹黄泥田	夹砂黄泥田	1	0-14	棕灰色	中壤土	碎块状										第四纪老沉积物（莲塘层）	E 116°13′17.8″ N 28°45′22.1″	95
						2	14-19	灰棕色	中壤土	块状												
						3	19-49	灰棕色	中壤土	棱块状												
						4	49-100	棕色	壤质土	棱块状												
剖28	半水成土	潮土		潮砂土	灰潮砂土	1	0-17	灰棕色	紧砂土	屑粒状	5.9	11.4	0.90	0.60		91	7.4	79		河流冲积物	E 116°14′17.8″ N 28°46′39.3″	95
						2	17-33	浅灰棕色	紧砂土	屑粒状	5.5	5.6	0.30	0.60								
						3	33-67	棕黄色	松砂土	小块状	5.9	7.0	≤0.10	0.40								
						4	67-100	浅棕灰色	砂壤土	小块状	5.7	5.6	0.30	0.50								
剖29	人为土	水稻土	潴育水稻土	潴育型潮泥田	中潜潮泥田	1	0-16	棕灰色	重壤土	小块状	5.6	17.8	1.10	0.60		123	5.0	33		河流冲积物	E 116°14′28.5″ N 28°46′53.3″	97
						2	16-21	蓝灰色	重壤土	棱块状	5.9	17.9	1.20	0.50								
						3	21-40	灰棕色	重壤土	棱块状	6.7	12.3	0.90	0.60								
						4	40-100	棕色	重壤土	块状	6.3	6.5	0.80	0.60								
剖30	人为土	水稻土	潴育水稻土	湖泥田	中位中潜湖泥田	1	0-15	灰棕色	轻黏土	团块状	5.5	14.5	1.20	0.60		106	5.9	50		湖积物	E 116°13′02.5″ N 28°42′36.7″	99
						2	15-23	棕灰色	轻黏土	碎块状	5.9	9.8	0.80	0.50								
						3	23-55	青灰色	轻黏土	粘糊状	5.5	9.9	0.40	0.50								
						4	55-100	青灰色	轻黏土	粘糊状	5.9	9.5	1.20	0.80								
剖31	人为土	水稻土	潴育水稻土	潴育型夹砂夹黄泥田	中潴灰黄泥田	1	0-12	棕灰色	重壤土	小块状	6.1	24.5	1.50	0.70		77	5.4	40		第四纪红色黏土	E 116°05′17.4″ N 28°41′51.7″	95
						2	12-17	灰棕灰色	重壤土	块状	6.3	21.5	1.20	0.30								
						3	17-55	灰黄棕色	轻壤土	小楼块状	6.7	5.3	0.50	0.30								
						4	55-100	灰棕色	轻壤土	棱块状	6.6	6.4	0.50	0.50								
剖32	人为土	水稻土	潴育水稻土	潴育型夹砂夹黄泥田	灰棕砂泥田	1	0-15	棕灰色	中壤土	块状	5.4	20.8	1.20	1.30		105	19.3	55		河流冲积物	E 116°04′39.0″ N 28°40′33.6″	95
						2	15-21	浅棕灰色	重壤土	小棱块状	6.6	14.2	0.90	0.85								
						3	21-56	棕灰色	重壤土	棱块状	6.4	7.0	0.60	0.87								
						4	56-100	棕色	中壤土	棱块状	6.4	6.6	0.50	0.86								
剖33	人为土	水稻土	潴育水稻土	潴育型夹砂夹黄泥田	强潴灰夹砂黄泥田	1	0-17	棕褐色	重壤土	碎屑状	5.3	28.1	1.80	0.70		89	7.6	37		第四纪老沉积物（莲塘层）	E 116°06′34.8″ N 28°41′52.2″	95
						2	17-25	棕灰色	重壤土	团块状	6.6	8.4	0.30	0.80								
						3	25-100	灰棕色	中壤土	块状	6.7	4.5	0.40	0.60								
剖34	人为土	水稻土	潴育水稻土	潮砂泥田	表潜潮砂泥田	A	0-14	黄棕色	砂质黏壤土	团块状	5.6	17.8	0.93	0.36	30.4	46	6.0	94	5.4	近代河流沉积物	E 116°06′11.0″ N 28°40′23.7″	81
						Pg	14-19	青灰色	黏土	块状	6.3	10.2	0.51	0.34	29.4	56	11.0	85	5.8			
						G	19-35	青灰色	黏土	软散状	6.1	7.1	0.37	0.37	29.9	115	13.0	98	5.2			
						C	35-100	棕灰色	壤质黏土	棱块状	6.0	9.6	0.51	0.44	29.0	55	13.0	104	7.3			
剖35	人为土	水稻土	漂洗水稻土	湖泥田	弱潜湖泥田	1	0-10	灰棕色	重壤土	团块状	5.5	12.1	1.30	0.70		108	3.4	41		湖积物	E 116°01′47.9″ N 28°40′01.2″	97
						2	10-16	棕灰色	重黏土	棱块状	6.0	12.5	1.20	0.60								
						3	16-100	浅灰白色	轻黏土	松散状	6.5	3.5	0.90	1.10								
剖36	人为土	水稻土	潴育水稻土	潴育型夹砂夹黄泥田	弱潴砂夹潮砂泥田	1	0-13	黄棕色	轻壤土	小团块状	5.5	17.4	1.40	0.50		246	5.4	67		河流冲积物	E 116°08′59.3″ N 28°42′33.4″	95
						2	13-19	棕灰色	轻壤土	棱块状	5.9	10.4	0.70	0.60								
						3	19-25	黄棕色	砂质土	松散状	6.6	4.1	0.30	0.50								
						4	25-100	黄褐色	轻壤土	块状	6.7	7.0	0.70	0.60								

续表 Continued

剖面号 Soil profile	土纲 Soil order	土类 Soil great group	亚类 Soil subgroup	土属 Soil genus	土种 Soil species	土层码 Layer code	土层厚度 Depth/cm	颜色 Soil color	质地 Soil texture	土壤结构 Soil structure	pH	有机质 OM/(g/kg)	全氮 TN/(g/kg)	全磷 TP/(g/kg)	全钾 TK/(g/kg)	碱解氮 AN/(mg/kg)	有效磷 AP/(mg/kg)	速效钾 AK/(mg/kg)	阳离子交换量CEC/(cmol/kg)	土壤母质 Parent material	剖面点坐标 Profile coordinate	匹配指数 Matching index/%
剖37	人为土	水稻土	潴育水稻土	潴育型潮砂泥田	潮砂泥田	1	0~16	灰棕色	中壤土	屑块状	5.1	12.1	1.60	0.60		156	4.4	72		河流冲积物	E 116°11′57.1″ N 28°44′44.8″	95
						2	16~24	黄灰色	中壤土	棱块状	5.2	24.2	1.00	0.60								
						3	24~100	黄棕色	中壤土	棱块状	5.9	16.0	0.60	0.70								
剖38	人为土	水稻土	潴育水稻土	潴育型潮砂泥田	中潴灰潮砂泥田	1	0~13	棕灰色	中壤土	碎块状	5.4	14.8	0.90	0.70		98	6.3	120		河流冲积物	E 116°14′49.1″ N 28°44′37.0″	95
						2	13~17	灰棕色	轻壤土	碎块状	5.8	14.4	0.98	0.67								
						3	17~23	黄棕色	粗砂土	松散状	6.3	1.1	0.15	0.26								
						4	23~66	黄棕色	轻壤土	棱块状	6.3	13.0	0.30	1.10								
						5	66~100	棕黄色	轻壤土	棱块状	6.2	11.8	0.90	1.30								
剖39	人为土	水稻土	潴育水稻土	潴育型黄泥田	弱潴灰黄泥田	1	0~15	灰棕色	重壤土	小块状	5.1	35.0	2.30	1.20		252	5.1	61		第四纪红色黏土	E 116°14′42.4″ N 28°40′14.8″	97
						2	15~22	棕黄色	黏土	块状	6.8	13.5	1.20	1.30								
						3	22~68	棕黄色	黏土	棱块状	6.8	3.7	0.90	0.30								
剖40	人为土	水稻土	潴育水稻土	潴育型黄泥田	中潴黄泥田	1	0~13	浅灰黄色	重壤土	小块状	5.4	22.1	1.70	0.60		106	6.4	89		第四纪红色黏土	E 116°08′16.6″ N 28°41′52.1″	97
						2	13~19	浅灰黄色	黏土	块状	6.1	11.6	1.00	0.60								
						3	19~44	浅黄色	黏土	棱块状	7.3	5.0	0.60	0.50								
						4	44~80	棕黄色	黏土	块状	6.6	5.1	0.60	0.50								
						5	80~100	灰黄色	黏土	块状	6.7	33.7	0.50	0.40								
剖41	人为土	水稻土	潴育水稻土	潴育型湖泥田	表潜性中潴湖泥田	1	0~16	棕黄色	轻黏土	团粒状	5.4	29.3	1.70	0.96		136	5.8	88		湖积物	E 116°09′30.0″ N 28°42′00.1″	95
						2	16~24	黄棕色	中壤土	棱块状	6.0	9.9	1.00	0.60								
						3	24~100	棕黄色	黏土	棱块状	5.9	4.9	0.90	0.60								
剖42	人为土	水稻土	潴育水稻土	潴育型湖泥田	中潴湖泥田	1	0~14	灰棕色	轻壤土	碎屑状	5.2	17.4	0.80	0.80		127	7.2	63		湖积物	E 116°10′35.9″ N 28°40′25.7″	98
						2	14~21	棕黄色	轻黏土	块状	5.9	11.0	0.70	0.80								
						3	21~60	灰褐色	中壤土	棱块状		9.3	0.70	1.80								
						4	60~100	灰棕色	轻壤土	棱块状	6.3	25.2	1.60	0.70								
剖43	人为土	水稻土	漂洗水稻土	黄泥田	弱潴灰黄泥田	1	0~13	黄灰色	重壤土	碎屑状	6.7	15.8	1.40	0.70		147	7.4	43		第四纪红色黏土	E 116°04′56.5″ N 28°35′29.4″	98
						2	13~19	黄灰色	中壤土	棱块状	8.0	5.0	0.60	0.40								
						3	19~44	棕灰色	重壤土	棱块状	6.6	3.1	0.20	0.20								
						4	44~68	灰黄色	重壤土	棱块状	6.9	3.6	0.40	0.20								
剖44	人为土	水稻土	潴育水稻土	黄泥田	弱潴灰黄泥田	1	0~12	棕灰色	黏土	小块状	6.3	18.8	0.80	0.66		131	4.4	84		第四纪红色黏土	E 116°10′12.4″ N 28°36′40.9″	99
						2	12~18	灰棕色	黏土	块状	6.8	10.3	0.40	0.51								
						3	18~68	棕黄色	黏土	棱散状	6.7	4.8	0.90	0.63								
						4	68~100	浅白灰色	重黏土	碎屑状	6.9	5.1	0.53	1.40								
剖45	人为土	水稻土	漂洗水稻土	黄泥田	中漂黄泥田	1	0~13	棕灰色	中壤土	块状	5.4	17.9	1.30	0.50				41		第四纪红色黏土	E 116°05′26.7″ N 28°34′29.7″	98
						2	13~28	暗黄色	黏土	棱散状	6.0	11.6	1.10	0.40								
						3	28~67	白灰黄色	黏土	碎块状	6.8	3.2	0.50	0.40								
						4	67~100	黄棕色	重黏土	碎块状	6.6	3.4	0.80	0.70								
剖46	铁铝土	红壤	红壤	黄泥田	薄层黄泥土	1	0~12	灰棕色	中壤土	小块状	5.8	7.3	0.60	0.70		54	6.5	80		第四纪红色黏土	E 116°06′24.9″ N 28°31′05.0″	97
						2	12~38	棕黄色	重黏土	小块状	5.7	3.1	0.60	0.60								
						3	38~64	黄棕色	中黏土	小块状	5.5	2.6	0.60	0.40								
						4	64~100	黄色	中壤土	小块状	5.6	3.0	0.80	0.40								
剖47	人为土	水稻土	潴育水稻土	潴育型黄泥田	中潴灰黄泥田	1	0~12	黄棕色	重壤土	碎块状	5.8	25.3	1.70	0.30		182	7.0	41		第四纪红色黏土	E 116°02′15.0″ N 28°31′52.0″	98
						2	12~16	黄灰色	重壤土	块状	6.2	9.6	0.60	0.50								
						3	16~63	灰黄色	重壤土	棱块状	7.1	5.5	0.50	0.50								
						4	63~100	黄灰色	重壤土	棱块状	6.6	4.0	0.50	0.30								

续表 Continued

剖面号 Soil profile	土纲 Soil order	土类 Soil great group	亚类 Soil subgroup	土属 Soil genus	土种 Soil species	土层码 Layer code	土层厚度 Depth/cm	颜色 Soil color	质地 Soil texture	土壤结构 Soil structure	pH	有机质 OM/(g/kg)	全氮 TN/(g/kg)	全磷 TP/(g/kg)	全钾 TK/(g/kg)	碱解氮 AN/(mg/kg)	有效磷 AP/(mg/kg)	速效钾 AK/(mg/kg)	阳离子交换量CEC/(cmol/kg)	土壤母质 Parent material	剖面点坐标 Profile coordinate	匹配指数 Matching index/%
剖48	铁铝土	红壤	红壤	红砂泥土	薄层红砂泥土	1	0—17	棕黄色	轻壤土	屑粒状										红砂岩类风化物	E 116°00′21.3″ N 28°21′19.9″	95
						2	17—40	红棕色	轻壤土													
						3	40—100	红棕色														
剖49	人为土	水稻土	潴育水稻土	潴育型红砂泥田	中潴红砂泥田	1	0—8				5.2	18.2	1.80	0.30		82	4.1	47		红砂岩类风化物	E 116°02′09.2″ N 28°18′57.4″	97
						2	8—13				6.5	15.5	1.10	0.60								
						3	13—100				7.1	7.4	0.80	0.90								
剖50	人为土	水稻土	潴育水稻土	潴育型潮砂泥田	弱潴卵石底潮砂泥田	1	0—9	黄棕色	粗粉砂土	碎粒状	5.8	11.6	0.90	0.20		63	4.8	21		河流冲积物	E 116°15′41.8″ N 28°46′40.5″	95
						2	9—100	白黄色	砂土		6.1	5.6	0.30	≤0.10								
剖51	人为土	潴育水稻土	潴育水稻土	潴育型潮砂泥田	中潴灰潮砂泥田	1	0—14				5.3	24.4	1.60	0.40		92	4.8	43		河流冲积物	E 116°16′20.4″ N 28°46′11.6″	95
						2	14—24				5.7	15.3	1.00	0.60								
						3	24—40				6.4	9.3	0.70	0.50								
						4	40—65				6.4	7.6	0.60	0.50								
						5	65—100				6.7	9.8	0.50	0.40								
剖52	人为土	水稻土	潴育水稻土	潴育型潮砂泥田	表潜性中潴灰潮砂泥田	1	0—13	棕色	中壤土	小块状	5.3	24.9	1.70	0.60		152	4.4	76		河流冲积物	E 116°16′59.4″ N 28°46′30.7″	95
						2	13—20	青灰色	中壤土	棱块状	6.2	18.5	1.40	0.60								
						3	20—62	棕色	中壤土	棱块状	7.5	3.6	0.70	0.60								
						4	62—100	黄棕色	中壤土	棱块状	7.3	13.2	1.10	0.70								
剖53	人为土	水稻土	潴育水稻土	潴育型潮砂泥田	灰潮砂泥田	1	0—14	黄棕色	砂壤土	松散粒状	5.5	21.6	1.60	0.60		168	5.0	86		河流冲积物	E 116°16′24.6″ N 28°45′30.0″	95
						2	14—23	棕黄色	砂壤土	小棱粒状	6.8	13.5	1.00	0.90								
						3	23—56	棕黄色	轻壤土	小碎块状	6.7	5.7	0.30	0.80								
						4	56—100	棕黄色	轻壤土	松散粒状	6.1	6.1	0.30	0.50								
剖54	人为土	水稻土	潴育水稻土	潴育型砂质黄泥田	灰砂质黄泥田	A	0—15	黄棕色	粉砂质黏壤土	屑粒状	5.5	23.9	1.47	0.39	14.2	141	5.0	93	4.6	第四纪老沉积物（莲塘层）	E 116°16′07.2″ N 28°43′50.9″	95
						P	15—24	棕色	粉砂质黏壤土	块状	5.5	16.1	0.99	0.33	13.5	142	5.0	70	8.0			
						W₁	24—36	棕黄色	粉砂质黏壤土	棱块状	6.4	5.9	0.55	0.39	13.9	60	3.0	74	7.2			
						W₂	36—100	黄棕色	粉砂质黏壤土	棱块状	7.3	4.7	0.42	0.33	12.8	42	3.0	71	7.4			

安 义 县

主要土类说明

红壤是安义县主要土壤类型，占本县地域面积的56%。本县红壤是在亚热带湿润气候条件下形成的典型地带性土壤。红壤剖面层次较为齐全，有表土层、均质红土层、胶膜斑淀层、网纹层。部分地区由于植被破坏，水土流失较为严重，表土层一般浅薄，很大一部分红壤表土层被剥蚀，严重的地方露出网纹层以及基岩。本县红壤只有红壤一个亚类。

水稻土是安义县第二大土壤类型，占本县地域面积的38%。水稻土是本县最主要的耕作土壤，分布在各乡镇的平原和山丘垄谷，凡有水源的地方都垦为水田。水稻土是土壤在长期栽种水稻、灌水、水耕熟化条件下形成的。自然土壤一经开垦种植水稻，在淹水条件下，耕作层被水分所饱和，导致土壤发生还原作用，铁、锰及其他物质黏粒随水下渗到犁底层及心土层。由于耕作过程的压实及黏粒沉积，犁底层起着一定的托水作用。犁底层和心土层的水分并不饱和，心土层有一定的孔隙，充满空气，下渗的低价铁、锰存于心土层，被氧化为高价铁、锰而淀积下来，形成黄色、黄棕色斑点、条纹或颗粒状结核。同时下渗的黏粒在心土层结构表面淀积成灰色胶膜。地下水升降波动，也会造成同样的胶膜现象。这种还原淋溶与氧化淀积过程，使水稻土形成独特的剖面特征。受本县地下水位高低、水分渗透强弱和水耕熟化年限差别的影响，水稻土又有淹育、潴育、潜育、漂洗等附加过程，从而形成了淹育水稻土、潴育水稻土、潜育水稻土和漂洗水稻土四个亚类。其中潴育水稻土占本县水稻土面积的90%以上。

小于本县地域面积3%的土壤类型还有紫色土。

本区域中心区气候特征

本区域中心区气候特征值
Regional climate characteristics in central area of the region

气候带：中亚热带湿润气候 Climate region: Subtropical humid climate	
年平均气温 /℃ Annual average temperature /℃	17.5
年平均最高气温 /℃ Annual average maximum temperature /℃	21.6
年平均最低气温 /℃ Annual average minimum temperature /℃	14.4
年降水量 /mm Annual precipitation /mm	1573
≥10℃的积温 /℃ Daily temperature accumulated in a year（≥10℃）/℃	11587
年日照时数 /h Annual sunshine /h	1801
年平均相对湿度 /% Annual average relative humidity /%	77
干燥度 Dryness	0.66

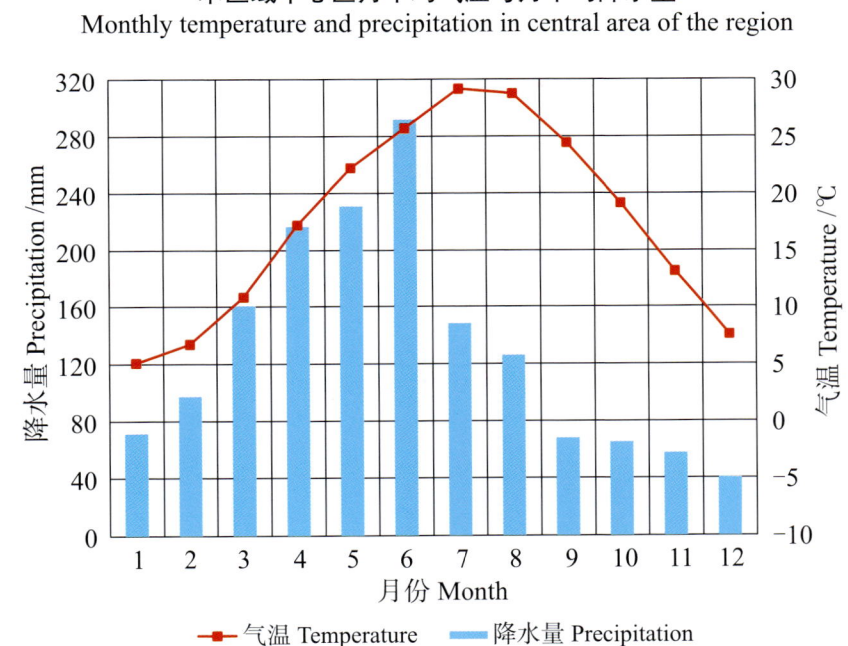

本区域中心区月平均气温与月平均降水量
Monthly temperature and precipitation in central area of the region

安义县主要土壤类型与土壤剖面点分布图
1∶170 000

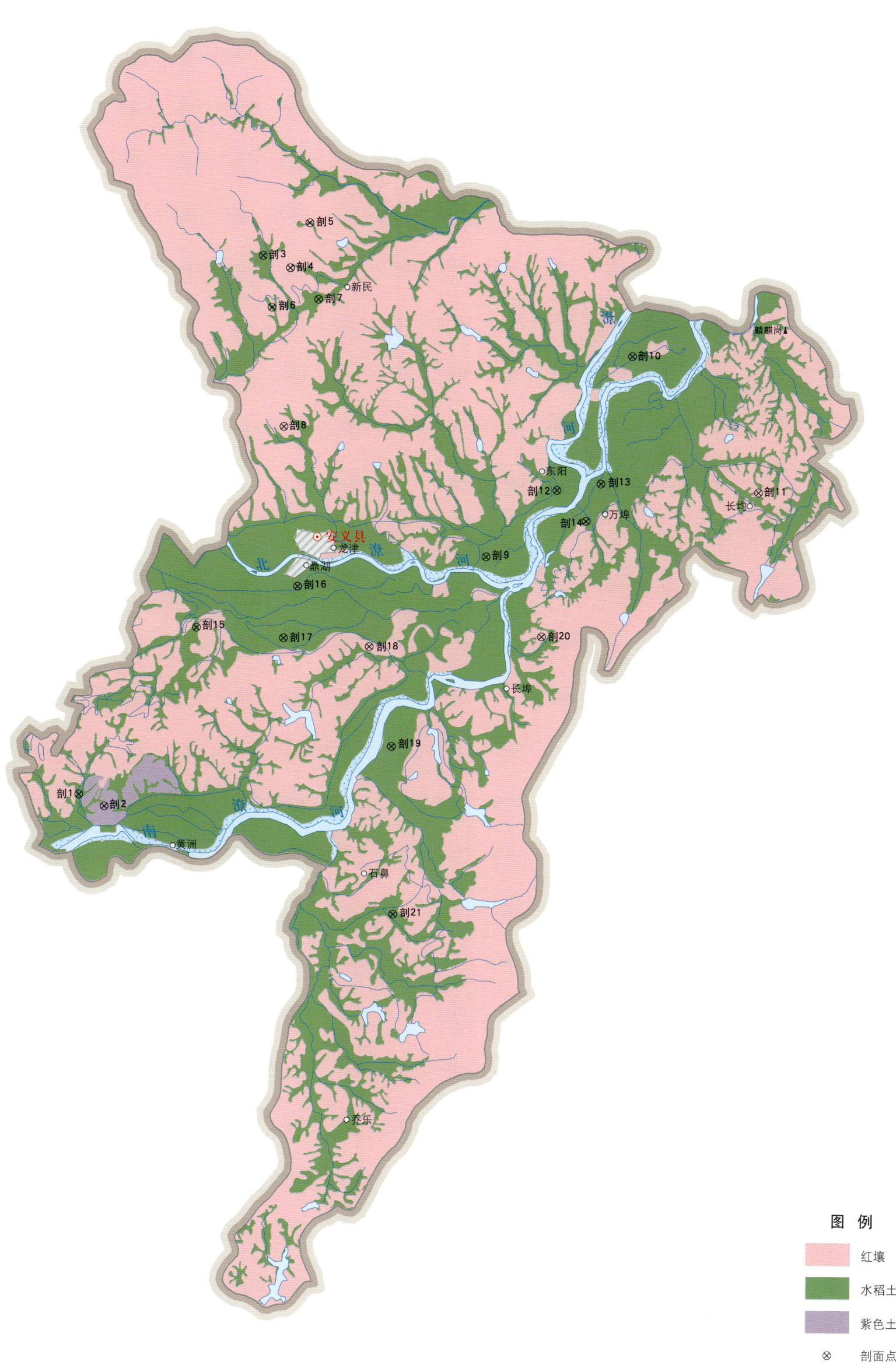

图 例
- 红壤
- 水稻土
- 紫色土
- ⊗ 剖面点

安义县土壤剖面理化性状表

剖面号 Soil profile	土纲 Soil order	土类 Soil great group	亚类 Soil subgroup	土属 Soil genus	土种 Soil species	土层码 Layer code	土层厚度 Depth/cm	颜色 Soil color	质地 Soil texture	土壤结构 Soil structure	pH	有机质 OM/(g/kg)	全氮 TN/(g/kg)	全磷 TP/(g/kg)	碱解氮 AN/(mg/kg)	有效磷 AP/(mg/kg)	速效钾 AK/(mg/kg)	土壤母质 Parent material	剖面点坐标 Profile coordinate	匹配指数 Matching index/%
剖1	人为土	水稻土	潴育水稻土	潴育型潮砂泥田	强潴育灰潮砂泥田	1	0–14	暗灰黄色	轻壤土	碎屑状	5.4	23.0	1.40	1.10	136	5.0	25	河流冲积物	E 115°27′21.9″ N 28°45′18.1″	95
						2	14–18	暗灰黄色	轻壤土	块状		20.0	0.95	0.70						
						3	18–38	棕色	中壤土	梭状		12.0	0.53	0.51						
						4	38—	暗棕色	砂壤土			7.0	0.20	0.40						
剖2	初育土	紫色土	酸性紫色土	紫色泥页岩酸性紫色土	厚层灰酸性紫泥土	1	0–18	灰紫色	黏土		4.3	14.3	0.74	0.66	113	18.5	40	紫色泥页岩类	E 115°27′58.2″ N 28°45′03.8″	95
						2	18–27	紫红色	黏土			6.0	0.46	0.65						
						3	27–55	紫红色	黏土			3.1	0.33	0.27						
						4	55—	紫红色	黏土			3.0	0.13	0.31						
剖3	人为土	水稻土	漂洗水稻土	漂洗型鳝泥田	中漂灰鳝泥田	1	0–16	褐色	中壤土	小块状	6.1	21.0	0.89	0.76	125	7.5	40	千枚岩类风化物	E 115°31′30.6″ N 28°56′34.8″	95
						2	16–23	灰褐色	中壤土	块状		13.0	0.73	0.67						
						3	23–46	灰白色	轻壤土	块状		6.0	0.50	0.38						
						4	46—	浅灰色	轻壤土	块状		3.0	0.48	0.40						
剖4	铁铝土	红壤	红壤	石英岩红壤	中层中有机质石英岩类红壤	1	0–14	黄棕色	中壤土		5.6	20.0	0.82	0.57	43	3.5	50	石英岩类	E 115°32′10.0″ N 28°56′19.9″	95
						2	14–49	浅棕色	中壤土			8.2	0.75	0.46						
						3	49–80	浅棕色	重壤土			6.2	0.27	0.53						
						4	80—													
剖5	人为土	水稻土	潴育水稻土	潴育型鳝泥田	强潴育鳝泥田	1	0–11	灰棕色	中壤土	软糊无结构	6.2	18.0	0.78	0.73	96	6.4	45	千枚岩类风化物	E 115°32′36.6″ N 28°57′16.5″	95
						2	11–17	棕色	重壤土	小块状		13.0	0.56	0.65						
						3	17–34	青灰色	重壤土	大块状		7.0	0.38	0.47						
						4	34—	棕褐色	重壤土	大块状		5.0	0.25	0.41						
剖6	人为土	水稻土	潴育水稻土	潴育型黄砂泥田	中潴灰黄砂泥田	1	0–12	暗灰黄色	中壤土	块状	5.8	18.0	0.93	0.61	137	7.0	30	石英岩类风化物	E 115°31′44.8″ N 28°55′30.7″	95
						2	12–17	暗灰黄色	中壤土	梭块状		14.0	0.83	0.39						
						3	17—	灰黄色	中壤土	块状		7.0	0.47	0.40						
剖7	人为土	水稻土	潴育水稻土	潴育型红砂泥田	中潴灰红砂泥田	1	0–13	灰黄色	中壤土	小块状	5.8	15.0	0.73	0.78	118	7.7	53	红砂岩类风化物	E 115°32′50.6″ N 28°55′41.5″	95
						2	13–18	灰黄棕色	中壤土	块状		13.0	0.70	0.58						
						3	18–39	黄灰棕色	重壤土	梭块状		16.0	0.38	0.48						
						4	39—	浅灰色	重壤土	块状		8.0	0.27	0.34						
剖8	铁铝土	红壤	红壤	红砂泥土	厚层灰红砂泥土	1	0–16	暗棕色	轻壤土		6.0	17.2	0.45	0.66	40	4.6	65	红砂岩类风化物	E 115°32′04.4″ N 28°53′01.5″	99
						2	16–20	浅红棕色	中壤土			≤1.0	0.27	0.64						
						3	20–45	红棕色	中壤土			5.6	0.26	0.56						
						4	45—	棕红色	中壤土			2.1	0.11	0.35						
剖9	人为土	水稻土	潴育水稻土	潴育型鳝泥田	弱潴鳝泥田	1	0–13	暗黄棕色	中壤土	小块状	6.3	14.0	0.66	0.73	68	7.5	45	千枚岩类风化物	E 115°36′55.2″ N 28°50′23.6″	95
						2	13–18	暗黄色	中壤土	梭块状		8.0	0.57	0.68						
						3	18–31	浅黄色	中壤土	梭块状		6.0	0.44	0.45						
						4	31—	灰黄色	中壤土	块状		4.5	0.22	0.23						
剖10	人为土	水稻土	潴育水稻土	潴育型潮砂泥田	强潴育灰潮砂泥田	1	0–12	灰黄棕色	轻壤土	肩粒状	6.3	24.4	1.63	1.10	86	7.2	42	河流冲积物	E 115°40′19.1″ N 28°54′35.9″	95
						2	12–20	暗黄棕色	中壤土	小块状		14.1	1.18	1.00						
						3	20—	浅黄棕色	中壤土	梭块状		12.7	0.83	0.90						
剖11	铁铝土	红壤	红壤	花岗岩红壤	厚层中有机质酸性结晶岩类红壤	1	0–24	暗棕红色	轻壤土		5.4	17.0	0.83	0.90	115	4.5	60	酸性结晶岩类	E 115°43′21.9″ N 28°51′48.3″	95
						2	24–50	暗棕红色	中壤土			12.0	0.61	0.82						
						3	50—	红棕色	中壤土			8.0	0.35	0.41						

续表 Continued

剖面号 Soil profile	土纲 Soil order	土类 Soil great group	亚类 Soil subgroup	土属 Soil genus	土种 Soil species	土层码 Layer code	土层厚度 Depth/cm	颜色 Soil color	质地 Soil texture	土壤结构 Soil structure	pH	有机质 OM/(g/kg)	全氮 TN/(g/kg)	全磷 TP/(g/kg)	碱解氮 AN/(mg/kg)	有效磷 AP/(mg/kg)	速效钾 AK/(mg/kg)	土壤母质 Parent material	剖面点坐标 Profile coordinate	匹配指数 Matching index/%
剖12	人为土	水稻土	淹育水稻土	淹育型型黄泥田	强淹灰黄泥田	1	0—16	暗黄棕色	重壤土	细粒状	5.5	22.0	0.87	0.91	132	9.2	30	第四纪红色黏土	E 115°38′34.9″ N 28°51′47.6″	95
						2	16—21	灰黄棕色	重壤土	小块状		16.0	0.67	0.83						
						3	21—44	黄黄棕色	黏土	棱块状		8.0	0.55	0.64						
						4	44—	灰黄棕色	黏土	棱块状		5.0	0.36	0.54						
剖13	人为土	水稻土	潴育水稻土	潴育型型黄泥田	强潴乌黄泥田	1	0—14	暗灰色	中壤土	屑粒状	5.8	28.8	1.40	0.98	195	14.4	25	第四纪红色黏土	E 115°39′37.4″ N 28°51′56.1″	95
						2	14—22	灰黄色	中壤土	小块状		20.4	0.88	0.95						
						3	22—53	黄棕色	重壤土	棱块状		9.5	0.56	0.89						
						4	53—	黄棕色	重壤土	棱块状		4.6	0.19	0.69						
剖14	人为土	水稻土	潴育水稻土	潴育型麻砂泥田	中潴乌麻砂泥田	1	0—14	暗灰黄色	中壤土	细粒状	5.6	26.0	1.90	0.96	169	14.5	100	花岗岩风化物	E 115°39′16.7″ N 28°51′09.6″	95
						2	14—19	黄褐色	中壤土	小块状		20.0	1.50	1.00						
						3	19—36	棕褐色	砂壤土	棱块状		9.0	0.50	0.94						
						4	36—55	黄棕色	砂壤土	棱块状		9.0	0.50	0.89						
						5	55—	黄棕色	砂壤土	细粒状		7.0	0.50	0.87						
剖15	人为土	水稻土	潴育水稻土	潴育型麻砂泥田	强潴灰麻砂泥田	1	0—13	暗灰色	轻壤土	细粒状	5.4	34.0	2.00	0.94	134	10.0	70	花岗岩风化物	E 115°30′05.3″ N 28°48′49.2″	95
						2	13—18	浅灰黄色	中壤土	小块状		16.0	1.33	0.81						
						3	18—36	棕黄色	中壤土	棱块状		4.0	0.44	0.69						
						4	36—65	黄棕色	中壤土	棱块状		7.0	0.32	0.38						
						5	65—	棕色	砂壤土	细粒状		5.0	0.30	0.30						
剖16	人为土	水稻土	潴育水稻土	潴育型潮泥田	表潴性潴灰潮砂泥田	1	0—16	暗棕色	轻壤土	碎粒状	6.4	27.0	1.10	0.89	130	6.5	25	河流冲积物	E 115°32′27.9″ N 28°49′43.1″	95
						2	16—26	灰黄色	中壤土	小块状		25.0	0.90	0.82						
						3	26—34	浅棕色	中壤土	棱块状		8.0	0.60	0.90						
						4	34—	黄棕色	中壤土	棱块状		5.0	0.40	0.85						
剖17	人为土	水稻土	淹育水稻土	淹育型黄泥田	强淹黄泥田	1	0—8	棕褐色	重壤土	小团状	5.9	10.1	0.57	0.80	82	7.2	25	第四纪红色黏土	E 115°32′09.4″ N 28°48′37.9″	95
						2	8—12	黄灰色	黏土	块状		7.4	0.32	0.62						
						3	12—32	棕红色	黏土	棱块状		3.9	0.19	0.50						
						4	32—	棕红色	黏土			2.6	≤0.10	0.30						
剖18	铁铝土	红壤		第四纪红色黏土红壤		1	0—18	棕红色	重壤土	细粒状	5.7	19.4	0.78	0.82	76	3.0	50	第四纪红色黏土	E 115°34′11.4″ N 28°48′28.8″	95
						2	18—24	棕红色	重壤土	小块状		13.8	0.49	0.80						
						3	24—	棕红色	黏土	棱块状		7.6	0.27	0.76						
剖19	人为土	水稻土	潴育水稻土	潴育型麻砂泥田	弱潴灰麻砂泥田	1	0—14	灰黄棕色	中壤土	块状	6.3	21.0	0.78	0.67	113	7.5	30	花岗岩风化物	E 115°34′45.4″ N 28°46′24.6″	95
						2	14—21	暗黄黄色	中壤土	大块状		19.0	0.56	0.59						
						3	21—40	青黄色	中壤土	大块状		11.0	0.34	0.40						
						4	40—	黄黄色	中壤土			3.0	0.25	0.30						
剖20	铁铝土	红壤		红砂岩类红壤	厚层中有机质红砂岩类红壤	1	0—13	浅棕色	中壤土	小团状	5.4	30.0	0.93	0.66	104	2.5	50	红砂岩类	E 115°38′16.2″ N 28°48′44.1″	95
						2	13—96	红棕色	中壤土	块状		15.9	0.35	0.54						
						3	96—	红棕色	中壤土	棱块状		7.2	0.24	0.48						
剖21	人为土	水稻土	潴育水稻土	潴育型鳝泥田	灰鳝泥田	1	0—13	暗灰黄色	重壤土	屑粒状	6.7	32.0	0.96	1.03	186	7.2	100	泥质岩类风化物	E 115°34′51.7″ N 28°42′54.5″	95
						2	13—23	暗黄棕色	重壤土	小块状		25.9	0.93	0.77						
						3	23—56	浅黄棕色	黏土	棱块状		12.3	0.82	0.46						
						4	56—	黄棕色	黏土	棱块状		9.5	0.40	0.32						

进 贤 县

主要土类说明

红壤是进贤县分布最广、面积最大的土壤类型，占本县地域面积的43%。红壤是在高温、高湿的亚热带生物气候条件下，经脱硅富铝化作用形成的土壤。在脱硅富铝化作用下，盐基大量淋失，铁铝氧化物明显积聚，盐基高度不饱和，土壤黏化、酸化和红化。黏化是原生矿物的彻底风化，形成以高岭土为主的大量次生黏土矿物；酸化是在雨水强烈淋溶下，可溶性盐基大量淋失，活性氢，特别是活性铝相对增加，使土壤呈酸性至强酸性；红化是由于铁的积聚，高价铁使土壤染成红色。因成土母质、地形及其他成土条件差异，红壤属性和利用上存在差异。地形起伏较大的，多为林地或荒地。地形起伏小的，地面较平坦，其缓坡地带多已垦为农用地。根据母质、成土年龄以及其他成土条件差异，本县红壤分为红壤和红壤性土两个亚类。红壤亚类占本土类面积的90%以上，主要分布于浙赣铁路以北低岗缓坡滨湖地区，多发育于第四纪红色黏土，土层深厚，质地黏重，绝大多数已垦为农田。在植被破坏严重的红壤区，由于水土流失，形成深浅不一的切割沟，并有连片的网纹红土裸露。

水稻土是进贤县第二大土壤类型，占本县地域面积的36%。水稻土是本县主要的耕作土壤，在本县各地貌单元内都有分布。尤以抚河沿岸的李渡、温州、文港、架桥、泉岭及白圩、下埠集、池溪、民和等乡镇河谷平原地区成片集中，其余均零散分布于低丘岗地的沟谷中。水稻土是在长期水耕植稻、淹水灌溉和施肥轮作等作用下形成的。特别是季节性淹水耕作，使土壤中的氧化还原作用交替进行，形成水稻土特有的发生层。水稻土剖面构型和形态特征，与其所处的地形、水分状况、母质类型及人为的生产活动密切相关。地形部位较高，仅受地面淹水，氧化作用占优势而形成淹育水稻土；而地处低洼处，层间滞水或在地下水长期浸渍作用下，还原作用占优势形成潜育水稻土。这些水稻土的基本属性和农业利用的生产特性都存在着显著的差异。不同母质形成的土壤，其矿物组成成分、质地状况都有不同。本县潮沙泥田，成土母质属河流沉积物，土层深厚而无异质土层，通透性良好，具有爽而不漏、滞而不渍的物理性状，是本县肥力较高的水稻土类型。第四纪红色黏土沟谷填充物上发育的水稻土则质地黏重，保水保肥性能好，但供肥性能差。

草甸土是进贤县第三大土壤类型，占本县地域面积的3%，分布于本县沿河湖的河漫滩，为河流沉积物或湖水沉积物在草甸植被的作用下所形成。因其所处地下水位较浅，潜水参与土壤形成过程中，具有明显腐殖质累积，在地下水升降与浸润作用下，土体有腐殖质累积层和锈色斑纹层。

小于本县地域面积3%的土壤类型还有潮土。

本区域中心区气候特征

本区域中心区气候特征值
Regional climate characteristics in central area of the region

气候带：中亚热带湿润气候 Climate region: Subtropical humid climate	
年平均气温 /℃ Annual average temperature /℃	17.7
年平均最高气温 /℃ Annual average maximum temperature /℃	21.9
年平均最低气温 /℃ Annual average minimum temperature /℃	14.5
年降水量 /mm Annual precipitation /mm	1687
≥10℃的积温 /℃ Daily temperature accumulated in a year (≥10℃) /℃	10961
年日照时数 /h Annual sunshine /h	1762
年平均相对湿度 /% Annual average relative humidity /%	79
干燥度 Dryness	0.62

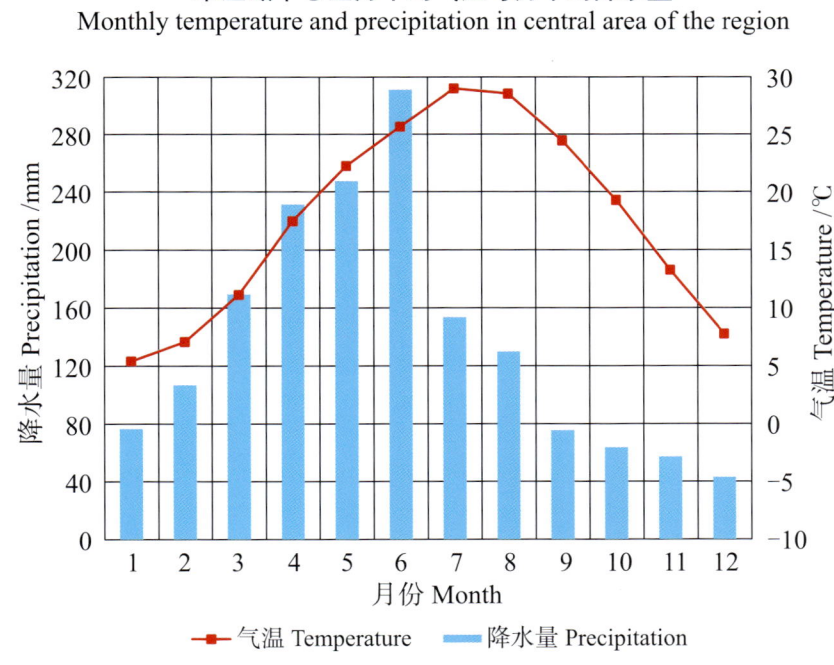

本区域中心区月平均气温与月平均降水量
Monthly temperature and precipitation in central area of the region

进贤县主要土壤类型与土壤剖面点分布图
1∶240 000

图 例
- 红壤
- 水稻土
- 草甸土
- 潮土
- ⊗ 剖面点

进贤县土壤剖面理化性状表

剖面号 Soil profile	土纲 Soil order	土类 Soil great group	亚类 Soil subgroup	土属 Soil genus	土种 Soil species	土层码 Layer code	土层厚度 Depth/cm	颜色 Soil color	质地 Soil texture	土壤结构 Soil structure	pH	有机质 OM/(g/kg)	全氮 TN/(g/kg)	全磷 TP/(g/kg)	全钾 TK/(g/kg)	碱解氮 AN/(mg/kg)	有效磷 AP/(mg/kg)	速效钾 AK/(mg/kg)	阳离子交换量CEC/(cmol/kg)	土壤母质 Parent material	剖面点坐标 Profile coordinate	匹配指数 Matching index/%
剖1	人为土	水稻土	淹育水稻土	淹育型黄泥田	强淹灰黄泥田	1	0—15				6.0	20.8	1.28	0.90		101	1.8	81		第四纪红色黏土	E 116°14′59.2″ N 28°35′16.0″	97
						2	15—20				6.3	10.3	0.76	0.80								
						3	20—60				6.5	4.0	0.42	0.70								
						4	60—100				6.0	6.8	0.66	0.69								
剖2	铁铝土	红壤		黄砂泥土	厚层乌黄砂泥土	1	0—18	灰棕色	壤土	屑粒状										石英岩类风化物	E 116°13′38.5″ N 28°33′24.6″	95
						2	18—26	棕红色	壤土	小块状												
						3	26—100	红棕色	重黏土	小块状												
剖3	人为土	水稻土	淹育水稻土	淹育型黄泥田	弱淹灰黄泥田	1	0—12	灰棕色	黏土	块状										第四纪红色黏土	E 116°14′28.4″ N 28°34′02.7″	97
						2	12—16	红棕色	黏土	棱块状												
						3	16—80	红棕色														
						4	80—100	红棕色														
剖4	人为土	水稻土	潴育水稻土	潴育型砂泥田	灰黄砂泥田	1	0—13	灰棕色	重壤土	小块状	6.6	31.4	1.71	0.74		160	5.0	78		石英岩类风化物	E 116°12′11.1″ N 28°32′26.8″	95
						2	13—21	浅灰棕色	轻黏土	块状	6.9	13.2	0.97	0.68								
						3	21—35	棕色	轻黏土	块状	6.9	9.1	0.69	0.70								
						4	35—100	红棕色	重黏土	块状	7.3	8.9	0.54	0.68								
剖5	铁铝土	红壤		第四纪红色黏土红壤		1	0—13	红棕色	重黏土	小块状										第四纪红色黏土	E 116°12′54.1″ N 28°30′20.2″	95
						2	13—40	红棕色	黏土	小块状												
						3	40—100		均质红土													
剖6	人为土	水稻土	淹育水稻土	淹育型黄泥田	强淹灰黄泥田	1	0—13	红棕色	重壤土	小块状										第四纪红色黏土	E 116°14′59.5″ N 28°31′08.2″	97
						2	13—23	棕红色	黏土	块状												
						3	23—100	棕红色	黏土	块状												
剖7	铁铝土	红壤		麻砂泥土	薄层灰麻砂泥土	1	0—15	浅灰棕色	壤土	小块状										花岗岩风化物	E 116°10′18.5″ N 28°31′20.0″	97
						2	15—22	棕红色	重壤土	核块状												
						3	22—100	红棕色	壤土	小块状												
剖8	铁铝土	红壤		黄砂泥土	中层黄砂泥土	1	0—20	棕红色	重壤土	小块状										石英岩类风化物	E 116°06′05.3″ N 28°25′25.0″	97
						2	20—35	棕红色	壤土	小块状												
						3	35—100															
剖9	人为土	水稻土	潴育水稻土	潴育型砂泥田	强潴灰棕砂泥田	1	0—12	灰棕色	壤土	碎屑状	7.3	23.3	1.17	0.71			2.5	45		河流冲积物	E 116°02′34.8″ N 28°25′43.0″	97
						2	12—16	浅灰棕色	壤土	小块状	6.5	17.1	1.02	0.65								
						3	16—60	浅灰黄色	壤土	块状	6.5	6.9	0.32	0.65								
						4	60—100	浅灰棕色	壤土	块状	6.5	6.0	0.28	0.59								
剖10	人为土	水稻土	潴育水稻土	潴育型砂泥田	强潴灰黄砂泥田	1	0—12	浅灰棕色	壤土	小块状	6.0	29.2	1.78	0.90		163	3.3	111		第四纪红色黏土	E 116°09′27.9″ N 28°27′27.4″	98
						2	12—18	棕红色	重壤土	块状		25.2	1.44	0.84								
						3	18—100		黏土	小块状		6.4	0.54	0.60								
剖11	人为土	水稻土	潴育水稻土	潴育型潮砂泥田	上位弱潴灰潮砂泥田	1	0—20	浅灰棕色	轻壤土	小块状	6.1	16.2	1.02	0.88		149	13.0	62		河流冲积物	E 116°02′23.6″ N 28°22′33.6″	98
						2	12—20	青灰色	重壤土	块状	6.1	12.6	0.79	0.85								
						3	20—74	浅灰黄色	重壤土	块状	7.4	5.8	0.50	0.69								
						4	74—100	棕黄色	壤土		7.8	2.0	0.72	0.72								
剖12	铁铝土	红壤		黄泥土	中层灰黄泥土	1	0—12		黏土											第四纪红色黏土	E 116°05′38.1″ N 28°23′12.2″	98
						2	12—45		黏土													
						3	45—100		黏土													

续表 Continued

剖面号 Soil profile	土纲 Soil order	土类 Soil great group	亚类 Soil subgroup	土属 Soil genus	土种 Soil species	土层码 Layer code	土层厚度 Depth/cm	颜色 Soil color	质地 Soil texture	土壤结构 Soil structure	pH	有机质 OM/(g/kg)	全氮 TN/(g/kg)	全磷 TP/(g/kg)	全钾 TK/(g/kg)	碱解氮 AN/(mg/kg)	有效磷 AP/(mg/kg)	速效钾 AK/(mg/kg)	阳离子交换量CEC/(cmol/kg)	土壤母质 Parent material	剖面点坐标 Profile coordinate	匹配指数 Matching index/%
剖13	人为土	水稻土	潴育水稻土	潴育型潮砂泥田	中潴灰潮砂泥田	1	0—13	浅灰棕色	重壤土	小块状	6.0	30.2	1.65	0.89		162	6.8	49		河流冲积物	E 116°04′21.7″ N 28°21′32.1″	98
						2	13—18	灰棕色	重壤土	小块状	8.6	18.3	1.08	0.71								
						3	18—35	浅灰棕色	黏壤土	小块状	8.4	6.7	0.43	0.67								
						4	35—100	浅红棕色	重黏土	块状	8.2	6.9	0.50	0.64								
剖14	铁铝土	红壤	红壤	红泥土	乌鳝泥	A	0—12	亮棕色	粉砂质黏土	屑粒状	4.6	34.9	1.30	0.40	20.9					泥质岩类风化物	E 116°06′11.4″ N 28°21′10.3″	81
						Bv	12—26	亮红棕色	壤质黏土	小块状	4.7	20.5	0.90	0.30	21.4							
						C	26—100	亮红棕色	黏土	块状	5.0	6.2	0.50	0.30	21.6							
剖15	人为土	水稻土	潴育水稻土	潴育型砂砂泥田	上位弱潜乌鳝砂泥田	1	0—18	灰棕色	壤土	小块状	7.0	38.6	1.93	0.92		148	5.5	48		花岗岩类风化物	E 116°06′50.2″ N 28°21′34.7″	95
						2	18—28	浅灰棕色	壤土	块状	7.1	26.9	1.43	0.66								
						3	28—100	棕黄色	重壤土	块状	7.2	10.3	0.77	0.66								
剖16	人为土	水稻土	潜育型水稻土	潜育型黄泥田	上位弱潜乌黄泥田	1	0—20	青灰色	壤土	粒粒状	6.9	40.4	2.01	0.98		184	4.8	73		第四纪红色黏土	E 116°03′36.8″ N 28°22′11.7″	95
						2	20—50	浅棕色	重黏土	块状	7.2	9.6	0.63	1.15								
						3	50—80	浅棕色	黏土	块状	7.1	9.7	0.78	0.82								
						4	80—100	棕黄色	黏土	块状	7.0	9.8	0.60	0.69								
剖17	铁铝土	红壤	红壤	鳝泥土	厚层灰鳝泥	1	0—13	浅棕黄色	中壤土	小块状	6.8	26.4	1.29	0.88		114	4.5	46		泥质岩类风化物	E 116°09′32.8″ N 28°23′02.7″	97
						2	13—21	红棕色	重壤土	小块状	6.0	11.9	1.00	0.75								
						3	21—100		多砾质壤黏土		9.3	10.7	0.99	7.02								
剖18	人为土	水稻土	潴育水稻土	潴育型黄砂泥田	黄砂泥田	1	0—14	浅棕黄色	重壤土	块状	5.6	25.4	1.35	0.79		134	≤1.0	40		石英岩类风化物	E 116°12′36.5″ N 28°24′19.1″	95
						2	14—17	棕黄色	重壤土	块状	6.8	11.6	0.82	0.74								
						3	17—55	棕黄色	重壤土	块状	7.2	9.1	0.70	0.70								
						4	55—100	棕黄色	重壤土	块状	7.5	7.7	0.61	0.60								
剖19	人为土	水稻土	潴育水稻土	潴育型潮砂泥田	表潜性中潴灰潮砂泥田	1	0—13	浅棕灰色	壤土	小块状	6.0	26.6	1.61	0.62		145	2.0	42		河流冲积物	E 116°10′47.2″ N 28°21′58.2″	99
						2	13—17	棕黄色	壤土	块状	7.3	6.9	0.45	0.45								
						3	17—84	棕黄色	壤土	小块状	6.6	4.6	0.45	0.42								
						4	84—100	棕黄色	壤土	块状	7.0	4.3	0.42	0.46								
剖20	人为土	水稻土	潴育水稻土	潴育型潮砂泥田	弱潜灰潮砂泥田	1	0—12	浅棕黄色	壤土	小块状	6.7	30.1	1.78	0.88		143	3.8	58		河流冲积物	E 116°11′13.0″ N 28°20′58.4″	93
						2	12—16	棕黄色	壤土	块状	7.8	10.9	0.66	0.73								
						3	16—52	棕色	壤土	小块状	6.7	8.2	0.71	0.71								
						4	52—100	棕色	壤土	小块状	7.2	6.9	0.57	0.57								
剖21	铁铝土	红壤	红壤性土	石英岩类红壤性土	上位弱潜灰黄砂泥田	1	0—26	棕红色	黏壤土	小块状	4.8	27.7	1.38	0.55		53	1.3	53		石英岩类	E 116°11′00.3″ N 28°20′11.6″	93
						2	26—33	棕红色		块状	5.3	8.5	0.62	0.50								
						3	33—															
剖22	铁铝土	红壤	红壤性土	泥质岩红壤	表潜性中潴灰黄砂泥田	1	0—20	棕红色	多砾质粉壤土											泥质岩类	E 116°13′58.9″ N 28°15′12.5″	98
						2	20—100	棕红色	多砾质粉壤土													
剖23	铁铝土	红壤	红壤性土	石英岩类红壤性土	石英岩类红壤性土	1	0—25	青灰色	黏土											石英岩类	E 116°09′15.9″ N 28°17′14.0″	93
						2	25—62	青灰色	重壤土													
						3	62—100	棕黄色	黏土													
剖24	人为土	水稻土	潜育水稻土	潴育型黄泥田	上位弱潜灰黄砂泥田	1	0—16	灰白色	重壤土	块状		27.3	1.37	0.71		120	1.8	7		石英岩类风化物	E 116°09′15.3″ N 28°16′18.2″	95
						2	16—23	浅灰棕色	重壤土	块状		10.7	0.73	0.49			57.5	7				
						3	23—55	棕黄色	黏土													
						4	55—100															
剖25	人为土	水稻土	潴育水稻土	潴育型潮泥田	表潜性灰潮泥田	1	0—15	浅灰棕色	重壤土	块状										湖积物	E 116°13′40.8″ N 28°12′58.6″	95
						2	15—23	浅灰棕色	重黏土	块状		9.9	0.64	0.67				7				
						3	23—100	棕黄色	黏土													

续表 Continued

剖面号 Soil profile	土纲 Soil order	土类 Soil great group	亚类 Soil subgroup	土属 Soil genus	土种 Soil species	土层码 Layer code	土层厚度 Depth/cm	颜色 Soil color	质地 Soil texture	土壤结构 Soil structure	pH	有机质 OM/(g/kg)	全氮 TN/(g/kg)	全磷 TP/(g/kg)	全钾 TK/(g/kg)	碱解氮 AN/(mg/kg)	有效磷 AP/(mg/kg)	速效钾 AK/(mg/kg)	阳离子交换量 CEC/(cmol/kg)	土壤母质 Parent material	剖面点坐标 Profile coordinate	匹配指数 Matching index/%
剖26	铁铝土	红壤	红壤	第四纪红色黏土红壤		1	0—10	浅棕红色	轻黏土	块状	5.4	19.6		0.52		82	4.3	83		第四纪红色黏土	E 116°21′43.0″ N 28°42′46.4″	95
						2	10—35	红棕色	黏土	块状	5.6	8.4	0.57	0.46								
						3	35—100	红棕色	黏土	核块状	5.7	≤1.0	0.64	0.46								
剖27	人为土	水稻土	潴育水稻土	潴育型潮灰黏土泥田	全层强潜灰潮泥田	1	0—30	浅灰棕色	黏土											湖积物	E 116°22′00.5″ N 28°43′12.1″	97
						2	30—60	浅灰棕色	黏土													
						3	60—100	浅蓝灰色	黏土													
剖28	人为土	水稻土	潴育水稻土	潴育型黄泥田	中潜灰黄泥田	1	0—13	灰棕色	重黏土	小块状	6.7	36.5	2.21	0.98		206	5.0	86		第四纪红色黏土	E 116°21′53.1″ N 28°42′26.0″	97
						2	13—17	灰棕色	重壤土	块状	7.0	33.6	1.84	0.82								
						3	17—100	棕灰色	重黏土	小块状	6.7	9.3	0.53	0.52								
剖29	铁铝土	红壤	红壤	黄泥土	薄层黄泥土	1	0—22	灰棕色	黏壤土	碎屑状	4.5	20.1	0.94	0.76		87	2.0	93		第四纪红色黏土	E 116°21′25.5″ N 28°40′18.1″	95
						2	22—42	浅红棕色	重壤土	小块状	5.1	7.3	0.62	0.69								
						3	42—100	浅黄黄色	重壤土	核块状	6.4	4.9	0.44	0.64								
剖30	铁铝土	红壤	红壤	黄泥土	薄层灰黄泥土	1	0—16	灰棕色	壤土	粒状										第四纪红色黏土	E 116°21′39.5″ N 28°40′33.9″	97
						2	16—27	棕红色	重黏土	小块状												
						3	27—100	红棕色	重黏土	核块状												
剖31	铁铝土	红壤	红壤	第四纪红色黏土红壤		1	0—14	棕红色	黏壤土	小块状										第四纪红色黏土	E 116°22′18.7″ N 28°40′56.3″	95
						2	14—57	棕红色	黏土	小块状												
						3	57—100	红棕色	黏土	核块状												
剖32	人为土	水稻土	潴育水稻土	潴育型黄泥田	中潜黄泥田	1	0—9	棕灰色	重黏土	块状										第四纪红色黏土	E 116°21′57.5″ N 28°40′04.6″	97
						2	9—18	灰棕色	黏土	块状												
						3	18—30	灰棕色	黏土	小块状												
						4	30—100	棕黄色	黏土	小块状												
剖33	铁铝土	红壤	红壤	黄泥土	中层黄泥土	1	0—15	浅棕灰色	重壤土	小块状										第四纪红色黏土	E 116°23′00.1″ N 28°40′58.0″	98
						2	15—25	浅棕红色	黏壤土	块状												
						3	25—54	棕红色	黏壤土	核块状												
						4	54—100	棕红色	黏土	核块状												
剖34	人为土	水稻土	潴育水稻土	潴育型黄泥田	中位弱潜乌黄泥田	1	0—14	暗灰棕色	重壤土	块状										第四纪红色黏土	E 116°21′00.3″ N 28°40′54.2″	95
						2	14—19	灰棕色	重黏土	块状												
						3	19—47	棕红色	黏土	小核块状												
						4	47—63	浅黄灰色	黏土	小块状												
						5	63—100	棕黄色	黏土	块状												
剖35	铁铝土	红壤	红壤	黄泥土	厚层黄泥土	1	0—11	棕灰色	粉壤土	小块状										第四纪红色黏土	E 116°24′42.8″ N 28°39′33.9″	98
						2	11—32	棕红色	黏壤土	小块状												
						3	32—100	红棕色	黏壤土	块状												
剖36	铁铝土	红壤	红壤	第四纪红色黏土红壤性土		1	0—15	红棕色	黏土	粒状										第四纪红色黏土	E 116°23′42.1″ N 28°36′33.3″	93
						2	15—35	棕红色	重黏土	核块状												
						3	35—100	棕红色	黏土	小块状												
剖37	铁铝土	红壤	红壤	黄泥土	厚层黄泥土	1	0—14	棕黄色	重黏土	块状										第四纪红色黏土	E 116°19′00.3″ N 28°37′54.2″	98
						2	14—81	棕黄色	轻黏土	小块状												
						3	81—100	棕黄色	轻黏土	核块状												
剖38	人为土	水稻土	潴育水稻土	潴育型潮砂泥田	强潜乌潮砂泥田	1	0—14	少粒质棕壤土	黏壤土		4.7	24.8	1.30	0.28	4.6	53	4.0			河流冲积物	E 116°15′12.9″ N 28°32′58.6″	95
						2	14—20	少粒质黏壤土	黏壤土													
						3	20—100	暗棕质棕壤土	砂质壤土	屑粒状												
剖39	铁铝土	红壤	红壤性土	黄砂泥红壤性土	黄砂泥红壤性土	A	0—4	壳红棕色	砂质黏土	碎块状	4.9	7.0	0.41	0.21	5.1			8	4.4	石英岩类坡积物	E 116°17′29.1″ N 28°33′12.1″	81
						BvC	4—38		壤质黏土										4.4			
						CR	38—110															

第二编 分县土壤图与土壤剖面数据

续表 Continued

剖面号 Soil profile	土纲 Soil order	土类 Soil great group	亚类 Soil subgroup	土属 Soil genus	土种 Soil species	土层码 Layer code	土层厚度 Depth/cm	颜色 Soil color	质地 Soil texture	土壤结构 Soil structure	pH	有机质 OM/(g/kg)	全氮 TN/(g/kg)	全磷 TP/(g/kg)	全钾 TK/(g/kg)	碱解氮 AN/(mg/kg)	有效磷 AP/(mg/kg)	速效钾 AK/(mg/kg)	阳离子交换量CEC/(cmol/kg)	土壤母质 Parent material	剖面点坐标 Profile coordinate	匹配指数 Matching index/%
剖40	人为土	水稻土	潴育水稻土	潴育型潮砂泥田	乌潮砂泥田	1	0—18	暗灰棕色	轻壤土	碎屑状	7.1	34.3	1.84	1.61		151	3.5	76		河流冲积物	E 116°22′03.4″ N 28°34′30.1″	95
						2	18—28	灰棕色	轻壤土	块状	6.9	23.2	1.22	0.79								
						3	28—50	浅灰棕色	黏壤土	块状	7.5	10.3	0.56	0.69								
						4	50—100	浅棕黄色	黏壤土	块状	7.1	8.1	0.49	0.15								
剖41	铁铝土	红壤	棕红壤	黄棕棕红壤	薄层灰黄泥棕红土	A	0—13	暗黄棕色	粉砂质黏土	屑粒状	5.9	15.1	0.89	0.45	11.3				4.6	第四纪红色黏土	E 116°15′27.6″ N 28°32′17.5″	95
						Bv	13—27	棕红色	粉砂质黏土	核块状	5.7	8.6	0.65	0.48	12.1				5.8			
						C	27—67	棕红色	粉砂质黏土	块状	5.3	9.1	0.53	0.53	14.4				8.6			
剖42	人为土	水稻土	淹育水稻土	浅黄泥田	前坊黄泥田	Aa	0—12	棕色	粉砂质黏土	小块状	5.1	25.3	1.10	0.60	15.4					第四纪红色黏土	E 116°15′17.6″ N 28°30′37.4″	95
						Ap	12—18	棕色	粉砂质黏土	块状	5.2	21.9	0.90	0.40	17.9							
						C	18—100	红黄色	壤质黏土	块状	6.4	7.4	0.50	0.60	16.1							
剖43	人为土	水稻土	淹育水稻土	淹育型黄泥田	弱淹灰黄泥田	1	0—18				5.6	27.2	1.30	0.84		110	5.8	71		第四纪红色黏土	E 116°16′34.5″ N 28°30′07.7″	97
						2	18—24				5.8	13.3	0.68	0.68								
						3	24—50				6.6	9.0	0.61	0.84								
						4	50—100				6.6	≤1.0	0.73	0.67								
剖44	人为土	水稻土	潴育水稻土	潴育型麻砂泥田	中潴灰麻砂泥田	1	0—15		黏壤土	小块状	5.6	20.7	1.51	9.20		137	6.0	70		花岗岩风化物	E 116°29′14.0″ N 28°30′21.0″	97
						2	15—23		黏壤土	块状	6.7	15.5	1.01	0.57								
						3	23—100		少砾质黏壤土		7.3	9.7	0.70	0.79								
剖45	铁铝土	红壤	黄砂泥土	厚层灰黄砂泥土		1	0—15	棕灰色	中壤土	小块状	7.5	14.7	0.89	0.74		73	8.0	90		石英岩类风化物	E 116°29′10.1″ N 28°30′08.9″	97
						2	15—29	棕灰色	中壤土	小块状	7.4	11.2	0.74	0.61								
						3	29—100	棕红色	重壤土	小块状	7.4	8.2	0.66	0.68								
剖46	人为土	水稻土	潴育水稻土	潴育型黄泥田	上位弱潜黄泥田	1	0—13	浅灰棕色	壤土	块状										第四纪红色黏土	E 116°24′44.0″ N 28°30′59.2″	97
						2	13—24	浅棕灰色	壤土	块状												
						3	24—100	棕红色	黏土	块状												
剖47	铁铝土	红壤	黄砂泥土	黄砂泥土		1	0—11	棕灰色	黏土	小块状	6.7	13.0	0.89	0.96		69	9.8	162		第四纪红色黏土	E 116°18′30.2″ N 28°26′54.9″	98
						2	11—40	红棕色	黏土	块状	5.8	6.0	0.65	5.92								
						3	40—100	棕灰色	黏土	核块状	5.7	4.8	4.76	0.29								
剖48	铁铝土	红壤	麻砂泥土	中层灰麻砂泥土		1	0—28	棕黄色	轻壤土	碎屑状										花岗岩风化物	E 116°22′41.4″ N 28°27′58.9″	97
						2	28—100	红棕色	轻壤土	小块状												
剖49	铁铝土	红壤	石英岩土	中层少有机质石英岩类红壤		1	0—6	棕灰色	壤土	小块状										石英岩类风化物	E 116°26′06.6″ N 28°27′59.0″	97
						2	6—48	红棕色	壤土	小块状												
						3	48—100	浅棕红色	黏土	小块状												
剖50	人为土	水稻土	潴育水稻土	潴育型鳝血灰麻泥田	上位弱潜灰鳝泥田	1	0—13	红棕色	壤土	小块状										泥质岩类风化物	E 116°28′10.7″ N 28°29′25.2″	97
						2	13—23	红棕色	壤土	碎屑状												
						3	23—36	棕红色	壤土	小块状												
						4	36—100	棕黄色	壤土	小块状												
剖51	铁铝土	红壤	石英岩土	厚层少有机质石英岩类红壤		1	0—32	红棕色	轻壤土	小块状										石英岩类	E 116°22′41.4″ N 28°27′58.0″	98
						2	32—64	红棕色	轻壤土	小块状												
						3	64—94	棕红色	壤土	块状												
						4	94—100	浅棕红色	壤土	块状												
剖52	铁铝土	红壤	第四纪红色黏土壤			1	0—15	红棕色	黏土	块状										第四纪红色黏土	E 116°29′06.9″ N 28°28′58.0″	95
						2	15—39	棕黄色	黏土	块状												
						3	39—100	黄棕色	重壤土	块状												
剖53	人为土	水稻土	潴育水稻土	潴育型麻砂泥田	表潜性中潴麻砂泥田	1	0—12	浅灰棕色	壤土	块状										花岗岩风化物	E 116°24′44.8″ N 28°25′44.4″	95
						2	12—18	棕黄色	黏土	块状												
						3	18—28	黄棕色	重壤土	块状												
						4	28—100	黄棕色	重壤土	块状												

续表 Continued

剖面号 Soil profile	土纲 Soil order	土类 Soil great group	亚类 Soil subgroup	土属 Soil genus	土种 Soil species	土层码 Layer code	土层厚度 Depth/cm	颜色 Soil color	质地 Soil texture	土壤结构 Soil structure	pH	有机质 OM/(g/kg)	全氮 TN/(g/kg)	全磷 TP/(g/kg)	全钾 TK/(g/kg)	碱解氮 AN/(mg/kg)	有效磷 AP/(mg/kg)	速效钾 AK/(mg/kg)	阳离子交换量CEC/(cmol/kg)	土壤母质 Parent material	剖面点坐标 Profile coordinate	匹配指数 Matching index/%
剖54	人为土	水稻土	潴育水稻土	潴育型黄泥田	表潜中潴灰黄泥田	1	0~16	浅棕灰色	重壤土	块状	5.8	26.6	1.54	0.66		132	≤1.0	48		第四纪红色黏土	E 116°15′16.7″ N 28°23′32.6″	95
						2	16~27	浅棕灰色	重壤土	块状	6.5	17.3	1.07	0.59								
						3	27~100	棕黄色	黏土	小块状	6.9	5.2	0.43	0.64								
剖55	铁铝土	红壤	红壤	鳝泥土	厚层鳝泥土	1	0~15	浅棕黄色	壤土	小块状										泥质岩类风化物	E 116°17′02.3″ N 28°23′00.1″	97
						2	15~62	浅棕黄色	黏土	块状												
						3	62~100	棕黄色	黏土	碎屑状												
剖56	铁铝土	红壤	红壤	黄泥土	厚层灰黄泥土	1	0~16	灰黄色	壤土	块状	7.0	15.3	≤0.10	0.91		90	4.8	158		第四纪红色黏土	E 116°18′04.9″ N 28°24′49.9″	98
						2	16~62	灰棕色	壤土	块状	7.2	6.7	0.60	0.61								
						3	62~100	黄棕色	黏土	核状	6.1	5.8	0.55	0.57								
剖57	铁铝土	红壤性土	泥质岩类红壤性土	泥质岩类红壤性土		1	0~5	浅灰色	壤土	小块状										泥质岩类	E 116°19′27.8″ N 28°22′50.3″	95
						2	5~20	浅灰色	黏土													
						3	20~100	灰白色	壤土													
剖58	铁铝土	红壤性土	酸性结晶岩类红壤性土	酸性结晶岩类红壤性土		1	0~20		壤土		5.6	7.9	0.54	0.34		40	≤1.0	35		酸性结晶岩类	E 116°21′03.3″ N 28°21′05.5″	95
						2	20~81		壤土		5.8	4.9	0.35	0.32								
						3	81~100		壤土		6.1	4.1	0.39	0.36								
剖59	铁铝土	红壤	麻砂泥土	中层麻砂泥土		1	0~15	浅灰棕色	壤土	小块状										花岗岩风化物	E 116°16′14.8″ N 28°20′39.8″	97
						2	15~46	红棕色	黏土	块状												
						3	46~100	红白相间	网纹红土													
剖60	铁铝土	红壤性土	酸性结晶岩类红壤性土	花岗岩红壤性土		1	0~3	棕红色	砂土	粒状										酸性结晶岩类	E 116°26′47.1″ N 28°22′33.3″	95
						2	3~	红白相间														
剖61	铁铝土	红壤	石英岩红壤	厚层少有机质石英岩类红壤		1	0~3		少砾质粉黏土											石英岩类	E 116°29′15.3″ N 28°24′40.2″	98
						2	3~65		少砾质黏土													
						3	65~100		多砾质黏土													
剖62	人为土	水稻土	潴育水稻土	潴育型鳝泥田	弱潴鳝泥田	1	0~12	浅棕色	壤土	小块状										泥质岩类风化物	E 116°29′09.4″ N 28°24′01.1″	97
						2	12~18	棕黄色	重壤土	块状												
						3	18~30	棕黄色	壤土	块状												
						4	30~52	浅灰棕色	黏土	块状												
						5	52~100	浅棕黄色	黏土	块状												
剖63	铁铝土	红壤	石英岩红壤	薄层少有机质岩类岩类红壤		1	0~22	浅棕黄色	重壤土	小块状	5.3	11.9	5.65	0.41		41	≤1.0	16		石英岩类	E 116°29′23′20.2″ N 28°23′48.1″	98
						2	22~55	棕黄色	重壤土	核块状	5.2	7.3	0.35	0.33								
						3	55~100	棕红色	黏土	小块状	5.2	4.8	0.35	0.24								
剖64	铁铝土	红壤	泥质岩红壤	中潴潮砂泥田		1	0~27	棕红色	黏土	块状										泥质岩类	E 116°29′43.5″ N 28°22′38.3″	98
						2	27~100	棕黄色	黏土	碎屑状												
剖65	人为土	水稻土	潴育水稻土	潴育型潮砂泥田		1	0~13	浅棕色	轻壤土	碎屑状										河流冲积物	E 116°27′28.8″ N 28°21′24.3″	98
						2	13~21	棕黄色	黏土	小块状												
						3	21~90	红棕色	轻壤土	小块状												
剖66	铁铝土	红壤	酸性结晶岩类红壤	酸性结晶岩类红壤		1	0~14	浅棕褐色	壤土	小块状	5.6	20.1	0.96	0.59		79	≤1.0	38		酸性结晶岩类	E 116°23′47.3″ N 28°21′29.4″	97
						2	14~100	棕红色	壤土	块状	5.9	12.6	0.86	0.47								
剖67	铁铝土	红壤	酸性结晶岩类红壤	酸性结晶岩类红壤		1	0~28	棕红色	壤土	小块状	5.7	7.9	0.60	0.39						酸性结晶岩类	E 116°23′07.9″ N 28°20′58.3″	99
						2	28~83	棕红色	网纹土	小块状												
						3	83~100	浅灰棕色	轻壤土	块状												
剖68	人为土	水稻土	潴育水稻土	潴育型麻砂泥田	强潴麻砂泥田	1	0~12	黄棕色	壤土	块状										花岗岩风化物	E 116°26′06.2″ N 28°21′44.8″	97
						2	12~23	棕黄色	壤土													
						3	23~100		壤土													

续表 Continued

剖面号 Soil profile	土纲 Soil order	土类 Soil great group	亚类 Soil subgroup	土属 Soil genus	土种 Soil species	土层码 Layer code	土层厚度 Depth/cm	颜色 Soil color	质地 Soil texture	土壤结构 Soil structure	pH	有机质 OM/(g/kg)	全氮 TN/(g/kg)	全磷 TP/(g/kg)	全钾 TK/(g/kg)	碱解氮 AN/(mg/kg)	有效磷 AP/(mg/kg)	速效钾 AK/(mg/kg)	阳离子交换量CEC/(cmol/kg)	土壤母质 Parent material	剖面点坐标 Profile coordinate	匹配指数 Matching index/%
剖69	铁铝土	红壤	红壤	黄泥土	厚层灰黄泥土	A	0—19	灰黄棕色	壤质黏土	屑粒状	5.7	20.3	1.18	0.62	11.1				15.2	第四纪红色黏土	E 116°15′09.5″ N 28°17′52.1″	98
						Bv	19—60	暗棕红色	壤质黏土	块状	6.4	8.7	0.70	0.44	13.3				12.3			
						C	60—100	棕红色	壤质黏土	块状	6.6	5.0	0.56	0.41	13.0				11.8			
剖70	人为土	水稻土	潴育水稻土	潴育型鳝泥田	中位弱潜灰鳝泥田	1	0—15	灰棕色	壤土	小块状	5.2	27.8	1.79	0.59		100	≤1.0	54		泥质岩类风化物	E 116°18′47.2″ N 28°17′13.1″	97
						2	15—24	浅灰棕色	黏土	块状	6.3	20.9	1.33	0.59								
						3	24—40	棕色	黏土	块状	6.5	15.8	1.10	0.54								
						4	40—100	浅蓝灰色	黏土	块状	6.1	11.4	0.64	0.25								
剖71	铁铝土	红壤	酸性结晶岩红壤			1	0—18	浅棕红色	轻壤土	碎屑状										酸性结晶岩类	E 116°24′43.2″ N 28°19′12.6″	98
						2	18—58	黄白相间	砂土													
						3	58—100															
剖72	铁铝土	红壤	泥质岩红壤	薄层中有机质泥质岩类红壤		1	0—7	浅棕色	壤土	小块状										泥质岩类	E 116°21′22.5″ N 28°14′59.7″	98
						2	7—30	浅棕色	壤土													
						3	30—100	红棕色	砂土													
剖73	人为土	水稻土	潴育水稻土	潴育型鳝泥田	中潴灰鳝泥田	1	0—14	浅灰棕色	重壤土	小块状	5.3	25.8	0.17	0.62		144	2.5	107		泥质岩类	E 116°30′36.8″ N 28°25′44.6″	97
						2	14—30	浅灰棕色	重壤土	块状	6.0	17.2	1.10	0.51								
						3	30—100	红棕色	重壤土	块状	7.0	8.0	0.72	0.57								
剖74	铁铝土	红壤	泥质岩红壤			1	0—34	棕红色	黏土	小块状										泥质岩类	E 116°31′06.9″ N 28°25′44.0″	98
						2	34—100	红黄色	黏土	块状						180	≤1.0	78				
剖75	人为土	水稻土	潴育水稻土	潴育型鳝泥田	中潴鳝泥田	1	0—11	棕黄色	重壤土	块状	5.6	29.3	1.76	0.70						泥质岩类风化物	E 116°30′05.2″ N 28°23′26.3″	98
						2	11—19	棕黄色	重壤土	块状	7.3	18.0	1.17	0.60								
						3	19—100	棕黄色	重壤土	块状	7.0	11.7	0.91	0.62								

景 德 镇 市

乐 平 市

主要土类说明

红壤是乐平市主要土壤类型，占本市地域面积的52%。本县红壤的母质类型多样，主要有泥质岩类、石英岩类、中性结晶岩类风化物及第四纪红色黏土等。红壤一般土层深厚，具有1m以上红色土层，剖面发育完整，除表层颜色较灰暗外，心土层和底土层均为红色的紧实土层。在强烈侵蚀作用下，有些丘陵地段的红壤表土流失，裸露出紧实的心土层以及底土层，肥力低下。

水稻土是乐平市第二大土壤类型，占本市地域面积的34%。成土母质有泥质岩类、石英岩类、碳酸岩类、紫色砂岩类、紫色泥岩类风化物，第四纪红色黏土和河流冲积物。其中以泥质岩类风化物和河流冲积物发育的鳝泥田和潮砂泥田面积最大，后者水肥条件较好，前者水肥条件稍差。

潮土是乐平市第三大土壤类型，占本市地域面积的4%。潮土也是本县分布面积较大的一种耕作土壤。其土层结构受冲积层决定，但同一土层内其质地和颜色都比较均一，由于地下水的作用，耕作层下的心土层，有明显的锈色斑纹或细小的铁锰结核，即潮化层。

紫色土占本市地域面积的4%。紫色土是一种由紫色和紫红色砂页岩、砂砾岩、泥岩等风化物发育形成的幼年土壤，零星分布在众埠、名口、十里岗丘陵地区的二级阶地上，与红壤成复区存在。本市紫色土仅有酸性紫色土一个亚类，呈酸性至微酸性，pH为4.7—6.1。土壤与母岩风化物特性基本相同，反映了岩性土特点。由于紫色岩系的岩性松脆，抗蚀力弱，物理风化作用强烈，土层浅薄，不少地方基岩裸露，在丘陵坡脚地带，土层厚度可超过1m，土壤发生层次发育不明显，全剖面颜色均匀一致，多呈紫色、紫红色或紫棕色等，质地为轻壤土至黏土。

小于本市地域面积3%的土壤类型还有石灰（岩）土等。

本区域中心区气候特征

本区域中心区气候特征值
Regional climate characteristics in central area of the region

气候带：中亚热带湿润气候 Climate region: Subtropical humid climate	
年平均气温/℃ Annual average temperature /℃	17.5
年平均最高气温/℃ Annual average maximum temperature /℃	22.5
年平均最低气温/℃ Annual average minimum temperature /℃	13.9
年降水量/mm Annual precipitation /mm	1801
≥10℃的积温/℃ Daily temperature accumulated in a year (≥10℃) /℃	10597
年日照时数/h Annual sunshine /h	1786
年平均相对湿度/% Annual average relative humidity /%	78
干燥度 Dryness	0.57

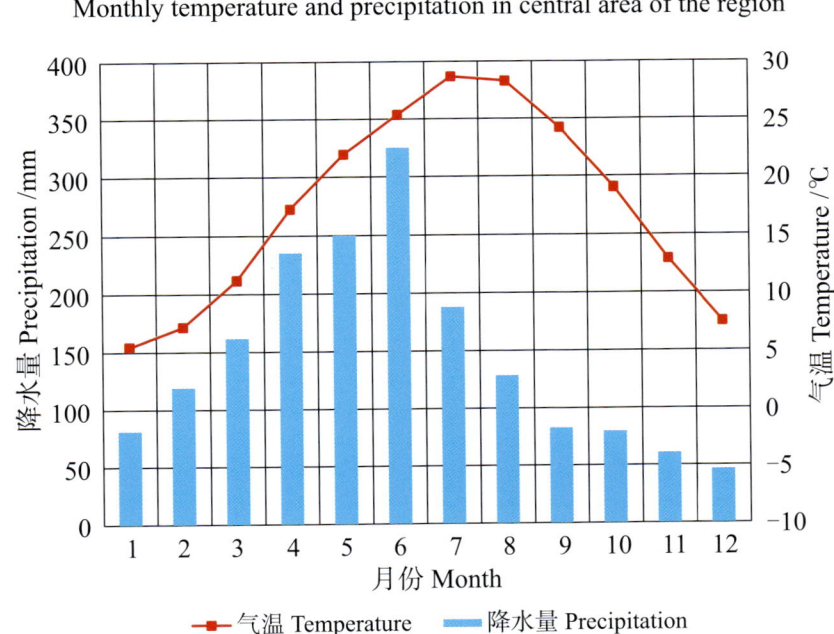

本区域中心区月平均气温与月平均降水量
Monthly temperature and precipitation in central area of the region

乐平市主要土壤类型与土壤剖面点分布图
1:250 000

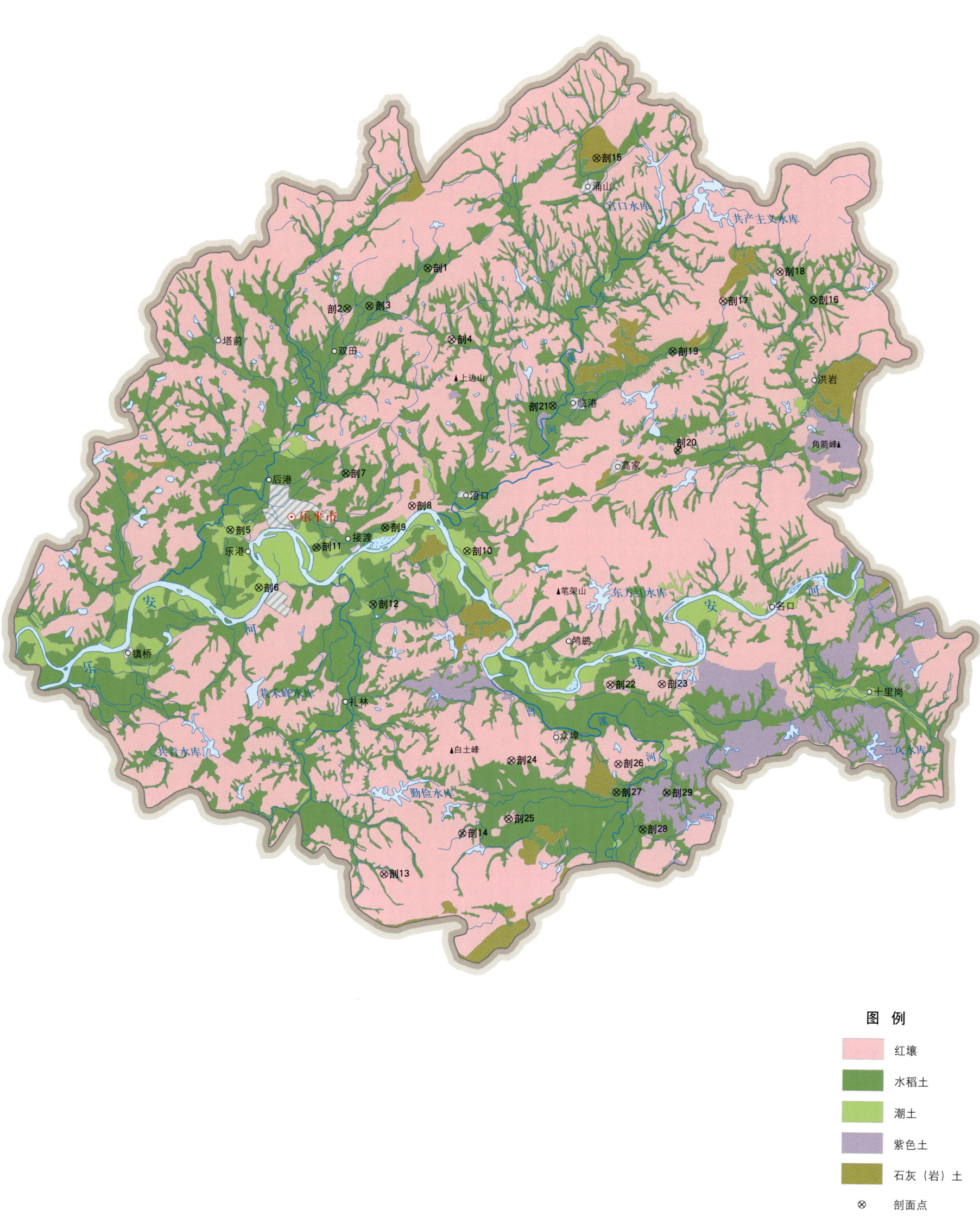

图例
- 红壤
- 水稻土
- 潮土
- 紫色土
- 石灰（岩）土
- ⊗ 剖面点

乐平市土壤剖面理化性状表

剖面号 Soil profile	土纲 Soil order	土类 Soil great group	亚类 Soil subgroup	土属 Soil genus	土种 Soil species	土层码 Layer code	土层厚度 Depth/cm	颜色 Soil color	质地 Soil texture	土壤结构 Soil structure	pH	有机质 OM/(g/kg)	全氮 TN/(g/kg)	全磷 TP/(g/kg)	全钾 TK/(g/kg)	碱解氮 AN/(mg/kg)	有效磷 AP/(mg/kg)	速效钾 AK/(mg/kg)	阳离子交换量CEC/(cmol/kg)	土壤母质 Parent material	剖面点坐标 Profile coordinate	匹配指数 Matching index/%
剖1	人为土	水稻土	潴育水稻土	潴育黄沙泥田	中潴灰黄沙泥田	A	0—14	灰棕色	中壤土	屑粒状	5.5	30.6	2.06	≥10.00		183	6.1	45		石英岩类风化物	E 117°12′51.7″ N 29°06′04.6″	97
						P	14—22	黄棕色	中壤土	棱块状	5.1	17.0	0.77	0.69								
						W₁	22—50		重壤土	块状		11.2	0.66	0.39								
						W₂	50—100		重壤土	块状		10.5	0.59	0.22								
剖2	人为土	水稻土	潴育水稻土	潴育石灰泥田	中潴乌黄沙泥田	A	0—16	青灰色	重壤土	糊状	7.8	34.0	3.56	1.64		205	25.7	138		石灰岩风化物	E 117°09′50.8″ N 29°04′43.8″	97
						G	16—100	蓝灰色	重壤土	块状	6.6	26.7	1.66	1.05								
剖3	人为土	水稻土	潴育水稻土	潴育黄沙泥田	中潴乌黄沙泥田	A	0—11	黑色	重壤土	碎粒状	5.7	115.7	3.48	0.81		148	5.3	75		石英岩类风化物	E 117°10′40.6″ N 29°04′49.1″	97
						P	11—16	灰黑色	重壤土	棱块状	6.2	108.7	2.81	0.76								
						W₁	16—47	黄棕色	轻黏土	块状	6.7	10.3	0.92	0.76								
						W₂	47—100	棕色	重壤土	块状	7.1	7.7	0.82	0.48								
剖4	铁铝土	红壤		泥质岩红壤	薄层少有机质红壤	A	0—14	棕黄色	中壤土	碎粒状	4.7	14.8	0.81	0.41		63	18.0	43		石英岩类风化物	E 117°13′46.4″ N 29°03′43.8″	95
						Bv	14—40	黄色	中壤土	碎块状	5.1	9.7	0.57	0.38								
						C	40—100	黄色	中壤土	碎块状	4.9	8.1	0.44	0.35								
剖5	半水成土	潮土		壤质潮土	灰壤质潮土	1	0—9				6.7	16.4	0.95	0.55		45	3.0	40		河流冲积物	E 117°05′30.9″ N 28°57′24.8″	98
						2	9—16				6.5	15.2	0.93	0.41								
						3	16—48				6.6	14.7	0.88	0.23								
						4	48—				6.0	14.2	0.86	0.22								
剖6	半水成土	潮土		壤质潮土	灰壤质潮土	A	0—11	灰色	中壤土	碎块状	5.0	18.4	0.98	1.12		40	34.5	65		河流冲积物	E 117°06′36.0″ N 28°55′31.6″	98
						ABv	11—19	灰黄色	中壤土	碎块状	5.5	10.3	0.59	1.01								
						Bv	19—38	棕黄色	轻壤土	碎块状	5.6	8.0	0.54	0.89								
						C	38—100	黄色	轻壤土	碎块状	5.3	8.0	0.50	0.89								
剖7	人为土	水稻土	潴育水稻土	潴育鳝泥田	弱潴灰鳝泥田	A	0—14	灰棕色	中壤土	碎粒状	6.8	24.3	1.53	0.90		137	7.5	≤5		泥质岩类风化物	E 117°09′50.0″ N 28°59′18.6″	98
						P	14—22	黄棕色	中壤土	棱块状	5.8	19.5	1.37	0.70								
						W₁	22—37	黄棕黄	中壤土	棱块状	7.0	14.9	0.96	0.70								
						W₂	37—100	灰黄色	重壤土	块状	5.1	12.7	0.86	0.60								
剖8	人为土	水稻土		泥质岩红壤	薄层少有机质红壤	A	0—10	红色	中壤土	碎屑状	4.9	8.5	0.54	0.89		41	1.3	199		石英岩类风化物	E 117°12′19.5″ N 28°58′15.2″	95
						ABv	10—35	红色	中壤土	碎屑状	5.1	6.9	0.43	0.59								
						C	35—100	红色	中壤土	碎块状	4.9	6.0	0.31	0.36								
剖9	人为土	水稻土	潴育水稻土	潴育沙泥土	弱潴灰鳞沙泥土	A	0—11	棕黄色	重壤土	糊状	5.3	40.6	2.27	0.80		156	3.0	59		河流冲积物	E 117°11′19.4″ N 28°57′31.4″	95
						P	11—38	青灰色	重壤土	棱块状	6.6	23.7	1.73	0.77								
						G	38—100	灰棕色	重壤土	棱块状	6.4	21.2	1.07	0.63								
剖10	半水成土	潮土		砂质潮土	乌砂质潮土	A	0—9	灰黄棕色	砂壤土	棱块状	4.7	30.1	1.72	0.53		180	7.9	27		河流冲积物	E 117°14′23.9″ N 28°56′46.2″	98
						ABv	9—39	暗黄棕色	砂壤土	棱块状	6.3	14.2	0.93	0.43								
						BvC	39—100	黄棕色	砂壤土	棱块状	5.1	10.1	0.83	0.36								
剖11	人为土	水稻土	潴育水稻土	潴育潮泥田	中潴灰潮泥田	A	0—16	灰棕色	中壤土	碎屑状	5.0	26.2	2.02	0.92		205	21.8	46		河流冲积物	E 117°08′45.2″ N 28°56′50.8″	95
						P	10—16	棕黄色	中壤土	块状	5.1	15.0	0.85	0.68								
						G	16—59	黄棕色	中壤土	碎块状	6.0	13.0	0.80	0.68								
							59—100	青灰色	砂壤土	状	6.3	13.0	0.60	0.62								
剖12	人为土	水稻土	潴育水稻土	潴育鳝泥田	全层中潴灰鳝泥田	A	0—15	青灰色	重壤土	糊状	6.4	29.1	1.87	0.76		142	2.3	30		泥质岩类风化物	E 117°10′53.3″ N 28°54′60.0″	98
						G	15—100	灰黄棕色	重壤土	软糊无结构	6.8	19.0	1.33	0.41		107	6.0	56	4.7			
剖13	铁铝土	红壤		泥质岩红壤	中层中有机质红壤	A	0—6	棕色	壤质黏土	碎块状	6.0	24.7	1.30	0.46	12.3				5.4	石英岩类风化物	E 117°11′22.8″ N 28°46′06.5″	95
						Bv	6—30	棕黄色	黏土	块状	5.0	8.9	0.59	0.46	11.7							
						C	30—100	浅黄棕色	黏土	核块状	4.9	6.5	0.58	0.55	11.3				5.9			

续表 Continued

剖面号 Soil profile	土纲 Soil order	土类 Soil great group	亚类 Soil subgroup	土属 Soil genus	土种 Soil species	土层码 Layer code	土层厚度 Depth/cm	颜色 Soil color	质地 Soil texture	土壤结构 Soil structure	pH	有机质 OM/(g/kg)	全氮 TN/(g/kg)	全磷 TP/(g/kg)	全钾 TK/(g/kg)	碱解氮 AN/(mg/kg)	有效磷 AP/(mg/kg)	速效钾 AK/(mg/kg)	阳离子交换量CEC/(cmol/kg)	土壤母质 Parent material	剖面点坐标 Profile coordinate	匹配指数 Matching index/%
剖14	人为土	水稻土	潴育水稻土	潴育鳝泥田	中潴灰鳝泥田	A	0—13	灰棕色	重壤土	屑粒状	6.0	30.2	2.15	0.99		219	10.8	40		泥质岩类风化物	E 117°14′17.8″ N 28°47′28.7″	98
						P	13—18	灰棕色	重壤土	棱块状	6.0	21.9	1.33	0.81								
						W₁	18—50	棕黄色	重壤土	棱块状	7.0	13.3	0.74	0.77								
						W₂	50—100	暗棕黄色	重壤土	棱块状		12.4	0.71	0.64								
剖15	初育土	石灰(岩)土	棕色石灰土	碳酸岩类棕色石灰土	薄层中有机质棕色石灰土	1	0—6				6.3	24.2	1.48	0.40		114	5.5	94		石灰岩风化物	E 117°19′10.8″ N 29°09′43.1″	95
						2	6—30				6.8	17.8	1.02	0.36								
						3	30—				7.5	16.8	1.01	0.33								
剖16	人为土	水稻土	潴育水稻土	潴育鳝泥田	中潴灰鳝泥田	1	0—12	棕色	重壤土	碎屑状	5.7	27.1	1.54	0.63		138	7.4	53		河流冲积物	E 117°27′21.0″ N 29°05′04.6″	95
						2	12—21	青紫色	中壤土	块状	6.9	22.8	1.28	0.59								
						3	21—36	灰紫色	中壤土	棱块状	7.0	19.2	1.02	0.59								
						4	36—63	红紫色	中壤土	棱块状	6.9	7.3	0.62	0.55								
						5	63—100		中壤土	粒状	6.9	5.6	0.31	0.84								
剖17	铁铝土	红壤		泥质红色黏土	薄层少有机质泥红土	Bv	0—11	褐色	中壤土	棱块状	4.7	24.2	1.47	0.55		112	1.3	92		石英岩类风化物	E 117°23′57.4″ N 29°05′01.7″	95
							11—43	红褐色	中壤土	碎块状	5.5	19.0	0.86	0.48								
						C	43—100	红棕	中壤土	粒状	5.4	11.9	0.76	0.24								
剖18	铁铝土	红壤		鳝泥土	厚层乌鳝泥土	A	0—20	棕揭色	中壤土	粒状	4.9	35.0	2.45	0.67		151	3.0	68		泥质岩类风化物	E 117°26′04.9″ N 29°05′59.9″	98
						Bv	20—50	棕红色	中壤土	棱块状	4.0	28.7	1.27	0.54								
						C	50—100	红色	中黏土	块状	5.1	19.0	0.91	0.51								
剖19	人为土	水稻土	潴育水稻土	潴育鳝泥田	厚层中有机质红鳝泥	A	0—13	灰棕色	中壤土	碎屑状	5.4	26.6	1.65	1.45		185	4.3	91		河流冲积物	E 117°22′04.5″ N 29°03′22.5″	95
						P	13—19	灰棕色	中壤土	块状	5.6	20.2	1.64	1.18								
						W₁	19—30	棕色	中壤土	棱块状	6.1	17.1	0.90	1.10								
						W₂	30—100	棕色	中壤土	棱块状	6.7	10.5	0.62	0.99								
剖20	人为土	水稻土	淹育水稻土		中淹黄泥土	A	0—10	浅灰黄	中壤土	碎块状	5.5	14.1	1.23	0.62		107	5.1	38		泥质岩类风化物	E 117°22′17.1″ N 29°00′08.2″	97
						Bv	10—13	灰黄棕	中壤土	棱块状	6.9	10.2	1.02	0.55								
						C	13—100	黄黄棕	中壤土	棱块状	6.0	5.7	0.77	0.29								
剖21	人为土	水稻土	潴育水稻土		厚层灰紫泥土	A	0—13	紫棕色	重壤土	屑粒状	6.7	29.2	1.30	0.76		112	10.0	31		紫色砂岩类风化物	E 117°17′34.5″ N 29°01′34.7″	95
						P	13—19	灰棕色	重壤土	块状	5.8	25.2	1.13	0.70								
						W₁	19—33	棕紫色	中壤土	棱块状	6.9	19.6	0.96	0.26								
						W₂	33—73	紫色	重壤土	棱块状	6.9	8.2	0.46	0.19								
						C	73—100	紫棕色	重壤土													
剖22	铁铝土	红壤		黄泥土		A	0—12	棕灰色	中壤土	碎粒状	6.0	24.1	1.40	0.72		84	5.5	101		第四纪红色黏土	E 117°19′47.8″ N 28°52′24.8″	98
						Bv	0—12	灰棕色	中壤土	碎屑状	4.8	32.0	1.48	0.49								
剖23	铁铝土	红壤		第四纪红色黏土红壤		A	0—12	灰棕色	中壤土	碎屑状	5.3	12.0	0.76	0.48		105	≤1.0	43		第四纪红色黏土	E 117°21′44.2″ N 28°52′26.4″	97
						Bv	12—43	黄棕色	重壤土	块状	5.5	6.0	0.29	0.49								
						C	43—100															
剖24	铁铝土	红壤		泥质岩红壤	厚层中有机质红岩	A	0—10	暗黄棕色	壤质黏土	碎屑状	4.8	25.5	1.19	0.23	9.7	70	≤1.0	63	4.6		E 117°16′07.0″ N 28°49′53.4″	95
						Bv	10—52	浅黄红色	壤质黏土	块状	4.8	12.9	0.74	0.34	8.2				4.8			
						C	52—100	红黄色	壤质黏土	块状	5.1	6.5	0.50	0.37	10.5				5.2			
剖25	铁铝土	红壤		鳝泥土	厚层灰鳝泥土	A	0—10	灰黄棕色	壤质黏土	碎屑状	4.8	25.5	1.20	0.20	9.7	112	2.0				E 117°16′01.7″ N 28°47′57.2″	95
						Bv	10—52	油橙色	壤质黏土	碎块状	4.8	12.9	0.70	0.30	8.2							
						BvC	52—100	橙色	壤质黏土	块状	5.1	6.5	0.50	0.40	10.5							
剖26	铁铝土	红壤		泥质岩红壤	厚层中有机质红岩	A	0—18	红棕色	壤质黏土	碎粒状	4.5	26.0	1.34	0.38	17.5				6.9		E 117°20′06.9″ N 28°49′47.7″	95
						Bv	18—34	红橙色	壤质黏土	块状	4.6	13.8	0.90	0.56	15.6				6.3			
						C	34—100	红橙色	壤质黏土	碎块状	4.8	7.0	0.55	0.29	16.6				6.4			

续表 Continued

剖面号 Soil profile	土纲 Soil order	土类 Soil great group	亚类 Soil subgroup	土属 Soil genus	土种 Soil species	土层码 Layer code	土层厚度 Depth/cm	颜色 Soil color	质地 Soil texture	土壤结构 Soil structure	pH	有机质 OM/(g/kg)	全氮 TN/(g/kg)	全磷 TP/(g/kg)	全钾 TK/(g/kg)	碱解氮 AN/(mg/kg)	有效磷 AP/(mg/kg)	速效钾 AK/(mg/kg)	阳离子交换量CEC/(cmol/kg)	土壤母质 Parent material	剖面点坐标 Profile coordinate	匹配指数 Matching index/%
剖27	人为土	水稻土	潴育水稻土	潴育黄泥田	中潴灰黄泥田	1	0—9	棕灰色	重壤土	碎粒状	5.0	25.2	1.54	0.68		151	16.0	29		第四纪红色黏土	E 117°20′03.5″ N 28°48′51.4″	97
						2	9—13	灰褐色	重壤土	碎粒状	5.5	19.2	1.10	0.61								
						3	13—17	棕黄色	重壤土	碎粒状	5.4	17.3	0.86	0.60								
						4	17—100	黄灰色	重壤土	棱块状	5.7	10.4	0.75	0.57								
剖28	人为土	水稻土	潴育水稻土	潴育紫泥田	中潴灰紫泥田	A	0—12	棕紫色	中壤土	碎屑状	5.7	27.1	1.54	0.63		138	7.4	53		紫红色泥岩类风化物	E 117°21′03.0″ N 28°47′38.3″	97
						P	12—21	青紫色	中壤土	块状	6.9	22.8	1.28	0.59								
						W₁	21—36	灰紫色	中壤土	棱块状	7.0	19.2	1.02	0.59								
						W₂	36—63	灰紫色	轻黏土	棱块状	6.9	7.3	0.62	0.55								
						C	63—100	灰紫色	中壤土	棱块状												
剖29	人为土	水稻土	潴育水稻土	潴育紫泥田	中位弱潴灰紫泥田	A	0—11	紫灰色	轻壤土	碎块状	5.2	21.3	1.36	0.90		9	5.3	24			E 117°21′56.4″ N 28°48′51.3″	97
						P	11—16	紫灰色	中壤土	棱块状	6.0	18.8	1.18	0.71								
						G	16—60	暗紫色	中壤土	块状	7.1	7.1	0.45	0.55								
						C	60—100	浅紫色	中壤土	块状	7.6	4.3	0.36	0.45								

萍 乡 市

安源区、湘东区、上栗县、芦溪县

主要土类说明

红壤是安源区、湘东区、上栗县、芦溪县主要土壤类型，占本区域地域面积的 68%。红壤主要发生在中亚热带常绿阔叶林下，经中度脱硅富铝化作用形成深厚红色土层，土壤黏粒中游离铁占全铁的 50%—60%，底层可见深厚红、黄、白相间网纹红色黏土。黏土矿物以高岭石、赤铁矿为主，黏粒硅铝率为 1.8—2.4，风化淋溶系数小于 0.2，盐基饱和度小于 35%，pH 为 4.5—5.5。

水稻土是安源区、湘东区、上栗县、芦溪县第二大土壤类型，占本区域地域面积的 19%。长期种稻条件下，季节性淹灌、水下翻耕、季节性脱水、氧化还原交替影响下，使原来成土母质或母土的特性发生重大改变，水稻土形成糊状淹育层、较坚实板结的犁底层、渗育层、潴育层与潜育层等多种发生层。这些不同发生层段是在人为耕作、水浆管理下形成的。

紫色土是安源区、湘东区、上栗县、芦溪县第三大土壤类型，占本区域地域面积的 4%。在本区域气候条件下，紫红色岩层风化形成了具有 A-C 构型的紫色土。紫色土理化性质与母岩组成直接相关，土层浅薄，剖面层次发育不明显，仍为初育阶段。由于母岩富含矿质养分，且风化迅速，若能合理利用，不失为良好的肥沃土壤。

黄壤占本区域地域面积的 3%，主要分布于海拔 700—1200m 的山区。在中度富铝化作用下，该土壤富含水合氧化物（针铁矿），呈黄色。土壤有机质累积较高，具 O-A-AB-B-C 剖面构型。土壤 pH 为 4.5—5.5。

石灰（岩）土占本区域地域面积的 3%，主要分布于石隙、溶洞或峰丛底部。在石灰岩山区，经溶蚀风化，形成厚薄不同的钙质饱和或含游离钙质的土壤。该土壤碳酸钙淋溶程度不一，多黏土，多为铁钙质胶结物，风化程度不一，盐基饱和度高，土壤有机质含量及胶结状态有较大差异。

小于本区域地域面积 3% 的土壤类型还有黄棕壤、粗骨土和山地草甸土。

本区域中心区气候特征

本区域中心区气候特征值
Regional climate characteristics in central area of the region

气候带：中亚热带湿润气候 Climate region: Subtropical humid climate	
年平均气温 /℃ Annual average temperature /℃	17.8
年平均最高气温 /℃ Annual average maximum temperature /℃	22.1
年平均最低气温 /℃ Annual average minimum temperature /℃	14.5
年降水量 /mm Annual precipitation /mm	1430
≥10℃的积温 /℃ Daily temperature accumulated in a year (≥10℃) /℃	9973
年日照时数 /h Annual sunshine /h	1609
年平均相对湿度 /% Annual average relative humidity /%	80
干燥度 Dryness	0.74

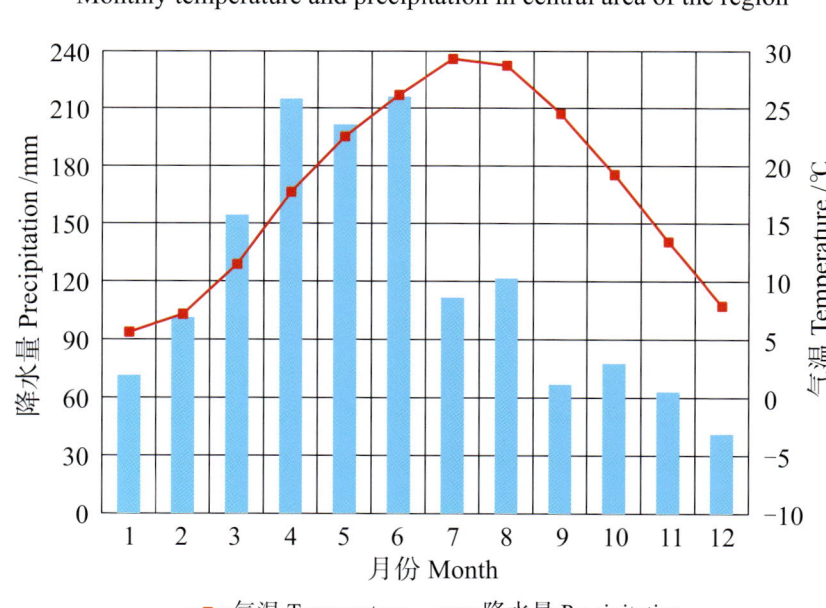

本区域中心区月平均气温与月平均降水量
Monthly temperature and precipitation in central area of the region

安源区、湘东区、上栗县、芦溪县主要土壤类型与土壤剖面点分布图
1∶300 000

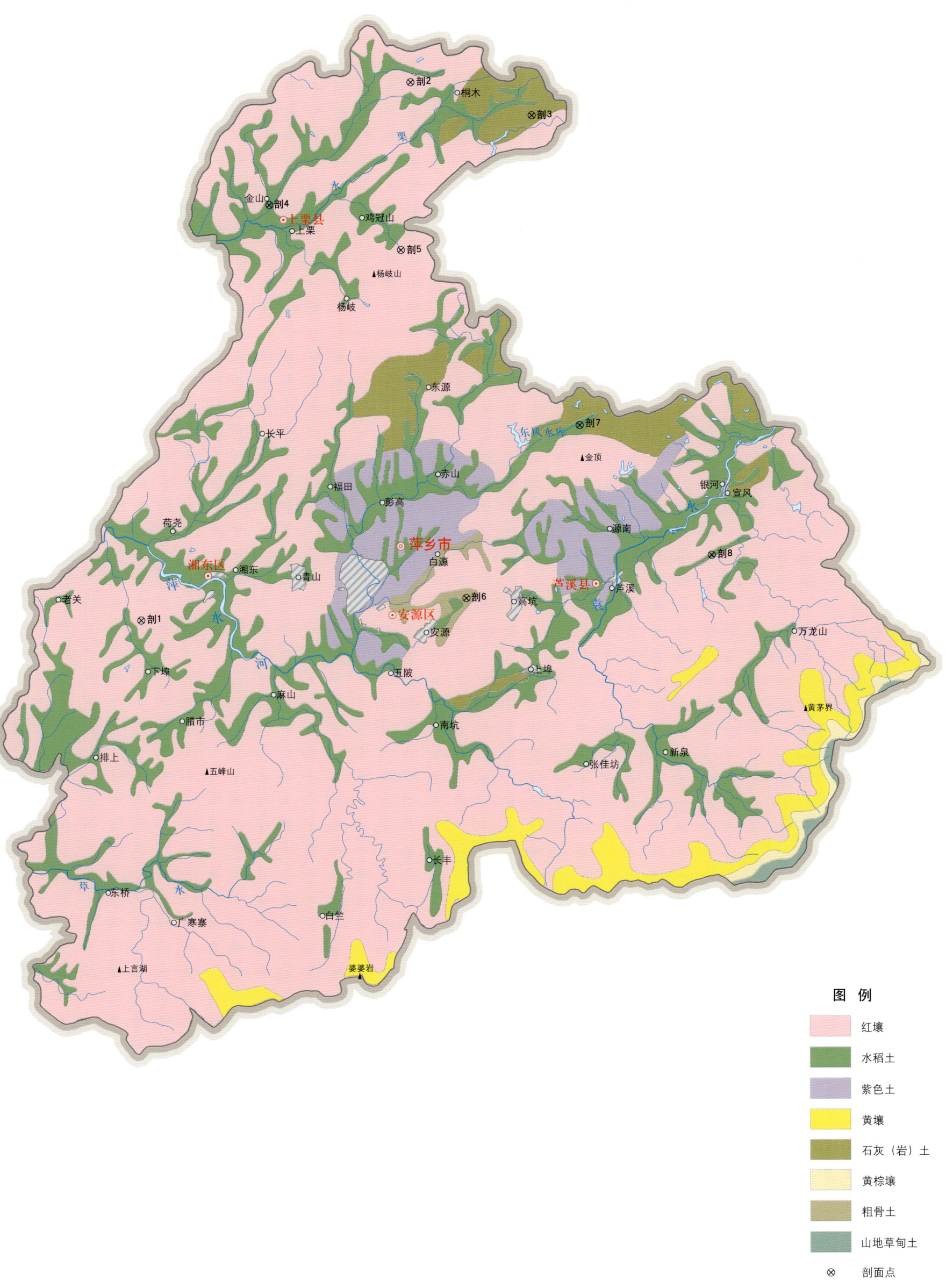

安源区、湘东区、上栗县、芦溪县土壤剖面理化性状表

剖面号 Soil profile	土纲 Soil order	土类 Soil great group	亚类 Soil subgroup	土属 Soil genus	土种 Soil species	土层码 Layer code	土层厚度 Depth/cm	颜色 Soil color	质地 Soil texture	土壤结构 Soil structure	pH	有机质 OM/(g/kg)	全氮 TN/(g/kg)	全磷 TP/(g/kg)	全钾 TK/(g/kg)	碱解氮 AN/(mg/kg)	有效磷 AP/(mg/kg)	速效钾 AK/(mg/kg)	阳离子交换量CEC/(cmol/kg)	剖面点坐标 Profile coordinate	匹配指数 Matching index/%
剖1	铁铝土	红壤	黄红壤	黄砂泥黄红壤	厚层乌黄砂泥黄红壤	A	0—30	棕灰色	砂土	屑粒、碎块状	4.5	49.0	1.93	0.40	16.4	193	2.0	49	5.9	E 113° 40′ 47.7″ N 27° 36′ 60.0″	81
						Bv	30—60	橙色	砂壤土	小块状	4.6	10.6	0.52	0.22	12.6				4.2		
						BvC	60—100	浅棕色	壤质黏土	块状	4.8	12.1	0.70	0.27	12.5				4.0		
剖2	铁铝土	红壤	红壤	石灰泥红壤	厚层灰石灰泥红壤	A	0—11	暗橙色	壤质黏土	小块状	4.9	19.3	0.83	0.25	6.3	76	≤1.0	45	6.7	E 113° 53′ 26.4″ N 27° 58′ 10.4″	81
						Bv	11—69	亮红棕色	壤质黏土	块状	4.7	6.4	0.50	0.18	10.7				8.9		
						C	69—100	橙色	壤质黏土	块状	5.1	4.7	0.43	0.19	11.7				10.1		
剖3	初育土	石灰(岩)土	棕色石灰土	棕色石灰泥土	厚层灰棕色石灰泥土	A	0—14	浊红棕色	黏土	屑粒状	7.5	19.0	1.45	0.45	14.1	108	2.0	122	19.9	E 113° 58′ 52.1″ N 27° 56′ 45.9″	95
						ABv	14—48	浊红棕色	黏土	块状	7.5	17.1	1.41	0.41	14.6				20.7		
						BvC	48—67	浊红棕色	壤质黏土	棱块状	7.4	8.9	1.16	0.43	16.6				20.5		
剖4	人为土	水稻土	潜育水稻土	石灰泥田	全潜石灰泥田	A	0—21	棕色	粉砂质黏壤土	软块状	7.7	36.8	1.40	0.43	7.9	155	4.0	67	35.2	E 113° 46′ 57.6″ N 27° 53′ 24.9″	81
						Pg	21—32	浅红灰色	黏土	软块状	7.8	32.4	1.68	0.34	7.4				35.5		
						G₁	32—51	棕色	黏土	核块状	7.7	32.3	1.68	0.31	8.1				36.0		
						G₂	51—100	亮灰色	黏土	软块状	7.0	32.3	1.11	0.31	6.7				8.0		
剖5	铁铝土	红壤	红壤	灰红土	石灰泥田	A	0—11	浊红棕色	壤质黏土	小块状	4.9	19.3	0.80	0.30	6.3					E 113° 52′ 50.5″ N 27° 51′ 31.4″	95
						Bv	11—69	亮棕色	黏土	块状	4.7	6.4	0.50	0.20	10.7						
						BvC	69—100	红灰色	壤质黏土	块状	5.1	4.7	0.40	0.20	11.7						
剖6	初育土	粗骨土	中性粗骨土	中性炭质粗骨土	中性炭质粗骨土	A	0—16	棕灰色	粉砂质黏壤土	小块状	7.5	30.1	3.56	0.69	17.0	46	3.0	145	18.9	E 113° 55′ 24.2″ N 27° 37′ 35.6″	95
						C	16—100	黑棕色	砂壤土	小块状	7.9	32.0	4.55	0.66	16.0				20.3		
剖7	人为土	水稻土	潜育水稻土	青紫砂泥田	青紫砂泥田	Aa	0—19	灰棕色	砂壤土	软糊无结构	7.6	27.2	1.40	0.40	14.0	126	3.0	15		E 114° 00′ 41.6″ N 27° 44′ 23.4″	95
						Apg	19—29	灰棕色	砂壤土	小块状	7.5	21.0	1.50	0.40	12.5						
						G	29—100	棕灰色	砂壤土	块状	6.0	8.6	0.60	0.30	13.0						
剖8	人为土	水稻土	潜育水稻土	紫泥田	全潜紫砂泥田	A	0—19	亮红棕色	砂壤土	软糊无结构	7.6	27.2	1.41	0.36	14.0	126	3.0	25	28.8	E 114° 06′ 28.6″ N 27° 39′ 05.1″	81
						Pg	19—29	红棕色	砂壤土	小块状	7.5	21.0	1.05	0.35	12.5				15.2		
						G	29—100	棕色	砂壤土	软块状	6.0	8.6	0.64	0.29	13.0				6.8		

莲 花 县

主要土类说明

红壤是莲花县主要土壤类型，占本县地域面积的71%，是本县主要的地带性土壤，广泛分布于本县低山丘陵区。一般土层深厚，多具有1m以上的红土层，剖面发育完整，除表层颜色较灰暗外，心土层和底土层均为红色的紧实土层，出现块状或棱块状结构，褐色胶膜淀积明显，有时底土可见黄、红、白色相间的网纹红土，全剖面红化、酸化、黏化明显。在强烈侵蚀情况下，有些丘陵地段的红壤表土流失，裸露出紧实的心土层，甚至底土层，严重损害自然肥力。根据成土因素的差异，本县红壤分为红壤和黄红壤两个亚类。

水稻土是莲花县第二大土壤类型，占本县地域面积的23%，广泛分布于全县各种地貌单元内，尤以文汇江及其支流两岸的河谷平原、山丘沟谷地区最为集中，是本县最主要的耕作土壤。水稻土是在季节性淹灌种稻的情况下，经过长期耕作、施肥、轮作等人为活动的综合影响而形成的一类耕作土壤。在长期人为耕作活动的影响下，本县水稻土熟化程度一般比较高。本县地势起伏较大，山丘沟谷及河谷平原地貌特征差异明显。不同的地形、母质和水文条件等因素相互制约，影响水稻土的形成和发育，其中，水文条件是影响水稻土发育的主导因素。本县水稻土分为淹育水稻土、潴育水稻土、潜育水稻土三个亚类。其中潴育水稻土面积最大，占本土类面积的90%以上。

黄壤是莲花县第三大土壤类型，占本县地域面积的5%，主要分布在海拔800—1200m地区，大部分位于本县北部东西边界中低山地区。自然植被生长良好，主要为常绿阔叶林、落叶阔叶混交林、乔灌木和草丛；在石门山多灌木树种，如映山红、毛山茶，还有少量松、杉、小山竹等；在高天岩大部分为草丛、灌丛，多为茅栗、芦苇、黄花草。黄壤分布区气候湿凉，云雾多，日照少，湿度大；土体中氧化铁和氧化铝不断水化，随着水化程度的加强，使土壤呈黄色。本县黄壤只有黄壤一个亚类。

小于本县地域面积3%的土壤类型还有石灰（岩）土、紫色土等。

本区域中心区气候特征

本区域中心区气候特征值
Regional climate characteristics in central area of the region

气候带：中亚热带湿润气候 Climate region: Subtropical humid climate	
年平均气温 /℃ Annual average temperature /℃	17.9
年平均最高气温 /℃ Annual average maximum temperature /℃	22.3
年平均最低气温 /℃ Annual average minimum temperature /℃	14.7
年降水量 /mm Annual precipitation /mm	1424
≥10℃的积温 /℃ Daily temperature accumulated in a year（≥10℃）/℃	10354
年日照时数 /h Annual sunshine /h	1602
年平均相对湿度 /% Annual average relative humidity /%	80
干燥度 Dryness	0.75

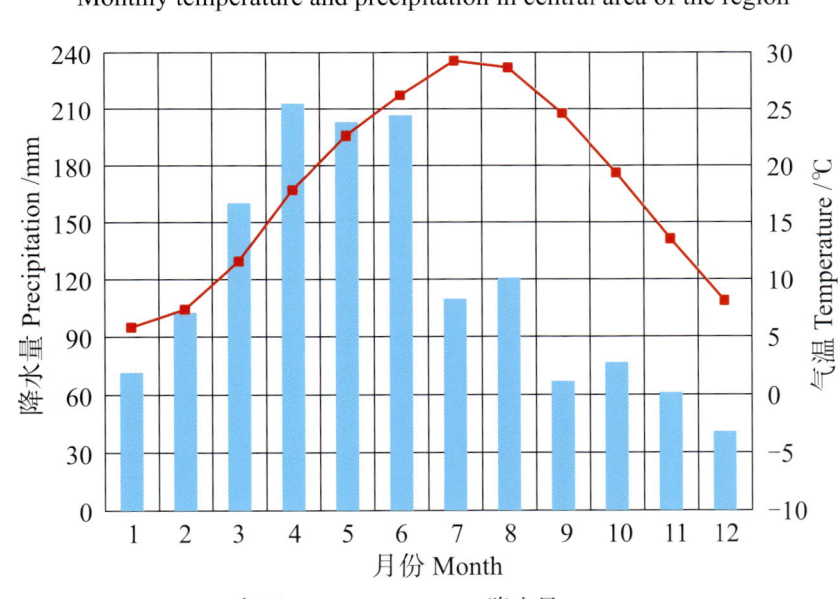

本区域中心区月平均气温与月平均降水量
Monthly temperature and precipitation in central area of the region

莲花县主要土壤类型与土壤剖面点分布图
1:190 000

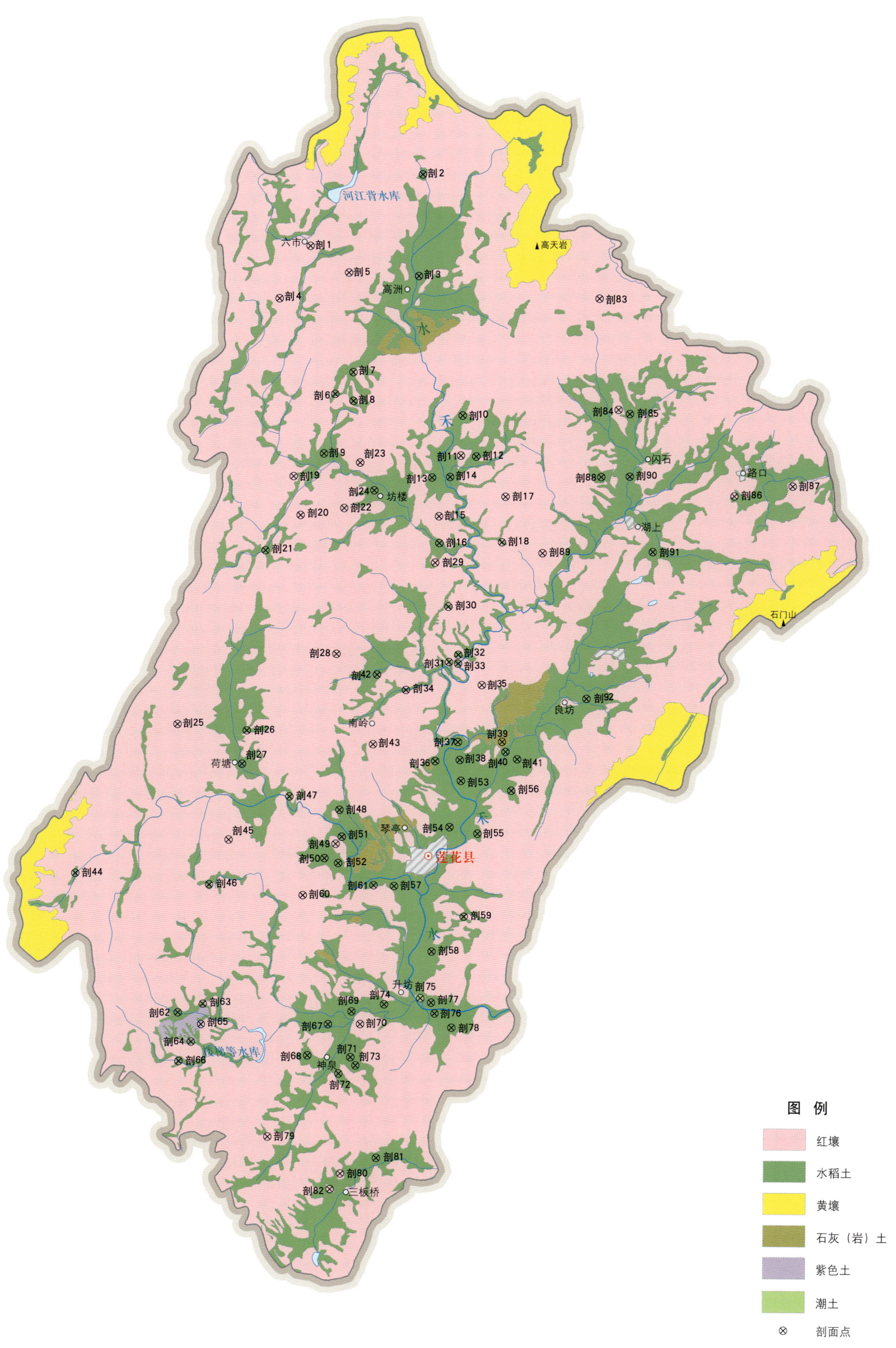

莲花县土壤剖面理化性状表

剖面号 Soil profile	土纲 Soil order	土类 Soil great group	亚类 Soil subgroup	土属 Soil genus	土种 Soil species	土层码 Layer code	土层厚度 Depth/cm	颜色 Soil color	质地 Soil texture	土壤结构 Soil structure	pH	有机质 OM/(g/kg)	全氮 TN/(g/kg)	全磷 TP/(g/kg)	全钾 TK/(g/kg)	碱解氮 AN/(mg/kg)	有效磷 AP/(mg/kg)	速效钾 AK/(mg/kg)	阳离子交换量CEC/(cmol/kg)	土壤母质 Parent material	剖面点坐标 Profile coordinate	匹配指数 Matching index/%
剖1	铁铝土	红壤	红壤	石灰泥土	厚层灰石泥土	1	0—15	灰色	中壤土	屑粒状	6.3	38.8	1.78	1.31						碳酸岩类风化物	E 113°54′21.5″ N 27°22′44.1″	99
						2	15—23	棕灰色	重壤土	棱块状	6.5	38.7	1.68	1.29								
						3	23—100	黄棕色	重壤土	棱柱状	5.3	17.7	1.09	1.27								
剖2	人为土	潴育水稻土	潴育型红黄泥田	强潴红黄泥田	1	0—15	黄棕色	重壤土	块状	6.8	52.7	2.41	1.50		203	6.3	57		泥质岩类风化物	E 113°57′28.7″ N 27°24′21.9″	95
						2	15—26	棕灰色	重壤土	块状	7.1	38.4	1.33	1.15								
						3	26—87	棕黄色	重壤土	棱块状	7.7	24.1	1.67	1.14								
						4	87—100	黄棕色	重壤土	块状	7.3	10.5	1.01	1.01								
剖3	人为土	潴育水稻土	潴育型潮砂泥田	中潴灰砂泥田	1	0—12	灰色	中壤土	块状	5.9	41.7	1.74	0.96		177	5.5	55		河流冲积物	E 113°57′19.1″ N 27°21′54.0″	95
						2	12—18	棕灰色	砂壤土	棱块状	5.9	17.7	0.96									
						3	18—45	棕黄色	中壤土	棱柱状	6.7	6.3	0.35									
						4	45—88	灰黄色	中壤土	棱柱状	6.7	9.4	0.43									
						5	88—100	棕黄色	轻壤土	块状	7.3	7.1	0.33									
剖4	铁铝土	红壤	红壤	石灰岩红壤	中层中有机质石灰岩红壤	1	0—12	暗棕色	中壤土	屑粒状										石灰岩类	E 113°53′31.1″ N 27°21′25.4″	100
						2	12—34	棕灰色	中壤土	小块状												
						3	34—60	棕黄色	中壤土	小块状												
剖5	铁铝土	黄红壤	潴育型黄红壤	石灰岩黄红壤	中层中有机质石灰岩黄红壤	1	0—12	灰色	中壤土	屑粒状										石灰岩类	E 113°55′25.4″ N 27°22′01.1″	99
						2	9—30	灰棕色	中壤土	棱柱状												
						3	30—60	黄棕色	重壤土	棱块状												
剖6	人为土	潴育水稻土	潴育型黄砂泥田	中位弱潜黄砂泥田	1	0—12	浅灰色	中壤土	块状											石灰岩类风化物	E 113°54′58.6″ N 27°19′05.9″	95
						2	12—15	深蓝灰色	中壤土	块状												
						3	15—100	黄黄色	重壤土	块状												
剖7	人为土	潴育水稻土	潴育型红黄泥田	中潴灰黄泥田	1	0—19	灰色	中壤土	块状											泥质岩类风化物	E 113°55′29.5″ N 27°19′37.2″	95
						2	19—26	浅黄色	中壤土	块状												
						3	26—44	棕黄色	中壤土	块状												
						4	44—100	红黄色	中壤土	块状												
剖8	人为土	潴育水稻土	潴育型黄泥田	中位中潴灰黄泥田	1	0—18	黄黄色	重壤土	软块状	5.9	52.9	1.90	0.84		175	2.0	37		第四纪红色黏土	E 113°55′28.7″ N 27°18′55.3″	95
						2	18—26	浅蓝灰色	重壤土	软块状	5.7	62.4	2.30	0.53								
						3	26—100	浅蓝灰色	中壤土	软块状	5.3	29.6	3.36	0.57								
剖9	人为土	潴育水稻土	潴育型石灰泥田	弱潴灰石泥田	1	0—14	灰色	中壤土	小块状	8.1	53.3	2.21	1.22		203	13.8	53		石灰岩类风化物	E 113°54′38.7″ N 27°17′40.0″	95
						2	14—21	浅黄色	中壤土	块状	7.9	41.9	1.79	0.95								
						3	21—39	黄黄色	重壤土	棱柱状	8.1	23.3	0.99	1.03								
						4	39—100	黄黄色	中壤土	块状	8.2	6.0	0.29	0.90								
剖10	人为土	潴育水稻土	潴育型潮砂泥田	乌潮砂泥田	1	0—18	暗黄色	中壤土	团块状	5.2	28.7	1.21			91	7.0	146		河流冲积物	E 113°58′26.5″ N 27°18′31.5″	95
						2	25—42	灰色	中壤土	块状												
						3	42—100	棕黄色	中壤土	棱柱状												
剖11	铁铝土	红壤	红壤	石灰泥土	厚层石灰泥土	1	0—14	灰黄色	重壤土	屑粒状	5.3	33.8	1.77	0.75		138	2.5	35		碳酸岩类风化物	E 113°58′22.2″ N 27°17′33.1″	97
						2	14—27	红黄色	重壤土	大块状	6.2	17.3	1.22	0.70								
						3	27—100	棕黄色	黏土	小块状	7.1	10.8	0.71	0.59								
剖12	人为土	潴育水稻土	潴育型红黄泥田	中潴灰黄泥田	1	0—15	灰色	中壤土	屑粒状	5.3										泥质岩类风化物	E 113°58′47.3″ N 27°17′31.4″	95
						2	15—24	浅黄色	中壤土	状状	6.2											
						3	24—50	黄黄色	重壤土	块状	7.1											
						4	50—100	灰黄色	中壤土	块状	7.2	5.2	0.81	0.59								

续表 Continued

剖面号 Soil profile	土纲 Soil order	土类 Soil great group	亚类 Soil subgroup	土属 Soil genus	土种 Soil species	土层码 Layer code	土层厚度 Depth/cm	颜色 Soil color	质地 Soil texture	土壤结构 Soil structure	pH	有机质 OM/(g/kg)	全氮 TN/(g/kg)	全磷 TP/(g/kg)	全钾 TK/(g/kg)	碱解氮 AN/(mg/kg)	有效磷 AP/(mg/kg)	速效钾 AK/(mg/kg)	阳离子交换量 CEC/(cmol/kg)	土壤母质 Parent material	剖面点坐标 Profile coordinate	匹配指数 Matching index/%
剖13	人为土	水稻土	潴育水稻土	潴育型黄砂泥田	强潴灰黄砂泥田	1	0—15	灰色	轻壤土	团块状										石英岩类风化物	E 113°57′34.6″ N 27°17′02.2″	95
						2	15—22	黄灰色	中壤土	块状												
						3	22—76	灰黄色	中壤土	块状												
						4	76—100	棕黄色	中壤土	小块状												
剖14	人为土	水稻土	潴育水稻土	潴育型潮砂泥田	中潴砾底灰潮砂泥田	1	0—10	深灰色	中壤土	块状										河流冲积物	E 113°58′03.6″ N 27°17′02.0″	95
						2	10—16	浅灰色	中壤土	块状												
						3	16—27	棕黄色	轻壤土	小块状												
						4	27—100															
剖15	铁铝土	红壤	红壤	第四纪红色黏土红壤		1	0—17	棕黄色	中壤土	屑粒状	4.9	49.5	2.02	0.98		158	≤1.0	79		第四纪红色黏土	E 113°57′44.1″ N 27°16′05.3″	95
						2	17—57	浅棕红色	中壤土	屑粒状	4.9	9.9	0.67	0.76								
						3	57—100	黄棕色	中壤土	柱状	5.0	8.6	0.66	0.85								
剖16	人为土	水稻土	潴育水稻土	潴育型黄泥田	中潴中潜灰黄黄泥田	1	0—17	浅灰色	中壤土	块状										泥质岩类风化物	E 113°57′44.3″ N 27°15′26.5″	95
						2	17—25	棕黄色	重壤土	块状												
						3	25—53	红黄色	重壤土	块状												
						4	53—100	灰色	中壤土	软糊无结构												
剖17	铁铝土	红壤	泥质岩红壤	厚层少有机质泥质岩红壤		1	0—4	棕灰色	中壤土	团粒状	4.8	28.2	1.76	0.63		119	≤1.0	57		泥质岩类	E 113°59′33.7″ N 27°16′32.0″	98
						2	4—34	黄灰色	中壤土	块状												
						3	34—100	红黄色	重壤土	块状												
剖18	人为土	水稻土	淹育水稻土	淹育型黄砂泥田	强潴黄砂泥田	1	0—12	灰色	轻壤土	团粒状	5.7	30.6	1.69	0.63		127	3.3	31		石英岩类风化物	E 113°59′26.5″ N 27°15′25.7″	95
						2	12—18	黄黄色	轻壤土	块状	5.6	11.8	0.86	0.56								
						3	18—100	红黄色	轻壤土	块状	6.9	11.5	0.56	0.69								
剖19	铁铝土	红壤	石英岩红壤	厚层中有机质石灰岩红壤		1	0—5	棕黄色	中壤土	小块状	5.0	54.1	2.08	0.87		201	≤1.0	58		石英岩类	E 113°53′48.9″ N 27°17′07.9″	97
						2	5—49	黄黄色	重壤土	块状	4.6	19.1	0.97	0.59								
						3	49—100	黄红色	重壤土	块状	4.9	5.8	0.60	0.63								
剖20	铁铝土	红壤	石英岩红壤	中层多有机质石英岩红壤		1	0—10	浅灰色	中壤土	粒状										石英岩类	E 113°53′58.9″ N 27°16′10.4″	95
						2	10—20	黄黄色	中壤土	小块状												
						3	20—51	黄黄色	中壤土	小块状												
						4	51—100	红黄色	中壤土	团块状												
剖21	人为土	水稻土	潴育水稻土	潴育型黄砂泥田	灰黄砂泥田	1	0—14	棕灰色	轻壤土	块状										石英岩类	E 113°53′00.4″ N 27°15′20.1″	95
						2	14—22	黄黄色	中壤土	棱块状												
						3	22—60	黄色	中壤土	块状												
						4	60—100	黄色	中壤土	块状												
剖22	铁铝土	红壤	泥质岩红壤	中层中有机质泥质岩红壤		1	0—14	浅灰黄色	中壤土	粒状	4.5	32.7	1.32	0.92		136	≤1.0	45		泥质岩类	E 113°55′10.1″ N 27°16′19.4″	97
						2	14—41	黄棕黄色	重壤土	小块状	4.5	22.0	1.16	0.87								
						3	41—100	红黄色	中壤土	小块状	4.6	14.0	0.86	0.66								
剖23	铁铝土	红壤	泥质岩红壤	中层多有机质泥质岩红壤		1	0—11	暗灰色	轻壤土	中块状										泥质岩类	E 113°55′37.6″ N 27°17′25.6″	98
						2	11—47	灰黄色	中壤土	块状												
						3	47—100	深灰色	中壤土	小块状												
剖24	人为土	水稻土	潴育水稻土	潴育型红黄泥田	中潴灰红黄泥田	1	0—16	浅灰黄色	中壤土	团块状										泥质岩类风化物	E 113°56′02.2″ N 27°16′42.7″	95
						2	16—23	黄黄色	重壤土	小块状												
						3	23—52	褐灰色	中壤土	棱块状												
						4	52—100	灰色	中壤土	块状												
剖25	铁铝土	红壤	黄红壤	泥质岩黄红壤		1	0—18	黄黄色	中壤土	屑粒状	4.6	30.3	2.34	1.07		210	5.0	85		泥质岩类	E 113°50′32.2″ N 27°11′10.3″	97
						2	18—37	黄色	中壤土	棱块状	4.7	9.7	0.64	0.64								
						3	37—80	棕黄色	中壤土	柱状	4.7	7.4	0.57	0.93								

续表 Continued

剖面号 Soil profile	土纲 Soil order	土类 Soil great group	亚类 Soil subgroup	土属 Soil genus	土种 Soil species	土层码 Layer code	土层厚度 Depth/cm	颜色 Soil color	质地 Soil texture	土壤结构 Soil structure	pH	有机质 OM/(g/kg)	全氮 TN/(g/kg)	全磷 TP/(g/kg)	全钾 TK/(g/kg)	碱解氮 AN/(mg/kg)	有效磷 AP/(mg/kg)	速效钾 AK/(mg/kg)	阳离子交换量 CEC/(cmol/kg)	土壤母质 Parent material	剖面点坐标 Profile coordinate	匹配指数 Matching index/%
剖26	人为土	水稻土	潴育水稻土	潴育型黄砂泥田	灰瑭底灰黄砂泥田	1	0—15	灰色	轻壤土	团粒状										石灰岩类风化物	E 113°52′25.0″ N 27°10′59.1″	95
						2	15—22	浅灰色	中壤土	块状												
						3	22—41	灰黄色	中壤土	棱块状												
						4	41—70	棕褐色														
剖27	人为土	水稻土	潴育水稻土	潴育型红黄泥田	中潴灰红黄泥田	1	0—13	棕灰色	中壤土	小块状	5.4	43.5	2.04	1.33		179	8.5	55		泥质岩类风化物	E 113°52′16.3″ N 27°10′10.7″	95
						2	13—18	浅灰色	中壤土	块状	5.5	40.0	1.94	0.87								
						3	18—46	黄灰色	中壤土	棱块状	6.4	14.7	0.75	0.94								
						4	46—51	黄灰色														
						5	51—100	黄褐色														
剖28	铁铝土	红壤		泥质岩红壤	薄层中有机质泥质岩类红壤	1	0—20	棕灰色	重壤土	团粒状	6.7	12.1	0.75	1.22		127	≤1.0	62		泥质岩类	E 113°54′53.4″ N 27°12′48.4″	99
						2	20—74	黄褐色	中壤土	团粒状	4.7	34.7	1.62									
						3	74—100															
剖29	铁铝土	红壤		红黄泥土	厚层灰红黄泥土	1	0—20	黄灰色	中壤土	碎粒状	6.5	29.7	1.28	1.26		121	20.8	78		泥质岩类风化物	E 113°57′37.1″ N 27°14′57.9″	97
						2	20—47	黄红色	重壤土	小块状	4.8	14.0	0.62	0.53								
						3	47—100	黄色	重壤土	块状	5.0	12.2	0.49	0.60								
剖30	人为土	水稻土	潴育水稻土	潴育型紫色泥田	灰紫红泥田	1	0—15	灰色	中壤土	小块状	5.5	32.1	1.46	0.90		138	7.8	66		第四纪红色黏土	E 113°57′57.3″ N 27°13′54.2″	75
						2	15—20	棕灰色	中壤土	块状	5.8	12.0	0.79	0.81								
						3	20—32	棕灰色	中壤土	棱柱状	6.5	9.2	0.44	0.72								
						4	32—100	棕灰色	重壤土	块状	7.1	1.3	0.62	0.83								
剖31	人为土	水稻土	潴育水稻土	潴育型紫红泥田	弱潴灰紫红泥田	1	0—14	棕灰色	中壤土	小块状											E 113°57′56.4″ N 27°12′33.8″	75
						2	14—19	红黄色	中壤土	块状												
						3	19—100			块状												
剖32	人为土	水稻土	潴育水稻土	潴育型红黄泥底潮砂泥田	灰红黄泥底潮砂泥田	1	0—17	灰色	中壤土	小块状	6.1	35.9	1.62	0.67		175	5.5	32		河流冲积物	E 113°58′12.0″ N 27°12′44.2″	95
						2	17—23	黄灰色	中壤土	小块状	6.6	21.4	1.06	0.52								
						3	23—53	灰色	中壤土	块状	6.4	14.1	0.69	0.64								
						4	53—100	棕黄色	重壤土	块状	7.0	6.2	0.46	0.63								
剖33	人为土	水稻土	潴育水稻土	潴育型石灰石灰泥田	全层中潴灰石灰石灰泥田	1	0—16	棕灰色	中壤土	小块状	6.0	48.8	2.25	0.90		178	7.0	75		石灰岩类风化物	E 113°58′09.2″ N 27°12′33.8″	95
						2	16—19	棕灰色	中壤土	棱块状	5.7	35.0	1.69	0.71								
						3	19—63	青灰色	中壤土	块状	5.7	13.5	0.64	0.70								
						4		浅黄色	重壤土	块状	5.4	5.1	0.37	0.41								
剖34	铁铝土	红壤		泥质岩红壤	厚层中有机质泥质岩类红壤	1	0—14	黄灰色	中壤土	小块状	5.4	25.2	1.27	0.73		101	≤1.0	153		第四纪红色黏土	E 113°56′45.8″ N 27°11′54.3″	98
						2	14—49	棕灰色	中壤土	软块状	4.7	11.1	0.81	0.51								
						3	49—100	黄灰色	中壤土	块状	4.9	14.9	0.95	0.70								
剖35	人为土	水稻土	潴育水稻土	潴育型石灰石灰泥田	中位弱潴灰石灰石灰泥田	1	0—19	黄灰色	中壤土	块状	7.0	64.7	2.75	0.93		210	4.8	42		泥质岩类	E 113°58′49.6″ N 27°11′59.4″	95
						2	19—44	青灰色	重壤土	块状	8.0	60.4	2.36	0.82								
						3	44—100	浅灰色	重壤土	小块状	7.6	43.4	1.27	0.76								
剖37	人为土	水稻土	淹育水稻土	淹育型石灰石灰泥田	强薄灰石灰石灰泥田	1	0—10	灰色	轻壤土	块状	7.5	54.5	1.39	0.39		187	11.5	68		石灰岩类风化物	E 113°57′31.2″ N 27°10′09.8″	95
						2	10—16	灰蓝色	中壤土	块状	7.7	42.0	1.02	1.02								
						3	16—100	灰黄色			8.0	7.7	0.80	0.80								
剖38	人为土	水稻土	潴育水稻土	潴育型黄砂泥田	砾砂底灰黄砂泥田	1	0—15	灰色	中壤土	小块状										石灰岩类风化物	E 113°58′09.3″ N 27°10′36.7″	95
						2	15—23	灰色	中壤土	块状											E 113°58′11.8″ N 27°10′10.6″	
						3	23—50	灰黄色	中壤土	棱块状												
						4	50—100	黄色														

续表 Continued

剖面号 Soil profile	土纲 Soil order	土类 Soil great group	亚类 Soil subgroup	土属 Soil genus	土种 Soil species	土层码 Layer code	土层厚度 Depth/cm	颜色 Soil color	质地 Soil texture	土壤结构 Soil structure	pH	有机质 OM/(g/kg)	全氮 TN/(g/kg)	全磷 TP/(g/kg)	全钾 TK/(g/kg)	碱解氮 AN/(mg/kg)	有效磷 AP/(mg/kg)	速效钾 AK/(mg/kg)	阳离子交换量CEC/(cmol/kg)	土壤母质 Parent material	剖面点坐标 Profile coordinate	匹配指数 Matching index/%
剖39	初育土	石灰(岩)土	棕色石灰土	白膏泥土	厚层白膏泥土	1	0—10	黄灰色	中壤土	小块状	6.1	27.1	1.30	1.20		124	3.3	43		石灰岩风化物	E 113°59′20.6″ N 27°10′35.9″	95
						2	10—27	灰黄色	重壤土	块状	6.4	16.2	0.89	0.65								
						3	27—61	浅灰色	黏土	团粒状	6.8	7.8	0.60	0.78								
剖40	人为土	水稻土	潴育水稻土	潴育型潮砂泥田	中潴灰潮砂泥田	1	0—16	灰色	中壤土	团粒状	6.0	35.4	0.71	0.71						河流冲积物	E 113°59′26.2″ N 27°10′20.9″	95
						2	16—21	浅黄灰色	中壤土	棱块状	7.0	44.1	0.69	0.69								
						3	21—43	棕黄色	中壤土	小块状	7.2	13.4	0.61	0.61								
						4	43—100	褐黄色	壤质黏土	碎块状	7.7	33.0	1.80	0.40	12.4	140	5.0	37	24.6			
剖41	人为土	水稻土	淹育水稻土	浅灰泥田	黄灰石灰泥田	2	15—22	黄灰色	壤质黏土	棱块状	7.7	27.7	1.40	0.30	12.2				23.5			
						3	22—67	浅黄灰色	壤质黏土	棱块状	7.8	16.7	0.80	0.20	12.0				23.9			
剖42	人为土	水稻土	潴育水稻土	潴育型红黄泥底潮砂泥田	全层弱潜红黄泥底潮砂泥田	1	0—18	青灰色	中壤土	块状										河流冲积物	E 113°59′47.0″ N 27°10′14.9″	96
						2	18—25	青灰色	中壤土	软块状												
						3	25—32	青灰色	中壤土	软块状												
						4	32—100	青灰色	中壤土	块状												
剖43	铁铝土	红壤		红黄泥土	中层灰红黄泥土	1	0—18	浅灰灰色	中壤土	屑粒状										泥质岩类风化物	E 113°55′50.4″ N 27°10′35.6″	98
						2	18—33	灰棕色	中壤土	小块状												
						3	33—60	棕黄色	中壤土	块状												
剖44	人为土	水稻土	潴育水稻土	潴育型黄砂泥田	弱潜灰黄砂泥田	1	0—10	灰色	轻壤土	小块状										石英岩类风化物	E 113°47′42.1″ N 27°07′36.4″	95
						2	10—14	浅灰色	轻壤土	块状												
						3	14—33	浅灰色	砂壤土	小块状												
						4	33—100	灰白色	砂土	无结构												
剖45	铁铝土	红壤		石英岩壤	厚层中有机质石英岩类红壤	1	0—8	棕灰色	中壤土	屑粒状	5.0	40.9	2.53	1.18		224	1.5	188		石英岩类	E 113°55′59.2″ N 27°12′17.6″	96
						2	8—40	棕黄色	中壤土	团块状	≤3.5	24.4	1.01	0.92								
						3	40—100	浅黄色	中壤土	小块状	≤3.5	10.5	0.45	0.92								
剖46	人为土	水稻土	潴育水稻土	潴育型杂砂泥田	灰杂砂泥田	1	0—13	灰灰色	中壤土	块状											E 113°51′52.7″ N 27°08′21.1″	99
						2	13—23	深黄色	中壤土	棱块状	7.5	34.9	1.09	0.69								
						3	23—33	灰黄色	重壤土	小块状	6.1	13.3	0.61	0.46								
						4	33—58	黄色	中壤土	碎块状	6.6	5.4	0.48	0.46		150	3.3	30				
						5	58—100	青灰色	中壤土	散状	6.7	26.9	0.93	0.63								
剖47	人为土	水稻土	潴育水稻土	潴育型红黄泥田	中潴弱潜夹砂灰泥田	1	0—15	浅灰黄色	轻壤土	棱块状	6.9	7.7	0.38	0.44						洪积物	E 113°51′19.8″ N 27°07′16.8″	95
						2	15—19	棕灰色	中壤土	块状	6.9	5.1	0.37	0.29								
						3	19—41	黄棕色	重壤土	块状												
						4	41—65	棕黄色	重壤土	小块状												
						5	65—80	青灰色	重壤土	块状												
						6	80—100	浅灰黄色	中壤土	块状												
剖48	人为土	水稻土	潴育水稻土	潴育型黄泥田	厚潴灰黄泥田	1	0—15	浅灰色	重壤土	小块状	4.5	21.7	0.97			87	≤1.0	64		泥质岩类风化物	E 113°54′53.7″ N 27°09′01.3″	95
						2	15—22	棕灰色	中壤土	块状												
						3	22—64	黄灰色	重壤土	块状												
						4	64—84	棕黄色	中壤土	块状												
						5	84—100	黄色	中壤土	块状												
剖49	铁铝土	红壤		石灰岩壤	厚少有机质石灰岩红壤	1	0—13	红黄色	中壤土	小块状										石灰岩类	E 113°54′46.9″ N 27°08′12.6″	97
						2	13—33	黄色	中壤土	块状												
						3	33—100	黄色	中壤土	块状												

续表 Continued

剖面号 Soil profile	土纲 Soil order	土类 Soil great group	亚类 Soil subgroup	土属 Soil genus	土种 Soil species	土层码 Layer code	土层厚度 Depth/cm	颜色 Soil color	质地 Soil texture	土壤结构 Soil structure	pH	有机质 OM/(g/kg)	全氮 TN/(g/kg)	全磷 TP/(g/kg)	全钾 TK/(g/kg)	碱解氮 AN/(mg/kg)	有效磷 AP/(mg/kg)	速效钾 AK/(mg/kg)	阳离子交换量CEC/(cmol/kg)	土壤母质 Parent material	剖面点坐标 Profile coordinate	匹配指数 Matching index/%
剖50	人为土	水稻土	潴育水稻土	潴育型石灰泥田	中位弱潜石灰泥田	1	0–17	灰色	中壤土	小块状	7.7									石灰岩风化物	E 113° 54′ 28.1″ N 27° 07′ 52.1″	95
						2	17–22	灰色	中壤土	块块状	7.7											
						3	22–50	浅青灰色	重壤土	软块状	7.8											
						4	50–100	青灰色	重壤土	软块状												
剖51	人为土	水稻土	淹育水稻土	淹育型石灰泥田	淹育灰石灰泥田	A	0–15	灰白色	壤质黏土	碎块状	7.7	33.0	1.78	0.38	12.4	140	5.0	37	24.6	钙质页岩风化物	E 113° 54′ 57.0″ N 27° 08′ 22.5″	82
						P	15–22	灰白色	壤质黏土	块状	7.7	27.7	1.38	0.31	12.2				23.5			
						C	22–67	浅黄色	壤质黏土	棱块状	7.8	16.7	0.84	0.21	12.0				23.9			
剖52	人为土	水稻土	潴育水稻土	潴育型白膏泥田	全层弱潜灰白膏泥田	1	0–14	灰色	重壤土	软块状										石灰岩风化物	E 113° 54′ 50.5″ N 27° 07′ 44.6″	95
						2	14–21	灰白色	重壤土	块块状												
						3	21–100	蓝灰色	重壤土	块状												
剖53	人为土	水稻土	潴育水稻土	潴育型白膏泥田	全层弱潜白膏泥田	1	0–17	青灰色	重壤土	棱块状										石灰岩风化物	E 113° 58′ 12.8″ N 27° 09′ 40.3″	95
						2	17–100	灰棕色	重壤土	块块状												
剖54	人为土	水稻土	潴育水稻土	潴育型紫红泥田	强潜灰紫红泥田	1	0–15	黄灰色	中壤土	小块状										石灰岩风化物	E 113° 57′ 53.1″ N 27° 08′ 33.8″	96
						2	15–21	黄灰色	重壤土	块状												
						3	21–76	黄棕色	重壤土	棱块状												
						4	76–100	红棕色	重壤土	块状												
剖55	人为土	水稻土	潴育型石灰泥田	潴育型石灰泥田	中潴乌石灰泥田	1	0–18	暗黄灰色	中壤土	团块状	7.9	67.3	3.27	1.50		239	7.8	80		石灰岩风化物	E 113° 58′ 38.2″ N 27° 08′ 23.6″	95
						2	18–23	深黄灰色	重壤土	块状	7.8	51.8	7.65	1.39								
						3	23–100	灰黄色	重壤土	块状	8.1	22.6	1.23	1.11								
剖56	人为土	水稻土	潴育水稻土	潴育型红黄泥田	弱潜中位砾砂底板红黄泥田	1	0–18	灰灰黄色	中壤土	碎块状	5.5	30.3	1.65	0.89		147	7.0	98		泥质岩类风化物	E 113° 59′ 34.9″ N 27° 09′ 24.9″	95
						2	18–26	黄棕色	中壤土	块状	6.0	13.2	0.91	0.71								
						3	26–41	灰棕色		棱块状	6.2	9.0	0.48	0.72								
						4	41–43	黑褐色			6.5	5.5	0.45	0.85								
						5	43–100	棕红色			6.7	7.6	0.64	0.84								
剖57	人为土	水稻土	潴育水稻土	潴育型红黄泥田	上位弱潜红黄泥田	1	0–12	灰色	中壤土	小块状	5.7	46.8	2.23	0.82		180	4.0	53		石灰岩风化物	E 113° 58′ 20.6″ N 27° 07′ 09.8″	95
						2	12–17	黄灰色	中壤土	块状	5.9	44.7	2.06	0.71								
						3	17–63	黄灰色	重壤土	棱块状	7.0	17.5	0.86	0.57								
						4	63–100	黄色	重壤土	棱块状	7.0	19.8	1.16	0.63								
剖58	人为土	水稻土	潴育型红黄泥田	潴育型红黄泥田	弱潜中位火渣底砂红黄泥田	1	0–12	灰灰黄色	中壤土	块状	6.4	73.7	3.02	0.95		220	4.0	37		泥质岩类风化物	E 113° 57′ 20.4″ N 27° 05′ 32.6″	95
						2	12–26	黄棕色	中壤土	软糊无结构	6.3	73.8	2.75	0.74								
						3	26–100	灰棕色	中壤土	软糊无结构												
剖59	人为土	水稻土	淹育水稻土	淹育型紫红泥田	强淹底红黄紫红泥田	1	0–15	浅灰色	中壤土	小块状	6.3	48.7	2.17	1.17		189	7.8	76		石英岩类	E 113° 58′ 14.0″ N 27° 06′ 23.0″	95
						2	15–23	棕黄色	中壤土	块状	7.0	22.6	1.01	0.91								
						3	23–100	五花色	重壤土	块状	7.2	7.1	0.32	0.74								
剖60	铁铝土	红壤		石英岩红壤	厚层多有机质层石英岩类红壤	1	0–14	深灰色	中壤土	小块状										石英岩类	E 113° 53′ 52.6″ N 27° 06′ 58.6″	97
						2	14–31	黄黄色	中壤土	块状												
						3	31–65	黄色	中壤土	块状												
						4	65–100	黄色	中壤土	块状												
剖61	人为土	水稻土	潴育水稻土	潴育型黄泥田	乌黄泥田	1	0–15	灰红色	轻壤土	小块状	5.5	40.9	1.80	0.92		169	10.0	140		第四纪红色黏土	E 113° 55′ 47.6″ N 27° 07′ 11.8″	95
						2	15–20	灰黄色	中壤土	块状	5.7	20.1	0.92	1.04								
						3	20–40	棕黄色	中壤土	块状	6.6	6.9	0.53	1.21								
						4	40–100	棕红色	中壤土	块状	6.6	5.1	0.48	1.20								
剖62	人为土	水稻土	潴育水稻土	潴育型紫砂泥田	强潜灰紫砂岩类红砂泥田	1	0–15	紫红色	轻壤土	块状										紫色砂岩类风化物	E 113° 50′ 25.3″ N 27° 04′ 09.5″	95
						2	15–20	紫红色	中壤土	块状												
						3	20–63	紫红色	中壤土	块状												
						4	63–100	紫红色	轻壤土	块状												

续表 Continued

剖面号 Soil profile	土纲 Soil order	土类 Soil great group	亚类 Soil subgroup	土属 Soil genus	土种 Soil species	土层码 Layer code	土层厚度 Depth/cm	颜色 Soil color	质地 Soil texture	土壤结构 Soil structure	pH	有机质 OM/(g/kg)	全氮 TN/(g/kg)	全磷 TP/(g/kg)	全钾 TK/(g/kg)	碱解氮 AN/(mg/kg)	有效磷 AP/(mg/kg)	速效钾 AK/(mg/kg)	阳离子交换量CEC/(cmol/kg)	土壤母质 Parent material	剖面点坐标 Profile coordinate	匹配指数 Matching index/%
剖63	人为土	水稻土	潴育水稻土	潴育型黄砂泥田	全层弱潜黄砂泥田	1	0–15	灰黄色	中壤土	团块状	5.3	51.0	2.41	1.26		187	10.8	65		石灰岩类风化物	E 113°51′06.4″ N 27°04′21.3″	95
						2	15–100	蓝灰色	重壤土	团块状	5.7	21.6	1.10	9.90								
剖64	人为土	水稻土	淹育水稻土	淹育型红黄泥田	强淹育灰红黄泥田	1	0–14	灰色	重壤土	团块状	5.3	52.4	2.33	0.91		227	6.8	62		泥质岩类风化物	E 113°50′45.8″ N 27°03′26.7″	95
						2	14–20	黄灰色	重壤土	块状	5.6	23.9	1.21	0.84								
						3	20–100	棕黄色	轻壤土	块状	5.9	14.0	0.64	1.32								
剖65	初育土	紫色土	酸性紫色土	紫色砂岩酸性紫色土		1	0–3	紫红色	轻壤土	小块状	5.2	40.1	1.32	0.69		173	≤1.0	123		紫砂岩类	E 113°51′02.9″ N 27°03′51.9″	99
						2	3–60	紫红色	轻壤土	块状	4.7	9.8	0.60	0.58								
						3	60–100	红色	砂壤土	块状	5.4	8.2	0.55	0.56								
剖66	人为土	水稻土	潴育水稻土	潴育型杂灰泥田	弱潴灰杂砂泥田	1	0–14	浅灰色	中壤土	团粒状										洪积物	E 113°50′25.3″ N 27°02′59.3″	95
						2	14–19	棕灰色	中壤土	小块状												
						3	19–53	棕黄色	中壤土	棱块状												
						4	53–100	黄色	重壤土	块状												
剖67	人为土	水稻土	潴育水稻土	潴育型石灰泥田	弱潴石灰泥田	1	0–14	黄色	中壤土	小块状	6.5	68.4	0.27	1.07		218	7.8			石灰岩风化物	E 113°54′29.6″ N 27°03′49.1″	95
						2	14–20	黄灰色	重壤土	块状	8.1	62.6	2.26	1.02								
						3	20–40	棕灰色	重壤土	棱块状	7.7	14.2	0.82	0.77								
						4	40–100	棕灰色	重壤土	块状	7.7	49.3	2.10	0.70								
剖68	人为土	水稻土	潴育水稻土	潴育型砂泥田	乌黄砂泥田	1	0–15	灰色	中壤土	团块状	6.2	29.0	1.33	0.61		178	4.8	45		洪积物	E 113°53′55.2″ N 27°03′04.3″	95
						2	15–23	浅灰黄色	重壤土	棱块状		4.6	0.27	0.21								
						3	23–100	黄灰色	重壤土	块状		2.2	0.36	0.36								
剖69	人为土	水稻土	潴育水稻土	潴育型潮砂泥田	表潜性弱潴灰砂潮砂泥田	1	0–14	灰色	中壤土	块状	5.6	23.2	2.40	0.70		216	≤1.0	35		河流冲积物	E 113°55′08.3″ N 27°04′07.0″	95
						2	14–20	黄灰色	中壤土	棱块状	5.1	19.6	1.03	0.59								
						3	20–50	灰灰色	中壤土	棱块状	5.3	16.4	1.12	0.63								
						4	50–100	棕黄色	中壤土	块状	8.0	69.6	3.01	1.14								
剖70	铁铝土	红壤		石灰岩红壤	中潜少有机质红壤	1	0–2	灰灰色	重壤土	小团粒状	6.0	77.3	3.64	0.76				71		石灰岩类	E 113°55′22.1″ N 27°03′48.1″	97
						2	2–22	红棕色	黏土	团块状	8.0	66.9	3.19	1.01								
						3	22–60	棕红色	黏土	团块状	7.3	50.5	0.84	0.84								
剖71	人为土	水稻土	潴育水稻土	潴育型石灰泥田	全层弱潜泥砂底灰石灰泥田	1	0–17	青灰色	中壤土	块状								63		石灰岩风化物	E 113°55′05.2″ N 27°03′00.7″	95
						2	17–43	浅灰色	重壤土	块状												
						3	43–65	青灰色	黏壤土	棱块状												
						4	65–100	黑色	中壤土	块状												
剖72	人为土	水稻土	潴育水稻土	潴育型石灰泥田	全层强潜灰石灰泥田	1	0–16	灰色	中壤土	团块状	5.4	37.4	2.07	0.77		172	≤1.0	61		石灰岩风化物	E 113°54′45.4″ N 27°02′37.9″	95
						2	16–75	蓝灰色	黏土	块状	6.3	24.7	1.36	0.58								
						3	75–100	青灰色	重壤土	棱块状	6.8	13.4	0.73	0.73								
剖73	人为土	水稻土	潴育水稻土	潴育型红黄泥田	弱潴红黄泥田	1	0–12	灰色	轻壤土	小块状	6.9	7.2	0.75	0.75		214	7.0			泥质岩类风化物	E 113°55′13.4″ N 27°02′49.0″	95
						2	12–20	浅灰色	中壤土	棱块状	5.6	34.3	2.17	0.83								
						3	20–46	黄灰色	中壤土	小块状	5.8	33.8	1.85	0.85								
						4	46–100	棕黄色	中壤土	团块状	6.8	9.8	0.75	0.84								
剖74	人为土	水稻土	潴育水稻土	潴育型黄泥田	中潴灰黄泥田	1	0–12	灰色	中壤土	块状	6.8	9.4	0.75	0.73		159	10.8	41		第四纪红色黏土	E 113°56′01.8″ N 27°04′16.3″	95
						2	12–16	棕黄色	中壤土	块状	7.0	8.4	0.55	0.69								
						3	16–28	黄棕色	中壤土	棱块状												
						4	28–44	红黄色	重壤土	块状												
						5	44–100															
剖75	半水成土	潮土		砂壤质潮土	厚层灰砂壤质潮土	1	0–20	黄棕色	轻壤土	屑粒状	6.8	17.0	0.68	0.71		75	4.0	50		河流冲积物	E 113°57′00.3″ N 27°04′24.4″	75
						2	20–47	灰棕色	中壤土	棱块状	6.5	8.1	0.39	0.55								
						3	47–100	棕黄色	中壤土	块状	6.6	7.8	0.36	0.53								

续表 Continued

剖面号 Soil profile	土纲 Soil order	土类 Soil great group	亚类 Soil subgroup	土属 Soil genus	土种 Soil species	土层码 Layer code	土层厚度 Depth/cm	颜色 Soil color	质地 Soil texture	土壤结构 Soil structure	pH	有机质 OM (g/kg)	全氮 TN (g/kg)	全磷 TP (g/kg)	全钾 TK (g/kg)	碱解氮 AN (mg/kg)	有效磷 AP (mg/kg)	速效钾 AK (mg/kg)	阳离子交换量CEC (cmol/kg)	土壤母质 Parent material	剖面点坐标 Profile coordinate	匹配指数 Matching index/%
剖76	人为土	水稻土	潜育水稻土	潜育型石灰岩红黄泥田	弱潴弱育红黄泥田	1	0—13	棕灰色	中壤土	小块状										泥质岩类风化物	E 113°57′18.0″ N 27°04′17.8″	81
						2	13—19	浅灰色	中壤土	块状												
						3	19—45	灰黄色	中壤土	小块状												
						4	45—100	红黄色	重壤土	块状												
剖77	人为土	水稻土	潜育水稻土	潜育型石灰岩灰泥田	全层弱潴灰石灰岩田	1	0—11	灰色	中壤土	块状	7.0	64.7	2.75	0.93		210	4.8	42		石灰岩类风化物	E 113°57′23.3″ N 27°04′01.8″	95
						2	11—15	灰色	中壤土	块状	8.0	60.4	2.35	0.82								
						3	15—100	青灰色	中壤土	软块状	7.6	43.4	0.76	0.76								
剖78	人为土	水稻土	潜育水稻土	潜育型黄泥田	黄泥田	1	0—17	灰黄色	中壤土	大块状	5.4	38.2	1.98	0.93		170	4.0	56		第四纪红色黏土	E 113°57′50.7″ N 27°03′40.6″	95
						2	17—24	棕黄色	中壤土	棱块状	5.7	27.0	1.28	0.94								
						3	24—75	棕黄色	中壤土	棱柱状	6.7	10.8	0.76	0.81								
						4	75—100	黄灰色	中壤土	棱柱状	6.8	10.5	0.69	0.62								
剖79	铁铝土	红壤	红壤	黄红泥土	厚层灰黄红泥土	1	0—17	黄灰色	中壤土	屑块状	5.6	32.5	1.48	1.21		122	3.3	71		第四纪红色黏土	E 113°52′47.8″ N 27°01′08.5″	97
						2	17—45	黄灰色	重壤土	小块状	5.2	12.0	0.57	0.86								
						3	45—100	黄色	黏土	屑粒状	4.9	7.7	0.44	0.71								
剖80	铁铝土	红壤	红壤	红黄泥土	厚层红泥土	1	0—16	黄棕色	中壤土	屑粒状	5.0	19.7	0.88			86	2.5	45		泥质岩类风化物	E 113°54′45.5″ N 27°00′13.7″	97
						2	16—36	棕黄色	重壤土	团块状												
						3	36—100	红黄色	重壤土	棱柱状												
剖81	人为土	水稻土	潜育水稻土	潜育型潮砂泥田	中位中潜灰潮砂泥田	1	0—12	灰灰色	中壤土	小块状										河流冲积物	E 113°55′44.5″ N 27°00′35.5″	95
						2	12—17	蓝灰色	中壤土	块状	5.8	24.0	0.87			83	26.0	196				
						3	17—60	青灰色	中壤土	块状												
						4	60—100															
剖82	铁铝土	红壤	红壤	黄砂泥土	厚层灰黄砂泥土	1	0—15	灰色	中壤土	团粒状	5.2	58.1	2.98	1.00		251	2.5	58		石英岩类风化物	E 113°54′28.0″ N 26°59′51.1″	97
						2	15—41	棕灰色	中壤土	团粒状		57.2	2.59	0.87								
						3	41—100	灰棕色	轻壤土	小块状												
剖83	铁铝土	红壤	红壤	泥质岩黄红壤	中层黄红泥土	1	0—4	灰棕色	轻壤土	屑粒状		56.4	0.69	2.45						泥质岩类	E 114°02′13.7″ N 27°21′15.9″	99
						2	4—26	灰黄色	中壤土	小块状		50.4	2.08	0.65								
						3	26—100	黄棕色	重壤土	块状												
剖84	铁铝土	红壤	红壤	石英岩红壤	厚层少有机质石英岩红壤	1	0—2	黄灰色	中壤土	团粒状										石英岩类	E 114°02′40.8″ N 27°18′34.9″	97
						2	2—30	红棕色	中壤土	团粒状												
						3	30—100	棕黄色	中壤土	块状												
剖85	人为土	水稻土	潜育水稻土	潜育型黄泥田	中位灰黄泥田	1	0—12	灰黄色	中壤土	小块状	4.5	5.2	0.43			45	≤1.0	40		泥质岩类风化物	E 114°02′59.2″ N 27°18′28.4″	95
						2	12—16	青黄色	中壤土	大块状												
						3	16—41	青灰色	中壤土	块状												
						4	41—77	青灰色	中壤土	大块状												
						5	77—100	青灰色	中壤土	块状												
剖86	铁铝土	红壤	红壤	紫红泥土	厚层紫红泥土	1	0—11	红黄色	重壤土	团粒状	6.1	22.0	1.16	1.83		116	≤1.0	66		石英岩类风化物	E 114°05′47.4″ N 27°16′25.8″	97
						2	11—100	棕红色	黏土	屑粒状	5.3	9.1	0.57	0.46								
剖87	铁铝土	红壤	红壤	黄砂泥土	厚层灰黄砂泥土	1	0—17	灰棕色	中壤土	块状	5.4	4.6	0.29	0.44						石质岩类风化物	E 114°07′22.7″ N 27°16′38.4″	97
						2	17—41	棕黄色	重壤土	块状												
						3	41—100	黄色	重壤土	块状												
剖88	人为土	水稻土	潜育水稻土	潜育型黄红泥田		1	0—22	深棕色	重壤土	块状	6.6	45.4	1.89	0.71		173	2.0	42		泥质岩类风化物	E 114°02′10.5″ N 27°16′57.8″	95
						2	22—100	深灰色	重壤土	软糊无结构	6.5	39.9	1.84	0.71								
剖89	铁铝土	红壤	红壤	第四纪红色黏土红壤		1	0—2	浅红黄	重壤土	块状	5.2	23.8	0.99	0.54		95	≤1.0	95		第四纪红色黏土	E 114°00′32.5″ N 27°15′08.5″	95
						2	2—30	红色	黏土	块状	4.8	3.8	0.32	0.45								
						3	30—100	红色	黏土	块状	5.0	3.2	0.31	0.46								

续表 Continued

剖面号 Soil profile	土纲 Soil order	土类 Soil great group	亚类 Soil subgroup	土属 Soil genus	土种 Soil species	土层码 Layer code	土层厚度 Depth/cm	颜色 Soil color	质地 Soil texture	土壤结构 Soil structure	pH	有机质 OM/(g/kg)	全氮 TN/(g/kg)	全磷 TP/(g/kg)	全钾 TK/(g/kg)	碱解氮 AN/(mg/kg)	有效磷 AP/(mg/kg)	速效钾 AK/(mg/kg)	阳离子交换量CEC/(cmol/kg)	土壤母质 Parent material	剖面点坐标 Profile coordinate	匹配指数 Matching index/%
剖90	人为土	水稻土	潴育水稻土	潴育型黄砂泥田	弱潴火源层黄砂泥田	1	0—14	黄灰色	中壤土	小块状										石英岩类风化物	E 114°02′57.3″ N 27°16′57.4″	95
						2	14—22	灰黄色	中壤土	块状												
						3	22—53	褐黄色	中壤土	块状												
						4	53—100	黄色	中壤土	小块状												
剖91	人为土	水稻土	潴育水稻土	潴育型潮砂泥田	中潴灰潮砂泥田	1	0—15	灰色	轻壤土	块状										河流冲积物	E 114°03′32.4″ N 27°15′06.7″	95
						2	15—18	浅灰色	轻壤土	块状												
						3	18—51	黄灰色	轻壤土	块状												
						4	51—100	灰黄色	轻壤土	块状												
剖92	人为土	水稻土	潴育水稻土	潴育型白膏泥田	弱潴白膏泥田	1	0—11	浅灰色	重壤土	块状	7.1	38.0	1.63	0.71		126	3.2	26		石灰岩风化物	E 114°01′39.9″ N 27°11′36.4″	95
						2	11—17	米灰色	重壤土	块状	7.5	22.5	0.99	0.61								
						3	17—43	灰棕色	重壤土	块状	7.8	16.3	0.60	0.57								
						4	43—100	灰棕色	黏土	块状	7.6	9.5	0.45	0.34								

九 江 市

市 辖 区

主要土类说明

红壤是九江市主要土壤类型，占本市地域总面积的32%。红壤主要发生在中亚热带常绿阔叶林下，经中度脱硅富铝化作用形成深厚红色土层。红壤黏粒中游离铁占全铁的50%—60%，底层可见深厚红、黄、白相间网纹红色黏土。黏土矿物以高岭石、赤铁矿为主，黏粒硅铝率为1.8—2.4，风化淋溶系数小于0.2，盐基饱和度小于35%，pH为4.5—5.5。

水稻土是九江市第二大土壤类型，占本市地域面积的21%。水稻土是在长期季节性淹灌、水下翻耕、季节性脱水、氧化还原交替影响下，原来成土母质或母土的特性发生重大改变，形成的新的土壤类型。由于干湿交替，水稻土形成糊状淹育层、较坚实板结的犁底层、渗育层、潴育层与潜育层多种发生层。这些不同发生层段是在人为耕作、水浆管理下形成的。

黄褐土是九江市第三大土壤类型，占本市地域面积的14%。黄褐土是由较细粒的黄土状母质发育而成的。土体中游离碳酸钙已不复存在，黏化淀积明显，B层黏聚，有时呈黏盘状。黏粒硅铝率为3.0左右，土壤呈灰黄棕色，具A-B-C剖面构型。在底部可散见圆形石灰结核。表层pH为6—6.8，底层pH为7.5，盐基饱和度由表层向底层逐渐趋向饱和。

潮土占本市地域面积的9%，主要分布于近代河流冲积平原或低平阶地，地下水位浅，潜水参与成土过程，底土氧化还原作用交替，形成锈色斑纹和小型铁子。长期耕作条件下，表层有机质含量为10—15g/kg。

小于本市地域面积3%的土壤类型还有黄棕壤、黄壤和山地草甸土等。

本区域中心区气候特征

本区域中心区气候特征值
Regional climate characteristics in central area of the region

气候带：中亚热带湿润气候 Climate region: Subtropical humid climate	
年平均气温 /℃ Annual average temperature /℃	17.2
年平均最高气温 /℃ Annual average maximum temperature /℃	21.6
年平均最低气温 /℃ Annual average minimum temperature /℃	13.8
年降水量 /mm Annual precipitation /mm	1626
≥10℃的积温 /℃ Daily temperature accumulated in a year (≥10℃) /℃	10429
年日照时数 /h Annual sunshine /h	1828
年平均相对湿度 /% Annual average relative humidity /%	77
干燥度 Dryness	0.63

本区域中心区月平均气温与月平均降水量
Monthly temperature and precipitation in central area of the region

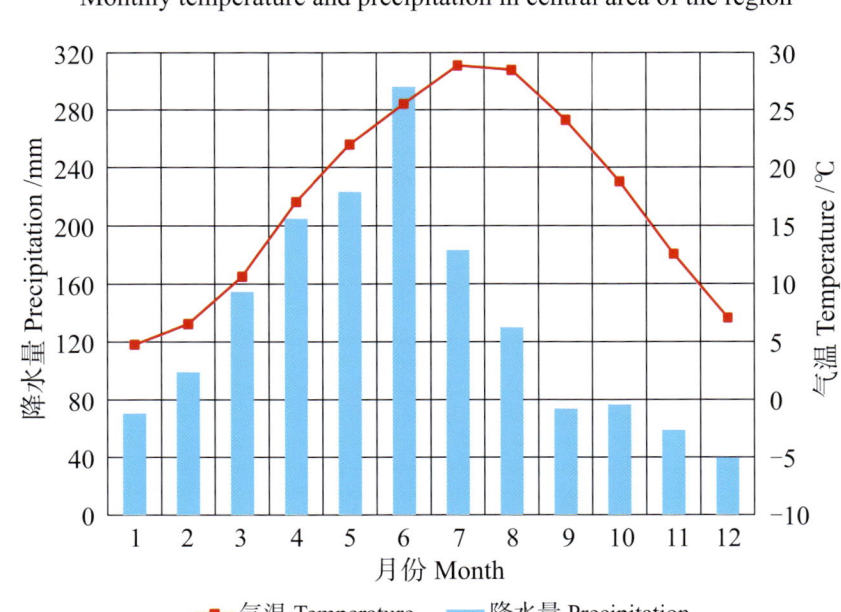

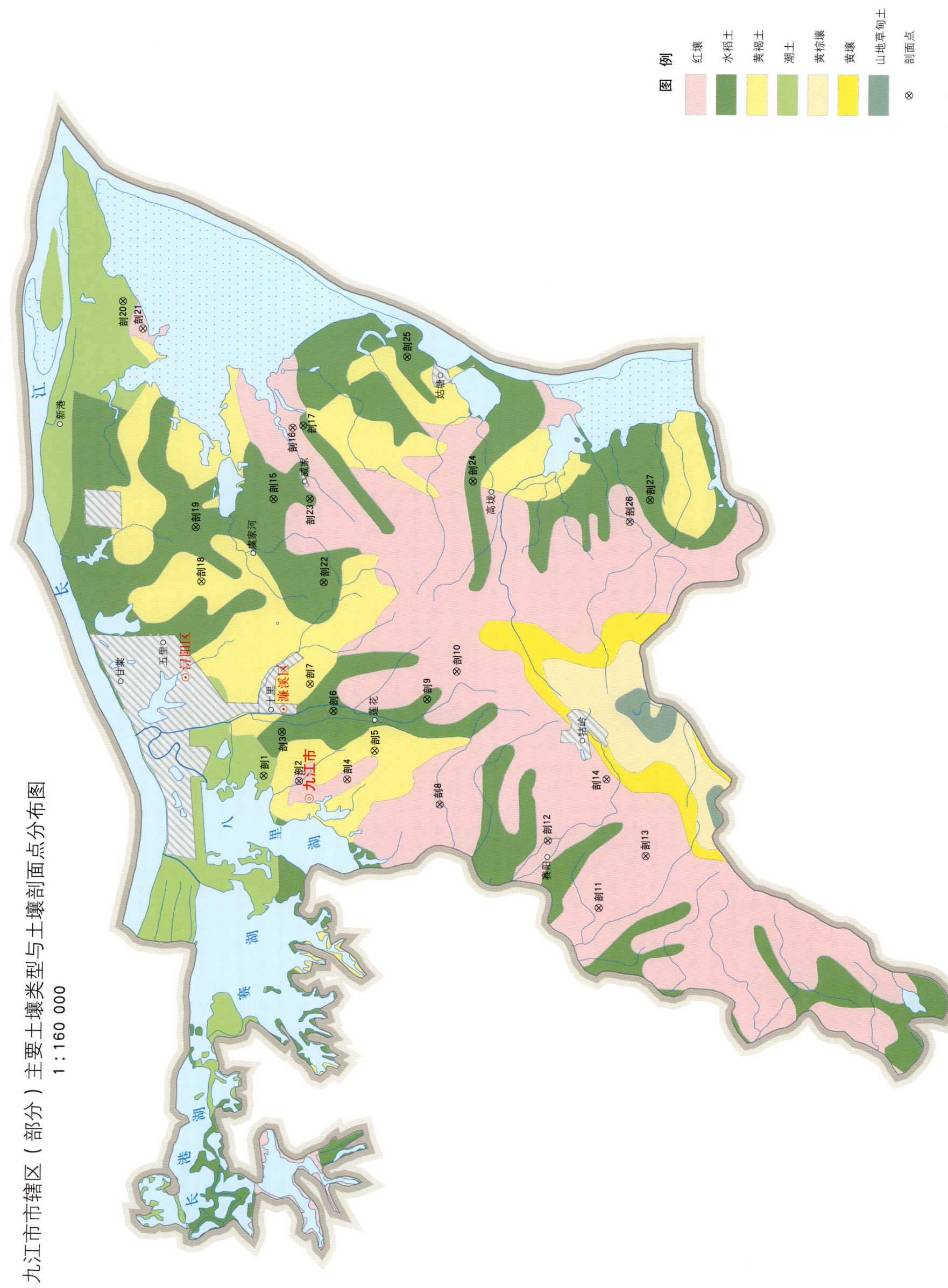

九江市市辖区（部分）主要土壤类型与土壤剖面点分布图
1∶160 000

九江市土壤剖面理化性状表

剖面号 Soil profile	土纲 Soil order	土类 Soil great group	亚类 Soil subgroup	土属 Soil genus	土种 Soil species	土层码 Layer code	土层厚度 Depth/cm	颜色 Soil color	质地 Soil texture	土壤结构 Soil structure	pH	有机质 OM/(g/kg)	全氮 TN/(g/kg)	全磷 TP/(g/kg)	全钾 TK/(g/kg)	碱解氮 AN/(mg/kg)	有效磷 AP/(mg/kg)	速效钾 AK/(mg/kg)	阳离子交换量 CEC/(cmol/kg)	土壤母质 Parent material	剖面点坐标 Profile coordinate	匹配指数 Matching index/%
剖1	半水成土	潮土	潮土	黏质潮土	潮泥土	1	0—24	浅灰棕色	轻壤土	小块状	5.9	13.8	0.85	0.54		70	7.8	43		河流冲积物	E 115°57′19.8″ N 29°40′46.8″	95
						2	24—75	灰棕色	轻壤土	片块状	6.4	6.7	0.47	0.30								
						3	75—100	棕黄色	中壤土	小块状	6.7	4.8	0.41	0.37								
剖2	铁铝土	红壤	红壤	第四纪红色黏土红壤	薄层高有机质红黏土红壤	1	0—9	浅棕色	重壤土	碎块状	4.6	41.7	1.69			137	≤1.0	65		第四纪红色黏土	E 115°57′12.9″ N 29°40′01.8″	95
						2	9—43	棕红色	黏土	碎块状												
						3	43—100	红白色	黏土	碎块状												
剖3	人为土	水稻土	潴育水稻土	潴育型黄泥田	中位弱潴灰黄泥田	1	0—13	浅灰棕色	重壤土	粒状	5.9	20.9	1.24	0.80		81	4.5	49		第四纪红色黏土	E 115°58′24.2″ N 29°40′24.7″	95
						2	13—20	灰棕色	中壤土	小块状	6.3	19.5	1.26	0.80								
						3	20—38	灰青色	重壤土	软块状	6.6	15.6	1.06	0.81								
						W	38—100	浅黄棕色	重壤土	块状	6.7	8.0	0.79	0.84								
剖4	铁铝土	红壤	红壤	黄砂泥田	灰黄砂泥土	1	0—21	灰灰棕色	中壤土	粒状	4.8	22.0	1.15	0.62		102	20.5	70		第四纪红色黏土	E 115°57′16.6″ N 29°39′00.5″	95
						2	21—80	黄棕色	中壤土	小块状	6.5	5.4	0.45	6.40								
						3	80—100	黄棕色	轻壤土	小块状	6.6	2.4	0.30	0.90								
剖5	淋溶土	黄褐土	黏盘黄褐土	马肝泥田	马肝泥土	1	0—20	暗棕色	中壤土	碎块状	6.9	31.2	1.45	2.12		87	≥100.0	287		石英岩类风化物	E 115°57′59.3″ N 29°38′25.7″	74
						2	20—37	棕色	中壤土	梭块状	7.1	15.6	0.93	1.70								
						3	37—100	棕色	中壤土	梭块状	7.1	6.3	0.60	1.07								
剖6	人为土	水稻土	潴育水稻土	潴育型洪积砂泥田	马肝泥底灰洪砂泥田	1	0—13	灰棕色	中壤土	粒块状	5.1	20.2	1.41	0.92		102	23.5	44		下蜀黄土	E 115°58′55.7″ N 29°39′19.1″	95
						2	13—18	浅灰棕色	中壤土	块状	5.3	17.6	1.23	1.19								
						W₁	18—82	暗红棕色	重壤土	块状	6.2	8.5	0.76	1.13								
						W₂	82—100	浅黄色	中壤土	粒状	7.1	2.6	0.43	0.85								
剖7	淋溶土	黄褐土	黏盘黄褐土	马肝泥土	粉灰马肝泥土	1	0—17	暗棕棕色	砂壤土	粒状	6.4	10.1	0.71	0.85		52	11.8	62		下蜀黄土	E 115°59′34.9″ N 29°39′49.6″	74
						2	17—44	棕色	轻壤土	块状	6.5	4.9	0.48	0.75								
						3	44—100	紫棕色	中壤土	梭块状	6.3	3.9	0.49	0.90								
剖8	铁铝土	红壤	红壤	泥质岩类红壤	薄层高有机质泥质岩类红壤	1	0—13	暗黄棕色	中壤土	小块状	5.0	41.7	≥10.00	0.31		96	6.5	113		泥质岩类坡积物	E 115°56′42.5″ N 29°37′01.7″	75
						2	13—33	浅黄棕色	中壤土	小块状	5.0	10.4	0.79	0.19								
						3	33—60	红棕色	重壤土	粒状块状	5.4	18.9	1.21	1.07		110	7.5	77		第四纪红色黏土	E 115°59′15.3″ N 29°37′19.9″	95
剖9	人为土	水稻土	潴育水稻土	潴育型黄泥田	灰黄泥田	1	0—13	灰棕色	中壤土	块状	5.5	17.8	1.14	0.94								
						2	13—18	暗红棕色	中壤土	梭块状	6.2	12.1	0.81	1.40								
						W	18—100	浅黄色	中壤土	碎粒状	7.0	2.6	0.43									
剖10	铁铝土	红壤	红壤	石英岩类红壤	厚层高有机质石英岩类红壤	A	0—9	暗红棕色	砂壤土	小团块状	4.7	48.1	1.36			136	2.0	66		石英岩类	E 115°59′56.3″ N 29°36′42.5″	75
						ABv	9—26	浅灰棕棕色	壤质黏土	小块状	4.9	36.0	1.52	0.25	13.8				7.4			
						Bv	26—50	浅红棕色	壤质黏土	小块状	5.2	12.8	0.65	0.21	13.9				7.3			
						BvC	50—80	红棕色	壤质黏土	大块状	5.4	9.3	0.55	0.26	14.0				6.9			
剖11	铁铝土	棕红壤	棕红壤	鳝泥棕红壤	厚层乌鳝泥质棕红壤	2	15—40	红棕色	中壤土	块状	5.5	4.6	0.42	0.23	14.8	73	5.0	117	6.9	泥质岩类坡积物	E 115°54′14.4″ N 29°33′36.1″	95
						3	40—100	暗棕色	重壤土	屑粒状	5.2	16.3	0.89									
剖12	铁铝土	红壤	红壤	黄泥土	灰黄泥土	1	0—14	棕红色	中壤土	粒块状						86		76		第四纪红色黏土	E 115°55′51.9″ N 29°34′42.3″	95
						2	14—34	棕红色	中壤土	块状												
						3	34—100	灰棕色	重壤土	粒状	4.6	22.5	0.94									
剖13	铁铝土	红壤	红壤	石英岩类红壤	中层中有机质石英岩类红壤	1	0—11	浅灰棕色	砂壤土	粒块状							≤1.0			石英岩类	E 115°55′31.5″ N 29°32′36.8″	95
						2	11—45	黄棕红色	砂壤土	小块状												
						3	45—100															

续表 Continued

剖面号 Soil profile	土纲 Soil order	土类 Soil great group	亚类 Soil subgroup	土属 Soil genus	土种 Soil species	土层码 Layer code	土层厚度 Depth/cm	颜色 Soil color	质地 Soil texture	土壤结构 Soil structure	pH	有机质 OM/(g/kg)	全氮 TN/(g/kg)	全磷 TP/(g/kg)	全钾 TK/(g/kg)	碱解氮 AN/(mg/kg)	有效磷 AP/(mg/kg)	速效钾 AK/(mg/kg)	阳离子交换量CEC/(cmol/kg)	土壤母质 Parent material	剖面点坐标 Profile coordinate	匹配指数 Matching index/%
剖14	铁铝土	红壤	黄红壤	石英岩山地黄红壤		1	0—10	灰棕色	中壤土	屑粒状	5.0	48.1	2.65	0.69		221	5.5	63		石英岩类	E 115°57′23.2″ N 29°33′28.8″	95
						2	10—27	浅黄棕色	中壤土	粒块状	5.1	17.8	1.44	0.53								
						3	27—100	黄红色	中壤土	碎块状	5.2	11.0	0.87	0.42								
剖15	人为土	水稻土	潴育水稻土	潴育型黄砂泥田	灰黄砂泥田	1	0—14	浅灰色	轻壤土	碎粒状	5.4	22.7	1.40	0.48		101	1.3	44		石英岩类风化物	E 116°04′04.8″ N 29°40′40.0″	95
						2	14—19	暗灰色	轻壤土	小块状	5.8	15.4	1.03	0.57								
						W	19—100	黄棕色	中壤土		6.3	4.6	0.51	0.84								
剖16	铁铝土	红壤		泥质岩类红壤	中层中有机质泥质岩类红壤	1	0—12	浅黄棕色	重壤土	粒立状	4.9	25.7	1.09	0.40		73	≤1.0	78		泥质岩类	E 116°05′48.7″ N 29°40′16.9″	95
						2	12—44	黄红棕色	重壤土	块状	5.0	7.2	0.56	0.45								
						3	44—100	黄红棕色	重壤土	块状	5.0	6.8	0.73	0.45								
剖17	淋溶土	水稻土	侧渗漂洗水稻土	侧渗漂洗型洪砂泥田	中潜灰洪砂泥田	1	0—16	灰棕色	轻壤土	碎块状	6.1	20.7	1.03	≤0.10		76	4.5	28			E 116°05′52.1″ N 29°40′03.9″	75
						2	16—33	暗棕色	中壤土	粒块状	6.3	19.0	0.64	≤0.10								
						3	33—41	暗灰色	中壤土	块状	5.7	15.6	0.78	0.11								
						4	41—100	灰白色	中壤土	松散状	5.2	6.1	0.38	0.11								
剖18	黄褐土		紫盘黄褐土	马肝泥土	灰马肝泥土	1	0—14	灰棕黄色	中壤土	粒状	5.7	12.3	0.79	0.65		66	2.5	65		下蜀黄土	E 116°02′02.7″ N 29°42′10.8″	85
						2	14—37	棕红色	中壤土	碎粒状	6.3	5.7	0.57	0.67								
						3	37—100	棕黄色	中壤土	核块状	6.2	4.5	0.41	0.60								
剖19	人为土	水稻土	潴育水稻土	潴育型湖泥田	灰湖泥田	1	0—15	灰棕色	轻壤土	粒散状	5.1	17.2	1.23	0.92		78	15.5	49		湖积物	E 116°03′21.9″ N 29°42′19.1″	95
						2	15—19	灰黄色	中壤土	块状	5.5	13.0	0.93	1.01								
						W	19—100	灰棕色	重壤土	柱状	7.1	5.3	0.45	0.74								
剖20	半水成土	潮土		砂质潮泥土	厚层中有机土	1	0—14	暗灰棕色	砂土		5.8	24.2	1.46	0.99		120	5.5	44		河流冲积物	E 116°08′51.2″ N 29°43′56.4″	75
						2	14—75	灰棕色	松砂土	碎粒状	5.3	11.1	0.86	0.80								
						3	75—100	灰棕色	砂壤土		5.5	1.2	0.37	0.62								
剖21	铁铝土	红壤		红砂岩类红壤	厚层中有机土红砂岩类红壤	1	0—8	浅棕红色	轻壤土	碎粒状	5.8	30.3	1.35	0.43		100	2.5	113		红砂岩类	E 116°08′19.9″ N 29°43′06.6″	75
						2	8—36	棕红色	中壤土	块状	5.9	10.6	0.72	0.44								
						3	36—100	暗棕红色	中壤土	块状	6.2	2.9	0.37	0.34								
剖22	人为土	水稻土	潴育水稻土	潴育型紫泥田	灰紫泥田	1	0—17	紫灰色	中壤土	粒状	5.7	20.2	1.35	0.43		63	1.5	47		紫色泥页岩风化物	E 116°02′03.7″ N 29°39′34.2″	95
						2	17—26	紫灰色	重壤土	块状	7.4	7.9	0.65	0.43								
						W	26—100	灰色	中壤土	小块状	7.5	≤1.0	0.50	0.26								
剖23	人为土	水稻土	潴育型紫泥田	潴育型红黄泥田	灰红黄泥田	1	0—13	灰棕色	中壤土	粒粒块状	5.4	20.8	1.38	0.88		123	7.5	96		泥质岩类风化物	E 116°04′06.0″ N 29°39′53.6″	95
						2	13—19	棕黄色	中壤土	块状	6.5	4.2	0.72	0.81								
						W	19—100	棕黄色	中壤土	块状	6.7	1.4	0.57	0.86								
剖24	人为土	水稻土		潴育型湖泥田	上位弱潜乌湖泥田	1	0—15	青灰色	重壤土	块状	6.5	32.0	2.03	1.07		108	7.5	111		湖积物	E 116°04′34.6″ N 29°36′25.7″	95
						2	15—25	暗棕色	重壤土	软块状	6.7	31.9	0.96	1.09								
						3	25—100	暗棕色	中壤土	块状	7.7	10.4	0.68	1.13								
剖25	人为土	水稻土	潴育水稻土	潴育型紫砂泥田	灰紫砂泥田	1	0—13	灰棕色	中壤土	小块状	5.0	15.0	1.01	0.66		68	7.0	45		紫色砂岩类风化物	E 116°07′35.2″ N 29°37′51.9″	95
						2	13—17	棕色	中壤土	块状	5.5	11.6	0.85	0.74								
						W	17—100	灰棕色	中壤土	粒块状	7.1	5.0	0.46	0.65								
剖26	铁铝土	红壤		黄泥土	堆垫灰黄泥土	1	0—10	灰黄色	轻壤土	粒状	5.4	11.3	0.74	0.57		59	5.0	60		第四纪红色黏土	E 116°04′06.0″ N 29°33′39.4″	95
						2	10—35	红黄色	中壤土	碎粒状	5.1	10.7	0.70	0.53								
						3	35—															
剖27	人为土	水稻土	潴育水稻土	潴育型潮砂泥田	灰潮砂泥田	1	0—14	浅灰黄色	中壤土	碎粒状	5.3	19.4	1.18	0.50		85	6.5	32		河流冲积物	E 116°04′11.2″ N 29°32′38.7″	95
						2	14—25	暗灰黄色	轻壤土	核块状	5.5	9.9	0.70	0.48								
						W_1	25—60	暗灰棕色	中壤土	粒块状	6.8	6.3	0.45	0.28								
						W_2	60—100	黄棕色	中壤土	粒粒状	7.1	5.8	0.39	0.57								

柴 桑 区

主要土类说明

红壤是柴桑区主要土壤类型，占本区地域面积的32%，广泛分布在低山以下，河谷阶地以上的丘陵区。红壤在中亚热带生物气候条件下形成。在其成土过程中，由于高温高湿条件，母质中的矿物分解，硅酸淋失，铁铝氧化物相对富集，从而形成富铝化土壤。本区红壤分为红壤和黄红壤两个亚类。其中红壤亚类占本土类面积的90%以上。红壤亚类成土母质以泥质岩类风化物为主，也有少量石英岩类风化物和第四纪红色黏土。剖面发育完整，一般厚度在1m以上，表土层为红棕色，心土层为较均一的棕红色或红棕色，块状结构，土层中夹有少量的岩石碎片，质地较黏重，呈酸性。地形平缓的红壤已被开垦利用。

水稻土是柴桑区第二大土壤类型，占本区地域面积的27%，是本区的主要耕作土壤，各类地貌单元均有分布，而以回马岭、沙河、岷山和狮子至涌泉一带的河谷阶地、丘陵沟谷垅畈及赛城湖四周最为集中。水稻土是在各种不同土壤或母质上经水耕熟化发育而成的。土壤在发育过程中，一方面由于水分条件的干湿交替，使土壤中氧化还原作用交替进行，土壤剖面发生分异；另一方面，在耕作、施肥、灌溉等措施的影响下，进行着有机质的合成和分解，复盐基和盐基淋溶以及黏粒聚积和淋失等作用，形成具有独特形态特征和农业生产特性的土壤。

潮土是柴桑区第三大土壤类型，占本区地域面积的17%，集中分布在长江沿岸的冲积平原上，是本区棉花及其他经济作物的主要生产基地。潮土是直接发育在河流沉积物上，受地下水影响，并经旱耕熟化而成的土壤。潮土一般土层深厚。成土物质的颗粒组成，受水的分选作用的影响，有的较粗，有的较细，离河床近的较粗，为砂土或砂壤土，稍远的则较细，为壤土。在垂直剖面上，这种分选沉积的特点也很明显。受长江冲积物的影响，多数母质还有不同程度的石灰反应。

黄棕壤占本区地域面积的8%，主要分布于城门、沙河、狮子、港口街和新塘等地低残丘岗地上。母质为下蜀黄土。在土壤形成过程中，淋溶作用较强，使黏粒在土体中有一定的移动和积累，出现较明显的黏盘层，黏粒含量较高，在30%左右，质地较黏重。下部土层中可见灰白色的假网纹。心土层为黄棕色或红棕色，呈棱柱状结构，结构表面有棕灰色的胶膜，也有铁锰结核，呈中性。目前黄棕壤多被开垦为农用地，只有残丘上部残留少量自然土壤。

石灰（岩）土占本区地域面积的7%。本区石灰岩山区经溶蚀风化，形成厚薄不同的钙质饱和或含游离钙质的石灰（岩）土。多见于石隙、溶洞或峰丛底部。碳酸钙淋溶程度不一，多黏土，多为铁钙质胶结物，风化程度不一，盐基饱和度高，土壤有机质含量及胶结状态有较大差异。

小于本区地域面积3%的土壤类型还有紫色土等。

本区域中心区气候特征

本区域中心区气候特征值
Regional climate characteristics in central area of the region

气候带：中亚热带湿润气候 Climate region: Subtropical humid climate	
年平均气温 /℃ Annual average temperature /℃	17.1
年平均最高气温 /℃ Annual average maximum temperature /℃	21.5
年平均最低气温 /℃ Annual average minimum temperature /℃	13.8
年降水量 /mm Annual precipitation /mm	1576
≥10℃的积温 /℃ Daily temperature accumulated in a year（≥10℃）/℃	10097
年日照时数 /h Annual sunshine /h	1832
年平均相对湿度 /% Annual average relative humidity /%	78
干燥度 Dryness	0.64

本区域中心区月平均气温与月平均降水量
Monthly temperature and precipitation in central area of the region

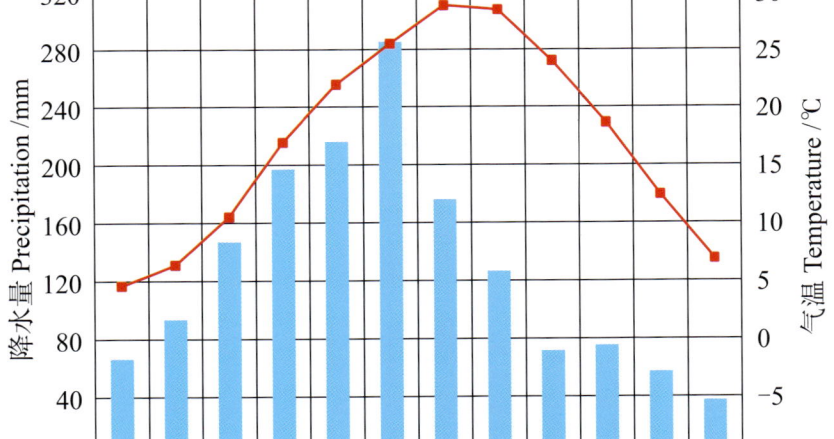

九江县主要土壤类型与土壤剖面点分布图
1 : 250 000

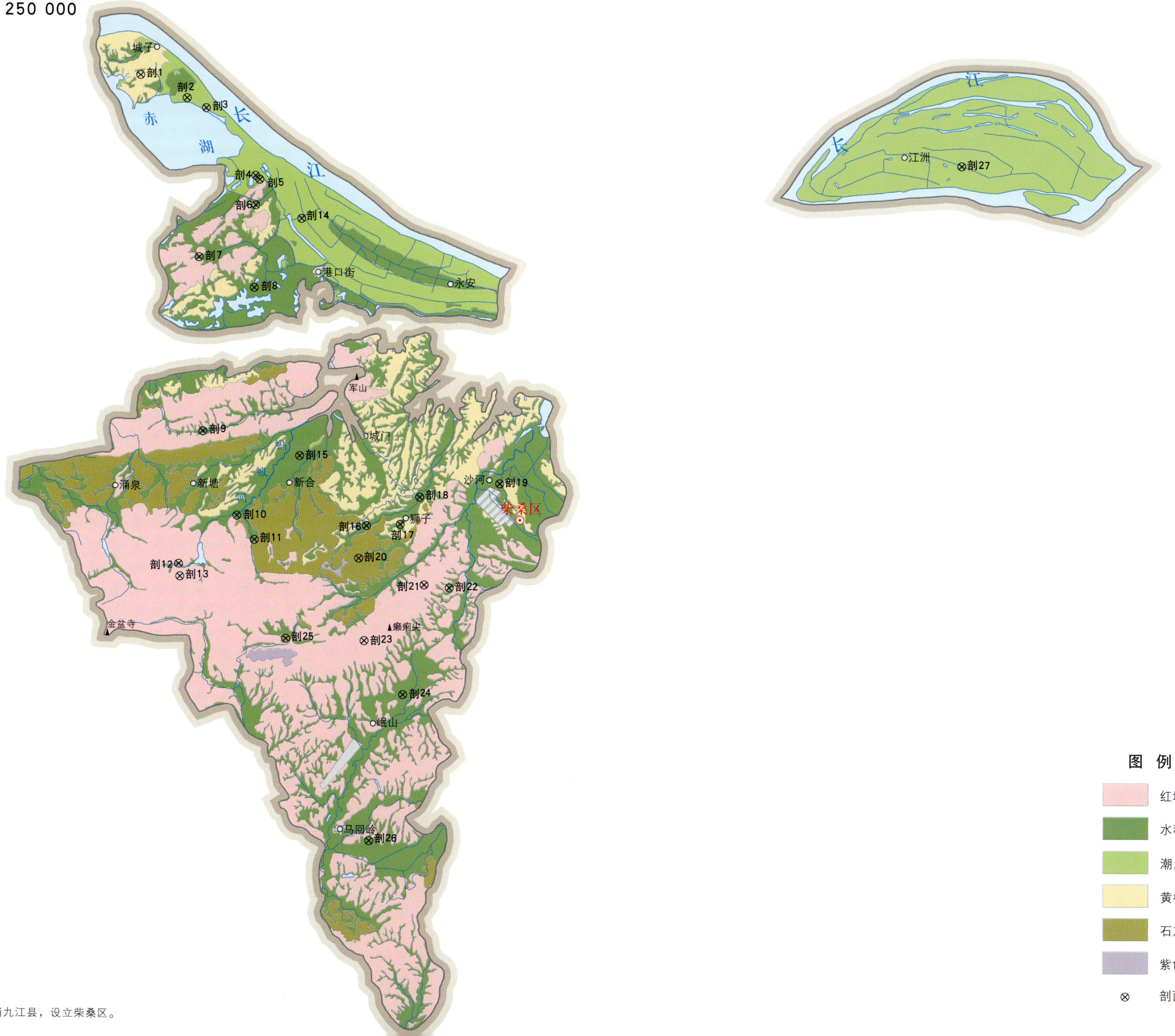

柴桑区土壤剖面理化性状表

剖面号 Soil profile	土纲 Soil order	土类 Soil great group	亚类 Soil subgroup	土属 Soil genus	土种 Soil species	土层码 Layer code	土层厚度 Depth/cm	颜色 Soil color	质地 Soil texture	土壤结构 Soil structure	pH	有机质 OM/(g/kg)	全氮 TN/(g/kg)	全磷 TP/(g/kg)	全钾 TK/(g/kg)	碱解氮 AN/(mg/kg)	有效磷 AP/(mg/kg)	速效钾 AK/(mg/kg)	土壤母质 Parent material	剖面点坐标 Profile coordinate	匹配指数 Matching index/%
剖1	淋溶土	黄棕壤	黄棕壤	马肝土	灰潮马肝土	1	0~15				6.3	11.1	0.75	1.19		75	11.0	66	下蜀黄土	E 115°40′46.1″ N 29°49′24.2″	97
						2	15~60				7.0	7.6	0.43	1.19							
						3	60~100				7.0	5.8	0.53	1.05							
剖2	半水成土	潮土	灰潮土	石灰性黏质潮土	砂心石灰性黏质潮土	1	0~13				8.2	18.1	1.15	1.17		89	3.0	86	河流冲积物	E 115°42′23.1″ N 29°48′43.8″	95
						2	13~30				8.3	15.1	1.02	1.25							
						3	30~59				8.5	6.1	1.21	1.21							
						4	59~100				8.4	10.0	1.32	1.32							
剖3	半水成土	潮土	灰潮土	石灰性黏质潮土	砂隔石灰性黏质潮土	1	0~15				8.0	10.9	0.67	1.41		53	3.0	56	河流冲积物	E 115°43′03.2″ N 29°48′26.6″	75
						2	15~48				8.4	7.6	0.87	1.16							
						3	48~77				8.3	6.4	0.43	1.36							
						4	77~100				8.4	4.0	0.25	1.41							
剖4	半水成土	潮土	灰潮土	石灰性黏质潮土	石灰性黏质潮土	1	0~12				8.0	18.4	1.16	1.18		102	3.0	102	河流冲积物	E 115°44′49.0″ N 29°46′25.4″	75
						2	12~27				8.2	15.9	1.00	1.12							
						3	27~67				8.4	6.4	0.36	1.16							
						4	67~100				8.4	7.0	0.43	1.29							
剖5	半水成土	潮土	灰潮土	石灰性壤质潮土	石灰性乌壤质潮土	1	0~24				8.2	22.8	1.35	1.42		71	3.0	89	河流冲积物	E 115°44′55.6″ N 29°46′19.7″	95
						2	24~38				8.1	11.8	0.79	1.26							
						3	38~59				8.2	7.7	0.50	1.26							
						4	59~100				8.3	7.1	0.39	1.22							
剖6	人为土	水稻土	潴育水稻土	潴育型石灰泥田	弱潴灰石灰泥田	A	0~14	灰棕色	重壤土	小块状	5.3	28.1	1.51	0.90	17.2	137	6.0	49	石灰岩风化物	E 115°44′49.6″ N 29°45′32.5″	95
						P	14~20	灰暗棕色	重壤土	块状	6.1	24.4	1.25	0.86	15.2						
						W₁	20~70	灰黄棕色	重壤土	棱块状	7.8	8.4	0.50	0.70	13.5						
						W₂	70~100	暗黄棕色	重壤土	块状	7.5	5.5	0.36	0.64	14.4						
剖7	人为土	水稻土	潴育水稻土	潴育型湖泥田	弱潴灰湖泥田	A	0~13	浅棕灰色	轻壤土	小块状	5.8	15.6	0.98	0.72		105	4.0	58	湖积物	E 115°42′53.4″ N 29°43′56.6″	95
						P	13~20	棕灰色	轻黏土	小块状	7.5	10.5	0.68	0.73							
						W₁	20~35	黄棕色	轻黏土	棱柱状	8.0	7.0	0.43	0.51							
						W₂	35~100	灰棕色	中黏土	小块状	7.6	4.6	0.28	0.44							
剖8	人为土	水稻土	潴育水稻土	马肝泥田	灰马肝泥田	Aa	0~10	棕色	壤质黏土	块状	5.5	28.8	1.60	0.40		≤1	6.0	97	下蜀黄土	E 115°44′48.7″ N 29°13′03.0″	95
						Ap	10~23	棕色	壤质黏土	棱柱状	6.2	22.6	1.40	0.30		93	7.0	94			
						W	23~49	黄棕色	黏壤土	棱块状	6.6	12.6	0.80	0.20		49	6.0	74			
						C	49~100	亮黄棕色	中壤土	小块状	7.2	6.9	0.60	0.60		27	6.0	51			
剖9	人为土	水稻土	潴育水稻土	潴育型红黄泥田	中潴红黄泥田	A	0~13	浅棕灰色	重壤土	小块状	5.6	15.0	0.86	0.76		91	7.0	39	泥质岩类风化物	E 115°43′07.3″ N 29°38′42.1″	98
						P	13~18	浅棕灰色	重壤土	棱块状	6.7	11.7	0.68	0.76							
						W₁	18~45	黄棕色	重黏土	棱块状	7.5	5.5	0.35	0.55							
						W₂	45~100	灰黄色	轻黏土	块状	7.6	3.8	0.76	0.38							
剖10	人为土	水稻土	潴育水稻土	潴育型石灰泥田	上位中潴乌石灰泥田	A	0~14	浅灰棕色	轻黏土	小块状	7.8	42.5	2.54	1.56		193	13.0	93	石灰岩风化物	E 115°44′21.2″ N 29°36′10.5″	95
						Pc	14~23	青灰色	轻黏土	小块状	8.3	32.9	1.98	1.18							
						W	23~100	棕灰黄色	重壤土	块状	8.5	15.7	0.92	0.82							
剖11	人为土	水稻土	侧渗水稻土	侧渗型灰潮砂泥田	上位弱侧渗灰潮砂泥田	A	0~13	黄灰色	重壤土	小块状	5.6	20.9	1.11	0.61		105	6.0	27	河流冲积物	E 115°44′57.9″ N 29°35′27.1″	97
						P	13~21	浅黄棕色	重壤土	块状	7.2	12.4	0.75	0.58							
						E	21~39	灰白色	轻壤土	块状	7.6	7.8	0.43	0.37							
						W	39~100	浅灰棕色	轻黏土	块状	7.3	5.8	0.36	0.42							

续表 Continued

剖面号 Soil profile	土纲 Soil order	土类 Soil great group	亚类 Soil subgroup	土属 Soil genus	土种 Soil species	土层码 Layer code	土层厚度 Depth/cm	颜色 Soil color	质地 Soil texture	土壤结构 Soil structure	pH	有机质 OM/(g/kg)	全氮 TN/(g/kg)	全磷 TP/(g/kg)	全钾 TK/(g/kg)	碱解氮 AN/(mg/kg)	有效磷 AP/(mg/kg)	速效钾 AK/(mg/kg)	土壤母质 Parent material	剖面点坐标 Profile coordinate	匹配指数 Matching index/%
剖12	人为土	水稻土	淹育水稻土	淹育型潮砂泥田	砾石体弱淹潮砂泥田	1	0—12				5.3	7.7	0.94	0.54		110	≤1.0	29	河流冲积物	E 115°42′22.4″ N 29°34′41.5″	95
						2	12—15				5.3	16.2	0.67	0.53							
						3	15—100														
剖13	铁铝土	红壤	黄红壤	泥质岩类黄红壤		A	0—6	浅灰黄色	重壤土	粒状	4.5	68.7	3.46	1.28		350	6.0	131	泥质岩类	E 115°42′25.1″ N 29°34′18.5″	95
						Bv	6—36	棕黄色	重壤土	块状	4.7	29.4	1.54	1.02							
剖14	半水成土	潮土	灰潮土	石灰性壤质潮土	石灰性壤质潮土	A	0—18	棕灰色	中壤土	团粒状	8.2	10.4	0.76	1.60		51	2.0	65	河流冲积物	E 115°46′26.8″ N 29°45′09.2″	95
						Bv₁	18—44	深灰棕色	中壤土	棱块状	8.4	6.3	0.39	1.31							
						Bv₂	44—100	浅灰棕色	中壤土	中块状	8.3	5.8	0.36	1.15							
剖15	人为土	水稻土	潜育水稻土	潜育型湖泥田	全层弱潜乌湖潮田	Pg	0—16	青灰色	中黏土	小块状	5.6	40.0	2.31	1.01		201	8.0	70	湖积物	E 115°46′30.3″ N 29°38′00.3″	95
						G₁	16—28	青灰色	轻黏土	块状	6.7	31.1	1.73	0.84							
						G₂	28—45	浅青灰色	重黏土	块状	7.3	24.7	0.56	0.54							
							45—100				7.4	10.8	0.71	0.51							
剖16	人为土	水稻土	潜育水稻土	潜育型马肝泥田	中位弱潜灰马肝泥田	A	0—17	灰棕色	重壤土	小块状	6.2	30.2	1.40	0.84		147	2.0	65	下蜀黄土	E 115°48′51.0″ N 29°35′55.3″	95
						Pg	17—35	青灰色	轻壤土	块状	6.1	18.6	0.96	0.58							
						G	35—80	青灰色	中壤土	棱柱状	6.5	9.8	0.64	0.46							
						C	80—100	黄棕色	重壤土	棱柱状	7.1	7.8	0.36	0.51							
剖17	人为土	水稻土	潴育水稻土	潴育型马肝泥田	表潴性弱潴灰潮砂马肝泥田	1	0—13				7.6	25.3	1.57	0.96		123	7.0	40	河流冲积物	E 115°50′03.5″ N 29°36′00.9″	95
						2	13—18				7.9	20.9	1.24	0.84							
						3	18—45				8.1	6.3	0.35	0.99							
						4	45—100				8.0	4.0	0.25	1.26							
剖18	人为土	水稻土	潴育水稻土	潴育型马肝泥田	表潴性弱潴灰马肝泥田	A	0—18	棕灰色	重壤土	小块状	5.8	21.3	1.15	0.67		119	7.0	45	下蜀黄土	E 115°50′39.9″ N 29°36′48.4″	97
						Pg	18—27	灰棕色	重壤土	块状	5.8	17.1	1.04	1.06							
						W₁	27—41	棕色	重壤土	棱柱状	6.8	10.1	0.68	0.56							
						W₂	41—100	黄棕色	中壤土	棱柱状	7.2	8.3	0.53	0.41							
剖19	人为土	水稻土	潴育水稻土	潴育型黄泥田	弱潴黄泥田	A	0—14	灰黄色	重壤土	块状	4.7	13.1	0.88	0.74		95	17.0	26	第四纪红色黏土	E 115°53′24.3″ N 29°37′14.3″	99
						P	14—20	黄灰色	重壤土	块状	5.5	11.5	0.75	0.78							
						W₁	20—39	浅灰黄色	轻壤土	棱块状	6.4	6.9	0.46	0.66							
						W₂	39—100	浅灰棕色	中壤土	棱块状	6.8	5.7	0.39	0.60							
剖20	初育土	石灰（岩）土	棕色石灰土	棕色石灰岩土	中厚层中有机质棕泥质石灰土	A	0—3	灰黑色	中壤土	粒状	7.7	59.4	2.89	0.90		229	3.0	196	石灰岩风化物	E 115°48′36.1″ N 29°34′56.4″	95
						ABv	3—20	浅红棕色	轻壤土	小块状	7.1	18.9	1.71	0.67							
						Bv	20—47	浅棕色	轻壤土	块状	7.2	22.5	1.26	0.74							
剖21	铁铝土	红壤	红壤	泥质岩红壤	薄层少有机质泥质岩类红壤	1	0—17	浅棕灰色	中壤土	小块状	4.7	18.3	1.04	0.84		161	2.0	46	泥质岩类	E 115°50′51.4″ N 29°34′09.5″	97
						2	17—30	灰棕色	轻壤土	块状	4.7	16.9	0.73	0.74							
							30—100				4.9	5.9	0.36	0.79							
剖22	人为土	水稻土	淹育水稻土	淹育型潮砂泥田	潮砂泥田	1	0—15	浅棕灰色	中壤土		5.2	15.2	0.85	0.43		96	4.0	17	河流冲积物	E 115°51′43.0″ N 29°34′04.7″	95
						2	15—19	灰棕色	轻壤土		5.6	9.8	0.53	0.51							
							19—55	黄灰色	砂壤土		6.0	8.9	0.49	0.39							
							55—100		砂壤土		6.2	7.5	0.43	0.48							
剖23	铁铝土	红壤	红壤	石英岩红壤		A	0—7	暗灰色	砂壤土	粒状	4.9	101.2	3.95	0.95		352	3.0	144	石英岩类	E 115°48′49.6″ N 29°32′27.2″	97
						AC	7—70	浅黄棕色	砂壤土		4.8	52.7	2.08	1.15							
剖24	人为土	水稻土	潴育水稻土	潴育型红黄泥田	弱潴灰红黄泥田	1	0—14				5.0	24.7	1.31	0.70		130	3.0	40	泥质岩类风化物	E 115°50′10.2″ N 29°30′50.5″	95
						2	14—19				5.3	19.4	1.03	0.69							
						3	19—42				7.0	7.5	0.39	0.53							
						4	42—100				7.3	8.7	0.39	0.23							
剖25	初育土	石灰（岩）土	红色石灰土	红石灰土		A	0—6	棕红色	重黏土	屑粒状	4.5	22.8	1.32	0.76		110	≤1.0	168	石灰岩风化物	E 115°46′07.2″ N 29°32′29.5″	98
						Bv	6—100	棕红色	中黏土	块状	4.7	11.8	0.77	0.63							

续表 Continued

剖面号 Soil profile	土纲 Soil order	土类 Soil great group	亚类 Soil subgroup	土属 Soil genus	土种 Soil species	土层码 Layer code	土层厚度 Depth/cm	颜色 Soil color	质地 Soil texture	土壤结构 Soil structure	pH	有机质 OM/(g/kg)	全氮 TN/(g/kg)	全磷 TP/(g/kg)	全钾 TK/(g/kg)	碱解氮 AN/(mg/kg)	有效磷 AP/(mg/kg)	速效钾 AK/(mg/kg)	土壤母质 Parent material	剖面点坐标 Profile coordinate	匹配指数 Matching index/%
剖26	人为土	水稻土	潴育水稻土	潴育型红黄泥田	弱潴育红黄泥田	A	0—10	黄棕色	重壤土	小块状	5.0	10.8	0.81	0.73		65	3.0	33	泥质岩类风化物	E 115°49′05.6″ N 29°26′25.4″	99
						P	10—22	灰棕色	重壤土	块状	5.2	10.6	0.75	0.86							
						W₁	22—45	浅灰棕色	重壤土	小棱块状	5.4	4.9	0.28	0.31							
						W₂	45—100	浅灰棕色	重壤土	棱块状	5.4	4.6	0.31	0.65							
剖27	半水成土	潮土	灰潮土	石灰性砂壤质潮土	石灰性灰砂壤质潮土	A	0—23	棕灰色	轻壤土	粒状	8.2	13.8	0.89	1.49		74	3.0	139	河流冲积物	E 116°09′11.4″ N 29°46′58.9″	95
						Bv₁	23—32	灰棕色	轻壤土	块状	8.2	8.7	0.34	1.23							
						Bv₂	32—67	灰棕色	轻壤土	棱块状	8.2	6.9	0.43	1.21							
						C	67—100	灰褐色	轻壤土	棱块状	8.2	8.1	0.50	1.31							

武 宁 县

主要土类说明

红壤是武宁县主要土壤类型，占本县地域面积的 74%，广泛分布在低山、丘陵地区。红壤是在亚热带生物气候条件下，经脱硅富铝化作用而形成的典型地带性土壤，是本县林业生产和发展多种经营的重要土地资源。本县红壤成土母质类型较多，在低丘、岗地地区，成土母质以第四纪红色黏土为主，红砂岩次之，海拔均在 300m 以下，以海拔 100—150m 居多，坡度小于 10°。在高中丘陵至低山区的红壤，成土母质主要为花岗岩和泥质岩类风化物，海拔多在 500m 之下，分布连片，坡度 25°—35°。由于形成红壤的母质、地形特点及成土条件不同，土壤属性也有较大差异。

水稻土是武宁县第二大土壤类型，占本县地域面积的 7%，主要分布在修河沿岸及其一级支流的河谷阶地和丘陵沟谷地区。水稻土是在种稻的水耕熟化过程中，土壤受到一系列独特作用的影响，如干湿交替、氧化还原交替进行、淋溶与淀积交替作用等，使土壤具有特殊的肥力特征和剖面形态。由于不同地形、母质及水文条件对水稻土形成发育的深刻影响，本县水稻土种类繁多，并呈现明显差异。成土母质主要有泥质岩类风化物、河流冲积物、酸性结晶岩类风化物，其次是碳酸岩类风化物、紫色砂岩类风化物，第四纪红色黏土较少。

石灰（岩）土是武宁县第三大土壤类型，占本县地域面积的 7%，主要分布在泉口、鲁溪北屏山、澧溪岩山、船滩辽山等中、高丘地区，一般土层浅薄，土层中下部有石灰反应，基本上属于 A-C 剖面结构，是一种岩性土壤。由于土壤中富含碳酸钙，土壤中腐殖质与钙结合而形成良好的粒状结构体，土层松软，喜钙草类生长繁茂。

紫色土占本县地域面积的 3%，主要分布于宋溪、罗坪、巾口等乡镇的中低丘陵地区。紫色土是在紫红色砂岩类、砂砾岩类等风化物上发育的一种幼年土壤。土壤特性与母岩风化物特性基本相同，反映了岩性土的特点。由于紫色砂岩类岩性松脆，抗蚀力弱，物理风化作用强烈，土壤侵蚀严重，一般土层浅薄，质地为轻壤土至重壤土，呈酸性或微酸性，全剖面色泽均一，多为紫色、紫红色，完全反映母岩的色调。

小于本县地域面积 3% 的土壤类型还有棕壤、黄壤、潮土、黄棕壤等。

本区域中心区气候特征

本区域中心区气候特征值
Regional climate characteristics in central area of the region

气候带：中亚热带湿润气候 Climate region: Subtropical humid climate	
年平均气温 /℃ Annual average temperature /℃	17.2
年平均最高气温 /℃ Annual average maximum temperature /℃	21.5
年平均最低气温 /℃ Annual average minimum temperature /℃	14.0
年降水量 /mm Annual precipitation /mm	1503
≥10℃的积温 /℃ Daily temperature accumulated in a year（≥10℃）/℃	10070
年日照时数 /h Annual sunshine /h	1807
年平均相对湿度 /% Annual average relative humidity /%	78
干燥度 Dryness	0.68

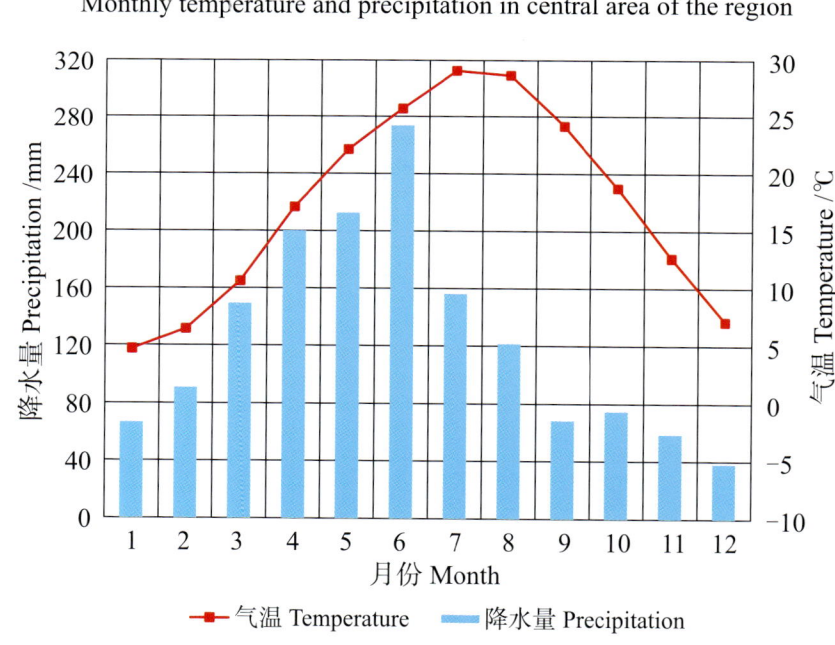

本区域中心区月平均气温与月平均降水量
Monthly temperature and precipitation in central area of the region

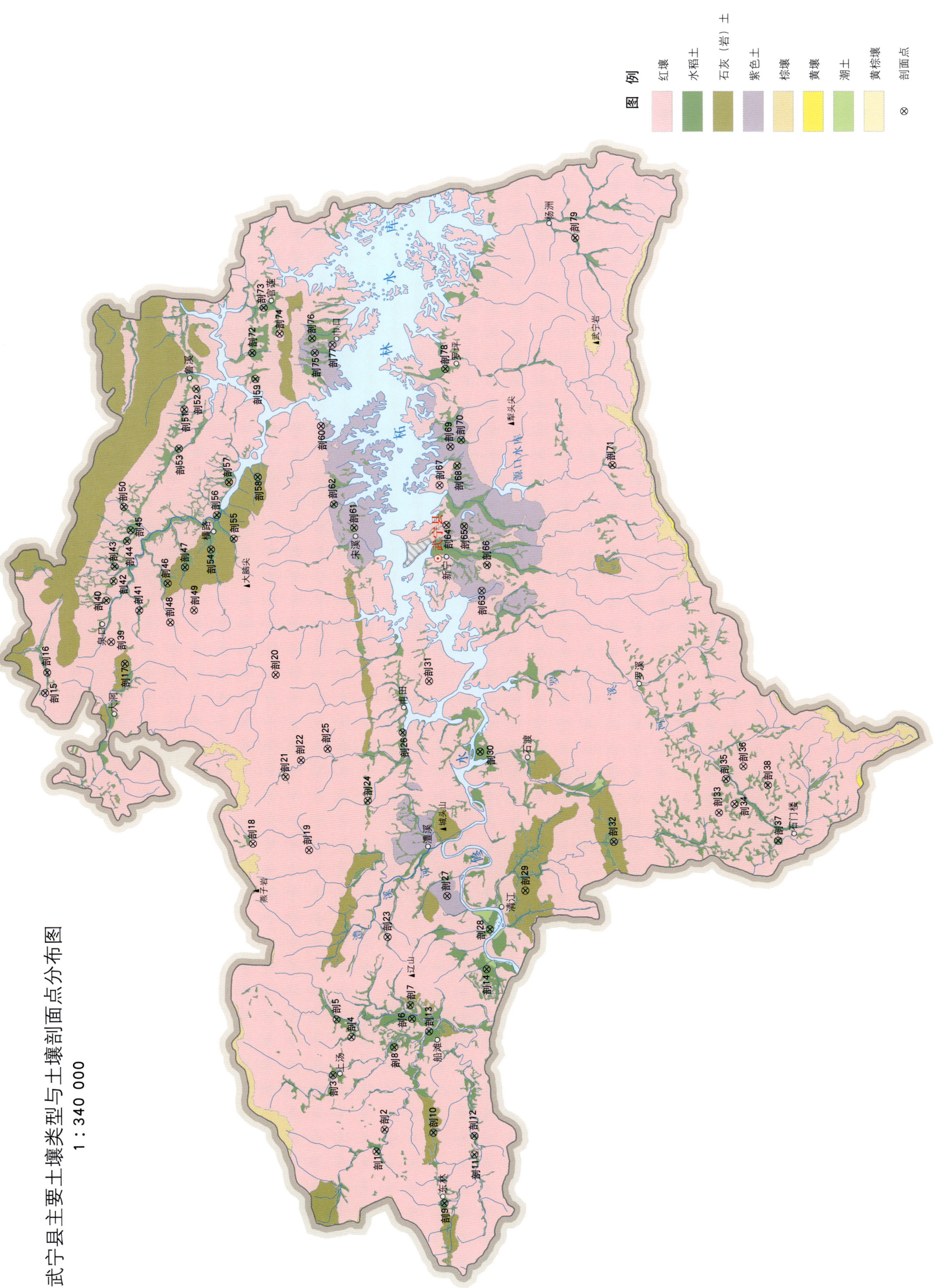

武宁县土壤剖面理化性状表

剖面号 Soil profile	土纲 Soil order	土类 Soil great group	亚类 Soil subgroup	土属 Soil genus	土种 Soil species	土层码 Layer code	土层厚度 Depth/cm	颜色 Soil color	质地 Soil texture	土壤结构 Soil structure	pH	有机质 OM/(g/kg)	全氮 TN/(g/kg)	全磷 TP/(g/kg)	全钾 TK/(g/kg)	碱解氮 AN/(mg/kg)	有效磷 AP/(mg/kg)	速效钾 AK/(mg/kg)	土壤母质 Parent material	剖面点坐标 Profile coordinate	匹配指数 Matching index/%
剖1	人为土	水稻土	淹育水稻土	淹育型潮砂泥田	强淹潮砂泥田	Aa	0—11	灰紫色	中壤土	碎块状									河流冲积物	E 114°34′41.0″ N 29°17′02.3″	95
						Ap	11—20	黄棕色	中壤土	块状											
						C	20—100	棕黄色	轻壤土	单粒状											
剖2	人为土	水稻土	淹育水稻土	淹育型鳝泥田	强淹灰鳝泥田	Aa	0—12	浅灰色	中壤土	粒状	5.8	31.6	2.11			3	≥100.0	≤5	泥质岩类风化物	E 114°35′42.5″ N 29°16′41.6″	95
						Ap	12—18														
						C	18—36														
						D	36—100														
剖3	人为土	水稻土	潴育水稻土	潴育型砂泥田	弱潴砂泥田	Aa	0—11	棕灰色	重壤土		5.7	26.8	1.79			174	2.2	80	花岗岩风化物	E 114°38′31.4″ N 29°18′53.8″	96
						Ap	11—17		重壤土												
						W_1	17—44		重壤土												
						W_2	44—100		重壤土												
剖4	人为土	水稻土	淹育水稻土	淹育型潮砂泥田	砾底灰潮砂泥田	Aa	0—15	灰色	壤土		7.5	29.0	2.61			298	5.0	73	河流冲积物	E 114°40′25.3″ N 29°18′15.6″	95
						Ap	15—26		壤土												
						C	26—100		砂壤土												
剖5	人为土	水稻土	潴育水稻土	潴育型鳝泥田	上位弱潴鳝泥田	A	0—12	灰棕色	重壤土		5.9	24.5	2.10			166	3.0	112	泥质岩类风化物	E 114°41′19.3″ N 29°18′57.2″	95
						G	12—31		中壤土												
						W	31—45		中壤土												
剖6	人为土	水稻土	潴育水稻土	潴育型鳝泥田	弱潴灰鳝泥田	Aa	0—14	灰浅色	中壤土	屑粒状	8.5	22.7	1.67			136	2.2	75	碳酸岩类风化物	E 114°41′24.3″ N 29°15′31.0″	95
						W_1	14—19		中壤土												
						W_2	19—49		中壤土												
							49—100		中壤土												
剖7	人为土	水稻土	潴育水稻土	潴育型鳝泥田	弱潴乌鳝泥田	Aa	0—16	深灰色	重壤土	粒块状	5.5	37.6	2.64			255	3.0	92	泥质岩风化物	E 114°42′08.1″ N 29°15′35.8″	95
						Ap	16—23		轻壤土	块状											
						W_1	23—42			棱块状											
						W_2	42—100														
剖8	人为土	水稻土	潴育水稻土	潴育型麻砂泥田	乌麻砂泥田	Aa	0—19	棕灰色	重壤土	小块状	6.1	39.1	2.37	0.86	29.9	210	4.2	97	花岗岩风化物	E 114°39′56.1″ N 29°16′18.5″	95
						Ap	19—26	灰色	重壤土		6.6	20.0	1.30	0.78	23.5						
						W	26—100	灰棕色	中壤土	棱状	7.4	9.1	0.59	0.71	30.8						
剖9	人为土	水稻土	潴育水稻土	潴育型潮泥田	中潴灰潮泥田	Aa	0—18	乌灰色	中壤土		6.7	31.5	2.76			223		114	泥质岩类风化物	E 114°32′13.4″ N 29°13′58.7″	95
						Ap	18—26		轻黏土												
							26—54		轻黏土												
							54—100		轻黏土												
剖10	人为土	水稻土	潴育水稻土	潴育型红砂泥田	上位中潴灰红砂泥田	Aa	0—18	浅灰色	轻黏土	粒状	6.7	31.9	2.45	0.58		360	1.2	84	红砂岩风化物	E 114°35′35.6″ N 29°14′27.6″	95
						Ap	18—41	青灰色	重黏土	块状	7.3	16.6	1.16	0.29							
						G	41—100	浅黄色	重壤土	棱块状	8.3	4.5	0.36	0.22							
剖11	人为土	水稻土	潴育水稻土	潴育型潮砂泥田	砂底灰潮砂泥田	Aa	0—17	浅灰色	砂壤土		7.1	14.3	1.20			147	2.7	78	河流冲积物	E 114°34′30.3″ N 29°12′35.1″	95
						Ap	17—22		砂壤土												
						W	22—45		砂壤土												
剖12	人为土	水稻土	潴育水稻土	潴育型灰泥田	全层中潴灰灰泥田	Aa	0—14	灰色	轻黏土		7.3	45.3	2.53			246	6.4	≤5	石灰岩类	E 114°35′27.2″ N 29°12′35.6″	95
						Ap	14—25		轻黏土												
						G	25—100														

续表 Continued

剖面号 Soil profile	土纲 Soil order	土类 Soil great group	亚类 Soil subgroup	土属 Soil genus	土种 Soil species	土层码 Layer code	土层厚度 Depth/cm	颜色 Soil color	质地 Soil texture	土壤结构 Soil structure	pH	有机质 OM/(g/kg)	全氮 TN/(g/kg)	全磷 TP/(g/kg)	全钾 TK/(g/kg)	碱解氮 AN/(mg/kg)	有效磷 AP/(mg/kg)	速效钾 AK/(mg/kg)	土壤母质 Parent material	剖面点坐标 Profile coordinate	匹配指数 Matching index/%
剖13	人为土	水稻土	潴育水稻土	潴育型紫砂泥田	乌紫砂泥田	Aa	0—16	红棕色	重壤土		8.1	35.5	2.32			171	6.4	156	紫色砂岩类风化物	E 114°40′46.9″ N 29°14′43.6″	95
剖14	人为土	水稻土	潴育水稻土	潴育型红砂泥田	中潴灰砂红泥田	Ap	16—23		重壤土										红砂岩类风化物	E 114°44′01.9″ N 29°12′08.4″	95
						W₁	23—65		重壤土												
						W₂	65—100	深灰色	重壤土		6.8	22.7	1.68			309	6.2	74			
剖15	铁铝土	红壤		鳝泥土	厚层灰鳝泥土	Aa	0—15		中壤土										泥质岩类风化物	E 114°58′04.2″ N 29°32′27.3″	97
						Ap	15—21		轻壤土												
						W	21—100			屑粒状	5.1	26.9	1.27	0.77		147		67			
剖16	人为土	水稻土	潴育水稻土	潴育型砂泥田	弱潴灰麻砂泥田	1	0—19	棕灰色	轻黏土	小块状	5.3	10.3	0.78	0.75					花岗岩类风化物	E 114°59′08.1″ N 29°32′22.1″	75
						2	19—45	棕红色	中壤土	小块状	5.4	6.3	0.54	0.71							
						3	45—75	棕红色	中黏土	小块状	5.5	5.7	0.51	0.77							
						4	75—100	棕红色	轻壤土	屑粒状	6.2	38.6	2.14	1.02		204	4.2	98			
剖17	人为土	水稻土	潴育水稻土	潴育型麻砂泥田	中潴乌鳝灰泥田	Aa	0—15	浅黄棕色	中壤土	块状									碳酸盐岩类风化物	E 114°59′38.7″ N 29°28′49.5″	95
						Ap	15—28	浅黄灰色	中壤土	块状											
						W	28—100	棕灰色	轻黏土		6.3	39.8	2.44			219	≤1.0	107			
剖18	铁铝土	红壤		麻砂泥土	厚层灰鳝砂土	1	0—10	灰色	轻黏土	粒状									花岗岩类风化物	E 114°50′21.6″ N 29°22′53.1″	97
						2	10—100	灰黄棕色	砂壤土	小团块状	5.4	15.5	1.56			80	1.7	94			
剖19	铁铝土	红壤		鳝泥土	中层灰鳝泥土	1	0—20	灰色	砂壤土										泥质岩类风化物	E 114°50′03.8″ N 29°20′19.0″	97
						2	20—50		重壤土	不明显状											
						3	50—100		重壤土		7.0	16.6	1.19			117	4.3	100			
剖20	铁铝土	红壤		花岗岩红壤	薄层中有机质花岗岩红壤	1	0—6	棕黑色	砂壤土	粒状	6.1	56.9	2.16	1.05					花岗岩	E 114°59′10.9″ N 29°21′56.2″	97
						2	6—16	棕红色	砂壤土	粒状	5.9	22.2	0.91	1.06							
						3	16—100	暗黑色	中壤土	小团块状	6.6	31.0	2.07	0.73		180	2.2	54			
剖21	人为土	水稻土	潴育水稻土	潴育型鳝泥田	中位弱潴灰湖砂泥田	Aa	0—14	浅黄棕色	中壤土	块状									泥质岩类风化物	E 114°53′54.0″ N 29°21′25.7″	95
						Ap	14—19	青灰色	重壤土	块状											
						G₁	19—50	灰色	重壤土	不明显状											
						G₂	50—100		重壤土	粒状	7.1	7.7	0.53	0.93		61	22.5	106			
剖22	铁铝土	红壤		红砂泥土	厚层红砂泥土	1	0—16	红棕色	砂壤土	粒状	7.3	6.2	0.25	0.90					红砂岩类风化物	E 114°54′45.9″ N 29°20′44.1″	95
						2	16—45	棕红色	中壤土	粒状	7.3	2.9	0.36	0.44							
						3	45—60	棕红色	中壤土	粒状											
						4	60—		中壤土												
剖23	人为土	水稻土	潴育水稻土	潴育型鳝泥田	上位中潴灰鳝泥田	A	0—14	棕灰色	重壤土	粒状	6.0	29.0	1.72			171	≤1.0	75	泥质岩类风化物	E 114°45′36.6″ N 29°16′40.6″	95
						G	14—29		中壤土												
						W₁	29—50		中壤土												
						W₂	50—100		中壤土												
剖24	人为土	水稻土	潴育水稻土	潴育型黄泥田	弱潴灰黄泥田	Aa	0—15	棕灰色	重壤土		5.8	20.3	1.33			125	10.5	57	第四纪红黏土	E 114°52′42.7″ N 29°17′39.8″	95
						Ap	15—21	灰黄色	重壤土												
						W	21—100														
剖25	铁铝土	红壤		鳝泥土	中层鳝泥土	1	0—12		重壤土		7.0	15.3	1.01			98	3.8	93	泥质岩类风化物	E 114°55′23.1″ N 29°19′31.9″	97
						2	12—50		重壤土												
						3	50—100														

续表 Continued

剖面号 Soil profile	土纲 Soil order	土类 Soil great group	亚类 Soil subgroup	土属 Soil genus	土种 Soil species	土层码 Layer code	土层厚度 Depth/cm	颜色 Soil color	质地 Soil texture	土壤结构 Soil structure	pH	有机质 OM/(g/kg)	全氮 TN/(g/kg)	全磷 TP/(g/kg)	全钾 TK/(g/kg)	碱解氮 AN/(mg/kg)	有效磷 AP/(mg/kg)	速效钾 AK/(mg/kg)	土壤母质 Parent material	剖面点坐标 Profile coordinate	匹配指数 Matching index/%
剖26	人为土	水稻土	潜育水稻土	潜育型鳝泥田	上位弱潜灰鳝泥田	Aa	0—13	灰棕色	轻黏土	小块状	5.4	32.2	2.10	1.06		214	3.7	87	泥质岩类风化物	E 114°56′17.2″ N 29°16′06.9″	95
						Ap	13—19	青灰色	轻黏土	块状	6.0	21.9	1.43	1.05							
						W₁	19—39	灰黄色	轻黏土	棱块状	7.1	9.2	0.87	0.55							
						W₂	39—100	灰黄色	轻黏土	棱块状	7.2	7.3	0.80	1.06							
剖27	初育土	紫色土	酸性紫色土	紫砂泥土	厚层灰紫砂泥土	1	0—12	棕紫色	轻壤土		6.9	15.2	1.47	0.79		99	1.5	200	紫红色砂岩、砂砾岩等风化物	E 114°47′47.8″ N 29°13′59.7″	97
						2	12—20		中壤土												
						3	20—61		中壤土												
						4	61—100														
剖28	人为土	水稻土	潜育水稻土	潜育型潮砂泥田	中潴灰潮砂泥田	1	0—15	棕色	轻壤土		6.3	25.1	1.78			229	8.9	8	河流冲积物	E 114°46′05.2″ N 29°12′00.6″	95
						2	15—23		轻壤土												
						3	23—55		重壤土												
剖29	初育土	石灰(岩)土	棕色石灰土	灰泥土	中层灰泥土	1	0—14	灰棕色	中壤土		6.7	18.7	1.24			95	6.1	119	石灰岩风化物	E 114°48′07.9″ N 29°10′25.3″	78
						2	14—22		重壤土												
						3	22—50		重壤土												
						4	50—100														
剖30	人为土	水稻土	潜育水稻土	潜育型黄泥田	中潴乌黄泥田	Aa	0—19	乌灰色	重壤土	粒状	5.8	26.9	1.57			171	3.0	42	第四纪红色黏土	E 114°55′20.5″ N 29°12′34.2″	95
						Ap	19—29	红黄色	重壤土	粒状											
						W	29—100	棕黄色	重壤土	粒状											
剖31	铁铝土	红壤		红砂岩红壤	中层中有机质红砂岩红壤	1	0—10	浅红色	重壤土	粒状	5.7	20.5	1.04	0.60	21.6				红砂岩风化物	E 114°58′57.8″ N 29°14′56.0″	98
						2	10—35	棕红色	重壤土	团块状	5.8	6.8	0.53	0.58	25.6						
						3	35—100	黄红色	重壤土	团块状	6.1	2.9	0.27	1.05	35.5						
剖32	人为土	水稻土	潜育水稻土	潜育型麻砂泥田	中潴灰麻砂泥田	Aa	0—13	灰棕色	轻黏土	块状	5.8	26.6	1.92	1.19	21.1	179	8.9	103	碳酸岩类风化物	E 114°50′43.7″ N 29°06′24.7″	95
						Ap	13—20	黄黄色	轻黏土	块状	6.6	17.7	1.27	0.83	21.9						
						W₁	20—51	灰黄色	轻黏土	棱块状	7.1	6.9	0.55	0.88	21.6						
						W₂	51—100	灰黄色	轻黏土	棱块状	7.3	5.8	0.56	0.91	21.2						
剖33	铁铝土	红壤		花岗岩红壤		1	0—24	红黄色	中壤土	粒状	5.6	21.0	1.60	6.90	≥50.0				花岗岩	E 114°52′20.2″ N 29°12′37.7″	98
						2	24—100	棕黄色	中壤土	碎块状											
剖34	铁铝土	红壤		麻砂泥土	厚层麻砂泥土	1	0—14	灰灰色	轻壤土	屑粒状	5.7	10.7	0.53	0.56		≤1	43.0	102	花岗岩风化物	E 114°58′48.4″ N 29°00′55.6″	97
						2	14—42	棕红色	砂壤土												
						3	42—100	黄红色													
剖35	人为土	水稻土	淹育水稻土	淹育型麻砂泥田	强淹灰麻砂泥田	Aa	0—13	深棕色	轻壤土	小块状	5.9	42.3	2.13	1.35		148	20.5	88	花岗岩风化物	E 114°54′06.5″ N 29°01′19.5″	95
						Ap	13—19	棕黄色	轻壤土	块状											
						W₁	19—37	浅红色	轻壤土	块状											
						W₂	37—100	灰棕色													
剖36	铁铝土	红壤		花岗岩红壤	中层中有机质花岗岩红壤	1	0—5	棕黄色	重壤土	块状	5.6	27.0	0.98	1.62	21.8	151	3.9	93	花岗岩	E 114°54′47.0″ N 29°00′32.9″	97
						2	5—45	黄红色	重壤土	块状	4.8	5.7	0.73	0.43	21.7						
						G	45—100	浅红色			5.1	3.1	0.51	0.61	28.0						
剖37	人为土	水稻土	潜育水稻土	潜育型砂泥田	上位弱潜灰麻砂泥田	Aa	0—14	灰色	轻壤土		5.8	27.3	1.68			218	5.0	180	花岗岩风化物	E 114°50′54.3″ N 28°58′54.8″	95
						Ap	14—21	黄灰色	中壤土		6.3	22.5	1.67								
						W₁	21—100														
剖38	人为土	水稻土	潜育水稻土	潜育型砂泥田	强潜麻砂泥田	Aa	0—14		砂壤土										花岗岩风化物	E 114°53′49.2″ N 28°59′24.8″	95
						W₁	14—24		砂壤土												
						W₂	24—56		砂壤土												
							56—100		砂壤土												

续表 Continued

剖面号 Soil profile	土纲 Soil order	土类 Soil great group	亚类 Soil subgroup	土属 Soil genus	土种 Soil species	土层码 Layer code	土层厚度 Depth/cm	颜色 Soil color	质地 Soil texture	土壤结构 Soil structure	pH	有机质 OM/(g/kg)	全氮 TN/(g/kg)	全磷 TP/(g/kg)	全钾 TK/(g/kg)	碱解氮 AN/(mg/kg)	有效磷 AP/(mg/kg)	速效钾 AK/(mg/kg)	土壤母质 Parent material	剖面点坐标 Profile coordinate	匹配指数 Matching index/%
剖39	铁铝土	红壤	红壤	泥质岩红壤	薄层少有机质泥质岩红壤	1	0~8	棕黄色	中壤土	粒状	5.8	20.9	0.93	0.43					泥质岩类风化物	E 115°00′46.1″ N 29°29′28.2″	98
						2	8~16	棕黄色	中壤土		5.6	10.1	0.51	0.40							
						3	16~100	棕黄色													
剖40	人为土	水稻土	潴育水稻土	潴育型潮砂泥田	表潜弱潴灰潮砂泥田	Aa	0~10	黄棕色	中壤土		7.4	16.3	0.88			81	≤1.0	66	河流冲积物	E 115°02′54.7″ N 29°29′42.7″	95
						Ap	10~15		中壤土												
						W₁	15~80		中壤土												
						W₂	80~100		中壤土												
剖41	人为土	水稻土	潴育水稻土	潴育型潮砂泥田	强潴灰潮砂泥田	Aa	0~12		中壤土		6.0	13.5	1.23			83	11.0	96	河流冲积物	E 115°02′24.9″ N 29°28′12.1″	95
						Ap	12~15		重壤土												
						W	15~60														
						C	60~100														
剖42	人为土	水稻土	淹育水稻土	淹育型黄泥田	灰黄泥田	Aa	0~18	灰黄色	重壤土	粒块状	5.8	22.1	1.26	0.71		142	5.0	90	第四纪红色黏土	E 115°03′56.3″ N 29°29′23.5″	95
						Ap	18~24		轻黏土	块状	6.5	3.6	0.34	0.23							
						C	24~100		轻黏土	粒块状											
剖43	人为土	水稻土	潴育水稻土	潴育型紫砂泥田	中位中潴灰鳝泥田	Aa	0~12	棕灰色	轻黏土	块状									泥质岩类风化物	E 115°04′42.0″ N 29°29′21.6″	95
						Ap	12~18	暗灰色	轻黏土	块状											
						G	18~45	青灰色	轻黏土												
						W	45~100		轻黏土	棱块状											
剖44	人为土	水稻土	潴育水稻土	潴育型鳝泥田	弱潴灰鳝泥田	Aa	0~8	灰黄色	中壤土	粒块状	5.0	24.7	1.61			198	3.0	108	泥质岩类风化物	E 115°02′01.8″ N 29°28′47.5″	95
						Ap	8~13		重黏土												
						W	13~100		中壤土												
剖45	人为土	水稻土	潴育水稻土	潴育型鳝泥田	表潜性中潴灰鳝泥田	Aa	0~12	黄灰色	重壤土		6.4	30.7	1.81			182	≤1.0	118	泥质岩类风化物	E 115°06′36.2″ N 29°28′38.2″	95
						Ap	12~18		重壤土												
						W	18~50		重壤土												
							50~100		重壤土												
剖46	人为土	水稻土	潴育水稻土	潴育型紫砂泥田	弱潴灰紫砂泥田	Aa	0~15	红棕色	中壤土	棱块状	5.9	22.5	1.32			110	3.0	49	紫色砂岩类风化物	E 115°03′51.5″ N 29°26′55.4″	95
						Ap	15~20		中壤土												
						W₁	20~63		中壤土												
						W₂	63~100		中壤土												
剖47	人为土	水稻土	潴育水稻土	潴育型潮砂泥田	中潴灰潮砂泥田	Aa	0~13	灰色	砂壤土	粒状	5.7	20.3	1.31			108	5.5	50	河流冲积物	E 115°06′42.1″ N 29°26′08.4″	95
						Ap	13~17		中壤土												
						W	17~42		中壤土	粒状											
							42~100		中壤土												
剖48	铁铝土	红壤	黄红壤	花岗岩黄红壤	灰鳝泥田	1	0~17	棕褐色	重壤土	屑粒状	5.9	59.7	3.15	0.97	18.0	141	4.2	110	花岗岩	E 115°01′49.3″ N 29°26′46.9″	98
						2	17~100	黄棕色	轻黏土	块状	5.8	53.4	1.82	0.82	19.2						
剖49	铁铝土	红壤	黄红壤	花岗岩黄红壤		1	0~15				5.3	39.2	2.13	1.01					花岗岩	E 115°02′27.9″ N 29°25′42.1″	97
						2	15~100				4.6	21.7	1.64	0.77							
剖50	人为土	水稻土	潴育水稻土	潴育型鳝泥田		Aa	0~12	棕色	重壤土	棱块状	6.0	24.4	1.61	0.80					泥质岩类风化物	E 115°07′48.6″ N 29°28′58.1″	95
						Ap	12~18	棕色	重壤土	块状	6.0	18.2	1.29	0.79							
						W₁	18~51	棕黄色	轻黏土	棱块状	8.5	5.6	0.81	0.84	19.1						
						W₂	51~100	棕黄色	重壤土	棱块状	8.1	4.1	0.59	0.72	21.9						
剖51	人为土	水稻土	潴育水稻土	潴育型鳝泥田	全层中潴灰鳝泥田	Aa	0~13	棕灰色	重壤土	软块状	6.8	37.1	2.38			211	8.6	≤5	泥质岩类风化物	E 115°12′53.5″ N 29°26′15.8″	95
						G	19~100	蓝灰色	轻黏土	糊状											

续表 Continued

剖面号 Soil profile	土纲 Soil order	土类 Soil great group	亚类 Soil subgroup	土属 Soil genus	土种 Soil species	土层码 Layer code	土层厚度 Depth/cm	颜色 Soil color	质地 Soil texture	土壤结构 Soil structure	pH	有机质 OM/(g/kg)	全氮 TN/(g/kg)	全磷 TP/(g/kg)	全钾 TK/(g/kg)	碱解氮 AN/(mg/kg)	有效磷 AP/(mg/kg)	速效钾 AK/(mg/kg)	土壤母质 Parent material	剖面点坐标 Profile coordinate	匹配指数 Matching index/%
剖52	人为土	水稻土	潴育水稻土	潴育型灰泥田	中位中潜灰灰泥田	Aa	0—13	灰棕色	重壤土	小块状	8.4	21.5	1.46	0.85		97	4.2	95	石灰岩类	E 115° 14′ 02.2″ N 29° 26′ 01.3″	95
						Ap	13—19	浅青灰色	重壤土	块状	8.4	32.3	1.41	0.94							
						G	19—42	青灰色	重壤土	无结构	8.5	16.3	1.09	0.81							
						W	42—100	黄棕色	重壤土	块状	8.5	5.8	0.52	0.73							
剖53	人为土	水稻土	潴育水稻土	潴育型潮砂泥田	灰潮砂泥田	Aa	0—12	灰棕色	中壤土	小块状	5.9	16.9	1.13	0.53	23.3	140	5.5	36	河流冲积物	E 115° 10′ 52.0″ N 29° 26′ 28.9″	95
						Ap	12—19	灰棕色	中壤土	块状	5.2	13.4	0.96	0.59	22.9						
						W_1	19—29	黄棕色	中壤土	梭块状	6.5	≤1.0	0.50	0.58	22.2						
						W_2	29—100	黄棕色	中壤土	梭块状	6.8	3.6	0.43	0.51	25.7						
剖54	人为土	水稻土	潴育水稻土	潴育型砂泥田	中潴灰潮砂泥田	Aa	0—13	灰棕色	轻壤土	眉粒状	5.7	16.0	0.99	0.61		124	1.2	39	河流冲积物	E 115° 05′ 39.0″ N 29° 24′ 57.4″	95
						Ap	13—18	灰棕色	中壤土	小块状											
						W	18—100	灰棕色	中壤土	小块状											
剖55	人为土	水稻土	潴育水稻土	潴育型砂泥田	上位弱潴灰灰泥田	Aa	0—11	灰棕色	重壤土		7.8	33.2	1.89			142	2.5	144	石灰岩类	E 115° 06′ 13.9″ N 29° 23′ 55.7″	95
						Ap	11—17		重壤土												
						G	17—33		重壤土												
						W	33—100		中壤土												
剖56	人为土	水稻土	潴育水稻土	潴育型鳝泥田	中潴乌鳝泥田	Aa	0—14	暗灰色	重壤土	重壤状	5.8	39.7	5.20			236	15.5		泥质岩类风化物	E 115° 07′ 26.7″ N 29° 24′ 42.7″	95
						Ap	14—23		重壤土												
						W_1	23—61		轻黏土												
						W_2	61—100		轻黏土												
剖57	初育土	石灰(岩)土	棕色石灰土	棕色石灰土		1	0—20	棕灰色	中壤土	团块状	5.7	20.5	1.30	0.48	18.3	170	2.2	70	石灰岩类风化物	E 115° 09′ 09.7″ N 29° 24′ 10.9″	92
						2	20—100		重壤土												
剖58	人为土	水稻土	潴育水稻土	潴育型红砂泥田	弱潴灰砂红泥田	Aa	0—15	红棕色	中壤土	块状	5.9	13.7	0.94	0.45	19.0				红砂岩类风化物	E 115° 09′ 26.6″ N 29° 22′ 52.5″	95
						Ap	15—24	红棕色	中壤土	块状	7.2	4.1	0.38	0.42	20.7						
						W_1	24—60	红棕色	中壤土	块状	7.4	3.3	0.31	0.51	19.1						
						W_2	60—100	红棕色	中壤土												
剖59	人为土	水稻土	潴育水稻土	潴育型麻砂泥田	砂底乌麻砂泥田	Aa	0—17		轻壤土		5.8	26.8	1.90			165	4.2		花岗岩风化物	E 115° 14′ 31.7″ N 29° 23′ 02.5″	95
						Ap	17—26	棕红色	中壤土	大团块状	7.4	21.9	1.07			84	≤1.0	112	紫红色砂岩, 砂砾岩等风化物	E 115° 12′ 08.0″ N 29° 20′ 01.1″	97
						W_1	26—38	棕红色	中壤土	块状											
						W_2	38—100	棕红色	中壤土	块状											
剖60	初育土	紫色土	酸性紫色土	紫砂泥土	中层灰紫砂泥土	1	0—11	棕红色	中壤土	块状											
						2	11—34		中壤土	块状												
						3	34—44		中壤土	块状												
						4	44—100		重壤土												
剖61	人为土	水稻土	潴育水稻土	潴育型紫砂泥田	中潴紫砂泥田	Aa	0—11	浅紫紫色	中壤土	块状	5.4	24.2	1.50			123	6.0	90	紫色砂岩类风化物	E 115° 06′ 53.7″ N 29° 18′ 26.3″	95
						Ap	11—19	浅紫紫色	重壤土	块状											
						W_1	19—50	紫紫色	重壤土	梭块状											
						W_2	50—100	紫紫色	重壤土	梭块状											
剖62	人为土	水稻土	潴育水稻土	潴育型鳝泥田	中位中潜鳝泥田	A	0—9	灰棕色	重壤土		6.3	24.9	1.67			169	≤1.0	108	泥质岩类风化物	E 115° 08′ 05.4″ N 29° 19′ 22.6″	95
						P	9—14		轻黏土												
						G	14—81	紫色	中壤土	眉粒状	5.0	42.3	1.74	0.37							
剖63	初育土	紫色土	酸性紫色土	紫红色砂砾岩	厚度中有机质酸性紫色土	1	0—10	棕紫色	轻壤土	团块状	5.4	7.0	0.59	0.12					紫红色砂砾岩	E 115° 03′ 41.5″ N 29° 12′ 35.1″	95
						2	10—40	棕紫色	轻壤土	团块状	5.5	6.2	0.51	≤0.10							
						3	40—70		砂壤土	块状	5.5	5.5	0.47								
						4	70—100	暗紫色	砂壤土												

续表 Continued

剖面号 Soil profile	土纲 Soil order	土类 Soil great group	亚类 Soil subgroup	土属 Soil genus	土种 Soil species	土层码 Layer code	土层厚度 Depth/cm	颜色 Soil color	质地 Soil texture	土壤结构 Soil structure	pH	有机质 OM/(g/kg)	全氮 TN/(g/kg)	全磷 TP/(g/kg)	全钾 TK/(g/kg)	碱解氮 AN/(mg/kg)	有效磷 AP/(mg/kg)	速效钾 AK/(mg/kg)	土壤母质 Parent material	剖面点坐标 Profile coordinate	匹配指数 Matching index/%
剖64	铁铝土	红壤	红壤	第四纪红色黏土红壤	厚层中有机质第四纪红黏土红壤	1	0-15	黄红色	重壤土	粒状	5.9	14.5	0.78	0.60					第四纪红色黏土	E 115°07′05.9″ N 29°14′14.7″	98
						2	15-30	红色	轻黏土	块状	6.0	5.4	0.41	0.44							
						3	30-100	红色	轻黏土	块状	5.4	3.3	0.31	0.44							
剖65	人为土	水稻土	潴育水稻土	潴育型麻砂泥田	中位中潴灰麻砂泥田	Aa	0-15	灰色	轻壤土		5.9	26.0	1.57			148	3.0	94	花岗岩风化物	E 115°07′02.8″ N 29°13′26.0″	95
						Ap	15-25		中壤土												
						G	25-100		中壤土												
剖66	人为土	水稻土	潴育水稻土	潴育型麻砂泥田	全层强潜灰麻砂泥田	Aa	0-16	青灰色	中壤土										花岗岩风化物	E 115°05′02.5″ N 29°12′21.6″	95
						Ap	16-26		中壤土												
						G	26-100		中壤土												
剖67	铁铝土	红壤	红壤性土	花岗岩红壤性土	薄层多有机质花岗岩壤质土	1	0-6	棕灰色	轻壤土	粒状	6.1	32.0	1.43	0.63					花岗岩	E 115°09′08.9″ N 29°14′34.5″	97
						2	6-55	棕红色	中壤土		5.6	5.7	0.48	0.64							
						3	55-100		中壤土												
剖68	人为土	水稻土	潴育水稻土	潴育型鳝泥田	鳝泥田	Aa	0-10	浅紫色	中壤土		6.0	25.4	1.75			255	3.7	108	泥质岩风化物	E 115°10′10.9″ N 29°13′47.2″	95
						Ap	10-20		重壤土												
						W₁	20-56		重壤土												
						W₂	56-100		重壤土												
剖69	初育土	紫色土	酸性紫色土	紫泥土	厚层紫砂泥土	1	0-9	浅紫色	轻壤土	小块状	6.1	14.8	0.99	1.11		98	3.7	174	紫红色砂岩、砂棕岩等风化物	E 115°11′09.1″ N 29°14′05.8″	97
						2	9-31		中壤土	块状											
						3	31-75		中壤土												
						4	75-100		中壤土												
剖70	人为土	水稻土	潴育水稻土	紫泥田	强灰潜灰潮灰潮泥田	Aa	0-17	灰色	重壤土		5.6	33.2	2.52			210	4.1	90	河流冲积物	E 115°11′30.0″ N 29°13′37.3″	95
						Ap	17-23		重壤土												
						C	23-100		轻壤土												
剖71	人为土	水稻土	淹育水稻土	潴育型黄砂泥田	灰麻砂泥田	Aa	0-15	灰色	中壤土		6.2	36.0	1.80			160	5.0	64	花岗岩风化物	E 115°10′18.7″ N 29°06′41.5″	95
						Ap	15-21		轻壤土												
						W₁	21-35		轻壤土												
						W₂	35-100		中壤土												
剖72	人为土	水稻土	淹育水稻土	潴育型红砂泥田	强潜灰鳝红砂泥田	Aa	0-12	浅褐色 红棕色	中壤土		5.9	29.7	1.89	0.59		206	5.0	84	红砂岩风化物	E 115°15′53.1″ N 29°23′11.9″	95
						Ap	12-24		中壤土												
剖73	人为土	水稻土	淹育水稻土	潴育型鳝泥田	中潜灰鳝泥田	Aa	0-15	灰色	中壤土		5.7	27.2	1.82			170	8.0	116	泥质岩风化物	E 115°18′14.6″ N 29°22′41.3″	96
						Ap	15-24		重壤土												
						W₁	24-68		重壤土												
						W₂	68-100		重壤土												
剖74	铁铝土	红壤	红壤	黄泥土	厚层灰鳝泥土	1	0-20	浅黄色	中壤土	粒状	5.8	12.0	0.82	0.55		120	≤1.0	128	第四纪红色黏土	E 115°16′54.4″ N 29°21′56.4″	95
						2	20-60	浅黄色	重壤土	块状	6.0	3.9	0.68	0.59							
						3	60-100	黄红白色	轻黏土	块状	5.9	3.1	0.45	0.47							
剖75	人为土	水稻土	潴育水稻土	潴育型黄泥田	中潜灰乌鳝泥田	A	0-16	黄棕色	重壤土		5.5	27.4	1.83			283	5.0	116	泥质岩风化物	E 115°15′55.8″ N 29°20′20.1″	95
						G	16-52		轻黏土												
						W	52-80		轻黏土												
剖76	人为土	水稻土	潴育水稻土	潴育型黄泥田	中潜灰黄泥田	Aa	0-14	棕灰色	中壤土	粒块状	5.9	25.6	2.30	0.72		207	5.0	98	第四纪红色黏土	E 115°16′40.9″ N 29°20′27.9″	95
						Ap	14-19	棕灰色	重壤土	块状	5.9	22.3	1.37	0.68							
						W₁	19-60	黄灰色	轻黏土	棱块状	7.2	5.8	0.45	0.58							
						W₂	60-100	黄棕色	轻黏土	棱块状	7.2	4.7	0.43								
剖77	初育土	紫色土	酸性紫色土	紫红色砂砾岩	中层中有机质酸性紫色土	1	0-12	紫色	中壤土	屑粒状	5.5	42.8	1.74	0.43	18.2				紫红色砂砾岩	E 115°16′27.0″ N 29°19′31.2″	95
						2	12-52	紫色	重壤土	团块状	5.3	10.3	0.88	0.39	13.7						
						3	52-100	棕紫色	重壤土	块状	6.1	3.9	0.77	0.37	23.3						

续表 Continued

剖面号 Soil profile	土纲 Soil order	土类 Soil great group	亚类 Soil subgroup	土属 Soil genus	土种 Soil species	土层码 Layer code	土层厚度 Depth/cm	颜色 Soil color	质地 Soil texture	土壤结构 Soil structure	pH	有机质 OM/(g/kg)	全氮 TN/(g/kg)	全磷 TP/(g/kg)	全钾 TK/(g/kg)	碱解氮 AN/(mg/kg)	有效磷 AP/(mg/kg)	速效钾 AK/(mg/kg)	土壤母质 Parent material	剖面点坐标 Profile coordinate	匹配指数 Matching index/%
剖78	人为土	水稻土	潴育水稻土	潴育型鳝泥田	中位中潜鸟潮砂泥田	Aa	0—16	深灰色	中壤土	粒状	6.1	39.8	1.86	0.84		188	6.2	118	泥质岩类风化物	E 115°15′10.4″ N 29°14′22.6″	95
						Ap	16—22	浅灰色	中壤土	块状											
						G	22—100	青灰色	重壤土												
剖79	人为土	水稻土	潴育水稻土	潴育型鳝泥田	中潴灰鳝泥田	Aa	0—15	棕灰色	中壤土		6.1	26.6	1.80			223		134	泥质岩类风化物	E 115°22′05.1″ N 29°08′30.1″	95
						Ap	15—19		轻壤土												
						W₁	19—43		轻壤土												
						W₂	43—100														

修 水 县

主要土类说明

红壤是修水县主要土壤类型，占本县地域面积的71%，从海拔500m以下的低山高丘到河谷阶地的广大山丘地区均有分布。红壤是在高温多湿的亚热带生物气候条件下，硅铝酸盐类矿物急剧分解，盐基遭到强烈淋失，高岭化的黏粒和其他次生矿物不断产生，铁铝氧化物明显积累，形成的具有盐基高度不饱和及脱硅富铝化特征的土壤类型。根据其发育特征，本县红壤分为红壤、黄红壤和红壤性土三个亚类。其中红壤亚类面积最大。

水稻土是修水县第二大土壤类型，占本县地域面积的18%，广泛分布于本县各种地貌单元内，尤以修河两侧的太阳升、四都、宁州、西港、渣津以及上奉、全丰和白岭一带的河谷平原和丘陵沟谷地区最为集中。在季节性淹水或水旱轮作交替过程中，土体内进行着有机质分解和合成，盐基淋溶与复盐基，黏粒聚积和淋淀等作用，水稻土形成耕作层、犁底层、潴育层或潜育层及母质层等发生层。本县水稻土大多系由不同岩性的沟谷填充物发育而成的红壤性水稻土。同时，不同地形及水文条件对水稻土的形成和发育产生深刻的影响。如受地面淹水为主的山排田，形成淹育水稻土；地面淹水和地下毛管水共同作用下形成潴育水稻土；在地表水、层间滞水或地下水长期浸没下形成潜育水稻土。潴育水稻土多为稳产高产的双季稻田，也有部分为单季晚稻田。淹育水稻土多为丘陵、山岗的高塝田和梯田，地下水位低、缺乏灌溉的"望天田"，大部分是一水一旱或一水两旱。潜育水稻土多见于山垄田和坑田及山丘沟谷或小平原的低洼地段，强潜田（湖洋田）一般处于垄田和坑田、冲田有泉眼的地方，中潜田多见于垄田、冲田的中下部，弱潜田大多处于山丘排田或梯田的中下部；这些潜育水稻土由于地势低洼，长期积水，在强烈的还原作用下，土体中的铁锰氧化物被还原，呈青灰色、蓝灰色、豆绿色等。

黄壤是修水县第三大土壤类型，占本县地域面积的6%，分布于海拔800—1000m的山地，位于黄红壤之上，黄棕壤之下，呈不连续的带状或斑块状存在，是在云雾多、日照少、温凉湿润的山地气候条件下形成的一类黄色土壤。成土母质为花岗岩类及泥质岩类风化残积物、坡积物，局部地段基岩裸露。黄壤表土层腐殖质含量较高，呈暗灰色。亚表层至心土层均为黄色，心土层黄色鲜艳，质地为中壤土至重壤土，呈强酸性，水土流失不甚明显。

小于本县地域面积3%的土壤类型还有紫色土、石灰（岩）土、黄棕壤、潮土等。

本区域中心区气候特征

本区域中心区气候特征值
Regional climate characteristics in central area of the region

气候带：北亚热带湿润气候 Climate region: North subtropical humid climate	
年平均气温 /℃ Annual average temperature /℃	17.2
年平均最高气温 /℃ Annual average maximum temperature /℃	21.4
年平均最低气温 /℃ Annual average minimum temperature /℃	14.0
年降水量 /mm Annual precipitation /mm	1428
≥10℃的积温 /℃ Daily temperature accumulated in a year (≥10℃) /℃	8966
年日照时数 /h Annual sunshine /h	1741
年平均相对湿度 /% Annual average relative humidity /%	79
干燥度 Dryness	0.72

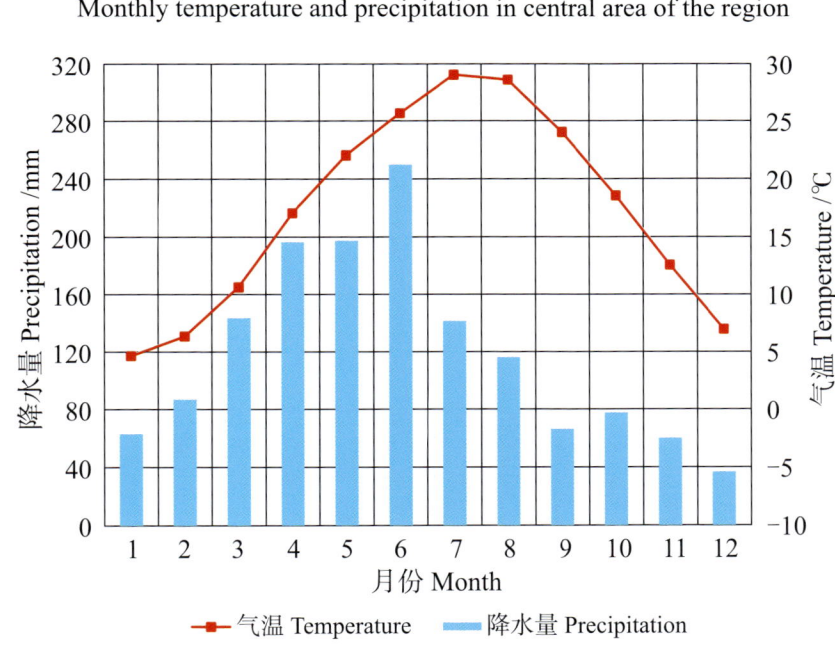

本区域中心区月平均气温与月平均降水量
Monthly temperature and precipitation in central area of the region

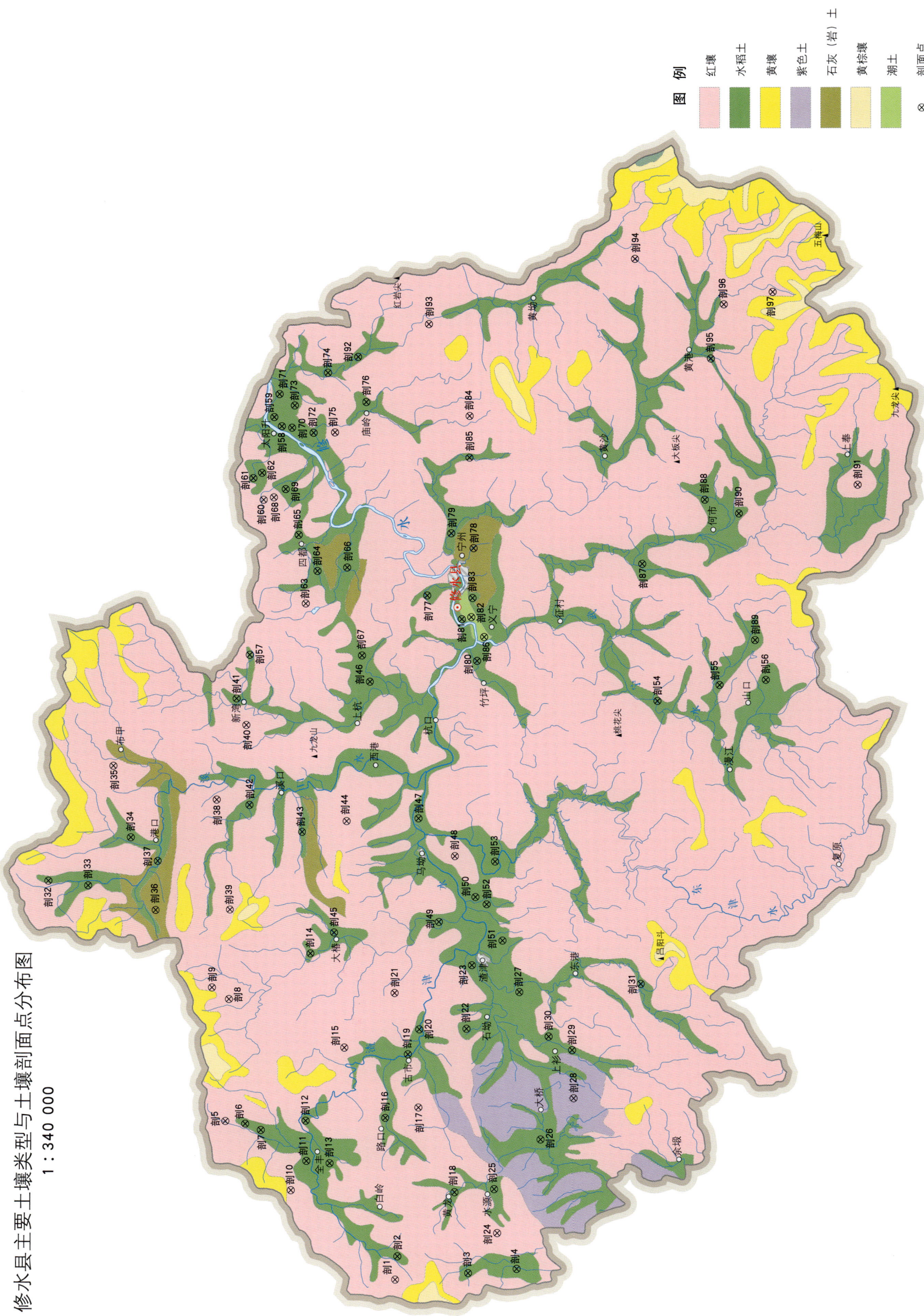

修水县土壤剖面理化性状表

剖面号 Soil profile	土纲 Soil order	土类 Soil great group	亚类 Soil subgroup	土属 Soil genus	土种 Soil species	土层码 Layer code	土层厚度 Depth/cm	颜色 Soil color	质地 Soil texture	土壤结构 Soil structure	pH	有机质 OM/(g/kg)	全氮 TN/(g/kg)	全磷 TP/(g/kg)	全钾 TK/(g/kg)	碱解氮 AN/(mg/kg)	有效磷 AP/(mg/kg)	速效钾 AK/(mg/kg)	阳离子交换量 CEC/(cmol/kg)	土壤母质 Parent material	剖面点坐标 Profile coordinate	匹配指数 Matching index/%
剖1	铁铝土	红壤	红壤	酸性结晶岩类红壤		1	0—20		轻壤土		5.0	36.3	1.91	0.80							E 113°57′46.2″ N 29°04′02.2″	89
						2	20—100		砂壤土		5.5	26.7	1.47	0.64			7.3	65				
剖2	人为土	水稻土	潴育水稻土	潴育紫砂泥田	乌紫砂泥田	1	0—15				6.9	7.7	0.49	0.59		160				紫色砂岩风化物	E 113°58′42.4″ N 29°03′44.6″	85
						2	15—21				7.2	2.9	0.29	0.37								
						3	21—73															
						4	73—100															
剖3	人为土	水稻土	淹育水稻土	淹育紫砂泥田	灰紫砂泥田	1	0—11	浅灰棕色	轻壤土	块状	5.6	17.5				118	8.5	94		紫色砂岩风化物	E 113°58′09.9″ N 29°00′39.5″	79
						2	11—14															
						3	14—100															
剖4	人为土	水稻土	潴育水稻土	潴育红黄泥田	次潴乌黄泥田	1	0—16	灰色	中壤土	块状	5.2	36.0				125	9.0	45		泥质岩类风化物	E 113°58′25.5″ N 28°58′27.5″	79
						2	16—23															
						3	23—60															
剖5	铁铝土	红壤	红壤	红砂岩类红壤	中层中有机质红砂岩红壤	1	0—16				4.4	23.0	0.80	0.31		83	2.0	34		红砂岩类风化物	E 114°05′20.6″ N 29°11′34.3″	94
						2	16—48		重壤土		4.6	6.1	0.32	0.33								
						3	48—100		中壤土		4.5	8.7	0.42	0.28								
剖6	人为土	水稻土	潴育水稻土	潴育灰泥田	乌灰泥田	1	0—14				5.9	37.9	1.84	1.05		157	5.0	48		碳酸岩类风化物	E 114°05′20.0″ N 29°10′47.0″	71
						2	14—23				6.9	23.6	1.23	0.95								
						3	23—39				7.4	12.2	≥10.00	0.46								
						4	39—100				7.6	11.3	0.34	0.38								
剖7	人为土	水稻土	潴育水稻土	潴育黄泥田	乌黄泥田	1	0—14	棕黄色	中壤土	团块状	6.6	33.5				178	6.8	52		第四纪红色黏土	E 114°05′13.7″ N 29°12′14.5″	74
						2	14—36															
						3	36—100															
剖8	铁铝土	红壤	红壤	酸性结晶岩类红壤	薄层少有机质酸性岩类红壤	1	0—9		紧砂土											酸性结晶岩类风化物	E 114°11′42.2″ N 29°11′50.6″	81
						2	9—22		紧砂土													
						3	22—100															
剖9	铁铝土	红壤	红壤	红黄泥土	中层灰黄泥红壤	1	0—16		轻壤土		6.4	17.9	1.22	0.81		102	4.0	147		泥质岩类风化物	E 114°12′22.0″ N 29°12′37.4″	83
						2	16—24		中壤土		6.2	14.4	0.98	0.72								
						3	24—44		中壤土		6.3	11.1	0.80	0.62								
						4	44—100				5.6	6.1	0.48	0.46								
剖10	铁铝土	红壤	红壤	麻砂泥土	中层灰砂泥土	1	0—16				6.3	13.6	0.73	0.71		59	3.8	184		花岗岩类风化物	E 114°02′09.9″ N 29°08′52.2″	72
						2	16—86				6.3	2.4	≤0.10	0.43								
						3	86—100				6.4	2.4	0.15	0.22								
剖11	人为土	水稻土	潴育水稻土	潴育红黄泥田	强潴灰红黄泥田	1	0—13		轻壤土		5.8	25.5	1.04	0.73		111	2.0	69		泥质岩类风化物	E 114°03′37.8″ N 29°08′04.8″	100
						2	13—22		中壤土		6.6	17.6	0.65	0.72								
						3	22—44		中壤土		7.3	12.1	0.53	0.50								
						4	44—100				7.9	11.5	0.28	1.11								
剖12	人为土	水稻土	潴育水稻土	潴育潮砂泥田	乌潮砂泥田	1	0—16				5.9	32.5	1.45	0.79		208	3.5	44		河流冲积物	E 114°02′09.9″ N 29°08′52.2″	98
						2	16—22				6.0	29.6	1.04	0.74								
						3	22—37				6.6	15.2	0.93	0.71								
						4	37—100				7.3	9.3	0.45	0.74								
剖13	人为土	水稻土	潴育水稻土	潴育麻砂泥田	次潴乌麻砂泥田	1	0—15				5.3		≥10.00	0.85		173	4.3	54		花岗岩风化物	E 114°03′25.8″ N 29°07′07.1″	98
						2	15—34				6.1		≥10.00	0.60								
						3	34—89				6.8		≥10.00	0.46								
						4	89—100				6.9		≥10.00	0.23								

续表 Continued

剖面号 Soil profile	土纲 Soil order	土类 Soil great group	亚类 Soil subgroup	土属 Soil genus	土种 Soil species	土层码 Layer code	土层厚度 Depth/cm	颜色 Soil color	质地 Soil texture	土壤结构 Soil structure	pH	有机质 OM/(g/kg)	全氮 TN/(g/kg)	全磷 TP/(g/kg)	全钾 TK/(g/kg)	碱解氮 AN/(mg/kg)	有效磷 AP/(mg/kg)	速效钾 AK/(mg/kg)	阳离子交换量CEC/(cmol/kg)	土壤母质 Parent material	剖面点坐标 Profile coordinate	匹配指数 Matching index/%
剖14	人为土	水稻土	潴育水稻土	潴育紫砂泥田	中潴灰紫砂泥田	1	0—17	棕红色	轻壤土	小块状	5.1	28.0				147	5.5	72		紫色砂岩风化物	E 114°14′16.4″ N 29°08′07.4″	95
						2	17—36														
						3	36—100														
剖15	铁铝土	红壤		第四纪红色黏土红壤		1	0—16	浅黄灰色	壤土	小块状	4.8	10.8				83	1.7	59		第四纪红色黏土	E 114°09′30.4″ N 29°06′38.5″	85
						2	16—55														
						3	55—100														
剖16	人为土	水稻土	潴育水稻土	潴育潮沙泥田	弱潴灰潮砂泥田	1	0—12				6.5	24.2	1.65	0.90		230	11.8	69		河流冲积物	E 114°05′57.9″ N 29°04′30.2″	95
						2	12—18				5.2	21.5	1.56	0.92							
						3	18—58				5.7	6.6	0.48	0.97							
						4	58—100				6.3	6.7	0.47	1.03							
剖17	铁铝土	红壤		酸性结晶岩类红壤		1	0—20	灰棕色	轻壤土	小块状	5.0	27.5	1.14	0.70		97	3.1	68			E 114°06′33.3″ N 29°03′05.0″	74
						2	20—60				5.6	6.6	0.28	0.30							
剖18	人为土	水稻土	淹育水稻土	潴育潮砂泥田	灰潮砂泥田	1	0—13	灰棕色			5.7	18.5				124	9.5	84		河流冲积物	E 114°02′04.3″ N 29°01′24.3″	70
						2	13—19														
						3	19—100														
剖19	人为土	水稻土	潴育水稻土	潴育灰泥田	灰泥田	1	0—12		中壤土		5.9	27.5	1.14	1.10		142	4.0	61		碳酸岩类风化物	E 114°09′09.0″ N 29°03′39.6″	84
						2	12—18		重壤土		6.0	25.0	1.17	1.10							
						3	18—44		重壤土		7.1	31.1	1.86	1.03							
						4	44—100		重壤土		7.1	11.1	0.48	0.12							
剖20	人为土	水稻土	潴育水稻土	潴育红黄泥田	弱潴次潴灰红黄泥田	1	0—14	灰棕色	中壤土	小块状	5.3	21.5				103	3.5	78		泥质岩类风化物	E 114°10′22.3″ N 29°03′08.7″	86
						2	14—20														
						3	20—60														
剖21	铁铝土	红壤		麻砂泥土	厚层灰麻砂泥土	1	0—14				6.9	25.1	1.08	0.56		92	≤1.0	91		花岗岩风化物	E 114°12′19.6″ N 29°04′15.3″	82
						2	14—37				4.9	20.6	0.98	0.56							
						3	37—58				4.9	20.0	0.83	0.49							
						4	58—100				5.1	10.0	0.46	0.41							
剖22	人为土	水稻土	潴育水稻土	潴育黄泥田	弱潴次潴乌黄泥田	1	0—12	灰棕色	重壤土	小块状	5.8	29.4				125	5.6	34		第四纪红色黏土	E 114°09′33.0″ N 29°00′59.1″	97
						2	12—19														
						3	19—100														
剖23	人为土	水稻土	潴育水稻土	潴育麻砂泥田	乌麻砂泥田	1	0—13		中壤土		5.4	31.6	1.65	0.53		135	4.0	40		花岗岩风化物	E 114°13′58.9″ N 29°00′44.1″	71
						2	13—20		中壤土		5.5	19.1	1.03	0.41							
						3	20—56		轻壤土		6.4	9.8	0.49	0.32							
						4	56—100		中壤土		6.9	7.0	0.38	0.29							
剖24	铁铝土	红壤		麻砂泥土	薄层灰麻砂泥土	1	0—20				6.3	11.8	0.51	0.97		46	7.5	138		花岗岩风化物	E 114°00′10.2″ N 28°59′19.0″	89
						2	20—32				6.7	7.6	0.34	0.79							
剖25	人为土	水稻土	潴育水稻土	潴育灰泥田	强潴乌灰黄泥田	1	0—15				7.5	41.4	2.10	0.80		167	6.0	55		花岗岩风化物	E 114°02′22.4″ N 28°59′38.0″	71
						2	15—100				7.8	24.2	1.11	0.70							
剖26	人为土	水稻土	潴育水稻土	潴育红黄泥田	乌红黄泥田	1	0—17				5.9	34.0	2.37	0.91		321	8.0	54		泥质岩类风化物	E 114°04′55.0″ N 28°57′25.9″	100
						2	17—23				5.6	26.9	1.60	0.69							
						3	23—56				6.5	11.0	0.81	0.56							
						4	56—100				6.8	5.3	0.49	0.65							
剖27	人为土	水稻土	潴育水稻土	潴育黄泥田	黄泥田	1	0—19	浅棕灰色	黏土	块状	5.6	14.0				137	≤1.0	42		第四纪红色黏土	E 114°12′37.9″ N 28°58′37.5″	70
						2	19—24														
						3	24—100														

续表 Continued

剖面号 Soil profile	土纲 Soil order	土类 Soil great group	亚类 Soil subgroup	土属 Soil genus	土种 Soil species	土层码 Layer code	土层厚度 Depth/cm	颜色 Soil color	质地 Soil texture	土壤结构 Soil structure	pH	有机质 OM/(g/kg)	全氮 TN/(g/kg)	全磷 TP/(g/kg)	全钾 TK/(g/kg)	碱解氮 AN/(mg/kg)	有效磷 AP/(mg/kg)	速效钾 AK/(mg/kg)	阳离子交换量CEC/(cmol/kg)	土壤母质 Parent material	剖面点坐标 Profile coordinate	匹配指数 Matching index/%
剖28	初育土	紫色土	紫色土	紫砂泥土	薄层灰紫砂泥土	1	0–16		中壤土												E 114°07′12.3″ N 28°55′55.6″	92
						2	16–21		砂壤土													
						3	21–100		中壤土													
剖29	人为土	水稻土	潴育水稻土	潴育潮砂泥田	弱潴沉潴灰潮砂泥田	1	0–14				6.1	17.5				149	6.1	48		河流冲积物	E 114°09′37.6″ N 28°56′12.4″	79
						2	14–20															
						3	20–100															
剖30	人为土	水稻土	潴育水稻土	潴育红砂泥田	弱潴灰砂潮红砂泥田	1	0–14	浅棕灰色	中壤土	块状	5.8	30.0				121	≤1.0	41		红砂岩类风化物	E 114°10′16.7″ N 28°57′16.4″	73
						2	14–20															
						3	20–38															
剖31	人为土	水稻土	潴育水稻土	潴育灰泥田	灰泥田	1	0–13				5.4	19.3				148	6.7	44		碳酸岩类风化物	E 114°13′02.0″ N 28°52′58.8″	70
						2	13–19		重壤土													
						3	19–100		中壤土													
剖32	人为土	水稻土	潴育水稻土	潴育黄泥田	次潴乌黄泥田	1	0–13		重壤土											第四纪红色黏土	E 114°17′50.7″ N 29°20′28.3″	90
						2	13–19	灰色	黏土	块状	6.3	32.5				169	5.8	61				
						3	19–39															
						4	42–100															
剖33	人为土	水稻土	潴育水稻土	潴育黄泥田	弱潴黄砂泥田	1	0–15													第四纪红色黏土	E 114°17′35.8″ N 29°18′27.2″	78
						2	14–18									147	2.8	45				
						3	18–46															
						4	46–100															
剖34	人为土	水稻土	潴育水稻土	潴育潮砂泥田	灰潴砂泥田	1	0–9	灰棕色	轻壤土	屑粒状	5.6	26.6	1.46	0.94						河流冲积物	E 114°20′12.5″ N 29°16′44.2″	95
						2	9–22				5.6	25.9	1.45	0.83								
						3	22–100				5.8	19.9	1.21	0.84								
						4					6.9	14.9	0.65	1.02								
剖35	铁铝土	红壤		酸性结晶岩类红壤	薄层少有机质酸性结晶岩红壤	1	0–9				6.4	10.4	0.63	0.95		62	1.8	93		酸性结晶岩类风化物	E 114°23′52.0″ N 29°17′25.4″	81
						2	9–22				5.6	6.6	0.38	1.27								
						3	22–100				5.8	6.8	0.44	0.84								
剖36	初育土	石灰(岩)土	棕色石灰土	棕色石灰土		1	0–11				6.9	21.8	1.66	3.17		93	27.8	163		碳酸岩类风化物	E 114°16′20.7″ N 29°15′19.2″	99
						2	11–20				6.0	19.3	1.52	2.00								
剖37	人为土	水稻土	淹育水稻土	淹育麻砂泥田	灰麻砂泥田	1	0–14	灰棕色	轻壤土		5.4	21.0				98	16.5	145		花岗岩风化物	E 114°18′56.4″ N 29°15′14.6″	87
						2	14–21															
						3	21–100															
剖38	铁铝土	红壤		酸性结晶岩类红壤		1	0–20				4.7	25.2	1.14	0.74		93	≤1.0	49		泥质岩类风化物	E 114°22′15.3″ N 29°12′37.9″	71
						2	20–100				4.9	10.3	0.51	0.66								
剖39	铁铝土	黄红壤	泥质岩黄红壤			1	0–17				5.4	26.5	1.12	0.43		93	7.7	82		泥质岩类风化物	E 114°16′28.2″ N 29°11′58.5″	94
						2	17–60				5.1	17.6	0.41	0.37								
剖40	铁铝土	红壤	红黄泥田	厚层灰红黄泥田		1	0–23				5.3	20.3	0.86	1.17		79	4.5	122		泥质岩风化物	E 114°26′06.4″ N 29°11′21.5″	84
						2	23–55				5.0	17.6	0.83	1.12								
						3	55–100				5.4	11.7	0.56	0.80								
剖41	人为土	水稻土	潴育水稻土	潴育黄泥田	强潴乌黄泥田	1	0–15	灰棕色	重壤土	粒状	5.5	37.0				169	4.9	49		第四纪红色黏土	E 114°27′26.5″ N 29°11′35.7″	73
						2	15–21															
剖42	人为土	水稻土	潴育水稻土	潴育潮砂泥田	弱潴灰潮砂泥田	1	0–10	灰色	砂壤土	块状	6.5	17.2				130	11.8	69		河流冲积物	E 114°21′59.6″ N 29°11′06.4″	89
						2	10–18															
						3	18–100															

续表 Continued

剖面号 Soil profile	土纲 Soil order	土类 Soil great group	亚类 Soil subgroup	土属 Soil genus	土种 Soil species	土层码 Layer code	土层厚度 Depth/cm	颜色 Soil color	质地 Soil texture	土壤结构 Soil structure	pH	有机质 OM/(g/kg)	全氮 TN/(g/kg)	全磷 TP/(g/kg)	全钾 TK/(g/kg)	碱解氮 AN/(mg/kg)	有效磷 AP/(mg/kg)	速效钾 AK/(mg/kg)	阳离子交换量CEC/(cmol/kg)	土壤母质 Parent material	剖面点坐标 Profile coordinate	匹配指数 Matching index,%
剖43	人为土	水稻土	潴育水稻土	潴育潮砂泥田	次潜灰潮砂泥田	1	0—11				5.2	26.3	1.54	0.71		169	6.0	61		河流冲积物	E 114°20′44.2″ N 29°08′41.0″	78
						2	11—17				4.2	20.8	1.23	0.66								
						3	17—63				5.4	8.6	0.42	0.64		171	4.5	28				
						4	63—100				5.5	11.1	0.49	0.77								
剖44	铁铝土	红壤	红壤	红砂泥土	厚层灰红砂泥土	1	0—18				4.8	17.9	1.04	0.71		108	1.8	59		红砂岩类风化物	E 114°21′22.3″ N 29°06′39.1″	85
						2	18—64				6.3	9.3	0.54	0.54								
						3	64—100				5.0	5.3	0.41	0.39								
剖45	人为土	水稻土	潴育水稻土	潴育紫砂泥田	次潜灰紫砂泥田	1	0—11				5.9	23.5	2.06	0.99		190	4.0	67		紫色岩风化物	E 114°15′33.4″ N 29°07′14.0″	90
						2	11—14	灰色			5.6	29.1	1.86	0.94								
						3	14—28				6.1	24.1	1.62	0.95								
						4	28—100				6.7	16.7	0.97	0.89								
剖46	人为土	水稻土	潴育水稻土	潴育黄砂泥田	弱潜灰黄砂泥田	1	0—15		黏土	软块状	5.1	21.5				117	6.1	41		第四纪红色黏土	E 114°28′20.3″ N 29°05′52.1″	80
						2	15—20															
						3	20—60															
剖47	人为土	水稻土	潴育水稻土	潴育潮砂泥田	中潜乌潮砂泥田	1	0—18	浅青灰色	轻壤土	块状	5.3	57.5				198	10.5	23		河流冲积物	E 114°21′29.5″ N 29°03′30.7″	86
						2	18—23															
						3	23—60															
剖48	铁铝土	红壤	红壤	红砂泥土	薄层灰红黄砂泥土	1	0—13		中壤土	糊状	6.7	21.4	1.39	1.05		98	2.0	90		泥质岩类风化物	E 114°19′33.4″ N 29°01′44.2″	83
						2	13—23				6.9	20.7	1.34	1.04								
剖49	人为土	水稻土	潴育水稻土	潴育黄砂泥田	强潜乌黄砂泥田	1	0—18	浅青灰色			5.5	39.0				167	6.5	51		第四纪红色黏土	E 114°16′01.6″ N 29°02′22.5″	82
						2	18—26															
						3	26—100															
剖50	人为土	水稻土	潴育水稻土	潴育红黄砂泥田	弱潜灰红黄砂泥田	1	0—9	青灰色	轻壤土	小块状	5.4	23.8				98	9.5	98		花岗岩风化物	E 114°17′23.3″ N 29°00′45.0″	84
						2	9—23															
						3	23—67															
剖51	人为土	水稻土	潴育水稻土	潴育潮砂泥田	强潜乌潮砂泥田	1	0—12	灰色	轻壤土	粒状	6.5	29.5				138	5.5	67		河流冲积物	E 114°14′57.7″ N 28°59′27.4″	75
						2	12—20															
						3	20—100															
剖52	人为土	水稻土	潴育水稻土	潴育红砂泥田	强潜乌红砂泥田	1	0—18	灰棕色	中壤土	软糊无结构	5.5	42.0				145	10.7	67		红砂岩类风化物	E 114°16′54.4″ N 29°00′05.7″	86
						2	18—27															
						3	27—100															
剖53	人为土	水稻土	潴育水稻土	潴育红黄砂泥田	弱潜乌红黄砂泥田	1	0—21				5.5	25.1	1.73	0.57		144	2.8	90		石英岩类风化物	E 114°19′16.6″ N 28°59′47.9″	94
						2	21—60				5.5	25.4	1.48	0.51								
						3	60—100				5.6	18.5	0.90	0.42								
剖54	人为土	水稻土	潴育水稻土	潴育红黄砂泥田	弱潜灰红黄砂泥田	1	0—14	浅青灰色	中壤土	块状	5.3	25.4				175	3.5	45		泥质岩类风化物	E 114°27′49.7″ N 28°52′41.1″	73
						2	14—20															
						3	20—100															
剖55	人为土	水稻土	潴育水稻土	潴育麻砂泥田	强潜灰麻砂泥田	1	0—11				5.4	23.8	1.03	0.84		98	9.5	98		花岗岩风化物	E 114°28′41.4″ N 28°49′51.2″	74
						2	11—16				5.6	20.6	0.87	0.80								
						3	16—65				5.6	16.2	0.58	0.69								
						4	65—100				5.6	10.6	0.51	0.66								
剖56	人为土	水稻土	潴育水稻土	潴育麻砂泥田	中潜麻砂泥田	1	0—18				5.3	26.3	1.41	0.64		137	2.3	43		花岗岩风化物	E 114°28′49.3″ N 28°47′41.9″	74
						2	18—27				4.7	24.4	1.42	0.37								
						3	27—100				4.6	13.1	0.75	0.27								

续表 Continued

剖面号 Soil profile	土纲 Soil order	土类 Soil great group	亚类 Soil subgroup	土属 Soil genus	土种 Soil species	土层码 Layer code	土层厚度 Depth/cm	颜色 Soil color	质地 Soil texture	土壤结构 Soil structure	pH	有机质 OM/(g/kg)	全氮 TN/(g/kg)	全磷 TP/(g/kg)	全钾 TK/(g/kg)	碱解氮 AN/(mg/kg)	有效磷 AP/(mg/kg)	速效钾 AK/(mg/kg)	阳离子交换量CEC/(cmol/kg)	土壤母质 Parent material	剖面点坐标 Profile coordinate	匹配指数 Matching index/%
剖57	人为土	水稻土	潜育水稻土	潜育红黄泥田	中潜乌红黄泥田	1	0–15				6.0	35.7	2.22	0.98		158	12.8	79		泥质岩类风化物	E 114° 29′ 46.8″ N 29° 11′ 18.6″	78
剖58	人为土	水稻土	潜育水稻土	潜育潮砂泥田	强潜乌潮砂泥田	1	0–17	青灰色	轻壤土	糊状	6.2	38.4	1.94	1.05		191	2.0	52		河流冲积物	E 114° 41′ 26.5″ N 29° 10′ 08.8″	70
						2	17–25				6.7	35.6	1.97	0.97								
						3	25–100				5.7	47.7										
剖59	人为土	水稻土	潜育水稻土	潜育潮砂泥田	弱潜乌潮砂泥田	1	0–13		中壤土											河流冲积物	E 114° 42′ 13.0″ N 29° 10′ 18.5″	70
						2	13–20		中壤土													
						3	20–57		轻壤土													
						4	57–100		中壤土													
剖60	铁铝土	红壤	棕红壤	麻砂棕红泥	棕棕砂红土	A_{11}	0–11	灰棕色	砂质黏壤土	屑粒状	4.9	11.6	0.50	0.90	23.2					花岗岩风化物	E 114° 37′ 50.2″ N 29° 10′ 52.8″	93
						Bv	11–30	橙色	壤质黏壤土	块状	4.9	11.1	0.30	0.80	20.7							
						BvC	30–100	油棕色	砂质黏壤土	块状	4.9	9.7	0.30	0.70	21.4							
剖61	人为土	水稻土	潜育水稻土	潜育红砂泥田	强潜乌红黄泥田	1	0–15				5.8	32.6	1.54	0.36		127	≤1.0	42		泥质岩类风化物	E 114° 38′ 51.1″ N 29° 11′ 18.6″	91
						2	15–21				5.8	30.4	1.42	0.33								
						3	21–50				5.6	22.7	1.15	0.29								
						4	50–100				5.4	19.8	0.99	0.26								
剖62	人为土	水稻土	淹育水稻土	潜育灰泥田	灰红砂红泥田	1	0–12	浅灰棕色	中壤土	块状	6.8	17.0				85	9.3	105		红砂岩类风化物	E 114° 39′ 02.1″ N 29° 10′ 51.4″	89
						2	12–17															
						3	17–100															
剖63	铁铝土	红壤	红壤	泥质岩类红壤	中层中有机质泥质岩红壤	1	0–15		黏土		5.3	22.1	1.68	1.01		122	≤1.0	98		泥质岩类风化物	E 114° 32′ 19.3″ N 29° 09′ 00.2″	75
						2	15–43				4.8	14.5	1.33	0.93								
						3	43–60				4.9	14.8	1.48	0.98								
						4	60–100				4.9	8.7	1.10	0.92								
剖64	人为土	水稻土	潜育水稻土	潜育灰泥田	弱潜灰泥田	1	0–14	灰棕色		小块状	6.2	18.5				137	7.6	53		泥质岩类风化物	E 114° 34′ 12.7″ N 29° 08′ 22.1″	97
						2	14–19															
						3	19–100															
剖65	人为土	水稻土	潜育水稻土	潜育灰泥田	强潜灰泥田	1	0–14	灰棕色		小梭柱状	6.1	29.0				131	6.4	56		红砂岩类风化物	E 114° 35′ 54.5″ N 29° 09′ 09.3″	90
						2	14–18															
						3	18–100															
剖66	人为土	水稻土	潜育水稻土	潜育红砂泥田	乌红砂泥田	1	0–16				5.3	40.9	2.40	0.95		178	5.5	48		红砂岩类风化物	E 114° 34′ 14.7″ N 29° 06′ 55.0″	97
						2	16–24				5.5	33.8	2.16	0.86								
						3	24–62				6.8	7.0	0.61	0.44								
						4	62–100				6.9	7.9	0.63	0.50								
剖67	人为土	水稻土	潜育水稻土	潜育红黄泥田	弱潜乌红黄泥田	1	0–15	灰色	中壤土	棱块状	5.4	45.0				185	7.5	45		泥质岩类风化物	E 114° 29′ 46.8″ N 29° 06′ 09.9″	80
						2	15–20															
						3	20–100															
剖68	铁铝土	红壤	棕红壤	麻砂泥棕红土	薄层麻砂棕红土	A	0–11	棕红色	砂质黏壤土	粒状	6.4	11.6	0.54	0.85	23.2	48	7.0	174	17.3	花岗岩风化物	E 114° 38′ 00.5″ N 29° 10′ 20.8″	95
						Bv	11–30	浅棕红色	壤质黏土	块状	6.5	11.1	0.42	0.80	20.7	45	7.0	118	10.7			
						C	30–100	暗灰色	砂质黏壤土	块状	5.7	9.7	0.30	0.71	21.4	41	5.0	109	4.4			
剖69	人为土	水稻土	潜育水稻土	潜育黄泥田	中潜灰黄泥田	1	0–17		重壤土		5.3	30.5				143	2.5	36		第四纪红色黏土	E 114° 38′ 18.2″ N 29° 09′ 51.0″	85
						2	17–25															
						3	25–60															

续表 Continued

剖面号 Soil profile	土纲 Soil order	土类 Soil great group	亚类 Soil subgroup	土属 Soil genus	土种 Soil species	土层码 Layer code	土层厚度 Depth/cm	颜色 Soil color	质地 Soil texture	土壤结构 Soil structure	pH	有机质 OM/(g/kg)	全氮 TN/(g/kg)	全磷 TP/(g/kg)	全钾 TK/(g/kg)	碱解氮 AN/(mg/kg)	有效磷 AP/(mg/kg)	速效钾 AK/(mg/kg)	阳离子交换量CEC/(cmol/kg)	土壤母质 Parent material	剖面点坐标 Profile coordinate	匹配指数 Matching index/%
剖70	人为土	水稻土	潴育水稻土	潴育麻砂泥	中潴灰麻砂泥田	1	0–13				5.1	30.2	1.53	0.90		167	5.5	42		花岗岩风化物	E 114°41′26.9″ N 29°09′48.2″	99
						2	13–34				5.4	24.3	1.14	0.61								
						3	34–66				4.7	13.0	0.59	0.67								
						4	66–100				5.3	14.0	0.54	0.50								
剖71	人为土	水稻土	潴育水稻土	潴育红黄泥田	灰红砂泥田	1	0–14		中壤土		6.4	20.4	1.16	0.46		98	3.3	45		红砂岩类风化物	E 114°43′00.5″ N 29°10′13.3″	84
						2	14–19		中壤土		6.6	16.2	0.94	0.41								
						3	19–53		中壤土		7.7	5.5	0.35	0.33								
						4	53–100		轻壤土		8.0	3.7	0.23	0.26								
剖72	人为土	水稻土	潴育水稻土	潴育潮砂泥田	次潴乌潮砂泥田	1	0–15				5.3	31.4	1.55	0.89		157	12.3	42		河流冲积物	E 114°41′06.0″ N 29°08′34.4″	86
						2	15–20	青灰色			4.2	21.6	0.98	0.66								
						3	20–30				5.2	10.0	0.44	0.86								
						4	30–100				5.7	3.9	0.21	0.90								
剖73	人为土	水稻土	潴育水稻土	潴育紫泥田	强潴乌紫砂泥田	1	0–11		重壤土	软糊无结构	5.4	31.5				132	6.0	93		紫色砂岩风化物	E 114°42′40.0″ N 29°09′24.3″	93
						2	11–18	灰棕色	重壤土	块状												
						3	18–100															
剖74	人为土	水稻土	潴育水稻土	潴育黄泥田	灰黄泥田	1	0–15				6.1	27.6				147	4.0	23		第四纪红色黏土	E 114°44′24.5″ N 29°07′58.3″	96
						2	15–24															
						3	24–100															
剖75	铁铝土	红壤	红壤	红砂岩类红壤		1	0–12				4.7	10.7	0.65	0.36		42	≤1.0	76		红砂岩类风化物	E 114°41′08.2″ N 29°07′35.4″	88
						2	12–30				4.9	3.0	0.45	0.31								
剖76	人为土	水稻土	潴育水稻土	潴育潮砂泥田	弱潴乌潮砂泥田	1	0–13				5.6	46.1	2.88	0.91		206	8.5	55		河流冲积物	E 114°42′53.6″ N 29°06′13.9″	73
						2	13–20				6.5	36.5	2.42	0.71								
						3	20–57				6.5	10.2	0.62	0.63								
						4	57–100				5.2	7.5	0.57	0.52								
剖77	人为土	水稻土	潴育水稻土	潴育潮砂泥田	弱潴次潴潮砂泥田	1	0–14				5.4	11.2				168	3.8	67		河流冲积物	E 111°32′57.1″ N 29°03′16.8″	74
						2	14–23															
						3	23–100															
剖78	初育土	石灰(岩)土	红色石灰土	红色石灰土	中层中有机质红色石灰土	1	0–15		轻壤土		5.6	27.7	0.95	0.66		82	≤1.0	161		碳酸岩类风化物	E 114°35′25.7″ N 29°01′12.4″	72
						2	15–46		砂壤土		5.5	16.3	0.81	0.60								
						3	46–80	灰色	轻壤土	块状	5.5	12.9	0.74	0.58								
						4	80–100		轻壤土		5.7	8.5	0.51	0.46								
剖79	人为土	水稻土	潴育水稻土	潴育红黄泥田	灰红黄泥田	1	0–12				4.9	28.9	1.96	0.98		149	9.8	80		泥质岩类风化物	E 114°36′17.4″ N 29°02′11.6″	85
						2	12–18				4.6	28.4	1.88	0.98								
						3	18–45				5.4	9.9	8.87	1.38								
						4	45–100				5.5	10.6	1.06	1.13								
剖80	人为土	水稻土	潴育水稻土	潴育潮砂泥田	强潴灰潮砂泥田	1	0–17	灰色	轻壤土	块状	6.2	24.0				117	4.1	44		河流冲积物	E 114°31′45.4″ N 29°01′42.4″	83
						2	17–25		砂壤土													
						3	25–100		轻壤土													
剖81	人为土	水稻土	潴育水稻土	潴育潮砂泥田	次潴灰潮砂泥田	1	0–13		轻壤土											河流冲积物	E 114°29′52.4″ N 29°01′03.6″	100
						2	13–21															
						3	21–40															
						4	40–100															
剖82	半水成土	潮土	潮土	砂质潮土	中层砂质灰潮土	1	0–30				6.1	20.4	1.52	0.77		146	2.3	64		河流冲积物	E 114°32′04.1″ N 29°01′22.0″	91
						2	30–41				6.2	17.8	1.16	1.11								
						3	41–100				6.0	11.6	1.19	0.92								

续表 Continued

剖面号 Soil profile	土纲 Soil order	土类 Soil great group	亚类 Soil subgroup	土属 Soil genus	土种 Soil species	土层码 Layer code	土层厚度 Depth/cm	颜色 Soil color	质地 Soil texture	土壤结构 Soil structure	pH	有机质 OM/(g/kg)	全氮 TN/(g/kg)	全磷 TP/(g/kg)	全钾 TK/(g/kg)	碱解氮 AN/(mg/kg)	有效磷 AP/(mg/kg)	速效钾 AK/(mg/kg)	阳离子交换量CEC/(cmol/kg)	土壤母质 Parent material	剖面点坐标 Profile coordinate	匹配指数 Matching index/%
剖83	人为土	水稻土	潴育水稻土	潴育灰泥田	弱潜灰泥田	1	0—10				5.0	25.4	1.47	0.49		169	3.8	84			E 114°32′53.3″ N 29°01′12.4″	88
						2	10—18				5.3	20.8	1.22	0.41								
						3	18—100				5.7	11.9	0.86	0.38								
剖84	铁铝土	红壤	红壤	泥质岩类红壤	厚层中有机质泥质岩红壤	1	0—25				4.4	32.2	1.44	0.74		110	1.8	68		泥质岩类风化物	E 114°42′14.8″ N 29°01′31.4″	93
						2	25—55				4.9	8.1	0.96	0.62								
						3	55—100				5.2	7.0	1.08	0.79								
剖85	人为土	水稻土	潴育水稻土	潴育灰泥田	弱潜乌灰泥田	1	0—16				6.8	52.0	2.67	1.37		373	2.8	47			E 114°40′08.8″ N 29°01′26.0″	85
						2	16—23				6.4	14.1	0.83	1.33								
						3	23—52				5.9	24.0	0.78	1.76								
						4	52—100				5.6	14.0	0.71	2.69								
剖86	半水成土	潮土		砂质潮土	中层砂质潮土	1	0—20		紧砂土											河流冲积物	E 114°30′52.5″ N 29°00′33.8″	87
						2	20—60		紧砂土													
剖87	人为土	水稻土	潴育水稻土	潴育麻砂泥田	次潜灰麻砂泥田	1	0—12				5.7	17.1	≥10.00	0.79		120	14.0	78		花岗岩类风化物	E 114°34′45.9″ N 28°53′33.2″	99
						2	12—17				6.4		≥10.00	1.59								
						3	17—44				6.4		≥10.00	0.91								
						4	44—100				6.4		5.90	0.67								
剖88	人为土	水稻土	潴育水稻土	潴育红黄泥	弱潜红黄泥田	1	0—15	青灰色	中壤土	块状	5.8					161	6.5	65		泥质岩类风化物	E 114°37′43.7″ N 28°50′34.9″	81
						2	15—23				4.6	21.5	0.92	0.30								
						3	23—100				4.7	19.2	0.35	0.37								
剖89	人为土	水稻土	潴育水稻土	潴育麻砂泥田	强潜灰麻砂泥田	1	0—37		中壤土		5.2	28.6	1.60	0.74		87	1.7	39		花岗岩类风化物	E 114°30′58.2″ N 28°48′16.0″	91
						2	37—100															
剖90	人为土	水稻土	潴育水稻土	潴育紫砂泥田	灰紫砂泥田	1	0—14		中壤土		5.4	22.0	1.20	0.58		129	1.5	34		紫色砂岩风化物	E 114°37′30.2″ N 28°49′17.2″	97
						2	14—22		中壤土		6.3	9.4	0.59	0.57								
						3	22—83		中壤土		6.9	6.4	0.42	0.32								
						4	83—100															
剖91	铁铝土	红壤	红壤	泥质岩类红壤	中层多有机质泥质岩红壤	1	0—12				5.5	49.5	1.90	0.86		221	7.5	170		泥质岩类风化物	E 114°39′10.1″ N 28°43′52.2″	83
						2	12—18				5.0	27.1	1.28	0.76								
						3	18—49				5.3	14.4	0.88	0.72								
						4	49—100				5.4	7.4	0.61	0.53								
剖92	人为土	水稻土	潴育水稻土	潴育潮砂泥田	弱潜潮砂泥田	1	0—11	灰色	轻壤土	小块状	6.7	29.5				189	13.0	72		河流冲积物	E 114°45′15.2″ N 29°06′39.0″	90
						2	11—17															
						3	17—100															
剖93	铁铝土	红壤	红壤	石英岩类红壤	薄层少有机质石英岩红壤	1	0—5		轻壤土		5.3	9.6	0.55	0.48		114	2.3	54		石英砂砾岩残积坡积物	E 114°46′51.9″ N 29°03′22.7″	89
						2	5—22		轻壤土		5.7	7.7	1.16	0.45								
						3	22—44		松砂土		5.6	2.2	0.17	0.51								
						4	44—100					1.6	0.15	0.40								
剖94	铁铝土	红壤	红壤	石英岩类红壤	薄层少有机质石英岩红壤	1	0—9		轻壤土		5.4	29.7	1.53	0.53		132	2.5	27		石英岩类风化物	E 114°50′28.3″ N 28°54′07.6″	71
						2	9—22		轻壤土		6.1	25.6	1.38	0.53								
						3	22—100		轻壤土													
剖95	人为土	水稻土	潴育水稻土	潴育紫砂泥田	弱潜灰紫砂泥田	1	0—12		轻壤土		5.4	9.4	0.57	0.46						紫色砂岩风化物	E 114°45′25.6″ N 28°50′30.8″	72
						2	12—18		重壤土		6.7	6.7	0.44	0.56								
						3	18—30		中壤土		6.8											
剖96	铁铝土	红壤		麻砂泥土	薄层灰麻砂泥土	1	0—11													花岗岩类风化物	E 114°48′13.3″ N 28°50′03.0″	81
						2	11—30															
						3	30—100															

续表 Continued

剖面号 Soil profile	土纲 Soil order	土类 Soil great group	亚类 Soil subgroup	土属 Soil genus	土种 Soil species	土层码 Layer code	土层厚度 Depth/cm	颜色 Soil color	质地 Soil texture	土壤结构 Soil structure	pH	有机质 OM/(g/kg)	全氮 TN/(g/kg)	全磷 TP/(g/kg)	全钾 TK/(g/kg)	碱解氮 AN/(mg/kg)	有效磷 AP/(mg/kg)	速效钾 AK/(mg/kg)	阳离子交换量 CEC/(cmol/kg)	土壤母质 Parent material	剖面点坐标 Profile coordinate	匹配指数 Matching index/%
剖97	铁铝土	红壤	红壤	红黄泥土	厚层乌红黄泥土	1	0—20				6.9	26.5	1.70	1.05		102	4.5	187		泥质岩类风化物	E 114°48′51.8″ N 28°47′45.3″	72
						2	20—45				6.5	12.8	1.33	0.79								
						3	45—75				5.6	5.8	1.18	0.73								
						4	75—100				5.4	2.6	0.94	0.63								

永 修 县

主要土类说明

水稻土是永修县主要土壤类型，占本县地域面积的36%。水稻土是在自然条件和水耕熟化的共同影响下形成的。季节性淹水、干湿交替导致地下水位的高度和土壤中水分饱和状况有差异，从而影响到土壤氧化还原作用的强弱和土壤肥力发展的方向，并形成水稻土独特的发生层，如耕作层、犁底层、潴育层、潜育层、漂洗层等。这些发生层受地形、母质等因素的影响，形成不同的土体构型。根据土壤水分动态和土体构型特征，本县水稻土分为淹育水稻土、潴育水稻土、潜育水稻土和侧渗漂洗水稻土四个亚类。

红壤是永修县第二大土壤类型，占本县地域面积的28%。红壤是在中亚热带生物气候条件下形成的典型地带性土壤。一般土层深厚，多具有1m以上红色土层，除表层颜色较灰暗外，心土层和底土层均为红色的紧实黏土层，呈核块状结构，褐色胶膜明显。在底土层有时可见黄、白、红相间的网纹红土层。土壤呈酸性，缺磷、少钾。在侵蚀地区，表土层或心土层被水流冲刷后，心土层或底土层出露，自然肥力低。

潮土是永修县第三大土壤类型，占本县地域面积的8%，分布于潦河、修河及其支流的两岸阶地。由于水流的分选作用，泥沙沉淀，层理明显。由于地下水常年的上下移动，土壤的氧化还原作用交替进行，引起了土体中某些物质的溶解、移动和淀积，在土体内产生了锈斑和细小铁锰结核。潮土形成过程也受旱耕熟化过程的影响，通过深耕、施肥和灌溉，有机质含量有一定的增加，熟化层加深。本县潮土既有潮化过程，也有旱耕熟化过程。

草甸土占永修县地域面积的5%，主要分布在修河、潦河、赣江、鄱阳湖沿岸的低湿地段，是受地下水季节性浸润影响，在草甸植被作用下发育形成的一类半水成土壤。地下水位一般在1—2m。成土母质为河湖相沉积物。本县草甸土仅有草甸土一个亚类。

紫色土占本县地域面积的3%，主要分布于低丘陵地区。紫色土多与由第四纪红色黏土和红砂岩类风化物上发育而成的红壤以复区存在，系紫色和紫红色砂页岩、砂砾、粉砂岩风化物上发育的一种土壤。土壤特性与母岩风化物特性基本相似，反映了岩性土的特点。由于紫色岩系的岩性松脆，抗蚀力小，在湿热的气候条件下，物理风化作用强烈。由于雨水多，成土作用常被周期性的土壤侵蚀作用所打断，阻止或延缓了土壤的正常发育，致使土壤经常处于幼年发育阶段，不能形成完整的发育层次，土体构型为 A-C 或 A-B-C。

小于本县地域面积3%的土壤类型还有黄棕壤等。

本区域中心区气候特征

本区域中心区气候特征值
Regional climate characteristics in central area of the region

气候带：中亚热带湿润气候 Climate region: Subtropical humid climate	
年平均气温 /℃ Annual average temperature /℃	17.3
年平均最高气温 /℃ Annual average maximum temperature /℃	21.5
年平均最低气温 /℃ Annual average minimum temperature /℃	14.1
年降水量 /mm Annual precipitation /mm	1574
≥10℃的积温 /℃ Daily temperature accumulated in a year (≥10℃) /℃	10823
年日照时数 /h Annual sunshine /h	1818
年平均相对湿度 /% Annual average relative humidity /%	78
干燥度 Dryness	0.65

本区域中心区月平均气温与月平均降水量
Monthly temperature and precipitation in central area of the region

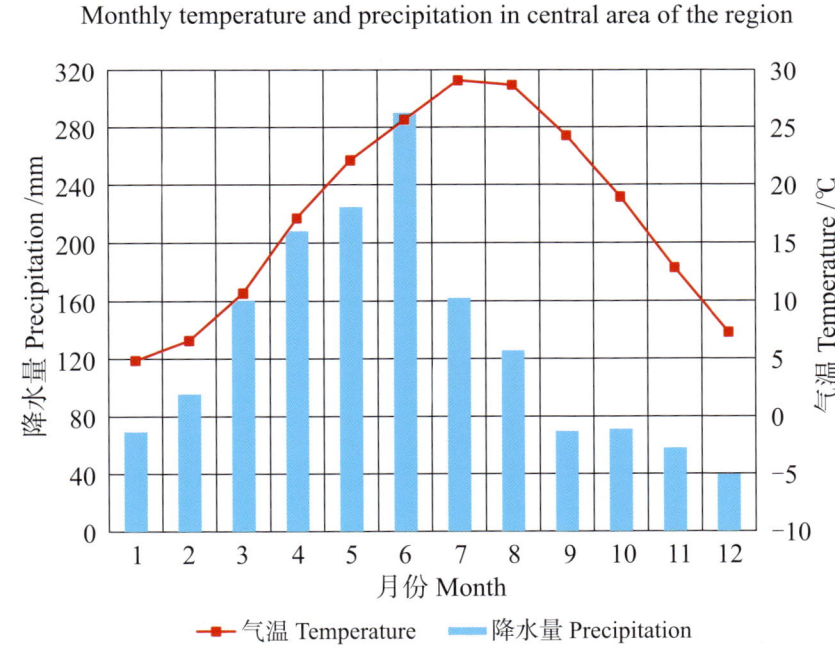

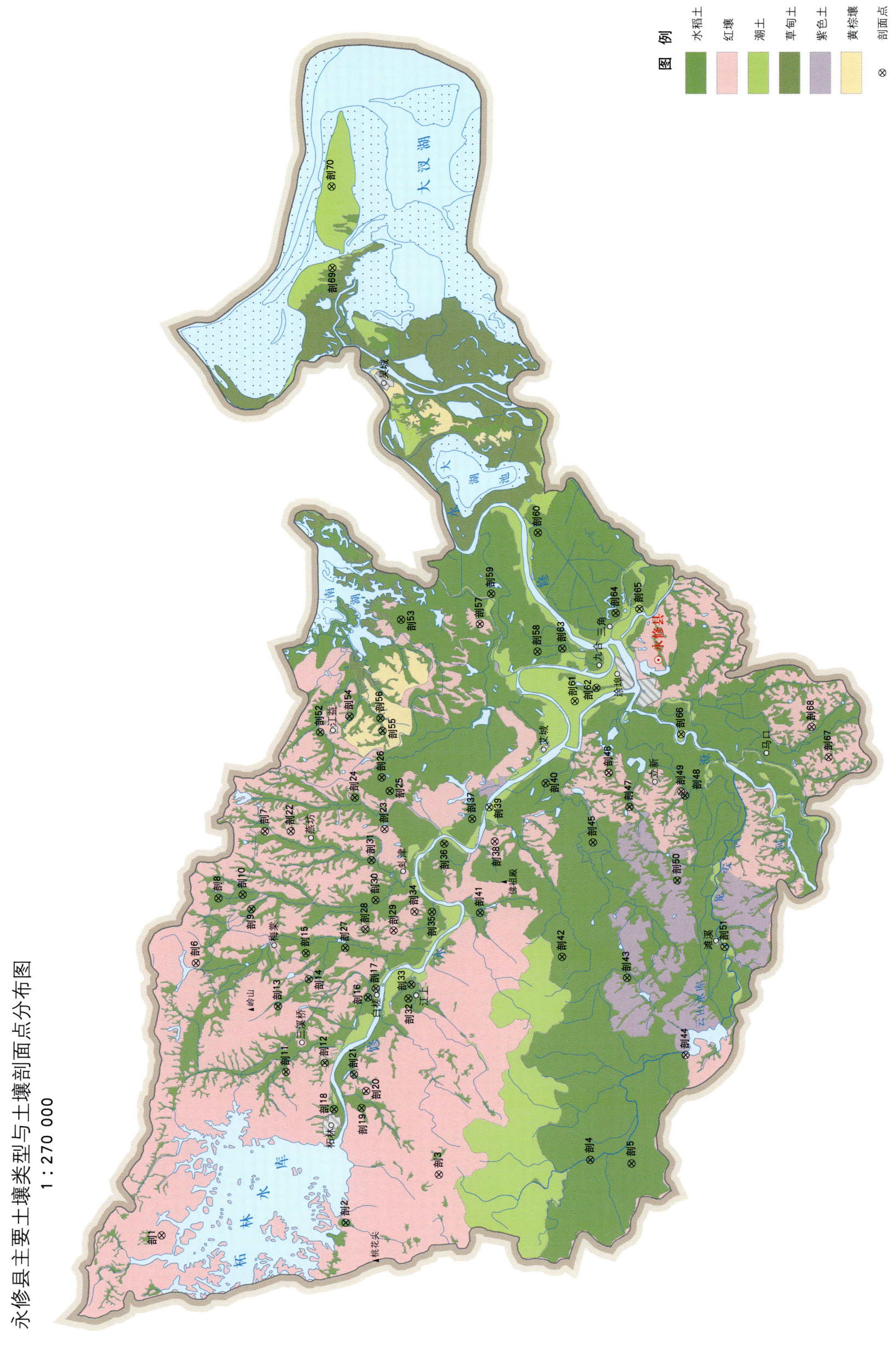

永修县土壤剖面理化性状表

剖面号 Soil profile	土纲 Soil order	土类 Soil great group	亚类 Soil subgroup	土属 Soil genus	土种 Soil species	土层码 Layer code	土层厚度 Depth/cm	颜色 Soil color	质地 Soil texture	土壤结构 Soil structure	pH	有机质 OM/(g/kg)	全氮 TN/(g/kg)	全磷 TP/(g/kg)	碱解氮 AN/(mg/kg)	有效磷 AP/(mg/kg)	速效钾 AK/(mg/kg)	土壤母质 Parent material	剖面点坐标 Profile coordinate	匹配指数 Matching index/%
剖1	铁铝土	红壤	红壤	第四纪红色黏土红壤		1	0–15	棕黄色	黏土	屑粒状	4.5	22.1	1.36	0.51				第四纪红色黏土	E 115°25′59.7″ N 29°18′26.0″	95
						2	15–100	棕红色	轻黏土	小块状	4.8	18.3	0.91	0.39						
剖2	人为土	水稻土	潴育水稻土	潴育型麻砂泥田	白泥底灰麻砂稻田	1	0–12	棕色	中壤土	小块状	5.0	22.0	1.41	0.50	155	5.0	84	花岗岩风化物	E 115°26′38.3″ N 29°11′56.7″	95
						2	12–17	褐棕色	重壤土	块状	6.1	10.2	0.81	0.63						
						3	17–48	褐棕色	中壤土	棱块状	6.5	7.7	0.62	0.44						
						4	48–100	灰白色	轻砂壤	块状	6.2	9.6	0.60	0.25						
剖3	铁铝土	红壤	红壤	花岗岩红壤		1	0–8	灰黑色	轻砂壤	粒状	4.7	29.4	1.96	1.00				花岗岩	E 115°28′37.1″ N 29°08′41.2″	98
						2	8–29	棕灰色	砂壤土	粒状	5.9	5.7	0.48	1.06						
剖4	人为土	水稻土	潴育水稻土	潴育型潮砂泥田	白泥底灰黄泥田	1	0–13	棕灰色	轻壤土	粒状	5.2	14.4	0.94	0.47	71	3.0	31	河流冲积物	E 115°29′18.2″ N 29°03′22.1″	95
						2	13–18	浅灰色	小块状	小块状	6.0	8.5	0.57	0.37						
						3	18–44	棕灰色	碎块状	碎块状	6.1	3.7	0.43	0.52						
						4	44–62	黄棕色	中壤土	棱块状	6.5	4.7	0.52	0.35						
						5	62–100	灰黄色	中壤土	棱块状	6.7	3.4	0.38	0.21						
剖5	人为土	水稻土	潴育水稻土	泥质岩红壤	白泥底红黄泥田	1	0–12	棕灰色	重壤土	碎块状	4.9	20.9	1.37	0.42	172	7.5	63	泥质岩类风化物	E 115°29′11.9″ N 29°01′54.1″	95
						2	12–19	浅灰色	重壤土	块状	6.1	12.5	0.89	0.34						
						3	19–35	灰棕黄色	轻壤土	棱块状	6.9	5.1	0.54	0.32						
						4	35–100	灰灰色	中壤土	大块状	6.6	4.4	0.47	0.50						
剖6	铁铝土	红壤	红壤	泥质岩红壤	中层中有机质泥岩类红壤	1	0–14	灰棕色	中壤土	屑粒状	4.4	64.1	7.11	0.28				泥质岩类	E 115°36′54.9″ N 29°17′22.9″	97
						2	14–74	黄棕色	重壤土	块状	4.6	1.8	0.73	≤0.10						
						3	74–100	浅灰褐色	重壤土	块状										
剖7	铁铝土	红壤	红壤	泥质岩红壤	薄层中有机质泥岩类红壤	1	0–10	青灰色	重黏土	屑粒状	6.4	19.4	1.22	0.88				泥质岩类	E 115°42′15.4″ N 29°15′00.6″	95
						2	10–23	黄黄色	轻黏土	块状	4.3	7.1	0.83	0.53						
						3	23–70	黄黄色	轻黏土	块状										
						4	70–100	棕黄色	轻黏土	块状										
剖8	人为土	水稻土	潴育水稻土	潴育型湖泥田	强潴湖泥田	1	0–11	灰棕色	轻黏土	块状	5.4	19.8	1.13	0.48	108	1.5	41	湖积物	E 115°39′32.0″ N 29°16′37.4″	95
						2	11–18	棕灰色	轻壤土	块状	6.5	8.2	0.60	0.48						
						3	18–44	棕灰色	中壤土	棱块状	7.0	5.5	0.51	0.41						
						4	44–100	浅灰褐色	重壤土	棱块状	7.1	5.5	0.36	0.49						
剖9	人为土	水稻土	潴育水稻土	潴育型湖泥田	全层中潴灰湖泥田	1	0–14	灰灰色	中壤土	小块状	4.9	24.2	1.64	0.72	122	8.0	100	湖积物	E 115°39′07.1″ N 29°15′27.0″	95
						2	14–36	青灰色	中壤土	糊状	5.1	21.2	1.40	0.64						
						3	36–100	青灰色	中壤土	糊状	5.3	15.3	1.12	0.92						
剖10	人为土	水稻土	侧渗漂洗水稻土	侧渗漂洗型红砂泥田	中漂灰红砂泥田	1	0–9	灰棕色	轻壤土	碎块状	5.0	20.7	1.35	0.77	142	10.0	56	红砂岩类风化物	E 115°39′41.8″ N 29°15′45.6″	95
						2	9–16	棕灰色	中壤土	小块状	5.1	12.4	0.93	0.72						
						3	16–63	棕红色	中壤土	小块状	7.2	5.2	0.57	0.41						
						4	63–93	白灰色	中壤土	块状	7.3	4.2	0.43	0.18						
						5	93–100	棕黄色	中壤土	小块状	7.4	2.6	0.31	0.25						
剖11	人为土	水稻土	潴育水稻土	潴育型湖泥田	灰湖泥田	1	0–10	棕黄色	轻壤土	小块状	4.6	22.5	1.70	0.61	136	10.5	62	湖积物	E 115°32′34.4″ N 29°14′08.4″	95
						2	10–15	浅灰黄色	中壤土	块状	5.2	13.3	1.20	0.60						
						3	15–53	棕灰色	中壤土	块状	5.7	10.6	1.03	0.64						
						4	53–100	灰棕色	重壤土	块状	5.8	8.8	0.90	0.68						

续表 Continued

剖面号 Soil profile	土纲 Soil order	土类 Soil great group	亚类 Soil subgroup	土属 Soil genus	土种 Soil species	土层码 Layer code	土层厚度 Depth/cm	颜色 Soil color	质地 Soil texture	土壤结构 Soil structure	pH	有机质 OM/(g/kg)	全氮 TN/(g/kg)	全磷 TP/(g/kg)	碱解氮 AN/(mg/kg)	有效磷 AP/(mg/kg)	速效钾 AK/(mg/kg)	土壤母质 Parent material	剖面点坐标 Profile coordinate	匹配指数 Matching index/%
剖12	人为土	水稻土	潴育水稻土	潴育型红黄泥田	中潴红黄泥田	1	0—12	浅棕色	中壤土	碎块状	5.0	26.7	2.00	0.69	194	16.0	79	泥质岩类风化物	E 115° 32′ 57.8″ N 29° 12′ 46.6″	95
						2	12—16	浅棕灰色	中壤土	块状	5.1	20.0	1.61	0.83						
						3	16—57	灰黑色	轻壤土	粒状	5.3	2.9	0.54	0.62						
						4	57—100	棕黄色	重壤土	块状	4.8	24.9	1.41	0.44	123	4.0	29	第四纪红色黏土	E 115° 35′ 13.0″ N 29° 14′ 27.4″	95
剖13	人为土	水稻土	潴育水稻土	潴育型黄泥田	灰黄泥田	1	0—13	棕黄色	重壤土	小块状	6.3	7.6	0.60	0.47						
						2	13—26	棕黄色	重壤土	小块状	6.9	6.0	0.55	0.54						
						3	26—100	灰棕色	中壤土	小核柱状	5.6	24.8	1.74	0.59	157	3.8	106	泥质岩类风化物	E 115° 36′ 19.6″ N 29° 13′ 23.1″	95
剖14	人为土	水稻土	侧渗漂洗水稻土	漂洗侧渗型红黄泥田	中漂灰红黄泥田	1	0—17	棕灰色	中壤土	小块状	5.6	11.2	0.71	0.29						
						2	17—25	灰白色	轻壤土	块状	5.2	16.3	1.05	0.42						
						3	25—51	黄白色	轻壤土	粒状	6.3	3.1	0.36	0.48						
						4	51—71	白黄色	轻壤土	单粒状	6.2	5.2	0.38	0.75						
						5	71—81	灰棕色	中壤土	小块状	5.2	17.7	1.08	0.45	84	4.5	50			
						6	81—100	浅棕色	中壤土	块状	5.9	11.4	0.80	0.62						
剖15	人为土	水稻土	潴育水稻土	潴育型紫砂泥田	夹砂灰潮紫砂泥田	1	0—11	棕黄色	砂壤土	棱块状	6.2	9.0	0.71	0.79						
						2	11—100	棕褐色	砂壤土	棱粒状	6.0	5.6	0.32	0.60	111	5.8	32	紫色砂岩风化物	E 115° 37′ 22.7″ N 29° 13′ 30.4″	95
剖16	人为土	水稻土	淹育水稻土	潴育型砂泥田	弱潴灰紫砂泥田	1	0—20	棕色	中壤土	单粒状	6.4	7.0	0.57	0.72						
						2	20—35	棕黄色	中壤土	棱块状	5.2	18.2	1.24	0.40						
						3	35—50	灰棕褐色	中壤土	小块状	6.9	4.6	0.53	0.30	76	4.5	61	河流冲积物	E 115° 35′ 38.0″ N 29° 11′ 17.8″	95
						4	50—100	棕黄色	砂壤土	单粒状	6.5	2.6	0.22	0.74						
剖17	半水成土	潮土		砂质潮土	厚层上层散砂质潮砂土	1	0—15	灰棕色	砂壤土	单粒状	5.8	6.2	0.52	0.59						
						2	15—21	棕灰色	砂壤土	小块状	5.8	3.8	0.51	0.57	181	≥100.0	186	河流冲积物	E 115° 36′ 00.1″ N 29° 11′ 01.8″	98
						3	21—70	黄棕色	中壤土	肩粒状	4.8	4.9	1.37	0.60						
						4	70—100	深棕色	中壤土	大块状										
剖18	人为土	水稻土	潴育水稻土	潴育型麻砂泥田	乌炭泥田	1	0—14	棕色	重壤土	大块状	6.2	22.9	1.74	0.86						
						2	14—25	棕色	轻壤土	肩粒状	7.1	14.9	1.23	0.66	158	11.5	313	碳质岩风化物	E 115° 31′ 07.4″ N 29° 12′ 25.5″	95
						3	25—48	灰棕色	中壤土	粒状	7.5	5.2	0.64	0.50						
						4	48—100	灰棕色	中壤土	小块状	6.9	4.0	0.53	0.27						
剖19	人为土	水稻土	潴育水稻土	潴育型麻砂泥田	中潴灰麻砂泥田	1	0—12	浅棕灰色	轻壤土	块状	4.8	27.0	1.80	0.51						
						2	12—23	棕灰色	轻黏土	小碎块状	5.6	13.2	1.09	0.36	181			花岗岩风化物	E 115° 31′ 11.3″ N 29° 11′ 27.2″	95
						3	23—41	黄棕色	轻黏土	块状	6.4	9.0	0.75	0.53						
						4	41—67	深棕色	轻黏土	大块状	6.3	10.3	0.73	0.62						
						5	67—100	黄棕色	轻黏土	大块状	6.7	7.4	0.66	0.76						
剖20	人为土	水稻土	潴育水稻土	潴育型红黄泥田	中潴灰红黄泥田	1	0—15	灰色	重黏土	小块状	5.0	27.5	1.95	0.47						
						2	15—20	灰棕色	轻黏土	块状	5.3	18.4	1.43	0.38	166	11.0	83	泥质岩类风化物	E 115° 31′ 52.8″ N 29° 11′ 18.2″	95
						3	20—44	黄棕色	轻黏土	棱块状	6.5	8.9	0.90	0.40						
						4	44—80	褐灰色	轻黏土	棱块状	6.4	6.3	0.64	0.36						
						5	80—100	黄棕色	轻黏土	棱块状	6.9	3.8	0.47	0.48						
剖21	人为土	水稻土	潴育水稻土	潴育型红黄泥田	中潴灰红黄泥田	1	0—14	黄棕色	中壤土	肩粒状	5.2	19.9	1.03	0.48	94	5.0	158	泥质岩类风化物	E 115° 32′ 31.7″ N 29° 11′ 44.7″	95
						2	14—47	红棕色	中壤土	核粒状	4.1	13.7	0.73	0.40						
						3	47—100	浅棕红色	重黏土	块状	4.7	3.0	0.30	0.41						
剖22	铁铝土	红壤	红壤	第四纪红色黏土红壤	厚层灰黄泥土			棕红色	黏土									第四纪红色黏土	E 115° 42′ 16.1″ N 29° 14′ 06.4″	95

续表 Continued

剖面号 Soil profile	土纲 Soil order	土类 Soil great group	亚类 Soil subgroup	土属 Soil genus	土种 Soil species	土层码 Layer code	土层厚度 Depth/cm	颜色 Soil color	质地 Soil texture	土壤结构 Soil structure	pH	有机质 OM/(g/kg)	全氮 TN/(g/kg)	全磷 TP/(g/kg)	碱解氮 AN/(mg/kg)	有效磷 AP/(mg/kg)	速效钾 AK/(mg/kg)	土壤母质 Parent material	剖面点坐标 Profile coordinate	匹配指数 Matching index/%
剖23	铁铝土	红壤	红壤	红砂岩类红壤	厚层灰红砂泥土	1	0–15	暗棕红色	重壤土	屑粒状	5.3	17.3	0.99	0.45	104	6.5	66	红砂岩类	E 115° 42′ 24.7″ N 29° 10′ 47.5″	98
						2	15–100	棕红色	重壤土	块状	5.2	6.9	0.62	0.40						
剖24	人为土	水稻土	潴育水稻土	潴育型红砂泥田	强潴灰红砂泥田	1	0–13	灰红色	中壤土	小块状	5.8	18.2	1.17	0.41	117	5.8	57	红砂岩类风化物	E 115° 43′ 40.2″ N 29° 11′ 52.2″	95
						2	13–22	棕红色	中壤土	棱块状	6.1	9.9	0.73	0.33						
						3	22–54	灰红色	中壤土	棱块状	6.6	5.0	0.50	0.36						
						4	54–100	棕红色	中壤土	块状	7.1	2.5	0.56	0.24						
剖25	人为土	水稻土	潴育水稻土	潴育型砂泥田	上位中潜灰红砂泥田	1	0–12	青灰色	中壤土	软块状	5.0	32.2	2.25	0.69	220	7.5	158	红砂岩类风化物	E 115° 43′ 57.5″ N 29° 10′ 38.0″	95
						2	12–34	青灰色	中壤土	块块状	5.0	29.5	2.05	0.65						
						3	34–100	灰棕色	轻壤土	块状	6.4	16.7	0.96	0.43						
剖26	人为土	水稻土	潴育水稻土	潴育型黄泥田	上位弱潜乌黄泥田	1	0–15	灰色	重壤土	块状	5.0	25.7	1.56	0.62	128	2.5	57	第四纪红黏土	E 115° 44′ 29.7″ N 29° 10′ 55.3″	95
						2	15–22	青灰色	重壤土	小梭块状	6.0	19.3	1.20	0.56						
						3	22–57	浅棕灰色	重壤土	小梭块状	7.0	9.2	0.65	0.55						
						4	57–100	白灰色	中壤土	小屑粒状	6.9	8.8	0.70	0.48						
剖27	人为土	水稻土	潴育水稻土	潴育型潮砂泥田	灰潮泥田	1	0–12	灰棕色	中壤土	小屑粒状	5.0	25.4	1.61	0.56	135	2.5	39	河流冲积物	E 115° 37′ 36.4″ N 29° 12′ 07.2″	95
						2	12–18	浅棕灰色	中壤土	小块状	5.4	16.1	1.16	0.88						
						3	18–51	褐灰棕色	轻壤土	小梭块状	5.9	10.9	0.80	0.77						
						4	51–100	棕色	中壤土	小梭块状	6.0	12.1	0.78	0.99						
剖28	铁铝土	红壤	红壤	红砂岩类红壤	薄层中有机质红砂岩类红壤	1	0–17	红棕色	中壤土	小块状	4.5	18.0	1.00	0.39	141	6.3	62	红砂岩类	E 115° 38′ 22.6″ N 29° 11′ 25.2″	97
						2	17–49	黄红棕色	中壤土	块状	4.5	10.3	0.80	0.35						
						3	49–100	红棕色	中壤土	块状	4.7	4.5	0.60	0.35						
剖29	铁铝土	红壤	红壤	红砂岩类红壤	中层中有机质红砂岩类红壤	1	0–9	红棕色	轻壤土	块状	4.7	11.0	1.08	0.40				红砂岩类	E 115° 38′ 20.3″ N 29° 10′ 25.4″	97
						2	9–71	红棕色	轻壤土	块状	4.7	6.9	0.67	0.45						
						3	71–100	红棕色	轻壤土	块状	4.9	3.9	0.67	0.45						
剖30	人为土	水稻土	潴育水稻土	潴育型潮砂泥田	灰潮砂泥田	1	0–13	棕灰色	中壤土	碎屑状	4.4	20.1	1.41	0.62	149	5.8	76	河流冲积物	E 115° 39′ 33.5″ N 29° 11′ 04.6″	95
						2	13–22	浅棕灰色	中壤土	小块状	4.8	11.6	0.99	0.62						
						3	22–64	褐灰棕色	轻壤土	碎块状	6.0	7.4	0.77	0.66						
						4	64–100	棕色	轻壤土	碎块状	6.1	3.8	0.35	0.54						
剖31	人为土	水稻土	潴育水稻土	潴育型红砂泥田	中潴红砂泥田	1	0–13	棕红色	中壤土	碎块状	4.9	22.6	1.36	0.48				红砂岩类风化物	E 115° 38′ 22.5″ N 29° 11′ 15.0″	95
						2	13–27	棕红色	中壤土	小块状	6.1	10.5	0.66	0.34						
						3	27–77	红棕色	中壤土	块状	6.7	3.7	0.34	0.43						
						4	77–100	红棕色	重壤土	块状	6.6	2.8	0.31	0.37						
剖32	人为土	水稻土	潴育水稻土	潴育型麻砂泥田	中潴灰麻底灰麻砂泥田	1	0–12	灰色	砂壤土	碎块状	4.8	37.3	2.13	1.13	215	15.5	49	花岗岩风化物	E 115° 35′ 36.9″ N 29° 09′ 52.0″	95
						2	12–20	灰棕色	砂壤土	块状	4.9	12.7	0.84	1.07						
						3	20–100	棕红色	砂壤土	粒状	5.3	10.9	0.76	2.22						
剖33	人为土	水稻土	潴育水稻土	潴育型黄泥田	砾质灰黄泥田	1	0–13	浅棕灰色	中壤土	小块状	4.8	23.6	1.48	0.84	151	16.3	77	第四纪红色黏土	E 115° 36′ 10.6″ N 29° 09′ 46.2″	95
						2	13–23	红棕色	重壤土	块状	5.1	12.3	1.12	0.75						
						3	23–47	红棕色	重壤土	梭块状	6.4	6.7	0.66	1.36						
						4	47–79	黄色	重壤土	块状	6.8	3.0	0.44	1.13						
						5	79–100	灰棕黄色	轻黏土	梭块状										
剖34	铁铝土	红壤	红壤	红砂岩类红壤	薄层低有机质红砂岩类红壤	1	0–6	棕灰色	轻壤土	屑粒状	4.9	19.4	0.83	0.18	108	3.0	42	红砂岩	E 115° 39′ 07.5″ N 29° 09′ 42.2″	98
						2	6–30	棕红色	中壤土	块状	4.7	18.7	0.45	0.16						
						3	30–100	棕红色	轻壤土	块状	5.0	8.7	0.35	0.16						
剖35	人为土	水稻土	潴育水稻土	潴育型黄砂泥田	白泥底灰黄砂泥田	1	0–12	浅灰棕色	中壤土	小块状	5.0	21.6	1.30	0.57				石英岩类风化物	E 115° 39′ 06.8″ N 29° 09′ 05.2″	95
						2	12–19	棕灰色	中壤土	块状	5.6	12.6	0.93	0.58						
						3	19–53	棕灰色	中壤土	梭块状	6.4	5.9	0.59	0.42						
						4	53–100	灰白色	中壤土	块状	6.8	3.7	0.35	0.18						

续表 Continued

剖面号 Soil profile	土纲 Soil order	土类 Soil great group	亚类 Soil subgroup	土属 Soil genus	土种 Soil species	土层码 Layer code	土层厚度 Depth/cm	颜色 Soil color	质地 Soil texture	土壤结构 Soil structure	pH	有机质 OM/(g/kg)	全氮 TN/(g/kg)	全磷 TP/(g/kg)	碱解氮 AN/(mg/kg)	有效磷 AP/(mg/kg)	速效钾 AK/(mg/kg)	土壤母质 Parent material	剖面点坐标 Profile coordinate	匹配指数 Matching index/%
剖36	人为土	水稻土	侧潜漂洗水稻土	漂洗侧潜型红黄泥田	表潜灰红黄泥田	1	0—12	灰棕色	重壤土	块状	4.7	23.1	1.48	0.83	130	1.5	53	泥质岩类风化物	E 115°41′51.3″ N 29°08′41.4″	95
						2	12—18	棕灰色	重壤土	块状	4.6	22.1	1.39	0.87						
						3	18—51	灰白色	重壤土	小粒状	5.3	9.3	0.73	0.70						
						4	51—100	暗棕黄色	重黏土		5.6	7.4	0.63	0.74						
剖37	人为土	水稻土	潜育水稻土	潜育型红黄泥田	表潜性中潜灰红黄泥田	1	0—12	棕黄色	轻黏土	块状	5.0	20.9	1.15	0.56	141	2.5	53	泥质岩类风化物	E 115°42′52.3″ N 29°07′42.9″	95
						2	12—20	浅青灰色	重壤土	大块状	5.6	15.8	1.13	0.70						
						3	20—65	棕灰色	轻黏土	大块状	5.5	12.8	0.99	0.48						
						4	65—100	棕色	重黏土	大块状	6.5	8.7	0.74	0.43						
剖38	铁铝土	红壤		泥质岩红壤	厚层中有机泥质岩类红壤	1	0—12	棕黄色	重壤土	块状	4.4	24.8	1.26	0.55		11.5	28	泥质岩类	E 115°41′58.7″ N 29°06′54.3″	98
						2	12—40	棕红色	重壤土	大块状	4.7	10.3	0.76	0.49						
						3	40—100	棕红色	轻壤土	大块状	4.7	5.4	0.55	0.55						
剖39	半水成土	潮土		砂质潮土	厚层中层夹砂散砂土	1	0—10	黄棕色	砂壤土	屑粒状	4.9	5.0	0.27	0.45	33			河流冲积物	E 115°43′21.0″ N 29°07′06.9″	97
						2	10—31	黄棕色	砂壤土	屑粒状	4.8	3.3	0.20	0.47						
						3	31—100	黄棕色	砂壤土	散粒状	6.8	≤1.0	≤0.10	0.16						
剖40	人为土	水稻土	潜育水稻土	潜育型湖泥田	上位中潜灰黄湖泥田	1	0—12	棕灰色	重壤土	小块状	4.8	24.3	1.75	0.77	146	6.3	91	湖积物	E 115°44′20.6″ N 29°05′08.5″	95
						2	12—18	青灰色	中壤土	块状	6.4	8.9	0.92	0.68						
						3	18—36	青灰色	重壤土	软块状	5.6	13.5	1.13	0.65						
						4	36—100	黄棕色	重壤土	块状	6.2	9.8	0.77	0.65						
剖41	人为土	水稻土	潜育水稻土	潜育型麻砂泥田	中潜红黄底灰麻砂泥田	1	0—16	棕灰色	中壤土	粒块状	4.8	38.7	2.67	0.68	225	5.8	79	花岗岩风化物	E 115°44′06.4″ N 29°07′23.1″	95
						2	16—22	灰色	砂壤土	块状	5.1	30.1	2.17	0.68						
						3	22—49	浅灰色	中壤土	小块状	5.4	17.4	1.38	0.70						
						4	49—100	灰棕色	中壤土	棱块状	6.0	10.7	0.97	0.60						
剖42	人为土	水稻土	潜育水稻土	潜育型紫砂泥田	红黄泥底灰紫砂泥田	1	0—14	棕灰色	轻壤土	小块状	4.9	20.3	1.36	0.70	154	10.0	64	花岗岩风化物	E 115°37′23.2″ N 29°04′28.2″	95
						2	14—21	浅灰色	中壤土	棱块状	5.4	13.7	1.04	0.72						
						3	21—67	黄棕色	重壤土	块状	6.5	6.1	0.69	0.76						
						4	67—100	棕黄色	重壤土	棱块状	6.5	3.9	0.43	0.46						
剖43	人为土	水稻土	淹育水稻土	淹育型紫砂泥田	灰紫砂泥田	1	0—12	灰棕色	中壤土	小块状	5.2	25.3	1.51	0.36	134	5.5	≤5	紫色砂岩风化物	E 115°36′34.6″ N 29°02′09.9″	95
						2	12—16	棕褐色	中壤土	块状	5.3	17.9	1.17	0.39						
						3	16—77	灰白色	中壤土	块状	6.4	5.8	0.54	0.48						
						4	77—100	灰白色	中壤土	块状	7.1	2.5	0.34	0.21						
剖44	铁铝土	红壤		泥质岩红壤	中层有机质泥质岩类红壤	1	0—4	深棕色	中壤土	屑粒状	4.6	76.3	3.27	0.40	129	2.3	89	泥质岩类	E 115°33′30.7″ N 29°00′04.0″	97
						2	4—60	棕红色	重壤土	小块状	3.8	22.8	1.43	0.33						
						3	60—100	粉灰色	中壤土	片状	4.8	18.5	1.68	0.95						
剖45	人为土	水稻土	潜育水稻土	潜育型砂泥田	中层高育岩类红壤	1	0—11	浅灰棕色	中壤土	小块状	5.0	17.0	1.12	1.06	109	1.5	93	石英岩类风化物	E 115°41′59.2″ N 29°03′26.9″	95
						2	11—18	棕黄色	重壤土	块状	6.1	6.6	0.58	0.85						
						3	18—37	棕灰色	重壤土	棱块状	6.1	4.9	0.50	0.86						
						4	37—100	灰棕色	中壤土	块状	5.1	18.5	1.08	0.79						
剖46	铁铝土	红壤		红砂岩红壤	厚层乌红砂泥土	1	0—16	灰棕红色	中壤土	屑粒状	5.4	12.5	0.73	0.57	164	6.5	53	红砂岩类	E 115°44′48.0″ N 29°02′55.0″	97
						2	16—46	黄棕红色	中壤土	小块状	5.6	11.0	0.67	0.75						
						3	46—67	暗棕色	中壤土	块状	5.7	9.0	0.64	0.66						
						4	67—100	深灰棕色	中壤土	碎块状	5.2	31.5	1.90	0.67						
剖47	人为土	水稻土	潜育水稻土	潜育型红砂泥田	中潜灰红砂泥田	1	0—13		中壤土	小块状	6.6	9.8	0.76	0.73				红砂岩类风化物	E 115°43′25.9″ N 29°02′10.7″	95
						2	13—35		中壤土	棱块状	7.3	5.3	0.46	0.67						
						3	35—100													

续表 Continued

剖面号 Soil profile	土纲 Soil order	土类 Soil great group	亚类 Soil subgroup	土属 Soil genus	土种 Soil species	土层码 Layer code	土层厚度 Depth/cm	颜色 Soil color	质地 Soil texture	土壤结构 Soil structure	pH	有机质 OM/(g/kg)	全氮 TN/(g/kg)	全磷 TP/(g/kg)	碱解氮 AN/(mg/kg)	有效磷 AP/(mg/kg)	速效钾 AK/(mg/kg)	土壤母质 Parent material	剖面点坐标 Profile coordinate	匹配指数 Matching index/%
剖48	人为土	水稻土	潴育水稻土	潴育型黄泥田	强潴灰黄泥田	1	0—13	浅灰色	轻黏土	小块状	4.7	20.3	1.28	0.57	106	2.3	26	第四纪红色黏土	E 115°43′55.1″ N 29°00′13.1″	95
						2	13—23	棕黄色	轻黏土	块状	4.8	11.2	0.72	0.57						
						3	23—49	棕灰色	轻黏土	小棱块状	6.2	5.8	0.55	0.66						
						4	49—100	棕灰色	轻黏土	棱块状	6.6	2.1	0.31	0.47						
剖49	铁铝土	红壤	红壤	红砂岩红壤		1	0—15	浅红色	中壤土	屑粒状	4.4	29.2	1.73	0.52		5.0		红砂岩岩类	E 115°44′05.0″ N 29°00′21.2″	98
						2	15—100	深棕红色	中壤土	小块状	4.3	15.6	0.85	0.45						
剖50	人为土	水稻土	淹育水稻土	淹育型紫砂泥田	强淹白泥底灰紫砂泥田	1	0—12	深棕灰色	中壤土	小块状	5.2	15.6	0.99	0.31	91		30	紫色砂岩风化物	E 115°40′31.1″ N 29°00′27.2″	95
						2	12—17	浅棕灰色	中壤土	块状	5.7	9.7	0.70	0.28						
						3	17—74	栗棕灰色	中壤土	块状	8.2	5.5	0.40	0.31						
						4	74—100	白灰色	中壤土	小块状	8.0	4.2	0.14	0.14						
剖51	半水成土	潮土	潮土	砂质潮土	中层砾质灰湖泥土	1	0—15	棕灰色	砂壤土	碎粒状	5.3	18.7	1.19	0.45	111	8.5	73	河流冲积物	E 115°37′53.5″ N 28°58′44.9″	98
						2	15—55	灰棕灰色	砂壤土	小块状	5.1	17.0	1.12	0.41						
						3	55—100	灰色	中壤土	小块状										
剖52	人为土	水稻土	潴育水稻土	潴育型潮砂泥田	弱潴灰潮砂泥田	1	0—14	棕灰色	轻壤土	小块状	4.5	19.0	1.03	0.60	89	38.3	54	河流冲积物	E 115°46′16.5″ N 29°13′06.4″	95
						2	14—28	灰棕色	中壤土	块状	5.3	5.2	0.36	0.58						
						3	28—58	浅灰棕色	轻壤土		6.3	2.5	0.21	0.44						
						4	58—100		轻壤土	碎粒状	6.7	3.1	≤0.10	0.31						
剖53	人为土	水稻土	潜育水稻土	潜育型红黄泥田	上位中潜灰红黄泥田	1	0—14	棕灰色	重壤土	小块状	5.9	25.3	1.55	0.51	164	5.8	69	泥质岩岩类风化物	E 115°50′49.2″ N 29°10′18.4″	95
						2	14—36	青灰色	重壤土	大块状	6.6	19.1	1.40	0.25						
						3	36—70	浅棕黄色	重壤土	大块状	6.0	13.3	0.96	0.33						
						4	70—100	灰棕灰色	重壤土	大块状	5.8	12.9	0.87	0.34						
剖54	人为土	水稻土	潜育水稻土	潜育型湖泥田	潜潴性中潴灰湖泥田	1	0—9	棕灰色	轻黏土	小块状	4.7	22.0	1.54	0.55	131	4.0	90	湖积物	E 115°46′55.5″ N 29°12′05.5″	95
						2	9—15	浅灰棕色	中壤土	块状	5.1	19.6	1.42	0.50						
						3	15—53	灰棕色	重壤土	块状	5.9	11.9	0.92	0.72						
						4	53—100	灰棕色	重壤土	块状	5.8	11.4	0.93	0.79						
剖55	人为土	水稻土	潴育水稻土	潴育型马肝田	中潴灰马肝土田	1	0—13	灰棕色	重壤土	块状	5.0	26.2	1.46	0.77	129	2.5	58	下蜀黄土	E 115°46′22.3″ N 29°10′54.5″	95
						2	13—20	浅棕黄色	重壤土	棱块状	5.5	15.3	0.99	0.85						
						3	20—55	浅棕灰色	重壤土	大棱块状	7.2	7.4	0.56	0.69						
						4	55—100	浅棕灰色	重壤土	大块状	7.4	7.0	0.55	0.65						
剖56	人为土	水稻土	潜育水稻土	潜育型马肝田	上位中潜灰马肝土田	1	0—15	暗棕色	重壤土	块状	4.8	24.7	1.54	0.49	123	3.8	56	下蜀黄土	E 115°46′52.4″ N 29°10′59.4″	95
						2	15—36	青灰色	轻黏土	大块状	5.0	16.0	1.01	0.35						
						3	36—63	浅灰棕色	轻黏土	块状	6.4	8.2	0.60	0.45						
						4	63—100	浅灰棕色	轻壤土	碎粒状	6.1	9.5	0.72	0.39						
剖57	铁铝土	红壤	红壤	红砂岩红壤	厚层中有机质红砂岩类红壤	1	0—2	棕灰色	中壤土	小块状	5.2	56.6	1.28	0.99	59	7.3	76	红砂岩岩类	E 115°46′55.5″ N 29°07′31.9″	98
						2	2—70	棕红色	重壤土	块状	4.9	8.5	0.62	0.93						
						3	70—100	红棕色	重壤土	散粒状	4.9	4.3	0.53	0.84						
剖58	人为土	水稻土	淹育水稻土	淹育型潮砂泥田	弱淹砂底灰潮砂泥田	1	0—11	暗棕灰色	砂壤土	粒粒状	4.9	9.0	0.60	0.40	72	9.3	25	河流冲积物	E 115°49′36.0″ N 29°05′29.1″	98
						2	11—17	灰灰棕色	砂壤土	小块状	5.1	4.3	0.33	0.73						
						3	17—57	棕灰色	重壤土	散粒状	4.9	2.7	0.29	0.70						
						4	57—100	褐棕灰色	轻壤土	小块状	5.6	8.1	0.72	0.84						
剖59	人为土	水稻土	潴育水稻土	潴育型潮砂泥田	中潴白泥底灰潮砂泥田	1	0—12	棕色	轻砂壤	粒状	5.3	14.6	0.98	0.46				河流冲积物	E 115°51′54.1″ N 29°07′08.6″	95
						2	12—17	浅灰棕色	轻砂壤	粒状	5.6	10.0	0.66	0.42						
						3	17—25	褐棕色	轻砂壤	小块状	6.1	5.3	0.39	0.47						
						4	25—100	棕色	砂砂壤	粗粒状	6.5	2.1	0.14	0.43						

续表 Continued

剖面号 Soil profile	土纲 Soil order	土类 Soil great group	亚类 Soil subgroup	土属 Soil genus	土种 Soil species	土层码 Layer code	土层厚度 Depth/cm	颜色 Soil color	质地 Soil texture	土壤结构 Soil structure	pH	有机质 OM/(g/kg)	全氮 TN/(g/kg)	全磷 TP/(g/kg)	碱解氮 AN/(mg/kg)	有效磷 AP/(mg/kg)	速效钾 AK/(mg/kg)	土壤母质 Parent material	剖面点坐标 Profile coordinate	匹配指数 Matching index/%
剖60	人为土	水稻土	潴育水稻土	潴育型潮砂泥田	中潴灰潮泥田	1	0–15	灰色	重壤土	小块状	5.0	17.4	1.28	0.37	96	3.0	87	河流冲积物	E 115° 54′ 22.4″ N 29° 05′ 31.3″	95
						2	15–28	青灰色	重壤土	小块状	5.1	12.6	0.98	0.39						
						3	28–100	灰棕色	中壤土	块状	5.3	6.0	0.60	0.67						
剖61	半水成土	潮土	潮土	壤质潮土	厚层潮砂泥土	1	0–17	棕灰色	中壤土	小块状	4.6	12.9	1.01	0.88	80	5.5	93	河流冲积物	E 115° 47′ 38.9″ N 29° 04′ 09.2″	98
						2	17–61	灰棕色	重壤土	块状	4.9	6.2	0.59	0.99						
						3	61–100	浅棕灰色	重壤土	块状	5.6	5.9	0.57	1.42						
剖62	人为土	水稻土	潴育水稻土	潴育型红砂泥田	上位中潴灰潮泥田	1	0–17	灰棕色	中壤土	小块状	4.8	14.7	1.05	0.81	121	8.0	31	河流冲积物	E 115° 48′ 11.3″ N 29° 03′ 23.7″	95
						2	17–27	青灰色	中壤土	块状	6.1	10.9	0.78	0.70						
						3	27–100	灰棕色	中壤土	块状	6.7	5.4	0.62	0.74						
剖63	人为土	水稻土	淹育水稻土	淹育型红砂泥田	弱淹灰红泥田	1	0–13	棕色	中壤土	中块状	4.8	18.8	1.04	0.43	84	5.0	48	红砂岩类风化物	E 115° 49′ 44.3″ N 29° 04′ 36.9″	95
						2	13–18	灰棕色	中壤土	大块状	4.9	10.2	0.82	0.46						
						3	18–38	黄棕色	中壤土	大块状	5.8	8.0	0.64	0.51						
						4	38–100	棕红色	重壤土	块状	6.0	7.2	0.58	0.52						
剖64	人为土	水稻土	淹育水稻土	淹育型潮砂泥田	弱淹灰潮泥田	1	0–10	棕灰色	轻壤土	小块状	5.1	12.7	0.77	0.42	68	4.9	33	河流冲积物	E 115° 51′ 10.4″ N 29° 02′ 45.0″	95
						2	10–19	浅灰色	砂壤土	粒状	5.8	3.3	0.36	0.35						
						3	19–100	棕灰色	轻壤土	小粒状	6.3	4.2	0.42	0.72						
剖65	半水成土	潮土	潮土	砂质潮土	厚层潮砂土	1	0–20	灰棕色	砂壤土	粒状	6.0	13.3	0.83	0.96	83	14.5	139	河流冲积物	E 115° 51′ 21.1″ N 29° 01′ 54.8″	98
						2	20–42	浅棕色	砂壤土	粒状	6.1	3.2	0.38	0.81						
						3	42–100	黄棕色	轻壤土	小块状	6.0	6.1	0.55	0.57						
剖66	半水成土	潮土	潮土	砂质潮土	厚层色有机质潮砂土	1	0–16	浅棕灰色	中壤土	小块状	5.3	16.3	0.86	0.79				河流冲积物	E 115° 46′ 22.9″ N 29° 00′ 23.1″	98
						2	16–100	棕灰色	中壤土	棱块状	5.7	12.0	0.87	0.88						
剖67	铁铝土	红壤	红壤	石英岩红壤	厚层下层砂质潮泥土	1	0–14	棕灰色	中壤土	屑粒状	5.1	32.7	1.56	0.64	142	3.8	68	石英岩类风化物	E 115° 45′ 32.9″ N 28° 55′ 10.3″	98
						2	14–41	棕黄色	中壤土	小核粒状	5.2	15.6	0.89	0.48						
						3	41–100	棕灰色	中壤土	块状	5.3	8.7	0.64	0.47						
剖68	铁铝土	红壤	红壤	石英岩类砾质红壤	厚层高有机质石英岩类砾质红壤	1	0–18	棕灰色	中壤土	屑粒状	4.8	43.3	1.89	0.37				石英岩类	E 115° 46′ 44.5″ N 28° 55′ 47.4″	98
						2	18–51	棕黄色	重壤土	小块状	5.1	13.6	0.76	0.30						
						3	51–100	棕红色	重壤土	块状	5.3	3.9	0.31	0.30						
剖69	半水成土	潮土	潮土	砂质潮土	厚层下层散砂潮砂土	1	0–14	棕灰色	轻壤土	小块状	6.4	13.0	0.81	1.06	76	5.0	189	河流冲积物	E 116° 04′ 53.7″ N 29° 12′ 51.7″	97
						2	14–42	棕黄色	轻砂土	小块状	6.0	6.2	0.50	0.25						
						3	42–70	棕黄色	松砂土	单粒状	5.5	3.1	0.19	0.25						
						4	70–100	红棕黄色	轻壤土	小块状	5.6	3.7	0.24	0.55						
剖70	半水成土	潮土	潮土	砂质潮土	薄层低有机质潮砂土	1	0–10	棕灰色	轻壤土	粒状	5.5	3.2	0.26	0.68				河流冲积物	E 116° 08′ 07.8″ N 29° 12′ 54.7″	97
						2	10–100	灰白色	砂壤土	屑粒状	6.3	8.1	≤0.10	0.62						

德 安 县

主要土类说明

红壤是德安县主要土壤类型，占本县地域面积的67%。红壤是在中亚热带生物气候条件下形成的一种地带性土壤，它发育于各种母岩的风化物上，经过高度风化作用，经历了脱硅富铝化过程。根据红壤发育状况、土壤属性和利用方式不同，本县红壤分为红壤、红壤性土两个亚类。

水稻土是德安县第二大土壤类型，占本县地域面积的23%，是本县主要耕地土壤。在季节性淹水耕作条件下，土壤中干湿交替，氧化还原交替进行，在盐基淋溶和复盐基，黏粒淋失和聚积等作用下，形成了水稻土独特的发生层次和与之相应的肥力特性。不同地形地貌、成土母质及水文条件对水稻土的形成和发育都会产生深刻的影响，其中水文条件是影响水稻土发育的主导因素。本县水稻土分为淹育水稻土、潴育水稻土、潜育水稻土三个亚类。主要受地面淹水作用的影响，形成了淹育水稻土；同时受地面淹水和地下毛管水共同作用，形成了潴育水稻土；受地面水、层间滞水以及地下水长期浸渍，形成了潜育水稻土。这些水稻土的基本属性以及在农业上的生产性能均有明显差异。其中，肥力较高的潴育水稻土分布面积最大。

石灰（岩）土是德安县第三大土壤类型，占本县地域面积的8%。石灰（岩）土发生于热带、亚热带石灰岩山区，是石灰岩经溶蚀风化形成的厚薄不同的钙质饱和或含游离钙质的土壤，多见于石隙、溶洞或峰丛底部。土壤碳酸钙淋溶程度不一，多黏土，多为铁钙质胶结物，风化程度不一，盐基饱和度高，土壤有机质含量及胶结状态有较大差异。本县石灰（岩）土只有棕色石灰土一个亚类。

小于本县地域面积3%的土壤类型还有潮土、紫色土和草甸土等。

本区域中心区气候特征

本区域中心区气候特征值
Regional climate characteristics in central area of the region

气候带：中亚热带湿润气候 Climate region: Subtropical humid climate	
年平均气温 /℃ Annual average temperature /℃	17.2
年平均最高气温 /℃ Annual average maximum temperature /℃	21.5
年平均最低气温 /℃ Annual average minimum temperature /℃	13.9
年降水量 /mm Annual precipitation /mm	1558
≥10℃的积温 /℃ Daily temperature accumulated in a year（≥10℃）/℃	10259
年日照时数 /h Annual sunshine /h	1832
年平均相对湿度 /% Annual average relative humidity /%	78
干燥度 Dryness	0.65

本区域中心区月平均气温与月平均降水量
Monthly temperature and precipitation in central area of the region

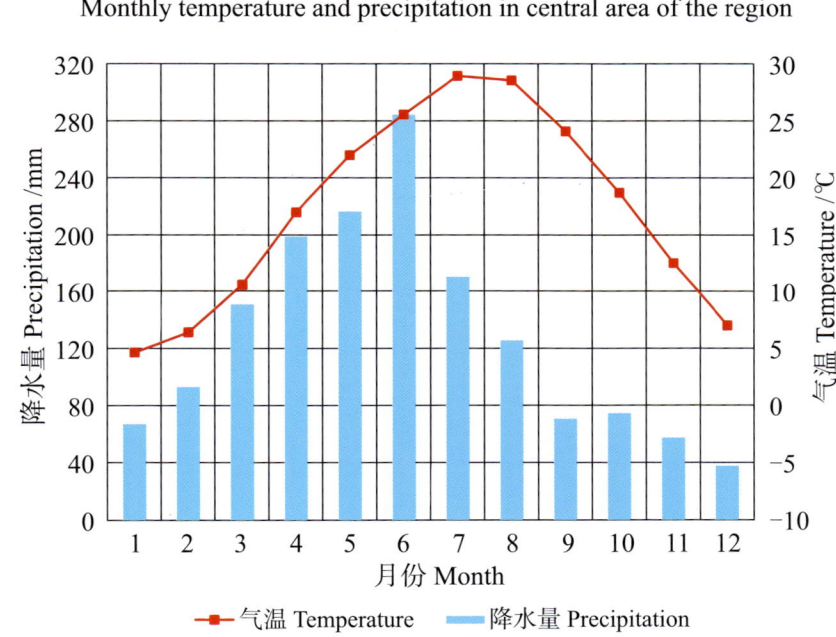

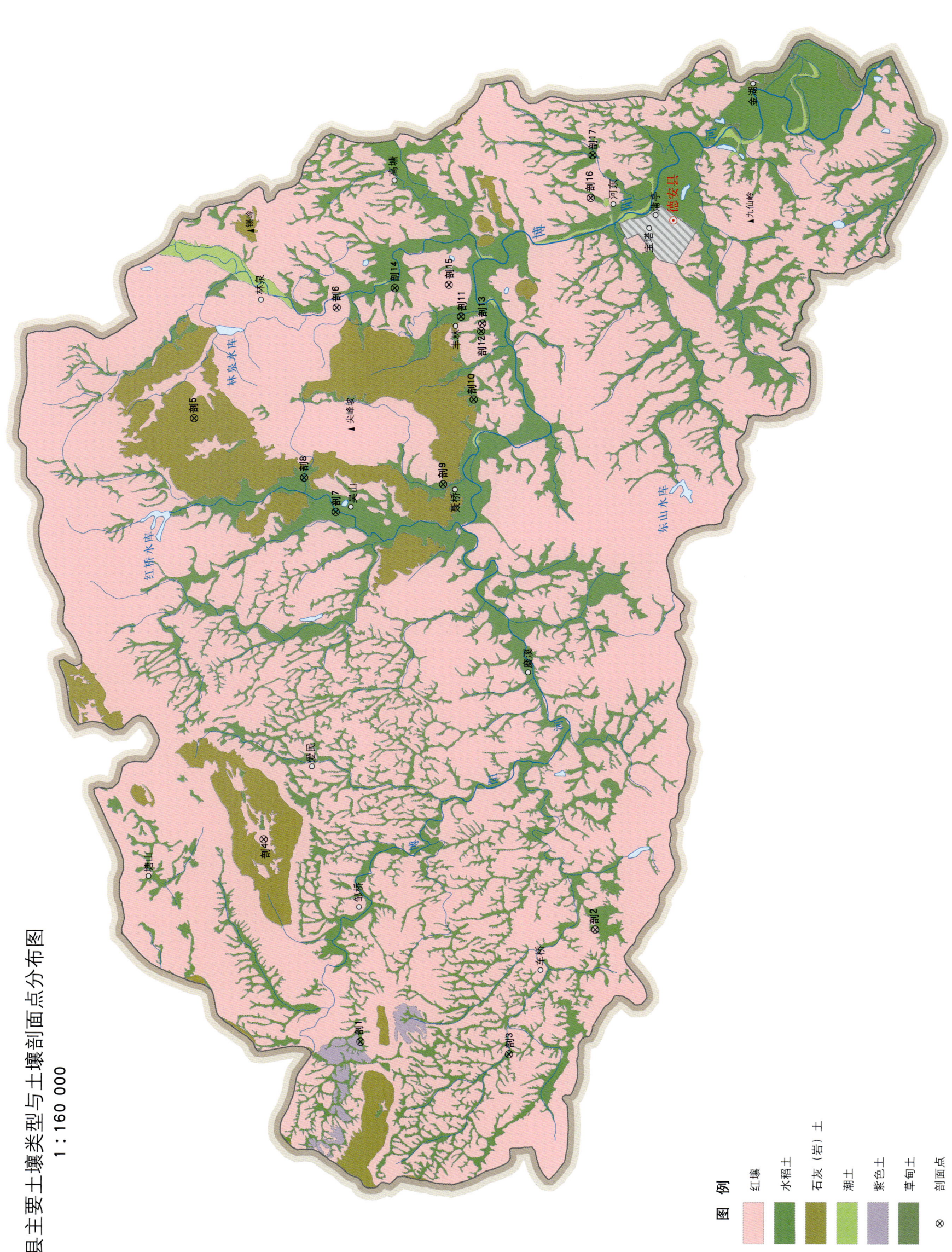

德安县主要土壤类型与土壤剖面点分布图
1∶160 000

德安县土壤剖面理化性状表

剖面号 Soil profile	土纲 Soil order	亚类 Soil subgroup	土属 Soil genus	土种 Soil species	土层码 Layer code	土层厚度 Depth/cm	颜色 Soil color	质地 Soil texture	土壤结构 Soil structure	pH	有机质 OM/(g/kg)	全氮 TN/(g/kg)	全磷 TP/(g/kg)	全钾 TK/(g/kg)	碱解氮 AN/(mg/kg)	有效磷 AP/(mg/kg)	速效钾 AK/(mg/kg)	阳离子交换量CEC/(cmol/kg)	土壤母质 Parent material	剖面点坐标 Profile coordinate	匹配指数 Matching index/%
剖1	人为土	潴育水稻土	潴育型紫泥田	中潴灰紫泥田	A	0—15	紫灰色	中壤土	小块状	6.2	29.8	1.82	0.94		126	7.8	77		紫色泥页岩风化物	E 115°25′57.4″ N 29°25′20.2″	97
					P	15—23	深紫灰色	壤土	块状	6.5	14.0	1.01	1.00								
					W	23—100	深紫灰色	重壤土	大块状	6.5	5.1	0.54	1.01								
剖2	铁铝土	棕红壤	鳝泥棕红壤	厚层灰鳝泥棕红壤	A	0—10	灰褐色	粉砂质黏土	屑粒状	4.7	24.7	1.13	0.25	9.5				7.8	泥质岩残积物、坡积物	E 115°28′42.7″ N 29°20′27.7″	95
					Bv	10—48	暗橙红色	壤质黏土	块状	4.9	8.9	0.52	0.25	10.9				8.1			
					BvC	48—100	浅红橙色	黏壤土		5.2	3.8	0.32	0.24	9.8				6.4			
剖3	人为土	潴育水稻土	潴育型红黄泥田	强潴乌红黄泥田	A	0—16	暗灰色	中壤土	屑粒状	5.6	27.4	1.84	0.83		160	8.3	88		泥质岩类风化物	E 115°25′43.1″ N 29°22′13.4″	97
					P	16—25	浅灰色	重壤土	小块状	5.6	13.9	1.01	0.96								
					W₁	25—55	灰紫色	重壤土	棱柱状	5.7	7.3	0.54	0.95								
					W₂	55—100	棕黄色	重壤土	棱柱状	5.5	4.2	0.37	0.89								
剖4	铁铝土	红壤	灰泥土	厚层灰泥土	A	0—16	灰褐色	轻黏土	团粒状	6.1	19.8	1.31	0.63		112	5.3	118			E 115°30′46.2″ N 29°27′25.7″	98
					Bv₁	16—37	棕黄色	轻黏土	小块状	6.2	14.4	0.97	0.65								
					Bv₂	37—100	棕黄色	轻黏土	大块状	6.3	9.2	0.85	0.75								
剖5	初育土	红色石灰（岩）土	红色石灰土		A	0—7	灰棕色	重壤土	核粒状	6.5	28.5	1.74	0.75		146	4.5	254		石灰岩风化物	E 115°40′47.4″ N 29°28′59.7″	92
					Bv	7—35	红棕色	轻壤土	棱块状	7.4	13.2	0.92	0.78								
剖6	铁铝土	红壤	黄泥土	厚层灰黄泥土	A	0—15	灰褐色	重壤土	团粒状	6.5	22.3	1.23	0.69		77	70.0	≤5		第四纪红色黏土	E 115°43′28.0″ N 29°26′02.3″	97
					Bv₁	15—38	黄黄色	重壤土	块状	6.4	11.5	0.74	0.61								
					Bv₂	38—100	黄红色	轻壤土	大块状	6.6	7.6	0.42	0.64								
剖7	人为土	潴育水稻土	潴育型灰泥田	中位中潴灰泥田	A	0—12	灰棕色	黏土	小块状	6.3	22.4	1.43	0.98		113	6.5	58			E 115°38′35.9″ N 29°26′00.6″	98
					Pg	12—23	青灰色	黏土	状状	6.8	17.2	1.12	1.02								
					G	23—52	青灰色	黏土	大块状	7.2	9.6	0.61	1.07								
					W	52—100	灰黄色	轻黏土	大块状	7.3	2.9	0.24	1.12								
剖8	人为土	潴育水稻土	潴育型灰泥田	中潴灰黏质灰泥田	A	0—13	灰棕色	黏土	小块状	6.8	24.9	1.67	1.36		126	9.6	110		碳酸岩类风化物	E 115°39′24.0″ N 29°26′41.0″	99
					P	13—21	棕黄色	重壤土	大块状	7.0	15.7	0.86	1.06								
					W	21—100	棕黄色	重壤土	棱块状	7.4	9.2	0.62	1.35								
剖9	人为土	潴育水稻土	潴育型潮砂泥田	弱度表潜灰壤质潮砂泥田	A	1—14	灰棕色	轻壤土	小块状	4.9	31.0	1.86	0.88		126	12.0	75		湖积物	E 115°39′17.3″ N 29°23′46.4″	95
					Pg	14—22	浅灰色	黏土		4.9	28.4	1.25	0.82								
					G	22—51	青灰色	黏土	棱块状	5.4	17.1	1.11	0.90								
					W	51—100	灰黄色	中壤土	棱块状	5.4	12.8	0.80	0.87								
剖10	人为土	潴育水稻土	潴育型黄泥田	中潴灰黄泥田	Ag	0—15	浅灰色	重壤土	小块状	5.3	22.2	1.33	0.72		112	3.5	67		河流冲积物	E 115°41′18.6″ N 29°23′08.9″	97
					Pg	15—23	青灰色	重壤土	棱块状	5.4	14.2	0.88	0.81								
					W	23—100	棕黄色	重壤土	棱块状	5.7	16.3	0.47	0.79								
剖11	人为土	潴育水稻土	潴育型黄泥田	弱度表潜灰黄泥田	A	0—13	灰棕色	重壤土	小块状	5.0	24.8	1.54	0.56		120	6.5	37		第四纪红色黏土	E 115°43′17.5″ N 29°23′26.2″	95
					P	13—21	浅灰色	重壤土	棱块状	5.1	17.4	1.10	0.52								
					W₁	21—36	青灰色	重壤土	棱块状	6.3	6.4	0.39	0.50								
					W₂	36—100	黄棕色	重壤土	棱块状	6.2	2.7	0.31	0.43								
剖12	人为土	潴育水稻土	潴育型黄泥田		Ag	0—16	灰棕色	重壤土	小块状	5.9	24.8	1.44	0.59		113	3.8	42		第四纪红色黏土	E 115°42′56.8″ N 29°23′00.7″	97
					Pg	16—25	青灰色	轻壤土	棱块状	5.6	12.1	0.86	0.52								
					W	25—100	黄棕色	轻壤土	屑粒状	5.7	7.2	0.42	0.56								
剖13	铁铝土	红壤	石英岩土壤	薄层中有机质岩岩红壤	A	0—13	灰棕色	轻壤土	小块状	5.2	25.8	1.48	0.33		107	3.5	47		石英岩类	E 115°43′03.7″ N 29°23′01.1″	95
					Bv	13—29	棕黄色			6.0	12.5	0.86	0.31								
					D	29—100															

续表 Continued

剖面号 Soil profile	土纲 Soil order	土类 Soil great group	亚类 Soil subgroup	土属 Soil genus	土种 Soil species	土层码 Layer code	土层厚度 Depth/cm	颜色 Soil color	质地 Soil texture	土壤结构 Soil structure	pH	有机质 OM/(g/kg)	全氮 TN/(g/kg)	全磷 TP/(g/kg)	全钾 TK/(g/kg)	碱解氮 AN/(mg/kg)	有效磷 AP/(mg/kg)	速效钾 AK/(mg/kg)	阳离子交换量CEC/(cmol/kg)	土壤母质 Parent material	剖面点坐标 Profile coordinate	匹配指数 Matching index/%
剖14	人为土	水稻土	潴育水稻土	潴育型黄砂泥田	灰黄砂泥田	A	0—12	灰棕色	轻壤土	团块状	6.0	22.7	1.56	0.44		124	2.3	35		石英岩类风化物	E 115°43′57.0″ N 29°24′49.8″	95
						P	12—20	深棕灰色	中壤土	块状	6.3	16.0	1.15	0.49								
						W₁	20—40	灰棕色	中壤土	棱块状	6.4	5.5	0.46	0.39								
						W₂	40—100	棕黄色	中壤土	棱块状	6.5	2.7	0.26	0.42								
剖15	铁铝土	红壤	红壤	第四纪红色黏土红壤		A	0—12	棕红色	重壤土	小块状	4.1	13.8	0.87	0.38		66	1.2	44		第四纪红色黏土	E 115°44′02.8″ N 29°23′42.1″	98
						Bv₁	12—35	浅棕黄色	轻黏土	大块状	4.8	4.9	0.41	0.37								
						Bv₂	35—100	棕黄色	轻黏土	大块状	4.9	4.1	0.39	0.40								
剖16	铁铝土	红壤	红壤	红黄泥土	厚层灰红黄泥土	A	0—16	灰棕色	重壤土	粒状	5.1	20.6	1.15	0.53		98	7.5	60		泥质岩类风化物	E 115°46′08.0″ N 29°20′44.9″	99
						Bv₁	16—45	黄棕色	轻黏土	块状	5.1	13.1	0.73	0.65								
						Bv₂	15—100	深棕色	轻黏土	大块状	5.2	5.1	0.44	0.48								
剖17	人为土	水稻土	潴育水稻土	潴育型红黄泥田	中潴灰红黄泥田	A	0—14	灰棕色	重壤土	小块状	5.9	26.0	1.59	0.53		134	5.0	40		泥质岩类风化物	E 115°47′09.4″ N 29°20′43.0″	98
						P	14—22	棕黄色	重壤土	块状	6.2	15.1	0.94	0.48								
						W₁	22—40	灰棕色	轻黏土	核块状	6.4	7.4	0.59	0.45								
						W₂	40—100	红黄色	轻黏土	棱块状	6.2	5.8	0.57	0.48								

都 昌 县

主要土类说明

红壤是都昌县主要土壤类型，占本县地域面积的35%。红壤是本县面积最大的地带性土壤，主要分布于本县东南和中北部。根据发育阶段和形成过程的差异，本县红壤分为红壤、黄红壤、红壤性土三个亚类。其中，红壤亚类面积最大，占本土类的95%以上，成土母质主要是泥质岩类风化物和第四纪红色黏土，酸性结晶岩类风化物次之。黄红壤亚类分布在大港镇和海拔500m以上的低山地上，由泥质岩残积物、坡积物发育而成。植被为松、竹、杉、槠、檀等针阔叶混交林，林间多草木及灌木丛生长，长势繁茂。红壤性土亚类因受环境因素，特别是水土流失的影响，表土被冲刷，土层浅薄，剖面层次发育不明显。

水稻土是都昌县第二大土壤类型，占本县地域面积的27%。水稻土是在各种母质形成的土壤上，经人工长期种植水稻，发育而成的一种特殊土壤，全县各地均有分布。在水稻土形成过程中，土壤干湿交替，好气与嫌气作用交替进行，促使土壤发生了在形态和理化生物性状上的特殊变化，水分是影响水稻土发育进程的主导因素，依据土壤水分状况和相应的剖面形态特征，本县水稻土分为淹育型、潴育型、潜育型和漂洗型四个亚类。

黄褐土是都昌县第三大土壤类型，占本县地域面积的3%，分布于本县西北部春桥、左里、多宝、徐埠、苏山、汪墩、北山、都昌等地海拔30—50m地区。在春季多雨、夏季高温、秋冬干燥低温的气候条件影响下，有机质分解与矿质淋溶强烈，黏粒淋溶和聚积活跃，黏化层较明显，铁锰与胶膜在土体结构面上常常出现，在地面平坦处有灰白色假网纹存在，一般土层深厚、质地黏重，呈中性和微酸性。成土母质为下蜀黄土。在一些黄褐土分布区，地表植被遭损害，水土流失较严重。本县黄褐土只有黏盘黄褐土一个亚类。

小于本县地域面积3%的土壤类型还有石灰（岩）土、新积土和潮土等。

本区域中心区气候特征

本区域中心区气候特征值
Regional climate characteristics in central area of the region

气候带：中亚热带湿润气候 Climate region: Subtropical humid climate	
年平均气温 /℃ Annual average temperature /℃	17.3
年平均最高气温 /℃ Annual average maximum temperature /℃	21.9
年平均最低气温 /℃ Annual average minimum temperature /℃	13.9
年降水量 /mm Annual precipitation /mm	1700
≥10℃的积温 /℃ Daily temperature accumulated in a year（≥10℃）/℃	11335
年日照时数 /h Annual sunshine /h	1816
年平均相对湿度 /% Annual average relative humidity /%	78
干燥度 Dryness	0.60

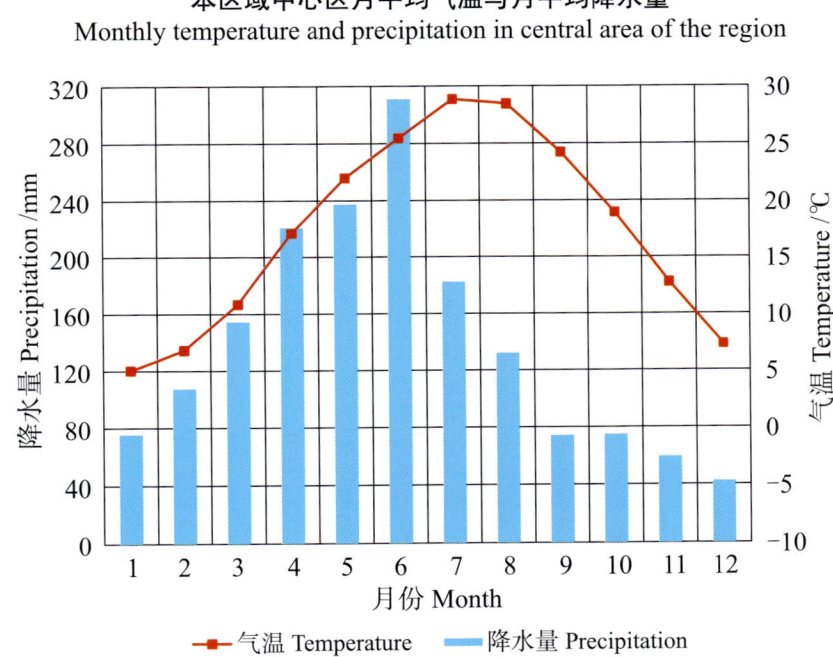

本区域中心区月平均气温与月平均降水量
Monthly temperature and precipitation in central area of the region

都昌县主要土壤类型与土壤剖面点分布图
1:250 000

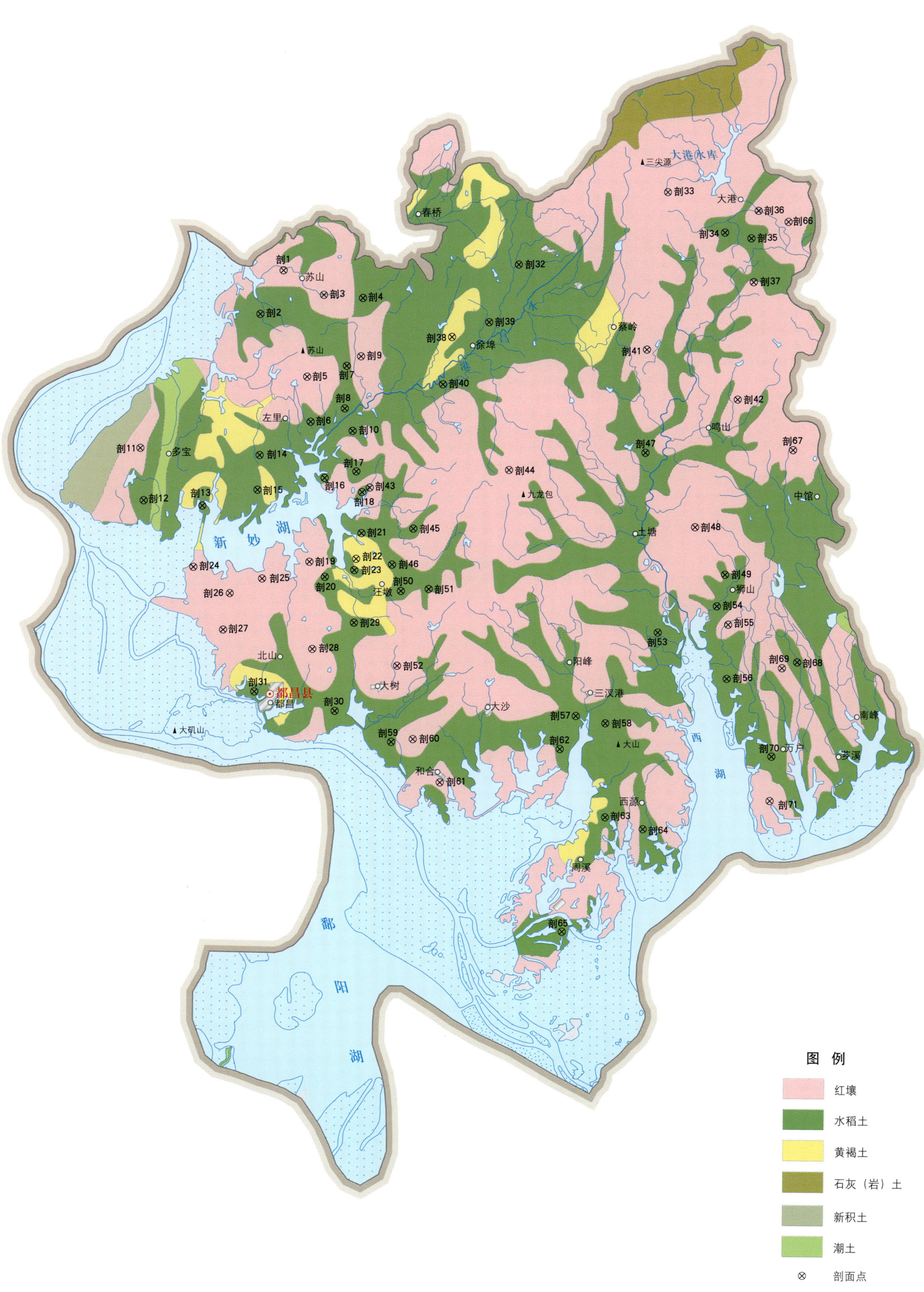

图例
- 红壤
- 水稻土
- 黄褐土
- 石灰（岩）土
- 新积土
- 潮土
- ⊗ 剖面点

都昌县土壤剖面理化性状表

剖面号 Soil profile	土纲 Soil order	土类 Soil great group	亚类 Soil subgroup	土属 Soil genus	土种 Soil species	土层码 Layer code	土层厚度 Depth/cm	颜色 Soil color	质地 Soil texture	土壤结构 Soil structure	pH	有机质 OM/(g/kg)	全氮 TN/(g/kg)	全磷 TP/(g/kg)	全钾 TK/(g/kg)	碱解氮 AN/(mg/kg)	有效磷 AP/(mg/kg)	速效钾 AK/(mg/kg)	阳离子交换量 CEC/(cmol/kg)	土壤母质 Parent material	剖面点坐标 Profile coordinate	匹配指数 Matching index/%
剖1	铁铝土	红壤	红壤	石英岩类红壤	麦潜性中潜灰潮砂泥田	A	0-30	浅棕色	轻壤土	粒状	5.0	11.1	0.79	1.45		124	2.0	50		石英岩类	E 116°11′39.2″ N 29°30′16.5″	95
						Bv	30-100	浅红棕色	轻壤土	粒状	5.4	8.4	0.74	0.92								
剖2	人为土	水稻土	潜育水稻土	潜育型潮砂泥田		1	0-15	灰黄色	轻壤土	团块状	5.4	19.5				154	5.8	80		河流冲积物	E 116°10′47.5″ N 29°28′49.7″	95
						2	15-23		轻壤土													
						W	23-100															
						4	100—															
剖3	铁铝土	红壤	红壤	花岗岩红壤		1	0-17	黄棕色	砂壤土	粒状	5.5	9.7				76	1.2	58		花岗岩	E 116°13′11.6″ N 29°29′29.6″	95
						2	17-100		砂壤土													
剖4	人为土	水稻土	潜育水稻土	潜育型鳝泥田	全层中潜乌鳝砂泥田	1	0-20	浅灰色	轻黏土	团块状	5.1	30.2				197	6.3	62		泥质岩类风化物	E 116°14′40.5″ N 29°29′24.0″	75
						2	20-27		黏土													
						3	27-100															
						4	100—															
剖5	铁铝土	红壤	红壤	泥质岩类红壤	中层中有机质泥质岩类红壤	A₁	0-10	灰黄橙色	重壤土	碎屑状	5.4	25.5	1.63	0.45		78	6.9	66		泥质岩类	E 116°12′36.1″ N 29°26′46.5″	95
						Bv₁	10-40	暗黄橙色	重壤土	棱块状	6.5	9.7	5.95	0.50								
						Bv₂	40-58	黄橙色	重壤土	块状	6.7	7.1	0.49	0.32								
						C	58-100	微红色														
剖6	人为土	水稻土	潜育水稻土	灰红砂泥田	灰红砂泥田	A	0-13	暗黄红色	砂壤土	粒状	5.3	21.6	2.21	0.95		234	11.8	46		红砂岩类风化物	E 116°12′45.4″ N 29°25′16.9″	95
						P	13-22	棕红色	砂壤土	细粒状	6.3	6.4	1.15	0.84								
						W₁	22-83	棕灰色	砂壤土	块状	7.1	4.0	0.68	≥10.00								
						W₂	83-100	棕红色	砂壤土	棱块状	7.5	4.0	0.65	0.16								
剖7	人为土	水稻土	潜育水稻土	潜育型红砂泥田	弱潜灰红砂泥田	1	0-10	红棕色	壤土	粒状	5.2	17.9				45	8.0	78		红砂岩类风化物	E 116°14′06.0″ N 29°27′09.5″	95
						2	10-21		砂壤土													
						W	21-100															
						4	100—															
剖8	人为土	水稻土	潜育水稻土	潜育型潮泥田	灰潮砂泥田	1	0-14	灰棕色	轻壤土	粒状	5.6	19.8				130	4.6	60		河流冲积物	E 116°14′02.6″ N 29°25′44.6″	95
						2	14-20		轻壤土													
						W	20-100															
						4	100—															
剖9	铁铝土	红壤	红壤	石英岩类红壤		1	0-30	浅棕色	壤土	粒状	5.0	11.1				124	2.0	50		石英岩类	E 116°14′38.1″ N 29°27′28.8″	95
						2	30-100		轻壤土													
剖10	人为土	水稻土	潜育水稻土	潜育型鳝泥田	弱潜灰鳝泥田	A	0-15	棕灰色	重壤土	粒状	5.5	18.8	1.92	1.07		144	7.2	36		泥质岩类风化物	E 116°14′21.2″ N 29°25′00.2″	75
						P	15-20	棕灰色	重壤土	棱块状	6.4	9.3	1.05	0.55								
						W	20-100	黄灰色	重壤土	粒状	6.8	5.8	0.41	0.42								
剖11	铁铝土	红壤	红壤	鳝泥土	中层灰鳝泥土	1	0-20	灰棕色	重壤土	粒状	5.5	15.6				105	4.9	83		泥质岩类风化物	E 116°06′18.2″ N 29°24′20.7″	95
						2	20-40		重壤土													
						3	40-100															
剖12	人为土	水稻土	潜育水稻土	潜育型潮砂泥田	乌潮砂泥田	A	0-15	暗灰色	轻壤土	屑粒状	7.6	36.0	2.62	0.82		190	6.1	35		河流冲积物	E 116°06′27.5″ N 29°22′36.6″	95
						P	15-20	暗灰色	中壤土	小块状	5.5	28.0	1.99	0.93								
						W	20-100	棕灰色	松砂土	棱块状	6.9	12.0	0.92	0.77								
剖13	人为土	水稻土	潜育水稻土	潜育型湖泥田	乌湖泥田	A	0-16	棕灰色	轻壤土	小团块状	5.2	22.8	1.90	0.92		195	8.0	52		湖积物	E 116°08′37.8″ N 29°22′33.1″	95
						P	16-24	黄灰色	中壤土	块状	5.9	16.0	0.78	0.78								
						W	24-100	灰黄棕色	中壤土	棱块状	6.7	7.8	0.67	0.74								

续表 Continued

剖面号 Soil profile	土纲 Soil order	土类 Soil great group	亚类 Soil subgroup	土属 Soil genus	土种 Soil species	土层码 Layer code	土层厚度 Depth/cm	颜色 Soil color	质地 Soil texture	土壤结构 Soil structure	pH	有机质 OM/(g/kg)	全氮 TN/(g/kg)	全磷 TP/(g/kg)	全钾 TK/(g/kg)	碱解氮 AN/(mg/kg)	有效磷 AP/(mg/kg)	速效钾 AK/(mg/kg)	阳离子交换量CEC/(cmol/kg)	土壤母质 Parent material	剖面点坐标 Profile coordinate	匹配指数 Matching index/%
剖14	人为土	水稻土	潜育水稻土	潜育型黄泥田	灰黄泥田	A	0—15	黄棕灰色	重壤土	粒状	5.1	15.3	1.29	0.78		92	7.1	53		第四纪红色黏土	E 116°10′50.1″ N 29°24′09.7″	95
						P	15—22	灰棕色	中黏土	块状	4.9	11.7	0.86	0.45								
						W	22—100	浅红棕色	重黏土	块状	6.5	6.8	0.54	0.40								
剖15	人为土	水稻土	潜育水稻土	潜育型黄砂泥田	灰黄砂泥田	P	14—22	黄棕色	中壤土	粒状	5.5	21.0	1.36	0.63		148	5.2	56		石英岩类风化物	E 116°10′46.5″ N 29°23′00.3″	95
						W	22—100	棕灰色	中黏土	块状	5.4	20.0	1.42	0.82								
剖16	人为土	水稻土	潜育水稻土	潜育型马肝泥田	表潜性强潜灰马肝泥田	2	13—18	黄棕色	中黏土	棱块状	6.1	12.3	0.80	0.80		151	4.0	53		下蜀黄土	E 116°12′40.1″ N 29°22′53.7″	75
						W	18—100	灰棕色	黏土		5.3	16.8										
						4	100—															
剖17	人为土	水稻土	潜育水稻土	潜育型黄泥田	表潜性中潜灰黄泥田	1	0—13	浅灰色	黏土	粒状	5.6	20.9				107	12.2	51		第四纪红色黏土	E 116°14′30.5″ N 29°23′39.5″	95
						2	13—19		黏土													
						W	19—100		黏土													
						4	100—															
剖18	人为土	水稻土	潜育水稻土	潜育型马肝泥田	泥炭底中潜灰鳝泥田	1	0—12	浅灰色	黏土	团粒状	5.1	19.8				93	4.2	50		泥质岩类风化物	E 116°14′44.0″ N 29°22′58.0″	75
						2	12—17		黏土													
						W_1	17—33															
						W_2	33—100															
						5	100—															
剖19	铁铝土	红壤	红壤	鳝泥土	厚层乌鳝泥土	A	0—23	浅ктмеch棕色	重壤土	团粒状	5.4	28.9	0.83	0.98		132	6.1	39		泥质岩类风化物	E 116°12′46.8″ N 29°20′39.2″	95
						BvC	23—100	灰棕色	中壤土	块状	5.9	7.6	6.32	0.91								
剖20	人为土	水稻土	潜育水稻土	潜育型马肝泥田	乌马肝泥田	1	0—16	灰棕色	黏土	粒状	5.3	28.3		1.06		144	8.3	60		泥质岩类风化物	E 116°13′22.4″ N 29°20′09.6″	75
						2	16—24	棕黄色	中壤土	块状			0.74	0.78								
						W	24—100		中壤土	核状			1.05									
						4	100—															
剖21	人为土	水稻土	潜渗性水稻土	侧渗型湖泥田	中位中漂灰湖泥田	A	0—16	浅棕色	轻黏土	细粒状	5.1	21.3	1.32			123	5.8	83		湖积物	E 116°14′44.3″ N 29°21′37.1″	71
						P	16—23	灰黑色	重黏土	块状	6.1	15.6	1.25									
						E	23—54	白黄色	轻黏土	块状	5.2	12.0	0.74									
						W	54—100	棕黄色	轻黏土	核状	5.1	11.0										
剖22	淋溶土	黄褐土	黄褐土	下蜀紫黄棕壤		A	0—6	灰棕色	中壤土	核状	6.4	11.9	0.89	0.59		96	2.0	86		下蜀黄土	E 116°14′32.8″ N 29°20′46.3″	75
						Bv	6—100	棕色	壤土	棱块状	6.6	9.8		0.43								
剖23	人为土	水稻土	潜育水稻土	潜育型鳝泥田	中位弱潜鳝泥田	1	0—10	灰色	黏土		6.9	19.0				107	5.0	53		泥质岩类风化物	E 116°14′29.0″ N 29°20′23.7″	75
						2	10—16															
						3	16—100		重壤土													
剖24	铁铝土	红壤	黄红壤	泥质类黄红壤		A	0—9	灰棕色	轻壤土	团粒状	6.2	18.1	1.24	1.75		94	6.3	38		泥质岩类	E 116°08′23.1″ N 29°20′26.0″	75
						Bv	9—17	黄棕色	轻壤土	碎块状	5.5	6.5	1.08									
剖25	铁铝土	红壤	红壤	第四纪红色黏土红壤		1	0—17	灰棕色	黏土	粒状	5.0	26.5				89	4.0	60		第四纪红色黏土	E 116°10′59.5″ N 29°20′04.7″	75
						3	100—															
剖26	铁铝土	红壤	红壤	黄泥土	中层灰黄泥土	1	0—20	黄棕色	壤土	粒状	5.9	15.4				98	5.4	86		第四纪红色黏土	E 116°09′46.4″ N 29°19′35.0″	95
						2	20—40		黏土													
						3	40—100															
剖27	铁铝土	红壤	红壤	石英岩类红壤		1	0—15	红棕色	壤土	细粒状	4.8	3.4				47	5.0	26		石英岩类	E 116°09′32.0″ N 29°18′22.4″	95
						2	15—100															

续表 Continued

剖面号 Soil profile	土纲 Soil order	土类 Soil great group	亚类 Soil subgroup	土属 Soil genus	土种 Soil species	土层码 Layer code	土层厚度 Depth/cm	颜色 Soil color	质地 Soil texture	土壤结构 Soil structure	pH	有机质 OM/(g/kg)	全氮 TN/(g/kg)	全磷 TP/(g/kg)	全钾 TK/(g/kg)	碱解氮 AN/(mg/kg)	有效磷 AP/(mg/kg)	速效钾 AK/(mg/kg)	阳离子交换量CEC/(cmol/kg)	土壤母质 Parent material	剖面点坐标 Profile coordinate	匹配指数 Matching index/%
剖28	铁铝土	红壤	红壤	花岗岩红壤		A	0—22	棕灰色	中壤土	屑粒状	5.4	30.3	2.21	0.82		198	3.7	72		花岗岩	E 116° 12' 55.8" N 29° 17' 46.1"	95
						Bv	22—100	灰红色	中壤土	块状	5.4	6.3	0.78	0.73								
剖29	人为土	水稻土	潜育水稻土	潜育型潮砂泥田		1	0—16	黄灰色	砂壤土	粒状	6.5	14.0				50	≥100.0	48		河流冲积物	E 116° 14' 29.9" N 29° 18' 39.7"	95
						2	16—25															
						W₁	25—70															
						W₂	70—100															
						5	100—															
剖30	人为土	水稻土	潜育水稻土	潜育型鳝泥田	乌鳝泥田	1	0—17	灰棕色		粒状	5.0	30.1				262	8.3	46		泥质岩类风化物	E 116° 13' 48.7" N 29° 15' 42.8"	95
						2	17—26															
						W	26—100															
						4	100—															
剖31	人为土	水稻土	潜育水稻土	潜育型马肝泥田	中位弱潜灰马肝泥田	1	0—15	灰棕色	壤土	细块状	5.7	21.3				120	4.9	59		下蜀黄土	E 116° 10' 45.2" N 29° 16' 19.6"	95
						2	15—30															
						3	30—100															
						4	100—															
剖32	人为土	水稻土	淹育水稻土	淹育型鳝泥田	强潜黄鳝泥田	A	0—10	灰色	黏土	碎块状	4.7	11.7	1.63	0.83	12.8	243	4.8	40		泥质岩类风化物	E 116° 20' 35.2" N 29° 30' 33.5"	95
						P	10—15	浅棕色	重壤土	块状	5.1	7.9	0.79	0.49	16.4							
						C	15—100	浅棕黄色	重壤土	块状	5.3	8.2	0.59	0.43	16.4							
剖33	铁铝土	红壤	棕红壤	黄泥棕泥土	厚层灰棕红壤	A	0—5	红棕色	粉砂质黏土	屑粒状	5.6	18.0	1.32	0.54	19.9				5.7	第四纪红色黏土残积物、坡积物	E 116° 26' 13.1" N 29° 32' 59.9"	75
						Bv₁	5—120	浅棕红色	黏土	块状	5.4	6.4	0.77	0.54					6.0			
						Bv₂	120—180	棕红色	黏土	棱块状	5.3	3.6	0.39	0.35					7.3			
						C	180—	黄红色	壤质黏土	块状	5.2	1.7	0.39	0.26					8.7			
剖34	人为土	水稻土	潜育水稻土	潜育型砂泥田		A	0—12	黄棕色	中壤土	块状	5.1	22.1	1.85	1.00		56	9.2	42		河流冲积物	E 116° 28' 24.2" N 29° 31' 40.5"	95
						Pg	12—26	浅棕色	中壤土	块状	5.4	12.6	0.87	0.60								
						W	26—60	灰棕色	中壤土		7.0	7.4	0.48	0.98								
						C	60—100	灰色	砂壤土		6.8	10.0	0.72	0.82								
剖35	人为土	水稻土	淹育水稻土	淹育型潮砂泥田		A	0—15	灰棕色	砂壤土	粒状	4.9	18.0	1.08	0.80		154	5.8	57		河流冲积物	E 116° 29' 24.6" N 29° 31' 29.6"	95
						C	15—100	浅棕褐色	中壤土	碎粒状	5.3	12.0	0.78	0.72								
剖36	铁铝土	红壤	红壤	麻砂泥土	厚层灰麻砂泥土	A	0—20	灰棕色	轻壤土	细屑状	6.2	19.3	0.69	0.66		50	46.0	43		花岗岩风化物	E 116° 29' 32' 40.5" N 29° 32' 24.2"	95
						BvC	20—100	棕红色	黏土	粒块状	6.0	9.1	0.67	0.63								
剖37	铁铝土	红壤	红壤	麻砂泥土	厚层麻砂泥土	1	0—20	灰棕色	中壤土	块状	6.2	9.3				50	4.6	43		花岗岩风化物	E 116° 29' 31.0" N 29° 30' 03.1"	75
剖38	淋溶土	黄褐土	黏盘黄褐土	马肝泥土		1	0—20	棕色	中壤土	块状	6.0	9.8				89	4.0	91		下蜀黄土	E 116° 18' 04.9" N 29° 28' 09.1"	85
剖39	人为土	水稻土	侧渗水稻土	侧渗型潮湖泥田	强潜乌红黄泥田	1	0—17	暗黄棕色	重壤土	屑块状	5.0	31.3				243	4.8	40		湖积物	E 116° 19' 28.9" N 29° 28' 38.9"	95
						P	17—23		壤土													
						3	23—100		黏土													
剖40	人为土	水稻土	潜育水稻土	潜育型潮砂泥田	表潜性弱潜潮砂泥田	A	0—8	灰色	中壤土	屑粒状	6.5	13.9	0.53	0.96		42	18.5	43		河流冲积物	E 116° 17' 45.2" N 29° 26' 35.3"	95
						Pg	8—12	灰棕色	砂壤土	块状	7.3	7.1	0.42	0.79								
						W	12—100	黄棕色	壤土	粒状	7.2	7.1	0.36	0.82								
剖41	铁铝土	红壤	红壤	花岗岩红壤	中层中有机质花岗岩类红壤	1	0—14	棕红色	轻壤土		4.7	10.7				33	3.2	48		花岗岩	E 116° 25' 29.0" N 29° 27' 48.3"	95
						2	14—34		轻壤土													
						3	34—100	暗棕红色	重黏土	屑粒状	6.1	22.8	1.56	1.16		139	16.2	115				
剖42	铁铝土	红壤	红壤	黄泥土	厚层灰黄泥土	A	0—23		轻黏土	碎屑状	5.8	18.1	1.36	1.23						第四纪红色黏土	E 116° 28' 57.0" N 29° 26' 10.8"	95
						BvC	23—100															

续表 Continued

剖面号 Soil profile	土纲 Soil order	土类 Soil great group	亚类 Soil subgroup	土属 Soil genus	土种 Soil species	土层码 Layer code	土层厚度 Depth/cm	颜色 Soil color	质地 Soil texture	土壤结构 Soil structure	pH	有机质 OM/(g/kg)	全氮 TN/(g/kg)	全磷 TP/(g/kg)	全钾 TK/(g/kg)	碱解氮 AN/(mg/kg)	有效磷 AP/(mg/kg)	速效钾 AK/(mg/kg)	阳离子交换量CEC/(cmol/kg)	土壤母质 Parent material	剖面点坐标 Profile coordinate	匹配指数 Matching index/%
剖43	人为土	水稻土	潴育水稻土	潴育型湖泥田	表潜性中潴湖泥田	1	0—19	灰棕色	中壤土	团粒状	5.2	23.9				132	7.5	250		湖积物	E 116°15′01.4″ N 29°23′07.6″	75
						2	19—25															
						W	25—100															
						4	100—															
剖44	铁铝土	红壤		黄砂泥田	夹砾薄层黄砂泥土	1	0—17	灰棕色	中壤土	粒状	4.9	9.3				73	3.4	51		石英岩类风化物	E 116°20′17.8″ N 29°23′45.6″	95
						2	17—100	灰棕色	壤土	粒状												
剖45	人为土	水稻土	潴育水稻土	潴育型黄泥田	乌黄泥田	1	0—15	灰棕色	黏土	粒状	6.0	31.2				134	8.8	45		第四纪红色黏土	E 116°16′42.1″ N 29°21′47.6″	95
						2	15—25															
						W	25—100															
						4	100—															
剖46	人为土	水稻土	潴育水稻土	潴育型湖泥田	表潜性中潴湖泥田	A	0—16	棕灰色	中黏土	碎块状	5.2	21.7	1.80	1.10		149	12.3	61		湖积物	E 116°15′54.6″ N 29°20′35.5″	75
						Pg	16—23	青灰色	中黏土	软糊无结构	6.3	19.2	1.03	1.20								
						W	23—100	棕灰色	中黏土	块状	6.9	9.2	0.59	1.50								
剖47	人为土	水稻土	潴育水稻土	潴育型黄泥田	表潜性中潴乌黄泥田	1	0—17	灰棕色	黏土	团粒状	5.2	26.5				207	4.8	73		泥质岩类风化物	E 116°25′28.1″ N 29°24′23.0″	96
						2	17—24															
						W	24—100															
						4	100—															
剖48	铁铝土	红壤				A	0—17	浅红棕色	轻黏土	粒状	5.0	16.5	1.21	0.54		89	4.0	60		第四纪红色黏土	E 116°27′23.5″ N 29°21′56.2″	95
						Bv	17—100	棕红色	轻黏土	核块状	4.8	5.7	0.92	0.31								
剖49	人为土	水稻土	潴育水稻土	潴育型湖砂泥田	表潜性弱潴灰湖砂泥田	1	0—14	灰棕色	壤土	细粒状	5.1	23.0				126	21.9	101		河流冲积物	E 116°28′32.7″ N 29°20′22.9″	95
						2	14—23															
						W	23—100															
						4	100—															
剖50	人为土	水稻土	侧渗水稻土	侧渗型灰鳝泥田	上位中漂灰鳝泥田	A	0—16	暗黄棕色	重壤土	块状	5.0	26.8	1.98	0.70		125	4.3	48		泥质岩类风化物	E 116°16′15.6″ N 29°19′43.6″	95
						Bv	16—22	灰黄棕色	重壤土	块状	6.1	8.9	0.89	0.16								
						E	22—66	白灰色	重壤土	粒状	7.4	5.5	0.43	0.15								
						W	66—100	黄棕色	重壤土	块状	7.2	3.1	0.20	≤0.10								
剖51	人为土	水稻土	侧渗水稻土	侧渗型黄鳝泥田	中位弱漂黄鳝泥田	A	0—13	暗黄棕色	中壤土	块状	6.0	10.2	1.20	0.81		112	7.2	62		第四纪红色黏土	E 116°17′18.6″ N 29°19′48.3″	95
						P	13—20	黄棕色	重壤土	块状	6.1	9.3	1.11	0.85								
						E	20—58	浅灰黄色	重壤土	块状	7.2	7.4	0.74	0.60								
						W	58—100	灰黄棕色	中壤土	块状	6.9	5.4	0.50	0.43								
剖52	铁铝土	红壤		泥质岩类红壤	薄层少有机质岩类红壤	1	0—4	红棕色	重壤土	粒状	5.1	9.4				109	3.4	41		泥质岩类风化物	E 116°16′09.1″ N 29°17′14.5″	95
						2	4—8															
						3	8—100															
剖53	人为土	水稻土	潴育水稻土	潴育型鳝泥田	灰鳝泥田	A	0—15	浅灰色	中壤土	粒状	5.9	19.8	1.43	0.60		100	9.7	32		泥质岩类风化物	E 116°26′01.1″ N 29°18′27.0″	95
						P	15—22	暗灰色	中壤土	块状	7.0	9.5	0.85	0.49								
						W	22—100	灰棕色	中壤土	棱块状	5.8	4.2	0.15	0.60								
剖54	人为土	水稻土	潴育水稻土	潴育型黄泥田	黄泥田	A	0—11	浅棕色	黏土	细块状	5.5	15.4				148	5.2	56		第四纪红色黏土	E 116°28′15.0″ N 29°19′20.2″	96
						2	11—20															
						W	20—100															
						4	100—															
剖55	铁铝土	红壤		黄泥土	厚层黄泥土	1	0—13	浅红棕色	重壤土	细粒状	6.0	11.5	1.13	1.00		121	5.4	120		第四纪红色黏土	E 116°28′40.8″ N 29°18′44.0″	95
						Bv	13—100	暗棕灰色	重壤土	块状	5.2	6.2	0.55	0.55								
剖56	人为土	水稻土	潴育水稻土	潴育型黄鳝泥田	强潴乌鳝泥田	A	0—15	暗黄灰色	中壤土	棱块状	5.1	28.2	1.18	0.84		149	7.1	45		泥质岩类风化物	E 116°28′39.1″ N 29°16′56.3″	95
						P	15—20	暗棕色	中壤土	块状	6.5	11.5	0.82	0.63								
						W	20—100	棕色	中壤土	块状	7.0	3.9	0.46	0.38								

续表 Continued

剖面号 Soil profile	土纲 Soil order	土类 Soil great group	亚类 Soil subgroup	土属 Soil genus	土种 Soil species	土层码 Layer code	土层厚度 Depth/cm	颜色 Soil color	质地 Soil texture	土壤结构 Soil structure	pH	有机质 OM/(g/kg)	全氮 TN/(g/kg)	全磷 TP/(g/kg)	全钾 TK/(g/kg)	碱解氮 AN/(mg/kg)	有效磷 AP/(mg/kg)	速效钾 AK/(mg/kg)	阳离子交换量 CEC/(cmol/kg)	土壤母质 Parent material	剖面点坐标 Profile coordinate	匹配指数 Matching index/%
剖57	人为土	水稻土	侧渗水稻土	侧渗型湖泥田	灰红黄泥田	1	0-12	灰棕色	黏土	块状	4.9	25.4				154	5.8	57		湖积物	E 116°22′56.5″ N 29°15′38.5″	95
						P	12-25															
						3	25-100															
						4	100—															
剖58	人为土	水稻土	潴育水稻土	潴育型马肝泥田	表潴性中潴马肝泥田	1	0-14		黏土		5.8									下蜀黄土	E 116°24′04.5″ N 29°15′25.0″	95
						2	14-26	灰棕色	黏土	细块状		9.5				128	5.2	≤5				
						3	26-100															
						4	100—															
剖59	人为土	水稻土	潴育水稻土	潴育型紫砂泥田	灰酸性紫砂泥田	A	0-17	灰棕色	砂壤土	粒状	5.5	22.8	1.57	0.68		130	3.7	46		紫砂岩和砂砾岩风化物	E 116°15′57.8″ N 29°14′42.9″	95
						P	17-24	紫色	轻壤土	块状	6.5	22.4	1.37	0.50								
						W	24-89	紫灰色	轻壤土	块状	7.4	7.8	0.49	0.55								
						C	89-100	紫棕色	中壤土		7.2	12.8		0.56								
剖60	铁铝土	红壤	红壤	泥质岩类红壤	厚层少有机质岩类红壤	1	0-12	棕黄色	砂壤土	粒状	4.8	20.8				70	1.8	79		泥质岩类	E 116°16′47.0″ N 29°14′49.2″	95
						2	12-100															
						3	100—															
剖61	铁铝土	红壤	红壤	泥质岩类红壤	厚层少有机质岩类红壤	1	0-7	红棕色	重壤土	粒状	5.3	10.1				80	5.2	40		泥质岩类	E 116°17′49.4″ N 29°13′24.2″	95
						2	7-100															
						3	100—															
剖62	人为土	水稻土	潴育水稻土	潴育型红砂泥田	火烫性中潴灰红砂泥田	A	0-13	灰棕色	轻壤土	粒状	5.7	16.5				98	7.5	70		红砂岩风化物	E 116°22′21.5″ N 29°14′33.2″	95
						P	13-19		轻壤土	粒状												
						W	19-100		中壤土	块状												
						4	100—															
剖63	人为土	水稻土	潴育水稻土	潴育型黄砂泥田	乌黄砂泥田	A	0-16	暗灰色	中壤土	粒状	4.7	21.3	1.70	0.98		15	2.3	45		石英岩类风化物	E 116°24′06.2″ N 29°12′19.0″	95
						P	16-21	灰棕色	中壤土	块状	6.0	9.8	0.63	0.81								
						W	21-100	棕黄色	中壤土	棱块状	6.4	6.7	0.53	0.53								
剖64	人为土	水稻土	潴育水稻土	潴育型湖泥田	灰湖泥田	1	0-14	黄棕色	黏土	粒状	≤3.5	49.0				117	3.7	38		湖积物	E 116°25′32.5″ N 29°11′56.5″	96
						2	14-21		黏土													
						W	21-100															
						4	100—															
剖65	人为土	水稻土	潴育水稻土	潴育型马肝泥田	砾石底中潴灰红砂泥田	1	0-14	灰棕色	黏土	粒状	5.6	18.7				101	5.2	60		泥质岩类风化物	E 116°22′41.6″ N 29°08′25.8″	95
						2	14-19		重壤土													
						W₁	19-42															
						W₂	42-100															
						5	100—															
剖66	铁铝土	红壤	红壤	黄砂泥土	中层黄砂泥土	A	0-14	红棕色	砂壤土	粒状	5.0	13.7				63	5.2	176		石英岩类风化物	E 116°30′49.1″ N 29°32′03.3″	95
						BvC	14-100	棕红色	砂壤土	粒块状	4.7	4.5										
剖67	铁铝土	红壤	红壤	黄泥土	厚层乌黄泥土	1	0-23	灰棕色	中壤土	屑粒状	6.1	22.8				139	16.2	115		第四纪红色黏土	E 116°31′04.4″ N 29°24′31.0″	95
						2	23-100															
						3	100—															
剖68	人为土	水稻土	潴育水稻土	潴育型马肝泥田	马肝泥田	A	0-10	灰棕色	重壤土	小块状	5.6	17.0	1.60	0.69		127	3.4	31		下蜀黄土	E 116°31′18.8″ N 29°17′30.5″	95
						P	10-19	黄棕色	重壤土	块状	6.9	15.0	1.36	1.01								
						W	19-100	暗黄棕色	重壤土	棱块状	7.7	8.6	0.59	0.45								
剖69	铁铝土	红壤	红壤	第四纪红色黏土红壤		1	0-19	红棕色	黏土	粒状	6.1	16.5				78	5.4	93		第四纪红色黏土	E 116°30′44.4″ N 29°17′18.7″	95
						2	19-45															
						3	45-100		黏土													

续表 Continued

剖面号 Soil profile	土纲 Soil order	土类 Soil great group	亚类 Soil subgroup	土属 Soil genus	土种 Soil species	土层码 Layer code	土层厚度 Depth/cm	颜色 Soil color	质地 Soil texture	土壤结构 Soil structure	pH	有机质 OM/(g/kg)	全氮 TN/(g/kg)	全磷 TP/(g/kg)	全钾 TK/(g/kg)	碱解氮 AN/(mg/kg)	有效磷 AP/(mg/kg)	速效钾 AK/(mg/kg)	阳离子交换量CEC/(cmol/kg)	土壤母质 Parent material	剖面点坐标 Profile coordinate	匹配指数 Matching index/%
剖70	人为土	水稻土	潴育水稻土	潴育型马肝泥田	强潴马肝泥田	1	0—15	黄棕色	黏土	小块状	5.2	9.8				146	4.2	65		下蜀黄土	E 116°30′22.5″ N 29°14′22.8″	95
						2	15—21															
						W	21—100		黏土													
						4	100—															
剖71	铁铝土	红壤	红壤性土	泥质岩类红壤性土		ABv	0—52	浅黄红色	轻壤土	碎块状	4.7	≤1.0	0.61	0.20		52	2.1	32		泥质岩类	E 116°30′26.6″ N 29°12′46.5″	93
						D	52—100															

湖 口 县

主要土类说明

水稻土是湖口县第一大土壤类型，占本县地域面积的36%。本县水稻土成土母质以下蜀黄土混合物占比最大，冲积物次之，各种岩类占比最小。根据成土条件、成土母质和土壤特性的不同，本县水稻土分为下蜀黄土性水稻土、冲积性水稻土、红壤性水稻土、潜育水稻土、冷毒性水稻土五个亚类。下蜀黄土性水稻土由第四纪下蜀黄土母质及其他母质的沟谷填充物发育而成，这类水稻土长期种植水稻，受水耕熟化影响大。冲积性水稻土为河积物和湖积物发育形成的水稻土。红壤性水稻土为少数近水源的缓丘地带的红壤土开垦出来的。潜育水稻土由于受低洼积水影响，土壤较长期处于还原状态，形成蓝色、蓝灰色的青泥层。在青泥层中，土壤水、肥、气、热不协调，不利于作物根系伸展发育。因此，青泥层出现的部位越高，土壤的生产性能越受影响。冷毒性水稻土零星分布在流泗、张青、马影、均桥、武山等地的山涧丘谷，受冷水、矿毒水为害而形成的低产田。

黄褐土是湖口县第二大土壤类型，占本县地域面积的28%，广泛分布于全县的低残丘中上部或中丘下部与下蜀黄土性水稻土相连地带，以县境中部较集中成片，是本县主要的旱作土壤类型。土壤整个土体为灰黄色至黄棕色，pH高于红壤，质地虽黏重，但比红壤偏轻，淋溶、淀积作用比红壤要弱，磷、钾含量比红壤要高。

红壤是湖口县第三大土壤类型，占本县地域面积的16%，主要分布在本县低山、高中丘地区，地势较高，坡度较陡，海拔一般均在100m以上，坡面产生深浅不同的沟蚀，植被稀疏残薄，本县红壤分为红壤和棕红壤两个亚类。

潮土占本县区域面积的6%，为本县河湖沉积物发育的土壤，主要分布在流泗、凰村、马影、均桥等沿江河缓冲带，以及城山、舜德、马影、双钟等地滨湖一带。土层由下而上，质地由砂到黏，土层深厚、疏松，沙粒细嫩，自然肥力较高，质地偏砂，耕性好，有夜潮性。分布在滨湖地带的潮土，土层深厚，海拔多在16—20m，地下水位高，造湖修建围堤后，外洪倒灌已能控制，但内涝严重。

小于本县地域面积3%的土壤类型还有石灰（岩）土等。

本区域中心区气候特征

本区域中心区气候特征值
Regional climate characteristics in central area of the region

气候带：中亚热带湿润气候 Climate region: Subtropical humid climate	
年平均气温 /℃ Annual average temperature /℃	17.1
年平均最高气温 /℃ Annual average maximum temperature /℃	21.6
年平均最低气温 /℃ Annual average minimum temperature /℃	13.7
年降水量 /mm Annual precipitation /mm	1636
≥10℃的积温 /℃ Daily temperature accumulated in a year (≥10℃) /℃	10159
年日照时数 /h Annual sunshine /h	1826
年平均相对湿度 /% Annual average relative humidity /%	77
干燥度 Dryness	0.62

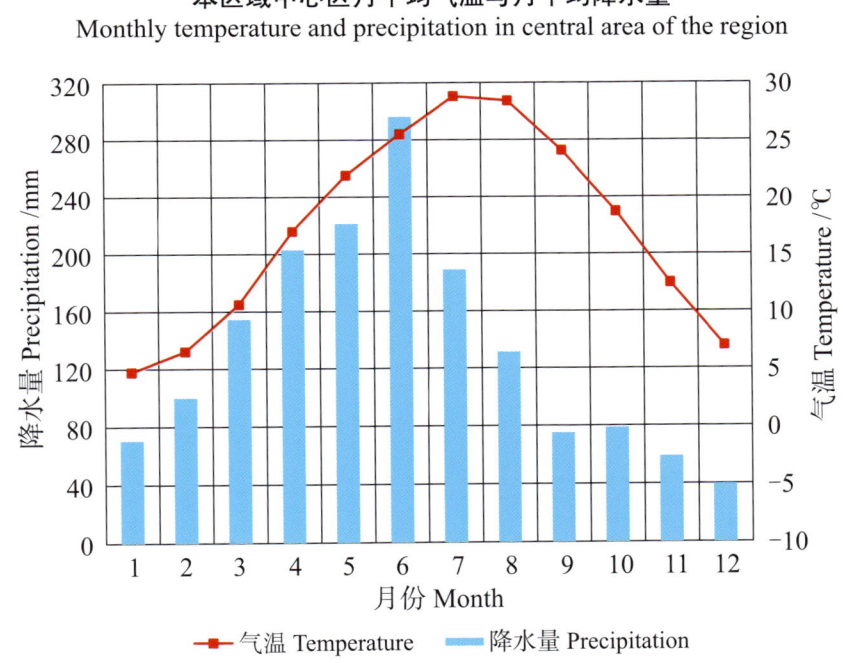

本区域中心区月平均气温与月平均降水量
Monthly temperature and precipitation in central area of the region

湖口县主要土壤类型与土壤剖面点分布图
1:130 000

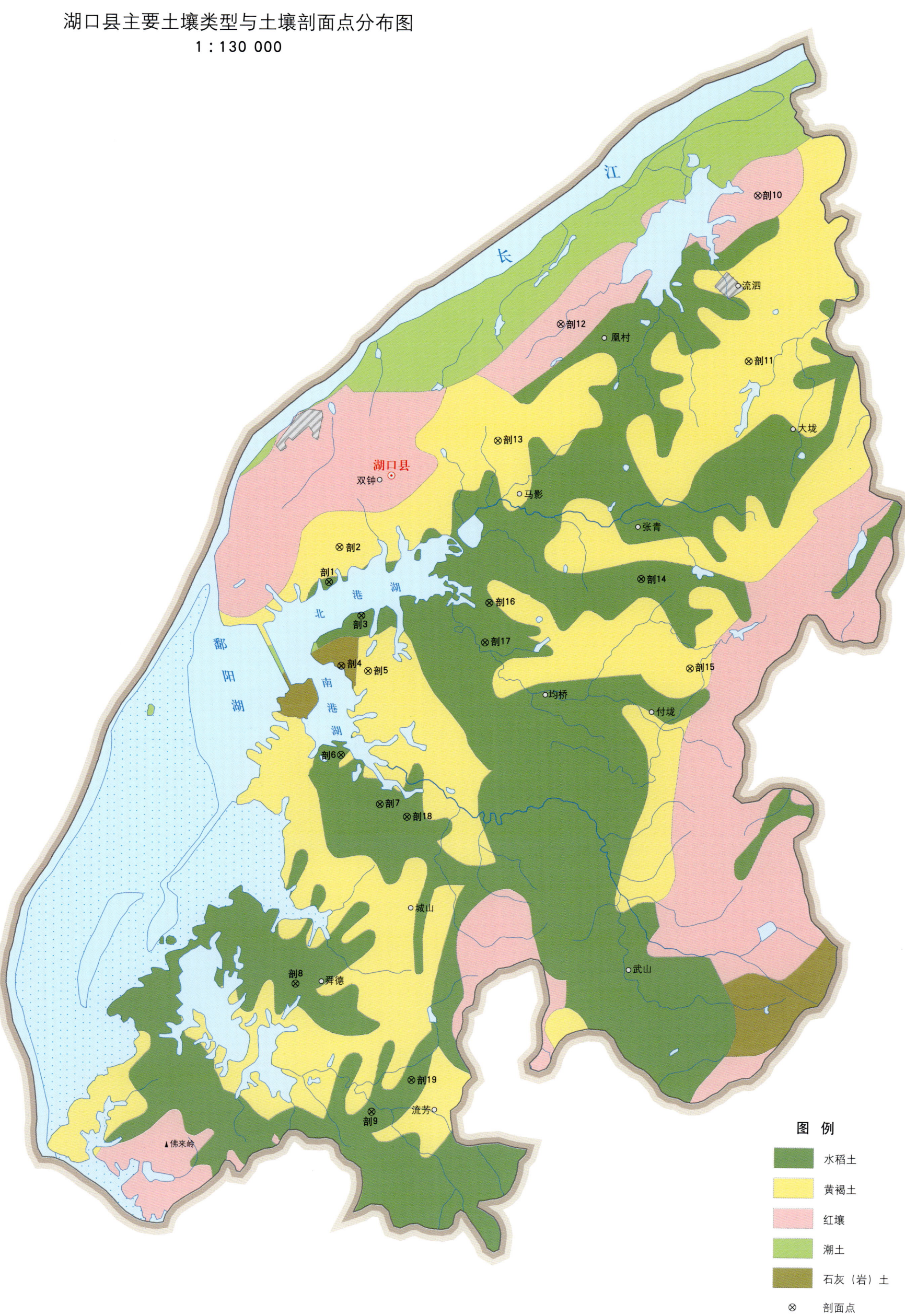

湖口县土壤剖面理化性状表

剖面号 Soil profile	土纲 Soil order	土类 Soil great group	亚类 Soil subgroup	土属 Soil genus	土种 Soil species	土层码 Layer code	土层厚度 Depth/cm	颜色 Soil color	质地 Soil texture	土壤结构 Soil structure	pH	有机质 OM/(g/kg)	全氮 TN/(g/kg)	全磷 TP/(g/kg)	全钾 TK/(g/kg)	碱解氮 AN/(mg/kg)	有效磷 AP/(mg/kg)	速效钾 AK/(mg/kg)	土壤母质 Parent material	剖面点坐标 Profile coordinate	匹配指数 Matching index/%
剖1	人为土	水稻土	冲积性水稻土	湖积性潮泥田	乌潮泥田	1	0—20	乌灰色	中壤土	粒块状	5.4	22.7	1.21	1.04		103	2.0	30	湖积物	E 116°13′39.5″ N 29°41′49.8″	75
剖2	淋溶土	黄褐土	黏盘黄褐土	黏盘黄泥土	厚黄黏土	2	20—26	灰棕色	壤黏土	块状	6.7	15.2	0.83	1.25	12.3				黄土	E 116°13′51.8″ N 29°42′27.4″	75
						3	26—100	黄棕色	中壤土	块状	6.9	12.5	0.70	1.32	13.1						
						A₁₁	0—10	油黄橙色	粉砂质黏壤土	小粒状	6.0	13.5	0.90	0.40	14.4						
						Bv₁	10—40	黄棕色	粉砂质黏壤土	棱柱状	6.5	5.6	0.50	0.40							
						Bv₂	40—100	浅橙色	粉砂质黏壤土	棱柱状	6.7	5.5	0.50	0.40							
剖3	人为土	水稻土	冲积性水稻土	湖积性潮泥田	灰潮泥田	1	0—12	浅灰色	砂壤土	块状	4.7	22.4	1.38	0.84		53	6.0	21	湖积物	E 116°14′19.4″ N 29°41′14.2″	75
						2	12—16	暗棕色	壤黏土	块状	6.2	14.6	0.46	0.85							
						3	16—73	黄棕色	壤黏土	块状	7.0	6.9	0.40	0.85							
						4	73—100	棕黄色	壤黏土	块状	7.5	7.5	0.43	0.76							
剖4	初育土	石灰(岩)土	黑色石灰土	黑色石灰土	黑色石灰土	1	0—5	乌黑色	重壤土	球块状	6.5	26.1	7.05	1.29		78	5.0	45	石灰岩风化物	E 116°13′55.7″ N 29°40′20.4″	74
						2	5—21	灰乌色	重壤土	球块状	6.6	16.9	0.27	1.69							
						3	21—100	浅灰棕色	壤黏土	块状	7.4	9.4	0.14	2.58							
剖5	淋溶土	黄褐土	黄棕壤	马肝土	面黄土	1	0—10	黄棕色	黏土	小块状	5.6	10.7	1.01	1.49		75	20.0	99	下蜀黄土	E 116°14′28.6″ N 29°40′15.3″	74
						2	10—30	红棕色	黏土	块状	6.2	6.4	1.49	1.38							
						3	30—100	棕黄色	重壤土	块状	7.0	6.3	1.19	0.69							
剖6	人为土	水稻土	冷浸田	冷浸田	冷浸田	1	0—16	棕黄色	黏土	柱状	5.9	18.1	0.72	0.73			28.0	39		E 116°13′57.0″ N 29°38′45.8″	75
						2	16—27	暗棕色	壤黏土	块状	6.1	9.9	0.49	0.55							
						3	27—42	黄棕色	壤黏土	块状	6.8	8.0	0.35	0.68							
						4	42—100	黄褐色	壤黏土	块状	5.5	8.0	0.85	1.38							
剖7	人为土	水稻土	冷浸田	冷浸田	冷水田	1	0—13	浅绿色	重壤土	块状	5.0	15.7	0.84	1.21		90	11.0	27		E 116°14′45.3″ N 29°37′53.5″	75
						2	13—22	暗棕色	壤黏土	块状	6.1	11.9	0.65	1.22							
						3	22—100	黄棕色	重壤土	柱块状	6.8	11.5	1.41	0.94							
剖8	人为土	水稻土	下蜀系黄泥性水稻土	下蜀系马肝泥田	灰黄泥田	1	0—15	深灰色	重壤土	粒状	5.1	22.0	0.92	1.07		45	7.0	9	下蜀黄土	E 116°13′05.6″ N 29°34′39.7″	75
						2	15—20	浅黄色	壤黏土	棱柱状	6.5	12.1	8.30	1.45							
						3	20—100	青黄色	重壤土	块状	7.2	8.3	1.35	0.57							
剖9	人为土	水稻土	潜育水稻土	潜育型青泥田	青泥田	1	0—21	青蓝色	壤黏土	碎块状	5.9	23.6	1.10	0.57		101	3.0	33		E 116°14′40.8″ N 29°32′24.5″	75
						2	21—41	灰蓝色	壤黏土	碎块状	5.4	22.0	1.22	0.60							
						3	41—100	青灰色	中壤土	块状	5.0	22.4	0.47	1.01							
剖10	铁铝土	红壤	红壤	红黏土红壤	红土性侵蚀红壤	1	0—16	红棕色	重壤土	块状	6.1	7.3	0.41	0.74		18	4.0	21	第四纪红色黏土	E 116°22′18.8″ N 29°48′46.3″	75
						2	16—100	浅红色	壤黏土	块状	6.5	5.6	0.54	1.07							
剖11	淋溶土	黄褐土	黄棕壤	马肝土	马肝土	1	0—14	浅棕色	黏土	核状	6.1	9.9	0.33	1.01		51	22.0	48	下蜀黄土	E 116°22′09.7″ N 29°45′50.5″	74
						2	14—100	棕黄色	壤黏土	块状	6.2	5.8	2.15	1.18							
剖12	铁铝土	红壤	红壤	砂质岩红壤	砂岩性侵蚀红壤	1	0—10	暗棕色	轻壤土	粒状	5.6	46.5	0.79	1.33		154	6.0	36	砂质岩	E 116°18′19.0″ N 29°46′27.8″	75
						2	10—100	浅红色	重壤土	块状	5.0	14.4	0.63	0.80							
剖13	淋溶土	黄褐土	黄棕壤	马肝土	夹石黄土	1	0—15	灰黄色	中壤土	小块状	6.1	12.2	0.49	1.43		65	5.0	33	下蜀黄土	E 116°17′03.7″ N 29°44′22.7″	74
						2	15—32	黄棕色	壤黏土	粒状	6.8	5.5	0.31	2.18							
						3	32—100	棕黄色	壤黏土	柱状	6.9	4.2	0.83	0.66							
剖14	人为土	水稻土	冲积性水稻土	河积性潮泥田	沉砂田	1	0—12	浅灰黄色	轻壤土	粒状	5.5	15.4	0.64	0.79		60	10.0	48	河流冲积物	E 116°20′01.3″ N 29°41′57.2″	75
						2	12—15	暗灰色	中壤土	碎屑状	6.6	9.0	0.29	1.02							
						3	15—34	灰灰色	轻壤土	块状	7.0	7.9	0.50	0.80							
						4	34—100	灰黄色	轻壤土	块状	7.5	7.2									

续表 Continued

剖面号 Soil profile	土纲 Soil order	土类 Soil great group	亚类 Soil subgroup	土属 Soil genus	土种 Soil species	土层码 Layer code	土层厚度 Depth/cm	颜色 Soil color	质地 Soil texture	土壤结构 Soil structure	pH	有机质 OM/(g/kg)	全氮 TN/(g/kg)	全磷 TP/(g/kg)	全钾 TK/(g/kg)	碱解氮 AN/(mg/kg)	有效磷 AP/(mg/kg)	速效钾 AK/(mg/kg)	土壤母质 Parent material	剖面点坐标 Profile coordinate	匹配指数 Matching index/%
剖15	淋溶土	黄褐土	黏盘黄褐土	黏盘泥土	厚灰黄黏土	A	0—16	棕色	粉砂质黏土	碎块状	5.5	30.9	1.90	1.10	15.4				黄土母质	E 116°21′02.4″ N 29°40′22.0″	95
						Bv₁	16—35	亮棕色	粉砂质黏土	棱柱状	5.5	16.9	0.90	0.80	16.9						
						Bv₂	35—93	褐色	粉砂质黏土	棱柱状	5.7	5.4	0.60	0.60	15.6						
						Bv₃	93—150	棕色	粉砂质黏壤土	棱柱状	6.6	4.4	0.50	0.80	19.5						
剖16	人为土	水稻土	红壤性水稻土	花岗岩红壤性水稻土	麻砂田	1	0—12	浅灰色	轻壤土	颗粒状	4.7	14.7	0.76	6.42		99	8.0	27	花岗岩	E 116°16′55.8″ N 29°41′29.8″	75
						2	12—77	红黄色	轻壤土	块状	5.2	10.8	0.66	0.48							
						3	77—100	红黄色	中壤土	块状	6.9	5.2	0.23	0.58							
剖17	人为土	水稻土	红壤性水稻土	花岗岩红壤性水稻土	灰麻砂田	1	0—15	黄灰色	轻壤土	细块状	6.4	16.8	1.02	0.56		83	4.0	27	花岗岩	E 116°16′51.4″ N 29°40′47.1″	75
						2	15—40	灰色	中壤土	块状	6.7	7.6	0.55	0.59							
						3	40—100	黄棕色	壤黏土	棱柱状	7.4	2.7	0.22	1.84							
剖18	人为土	水稻土	下蜀系黄土性水稻土	下蜀系马肝泥田	黄泥田	1	0—14	灰棕色	重壤土	小块状	5.6	17.4	1.15	0.56		63	4.0	12	下蜀黄土	E 116°15′18.6″ N 29°37′40.3″	75
						2	14—21	灰棕色	壤黏土	块状	6.4	16.4	0.98	0.86							
						3	21—100	棕黄色	黏土	棱柱状	7.0	11.3	0.57	0.84							
剖19	人为土	水稻土	潜育水稻土	潜育型青泥田	青埂黄泥田	1	0—16	灰棕色	中壤土	小块状	5.3	20.4	1.27	1.35		84	3.0	48	第四纪红色黏土	E 116°15′29.3″ N 29°32′58.7″	75
						2	16—24	青灰色	重壤土	小块状	6.4	11.0	1.10	1.49							
						3	24—100	棕黄色	中壤土	棱柱状	7.8	10.0	0.56	1.40							

彭 泽 县

主要土类说明

红壤是彭泽县主要土壤类型,占本县地域面积的41%。红壤经中度脱硅富铝化过程形成。黏粒中游离铁占全铁的50%—60%,有深厚红色土层。本县红壤划分两个亚类,即红壤和黄红壤。其中红壤亚类面积最大,占本土类面积90%以上,母质为变质板岩类、泥质岩类、硅质岩类风化残积物、坡积物、石英岩类风化物。

水稻土是彭泽县第二大土壤类型,占本县地域面积的13%。在长期种植水稻、人为耕作、施肥、灌溉等影响下,土壤水分干湿交替,氧化还原交替进行,有机质的合成和分解、复盐基与盐基淋溶、黏粒淋溶与淀积等作用,促进土壤形态变化,从而形成水稻土。成土母质有河湖冲积物、下蜀黄土、泥质岩类风化物、紫色砂岩类风化物、石英砂岩类风化物、石灰岩类风化物等,其中以马肝泥田、红黄泥田面积最大,产量最高,以沙丘土田、紫砂泥田最差,漏水漏肥,产量低。

石灰(岩)土是彭泽县第三大土壤类型,占本县地域面积的10%,分布于本县沿江和中部东南山区石灰石低山一带,多见于石隙、溶洞或峰丛底部。成土母质为石灰岩类风化物。经溶蚀风化,形成厚薄不同的钙质饱和或含游离钙质的土壤,碳酸钙淋溶程度不一,多黏土,多为铁钙质胶结物,风化程度不一,盐基饱和度高,土壤有机质含量及胶结状态有较大差异。表土层砾石含量较多。

黄棕壤占本县地域面积的9%,主要分布在本县中部的太平关、马当、定山、黄花、黄岭、瀼溪等地低山残丘一带。本县黄棕壤由下蜀黄土母质发育而成。所开垦的农田大部分耕作层都很浅(一般未超过15cm),呈黄棕色或棕红色,质地黏重(重壤),耕性不良,心土层为胶斑淀积。

潮土占本县地域面积的9%。它直接发育于河湖冲积物上,承受地下水影响,经旱耕熟化而形成。本县石灰性潮土主要分布在北部平原洲地,海拔12.7—20m的棉船及芙蓉墩镇等地,马当镇、龙城镇、定山镇也有分布。由于地处江边圩区,地势较低,外洪内涝、过埂潮威胁大。而东南山区的低山、丘陵谷地,溪、河两岸分布有河积潮土,受泥质岩类风化物及其坡积物的影响,土层夹石较多。

紫色土占本县地域面积的7%,分布在本县有紫色砂页岩分布的低丘附近。由紫色砂页岩母质发育而成,土层浅薄,土体以紫色为主,是低产类型土壤。

小于本县地域面积3%的土壤类型还有草甸土、新积土。

本区域中心区气候特征

本区域中心区气候特征值
Regional climate characteristics in central area of the region

气候带:北亚热带湿润气候 Climate region: North subtropical humid climate	
年平均气温 /℃ Annual average temperature /℃	17.1
年平均最高气温 /℃ Annual average maximum temperature /℃	21.7
年平均最低气温 /℃ Annual average minimum temperature /℃	13.6
年降水量 /mm Annual precipitation /mm	1659
≥10℃的积温 /℃ Daily temperature accumulated in a year (≥10℃) /℃	9923
年日照时数 /h Annual sunshine /h	1823
年平均相对湿度 /% Annual average relative humidity /%	77
干燥度 Dryness	0.61

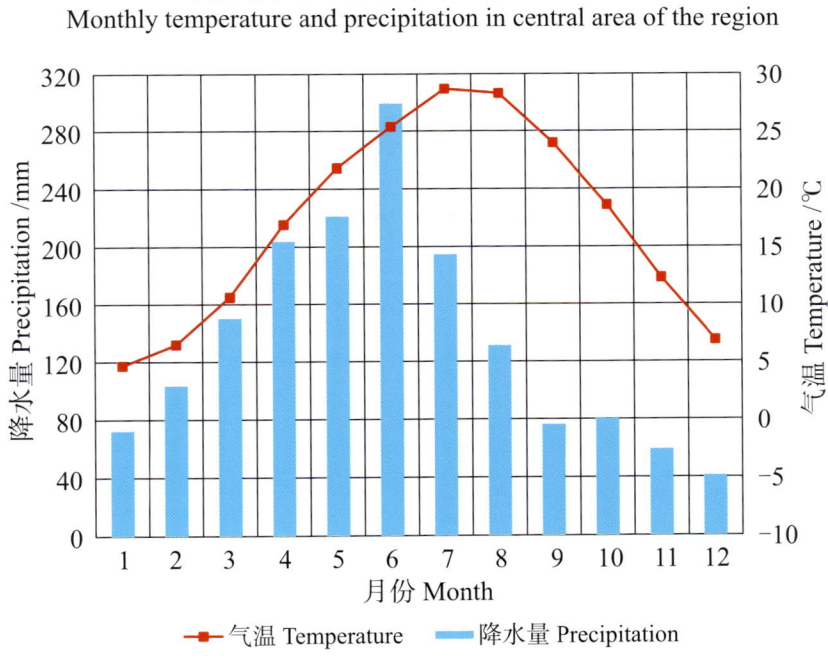

本区域中心区月平均气温与月平均降水量
Monthly temperature and precipitation in central area of the region

彭泽县主要土壤类型与土壤剖面点分布图
1∶230 000

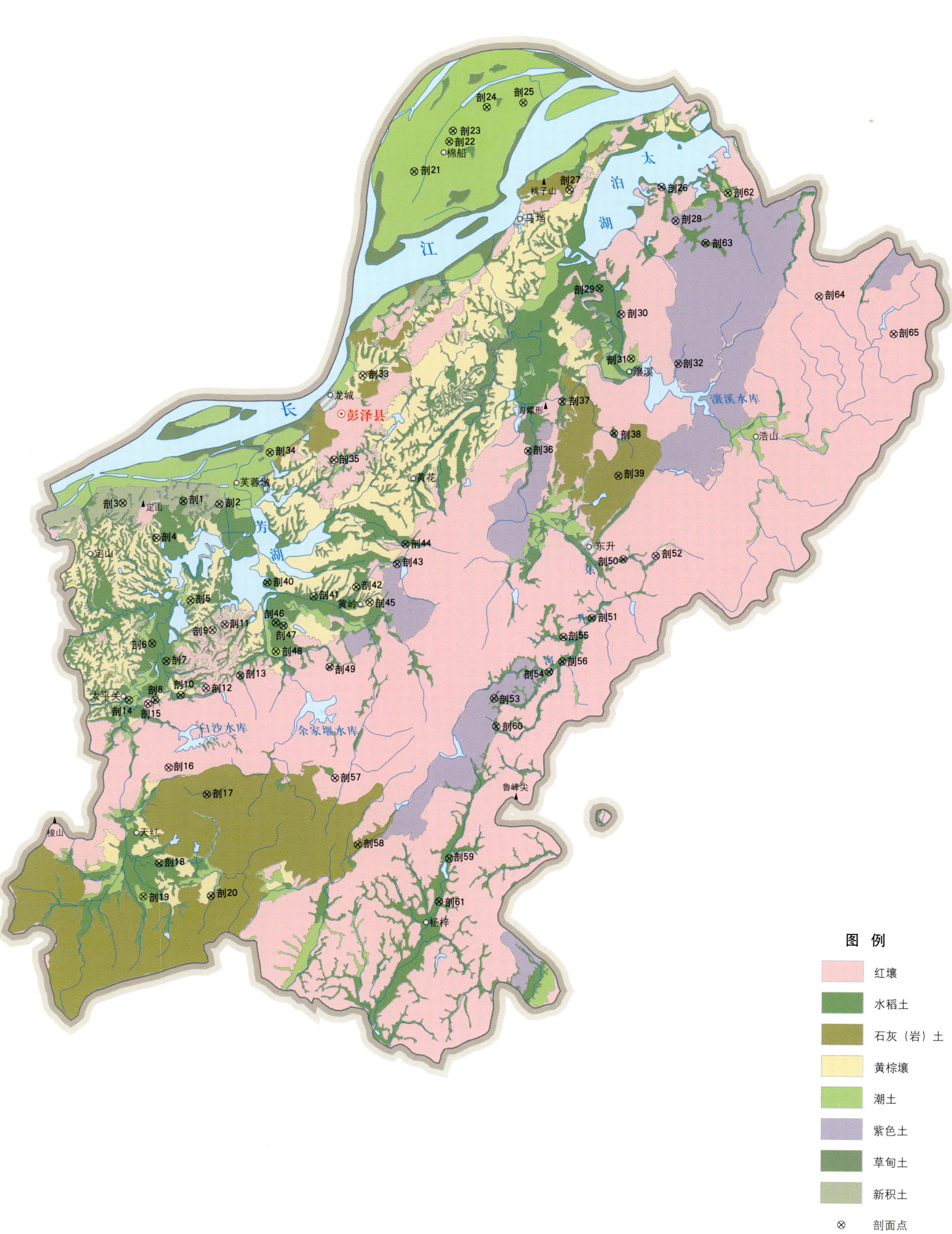

彭泽县土壤剖面理化性状表

剖面号 Soil profile	土纲 Soil order	土类 Soil great group	亚类 Soil subgroup	土属 Soil genus	土种 Soil species	土层码 Layer code	土层厚度 Depth/cm	颜色 Soil color	质地 Soil texture	土壤结构 Soil structure	pH	有机质 OM/(g/kg)	全氮 TN/(g/kg)	全磷 TP/(g/kg)	碱解氮 AN/(mg/kg)	有效磷 AP/(mg/kg)	速效钾 AK/(mg/kg)	土壤母质 Parent material	剖面点坐标 Profile coordinate	匹配指数 Matching index/%
剖1	人为土	水稻土	潴育水稻土	潴育型砂丘田	弱潴表潜性砂丘土田	A	0—16	灰色	轻粒土	屑粒状	5.6	29.0	1.79	0.79	177	5.1	37		E 116°27′49.2″ N 29°51′01.0″	97
剖2	初育土	新积土	冲积土			P	16—25	灰色	偏砂土	棱块状	6.9	18.4	1.20	1.45					E 116°29′03.5″ N 29°50′56.4″	98
						W	25—100	棕色	偏砂土	棱块状	7.8	6.2	0.64	1.88						
剖3	初育土	新积土	冲积土			A	0—13	浅黄色	砂土	散粒状		13.5	0.71	≤0.10	76	1.3	30		E 116°25′44.4″ N 29°50′56.6″	95
						C	0—5	浅黄色	砂土	散粒状	6.1									
剖4	淋溶土	黄棕壤	黄棕壤	马肝土	马肝土	A	5—100	灰黄色 黄色	砂土 粒状	粒状	6.2	10.1	≤0.10	0.38	93	7.5	59	下蜀黄土	E 116°26′54.5″ N 29°49′54.5″	97
						Bv	0—12 12—100	棕色 黄棕色	中壤土 重壤土	粒块状 棱块状	6.4	6.3	1.12	0.63						
剖5	半水成土	潮土	砂壤质潮土	砂稿质灰砂土壤		A Bv₁ Bv₂ C	0—15 15—58 58—80 80—100	暗灰色 浅棕色 青灰色 灰棕色	紧砂土 中壤土 松砂土 中壤土	屑粒状 柱状 柱状 柱状	8.0 8.0 8.2 8.2	10.2 9.9 3.1 7.3	0.57 0.76 0.19 0.46	0.97 0.58 0.61 0.67	41	4.0		河流冲积物	E 116°28′06.0″ N 29°48′02.1″	95
剖6	人为土	水稻土	潴育水稻土	潴育型潮砂泥田	中潴灰潮砂泥田	A Bv	0—14 14—24 24—100	灰棕色 红棕色 灰棕色	中壤土 中壤土 轻壤土	屑粒状 棱块状 棱块状	5.6 5.5 6.8	14.8 10.5 12.0	0.88 0.56 ≤0.10	0.64 0.64 0.56	104	8.0	60	河流冲积物	E 116°26′47.7″ N 29°46′44.5″	97
剖7	人为土	水稻土	潴育水稻土	潴育型潮砂泥田	裹潴灰潮砂泥田	A Bv W	0—14 14—22 22—100	灰棕色	中壤土 中壤土 中壤土	屑粒状 团块状 块状	5.6 7.0	22.8 18.0 8.2	1.40 1.21 0.55	0.77 0.88 0.83	128	6.0	53	河流冲积物	E 116°27′17.8″ N 29°46′13.2″	97
剖8	人为土	水稻土	淹育水稻土	灰潮砂泥田	灰潮砂泥田	1 2 3	0—16 16—24 24—100			棱块状	6.2 6.8 7.5	42.1 32.3 7.5	2.16 1.69 3.28	1.43 0.69 1.02	210	13.5	97	河流冲积物	E 116°26′53.7″ N 29°45′02.6″	75
剖9	淋溶土	黄棕壤	黄棕壤	马肝土	灰马肝土	A Bv C	0—13 13—59 59—100	浅灰棕色 灰棕色 棕色	中偏轻壤土 中壤土 重壤土	粒块状 小棱块状 小棱块状	5.7 6.5 6.2	10.7 8.5 4.5	0.69 0.54 0.41	0.70 1.09 0.70	87	4.0	83	下蜀黄土	E 116°28′51.9″ N 29°47′09.6″	97
剖10	人为土	水稻土	淹育水稻土	淹潴砾石体灰潮砂泥田	弱淹砾石体灰潮砂泥田	1	0—10	灰棕色	紧砂土	屑粒状	5.7	23.2	1.64	0.83	138	20.0	71	河流冲积物	E 116°27′47.6″ N 29°45′12.3″	95
剖11	淋溶土	黄棕壤	黄棕壤	下蜀系黄棕壤	厚层低有机质黄棕壤	A Bv	0—6 6—100	棕色 棕色	中壤土 重壤土	屑粒状 小棱块状	5.2 5.4	34.4 11.5	1.83 0.74	0.77 0.72	180	4.0	135	下蜀黄土	E 116°29′16.8″ N 29°47′19.8″	95
剖12	铁铝土	红壤	红壤	泥质岩红壤		A Bv	0—11 11—100	棕红色	重壤土 重壤土	屑粒状 粒红状	5.1 5.3	45.4 9.3	0.58 0.63	0.42 0.36	183	2.5	79	泥质岩类	E 116°28′39.6″ N 29°45′25.1″	95
剖13	人为土	水稻土	潴育水稻土	潴育型红黄泥田	中潴灰黄红泥田	A P W	0—15 15—23 23—100	灰色 浅灰棕色 灰棕色	黏土 黏土 中壤土	屑粒状 片状 片状	5.0 6.0 6.8	26.7 11.6 5.4	1.73 0.77 0.50	0.23 0.26 0.31	144	10.8	35	泥质岩岩风化物	E 116°29′50.4″ N 29°45′48.5″	97
剖14	半水成土	潮土	壤质潮土	灰潮质潮土		A Bv₁ Bv₂ Bv₃ C	0—19 19—42 42—57 57—74 74—100	深灰棕色 灰棕色 灰棕色 灰棕色 灰棕色	中壤土 紧砂土 轻壤土 中壤土 轻壤土	屑粒状 块状 棱块状 棱块状 片块状	8.1 8.2 8.2 8.1 8.2	12.2 11.8 4.9 1.6 4.5	0.85 0.66 0.69 0.65 0.43	0.18 0.33 0.50 0.89 0.56	126	≤1.0	75	河流冲积物	E 116°25′57.6″ N 29°45′03.9″	75
剖15	铁铝土	红壤	红壤	黄砂泥土	厚层砀质灰黄砂泥土	A Bv	0—12 12—100	灰色 红棕色	中壤土 中壤土	屑粒状 棱块状	6.2 5.0	27.6 11.0	1.50 1.21	0.57 0.48	145 194	12.0 3.5	59 61	石英岩类风化物	E 116°26′40.5″ N 29°44′56.5″	97
剖16	铁铝土	红壤	红壤	石英岩红壤		A Bv	0—7 7—100	灰棕色	中壤土 中偏重壤土	屑粒状 块状	5.0 5.1	48.3 16.3	2.17 0.79	0.53 0.35				石英岩类	E 116°27′24.7″ N 29°43′03.1″	97

续表 Continued

剖面号 Soil profile	土纲 Soil order	土类 Soil great group	亚类 Soil subgroup	土属 Soil genus	土种 Soil species	土层码 Layer code	土层厚度 Depth/cm	颜色 Soil color	质地 Soil texture	土壤结构 Soil structure	pH	有机质 OM/(g/kg)	全氮 TN/(g/kg)	全磷 TP/(g/kg)	碱解氮 AN/(mg/kg)	有效磷 AP/(mg/kg)	速效钾 AK/(mg/kg)	土壤母质 Parent material	剖面点坐标 Profile coordinate	匹配指数 Matching index/%
剖17	初育土	石灰（岩）土	棕色石灰土	棕色石灰土	中层中有机质灰色石灰泥土	A	0—15	深灰色	重壤土	粒状	7.6	119.6	5.32	1.63	135	4.0	311	石灰岩风化物	E 116°28′43.5″ N 29°42′15.0″	95
						Bv	15—45	棕色	重壤土	块状	8.2	38.6	2.48	1.41						
						C	45—100													
剖18	人为土	水稻土	潜育水稻土	潜育型潮泥田	全层中潜灰潮青泥田	A	0—18	灰棕色	黏土	糊状	8.4	33.0	1.92	0.44				河流冲积物	E 116°27′06.7″ N 29°40′09.6″	97
						Ag	18—24	青色	黏土	软块状	8.5	43.3	2.82	1.00						
						Pg	24—100	浅青色	黏土	块状										
剖19	半水成土	潮土	潮土	黏质潮土	乌黏质潮土	A	0—20	暗棕色	重壤土	屑块状	8.1	36.0	1.32	0.56	106	6.3	101	河流冲积物	E 116°26′35.6″ N 29°39′08.5″	98
						Bv	20—48	灰棕色	重壤土	棱柱状	8.6	9.0	0.52	0.49						
						C	48—100	棕黄色	黏土	棱块状	8.4	5.4	0.52	0.38						
剖20	初育土	石灰（岩）土	棕色石灰土	棕色石灰土	薄层中有机质灰色石灰泥土	A	0—14	浅棕色	重壤土	碎块状	7.0	17.8	2.61	1.14	242	2.0	120	石灰岩风化物	E 116°28′54.5″ N 29°39′11.6″	95
						Bv	14—41	红棕色	重壤土	块状	7.0	15.3	1.09	0.75						
						C	41—100													
剖21	半水成土	潮土	潮土	壤质潮土	中位灰砂质壤土潮土	A	0—18	棕色	轻壤土	小块状	8.0	10.7	0.66	0.74	59	2.5		河流冲积物	E 116°35′40.0″ N 30°00′53.7″	95
						Bv₁	18—35	棕色	重壤土	棱块状	8.2	8.7	0.69	0.55						
						Bv₂	35—53	灰棕色	轻壤土	块状	8.1	5.8	0.39	0.45						
						Bv₃	53—75	浅棕色	砂土	小块状	8.1	5.3	0.29	0.51						
						C	75—100	棕色	中偏砂壤土	棱粒状	8.1	10.1	0.69	0.58						
剖22	半水成土	潮土	潮土	砂壤质潮土	灰砂壤质潮土	A	0—17	灰棕色	轻壤土	粒状	8.0	12.1	0.76	0.55	53	1.5	66	河流冲积物	E 116°36′51.7″ N 30°01′47.5″	95
						Bv	17—39	灰棕色	中壤土	棱块状	8.2	9.2	0.40	0.90						
						C	39—100	浅棕色	紧砂土	砂粒状	8.1	11.6	0.50	0.68						
剖23	半水成土	潮土	砂质潮土	砂质潮土	砂质潮土	A	0—19	棕色	轻壤土	棱块状	8.0	13.0	0.80	0.25	58	1.3	75	河流冲积物	E 116°36′59.2″ N 30°02′06.7″	95
						Bv₁	19—38	灰棕色	轻壤土	团块状	8.2	10.6	0.65	0.53						
						Bv₂	38—63	浅棕色	中壤土	团粒状	8.1	4.3	0.27	1.02						
						C	63—100	棕色	中壤土	棱块状	8.1	12.8	0.86	0.81						
剖24	半水成土	潮土	砂质潮土	砂质潮土	砂质潮土	A	0—13	黄棕色	轻壤土	团块状	8.8	5.8	0.36	0.24	30	1.5	42	河流冲积物	E 116°38′08.4″ N 30°02′49.6″	95
						Bv	13—100	白灰色	砂土	砂土	8.4	2.0	≤0.10	0.19						
剖25	半水成土	潮土	砂质潮土	砂质潮土	壤体砂质潮土	A	0—13	灰棕色	砂土	粒状	7.9	8.7	0.38	0.59	46	2.0	66	河流冲积物	E 116°39′24.3″ N 30°02′58.3″	95
						Bv₁	13—27	浅棕色	砂土	块状	8.2	6.2	0.35	0.74						
						Bv₂	27—49	浅灰棕色	砂土	砂粒状	8.1	4.8	0.31	0.76						
						C	49—100	棕色	轻壤土	片状	8.3	4.6	0.30	0.89						
剖26	半水成土	草甸土	草甸土	黏质草甸土		A	0—20	棕色	重壤土	块状	5.5	24.4	1.44	0.40	158	4.2	60	下蜀黄土	E 116°44′11.1″ N 30°00′28.4″	97
						Bv	20—100	棕色	重壤土	棱块状	7.2	18.0	0.59	0.48						
剖27	淋溶土	黄棕壤	黄棕壤	粉马肝土	砾质灰粉马肝土	A	0—14	棕灰色	轻黏土	粒块状	7.7	7.2	0.87	0.48	103	5.0	64		E 116°41′00.8″ N 30°00′22.6″	97
						Bv₁	14—32	暗棕色	轻壤土	棱块状	6.6	1.3	0.55	0.70						
						Bv₂	32—100	暗紫色	中壤土	屑粒状	6.7	4.8	0.41	0.54						
剖28	初育土	紫色土	酸性紫色土	耕种酸性紫色土	中层紫砂泥土	A	0—16	灰棕色	轻壤土	片状	6.7	4.1	0.23	0.65					E 116°44′40.7″ N 29°59′28.7″	97
						Bv₁	16—31	棕黄色	中壤土	片状	7.1	5.4	0.70	0.69						
						Bv₂	31—60	暗棕色	中壤土	片状										
						C	60—100	暗紫色	重壤土	小块状	5.5	23.1	1.58	0.32	151	3.0	28			
剖29	人为土	水稻土	潴育水稻土	潴育型潮泥田	灰潮泥田	A	0—11	灰棕色	重壤土	粒状	6.0	25.7	1.60	0.48				下蜀黄土	E 116°42′04.5″ N 29°57′27.5″	98
						P	11—20	灰棕色	重壤土	块状	5.6	20.2	1.21	0.34						
						W	20—100	灰棕色	重壤土	棱块状										
剖30	铁铝土	红壤	红壤	黄砂泥土	薄层砾质黄砂泥土	A	0—15	浅棕色	中偏壤土	屑粒状	6.1	22.2	1.20	0.53	101	12.9	242	石英岩类风化物	E 116°42′50.0″ N 29°56′40.8″	97
						Bv	15—100	棕色	中偏砂壤土	粒状	5.9	12.0	0.77	0.17						

续表 Continued

剖面号 Soil profile	土纲 Soil order	土类 Soil great group	亚类 Soil subgroup	土属 Soil genus	土种 Soil species	土层码 Layer code	土层厚度 Depth/cm	颜色 Soil color	质地 Soil texture	土壤结构 Soil structure	pH	有机质 OM/(g/kg)	全氮 TN/(g/kg)	全磷 TP/(g/kg)	碱解氮 AN/(mg/kg)	有效磷 AP/(mg/kg)	速效钾 AK/(mg/kg)	土壤母质 Parent material	剖面点坐标 Profile coordinate	匹配指数 Matching index/%
剖31	半水成土	潮土	潮土	砂壤质潮土	砾石体灰砂壤质潮土	A	0-15	棕红色	轻偏中壤土	屑粒状	5.7	21.5	1.37	0.48	140	8.1	98	河流冲积物	E 116°43′11.0″ N 29°55′21.5″	95
						Bv	15-51	灰棕色	轻偏中壤土	片状	5.7	10.4	0.72	0.51						
						C	51-100			片状	6.6	7.5	0.91	1.31						
剖32	初育土	紫色土	酸性紫色土	耕种酸性紫色土	砾石体紫砂泥土	A	0-16	紫灰色	中偏轻壤土	屑粒状	5.3	27.8	1.70	0.25	147	7.0	≤5		E 116°44′47.9″ N 29°55′12.6″	97
						Bv	16-33	浅紫棕色	中偏轻壤土	棱粒状	5.7	26.9	1.83	0.13						
						C	33-100	灰棕色	中壤土	棱状	6.9	7.6	0.52	0.64						
剖33	淋溶土	黄棕壤	黄棕壤	粉马肝土	灰粉马肝土	A	0-13	灰棕色	中壤土	粒状	5.7	10.7	0.69	0.70	87	4.0	83	下蜀黄土	E 116°33′56.7″ N 29°54′47.5″	98
						Bv	13-59	棕色	重壤土	棱状	6.5	4.2	0.60	1.09						
						C	59-100			块状	6.2	4.5	0.41	0.70						
剖34	半水成土	潮土	潮土	砂质潮土	砾石体砂质潮土	A	0-16	灰棕色	紧砂土	屑粒状	6.0	10.7	0.70	1.07	69	≤1.0	48	河流冲积物	E 116°30′46.8″ N 29°52′28.8″	95
						Bv₁	16-35	灰棕色	松砂土	屑粒状	6.4	8.9	0.58	0.52						
						Bv₂	35-48	黄棕色	松砂土	粒状	7.0	9.4	0.58	0.62						
						Bv₃	48-60	灰棕色	轻编低壤土	棱状	6.6	6.6	0.42	0.51						
						C	60-100	灰棕色		块状	6.0	8.3	0.56	0.49						
剖35	铁铝土	红壤	红黄壤	红黄泥土	薄层红黄泥土	Bv	0-14	灰棕色	中壤土	团粒状	6.3	31.1	1.73	0.33	169	2.0	148	泥质岩类风化物	E 116°32′59.2″ N 29°52′16.9″	97
							14-100			石块	7.2	12.6	1.13	0.94						
剖36	半水成土	草甸土	草甸土	砂质草甸土		A	0-17	灰棕色	砂壤土	屑粒状					147	≤1.0	91	碳酸岩类风化物	E 116°39′39.7″ N 29°52′35.4″	99
						Bv	17-100	棕黄色	砂土	片状										
剖37	人为土	水稻土	潴育水稻土	潴育型灰泥田	中潴灰泥田	A	0-13	棕色	黏土	粒状	7.9	30.3	1.82	0.26	148	≤1.0	80	碳酸岩类风化物	E 116°40′49.2″ N 29°54′04.1″	97
						P	13-23	棕色	黏土	块状	8.1	20.8	1.68	0.65						
						W	23-100	棕色	黏土	棱状	8.4	14.2	1.00	0.18						
剖38	人为土	水稻土	潴育水稻土	潴育型灰泥田	全层中潴砾石体灰泥田	A	0-14	浅灰棕色	重壤土	块状	8.0	27.3	2.16	≤0.10	172	2.5	24		E 116°42′36.8″ N 29°53′07.8″	97
						Pg	14-26	青灰色	重壤土	碎块状	8.1	22.5	1.66	0.30						
						G	26-100	暗青色	中壤土	软糊无结构	7.6	39.1	2.03	0.15						
剖39	初育土	石灰（岩）土	红色石灰土	红色石灰土	薄层低有机质红色石灰岩石土	A	0-8	棕红色	中壤土	屑粒状	7.5	66.3	3.32	0.94	242	1.3	260	石灰岩风化物	E 116°42′46.3″ N 29°51′52.0″	92
						Bv	8-67	红棕色	中壤土	棱粒状	7.6	17.3	1.47	0.67						
						C	67-100	黄红色	中壤土	块状	7.2	10.6	0.78	0.87						
剖40	人为土	水稻土	潴育水稻土	潴育型潮砂泥田	弱潴潮砂泥田	A	0-13	灰棕色	轻壤土	块状	6.1	10.6	0.81	0.69	66	8.2	58	河流冲积物	E 116°30′44.1″ N 29°48′36.3″	95
						P	13-26	灰棕色	轻壤土	柱状	6.3	4.8	0.49	0.72						
						W	26-100	灰白色	砂土	柱状	5.9	11.5	0.71	0.63						
剖41	人为土	水稻土	潴育水稻土	潴育型潮砂泥田	表潴性潮砂泥田	A	0-14	灰色	重壤土	块状	7.9	21.5	1.40	1.37	92	4.5	80	河流沉积物	E 116°32′19.9″ N 29°48′11.3″	97
						P	14-28	青灰色	黏壤土	块状	8.6	20.6	1.33	1.26						
						W	28-100	浅灰棕色	中壤土	片块状	8.2	16.0	1.09	0.92						
剖42	半水成土	潮土	潮土	壤质潮土	砾石体壤质灰泥土	A	0-12	紫棕色	重壤土	粒状	5.7	17.7	1.01	0.18	112	12.5	80	河流冲积物	E 116°33′47.2″ N 29°48′29.5″	97
						Bv	12-32	紫灰色	中壤土	棱块状	6.5	5.7	0.64	0.21						
						C	32-100	红灰色	重壤土	棱柱状	6.6	6.1	0.72	0.83						
剖43	初育土	紫色土	酸性紫色土	耕种酸性紫色土	厚层灰紫色泥土	A	0-13	紫红色	轻壤土	粒状	5.2	22.4	1.22	0.16	155	10.3	60	河流冲积物	E 116°35′11.5″ N 29°49′11.1″	97
						Bv	13-35	紫灰色	轻壤土	棱块状	5.7	≤1.0	0.56	0.56						
						C	35-100	灰棕色	轻壤土	棱块状	5.9	7.3	0.40	0.24						
剖44	人为土	水稻土	潴育水稻土	潴育型潮砂泥田	弱潴砾石体糊砂泥田	A	0-13	灰色	中壤土	屑粒状	6.1	18.4	1.29	0.47	102	3.5	111	河流冲积物	E 116°35′28.0″ N 29°49′47.4″	97
						P	13-22	灰黄色	中壤土	棱柱状	6.6	6.6	0.59	0.53						
						W	22-43	黄黄色	中壤土	棱块状	6.6	8.4	0.66	0.33						
						C	43-100													
剖45	淋溶土	黄棕壤	黄棕壤	马肝土	火磷马肝土	A	0-18	灰棕色	中壤土	块状	5.8	7.2	0.92	0.81	79	10.0	65	下蜀黄土	E 116°34′15.6″ N 29°48′01.8″	95
						Bv	18-38	棕黄色	黏土	棱块状	5.8	8.8	0.81	0.87						
						C	38-100	棕黄色	黏土	棱块状	6.1	5.2	0.26	0.80						

续表 Continued

剖面号 Soil profile	土纲 Soil order	土类 Soil great group	亚类 Soil subgroup	土属 Soil genus	土种 Soil species	土层码 Layer code	土层厚度 Depth/cm	颜色 Soil color	质地 Soil texture	土壤结构 Soil structure	pH	有机质 OM/(g/kg)	全氮 TN/(g/kg)	全磷 TP/(g/kg)	碱解氮 AN/(mg/kg)	有效磷 AP/(mg/kg)	速效钾 AK/(mg/kg)	土壤母质 Parent material	剖面点坐标 Profile coordinate	匹配指数 Matching index/%
剖46	人为土	水稻土	潜育水稻土	潜育型潮泥田	全层强潜潮泥田	Ag	0—17	青灰色	重壤土	软糊无结构	5.8	67.6	4.41	0.34	327	3.5	83	河流冲积物	E 116°31′04.4″ N 29°47′23.8″	97
						G₁	17—25	青灰色	重壤土	软糊无结构	5.8	73.0	3.28	0.47						
						G₂	25—33	褐灰色	重壤土	软糊无结构	5.8	164.4	8.44	0.24						
						G₃	33—100	青灰色	重壤土	软糊无结构	6.3	34.3	2.05	0.31						
剖47	半成土	潮土	潮土	黏质潮土	灰黏质潮土	A	0—17	灰棕色	重壤土	屑粒状	8.1	24.3	1.56	0.80	127	1.8	81	河流冲积物	E 116°31′18.5″ N 29°47′18.4″	97
						Bv	17—36	灰色	重壤土	棱块状	8.2	8.2	0.85	0.32						
						C	36—100	棕үй色	重壤土	棱块状	8.3	4.0	0.60	0.19						
剖48	半成土	潮土	潮土	壤质潮土	砂体灰壤质潮土	A	0—15	灰棕色	中壤土	屑粒状	8.1	14.9	1.04	0.38	74	2.5	49	河流冲积物	E 116°31′03.1″ N 29°46′32.1″	95
						Bv	15—41	棕色	中偏重壤土	棱块状	8.6	10.5	0.79	1.23						
						C	41—100	灰白色	砂壤土	散状		3.4	0.23	0.34						
剖49	人为土	水稻土	淹育水稻土	淹育型红黄泥田	砾石体红黄泥田	A	0—12	黄灰色	中壤土	屑粒状	5.6	23.5	1.59	0.71	157	60.0	40	泥质岩类风化物	E 116°32′54.0″ N 29°46′05.2″	97
						P	12—20	黄灰色	中壤土	块状	5.6	21.1	1.40	0.79						
						C	20—100		中壤土	棱块状	6.8	17.8	1.32	0.88						
剖50	人为土	水稻土	潜育水稻土	潜育型红黄泥田	表潜灰体红黄泥田	A	0—17	灰棕色	中壤土	屑粒状	5.6	27.5	1.60	0.51	149	2.0	55	泥质岩类风化物	E 116°42′57.5″ N 29°46′36.5″	97
						P	17—23	青灰色	重壤土	片状	6.2	15.0	0.98	0.26						
						W	23—70	黄灰色	重壤土	片状	7.2	7.5	0.61	0.44						
						C	70—100		重壤土	棱块状	7.4	6.3	0.55	0.29						
剖51	铁铝土	红壤	红壤	红黄泥土	中层红黄泥土	A	0—8	灰棕色	中壤土	软糊无结构	5.2	31.8	1.86	0.35	155	1.5	48	泥质岩类风化物	E 116°41′53.6″ N 29°47′36.5″	97
						Pg	8—17	青灰色	重壤土	片状无结构	5.5	23.2	1.46	0.25						
						C	17—100		黏土		5.9	19.2	2.37	0.44						
剖52	人为土	水稻土	潜育水稻土	潜育型紫砂泥田	表潜砾石体紫砂泥田	A	0—13	灰棕色	中壤土	屑粒状	5.5	19.9	1.22	0.54	115	5.0	54	紫色砂岩类风化物	E 116°44′04.5″ N 29°49′29.3″	99
						Bv	13—45	棕灰色	轻壤土	棱块状	6.5	11.8	0.70	0.30						
						C	45—100	灰棕色	中壤土	棱块状										
剖53	人为土	水稻土	潜育水稻土	潜育型红黄泥田	表潜砾石体灰红黄泥田	A	0—12	灰棕色	轻壤土	软糊无结构	7.9	49.6	2.60	0.78	153	7.0	56	泥质岩类风化物	E 116°38′33.3″ N 29°45′11.7″	97
						P	12—24	棕色	中壤土	粒状	8.0	28.8	1.60	0.51						
						G	24—100	棕色	中壤土	块状	7.6	13.4	0.98	0.56						
剖54	人为土	水稻土	潜育水稻土	潜育型红黄泥田	中潜表潜性灰红黄泥田	A	0—13	暗棕色	轻壤土	块状	6.7	32.1	2.01	0.60	117	5.0	31	泥质岩类风化物	E 116°40′26.5″ N 29°46′00.0″	99
						P	13—20	棕色	中壤土	棱块状	7.9	19.8	0.77	0.91						
						W	20—100	灰棕色	中壤土	屑粒状	8.1	9.6	0.65	0.66						
剖55	人为土	水稻土	潜育水稻土	潜育型乌红黄泥田	中潜乌红黄泥田	A	0—17	灰棕色	中壤土	软糊无结构	5.7	22.9	1.37	0.49	141	≤1.0	22	河流冲积物	E 116°40′55.5″ N 29°47′02.7″	99
						P	17—24	青灰色	中壤土	棱块状	8.0	10.2	0.65	0.56						
						W	24—100	青灰色	中壤土	块状	8.2	8.8	0.59	0.83						
剖56	人为土	水稻土	潜育水稻土	潜育型潮砂泥田	表潜砾石体潮砂泥田	Ag	0—15	浅灰色	轻壤土	块状	5.4	23.2	1.70	0.31	75	≤1.0	70	河流冲积物	E 116°38′07.1″ N 29°42′46.9″	98
						Pg	15—23	青灰色	砾质土	粒状	6.5	13.0	1.14	0.49						
						W	23—100	灰棕色	中壤土	块状	8.1	12.5	0.87	0.43						
剖57	铁铝土	红壤	红壤	红黄泥土	厚层灰红黄泥土	A	0—19	棕色	中壤土	粒状	7.0	12.7	0.86	0.59	99	3.0	60	泥质岩类风化物	E 116°33′07.1″ N 29°42′46.9″	98
						Bv	19—100	暗棕色	轻壤土	块状	7.6	7.7	0.54	0.35						
剖58	初育土	石灰（岩）土	棕色石灰土	灰泥土	厚层灰棕灰泥土	A	0—19	灰棕色	重壤土	屑粒状	8.3	24.5	1.66	0.94	129	7.0	143	石灰岩类风化物	E 116°33′55.6″ N 29°40′46.4″	98
						Bv	19—100	灰棕色	中壤土	粒状	8.7	9.5	0.67	0.42						
剖59	人为土	水稻土	潜育水稻土	潜育型潮泥田	乌潮泥田	A	0—17	灰棕色	中壤土	屑粒状	5.6	31.1	2.02	0.42	154	5.3	73	河流冲积物	E 116°37′04.0″ N 29°40′22.8″	97
						P	17—23	浅青色	重壤土	棱块状		24.8	1.73	0.35						
						W	23—100	青灰色	轻壤土	块状	5.8	7.0	1.50	0.20						
剖60	人为土	水稻土	潜育水稻土	潜育型红黄泥田	全层中潜灰红黄泥田	A	0—14	浅灰色	中壤土	软糊无结构	6.0	33.5	2.23	0.60	144	2.0	33	泥质岩类风化物	E 116°38′38.5″ N 29°44′22.1″	99
						G	14—100	青灰色	重壤土	棱块状	7.1	18.0	1.31	0.43						

续表 Continued

剖面号 Soil profile	土纲 Soil order	土类 Soil great group	亚类 Soil subgroup	土属 Soil genus	土种 Soil species	土层码 Layer code	土层厚度 Depth/cm	颜色 Soil color	质地 Soil texture	土壤结构 Soil structure	pH	有机质 OM/(g/kg)	全氮 TN/(g/kg)	全磷 TP/(g/kg)	碱解氮 AN/(mg/kg)	有效磷 AP/(mg/kg)	速效钾 AK/(mg/kg)	土壤母质 Parent material	剖面点坐标 Profile coordinate	匹配指数 Matching index/%
剖61	人为土	水稻土	淹育水稻土	淹育型潮砂泥田	灰潮砂泥田	A	0—16	灰色	中壤土	屑粒状								河流冲积物	E 116°36′43.9″ N 29°39′05.4″	95
						P	16—24	深棕色	中壤土	粒状										
						C	24—100		重壤土	块状										
剖62	半水成土	潮土	潮土	砂壤质潮土	灰砂壤质潮土	A	0—16	灰棕色	轻壤土	屑粒状	6.4	13.9	0.64	0.64	109	3.5	82	河流冲积物	E 116°46′28.0″ N 30°00′18.5″	95
						Bv₁	16—30	灰棕色	轻偏中	小块状	6.2	6.4	0.50	0.50						
						Bv₂	30—43	黄棕色	中壤土	棱块状	6.4	5.3	0.37	0.55						
						C	43—100	棕红色	轻壤土	片状	7.2	5.9	0.41	0.48						
剖63	人为土	水稻土	潴育水稻土	潴育型紫砂泥田	中潴紫砂泥田	A	0—16	暗灰色	轻壤土	屑粒状	5.0	24.0	1.46	0.54	136	≤1.0	39	紫色砂岩风化物	E 116°45′42.8″ N 29°58′49.2″	98
						P	16—30	棕黄色	中壤土	块状	6.3	8.0	0.47	0.58						
						W	30—63	黄棕色	中壤土	块状	7.2	5.0	0.29	0.53						
						C	63—100	暗紫色		片状	7.1	4.7	0.28	0.58						
剖64	铁铝土	红壤	黄红壤	泥质岩黄红壤		A	0—21	暗深灰色	中壤土	屑粒状	5.2	61.7	2.64	0.52	213	2.0	89	泥质岩类	E 116°49′37.6″ N 29°57′15.1″	98
						Bv	21—100	浅棕灰色	重壤偏中	棱粒状	5.3	23.5	1.16	0.52						
剖65	铁铝土	红壤	红壤	红黄泥土	厚层砾质灰红黄泥土	A	0—16	灰棕色	中壤土	屑粒状	5.8	26.9	1.78	0.21	127	13.5	33	泥质岩类风化物	E 116°52′11.9″ N 29°56′08.5″	98
						Bv	16—22	浅棕色	中壤土	棱块状	6.1	13.1	1.04	1.05						
						C	22—100	灰棕色	中壤土	棱块状	6.6	12.5	1.02	0.56						

瑞 昌 市

主要土类说明

红壤是瑞昌市主要土壤类型，占本市地域面积的40%，分布于海拔50—600m的丘陵和低山。成土母质较多，有泥质岩类风化物、第四纪红色黏土、红砂岩类风化物及酸性结晶岩类风化物。红壤是在高温、高湿的亚热带生物气候条件下形成的典型地带性土壤，是一种具有明显脱硅富铝化过程的盐基高度不饱和的酸性土壤，具"红化""酸化""黏化"特征。

石灰（岩）土是瑞昌市第二大土壤类型，占本市地域面积的38%。石灰（岩）土发育于碳酸岩类风化物，土壤发育处于幼龄阶段，分为红色石灰土、棕色石灰土和黑色石灰土三个亚类。棕色石灰土所占面积最大，占本土类总面积93%，广泛分布于各类地貌区，尤以南义、横立山、南阳、肇陈、乐园、高丰、夏畈、洪下等地面积较大。土体富含碳酸钙，土壤腐殖质与钙相结合而形成良好的粒状结构体，表层颜色较深，全剖面常呈较均一的棕色、红棕色或暗褐色，土壤有机质及养分含量较红色石灰土高，多呈中性或弱碱性，愈往下层，石灰反应愈为明显。

水稻土是瑞昌市第三大土壤类型，占本市地域面积的12%。水稻土发育于各类成土母质，经过长期淹灌、植稻而形成，是本县的主要耕作土壤之一，广泛分布于河谷平原、山丘谷地、围垦地区和山间盆地以及沟谷中。水耕条件下，由于土壤水分干湿交替，氧化还原交替作用，土体内进行有机质合成与分解、铁锰氧化物淋溶与淀积、土壤黏粒沉降淀积等作用，原来的母土发生了一系列变化，形成了水稻土特有的剖面层次结构，一般都有耕作层、犁底层、潴育层或潜育层等基本层段发育。本县水稻土的成土母质或母土有河积物、河流冲积物、湖积物、泥质岩类风化物、碳酸岩类风化物、第四纪红色黏土、下蜀黄土、红砂岩类风化物、紫色泥页岩类风化物及紫砂岩类风化物等。本市水稻土分为淹育水稻土、潴育水稻土、潜育水稻土等亚类。

潮土占本市地域面积的3%，主要分布于溢城、码头、夏畈、黄金、肇陈、洪下、赛湖等地的滨湖小平原及河流两岸阶地。潮土是直接发育于河湖冲积物的旱耕土壤，在土壤地下水的作用下，剖面中常有锈纹、锈斑等铁锰淀积的潮化层。一般土层深厚，土体潮润，质地适中，宜种性广，土壤肥力较高。本市潮土只有潮土一个亚类。

小于本市地域面积3%的土壤类型还有黄棕壤、黄壤、黄褐土和紫色土等。

本区域中心区气候特征

本区域中心区气候特征值
Regional climate characteristics in central area of the region

气候带：中亚热带湿润气候 Climate region: Subtropical humid climate	
年平均气温 /℃ Annual average temperature /℃	17.0
年平均最高气温 /℃ Annual average maximum temperature /℃	21.4
年平均最低气温 /℃ Annual average minimum temperature /℃	13.7
年降水量 /mm Annual precipitation /mm	1502
≥10℃的积温 /℃ Daily temperature accumulated in a year (≥10℃) /℃	9464
年日照时数 /h Annual sunshine /h	1836
年平均相对湿度 /% Annual average relative humidity /%	78
干燥度 Dryness	0.67

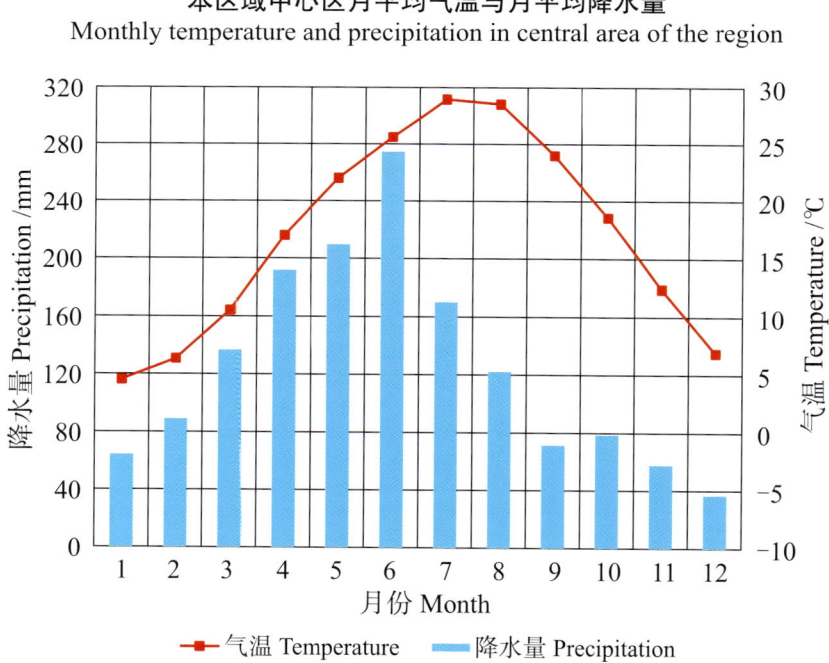

本区域中心区月平均气温与月平均降水量
Monthly temperature and precipitation in central area of the region

瑞昌市主要土壤类型与土壤剖面点分布图
1∶230 000

图例
- 红壤
- 石灰(岩)土
- 水稻土
- 潮土
- 黄棕壤
- 黄壤
- 黄褐土
- 紫色土
- ⊗ 剖面点

瑞昌市土壤剖面理化性状表

剖面号 Soil profile	土纲 Soil order	土类 Soil great group	亚类 Soil subgroup	土属 Soil genus	土种 Soil species	土层码 Layer code	土层厚度 Depth/cm	颜色 Soil color	质地 Soil texture	土壤结构 Soil structure	pH	有机质 OM/(g/kg)	全氮 TN/(g/kg)	全磷 TP/(g/kg)	全钾 TK/(g/kg)	碱解氮 AN/(mg/kg)	有效磷 AP/(mg/kg)	速效钾 AK/(mg/kg)	阳离子交换量CEC/(cmol/kg)	土壤母质 Parent material	剖面点坐标 Profile coordinate	匹配指数 Matching index/%
剖1	人为土	水稻土	潜育水稻土	潜育型砂泥田	砾石底上位青褐潮砂泥田	A	0—11	灰棕色	中壤土		7.6	14.0	0.74			75	4.7	44		近代河流冲积物	E 115°14′15.9″ N 29°36′48.7″	95
						P	11—23	灰棕色	中壤土		7.6	14.0	0.74			75	4.7	44				
						W	23—55	灰棕色	中壤土		7.6	14.0	0.74			75	4.7	44				
剖2	铁铝土	红壤	红壤	酸性结晶岩红壤		Bv	9—28	浅黄棕色		粒状、团块状	5.3	13.5	0.71	0.89		62	3.6	80		酸性结晶岩类	E 115°29′07.4″ N 29°46′37.4″	95
								棕黄色		块状	5.1	7.3	0.42	0.74								
						C	28—100	棕黄色		块状	4.9	4.6	0.27	0.68								
剖3	人为土	水稻土	潜育水稻土	潴育型红黄泥田	中位弱潴灰红黄泥田	A	0—14	灰棕色			6.9	26.6	1.34			108	6.5	68		泥质岩类风化物	E 115°29′16.8″ N 29°46′20.9″	95
						P	14—23	灰棕色			6.9	26.6	1.34			108	6.5	68				
						G	23—100	灰棕色			6.9	26.6	1.34			108	6.5	68				
剖4	人为土	水稻土	潴育水稻土	潴育型马肝泥田	灰马肝泥田	A	0—13	棕棕色	重壤土	屑粒、团块状	6.9	30.1	1.35	0.91		104	4.8	96		下蜀黄土	E 115°29′54.0″ N 29°46′10.9″	75
						P	13—21	灰黄棕色	重黏土	棱柱状		16.8	0.72	0.82								
						W	21—100	黄棕色	轻黏土			6.5	0.32	0.81								
剖5	人为土	水稻土	潴育水稻土	潴育型潮砂泥田	灰潮砂泥田	A	0—15	灰棕棕色	中壤土	屑粒-小团块	6.9	27.6	1.42	0.94		114	8.6	88		近代河流冲积物	E 115°29′35.7″ N 29°45′16.8″	75
						P	15—24	浅黄棕色	重壤土	棱块状	6.9	18.9	0.93	0.89								
						W_1	24—45	黄棕色	重壤土	棱块状	7.4	6.7	0.51	0.77								
						W	45—100	黄棕色	中壤土	块状	7.3	3.8	0.24	0.79								
剖6	人为土	水稻土	潴育水稻土	潴育型石灰性泥田	中位弱潴石灰性泥田	1	0—11	灰棕色	轻黏土	团块状	8.0	16.9	0.84	0.73		69	4.4	69		紫色泥页岩风化物	E 115°29′53.1″ N 29°45′15.7″	95
						2	11—19	棕棕色	中黏土	不明显块状	7.8	15.4	0.78	0.64								
						3	19—100	棕棕色	中黏土	不明显块状	7.9	14.8	0.73	0.78								
剖7	铁铝土	红壤	红壤	泥质岩红壤		A	0—15	深棕红色	轻黏土	粒状、团块状	5.8	28.3	1.17	0.69		108	2.6	148		泥质岩类	E 115°29′03.0″ N 29°44′51.2″	95
						Bv	15—100	红棕色	重黏土	块状	5.3	13.7	0.72	0.67								
剖8	铁铝土	红壤	红壤	红黄泥土	薄层红黄泥土	A	0—12	黄棕色	中壤土		6.3	9.7	0.61			58	4.2	81		泥质岩类风化物	E 115°29′28.8″ N 29°44′03.4″	97
						Bv	12—21	黄棕色	中黏土		6.3	9.7	0.61			58	4.2	81				
						C	21—100	黄棕色	中黏土		6.3	9.7	0.61			58	4.2	81				
剖9	初育土	石灰(岩)土	棕色石灰土	棕石灰土	厚层乌棕石灰土	A	0—20	暗棕色	重壤土		7.0	47.8	1.66	0.66		186	4.6	198		石灰岩风化物	E 115°28′10.1″ N 29°42′18.5″	85
						ABv	20—29	暗棕色	重壤土		7.0	47.8	1.66	0.51		186	4.6	198				
						Bv	29—100	暗棕色	重壤土		7.0	47.8	1.66	0.62		186	4.6	198				
剖10	初育土	石灰(岩)土	红色石灰土	红石灰土	中层少有机质红色石灰土	A	0—11	暗棕红色	重壤土	小团块状	6.9	13.6	0.71	0.52		63	2.0	134		石灰岩风化物	E 115°28′53.6″ N 29°42′04.6″	85
						Bv	11—48	棕红色	轻黏土	块状	7.6	7.1	0.41	0.49								
						Bv/C	48—100	棕红色	中黏土	块状或核块状	7.8	4.4	0.25	0.53								
剖11	人为土	水稻土	潴育水稻土	潴育型紫砂泥田	弱潴酸性紫砂泥田	A	0—11	浅灰棕色	中壤土	小团块状	8.0	16.7	0.77	0.84		64	1.6	52		紫砂岩类风化物	E 115°18′59.7″ N 29°35′38.0″	95
						P	11—23	紫棕色	中壤土	块状	7.8	10.7	0.45	0.76								
						W	23—100	紫红色	中壤土	块状	6.4	8.2	0.34	0.50								
剖12	人为土	水稻土	潴育水稻土	潴育型红黄泥田	弱潴红黄泥田	A	0—10	灰棕色	重壤土	团块状	6.4	15.8	0.82	0.98		68	4.8	58		泥质岩类风化物	E 115°25′01.7″ N 29°38′11.8″	95
						P	10—19	黄棕色	重壤土	块状	6.9	12.9	0.73	0.91								
						W	19—100	浅黄棕色	中壤土	块状、梭块状		7.7	0.22	0.87								
剖13	铁铝土	黄壤	山地黄壤	山地黄壤	中层多有机质泥岩类黄壤	Ao	0—2	暗褐色										6		泥质岩类风化物	E 115°25′09.0″ N 29°34′57.5″	95
						A_1	2—16	灰褐色	轻黏土	粒状、团块状	5.8	80.4	2.54	0.98		243	6.5	6				
						C	16—42	棕褐色	重壤土	团块、块状	5.9	24.7	1.02	0.91								
						D	42—74	棕色	中壤土	块状	6.2	8.2	0.39	0.87								
剖14	人为土	水稻土	潜育型石灰泥田			Ag	0—15	浅灰色		小团块状	7.7	38.5	1.23	1.51		115	10.7	94		石灰岩风化物	E 115°28′28.1″ N 29°33′06.3″	95
						G	15—100	青灰色	轻黏土	软糊无结构	7.9	27.6	0.88	1.07								

续表 Continued

剖面号 Soil profile	土纲 Soil order	土类 Soil great group	亚类 Soil subgroup	土属 Soil genus	土种 Soil species	土层码 Layer code	土层厚度 Depth/cm	颜色 Soil color	质地 Soil texture	土壤结构 Soil structure	pH	有机质 OM/(g/kg)	全氮 TN/(g/kg)	全磷 TP/(g/kg)	全钾 TK/(g/kg)	碱解氮 AN/(mg/kg)	有效磷 AP/(mg/kg)	速效钾 AK/(mg/kg)	阳离子交换量CEC/(cmol/kg)	土壤母质 Parent material	剖面点坐标 Profile coordinate	匹配指数 Matching index/%
剖面15	人为土	水稻土	潴育水稻土	潴育型潮砂泥田	中潴乌潮砂泥田	A	0—14	棕灰色			5.9	28.4	1.32			113	5.2	71		近代河流冲积物	E 115°29′30.6″ N 29°33′25.2″	95
						P	14—23	棕灰色			5.9	28.4	1.32			113	5.2	71				
						W	23—46	棕灰色			5.9	28.4	1.32			113	5.2	71				
						D	46—100	棕灰色														
剖面16	人为土	水稻土	潴育水稻土	潴育型潮砂泥田	弱潴乌潮砂泥田	A	0—10	棕黄色			7.3	15.4	0.65			73	4.5	43		近代河流冲积物	E 115°29′53.8″ N 29°32′09.6″	95
						P	10—19	棕黄色			7.3	15.4	0.65			73	4.5	43				
						W	19—28	棕黄色			7.3	15.4	0.65			73	4.5	43				
						D	28—35	棕黄色			7.3	15.4	0.65			73	4.5	43				
						5	35—100	棕黄色														
剖面17	初育土	紫色土	酸性紫色土	酸性紫色土	薄层酸性紫砂泥土	A	0—14		中壤土		5.1	10.8	0.42	0.76		47	2.5	53		紫砂岩类风化物	E 115°22′00.7″ N 29°27′35.8″	75
						C	14—100		中壤土		4.2	3.9	0.20	0.75								
剖面18	半水成土	潮土	潮土	潮砂泥土	潮泥土	1	0—14				8.0	14.1	0.74	1.02		61	2.8	102		近代河流冲积物	E 115°35′14.7″ N 29°49′02.0″	97
						2	14—32				7.9	12.4										
						3	32—100				8.0	8.9										
剖面19	半水成土	潮土	潮土	潮砂泥土	灰潮砂泥土	1	0—18	棕灰色	中壤土	小团块状	7.2	18.9	1.04	0.89		77	8.3	108		近代河流冲积物	E 115°36′53.0″ N 29°49′14.1″	98
						2	18—28	浅灰棕色	中壤土	小团块状	7.4	11.3	0.58	0.79								
						3	28—57	灰黄色	中壤土	块状	7.6	6.0	0.44	0.65								
						4	57—100	灰黄色	重壤土	块状	7.4	6.4	0.41	0.68								
剖面20	铁铝土	红壤	红壤	红黄泥土	厚层红黄泥土	A	0—14	浅灰棕色			6.8	14.7	0.71			64	4.9	125		泥质岩类风化物	E 115°33′50.1″ N 29°46′40.9″	98
						Bv	14—70	棕灰色			6.8	14.7	0.71			64	4.9	125				
剖面21	初育土	石灰（岩）土	棕色石灰土	棕石灰泥土	中层灰棕石灰泥田	A	0—16	棕灰色			7.2	18.6	0.85			71	5.6	163		石灰岩类风化物	E 115°34′57.7″ N 29°47′26.9″	92
						ABv	16—22	棕灰色			7.2	18.6	0.85			71	5.6	163				
						Bv	22—75	棕灰色			7.2	18.6	0.85			71	5.6	163				
						C	75—100															
剖面22	人为土	水稻土	潴育水稻土	潴育型黄泥田	上位黄薄黄泥田	A	0—14	重壤土		小团块状	6.0	23.9	0.94	0.65		95	1.5	68		第四纪红色黏土	E 115°35′23.7″ N 29°46′47.1″	95
						Pg	14—27	轻壤土		不明显块状	6.9	21.3	0.83	0.60								
						W	27—100	轻壤土		块状、块状	6.9	7.9	0.24	0.52								
剖面23	铁铝土	红壤	泥质岩红壤	泥质岩红壤	薄层少有机质泥质岩红壤	A	0—10	中壤土		团块状、块状	5.8	18.1	0.83	0.64		87	2.8	132		泥质岩类	E 115°35′43.8″ N 29°46′48.9″	95
						Bv	10—31	灰棕色	轻壤土	块状	5.9	7.9	0.45	0.55								
						C	31—52	棕红色	轻壤土	块状、核块状	5.5	6.5	0.33	0.52								
						D	52—	浅黄色														
剖面24	人为土	水稻土	淹育水稻土	淹育石灰泥田	淹育石灰泥田	A	0—10	棕灰色	黏土	小团块状	7.7	17.3	0.92	0.36	16.7	106	8.0	163	26.3	石灰岩类风化物	E 115°35′21.7″ N 29°46′02.1″	95
						P	10—13	棕色	黏土	块状	7.7	11.1	0.81	0.28	18.2	72	4.0	137	26.3			
						C	13—90	灰棕色	黏土	小团块状	7.3	9.6	0.77	0.22	16.0	60	2.0	98	28.8			
剖面25	半水成土	潮土	潮泥土	潮泥土	灰潮泥土	A	0—17	灰棕色	重壤土	小团块状	7.7	19.7	1.02	1.16		85	6.5	104		近代河流冲积物	E 115°35′40.2″ N 29°45′02.9″	99
						1																
						2	17—28	棕红色	轻壤土	团块状	7.8	13.6	0.71	0.87								
						3	28—100	浅灰棕色	轻壤土	块状	7.7	9.4	0.41	0.86								
剖面26	铁铝土	红壤	红黄泥土	红黄泥土	厚层红黄泥土	A	0—18	灰灰棕色	重壤土	小团块状	6.6	20.3	1.06	0.86		94	6.0	104		泥质岩类风化物	E 115°37′01.8″ N 29°45′57.9″	98
						ABv	18—27	浅灰棕色	重壤土	团块状	6.8	13.2	0.67	0.69								
						Bv	27—74	浅红棕色	重壤土	块状	6.8	10.4	0.55	0.63								
						C	74—100	棕红色	重壤土	块状	6.2	7.9	0.39	0.51								
剖面27	淋溶土	黄棕壤	黄棕壤	马肝土	厚层灰马肝土	A	0—19	棕灰色			7.4	17.8	0.91			79	13.0	143		下蜀黄土	E 115°37′25.1″ N 29°45′23.6″	97
						ABv	19—28	棕灰色			7.4	17.8	0.91			79	13.0	143				
						Bv	28—100	棕灰色			7.4	17.8	0.91			79	13.0	143				

续表 Continued

剖面号 Soil profile	土纲 Soil order	土类 Soil great group	亚类 Soil subgroup	土属 Soil genus	土种 Soil species	土层码 Layer code	土层厚度 Depth/cm	颜色 Soil color	质地 Soil texture	土壤结构 Soil structure	pH	有机质 OM/(g/kg)	全氮 TN/(g/kg)	全磷 TP/(g/kg)	全钾 TK/(g/kg)	碱解氮 AN/(mg/kg)	有效磷 AP/(mg/kg)	速效钾 AK/(mg/kg)	阴离子交换量 CEC/(cmol/kg)	土壤母质 Parent material	剖面点坐标 Profile coordinate	匹配指数 Matching index/%
剖28	铁铝土	红壤	红壤	红砂泥土	薄层红砂泥土	A	0—14					7.6	0.35	0.35						红砂岩类风化物	E 115°30′21.5″ N 29°45′40.5″	97
						Bv	14—27					6.9	0.32	0.23								
						D	27—															
剖29	人为土	水稻土	潜育水稻土	潜育型潮砂泥田	火瑙中潴灰潮砂泥田	A	0—14	灰棕色			6.8	20.5	0.90			92	8.1	51		近代河流冲积物	E 115°32′22.3″ N 29°47′00.4″	95
						P	14—22	灰棕色			6.8	20.5	0.90			92	8.1	51				
						W	22—100	灰棕色			6.3	9.0	0.62			57	5.3	102				
剖30	铁铝土	红壤	红壤	红黄泥土	砾石红黄泥土	A	0—13	黄棕色												泥质岩类风化物	E 115°32′00.5″ N 29°45′41.3″	97
						Bv	13—49	黄棕色														
						W	49—100	黄棕色														
剖31	铁铝土	红壤	红壤	红砂岩红壤	薄层少有机质红砂岩红壤	A	0—7	红棕色	砂壤土	小团块状	5.7	12.8	0.47	0.52		54	≤1.0	92		红砂岩类风化物	E 115°32′55.6″ N 29°46′19.0″	95
						C	7—24	浅棕红色	中壤土	块状	6.8	6.1	0.29	0.41								
						3	24—100	粉红色														
剖32	人为土	水稻土	潜育水稻土	潜育型马肝泥田	上位青稿灰马肝泥田	A	0—15	浅灰色	重壤土	小团块状	7.7	27.1	1.46	1.39		87	12.9	75		下蜀黄土	E 115°33′04.3″ N 29°46′10.7″	95
						Pg	15—27	浅黄棕色	轻黏土	不明显块状	7.6	22.7	0.99	1.28								
						W	27—100	黄棕色	轻黏土	块状	7.2	3.9	0.19	1.02								
剖33	初育土	石灰(岩)土	棕色石灰土	棕色石灰土		A	0—9				5.6	26.4	0.96	0.70		83	1.3	147		石灰岩风化物	E 115°32′43.0″ N 29°45′31.3″	92
						Bv	9—28				6.9	13.1	0.62	0.58								
						C	28—100				6.9	7.8	0.44	0.63								
剖34	初育土	石灰(岩)土	棕色石灰土	棕石灰泥土	中层棕石灰泥土	A	0—14				6.8	12.4	0.61	0.53		67	3.5	153		石灰岩风化物	E 115°33′37.0″ N 29°46′11.7″	85
						Bv	14—41				6.8	12.4	0.61	0.51		67	3.5	153				
						C	41—100				6.8	12.4	0.61	0.54		67	3.5	153				
剖35	铁铝土	红壤	红壤	第四纪红色黏土红壤		A	0—9	棕灰色	轻黏土	小块状	4.8	14.2	0.72			57	2.1	93		第四纪红色黏土	E 115°38′32.1″ N 29°48′07.4″	95
						Bv	9—85	棕红色	轻黏土	小块状	5.1	8.1	0.40									
						C	85—100	暗棕红色			5.0	7.8	0.38									
剖36	铁铝土	红壤	黄泥土	厚层黄泥土		A	0—14	浅灰色		团块状	6.6	12.7	0.68	0.90		57	1.6	95		第四纪红色黏土	E 115°38′51.1″ N 29°47′16.6″	97
						Bv	14—68	浅灰棕色		块状	6.6	12.7	0.68	0.79		57	1.6	95				
						C	68—100	浅灰棕色			6.6	12.7	0.68	0.80		57	1.6	95				
剖37	人为土	水稻土	潜育水稻土	潜育型黄泥田	黄泥田	A	0—10	灰棕色	轻黏土	团块状	6.0	17.9	0.74	0.90		58	6.2	80		第四纪红色黏土	E 115°38′19.8″ N 29°45′03.7″	95
						P	10—21	浅灰棕色	轻黏土	块状	6.1	14.6	0.61	0.79								
						W	21—100	棕灰色	轻黏土	棱柱状	6.8	4.4	0.28	0.80								
剖38	人为土	水稻土	潜育水稻土	潜育型灰潮砂泥田	中潴灰潮砂泥田	A	0—18	灰黄色			7.6	31.8	0.16			127	11.9	53		近代河流冲积物	E 115°31′14.3″ N 29°43′36.6″	95
						P	18—29	暗棕色			7.6	31.8	0.16			127	11.9	53				
						W	29—100	暗棕色			7.6	31.8	0.16			127	11.9	53				
剖39	铁铝土	红壤	红壤	麻砂泥土	中层麻砂泥土	A	0—16				5.5	9.7	0.60	0.89		56	3.5	90		花岗岩风化物	E 115°31′52.4″ N 29°44′53.8″	98
						Bv	16—52				5.4	7.7	0.46	0.75								
						D	52—															
剖40	人为土	水稻土	潜育水稻土	潜育型潮砂泥田	上位青稿灰潮砂泥田	A	0—14	棕灰色			7.5	28.5	1.14			107	10.0	71		近代河流冲积物	E 115°31′29.4″ N 29°43′07.7″	95
						P	14—28	棕灰色			7.5	28.5	1.14			107	10.0	71				
						W	28—100	棕灰色			7.5	28.5	1.14			107	10.0	71				
剖41	人为土	水稻土	潜育水稻土	潜育型潮砂泥田	潮泥田	A	0—10	浅灰色			7.7	18.4	0.93			74	4.8	54		近代河流冲积物	E 115°34′20.9″ N 29°44′35.7″	95
						P	10—22	浅灰色			7.7	18.4	0.93			74	4.8	54				
						W	22—100	浅灰色			7.7	18.4	0.93			74	4.8	54				
剖42	铁铝土	红壤	黄红壤	泥质岩类黄红壤		A	0—18	暗灰色	中壤土	团粒状	5.3	56.8	2.18	0.81		221	5.5	150		泥质岩类风化物	E 115°34′19.4″ N 29°40′19.3″	95
						Bv	18—76	浅棕黄色	重壤土	块状	5.6	19.7	1.02	0.79								
						Bv/C	76—100	浅棕红色	重壤土	大块状	6.0	10.9	0.61	0.77								

续表 Continued

剖面号 Soil profile	土纲 Soil order	土类 Soil great group	亚类 Soil subgroup	土属 Soil genus	土种 Soil species	土层码 Layer code	土层厚度/cm Depth/cm	颜色 Soil color	质地 Soil texture	土壤结构 Soil structure	pH	有机质 OM/(g/kg)	全氮 TN/(g/kg)	全磷 TP/(g/kg)	全钾 TK/(g/kg)	碱解氮 AN/(mg/kg)	有效磷 AP/(mg/kg)	速效钾 AK/(mg/kg)	阳离子交换量 CEC/(cmol/kg)	土壤母质 Parent material	剖面点坐标 Profile coordinate	匹配指数 Matching index/%
剖43	初育土	石灰（岩）土	红色石灰土	红石灰泥土	中层灰红石灰泥土	A	0—19	灰棕色			5.9	15.2	0.81			67	3.6	142		石灰岩风化物	E 115° 35′ 45.6″ N 29° 41′ 23.6″	95
						ABv	19—26	灰棕色			5.9	15.2	0.81			67	3.6	142				
						Bv	26—48	灰棕色			5.9	15.2	0.81			67	3.6	142				
						C	48—100	灰棕色			5.9	15.2	0.81			67	3.6	142				
剖44	初育土	石灰（岩）土	红色石灰土	红石灰泥土	薄层红石灰泥土	A	0—14		重壤土		5.9	9.8	0.70	0.62		46	1.5	127		石灰岩风化物	E 115° 35′ 32.7″ N 29° 40′ 59.7″	95
						Bv	14—31	红棕色	轻黏土	核块状	5.9	7.7	0.52	0.48								
						C	31—100	红棕色	轻黏土	块状	6.7	6.5	0.41	0.39								
剖45	人为土	潴育水稻土	潴育型红黄泥田	中潴灰红黄泥田	A	0—10	浅黄棕色			7.0	12.8	0.76			68	3.2	54		泥质岩类风化物	E 115° 34′ 54.8″ N 29° 40′ 06.1″	95
						P	10—22	浅黄棕色														
						W	22—57	浅黄棕色														
						P(g)	57—100															
剖46	人为土	潴育水稻土	潴育型红黄泥田	灰红黄泥田	A	0—13	棕灰色	中壤土	小团块状	6.9	26.8	1.34	0.67		107	6.5	75		泥质岩类风化物	E 115° 37′ 24.1″ N 29° 40′ 40.8″	95
						P	13—22	灰棕色	重壤土	块状	6.9	18.1	0.95	0.66								
						W1	22—49	黄棕色	重壤土	梭块状	7.1	6.3	0.40	0.59								
						W2	49—100	黄棕色	重壤土	梭柱状	6.9	3.8	0.36	0.64								
剖47	人为土	潴育水稻土	潴育型红黄泥田	麦潴性潴育型红黄泥田	A	0—11	浅灰棕色			8.0	18.4	0.89			95	6.0	90		泥质岩类风化物	E 115° 30′ 13.1″ N 29° 40′ 01.8″	95
						P	11—21	灰棕色			8.0	18.4	0.89			95	6.0	90				
						W	21—100	灰棕色			8.0	18.4	0.89			95	6.0	90				
剖48	人为土	淹育水稻土	淹育型红黄泥田	砾石底弱淹红黄泥田	A	0—10	浅黄棕色	中壤土	小团块状	5.6	14.4	0.93	1.25		72	7.8	101		泥质岩类风化物	E 115° 31′ 50.0″ N 29° 40′ 22.7″	95
						P	10—17	棕黄色	中壤土	块状	6.2	13.8	0.83	1.32								
						D	17—100															
剖49	人为土	潴育水稻土	潴育型马肝泥田	马肝泥田	A	0—17	深黑灰色	轻黏土		5.8	42.6	2.34	1.04		213	8.8	71		下蜀黄土	E 115° 38′ 09.8″ N 29° 44′ 00.8″	95
						P	17—28	深黑灰色	轻黏土	块状	5.8	42.6	2.34	0.84		213	8.8	71				
						W	28—100	深黑灰色	轻黏土		5.8	42.6	2.34	0.64		213	8.8	71				
剖50	人为土	潴育水稻土	潴育型潮泥田	灰潮泥田	A	0—15	棕灰色	中壤土	核块状	7.2	28.4	1.48	1.03		114	7.8	86			E 115° 38′ 20.5″ N 29° 43′ 49.3″	95
						P	15—24	棕灰色	重黏土	块状	7.3	20.5	0.98	1.01								
						C	24—100	灰棕色	轻黏土	团块状	7.2	11.2	0.52	0.83								
剖51	人为土	淹育水稻土	淹育型红黄泥田	砾石底弱淹红黄泥田	A	0—9	浅红棕色	重黏土	块状	7.4	17.4	0.89	0.66		63	3.9	123		石灰岩风化物	E 115° 40′ 00.8″ N 29° 44′ 49.3″	95
						P	9—18	红棕色	轻黏土	块状	7.5	16.1	0.58	0.62								
						C	18—55	红棕色	轻黏土	块状	8.0	13.7	0.41	0.51								
						D	55—100															
剖52	初育土	石灰（岩）土	棕色石灰土	棕色石灰土	中层多有机质棕色石灰土	A	0—16	深黑灰色	重壤土	团粒状	6.5	31.6	1.38			125	2.0	160		石灰岩风化物	E 115° 40′ 22.6″ N 29° 44′ 59.4″	85
						P	16—57	棕黄色	轻黏土	块状	7.6	12.3	0.71									
						C	57—100	棕黄色	轻黏土		7.8	5.4	0.41									
剖53	铁铝土	红壤	红壤	黄泥土	厚层灰黄泥土	A	0—18	棕灰色			6.7	19.7	0.81	0.57		89	10.2	132		第四纪红色黏土	E 115° 38′ 20.9″ N 29° 40′ 19.8″	97
						ABv	18—29	棕灰色			6.7	19.7	0.81	0.49		89	10.2	132				
						Bv	29—74	棕灰色			6.7	19.7	0.81	0.46		89	10.2	132				
						C	74—100	棕灰色			6.7	19.7	0.81			89	10.2	132				
剖54	人为土	水稻土	潴育水稻土	潴育型马肝泥田	中位弱潴马肝泥田	A	0—11	浅灰棕色	轻壤土	小团块状	5.5	15.8	0.88			72	3.5	39		下蜀黄土	E 115° 39′ 49.6″ N 29° 42′ 22.7″	95
						P	11—22	棕黄色	轻黏土	块状	5.4	13.7	0.56									
						G	22—100	棕青灰色	轻黏土	不明显块状	6.1	7.9	0.35									
剖55	淋溶土	黄棕壤	黄棕壤	马肝土	薄层马肝土	A	0—13	浅棕灰色			5.6	12.6	0.70			56	1.2	94		下蜀黄土	E 115° 40′ 18.1″ N 29° 41′ 14.7″	97
						Bv	13—27	浅棕灰色			5.6	12.6	0.70			56	1.2	94				
						C	27—100	浅棕灰色			5.6	12.6	0.70			56	1.2	94				

续表 Continued

剖面号 Soil profile	土纲 Soil order	土类 Soil great group	亚类 Soil subgroup	土属 Soil genus	土种 Soil species	土层代码 Layer code	土层厚度 Depth/cm	颜色 Soil color	质地 Soil texture	土壤结构 Soil structure	pH	有机质 OM/(g/kg)	全氮 TN/(g/kg)	全磷 TP/(g/kg)	全钾 TK/(g/kg)	碱解氮 AN/(mg/kg)	有效磷 AP/(mg/kg)	速效钾 AK/(mg/kg)	阳离子交换量CEC/(cmol/kg)	土壤母质 Parent material	剖面点坐标 Profile coordinate	匹配指数 Matching index/%
剖56	人为土	水稻土	潴育水稻土	潴育型潮砂泥田	上位弱潜灰潮砂泥田	A	0—15	棕灰色	中壤土	小团块状	7.0	29.8	1.43	1.35		112	5.8	53		近代河流冲积物	E 115°32′54.0″ N 29°39′32.5″	95
						Pg	15—27	浅棕灰色	中壤土	块状	7.1	24.4	1.17	1.41								
						G	27—100	浅青灰色	重壤土	不明显块状	7.2	12.8	0.59	1.12								
剖57	人为土	水稻土	潴育水稻土	潴育型潮砂泥田	中潜灰潮砂泥田	A	0—14	棕灰色			7.7	25.7	1.47			112	5.8	89		近代河流冲积物	E 115°36′24.5″ N 29°38′36.4″	95
						P	14—26	棕灰色			7.7	25.7	1.47			112	5.8	89				
						W	26—100	棕灰色			7.7	25.7	1.47			112	5.8	89				
剖58	人为土	水稻土	潴育水稻土	潴育型马肝泥田	弱潜灰马肝泥田	A	0—14	棕灰色			6.5	27.9	1.30			108	4.7	89		下蜀黄土	E 115°33′53.7″ N 29°35′32.2″	95
						P	14—24	棕灰色			6.5	27.9	1.30			108	4.7	89				
						W	24—100	棕灰色			6.5	27.9	1.30			108	4.7	89				
剖59	人为土	水稻土	潴育水稻土	潴育型黄泥田	灰黄泥田	A	0—14	深棕棕色	重壤土	小团块	5.6	26.4	1.15	0.63		102	6.5	54		第四纪红黏土	E 115°35′27.1″ N 29°35′53.9″	95
						P	14—26	灰棕棕色	轻黏土	块状	6.9	15.4	0.73	0.54								
						W	26—100	浅红棕色	轻黏土	棱柱状	6.8	4.6	0.24	0.37								
剖60	铁铝土	红壤		红砂泥土类	中层灰红砂泥土	A	0—17	浅红棕色	轻壤土	小团块状	6.4	14.1	0.77	0.39		64	3.2	90		红砂岩类风化物	E 115°31′36.8″ N 29°35′00.2″	97
						Bv	17—48	棕红色	中壤土	块状	6.4	5.3	0.32	0.28								
						C	48—100	浅棕红色	中壤土	块状	6.2	4.8	0.26	0.36								
剖61	人为土	水稻土	潴育水稻土	潴育型红砂泥田	中潜灰红砂泥田	A	0—15	灰棕色	中壤土	团块状	6.4	29.4	1.44	0.65		115	4.8	86		红砂岩类风化物	E 115°32′21.6″ N 29°35′12.6″	95
						P	15—28	浅灰棕色	中壤土	块状	6.3	14.2	0.93	0.69								
						W	28—100	浅红棕色	重壤土	大棱块状	7.1	6.0	0.38	0.51								
剖62	人为土	水稻土	淹育水稻土	淹育型潮砂泥田	砂砾底弱潴潮砂泥田	A	0—10	红棕黄色	中壤土	小团块状	5.7	12.8	0.57	0.76		59	6.5	37		近代河流冲积物	E 115°32′26.7″ N 29°33′35.0″	95
						C	10—20	灰棕黄色	中壤土	块状	7.4	9.8	0.47	0.86								
						D	20—100	棕黄色			7.9	2.3	0.23	0.84								
剖63	人为土	水稻土	潴育水稻土	潴育型石灰泥田	灰石泥田	A	0—15	棕灰色	重壤土	小团块	6.1	27.9	1.42	1.10		118	7.8	79		石灰岩风化物	E 115°32′24.3″ N 29°33′11.7″	95
						P	15—25	灰棕色	重壤土	块状	7.5	11.2	0.60	1.40								
						W	25—84	浅红棕色	轻黏土	棱块状	7.6	9.3	0.42	1.12								
						C	84—100	红棕色	轻黏土	块状	7.9	8.1	0.29	0.99								
剖64	人为土	水稻土	潴育水稻土	潴育型红黄泥田	砾石底中位弱潜潴灰红黄泥田	A	0—11	灰棕色			7.2	19.2	0.95			72	4.8	45		泥质岩类风化物	E 115°37′52.6″ N 29°33′54.1″	95
						P	11—22	灰棕色			7.2	19.2	0.95			72	4.8	45				
						G	22—100	灰棕色			7.2	19.2	0.95			72	4.8	45				

庐山市

主要土类说明

红壤是庐山市主要土壤类型，占本市地域面积的27%，主要分布于本市山区、丘陵地区。红壤的基本土体结构为A、B、C三个层次，呈红色、棕红色或浅红色，强酸性或酸性，pH为4.5—5.5，有机质含量受植被覆盖度和水土流失影响而差别很大，普遍缺磷。

水稻土是庐山市第二大土壤类型，占本市地域面积的22%。水稻土是在长期季节性淹灌、水下翻耕、季节性脱水、氧化还原交替影响下，原来成土母质或母土的特性发生重大改变，形成的新的土壤类型。由于干湿交替，水稻土形成糊状淹育层、较坚实板结的犁底层、渗育层、潴育层与潜育层多种发生层。这些不同发生层段是在人为耕作、水浆管理下形成的。

黄棕壤是庐山市第三大土壤类型，占本市地域面积的11%，分布于低残丘地区。成土母质为下蜀黄土，覆盖在第四纪红色黏土、紫红色砂岩或紫红色砂砾岩上，也有少数覆盖在页岩、花岗岩或沙丘上。本市黄棕壤土层深厚，质地均一，为壤土或重壤土，呈黄棕色、微酸性至酸性。土体基本构型为A、B、C，B层及以下有明显的棱柱状结构，有胶膜，有较多的铁锰淀积斑块，有网纹层，网纹呈树枝状，颜色灰白，较细而长，没有卵石层，以此区别于第四纪红色黏土。本市所处地带的气候为高温多雨，属于红壤地区的气候，所以黄棕壤有明显的红壤化过程，颜色、酸度变化复杂。因红壤化程度不同，土壤颜色有黄棕色、暗棕色、棕红色，其酸度也随着颜色的变化而不同：黄棕色土层的pH为6.0—6.5，暗棕红色土层的pH为5.0—6.0，棕红色土层的pH为5.0—5.5。

草甸土占本市地域面积的7%，分布在鄱阳湖畔的湖滩港汊区。成土母质为湖积物，草甸土常有季节性淹水，水退后多数生长茂密杂草、芦苇，有机质含量丰富，肥力高。地势稍高，海拔18m左右的滩涂，自9月至次年6月，一般不受水淹，有些已开垦种一季冬作物，成为农耕地，亦称湖泥土。

黄壤占本市地域面积的3%，分布于北部山区，海拔650—1100m。土层厚薄不一，山脊部位多数只有很薄的土层覆盖在岩石上，而山洼地土层厚度在2m以上。成土母质很复杂，五老峰以下为石英砂岩；白鹤洞至归宗一带以花岗岩、片麻岩为主；再往西，千枚岩、页岩越来越多，往往是各类岩石相间出现。土壤呈酸性至强酸性，表层有机质含量丰富，结构良好，肥力高，但严重缺磷。

新积土占本市地域面积的3%，为风沙淤塞而成的荒沙丘，主要分布在沙山周围。其中，荒沙丘全部为灰白色细沙，只有很少耐沙植物生长。熟化沙丘土为人工客土掺泥形成。

小于本市地域面积3%的土壤类型还有潮土等。

本区域中心区气候特征

本区域中心区气候特征值
Regional climate characteristics in central area of the region

气候带：中亚热带湿润气候 Climate region: Subtropical humid climate	
年平均气温 /℃ Annual average temperature /℃	17.2
年平均最高气温 /℃ Annual average maximum temperature /℃	21.5
年平均最低气温 /℃ Annual average minimum temperature /℃	13.9
年降水量 /mm Annual precipitation /mm	1585
≥10℃的积温 /℃ Daily temperature accumulated in a year（≥10℃）/℃	10473
年日照时数 /h Annual sunshine /h	1830
年平均相对湿度 /% Annual average relative humidity /%	78
干燥度 Dryness	0.64

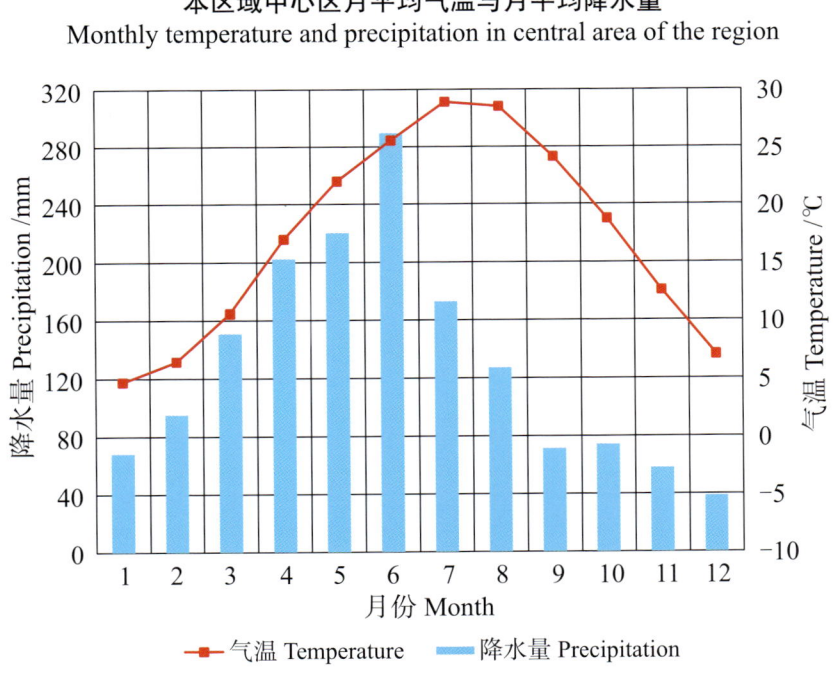

本区域中心区月平均气温与月平均降水量
Monthly temperature and precipitation in central area of the region

星子县主要土壤类型与土壤剖面点分布图
1∶150 000

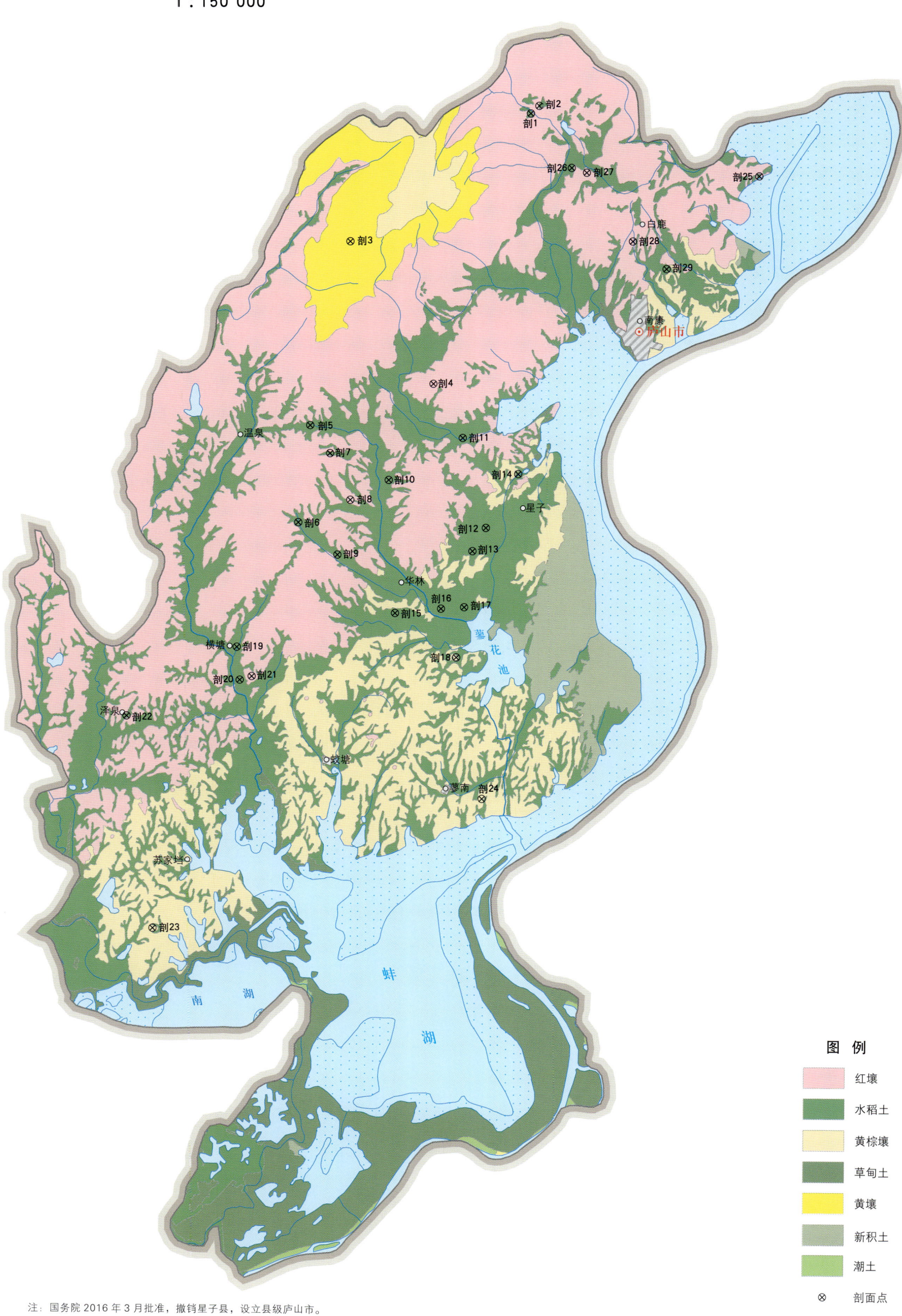

注：国务院 2016 年 3 月批准，撤销星子县，设立县级庐山市。

图例：红壤、水稻土、黄棕壤、草甸土、黄壤、新积土、潮土、⊗ 剖面点

庐山市土壤剖面理化性状表

剖面号 Soil profile	土纲 Soil order	土类 Soil great group	亚类 Soil subgroup	土属 Soil genus	土种 Soil species	土层码 Layer code	土层厚度 Depth/cm	颜色 Soil color	质地 Soil texture	土壤结构 Soil structure	pH	有机质 OM/(g/kg)	全氮 TN/(g/kg)	全磷 TP/(g/kg)	碱解氮 AN/(mg/kg)	有效磷 AP/(mg/kg)	速效钾 AK/(mg/kg)	土壤母质 Parent material	剖面点坐标 Profile coordinate	匹配指数 Matching index/%
剖1	人为土	水稻土	表潜侧渗水稻土	砂丘性表潜侧渗水稻土	青穊砂泥田	A	0—15	黄棕色	壤土	块状	5.7	28.9	1.16	0.71	136	4.0	63		E 115° 59′ 48.5″ N 29° 31′ 16.5″	75
						Pg	15—25	青灰色	壤土	块状	5.5	26.4	0.97	0.70	116	4.0	47			
						Wg₁	25—62	灰色	砂壤土	碎块状	5.2	13.6	0.43	0.47	65	5.3	31			
						Wg₂	62—100	灰灰色	壤土	棱块状	5.6	5.1	0.28	0.48	57	7.0				
剖2	人为土	水稻土	表潜侧渗水稻土	泥质岩性表潜侧渗水稻土	青穊黄泥田	A	0—11	灰棕色	重壤土	小块状	5.0	26.7	1.43	0.14	100	7.0	56	泥质岩类	E 115° 59′ 59.6″ N 29° 31′ 25.8″	75
						Pg	11—18	青灰色	黏土	块状	5.8	13.9	1.32	0.26	104	≤1.0	30			
						W	18—100	灰棕色	黏土	棱柱状	6.6	3.7	0.47	0.60	36	5.0	35			
剖3	铁铝土	黄壤	山地黄壤	山地黄壤	山地黄壤	Ao	0—2												E 115° 55′ 47.2″ N 29° 28′ 43.2″	98
						A₁	2—20	黄棕色	重壤土	团粒状	5.6	81.3	4.79	0.90	328	4.0	197			
						Bv	20—100	黄褐色	轻壤土	块状	5.2	68.5	2.79	0.97	312	3.0	66			
剖4	铁铝土	红壤	森林红壤	林地麻砂泥土		A	0—7	浅黄色	砂壤土	块状	5.5	16.8	0.72	0.32	101	3.0	73	花岗岩风化物	E 115° 57′ 42.2″ N 29° 25′ 57.7″	98
						Bv	7—100	浅黄色	砂壤土	块状	5.7	5.4	0.28	≤0.10	73	2.0				
剖5	人为土	水稻土	潴育水稻土	花岗岩性潴育水稻土	鳝麻砂泥田	A	0—13	灰色	轻壤土	块状	6.2	22.9	1.15	0.71	111	3.3	60	花岗岩	E 115° 54′ 56.9″ N 29° 25′ 06.9″	95
						P	13—22	灰色	轻壤土	块状	6.7	6.3	0.34	0.48	38	3.3				
						W	22—37	棕黄色	壤土	棱柱状	7.4	6.3	0.30	0.40	46	3.3				
						W₂	37—100	棕黄色	壤土	棱柱状	6.7	5.7	0.32	0.66	38	3.2				
剖6	人为土	水稻土	潴育水稻土	潴育型潴水稻土	汕水鳝泥田	A	0—13	棕灰色	黏土	碎块状	5.5	36.1	1.78	1.29	168	18.0	80	泥质岩类风化物	E 115° 54′ 42.9″ N 29° 23′ 12.4″	97
						Pg	13—23	棕灰色	黏土	块状	5.6	36.1	1.53	0.44	142	7.0	39			
						G	23—100	青灰色	黏土	糊粒状	5.0	26.5	1.28	0.23	119	7.0	65			
剖7	人为土	水稻土	潴育水稻土	潴育型冷水稻土	冷水田	A	0—10	灰棕色	重壤土	小块状	5.8	14.7	0.62	0.26	68	3.0	28	花岗岩风化物	E 115° 55′ 24.3″ N 29° 25′ 34.1″	97
						Pg	10—13	青灰色	黏土	块状	5.1	25.5	1.27	0.53	112	2.5	28			
						G	13—100	青灰色	黏土	糊状	5.1	29.2	1.38	0.69	103	7.5	66				
剖8	铁铝土	红壤	红壤	熟化红壤	黄泥土	A	0—10	棕红色	重壤土	大块状	5.4	15.9	0.73	0.60	89	2.0	80	第四纪红色黏土	E 115° 55′ 52.4″ N 29° 23′ 40.0″	97
						C	10—100	棕黄色	重壤土	屑粒状	5.4	2.8	0.40	0.50	43	2.0				
剖9	人为土	水稻土	潴育水稻土	泥质岩性潴育水稻土	灰鳝泥田	A	0—15	暗黄色	重壤土	棱柱状	6.0	30.7	1.75	0.96	168	7.5	51	泥质岩类风化物	E 115° 55′ 36.0″ N 29° 22′ 35.5″	97
						P	15—24	褐棕色	重壤土	棱柱状		17.3	≥10.00	0.48	78	1.7	47			
						W	24—100	暗黄色	中壤土	棱柱状	6.7	5.6	≥10.00	0.48	47	3.2	26			
剖10	人为土	水稻土	潴育水稻土	花岗岩性潴育水稻土	灰麻砂泥田	A	0—13	暗黄色	轻壤土	块状	6.1	25.8	1.31	0.75	141	5.8	66	花岗岩	E 115° 56′ 43.7″ N 29° 24′ 03.5″	95
						P	13—20	暗黄色	轻壤土	块状	6.0	10.0	0.58	0.49	98	4.5				
						W₁	20—28	黄黄色	砂壤土	碎块状	6.3	5.2	0.51	1.23	64	22.5				
						W₂	28—100	褐黄色	砂壤土	碎块状	6.6	4.2	0.47	1.17	35	13.7				
剖11	人为土	水稻土	潴育水稻土	花岗岩性淹育水稻土	麻砂泥田	1	0—13	浅灰色	砂壤土	碎块状								花岗岩	E 115° 58′ 22.5″ N 29° 24′ 54.3″	95
						2	13—100	浅灰色	砂壤土	块状	4.7	27.0	1.87	0.12	146	9.0	113			
剖12	人为土	水稻土	潴育水稻土	潴育型潴水稻土	泥水湖泥田	Ag	0—17	青灰色	黏土	棱柱状	5.6	14.7	1.23	0.12	98	8.0	109	花岗岩	E 115° 58′ 55.7″ N 29° 23′ 09.4″	97
						Pg	17—25	青灰色	黏土	棱柱状	5.8	16.1	1.16	1.16	93	7.5	131			
						W	25—100	灰灰色	黏土	块状	5.2	42.7	1.48	0.70	177	5.0	77			
剖13	人为土	水稻土	表潜侧渗水稻土	湖积性表潜侧渗水稻土	青穊湖泥田	A	0—16	青灰色	壤土	棱柱状	5.3	29.8	1.16	0.69	84	5.3	47	湖积物	E 115° 58′ 37.9″ N 29° 22′ 42.0″	95
						Pg	16—30	浅黄色	壤土	棱柱状	5.5	14.4	0.43	0.46	75	3.5	35			
						W	30—100													

续表 Continued

剖面号 Soil profile	土纲 Soil order	土类 Soil great group	亚类 Soil subgroup	土属 Soil genus	土种 Soil species	土层码 Layer code	土层厚度 Depth/cm	颜色 Soil color	质地 Soil texture	土壤结构 Soil structure	pH	有机质 OM/(g/kg)	全氮 TN/(g/kg)	全磷 TP/(g/kg)	碱解氮 AN/(mg/kg)	有效磷 AP/(mg/kg)	速效钾 AK/(mg/kg)	土壤母质 Parent material	剖面点坐标 Profile coordinate	匹配指数 Matching index/%
剖14	人为土	水稻土	潜育水稻土	潜育型潜水稻田	泥水马肝田	A	0—15	浅灰色	中壤土	细块状	5.5	23.0	1.23	0.47	123	2.0	55	下蜀黄土	E 115°59′38.3″ N 29°24′12.7″	97
						Pg	15—20	蓝灰色	重壤土	块状	6.0	18.1	1.07	0.47	96	1.5				
						Wg	20—66	灰棕色	重壤土	块状	6.5	8.8	0.66	0.70	87	1.6	66			
剖15	人为土	水稻土	淹育水稻土	淹育型马肝泥田	马肝丁田	G	66—100	蓝灰色	重壤土	块状								下蜀黄土	E 115°56′54.8″ N 29°21′28.2″	97
						A	0—10	灰棕色	重壤土	块状	6.4	15.6	0.93	0.71	83	3.2	66			
						C	10—100	棕色	重壤土	棱块状	6.6	3.6			56	≤1.0	43			
剖16	人为土	水稻土	潜育水稻土	湖积性潜育水稻土	灰湖泥田	A	0—14	黄棕色	黏土	块状	5.2	22.9	1.34	0.47	143	6.5	30	湖积物	E 115°57′56.7″ N 29°21′33.9″	97
						P	14—23	灰色	黏土	块状	6.5	10.6	7.60	0.46	79	4.1	33			
						W_1	23—49	黄棕色	黏土	棱块状	6.8	6.7	0.64	0.45	53	5.1	35			
						W_2	49—83	黄棕色	黏土	棱块状	6.7	6.1	0.63	0.25	40	3.5				
剖17	人为土	水稻土	淹育水稻土	湖积性淹育水稻土	湖泥田	A	0—10	灰褐色	重壤土	块状	5.9	17.9	1.46	0.93	144	5.0	76	湖积物	E 115°58′27.8″ N 29°21′35.9″	97
						C	10—100	棕黄色	重壤土	棱块状	5.9	12.8	0.95	0.93	97	≤1.0	125			
剖18	淋溶土	黄棕壤		熟化黄棕壤	油马肝土	A	0—15	棕黄色	重壤土	粒状	5.7	12.1	0.65	0.19	85	7.0	111	下蜀黄土	E 115°58′18.2″ N 29°20′36.7″	97
						Bv_1	15—37	棕黄色	重壤土	块状	6.0	6.3		0.70	62	5.5	65			
						Bv_2	37—100	棕红色	重壤土	棱柱状	6.0	≤1.0	0.59	0.46	62	6.1	57			
剖19	人为土	水稻土	潜育水稻土	泥质岩类潜育水稻土	乌鳞泥田	A	0—15	灰色	中壤土	小块状	5.2	25.5	1.49	1.05	165	9.0	32	泥质岩类风化物	E 115°53′22.6″ N 29°20′45.1″	97
						P	15—22	黄棕色	重壤土	棱块状	5.2	23.1	1.46	0.74	134	9.5	36			
						W	22—100	灰棕色	重壤土	棱块状	6.6	6.9	0.27	0.77	52	11.5	22			
剖20	人为土	水稻土	潜育水稻土	红黏土性潜育水稻土	灰黄泥田	A	0—20	青棕色	中壤土	细粒状	5.8	22.9	1.23	0.80	74	6.8	26	第四纪红色黏土	E 115°53′27.2″ N 29°20′06.4″	95
						P	20—28	青棕色	重壤土	棱块状	6.6	19.6	1.04	1.00	6	7.5	23			
						W	28—100	红棕色	重壤土	棱柱状	4.3	3.7		0.30		7.3				
剖21	铁铝土	红壤		熟化红壤	粉红土	A	0—15	棕色	重壤土	细块状	5.0	9.1	0.66	0.73	89	7.0	87	千枚岩类风化物	E 115°53′43.2″ N 29°20′10.6″	97
						Bv	15—24	棕褐色	重壤土	碎块状	5.1	3.7	0.41	0.82	41	10.0	38			
						C	24—100	棕褐色	重壤土	小棱块状	5.1	≤1.0	≤0.10	0.82	79	≤1.0	44			
剖22	人为土	水稻土	潜育水稻土	泥质岩性潜育水稻土	黄鳝泥田	A	0—11	黄灰色	重壤土	块状	5.8	18.0	1.13	0.66	120	3.3	24	泥质岩类风化物	E 115°50′55.3″ N 29°19′22.0″	98
						P	11—18	浅黄灰色	黏土	块状	5.4	11.0	0.76	0.74	83	≤1.0	33			
						W	18—100	黄棕色	黏土	块状	6.4	6.8	0.61	0.91	22	4.3	25			
剖23	淋溶土	黄棕壤		熟化黄棕壤	灰马肝土	A	0—13	黄棕色	壤土	细粒状	6.1	11.4	1.52	0.47	115	5.0	121	下蜀黄土	E 115°51′35.2″ N 29°15′11.7″	98
						Bv_1	13—52	棕红色	轻黏土	棱块状	6.9	7.8	1.03	0.48	80	2.3	65			
						Bv_2	52—100	棕红色	黏土	棱柱状	5.6	5.3	0.60	0.47	73	2.5	76			
剖24	淋溶土	黄棕壤		森林黄棕壤	黄棕壤	A	0—2	灰棕色	壤土	粒状	5.5	26.1	1.71	0.69	70	3.5	176	千枚岩类风化物	E 115°53′55.5″ N 29°17′51.0″	95
						Bv	2—84	棕红色	重壤土	棱块状	5.5	5.2	0.87	0.87	71	1.3	60			
						C	84—100	棕红色	重壤土	棱块状	5.2	2.2	0.88	0.46	40	2.0	40			
剖25	人为土	水稻土	潜育水稻土	潜育型淤水稻田	泥水砂泥田	A	0—16	暗棕色	砂壤土	碎块状	5.4	33.7	1.06	0.70	137	6.8	77	河流冲积物	E 116°04′58.1″ N 29°30′05.9″	75
						P	16—27	黄棕色	砂壤土	粉末状	5.2	18.8	1.11	0.46	95	5.0	36			
						G	27—45	棕红色	砂壤土	粉末状	5.7	11.5	0.46	0.47	155	4.0	50			
						C	45—	灰白色	砂土	粉状										
剖26	人为土	水稻土	淹育水稻土	泥质岩性淹育水稻土	鳝泥田	1	0—11	浅灰色	中壤土	小块状	6.4	13.1	0.66	0.70	57	1.6		泥质岩类风化物	E 116°00′44.5″ N 29°30′13.0″	95
						2	11—16	黄棕色	重黏土	块状	6.5	8.2	0.41	0.47	64	≤1.0	66			
						3	16—100	棕红色	黏土	细块状	6.5	7.4	0.51	0.48	60	1.6				
剖27	铁铝土	红壤		熟化红壤	麻砂泥土	A	0—16	灰棕色	轻壤土	块状								花岗岩类风化物	E 116°01′05.2″ N 29°30′07.6″	97
						Bv	16—43	灰棕色	壤土	棱块状										
						C	43—100	棕黄色	轻壤土	棱状										

续表 Continued

剖面号 Soil profile	土纲 Soil order	土类 Soil great group	亚类 Soil subgroup	土属 Soil genus	土种 Soil species	土层码 Layer code	土层厚度 Depth/cm	颜色 Soil color	质地 Soil texture	土壤结构 Soil structure	pH	有机质 OM/(g/kg)	全氮 TN/(g/kg)	全磷 TP/(g/kg)	碱解氮 AN/(mg/kg)	有效磷 AP/(mg/kg)	速效钾 AK/(mg/kg)	土壤母质 Parent material	剖面点坐标 Profile coordinate	匹配指数 Matching index/%
剖28	铁铝土	红壤	红壤	森林红壤	林地黄泥土	A	0—6	棕红色	中壤土	细粒状	4.6	15.1	0.66	0.20	49	3.2	62	第四纪红色黏土	E 116°02′08.4″ N 29°28′47.2″	98
						Bv	6—46	红色	中壤土	粒状	4.7	11.7	0.59	0.13	27	2.5				
						C	46—100	红色	重壤土	块状										
剖29	人为土	水稻土	淹育水稻土	红黏土性淹育水稻土	黄泥田	A	0—13	灰黄色	黏土	碎粒状	4.9	15.2	0.72	0.30	65	1.6	54	第四纪红色黏土	E 116°02′54.7″ N 29°28′15.4″	97
						P	13—24	褐灰色	黏土	块状	5.5	10.2	0.63	0.24	24	3.7	51			
						C	24—100	棕黄色	黏土	块状	5.7	4.8	0.43	0.43	9	5.0	52			

新余市

市辖区

主要土类说明

红壤是新余市主要土壤类型，占本市地域面积的52%。红壤发生在中亚热带常绿阔叶林下，经中度脱硅富铝化成土过程形成。红壤黏粒中游离铁占全铁的50%—60%，具深厚红色土层，底层可见深厚红、黄、白相间网纹红色黏土。黏土矿物以高岭石、赤铁矿为主，黏粒硅铝率为1.8—2.4，风化淋溶系数小于0.2，盐基饱和度小于35%，pH为4.5—5.5。按成土条件，本市红壤分为红壤、红壤性土和黄红壤三个亚类，其中红壤亚类面积最大。

水稻土是新余市第二大土壤类型，占本市地域面积的39%，本市凡有水流灌溉且比较平坦的地方都有分布。水稻土是在人类长期水耕熟化过程中所形成的一种独特的土类。长期季节性淹灌、水下翻耕、季节性脱水、氧化还原交替影响下，原来成土母质或母土的特性发生重大改变。由于干湿交替，水稻土形成糊状淹育层、较坚实板结的犁底层、渗育层、潴育层与潜育层多种发生层。这些不同发生层段是在人为耕作、水浆管理下形成的。本市水稻土按水型不同分为淹育水稻土、潴育水稻土、潜育水稻土和侧渗水稻土四个亚类，其中肥力较高的潴育水稻土面积最大。

石灰（岩）土是新余市第三大土壤类型，占本市地域面积的3%，主要分布于仁和、下村、鹄山等乡镇。石灰（岩）土是在碳酸岩类风化物上形成的一类土壤，剖面构型为A-C（旱地为A-B-C或A-B），是一种岩性土壤。由于土壤中富含碳酸钙，土壤腐殖质与钙结合，使土体呈棕色或黄棕色，形成结构良好的粒状结构体。本市只有棕色石灰土一个亚类，成土母质为石灰岩、钙质页岩等。

小于本市地域面积3%的土壤类型还有潮土、紫色土和黄壤等。

本区域中心区气候特征

本区域中心区气候特征值
Regional climate characteristics in central area of the region

气候带：中亚热带湿润气候 Climate region: Subtropical humid climate	
年平均气温 /℃ Annual average temperature /℃	17.7
年平均最高气温 /℃ Annual average maximum temperature /℃	22.0
年平均最低气温 /℃ Annual average minimum temperature /℃	14.5
年降水量 /mm Annual precipitation /mm	1500
≥10℃的积温 /℃ Daily temperature accumulated in a year（≥10℃）/℃	11172
年日照时数 /h Annual sunshine /h	1678
年平均相对湿度 /% Annual average relative humidity /%	79
干燥度 Dryness	0.70

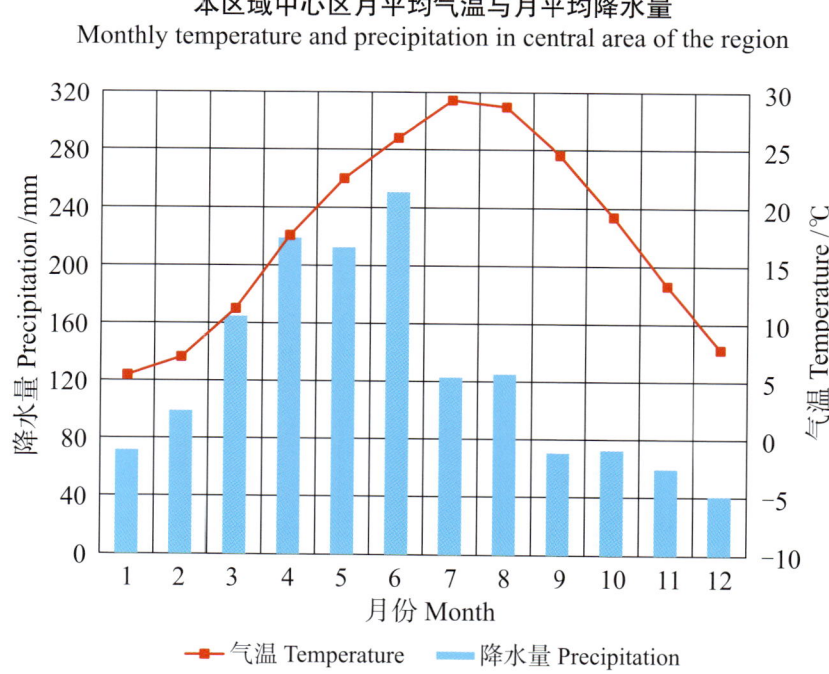

本区域中心区月平均气温与月平均降水量
Monthly temperature and precipitation in central area of the region

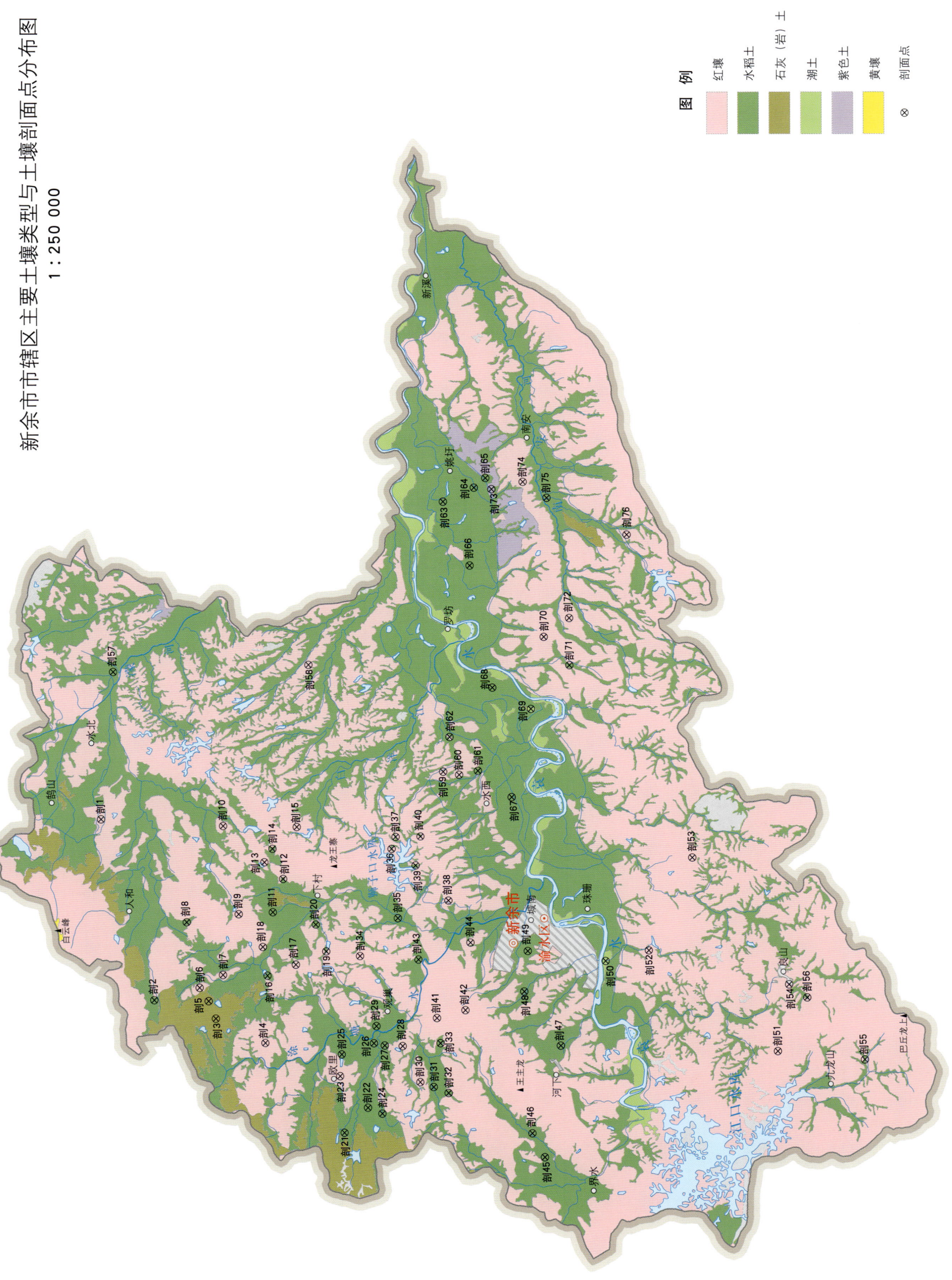

新余市土壤剖面理化性状表

剖面号 Soil profile	土纲 Soil order	土类 Soil great group	亚类 Soil subgroup	土属 Soil genus	土种 Soil species	土层码 Layer code	土层厚度 Depth/cm	颜色 Soil color	质地 Soil texture	土壤结构 Soil structure	pH	有机质 OM/(g/kg)	全氮 TN/(g/kg)	全磷 TP/(g/kg)	全钾 TK/(g/kg)	碱解氮 AN/(mg/kg)	有效磷 AP/(mg/kg)	速效钾 AK/(mg/kg)	阳离子交换量CEC/(cmol/kg)	土壤母质 Parent material	剖面点坐标 Profile coordinate	匹配指数 Matching index/%
剖1	铁铝土	红壤	红壤	紫红砂泥土	厚层紫红砂泥土	1	0–15	黄灰色			5.6	23.6	1.30			111	≤1.0	32		紫红色砂（砾）岩风化物	E 114°59′42.6″ N 28°02′25.3″	95
						2	15–75															
						3	75–100															
剖2	人为土	水稻土	潜育水稻土	潜育石灰泥田	表潜灰石灰泥田	1	0–15	浅灰色		屑粒状	7.1	48.0	2.16			151	4.7	42		石灰岩类风化物	E 114°53′07.9″ N 28°00′38.0″	98
						2	15–35			小粒状												
						3	35–100			块状												
剖3	初育土	石灰（岩）土	棕色石灰土	棕色泥石土		1	0–14	暗红棕色			6.5	14.8	0.78	1.05		58	3.3	30		石灰岩类风化物	E 114°52′29.7″ N 27°58′38.0″	97
						2	14–100				6.2	11.3	0.73	0.68								
剖4	铁铝土	红壤	麻红泥土		薄层灰麻砂泥红壤	A	0–4	暗红棕色	砂质壤土	棕粒状	5.4	27.4	0.97	0.11	23.7	98	2.0	93	8.3	花岗岩类风化物	E 114°51′38.4″ N 27°57′01.6″	95
						BvC	4–30		砂质黏壤土	块状	5.1	15.1	0.57	≤0.10	25.9				8.1			
						C	30–56		砂质壤土	分散状	5.5	3.7	0.12	0.14	24.7				7.3			
剖5	初育土	石灰（岩）土	棕色石灰土	棕色石灰泥土		1	0–4	黄色			6.5	14.9	0.78	0.88	17.6	76	4.1	80		石灰岩类风化物	E 114°53′07.2″ N 27°58′52.5″	97
						2	10–100					6.7	0.33	0.68	20.2							
剖6	铁铝土	黄红壤	酸性结晶岩黄红壤			Ao	0–4	暗黄色	轻壤土	团粒状	5.1	20.2	0.71	0.30	43.7					酸性结晶岩类	E 114°53′35.8″ N 27°59′10.2″	75
						A	4–20	浅红棕色	轻壤土	小块状	5.3	1.7	0.36	0.22	45.9							
						Bv	20–27	黄橙色	砂壤土	块状	5.6	2.9	0.12	0.18	44.7							
						C	27–100			分散状												
剖7	铁铝土	红壤	黄泥土		厚层灰黄泥土	A	0–15	暗黄黄色	轻壤土	粒状	6.7	13.4	0.59	0.73		63	12.3	67		第四纪红色黏土	E 114°54′04.0″ N 27°58′24.8″	97
						Bv	15–60	浅黄棕色	轻壤土	粒状	5.5	5.6	0.41	0.78								
						C	60–100	红棕色	砂壤土	小块状	5.2	3.7	0.64	0.81								
剖8	人为土	水稻土	淹育水稻土	淹育黄泥田	强淹灰石灰泥田	A	0–10	浅棕色	轻壤土	屑粒状	5.8	13.7	0.83	0.44		76	4.3	47		第四纪红色黏土	E 114°55′57.7″ N 27°59′37.0″	97
						P	10–14	黄棕色	中壤土	小块状	5.3	10.9	0.74	0.47								
						C	14–100	红棕色	中壤土	块状	5.5			0.45								
剖9	铁铝土	红壤	石英岩红壤			1	0–18	暗棕红色	轻壤土	团粒状	5.5	13.5	0.78			60	2.5	40		石灰岩类	E 114°56′16.8″ N 27°57′55.7″	98
						2	18–100		轻黏土	小块状	5.8	16.0	1.05									
剖10	铁铝土	红壤	黄砂泥土	厚层灰黄砂泥土		1	0–15	灰红棕色								95	10.5	75		石灰岩类风化物	E 114°59′31.2″ N 27°58′27.9″	97
						2	15–32															
						3	32–100															
剖11	人为土	水稻土	淹育水稻土	淹育黄泥田	强淹灰石灰泥田	A	0–9	灰黄棕色	轻壤土	细粒状	5.8	19.7	0.97	0.83		77	8.4	86		石灰岩类风化物	E 114°56′22.0″ N 27°56′49.3″	95
						P	9–15	暗黄棕色	中壤土	块状	5.6	17.3	0.91	0.83								
						W	15–28	棕色	轻壤土	块状	5.8	5.0	0.49	0.44								
						C	28–100	红黄色	中壤土	块状	6.2			0.49								
剖12	人为土	水稻土	淹育水稻土	强淹黄砂泥田	薄层少有机质岩类红壤	1	0–14	黄灰色	轻壤土	团块状	5.5	20.3	1.05			105	8.0	22		石英岩类风化物	E 114°57′35.2″ N 27°56′30.0″	97
						2	0–6	暗棕红色		小块状												
						3	6–71			块状												
剖13	铁铝土	红壤	石英岩红壤			1	0–15	暗棕红色	轻黏土	粒状	4.9	21.0	0.87	0.30	12.1	115	1.6	85		石英岩类风化物	E 114°58′11.9″ N 27°57′06.7″	98
						2	15–30	浅棕红色	中壤土	块状	5.2	6.8	0.40	0.27	12.1							
						3	30–100	棕色	轻壤土	块状												
剖14	人为土	水稻土	潜育水稻土	潜育黄砂泥田	中潜灰黄砂泥田	1	0–12	暗黄棕色		小块状	5.7	27.8	1.54			152	7.0	43		石英岩类风化物	E 114°58′41.6″ N 27°56′51.2″	95
						2	12–16			块状												
						W	16–49			棱块状												
						G	49–53			棱块状												

续表 Continued

剖面号 Soil profile	土纲 Soil order	土类 Soil great group	亚类 Soil subgroup	土属 Soil genus	土种 Soil species	土层码 Layer code	土层厚度 Depth/cm	颜色 Soil color	质地 Soil texture	土壤结构 Soil structure	pH	有机质 OM/(g/kg)	全氮 TN/(g/kg)	全磷 TP/(g/kg)	全钾 TK/(g/kg)	碱解氮 AN/(mg/kg)	有效磷 AP/(mg/kg)	速效钾 AK/(mg/kg)	阴离子交换量CEC/(cmol/kg)	土壤母质 Parent material	剖面点坐标 Profile coordinate	匹配指数 Matching index/%
剖15	铁铝土	红壤	红壤	酸性结晶岩红壤	酸性结晶岩类	1	0—5	灰黄色			5.4	40.7	2.72			124	5.7	210		酸性结晶岩类	E 114°59′30.7″ N 27°56′04.5″	75
剖16	人为土	水稻土	潴育水稻土	潴育黄砂泥田	弱潜灰黄砂泥田	1	0—15	浅黄色		细粒状	5.6	24.4	1.46			183	5.8	56		石英岩类风化物	E 114°54′03.1″ N 27°56′58.4″	95
						2	15—21			细粒状												
							21—82			细粒状												
						C	82—100			块状												
剖17	铁铝土	红壤	红壤	石英岩红壤	厚层少有机质石英类红壤	1	0—15	棕色			5.3	20.0	1.04			82	≤1.0	56		石英岩类	E 114°54′27.3″ N 27°56′03.5″	98
						2	15—55															
						3	55—100															
剖18	铁铝土	红壤	红壤	黄砂泥土	厚层灰黄砂泥土	1	0—15	棕色	轻壤土	小粒状	6.1	17.8	1.10		9.1	104	6.0	68		石英岩类风化物	E 114°55′05.3″ N 27°57′08.4″	97
						2	15—100	暗棕红色	中壤土	小块状	5.6	10.0	0.83		16.7							
剖19	人为土	水稻土	潴育水稻土	潴育鳝泥田	鳝泥田	1	0—12	灰黄棕色			6.3	31.8	2.08			170	1.7	29		泥质岩类风化物	E 114°54′57.1″ N 27°55′04.8″	75
						2	12—16															
						W	16—74															
							74—100															
剖20	人为土	水稻土	潴育水稻土	潴育紫紫红砂泥田	强潜灰紫红砂泥田	A	0—14	暗棕红色	重壤土	粒状	6.7	36.1	1.56	1.16		136	16.2	156		紫红色岩(砺)化物	E 114°55′56.0″ N 27°55′25.8″	75
						P	14—21	暗黄棕色	重壤土	块状	6.3	20.1	1.05	1.63								
						W₁	21—100	灰黄黄色	重壤土	棱块状	5.8	7.6	0.65	1.15								
						W₂	100—				6.8	8.9	0.71	0.88								
剖21	人为土	水稻土	潴育水稻土	潴育石灰泥田	中潜灰石灰泥田	1	0—13	暗灰黄色		粒状	6.6	51.8	2.47			181	4.5	41		石灰岩类风化物	E 114°54′25.7″ N 27°54′25.4″	97
						2	13—18			小块状												
						W	18—33			小块状												
						4	33—100			小粒状												
剖22	人为土	水稻土	潴育水稻土	潴育石灰泥田	中潜灰石灰泥田	1	0—12	暗棕灰色		粒状	5.9	31.3	1.75			137	3.5	44		石灰岩类风化物	E 114°49′20.8″ N 27°53′40.2″	97
						2	12—18			小块状												
						W	18—72			块状												
						4	72—100			大块状												
剖23	铁铝土	红壤	红壤	石灰泥土		Ao	0—4	暗红棕色	轻壤土	粒状	5.4	27.4	0.97	0.25		119	5.1	54		碳酸岩类风化物	E 114°50′28.5″ N 27°54′35.2″	95
						A	4—30	浅红色	轻壤土	棱状	5.1	15.1	0.57	0.23								
						C	30—56	白色	砂壤土	块状	5.5	3.7	0.12	0.33								
						D	56—100															
剖24	人为土	水稻土	潴育水稻土	潴育石灰泥田	强潜石灰泥田	A	0—14	暗黄棕色	轻壤土	粒状	5.6	42.1	1.65			162	12.4	41		石灰岩类风化物	E 114°49′08.1″ N 27°53′12.3″	97
						P	14—21	暗黄棕色	中壤土	团块状												
						Wg	21—69	浅黄棕色	中壤土	块状												
						G	69—100	青灰色		粒状												
剖25	人为土	水稻土	淹育水稻土	淹育鳝泥田	强淹鳝泥田	1	0—13	棕色	轻壤土	小块状	5.8	34.4	1.84							泥质岩类风化物	E 114°51′15.5″ N 27°54′32.2″	95
						2	13—23			块状												
						3	23—100			小粒状												
剖26	人为土	水稻土	潴育水稻土	潴育鳝泥田	中潜鳝泥田	1	0—20	灰黄棕色		小块状										泥质岩类风化物	E 114°51′40.8″ N 27°53′30.2″	75
						2	20—25			粒状												
						W	25—75															
						4	50—125			块状												

续表 Continued

剖面号 Soil profile	土纲 Soil order	土类 Soil great group	亚类 Soil subgroup	土属 Soil genus	土种 Soil species	土层码 Layer code	土层厚度 Depth/cm	颜色 Soil color	质地 Soil texture	土壤结构 Soil structure	pH	有机质 OM/(g/kg)	全氮 TN/(g/kg)	全磷 TP/(g/kg)	全钾 TK/(g/kg)	碱解氮 AN/(mg/kg)	有效磷 AP/(mg/kg)	速效钾 AK/(mg/kg)	阳离子交换量CEC/(cmol/kg)	土壤母质 Parent material	剖面点坐标 Profile coordinate	匹配指数 Matching index/%
剖27	人为土	水稻土	潴育水稻土	潴育鳝泥田	弱潴灰鳝泥田	1	0—16	浅灰色			5.6	18.0	1.03			75	16.8	25		泥质岩类风化物	E 114°51′43.5″ N 27°53′07.3″	95
						2	16—22															
						W	22—73															
						4	73—100															
剖28	铁铝土	红壤		石灰岩红壤	中层少有机质石英岩类红壤	1	0—10	棕黄色			5.0	16.6	0.76			67	1.4	29		石英岩类	E 114°51′35.4″ N 27°52′34.3″	97
						2	10—40															
						3	40—75															
						4	75—110															
剖29	人为土	水稻土	潴育水稻土	潴育黄泥田	潴育乌黄泥田	1	0—14	棕灰色		粒状	≤3.5	48.7	2.26	0.90		205	5.0	64		第四纪红色黏土	E 114°52′17.5″ N 27°53′25.6″	97
						2	14—19			小块状												
						W	19—49			核块状												
						4	49—100			块状												
剖30	铁铝土	红壤		炭质页岩类红壤		1	0—10	黑灰色	重壤土	块状	8.4	38.7	1.48	1.39	1.9	120	2.0	25		炭质泥页岩类	E 114°50′17.4″ N 27°51′59.1″	75
						2	10—40	暗灰色	黏土	粒状	8.2	12.0	0.53	0.28	1.6							
剖31	人为土	水稻土	潴育水稻土	潴育黄泥田	强潴灰黄泥田	1	0—13	灰黄棕色		小团块状	5.5	26.9	1.70	0.58		159	8.4	95		第四纪红黏土	E 114°50′07.6″ N 27°51′32.7″	97
						2	13—18			块状												
						W	18—40			块状												
						4	40—100															
剖32	人为土	水稻土	潴育水稻土	潴育紫红砂泥田	弱潴紫红砂泥田	1	0—11	浅棕黄色		团粒状	6.0	21.3	1.19			82	≤1.0	35		紫红色砂(砾)岩风化物	E 114°49′54.9″ N 27°51′03.5″	75
						2	11—16			块状												
						W	16—100			块状												
						4	100—															
剖33	人为土	水稻土	潴育水稻土	潴育紫红砂泥田	紫红色砂泥田	A	0—14				5.5	26.1	1.42	0.73	11.9	113	4.2	57		紫红色砂(砾)岩风化物	E 114°51′42.6″ N 27°51′20.6″	75
						P	14—21			团粒状	5.9	17.4	9.20	0.80	12.4							
						W_1	21—61				6.1	6.5	0.44	0.54	10.9							
						W_2	61—				6.5	3.6	0.47	0.58	11.0							
剖34	铁铝土	红壤		酸性结晶岩红壤		Ao	0—4	暗红棕色												酸性结晶岩类	E 114°54′47.8″ N 27°53′58.4″	75
						Bv	4—30	浅红棕色	轻壤土	核块状												
						C	30—56	白色	砂土	块状												
						D	56—															
剖35	人为土	水稻土	潴育水稻土	潴育鳝泥田	弱潴鳝泥田	A	0—15	浅棕色	重壤土	小块状	5.8	38.9	1.99	0.79		151	11.0	31		泥质岩类风化物	E 114°56′12.0″ N 27°52′45.9″	95
						P	15—23	灰黄色	中壤土	块状	6.3	24.3	1.36	0.51								
						W_1	23—65	灰黄色	重壤土	棱块状	6.4	13.1	1.20	0.41								
						W_2	65—100	浅黄色	轻壤土	块状	6.2	4.0	0.25	0.20								
剖36	人为土	水稻土	潴育潮砂泥田	潴育潮砂泥田	中潜潴潮砂泥田	1	0—13	暗棕灰色	中壤土	小团块状	5.9	30.7	1.82			161	5.6	47		河流冲积物	E 114°58′44.7″ N 27°52′59.4″	75
						2	5—7	暗灰灰色		块状												
剖37	人为土	水稻土	潴育鳝泥田	潴育鳝泥田	灰鳝泥田	1	0—12	棕色			5.4	26.4	1.58			145	5.3	31		泥质岩类风化物	E 114°59′11.2″ N 27°52′51.8″	75
						W	12—17	棕红色	中壤土	细块状												
							17—100															
剖38	铁铝土	红壤		酸性结晶岩红壤		1	0—14	浅棕红色	重壤土	核块状										酸性结晶岩类	E 114°56′52.3″ N 27°51′07.9″	75
						2	14—86															

续表 Continued

剖面号 Soil profile	土纲 Soil order	土类 Soil great group	亚类 Soil subgroup	土属 Soil genus	土种 Soil species	土层码 Layer code	土层厚度 Depth/cm	颜色 Soil color	质地 Soil texture	土壤结构 Soil structure	pH	有机质 OM/(g/kg)	全氮 TN/(g/kg)	全磷 TP/(g/kg)	全钾 TK/(g/kg)	碱解氮 AN/(mg/kg)	有效磷 AP/(mg/kg)	速效钾 AK/(mg/kg)	阳离子交换量 CEC/(cmol/kg)	土壤母质 Parent material	剖面点坐标 Profile coordinate	匹配指数 Matching index/%
剖39	人为土	水稻土	潴育水稻土	潴育紫红砂泥田	弱潴紫红砂泥田	A	0—14		重壤土		5.2	21.7	1.29	0.58		112	5.3	43		紫红色砂(砾)岩风化物	E 114°58′08.9″ N 27°52′12.5″	75
						P	14—21		重壤土		6.1	14.3	0.65	0.46								
						W₁	21—100		重壤土		6.6	7.8	0.60	0.41								
						W₂	100—				6.8	3.0	0.30	0.28								
剖40	人为土	水稻土	潴育水稻土	潴育潮砂泥田	黏底潮灰砂泥田	A	0—14	暗灰色	轻壤土	粒状	5.6	36.1	2.03	1.02	25.7	161	16.5	114		河流冲积物	E 114°59′13.4″ N 27°52′03.7″	95
						P	14—23	黄灰色	中壤土	小块状	5.5	26.1	1.47	1.07	23.1							
						W	23—100	黄棕色	中壤土	棱块状	6.7	12.9	0.84	1.21	24.4							
剖41	铁铝土	红壤		石灰岩红壤	厚层中有机质石灰岩类红壤	A	0—5	棕色	中壤土	小块状										石灰岩类	E 114°52′36.6″ N 27°51′27.9″	95
						Bv	5—46	暗棕红色	重壤土	核块状												
						C	46—100	棕红色	中壤土	块状												
剖42	铁铝土	红壤		石英岩红壤	薄层中有机质石灰岩类红壤	1	0—13	灰棕色			5.1	21.4	1.09			101	1.1	55		石灰岩类	E 114°52′54.0″ N 27°50′32.6″	97
						2	13—50				7.4											
						3	50—100															
剖43	人为土	水稻土	潴育水稻土	潴育鳝泥田	表潜灰鳝泥田	1	0—15	棕色	重壤土	小粒状										泥质岩类风化物	E 114°54′41.7″ N 27°52′05.1″	95
						Pg	15—27		轻黏土	小块状						205	2.4	82				
						Wg	27—79			块状		59.1	2.59									
						4	79—100															
剖44	铁铝土	红壤		紫砂泥土	中层灰紫红砂泥土	1	0—11	红棕色	重壤土		5.8	17.4	1.04			108	3.3	95		紫红色砂(砾)岩风化物	E 114°55′20.1″ N 27°50′24.5″	95
						2	11—73															
						3	73—															
剖45	人为土	水稻土	侧渗水稻土	侧渗黄砂泥土	弱潴黄砂泥土	1	0—17	淡灰色	轻壤土		5.4	32.7	1.82	0.59	12.1	145	12.4	40		石英岩类风化物	E 114°47′37.4″ N 27°47′55.5″	95
						2	17—27			屑粒状	5.8	35.2	2.12			162	7.4	30				
						W	27—100															
						4	100—															
剖46	人为土	水稻土	潴育水稻土	潴育黄砂泥田	中潴灰黄砂泥田	A	0—13	棕灰色	轻壤土	层粒状	5.6	31.5	1.52	0.73	17.0	148	7.9	43		石英岩类风化物	E 114°48′29.1″ N 27°48′20.0″	95
						2	13—20	暗灰黄色	轻壤土	小块状	5.9	21.0	1.20	0.62	10.8							
						3	20—100	暗灰黄色	重壤土	棱块状	6.2	5.5	4.60	0.62	11.1							
剖47	人为土	水稻土	潴育水稻土	潴育潮砂泥田	弱潴黏砂泥田	1	0—13	暗灰黄色	中壤土	粒状	6.1	31.6	1.70	0.37	8.2	139	4.0	29		河流冲积物	E 114°51′35.6″ N 27°48′38.5″	95
						2	13—18	暗灰黄色	中壤土	小块状	6.2	17.8	1.03	0.46	8.5							
						W₁	18—70	暗灰黄色	中壤土	大块状	6.6	8.3	0.50	0.48	10.2							
						W₂	70—100	黄棕色	中壤土	大块状	6.7	4.5	0.42	0.61	13.2							
剖48	人为土	水稻土	侧渗水稻土	侧渗紫红砂泥田	弱潴紫红砂泥田	1	0—12	灰黄棕色	中壤土		5.5	34.3	1.82	0.70	21.6	163	3.8	41		紫红色砂(砾)岩风化物	E 114°53′02.9″ N 27°48′32.7″	95
剖49	潮土			浅源泥土	珠珊砂泥土	A	0—19	黄棕色	砂质壤土	屑粒状	4.6	10.4	0.50	0.60	24.4		9.0	58		紫红色砂(砾)岩风化物	E 114°54′43.7″ N 27°46′01.1″	95
						C₁	19—74	棕色	黏壤土	小块状	4.8	5.0	0.30	0.60	25.3							
						C₂	74—100	黄棕色	黏壤土	小块状		2.0										
剖50	铁铝土	红壤		泥质岩红壤	厚层中有机质泥质岩类红壤	1	0—20	暗红棕色			4.9	17.6	0.96			92	7.5	65		泥质岩类	E 114°51′33.6″ N 27°40′24.7″	97
						2	20—40	棕色	重壤土	团粒状	5.6	69.1	3.11	1.45	34.0	247						
						3	40—100	浅棕色	重壤土	小块状	5.2	18.0	1.26	1.29	35.0							
剖52	铁铝土	红壤		泥质岩红壤	薄层少有机质泥质岩类红壤	A₁	0—10			大块状						134				泥质岩类	E 114°55′07.5″ N 27°44′37.3″	98
							10—20	红棕色	重壤土		5.7	3.6	0.54		39.0							
						Bv	20—70	红棕色	重壤土					1.29								
						C	70—100															

续表 Continued

剖面号 Soil profile	土纲 Soil order	土类 Soil great group	亚类 Soil subgroup	土属 Soil genus	土种 Soil species	土层码 Layer code	土层厚度 Depth/cm	颜色 Soil color	质地 Soil texture	土壤结构 Soil structure	pH	有机质 OM/(g/kg)	全氮 TN/(g/kg)	全磷 TP/(g/kg)	全钾 TK/(g/kg)	碱解氮 AN/(mg/kg)	有效磷 AP/(mg/kg)	速效钾 AK/(mg/kg)	阳离子交换量CEC/(cmol/kg)	土壤母质 Parent material	剖面点坐标 Profile coordinate	匹配指数 Matching index/%
剖53	铁铝土	红壤	红壤	泥质岩红壤	中层中有机质泥质岩类红壤	1	0—8	暗棕红色			5.1	15.3	0.96			80	≤1.0	50		泥质岩类	E 114°58′33.2″ N 27°43′14.7″	97
						2	8—59															
						3	59—100															
剖54	铁铝土	红壤	红壤	泥质岩红壤		1	0—20	红棕色			5.5	28.7	1.37			130	2.1	41		泥质岩类	E 114°53′57.6″ N 27°40′03.9″	97
						2	20—100															
剖55	人为土	水稻土	潴育水稻土	潴育紫砂泥田	弱潴灰紫红砂泥田	A	0—13	浅灰色		粒状	5.8	32.0	1.72			100	28.8	50		紫红色砂岩风化物	E 114°51′17.8″ N 27°37′35.2″	95
						Wg	13—20			小块状												
							20—60			块状												
						4	60—100			大块状												
剖56	人为土	水稻土	侧渗水稻土	侧渗鳝泥田	中漂灰鳝泥田	1	0—13	暗黄棕色	中壤土	粒状	5.5	32.9	1.90			155	6.1	65		泥质岩类风化物	E 114°53′30.0″ N 27°39′28.0″	95
						A	0—16	灰黄棕色	中壤土	小块状	5.9	26.2	1.53	0.50		124	2.9	50				
剖57	人为土	水稻土	潴育水稻土	潴育潮砂泥田	中潴乌砂泥田	P	16—23	暗灰黄色	中壤土	棱块状	6.4	9.4	0.79	0.56						河流冲积物	E 115°05′04.2″ N 28°02′04.9″	95
						W	23—65	黄棕色	中壤土	块状	6.8	5.6	0.52	0.84								
						C	65—100															
剖58	铁铝土	红壤	红壤	紫红砂泥土	厚层灰棕红砂泥土	1	0—18	灰红棕色	重壤土	小块状	5.2	19.3	1.18	0.57	12.8	95	5.0	52				95
						2	18—100	浅灰黄色	重壤土	块状	5.1	7.6	0.24	0.85	13.6							
剖59	铁铝土	红壤	红壤	第四纪红色黏土红壤	中层有机质红土红壤	1	0—6	暗黄棕色			5.1	16.9	0.91			64	3.1	78		第四纪红色黏土	E 115°01′34.5″ N 27°51′20.5″	98
						2	6—51															
						3	51—100															
剖60	铁铝土	红壤	红壤	黄泥土	中层灰黄泥土	1	0—10	灰黄棕色			5.4	17.0	1.07			90	5.4	52		第四纪红色黏土	E 115°01′28.6″ N 27°50′49.7″	97
						2	10—18															
						3	18—100															
						4	100—															
剖61	人为土	水稻土	潴育水稻土	潴育黄泥田	中潴灰黄泥田	A	0—12	灰黄棕色	轻壤土	团块状	5.7	19.4	0.95	0.46		93	1.9	46		第四纪红色黏土	E 115°02′50.2″ N 27°51′08.9″	98
						P	12—19	灰黄棕色	中壤土	团块状	5.3	5.4	0.41	3.30								
						W	19—100	暗灰黄色	中壤土	棱块状	5.7	9.3	0.55	3.50								
剖62	铁铝土	红壤	红壤	黄泥土	厚层黄泥土	1	0—17	棕色	重壤土	屑粒状	5.4	38.5	2.19			173	7.3	28		第四纪红色黏土	E 115°11′23.8″ N 27°51′26.2″	97
						2	17—24	浅棕色	重壤土	小块状												
						3	24—100	浅棕色	轻壤土	块状												
剖63	人为土	水稻土	潴育水稻土	潴育鳝泥田	弱潴灰鳝泥田	1	0—12	暗黄棕色		粒状										泥质岩类风化物	E 115°11′23.8″ N 27°51′26.2″	95
						2	12—17			小块状												
						W	17—100			块状												
						Pg	100—															
剖64	人为土	水稻土	潴育水稻土	潴育潮砂泥田	中潴乌砂泥田	1	0—13	浅灰色	砂壤土	细粒状	5.2	35.7	2.09	0.75		198	8.8	46		河流冲积物	E 115°11′54.6″ N 27°50′26.5″	95
						P	13—20	黄灰棕色	轻壤土	小块状												
						W	20—100	灰黄色	中壤土	块状												
剖65	人为土	水稻土	潴育水稻土	潴育紫泥田	弱潴灰紫泥田	1	0—11	暗黄色			5.0	37.1	2.29			183	11.0	36		紫红色泥岩风化物	E 115°12′16.4″ N 27°50′04.6″	98
						2	11—16															
						3	16—100															
剖66	人为土	水稻土	潴育水稻土	潴育黄泥田	弱潴灰黄泥田	A	0—12	灰黄色	轻壤土	小块状	5.4	25.4	1.70	0.64						第四纪红色黏土	E 115°09′05.7″ N 27°50′33.4″	98
						P	12—23	黄灰色	轻黏土	块状	6.8	7.8	0.64	0.61								
						W	23—55	棕色	中黏土	棱块状	6.0			0.54								
						C	55—100	棕黄色	重壤土	块状												

续表 Continued

剖面号 Soil profile	土纲 Soil order	亚类 Soil subgroup	土属 Soil genus	土种 Soil species	土层码 Layer code	土层厚度 Depth/cm	颜色 Soil color	质地 Soil texture	土壤结构 Soil structure	pH	有机质 OM/(g/kg)	全氮 TN/(g/kg)	全磷 TP/(g/kg)	全钾 TK/(g/kg)	碱解氮 AN/(mg/kg)	有效磷 AP/(mg/kg)	速效钾 AK/(mg/kg)	阳离子交换量CEC/(cmol/kg)	土壤母质 Parent material	剖面点坐标 Profile coordinate	匹配指数 Matching index/%
剖67	人为土	潴育水稻土	潴育鳝泥田	强潴灰鳝泥田	A	0—14	暗灰黄色	中壤土	屑粒状										泥质岩类风化物	E 115°00′41.2″ N 27°49′07.0″	95
					P	14—23	浅灰黄色	中壤土	小块状												
					W	23—55	灰黄色	中壤土	团块状												
					C	55—100		重壤土	块状												
剖68	人为土	潴育水稻土	潴育潮砂泥田	中潴灰潮砂泥田	A	0—14	暗灰黄色		细粒状	5.5	35.8	2.03	0.77		169	6.8	42		河流冲积物	E 115°04′39.4″ N 27°49′47.0″	95
					2	14—17	暗黄棕色		块状	5.8	16.9	1.00	0.64								
					3	17—100	浅棕黄色		小块棱状	6.4	6.1	5.40	0.61								
剖69	半水成土	潮土	砂壤质潮土	砂壤质潮土	1	0—12	黄灰色	重壤土		5.8	40.2	2.50			214	15.5	135		河流冲积物	E 115°03′53.6″ N 27°48′31.4″	95
剖70	铁铝土	红壤			A	0—7	浅红黄色	重壤土	块状										第四纪红色黏土	E 115°06′32.1″ N 27°48′07.9″	98
					2	7—93	红工色	重壤土	块状												
剖71	人为土	潜育水稻土	潜育黄泥田	表潜灰黄泥田	A	0—16	黄灰色	中壤土	软块状	6.3	42.3	2.15	0.81		156	5.4	33		第四纪红色黏土	E 115°05′30.4″ N 27°47′17.4″	97
					PC	16—24	棕灰色	中壤土	小块状	7.6	18.8	1.01	0.52								
					G	24—100	青灰色	重壤土	块状	7.3	8.5	0.58	0.36								
剖72	铁铝土	红壤	第四纪红色黏土红壤	厚层中有机质红土红壤	1	0—13	灰灰色			5.2	8.0				50	1.5	40		第四纪红色黏土	E 115°07′13.8″ N 27°47′18.8″	98
					2	13—35			小块状												
					3	35—100			核块状												
剖73	初育土	石灰性紫色土			1	0—7	暗红色	中壤土											紫红色泥页岩类	E 115°11′51.8″ N 27°49′52.8″	98
					2	7—100	暗红棕色	中壤土													
剖74	铁铝土	红壤	第四纪红色黏土红壤	中层中有机质红土红壤	1	0—17		重壤土											第四纪红色黏土	E 115°12′08.6″ N 27°48′51.5″	98
					2	17—24		重壤土													
					3	24—100		轻壤土													
剖75	人为土	潜育水稻土	潜育黄泥田	中潜灰黄泥田	Ag	0—14	暗灰色	中壤土	小粒状	5.4	24.2	1.45	0.49		100	11.5	29		第四纪红色黏土	E 115°11′34.4″ N 27°48′05.2″	97
					Pg	14—18	浅灰色	中壤土	块块状	5.6	20.3	1.27	0.48								
					W_1	18—91	浅黄棕色	中壤土	棱块状	6.4	3.7	0.42	0.38								
					W_2	91—100	红灰黄色	轻壤土	大块状	6.3	4.8	0.45	0.47								
剖76	铁铝土	红壤	黄砂泥土	厚层黄砂泥土	1	0—15	黄灰色			6.1	17.0	1.01			96	3.2	71		石灰岩类风化物	E 115°10′16.9″ N 27°45′29.0″	97
					2	15—76															
					4	76—															

分 宜 县

主要土类说明

红壤是分宜县主要土壤类型，占本县地域面积的55%，主要分布在低山、丘陵、地势平缓地区。本县红壤的母质类型有酸性结晶岩类、石英岩类、泥质岩类、碳酸岩类风化物及第四纪红色黏土残积物、坡积物等。这些风化物以残积、坡积、洪积方式在丘陵和低山地区堆积，是形成红壤的物质基础。本县处于中亚热带生物气候条件下，冬季温凉干旱，夏季炎热潮湿。这种高温多雨、湿热同季的气候特点，有利于土壤中物质的强烈风化和生物物质的分解循环，有利于脱硅富铝化过程的进行，母质中硅酸盐类中硅的迁移量可达40%—70%，钙、镁、钾的迁移量可达100%，铁的富积量为7%—15%，铝的富积量为10%—12%，形成高岭石、三水铝矿、赤铁矿及多水氧化铁等黏土矿物。本县红壤分为红壤、黄红壤两个亚类，其中红壤亚类占本土类面积的95%以上。

水稻土是分宜县第二大土壤类型，占本县地域面积的21%，广泛分布于山间盆地、河谷平原、山丘沟谷及平缓的岗坡低地上。水稻土是各种自然土壤或耕作土壤在淹水种稻的情况下形成的。地形、母质及水文条件，对水稻土的形成和发育有深刻影响，尤以水文条件的影响最大。受地面短期淹水作用形成淹育水稻土，地面淹水和地下毛管水共同作用下形成的潴育水稻土，地面水、层间滞水或地下水长期浸渍下形成潜育水稻土，由侧渗水作用形成漂洗水稻土等。不同成土母质类型对水稻土的形成和肥力特征也具有一定的影响。花岗岩发育的水稻土砂性重，钾含量丰富，石灰岩发育的水稻土黏重，呈中性至微碱性，锌缺乏，钙丰富。潴育水稻土占比最大，占水稻土面积的83%，广泛分布在全县平原及丘陵沟谷中、下部。此类型土壤属良水型水稻土，由于排灌条件好，地下水位适中，土体中氧化还原作用交替强烈，铁锰氧化物淋溶淀积比较明显，犁底层下有深厚的潴育层，铁锰新生体多，棱块状结构发育好，多数结构体表面灰色胶膜明显。土体构型为A-P-W-C（G），也有少量的A-P-W与A-Pg-W。土体通透性好，渗水而不漏水。渍水面不浸水，是本县主要的高产稳产土壤。

石灰（岩）土是分宜县第三大土壤类型，占本县地域面积的19%。本县北部各地（除洋江乡外）均有分布。石灰（岩）土是发育于碳酸岩类风化物上的一种发育不深的岩性土壤。根据岩性、成土条件和土壤颜色，划分为灰色石灰土和棕色石灰土两个亚类。其中棕色石灰土占97%，一般分布在丘陵中、上部，草本植物和灌木生长较好，表层土色较暗，土体松软，呈微碱性，心土层发育明显，有新生体出现。

小于本县地域面积3%的土壤类型还有紫色土、黄壤等。

本区域中心区气候特征

本区域中心区气候特征值
Regional climate characteristics in central area of the region

气候带：中亚热带湿润气候 Climate region: Subtropical humid climate	
年平均气温 /℃ Annual average temperature /℃	17.7
年平均最高气温 /℃ Annual average maximum temperature /℃	21.9
年平均最低气温 /℃ Annual average minimum temperature /℃	14.5
年降水量 /mm Annual precipitation /mm	1482
≥10℃的积温 /℃ Daily temperature accumulated in a year (≥10℃) /℃	10923
年日照时数 /h Annual sunshine /h	1669
年平均相对湿度 /% Annual average relative humidity /%	79
干燥度 Dryness	0.71

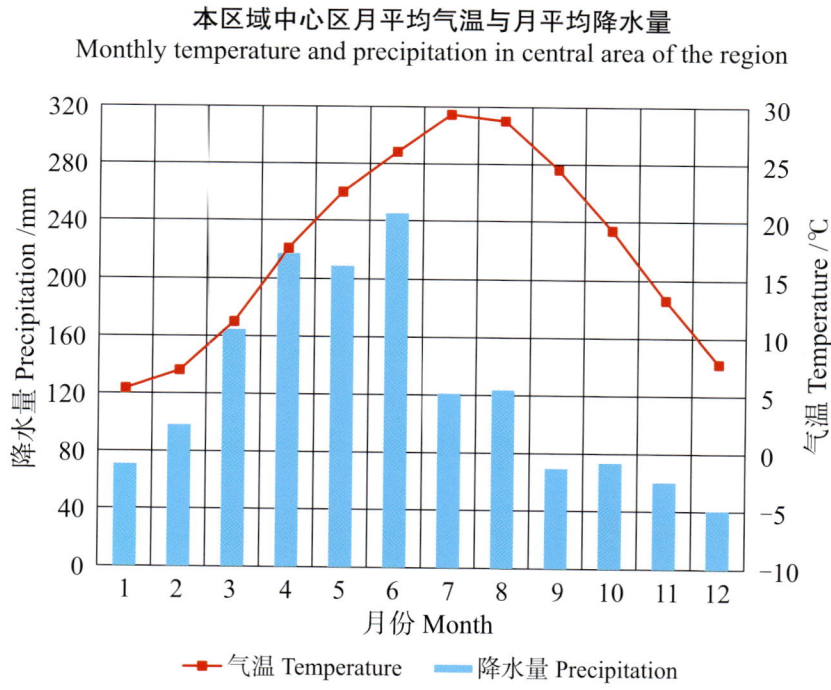

本区域中心区月平均气温与月平均降水量
Monthly temperature and precipitation in central area of the region

分宜县主要土壤类型与土壤剖面点分布图
1:210 000

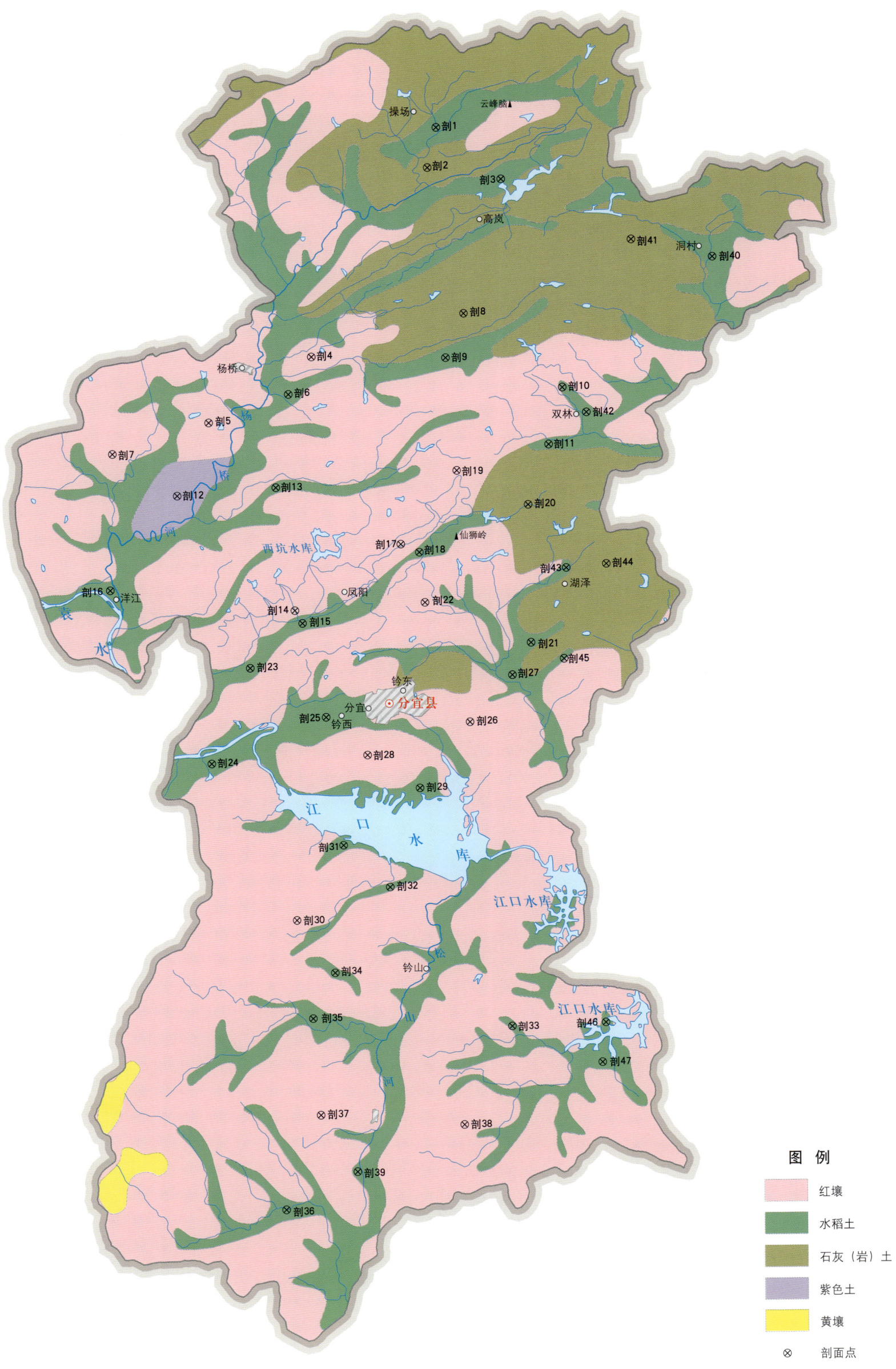

图例
- 红壤
- 水稻土
- 石灰（岩）土
- 紫色土
- 黄壤
- ⊗ 剖面点

分宜县土壤剖面理化性状表

剖面号 Soil profile	土纲 Soil order	土类 Soil great group	亚类 Soil subgroup	土属 Soil genus	土种 Soil species	土层码 Layer code	土层厚度 Depth/cm	颜色 Soil color	质地 Soil texture	土壤结构 Soil structure	pH	有机质 OM/(g/kg)	全氮 TN/(g/kg)	全磷 TP/(g/kg)	全钾 TK/(g/kg)	碱解氮 AN/(mg/kg)	有效磷 AP/(mg/kg)	速效钾 AK/(mg/kg)	阳离子交换量CEC/(cmol/kg)	土壤母质 Parent material	剖面点坐标 Profile coordinate	匹配指数 Matching index/%
剖1	人为土	水稻土	淹育水稻土	淹育型紫红泥田	紫红泥田	1	0—12	灰棕色	重壤土	小块状		21.8	1.22	0.83		91	≤1.0	50		第四纪红色黏土残积物、坡积物	E 114°41′04.4″ N 28°03′49.0″	95
						2	12—18	棕黄色	重壤土	块状		13.5	0.72	0.90			6.0	80				
						3	18—100	棕黄色	重壤土	块状		5.2	0.30	0.75								
剖2	初育土	石灰(岩)土	棕色石灰土			1	0—17	棕色	轻黏土	粒状		61.6	2.95	1.35		230	6.0	80		石灰岩风化物	E 114°40′49.6″ N 28°02′45.9″	95
						2	17—100	黄棕色	轻黏土	块状		28.4	1.27	1.21			9.0	50				
剖3	人为土	水稻土	潴育水稻土	潴育型潮砂泥田	强潴乌黄砂泥田	1	0—15	暗棕灰色	轻壤土	粒状		40.4	1.80	1.09		162	9.0	50		河流冲积物	E 114°43′01.1″ N 28°02′29.9″	95
						2	15—20	黄棕灰色	轻壤土	块状		36.4	1.56	1.07								
						W₁	20—46	黄棕色	轻壤土	块状		5.5	0.62	0.93								
						W₂	46—100	黄棕色	轻壤土	棱块状		2.4	0.19	0.73								
剖4	铁铝土	红壤		紫红泥土	厚层紫红泥土	1	0—12	黄灰色	重壤土			15.7	0.67	0.39		55	≤1.0	20			E 114°37′28.1″ N 27°57′44.8″	95
						2	12—100	黄灰色	重壤土			3.4	0.47	0.26								
剖5	铁铝土	红壤		泥质岩类红壤	中层多有机质泥质岩类红壤	1	0—14	黄灰色	重壤土	粒状		53.5	2.28	0.82		122	3.0	45		泥质岩类风化物	E 114°34′27.1″ N 27°55′59.0″	95
						2	14—56	灰黄色	中壤土	小块状		10.4	0.52	0.64								
						3	56—100	黄黄色	中壤土	屑粒状												
剖6	人为土	水稻土	潴育水稻土	潴育型紫红泥田	中位中潜灰紫红壤田	1	0—18	棕灰色	中壤土	块状		38.1	1.60	0.73	4.5	161	6.0	45		第四纪红色黏土残积物、坡积物	E 114°36′47.9″ N 27°56′45.6″	95
						2	18—26	浅灰黄色	中壤土	大块状		24.8	1.31	0.45	4.9							
						3	26—76	青灰色	中壤土	块状		1.4	0.25	0.40	6.1							
						4	76—100	灰棕色	重壤土	块状												
剖7	铁铝土	红壤		紫红泥土	厚层紫红泥土	1	0—16	黄棕色	中壤土			15.5	0.70	0.82		79	5.0	65			E 114°31′36.7″ N 27°55′07.6″	95
						2	16—100	黄棕色	中壤土			5.1	4.50	1.04								
剖8	初育土	石灰(岩)土	棕色石灰土	棕色石灰土	厚层棕色石灰岩土	A	0—20	褐色	壤质黏土	粒状	7.2	11.6	0.90	0.39	10.0	66	4.0	23	6.9	石灰岩坡积物	E 114°41′58.0″ N 27°58′57.8″	95
						ABv	20—48	褐色	壤质黏土	块状	7.4	11.2	0.83	0.35	11.3				5.9			
						C	48—100	褐色	壤质黏土	块状	6.5	7.3	0.76	0.31	12.4				4.1			
剖9	人为土	水稻土	潴育水稻土	潴育型鳝泥田	表潜性中潴灰鳝泥田	1	0—12	浅灰色	中壤土	屑粒状		45.0	1.97	1.63		169	35.0	48		泥质岩类风化物	E 114°41′27.0″ N 27°57′47.3″	95
						2	12—18	灰色	中壤土	屑粒状		27.5	1.25	1.75								
						W	18—100	黄棕色	中壤土	棱块状		8.4	0.55	2.32								
剖10	人为土	水稻土	潴育水稻土	潴育型潮砂泥田	强潴潜底灰潮砂泥田	1	0—16	棕灰色	中壤土	屑粒状		36.5	2.23	0.95		195	7.0	40		河流冲积物	E 114°44′55.5″ N 27°57′03.6″	75
						2	16—27	浅黄灰色	中壤土	片状		24.5	1.04	0.95								
						W₁	27—47	棕黄灰色	中壤土	大块状		12.6	0.53	0.83								
						W₂	47—100	棕黄色	重壤土	棱块状		75.0	0.14	0.30								
剖11	人为土	水稻土	潴育水稻土	潴育型石灰泥田	中位中弱潜灰鳝泥田	1	0—10	棕灰色	中壤土	小块状		25.2	1.21	0.50		95	5.0	45		泥质岩类风化物	E 114°44′32.7″ N 27°55′33.9″	75
						2	10—16	棕灰色	中壤土	片状		18.2	0.77	0.48								
						3	16—47	棕黄灰色	中壤土	棱块状		9.8	0.32	0.52								
						4	47—100	浅蓝灰色	中壤土	软糊无结构		7.2	0.28	0.57								
剖12	初育土	紫色土	酸性紫色土	紫色页岩酸性紫色土	中层中有机质酸性紫色土	1	0—16	棕灰色	轻壤土	团块状	4.0	15.7	0.76	0.37	19.9	56	13.0	155		紫色泥岩类	E 114°33′33.0″ N 27°54′04.1″	95
						2	16—46	紫红色	轻壤土	碎块状	4.3	3.8	0.43	0.64	21.8							
						3	46—100	紫色	中壤土	块状	4.3	2.1	0.51	0.58	25.8							
剖13	人为土	水稻土	潴育水稻土	潴育型石灰泥田	强潴乌石灰泥田	1	0—15	暗棕色	重壤土	屑粒状		46.9	2.35	0.70		152	9.0	45		石灰岩类风化物	E 114°36′27.9″ N 27°54′19.3″	95
						2	15—27	棕棕色	重壤土	片状		62.7	1.79	0.66								
						W	27—100	灰黄色	重壤土	棱块状		26.0	1.16	0.38								
剖14	铁铝土	红壤		第四纪红色黏土红壤	中层中有机质红质坡残积物红壤	1	0—16	棕红色	黏土	粒状		24.9	1.19	0.56		81	≤1.0	43		第四纪红色黏土	E 114°37′05.0″ N 27°51′05.6″	95
						2	16—40	棕红色	黏土	小块状		17.6	0.70	0.82								
						3	40—100	紫红色	黏土	块状												

续表 Continued

剖面号 Soil profile	土纲 Soil order	土类 Soil great group	亚类 Soil subgroup	土属 Soil genus	土种 Soil species	土层码 Layer code	土层厚度 Depth/cm	颜色 Soil color	质地 Soil texture	土壤结构 Soil structure	pH	有机质 OM/(g/kg)	全氮 TN/(g/kg)	全磷 TP/(g/kg)	全钾 TK/(g/kg)	碱解氮 AN/(mg/kg)	有效磷 AP/(mg/kg)	速效钾 AK/(mg/kg)	阳离子交换量 CEC/(cmol/kg)	土壤母质 Parent material	剖面点坐标 Profile coordinate	匹配指数 Matching index/%
剖15	人为土	水稻土	潴育水稻土	潴育型黄砂泥田	强潴育黄砂泥田	1	0—13	灰色	中壤土	粒状		41.2	2.00	0.96	10.7	119	15.0	80		石英岩类风化物	E 114°37′18.8″ N 27°50′45.7″	75
						2	13—21	灰色	中壤土	板块状		25.2	1.18	0.72	10.1							
						W₁	21—60	棕色	中壤土	棱块状		4.7	0.26	0.56	11.4							
						W₂	60—100	棕色	中壤土	棱块状		5.3	0.33	0.45	9.5							
剖16	人为土	水稻土	潴育水稻土		灰棕砂泥田	1	0—10	浅棕灰色	中壤土	屑粒状		31.5	1.81	0.56	17.4	127	7.0	68		花岗岩风化物	E 114°31′36.1″ N 27°51′32.7″	95
						2	10—29	中壤土	小块状		18.2	1.19	0.26	17.3								
						W₁	29—61	砂壤土	砂黄色	块状		7.8	0.41	0.38	19.7							
						W₂	61—100	中壤土	块状		4.5	0.33	0.57	16.6								
剖17	铁铝土	红壤		泥质岩红壤	中层中有机质岩类红壤	1	0—11	灰棕色	中壤土	粒状		42.8	1.73	0.39		159	2.0	83		泥质岩风化物	E 114°40′11.9″ N 27°52′53.5″	95
						2	11—34	浅黄棕色	中壤土	屑粒状		17.2	0.80	0.39								
						3	34—100	浅黄棕色	中壤土	屑粒状		10.6	0.50	0.30								
剖18	人为土	水稻土	潴育型石灰岩红壤	强潴育灰石泥田	1	0—15	棕灰色	重壤土	屑粒状		2.1	1.53	≥10.00		128	14.0	55		石灰岩风化物	E 114°40′45.0″ N 27°52′40.7″	95
						2	15—25	灰棕色	重壤土	片状		1.6	1.21	≥10.00								
						3	25—60	黄棕色	重壤土	棱柱状		1.1	1.16	≥10.00								
						W	60—100	棕黄色	粉砂质黏壤土	棱柱状		≤1.0	0.99	7.00								
剖19	铁铝土	红壤	石灰泥红壤	薄层灰石灰红壤	A	0—6	灰褐色	黏土	屑粒状	5.0	21.7	1.66	0.36	5.9	11	4.0	49	5.4	石灰岩坡积物、残积物	E 114°41′49.7″ N 27°54′50.9″	95
						Bv	6—26	褐色	壤土	小块状	4.8	5.4	0.59	0.27	6.1				3.8			
						C	26—85	褐色			5.1	4.2	0.33	0.29	6.1				2.9			
剖20	初育土	石灰(岩)土	碳酸盐灰色石灰土	中层中有机质岩类石灰土	1	0—13	暗棕色	轻黏土	小块状		36.8	1.59	0.37		179	11.0	28		石英岩风化物	E 114°43′57.3″ N 27°53′58.8″	95
						2	13—60	白色	中黏土	大块状		9.1	0.33	0.39								
						3	60—100	灰白色	重壤土	块状		1.5	0.20	≤0.10								
剖21	人为土	水稻土	潴育型鳝泥田	弱潴育灰鳝泥田	1	0—13	棕灰色	中壤土	小块状		31.5	1.42	0.61		130	6.0	20		泥质岩风化物	E 114°44′05.5″ N 27°50′21.2″	95
						2	13—21	浅灰色	重壤土	盘块状		11.4	0.53	0.42								
						W	21—53	灰棕色	重壤土	棱块状		7.0	0.47	0.42								
						4	53—100	棕灰色	重壤土	小块状		4.3	0.40	0.75								
剖22	铁铝土	红壤	紫砂红土	薄层灰石砾灰紫红土	1	0—13		中壤土			25.7	1.18	0.73		111	7.0	35		第四纪红色黏土残积物、坡积物	E 114°40′55.7″ N 27°51′21.7″	95
						2	13—33		重壤土			12.6	0.59	0.46								
						3	33—100		中壤土			5.4	0.33	0.30								
剖23	人为土	水稻土	潴育型紫泥田	弱潴育紫红泥田	1	0—11	灰棕色	中壤土	小块状		20.6	0.93	1.05		90	7.0	45		第四纪红色黏土残积物、坡积物	E 114°35′47.1″ N 27°49′34.5″	95
						2	11—19	棕色	重壤土	块状		6.2	0.59	0.90								
						W	19—42	棕色	重壤土	块状		4.4	0.48	0.92								
						4	42—100	浅棕色	中壤土	块状		3.3	0.28	1.19								
剖24	人为土	水稻土	潴育型黄泥田	灰黄砂泥田	1	0—14	棕灰色	中壤土	团块状		40.7	1.87	1.58		163	8.0	85		石英砂岩风化物	E 114°34′40.6″ N 27°47′03.1″	81
						2	14—27	棕灰色	中壤土	棱块状		17.5	0.83	0.70								
						W	27—41	黄棕色	中壤土	棱块状		10.6	0.51	0.78								
						4	41—100	棕色	中壤土	小块状		4.6	0.29	1.45								
剖25	人为土	水稻土	潴育型黄砂泥田	乌黄砂泥田	Aa	0—15	黄棕色	黏壤土	块状	5.1	39.1	2.10	0.40	12.9	188	7.0	29		石英砂岩风化物	E 114°38′03.3″ N 27°48′18.9″	95
						Ap	15—25	黄棕色	黏壤土	块状	5.1	18.3	1.10	0.30	11.2							
						W₁	25—60	黄棕色	黏壤土	棱块状	6.5	5.1	0.40	0.30	12.0							
							壤砾黏土	碎块状	6.9	4.6	≤0.10	0.40	15.6									
剖26	铁铝土	红壤	黄红壤	泥质岩黄红壤	2	2—4	暗黄色	中壤土	屑粒状		53.3	2.54	1.41		139	9.5	45		石英砂岩风化物	E 114°42′19.1″ N 27°48′15.2″	95
						3	4—8	浅黄灰色	重壤土	团粒状		53.3	2.54	1.41		139	9.5	45		泥质岩类风化物		
											67.3	2.67	0.89								
						4	8—100	黄红色	轻黏土	小块状		23.7	1.18	0.50								

剖面号 Soil profile	土纲 Soil order	土类 Soil great group	亚类 Soil subgroup	土属 Soil genus	土种 Soil species	土层码 Layer code	土层厚度 Depth/cm	颜色 Soil color	质地 Soil texture	土壤结构 Soil structure	pH	有机质 OM/(g/kg)	全氮 TN/(g/kg)	全磷 TP/(g/kg)	全钾 TK/(g/kg)	碱解氮 AN/(mg/kg)	有效磷 AP/(mg/kg)	速效钾 AK/(mg/kg)	阳离子交换量CEC/(cmol/kg)	土壤母质 Parent material	剖面点坐标 Profile coordinate	匹配指数 Matching index/%
剖27	人为土	水稻土	潴育水稻土	潴育型红泥田	强潴育鳝泥田	1	0—12	棕灰色	重壤土	屑粒状		50.1	2.68	0.87		178	7.0	35		泥质岩类风化物	E 114°43′33.3″ N 27°49′29.8″	95
						2	12—22	暗灰色	重壤土	块状		22.4	1.39	0.74								
						W₁	22—48	灰色	重壤土	块状		20.2	1.27	0.67								
						W₂	48—100	棕灰白色	中壤土	棱块状		10.3	1.14	0.78								
剖28	铁铝土	红壤		石灰岩红壤	中层中有机质石英岩类红壤	1	0—12	暗棕红色	中壤土	块状		37.7	1.49	0.61		113	4.0	40		石英岩类风化物	E 114°39′17.2″ N 27°47′20.8″	95
						2	12—44	红棕色	重壤土	块状		13.2	0.59	0.41								
						3	44—100	红棕色	重壤土			6.0	0.45	0.56								
剖29	人为土	水稻土	潴育水稻土	潴育型石灰岩红泥田	厚层少有机质泥质岩类红壤	1	0—16	浅灰色	中壤土	软糊状无结构		41.3		0.77		156	19.0	75		石灰岩风化物	E 114°40′51.4″ N 27°46′29.8″	75
						2	16—100	蓝灰色	中壤土	棱块状		8.6	0.58	0.51								
剖30	铁铝土	红壤		泥质岩红壤		1	0—10	浅红棕色	重壤土	小块状		18.1	0.88	0.17		80	3.0	30		泥质岩类风化物	E 114°37′15.5″ N 27°42′57.6″	95
						2	10—40	棕红色	重壤土	块状		4.9	0.37	0.69								
						3	40—70	黄棕色	重壤土	中块状		3.2	0.26	0.68								
						4	70—100	棕色	重壤土	大块状		2.3	0.22	0.19								
剖31	人为土	水稻土	潴育水稻土	潴育型紫泥田	灰紫泥田	1	0—13	棕灰色	重壤土	粒状		47.5	2.06	0.61		187	10.0	50		紫色泥页岩风化物	E 114°38′36.7″ N 27°44′57.3″	75
						W₁	13—19	灰色	轻黏土	块状		29.5	1.81	0.46								
						W₂	19—30	灰色	中黏土	棱块状		≤1.0	0.62	0.50								
							30—100	青灰色	中壤土	块状		9.3	0.50	0.40								
剖32	人为土	水稻土	潴育水稻土	潴育型石灰岩灰泥田	弱潴灰石灰泥田	1	0—13	暗灰色	重壤土	小块状		21.4	1.23	1.22		123	11.0	40		石灰岩风化物	E 114°40′00.4″ N 27°43′51.8″	75
						2	13—22	棕灰色	重壤土	块状		18.8	1.28	1.23								
						3	22—37	黄灰色	重壤土	大块状		11.4	0.54	0.88								
						4	37—100	青灰色	重壤土	块状		11.4	0.54	0.88								
剖33	人为土	水稻土	潴育水稻土	潴育型鳝泥田	全层中潴灰鳝泥田	1	0—15	棕灰色	重壤土	小块状		38.0	2.11	1.44		177	21.0	60		泥质岩类风化物	E 114°43′39.7″ N 27°40′15.3″	95
						2	15—24	青灰色	重壤土	粒状		27.0	1.79	1.10								
						3	24—46	灰棕色	中壤土	块状		19.3	0.73	0.86								
							46—100	蓝灰色	中壤土	块状		19.6	0.54	0.67								
剖34	人为土	水稻土	潴育水稻土	潴育型石灰岩紫泥田	强潴紫灰红泥田	1	0—14	灰色	重壤土	小块状		40.8	1.73	0.84		162	19.0	60		石灰岩风化物	E 114°38′24.3″ N 27°41′35.6″	95
						2	14—24	浅灰色	重壤土	块状		23.0	1.14	0.75								
						3	24—67	青灰色	重壤土	大块状		8.7	0.64	0.63								
						4	67—100	青灰色	中壤土	块状		5.8	0.41	0.58								
剖35	人为土	淹育水稻土	淹育型紫红泥田	灰紫红泥田	1	0—11	棕灰色	重壤土	小块状		22.1	0.98	1.04		99	7.0	35		泥质红色黏土残积物、坡积物	E 114°37′46.6″ N 27°40′23.3″	95
						2	11—18	灰棕色	轻壤土	棱块状		9.2	0.55	1.04								
						3	18—100	浅灰色	轻壤土	块状		6.9	0.32	1.10								
剖36	人为土	水稻土	潴育水稻土	潴育型紫红泥田	灰紫红泥田	1	0—14	浅灰色	重壤土	屑粒状		31.0	1.42	1.11		127	7.0	50		第四纪红色黏土	E 114°37′02.3″ N 27°35′24.8″	95
						2	14—21	棕灰色	中壤土	小块状		22.5	1.26	0.85								
						W₁	21—76	黄黑棕色	中壤土	块状		7.1	0.87	0.70								
						W₂	76—100	黄棕色	中壤土	棱块状		3.4	0.47	0.58								
剖37	铁铝土	红壤		泥质岩红壤	厚层灰红泥土	1	0—16	灰棕色	轻壤土	屑粒状		12.3	0.61	0.46		53	9.0	35		第四纪红色黏土	E 114°38′02.1″ N 27°37′52.2″	81
						2	16—64	棕色	轻壤土	块状		3.1	0.37	0.22								
						3	64—100	灰棕色	中壤土	块状		≤1.0	0.15	0.79								
剖38	铁铝土	红壤		泥质岩红壤		1	0—21	灰棕色	中壤土	粒状		41.2	2.01	0.26		165	2.0	80		泥质岩类风化物	E 114°42′16.6″ N 27°37′40.5″	95
						2	21—100	棕色	中壤土	块状		7.1	0.37	0.32								
剖39	人为土	水稻土	潴育水稻土	潴育型鳝泥田	表潜性强潴灰鳝泥田	1	0—12	灰色	中壤土	粒状		20.2	0.96	0.40		111	4.0	68		泥质岩类风化物	E 114°39′07.8″ N 27°36′25.5″	95
						2	12—27	浅灰色	中壤土	片状		10.3	0.66	0.33								
						W	27—60	灰黄色	中壤土	棱块状		8.0	0.41	0.58								
							60—100	青灰色	中壤土	大棱块状		19.4	0.80	0.49								

续表 Continued

剖面号 Soil profile	土纲 Soil order	土类 Soil great group	亚类 Soil subgroup	土属 Soil genus	土种 Soil species	土层码 Layer code	土层厚度 Depth/cm	颜色 Soil color	质地 Soil texture	土壤结构 Soil structure	pH	有机质 OM/(g/kg)	全氮 TN/(g/kg)	全磷 TP/(g/kg)	全钾 TK/(g/kg)	碱解氮 AN/(mg/kg)	有效磷 AP/(mg/kg)	速效钾 AK/(mg/kg)	阳离子交换量CEC/(cmol/kg)	土壤母质 Parent material	剖面点坐标 Profile coordinate	匹配指数 Matching index/%
剖40	人为土	水稻土	潴育水稻土	潴育型鳝泥田	灰鳝泥田	1	0—12	棕灰色	重壤土	块状		43.7	1.84	0.89		157	16.0	56		泥质岩类风化物	E 114°49′19.6″ N 28°00′33.6″	96
						2	12—19	浅棕灰色	重壤土	棱块状		28.6	0.84	0.59								
						W₁	19—36	棕灰色	重壤土	棱块状		14.2	0.62	0.49								
						W₂	36—100	黄棕色	重壤土	棱块状		4.3	0.33	0.47								
剖41	初育土	石灰(岩)土	灰色石灰土	灰色石灰泥土	中层灰色石灰泥土	1	0—17	浅灰色	中黏土	小块状		37.3	1.81	0.75	4.1	150	11.0	40		石灰岩风化物	E 114°46′54.9″ N 28°00′59.0″	95
						2	17—47	浅灰白色	中黏土	块状		2.3	0.35	0.83	4.0							
						3	47—100	灰白色	中黏土	棱块状		8.6	0.20	0.59	3.1							
剖42	人为土	水稻土	潴育水稻土	潴育型鳝泥田	中位中潜灰鳝泥田	1	0—13	灰色	中壤土	粒状		34.8	1.49	0.63		133	9.0	58		泥质岩类风化物	E 114°45′38.7″ N 27°56′25.1″	75
						2	13—23	浅灰色	中壤土	块状		28.6	1.34	0.50								
						3	23—100	青灰色	中壤土	块状		24.6	1.06	0.48								
剖43	人为土	水稻土	潴育水稻土	潴育型鳝泥田	上位中潜灰鳝泥田	1	0—11	棕灰色	中壤土	团块状		35.9	2.23	0.79		186	17.0	55		泥质岩类风化物	E 114°45′06.9″ N 27°52′19.8″	75
						2	11—16	浅青灰色	中壤土	大块状		25.8	1.42	0.55								
						3	16—37	蓝灰色	中壤土	块状		67.0	0.70	0.86								
						4	37—100	灰黄色	中壤土	棱块状		67.0	0.53	0.61								
剖44	初育土	石灰(岩)土	棕色石灰土	碳酸盐类棕色石灰土	中层多有机质棕色石灰土	1	0—12	灰棕色	重壤土	屑粒状		59.4	1.50			166	13.0	118		石灰岩风化物	E 114°46′17.9″ N 27°52′27.6″	95
						2	12—46	浅灰棕色	中壤土	屑粒状		17.2	0.48									
						3	46—100	黄红色	轻黏土	小块状		3.8	0.40									
剖45	人为土	水稻土	潴育水稻土	潴育型紫红泥田	强潴潴紫红泥田	1	0—14	棕灰色	重壤土	粒状		51.5	2.01	1.10		213	3.0	108		第四纪红色黏土残积物、坡积物	E 114°45′04.5″ N 27°49′56.5″	75
						2	14—22	浅灰棕色	中壤土	片状		24.5	1.21	0.90								
						W₁	22—60	灰棕色	重壤土	棱块状		22.0	0.99	0.82								
						W₂	60—100	黄棕色	黏土	棱块状		7.0	0.36	1.22								
剖46	人为土	水稻土	潴育水稻土	潴育型紫红泥田	弱潴潴紫红泥田	1	0—12	灰色	中壤土	粒状		40.1	1.83	1.10		178	10.0	30		第四纪红色黏土残积物、坡积物	E 114°46′25.9″ N 27°40′23.5″	75
						2	12—16	灰色	中壤土	片状		22.0	1.31	1.23								
						W	16—40	灰黄色	重壤土	块状		18.0	0.88	1.05								
						4	40—100	红紫色	黏土	大块状		10.7	0.63	0.69								
剖47	人为土	水稻土	淹育水稻土	淹育型鳝泥田	灰鳝泥田	1	0—15	棕灰色	中壤土	屑粒状		26.9	1.65	0.57		139	6.0	40		泥质岩类风化物	E 114°46′20.7″ N 27°39′20.6″	95
						2	15—21	浅灰棕色	中壤土	小块状		29.0	1.32	0.72								
						3	21—100	棕黄色	中壤土	块状		5.1	0.38	1.06								

鹰 潭 市

余 江 区

主要土类说明

红壤是余江区主要土壤类型，占本区地域面积的62%，分布在山地、丘陵和阶地、岗地上。在中度脱硅富铝化作用影响下，土壤黏粒中游离铁占全铁的50%—60%，具深厚红色土层，底层可见深厚红、黄、白相间网纹红色黏土。黏土矿物以高岭石、赤铁矿为主，黏粒硅铝率为1.8—2.4，风化淋溶系数小于0.2，盐基饱和度小于35%，pH为4.5—5.5。本区红壤分为红壤和红壤性土两个亚类。其中，红壤亚类占98%，主要分布在土壤侵蚀比较严重的丘陵岗地上，土体中含有较多的风化物碎片，砾石较多，剖面特征是表土已被侵蚀成极薄的表层，以下可见母质层。

水稻土是余江区第二大土壤类型，占本区地域面积的36%。水稻土起源于各种不同的土壤或成土母质，在信江、白塔河沿岸平原河谷及低丘沟谷地区较为集中。水稻土是在淹水种稻条件下，经长期耕种、施肥、轮作等综合影响下而形成的。土壤淹水以后，耕作层为水分所饱和，有机质嫌气分解，导致土壤发生还原作用，高价铁、锰被还原成可溶性的低价铁、锰，并与其他还原物质、黏粒等被渗漏水带到下层土壤。由于有犁底层的阻隔，心土层水分仍未饱和，有一定比例的孔隙处于氧化状态，下渗水中的低价铁、锰重新被氧化为高价，在土体中淀积形成黄色或棕色斑纹、斑块或豆粒状软结核，同时渗漏水中的有机质和黏粒在结构体表面淀积，形成灰色胶膜。在季节性淹水或水旱耕作交替影响下，土体内进行着有机质分解与合成、盐基淋溶与复盐基、黏粒聚积和淋淀等作用。受地面淹水作用，形成了淹育水稻土；地面淹水和地下毛管水共同作用，则形成了潴育水稻土；地面水或层间滞水或地下水长期浸渍，则形成潜育水稻土；侧渗水作用则形成漂洗水稻土。

小于本区地域面积3%的土壤类型还有石质土、潮土等。

本区域中心区气候特征

本区域中心区气候特征值
Regional climate characteristics in central area of the region

气候带：中亚热带湿润气候 Climate region: Subtropical humid climate	
年平均气温 /℃ Annual average temperature /℃	17.7
年平均最高气温 /℃ Annual average maximum temperature /℃	22.3
年平均最低气温 /℃ Annual average minimum temperature /℃	14.3
年降水量 /mm Annual precipitation /mm	1738
≥10℃的积温 /℃ Daily temperature accumulated in a year (≥10℃) /℃	9905
年日照时数 /h Annual sunshine /h	1742
年平均相对湿度 /% Annual average relative humidity /%	79
干燥度 Dryness	0.60

本区域中心区月平均气温与月平均降水量
Monthly temperature and precipitation in central area of the region

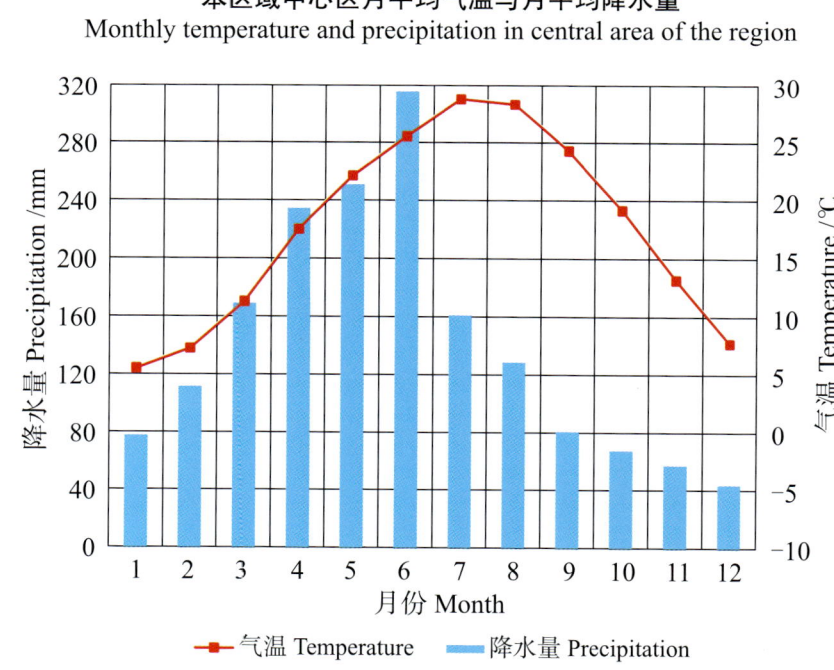

余江县主要土壤类型与土壤剖面点分布图
1:200 000

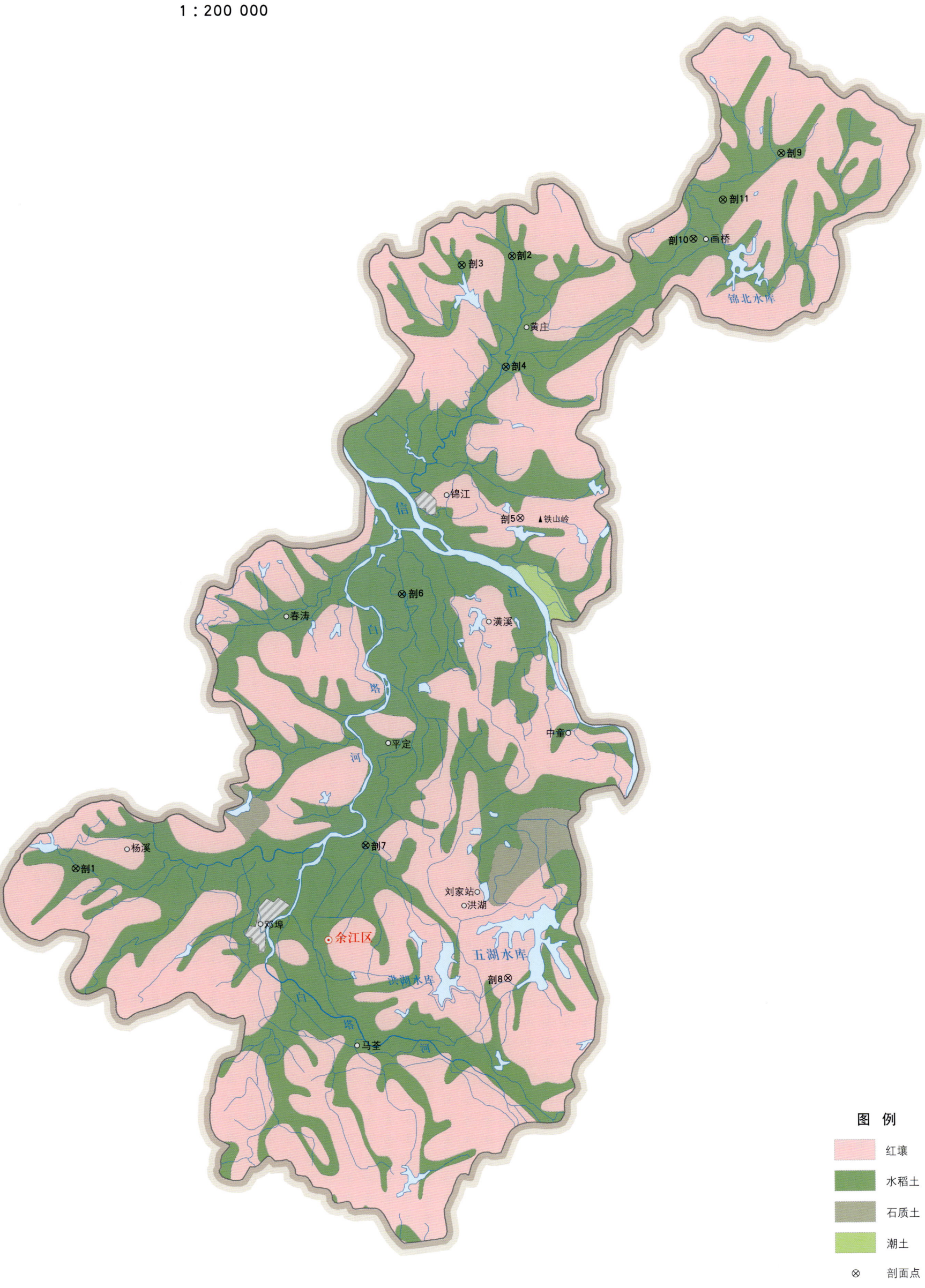

图例
- 红壤
- 水稻土
- 石质土
- 潮土
- ⊗ 剖面点

注：国务院 2018 年 2 月批准，撤销余江县，设立余江区。

余江区土壤剖面理化性状表

剖面号 Soil profile	土纲 Soil order	土类 Soil great group	亚类 Soil subgroup	土属 Soil genus	土种 Soil species	土层码 Layer code	土层厚度 Depth/cm	颜色 Soil color	质地 Soil texture	土壤结构 Soil structure	pH	有机质 OM/(g/kg)	全氮 TN/(g/kg)	全磷 TP/(g/kg)	全钾 TK/(g/kg)	土壤母质 Parent material	剖面点坐标 Profile coordinate	匹配指数 Matching index/%
剖1	人为土	水稻土	漂洗水稻土	漂洗型黄泥田	漂洗型弱潜黄泥田	A	0—14	灰黄色	粉砂黏壤土	块状	5.4	29.4	1.14	0.42	7.3	第四纪红色黏土	E 116°43′25.0″ N 28°14′11.0″	95
						P	14—20	黄灰色	粉砂黏壤土	块状	6.9	10.0	1.08	0.32	7.3			
						E	20—44	灰白色	粉砂黏壤土	块状	6.2	2.3	0.54	0.21	6.5			
						Eg	44—100		粉砂壤土		6.2	4.8	0.76	0.22	6.6			
剖2	人为土	水稻土	潴育水稻土	潴育型鳝泥田	弱潜潴灰鳝泥田	1	0—17		壤质黏土		5.4	47.0	3.42	0.43	18.9	泥质岩类风化物	E 116°56′41.5″ N 28°30′27.2″	75
						2	17—24	壤质黏土		5.6	30.5	2.37	0.57	18.7			
						3	24—31		壤质黏土		6.2	≤1.0	0.88	0.73	15.9			
						4	31—66		壤质黏土		7.0	1.6	0.39	0.71	17.1			
						5	66—100		壤质黏土		6.5	2.6	0.43	0.37	20.7			
剖3	人为土	水稻土	潜育水稻土	潜育型潮砂泥田	弱潜灰潮砂泥田	A	0—14	灰色	砂砂壤土	小块状	5.4	28.6	1.94	0.41	27.3	河流冲积物	E 116°55′10.0″ N 28°30′13.4″	75
						Pg	14—20	浅青灰色	粉砂黏土	块状	5.4	28.9	0.86	0.46	27.6			
						Wg	20—29	青青褐色	重黏土		5.2	9.7	0.79	0.46	26.9			
						G	29—52	青褐色	粉砂黏土	粒状	6.9	4.6	0.42	0.34	27.0			
						C	52—											
剖4	人为土	水稻土	潜育水稻土	潜育型黄泥田	表潜灰红泥田	Ag	0—21	青灰色	粉砂壤土	块状	5.8	21.7	1.24	0.68	9.9	第四纪红色黏土	E 116°56′29.9″ N 28°27′31.1″	95
						Pg	21—27	浅青灰色	粉砂黏土	块状	5.9	8.2	0.51	0.14	9.7			
						Wg	27—42	灰白色	重黏土		6.0	6.2	0.43	0.40	10.8			
						W	42—100		粉砂黏土		6.6	2.0	0.56	0.18	10.7			
剖5	铁铝土	红壤		红砂泥土	厚层灰红砂泥田	A	0—17	灰黄色	砂质黏土	块状	6.8	19.3	1.95	0.32	8.8	红砂岩类风化物	E 116°56′54.8″ N 28°23′28.7″	95
						Bv	17—100	浅棕红色	轻壤土		5.3	8.5	1.33	0.32	9.2			
剖6	人为土	水稻土	潴育水稻土	潴育型潮砂泥田	灰潮潮砂泥田	A	0—19	灰色	中壤土	团粒状	5.2	19.6	1.34	0.48	21.2	河流冲积物	E 116°53′19.5″ N 28°21′29.0″	95
						P	19—25	灰色	中壤土	块状	6.2	12.4	0.90	0.33	24.8			
						Pw	25—60	浅灰棕色	中壤土	块状	6.6	9.1	0.74	0.39	23.4			
						W	60—100	浅棕色	中壤土	块状	6.0	7.6	0.67	0.46	21.5			
剖7	人为土	水稻土	淹育水稻土	淹育型潮砂泥田	弱淹潮砂泥田	A	0—16	灰色	重壤土	团粒状	5.1	28.3	1.63	0.43	14.1	第四纪红色黏土	E 116°52′10.5″ N 28°14′46.1″	95
						P	16—20	灰色	重壤土	粒状	5.4	26.2	0.79	3.34	8.1			
剖8	铁铝土	红壤		红黏土红壤		A	0—17	黄灰色	黏土	小块状	6.0	19.1	1.03	0.45	10.0	第四纪红色黏土	E 116°56′27.0″ N 28°11′12.1″	96
						Bv	17—100	暗红色	壤质黏土	小块状	4.9	16.5	1.07	0.27	10.5			
剖9	人为土	水稻土	潜育水稻土	潜育型红砂泥田	强潜灰红砂泥田	1	48—88	灰白色	砂质壤土							红砂岩类风化物	E 117°04′51.8″ N 28°33′11.3″	75
						G	88—											
剖10	人为土	水稻土	淹育水稻土	淹育型砂泥田	弱潜潮砂泥田	1	0—13		砂土		5.5	11.2	1.06			河流冲积物	E 117°02′11.3″ N 28°30′54.0″	95
						2	13—24		砂土		5.0	7.9	0.70					
						3	24—100		砂壤土		5.5	1.3	0.20					
剖11	人为土	水稻土	潴育水稻土	潴育型红泥砂田	灰红泥砂田	1	0—15		砂壤土		5.8	23.8	1.01	0.42	9.4	红砂岩类风化物	E 117°03′05.2″ N 28°31′56.8″	75
						2	15—22		砂壤土		4.9	16.5	0.88	0.32	9.1			
						3	22—100		砂壤土			7.4	0.42	0.32	6.5			

贵 溪 市

主要土类说明

红壤是贵溪市主要土壤类型,占本市地域面积的75%,主要分布在山地、丘陵和阶地上,是亚热带生物气候条件下形成的地带性土壤。本市仅有少部分红壤被开垦,集中分布在低丘和阶地上,是本市旱作和园林种植的主要土壤。

水稻土是贵溪市第二大土壤类型,占本市地域面积的22%,分布于全市各地,是本市面积最大的耕地土壤。由于长期的水耕熟化作用,各种起源的水稻土都具水稻土的基本发育层段,即耕作层、犁底层、渗育层和斑淀层,有些在渗育层或斑淀层之下还有潜育层。本市水稻土按起源物质和发育特征分为五个亚类。其中,草甸型水稻土占水稻土面积的20%,是河流冲积物上或经过草甸化成土过程而后种植水稻,或直接在冲积物上栽种水稻发育而成。集中分布在信江河谷平原及其支流两岸的冲积平原上,但较开阔的丘谷地带也有分布。这类土壤地面平坦土层较厚,质地适中,通气透水条件好,地下水位在1m以下,耕作性能好,适种性广,灌溉水源充足,熟化程度高,为高产稳产田。红壤性水稻土亚类约占水稻土面积的80%,各地都有分布,所处地形为垄田、排田、冲田以及畈田的边缘连接丘陵的部位;地下水位很深,一般都是3m以下;土体上下除耕作层外,都显现黄红色,土壤的氧化还原作用明显,土壤肥力状况因耕作熟化程度的不同也有较大差异。紫土性水稻土、潜育水稻土、冷毒性水稻土也有零星分布。

潮土是贵溪市第三大土壤类型,占本市地域面积的2%。潮土是指发育在河流冲积物上的旱耕土壤,是本市主要的旱地土壤类型,集中分布在信江及其支流两岸的冲积物上,目前广泛用作栽种花生、芝麻、豆子、棉、麻、番薯、粟、麦和油菜等作物。

本区域中心区气候特征

本区域中心区气候特征值
Regional climate characteristics in central area of the region

气候带:中亚热带湿润气候 Climate region: Subtropical humid climate	
年平均气温 /℃ Annual average temperature /℃	17.7
年平均最高气温 /℃ Annual average maximum temperature /℃	22.4
年平均最低气温 /℃ Annual average minimum temperature /℃	14.3
年降水量 /mm Annual precipitation /mm	1754
≥10℃的积温 /℃ Daily temperature accumulated in a year (≥10℃) /℃	9231
年日照时数 /h Annual sunshine /h	1735
年平均相对湿度 /% Annual average relative humidity /%	80
干燥度 Dryness	0.59

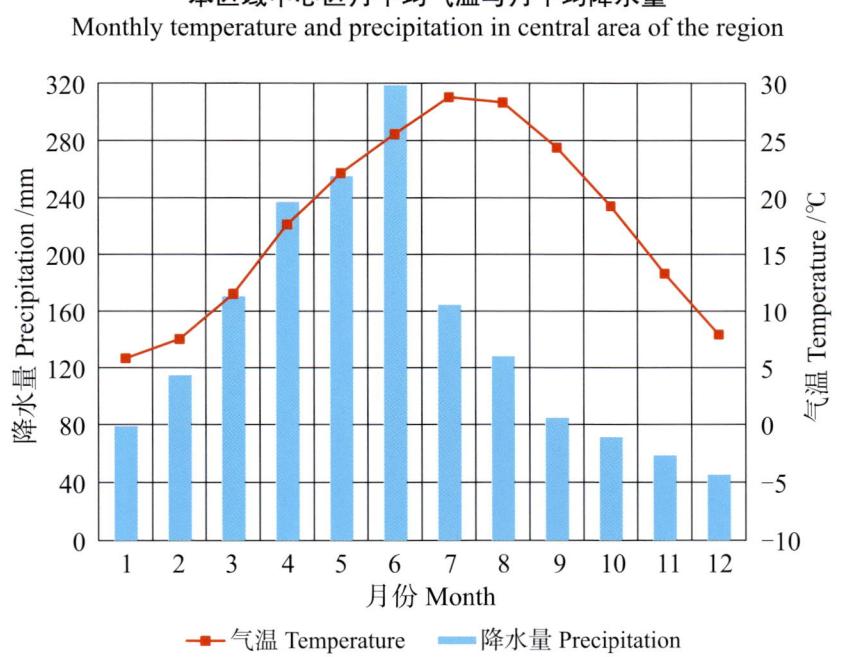

本区域中心区月平均气温与月平均降水量
Monthly temperature and precipitation in central area of the region

贵溪县主要土壤类型与土壤剖面点分布图
1:290 000

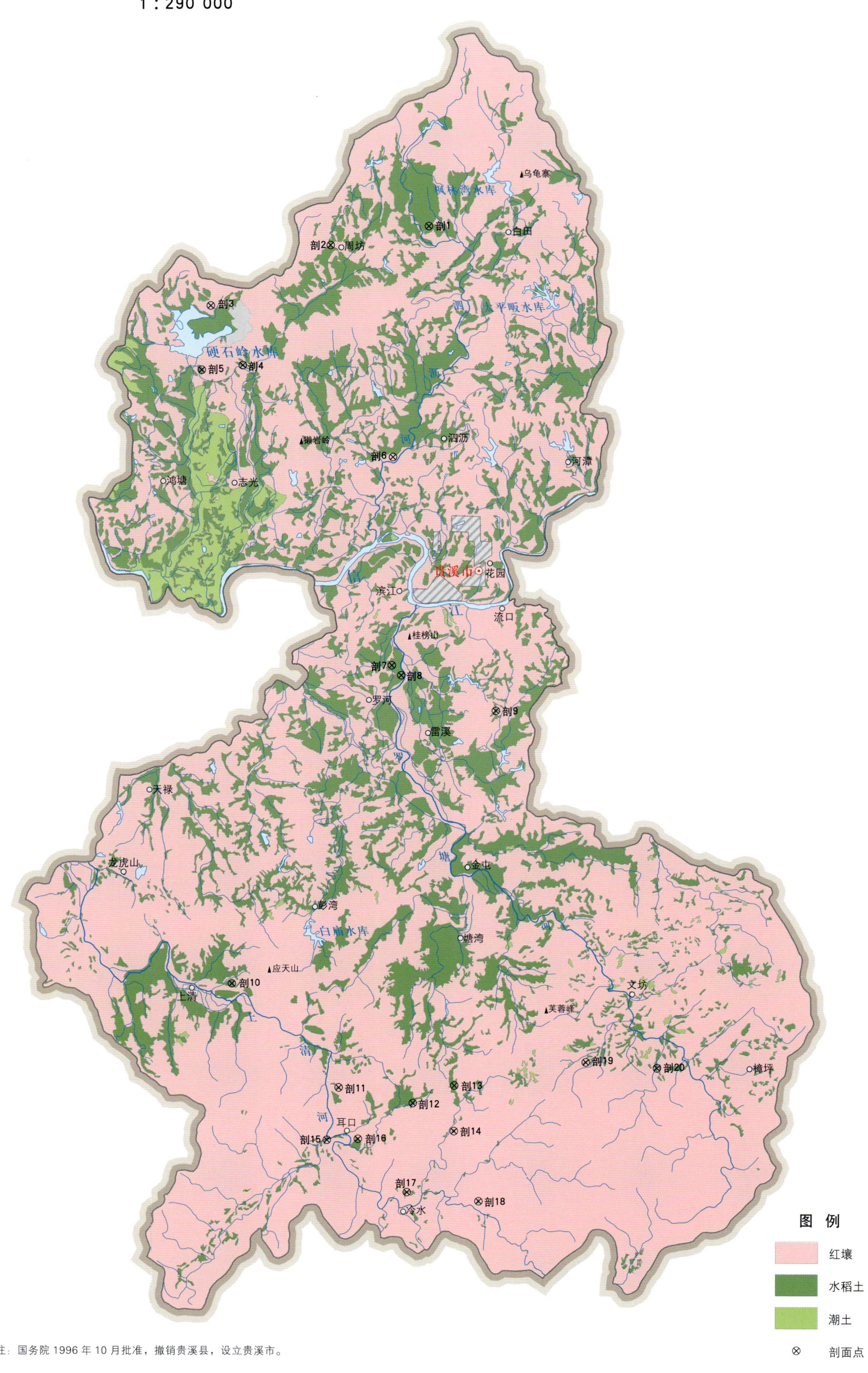

注：国务院 1996 年 10 月批准，撤销贵溪县，设立贵溪市。

图例
- 红壤
- 水稻土
- 潮土
- ⊗ 剖面点

贵溪市土壤剖面理化性状表

剖面号 Soil profile	土纲 Soil order	土类 Soil great group	亚类 Soil subgroup	土属 Soil genus	土种 Soil species	土层码 Layer code	土层厚度 Depth/cm	颜色 Soil color	质地 Soil texture	土壤结构 Soil structure	pH	有机质 OM/(g/kg)	全氮 TN/(g/kg)	全磷 TP/(g/kg)	全钾 TK/(g/kg)	土壤母质 Parent material	剖面点坐标 Profile coordinate	匹配指数 Matching index/%
剖1	人为土	水稻土	红壤性水稻土	泥质岩红壤性水稻土	鳝泥田	1			粉质砂黏土		7.1	30.5	1.71	0.65		泥质岩类风化物	E 117°12′00.7″ N 28°30′43.6″	90
						2			粉质砂黏土		7.3	8.4	0.57	0.55				
						3			粉质砂黏土		7.4							
剖2	人为土	水稻土	潜育水稻土	潜育青瑚泥田	青瑚泥田	1			粉质黏土		5.4	24.9	1.88	0.46			E 117°07′54.5″ N 28°30′02.2″	91
						2			粉质砂壤土		5.3	4.9	0.25	0.19				
						3			粉质砂壤土		5.6							
剖3	铁铝土	红壤	红壤	红黏土红壤	黏红壤	1	0—37		砂黏土		5.2	6.0	0.51	0.68	13.9	第四纪红色黏土	E 117°02′54.2″ N 28°27′48.6″	89
						2	37—65		砂黏土		5.0	5.6	0.43	0.68	13.3			
						3	65—											
剖4	人为土	水稻土	红壤性水稻土	麻石类红壤性水稻土	乌麻砂泥田	1	0—17		粉黏土		5.7	35.2	1.20	0.61	12.5	花岗岩	E 117°04′14.2″ N 28°25′37.2″	79
						2	17—25		粉黏土		6.3	5.7	0.42	0.43	11.0			
						3	25—100		粉黏土		6.5							
剖5	人为土	水稻土	红壤性水稻土	红黏土红壤性水稻土	黄泥田	1	0—17		黏壤土		5.0	21.3	0.58	0.57	15.5	第四纪红色黏土	E 117°02′31.6″ N 28°25′27.5″	87
						2	17—25		黏壤土		5.2	17.0		0.57	15.0			
						3	25—100		壤黏土		5.7							
剖6	铁铝土	红壤	红壤			1	0—16	棕黄色	黏土	粒状	6.6							92
						2	16—40	棕红色	黏土	小块状	5.6							
						3	40—100	紫红色	黏土	块状	5.6							
剖7	人为土	水稻土	红壤性水稻土	红黏土红壤性水稻土	乌黄泥田	1	0—18		黏壤土		5.6	24.0	1.73	0.70	28.5	第四纪红色黏土	E 117°10′26.0″ N 28°14′35.9″	76
						2	18—30		黏壤土		6.5	7.5	0.42	0.42	29.5			
						3	30—70		黏壤土		6.8							
剖8	人为土	水稻土	草甸型水稻土	河积性水稻土	乌潮砂泥田	1	0—18		砂壤土		6.0	40.9	2.00	0.82	35.5	河流冲积物	E 117°10′49.4″ N 28°14′13.9″	82
						2	18—30		砂壤土		6.1	9.8		0.69	39.5			
						3	30—65		砂壤土		6.6							
剖9	人为土	水稻土	紫色土性水稻土	紫泥田	紫油泥田	1			黏土		5.6	34.5	2.26	0.73	28.0	紫色泥质岩风化物	E 117°14′46.0″ N 28°12′54.4″	76
						2			粉黏土		6.6	6.3		0.49	28.0			
						3			粉黏土		6.7							
剖10	人为土	水稻土	红壤性水稻土	泥质岩红壤性水稻土	锡锡泥田	1			黏壤土		5.4	53.0	3.11	1.06	28.5	泥质岩类	E 117°03′47.2″ N 28°02′51.4″	76
						2			壤黏土		5.9	3.4		0.19	22.0			
						3			壤黏土		6.4							
剖11	人为土	水稻土	红壤性水稻土	泥质岩红壤性水稻土	乌鳝泥田	1			粉质砂黏土		6.2	41.3	1.88	0.98		泥质类岩风化物	E 117°08′13.6″ N 27°59′02.0″	81
						2			粉质砂黏土		6.2	35.4		0.78				
						3			粉质砂黏土		6.3							
剖12	人为土	水稻土	红壤性水稻土	砂质岩红壤性水稻土	窑泥田	1			黏土		5.3	28.1	1.75	0.63	20.0	泥质岩	E 117°11′18.2″ N 27°58′28.2″	91
						2			黏土		6.1	12.6		0.52	21.7			
						3			黏土		6.7							
剖13	人为土	水稻土	红壤性水稻土	砂质岩红壤性水稻土	结板砂田	1	0—13		砂土		5.5	7.3	0.46	0.45	6.0	砂质岩	E 117°13′01.9″ N 27°59′06.4″	98
						2	13—23		砂土		5.6	6.5		0.50	7.0			
						3	23—100		砂壤		5.5							
剖14	人为土	水稻土	潜育水稻土	潜育青泥田	乌黏泥田	1			粉质黏壤土		6.0	39.8	1.78	0.76	20.5		E 117°13′00.8″ N 27°57′27.0″	72
						2			砂质黏壤土		5.8	20.4		0.56	19.0			
						3			黏壤土		6.3							

续表 Continued

剖面号 Soil profile	土纲 Soil order	土类 Soil great group	亚类 Soil subgroup	土属 Soil genus	土种 Soil species	土层码 Layer code	土层厚度 Depth/cm	颜色 Soil color	质地 Soil texture	土壤结构 Soil structure	pH	有机质 OM/(g/kg)	全氮 TN/(g/kg)	全磷 TP/(g/kg)	全钾 TK/(g/kg)	土壤母质 Parent material	剖面点坐标 Profile coordinate	匹配指数 Matching index/%
剖15	人为土	水稻土	冷毒田	冷浸田	冷浆田	1			黏土		5.3	20.7	1.68	0.65	11.5		E 117°07′44.0″ N 27°57′07.9″	73
						2			黏土		5.1	20.6		0.42	12.5			
						3			黏土		5.2							
剖16	人为土	水稻土	红壤性水稻土	麻石类红壤性水稻土	麻砂泥田	1			粉质黏壤土		5.7	25.7	1.45	0.95	10.2	花岗岩	E 117°09′01.8″ N 27°57′10.1″	77
						2			粉质黏壤土		5.3	7.5		0.81	10.2			
						3			粉质黏壤土		5.7							
剖17	人为土	水稻土	红壤性水稻土	砂质岩红壤性水稻土	红泥砂田	1			砂土		5.9	9.9	1.37	0.54	5.0	砂质岩	E 117°11′03.1″ N 27°55′13.4″	72
						2			砂土		5.5	5.4		0.40	5.0			
						3			砂土		5.8							
剖18	人为土	水稻土	红壤性水稻土	红黏土红壤性水稻土	火煻田	1	0—18		壤黏土		5.1	25.5	0.93	1.15	18.0	第四纪红色黏土	E 117°14′01.7″ N 27°54′53.3″	100
						2	18—30		壤黏土		4.9	16.5		1.06	18.5			
						3	30—80		壤黏土		5.5							
剖19	人为土	水稻土	红壤性水稻土	麻石类红壤性水稻土	麻砂田	1			粉砂壤土		5.0	17.0	1.27	0.86	≥50.0	花岗岩残积物、坡积物	E 117°18′29.9″ N 27°59′55.7″	99
						2			粉砂壤土		5.0	5.9		0.74	≥50.0			
						3			粉砂壤土		5.1							
剖20	人为土	水稻土	红壤性水稻土	砂质岩红壤性水稻土	乌泥砂田	1			砂质壤土		5.9	27.8	2.02	1.10	43.0	砂质岩	E 117°21′27.4″ N 27°59′43.1″	97
						2			砂质壤土		6.5	21.9		0.64	44.5			
						3			砂质壤土		6.7							

赣 州 市

市 辖 区

主要土类说明

红壤是赣州市主要土壤类型，占本市地域面积的49%。红壤发生于中亚热带常绿阔叶林下，呈中度脱硅富铝化特征。土壤黏粒中游离铁占全铁的50%—60%，具深厚红色土层，底层可见深厚红、黄、白相间网纹红色黏土。黏土矿物以高岭石、赤铁矿为主，黏粒硅铝率为1.8—2.4，风化淋溶系数小于0.2，盐基饱和度小于35%，pH为4.5—5.5。

水稻土是赣州市第二大土壤类型，占本市地域面积的25%。水稻土是在长期季节性淹灌、水下翻耕、季节性脱水、氧化还原交替影响下，原来成土母质或母土的特性发生重大改变，形成的新的土壤类型。由于干湿交替，水稻土形成糊状淹育层、较坚实板结的犁底层、渗育层、潴育层与潜育层多种发生层。这些不同发生层段是在人为耕作、水浆管理下形成的。

紫色土是赣州市第三大土壤类型，占本市地域面积的14%。本市紫色土由紫红色岩层直接风化形成，具有A-C型土体构造。土壤理化性质与母岩组成直接相关，土层浅薄，剖面层次发育不明显，仍为初育阶段。由于母岩富含矿质养分，且风化迅速，若管理和利用得当，不失为良好的肥沃土壤。

小于本市地域面积3%的土壤类型还有潮土、黄壤、石灰（岩）土等。

本区域中心区气候特征

本区域中心区气候特征值
Regional climate characteristics in central area of the region

气候带：中亚热带湿润气候 Climate region: Subtropical humid climate	
年平均气温 /℃ Annual average temperature /℃	19.3
年平均最高气温 /℃ Annual average maximum temperature /℃	23.8
年平均最低气温 /℃ Annual average minimum temperature /℃	16.1
年降水量 /mm Annual precipitation /mm	1462
≥10℃的积温 /℃ Daily temperature accumulated in a year（≥10℃）/℃	13294
年日照时数 /h Annual sunshine /h	1767
年平均相对湿度 /% Annual average relative humidity /%	76
干燥度 Dryness	0.78

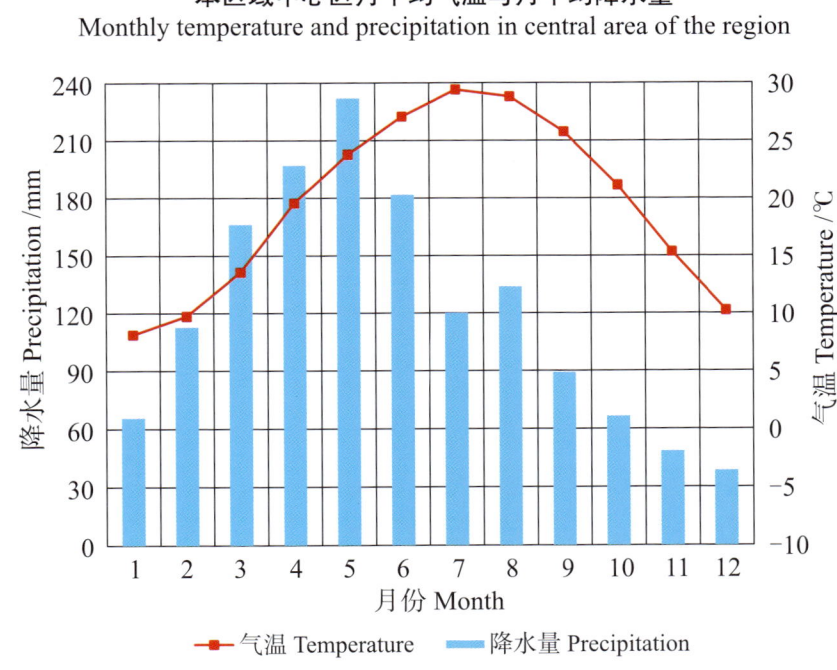

本区域中心区月平均气温与月平均降水量
Monthly temperature and precipitation in central area of the region

赣州市市辖区（部分）主要土壤类型与土壤剖面点分布图
1:130 000

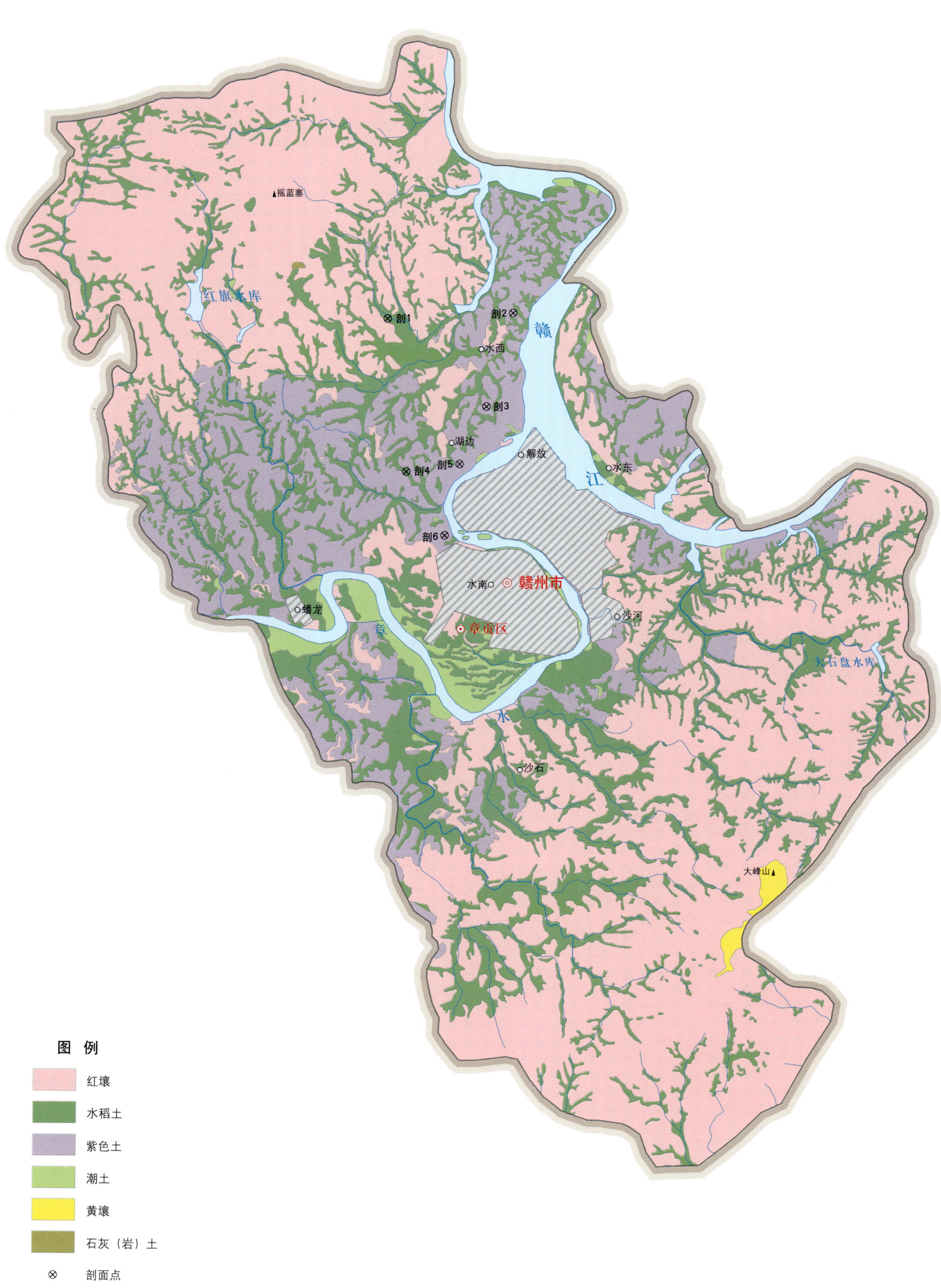

图例
- 红壤
- 水稻土
- 紫色土
- 潮土
- 黄壤
- 石灰（岩）土
- ⊗ 剖面点

赣州市土壤剖面理化性状表

剖面号 Soil profile	土纲 Soil order	土类 Soil great group	亚类 Soil subgroup	土属 Soil genus	土种 Soil species	土层码 Layer code	土层厚度 Depth/cm	颜色 Soil color	质地 Soil texture	土壤结构 Soil structure	pH	有机质 OM/(g/kg)	全氮 TN/(g/kg)	全磷 TP/(g/kg)	全钾 TK/(g/kg)	阳离子交换量CEC/(cmol/kg)	土壤母质 Parent material	剖面点坐标 Profile coordinate	匹配指数 Matching index/%
剖1	人为土	水稻土	潴育水稻土	紫泥田	紫泥田	Aa	0—14	暗红棕色	黏壤土	块状	7.7	20.3	1.20	0.70	21.3		紫色岩	E 114°53′30.5″ N 25°54′18.0″	72
						Ap	14—24	暗红棕色	黏壤土	块状	8.0	10.6	0.90	0.60	22.4				
						W	24—94	浊红棕色	黏壤土	棱块状	7.9	4.4	0.50	0.20	19.3				
						C	94—100		黏壤土	块状	7.8	3.9	0.40	0.40	16.0				
剖2	初育土	紫色土	中性紫色土	紫泥土	厚紫砂泥	A	0—22	暗红棕色	砂质黏壤土	粒状	6.7	7.0	0.40	0.30	22.7	8.1	紫色砂砾岩风化物	E 114°55′46.9″ N 25°54′25.9″	85
						C₁	22—68	暗红棕色	砂壤土	碎块状	7.0	3.5	0.30	0.20	25.4	9.8			
						C₂	68—100	暗紫棕色	黏壤土	块状	7.6	2.4	0.20	0.20	28.5	14.1			
剖3	初育土	紫色土	中性紫色土	中性紫色土	厚层中性麻砂紫砂土	A	0—22	亮紫棕色	砂质黏壤土	粒状	6.7	7.0	0.25	0.19	22.7	8.1	紫色砂砾岩风化物	E 114°55′20.2″ N 25°52′53.3″	100
						Bv	22—68	亮紫棕色	砂壤土	碎块状	7.0	3.5	0.19	0.22	25.4	9.8			
						C	68—100	亮紫棕色	黏壤土	块状	7.6	2.4	0.23	0.22	28.5	14.1			
剖4	人为土	水稻土	潜育水稻土	潜育麻砂泥田	表潜灰麻紫泥田	A	0—14	浅灰色	砂壤土	碎块状	5.6	20.5	0.83	0.17	22.1	5.0	花岗岩风化物	E 114°53′54.5″ N 25°51′47.6″	96
						Pg	14—24	灰色	砂壤土	块状	5.7	15.1	0.58	0.14	21.4	4.7			
						G	24—42	暗灰色	砂壤土	软块状	5.6	16.8	0.58	≤0.10	17.9	4.5			
						C	42—100	浅灰白色	砂壤土	棱块状	5.5	11.6	0.41	0.70	19.9	4.7			
剖5	初育土	紫色土	石灰性紫色土	灰紫泥土	灰钙紫泥	A	0—30	暗棕色	砂壤土	屑粒状	8.1	18.7	0.90	0.60	21.1	10.6	钙质紫色砂砾岩风化物	E 114°54′52.3″ N 25°51′56.1″	78
						C₁	30—71	暗红棕色	砂壤土	块状	8.2	12.9	0.60	0.70	24.2	10.3			
						C₂	71—100	暗红棕色	砂壤土	块状	8.3	7.8	0.50	0.67	21.7	11.2			
剖6	初育土	紫色土	石灰性紫色土	石灰性紫色土	厚层灰石灰性紫色土	A	0—30	红棕色	砂壤土	团粒状	8.1	18.7	0.87	0.70	21.1	10.6	含钙紫色砂砾岩残积物、坡积物	E 114°54′37.5″ N 25°50′46.0″	87
						Bv	30—71	红棕色	砂壤土	团块状	8.2	12.9	0.63	0.61	24.2	10.3			
						C	71—100	红棕色	砂壤土	碎块状	8.3	7.8	0.48	0.70	21.7	11.2			

南 康 区

主要土类说明

红壤是南康区主要土壤类型，占本区地域面积的54%。红壤是中亚热带生物气候条件下的地带性土壤。一般土层深厚，剖面发育不明显，除表层颜色较灰暗外，心土和底土均为红色的紧实黏土层，出现块状或棱块状的结构，在底部有时可见黄、白色相间的网纹层，土壤全剖面呈酸性，缺磷、少钾；地表土被侵蚀或心土被冲刷，底土出露，自然肥力低。本区红壤分为红壤、红壤性土和山地黄红壤等亚类。

水稻土是南康区第二大土壤类型，占本区地域面积的30%。水稻土是本区主要农业土壤，长期受到人类耕种、施肥、灌溉等的影响，土壤干湿交替、氧化还原交替进行，土体内进行着有机质合成与分解，铁、锰与黏粒淋溶与淀积等作用，促使土壤形成独特的剖面形态、理化和生物特性。根据土壤水分动态、剖面形态特征，本区水稻土分为淹育水稻土、潴育水稻土、潜育水稻土、侧渗水稻土等亚类。

紫色土是南康区第三大土壤类型，占本区地域面积的13%，分布在低、中丘陵地区。紫色土是由紫红色、紫色岩类风化物发育而成的。紫红色、紫色岩层组成很复杂，有紫红色或紫色砂页岩、砂岩、砂砾岩类和紫红色或紫色泥页岩类。由于不同岩石类型所含矿物成分的差异，本区紫色土分为酸性紫色土、中性紫色土、石灰性紫色土三个亚类。

小于本区地域面积3%的土壤类型还有潮土、黄壤等。

本区域中心区气候特征

本区域中心区气候特征值
Regional climate characteristics in central area of the region

气候带：中亚热带湿润气候 Climate region: Subtropical humid climate	
年平均气温 /℃ Annual average temperature /℃	19.4
年平均最高气温 /℃ Annual average maximum temperature /℃	23.9
年平均最低气温 /℃ Annual average minimum temperature /℃	16.2
年降水量 /mm Annual precipitation /mm	1479
≥10℃的积温 /℃ Daily temperature accumulated in a year (≥10℃) /℃	12319
年日照时数 /h Annual sunshine /h	1734
年平均相对湿度 /% Annual average relative humidity /%	76
干燥度 Dryness	0.77

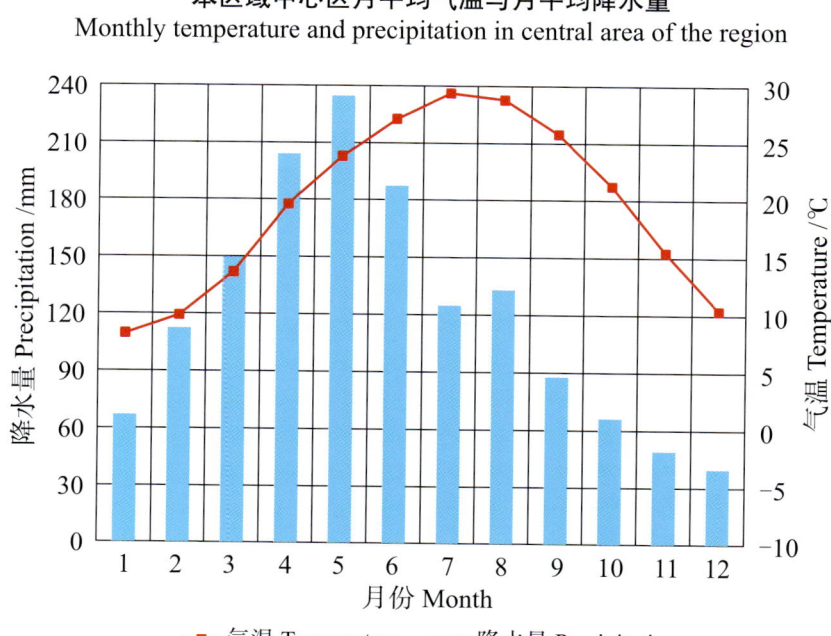

本区域中心区月平均气温与月平均降水量
Monthly temperature and precipitation in central area of the region

南康县主要土壤类型与土壤剖面点分布图
1∶290 000

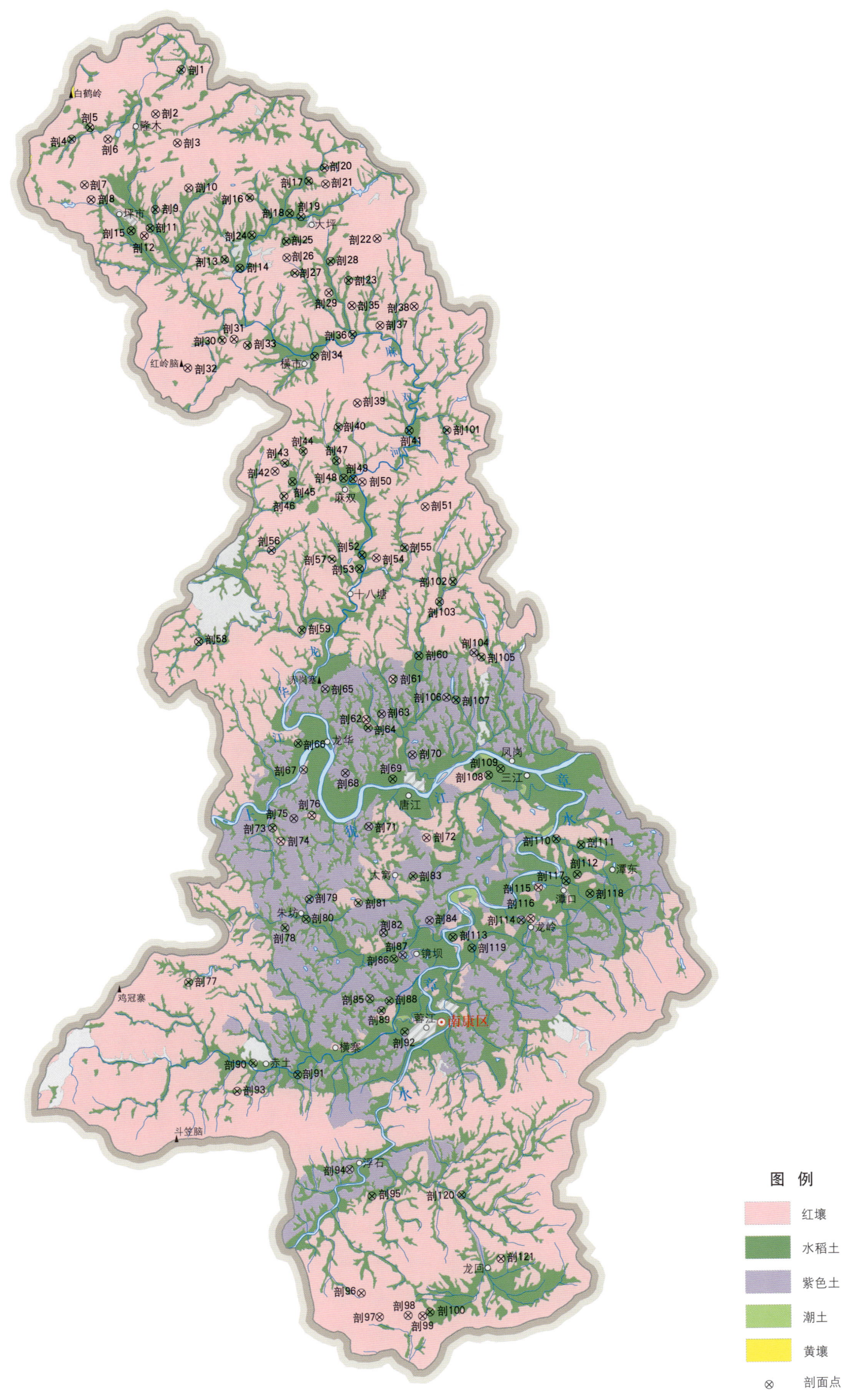

图 例
- 红壤
- 水稻土
- 紫色土
- 潮土
- 黄壤
- ⊗ 剖面点

注：国务院1995年批准，撤销南康县，设立县级南康市。国务院2013年10月批准，撤销南康市，设立南康区。

南康区土壤剖面理化性状表

剖面号 Soil profile	土纲 Soil order	土类 Soil great group	亚类 Soil subgroup	土属 Soil genus	土种 Soil species	土层码 Layer code	土层厚度 Depth/cm	颜色 Soil color	质地 Soil texture	土壤结构 Soil structure	全氮 TN (g/kg)	全磷 TP (g/kg)	全钾 TK (g/kg)	碱解氮 AN (mg/kg)	速效钾 AK (mg/kg)	土壤母质 Parent material	剖面点坐标 Profile coordinate	匹配指数 Matching index/%
剖1	人为土	水稻土	潴育水稻土	潴育型鳝泥田	弱潴鳝泥田	1	0—13	浅灰棕色	重壤土	屑粒状						泥质岩类风化物	E 114° 35′ 05.0″ N 26° 12′ 46.4″	95
						2	13—20	棕灰色	重壤土	棱块状								
						3	20—55	浅灰棕色	重壤土	棱块状								
						4	55—100	浅灰黄色	中壤土	块状								
剖2	铁铝土	红壤		泥质岩红壤	厚层中有机质泥质岩类红壤	1	0—12				≥10.00	0.99	≤1.0	84	≤5	泥质岩类	E 114° 34′ 07.3″ N 26° 11′ 14.4″	95
						2	12—37				≥10.00	0.88	≤1.0					
						3	37—67				≥10.00	0.78	≤1.0					
						4	67—100				≥10.00	0.67	≤1.0					
剖3	铁铝土	红壤		泥质岩红壤	厚层少有机质泥质岩类红壤	1	0—6				≥10.00	1.10	≤1.0	144	≤5	泥质岩类	E 114° 34′ 58.1″ N 26° 10′ 14.8″	95
						2	6—29				≥10.00	0.66	≤1.0					
						3	29—74				≥10.00	0.46	≤1.0					
						4	74—100				8.10	0.25	≤1.0					
剖4	人为土	水稻土	潴育水稻土	潴育型麻砂泥田	上位弱潴麻砂泥田	1	0—14	浅灰棕色	轻壤土	屑粒状						花岗岩风化物	E 114° 30′ 53.6″ N 26° 10′ 19.7″	95
						2	14—23	浅灰棕色	轻壤土	块状								
						3	23—34	浅灰棕色	轻壤土	块状								
						4	34—100	浅灰棕色	轻壤土	块状								
剖5	人为土	水稻土	潴育水稻土	潴育型麻砂泥田	中潴灰棕麻砂泥田	1	0—16	浅灰棕色	中壤土	屑粒状	≥10.00	2.15	≤1.0	200	18	花岗岩风化物	E 114° 31′ 35.6″ N 26° 10′ 44.0″	95
						2	16—23	黄棕色	砂壤土	棱块状	≥10.00	1.04	≤1.0					
						3	23—38	浅灰棕色		松散状	5.70	0.36	≤1.0					
						4	38—				4.70	0.29	≤1.0					
剖6	铁铝土	红壤		花岗岩红壤		1	0—17		中壤土	核状	≥10.00	0.87	≤1.0	195	≤5	花岗岩	E 114° 32′ 17.6″ N 26° 10′ 20.5″	95
						2	17—22		中壤土	块状	≥10.00	0.53	≤1.0					
剖7	铁铝土	红壤		石英岩红壤	厚层中有机质石英岩类红壤	1	0—4	浅棕红色	中壤土	核状	≥10.00	1.26	≤1.0	≤1	≤5	石英岩类	E 114° 31′ 25.1″ N 26° 08′ 45.1″	95
						2	4—35	棕红色	中壤土	块状								
						3	35—65	浅黄棕色	中壤土	块状								
						4	65—100	棕紫色	中壤土	块状								
剖8	铁铝土	红壤		石英岩红壤	厚层少有机质石英岩类红壤	1	0—4	浅棕红色	中壤土							石英岩类	E 114° 31′ 40.8″ N 26° 08′ 14.4″	95
						2	4—35	棕红色	中壤土									
						3	35—65	浅黄棕色	中壤土									
						4	65—100	棕紫色	中壤土									
剖9	人为土	水稻土	潴育水稻土	潴育型鳝泥田	灰鳝泥田	1	0—14				≥10.00	1.79	≤1.0	53	9	泥质岩类风化物	E 114° 34′ 09.4″ N 26° 07′ 55.8″	95
						2	14—24				≥10.00	0.94	≤1.0					
						3	24—63				9.40	0.47	≤1.0					
						4	63—100				8.40	0.41	≤1.0					
剖10	铁铝土	红壤		泥质岩红壤	厚层中有机质泥质岩类红壤	1	0—9				≥10.00	1.85	≤1.0	117	≤5	泥质岩类	E 114° 35′ 25.6″ N 26° 08′ 41.6″	95
						2	9—20				≥10.00	1.47	≤1.0					
						3	20—80				≥10.00	0.43	≤1.0					
						4	80—100				6.40	0.31	≤1.0					
剖11	人为土	水稻土	潴育水稻土	潴育型麻砂泥田	中潴灰棕麻砂泥田	1	0—13				≥10.00	0.31	≤1.0			花岗岩风化物	E 114° 33′ 57.8″ N 26° 07′ 16.8″	95
						2	13—21				≥10.00		≤1.0					
						3	21—57						≤1.0					
						4	57—77						≤1.0					
						5	77—100				4.70		≤1.0					

续表 Continued

剖面号 Soil profile	土纲 Soil order	土类 Soil great group	亚类 Soil subgroup	土属 Soil genus	土种 Soil species	土层码 Layer code	土层厚度 Depth/cm	颜色 Soil color	质地 Soil texture	土壤结构 Soil structure	全氮 TN/(g/kg)	全磷 TP/(g/kg)	全钾 TK/(g/kg)	碱解氮 AN/(mg/kg)	速效钾 AK/(mg/kg)	土壤母质 Parent material	剖面点坐标 Profile coordinate	匹配指数 Matching index/%
剖12	铁铝土	红壤	红壤	石英岩红壤		1	0~4				8.30	0.22	≤1.0	104	≤5	石英岩类	E 114°33′45.6″ N 26°07′03.0″	95
剖13	人为土	水稻土	潴育水稻土	潴育型麻砂泥田	表潴性中潴灰麻砂泥田	1	0~13				8.80	0.30	≤1.0	137	13	花岗岩风化物	E 114°36′50.8″ N 26°06′13.8″	95
						2	13~20				≥10.00	3.10	1.3					
						3	20~37				≥10.00	1.45	≤1.0					
						4	37~100				≥10.00	0.28	≤1.0					
剖14	人为土	水稻土	潴育水稻土	潴育型酸性紫砂泥田	黄泥底酸性灰麻砂泥田	1	0~12				≥10.00	0.15	≤1.0	98	7	紫红色砂砾岩类风化物	E 114°37′26.2″ N 26°05′56.0″	95
						2	12~22				≥10.00	1.53	≤1.0					
						3	22~45				≥10.00	1.23	≤1.0					
						4	45~100				9.20	0.76	≤1.0					
剖15	人为土	水稻土	潴育水稻土	潴育型黄泥田	乌黄泥田	1	0~14				≥10.00	4.01	≤1.0	58	≤5	第四纪红色黏土	E 114°33′13.6″ N 26°07′10.4″	95
						2	14~23				≥10.00	1.79	≤1.0					
						3	23~57				≥10.00	0.90	≤1.0					
						4	57~100				8.00	0.57	≤1.0					
剖16	人为土	水稻土	潴育水稻土	潴育型麻砂泥田	中潴灰麻砂泥田	1	0~14	浅黄灰色	轻壤土	屑粒状		0.34				花岗岩风化物	E 114°37′46.4″ N 26°08′23.4″	95
						2	14~24	浅黄灰色	轻壤土	小块状								
						3	24~41	棕黄灰色	轻壤土	块状								
						4	41~85	浅黄灰色	轻壤土	块状								
						5	85~100	浅棕灰色	轻壤土	屑粒状								
剖17	人为土	水稻土	潴育水稻土	潴育型潮砂泥田	中位中潴灰潮砂泥田	1	0~14	蓝灰色	中壤土	碎块状		0.80		144	≤5	河流冲积物	E 114°40′02.7″ N 26°08′59.5″	95
						2	14~22	浅黄灰色	中壤土	块状		0.45						
						3	22~55	浅黄灰色	中壤土	块状		0.63						
						4	55~77	浅蓝灰色	中壤土	软糊无结构		0.51						
						5	77~100	浅黄灰色	轻壤土	屑粒状		0.63						
剖18	人为土	水稻土	潴育水稻土	潴育型鳝泥田	中位弱潜灰鳝泥田	1	0~15	浅黄灰色	中壤土	小块状		1.67		130	6	花岗岩风化物	E 114°39′19.2″ N 26°08′51.9″	95
						2	15~23	浅黄灰色	中壤土	核块状		1.11						
						3	23~40	浅黄灰色	中壤土	核块状		0.56						
						4	40~90	浅黄灰色	中壤土	块状		0.41						
						5	90~128	浅黄灰色	中壤土	块状		0.37						
剖19	人为土	水稻土	潴育水稻土	潴育型灰砂泥田	中潴灰砂泥田	1	0~16	浅棕灰色	重壤土	屑粒状		1.06		99	6	泥质岩风化物	E 114°39′45.3″ N 26°07′45.9″	97
						2	16~24	浅蓝灰色	重壤土	软糊无结构		0.80						
						3	24~47	浅蓝灰色	重壤土	软糊无结构		0.87						
						4	47~100	蓝灰色	重壤土	软糊无结构		1.87						
剖20	人为土	水稻土	潴育水稻土	潴育型灰砂泥田	中潴灰砂泥田	1	0~14		中壤土		≥10.00	1.24	≤1.0	85	14	花岗岩风化物	E 114°40′38.8″ N 26°09′27.4″	95
						2	14~19	棕黄色	重壤土	核粒状	≥10.00	0.74	≤1.0					
						3	19~73	浅黄灰色	重壤土	块状	≥10.00	0.43	≤1.0					
						4	73~100	棕黄色	重壤土	块状	≥10.00	0.63	1.1					
剖21	铁铝土	红壤	红壤	黄砂泥土	中层灰泥土	1	0~13	棕红色	中壤土	核粒状	≥10.00	1.50	≤1.0			石英岩类风化物	E 114°40′41.6″ N 26°08′53.9″	95
						2	13~30	浅棕黄色	重壤土	块状	≥10.00	0.74	≤1.0					
						3	30~60	棕黄色	重壤土	块状	7.60	0.40	≤1.0					
						4	60~100	棕黄色	中壤土		8.60	0.47	≤1.0					
剖22	铁铝土	红壤	红壤	泥质岩红壤	厚层多有机质泥质岩红壤	1	0~3	棕红色	重壤土	核状						泥质岩类	E 114°42′41.9″ N 26°07′01.4″	95
						2	3~29	浅棕红色	重壤土	块状								
						3	29~100	棕红色	重壤土	块状								

续表 Continued

剖面号 Soil profile	土纲 Soil order	土类 Soil great group	亚类 Soil subgroup	土属 Soil genus	土种 Soil species	土层码 Layer code	土层厚度 Depth/cm	颜色 Soil color	质地 Soil texture	土壤结构 Soil structure	全氮 TN/(g/kg)	全磷 TP/(g/kg)	全钾 TK/(g/kg)	碱解氮 AN/(mg/kg)	速效钾 AK/(mg/kg)	土壤母质 Parent material	剖面点坐标 Profile coordinate	匹配指数 Matching index/%
剖23	人为土	水稻土	潴育水稻土	潴育型鳝砂泥田	弱潴灰鳝泥田	1	0—13	浅灰黄色	中壤土	屑粒状	≥10.00	1.50	8.3	149	6	泥质岩类风化物	E 114°41′36.9″ N 26°05′34.2″	95
						2	13—26	浅棕灰色	重壤土	棱块状	≥10.00	1.02	1.7					
						3	26—60	浅棕黄色	重壤土	棱块状	≥10.00	0.44	≤1.0					
						4	60—100	浅黄棕色		块状	≥10.00	0.35	≤1.0					
剖24	人为土	水稻土	潴育水稻土	潴育型潮砂泥田	中位中潜夹砂灰潮泥田	1	0—13	浅灰棕色	中壤土	屑粒状	≥10.00	1.41	≤1.0	84	≤5	河流冲积物	E 114°37′52.7″ N 26°07′05.2″	95
						2	13—24	浅棕灰色	中壤土	块状	≥10.00	0.70	≤1.0					
						3	24—40	棕灰色	中壤土	块状	≥10.00	0.44	≤1.0					
						4	40—60	棕黄色		分散状	6.40	0.11	≤1.0					
						5	60—100	浅黄棕色	中壤土	块状	≥10.00	0.61	≤1.0					
剖25	人为土	水稻土	潴育水稻土	潴育型鳝泥田	中位强潜鳝泥田	1	0—17	浅黄棕色	重壤土	松软状	≥10.00	1.44	≤1.0	171	6	泥质岩类风化物	E 114°39′12.8″ N 26°06′53.0″	95
						2	17—27	浅蓝灰色	重壤土	小块状	≥10.00	1.10	≤1.0					
						3	27—64	浅蓝色		软糊无结构	≥10.00	0.93	≤1.0					
						4	64—100				≥10.00	0.30	≤1.0					
剖26	铁铝土	红壤		黄泥土	厚层黄泥土	1	0—14		中壤土		≥10.00	0.65	≤1.0	72	≤5	第四纪红色黏土	E 114°39′13.9″ N 26°06′19.0″	95
						2	14—49			粒状	≥10.00	0.49	≤1.0					
						3	49—100				8.00	0.47	≤1.0					
剖27	人为土	水稻土	淹育水稻土	淹育型紫砂泥	强潜紫砂泥田	1	0—11	浅棕灰色	重壤土	块状	≥10.00	2.00	≤1.0	125	≤5	紫色砂岩类风化物	E 114°39′32.7″ N 26°05′47.2″	95
						2	11—20	紫色	重壤土	棱块状	≥10.00	1.85	≤1.0					
						3	20—41	紫色	轻壤土	块状	≥10.00	0.39	≤1.0					
						4	41—100				≥10.00	0.92	≤1.0					
剖28	人为土	水稻土	潴育水稻土	潴育型麻砂泥田	中位中潜床砂泥田	1	0—13	深棕色	轻壤土	碎块状	≥10.00	0.53	≤1.0	46	≤5	花岗岩风化物	E 114°40′55.4″ N 26°06′12.4″	95
						2	13—32	蓝棕色	轻壤土	软糊无结构	≥10.00	0.38	≤1.0					
						3	32—100	棕色			7.60	0.33	≤1.0					
剖29	铁铝土	红壤	泥质岩红壤	中层中有机质泥质岩类红壤	1	0—13		轻壤土	屑粒状	≥10.00	0.34	≤1.0	147	≤5	泥质岩类	E 114°40′52.0″ N 26°05′08.0″	95
						2	13—30		中壤土	棱块状	9.00	0.14	≤1.0					
						3	30—70		重壤土	棱块状	7.60	≤0.10	≤1.0					
						4	70—100			松散状		0.41	≤1.0					
剖30	人为土	水稻土	潴育水稻土	潴育型鳝泥田	中潜乌鳝泥田	1	0—10	浅棕灰色		屑粒状	≥10.00	0.96	≤1.0			泥质岩类风化物	E 114°36′47.3″ N 26°03′26.1″	95
						2	10—17	浅蓝灰色	重壤土	棱块状	≥10.00	0.44	≤1.0					
						3	17—30	棕黄色	重壤土	棱块状	6.90	0.18	≤1.0					
						4	30—					1.85	1.6					
剖31	铁铝土	红壤性	花岗岩红壤性土	花岗岩类红壤性土	1	0—5				≥10.00	0.97	≤1.0	215	≤5	花岗岩	E 114°37′14.8″ N 26°03′28.9″	95
						2	5—20				≥10.00	0.53	≤1.0					
						3	20—63					0.39	≤1.0					
						4	63—100											
剖32	铁铝土	红壤	花岗岩红壤	薄层中有机质花岗岩类红壤	1	0—8								67	10	花岗岩	E 114°35′23.9″ N 26°02′28.8″	95
						2	8—48											
						3	48—100											
剖33	人为土	水稻土	潴育水稻土	潴育型鳝泥田	中潜中鳝泥田	1	0—13	浅棕灰色	中壤土	屑粒状	≥10.00	0.34	≤1.0			泥质岩类风化物	E 114°37′46.0″ N 26°03′16.7″	95
						2	13—19	棕灰色	重壤土	棱块状	≥10.00	0.14	≤1.0					
						3	19—44	棕灰色	重壤土	棱块状	≥10.00	≤0.10	1.6					
						4	44—100	棕黄色	中壤土	屑粒状	≥10.00	0.41	≤1.0					
剖34	人为土	水稻土	潴育水稻土	潴育型麻砂泥田	麻砂泥田	1	0—13	浅棕灰色	中壤土	棱块状	≥10.00	0.96	≤1.0			花岗岩风化物	E 114°40′21.0″ N 26°02′55.8″	95
						2	13—20	棕黄色	中壤土	棱块状	≥10.00	0.44	≤1.0					
						3	20—39	棕黄色	轻壤土	小块状	≥10.00	0.18	≤1.0					
						4	39—100					0.39	≤1.0					

续表 Continued

剖面号 Soil profile	土纲 Soil order	土类 Soil great group	亚类 Soil subgroup	土属 Soil genus	土种 Soil species	土层码 Layer code	土层厚度 Depth/cm	颜色 Soil color	质地 Soil texture	土壤结构 Soil structure	全氮 TN/(g/kg)	全磷 TP/(g/kg)	全钾 TK/(g/kg)	碱解氮 AN/(mg/kg)	速效钾 AK/(mg/kg)	土壤母质 Parent material	剖面点坐标 Profile coordinate	匹配指数 Matching index/%
剖35	铁铝土	红壤		泥质岩红壤		1	3~30				≥10.00	2.19	11.0	170	8	泥质岩类	E 114°41′45.2″ N 26°04′41.7″	95
						2	30~80				≥10.00	0.89	≤1.0					
剖36	人为土	水稻土	侧渗水稻土	侧渗型鳝泥田	弱潴灰鳝泥田	1	0~13	棕黄色	中壤土	屑粒状	≥10.00	1.51	≤1.0	167	6	泥质岩类风化物	E 114°41′47.4″ N 26°03′42.2″	95
						2	13~21	棕紫色	重壤土	核块状	≥10.00	0.90	≤1.0					
						3	21~40	棕黄色	中壤土	核块状	≥10.00	0.47	≤1.0					
						4	40~80	灰白色	中壤土	块状	8.50		≤1.0					
						5	80~100	黄灰色	中壤土	块状	4.50							
剖37	铁铝土	红壤		泥质岩红壤	厚层中有机质泥质岩类红壤	1	0~16	棕黄色	中壤土	碎块状						泥质岩类	E 114°42′50.5″ N 26°04′01.7″	95
						2	16~54	棕红色	重壤土	块状								
						3	54~100	棕红色	重壤土	块状								
剖38	铁铝土	红壤		花岗岩红壤	中层少有机质花岗岩类红壤	1	0~5	浅棕灰色	轻壤土	松散状						花岗岩	E 114°44′09.3″ N 26°04′41.8″	95
						2	5~47	棕红色	中壤土	核状								
						3	47—											
剖39	铁铝土	红壤		花岗岩红壤	中层中有机质花岗岩类红壤	1	0~12	浅黄棕色	中壤土	核状	≥10.00	0.78	≤1.0	163		花岗岩	E 114°42′00.8″ N 26°01′20.4″	95
						2	12~30	浅棕黄色	中壤土	核块状	≥10.00	0.35	≤1.0					
						3	30~100	浅棕黄色	中壤土	块状	5.60	0.19	≤1.0					
剖40	人为土	水稻土	潴育水稻土	潴育型黄砂泥田	中潴弱酸性黄砂泥田	1	0~12	棕黄色	轻壤土	屑粒状	≥10.00	1.45	≤1.0	119	8	石英岩类风化物	E 114°41′17.5″ N 26°00′30.0″	95
						2	12~20	黄灰色	中壤土	核块状	≥10.00	1.30	≤1.0					
						3	20~53	棕黄色	中壤土	软糊无结构	≥10.00	0.46	≤1.0					
						4	53~100			块状	6.50	0.15	≤1.0					
剖41	人为土	水稻土	潴育水稻土	潴育型麻砂泥田	中潴灰黄泥田	1	0~12	浅灰黄色	中壤土	细粒状						第四纪红色黏土	E 114°44′00.8″ N 26°00′24.3″	97
						2	12~18	浅灰黄色	重壤土	核块状								
						3	18~46	浅灰黄色	中壤土	块状								
						4	46~100	棕黄色	中壤土	碎块状								
剖42	铁铝土	红壤		花岗岩红壤	薄层中有机质花岗岩类红壤	1	0~5	浅灰黄色	轻壤土	屑粒状						花岗岩	E 114°38′52.3″ N 25°58′55.8″	95
						2	5~30	浅红棕色	轻壤土	核块状								
						3	30—	棕红色		核状								
剖43	人为土	水稻土	潴育水稻土	潴育型酸性紫泥田	表潜性中潴黄泥底酸性灰紫紫砂泥田	1	0~13	紫色	中壤土	屑粒状	≥10.00	1.49	≤1.0	178	10	紫红色砂砾岩类风化物	E 114°39′15.0″ N 25°59′13.2″	95
						2	13~22	棕紫色	重壤土	核块状	≥10.00	1.34	≤1.0					
						3	22~56	紫灰色	重壤土	核状	≥10.00	0.38	≤1.0					
						4	56~100	浅灰紫色	中壤土	块状	≥10.00	1.10	≤1.0					
剖44	人为土	水稻土	潴育水稻土	潴育型麻砂泥田	中潴弱麻砂泥田	1	0~16	棕色	中壤土	屑粒状	≥10.00	2.03	≤1.0			花岗岩风化物	E 114°39′57.2″ N 25°59′38.7″	95
						2	16~25	棕黄色	重壤土	核块状	≥10.00	1.45	1.5					
						3	25~44	浅灰棕色	中壤土	块状	9.20	0.49	≤1.0					
						4	44~100	深黑灰色	重壤土	块状	≥10.00	1.64	1.6					
剖45	人为土	水稻土	潴育水稻土	潴育型麻砂泥田	中潴乌麻泥田	1	0~15	棕黑色	中壤土	屑粒状	≥10.00	1.00	≤1.0	158	7	泥质岩类风化物	E 114°39′32.9″ N 25°58′34.7″	95
						2	15~24	棕黑色	重壤土	块状	8.50	0.69	≤1.0					
						3	24~76	浅灰紫色	重壤土	块状	7.80	0.49	≤1.0					
						4	76~100											
剖46	人为土	水稻土	淹育水稻土	淹育型紫砂泥田	强潴紫砂泥田	1	0~13		重壤土	屑粒状						紫色砂岩风化物	E 114°39′13.7″ N 25°58′04.0″	95
						2	13~21	棕紫色	重壤土	块状								
						3	21~45	浅紫褐色	重壤土	块状								
						4	45~64	紫色	重壤土	块状	5.00	0.79	≤1.0					

续表 Continued

剖面号 Soil profile	土纲 Soil order	土类 Soil great group	亚类 Soil subgroup	土属 Soil genus	土种 Soil species	土层码 Layer code	土层厚度 Depth/cm	颜色 Soil color	质地 Soil texture	土壤结构 Soil structure	全氮 TN/(g/kg)	全磷 TP/(g/kg)	全钾 TK/(g/kg)	碱解氮 AN/(mg/kg)	速效钾 AK/(mg/kg)	土壤母质 Parent material	剖面点坐标 Profile coordinate	匹配指数 Matching index/%
剖47	人为土	水稻土	潜育水稻土	潜育型潮砂泥田	中潴灰潮砂泥田	1	0—12				≥10.00	1.27	≤1.0	89	14	河流冲积物	E 114° 41′ 14.1″ N 25° 59′ 19.8″	95
						2	12—20				≥10.00	0.73	≤1.0					
						3	20—60				8.70	0.51	≤1.0					
						4	60—100				8.70	0.36	≤1.0					
剖48	人为土	水稻土	潜育水稻土	潜育型鳝泥田	中潴灰鳝泥田	1	0—15	灰色	中壤土	屑粒状	≥10.00	2.05	≤1.0	174	8	泥质岩类风化物	E 114° 41′ 27.1″ N 25° 58′ 38.8″	95
						2	15—21	浅棕灰色	重壤土	棱块状	≥10.00	1.38	≤1.0					
						3	21—39	浅棕黄色	重壤土	棱块状	≥10.00	0.47	≤1.0					
						4	39—100	棕黄色	重壤土	棱块状	7.60	0.26	≤1.0					
剖49	人为土	水稻土	潜育水稻土	潜育型黄泥田	中潴灰黄泥田	1	0—11				≥10.00	1.69	≤1.0	113	≤5	第四纪红色黏土	E 114° 41′ 52.3″ N 25° 58′ 42.4″	97
						2	11—18				≥10.00	0.78	≤1.0					
						3	18—68				9.90	0.43	≤1.0					
						4	68—100				8.90	0.36	≤1.0					
剖50	铁铝土	红壤		泥质岩红壤	中层中有机质泥质岩类红壤	1	0—12	浅棕紫色	中壤土	核粒状	≥10.00	1.26	≤1.0	50	≤5	泥质岩类	E 114° 42′ 03.8″ N 25° 58′ 39.8″	95
						2	12—33	浅棕紫色	中壤土	核粒状								
						3	33—76	紫红色	中壤土	核块状								
						4	76—											
剖51	铁铝土	红壤		泥质岩红壤	厚层多有机质泥质岩类红壤	1	0—10	棕红色	中壤土	核状	≥10.00	0.76	≤1.0	126	≤5	泥质岩类	E 114° 44′ 40.0″ N 25° 57′ 45.9″	95
						2	10—35	棕红色	重壤土	块状	≥10.00	0.61	≤1.0					
						3	35—100				4.90	0.19	≤1.0					
剖52	人为土	水稻土	潜育水稻土	潜育型酸性紫砂泥田	弱潴黄潜底酸性灰紫砂泥田	1	0—13				≥10.00	1.84	≤1.0	94	6	紫红色砂砾岩类风化物	E 114° 42′ 15.0″ N 25° 56′ 03.8″	95
						2	13—21				≥10.00	1.30	≤1.0					
						3	21—38				9.80	0.41	≤1.0					
						4	38—100				6.80	0.28	≤1.0					
剖53	人为土	水稻土	侧渗型麻砂泥田	侧渗型麻砂泥田	中潴灰麻砂泥田	1	0—12	浅棕灰色	中壤土	屑粒状	≥10.00	2.00	≤1.0	105	7	花岗岩风化物	E 114° 42′ 09.2″ N 25° 55′ 35.1″	95
						2	12—22	棕黄色	重壤土	棱块状	≥10.00	1.19	≤1.0					
						3	22—57	棕黄色	中壤土	块状	≤0.10	0.33	≤1.0					
						4	57—90	灰白色	中壤土	块状	3.50	≤0.10	≤1.0					
						5	90—100	棕黄色	重壤土	块状	5.10		≤1.0					
剖54	铁铝土	红壤	红壤性土	花岗岩红壤性土	花岗岩类红壤性土	1	0—20	浅棕灰色	轻壤土	屑粒状				64	≤5	花岗岩	E 114° 42′ 47.9″ N 25° 55′ 58.2″	95
						2	20—											
剖55	人为土	水稻土	潜育水稻土	潜育型潮砂泥田	灰潮砂泥田	1	0—11	棕灰色	中壤土	块状	≥10.00	1.52	≤1.0			河流冲积物	E 114° 43′ 53.0″ N 25° 56′ 20.0″	95
						2	11—18	灰灰黄色	中壤土	棱块状	≥10.00	1.30	≤1.0					
						3	18—48	中壤土	中壤土	块状	≥10.00	0.90	≤1.0					
						4	48—100					0.50	≤1.0					
剖56	人为土	水稻土	潜育水稻土	中位弱潜灰麻砂泥田		1	0—12	棕灰色	轻壤土	屑粒状						花岗岩风化物	E 114° 38′ 46.5″ N 25° 56′ 11.3″	95
						2	12—20	棕灰色	中壤土	块状								
						3	20—43	浅灰黄色	中壤土	棱块状								
						4	43—66	棕黄色	中壤土	块状								
						5	66—100	棕黄棕色	轻壤土	块状								
剖57	人为土	水稻土	潜育水稻土	潜育型麻砂泥田	弱潴灰麻砂泥田	1	0—13	棕灰色	轻壤土	屑粒状						花岗岩风化物	E 114° 41′ 05.8″ N 25° 55′ 54.9″	95
						2	13—19	浅灰黄色	中壤土	棱块状								
						3	19—45	棕黄灰色	中壤土	块状								
						4	45—100	浅黄棕色	轻壤土	块状								

续表 Continued

剖面号 Soil profile	土纲 Soil order	土类 Soil great group	亚类 Soil subgroup	土属 Soil genus	土种 Soil species	土层码 Layer code	土层厚度 Depth/cm	颜色 Soil color	质地 Soil texture	土壤结构 Soil structure	全氮 TN/(g/kg)	全磷 TP/(g/kg)	全钾 TK/(g/kg)	碱解氮 AN/(mg/kg)	速效钾 AK/(mg/kg)	土壤母质 Parent material	剖面点坐标 Profile coordinate	匹配指数 Matching index/%
剖58	人为土	水稻土	潴育水稻土	潴育型砾砂泥田	强潴育底灰麻砂泥田	1	0—11	棕灰色	中壤土	屑粒状						花岗岩风化物	E 114°36′01.2″ N 25°53′00.2″	95
						2	11—14	棕黄色	中壤土	块状								
						3	14—31	浅棕黄色	中壤土	块状								
						4	31—46	紫红色	砂壤土									
						5	46—											
剖59	人为土	水稻土	潴育水稻土	潴育型鳝泥田	灰鳝泥田	1	0—14				≥10.00	1.41	≤1.0	48	8	泥质岩类风化物	E 114°39′58.3″ N 25°53′27.8″	95
						2	14—23				≥10.00	0.86	≤1.0					
						3	23—62				9.90	0.50	≤1.0					
						4	62—100				7.40		≤1.0					
剖60	人为土	水稻土	潴育水稻土	潴育型黄砂泥田	强潴育黄灰砂泥田	1	0—13	浅黄灰色	轻壤土	屑粒状	≥10.00			124		石英岩类风化物	E 114°44′28.5″ N 25°52′36.4″	95
						2	13—19	浅灰棕色	重壤土	核块状	5.30	0.65	1.3					
						3	19—53	黄棕色	中壤土	核块状	3.40	0.43	1.1					
						4	53—100	棕褐色	中壤土	块状	1.80	0.40	≤1.0					
剖61	铁铝土	红壤	红壤	第四纪红色黏土红壤	厚层中有机质第四纪红色黏土红壤	1	0—11	浅红棕色	重壤土	核粒状	≥10.00	0.51	≤1.0			第四纪红色黏土	E 114°43′29.6″ N 25°51′47.4″	97
						2	11—58	棕红色	重壤土	块状								
						3	58—100	棕红色	重壤土	块状								
剖62	铁铝土	红壤	红壤	第四纪红色黏土红壤	厚层中有机质第四纪红色黏土红壤	1	0—5			屑粒状				103	6	第四纪红色黏土	E 114°42′27.7″ N 25°50′22.9″	97
						2	5—21				8.70	0.44	≤1.0					
						3	21—75				6.70	0.30	≤1.0					
						4	75—100				5.10	0.30	≤1.0					
剖63	初育土	紫色土	石灰性紫色土	石灰性紫色土	薄层少有机质石灰性紫色土	1	0—6	紫色	中壤土	核状				5	≤5	钙质的紫色砂砾岩、泥页岩类风化物	E 114°43′03.6″ N 25°50′34.6″	97
						2	6—24	棕紫色	中壤土	核状								
						3	24—70	暗紫色	轻壤土	屑粒状								
剖64	人为土	水稻土	潴育水稻土	潴育型黄砂泥田	灰黄砂泥田	1	0—12	浅棕灰色	中壤土	块状	6.00	0.25	≤1.0	53	≤5	石英岩类风化物	E 114°42′32.7″ N 25°50′05.4″	95
						2	12—17	浅紫棕色	重壤土	块状	3.80	0.20	≤1.0					
						3	17—45	灰棕色	重壤土	块状	3.00	0.14	≤1.0					
						4	45—100	棕灰色	重壤土	块状	3.00	0.19	≤1.0					
剖65	初育土	紫色土	酸性紫色土	酸性紫色土	中层少有机质酸性紫色土	1	0—6	紫色	中壤土	屑粒状	≥10.00	1.35	≤1.0		≤5	紫色砂砾岩类风化物	E 114°40′53.6″ N 25°51′25.4″	95
						2	6—52	浅棕紫色	重壤土	核块状	4.60	0.90	≤1.0					
						3	52—90	浅紫棕色	重壤土	块状	4.50	0.31	≤1.0					
						4	90—100	浅紫棕色	重壤土	块状		0.33	≤1.0					
剖66	人为土	水稻土	潴育水稻土	潴育型酸性紫砂泥田	中潴酸性紫砂泥田	1	0—10	浅棕紫色	重壤土	块状	≥10.00	0.74	≤1.0	115	≤5	紫红色砂砾岩类风化物	E 114°39′52.7″ N 25°49′31.0″	95
						2	10—50	浅棕紫色	重壤土	块状	7.80	0.26	≤1.0					
						3	50—100	红黄灰相间	重壤土	核粒状	5.70	0.25	≤1.0					
剖67	铁铝土	红壤	红壤	第四纪红色黏土红壤	厚层石灰性紫泥土	1	0—27	暗紫色	重壤土	核粒状	≥10.00		≤1.0			第四纪红色黏土	E 114°40′05.6″ N 25°48′36.4″	97
						2	27—60	浅棕紫色	重壤土	核块状	≥10.00		≤1.0					
						3	60—100	紫棕色	中壤土	块状			≤1.0					
剖68	初育土	紫色土	石灰性紫色土	石灰性紫泥土	厚层石灰性紫泥土	1	0—17	浅棕灰色	中壤土	屑粒状			1.2	82	27	钙质紫色砂砾岩、泥页岩类风化物	E 114°41′41.6″ N 25°48′30.3″	95
						2	17—23	浅黄棕色	中壤土	块状	≥10.00		1.2					
						3	23—61	黄棕色	中壤土	核块状	≥10.00		1.1					
剖69	人为土	水稻土	潴育水稻土	潴育型潮砂泥田	中潴灰潮砂泥田	4	61—100	棕色	中壤土	核块状	7.60		1.3			河流冲积物	E 114°43′31.2″ N 25°48′19.0″	95

续表 Continued

剖面号 Soil profile	土纲 Soil order	土类 Soil great group	亚类 Soil subgroup	土属 Soil genus	土种 Soil species	土层层码 Layer code	土层厚度 Depth/cm	颜色 Soil color	质地 Soil texture	土壤结构 Soil structure	全氮 TN/(g/kg)	全磷 TP/(g/kg)	全钾 TK/(g/kg)	碱解氮 AN/(mg/kg)	速效钾 AK/(mg/kg)	土壤母质 Parent material	剖面点坐标 Profile coordinate	匹配指数 Matching index/%
剖70	初育土	紫色土	酸性紫色土	酸性紫色土	厚层少有机质酸性紫色土	1	0—14	棕色	中壤土	核状						紫色砂砾岩类风化物	E 114°44′15.7″ N 25°49′10.0″	95
						2	14—74	浅棕紫色	中壤土	核状								
						3	74—100	紫棕色										
剖71	初育土	紫色土	石灰性紫色土	石灰性紫泥土	厚层石灰性灰紫泥土	1	0—14	暗紫色	中壤土	核状	7.60	0.44	1.1	108	8	钙质紫色砂砾岩、泥页岩类风化物	E 114°42′36.1″ N 25°46′40.2″	95
						2	14—56	棕紫色	重壤土	核块状	7.50	0.51	≤1.0					
						3	56—	暗紫色										
剖72	铁铝土	红壤	红壤	第四纪红色黏土红壤		1	0—6	浅棕红色	重壤土	核状						第四纪红色黏土	E 114°44′49.9″ N 25°46′18.1″	97
						2	6—100	棕红色	重壤土	块状								
剖73	人为土	水稻土	潴育水稻土	潴育型酸性紫砂泥田	中位强潴酸性灰紫砂泥田	1	0—11	浅紫棕色	重壤土	屑粒块状	≥10.00	0.79	≤1.0	59	≤5	紫色砂岩类风化物	E 114°38′55.2″ N 25°46′34.9″	95
						2	11—19	棕紫色	重壤土	核块状	6.60		≤1.0					
						3	19—37	紫棕色	重壤土	核块状			≤1.0					
						4	37—100	黄灰色	轻壤土	块状								
剖74	铁铝土	红壤	红壤	第四纪红色黏土红壤	中层少有机质第四纪红色黏土红壤	1	0—6				≥10.00	0.92	≤1.0	83	≤5	第四纪红色黏土	E 114°39′14.9″ N 25°46′07.8″	97
						2	6—53	棕浅黄色	重壤土	块状	≥10.00	0.58	≤1.0					
						3	53—100	浅红红棕色红白相间	重壤土	块状		0.34	≤1.0					
剖75	初育土	紫色土	酸性紫色土	酸性紫色土	中层少有机质酸性紫色土	1	0—3				≥10.00	0.93	≤1.0	49	≤5	紫色砂岩类风化物	E 114°39′44.1″ N 25°46′54.9″	95
						2	3—60					0.50	≤1.0					
						3	60—100	棕灰色			7.50	0.35	≤1.0					
剖76	铁铝土	红壤	红壤	第四纪红色黏土红壤	中层少有机质第四纪红色黏土红壤	1	0—12									第四纪红色黏土	E 114°10′25.5″ N 25°47′01.6″	97
						2	12—50		重壤土	块状	≥10.00	1.34	≤1.0	42	≤5			
						3	50—100		重壤土	块状		0.35	≤1.0					
剖77	人为土	水稻土	淹育水稻土	淹育型黄泥田	弱潴黄泥田	1	0—10					1.20	≤1.0			第四纪红色黏土	E 114°35′45.7″ N 25°41′11.2″	95
						2	10—14	浅棕紫色	中壤土	屑粒块状	9.60	6.13	≤1.0					
						3	14—30	棕紫色	重壤土	核粒块状	7.50		≤1.0					
						4	30—100	蓝灰色	中壤土	软糊无结构	7.40	1.75	≤1.0					
剖78	人为土	水稻土	潴育水稻土	潴育型酸性紫砂泥田	中位中潴酸性灰紫紫砂泥田	1	0—12	棕紫色	中壤土	细粒结构	≥10.00	1.31	≤1.0	83	≤5	紫红色砂砾岩风化物	E 114°39′25.8″ N 25°43′07.6″	95
						2	12—21	紫色	重壤土	核块状	≥10.00	0.90	≤1.0					
						3	21—55	浅棕紫色	中壤土	核块状		0.40	≤1.0					
						4	55—100	蓝灰色	中壤土	屑粒状	9.90	1.79	≤1.0					
剖79	人为土	水稻土	潴育水稻土	潴育型酸性紫砂泥田	中潴酸性灰紫砂泥田	1	0—14	棕紫色	重壤土	核块状	≥10.00	0.90	≤1.0	196	12	紫红色砂砾岩风化物	E 114°40′21.6″ N 25°44′07.4″	95
						2	14—23	浅棕紫色	重壤土	核块状	≥10.00	0.82	≤1.0					
						3	23—44	浅棕紫色	重壤土	核块状		0.48	≤1.0					
						4	44—100	棕色	轻壤土	屑粒状								
剖80	人为土	水稻土	潴育水稻土	潴育型酸性紫砂泥田	黄泥底酸性灰紫砂泥田	1	0—13	浅棕紫色	中壤土	核块状						紫红色砂砾岩风化物	E 114°40′15.2″ N 25°43′26.2″	95
						2	13—20	蓝灰色	中壤土	碎块状								
						3	20—44	蓝灰色	中壤土	软湖状								
						4	44—100		轻壤土									
剖81	人为土	水稻土	潴育水稻土	潴育型麻砂泥田	中位中潴灰麻砂泥田	1	0—14	棕灰色	中壤土	核状	≥10.00	0.99	≤1.0	101	≤5	花岗岩风化物	E 114°42′14.1″ N 25°44′01.0″	95
						2	14—25	紫色	中壤土	梭状	≥10.00	0.60	≤1.0					
						3	25—56	黄棕色	中壤土	块状	≥10.00	0.40	≤1.0					
						4	56—100	浅棕紫色	中壤土	块状	7.20	0.30	≤1.0					
剖82	初育土	紫色土	酸性紫色土	酸性紫色土	厚层中有机质酸性紫色土	1	0—12									紫色砂砾岩类风化物	E 114°43′13.2″ N 25°42′59.5″	95
						2	12—20											
						3	20—54											
						4	54—100											

续表 Continued

剖面号 Soil profile	土纲 Soil order	土类 Soil great group	亚类 Soil subgroup	土属 Soil genus	土种 Soil species	土层码 Layer code	土层厚度 Depth/cm	颜色 Soil color	质地 Soil texture	土壤结构 Soil structure	全氮 TN/(g/kg)	全磷 TP/(g/kg)	全钾 TK/(g/kg)	碱解氮 AN/(mg/kg)	速效钾 AK/(mg/kg)	土壤母质 Parent material	剖面点坐标 Profile coordinate	匹配指数 Matching index/%
剖83	人为土	水稻土	侧渗水稻土	侧渗型酸性紫砂泥田	弱潴酸性紫砂泥田	1	0—12	浅棕灰色	中壤土	屑粒状	≥10.00	1.54	≤1.0	48	14	紫色砂岩类风化物	E 114°44′19.9″ N 25°44′58.3″	95
						2	12—19	棕灰色	中壤土	块状	≥10.00	1.21	≤1.0					
						3	19—66	棕色夹灰色	中壤土	块状	≥10.00	0.50	≤1.0					
						4	66—100	灰白色	轻壤土	块状	≥10.00	0.27	≤1.0					
剖84	初育土	紫色土	石灰性紫色土	石灰性紫色土	中层少有机质石灰性紫色土	1	0—11	棕色	重壤土	核块状	5.90	0.45	≤1.0	63	≤5	钙质紫色砂砾岩、泥页岩类风化物	E 114°44′58.4″ N 25°43′26.2″	97
						2	11—60	浅棕紫色	重壤土	块状	7.20	0.29	≤1.0					
						3	60—	紫色										
剖85	人为土	水稻土	潴育水稻土	潴育型酸性紫砂泥田	中潴酸性紫砂泥田	1	0—13		中壤土	屑粒状						紫红色砂砾岩类风化物	E 114°42′42.0″ N 25°40′41.3″	95
						2	13—19	棕紫色	重壤土	核块状	≥10.00							
						3	19—41	浅紫色	重壤土	核块状	≥10.00							
						4	41—53	浅紫黄色	重壤土	核块状	≥10.00							
						5	53—100	棕黄色	重壤土	块状	≥10.00							
剖86	人为土	水稻土	潴育水稻土	潴育型石灰性紫砂泥田	中潴石灰性紫泥田	1	0—15	浅紫色	重壤土	屑粒状	≥10.00	2.19	1.4	140	19	紫色泥页岩类风化物	E 114°43′40.4″ N 25°42′04.1″	97
						2	15—24	暗紫色	重壤土	核块状	≥10.00	1.47	1.4					
						3	24—48	暗紫色	重壤土	核块状	≥10.00	1.21	1.4					
						4	48—100	暗紫色	重壤土	核块状	≥10.00	0.76	≤1.0					
剖87	初育土	紫色土	石灰性紫色土	石灰性紫泥土	厚层石灰性紫泥土	1	0—18		轻壤土	屑粒状	8.60	0.51	1.5	128	≤5	钙质紫色砂砾岩、泥页岩类风化物	E 114°43′57.3″ N 25°42′13.1″	95
						2	18—56		轻壤土	碎块状	5.80	1.37	≤1.0					
						3	56—100		轻壤土	核块状	7.20	0.58	≤1.0					
剖88	人为土	水稻土	潴育水稻土	潴育型麻砂泥田	强潴乌黄泥田	1	0—13	暗紫色	中壤土	屑粒状	≥10.00	1.18	≤1.0			花岗岩风化物	E 114°43′27.3″ N 25°40′37.0″	95
						2	13—20	褐紫灰色	中壤土	核块状	≥10.00	0.83	≤1.0					
						3	20—45	褐紫灰色	中壤土	核块状	≥10.00	0.51	≤1.0					
						4	45—78	黄灰色	中壤土	软糊无结构	6.80	0.45	≤1.0					
						5	78—100		中壤土	粒状		0.40	≤1.0					
剖89	人为土	水稻土	潴育水稻土	潴育型石灰性紫砂泥田	中位弱潴石灰性灰紫泥田	1	0—13	暗紫色	重壤土	屑粒状	≥10.00					紫红色泥页岩类风化物	E 114°43′09.5″ N 25°40′16.0″	97
						2	13—21	暗紫色	重壤土	核块状	≥10.00							
						3	21—42	浅紫灰色	重壤土	核块状	≥10.00							
						4	42—100	浅紫灰色	重壤土	块状	≥10.00							
剖90	人为土	水稻土	潴育水稻土	潴育型酸性紫砂泥田	强潴酸性紫灰泥田	1	0—12	浅紫灰色	中壤土	屑粒状	≥10.00					紫红色砂砾岩类风化物	E 114°39′58.2″ N 25°38′01.9″	95
						2	12—18	浅紫灰色	重壤土	核块状	≥10.00							
						3	18—41	浅紫黄灰色	重壤土	核块状	≥10.00							
						4	41—100	浅紫灰色	重壤土	块状	≥10.00							
剖91	人为土	水稻土	潴育水稻土	潴育型石灰性紫砂泥田	弱潴石灰性灰黄泥田	1	0—12	灰白色	重壤土	屑粒状	≥10.00					紫色泥页岩类风化物	E 114°44′04.2″ N 25°39′31.6″	98
						2	12—20	紫色	重壤土	块状	≥10.00							
						3	20—61	浅紫紫色	重壤土	核块状	≥10.00							
剖92	人为土	水稻土	潴育水稻土	潴育型黄泥田	中位弱潴灰黄泥田	1	0—17	浅紫灰色	重壤土	屑粒状	≥10.00	1.44	≤1.0	11	≤5	第四纪红色黏土	E 114°37′39.6″ N 25°37′26.7″	98
						2	17—22	浅灰黄色	重壤土	块状	≥10.00	1.23	≤1.0					
						3	22—40	浅蓝灰色	重壤土	块状	≥10.00	0.50	≤1.0					
						4	40—100	蓝灰色	重壤土	软糊无结构	≥10.00	0.32	≤1.0					
剖93	人为土	水稻土	潴育水稻土	中潴灰质酸性紫砂泥田		1	0—14	紫棕色	轻壤土	屑粒状						石英砂砾岩类风化物	E 114°41′59.8″ N 25°34′49.1″	95
						2	14—23	棕灰色	轻壤土									
						3	23—52											
剖94	初育土	紫色土	酸性紫色土	紫色砂砾岩酸性紫色土	中层少有机质酸性紫色土	1	0—24	紫棕色		核粒状						紫色砂砾岩类风化物		
						2	24—60			核状								
						3	60—100											

续表 Continued

剖面号 Soil profile	土纲 Soil order	土类 Soil great group	亚类 Soil subgroup	土属 Soil genus	土种 Soil species	土层码 Layer code	土层厚度 Depth/cm	颜色 Soil color	质地 Soil texture	土壤结构 Soil structure	全氮 TN/(g/kg)	全磷 TP/(g/kg)	全钾 TK/(g/kg)	碱解氮 AN/(mg/kg)	速效钾 AK/(mg/kg)	土壤母质 Parent material	剖面点坐标 Profile coordinate	匹配指数 Matching index/%
剖95	人为土	水稻土	潴育水稻土	潴育型鳝泥田	中潴灰鳝泥田	1	0—12	浅棕灰色	重壤土	屑粒状	≥10.00	1.44		43	≤5	泥质岩类风化物	E 114°42′50.8″ N 25°33′54.4″	95
						2	12—21	浅棕灰色	重壤土	块状								
						3	21—41	棕黄色	重壤土	核块状								
						4	41—81	棕黄色	重壤土	核块状								
						5	81—100	棕黄色	中壤土	块状								
剖96	铁铝土	红壤	红壤	花岗岩红壤	厚层少有机质花岗岩类红壤	1	0—7	棕红色	中壤土	核粒状						花岗岩	E 114°42′28.8″ N 25°30′34.0″	95
						2	7—25	浅棕黄色	中壤土	核粒状								
						3	25—60	棕黄色	中壤土	块状								
						4	60—100	浅黄棕色	中壤土	小块状								
剖97	铁铝土	红壤	红壤	花岗岩红壤	薄层少有机质花岗岩类红壤	1	0—12	棕红色	轻壤土	核状	≥10.00	0.80	≤1.0	119	≤5	花岗岩	E 114°43′10.9″ N 25°29′45.3″	75
						2	12—36	浅黄棕色	砂壤土	分散状		0.21	≤1.0					
						3	36—	棕红色				0.83	≤1.0					
剖98	铁铝土	红壤	红壤	花岗岩红壤	厚层少有机质花岗岩类红壤	1	0—19		轻壤土	核粒状	≥10.00		≤1.0	104	≤5	花岗岩	E 114°44′16.8″ N 25°29′48.9″	75
						2	19—40	棕灰色	轻壤土	碎块状								
						3	40—100	棕黄色										
剖99	铁铝土	红壤	红壤	花岗岩红壤	薄层多有机质花岗岩类红壤	1	0—27	棕黄色	重壤土	细粒状	≥10.00					花岗岩	E 114°44′50.1″ N 25°29′47.6″	75
						2	27—54	浅黄棕色	重壤土	核块状								
						3	54—100	浅黄棕色	重壤土	核块状								
剖100	人为土	水稻土	潴育水稻土	潴育型黄泥田	乌黄泥田	1	0—14	棕黄色	重壤土	核块状	≥10.00	2.13	≤1.0	87	≤5	第四纪红色黏土	E 114°44′59.2″ N 25°29′52.4″	75
						2	14—23	浅黄棕色	重壤土	核块状		1.62	≤1.0					
						3	23—53	浅黄棕色	中壤土	核块状		0.47	≤1.0					
						4	53—100					0.35	≤1.0					
剖101	人为土	水稻土	潴育水稻土	潴育型石灰性紫泥田	中位弱潜石灰性紫泥田	1	0—13	浅谈灰色	轻壤土	屑粒状	≥10.00		≤1.0			紫色泥页岩类风化物	E 114°45′27.8″ N 26°00′26.3″	95
						2	13—18	灰棕色	中壤土	小块状								
						3	18—48	浅棕黄色	中壤土	块状								
						4	48—100	棕黄色	中壤土	块状								
剖102	人为土	水稻土	潴育水稻土	潴育型黄砂泥田	弱潴灰黄砂泥田	1	0—14	浅棕灰色	轻壤土	屑粒状	≥10.00	1.60	≤1.0	82	6	石英岩类风化物	E 114°45′44.7″ N 25°55′10.9″	95
						2	14—23	浅棕黄色	中壤土	块状		0.88	≤1.0					
						3	23—43	棕黄色	砂壤土	块状		0.16	≤1.0					
						4	43—100	棕黄色	细砂土	松散状			≤1.0					
剖103	人为土	水稻土	潴育水稻土	潴育型潮砂泥田	砂底灰潮砂泥田	1	0—15	浅棕黄色	轻壤土	屑粒状	≥10.00		≤1.0			河流冲积物	E 114°45′14.6″ N 25°54′29.2″	95
						2	15—24	棕黄色	中壤土	块状	≥10.00		≤1.0					
						3	24—43	棕黄色	砂壤土	块状	6.50		≤1.0					
						4	43—100	棕黄色	细砂土	松散状	3.40	≤0.10	≤1.0					
剖104	初育土	紫色土	石灰性紫色土	石灰型紫灰性紫色土	中层中有机质石灰性紫色土	1	0—11	暗紫色	重壤土	核状	≥10.00	0.98	≤1.0	94	≤5	钙质紫色砂砾岩、泥页岩类风化物	E 114°46′35.9″ N 25°52′44.2″	97
						2	11—43	浅棕紫色	重壤土	核块状	≥10.00	0.65	≤1.0					
						3	43—	暗棕紫色										
剖105	人为土	水稻土	潴育水稻土	潴育型酸性紫砂泥田	酸性紫灰砂泥田	1	0—15		轻壤土	核粒状	≥10.00	1.24	≤1.0	43	8	紫红色砂砾岩类风化物	E 114°46′50.3″ N 25°52′36.0″	95
						2	15—24		中壤土		≥10.00	1.15	≤1.0					
						3	24—38				6.30	0.83	≤1.0					
						4	38—100					0.27	≤1.0					
剖106	初育土	紫色土	酸性紫色土	酸性紫色土	薄层少有机质酸性紫色土	1	0—6	紫红色	轻壤土	核粒状	2.90	0.22	≤1.0	8	≤5	紫色砂砾岩类风化物	E 114°45′33.0″ N 25°51′10.8″	95
						2	6—20	紫红色			5.20	0.27	≤1.0					
						3	20—60	紫红色			2.50	0.24	≤1.0					
						4	60—100	紫色			2.20	0.18	≤1.0					

续表 Continued

剖面号 Soil profile	土纲 Soil order	土类 Soil great group	亚类 Soil subgroup	土属 Soil genus	土种 Soil species	土层码 Layer code	土层厚度 Depth/cm	颜色 Soil color	质地 Soil texture	土壤结构 Soil structure	全氮 TN/(g/kg)	全磷 TP/(g/kg)	全钾 TK/(g/kg)	碱解氮 AN/(mg/kg)	速效钾 AK/(mg/kg)	土壤母质 Parent material	剖面点坐标 Profile coordinate	匹配指数 Matching index/%
剖107	人为土	水稻土	潴育水稻土	潴育型鳝砂泥田	强潴砾石底灰鳝泥田	1	0—15	棕灰色	中壤土	细粒状						泥质岩类风化物	E 114°45′54.6″ N 25°51′05.5″	95
						2	15—25	浅黄棕色	重壤土	棱块状								
						3	25—48	浅黄棕色	重壤土	棱块状								
						4	48—100	黑褐黄色	砂土	松散状								
剖108	人为土	水稻土	潴育水稻土	潴育型潮砂泥田	全层强潜灰潮砂泥田	1	0—15	灰色	轻壤土	屑粒状		1.40	≤1.0			河流冲积物	E 114°47′11.0″ N 25°48′29.5″	95
						2	15—22	浅灰黄色	轻壤土	小块状	≥10.00	1.17	≤1.0	98	8			
						3	22—60	浅蓝灰色	轻壤土	软糊无结构	≥10.00	0.84	≤1.0					
						4	60—100	蓝灰色	轻壤土	软糊无结构	9.10	0.31	≤1.0					
剖109	人为土	水稻土	潴育水稻土	潴育型潮泥田	中潴黄泥底灰潮砂泥田	1	0—14				≥10.00	1.57	≤1.0			河流冲积物	E 114°47′39.1″ N 25°48′43.1″	95
						2	14—23				7.70	0.68	≤1.0					
						3	23—57				7.30	0.48	≤1.0					
						4	57—100											
剖110	人为土	水稻土	潴育水稻土	潴育型黄泥田	弱潴灰黄泥田	1	0—13	浅灰黄色	中壤土	屑粒状	≥10.00	1.20	≤1.0	71	≤5	第四纪红色黏土	E 114°49′48.6″ N 25°46′18.8″	97
						2	13—21	棱黄色	中壤土	棱块状	≥10.00	0.83	≤1.0					
						3	21—33	棕黄色	重壤土	棱块状	8.80	0.48	≤1.0					
						4	33—100				5.80	0.30	≤1.0					
剖111	人为土	水稻土	潴育水稻土	潴育型黄泥田	中位弱潜黄泥田	1	0—9	浅灰黄色	中壤土	屑粒状	≥10.00	1.11	≤1.0			第四纪红色黏土	E 114°50′45.5″ N 25°46′06.9″	97
						2	9—14	浅黄棕色	重壤土	块状	≥10.00	0.98	≤1.0					
						3	14—38	浅蓝灰色	重壤土	松软无结构	6.40	0.30	≤1.0					
						4	38—100			软糊无结构								
剖112	人为土	水稻土	淹育水稻土	潴育型黄泥田	弱潴黄泥田	1	0—10	浅灰黄色	重壤土	块状	≥10.00	0.55	≤1.0	52	22	第四纪红色黏土	E 114°50′37.5″ N 25°45′05.1″	95
						2	10—17	棕灰色	中壤土	较块状	≥10.00	0.68	≤1.0	146	≤5			
						3	17—100	浅灰黄色	中黏土	块状	6.60	0.39	≤1.0					
剖113	人为土	水稻土	潴育水稻土	潴育型麻砂泥田	弱潴灰麻砂泥田	1	0—6		中壤土	屑状	≥10.00	0.92	≤1.0	96	≤5	花岗岩风化物	E 114°45′52.5″ N 25°42′52.0″	95
						2	6—14	棕黄色	重壤土	细粒状	5.30	0.19	4.5	47	≤5			
						3	14—76				4.40	0.16	≤1.0					
剖114	初育土	紫色土	酸性紫色土	酸性紫色土	厚层灰黄泥土	1	0—18	棕红色	重壤土	块状	≥10.00	0.92	≤1.0	120	7	紫色砂砾岩类风化物	E 114°48′30.6″ N 25°43′30.0″	95
						2	18—100	棕灰色	轻黏土	块状	≥10.00	0.78	≤1.0					
剖115	铁铝土	红壤	红壤	黄泥土	厚层黄泥土	1	0—12	棕红色	轻黏土	核状	≥10.00	0.35	≤1.0			第四纪红色黏土	E 114°49′08.4″ N 25°44′37.6″	95
						2	12—18	棕红色	重壤土	块状	6.60							
						3	18—100	棕红色	重壤土	核状								
剖116	铁铝土	红壤	红壤	黄泥土	厚层黄泥土	1	0—18	浅棕黄色	重壤土	核状块状						第四纪红色黏土	E 114°48′46.1″ N 25°43′33.2″	95
						2	18—63	浅棕黄色	中壤土	屑粒状								
						3	63—100											
剖117	人为土	水稻土	潴育水稻土	潴育型麻砂泥田	夹潴性中潴灰麻砂泥田	1	0—13	棕灰色	中壤土	块状	≥10.00	1.39	≤1.0	70	22	花岗岩风化物	E 114°50′12.1″ N 25°44′51.8″	95
						2	13—18	棕黄色	中壤土	块状	≥10.00	0.85	≤1.0					
						3	18—47	棕黄色	中壤土	块状	≥10.00	0.38	≤1.0					
						4	47—100	棕黄色	中壤土	小块状	9.30	0.53	≤1.0					
剖118	人为土	水稻土	潴育水稻土	潴育型黄泥田	弱潴灰黄泥田	1	0—10				≥10.00	1.03	≤1.0	80	≤5	第四纪红色黏土	E 114°51′06.9″ N 25°44′25.8″	97
						2	10—18				≥10.00	0.58	≤1.0					
						3	18—45											
						4	45—100											
剖119	人为土	水稻土	潴育水稻土	潴育型黄泥田	中潴灰黄泥田	1	0—11				≥10.00		≤1.0			第四纪红色黏土	E 114°46′37.0″ N 25°42′29.5″	98
						2	11—19				6.50	0.41	≤1.0					
						3	19—36				4.40	0.32	≤1.0					
						4	36—100											

续表 Continued

剖面号 Soil profile	土纲 Soil order	土类 Soil great group	亚类 Soil subgroup	土属 Soil genus	土种 Soil species	土层码 Layer code	土层厚度 Depth/cm	颜色 Soil color	质地 Soil texture	土壤结构 Soil structure	全氮 TN/(g/kg)	全磷 TP/(g/kg)	全钾 TK/(g/kg)	碱解氮 AN/(mg/kg)	速效钾 AK/(mg/kg)	土壤母质 Parent material	剖面点坐标 Profile coordinate	匹配指数 Matching index/%
剖120	人为土	水稻土	潴育水稻土	潴育型鳝泥田	表潜性弱潴育鳝泥田	1	0—15	浅棕灰色	中壤土	屑粒状	≥10.00	1.90	≤1.0	76	≤5	泥质岩类风化物	E 114°46′17.3″ N 25°33′58.7″	95
						2	15—22	浅灰棕色	中壤土	棱块状	≥10.00	0.87	≤1.0					
						3	22—58	浅黄棕色	轻壤土	块状	7.20	0.18	≤1.0					
						4	58—100	黄棕色	重壤土	棱块状	≥10.00		≤1.0					
剖121	铁铝土	红壤	红壤	第四纪红色黏土红壤	薄层中有机质第四纪红色黏土红壤	1	0—5	浅棕灰色	重壤土	核粒状	≥10.00	1.00	≤1.0	225	≤5	第四纪红色黏土	E 114°47′48.8″ N 25°31′47.7″	95
						2	5—16	棕灰色	重壤土	核粒状	≥10.00	0.66	≤1.0					
						3	16—23	棕红色	重壤土	块状	≥10.00	0.46	≤1.0					
						4	23—	红白相间			4.90	0.17	≤1.0					

赣 县 区

主要土类说明

红壤是赣县区主要土壤类型，占本区地域面积的76%，主要分布于海拔800m以下的低山、丘陵。红壤形成于各种成土母质类型上，植被为各种次生林和人工林。一些红壤分布区，由于植被破坏，侵蚀严重。土壤呈微酸性至酸性。本区红壤分为红壤、棕红壤、山地黄红壤等亚类。

水稻土是赣县区第二大土壤类型，占本区地域面积的14%。本县水稻土既有山地丘陵的梯田、排田，山丘窄谷的垄田、坑田，也有山间盆地或丘陵宽谷的塅田等。在淹水耕作条件下，人为的施肥、灌溉、耕作等熟化过程，使水稻土形成了特有的发生层次，即耕作层、犁底层、潴育层、潜育层、漂洗层、母质层。由于这些发生层次的发育程度和组合，使得各种水稻土具有各自的肥力特征，形成了剖面形态特征上的差异。本区水稻土分为淹育水稻土、潴育水稻土、表潜水稻土、侧渗水稻土、潜育水稻土五个亚类。其中以潴育水稻土亚类面积最大，占水稻土总面积的75%，主要分布于河流两岸的平缓地段的塅田和丘陵山地的坑、垄田，排灌条件较好，地下水位适中，耕作水平较高，剖面发育较明显的，土体中有铁锰斑纹、铁锰结核和灰色胶膜。剖面构型为 A-P-W-C、A-P-W_1-W_2 或 A-P-W-G。本亚类熟化程度较高，多为双季稻-冬作（冬闲），双季稻-甘蔗等轮作。产量一般为中、高产水平。

紫色土是赣县区第三大土壤类型，占本区地域面积的5%，分布在南塘-储潭盆地的低山丘陵地带。紫色土是一种岩成土，是由紫红色岩层直接风化形成的A-C型土壤。土壤理化性质与母岩相近。本区紫色土分布区植被破坏，水土流失严重，土层薄，甚至裸露岩石或岩皮土。根据成土母质，本区紫色土主要分为两个亚类：由酸性紫红色砂页岩、砂砾岩风化物发育而成的酸性紫色土亚类，由中性紫色岩风化物发育而成的紫色土亚类。

小于本区地域面积3%的土壤类型还有黄壤、草甸土、石灰（岩）土、山地草甸土等。

本区域中心区气候特征

本区域中心区气候特征值
Regional climate characteristics in central area of the region

气候带：中亚热带湿润气候 Climate region: Subtropical humid climate	
年平均气温 /℃ Annual average temperature /℃	19.6
年平均最高气温 /℃ Annual average maximum temperature /℃	24.3
年平均最低气温 /℃ Annual average minimum temperature /℃	16.4
年降水量 /mm Annual precipitation /mm	1515
≥10℃的积温 /℃ Daily temperature accumulated in a year（≥10℃）/℃	12245
年日照时数 /h Annual sunshine /h	1774
年平均相对湿度 /% Annual average relative humidity /%	77
干燥度 Dryness	0.76

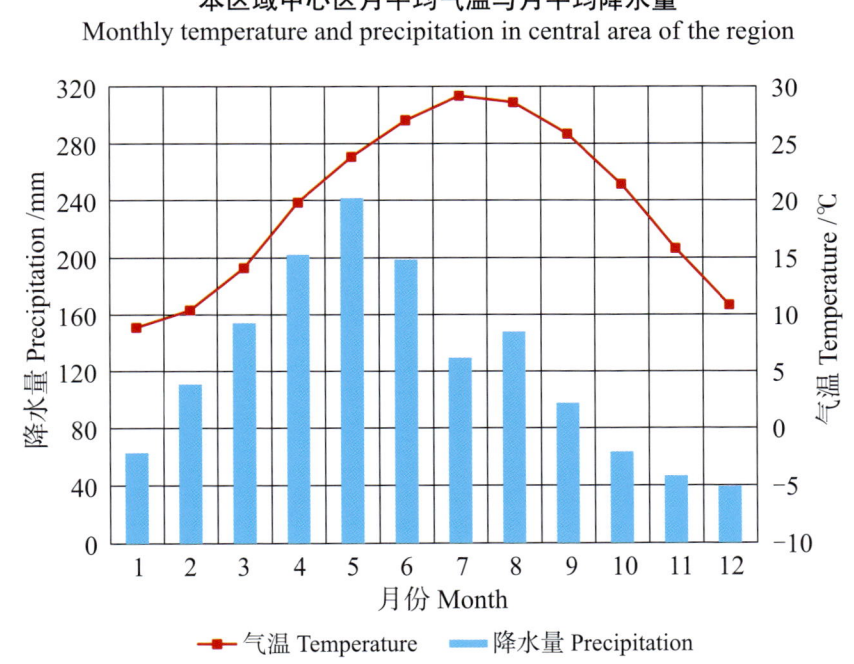

本区域中心区月平均气温与月平均降水量
Monthly temperature and precipitation in central area of the region

赣县主要土壤类型与土壤剖面点分布图
1:310 000

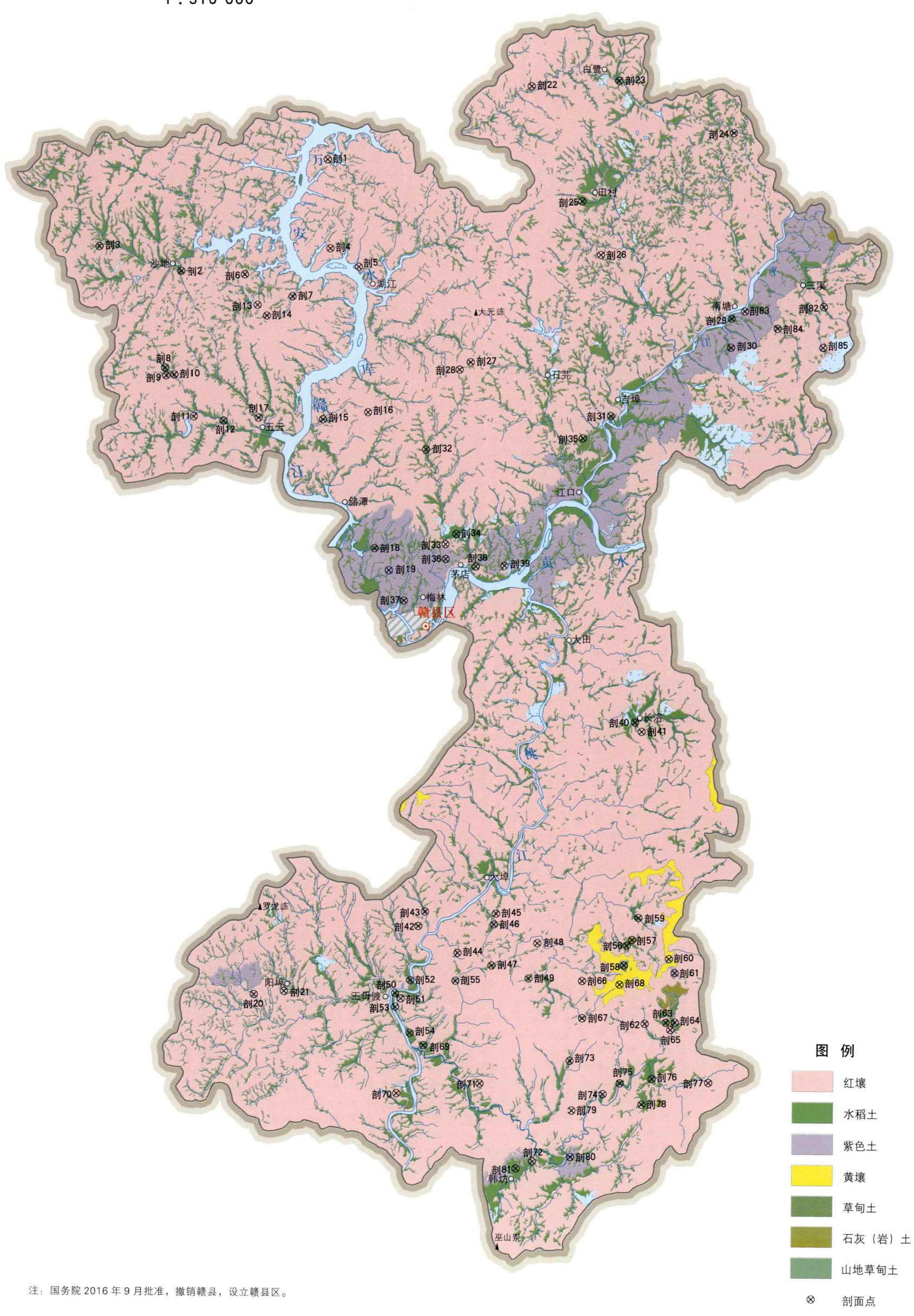

注：国务院 2016 年 9 月批准，撤销赣县，设立赣县区。

图例：红壤、水稻土、紫色土、黄壤、草甸土、石灰（岩）土、山地草甸土、⊗ 剖面点

赣县区土壤剖面理化性状表

剖面号 Soil profile	土纲 Soil order	土类 Soil great group	亚类 Soil subgroup	土属 Soil genus	土种 Soil species	土层码 Layer code	土层厚度 Depth/cm	颜色 Soil color	质地 Soil texture	土壤结构 Soil structure	pH	有机质 OM/(g/kg)	全氮 TN/(g/kg)	全磷 TP/(g/kg)	全钾 TK/(g/kg)	碱解氮 AN/(mg/kg)	有效磷 AP/(mg/kg)	速效钾 AK/(mg/kg)	阳离子交换量CEC/(cmol/kg)	土壤母质 Parent material	剖面点坐标 Profile coordinate	匹配指数 Matching index/%
剖1	铁铝土	红壤	红壤	生草红壤	侵蚀麻砂土	1	0—35	棕灰白色	粗砂土	单粒状	5.0	8.0				35	3.0	25		花岗岩风化物	E 114°56′18.3″ N 26°10′47.5″	97
						2	35—100	灰白色	粗砂土													
剖2	人为土	水稻土	表潴水稻土	河积性表潜水稻土	青潮潮砂泥田	1	0—20	浅青黄色	中壤土	小粒状	5.4	25.1	1.21	1.13		129	3.4	50		河流冲积物	E 114°49′45.3″ N 26°06′07.8″	95
						2	20—26	浅灰黄色	中壤土	块状	6.5	18.9	0.83	1.00				35				
						3	26—36	浅灰黄色	中壤土	块状	7.0	12.0	0.59	0.59				58				
						4	36—100	青灰色	中壤土	大块状												
剖3	人为土	水稻土	表潜水稻土	石英砂岩性表潜水稻土	青塥砂泥田	1	0—15	浅黄色	中壤土	小粒状	6.5	26.5	1.40	1.01		170	3.3	95		石英砂岩风化物	E 114°46′00.7″ N 26°07′04.3″	95
						2	15—28	浅蓝灰色	中壤土	块状	5.3	19.2	1.10	0.72				80				
						3	28—61	灰黄色	重壤土	块状	5.3	9.4	0.54	0.79				83				
						4	61—100	青蓝灰色	重壤土	块状	5.6	5.8	0.25	0.65				59				
剖4	铁铝土	红壤	山地黄红壤	森林山地黄红壤	林地千枚岩山地黄红壤	1	0—20	棕红色	中壤土	核粒状										千枚岩风化物	E 114°56′30.5″ N 26°07′10.7″	93
						2	20—37	棕黄色	中壤土	块状												
						3	37—100	棕黄色	中壤土	块状												
剖5	铁铝土	红壤	红壤	熟化红壤	黄泥土	1	0—23	棕红色	中壤土	核粒状	5.0	7.9	≤0.10	1.28		71	≤1.0	21		第四纪红色黏土	E 114°57′48.5″ N 26°06′27.0″	97
						2	23—46	黄红色	重壤土	块状	6.0	7.2	0.37	2.29				20				
						3	46—78	棕黄色	中壤土	块状	6.2	11.7	0.34	1.24				30				
						4	78—100	黄红色	重壤土	块状	5.9	5.6	0.16	1.39				35				
剖6	人为土	水稻土	表潜水稻土	泥岩性表潜水稻土	青塥红黄泥田	1	0—15	浅黄黄色	中壤土	小粒状										泥岩风化物	E 114°52′38.6″ N 26°06′02.7″	97
						2	15—25	灰黄色	中壤土	块状												
						3	25—100	青灰色	中壤土	软糊无结构												
剖7	人为土	水稻土	潴育水稻土	泥岩性潴育水稻土	红黄泥田	1	0—13	浅黄灰色	重壤土	小粒状										泥岩风化物	E 114°54′50.0″ N 26°05′10.6″	97
						2	13—17	浅黄色	重壤土	块状												
						3	17—52	棕黄色	重壤土	棱柱状												
						4	52—100	红黄色	重壤土	块状												
剖8	人为土	水稻土	潴育水稻土	河积性潴育水稻土	乌潮砂泥田	1	0—15	浅黄灰色	轻壤土	小块状	7.3	25.4	1.52	0.27		127	2.5	112		河流冲积物	E 114°49′06.5″ N 26°02′09.3″	95
						2	15—22	灰黄色	中壤土	小块状	6.4	14.1	1.05	0.33				124				
						3	22—50	棕黄色	中壤土	棱柱状	7.0	8.4	0.81	0.30				130				
						4	50—100	黄灰色	中壤土	块状	7.0	6.9	0.76	0.30				140				
剖9	人为土	潴育水稻土	千枚岩性潴育水稻土	鳝泥田		1	0—16	浅黄色	中壤土	小粒状	5.6	33.5	1.43	1.37		135	6.0	26		千枚岩风化物	E 114°49′10.1″ N 26°01′56.7″	98
						2	16—23	灰黄色	中壤土	块状	5.5	12.5	0.76	2.03				45				
						3	23—71	重黄色	重壤土	块状	5.3	13.0	0.67	1.09				70				
						4	71—100	黄灰色	重壤土	棱柱状	6.2	9.3	0.65	2.70				73				
剖10	人为土	侧渗水稻土	花岗岩性侧渗水稻土	漂洗麻砂田		1	0—14	浅黄灰色	轻壤土	小粒状	5.5	34.9	1.36	0.57		140	1.8	100		花岗岩风化物	E 114°49′32.3″ N 26°01′52.2″	95
						2	14—24	浅黄色	重壤土	小块状	5.5	19.5	0.70	0.27				85				
						3	24—35	灰白黄色	轻壤土	块状	5.4	15.0	0.66	0.27				70				
						4	35—100	浅黄色	砂壤土	块状	5.4	13.8	0.49	0.30				28				
剖11	铁铝土	红壤	红壤	森林红壤	林地粉红土	1	0—23	棕黄色	中壤土	小粒状	7.0	29.7	1.61	1.51		186	3.6	145		千枚岩风化物	E 114°50′27.6″ N 26°00′10.9″	97
						2	23—53	棕黄色	中壤土	块状	5.9	23.6	1.11	1.13				50				
						3	53—100	棕黄色	中壤土	块状												
剖12	人为土	水稻土	表潜水稻土	花岗岩性表潜水稻土	青塥砂泥田	1	0—20	深灰色	中壤土	小粒状	7.0									花岗岩风化物	E 114°51′49.3″ N 26°00′01.9″	95
						2	20—40	浅灰白色	中壤土	块状	6.3	20.6	0.93	1.15				45				
						3	40—65	浅灰色	中壤土	块状												
						4	65—100	浅黄灰色	中壤土	块状	6.5	11.8	0.50	1.15				46				

续表 Continued

剖面号 Soil profile	土纲 Soil order	土类 Soil great group	亚类 Soil subgroup	土属 Soil genus	土种 Soil species	土层码 Layer code	土层厚度 Depth/cm	颜色 Soil color	质地 Soil texture	土壤结构 Soil structure	pH	有机质 OM/(g/kg)	全氮 TN/(g/kg)	全磷 TP/(g/kg)	全钾 TK/(g/kg)	碱解氮 AN/(mg/kg)	有效磷 AP/(mg/kg)	速效钾 AK/(mg/kg)	阳离子交换量CEC/(cmol/kg)	土壤母质 Parent material	剖面点坐标 Profile coordinate	匹配指数 Matching index/%
剖13	铁铝土	红壤	红壤	生草红壤	草地麻砂泥土	1	0—35	浅灰色	轻壤土	核粒状	5.3	17.9	1.00	0.94		119	≤1.0	140		花岗岩风化物	E 114°53′14.8″ N 26°04′47.9″	95
						2	35—76	浅灰黄色	轻壤土	块状	5.0	8.3	0.64	1.03				38				
						3	76—100	浅灰红色	轻壤土	小块状	4.9	6.3	0.39	0.78				23				
剖14	人为土	水稻土	淹育水稻土	紫土性淹育水稻土	浅紫砂泥田	1	0—17	浅灰棕色	轻壤土	小块状	5.6	13.0	1.20	0.80		70	1.8	55		钙质紫色砂贝岩风化物	E 114°53′40.8″ N 26°04′22.0″	95
						2	17—24	浅紫色	轻壤土	小块状	5.7	5.4	1.07	0.64				27				
						3	24—60	浅黄紫色	中壤土	块状	6.9	4.6	0.67	0.75				34				
						4	60—100		中壤土		7.0	4.0	0.40	0.70				34				
剖15	人为土	水稻土	潴育水稻土	石灰岩性潴育水稻土	石灰性乌黄泥田	1	0—20	棕褐色	重壤土	核粒状	6.0	26.6	1.65	2.52		142	≤1.0	26		石灰岩风化物	E 114°56′19.6″ N 26°00′10.0″	95
						2	20—31	褐色	重壤土	核粒状	6.0	18.7	1.15	2.43				38				
						3	31—42	浅褐色	重壤土	块状	5.5	15.1	0.95	2.36				26				
						4	42—100	棕褐色	中壤土	块状	7.1	11.4	0.92	2.38				25				
剖16	铁铝土	红壤	山地黄红壤	森林山地黄红壤	林地砂页岩山地黄红壤	1	0—20	棕灰色		核粒状										砂页岩风化物	E 114°58′21.9″ N 26°00′29.6″	93
						2	20—70	黄灰色		块状												
						3	70—100															
剖17	人为土	水稻土	侧渗水稻土	泥岩性侧渗水稻土	漂洗红黄泥田	1	0—15	黄灰色	轻壤土	小粒状	4.9	21.2	1.22	1.39		86	4.1	25		泥岩风化物	E 114°53′24.2″ N 26°00′10.5″	95
						2	15—25	黄白色	中壤土	块状	6.5	8.6	0.49	0.98				15				
						3	25—45	橙黄色	中壤土	块状	6.7	1.6	0.31	0.30				16				
						4	45—100	棕红色	中壤土	块状	6.8	4.8	0.27	0.54				16				
剖18	人为土	水稻土	侧渗水稻土	紫土性侧渗水稻土	漂洗紫砂泥田	1	0—20	浅黄灰色	中壤土	小粒状	6.5	21.0	1.14	1.08		112	3.4	105		紫色砂页岩	E 114°58′47.2″ N 25°54′56.5″	95
						2	20—24	浅紫色	中壤土	棱块状	6.7	5.4	0.72	0.57				28				
						3	24—40	浅灰紫色	中壤土	块状	5.8	9.3	0.70	0.88				39				
						4	40—100	浅紫色	中壤土	块状	6.4	4.9	0.30	0.64				25				
剖19	初育土	紫色土	紫色土	紫色土	侵蚀紫色土	1	0—24	棕灰色	轻壤土	核粒状										紫色岩类风化物	E 114°59′26.7″ N 25°54′03.3″	97
						2	24—70	紫色	中壤土	小粒状												
						3	70—															
剖20	铁铝土	红壤	熟化红壤	熟化红壤	黄砂泥田	1	0—17	黄灰色	轻壤土	小粒状	7.0	31.0	1.44	1.49		125	6.2	52		石灰岩类风化物	E 114°53′46.6″ N 25°36′32.6″	95
						2	17—45	棕灰色	中壤土	块状	5.6	16.0	0.86	0.99				50				
						3	45—100	棕红色	中壤土	块状	5.9	5.4	0.42	0.60				63				
剖21	人为土	水稻土	侧渗水稻土	河积性侧渗水稻土	漂洗潮砂泥田	1	0—13	浅黄灰色	中壤土	小粒状	6.5	21.0	1.14	1.08				52		河流冲积物	E 114°55′11.5″ N 25°36′55.6″	95
						2	13—26	浅黄灰色	中壤土	块状		6.8	0.36	0.36								
						3	26—79	浅黄灰色	中壤土	块状	7.2											
						4	79—100	浅黄灰色	重壤土	块状												
剖22	人为土	水稻土	侧渗水稻土	红黏岩性侧渗水稻土	漂洗黄泥田	1	0—15	浅黄灰色	重壤土	小块状	4.9	30.8	1.63	2.52		152	24.1	130		第四纪红色黏土	E 115°05′31.3″ N 26°13′56.9″	95
						2	15—27	灰白色	中壤土	块状	4.9	13.2	0.72	1.52				37				
						3	27—62	棕黄色	中壤土	块状	5.0	11.8	0.62	1.40				59				
						4	62—100	浅灰白色	轻壤土	块状	5.9	3.8	0.33	1.03				31				
剖23	人为土	水稻土	侧渗水稻土	千枚岩性侧渗水稻土	漂洗鳝泥田	1	0—17	棕黄色	轻壤土	屑粒状	6.6	12.1	0.96	0.41		75	3.8	43		千枚岩类风化物	E 115°09′29.5″ N 26°14′13.5″	97
						2	17—27	棕黄色	中壤土	小块状	6.4	6.0	0.87	0.79				28				
						3	23—63	棕黄色	中壤土	块状	6.8	4.9	0.77	0.54				40				
剖24	人为土	水稻土	淹育水稻土	红砂岩性淹育水稻土	浅红砂泥田	1	0—17	黄棕色	中壤土	块状	6.2	3.3	0.74	0.60				32		红砂岩类风化物	E 115°14′44.7″ N 26°12′09.9″	95
						2	17—27															
						3	27—54															
						4	54—100															

续表 Continued

剖面号 Soil profile	土纲 Soil order	土类 Soil great group	亚类 Soil subgroup	土属 Soil genus	土种 Soil species	土层码 Layer code	土层厚度 Depth cm	颜色 Soil color	质地 Soil texture	土壤结构 Soil structure	pH	有机质 OM/ (g/kg)	全氮 TN/ (g/kg)	全磷 TP/ (g/kg)	全钾 TK/ (g/kg)	碱解氮 AN/ (mg/kg)	有效磷 AP/ (mg/kg)	速效钾 AK/ (mg/kg)	阳离子交换量CEC/ (cmol/kg)	土壤母质 Parent material	剖面点坐标 Profile coordinate	匹配指数 Matching index/%
剖25	人为土	水稻土	潜育水稻土	潜育型冷浸	冷水田	1	0—15	浅灰色	轻壤土	小粒状	5.5	9.1	0.74	0.41		54	≤1.0	45			E 115° 07′ 53.7″ N 26° 09′ 16.5″	97
						2	15—23	浅黄灰色	中壤土	块状	5.9	4.0	1.35	1.20				47				
						3	23—100	灰黄色	中壤土	块状	6.0	3.1	0.44	0.91				22				
剖26	铁铝土	红壤	森林红壤	森林红壤	林地砾砂泥土	1	0—6	棕红色	中壤土	块状	4.8	12.9	0.43	1.40		57	1.3	50		花岗岩风化物	E 115° 08′ 48.1″ N 26° 07′ 06.6″	98
						2	6—40	棕红色	中壤土	块状	5.3	5.2	0.28	1.43				95				
						3	40—100	黄红灰色	中壤土	小粒状	5.7	≤1.0	≤0.10	1.26				66				
剖27	人为土	水稻土	潜育水稻土	潜育型矿毒田	矿毒田	1	0—14	棕灰色	轻壤土	块状											E 115° 02′ 58.7″ N 26° 02′ 37.1″	97
						2	14—24	灰灰色	轻壤土	块状												
						3	24—50	棕灰色	轻壤土	分散状												
						4	50—100	棕灰色	细砂土													
剖28	铁铝土	棕红壤	森林棕红壤	森林棕红壤	林地石英砂岩棕红壤	1	0—24	棕黄色	中壤土	团块状	4.8	9.2	0.55	2.22		57	≤1.0	30		石英砂岩风化物	E 115° 02′ 28.9″ N 26° 02′ 18.3″	98
						2	24—37	棕黄色	中壤土	小团块状	4.7	7.7	0.44	1.12				30				
						3	37—100	棕黄色	中壤土		4.9	7.2	0.32	0.55				11				
剖29	人为土	水稻土	潴育水稻土	红砂岩性潴育水稻土	乌红砂泥田	1	0—15	棕灰色	中壤土	小粒状	6.0	14.3	1.01	1.29		89	3.3	44		红砂岩类风化物	E 115° 14′ 47.0″ N 26° 04′ 35.5″	95
						2	15—23	棕黄色	中壤土	棱块状	6.1	13.9	0.91	1.31				51				
						3	23—60	棕黄棕色	中壤土	棱块状	7.0	≤1.0	0.66	1.49				49				
						4	60—100	浅黄灰色	重壤土	棱块状	6.8	7.2	0.49	1.52				46				
剖30	人为土	水稻土	潜育水稻土	潜育型泥水田	泥水红泥田	1	0—15	棕灰色	轻壤土	小粒状										红砂岩类风化物	E 115° 14′ 47.1″ N 26° 03′ 23.8″	95
						2	15—26	棕褐色	轻壤土	小块状												
						3	26—47	棕灰色	轻壤土	小块状												
						4	47—80	青灰色	粗壤土	小块状												
						5	80—100	灰白色														
剖31	人为土	水稻土	潜育水稻土	潜育型泥水田	泥水鳝田	1	0—15	灰棕黄色	中壤土	小块状	4.8	41.6	2.20	1.40		201	1.9	195		千枚岩类风化物	E 115° 09′ 23.5″ N 26° 00′ 31.4″	97
						2	15—26	棕黄色	重壤土	块状	5.2	44.5	2.06	1.03				95				
						3	26—49	蓝灰色	重壤土	块状	4.7	17.7	0.91	0.68				44				
						4	49—100	蓝灰色	重壤土	块状	4.7	17.7	0.91	0.68				44				
剖32	人为土	水稻土	侧渗水稻土	红砂岩性侧渗水稻土	漂洗红泥田	1	0—13	浅黄灰色	中壤土	小粒状										红砂岩类风化物	E 115° 01′ 01.2″ N 25° 59′ 01.8″	95
						2	13—20	浅黄灰色	重壤土	棱块状												
						3	20—42	棕黄灰色	重壤土	块状												
						4	42—57	棕灰白色	重壤土	块状												
						5	57—100	黄色	重壤土	块状												
剖33	铁铝土	红壤	森林红壤	森林红壤	林地红泥土	1	0—25	灰棕黄色	中壤土	团块状	4.9	4.2	0.39	0.89		30	≤1.0	23			E 115° 01′ 59.7″ N 25° 55′ 10.2″	98
						2	25—57	棕黄色	中壤土	小粒状	5.0	4.2	0.35	0.98				30				
						3	57—100	棕红色	中壤土	小粒状	5.1	4.2	0.38	0.93				23				
剖34	人为土	水稻土	潴育水稻土	红黏土性潴育水稻土	火硝黄泥田	1	0—16	棕灰色	中壤土	小粒状	6.3	27.4	1.46	2.07		102	6.4	51		第四纪红色黏土	E 115° 02′ 28.9″ N 25° 55′ 35.4″	99
						2	16—25	浅黄灰色	重壤土	棱块状	7.0	9.1	0.49	1.76				40				
						3	25—50	棕黄色	重壤土	棱块状	7.0	6.7	0.60	1.92				60				
						4	50—100	黄红色	重壤土	块状	7.0	3.3	0.46	1.15				60				
剖35	人为土	水稻土	潴育水稻土	红黏土性潴育水稻土	乌黄泥田	1	0—22	黄色	中壤土	小粒状										第四纪红色黏土	E 115° 08′ 07.9″ N 25° 59′ 35.9″	98
						2	22—32	棕紫色	重壤土	棱块状												
						3	32—86	棕灰色	轻壤土	棱块状												
						4	86—100	紫色	中壤土	核块状												
剖36	初育土	紫色土	酸性紫色土	熟化酸性紫色土	酸性紫砂泥土	1	0—17	紫红色		碎块状										紫色岩类风化物	E 115° 02′ 00.8″ N 25° 54′ 33.5″	95
						2	17—25															
						3	25—33															
						4	33—															

续表 Continued

剖面号 Soil profile	土纲 Soil order	土类 Soil great group	亚类 Soil subgroup	土属 Soil genus	土种 Soil species	土层码 Layer code	土层厚度 Depth/cm	颜色 Soil color	质地 Soil texture	土壤结构 Soil structure	pH	有机质 OM/(g/kg)	全氮 TN/(g/kg)	全磷 TP/(g/kg)	全钾 TK/(g/kg)	碱解氮 AN/(mg/kg)	有效磷 AP/(mg/kg)	速效钾 AK/(mg/kg)	阳离子交换量CEC/(cmol/kg)	土壤母质 Parent material	剖面点坐标 Profile coordinate	匹配指数 Matching index/%
剖37	人为土	水稻土	潴育水稻土	紫土性潴育水稻土	紫油砂泥田	1	0—20	紫灰色	中壤土	小粒状											E 115°00′09.7″ N 25°52′49.2″	95
剖38	铁铝土	红壤	红壤	生草红壤	草地黄砂土	1	0—20	浅黄紫色	重壤土	块状	5.7	9.0	0.42	0.82		39	≤1.0	33		第四纪红色黏土	E 115°03′23.4″ N 25°54′16.1″	98
						2	20—55	黄红色	重壤土	块状	5.0	4.4	0.27	0.73				21				
						3	55—100	黄红色	重壤土	块状	4.2	3.4	0.25	0.66				21				
剖39	铁铝土	红壤	红壤	森林红壤	林地侵蚀黄泥土	1	0—16	棕红色	重壤土	团块状										第四纪红色黏土	E 115°04′41.1″ N 25°54′19.7″	98
						2	16—33	黄红色	轻黏土	块状												
						3	33—100	棕红色	轻黏土	块状												
剖40	人为土	水稻土	潴育水稻土	潜型潴育水田	泥水砂泥田	1	0—16	黄灰色	中壤土	小粒状	5.2	21.4	1.13	1.26		110	4.3	39		河流冲积物	E 115°10′50.9″ N 25°47′55.6″	95
						2	16—26	棕黄色	中壤土	核块状	5.3	13.6	0.71	0.64				14				
						3	26—51	黄灰色	轻壤土	块状	5.3	9.1	0.50	0.78				8				
						4	51—100	青灰色	轻壤土	块状	5.4	10.6	0.49	0.71				20				
剖41	铁铝土	红壤	红壤	生草红壤	草地粉红土	1	0—33	黄灰色	中壤土	小粒状	5.2	24.3	1.22	1.44		102	≤1.0	20		千枚岩类风化坡积物	E 115°10′59.8″ N 25°47′46.6″	97
						2	33—64	黄色	重壤土	块状	6.0	19.7	1.17	1.38				25				
						3	64—100	黄色	重壤土	核块状	5.8	7.2	0.61	1.31				30				
剖42	铁铝土	红壤	表潜水稻土	红黏性表潜水稻土	青瑚黄泥田	1	0—15	青灰色	轻壤土	块状	5.3	6.0	0.37	0.82				38		第四纪红色黏土	E 115°01′08.4″ N 25°39′30.4″	95
						2	15—21	灰色	中壤土	小粒状	5.1	12.5	0.62	0.73		72	≤1.0	56				
						3	21—56	浅黄灰色	重壤土	核块状	6.0	8.3	0.48	0.65				61				
						4	56—100	棕灰色	重壤土	小块状	5.0	5.6	0.30	0.62				29				
剖43	人为土	水稻土	淹育水稻土	紫土性淹育水稻土	酸性浅紫砂泥田	1	0—12	橙黄色	轻壤土	小粒状	5.4	32.1	1.66	1.12		163	6.0	77		紫色砂页岩风化物	E 115°02′56.2″ N 25°38′26.1″	97
						2	12—22	褐黄灰色	中壤土	核块状	5.1	15.8	0.69	0.78				33				
						3	22—60	棕紫色	中壤土	块状	5.7	6.1	0.27	0.60				36				
						4	60—100	棕紫色	中壤土	块状	8.8	4.6	0.20	0.42				33				
剖44	铁铝土	红壤	棕红壤	森林棕红壤	林地花岗岩棕红壤	1	0—14	紫灰色	轻壤土	大块状	5.6	36.2	1.75	1.53		169	8.4	72		花岗岩风化物	E 115°04′37.4″ N 25°39′58.8″	75
						2	14—24	浅黄灰色	轻壤土	核状	5.7	12.0	1.00	0.74				65				
						3	24—73	黄黄色	轻壤土	块状	6.4	13.6	0.82	0.93				48				
						4	73—100	棕黄色	中壤土	小块状	5.8	8.8	0.48	0.71				34				
剖45	人为土	水稻土	潴育水稻土	石英砂岩性潴育水稻土	乌麻砂泥田	1	0—15	浅黄灰色	中壤土	屑粒状	4.6	32.4	1.84	1.12		176	6.1	118		石英砂岩风化物	E 115°04′33.1″ N 25°37′38.0″	95
						2	15—24	棕红色	中壤土	小块状	5.1	26.4	1.45	1.53				71				
						3	24—65	黄黄色	中壤土	块状	5.3	16.8	0.97	1.26				59				
						4	65—100	棕红色	中壤土	块状		11.7	0.65	1.54				62				
剖46	人为土	水稻土	淹育水稻土	花岗岩性淹育水稻土	浅黄砂泥田	1	0—17	棕黄色	中壤土	核状												
剖47	铁铝土	红壤	棕红壤	生草棕红壤	草地砂岩岩化红壤	1		棕黄色	中壤土	块状										红砂岩风化物	E 115°06′32.3″ N 25°38′54.2″	95
剖48						2	17—62	棕黄色	中壤土	块状												
						3	62—100															

续表 Continued

剖面号 Soil profile	土纲 Soil order	土类 Soil great group	亚类 Soil subgroup	土属 Soil genus	土种 Soil species	土层码 Layer code	土层厚度 Depth/cm	颜色 Soil color	质地 Soil texture	土壤结构 Soil structure	pH	有机质 OM/(g/kg)	全氮 TN/(g/kg)	全磷 TP/(g/kg)	全钾 TK/(g/kg)	碱解氮 AN/(mg/kg)	有效磷 AP/(mg/kg)	速效钾 AK/(mg/kg)	阳离子交换量CEC/(cmol/kg)	土壤母质 Parent material	剖面点坐标 Profile coordinate	匹配指数 Matching index/%
剖49	人为土	水稻土	表潜水稻土	千枚岩性表潜冷浸泥	青潮鳝泥田	1	0—15	浅灰蓝色	中壤土	小粒状										千枚岩风化物	E 115°06′07.6″ N 25°37′26.3″	95
						2	15—22	浅蓝灰色	中壤土	块状												
						3	22—64	蓝灰色	中壤土	块状												
						4	64—100	浅蓝灰色	轻壤土	块状												
剖50	人为土	水稻土	潜育水稻土	潜育型冷浸田	锈水田	1	0—18	棕黄色	砂壤土	小块状	5.2	28.9	1.64	1.42		168		31			E 115°00′09.4″ N 25°36′43.4″	97
						2	18—62	蓝灰色	砂壤土	块状	5.6	17.0	0.52	0.31				47				
						3	62—100	深蓝灰色	中壤土	块状	5.5	14.3	0.50	0.39				73				
剖51	半水成土	草甸土	浅色草甸土	冲积土	潮砂泥田	1	0—20	棕黄色			6.8	4.3	0.14			18	4.1	49		河流冲积物	E 115°00′14.6″ N 25°36′38.7″	75
剖52	半水成土	草甸土	浅色草甸土	冲积土	乌潮砂泥土	1	0—20	棕黄色			5.9	5.8	0.31			40	1.4	60		河流冲积物	E 115°00′53.7″ N 25°37′08.1″	75
剖53	半水成土	草甸土	浅色草甸土	冲积土	面砂土	1	0—20	棕黄色	细砂土	分散状										河流冲积物	E 115°00′10.5″ N 25°36′09.5″	75
						2	20—37	浅棕黄色	细砂土	分散状												
						3	37—61	棕黄色	细砂土	小块状												
						4	61—100	棕黄色	细砂土	小块状												
剖54	人为土	水稻土	淹育水稻土	红黏土性淹育水稻土	黄泥泥田	1	0—12	浅黄灰色	重壤土	碎块状	5.4	26.0	1.36	1.08		150		43		第四纪红色黏土	E 115°00′36.7″ N 25°35′27.7″	95
						2	12—27	黄红灰色	重壤土	块状	5.4	18.4	1.23	0.82				26				
						3	27—60	黄红色	重壤土	大块状	4.8	7.3	0.59	1.07				28				
						4	60—100	黄红色	轻壤土	块状	4.8	2.7	0.26	0.71				23				
剖55	人为土	水稻土	侧渗水稻土	石英砂岩性侧渗水稻土	漂洗黄砂泥田	1	0—13	浅黄灰色	中壤土	小块状											E 115°02′52.1″ N 25°37′17.1″	95
						2	13—24	浅黄灰色	轻壤土	块状												
						3	24—54	灰白色	轻壤土	小块状												
						4	54—65	棕黄色	中壤土	棱柱状												
						5	65—100	棕黄色	重壤土	屑粒状												
剖56	人为土	水稻土	淹育水稻土	花岗岩性淹育水稻土	黄疏砂泥田	1	0—13	浅黄灰色	中壤土	团粒状	5.4	92.5	4.78	2.83		456		104		花岗岩风化物	E 115°10′39.2″ N 25°38′58.4″	95
						2	13—24	浅黄灰色	重壤土	团粒状	5.0	24.3	2.13	2.11			1.4	18				
						3	24—58	棕红黄色	重壤土	小块状	5.2	14.6	1.71	2.31				33				
						4	58—100	灰黄色	重壤土	小块状	6.3	41.3	1.73	1.02				46				
剖57	初育土	石灰(岩)土	棕色石灰土	棕色石灰土	棕色石灰土	1	0—30	灰黑色	中壤土	块状	5.8	34.0	1.44	0.77		152	6.7	78		石灰岩风化物	E 115°10′49.2″ N 25°39′07.0″	97
						2	30—70	灰黄色	重壤土	团粒状	4.9	49.6	1.40	0.57				21				
						3	70—100	深灰色	重壤土	核状块	5.1	16.2	0.58	0.33				14				
剖58	半水成土	山地草甸土	山地草甸土	山地草甸土	山地草甸土	1	0—14	浅灰黄色	轻壤土	块状	5.0	6.1	0.40	0.41		42	≤1.0	50			E 115°10′28.5″ N 25°38′03.5″	75
						2	26—65	棕灰色	轻壤土	小块状	5.0	5.1	0.33	0.38				55				
						3	65—100	浅灰白色	轻壤土	小粒状	5.0	2.4	0.22	0.37				30				
剖59	人为土	水稻土	侧渗水稻土	石灰性侧渗水稻土	石灰性漂洗黄泥田	1	0—16	灰黑色	中壤土	小块状	6.3	41.3	1.73	1.02				46		石灰岩风化物	E 115°11′12.2″ N 25°39′58.0″	97
剖60	铁铝土	黄壤	山地黄壤	山地黄壤	山地黄壤	1	0—13	紫灰色	轻壤土	小块状	6.3	4.7	0.43	1.08		35		35		花岗岩和变质砂岩风化物	E 115°12′30.3″ N 25°38′21.0″	97
剖61	初育土	紫色土	酸性紫色土	酸性紫色土	酸色紫色土	1	0—13	浅紫灰色	中壤土	块状	6.5	3.1	0.36	1.85			1.8	31		紫色岩类风化物	E 115°12′46.7″ N 25°37′46.8″	97
						2	13—77	紫红灰色	中壤土	团粒状	5.6	1.7	0.37	0.39				18				
剖62	铁铝土	红壤	棕红壤	森林棕红壤	林地红岩棕红壤	1	0—30	灰黑色	轻壤土	块状										红砂岩风化物	E 115°11′28.4″ N 25°35′40.6″	97
						2	30—60	棕黄色	中壤土	块状												
						3	60—100	棕黄色	轻壤土	块状												

续表 Continued

剖面号 Soil profile	土纲 Soil order	土类 Soil great group	亚类 Soil subgroup	土属 Soil genus	土种 Soil species	土层码 Layer code	土层厚度 Depth/cm	颜色 Soil color	质地 Soil texture	土壤结构 Soil structure	pH	有机质 OM/(g/kg)	全氮 TN/(g/kg)	全磷 TP/(g/kg)	全钾 TK/(g/kg)	碱解氮 AN/(mg/kg)	有效磷 AP/(mg/kg)	速效钾 AK/(mg/kg)	阳离子交换量CEC/(cmol/kg)	土壤母质 Parent material	剖面点坐标 Profile coordinate	匹配指数 Matching index/%
剖63	人为土	水稻土	潴育水稻土	泥岩性潴育水稻土	乌红黄泥田	1	0–12	黄灰黑色	重壤土	小粒状										泥岩风化物	E 115°12′25.6″ N 25°35′44.5″	98
						2	12–20	浅灰黄色	重壤土	核块状												
						3	20–85	浅黄棕色	重壤土	核块状												
						4	85–100	棕黄色	重壤土	小粒状												
剖64	人为土	水稻土	潴育水稻土	潴育型紫泥田	泥水紫泥田	1	0–12	紫灰色	重壤土	块状										紫色砂贡岩砂坡积物	E 115°12′49.8″ N 25°35′45.3″	97
						2	12–16	紫色	重壤土	核块状												
						3	16–48	浅紫色	重壤土	核块状												
						4	48–100	紫色	重壤土	核块状												
剖65	人为土	水稻土	潴育水稻土	潴育型冷浸田	冷浆田	1	0–30	灰色	中壤土	软糊无结构	5.6	40.6	1.81	1.17		408		45			E 115°12′42.4″ N 25°35′36.8″	97
						2	30–100	浅黄灰色	轻壤土	软糊无结构	5.5	39.6	1.72	1.01			2.5	44				
剖66	铁铝土	红壤	黄红壤	花岗岩黄红壤	林地花岗岩黄红壤	1	0–13	棕黄色	轻壤土	核粒状										花岗岩风化物	E 115°08′35.9″ N 25°37′22.7″	95
						2	13–30	棕红黄色	轻壤土	块状												
						3	30–100	棕红灰色	轻壤土	小粒状												
剖67	人为土	水稻土	潴育水稻土	潴育型砂泥田	泥水黄砂泥田	1	0–23	浅灰色	中壤土	小粒状	5.4	31.8	1.62	1.18		200		80		石英砂岩风化物	E 115°08′38.0″ N 25°35′50.8″	95
						2	23–34	棕灰色	中壤土	小块状	5.7	30.5	1.28	0.97			2.6	155				
						3	34–54	蓝灰色	中壤土	块状	5.8	21.8	0.86	0.52				50				
						4	54–100	深灰色	中壤土	块状	5.3	22.1	0.87	0.66				35				
剖68	铁铝土	黄壤	山地黄壤	山地黄壤	山地黄壤	1	0–26	浅灰黄色	轻壤土	小粒状										花岗岩、变质砂页岩风化物	E 115°10′17.7″ N 25°37′15.5″	97
						2	26–65	棕灰黄色	轻壤土	小块状												
						3	65–100	棕黄色	中壤土	核块状												
剖69	人为土	水稻土	潴育水稻土	红黏土性潴育水稻土	黄泥田	1	0–10	浅灰黄色	中壤土	小粒状	5.8	22.3	1.12	1.26		94	5.2	60		第四纪红色黏土	E 115°01′29.0″ N 25°34′37.0″	97
						2	10–14	棕黄色	中壤土	核块状	6.2	14.6	0.90	1.28				21				
						3	14–27	棕黄色	中壤土	块状	6.5	8.6	0.62	1.40				18				
						4	27–100	棕黄色	重壤土	块状	6.4	5.6	0.52	1.12				21				
剖70	铁铝土	红壤	红黏土性红壤	生草红壤	草地黄泥土	1	0–30	浅棕色	中壤土	核块状	4.5	12.7	0.66	0.64		48	≤1.0	29		石英岩类风化物	E 115°00′18.9″ N 25°32′38.7″	98
						2	30–72	浅灰黄色	中壤土	块状	4.5	9.1	0.49	0.60				26				
						3	72–100	棕黄色	中壤土	块状	4.5	5.5	0.49	0.78				24				
剖71	铁铝土	红壤	熟化红壤	麻砂泥土	麻砂泥土	1	0–40	棕黄色	砂壤土	小粒状										石英岩类风化物	E 115°04′04.3″ N 25°33′07.4″	95
						2	40–100	黄灰红色	稻壤土	核状												
剖72	铁铝土	红壤	红黏土性红壤	生草红壤	草地红砂泥土	1	0–10	紫红色	中壤土	小块状	4.8	44.0	2.98	2.05		185	19.4	102		紫红色砂岩、砂坡积物	E 115°06′31.7″ N 25°30′01.5″	97
						2	10–50	棕红色	中壤土	小块状	5.2	15.6	2.60	0.89				110				
						3	50–100	棕红色	中壤土	块状	5.8	8.5	1.44	0.48				75				
剖73	人为土	水稻土	潴育水稻土	河积性潴育水稻土	潮砂泥土	1	0–18	浅灰黄色	轻壤土	小块状	6.3	21.4	1.05	2.93		102	21.4	102		河流冲积物	E 115°08′06.7″ N 25°34′06.1″	95
						2	18–27	黄棕色	轻壤土	块状	7.1	7.9	0.84	1.75				30				
						3	27–100	棕棕色	轻壤土	屑粒状	7.1	5.9	0.76	2.08				50				
剖74	人为土	水稻土	淹育水稻土	河积性淹育水稻土	砂泥田	1	0–12	黄灰色	砂壤土	小块状	5.5	22.5	1.40	1.57		99	1.9	143		河流冲积物	E 115°09′38.1″ N 25°32′47.3″	95
						2	12–21	棕黄色	砂壤土	分散状	5.0	19.0	1.29	1.54				26				
						3	21–45	棕黄色	细砂土	块状	5.7	6.3	0.42	1.35				37				
						4	45–100	浅灰白色	砂土	块状	6.1	1.3	0.27	1.81				41				
剖75	人为土	水稻土	潴育水稻土	河积性潴育水稻土	沉板田	1	0–11	灰色	轻壤土	小粒状										河流冲积物	E 115°10′24.8″ N 25°33′14.3″	97
						2	11–13	浅黄灰色	轻壤土	块状												
						3	13–23	浅棕黄色	轻壤土	块状												
						4	23–100	棕黑色	粗砂土													

续表 Continued

剖面号 Soil profile	土纲 Soil order	土类 Soil great group	亚类 Soil subgroup	土属 Soil genus	土种 Soil species	土层码 Layer code	土层厚度 Depth/cm	颜色 Soil color	质地 Soil texture	土壤结构 Soil structure	pH	有机质 OM/(g/kg)	全氮 TN/(g/kg)	全磷 TP/(g/kg)	全钾 TK/(g/kg)	碱解氮 AN/(mg/kg)	有效磷 AP/(mg/kg)	速效钾 AK/(mg/kg)	阳离子交换量 CEC/(cmol/kg)	土壤母质 Parent material	剖面点坐标 Profile coordinate	匹配指数 Matching index/%
剖76	人为土	水稻土	淹育水稻土	泥岩性淹育水稻土	红顶泥田	1	0—13	浅黄灰色	中壤土	碎块状										泥岩风化物	E 115°11′50.5″ N 25°33′26.6″	95
						2	13—19	黄棕色	重壤土	块状												
						3	19—39	黄红色	中壤土	块状												
						4	39—100	棕红色	中壤土	块状												
剖77	铁铝土	红壤	红壤	黄砂泥土	厚层黄砂泥土	A	0—12	灰黄棕色	壤质黏土	粒状	6.6	10.4	0.61	0.42	5.6	52	2.0	46	9.6	石英岩类风化物	E 115°14′24.7″ N 25°33′19.7″	81
						ABv	12—28	浅黄棕色	壤质黏土	块状	6.6	8.2	0.55	0.42	6.3				9.4			
						Bv	28—63	浅黄棕色	壤质黏土	块状	5.6	3.9	0.32	0.17	6.3				5.5			
						C	63—100	暗黄橙色	壤质黏土	块状	5.6	4.5	0.24	0.44	6.7				5.4			
剖78	人为土	水稻土	潴育水稻土	潜育型潴水田	泥水黄泥田	1	0—16	灰色	中壤土	小粒状										第四纪红色黏土	E 115°11′16.1″ N 25°32′19.0″	97
						2	16—25	浅黄灰色	重壤土	块状												
						3	25—63	浅黄灰色	壤质黏土	块状												
						4	63—100	浅黄灰色	重壤土	块状												
剖79	铁铝土	红壤	红壤	泥砂红土	厚黄砂泥土	A₁₁	0—12	油黄棕色	壤质黏土	肩粒状	6.1	10.4	0.60	0.40	5.6					石英岩类风化物	E 115°08′14.7″ N 25°32′06.5″	95
						A₁₂	12—28	油黄棕色	壤质黏土	块状	6.6	8.2	0.50	0.40	6.3							
						Bv	28—63	油黄棕色	壤质黏土	块状	5.6	3.0	0.30	0.20	6.3							
						C	63—100	油黄橙色	重壤土	块状	5.6	4.5	0.20	0.40	6.7							
剖80	初育土	紫色土	酸性紫色土	酸性紫色土	侵蚀酸性紫色土	1	0—5	紫灰色	中壤土	核块状	5.6	27.3	1.34	1.39		130	5.7	55		紫色岩类风化物	E 115°08′14.3″ N 25°30′13.6″	97
						2	5—40	紫红色	中壤土	块状	5.8	11.9	0.64	1.20				53				
						3	40—100	紫红色	中壤土	小块状	6.0	6.1	0.32	1.03				63				
剖81	人为土	水稻土	潴育水稻土	石英砂岩性潴育水稻土	乌黄砂泥田	1	0—16	浅棕灰色	中壤土	梭块状	5.5	5.5	0.30	0.87				53		石英砂岩风化物	E 115°05′47.3″ N 25°29′43.6″	95
						2	16—25	棕灰色	中壤土	梭块状	5.7	59.8	2.79	2.33		417	5.2	189				
						3	25—66	浅棕灰色	中壤土	梭块状	5.5	35.8	1.20	1.55				93				
						4	66—100	黄棕色	中壤土	块状	5.6	26.4	0.86	0.61				48				
剖82	人为土	水稻土	潴育水稻土	花岗岩性潴育水稻土	乌麻砂泥田	1	0—20		中壤土		6.2	17.9	0.75	0.85				95		花岗岩风化物	E 115°18′58.7″ N 26°05′07.9″	95
						2	20—30		中壤土	小块状												
						3	30—83	棕红色	中壤土	块状												
						4	83—100	红棕色	中壤土	块状												
剖83	铁铝土	红壤	红壤	生草红壤	侵蚀红砂土	1	0—31	棕红色	中壤土	块状	5.3	31.9	1.51	1.52		140	10.7	89		红砂岩及红色沙砾岩	E 115°15′23.4″ N 26°04′53.9″	97
						2	31—78	棕色	中壤土	块状	5.5	15.0	0.88	0.85				55				
						3	78—100	棕红色	中壤土	块状	6.5	9.1	0.60	1.05				45				
剖84	人为土	水稻土	潴育水稻土	石英砂岩性潴育水稻土	乌黄砂泥田	1	0—12		中壤土	块状	6.5	7.4	0.36	1.08				59		石英砂岩风化物	E 115°16′52.9″ N 26°04′12.6″	95
						2	12—14		重壤土													
						3	14—33		中壤土													
						4	33—100		中壤土													
剖85	铁铝土	红壤	棕红壤	森林棕红壤	林地侵蚀花岗岩棕红壤	1	0—27	棕红色	轻壤土	小块状	4.8	5.8	0.19	1.10		24	≤1.0	30		花岗岩风化物	E 115°18′58.5″ N 26°03′26.9″	98
						2	27—64	棕红色	中壤土	块状	5.1	4.1	0.15	1.15								
						3	64—100	浅棕红色	中壤土	块状	5.2	3.2	0.17	1.10								

信 丰 县

主要土类说明

红壤是信丰县主要土壤类型，占本县地域面积的 62%。红壤是在亚热带生物气候条件下形成的地带性土壤，一般土壤深厚，多具有 1m 以上的红色黏土层，剖面发育完整，除表土层颜色较灰暗外，心土层和底土层均为红色的紧实土层，呈块状或棱块状结构，在底土层有时可见红、黄、白色相间的网纹层，全剖面呈酸性，缺磷，少钾，在侵蚀严重的地区，表土层或心土层被冲刷，底土层露出，自然肥力低。按照土壤地域性和分布海拔不同，本县红壤分为红壤和山地黄红壤两个亚类。

水稻土是信丰县第二大土壤类型，占本县地域面积的 25%，是本县主要农业土壤。在长期种植水稻，人为耕作、施肥、灌溉等的影响下，土壤干湿交替，氧化还原互换，进行着有机质的合成与分解，复盐基与盐基淋溶，黏粒淋溶与淀积作用，从而形成独特的剖面形态、理化和生物特性，根据土壤水分动态和剖面形态特征，本县水稻土分为四个亚类，即淹育水稻土、潴育水稻土、潜育水稻土和侧渗水稻土。其中潴育水稻土分布最广，土壤肥力较高，占全县水稻土面积的 91%，主要分布于沿江、河两岸的堍田，丘陵地区的垄田、排田和梯田的中下部。成土母质有酸性结晶岩类、石英岩类、泥质岩类、碳酸岩类、紫色砂砾岩类及第四纪红色黏土、河流冲积物。

紫色土是信丰县第三大土壤类型，占本县地域面积的 11%。紫色土是由紫红色砂岩、页岩、砂砾岩风化物发育而成的，分布在嘉定、大塘埠、正平、小河、大阿等乡镇的丘陵地区。由酸性紫红色砂岩、泥页岩风化物发育而成的紫色土，属酸性紫色土亚类；由石灰性紫红色、暗紫色砂岩、泥页岩风化物发育而成的紫色土，属石灰性紫色土亚类；由中性紫色砂岩、泥页岩风化物发育的中性紫色土，属中性紫色土亚类。紫红色砂岩、泥页岩，由于岩性松碎，抗蚀力弱，物理风化强烈，冲刷侵蚀严重，在丘陵坡地，土层厚薄不一，多数土层较薄，矿质养分丰富，种植旱作物，在多雨年份可获较好收成。

小于本县地域面积 3% 的土壤类型还有潮土、石灰（岩）土、黄壤等。

本区域中心区气候特征

本区域中心区气候特征值
Regional climate characteristics in central area of the region

气候带：中亚热带湿润气候 Climate region: Subtropical humid climate	
年平均气温 /℃ Annual average temperature /℃	20.0
年平均最高气温 /℃ Annual average maximum temperature /℃	24.7
年平均最低气温 /℃ Annual average minimum temperature /℃	16.8
年降水量 /mm Annual precipitation /mm	1583
≥10℃的积温 /℃ Daily temperature accumulated in a year（≥10℃）/℃	11088
年日照时数 /h Annual sunshine /h	1767
年平均相对湿度 /% Annual average relative humidity /%	76
干燥度 Dryness	0.75

本区域中心区月平均气温与月平均降水量
Monthly temperature and precipitation in central area of the region

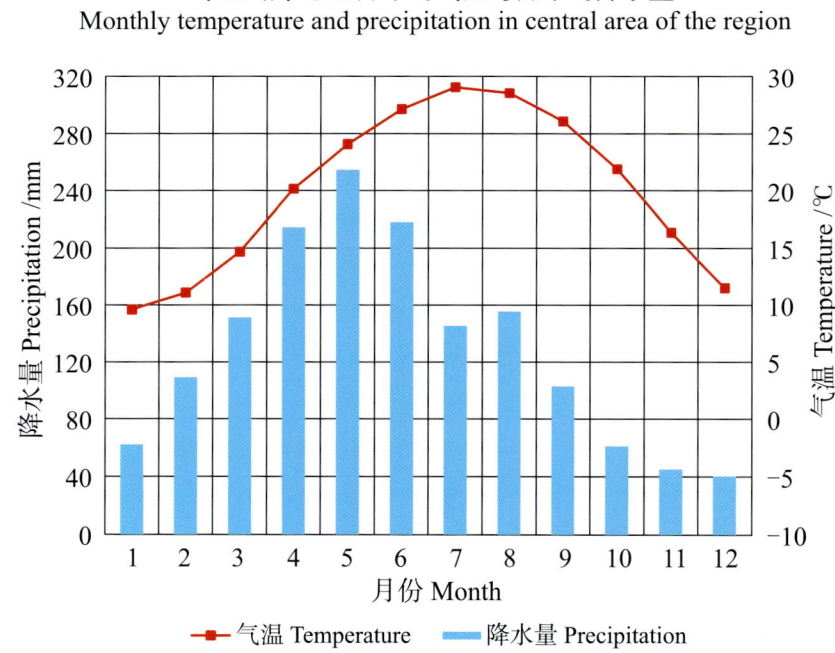

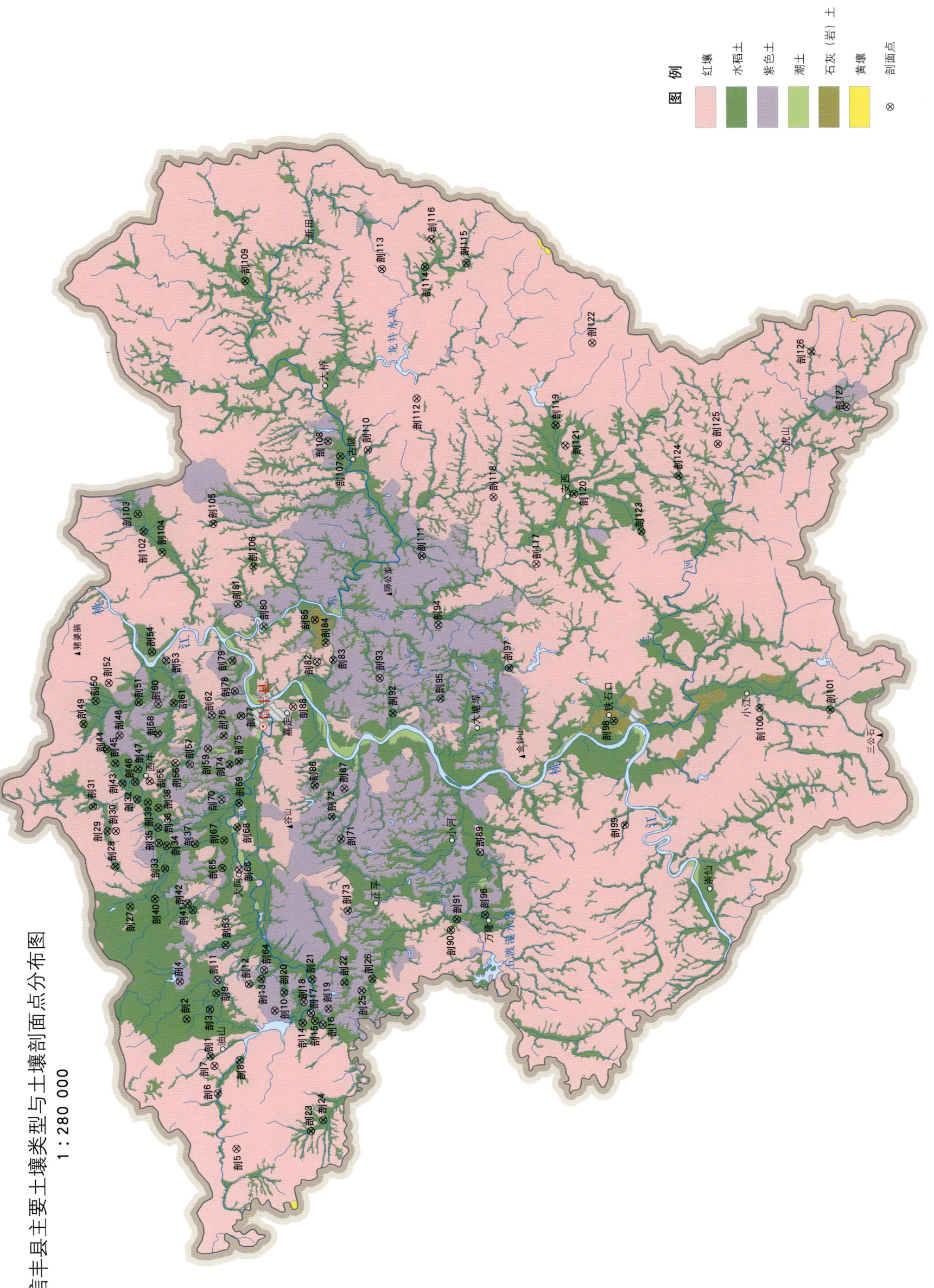

信丰县土壤剖面理化性状表

剖面号 Soil profile	土纲 Soil order	土类 Soil great group	亚类 Soil subgroup	土属 Soil genus	土种 Soil species	土层码 Layer code	土层厚度 Depth/cm	颜色 Soil color	质地 Soil texture	土壤结构 Soil structure	pH	有机质 OM/(g/kg)	全氮 TN/(g/kg)	全磷 TP/(g/kg)	全钾 TK/(g/kg)	碱解氮 AN/(mg/kg)	有效磷 AP/(mg/kg)	速效钾 AK/(mg/kg)	土壤母质 Parent material	剖面点坐标 Profile coordinate	匹配指数 Matching index/%
剖1	人为土	水稻土	潴育水稻土	潴育黄砂泥田	灰黄砂泥田	1	0—12	浅棕灰色	轻壤土	屑粒状	7.3		2.20						石英岩类风化物	E 114°41′39.9″ N 25°25′03.6″	99
						2	12—22	浅棕黄色	中壤土	块状	7.8		1.86								
						3	22—45	棕黄色	中壤土	块状	7.4		0.62								
						4	45—100	棕红色	中壤土	块状	7.3		5.62								
剖2	人为土	水稻土	潴育水稻土	潴育潮砂泥田	黄泥底乌潮砂泥田	1	0—13	棕灰色	轻壤土	屑粒状	7.3	39.4	2.20	0.92		204	≤1.0	108	河流冲积物	E 114°43′08.0″ N 25°25′58.8″	90
						2	13—20	浅黄灰色	重壤土	核块状	7.8	32.4	1.86	6.57							
						3	20—35	浅黄红色	重壤土	核块状	7.4	9.4	0.62	0.56							
						4	35—68	浅黄棕色	中壤土	核块状	7.3	7.0	5.62	0.56							
						5	68—100	浅黄棕色	中壤土	屑粒状	7.6	2.7	0.22	0.67							
剖3	人为土	水稻土	侧渗水稻土	侧渗黄泥田	弱潜乌黄泥田	1	0—14	浅棕黄色	重壤土	屑粒状	6.9	5.9	0.30	0.46					第四纪红色黏土	E 114°43′32.5″ N 25°25′07.7″	88
						2	14—22	棕黄色	重壤土	块状	6.8	3.5	0.24	0.47							
						3	22—42	棕黄色	砂壤土	块状		1.6	0.13	0.38							
						4	42—100	浅白色	砂砾土	块状											
剖4	初育土	紫色土	中性紫色土	紫色砂砾岩类中性紫色土	粗骨性紫色砂砾岩类中性紫色土	1	0—17	紫红色	中壤土	核粒状	6.8	31.0	0.69	0.33		65		64	紫色砂砾岩类风化物	E 114°44′41.7″ N 25°26′10.8″	72
						2	17—35	暗棕紫色	砂砾土	块状	6.5	10.5	0.53	0.30							
						3	35—60	浅棕白色	砂砾土		7.0	8.5	0.50	0.29							
剖5	铁铝土	红壤	红壤	石英岩红壤	薄层多有机质石英岩类红壤	1	0—6	棕黄色	轻壤土	核粒状	5.4	31.7	2.00	0.69		192	3.5	75	石英岩类风化物	E 114°37′58.8″ N 25°24′05.4″	89
						2	6—30	浅黄棕色	轻壤土	块状	5.4	21.7	1.00	0.67							
						3	30—60	浅黄棕色	中壤土	块状	5.7	18.2	1.05	0.56							
剖6	人为土	水稻土	潴育水稻土	潴育紫泥田	表潜性弱潜紫紫油泥田	1	0—15	浅蓝紫色	重壤土	屑粒状	5.4	37.8	2.17	0.60		192	3.8	97	紫色页岩风化物	E 114°40′10.5″ N 25°24′47.2″	83
						2	15—29	棕紫色	重壤土	块状	7.3	9.1	0.67	0.36							
						3	29—51	浅棕紫色	重壤土	块状	7.1	4.9	0.52	0.30							
						4	51—100	浅棕紫色	中壤土	块状	7.4	1.1	0.18	0.25							
剖7	铁铝土	红壤	红壤	泥质岩红壤	薄层性泥质岩类红壤	1	0—6	暗棕色	中壤土	粒状	6.0	31.7	1.45	0.31		125	5.2	34	泥质岩类风化物	E 114°41′20.3″ N 25°24′51.3″	76
						2	6—63	浅红棕色	中壤土	块状	6.4	12.6	0.56	0.22							
						3	63—100	浅蓝灰色	重壤土		6.0	9.8	0.45	0.15							
剖8	人为土	水稻土	侧渗水稻土	石英岩类砂泥田	强潜乌黄砂泥田	1	0—15	灰白色	砂壤土	屑粒状	5.4	4.6	0.37	0.13			6.0	43	石英砂岩风化物	E 114°41′35.7″ N 25°23′55.9″	94
						2	15—25		中壤土	小块状	5.2	4.0	0.34	0.34							
						3	25—50														
						4	50—100														
剖9	人为土	水稻土	侧渗水稻土	侧渗潮砂泥田	厚层酸性紫色泥土	1	0—20	暗棕紫色	中壤土	核粒状	5.5	25.0	3.57	0.27		25	≤1.0	38	石英砂岩风化物	E 114°44′11.8″ N 25°24′53.6″	73
						2	20—39	棕紫色	重壤土	块状	6.5	16.1	0.31	0.25							
						3	39—52	紫红色	重壤土	块状	6.1	8.3	0.28	0.22							
						4	52—100	棕紫色	中壤土	块状											
剖10	初育土	紫色土	酸性紫色土	酸性紫泥土	厚层酸性灰紫泥土	1	0—12	浅棕紫色	中壤土	核粒状	8.8	7.9	0.48	1.12		45	5.1	71	酸性紫岩页岩类风化物	E 114°43′31.4″ N 25°22′43.3″	99
						2	12—17	棕紫色	轻壤土	块状	8.8	8.7	0.42	1.09							
						3	17—21	灰紫色	中壤土	小块状	8.9	5.9	0.29	0.94							
剖11	初育土	紫色土	石灰性紫色土	石灰性紫砂泥土	厚层石灰性紫砂泥土	1	0—12	浅红紫色	重壤土	块状	8.8	5.1	0.21	1.63					石灰性紫色砂岩风化物	E 114°44′45.1″ N 25°24′51.2″	82

续表 Continued

剖面号 Soil profile	土纲 Soil order	土类 Soil great group	亚类 Soil subgroup	土属 Soil genus	土种 Soil species	土层码 Layer code	土层厚度/cm Depth/cm	颜色 Soil color	质地 Soil texture	土壤结构 Soil structure	pH	有机质 OM/(g/kg)	全氮 TN/(g/kg)	全磷 TP/(g/kg)	全钾 TK/(g/kg)	碱解氮 AN/(mg/kg)	有效磷 AP/(mg/kg)	速效钾 AK/(mg/kg)	土壤母质 Parent material	剖面点坐标 Profile coordinate	匹配指数 Matching index/%
剖12	初育土	紫色土	石灰性紫色土	石灰性紫砂泥土	厚层石灰性紫砂泥土	1	0—12		中壤土										石灰性紫色砂岩风化物	E 114°44′37.1″ N 25°23′40.8″	99
						2	12—17		中壤土												
						3	17—21		轻壤土												
						4	21—100		中黏土												
剖13	人为土	水稻土	潴育水稻土	潴育黄泥田	中潴灰黄泥田	1	0—13	浅紫灰色	中壤土	屑粒状	5.5	27.0	1.61	0.67		146	8.6	71	第四纪红色黏土	E 114°44′46.2″ N 25°23′12.0″	73
						2	13—18	浅紫棕色	中壤土	块状	6.1	5.6	0.39	0.46							
						3	18—32	棕紫色	中壤土	棱块状	6.1	5.6	0.39	0.46							
						4	32—75	浅红棕色	中壤土	块状	6.6	4.2	0.32	0.34							
						5	75—100		中壤土	块状	6.5	2.1	0.22	0.31							
剖14	人为土	水稻土	潴育水稻土	潴育紫泥田	弱育灰紫油泥田	1	0—13	棕紫色	重壤土	粒状	5.6	25.9	1.62	0.74		119	3.1	63	紫色泥页岩风化物	E 114°43′02.6″ N 25°21′41.4″	70
						2	13—23	紫色	重壤土	块状	7.8	16.9	0.83	0.69							
						3	23—42	紫红色	重壤土	块状	8.5	7.4	0.50	0.61							
						4	42—100	浅黄紫色	重壤土	块状	6.0	4.6	0.34	0.34							
剖15	人为土	水稻土	潜育水稻土	潜育黄砂泥土	中位中潜乌黄砂泥土	1	0—19		轻壤土	屑粒状									石英岩类风化物	E 114°43′07.7″ N 25°21′14.0″	77
						2	19—35	浅棕灰色	中壤土	块状											
						3	35—47	浅蓝灰色	中壤土	块状											
						4	47—74	灰蓝色	中壤土	软糊无结构											
						5	74—100	蓝灰色	重壤土	软糊无结构											
剖16	初育土	紫色土	酸性紫色土	酸性紫砂泥土	中层酸性紫砂泥土	1	0—17	浅棕紫红色	轻壤土	核粒状	5.3	13.4	0.58	0.66		36	2.3	150	紫色砂岩风化物	E 114°43′03.2″ N 25°20′56.6″	71
						2	17—45	紫红色	中壤土	小块状	5.1	6.2	0.38	0.61							
						3	45—100	紫棕色	重壤土	块状	5.8	3.4	0.27	0.73							
剖17	初育土	紫色土	石灰性紫色土	石灰性紫砂泥土	薄层石灰性紫砂泥土	1	0—12	暗紫色	中壤土	核粒状	8.9	10.1	0.39	1.22		35	3.4	98	石灰性紫色砂岩风化物	E 114°43′29.4″ N 25°21′22.4″	78
						2	12—100	暗紫色	中壤土	块状	8.9	2.4	0.20	1.36							
剖18	初育土	紫色土	石灰性紫色土	石灰性紫砂泥土	厚层石灰性紫砂泥土	1	0—27		砂壤土	屑粒状	8.8	7.3	0.46	0.92		32	4.7	29	石灰性紫色砂岩风化物	E 114°43′52.9″ N 25°21′36.9″	79
						2	27—34	浅棕灰色	中壤土	块状	9.0	5.0	0.36	0.72							
						3	34—58	蓝灰色	重壤土	块状	8.9	3.2	0.29	0.82							
						4	58—100		中壤土	块状	8.9	3.5	0.35	0.82							
剖19	初育土	紫色土	酸性紫色土	紫色砂砾岩类酸性紫色土	薄层中有机质紫色砂砾岩类酸性紫色土	1	0—8	浅棕紫色	轻壤土	核状	6.4	27.3	1.74	0.46		160	1.9	59	紫色砂砾岩类风化物	E 114°43′39.9″ N 25°20′44.9″	72
						2	8—33	棕紫色	轻壤土	小块状	6.0	11.8	0.66	0.45							
						3	33—60	紫棕色	中壤土	小块状	5.6	6.8	0.44	0.42							
						4	60—100	紫棕色		块状	5.9	3.3	0.28	0.60							
剖20	人为土	水稻土	潴育水稻土	潴育潮砂泥田	中位弱潜潮砂泥田	1	0—16	浅棕灰色	轻壤土	屑粒状									河流冲积物	E 114°44′19.1″ N 25°22′19.6″	72
						2	16—26	蓝灰色	砂壤土	软糊无结构											
						3	26—100	浅紫灰色	重壤土	软糊无结构											
剖21	人为土	水稻土	侧渗水稻土	侧渗紫泥田	弱漂灰紫泥田	1	0—13	浅紫灰色	中壤土	屑粒状									紫色泥页岩风化物	E 114°43′50.3″ N 25°21′20.2″	97
						2	13—24	浅棕灰色	轻壤土	块状											
						3	24—40	棕色	轻壤土	块状											
						4	40—100	棕灰色	轻壤土	小块状											
剖22	人为土	水稻土	侧渗水稻土	侧渗紫砂泥田	中漂灰紫砂泥田	1	0—13		轻壤土	块状									紫色砂岩类风化物	E 114°44′45.2″ N 25°20′08.5″	81
						2	13—18	棕灰色	中壤土	块状											
						3	18—39	棕色	中壤土	块状											
						4	39—79		中壤土	块状											
						5	79—100	浅黄色	砂壤土	小块状											

续表 Continued

剖面号 Soil profile	土纲 Soil order	土类 Soil great group	亚类 Soil subgroup	土属 Soil genus	土种 Soil species	土层码 Layer code	土层厚度 Depth/cm	颜色 Soil color	质地 Soil texture	土壤结构 Soil structure	pH	有机质 OM/(g/kg)	全氮 TN/(g/kg)	全磷 TP/(g/kg)	全钾 TK/(g/kg)	碱解氮 AN/(mg/kg)	有效磷 AP/(mg/kg)	速效钾 AK/(mg/kg)	土壤母质 Parent material	剖面点坐标 Profile coordinate	匹配指数 Matching index/%
剖23	人为土	水稻土	潴育水稻土	潴育鳝泥田	中潴灰鳝泥田	1	0—16				5.4	34.2	2.02	0.49		157	5.9	62	泥质岩类风化物	E 114°38′47.4″ N 25°21′23.4″	81
						2	16—21				5.9	30.0	1.53	0.55							
						3	21—37				6.2	10.3	0.42	0.38							
						4	37—60				6.4	5.2	0.28	0.20							
						5	60—100				6.6	3.1	0.23	0.16							
剖24	人为土	水稻土	潴育水稻土	潴育麻砂泥田	砂砾底乌麻砂泥田	1	0—14	浅棕灰色	轻壤土	屑粒状	5.8	39.1	1.90	0.91		171	9.7	35	花岗岩风化物	E 114°39′10.4″ N 25°20′53.9″	77
						2	14—22	棕灰色	轻壤土	块状	5.9	21.3	1.24	0.60							
						3	22—41	棕黄色	轻壤土	块状	6.4	12.5	0.88	0.60							
						4	41—56	棕红色	砂壤土	块状	7.1	6.7	0.42	0.43							
						5	56—100	灰白色	砂壤土	小块状	7.2	6.2	0.43	0.43							
剖25	初育土	紫色土	石灰性紫色土	石灰性紫泥土	厚层石灰性紫泥土	1	0—20	棕紫色	中壤土	核粒状	9.1	7.8	0.52	1.44		29	13.1	66	石灰性紫色泥质岩类风化物	E 114°44′28.8″ N 25°19′29.9″	78
						2	20—48	棕紫色	重壤土	块状	8.9	7.3	0.53	1.54							
						3	48—56	暗紫色	重壤土	核状	8.9	4.5	0.29	1.44							
						4	56—100	紫红色	重壤土	块状	8.8	5.2	0.42	0.87							
剖26	人为土	水稻土	潴育水稻土	潴育紫泥田	弱潴紫油泥田	1	0—15	棕紫色	重壤土	屑粒状	5.9	39.4	1.88	0.66		183	5.1	47	紫色泥页岩风化物	E 114°44′55.5″ N 25°19′08.7″	98
						2	15—23	棕紫色	中壤土	块状	6.7	19.7	1.99	0.59							
						3	23—63	棕紫色	轻壤土	棱块状	7.3	6.2	0.57	0.53							
						4	63—100	浅棕紫色	中壤土	块状	7.8	3.1	0.26	0.40							
剖27	人为土	水稻土	潴育水稻土	潴育麻砂泥田	中位中潴乌麻砂泥田	1	0—17	棕灰色	重壤土	屑粒状	7.1	34.8	1.64	0.72		155	4.9	26	花岗岩风化物	E 114°47′40.6″ N 25°28′06.2″	70
						2	17—28	浅棕灰色	中壤土	块状	7.8	9.6	0.31	0.39							
						3	28—62	浅蓝灰色	轻壤土	块状	7.5	9.9	0.53	0.36							
						4	62—100	棕黄色	中黏土	块状	6.6	6.0	0.43	0.42							
剖28	人为土	水稻土	侧渗水稻土	侧渗紫泥田	中潴紫泥田	1	0—12	紫色	重壤土	屑粒状									紫色泥页岩风化物	E 114°49′19.7″ N 25°28′40.0″	88
						2	12—27	浅紫紫色	中壤土	块状											
						3	27—58	浅紫紫色	轻壤土	小块状											
						4	58—100	棕黄色	轻壤土	屑粒状											
剖29	人为土	水稻土	侧渗水稻土	侧渗麻砂泥田	中潴乌麻砂泥田	1	0—18	棕灰色	轻壤土	块状	5.4	45.6	2.17	0.99		159	7.2	68	花岗岩风化物	E 114°50′42.4″ N 25°28′59.9″	90
						2	18—28	浅棕灰色	中壤土	小块状	5.4	38.6	1.85	0.96							
						3	28—66	浅棕灰色	砂壤土	小块状	6.7	18.5	0.63	0.80							
						4	66—100	灰白色	砂壤土	小团粒状	6.8	8.3	0.46	0.84							
剖30	铁铝土	红壤	山地黄红壤	石英岩类黄红壤	薄层多有机质石英岩类山地黄红壤	1	0—13	灰黑色	轻壤土	细粒状									石英岩类风化物	E 114°50′53.7″ N 25°28′39.0″	98
						2	13—18	灰棕色		核粒状											
						3	18—40	棕红色													
						4	40—100														
剖31	人为土	水稻土	潴育水稻土	潴育黄砂泥田	中潴黄砂泥田	1	0—18	浅棕灰色	重壤土	屑粒状	5.6	35.4	1.98	0.56		187	6.5	39	石英砂岩风化物	E 114°51′51.7″ N 25°29′26.6″	97
						2	18—24	棕灰色	中壤土	块状	5.5	30.4	1.62	0.35							
						3	24—59	灰白色	轻壤土	小块状	7.2	6.8	0.53	0.25							
						4	59—100	灰白色	轻壤土	块状	7.5	3.1	0.18	0.18							
剖32	人为土	水稻土	潴育水稻土	潴育紫砂泥田	中潴灰紫砂泥田	1	0—12	浅紫灰色	轻壤土	块状	5.9	32.7	1.66	0.63		142	3.4	40	紫色砂岩风化物	E 114°52′05.7″ N 25°27′48.1″	78
						2	20—34	浅棕灰色	中壤土	棱块状	6.0	11.9	0.31	0.33							
						3	34—82	棕红色	重壤土	块状	7.2	3.4	0.26	0.32							
						4	82—100		中黏土		7.2	3.1	0.53	0.65							
剖33	人为土	水稻土	潴育水稻土	潴育黄砂泥田	弱潴灰黄砂泥田	1	0—14		轻黏土		5.5	25.5	1.24	0.88		91	8.2	42	石英岩类风化物	E 114°49′18.0″ N 25°26′54.9″	94
						2	14—22				5.8	17.3	0.83	0.75							
						3	22—100				6.9	6.3	0.63	0.60							

续表 Continued

剖面号 Soil profile	土纲 Soil order	土类 Soil great group	亚类 Soil subgroup	土属 Soil genus	土种 Soil species	土层码 Layer code	土层厚度 Depth/cm	颜色 Soil color	质地 Soil texture	土壤结构 Soil structure	pH	有机质 OM/(g/kg)	全氮 TN/(g/kg)	全磷 TP/(g/kg)	全钾 TK/(g/kg)	碱解氮 AN/(mg/kg)	有效磷 AP/(mg/kg)	速效钾 AK/(mg/kg)	土壤母质 Parent material	剖面点坐标 Profile coordinate	匹配指数 Matching index/%
剖34	人为土	水稻土	潴育水稻土	潴育麻砂泥田	乌麻砂泥田	1	0—15	浅棕灰色	轻壤土	屑粒状	5.9	34.4	1.81	1.55		125	16.3	63	花岗岩风化物	E 114°50′11.2″ N 25°26′47.7″	77
						2	15—26	棕灰色	轻壤土	块状	6.3	27.7	1.46	1.28							
						3	26—52	棕灰色	轻壤土	块状	6.6	18.1	0.76	1.00							
						4	52—100	棕灰色	轻壤土	小块状	6.7	11.0	0.45	0.93							
剖35	人为土	水稻土	潴育水稻土	潴育潮砂泥田	灰潮砂泥田	1	0—15	浅棕灰色	中壤土	屑粒状	6.1	29.5	1.40	0.74		102	12.7	37	河流冲积物	E 114°50′18.0″ N 25°27′02.9″	70
						2	15—19	棕灰色	砂壤土	块状	6.0	21.7	0.76	0.49							
						3	19—40	棕黄色	轻壤土	梭块状	7.2	7.2	0.34	0.49							
						4	40—100	棕黄色	轻壤土	块状	7.2	5.1	0.17	0.27							
剖36	人为土	水稻土	侧渗水稻土	侧渗紫紫泥田	弱漂灰紫砂泥田	1	0—15	浅紫棕色	重壤土	屑粒状	5.7	24.1	1.52	6.50		142	5.2	40	紫色砂岩类风化物	E 114°50′56.5″ N 25°27′03.9″	72
						2	15—22	棕紫色	中壤土	块状	6.1	12.7	0.79	0.38							
						3	22—37	棕紫色	轻壤土	块状	7.2	5.1	0.38	0.39							
						4	37—54	浅黄色	轻壤土	块状	7.3	3.8	0.15	0.28							
						5	54—100	浅黄色	轻壤土	小块状	7.3	2.2	0.21	0.27							
剖37	人为土	水稻土	潴育水稻土	潴育潮砂泥田	砂子底潮砂泥田	1	0—20	暗灰色	轻壤土	屑粒状	6.2	15.1	0.73	0.52		77	7.2	26	河流冲积物	E 114°50′15.0″ N 25°27′44.0″	78
						2	20—28	灰色	轻壤土	块状	5.8	9.5	0.54	0.51							
						3	28—45	浅棕黄色	中壤土	小块状	6.2	4.1	0.19	0.32							
						4	45—58	棕黄色	轻壤土	块状	6.4	1.9	≤0.10	0.22							
						5	58—66	浅棕黄色	细砂土	松散状	6.0	≤1.0		0.21							
						6	66—78	蓝灰色	砂土	小块状	6.2	1.2		0.14							
						7	78—100	棕灰色	轻壤土	小块状	6.4			0.28							
剖38	人为土	水稻土	潴育水稻土	潴育紫紫泥田	全层中潴紫油泥田	1	0—17	浅棕灰色	重壤土	屑粒状	5.8	41.3	2.13	0.58		176	3.6	53	紫色泥页岩风化物	E 114°51′41.8″ N 25°27′06.1″	90
						2	17—24	浅蓝灰色	重壤土	块状	7.3	28.4	1.42	0.38							
						3	24—46	浅蓝灰色	重壤土	块状	7.7	11.9	0.79	0.32							
						4	46—100	蓝灰色	重壤土	软糊无结构	7.8	5.5	0.33	0.23							
剖39	人为土	水稻土	潴育水稻土	潴育乌黄砂泥田	弱漂乌黄砂泥田	1	0—16	棕灰色	轻壤土	屑粒状									花岗岩风化物	E 114°51′55.1″ N 25°27′29.9″	86
						2	16—24	灰白色	砂壤土	块状	5.7	47.5	2.26	0.62		147	4.7	68			
						3	24—43	浅黄色	轻壤土	块状	6.3	26.5	1.13	0.46		87		35			
						4	43—61	棕黄色	砂壤土	块状	7.7	7.9	0.44	0.58		51		34			
剖40	人为土	水稻土	侧渗水稻土	侧渗鳝泥田	中潴乌鳝泥田	1	0—15		重壤土	屑粒状	8.0	5.4	0.32	0.38		34		60	泥质岩类风化物	E 114°47′59.6″ N 25°27′11.9″	89
						2	15—26	浅蓝灰色	中壤土	块状	8.1	4.9	0.28	6.43		117		64			
						3	26—35	棕灰色	重壤土	块状	5.9	38.0	1.62	0.72		226	4.0	73			
						4	35—50	棕黄色	重壤土	块状	5.9	26.3	1.23	0.62							
						5	50—100	浅红棕色	轻壤土	块状	6.5	9.3	0.69	0.74							
剖41	人为土	水稻土	潴育水稻土	潴育鳝泥田	弱潴鳝泥田	1	0—13		重壤土	屑粒状	6.7	4.6	0.29	0.38					泥质岩类风化物	E 114°47′36.5″ N 25°25′47.2″	94
						2	13—25	棕灰色	中壤土	块状	6.3	25.7	1.14	1.20							
						3	25—39	棕黄色	重壤土	小块状	7.5	10.3	0.66	0.92							
						4	39—100	浅红棕色	轻壤土	块状	7.5	7.1	0.38	0.70							
剖42	人为土	水稻土	潴育水稻土	潴育黄砂泥田	弱潴砂子黄砂泥田	1	0—15	棕灰色	中壤土	小块状	7.2	7.1	0.42	0.71					石英岩类风化物	E 114°47′50.0″ N 25°25′57.2″	91
						2	15—35	棕黄色	砂壤土	块状											
						3	35—55	棕黄色	中壤土	梭块状											
						4	55—100	浅红棕色	中壤土	块状											
剖43	人为土	水稻土	潴育水稻土	潴育黄砂泥田	弱潴黄砂泥田	2	13—17			屑粒状									石英岩类风化物	E 114°52′42.2″ N 25°28′21.3″	83
						3	17—44														
						4	44—76														

续表 Continued

剖面号 Soil profile	土纲 Soil order	土类 Soil great group	亚类 Soil subgroup	土属 Soil genus	土种 Soil species	土层码 Layer code	土层厚度 Depth/cm	颜色 Soil color	质地 Soil texture	土壤结构 Soil structure	pH	有机质 OM/(g/kg)	全氮 TN/(g/kg)	全磷 TP/(g/kg)	全钾 TK/(g/kg)	碱解氮 AN/(mg/kg)	有效磷 AP/(mg/kg)	速效钾 AK/(mg/kg)	土壤母质 Parent material	剖面点坐标 Profile coordinate	匹配指数 Matching index/%
剖44	人为土	水稻土	潴育水稻土	潴育黄泥田	弱潴乌黄泥田	1	0—15	浅棕灰色	中壤土	屑粒状	5.7	35.2	1.43	0.54		122	7.0	51	第四纪红色黏土	E 114°54′00.8″ N 25°29′01.6″	97
						2	15—26	棕灰色	中壤土	块状	5.4	21.1	0.91	0.37							
						3	26—75	棕灰色	中壤土	块状	5.9	13.3	0.57	0.31							
						4	75—87	棕黄色	轻壤土	小块状	7.0	5.3	0.20	0.30							
						5	87—100														
剖45	人为土	水稻土	潴育水稻土	潴育石灰泥田	弱潴乌石灰泥田	1	0—22	暗灰色	重壤土	屑粒状									碳酸岩类风化物	E 114°53′36.6″ N 25°28′31.8″	97
						2	22—40	暗灰色	重壤土	核块状											
						3	40—59	棕灰色	重壤土	块状											
						4	59—84	棕黄色	重壤土	核块状											
剖46	人为土	水稻土	潴育水稻土	潴育麻砂泥田	强潴乌麻砂泥田	1	0—14	浅棕灰色	轻壤土	屑粒状	5.8	33.3	1.80	1.39		128	8.1	65	花岗岩风化物	E 114°52′47.2″ N 25°27′53.1″	97
						2	14—23	棕色	轻壤土	块状	5.9	8.1	0.68	1.28							
						3	23—44	棕色	砂壤土	核块状	6.0	9.1	0.65	0.73							
						4	44—48		砂壤土	小块状	6.8	5.5	0.45	0.97							
						5	48—100	棕色	粗砂土	松散状	6.8	8.2	0.58	0.94							
剖47	人为土	水稻土	潴育水稻土	潴育紫砂泥田	灰紫砂泥田	1	0—15	浅紫灰色	轻壤土	屑粒状									紫色砂岩类风化物	E 114°53′16.1″ N 25°27′52.6″	97
						2	15—23	紫色	重壤土	块状											
						3	23—48	棕红色	重壤土	核粒状											
						4	48—60	紫色	轻壤土	块状											
剖48	初育土	紫色土	石灰性紫色土	紫色砂砾岩石灰性紫色土	中层少有机质紫色砂砾岩石英岩类紫色土	1	0—18	暗紫灰色	中壤土	屑粒状	7.7	12.3	0.59	0.43		160	≤1.0	106	紫色砂砾岩类风化物	E 114°54′38.2″ N 25°28′33.6″	77
						2	18—34	浅紫色	中壤土	核状	7.6	18.9	0.20	0.29							
						3	34—60	紫色	砂壤土	核状	9.1	4.8		4.50							
						4	60—100	浅紫色	轻壤土	小块状											
剖49	人为土	水稻土	淹育水稻土	淹育黄泥田	黄泥田	1	0—15	浅棕黄色	重壤土	屑粒状	5.6	12.3	0.62	0.47		75	≤1.0	92	第四纪红色黏土	E 114°55′08.9″ N 25°29′51.0″	78
						2	15—19	棕黄色	轻壤土	块状	6.8	7.8	0.39	0.34							
						3	19—100	黄红色	轻壤土	核粒状	5.5	4.8	0.31	0.27							
剖50	人为土	水稻土	潴育水稻土	潴育潮砂泥田	中潴砂子底潮砂泥田	1	0—12			屑粒状									河流冲积物	E 114°56′02.0″ N 25°29′27.6″	83
						2	12—15		轻壤土	小块状											
						3	15—20		轻壤土	小块状											
						4	20—60		中壤土												
剖51	人为土	水稻土	潴育水稻土	潴育紫砂泥田	中位弱潴灰紫砂泥田	1	0—19	棕紫色	重壤土	核粒状	5.3	24.1	1.05	0.48		84	3.1	20	紫色砂岩类风化物	E 114°55′60.0″ N 25°27′51.2″	99
						2	19—44		重壤土	块状	5.2	21.0	0.88	0.46							
						3	44—		重壤土	块状	5.5	19.0	0.75	0.50							
剖52	铁铝土	红壤	红壤	石英岩红壤	厚层中有机质石英岩类红壤	1	0—20	棕黄色	重壤土	核粒状	5.6	29.3	1.62	0.62		139	3.5	22	石英岩风化物	E 114°56′55.8″ N 25°28′59.1″	97
						2	20—28	黄棕色	重壤土	小块状	5.2	21.2	1.23	0.62							
						3	28—35	棕黄色	重壤土	小块状	5.1	15.8	1.10	0.58							
						4	35—100	棕黄色	重壤土	块状	4.9	8.0	0.67	0.26							
剖53	初育土	紫色土	酸性紫色土	紫色砂砾岩酸性紫色土		1	0—20	紫色	中壤土	核粒状	4.9	31.5	1.06	0.48		83	1.7	31	紫色砂砾岩类风化物	E 114°57′41.8″ N 25°26′48.6″	98
						2	20—60	紫红色	中壤土	块状	5.3	2.0	0.29	0.36							
剖54	人为土	水稻土	淹育水稻土	淹育潮砂泥田	潮砂泥田	1	0—12	浅棕紫色	轻壤土	屑粒状	6.0	13.1	0.67	0.56		55	5.0	36	河流冲积物	E 114°58′09.1″ N 25°27′21.8″	79
						2	12—14	棕黄色	中壤土	块状	6.5	9.1	0.50	0.45							
						3	14—36	棕黄色	砂壤土	块状	6.9	3.5	0.19	0.53							
						4	36—	棕黄色	砂土	小块状											
剖55	铁铝土	红壤	红壤	第四纪红色黏土红壤	厚层少有机质第四纪红色黏土红壤	1	0—12	棕色	重壤土	块状	5.7	9.0	0.42	0.82		39	≤1.0	57	第四纪红色黏土	E 114°52′46.6″ N 25°27′26.3″	86
						2	12—26	浅红棕色	重壤土	块状	5.0	4.4	0.27	0.73							
						3	26—53	棕黄色	重壤土	块状	4.9	3.4	0.25	0.66							
						4	53—100		黏土												

续表 Continued

剖面号 Soil profile	土纲 Soil order	土类 Soil great group	亚类 Soil subgroup	土属 Soil genus	土种 Soil species	土层码 Layer code	土层厚度 Depth/cm	颜色 Soil color	质地 Soil texture	土壤结构 Soil structure	pH	有机质 OM/(g/kg)	全氮 TN/(g/kg)	全磷 TP/(g/kg)	全钾 TK/(g/kg)	碱解氮 AN/(mg/kg)	有效磷 AP/(mg/kg)	速效钾 AK/(mg/kg)	土壤母质 Parent material	剖面点坐标 Profile coordinate	匹配指数 Matching index/%
剖56	铁铝土	红壤	红壤	炭质岩类红壤	薄层多有机质炭质岩类红壤	1	0~12	棕色	重壤土	核粒状	5.6	32.4	1.70	0.75		117	3.2	118	炭质岩类风化物	E 114°53′37.5″ N 25°26′25.1″	82
剖57	初育土	紫色土	酸性紫色土	紫色砂砾岩酸性紫色土	薄层中有机质紫色砂砾岩类酸性紫色土	2	12~43	棕褐色	重壤土	核状	5.5	11.8	0.84	0.59					紫色砂砾岩类风化物	E 114°53′32.7″ N 25°25′52.3″	72
						3	43~61	棕褐色	轻黏土	小块状	5.0	7.5	0.65	0.61							
						4	61~100	浅灰黑色	轻黏土												
剖58	水稻土	潜育水稻土	潜育紫砂泥田	中位弱潜灰紫砂泥田	1	0~18		中壤土											紫色砂岩类风化物	E 114°54′50.4″ N 25°27′06.1″	88
						2	18~40		中壤土	屑粒状											
						3	40~100		重壤土	软糊天结构											
										软糊天结构											
剖59	初育土	紫色土	酸性紫色土	酸性紫泥土	厚层酸性紫泥土	1	0~19	浅棕紫色	中黏土	核粒状									酸性紫色泥页岩类风化物	E 114°54′08.3″ N 25°25′18.1″	90
						2	21~38	浅棕紫色	中壤土	块状											
						3	38~100	黄棕紫色	重壤土	核粒状											
剖60	初育土	紫色土	酸性紫色土	紫色砂砾岩酸性紫色土	中层多有机质紫色砂砾岩酸性紫色土	1	0~13	暗紫色	重壤土	核状	5.4	29.5	1.16	0.72		85	≤1.0	54	紫色砂岩类风化物	E 114°55′57.9″ N 25°27′04.2″	94
						2	13~39	棕红色	重壤土	块状	6.1	7.4	0.41	0.58							
						3	39~100	浅棕紫色	重壤土	块状	6.0	6.2	0.44	0.57							
剖61	水稻土	潜育水稻土	潜育紫砂泥田	砂子底紫灰紫泥田	1	0~15	浅棕紫色	轻壤土	屑粒状										紫色砂岩类风化物	E 114°55′58.8″ N 25°26′38.0″	83
						2	15~27	浅棕紫色	轻壤土	块状											
						3	27~56	棕黄色	中壤土	小块状											
						4	56~75														
剖62	初育土	紫色土	石灰性紫色土	紫色砂砾岩类石灰性紫色土	粗骨性紫色砂砾岩类石灰性紫色土	1	0~18	棕灰色	中壤土	核粒状	8.1	2.7	0.27	0.30		26	≤1.0	90	紫色砂岩类风化物	E 114°55′29.5″ N 25°25′09.7″	95
						2	18~35	紫色			7.9	≤1.0	0.20	0.29							
						3	35~60				7.8	1.2	0.17	0.36							
						4	60~100			屑粒状	8.0	≤1.0	0.15	0.45							
剖63	水稻土	潜育水稻土	潜育灰黄砂泥田	强潜灰黄砂泥田	1	0~12	浅棕灰色	轻壤土	块状										石英岩类风化物	E 114°46′12.0″ N 25°24′33.9″	70
						2	12~16	棕灰色	中壤土	核块状											
						3	16~44	棕黄色	中壤土	块状											
						4	44~69	浅棕紫色	轻壤土	块状											
						5	69~100														
剖64	初育土	紫色土	酸性紫色土	酸性紫泥土	厚层酸性紫泥土	1	0~10	浅红紫色	轻壤土	屑粒状	5.1	6.3	0.47	0.65		51	5.4	56	酸性紫色泥页岩类风化物	E 114°45′13.3″ N 25°23′06.5″	88
						2	10~22	棕紫色	中壤土	小块状	5.0	6.5	0.40	0.51							
						3	22~60	浅紫棕色	中壤土	块状	5.3	4.5	0.35	0.61							
剖65	水稻土	潜育水稻土	潜育黄砂泥田	强潜灰黄砂泥田	A	0~11	亮红棕色	壤质黏土	小块状	5.6	13.9	0.50	0.30	13.9				紫色砂岩类风化物	E 114°49′18.9″ N 25°24′39.7″	94
						ABv	11~37	红棕色	壤质黏土	小块状	5.7	12.8	0.50	0.30	14.3						
						Bv	37~62	暗红棕色	黏土	块状	5.1	9.3	0.40	0.30	14.2						
						Bvv	62~100	亮红棕色	黏土	块状	3.7	6.4	0.30	0.30	14.7						
剖66	铁铝土	红壤	红壤	黏底红泥	黏底红黄泥	1	0~4	浅棕灰色	轻壤土	屑粒状	6.6	26.3	1.29	0.80		110		38	第四纪红色黏土	E 114°49′12.4″ N 25°24′05.4″	89
						2	14~19	棕色	轻壤土	块状	6.6	17.1	1.05	0.54							
						3	19~38	棕色	轻壤土	块状	6.9	12.0	0.70	0.55							
剖67	人为土	水稻土	潜育水稻土	潜育灰麻砂泥土	弱潜灰麻砂泥土	4	38~49	棕色	轻壤土	块状	7.0	8.2	0.42	0.50					花岗岩风化物	E 114°50′24.0″ N 25°24′39.6″	90
						5	49~100	棕红色	轻壤土	块状											

续表 Continued

剖面号 Soil profile	土纲 Soil order	土类 Soil great group	亚类 Soil subgroup	土属 Soil genus	土种 Soil species	土层码 Layer code	土层厚度 Depth/cm	颜色 Soil color	质地 Soil texture	土壤结构 Soil structure	pH	有机质 OM/(g/kg)	全氮 TN/(g/kg)	全磷 TP/(g/kg)	全钾 TK/(g/kg)	碱解氮 AN/(mg/kg)	有效磷 AP/(mg/kg)	速效钾 AK/(mg/kg)	土壤母质 Parent material	剖面点坐标 Profile coordinate	匹配指数 Matching index/%
剖68	人为土	水稻土	潴育水稻土	潴育鳝泥田	中位铝潴灰鳝泥田	1	0—20	棕色	中壤土	屑粒状	6.2	28.7	1.69	0.51		118	4.9	131	泥质岩类风化物	E 114°50′57.9″ N 25°24′09.8″	95
						2	20—37	浅棕灰色	中壤土	小块状	6.1	22.9	1.45	0.40							
						3	37—78	蓝灰色	中壤土	软糊无结构	5.3	21.2	1.21	0.38							
						4	78—100	浅蓝灰色	中壤土	软糊无结构	5.6	10.2	0.67	0.43							
剖69	人为土	水稻土	潴育水稻土	潴育紫砂泥田	弱潴灰紫砂泥田	1	0—14	浅棕紫色	中壤土	屑粒状									紫色砂岩类风化物	E 114°52′00.1″ N 25°24′02.6″	80
						2	14—21	棕紫色	重壤土	块状											
						3	21—60	浅黄紫色	轻壤土	棱块状											
						4	60—77	棕紫色	轻壤土	棱块状											
						5	77—100	紫红色	重壤土	块状											
剖70	初育土	紫色土	酸性紫色土	紫色泥页岩类酸性紫色土	中层中有机质紫色泥页岩类酸性紫色土	1	0—15	紫色	轻壤土	核粒状	6.0	18.0	0.44	0.38		65	≤1.0	96	紫色泥页岩类风化物	E 114°52′07.4″ N 25°24′41.2″	91
						2	15—29	棕紫色	轻壤土	块状	6.0	1.8	0.38	0.30							
						3	29—51	棕紫色	轻壤土	棱块状	5.9	≤1.0	0.36	0.32							
						4	51—100	紫红色	中壤土	棱块状	6.6	1.2	0.15	0.34							
剖71	人为土	水稻土	潴育水稻土	潴育潮砂泥田	弱潴黄泥底潮砂泥田	1	0—13	浅黄棕色	中壤土	屑粒状	6.1	29.2	1.67	0.54		140	3.3	42	河流冲积物	E 114°50′38.3″ N 25°20′17.7″	91
						2	13—36	棕黄紫色	轻壤土	块状	6.6	25.2	1.51	0.47		122		45			
						3	36—43	浅黄棕色	中壤土	棱块状	7.3	11.2	0.53	0.30		40		33			
						4	43—55	浅黄棕色	中壤土	块状	7.3	4.7	0.26	0.25		22		20			
剖72	人为土	水稻土	潴育水稻土	潴育紫砂泥田	中潴黄泥油砂泥田	1	0—17	浅棕紫色	轻壤土	屑粒状	7.5	6.0	0.37	0.28		27		25	紫色砂岩类风化物	E 114°51′26.7″ N 25°20′39.4″	97
						2	17—22	棕紫色	中壤土	块状	6.1	45.6	2.63	1.20		224	15.9	68			
						3	22—33	浅黄棕色	中壤土	棱块状	5.6	17.4	8.40	0.65							
						4	33—69	浅棕紫色	轻壤土	块状	6.3	10.3	0.55	0.54							
						5	69—100	棕紫色	中壤土	块状	6.8	5.2	6.31	2.39							
剖73	人为土	水稻土	潴育水稻土	潴育麻砂泥田	弱潴乌麻砂泥田	1	0—15	棕色	轻壤土	块状	6.9	6.4	0.42	0.55					花岗岩风化物	E 114°47′44.0″ N 25°19′59.2″	88
						2	15—24	浅灰色	中壤土	块状	5.7	22.5	1.36	0.89		103	3.7	83			
						3	24—48	棕黄色	轻壤土	小块状											
						4	48—56	棕灰色	轻壤土												
						5	56—100	棕色	中壤土	屑粒状											
剖74	人为土	水稻土	潴育水稻土	潴育潮砂泥田	弱潴灰潮砂泥田	1	0—13	浅棕黄色	中壤土	块状	8.5	13.7	0.76	1.01					河流冲积物	E 114°53′34.5″ N 25°24′25.1″	78
						2	13—21	棕黄色	中壤土	块状	8.7	4.8	0.33	0.57							
						3	21—60	浅红棕色	中壤土	块状	8.4	2.6	0.22	0.30							
剖75	人为土	水稻土	潴育水稻土	侧渗紫砂泥田	强潴乌潮砂泥田	1	0—12	浅棕灰色	轻黏土	块状	6.3	25.2	1.21	0.64		131	4.6	37	紫色砂岩类风化物	E 114°53′41.5″ N 25°24′02.8″	97
						2	12—21	棕黄色	中壤土	棱块状	7.1	11.4	≤0.10	0.66							
						3	21—53	棕黄色	中壤土	块状	7.1	8.5	0.41	0.62							
						4	53—100	浅红棕色	中壤土	块状	7.0	5.5	0.42	0.51							
剖76	人为土	水稻土	潴育水稻土	潴育黄砂泥田	弱潴乌黄砂泥田	1	0—16	浅黄棕色	中壤土	屑粒状	8.4	13.5	0.44	1.20		36	4.5	88	河流冲积物	E 114°54′44.3″ N 25°24′40.9″	74
						2	16—24	棕黄色	中壤土	块状	8.3	11.5	0.41	1.12							
						3	24—62	浅棕黄色	中壤土	块状	7.6	9.5	0.25	1.05							
						4	62—100	棕黄色	重壤土	棱块状	6.8	6.8	0.22	1.04							
剖77	人为土	水稻土																		石英岩类风化物	E 114°55′31.1″ N 25°24′08.2″	100
剖78	初育土	紫色土	石灰性紫色土	石灰性紫泥土	中层石灰性紫泥土	2	18—23	紫色	轻黏土	核粒状									石灰性紫色泥质岩类风化物	E 114°56′35.5″ N 25°24′17.5″	80
						3	23—52	紫色	轻黏土	棱块状											
						4	52—100	紫色	轻壤土	棱块状											

续表 Continued

剖面号 Soil profile	土纲 Soil order	土类 Soil great group	亚类 Soil subgroup	土属 Soil genus	土种 Soil species	土层码 Layer code	土层厚度 Depth/cm	颜色 Soil color	质地 Soil texture	土壤结构 Soil structure	pH	有机质 OM/(g/kg)	全氮 TN/(g/kg)	全磷 TP/(g/kg)	全钾 TK/(g/kg)	碱解氮 AN/(mg/kg)	有效磷 AP/(mg/kg)	速效钾 AK/(mg/kg)	土壤母质 Parent material	剖面点坐标 Profile coordinate	匹配指数 Matching index/%
剖79	人为土	水稻土	侧渗水稻土	侧渗潮砂泥田	弱渗乌潮砂泥田	1	0—15	浅灰色	中壤土	屑粒状									河流冲积物	E 114°57′47.6″ N 25°24′23.0″	83
						2	15—22	浅棕灰色	轻壤土	块状											
						3	22—38	棕黄色	轻壤土	块状											
						4	38—55	浅棕灰色	轻壤土	块状											
						5	55—100	灰白色	轻壤土	小块状											
剖80	半水成土	潮土	灰潮土	砂质潮土	厚层潮砂土	1	0—32	棕黄色	砂壤土	单粒状	6.2	5.1	0.32	0.62		30	5.1	11	河流冲积物	E 114°59′06.4″ N 25°23′16.4″	94
						2	32—47	浅紫棕色	砂壤土	分散状	6.0	1.8	0.11	0.43							
						3	47—87	棕黄色	砂壤土	分散状	6.0	1.4	≤0.10	0.38							
						4	87—100	棕黄色	砂壤土	松散状	6.0	≤1.0		0.36							
剖81	铁铝土	红壤		花岗岩红壤	中层中有机质花岗岩红壤	1	0—15	棕灰色	重壤土	团粒状	5.3	28.3	1.90	1.00		143	3.8	140	花岗岩	E 115°00′02.7″ N 25°24′15.4″	100
						2	15—36	浅棕色	轻黏土	棱块状	5.0	16.3	0.70	0.77							
						3	36—60	棕红色	轻黏土	小块状	5.0	13.8	0.55	0.66							
						4	60—100	浅棕黄色	轻黏土	小块状	4.9	12.2	0.42	0.86							
剖82	铁铝土	红壤		第四纪红色黏土红壤	厚层少有机质第四纪红色黏土红壤	1	0—8		中壤土		5.8	2.9	0.29	0.26		18	≤1.0	23	第四纪红色黏土	E 114°57′43.0″ N 25°21′15.4″	90
						2	8—39		重壤土		5.2	2.5	0.17	0.28							
						3	39—100		重壤土		4.8	3.2	0.21	0.31							
剖83	人为土	水稻土	潴育水稻土	潴育紫泥田	弱潴黄泥底紫油泥田	1	0—15	紫红色	重壤土	屑粒状									紫色泥页岩风化物	E 114°57′47.5″ N 25°20′41.9″	93
						2	15—38	棕紫色	重壤土	块状											
						3	38—60	棕黄色	中壤土	块状											
剖84	人为土	水稻土	潴育水稻土	潴育潮砂泥田	强潴砂子底潮砂泥田	1	0—15	棕灰色	轻壤土	屑粒状	6.5	23.4	1.03	0.63		108	3.9	42	河流冲积物	E 114°58′39.3″ N 25°20′56.2″	91
						2	15—21	棕黄色	轻壤土	块状	6.4	18.1	0.30	0.56							
						3	21—57	棕黄色	砂壤土	小块状	6.1	6.1	0.43	0.52							
						4	57—100	浅灰白色	砂壤土	块状	6.2	3.9	0.14	0.39							
剖85	初育土	石灰(岩)土	红色石灰土	红色石灰土	薄层多有机质页岩红色石灰土	1	0—12	暗棕色	中壤土	核粒状	7.6	33.5	1.74	0.50		116	4.9	16	碳酸盐类风化物	E 114°59′30.2″ N 25°21′19.3″	84
						2	12—28	暗棕色	重壤土	核状	7.8	14.6	5.06	0.34							
						3	28—100	暗棕色	重壤土	大核状	7.9	11.5	0.55	0.38							
剖86	人为土	水稻土	潴育水稻土	潴育紫泥田	中潴黄泥底紫油泥田	1	0—10	棕紫色	重壤土	屑粒状	6.4	40.5	1.84	0.29		141	3.3	59	紫色泥页岩风化物	E 114°58′40.5″ N 25°21′21.2″	76
						2	10—19	棕紫色	重壤土	小块状	6.3	31.8	1.42	0.46							
						3	19—42	棕紫色	轻壤土	块状	7.1	8.1	0.34	0.40							
						4	42—100	浅灰紫色	轻壤土	块状	5.5	7.3	0.34	0.27							
剖87	初育土	石灰性紫色土		泥页岩类石灰性紫色土	粗骨性紫色页岩类石灰紫色土	1	0—20	暗紫色	重壤土	核粒状	9.0	11.2	0.58	0.89		36	1.6	60	紫色泥页岩类风化物	E 114°52′41.0″ N 25°20′14.7″	88
						2	20—35	暗紫色	重壤土	核状	9.2	1.6	0.12	1.14							
						3	35—60	暗紫色	砂壤土	小块状	9.2	2.8	0.16	1.08							
						4	60—100	暗紫色	中壤土	块状	9.1	3.3	0.19	1.48							
剖88	红壤	红壤		黄砂泥土	厚层黄砂泥土	1	0—32	浅灰棕色	砂壤土	核粒状	5.7	9.1	0.41	0.51		35	10.0	22	石英岩类风化物	E 114°55′58.3″ N 25°22′09.3″	77
						2	32—47	棕红色	重壤土	块状	5.0	6.9	0.32	0.40							
						3	47—67	浅红棕色	中壤土	小块状	6.3	3.9	0.29	0.38							
						4	67—														
剖89	铁铝土	红壤		黄泥土	厚层黄泥土	1	0—14	浅灰棕色	重壤土	核粒状	4.9	11.5	0.50	0.66		40	≤1.0	31	第四纪红色黏土	E 114°50′11.6″ N 25°15′10.8″	71
						2	14—48	棕黄色	轻壤土	块状	5.0	6.3	0.30	0.72							
						3	48—68	棕黄色	中壤土	块状	5.3	8.2	0.35	0.72							
						4	68—100	棕黄色	轻壤土	块状											
剖90	人为土	水稻土	潴育水稻土	潴育黄砂泥田	强潴砂子底灰黄砂泥田	1	0—14	浅灰黄色	轻壤土	屑粒状									石英岩类风化物	E 114°47′00.6″ N 25°16′13.2″	85
						2	14—21	棕黄色	轻壤土	块状											
						3	21—48	棕黄色	中壤土	块状											
						4	48—60	浅棕黄色	轻壤土	小块状											

续表 Continued

剖面号 Soil profile	土纲 Soil order	土类 Soil great group	亚类 Soil subgroup	土属 Soil genus	土种 Soil species	土层码 Layer code	土层厚度 Depth/cm	颜色 Soil color	质地 Soil texture	土壤结构 Soil structure	pH	有机质 OM/(g/kg)	全氮 TN/(g/kg)	全磷 TP/(g/kg)	全钾 TK/(g/kg)	碱解氮 AN/(mg/kg)	有效磷 AP/(mg/kg)	速效钾 AK/(mg/kg)	土壤母质 Parent material	剖面点坐标 Profile coordinate	匹配指数 Matching index/%
剖91	人为土	水稻土	潴育水稻土	潴育麻砂泥田	中位弱潴灰麻砂泥田	1	0—17	深灰色	轻壤土	屑粒状									花岗岩风化物	E 114° 47′ 24.2″ N 25° 16′ 01.3″	87
						2	17—25	浅棕灰色	轻壤土	块状											
						3	25—45	浅蓝灰色	轻壤土	块状											
						4	45—100	浅蓝灰色	轻壤土	小块状											
剖92	人为土	水稻土	潴育水稻土	潴育紫泥田	表潜性中潴紫油泥田	1	0—14	浅黄灰色	中壤土	屑粒状									紫色泥页岩风化物	E 114° 55′ 39.4″ N 25° 18′ 28.4″	91
						2	14—27	紫蓝紫色	重壤土	块状											
						3	27—44	紫蓝紫色	重壤土	块状											
						4	44—65	浅紫灰色	中壤土	块状											
剖93	初育土	紫色土	酸性紫色土	紫色砂砾岩酸性紫色土	薄层少有机质紫色砂砾岩类酸性紫色土	1	0—9	紫红色	中壤土	核粒状	5.6	12.5	0.54	0.49		51	≤1.0	69	紫色砂砾岩类风化物	E 114° 57′ 04.3″ N 25° 18′ 58.3″	98
						2	9—40	棕紫色	重壤土	核状	5.5	8.5	0.34	0.50							
						3	40—100	紫红色	重壤土	块状	6.0	2.0	0.18	0.63							
剖94	初育土	紫色土	酸性紫色土	紫色泥页岩酸性紫色土	薄层少有机质紫色泥页岩类酸性紫色土	1	0—11	浅紫红色	中壤土	核粒状	5.3	8.2	0.62			75	5.1	151	紫色泥页岩风化物	E 114° 59′ 14.0″ N 25° 16′ 48.5″	82
						2	11—28	紫红色	重壤土	核状	5.0	4.8	0.38								
						3	28—76	紫红色	重壤土	小块状	5.0	3.8	0.35								
						4	76—	紫红色	中壤土	块状	5.3										
剖95	人为土	水稻土	潴育水稻土	潴育紫泥田	中潴紫油泥田	1	0—14	浅紫灰色	重壤土	屑粒状	6.4	36.5	1.79	0.94		164	5.2	85	紫色页岩风化物	E 114° 56′ 19.5″ N 25° 16′ 40.3″	72
						2	14—24	紫色	重壤土	小块状	7.2	13.6	0.80	0.70							
						3	24—40	浅紫紫色	中壤土	棱块状	7.8	8.7	0.66	0.70							
						4	40—100	紫灰色	中壤土	块状	7.9	7.7	0.42	0.71							
剖96	人为土	水稻土	侧渗水稻土	侧渗潮砂泥田	中潴灰潮砂泥田	1	0—14	浅灰棕色	轻壤土	屑粒状	5.3	34.5	1.67	1.13		139	7.5	45	河流冲积物	E 114° 47′ 37.1″ N 25° 14′ 57.5″	79
						2	14—19	浅棕色	轻壤土	块状	8.1	6.9	0.28	0.84							
						3	19—27	灰白色	砂壤土	块状	7.6	8.3	0.35	0.53							
						4	27—100			松散状											
剖97	人为土	水稻土	潴育水稻土	潴育黄砂泥田	上位弱潴黄砂泥田	1	0—25	浅棕灰色	轻壤土	屑粒状	8.5	48.7	2.67	1.98		224	6.0	38	石英岩类风化物	E 114° 57′ 38.0″ N 25° 14′ 08.4″	74
						2	25—47	棕灰色	中壤土	小块状	8.6	42.1	2.55	0.91		177					
						3	47—70	棕灰色	中壤土	软糊无结构											
剖98	人为土	水稻土	潴育水稻土	潴育石灰泥田	中潴乌石灰泥田	1	0—13	棕灰色	中壤土	屑粒状	8.5	22.4	1.64	0.82		93			碳酸岩类风化物	E 114° 55′ 29.9″ N 25° 10′ 17.4″	73
						2	13—21	棕灰色	重壤土	块状	8.6	6.4	0.59	0.73		30					
						3	21—48	浅黄棕色	重壤土	棱块状	8.5										
						4	48—100	浅黄棕色	重壤土	棱块状	8.5										
剖99	人为土	水稻土	潴育水稻土	潴育黄砂泥田	中位弱潴黄砂泥田	1	0—13	浅棕灰色	中壤土	屑粒状	7.3	32.5	1.93	0.76		160	3.3	65	石英岩类风化物	E 114° 51′ 18.7″ N 25° 09′ 49.5″	84
						2	13—23	棕灰色	重壤土	块状	7.6	26.4	1.39	0.64		114		43			
						3	23—37	浅蓝灰色	重壤土	棱块状	7.9	9.8	0.84	0.47		27					
						4	37—100	蓝灰色	重壤土	软糊无结构	7.5	10.5	0.61	0.46		40					
剖100	人为土	水稻土	潴育水稻土	潴育鳝泥田	中潴灰鳝泥田	1	0—15	棕灰色	中壤土	屑粒状	6.8	31.8	1.70	0.81		139	12.5	31	泥质岩风化物	E 114° 56′ 03.7″ N 25° 04′ 55.1″	85
						2	15—25	棕灰色	重壤土	块状	7.7	12.0	0.65	0.41							
						3	25—37	棕黄色	重壤土	棱块状	7.9	9.9	0.55	0.50							
						4	37—100	浅黄棕色	中壤土	块状	8.0	9.1	0.39	0.50							
剖101	人为土	水稻土	潴育水稻土	潴育黄砂泥田	全层中潴灰黄砂泥田	1	0—20	浅棕灰色	重壤土	屑粒状	5.7	37.7	1.81	1.72		136	11.0	33	石英岩风化物	E 114° 56′ 03.2″ N 25° 02′ 17.1″	80
						2	20—60	浅蓝灰色	中壤土	软糊无结构	5.9	30.3	1.70	1.27		105		31			
剖102	人为土	水稻土	潴育水稻土	潴育黄砂泥田	乌黄砂泥田	1	0—14	浅棕灰色	中壤土	屑粒状	6.5	15.5	0.80	6.24		63		65	石英岩风化物	E 115° 02′ 57.3″ N 25° 27′ 44.8″	100
						2	14—25	浅黄棕色	中壤土	小块状											
						3	25—69	棕红色	中壤土	棱块状	6.7	8.0	0.37	0.98		36		69			
						4	69—100														

续表 Continued

剖面号 Soil profile	土纲 Soil order	土类 Soil great group	亚类 Soil subgroup	土属 Soil genus	土种 Soil species	土层码 Layer code	土层厚度 Depth/cm	颜色 Soil color	质地 Soil texture	土壤结构 Soil structure	pH	有机质 OM/(g/kg)	全氮 TN/(g/kg)	全磷 TP/(g/kg)	全钾 TK/(g/kg)	碱解氮 AN/(mg/kg)	有效磷 AP/(mg/kg)	速效钾 AK/(mg/kg)	土壤母质 Parent material	剖面点坐标 Profile coordinate	匹配指数 Matching index/%
剖103	人为土	水稻土	潴育水稻土	潴育鳝泥田	中潴乌鳝泥田	1	0—16	浅黄灰色	中壤土	屑粒状	6.1	40.1	1.88	0.65		182	6.6	38	泥质岩类风化物	E 115°03′42.7″ N 25°27′58.7″	77
						2	16—24	浅棕灰色	中壤土	块状	6.0	29.4	1.38	0.54							
						3	24—65	棕黄色	重壤土	块状	6.9	10.4	0.44	0.52							
						4	65—100	浅黄棕色	重壤土	块状	7.2	7.0	0.41	0.29							
剖104	人为土	水稻土	潴育水稻土	潴育黄泥田	强潴灰黄泥田	1	0—16	浅黄灰色	轻壤土	屑粒状	6.3	20.4	1.18	0.65		98	8.6	27	第四纪红色黏土	E 115°02′10.3″ N 25°27′02.0″	93
						2	16—27	棕黄色	中壤土	块状	6.2	7.1	0.46	0.42							
						3	27—33	浅棕黄色	重壤土	棱块状	6.8	3.4	0.29	0.31							
						4	33—50	棕黄色	重壤土	块状	6.9	3.8	0.27	0.35							
剖105	人为土	水稻土	淹育水稻土	淹育黄砂泥田	强淹黄泥田		50—100	浅红棕色	重壤土	块状	7.1	3.3	0.26	0.39						E 115°03′19.4″ N 25°27′09.8″	87
						1	0—17	棕黄色	轻壤土	小块状											
						2	17—24	棕黄色	轻壤土	块状											
						3	24—														
剖106	人为土	潴育水稻土	潴育黄砂泥田	砂子底灰黄砂泥田		1	0—13	棕灰色	轻壤土	屑粒状									石英岩类风化物	E 115°01′36.3″ N 25°23′39.3″	89
						2	13—29	棕黄色	轻壤土	块状											
						3	29—47	棕黄色	轻壤土	块状											
						4	47—100	浅棕黄色	中壤土	屑粒状											
剖107	人为土	水稻土	潴育水稻土	潴育黄砂泥田	中潴砂砾底灰黄泥田	1	0—14	棕黄色	中壤土	块状									第四纪红色黏土	E 115°06′06.2″ N 25°20′28.2″	92
						2	14—24	棕黄色	轻壤土	块状											
						3	24—29	棕黄色	轻壤土	小块状											
						4	29—46	棕黄色	轻壤土	块状											
						5	46—100		石砾夹砂土												
剖108	初育土	紫色土	酸性紫色土	酸性紫砂泥田	厚层酸性紫泥土	1	0—21	浅紫红色	轻壤土	粒状	5.6	8.7	0.51	0.55		49	3.1	59	紫色砂岩风化物	E 115°06′38.9″ N 25°20′56.1″	85
						2	21—32	紫红色	中壤土	块状	6.0	5.0	0.32	0.41							
						3	32—54	紫红色	轻壤土	块状	5.8	3.8	0.31	0.37							
						4	54—100	紫红色	轻壤土	小块状	7.8	1.9	0.18	0.36							
剖109	人为土	水稻土	侧渗水稻土	侧渗紫砂泥田	弱潴紫泥底紫砂泥田	1	0—15	浅棕灰色	轻壤土	屑粒状						119	4.2	87	紫色砂岩风化物	E 115°13′07.3″ N 25°24′05.0″	78
						2	15—21	棕黄色	轻壤土	块状											
						3	21—36	棕黄色	中壤土	棱块状											
						4	36—50	棕黄色	重壤土	块状											
						5	50—100	棕黄色	重壤土	小块状											
剖110	人为土	水稻土	潴育水稻土	潴育麻砂泥田	灰麻砂泥田	1	0—11	浅棕灰色	中壤土	屑粒状	5.9	31.7	1.65	0.88		152	4.1	36	花岗岩风化物	E 115°06′19.4″ N 25°20′28.9″	78
						2	11—18	棕黄色	中壤土	块状	6.2	27.1	1.42	0.85							
						3	18—51	棕黄色	重壤土	棱块状	6.3	10.1	0.46	0.45							
						4	51—100	棕黄色	重壤土	块状	7.1	6.8	0.31	0.64							
剖111	人为土	水稻土	潴育水稻土	潴育黄砂泥田	强潴乌黄砂泥田	1	0—15	浅棕灰色	轻壤土	屑粒状	6.2	35.5	1.59	0.85					石英岩类风化物	E 115°02′04.2″ N 25°17′25.7″	93
						2	15—23	棕黄色	中壤土	块状	6.0	27.1	1.40	0.67							
						3	23—40	棕黑色	中壤土	块状	6.3	9.7	0.54	0.62							
						4	40—48	棕黄色	中壤土	块状	6.6	2.2	0.14	0.82							
						5	48—57	棕黄色	重壤土	块状	7.3	3.0	0.22	0.63							
						6	57—	白色													
剖112	铁铝土	红壤		石英岩红壤	薄层少有机质石英岩类黄红壤	1	0—20	棕灰色	砂壤土	分散状	5.4	10.4	0.71	0.83		65	1.3	92	石英岩类风化物	E 115°08′25.1″ N 25°17′41.6″	84
						2	20—35	棕黄色	砂壤土		5.1	7.6	0.62	0.74							
						3	35—100	棕黄色	重壤土												
剖113	铁铝土	红壤	山地黄红壤	花岗岩类黄红壤	中层多有机质花岗岩类山地黄红壤	1	0—17	棕黄色	砂黏土	团粒状	5.2	49.5	2.48	0.80		215	7.8	120	花岗岩	E 115°13′39.4″ N 25°19′01.6″	87
						2	17—57	棕黄色	轻黏土	小块状	5.6	22.6	1.09	0.46							
						3	57—100	浅棕黄色	轻壤土	块状	5.5	16.7	0.96	0.37							

续表 Continued

剖面号 Soil profile	土纲 Soil order	土类 Soil great group	亚类 Soil subgroup	土属 Soil genus	土种 Soil species	土层码 Layer code	土层厚度 Depth/cm	颜色 Soil color	质地 Soil texture	土壤结构 Soil structure	pH	有机质 OM/(g/kg)	全氮 TN/(g/kg)	全磷 TP/(g/kg)	全钾 TK/(g/kg)	碱解氮 AN/(mg/kg)	有效磷 AP/(mg/kg)	速效钾 AK/(mg/kg)	土壤母质 Parent material	剖面点坐标 Profile coordinate	匹配指数 Matching index/%
剖114	人为土	水稻土	侧渗水稻土	侧渗潮鳝泥田	中潴乌鳝泥田	1	0—18	浅棕灰色	中壤土	屑粒状	6.0	37.3	2.10	0.96		180	5.1	76	泥质岩类风化物	E 115° 13′ 45.8″ N 25° 17′ 25.8″	87
						2	18—25	浅黄灰色	重壤土	块状	5.8	34.4	1.76	0.67		171					
						3	25—50	棕黄色	中壤土	小块状	6.5	10.8	0.68	0.44		51					
						4	50—60	灰白色	中壤土	块状	6.7	7.3	0.39	0.39		33					
						5	60—100	棕黄色	中壤土	块状	6.9	5.5	0.36	0.25		27					
剖115	人为土	水稻土	潜育水稻土	潜育鳝泥田	中位弱潜乌鳝泥田	1	0—13	浅黄灰色	中壤土	粒状									泥质岩类风化物	E 115° 13′ 55.9″ N 25° 15′ 58.0″	70
						2	13—30	棕黄色	中壤土	块状											
						3	30—53	棕黄色	轻壤土	小块状											
						4	53—60	浅黄灰色	轻壤土	糊状											
剖116	人为土	水稻土	潜育水稻土	潜育鳝泥田	全层中潴乌鳝泥田	1	0—23	浅黄灰色	中壤土	软糊无结构									泥质岩类风化物	E 115° 14′ 52.5″ N 25° 17′ 09.4″	94
						2	23—60	浅黄灰色	重壤土	核粒状	5.4	48.5	2.46	0.81		189	5.1	76			
剖117	铁铝土	红壤		泥质岩红壤	中层多有机质泥质岩类红壤	1	0—19	棕灰色	重壤土	小块状	5.3	27.4	1.44	0.64					泥质岩类风化物	E 115° 01′ 46.4″ N 25° 13′ 10.4″	90
						2	19—28	棕黄色	重壤土	小块状	5.3	12.0	0.62	0.57							
						3	28—100	棕黄色	轻壤土	粒状											
剖118	铁铝土	红壤		石英岩红壤	中层中有机质石英岩类红壤	1	0—17	棕黄色	轻壤土	小块状									石英岩类风化物	E 115° 04′ 27.5″ N 25° 14′ 49.2″	77
						2	17—42	棕黄色	轻壤土	小块状											
						3	42—76	棕黄色	轻壤土	小块状											
						4	76—100	棕黄色	砂壤土	屑粒状											
剖119	人为土	水稻土	潴育水稻土	潴育潮砂泥田	乌潮砂泥田	1	0—14	浅灰白色	中壤土	小块状									河流冲积物	E 115° 07′ 23.9″ N 25° 12′ 33.5″	74
						2	14—25	棕黄色	中壤土	块状											
						3	25—40	棕黄色	中壤土	小块状											
						4	40—100	棕黄色	中壤土	块状											
剖120	人为土	水稻土	侧渗水稻土	侧渗黄砂泥田	弱漂乌黄砂泥田	1	0—15	浅棕灰色	轻壤土	屑粒状	5.8	37.8	2.06	1.14		180	3.8	46	石英砂岩风化物	E 115° 04′ 40.3″ N 25° 11′ 50.5″	89
						2	15—24	棕黄色	中壤土	块状	6.0	19.2	1.19	0.91							
						3	24—40	棕黄色	中壤土	小块状	6.9	11.0	0.77	0.76							
						4	40—43	黄白相间	轻壤土	小块状	6.8	2.2	0.36	0.49							
						5	43—100	灰白色	中壤土	粒状	7.0	3.7	0.37	0.54							
剖121	铁铝土	红壤		石英岩红壤	中层中有机质石英岩类红壤	1	0—17	棕黄色	中壤土	屑粒状	6.4	27.2	1.54	0.46		105	1.9	58	石英岩类风化物	E 115° 06′ 34.9″ N 25° 12′ 10.4″	79
						2	17—45	棕黄色	重壤土	块状	6.0	11.5	0.65	0.43							
						3	45—100		重壤土		5.6	3.3	0.28	0.50							
剖122	铁铝土	红壤		花岗岩红壤	厚层少有机质花岗岩红壤	1	0—28	棕灰色	轻壤土	粒状									花岗岩	E 115° 10′ 44.8″ N 25° 11′ 13.6″	75
						2	28—48	浅红棕色	中壤土	小块状											
						3	48—100	浅灰白色	轻壤土	屑粒状											
剖123	人为土	水稻土	潴育水稻土	潴育鳝泥田	强潴乌鳝泥田	1	0—14	棕灰色	中壤土	块状	5.7	41.0	2.20	1.09		135	4.5	40	泥质岩类风化物	E 115° 03′ 07.0″ N 25° 09′ 18.7″	85
						2	14—21	棕黄色	重壤土	块状	6.1	13.0	0.70	1.32							
						3	21—33	浅红棕色	重壤土	小块状	6.9	10.9	0.66	1.34							
						4	33—54	蓝灰色	中壤土	块状	7.0	8.9	0.56	0.92							
						5	54—100	棕黄色	中壤土	软糊无结构	6.9	7.6	0.47	1.48							
剖124	人为土	水稻土	潜育水稻土	潜育麻砂泥田	中位弱潜乌麻砂泥田	1	0—13	灰军色	中壤土	粗粒状	4.9	39.1	2.15	0.27		139	3.2	114	花岗岩风化物	E 115° 05′ 25.6″ N 25° 07′ 57.6″	86
						2	13—21	灰黄色	中壤土	小块状	5.1	17.1	0.65	0.22		40					
						3	21—33	棕黄色	轻壤土	块状	5.2	5.7	0.38	0.18							
剖125	铁铝土	红壤		泥质岩红壤	厚层多有机质泥质岩类红壤	1	0—28												泥质岩类风化物	E 115° 06′ 43.2″ N 25° 06′ 32.8″	91
						2	28—48														
						3	48—100														

续表 Continued

剖面号 Soil profile	土纲 Soil order	土类 Soil great group	亚类 Soil subgroup	土属 Soil genus	土种 Soil species	土层码 Layer code	土层厚度 Depth/cm	颜色 Soil color	质地 Soil texture	土壤结构 Soil structure	pH	有机质 OM/(g/kg)	全氮 TN/(g/kg)	全磷 TP/(g/kg)	全钾 TK/(g/kg)	碱解氮 AN/(mg/kg)	有效磷 AP/(mg/kg)	速效钾 AK/(mg/kg)	土壤母质 Parent material	剖面点坐标 Profile coordinate	匹配指数 Matching index/%
剖L26	人为土	水稻土	潴育水稻土	潴育紫紫砂泥田	弱潴紫砂泥田	1	0—14	浅棕紫色	砂壤土	屑粒状	6.7	13.2	0.56	0.66		65	5.1	70	紫色砂岩类风化物	E 115°10′32.0″ N 25°03′06.8″	95
						2	14—26	棕紫色	中壤土	棱块状	6.8	10.6	0.49	0.50							
						3	26—62	棕紫色	中壤土	棱块状	6.4	6.5	0.38	0.35							
						4	62—100	紫灰色	中壤土	块状	6.7	7.1	0.41	0.33							
剖L27	初育土	紫色土	酸性紫色土	紫色砂砾岩酸性紫色土	中层中有机质紫色砂砾岩类酸性紫色土	1	0—14		中壤土										紫色砂砾岩类风化物	E 115°08′14.8″ N 25°01′44.6″	80
						2	14—25		中壤土												
						3	25—100		重壤土												

大余县

主要土类说明

红壤是大余县主要土壤类型，占本县地域面积的76%。广泛分布在低山和丘陵地区，红壤是中亚热带地带性土壤，一般土壤较厚，在1m以上，剖面发育比较完整，除表层颜色较暗灰外，心土层与底土层均为红色的紧实土层，呈块状或棱状结构，有时可见黄、白、红相间的网纹层，全剖面呈酸性，养分贫瘠，在强烈侵蚀情况下，表土流失，心土出露，甚至裸露出基岩，自然肥力较低。根据海拔和发育阶段的过渡类型，本县红壤分为红壤和山地黄红壤两个亚类。其中红壤亚类分布于海拔600m以下，全县各乡均有分布，由酸性结晶岩类、基性结晶岩类、石英岩类、泥质岩类和第四纪红色黏土等风化物发育而成。山地黄红壤分布在海拔600—800m的低山地带，位于红壤之上，是由红壤过渡到山地黄壤的一种土壤类型。土壤表层和亚表层有黄化现象，但心土层的底土层一般仍是红土层，由于表土层受暗色腐殖质影响，常使黄化特征不明显。

水稻土是大余县第二大土壤类型，占本县地域面积的17%。在人类长期耕作、施肥和灌溉条件下，土壤发生氧化还原、淋溶淀积作用，形成了水稻土特有的剖面形态特征，有耕作层、犁底层、潴育层、潜育层和漂洗层。按照剖面形态特征，本县水稻土分为淹育水稻土、潴育水稻土、潜育水稻土和侧渗水稻土四个亚类。其中，以潴育水稻土面积最大，广泛分布在平原墩田，丘陵、山区垄田、坑田的中上部，占水稻土总面积的89%，其灌溉条件较好，地下水位适中，耕作历史长，土壤熟化程度高，肥力最高，土壤铁锰氧化物淋淀现象明显，土层分化清晰，土体构型为A-P-W、A-P-W-C或A-P-W-G等。农业利用方式多为稻-稻-肥（油）或冬闲，水旱轮作面积也比较大。淹育水稻土主要分布在山区、丘陵的高排田、梯田，以及平原的高阶地，地下水位低，灌溉水源缺乏，或只靠降水灌溉，耕作历史较短，水耕熟化程度低，土层分化不明显，犁底层以下只有轻微的潴育化现象，锈纹斑少，剖面构型为A-（P）-C、A-P-C或A-P-（W）-C。土壤肥力较低，耕作层较浅，耕性较差。

黄壤占本县地域面积的3%，分布在海拔800m以上的中低山地区，位于黄红壤之上，是在云雾多、日照少、湿度大的山地气候条件下形成的一类黄色土壤。表土层的腐殖质含量较高，颜色深暗，亚表层至心土层均为黄色，心土层的黄色鲜艳。成土母质一般为酸性结晶岩类、石英岩类和泥质岩类风化物。整个剖面的质地较红壤为轻，多为中壤土至重壤土，全剖面盐基高度不饱和，土壤呈酸性。本县黄壤只有山地黄壤一个亚类。

小于本县地域面积3%的土壤类型还有紫色土、山地草甸土、潮土等。

本区域中心区气候特征

本区域中心区气候特征值
Regional climate characteristics in central area of the region

气候带：中亚热带湿润气候 Climate region: Subtropical humid climate	
年平均气温 /℃ Annual average temperature /℃	19.7
年平均最高气温 /℃ Annual average maximum temperature /℃	24.4
年平均最低气温 /℃ Annual average minimum temperature /℃	16.5
年降水量 /mm Annual precipitation /mm	1533
≥10℃的积温 /℃ Daily temperature accumulated in a year（≥10℃）/℃	10618
年日照时数 /h Annual sunshine /h	1698
年平均相对湿度 /% Annual average relative humidity /%	76
干燥度 Dryness	0.76

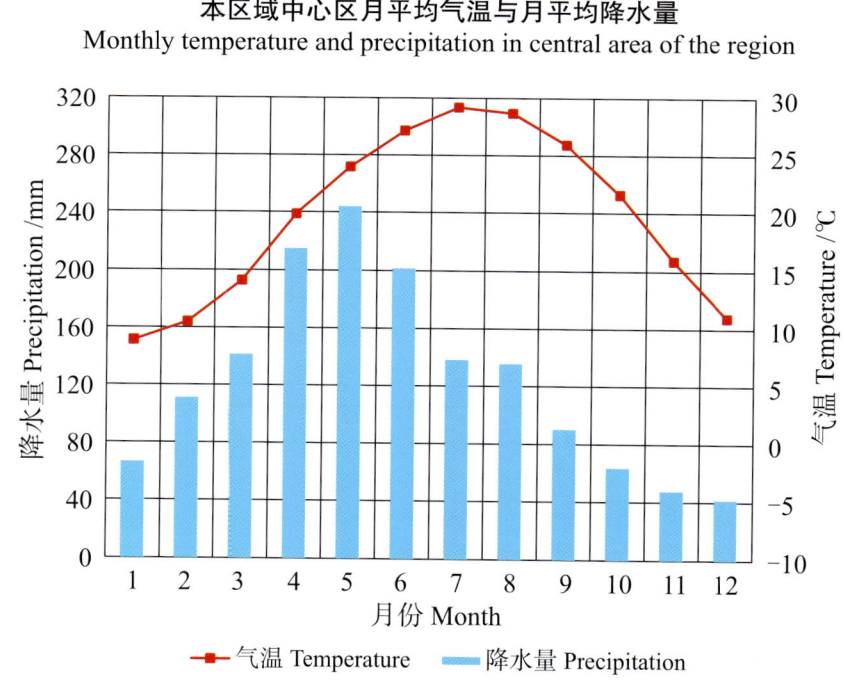

本区域中心区月平均气温与月平均降水量
Monthly temperature and precipitation in central area of the region

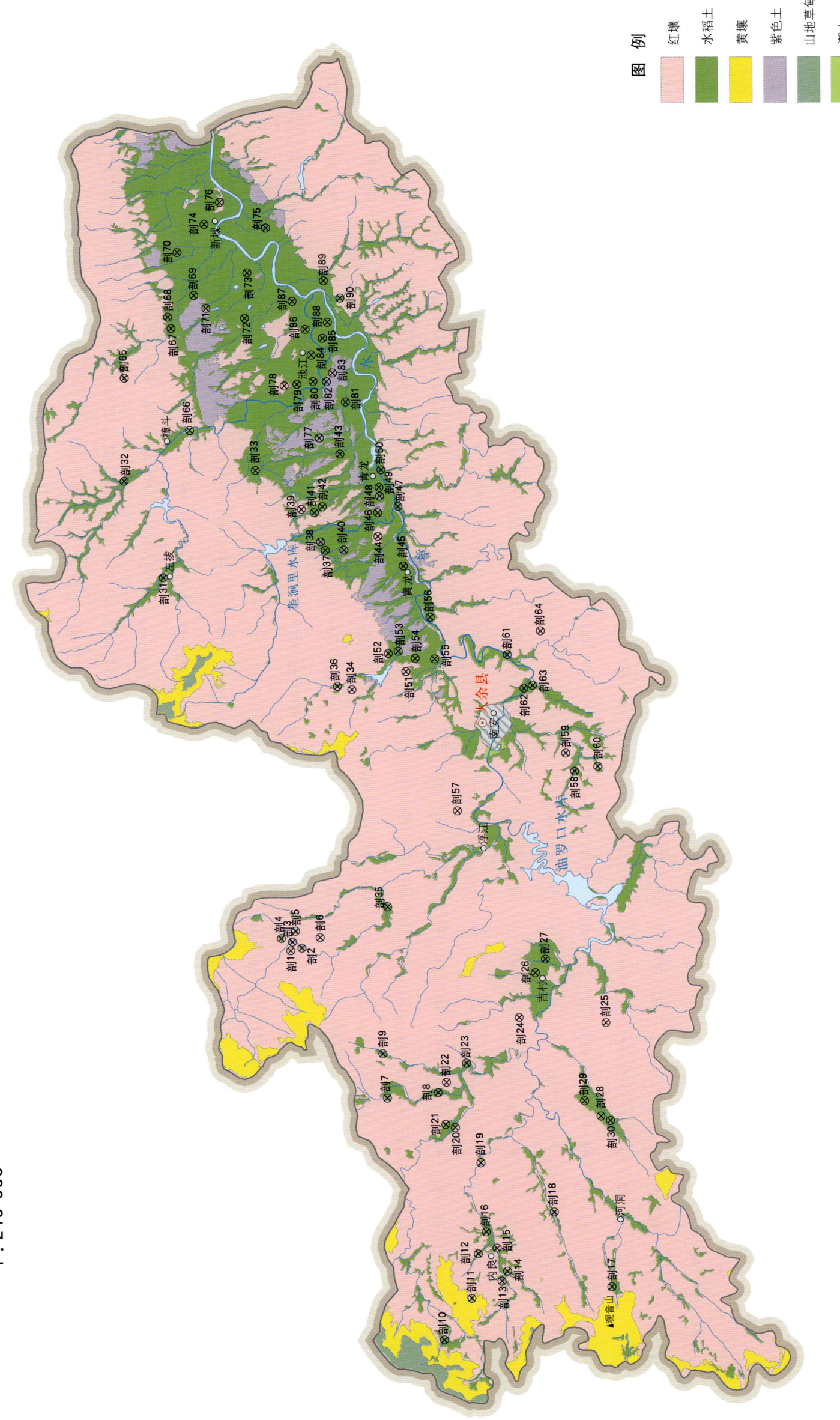

大余县主要土壤类型与土壤剖面点分布图
1:240 000

大余县土壤剖面理化性状表

剖面号 Soil profile	土纲 Soil order	土类 Soil great group	亚类 Soil subgroup	土属 Soil genus	土种 Soil species	土层码 Layer code	土层厚度 Depth/cm	颜色 Soil color	质地 Soil texture	土壤结构 Soil structure	pH	有机质 OM/(g/kg)	全氮 TN/(g/kg)	全磷 TP/(g/kg)	碱解氮 AN/(mg/kg)	有效磷 AP/(mg/kg)	速效钾 AK/(mg/kg)	土壤母质 Parent material	剖面点坐标 Profile coordinate	匹配指数 Matching index/%
剖1	铁铝土	红壤	红壤	黄砂泥土	厚层乌黄砂泥土	1	0—12	棕灰色	中壤土	核块状								石英岩类风化物	E 114°14′13.9″ N 25°29′28.7″	97
						2	12—66	灰棕色	中壤土	块状										
						3	66—100	浅棕色	中壤土	块状										
剖2	人为土	水稻土	侧渗水稻土	侧渗型鳝泥田	中潜乌鳝泥田	1	0—15	棕灰色	重壤土	小粒状	5.7	47.1	1.88	1.32	234	21.9	15	泥质岩类风化物	E 114°14′16.0″ N 25°29′11.1″	75
						2	15—19	浅灰棕色	重壤土	块状		40.9	1.73	1.15						
						3	19—36	棕色	中壤土	梭块状		13.9	0.52	1.39						
						4	36—100	浅灰白色	中壤土	块状		2.8	0.15	0.24						
剖3	人为土	水稻土	潴育水稻土	潴育型矿毒田	中毒酸性灰紫紫砂泥田	1	0—13	浅紫棕色	轻壤土	小粒状								石英砂岩类风化物	E 114°14′27.4″ N 25°29′27.2″	75
						2	13—18	浅紫棕色	中壤土	块状										
						3	18—34	棕紫色	重壤土	梭块状										
						4	34—100	紫红色	重壤土	块状										
剖4	人为土	水稻土	潴育水稻土	潴育型矿毒田	重毒灰黄砂泥田	1	0—16	浅灰棕色	轻壤土	小粒状								石英砂岩类风化物	E 114°14′33.7″ N 25°29′46.8″	75
						2	16—25	浅灰棕色	中壤土	块状										
						3	25—37	浅灰棕色	中壤土	梭块状										
						4	37—100	浅灰棕色	中壤土	块状										
剖5	人为土	水稻土	潴育水稻土	潴育型鳝泥田	中位中潜中毒黄砂泥田	1	0—8	浅棕灰色	中壤土	小粒状								石英岩类风化物	E 114°14′48.0″ N 25°29′22.5″	75
						2	8—14	浅灰棕色	重壤土	软糊无结构										
						3	14—44	浅灰棕色	重壤土	软糊无结构										
						4	44—60	浅灰蓝色	重壤土	软糊无结构										
剖6	铁铝土	红壤	红壤	石英砂岩类红壤	中层多有机质石英岩类红壤	1	0—1	棕灰色	轻壤土	棱状								石英砂岩类	E 114°14′36.7″ N 25°28′40.2″	97
						2	1—15	浅红棕色	中壤土	小粒状										
						3	15—34	浅棕色	中壤土	小粒状										
						4	34—100	浅灰棕色	碎石夹泥土	小粒状										
剖7	人为土	水稻土	潴育水稻土	潴育型鳝泥田	中位弱潜鳝泥田	1	0—22	浅灰棕色	重壤土	小粒状	5.7	37.8	1.27	0.65	186	4.6	18	泥岩类风化物	E 111°09′35.7″ N 25°26′40.6″	95
						2	22—35	浅灰棕色	重壤土	软糊无结构		27.9	1.29	0.80						
						3	35—100	浅灰棕色	轻壤土	软糊无结构		14.2	0.61	0.81						
												11.7	0.56	1.13						
												7.1	0.40	0.83						
剖8	人为土	水稻土	潴育水稻土	潴育型黄砂泥田	弱潜乌黄砂泥田	1	0—12	浅灰棕色	中壤土	小粒状								石英岩类风化物	E 114°09′47.1″ N 25°25′13.6″	95
						2	12—18	棕黄色	中壤土	梭块状										
						3	18—33	棕黄色	中壤土	梭块状										
						4	33—46	灰黄色	中壤土	梭块状										
						5	46—100	棕红色	中壤土	块状										
剖9	人为土	水稻土	潴育水稻土	潴育型黄砂泥田	中潜黄砂泥田	1	0—13	浅灰棕色	重壤土	小粒状								石英砂岩类风化物	E 114°10′58.3″ N 25°26′49.4″	95
						2	13—22	浅黄棕色	中壤土	梭块状										
						3	22—54	棕黄色	重壤土	梭块状										
						4	54—100	棕红色	中壤土	块状										
剖10	人为土	水稻土	潴育水稻土	潴育型麻砂泥田	全层强潜麻砂泥田	1	0—16	浅棕灰色	轻壤土	软糊无结构	6.0	57.3	1.89	1.08	164	5.1	68	花岗岩风化物	E 114°02′05.7″ N 25°24′56.5″	95
						2	16—74	灰蓝色	中壤土	糊栏无结构		75.1	1.91	0.93						
						3	74—100	浅黄棕色	中壤土	软糊无结构		8.4	0.31	1.05						
剖11	人为土	水稻土	淹育水稻土	淹育型麻砂泥田	强淹麻砂泥田	1	0—17	浅灰棕色	重壤土	小粒状	5.4	34.7	1.41	0.92	152	6.6	115	花岗岩风化物	E 114°03′24.3″ N 25°24′10.4″	95
						2	17—27	浅棕灰色	中壤土	块状		20.1	0.86	1.15						
						3	27—45	灰棕色	轻壤土	块状		14.8	0.66	1.05						
						4	45—100	浅棕色	中壤土	大块状		10.5	0.61	0.86						

续表 Continued

剖面号 Soil profile	土纲 Soil order	土类 Soil great group	亚类 Soil subgroup	土属 Soil genus	土种 Soil species	土层码 Layer code	土层厚度 Depth/cm	颜色 Soil color	质地 Soil texture	土壤结构 Soil structure	pH	有机质 OM/(g/kg)	全氮 TN/(g/kg)	全磷 TP/(g/kg)	碱解氮 AN/(mg/kg)	有效磷 AP/(mg/kg)	速效钾 AK/(mg/kg)	土壤母质 Parent material	剖面点坐标 Profile coordinate	匹配指数 Matching index/%
剖12	人为土	水稻土	潴育水稻土	潴育型麻砂泥田	强潴麻砂泥田	1	0—15	暗灰色	轻壤土	小粒状								花岗岩风化物	E 114°04′48.1″ N 25°24′00.6″	95
						2	15—22	浅蓝灰色	中壤土	软糊无结构										
						3	22—75	浅棕灰色	中壤土	块状										
						4	75—100	浅棕灰色	砂壤土	小块状										
剖13	人为土	水稻土	潴育水稻土	潴育型矿毒田	中毒乌潮砂泥田	1	0—10	棕灰色	轻壤土	块状								河流冲积物	E 114°03′57.4″ N 25°23′19.4″	95
						2	10—16	灰棕色	中壤土	棱块状										
						3	16—60	浅黄灰色	轻壤土	块状										
						4	60—100	浅棕灰色	中壤土	块状										
剖14	人为土	水稻土	潴育水稻土	潴育型麻砂泥田	弱潴灰麻砂泥田	1	0—16	浅黄灰色	轻壤土	小粒状								花岗岩风化物	E 114°04′15.8″ N 25°23′10.3″	95
						2	16—28	浅棕灰色	中壤土	块状										
						3	28—44	黄棕色	砂壤土	块状										
						4	44—64	浅棕灰色	砂壤土	分散状										
						5	64—100	浅棕灰色	轻壤土	块状										
剖15	铁铝土	红壤		麻砂泥土	厚层灰麻砂泥土	1	0—19	浅棕灰色	轻壤土	核状	6.7	27.6	0.94	1.23	107	7.9	71	花岗岩风化物	E 114°04′59.3″ N 25°23′28.6″	97
						2	19—62	浅棕灰色	中壤土	块状		23.8	0.65	0.91						
						3	62—100	黄棕色	中壤土	块状		15.0	0.58	1.05						
剖16	人为土	水稻土	潴育水稻土	潴育型麻砂泥田	表潜性中潴灰麻砂泥田	1	0—15	浅红棕色	重壤土	屑粒状	5.8	47.6	1.70	0.90	185	9.9	26	花岗岩风化物	E 114°05′29.9″ N 25°23′47.8″	95
						2	15—24	灰棕色	中壤土	块状		20.5	0.91	0.64						
						3	24—36	黄棕色	砂壤土	块状		7.3	0.41	0.48						
						4	36—46	浅红棕色	轻壤土	块状		6.9	0.40	0.39						
						5	46—100	棕灰色	砂壤土	松散状		6.9	0.41	0.89						
剖17	人为土	水稻土	潴育水稻土	潴育型潮砂泥田	中位弱潜灰潮砂泥田	1	0—15	棕灰色	中壤土	小粒状								河流冲积物	E 114°03′50.1″ N 25°20′10.3″	95
						2	15—21	浅蓝灰色	中壤土	块状										
						3	21—59	浅蓝灰色	中壤土	软糊无结构										
						4	59—100	浅灰色	中壤土	软糊无结构										
剖18	人为土	水稻土	侧渗水稻土	侧渗型麻砂泥田	中位中潴麻砂泥田	1	0—17	棕灰色	轻壤土	小粒状								花岗岩风化物	E 114°06′08.7″ N 25°21′51.2″	95
						2	17—23	棕灰色	中壤土	棱块状										
						3	23—49	灰白色	砂壤土	分散状										
						4	49—100	浅黄棕色	中壤土	小粒状										
剖19	人为土	水稻土	潴育水稻土	潴育型黄泥田	弱潴灰黄泥田	1	0—13	浅灰色	中壤土	块状								第四纪红色黏土	E 114°07′38.3″ N 25°23′58.5″	95
						2	13—20	浅黄棕色	重壤土	棱块状										
						3	20—40	浅黄色	重壤土	块状										
						4	40—100	浅黄色	轻壤土	小粒状										
剖20	人为土	水稻土	潴育水稻土	潴育型黄砂泥田	弱潴黄砂泥田	1	0—12	浅黄棕色	中壤土	块状								石英岩类风化物	E 114°08′44.7″ N 25°24′47.3″	95
						2	12—15	浅黄棕色	重壤土	棱块状										
						3	15—41	浅黄棕色	中壤土	块状										
						4	41—60	浅黄色	重壤土	块状										
剖21	人为土	水稻土	淹育水稻土	淹育型鳝泥田	中淹鳝泥田	1	0—17	棕灰色	重壤土	屑粒状								泥质岩风化物	E 114°08′48.2″ N 25°24′59.5″	95
						2	17—29	浅灰棕色	中壤土	块状										
						3	29—100	浅灰黄色	重壤土	核状										
剖22	铁铝土	红壤		泥质岩红壤	厚层中有机质泥质岩类红壤	1	0—6	紫灰色	中壤土	核状								泥质岩类	E 114°10′06.7″ N 25°24′59.3″	97
						2	6—33	红灰色	重壤土	块状										
						3	33—57	红灰色	重壤土	块状										
						4	57—100	棕红色	重壤土	块状										

续表 Continued

剖面号 Soil profile	土纲 Soil order	土类 Soil great group	亚类 Soil subgroup	土属 Soil genus	土种 Soil species	土层码 Layer code	土层厚度 Depth/cm	颜色 Soil color	质地 Soil texture	土壤结构 Soil structure	pH	有机质 OM/(g/kg)	全氮 TN/(g/kg)	全磷 TP/(g/kg)	碱解氮 AN/(mg/kg)	有效磷 AP/(mg/kg)	速效钾 AK/(mg/kg)	土壤母质 Parent material	剖面点坐标 Profile coordinate	匹配指数 Matching index/%
剖23	人为土	水稻土	潴育水稻土	潴育型麻砂泥田	中位中潴灰麻砂泥田	1	0~15	浅棕灰色	轻壤土	小粒状								花岗岩类风化物	E 114°10′43.4″ N 25°24′25.4″	95
						2	15~24	浅蓝灰色	轻壤土	软糊无结构										
						3	24~43	浅蓝灰色	轻壤土	软糊无结构										
						4	43~100	浅蓝灰色	轻壤土	软糊无结构										
剖24	铁铝土	红壤		泥质岩类红壤	薄层中有机质泥质岩类红壤	1	0~1	棕黑色	中壤土	闭粒状								泥质岩类	E 114°12′10.6″ N 25°22′55.9″	97
						2	1~21	棕泥黑色	重壤土											
						3	21~83	浅红棕色	重壤土											
						4	83—	红棕色												
剖25	铁铝土	红壤		石英砂岩红壤	薄层多有机质石英砂岩类红壤	1	0~10	浅红棕色	中壤土	小粒状	5.2	43.7	1.20	0.54	144	2.7	35	石英砂岩类	E 114°12′03.4″ N 25°20′26.8″	97
						2	10~29	棕红色	中壤土	块状		23.0	1.58	0.42						
						3	29~51	红棕色	中壤土			8.0	0.47	0.51						
						4	51~100	浅灰色				2.2	≤0.10	0.42						
剖26	人为土	水稻土	潴育水稻土	潴育型潮砂泥田	中位中潴灰潮砂泥田	1	0~11	浅蓝灰色	重壤土	小粒状	5.9	30.2	1.26	0.49	163	4.7	24	河流冲积物	E 114°13′36.3″ N 25°22′29.1″	95
						2	11~17	浅蓝色	重壤土	软糊无结构		20.8	0.78	0.31						
						3	17~42	蓝色	重壤土	软糊无结构		13.9	0.63	0.30						
						4	42~100	浅蓝色	重壤土	软糊无结构		14.4	0.43	0.40						
剖27	人为土	水稻土	潴育水稻土	潴育型鳝泥田	中位强潜灰鳝泥田	1	0~15	浅灰棕色	重壤土	块状	5.7	34.9	1.38	0.48	170	7.5	20	泥质岩类风化物	E 114°14′02.1″ N 25°22′12.3″	95
						2	15~29	浅灰棕色	中壤土	块状		18.3	0.65	0.37						
						3	29~57	黑色	中壤土	软糊无结构		7.5	0.31	0.19						
						4	57~100	黑色	中壤土			9.1	≤0.10	≤0.10						
剖28	人为土	水稻土	潴育水稻土	潴育潮砂泥田	弱潜灰潮砂泥田	1	0~15	棕黄色	中壤土	小粒状								河流冲积物	E 114°09′08.4″ N 25°20′33.3″	95
						2	15~23	浅灰黄色	中壤土	块状										
						3	23~33	灰棕色	中壤土	块状										
						4	33~100	浅白色	中壤土	块状										
剖29	人为土	水稻土	侧渗水稻土	侧渗型麻砂泥田	中位中潜麻砂泥田	1	0~15	浅蓝灰色	轻壤土	小粒状	6.0	33.5	1.19	0.49	140	4.6	33	花岗岩类风化物	E 114°09′36.4″ N 25°21′01.7″	95
						2	10~15	浅灰棕色	砂壤土	块状		18.3	0.63	0.30						
						3	15~100	灰白色	砂壤土	分散状		2.7	≤0.10	0.25						
剖30	人为土	水稻土	潴育水稻土	潴育型矿毒田	强潜中毒灰鳝泥田	1	0~16	浅棕灰色	重壤土	小粒状								泥质岩类风化物	E 114°09′00.3″ N 25°20′16.9″	95
						2	16~28	黄棕色	重壤土	棱块状										
						3	28~60	红棕色	轻黏土	棱块状										
						4	60~100	暗黑色	重壤土	棱块状										
剖31	人为土	水稻土	潴育水稻土	潴育型鳝泥田	中潜灰鳝泥田	1	0~19	浅灰棕色	中壤土	小粒状								泥质岩类风化物	E 114°25′50.6″ N 25°33′18.4″	95
						2	19~26	浅灰黄色	重壤土	大块状										
						3	26~40	浅灰棕色	重壤土	棱块状										
						4	40~100	浅灰棕色	重壤土	棱块状										
剖32	人为土	水稻土	潴育水稻土	弱潴灰鳝泥田	弱潴灰鳝泥田	1	0~12	浅灰棕色	重壤土	小粒状	5.6	25.1	0.80	0.50	194	29.8	48	泥质岩类风化物	E 114°28′51.8″ N 25°34′27.8″	95
						2	12~22	红棕色	中壤土	棱块状		18.4	0.47	0.41						
						3	22~61	棕红色	重壤土	块状		4.3		0.46						
						4	61~100		重壤土	块状		5.4		0.41						
剖33	人为土	水稻土	潴育水稻土	潴育型酸性紫砂泥田	中潴酸紫砂泥田	1	0~15	浅紫棕色	重壤土	小粒状	4.9	21.3	0.90	0.37	102	5.9	41	紫色砂岩类风化物	E 114°29′16.0″ N 25°30′42.5″	95
						2	15~27	紫棕色	重壤土	块状		14.8	0.56	0.32						
						3	27~60	浅灰紫色	轻壤土	块状		6.1	≤0.10	0.31						
						4	60~100	浅紫棕色	中壤土	块状		6.6	≤0.10	0.34						

续表 Continued

剖面号 Soil profile	土纲 Soil order	土类 Soil great group	亚类 Soil subgroup	土属 Soil genus	土种 Soil species	土层码 Layer code	土层厚度 Depth/cm	颜色 Soil color	质地 Soil texture	土壤结构 Soil structure	pH	有机质 OM/(g/kg)	全氮 TN/(g/kg)	全磷 TP/(g/kg)	碱解氮 AN/(mg/kg)	有效磷 AP/(mg/kg)	速效钾 AK/(mg/kg)	土壤母质 Parent material	剖面点坐标 Profile coordinate	匹配指数 Matching index/%
剖34	铁铝土	红壤	红壤	泥质岩红壤	厚层多有机质泥质岩类红壤	1	0~2	棕黑色	重壤土	团粒状	5.6	90.8	2.55	0.65	210	5.1	62	泥质岩类	E 114°22′26.4″ N 25°27′51.3″	97
						2	2~13	暗棕色	重壤土	小块状		31.5	1.14	0.60						
						3	13~46	浅棕灰色	重壤土	块状		11.9	0.54	0.52						
						4	46~100	棕黄色	轻壤土	小粒状		7.2	0.44	0.64						
剖35	人为土	水稻土	潴育水稻土	潴育型潮砂泥田	强潴砾石底灰潮砂泥田	1	0~17	浅棕灰色	轻壤土	块状								河流冲积物	E 114°15′36.5″ N 25°26′44.5″	95
						2	17~27	浅灰棕色	轻壤土	核块状										
						3	27~36	暗红棕色	轻壤土	块状										
						4	36~49	灰黄色	砾石夹砂土	单粒状										
						5	49~100	黄白色												
剖36	人为土	水稻土	潴育水稻土	潴育型酸性紫泥田	弱潴酸性紫泥田	1	0~14	浅灰紫色	重壤土	小粒状	5.6	17.0	0.82	0.57	116	11.8	24	紫色页岩风化物	E 114°22′31.9″ N 25°28′16.1″	95
						2	14~19	棕紫色	重壤土	小块状		18.3	0.80	0.57						
						3	19~37	浅灰色	中壤土	块状		7.0	0.32	0.30						
						4	37~60					6.1	0.40	0.26						
剖37	人为土	水稻土	淹育水稻土	淹育型黄泥田	强潴灰黄泥田	1	0~15	浅棕灰色	轻壤土	小块状	5.2							第四纪红色黏土	E 114°26′47.2″ N 25°28′40.2″	95
						2	15~26	暗棕色	中壤土	核块状										
						3	26~100	棕红色	重壤土	块状										
剖38	紫色土	紫色土	酸性紫色土	紫色砂砾岩酸性紫色土		1	0~21	紫红色	重壤土	块状		21.6	0.69	0.54	124	2.0	24	紫色砂砾岩类	E 114°27′02.8″ N 25°28′48.3″	97
						2	21~51	紫红色	轻壤土	块状		19.7	0.78	0.54						
						3	51~100					6.7	0.20	0.60						
剖39	铁铝土	红壤	红壤	黄泥土	厚层黄泥土	1	0~15	浅棕棕色	中壤土	核状		17.5	0.55	0.40	115	3.2	99	第四纪红色黏土	E 114°28′03.6″ N 25°29′21.7″	97
						2	15~40	棕红色	重壤土	块状		9.0	0.27	0.53						
						3	40~100	棕红色	重壤土	核块状		4.9	0.20	0.60						
剖40	初育土	石灰性紫色土	石灰性紫色土	石灰性紫色页岩类紫色土		1	0~2	暗紫色	重壤土	核块状	7.2							石灰性紫色泥质岩	E 114°26′48.1″ N 25°28′08.1″	97
						2	2~42	暗紫色	重壤土	核块状										
						3	42~100	暗紫色	中壤土	块状										
剖41	人为土	水稻土	潴育水稻土	潴育型乌潮砂泥田	重毒乌潮砂泥田	1	0~17	黄棕色	中壤土	核块状								河流冲积物	E 114°27′58.2″ N 25°28′59.9″	95
						2	17~28	棕灰色	轻壤土	小块状										
						3	28~40	棕色	中壤土	块状										
						4	40~100	棕色	中壤土	块状										
剖42	人为土	水稻土	潴育水稻土	潴育型酸性紫砂泥田	强潴酸性紫砂泥田	1	0~18	棕灰色	中壤土	小粒状	5.6	20.6	1.11	0.59	112	6.5	17	紫色砂岩风化物	E 114°28′09.5″ N 25°28′46.2″	95
						2	18~24	棕黄色	轻壤土	块状		9.0	0.27	0.45						
						3	24~56	棕黄色	轻壤土	核块状		5.5	0.16	0.39						
						4	56~100	棕黄色	中壤土	块状		6.8	0.12	0.43						
剖43	人为土	水稻土	侧渗型水稻土	侧渗型酸性紫砂泥田	中漂酸性灰紫砂泥田	1	0~14	浅灰白色	重壤土	块状	5.6	59.2	2.03	2.34	157	7.0	30	紫色砂岩风化物	E 114°29′49.3″ N 25°28′17.0″	95
						2	14~21	浅灰白色	轻壤土	核块状		25.2	0.91	2.50						
						3	21~34	棕黄色	轻壤土	块状		20.9	0.68	2.56						
						4	34~100	棕黄色												
剖44	铁铝土	红壤	红壤	基性结晶岩红壤	中层多有机质基性结晶岩类红壤	1	0~23	紫棕色	重壤土	核块状	5.6	33.0	1.46	0.28	151	3.3	28	基性结晶岩类	E 114°27′15.3″ N 25°27′09.8″	97
						2	23~34	红棕色	重壤土	块状		14.7	0.44	0.63						
						3	34~51													
						4	51~													
剖45	人为土	水稻土	潴育水稻土	潴育型酸性紫泥田	酸性紫紫油泥	1	0~16	浅灰紫色	重壤土	小粒状	5.6	33.0	1.46	0.28				紫色泥岩风化物	E 114°26′19.8″ N 25°27′25.6″	95
						2	16~25	紫棕色	重壤土	块状		14.7	0.44	0.63						
						3	25~47	棕紫色	中壤土	棱块状		9.4	0.11	0.53						
						4	47~100	紫棕色	重壤土	块状		8.1	0.20	0.44						

续表 Continued

剖面号 Soil profile	土纲 Soil order	土类 Soil great group	亚类 Soil subgroup	土属 Soil genus	土种 Soil species	土层码 Layer code	土层厚度 Depth/cm	颜色 Soil color	质地 Soil texture	土壤结构 Soil structure	pH	有机质 OM/(g/kg)	全氮 TN/(g/kg)	全磷 TP/(g/kg)	碱解氮 AN/(mg/kg)	有效磷 AP/(mg/kg)	速效钾 AK/(mg/kg)	土壤母质 Parent material	剖面点坐标 Profile coordinate	匹配指数 Matching index/%
剖46	人为土	水稻土	淹育水稻土	淹育型潮砂泥田	强淹灰潮砂泥田	1	0—12	浅灰棕色	轻黏土	屑粒状	5.9	18.0	0.77	0.52	119	6.4	29	河流冲积物	E 114°27′59.7″ N 25°27′10.3″	95
						2	12—20	灰棕色	轻黏土	棱块状		15.7	0.69	0.59						
						3	20—50	棕黄色	重壤土	棱块状		6.7	0.41	0.84						
						4	50—100	棕黄色	轻黏土	块状		6.2	0.33	0.94						
剖47	人为土	水稻土	潴育水稻土	潴育型潮砂泥田	中潴灰潮砂泥田	1	0—17	棕灰色	轻壤土	小粒状								河流冲积物	E 114°28′12.2″ N 25°26′36.3″	95
						2	17—24	浅灰棕色	轻壤土	块状										
						3	24—33	棕黄色	砂壤土	块状										
						4	33—100	浅灰棕色	砂壤土	块状										
剖48	初育土	紫色土	石灰性紫色土	石灰性紫泥土	中层石灰性紫泥土	1	0—26	浅橙紫色	中黏土	核状	8.7	13.3	0.47	1.03	54	11.2	88	泥质砂岩岩类风化物	E 114°28′30.7″ N 25°27′08.0″	95
						2	26—56	紫色	重黏土	核状		6.8	0.13	0.94						
						3	56—100	暗紫红色	重黏土	块状		8.3	0.27	0.44						
剖49	人为土	水稻土	潴育水稻土	潴育型鳝泥田	强潴乌鳝泥田	1	0—14	浅红棕色	中黏土	小粒状	5.6	19.2	0.83	0.55	95	20.0	25	河流冲积物	E 114°28′47.1″ N 25°27′09.0″	95
						2	14—19	浅红棕色	重壤土	块状		14.7	0.59	0.66						
						3	19—38	红棕色	重壤土	棱块状		6.2	0.26	0.69						
						4	38—100	红棕色	重黏土	棱块状		2.8	0.44	0.93						
						5						3.1	0.14	0.89						
剖50	人为土	水稻土	潴育水稻土	潴育型潮砂泥田	中潴灰潮砂泥田	1	0—13	棕灰色	轻壤土	小粒状										
						2	13—20	灰黄色	轻壤土	棱块状										
						3	20—85	棕黄色	砂壤土	分散状										
						4	85—92	黄棕色	砂壤土	分散状										
						5	92—100	棕灰色	轻壤土	棱块状										
剖51	铁铝土	红壤		石英砂岩类红壤	厚层多有机质石英砂岩类红壤	1	0—6	浅红棕色	中壤土	小粒状								石英砂岩类	E 114°29′01.6″ N 25°26′19.0″	99
						2	9—44	浅灰棕色	中壤土	小块状										
						3	44—100	浅灰棕色	中壤土	小粒状										
剖52	人为土	水稻土	潴育水稻土	潴育型黄砂泥田	强潴乌黄砂泥田	1	0—12	浅灰棕色	轻壤土	小粒块状	5.6	33.7	1.38	0.90	138	15.1	20	石英岩类风化物	E 114°23′35.8″ N 25°26′45.3″	95
						2	12—20	棕灰色	中壤土	块状		17.1	0.50	0.83						
						3	20—50	棕黄色	中壤土	块状		11.2	0.50	0.78						
						4	50—100	红棕色	中壤土	块状		4.7	0.47	0.75						
剖53	人为土	水稻土	潴育水稻土	潴育型酸性紫砂泥田	酸性灰紫砂泥田	1	0—14	紫灰色	中壤土	小粒块状	5.7	25.5	1.05	0.37	98	2.9	≤5	紫色砂岩类风化物	E 114°23′39.6″ N 25°26′32.2″	95
						2	14—26	浅紫灰色	中壤土	棱块状		15.2	1.01	0.42						
						3	26—56	紫棕色	中壤土	块状		7.0	0.17	0.50						
						4	56—100	浅紫色	中壤土	棱块状		7.2	0.18	0.30						
剖54	人为土	水稻土	潴育水稻土	潴育型矿毒田	重毒灰紫泥田	1	0—15	棕灰色	重壤土	小粒状		24.3	7.49	0.34	119	3.3	63		E 114°23′26.5″ N 25°26′03.0″	95
						2	15—22	棕灰色	中壤土	棱块状		27.9	0.43	0.30						
						3	22—46	棕黄色	中壤土	块状		5.6	0.23	0.41						
						4	46—74	浅紫灰色	中壤土	块状		5.6	0.23	0.41						
						5	74—100	棕黄色	中壤土	块状		4.3	0.25	0.86						
剖55	人为土	水稻土	潴育水稻土	潴育型黄泥田	表潜性弱潴黄泥田	1	0—14	浅灰棕色	轻黏土	小块状								第四纪红色黏土	E 114°23′26.1″ N 25°25′30.2″	95
						2	14—19	棕灰色	中壤土	块状										
						3	19—39	黄棕色	中壤土	块状										
						4	39—100	暗灰色	轻壤土	块状										
剖56	人为土	水稻土	潴育水稻土	潴育型黄泥田	中潴乌黄泥田	1	0—16	棕灰色	中壤土	小粒块状								第四纪红色黏土	E 114°24′44.0″ N 25°25′38.8″	95
						2	16—25	灰棕色	中壤土	块状										
						3	25—57	棕黄色	轻黏土	棱块状										
						4	57—100													

续表 Continued

剖面号 Soil profile	土纲 Soil order	土类 Soil great group	亚类 Soil subgroup	土属 Soil genus	土种 Soil species	土层码 Layer code	土层厚度 Depth/cm	颜色 Soil color	质地 Soil texture	土壤结构 Soil structure	pH	有机质 OM/(g/kg)	全氮 TN/(g/kg)	全磷 TP/(g/kg)	碱解氮 AN/(mg/kg)	有效磷 AP/(mg/kg)	速效钾 AK/(mg/kg)	土壤母质 Parent material	剖面点坐标 Profile coordinate	匹配指数 Matching index/%
剖57	铁铝土	红壤	红壤	泥质岩红壤	中层多有机质泥岩类红壤	1	0–12	棕灰色	中壤土	核块状	5.4	26.5	2.27	0.85				泥质岩类	E 114°18′40.4″ N 25°24′46.6″	98
						2	12–58	灰棕色	重壤土	大块状		24.5	1.18	0.65	143	4.3	15			
						3	58–100	棕红色	重壤土	块状		11.0	0.44	0.80						
剖58	人为土	水稻土	潴育水稻土	潴育型麻砂泥田	中潴灰麻砂泥田	1	0–10	浅灰色	轻壤土	屑粒状		8.6	0.22	0.60				花岗岩风化物	E 114°19′58.3″ N 25°21′26.4″	95
						2	10–17	浅灰棕色	中壤土	棱块状		21.1	0.71	0.44						
						3	17–43	浅红棕色	重壤土	棱块状										
						4	43–100	灰黑色			5.2				142	1.8	34			
剖59	铁铝土	红壤	淹育水稻土	酸性结晶岩红壤	厚层中有机质酸性结晶岩类红壤	1	0–1	棕黑色	轻壤土	团粒状		34.7	1.78	2.88				酸性结晶岩岩类	E 114°20′32.8″ N 25°21′42.2″	98
						2	1–19	棕灰色	轻壤土	小块状		22.1	0.63	0.36						
						3	19–57	棕灰色	轻壤土	单粒状		2.9	0.18	0.28						
						4	57–100	灰棕色	中壤土	小粒状										
剖60	人为土	水稻土	淹育水稻土	淹育型黄砂泥田	黄砂泥田	1	0–10	浅黄灰色	轻壤土	块状		18.6	0.19		87	4.4	13	石英岩类风化物	E 114°20′08.6″ N 25°20′47.1″	95
						2	10–12	黄棕色	中壤土	大块状										
						3	12–100	浅棕灰色	中壤土	屑粒状										
剖61	人为土	水稻土	潴育水稻土	潴育型黄砂泥田	乌黄砂泥田	1	0–13	浅棕灰色	重壤土	小块状	5.5	39.3	2.09	1.16	225	27.4	26	石英岩类风化物	E 114°23′36.3″ N 25°23′25.1″	95
						2	13–21	棕灰色	重壤土	棱块状		24.3	1.21	0.64						
						3	21–48	棕灰色	中壤土	棱块状		12.4	0.51	1.24						
						4	48–100	灰棕色	中壤土	棱块状		11.7	0.50	1.08						
剖62	人为土	水稻土	潴育水稻土	潴育型黄砂泥田	中潴灰棕砂泥田	1	0–14	灰棕色	轻壤土	小粒状								河流冲积物	E 114°22′33.5″ N 25°22′55.6″	95
						2	14–18	暗棕灰色	中壤土	块状										
						3	18–65	灰白色	轻壤土	块状										
						4	65–100	灰棕色	砂壤土	单粒状										
剖63	人为土	水稻土	潴育水稻土	潴育型黄砂泥矿毒田		1	0–14	浅棕灰色	重壤土	小块状	5.5	21.6	0.86	0.52	113	10.7	15	第四纪红色黏土	E 114°22′35.8″ N 25°22′49.0″	95
						2	14–22	浅棕灰色	重壤土	小块状		14.2	0.52	0.40						
						3	22–42	棕黄色	中壤土	棱块状		7.2	0.15	0.33						
						4	42–82	浅黄棕色	重壤土	棱块状		5.5	0.12	0.30						
						5	82–100	棕红色	重壤土	棱块状		7.6	0.24	0.31						
剖64	铁铝土	红壤	红壤	泥质岩红壤	中层中有机质泥质岩类红壤	1	0–13	棕灰色	中壤土	核块状	4.8	29.0	0.97	0.37	219	4.4	44	泥质岩类	E 114°24′21.8″ N 25°22′28.5″	98
						2	13–41	红棕色	轻壤土	块状		14.0	0.55	0.35						
						3	41–100	浅棕灰色	砂壤土	软糊无结构		5.2	0.27	0.32						
剖65	人为土	水稻土	潴育水稻土	潴育型黄砂泥田	全层中潴中毒潮砂泥田	1	0–17	浅蓝棕色	中壤土	软糊无结构		17.9	0.38	0.50	110	5.6	40	河流冲积物	E 114°32′05.5″ N 25°34′29.9″	95
						2	17–24	浅蓝灰色	细砂	软糊无结构		17.7	0.40	0.53						
						3	24–54	浅蓝灰色	重壤土	软糊无结构		18.6	0.18	0.79						
						4	54–100	棕灰色	砂壤土	单粒状										
剖66	半水成土	潮土	灰潮土	壤质潮土	厚层灰潮砂泥土	1	0–16	浅棕灰色	重壤土	小粒状	5.4	26.7	0.94	0.49	122	6.9	13	泥质岩类	E 114°30′28.9″ N 25°32′36.7″	95
						2	16–50	浅蓝灰色	砂壤土	单粒状		12.0	0.32	0.24						
						3	50–100	棕灰色	砂壤土	块状		8.7	0.35	0.21						
剖67	人为土	水稻土	潴育水稻土	潴育型黄砂泥田	下位弱潜黄砂泥田	1	0–16	暗灰色	轻壤土	块状		10.1	0.30	0.35				石英岩类风化物	E 114°33′39.9″ N 25°33′10.9″	95
						2	16–27	浅灰棕色	砂壤土	屑粒状										
剖68	人为土	水稻土	潴育水稻土	潴育型潮砂泥田	灰潮砂泥田	1	0–16	浅灰棕色	砂壤土	块状								河流冲积物	E 114°34′01.1″ N 25°33′16.6″	95
						2	16–27													
						3	27–100													

续表 Continued

剖面号 Soil profile	土纲 Soil order	土类 Soil great group	亚类 Soil subgroup	土属 Soil genus	土种 Soil species	土层码 Layer code	土层厚度 Depth/cm	颜色 Soil color	质地 Soil texture	土壤结构 Soil structure	pH	有机质 OM/(g/kg)	全氮 TN/(g/kg)	全磷 TP/(g/kg)	碱解氮 AN/(mg/kg)	有效磷 AP/(mg/kg)	速效钾 AK/(mg/kg)	土壤母质 Parent material	剖面点坐标 Profile coordinate	匹配指数 Matching index/%
剖69	人为土	水稻土	潴育水稻土	潴育型潮砂泥田	弱潴潮砂泥田	1	0—15	浅棕灰色	重壤土	屑粒状	5.5	38.5	1.83	0.44	156	4.4	15	河流冲积物	E 114°34′42.8″ N 25°32′32.7″	95
						2	15—20	灰棕色	重壤土	块状		13.2	0.61	0.38						
						3	20—36	棕灰色	中壤土	棱块状		6.8	0.35	0.50						
						4	36—64	浅紫棕色	中壤土	棱块状		4.7	0.28	0.59						
						5	64—100	浅黄灰色	中壤土	块状		5.2	0.31	1.00						
剖70	人为土	水稻土	侧渗水稻土	侧渗紫黄泥田	弱漂灰黄泥田	1	0—14	浅灰棕色	重壤土	小粒状								第四纪红色黏土	E 114°36′03.5″ N 25°33′01.9″	95
						2	14—19	棕灰色	重壤土	块状										
						3	19—32	棕色	中壤土	小块状										
						4	32—77	浅灰白色	轻壤土	块状										
						5	77—100	浅棕黄色	重壤土	棱状										
剖71	初育土	紫色土	酸性紫色土	酸性紫黄泥土	中层酸性紫泥田	1	0—10	浅红紫色	重壤土	核状								第四纪红色黏土	E 114°34′18.9″ N 25°32′11.1″	97
						2	10—37	紫红色	中黏土	小粒状										
						3	37—100	紫红色	中黏土	棱块状										
剖72	人为土	水稻土	潴育水稻土	潴育型石灰性紫泥田	石灰性紫泥田	1	0—10	暗紫色	中黏土	块状	7.4	24.0	0.97	≥10.00	95	5.0	113	紫色泥页岩类风化物	E 114°34′01.4″ N 25°31′04.3″	95
						2	10—15	暗紫色	重黏土	小粒状		19.4	0.70	≥10.00						
						3	15—60	暗紫色	重黏土	块状		8.0	0.40	≥10.00						
剖73	人为土	水稻土	侧渗水稻土	侧渗型酸性紫砂泥田	弱漂紫泥底灰紫泥田	1	0—14	暗紫色	重壤土	小粒状								紫色泥页岩风化物	E 114°35′27.8″ N 25°31′01.1″	95
						2	14—21	暗紫棕色	重壤土	棱块状										
						3	21—51	暗紫色	重壤土	块块状										
						4	51—100	浅黄棕色	轻黏土	棱块状										
剖74	人为土	水稻土	潴育水稻土	潴育型黄泥田	中潴灰黄泥田	1	0—14	棕灰色	重壤土	小块状								第四纪红色黏土	E 114°36′57.5″ N 25°32′16.0″	95
						2	14—22	灰棕色	重壤土	块状										
						3	22—46	红棕色	重壤土	块状										
						4	46—100	浅棕黄色	重壤土	小粒状										
剖75	人为土	水稻土	潴育水稻土	潴育型矿毒田	深潴重犁鸟黄砂泥田	1	0—16	灰棕色	重壤土	核状	6.3	14.5	0.46	0.51	68	6.5	15	石英砂岩风化物	E 114°36′52.9″ N 25°30′30.2″	95
						2	16—25	棕黄色	重壤土	块状		13.2	0.71	0.41						
						3	25—60	棕黄色	重壤土	棱块状		11.3	0.84							
						4	60—100	棕色	中壤土	块状										
剖76	初育土	红壤	黄壤	黄泥土	厚层灰黄泥土	1	0—15	浅红棕色	重壤土	块状	5.1	13.2	0.48	0.35	46	1.5	33	第四纪红色黏土	E 114°37′39.5″ N 25°31′49.8″	98
						2	15—39	棕黄色	中壤土	块状		5.1	0.15	0.28						
						3	39—100	暗紫色	重壤土	棱块状		4.6	4.59	0.25						
剖77	初育土	紫色土	酸性紫色土	酸性紫砂泥土	厚层酸性紫砂泥土	1	0—26	棕紫色	重壤土	块状	6.0	4.2	0.22	0.30	41	3.8	16		E 114°30′18.6″ N 25°28′52.9″	96
						2	26—49	暗紫棕色	重壤土	块状		2.8	0.21	0.35						
						3	49—100	红棕色	轻黏土	小块状										
剖78	铁铝土	红壤		第四纪红色黏土红壤		1	0—15	棕红色	轻黏土	块状	5.7	23.5	1.48	0.76	140	17.7	18	第四纪红色黏土	E 114°31′55.7″ N 25°29′54.3″	98
						2	15—100	浅灰蓝色	重壤土	小粒状		14.7	1.09	0.53						
剖79	人为土	水稻土	潴育水稻土	潴育型黄泥田	中位中潴灰黄泥田	1	0—12	灰蓝色	中壤土	小粒状		9.0	0.37	0.33		11.9	31	第四纪红色黏土	E 114°31′58.9″ N 25°29′32.7″	95
						2	12—18	浅蓝灰色	砂壤土	软糊无结构		6.3	≤0.10	0.21						
						3	18—24	浅蓝灰色	重壤土	软糊无结构		4.7	0.96	0.35						
						4	24—54	浅棕灰色	中壤土	软糊无结构		21.7	0.82	0.48	122					
						5	54—100		重壤土	小块状										
剖80	人为土	水稻土	潴育水稻土	潴育型黄泥田	中潴灰黄泥田	1	0—15	棕灰色	重壤土	块状	5.8	3.8	0.14	0.23				第四纪红色黏土	E 114°32′04.5″ N 25°29′04.8″	95
						2	15—33	灰棕色	重壤土	块块状		5.2	0.19	0.31						
						3	33—54	浅灰色	中壤土	棱块状		5.0	0.15	0.37						
						4	54—100	浅灰色	重壤土	棱块状										

续表 Continued

剖面号 Soil profile	土纲 Soil order	土类 Soil great group	亚类 Soil subgroup	土属 Soil genus	土种 Soil species	土层码 Layer code	土层厚度 Depth/cm	颜色 Soil color	质地 Soil texture	土壤结构 Soil structure	pH	有机质 OM/(g/kg)	全氮 TN/(g/kg)	全磷 TP/(g/kg)	碱解氮 AN/(mg/kg)	有效磷 AP/(mg/kg)	速效钾 AK/(mg/kg)	土壤母质 Parent material	剖面点坐标 Profile coordinate	匹配指数 Matching index/%
剖81	人为土	水稻土	潴育水稻土	潴育型矿毒田	中毒灰潮砂泥田	1	0—13	浅棕灰色	中壤土	小块状								河流冲积物	E 114°31′27.3″ N 25°28′08.8″	95
						2	13—23	棕黄色	中壤土	块状										
						3	23—50	灰棕色	中壤土	棱块状										
						4	50—100	浅灰棕色	中壤土	块状										
剖82	初育土	石灰性紫色土	石灰性紫色土	石灰性紫色页岩类紫色土		1	0—10	紫色	重壤土									石灰性紫色泥页岩类	E 114°32′04.5″ N 25°28′41.9″	97
						2	10—30	棕紫色	重壤土											
						3	30—60	暗紫色	重壤土											
剖83	初育土	紫色土	酸性紫色土	酸性紫色土	厚层酸性灰紫色泥土	1	0—20	棕紫色	重壤土	棱状								石灰性紫色泥页岩类	E 114°32′21.1″ N 25°28′31.7″	97
						2	20—41	暗紫色	重壤土	块状										
						3	41—100	紫棕色	重壤土	块状										
剖84	人为土	水稻土	潴育水稻土	潴育型黄鳝泥田	中位中潜鳝泥田	1	0—18	浅灰棕色	中壤土	小粒状								泥质岩类风化物	E 114°32′54.2″ N 25°29′08.9″	95
						2	18—27	棕紫色	重壤土	块状										
						3	27—43	浅灰蓝色	重壤土	软糊无结构										
						4	43—100	浅灰蓝色	重壤土	软糊无结构										
剖85	人为土	水稻土	潴育水稻土	潴育型黄砂泥田	灰黄砂泥田	1	0—19	浅灰棕色	轻壤土	小粒块状								石英岩类风化物	E 114°33′26.0″ N 25°28′49.8″	95
						2	19—28	浅灰棕色	中壤土	块状										
						3	28—87	浅灰棕色	中壤土	棱块状										
						4	87—100	浅灰棕色	砂壤土	屑粒状										
剖86	人为土	水稻土	潴育水稻土	潴育型潮砂泥田	潮砂泥田	1	0—16	灰色	轻壤土	块状								河流冲积物	E 114°33′42.0″ N 25°29′19.7″	95
						2	16—23	浅灰棕色	中壤土	块状										
						3	23—46	暗黄棕色	重壤土	小块状										
						4	46—100	棕灰色	重壤土	块状										
剖87	人为土	水稻土	潴育水稻土	潴育型鳝泥田	强潜灰鳝泥田	1	0—13	灰色	重壤土	小块状								泥质岩类风化物	E 114°34′35.0″ N 25°29′42.6″	95
						2	13—23	棕灰色	重壤土	棱块状										
						3	23—67	灰棕色	重壤土	棱块状										
						4	67—100	黄灰棕色	重壤土	块状										
剖88	人为土	水稻土	侧渗水稻土	侧渗型潮砂泥田	弱潜乌潮泥田	1	0—16	暗黄色	重壤土	小块状								泥质岩类风化物	E 114°33′56.0″ N 25°28′41.9″	95
						2	16—33	浅棕灰色	中壤土	棱块状										
						3	33—63	浅灰白色	中壤土	块状										
						4	63—100	浅灰棕色	中壤土	块状										
剖89	人为土	水稻土	潴育水稻土	潴育型潮砂泥田	中潜潮砂泥田	1	0—18	灰棕色	轻壤土	小块状	5.5	19.3	0.80	0.39	110	8.1	30	河流冲积物	E 114°35′14.7″ N 25°28′49.4″	95
						2	18—31	黄棕色	砂土夹砾石	小粒状		3.6	0.15	0.24						
						3	31—45	红棕色		单粒状		3.8	0.22	0.21						
						4	45—													
剖90	人为土	水稻土	侧渗水稻土	侧渗型黄泥田	中漂黄泥田	1	0—15	浅灰棕色	中壤土	小粒状								第四纪红色黏土	E 114°34′42.1″ N 25°28′20.8″	95
						2	15—36	浅灰棕色	重壤土	块状										
						3	36—70	浅灰白色	轻壤土	块状										
						4	70—100	棕黄灰色	轻黏土	块状		1.5	≤0.10	0.21						

上犹县

主要土类说明

　　红壤是上犹县主要土壤类型，占本县地域面积的72%，广泛分布在低山和丘陵地区。红壤发育于各种母质上，呈中度脱硅富铝化。一般土层深厚，多具有1m以上红色土层，除表层颜色较灰暗外，心土与底土均为红色的紧实土层，呈块状或棱块状结构，在底土层有时可见黄、红、白等相间的网纹层，全剖面呈酸性，缺磷、少钾。在侵蚀条件下，表土或心土被冲蚀，底土露出，自然肥力低。本县红壤分为红壤、红壤性土和山地黄红壤三个亚类。其中，红壤亚类广泛分布于海拔500m以下的地方，由酸性结晶岩类、石英岩类、泥质岩类风化物及第四纪红色黏土发育而成。红壤性土亚类主要分布于土壤侵蚀比较严重的丘陵岗地，是土层发育不甚明显的幼年土壤，土体中有较多的风化物碎块和砾石，其剖面特征表层被侵蚀成极薄的表层，下部为母质层。山地黄红壤亚类分布在海拔500—800m的低山地带，土层较厚，表层和亚表层有黄化现象，但心土层和底土层仍然是红土层。有机质含量较高，有时黄化特征被暗色腐殖质所掩盖而不明显。

　　水稻土是上犹县第二大土壤类型，占本县地域面积的16%。水稻土是在长期水耕熟化条件下形成的具有独特剖面形态特征的一类耕作土壤。由于地形和水分条件不同，本县水稻土分为淹育水稻土、潴育水稻土、潜育水稻土和侧渗水稻土四个亚类。其中，潴育水稻土占92%，主要分布于沿河两岸的塅田、丘陵地区的垄田、排田和梯田中下部。成土母质为酸性结晶岩类、石英岩类、泥质岩类、紫色砂页岩类、第四纪红色黏土、河流冲积物。铁锰淋溶与淀积明显，在犁底层有灰色胶膜、锈纹、锈斑和铁锰结核等新生体，土壤呈棱柱状或棱块状结构，高肥田耕作层深厚，耕性良好。有机质含量较高，色泽呈灰色，剖面构型为A-P-W-C、A-P-W、A-P-W-G。

　　紫色土是上犹县第三大土壤类型，占本县地域面积的4%，分布在本县丘陵地区，由紫色砂页岩类风化物发育而成。紫色岩系的岩性松脆，抗蚀力小，在南方的湿热条件下，风化作用强烈。由于雨水多，成土作用常被周期性的土壤侵蚀所打断，延缓或阻止了土壤的正常发育，致使土壤经常处于幼年发育阶段，不能形成完整的发育层次，剖面基本构型为A-C。全剖面色泽均一，多为紫色、紫红色、暗紫色或紫棕色等，反映了母岩的色调。一般土层浅薄，不少地方基岩裸露，但在丘陵坡脚，土层厚的在1m以上，但发育仍不明显。在地面植被覆盖较好，土层少有冲刷的地方，发育稍为稳定，略可分辨出A-B-C剖面构型。

　　黄壤占上犹县土壤总面积的4%。黄壤处于海拔800m以上的中、低山区，分布在山地黄红壤之上，是在云雾多、日照少、湿度大的山区气候条件下形成的。一般表层有枯枝落叶层，腐殖质含量较高，颜色深暗，亚表层至心土层均为黄色，心土层黄色鲜艳，为酸性土。

　　小于本县地域面积3%的土壤类型还有黄棕壤、石灰（岩）土等。

本区域中心区气候特征

本区域中心区气候特征值
Regional climate characteristics in central area of the region

气候带：中亚热带湿润气候 Climate region: Subtropical humid climate	
年平均气温 /℃ Annual average temperature /℃	19.2
年平均最高气温 /℃ Annual average maximum temperature /℃	23.2
年平均最低气温 /℃ Annual average minimum temperature /℃	16.0
年降水量 /mm Annual precipitation /mm	1469
≥10℃的积温 /℃ Daily temperature accumulated in a year (≥10℃) /℃	12135
年日照时数 /h Annual sunshine /h	1710
年平均相对湿度 /% Annual average relative humidity /%	77
干燥度 Dryness	0.77

本区域中心区月平均气温与月平均降水量
Monthly temperature and precipitation in central area of the region

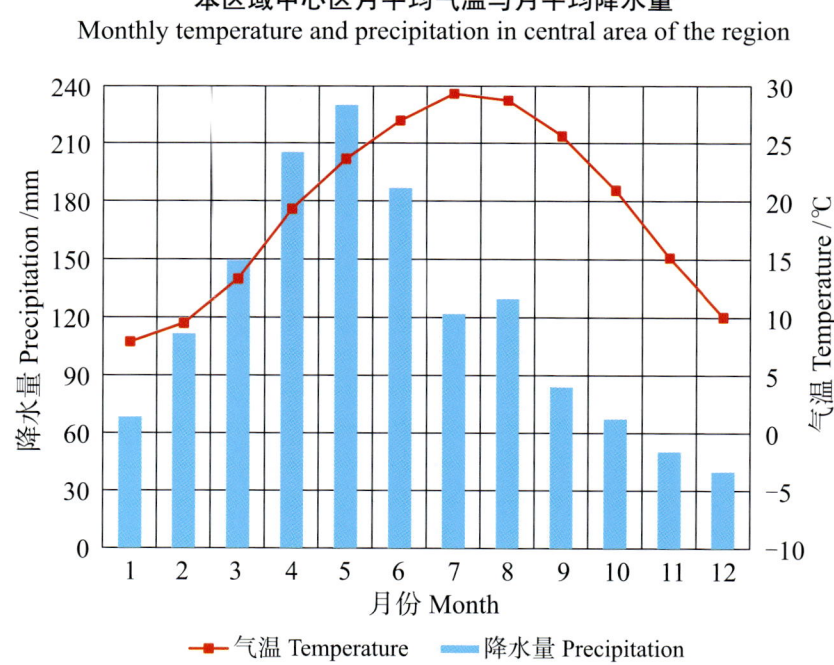

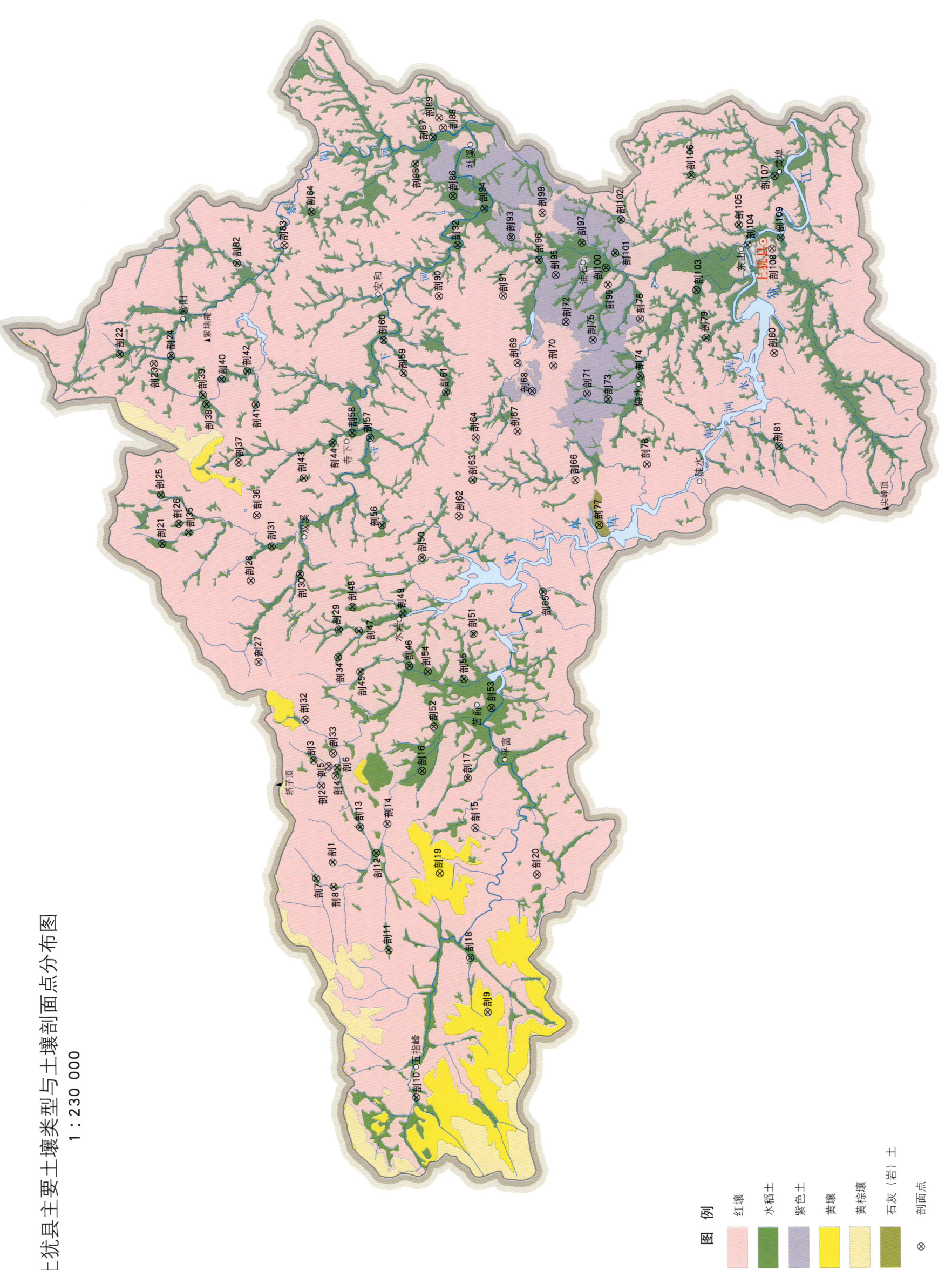

上犹县土壤剖面理化性状表

剖面号 Soil profile	土纲 Soil order	土类 Soil great group	亚类 Soil subgroup	土属 Soil genus	土种 Soil species	土层码 Layer code	土层厚度 Depth/cm	颜色 Soil color	质地 Soil texture	土壤结构 Soil structure	pH	有机质 OM/(g/kg)	全氮 TN/(g/kg)	全磷 TP/(g/kg)	碱解氮 AN/(mg/kg)	有效磷 AP/(mg/kg)	速效钾 AK/(mg/kg)	土壤母质 Parent material	剖面点坐标 Profile coordinate	匹配指数 Matching index/%
剖1	人为土	水稻土	潴育水稻土	潴育型潮砂泥田	乌潮砂泥田	1	0—17		轻壤土		5.7	24.7	0.74	0.96	36			河流冲积物	E 114°11′31.0″ N 26°00′08.3″	75
						2	17—23				6.2	24.4	0.18	0.94	10					
						3	23—62				6.8	16.6	0.51	0.59	63		75			
						4	62—100				6.8	6.7	0.84	0.66						
剖2	铁铝土	红壤	黄红壤	酸性结晶岩山地黄红壤		1	0—3	灰黑色	轻壤土	团粒状	5.0	36.8	1.03	0.24	128	≤1.0		酸性结晶岩类	E 114°14′06.1″ N 26°00′31.7″	97
						2	3—23	浅黄灰色	轻壤土	分散状	5.5	7.3	0.29	0.30						
						3	23—100	浅黄棕色	轻壤土	小块状	5.5	1.7	≤0.10	0.11						
剖3	人为土	水稻土	潴育水稻土	潴育型紫砂泥田	乌麻砂泥田	1	0—15	浅黄灰色	中壤土	屑粒状								花岗岩风化物	E 114°14′57.0″ N 26°00′46.3″	75
						2	15—20	浅黄灰色	中壤土	棱块状										
						3	20—50	浅黄灰色	中壤土	棱块状										
						4	50—100	浅灰白色	中壤土	块状										
剖4	人为土	侧渗水稻土	侧渗型紫砂泥田	弱漂灰紫泥田		1	0—15	浅灰紫色	轻壤土	屑粒状	6.1	17.4	0.71	0.51	81	9.5	36	紫色砂页岩类	E 114°14′32.8″ N 26°00′04.2″	75
						2	15—22	浅灰白色	中壤土	块状	6.0	16.5	0.63	0.50						
						3	22—47	浅黄紫色	重壤土	棱块状	6.4	12.1	0.56	0.42						
						4	47—100	紫棕色	重壤土	棱块状	6.6	14.6	0.42	0.39						
剖5	铁铝土	红壤		泥质岩红壤	厚层少有机质泥质岩红壤	1	0—8	浅棕红色	中壤土	屑粒状	4.0	6.7	0.20	0.45	47	4.0	18	泥质岩类	E 114°14′45.7″ N 26°00′18.8″	75
						2	8—48	棕红色	中壤土	核状	4.1	4.6	0.18	0.54						
						3	48—70	浅黄棕色	中壤土	小块状	4.1	4.3	0.22	0.51						
						4	70—100	浅黄棕色	中壤土	块状	4.2	3.1	0.12	0.54						
剖6	人为土	水稻土	潴育水稻土	潴育型潮砂泥田	强潴乌潮砂泥田	1	0—15	浅灰色	轻壤土	屑粒状	5.8	45.4	1.38	0.88	132	8.3	92	河流冲积物	E 114°14′43.5″ N 26°00′03.0″	95
						2	15—20	浅黑灰色	中壤土	小块状	6.2	24.2	0.65	0.65						
						3	20—44	棕灰色	中壤土	棱块状	6.4	19.1	0.45	0.45						
						4	44—55	浅黄灰色	中壤土	棱块状	7.1	9.0	0.24	0.24						
						5	55—100	棕灰色	中壤土											
剖7	人为土	水稻土	潴育水稻土	潴育型麻砂泥田	中潴灰麻砂泥田	1	0—16		中壤土		6.1	48.7	1.57	1.18	119	12.8	93	花岗岩风化物	E 114°10′57.6″ N 26°00′38.1″	75
						2	16—23		中壤土		6.0	46.1	1.56	1.15						
						3	23—58		中壤土		6.2	23.0	0.28	0.57						
						4	58—100		重壤土		7.0	7.1	0.27	0.40						
剖8	人为土	水稻土	潴育水稻土	潴育型麻砂泥田	中潴乌麻砂泥田	1	0—18	浅棕灰色	中壤土	屑粒状	6.2	36.9	1.12	1.06	107	9.5	110	花岗岩风化物	E 114°10′41.6″ N 26°00′05.6″	75
						2	18—24	棕灰夹色	中壤土	块状	6.6	22.3	0.67	0.88						
						3	24—54	灰棕夹黄色	砂壤土	块状	6.7	14.5	0.45	0.67						
						4	54—64	浅灰白色	中壤土		7.5	12.4	≤0.10	0.15						
						5	64—100	浅灰白色	中壤土		7.5	12.4	≤0.10	0.15						
剖9	淋溶土	黄棕壤	山地黄棕壤	泥质岩类山地黄棕壤	中层多有机质泥质岩山地黄棕壤	1	0—11	黑色	中壤土	团粒状	5.2	123.4	3.15	1.45	410	7.0	177	泥质岩类	E 114°06′34.7″ N 25°55′19.9″	97
						2	11—49	黄棕色	重壤土	块状	5.4	32.0	1.12	0.99						
						3	49—100	浅黄棕色	中壤土	棱块状										
剖10	人为土	水稻土	潴育水稻土	潴育型麻砂泥田	中潴乌麻砂泥田	1	0—12	暗灰色	中壤土	屑粒状								花岗岩风化物	E 114°03′42.5″ N 25°57′28.1″	95
						2	12—18	棕灰色	中壤土	块状										
						3	18—32	浅黄灰色	中壤土	棱块状										
						4	32—60	浅灰灰色	轻壤土	小块状										

续表 Continued

剖面号 Soil profile	土纲 Soil order	土类 Soil great group	亚类 Soil subgroup	土属 Soil genus	土种 Soil species	土层码 Layer code	土层厚度 Depth/cm	颜色 Soil color	质地 Soil texture	土壤结构 Soil structure	pH	有机质 OM/(g/kg)	全氮 TN/(g/kg)	全磷 TP/(g/kg)	碱解氮 AN/(mg/kg)	有效磷 AP/(mg/kg)	速效钾 AK/(mg/kg)	土壤母质 Parent material	剖面点坐标 Profile coordinate	匹配指数 Matching index/%
剖11	人为土	水稻土	潴育水稻土	潴育型紫砂泥田	弱潴紫砂泥田	1	0–13	浅紫色	中壤土	屑粒状	5.8	11.7	0.54	0.33	67	5.5	79	紫色砂页岩	E 114°08′36.4″ N 25°58′23.7″	95
						2	13–23	浅棕紫色	重壤土	核块状	6.4	6.5	0.33	0.27						
						3	23–47	棕紫色	重壤土	核块状	7.2	4.5	0.25	0.28						
						4	47–100	紫色	重壤土	棱块状	7.6	3.5	0.23	0.26						
剖12	人为土	水稻土	侧渗水稻土	侧渗型麻砂泥田	中漂乌麻砂泥田	1	0–13	深紫色	轻壤土	屑粒状	5.8	45.3	1.64	1.08	148	5.5	100	花岗岩风化物	E 114°11′51.1″ N 25°58′49.0″	95
						2	13–18	灰色	砂壤土	小块状	5.9	35.4	1.23	0.96						
						3	18–35	灰白色	砂壤土	块状	6.3	7.7	0.26	0.28						
						4	35–65	浅黄白色	砂壤土	块状	6.7	6.5	0.22	0.24						
						5	65–100	灰白色	砂壤土											
剖13	人为土	水稻土	潴育水稻土	潴育型麻砂泥田	弱潴麻砂泥田	1	0–13	浅黄灰色	轻壤土	糊状	5.5	35.9	1.27	0.68	128	2.5	144	花岗岩风化物	E 114°12′42.9″ N 25°59′19.5″	95
						2	13–19	灰黄蓝色	轻壤土	糊粉状	6.4	16.6	0.54	0.56						
						3	19–36	灰蓝色	中壤土	糊状	6.4	14.1	0.46	0.55						
						4	36–65	蓝灰色	中壤土	糊状	6.3	13.3	0.74	0.52						
						5	65–100	灰棕黄色	中壤土	软糊无结构	6.3	13.3	0.74	0.52						
剖14	铁铝土	红壤	山地黄红壤	酸性结晶岩类山地黄红壤		1	0–12	灰黑色	轻壤土	团粒状	5.2	57.3	1.38	0.39	133	1.5	131	酸性结晶岩类	E 114°12′50.6″ N 25°58′29.7″	95
						2	12–32	棕灰色	轻壤土	核状	5.5	25.9	0.63	0.38						
						3	32–60	浅棕灰色	轻壤土	块状	5.5	22.8	0.54	0.33						
						4	60–100	棕黄色	中壤土											
剖15	铁铝土	红壤	黄红壤	酸性结晶岩山地黄红壤		1	0–8		重壤土									酸性结晶岩类	E 114°12′45.5″ N 25°55′48.6″	98
						2	8–45		重壤土											
						3	45–60		重壤土											
						4	60–100		轻壤土											
剖16	人为土	水稻土	潴育水稻土	潴育型黄泥田	黄泥田	1	0–16	浅黄灰色	轻壤土	屑粒状	6.7	14.8	0.57	0.59	76	7.5	57	第四纪红色黏土	E 114°14′39.2″ N 25°57′27.2″	95
						2	16–24	浅棕黄色	中壤土	核块状	6.8	13.6	0.56	0.53						
						3	24–52	浅黄色	重壤土	核块状	7.6	11.8	0.49	0.50						
						4	52–100	棕黄色	重壤土	棱块状	7.7	9.0	0.41	0.40						
剖17	人为土	水稻土	潴育水稻土	潴育型鳝泥田	灰鳝泥田	1	0–15	棕黑色	重壤土	团粒状	5.3	27.5	1.05	0.83	96	4.8	80	泥质岩类风化物	E 114°14′26.3″ N 25°56′03.8″	95
						2	15–21	浅黄色	重壤土		6.5	13.6	0.49	0.63						
						3	21–60	棕黄色	重壤土		6.3	6.3	0.24	0.52						
						4	60–100		重壤土		7.3	4.8	0.22	0.44						
剖18	人为土	水稻土	潴育水稻土	潴育型紫泥田	黄泥底灰紫砂泥田	1	0–13	浅黄灰色	中壤土	屑粒状	5.3	43.7	1.03	0.33	108	3.5	143	紫色砂页岩	E 114°08′23.7″ N 25°55′54.0″	95
						2	13–19	浅棕紫色	中壤土	小块状	5.0	23.4	0.64	0.25						
						3	19–37	棕红紫色	中壤土	核块状	5.2	13.1	0.39	0.17						
						4	37–100	棕黑色	重壤土											
剖19	铁铝土	黄壤	山地黄壤	石英岩山地黄红壤	中层中有机质石英岩类山地黄壤	1	0–5	浅黄灰色	中壤土	屑粒状	4.7	26.3	1.26		123	1.3	112	石英岩类	E 114°11′12.2″ N 25°56′52.0″	97
						2	5–47	黄棕色	中壤土	小块状										
						3	47–	浅黄白色	中壤土	块状										
剖20	铁铝土	红壤	黄红壤			1	0–11	浅灰色	轻壤土	屑粒状	5.7	41.8	1.43	0.90	120	6.0	58	石英砂页岩	E 114°11′13.3″ N 25°53′54.4″	97
						2	11–19	浅黄灰色	中壤土	块状	5.9	36.4	1.29	0.78						
						3	19–38	棕灰色	中壤土	块状	6.0	27.1	0.92	0.58						
剖21	人为土	水稻土	潴育水稻土	潴育型麻砂泥田	中潴乌麻砂泥田	1		浅灰黄色	轻壤土		6.1	10.4	0.33	0.28				花岗岩风化物	E 114°22′08.7″ N 26°05′30.5″	95
						2														
						3														
						4	38–100													

续表 Continued

剖面号 Soil profile	土纲 Soil order	土类 Soil great group	亚类 Soil subgroup	土属 Soil genus	土种 Soil species	土层码 Layer code	土层厚度 Depth/cm	颜色 Soil color	质地 Soil texture	土壤结构 Soil structure	pH	有机质 OM/(g/kg)	全氮 TN/(g/kg)	全磷 TP/(g/kg)	碱解氮 AN/(mg/kg)	有效磷 AP/(mg/kg)	速效钾 AK/(mg/kg)	土壤母质 Parent material	剖面点坐标 Profile coordinate	匹配指数 Matching index/%
剖22	人为土	水稻土	潴育水稻土	潴育型麻砂泥田	灰麻砂泥田	1	0—14	浅灰黄色	中壤土	屑粒状	5.6	24.3	1.16	0.53	106	3.0	104	花岗岩类风化物	E 114°28′28.8″ N 26°06′53.5″	95
						2	14—18	浅黄黄色	中壤土	块状	6.3	20.6	1.05	0.44						
						3	18—42	浅灰黄色	中壤土	块状	6.9	13.7	0.67	0.38						
						4	42—100	灰色	轻壤土	粒状	6.9	7.9	0.32	0.36						
剖23	铁铝土	红壤		酸性结晶岩红壤	薄层多有机质酸性结晶岩类红壤	1	0—9	浅灰灰色	中壤土	核状								酸性结晶岩类	E 114°28′11.4″ N 26°05′51.1″	95
						2	9—49	浅灰棕色												
						3	49—													
剖24	人为土	水稻土	潴育水稻土	潴育型麻砂泥田	中潴乌麻砂泥田	1	0—15				5.8	20.4	0.66	0.49	97	4.0	165	花岗岩类风化物	E 114°28′27.7″ N 26°05′19.8″	95
						2	15—23				6.1	15.0	0.39	0.33						
						3	23—36				6.2	11.6	0.32	0.32						
						4	36—100				6.7	≤1.0	0.23	0.31						
剖25	人为土	水稻土	潴育水稻土	潴育型麻砂底 灰麻砂泥田	中潴砾砂泥田	1	0—11	浅灰色	轻壤土	屑粒状	5.7							花岗岩类风化物	E 114°23′47.1″ N 26°05′34.6″	95
						2	11—16	灰棕色	轻壤土	块状										
						3	16—34	棕黄色	砂壤土	块状										
						4	34—100		砾质砂土	单粒状										
剖26	人为土	水稻土	潴育水稻土	潴育型鳝泥田	弱潴乌泥田	1	0—17	棕灰色	重壤土	核粒状	5.7	38.9	1.13	0.53	115	3.0	49	泥质岩类风化物	E 114°22′49.7″ N 26°05′00.8″	97
						2	17—22	棕红色	重壤土	块状	5.8	20.7	0.90	0.41						
						3	22—41				6.9	7.8	0.48	0.31						
						4	41—100				7.2	6.6	0.38	0.22						
剖27	铁铝土	红壤	黄红壤	泥质岩山地黄红壤	厚层中有机质泥质岩类山地黄红壤	1	0—13	棕灰色	重壤土	核粒状	6.3	41.5	1.52	0.94	116	1.8	105	泥质岩类	E 114°18′13.9″ N 26°02′30.5″	98
						2	13—33	棕黄色	重壤土	小块状	6.0	23.2	0.96	0.89						
						3	33—70	棕红色	砂壤土	块状	5.8	16.0	0.84	0.72						
						4	70—				5.5	15.1	0.84	0.77						
剖28	铁铝土	红壤		酸性结晶岩红壤	中层中有机质酸性结晶岩类红壤	1	0—5	浅黄棕色	中壤土	屑粒状	5.9	24.5	1.31	0.77	103	17.3	50	酸性结晶岩类	E 114°20′57.1″ N 26°02′46.9″	95
						2	5—35	棕红色	中壤土	小块状	6.4	21.9	1.14	0.72						
						3	35—100		中壤土	块状	6.1	21.6	1.09	0.59						
剖29	人为土	水稻土	潴育水稻土	潴育型鳝泥田	弱潴鳝泥田	1	0—9	棕黄灰色	中壤土	核粒状	7.0	9.3	0.51	0.84				泥质岩类风化物	E 114°19′21.8″ N 26°00′04.3″	97
						2	9—15	棕黄色	中壤土	块状	6.0	28.2	1.34	0.97						
						3	15—39	棕紫棕色	中壤土	核状	6.1	18.6	0.70	0.57						
						4	39—100	棕黄色	重壤土	块状	6.0	10.5	0.34	0.57						
剖30	人为土	水稻土	潴育水稻土	潴育型黄砂泥田	灰黄砂泥田	1	0—13	棕灰色	中壤土	核粒状	5.8	6.9	0.23	0.57	90	5.0	65	石灰岩类风化物	E 114°21′12.7″ N 26°01′17.1″	95
						2	13—17	浅灰棕色	轻壤土	屑粒状	7.4	36.4	1.28	0.81						
						3	17—33	浅黄棕色	中壤土	核块状	6.9	25.6	0.86	0.60						
						4	33—50	浅紫棕色	中壤土	块状	7.4	8.4	0.30	0.27						
剖31	人为土	水稻土	潴育水稻土	潴育型潮砂泥田	灰黄砂泥田	1	0—16	浅黄灰色	中壤土	核粒状					97	6.0	170	河流冲积物	E 114°22′07.1″ N 26°02′09.5″	95
						2	16—22	浅紫棕色	中壤土	核块状										
						3	22—100	浅黄棕色	中壤土	块状										
剖32	铁铝土	红壤	黄红壤	泥质岩山地黄红壤	中层少有机质泥质岩类山地黄红壤	1	0—6	浅红棕色	中壤土	小块状	5.7	42.9	0.99	0.32	132	1.3	108	泥质岩类	E 114°16′19.4″ N 26°01′02.5″	97
						2	6—48	灰黑色	中壤土	团粒状	5.5	6.2	0.23	0.17						
						3	48—100	浅黄棕色	中壤土	核状	5.5	6.2	0.23	0.17						
剖33	铁铝土	红壤	山地黄红壤	酸性结晶岩类山地黄红壤		1	0—6	浅黄棕色										酸性结晶岩类	E 114°15′11.9″ N 26°00′11.0″	95
						2	6—36													
						3	36—70													
						4	70—100													

续表 Continued

剖面号 Soil profile	土纲 Soil order	土类 Soil great group	亚类 Soil subgroup	土属 Soil genus	土种 Soil species	土层码 Layer code	土层厚度 Depth/cm	颜色 Soil color	质地 Soil texture	土壤结构 Soil structure	pH	有机质 OM/(g/kg)	全氮 TN/(g/kg)	全磷 TP/(g/kg)	碱解氮 AN/(mg/kg)	有效磷 AP/(mg/kg)	速效钾 AK/(mg/kg)	土壤母质 Parent material	剖面点坐标 Profile coordinate	匹配指数 Matching index/%
剖34	人为土	水稻土	潜育水稻土	潜育型鳝泥田	强潜育鳝泥田	1	0–18	浅黄灰色	中壤土	屑粒状	6.3	36.6	1.75	1.13	148	22.5	109	泥质岩类风化物	E 114°18′26.2″ N 26°00′05.0″	97
						2	18–24	浅棕灰色	中壤土	糊状	6.1	36.0	1.41	0.85						
						3	24–100	灰蓝色	重壤土	糊状	6.5	17.2	0.79	0.73						
剖35	人为土	水稻土	潜育水稻土	潜育型潮砂泥田	乌潮砂泥田	1	0–13				6.2	28.3	1.12	0.88	99	6.5	24	河流冲积物	E 114°22′32.2″ N 26°04′42.5″	95
						2	13–20				5.7	22.8	0.90	0.70						
						3	20–41				6.5	20.5	0.78	0.65						
						4	41–55				7.2	16.6	0.59	0.63						
剖36	铁铝土	红壤	红壤	泥质岩红壤	中层中有机质泥质岩类红壤	1	0–12	浅黄灰色	轻黏土	核粒状	4.5	45.5	1.33	0.98	138	2.5	72	泥质岩类	E 114°23′09.2″ N 26°02′38.1″	98
						2	12–42	浅黄色	轻黏土	块状	4.7	12.4	0.63	0.95						
						3	42–	灰白色	轻黏土		5.2	8.0	0.56	0.88						
剖37	铁铝土	黄红壤	黄红壤	泥质岩山地黄红壤	中层多有机质泥质岩类山地黄红壤	1	0–9	棕黑色	重壤土	团粒状	4.7	34.5	1.02	0.74	88	5.0	63	泥质岩类	E 114°24′56.2″ N 26°03′13.0″	98
						2	9–30	棕黄色	重壤土	小块状	5.0	7.1	0.27	0.66						
						3	30–60	棕红色	重壤土	块状	5.1	5.3	0.11	0.65						
						4	60–100	棕红色	轻壤土		5.4	2.7	0.12	0.57						
剖38	人为土	水稻土	侧渗水稻土	侧渗型麻砂泥田	中漂灰麻砂泥田	1	0–15	灰色	中壤土	屑粒状	5.6	30.1	0.96	0.59	89	4.8	66	花岗岩类风化物	E 114°26′51.9″ N 26°04′13.6″	95
						2	15–23	浅棕灰色	轻壤土	小块状	5.8	17.1	0.64	0.39						
						3	23–63	灰白色	轻壤土	块状	7.4	9.8	0.26	0.29						
						4	63–100	灰白色	中壤土	单粒状	7.1	3.5	0.12	0.27						
剖39	人为土	水稻土	潜育水稻土	潜育型麻砂泥田	弱潜育麻砂泥田	1	0–13	浅黄灰色	中壤土	屑粒状	6.3	51.0	2.86	1.28	202	14.8	229	泥质岩风化物	E 114°27′10.2″ N 26°04′20.4″	97
						2	13–19	浅黄灰色	中壤土	核粒状	6.7	36.3	1.97	1.20						
						3	19–60	浅蓝灰色	重壤土	块状	8.2	10.9	0.61	0.54						
						4	60–100	浅黄棕色	重壤土		7.9	3.8	0.28	0.50						
剖40	人为土	水稻土	淹育水稻土	淹育型麻砂泥田	中潴砂泥底灰麻砂泥田	1	0–13	浅黄灰色	轻壤土	屑粒状	5.9	31.1	1.35	0.83	119	8.5	100	花岗岩风化物	E 114°27′42.0″ N 26°03′46.8″	95
						2	13–20	棕灰色	轻壤土	块状	5.9	30.4	1.31	0.77						
						3	20–42	棕灰色	砂壤土	块状	6.3	13.1	0.61	0.57						
						4	42–55	浅黄色	砂壤土	小块状	6.5	11.1	0.25	0.34						
						5	55–100		细砂土	松散状										
剖41	人为土	水稻土	潜育水稻土	潜育型黄泥田	黄泥田	1	0–14	浅黄灰色	重壤土	屑粒状	5.6	15.6	0.56	0.36	51	≤1.0	49	第四纪红色黏土	E 114°26′52.6″ N 26°02′43.4″	97
						2	14–20	棕灰色	重壤土	核块状	6.0	15.9	0.56	0.36						
						3	20–50	黄棕色	重壤土	核块状	6.4	8.5	0.43	0.35						
						4	50–100	红黄白相间			6.3	3.5	0.42	0.36						
剖42	人为土	水稻土	潜育水稻土	潜育型紫砂泥	中潴灰紫砂泥田	1	0–11	棕灰色	轻壤土	粒状	6.3	38.7	1.65	0.90	154	11.5	123	花岗岩风化物	E 114°27′59.0″ N 26°02′60.0″	95
						2	11–16	棕灰黄色	砂壤土	块状	6.3	34.4	1.63	0.80						
						3	16–41	棕黄色	轻壤土	块状	7.0	12.0	0.49	0.40						
						4	41–100	黄棕色	砂壤土	块状	5.9	4.2	0.12	0.39						
剖43	人为土	水稻土	潜育水稻土	潜育型紫砂泥	灰紫砂泥田	1	0–14	棕黑色	中壤土	屑粒状	6.6	27.0	0.82	0.48	75	4.6	53	紫色砂页岩	E 114°24′26.4″ N 26°01′13.2″	95
						2	14–21	浅灰紫色	重壤土	棱块状	6.9	19.7	0.74	≤0.10						
						3	21–52	紫红色	重壤土	棱块状	6.7	10.4	0.40	0.31						
						4	52–100													
剖44	人为土	水稻土	潜育水稻土	潜育型紫砂泥	紫油泥田	1	0–16	棕灰色	中壤土	棱块状	7.5	8.9	0.33	0.28				紫色砂页岩	E 114°25′38.7″ N 26°00′21.2″	95
						2	16–23	浅棕紫色	重壤土	棱块状										
						3	23–46	紫红色	重壤土	棱块状										
						4	46–100	浅棕灰色	重壤土											

续表 Continued

剖面号 Soil profile	土纲 Soil order	土类 Soil great group	亚类 Soil subgroup	土属 Soil genus	土种 Soil species	土层码 Layer code	土层厚度 Depth/cm	颜色 Soil color	质地 Soil texture	土壤结构 Soil structure	pH	有机质 OM/(g/kg)	全氮 TN/(g/kg)	全磷 TP/(g/kg)	碱解氮 AN/(mg/kg)	有效磷 AP/(mg/kg)	速效钾 AK/(mg/kg)	土壤母质 Parent material	剖面点坐标 Profile coordinate	匹配指数 Matching index/%
剖45	人为土	水稻土	潴育水稻土	潴育型鳝泥田	中潜灰鳝泥田	1	0—13	浅灰色	中壤土	屑粒状								泥质岩类风化物	E 114°17′57.8″ N 25°59′23.7″	95
						2	13—18	浅黄灰色	中壤土	棱块状										
						3	18—32	浅棕黄色	重壤土	棱块状										
						4	32—100	浅黄灰色	砾质砂壤土	单粒状										
剖46	人为土	水稻土	潴育水稻土	潴育型紫砂泥田	砾石底灰紫砂泥田	1	0—16	浅紫灰色	轻壤土	屑粒状	5.9	23.7	0.81	0.29	80	5.0	85	紫色砂页岩	E 114°18′11.2″ N 25°57′54.5″	95
						2	15—23	浅棕黄色	中壤土	小块状	5.7	10.3	0.44	0.28						
						3	23—37	棕黄色	重壤土	棱块状	7.6	5.6	0.25	0.22						
						4	37—49	浅紫棕色	砾质夹泥土	块状	7.8	3.1	0.12	0.19						
						5	49—100	浅紫棕色												
剖47	人为土	水稻土	潴育水稻土	潴育型鳝泥田	弱潜灰鳝泥田	1	0—9	浅灰色	中壤土	屑粒状	5.8	32.7	1.40	0.79	134	10.3	76	泥质岩类风化物	E 114°19′20.3″ N 25°59′27.3″	97
						2	9—13	浅灰黄色	中壤土	小块状	5.5	27.1	1.09	0.78						
						3	13—42	浅灰棕色	重壤土	棱块状	6.0	14.3	0.66	0.98						
						4	42—100	浅棕黄色	重壤土	块状	7.3	19.3	0.43	0.89						
剖48	人为土	水稻土	淹育水稻土	淹育型鳝泥田	弱潴乌鳝泥田	1	0—13	深紫色	重壤土	屑粒状	6.6	54.7	1.64	1.23	132	11.8	47	泥质岩类风化物	E 114°20′08.2″ N 25°59′39.7″	95
						2	13—100				6.4	14.0	0.42	0.60						
剖49	人为土	水稻土	潴育水稻土	潴育型鳝泥田	弱潴砾石底乌鳝泥田	1	0—13	浅灰色	重壤土	核粒状	5.8	32.5	4.10	0.93	90	7.3	103	泥质岩类风化物	E 114°19′56.7″ N 25°58′08.1″	95
						2	13—18	浅灰黄色	重壤土		5.8	29.3	1.11	0.74						
						3	18—32	棕黄色			6.8	10.9	0.40	0.78						
剖50	人为土	水稻土	潴育水稻土	潴育型鳝泥田	强潴乌鳝泥田	1	0—11	浅灰色	重壤土	屑粒状	5.8	35.3	1.33	0.85	113	6.5	48	泥质岩类风化物	E 114°21′50.2″ N 25°57′34.3″	99
						2	11—16	浅灰黄色	轻黏土	棱块状	5.8	19.2	1.02	0.70						
						3	16—31	棕灰色	重壤土	块状	6.8	9.0	0.59	0.67						
						4	31—													
剖51	人为土	水稻土	潴育水稻土	潴育型鳝泥田	强潴乌鳝泥田	1	0—18	浅黄灰色	中壤土	屑粒状								泥质岩类风化物	E 114°19′18.1″ N 25°55′58.2″	97
						2	18—23	浅黄灰色	重壤土	小块状										
						3	23—40	浅灰棕色	重壤土	棱块状										
						4	40—77	黄红色	重壤土	块状										
						5	77—100													
剖52	铁铝土	红壤	红壤	酸性结晶岩红壤	薄层中有机质酸性结晶岩类红壤	1	0—13	棕灰色	中壤土	屑粒状	5.2	31.4	0.81	0.50	89	≤1.0	170	酸性结晶岩类	E 114°16′09.7″ N 25°57′07.5″	95
						2	13—30	棕黄色	重壤土	棱块状	5.5	9.3	0.31	0.51						
						3	30—58	浅红棕色	中壤土	粒状	5.5	7.7	0.27	0.48						
						4	58—100													
剖53	人为土	水稻土	潴育水稻土	潴育型砂泥田	砂子底乌砂泥田	1	0—14	浅黄灰色	中壤土	屑粒状	6.0	37.4	1.39	1.09	116	12.7	157	花岗岩风化物	E 114°16′49.8″ N 25°55′22.4″	95
						2	14—21	浅黄黄色	重壤土	棱块状	6.1	36.5	1.13	1.02						
						3	21—60	浅黄棕色	重壤土	块状	6.9	4.7	0.19	0.44						
						4	60—100				6.9	4.4	0.18	0.38						
剖54	人为土	水稻土	潴育水稻土	潴育型砂泥田	黄泥底灰砂泥田	1	0—12	棕灰色	中壤土	屑粒状	6.0	19.4	0.70	0.35	72	6.5	50	河流冲积物	E 114°18′00.5″ N 25°57′20.2″	95
						2	12—19	棕黄色	重壤土	棱块状	6.0	9.3	0.25	0.21						
						3	19—51	浅红棕色	中壤土	粒状	7.3	5.2	0.28	0.25						
						4	51—100				7.5	3.1	0.22	0.23						
剖55	人为土	水稻土	潜育水稻土	潜育型麻砂泥田	弱潜灰麻泥田	1	0—14				7.5	37.3	1.20	0.71	140	4.0	63	花岗岩风化物	E 114°17′46.9″ N 25°56′13.9″	95
						2	14—24				7.3	35.5	1.19	0.72						
						3	24—42				7.0	23.1	0.66	0.47						
						4	42—75				6.7	16.3	0.48	0.37						

续表 Continued

剖面号 Soil profile	土纲 Soil order	土类 Soil great group	亚类 Soil subgroup	土属 Soil genus	土种 Soil species	土层码 Layer code	土层厚度 Depth/cm	颜色 Soil color	质地 Soil texture	土壤结构 Soil structure	pH	有机质 OM/(g/kg)	全氮 TN/(g/kg)	全磷 TP/(g/kg)	碱解氮 AN/(mg/kg)	有效磷 AP/(mg/kg)	速效钾 AK/(mg/kg)	土壤母质 Parent material	剖面点坐标 Profile coordinate	匹配指数 Matching index/%
剖56	人为土	水稻土	潴育水稻土	潴育型鳝泥田	弱潴乌鳝泥田	1	0—15	浅黄灰色	重壤土	屑粒状	6.1	45.9	1.59	1.02	128	9.0	70	泥质岩类风化物	E 114°22′54.0″ N 25°58′48.3″	98
						2	15—21	浅黄灰色	重壤土	棱块状	6.1	41.3	1.32	0.87						
						3	21—60	浅灰色	重壤土	棱块状	7.5	7.0	0.29	0.24						
						4	60—100	黄夹白色	重壤土	棱块状	7.3	6.6	0.27	0.24						
剖57	人为土	水稻土	侧渗水稻土	侧渗型鳝泥田	中漂烂棕鳝泥田	1	0—15	棕灰色	中壤土	屑粒状	5.8	40.8	2.22	1.31	136	18.0	94	泥质岩类风化物	E 114°25′50.2″ N 25°59′12.9″	98
						2	15—20	浅棕灰色	中壤土	小块状	6.1	39.1	1.99	1.30						
						3	20—41	灰棕黄色	中壤土	棱块状	6.3	11.6	0.63	0.92						
						4	41—95	黄棕色	重壤土	棱块状	7.4	3.4	0.34	0.51						
剖58	人为土	水稻土	潴育水稻土	潴育型鳝泥田	灰鳝泥田	1	0—15	浅黄灰色	中壤土	屑粒状	6.1	33.5	1.76	2.13	146	71.0	278	泥质岩类风化物	E 114°25′59.7″ N 25°59′45.3″	95
						2	15—21	浅黄灰色	中壤土	小块状	6.0	32.2	1.65	1.98						
						3	21—39	浅棕灰色	重壤土	棱块状	6.2	23.3	1.27	2.09						
						4	39—90	棕灰色	重壤土	块状	7.4	7.3	0.48	1.95						
剖59	人为土	水稻土	侧渗水稻土	侧渗型麻砂泥田	强漂灰棕砂泥田	1	0—15	浅黄灰色	轻壤土	屑粒状	5.9	21.3	0.81	0.54	104	2.5	38	花岗岩风化物	E 114°28′00.9″ N 25°58′13.6″	95
						2	15—20	灰白色	中壤土	块状	6.5	16.7	0.53	0.31						
						3	20—62	灰白色	中壤土	块状	6.9	4.0	≤0.10	0.18						
						4	62—100	棕灰色	轻壤土	块状	6.2	1.8	≤0.10	≤0.10						
剖60	人为土	水稻土	潴育水稻土	潴育型鳝泥田	中潴乌鳝泥田	1	0—17	暗灰色	中壤土	屑粒状	5.9	36.8	1.40	1.77	126	41.0	62	泥质岩类风化物	E 114°29′06.5″ N 25°58′51.2″	97
						2	17—21	浅棕灰色	中壤土	棱块状	6.5	20.4	0.71	1.67						
						3	21—41	浅棕灰色	重壤土	块状	6.9	7.3	0.27	1.38						
						4	41—100	灰白色	重壤土	块状	7.3	6.7	0.30	0.55						
剖61	人为土	水稻土	侧渗水稻土	侧渗型鳝泥田	弱漂灰鳝泥田	1	0—13	浅黄灰色	中壤土	屑粒状	5.7	28.7	1.57	0.53	105	3.0	101	泥质岩类	E 114°27′23.8″ N 25°56′55.5″	98
						2	13—19	浅黄灰色	中壤土	小块状	5.8	21.3	1.14	0.41						
						3	19—36	浅黄灰色	重壤土	棱块状	6.9	11.8	0.63	0.31						
						4	36—100	灰白色	中壤土	块状	7.2	7.1	0.51	0.22						
剖62	铁铝土	红壤	红壤	泥质岩红壤	薄层中有机质泥质岩红壤	1	0—6	浅黄灰色	中壤土	核状	4.8	26.6	1.20	0.77	86	3.5	82	泥质岩类	E 114°23′15.2″ N 25°56′28.5″	98
						2	6—24	浅黄灰色	中壤土	小块状				0.60						
						3	24—				5.8	31.4	1.10	0.57						
剖63	人为土	水稻土	潴育水稻土	潴育型鳝泥田	表潜性中潴乌鳝泥田	1	0—20	浅棕灰色	重壤土	屑粒状	6.7	23.7	0.85	0.48	121	1.5	31	泥质岩类风化物	E 114°24′29.2″ N 25°56′04.0″	97
						2	20—29	浅棕灰色	重壤土	棱块状	7.5	15.4	0.45	0.84						
						3	29—51	浅黄灰色	中壤土	块状	7.5	13.6	0.37							
						4	51—100	灰黑色	中壤土	屑粒状	5.1	66.1	2.12	0.70						
剖64	铁铝土	黄红壤	泥质岩山地黄红壤	薄层多有机质泥质岩山地黄红壤		1	0—17	棕灰色	中壤土	团粒状	5.3	12.3	0.67	0.43	116	10.3	191	泥质岩类	E 114°25′54.7″ N 25°55′59.9″	97
						2	17—35	棕灰色	中壤土	小块状	5.1	7.2	0.49	0.93						
						3	35—80													
						4	80—100													
剖65	人为土	水稻土	淹育水稻土	淹育型鳝泥田	砂子底乌鳝泥田	1	0—13	暗黄色	中壤土	屑粒状	6.0	39.9	1.95	0.68	123	3.5	90	泥质岩类风化物	E 114°20′44.8″ N 25°53′51.8″	95
						2	13—19	浅黄棕黄色	重壤土	棱块状	6.3	26.4	1.19	0.78						
						3	19—30	棕黄色	重壤土	块状	6.3	11.1	0.65	0.86						
						4	30—100	浅黄棕色	砂土	松散状	7.3	8.0	0.39	0.35						
剖66	铁铝土	红壤	酸性结晶岩红壤	中层中有机质酸性结晶岩类红壤		1	0—5	灰棕色	中壤土	屑粒状	5.6	30.4	0.62	0.26	118	79.0	181	酸性结晶岩类	E 114°24′32.5″ N 25°52′56.1″	95
						2	5—35	棕色	中壤土	小块状	5.5	6.7	0.13	0.22						
						3	35—100	黄棕色	重壤土	块状	5.5	5.5	0.13	0.28						
剖67	铁铝土	红壤	泥质岩红壤	中层多有机质泥质岩类红壤		1	0—12	浅黄棕色	中壤土	屑粒状	5.1	64.5	1.73	0.80	170	5.3	83	泥质岩类	E 114°26′08.9″ N 25°54′43.1″	97
						2	12—23	棕色	中壤土	小块状	5.2	31.0	0.61	0.80						
						3	23—82	黄棕色	重壤土	块状	5.2	31.0	0.61							
						4	82—100													

续表 Continued

剖面号 Soil profile	土纲 Soil order	土类 Soil great group	亚类 Soil subgroup	土属 Soil genus	土种 Soil species	土层码 Layer code	土层厚度 Depth/cm	颜色 Soil color	质地 Soil texture	土壤结构 Soil structure	pH	有机质 OM/(g/kg)	全氮 TN/(g/kg)	全磷 TP/(g/kg)	碱解氮 AN/(mg/kg)	有效磷 AP/(mg/kg)	速效钾 AK/(mg/kg)	土壤母质 Parent material	剖面点坐标 Profile coordinate	匹配指数 Matching index/%
剖68	初育土	紫色土	酸性紫色土	砂页岩类酸性紫色土		1	0—9	紫红色	轻壤土	棱状	5.0	8.9	0.25	0.22	41		51	酸性紫色砂页岩类	E 114°27′29.6″ N 25°54′17.5″	95
						2	9—42	棕红色	中壤土	棱状	5.2	6.2	0.24	0.20						
						3	42—83	棕紫色	中壤土	棱状	5.7	3.9	0.20	0.15						
剖69	铁铝土	红壤	黄红壤	泥质岩山地黄红壤	厚层多有机质泥质山地黄红壤	1	0—5	黑色	中壤土	团粒状	4.8	149.5	3.47	1.15	254	12.5	108	泥质岩类	E 114°28′26.2″ N 25°54′45.2″	97
						2	5—15	棕棕色	中壤土	团粒状	4.9	89.7	2.09	0.97						
						3	15—29	浅黄棕色	重壤土	小块状	5.2	20.9	0.71	0.85						
						4	29—79	棕黄色	重壤土	块状	5.4	10.4	0.74	0.81						
						5	79—	浅黄棕色		块状										
剖70	铁铝土	红壤	黄红壤	石英岩山地黄红壤	厚层多有机质石英岩类山地黄红壤	1	0—5	灰黑色	中壤土	屑粒状	5.0	42.0	1.57	0.95	74	5.0	52	石英岩类	E 114°28′21.6″ N 25°53′39.9″	97
						2	5—13	浅棕灰色	中壤土	核状										
						3	13—32	棕黄色	中壤土	小块状										
						4	32—100	棕黄色	中壤土	块状										
剖71	初育土	紫色土	酸性紫色土	砂页岩类酸性紫色土	厚层酸性紫质砂页岩类山地黄红壤	1	0—8	暗紫色	轻壤土	粒状	6.7	48.4	1.58	0.44	110	7.5	103	酸性紫色砂页岩类	E 114°27′26.3″ N 25°52′37.3″	95
						2	8—24	紫棕色	中壤土	核状	5.8	16.4	0.70	0.38						
						3	24—47	紫红色	中壤土	块状	5.4	14.5	0.68	0.36						
						4	47—													
剖72	初育土	紫色土	酸性紫色土	酸性紫砂泥土		1	0—12	棕紫色	中壤土	屑粒状	5.4	12.2	0.38	0.63	61	3.0	26	紫色砂页岩类风化物	E 114°29′50.1″ N 25°53′18.1″	95
						2	12—46	浅紫色	中壤土	块状	5.5	8.9	0.30	0.60						
						3	46—100	灰棕色	中壤土	块状	5.8	6.2	0.24	0.19						
剖73	人为土	水稻土	潴育水稻土	潴育型鳝泥田	砾石底潴育鳝泥田	1	0—14	浅棕黄色	中壤土	屑粒状								泥质岩类风化物	E 114°27′16.4″ N 25°51′58.3″	95
						2	14—24	棕黄色	中壤土	小块状										
						3	24—35	棕黄色	重壤土	核块状										
						4	35—51	浅黄棕色	重壤土	块状										
						5	51—100	棕黄色		块状										
剖74	人为土	水稻土	潴育水稻土	潴育型砂泥田	中潴乌麻砂泥田	1	0—11	棕黑色	中壤土	核粒状	6.0	41.8	1.43	0.54	120	6.0	57	花岗岩风化物	E 114°27′58.1″ N 25°51′01.7″	95
						2	11—19	黄棕色	中壤土	棱块状	5.7	36.4	1.29	0.78						
						3	19—38	棕红色	中壤土	块状	5.9	27.1	0.92	0.90						
						4	38—100			块状	7.1	10.4	0.33	≤0.10						
剖75	初育土	紫色土	石灰性紫色土	石灰性紫色砂页岩紫砂土	薄层多有机质泥质岩类红壤性红壤	1	0—7	暗紫色	中壤土	核状	6.6	57.0	1.45	0.43	160	≤1.0	106	石灰性紫色砂页岩类	E 114°27′14.9″ N 25°52′28.3″	95
						2	7—35	暗紫色	轻壤土	棱状	6.9	18.9	0.59	0.29						
						3	35—66	暗紫色	重壤土	块状	7.6	4.8	0.20	0.45						
						4	66—													
剖76	铁铝土	红壤	红壤性	泥质岩红壤性	薄层多有机质泥质岩类红壤性红壤	1	0—20	黄棕色	中壤土	核棱状	6.7	40.0	0.94	0.74	86	7.0	85	泥质岩类	E 114°29′59.7″ N 25°51′02.5″	97
						2	20—100	棕红色	中壤土	棱状	6.7	25.9	0.80	0.64						
						3	100—													
剖77	初育土	石灰(岩)土	棕色石灰土	棕色石灰岩	薄层中有机质石灰岩类棕色石灰土	1	0—8	棕灰色	轻壤土	核状	6.0	4.4	0.38	0.85	110	3.3	165	石灰岩类	E 114°23′02.9″ N 25°52′11.0″	98
						2	8—25	棕灰色	重壤土	块状	8.5	36.6	1.01	0.84						
						3	25—	灰白夹粉色			7.5	26.9	1.03	0.75						
剖78	铁铝土	红壤	红壤性	石英岩红壤		1	0—7	棕黑色	中壤土	粒状	5.1	24.4	0.82		64	≤1.0	70	石英岩类	E 114°25′07.0″ N 25°50′45.1″	97
						2	7—28	浅黄灰色	中壤土	块状	6.2	38.4	1.30	0.36						
						3	28—	棕灰色	轻壤土	核块状	6.7	16.5	0.47	0.35						
剖79	人为土	水稻土	潴育水稻土	潴育型麻砂泥田	中潴乌麻砂泥田	1	0—12	灰黑色	中壤土	屑粒状	6.2	12.5	0.33	0.28	133	5.8	29	花岗岩风化物	E 114°29′23.5″ N 25°49′01.0″	95
						2	12—20	灰白色	轻壤土	块状	6.0	99.2	≥10.00	0.69						
						3	20—63			块状										
						4	63—100													

续表 Continued

剖面号 Soil profile	土纲 Soil order	土类 Soil great group	亚类 Soil subgroup	土属 Soil genus	土种 Soil species	土层码 Layer code	土层厚度 Depth/cm	颜色 Soil color	质地 Soil texture	土壤结构 Soil structure	pH	有机质 OM/(g/kg)	全氮 TN/(g/kg)	全磷 TP/(g/kg)	碱解氮 AN/(mg/kg)	有效磷 AP/(mg/kg)	速效钾 AK/(mg/kg)	土壤母质 Parent material	剖面点坐标 Profile coordinate	匹配指数 Matching index/%
剖80	铁铝土	红壤	红壤	酸性结晶岩红壤	厚层中有机质酸性结晶岩类红壤	1	0—18	棕灰色	中壤土	屑粒状	5.0	20.4	0.50	0.28	53	6.0	88	酸性结晶类岩	E 114°28′55.4″ N 25°46′56.1″	95
						2	18—30	棕黄色	中壤土	核状	5.3	10.4	0.30	0.29						
						3	30—60	棕红色	中壤土	核块状	5.6	6.5	0.27	0.23						
						4	60—100				5.8	5.7	0.20	0.23						
剖81	人为土	水稻土	潴育水稻土	潴育型鳝泥田	弱潴砾石底乌鳝泥田	1	0—12				5.9	38.4	1.41	0.71	114	4.0	63	泥质岩类风化物	E 114°25′48.4″ N 25°46′44.0″	95
						2	12—17				6.1	26.3	0.99	0.54						
						3	17—36				7.0	13.0	0.44	0.49						
						4	36—100				7.2	3.2	0.30	0.49						
剖82	人为土	水稻土	侧渗水稻土	侧渗型黄砂泥田	弱潴乌黄砂泥田	1	0—15	浅灰蓝色	中壤土	屑粒状	5.9	33.8	1.20	0.68	87	5.0	80	石英岩类风化物	E 114°31′37.4″ N 26°03′21.9″	95
						2	15—22	棕黄色	重壤土	小块状	5.9	19.7	0.79	0.61						
						3	22—49	浅黄棕色	中壤土	块状	6.8	13.0	0.42	0.59						
						4	49—100	浅黄灰色	细砂土	小块状	6.7	4.9	0.31	0.39						
剖83	铁铝土	红壤	红壤	泥质岩红壤	厚层多有机质泥质岩类红壤	1	0—15	棕黄色	重壤土	核粒状	5.2	54.9	1.37	0.44	169	4.3	140	泥质岩类	E 114°32′15.3″ N 26°01′55.7″	97
						2	15—100	棕黄色	重壤土	块状	5.0	20.2	0.65	0.32						
						3	100—				5.1	12.5	0.49	0.36						
剖84	人为土	水稻土	潴育水稻土	潴育型麻砂泥田	弱潴灰麻砂泥田	1	0—14	浅棕灰色	中壤土	糊状	5.6	26.5	1.09	0.62	4	5.3	61	花岗岩风化物	E 114°33′23.8″ N 26°01′07.1″	95
						2	14—21	棕灰色	中壤土	块状	6.0	25.2	0.99	0.45						
						3	21—64	浅黄灰色	中壤土	小块状	5.5	17.4	0.77	0.45						
						4	64—100	蓝灰色	中壤土	糊状	5.4	16.0	0.61	0.31						
剖85	人为土	水稻土	潴育水稻土	潴育型紫砂泥田	灰紫砂泥田	1	0—14	棕紫色	中壤土	屑粒状	5.7	26.5	0.96	0.51	107	9.0	41	紫色砂页岩	E 114°35′03.9″ N 25°57′58.7″	95
						2	14—22	浅紫色	中壤土	小块状	6.7	24.5	0.94	0.51						
						3	22—59	紫色	中壤土	块状	8.1	9.5	0.33	0.38						
						4	59—100	浅棕紫色	中壤土	块状	7.6	5.6	0.24	0.35						
剖86	人为土	水稻土	潴育水稻土	潴育型潮砂泥田	砂砾底灰潮砂泥田	1	0—12	浅棕灰色	轻壤土	屑粒状	6.4	25.5	1.35	0.79	108	7.0	81	河流冲积物	E 114°33′01.0″ N 25°56′48.9″	95
						2	12—18	棕灰色	砂壤土	小块状	6.2	8.5	0.67	0.47						
						3	18—45	浅黄灰色	砂壤土	松散状	7.0	2.6	0.13	0.36						
						4	45—100	灰蓝夹棕色	中壤土	软糊无结构	6.8	≤1.0	≤0.10	0.27						
剖87	人为土	水稻土	潴育水稻土	潴育型麻砂泥田	弱潴夹石英麻砂泥田	1	0—16	浅黄灰色	轻壤土	屑粒状	5.6	25.3	1.20	0.99	134	23.5	99	花岗岩风化物	E 114°35′58.2″ N 25°57′27.0″	95
						2	16—28	棕灰色	轻壤土	棉粒状	5.9	31.8	1.08	0.81						
						3	28—33	棕黄色	轻壤土	松粒状	7.1	11.5	0.45	0.75						
						4	33—100	灰蓝夹棕色	中壤土	块状	6.3	8.6	0.34	0.75						
剖88	铁铝土	红壤	红壤	石英岩红壤	厚层中有机质石英岩红壤	1	0—11	浅黄灰色	中壤土	屑粒状	4.4	23.7	0.60	0.40	81	≤1.0	67	石英岩类	E 114°36′17.8″ N 25°57′08.6″	97
						2	11—23	棕灰色	中壤土	小块状	5.0	16.8	0.48	0.41						
						3	23—50	棕黄色	中壤土	小块状	4.7	13.3	0.36	0.34						
						4	50—80	棕红棕色	中壤土	块状	4.9	7.5	0.26	0.35						
						5	80—													
剖89	铁铝土	红壤性土	酸性结晶岩红壤性土	薄层中有机质酸性结晶岩红壤	1	0—7	浅棕灰色	轻壤土	粒状	5.4	7.5	0.19	0.19	42	2.5	96	酸性结晶岩类	E 114°34′37.3″ N 25°57′16.3″	97
						2	7—54	棕红色	中壤土	团粒状	5.7	4.1	0.12	0.17						
						3	54—100	棕黄色	中壤土	块状	6.0	2.4	≤0.10	0.20						
剖90	铁铝土	红壤		泥质岩红壤	薄层中有机质泥质岩类红壤	1	0—8	浅黄棕色	重壤土	核粒状	5.9	18.9	0.76	0.98	63	2.5	165	泥质岩类	E 114°30′38.3″ N 25°57′11.2″	95
						2	8—27	棕红色	重壤土	核状	4.7	16.0	0.67	0.89						
						3	27—45	棕红色	重壤土	块状	4.9	7.2	0.45	0.66						
						4	45—													

续表 Continued

剖面号 Soil profile	土纲 Soil order	土类 Soil great group	亚类 Soil subgroup	土属 Soil genus	土种 Soil species	土层码 Layer code	土层厚度 Depth/cm	颜色 Soil color	质地 Soil texture	土壤结构 Soil structure	pH	有机质 OM/(g/kg)	全氮 TN/(g/kg)	全磷 TP/(g/kg)	碱解氮 AN/(mg/kg)	有效磷 AP/(mg/kg)	速效钾 AK/(mg/kg)	土壤母质 Parent material	剖面点坐标 Profile coordinate	匹配指数 Matching index/%
剖91	铁铝土	红壤	红壤	石英岩红壤	中层中有机质石英岩类红壤	1	0—11	浅棕色	中壤土	小块状	4.7	26.8	0.86	0.64	84	4.3	69	石英岩类	E 114°30′40.9″ N 25°55′13.3″	97
						2	11—48	浅红棕色	中壤土	块状	5.2	9.3	0.38	0.53						
						3	48—60	浅黄棕色	中壤土		5.0	9.2	0.32	0.51						
						4	60—													
剖92	人为土	水稻土	潴育水稻土	潴育型鳝泥田	强潴鸟鳝泥田	1	0—17				6.3	38.9	1.95	0.92	138	5.5	49	泥质岩类风化物	E 114°32′22.3″ N 25°56′38.5″	97
						2	17—20				5.8	20.7	0.98	0.70						
						3	20—41				5.7	7.7	0.43	0.57						
						4	41—100				6.7	6.6	0.41	0.38						
剖93	人为土	水稻土	潴育水稻土	潴育型潮砂泥田	灰潮砂泥田	1	0—17		中壤土		5.6	24.2	0.88	1.03	88	13.3	71	河流冲积物	E 114°32′39.9″ N 25°55′00.7″	95
						2	17—23		重壤土		6.2	11.6	0.37	1.13						
						3	23—62		中壤土		6.2	9.2	0.28	0.95						
						4	62—100		中壤土		6.5	3.3	0.16	0.53						
剖94	人为土	水稻土	潴育水稻土	潴育型黄砂泥田	灰黄砂泥田	1	0—15	浅灰黄色	中壤土	屑粒状	5.8	36.0	1.37	0.81	119	8.5	60	石英岩类风化物	E 114°33′36.6″ N 25°55′50.8″	95
						2	15—21	浅灰黄色	重壤土	块状	6.0	19.6	0.75	0.46						
						3	21—42		中壤土	棱块状	6.3	9.2	0.36	0.32						
						4	42—100	黄棕色	中壤土	块状	6.5	7.8	0.25	0.26						
剖95	初育土	紫色土	酸性紫色土	砂页岩酸性紫色土		1	0—6			屑粒状	5.5	11.6	0.46	0.46	34	6.3	47	酸性紫色砂页岩类	E 114°31′24.8″ N 25°53′38.1″	95
						2	6—49			块状	6.3	9.2	0.41	0.39						
						3	49—100				6.4	5.2	0.28	0.18						
剖96	人为土	水稻土	潴育水稻土	潴育型紫砂泥田	黄泥底灰紫砂泥田	1	0—13		中壤土	小块状	5.9	19.4	0.80	0.55	73	6.8	48	紫色砂页岩	E 114°31′55.1″ N 25°54′09.0″	95
						2	13—19		重壤土	棱块状	6.1	11.5	0.48	0.38						
						3	19—45		重壤土	块块状	7.3	3.8	0.19	0.37						
						4	45—100		重壤土	块块状	7.4	3.6	0.19	0.38						
剖97	人为土	水稻土	潴育水稻土	潴育型黄泥田	中潴灰黄泥田	1	0—15	浅棕灰色	中壤土	屑粒状	5.9	21.0	0.64	0.58	63	13.0	130	第四纪红色黏土	E 114°32′31.6″ N 25°52′50.9″	97
						2	15—21	棱棕状	重壤土	棱块状	6.2	6.8	0.29	0.39						
						3	21—41	棕色	重壤土	块块状	6.8	5.3	0.25	0.36						
						4	41—100	棕棕色	重壤土	棱块状	7.5	5.1	0.27	0.36						
剖98	铁铝土	红壤	红壤	黄泥土	厚层黄泥土	1	0—6	浅灰黄色	重壤土	小块状	6.4	13.0	0.57	0.60	60	5.0	24	第四纪红色黏土	E 114°33′30.6″ N 25°54′04.2″	97
						2	6—28	棕黄色	重壤土	棱块状	4.9	8.1	0.35	0.40						
						3	28—100		重壤土	棱块状	4.9	7.2	0.30	0.30						
剖99	铁铝土	红壤	红壤	第四纪红色黏土红壤	中层少有机质第四纪红色黏土红壤	1	0—3	黄棕色	中壤土	小核块状	5.0	11.4	0.38	0.32	72	8.5	35	第四纪红色黏土	E 114°31′07.6″ N 25°52′02.1″	97
						2	3—14	黄红棕色	中黏土	棱块状	5.0	9.5	0.31	0.24						
						3	14—41	黄红棕色	重壤土	棱块状	5.3	5.4	0.24	0.19						
						4	41—100	棕棕色	重壤土	块块状										
剖100	人为土	水稻土	潴育水稻土	潴育型潮砂泥田	弱潴潮砂泥田	1	0—13	浅棕灰色	轻壤土	屑粒状	6.5	24.0	1.30	0.97	97	13.5	105	河流冲积物	E 114°31′42.2″ N 25°52′06.7″	95
						2	13—22	浅黄灰色	中壤土	小块状	6.3	19.7	0.73	0.84						
						3	22—45	黄棕色	轻壤土	棱块状	6.6	15.3	0.31	0.58						
						4	45—100	黄棕色		棱块状	7.3	4.1	0.28	0.61						
剖101	人为土	水稻土	潴育水稻土	潴育型潮砂泥田	弱潴黄泥底灰潮砂泥田	1	0—18	浅黄灰色	重壤土	屑粒状	6.1	31.5	1.45	0.73	80	4.5	153	河流冲积物	E 114°32′11.8″ N 25°51′50.0″	95
						2	18—28	浅棕黄色	重壤土	棱块状	6.5	29.2	1.22	0.56						
						3	28—52	浅黄棕色	重壤土	糊状	5.7	28.2	1.13	0.48						
						4	52—100	浅黄棕色	重壤土	糊状										
剖102	人为土	水稻土	潴育水稻土	潴育型鳝泥田	弱潴鳝泥田	1	0—20	棕黄色	重壤土	糊状	6.1	27.8	1.00	0.24				泥岩类风化物	E 114°33′19.8″ N 25°51′40.4″	98
						2	20—24	浅黄棕色	重壤土	糊状										
						3	24—57	浅黄棕色	重壤土	糊状										
						4	57—100	灰蓝色	重壤土	糊状										

续表 Continued

剖面号 Soil profile	土纲 Soil order	土类 Soil great group	亚类 Soil subgroup	土属 Soil genus	土种 Soil species	土层码 Layer code	土层厚度 Depth/cm	颜色 Soil color	质地 Soil texture	土壤结构 Soil structure	pH	有机质 OM/(g/kg)	全氮 TN/(g/kg)	全磷 TP/(g/kg)	碱解氮 AN/(mg/kg)	有效磷 AP/(mg/kg)	速效钾 AK/(mg/kg)	土壤母质 Parent material	剖面点坐标 Profile coordinate	匹配指数 Matching index/%
剖103	人为土	水稻土	淹育水稻土	淹育型潮砂泥田	弱潴砂子底灰潮砂泥田	1	0—15	浅棕灰色	轻壤土	屑粒状	6.8	22.1	1.02	0.38	67	9.0	63	河流冲积物	E 114°31′00.1″ N 25°49′20.3″	95
						2	15—100	灰棕色	粗砂壤土	松散状	6.8	21.5	1.02	0.78						
剖104	半水成土	潮土	灰潮土	砂质潮土	厚层潮土	1	0—23		砂壤土		6.5	5.4	0.36	1.00	29	6.5	66	河流冲积物	E 114°32′33.4″ N 25°47′48.2″	75
						2	23—30		砂壤土		6.2	5.1	0.31	0.90						
						3	30—100		中壤土		5.8	4.4	0.29	1.07						
剖105	人为土	水稻土	潴育水稻土	潴育型潮砂泥田	黄泥底灰潮砂泥田	1	0—15	浅黄灰色	中壤土	屑粒状	6.5	27.5	1.40	0.77	107	≤1.0	51	河流冲积物	E 114°33′13.3″ N 25°48′04.4″	95
						2	15—23	浅灰黄色	中壤土	棱块状	6.2	15.9	0.86	0.66						
						3	23—42	浅黄棕色	中壤土	棱块状	6.6	9.6	0.42	0.65						
						4	42—100	棕黄色	重壤土	棱块状	6.6	6.9	0.33	0.44						
剖106	人为土	水稻土	潴育水稻土	潴育型鳝泥田	中潴灰鳝泥田	1	0—14	浅黄灰色	重壤土	屑粒状	5.5	34.1	1.12	0.63	66	8.0	75	泥质岩类风化物	E 114°34′51.5″ N 25°49′33.4″	98
						2	14—23	浅灰黄色	重壤土	棱块状	6.2	26.5	0.82	0.39						
						3	23—70	浅灰白色	重壤土	棱块状	6.1	26.0	0.72	0.24						
剖107	人为土	水稻土	潴育水稻土	潴育型潮砂泥田	中潴乌潮砂泥田	1	0—14	棕灰色	中壤土	屑粒状	5.4	16.9	0.74	0.80	70	13.0	44	河流冲积物	E 114°34′56.0″ N 25°46′58.7″	95
						2	14—19	浅黄灰色	中壤土	棱块状	5.5	16.4	0.70	0.76						
						3	19—27	棕黄色	中壤土	棱块状	5.4	8.6	0.38	1.31						
						4	27—49	棕灰色	中壤土	棱块状	6.9	6.3	0.33	1.28						
						5	49—100	棕黄灰色	中壤土	棱块状	6.7		0.35							
剖108	铁铝土	红壤	红壤性土	泥质岩红壤性土	中层少有机质泥质岩类红壤性土	1	0—30	棕红色	重壤土	屑粒状	5.2	3.7	0.22	0.64	34	≤1.0	25	泥质岩类	E 114°32′26.7″ N 25°47′03.3″	98
						2	30—61	浅棕红色	重壤土	棱块状	5.1	3.7	0.20	0.56						
						3	61—100	棕黄色	中壤土	棱块状	5.2	2.9	0.12	0.56						
剖109	人为土	水稻土	潴育水稻土	潴育型潮砂泥田	中潴乌潮砂泥田	1	0—16	浅黄灰色	轻壤土	屑粒状	5.8	25.5	1.00	0.89	101	6.3	94	河流冲积物	E 114°32′49.0″ N 25°46′47.6″	95
						2	16—26	棕黄色	中壤土	棱块状	6.3	13.0	0.57	0.67						
						3	26—49	浅黄灰色	重壤土	棱块状	7.5	10.1	0.43	0.75						
						4	49—100	浅灰棕色	重壤土	棱块状	7.0	6.3	0.30	0.68						

崇 义 县

主要土类说明

红壤是崇义县主要土壤类型，占本县地域面积的 74%。红壤是在中亚热带生物气候条件下形成的典型地带性土壤，是本县发展林业和多种经营的重要土壤资源，一般土层深厚，除表层颜色较灰暗外，心土层和底土层均为红色的紧实土层，块状或棱块状结构，全剖面呈酸性。本县红壤分为红壤、红壤性土、山地黄红壤三个亚类。红壤亚类处于海拔 500m 以下的地区，全县均有分布，成土母质有酸性结晶岩类、石英岩类、泥质岩类、炭质岩类风化物。红壤性土亚类分布在土壤侵蚀比较严重的丘陵地区，是一类土层发育不甚明显的幼年土壤，土体中含有较多风化物碎片、砾石，这类土壤的剖面特征是表土被侵蚀，形成极薄的表层，下部就是母质层，基本上只有 A-C 剖面构型。山地黄红壤亚类主要分布在低山地段，在山地垂直带谱上位于红壤之上，全县海拔 500—800m 地区均有分布，其剖面特征是表层和亚表层都有黄化现象，有的黄化现象达心土层，但一般心土层和底土层是红土层，由于表层腐殖质含量不同，有时黄化特征被暗色腐殖质所掩盖而不明显，也有时因母质类型不同（如泥质岩、石英岩），剖面上下都表现较明显的黄色，pH 在 5.0 以下。成土母质有酸性结晶岩类、石英岩类和泥质岩类。

黄壤是崇义县第二大土壤类型，占本县地域面积的 16%，分布在海拔 800—1200m 的山地垂直带谱中，位于山地黄红壤之上，山地黄棕壤之下，是在云雾多、日照少、湿度大的山地气候条件下形成的一类黄色土壤，一般表层之上都有一层枯枝落叶，表层的腐殖质含量较高，颜色深暗，亚表层至心土层均为黄色，心土层的黄色鲜艳，成土母质有酸性结晶岩类、石英岩类和泥质岩类，全剖面盐基高度不饱和，土壤呈酸性。本县黄壤只有山地黄壤一个亚类。

水稻土是崇义县第三大土壤类型，占本县地域面积的 7%。由于长期种植水稻，在水耕熟化条件下，土壤干湿交替，氧化还原交替作用，从而形成水稻土独特的剖面形态、理化特性和生物学特征。本县水稻土分为淹育水稻土、潴育水稻土、潜育水稻土三个亚类。其中，潴育水稻土面积最大、肥力较高，占水稻土面积的 91%，主要分布于沿河两岸的塅田，丘陵地区的垄田、排田，中、低山区的坑田、排田以及梯田的中、下部。成土母质有酸性结晶岩类、石英岩类、泥质岩类、碳酸岩类、紫色砂岩类、炭质岩类、河流冲积物。种稻时间长，水源条件好，淹水与排水交替进行，土体氧化还原强烈，铁锰淋溶、淀积明显，具有锈纹、锈斑、铁锰结核，土壤腐殖质和黏粒随水向下移动，淀积形成土壤结构体表面的灰色胶膜，层段分化明显，耕性良好，宜种性广，肥力水平较高，剖面构型为 A-P-W-C、A-P-W-G、Ag-Pg-W-C、A-P-W。

小于本县地域面积 3% 的土壤类型还有山地草甸土、黄棕壤、紫色土、石灰（岩）土和潮土。

本区域中心区气候特征

本区域中心区气候特征值
Regional climate characteristics in central area of the region

气候带：中亚热带湿润气候 Climate region: Subtropical humid climate	
年平均气温 /℃ Annual average temperature /℃	19.4
年平均最高气温 /℃ Annual average maximum temperature /℃	23.9
年平均最低气温 /℃ Annual average minimum temperature /℃	16.2
年降水量 /mm Annual precipitation /mm	1492
≥10℃的积温 /℃ Daily temperature accumulated in a year (≥10℃) /℃	10852
年日照时数 /h Annual sunshine /h	1680
年平均相对湿度 /% Annual average relative humidity /%	77
干燥度 Dryness	0.77

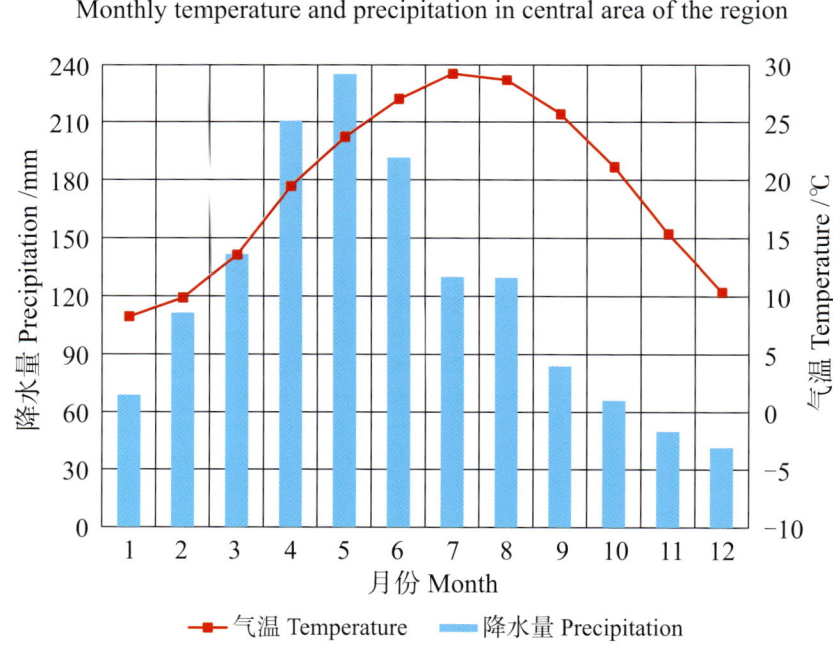

本区域中心区月平均气温与月平均降水量
Monthly temperature and precipitation in central area of the region

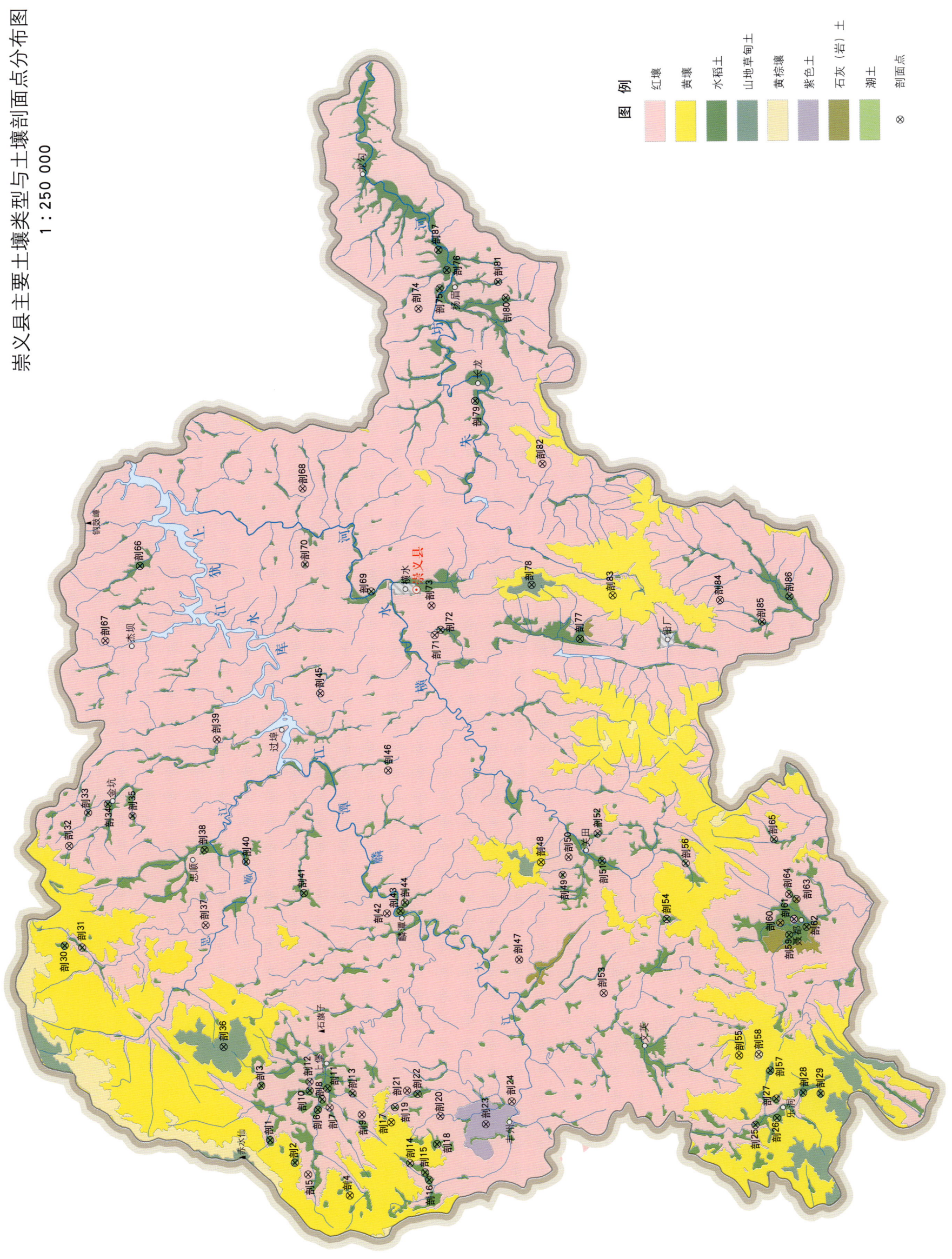

崇义县土壤剖面理化性状表

剖面号 Soil profile	土纲 Soil order	土类 Soil great group	亚类 Soil subgroup	土属 Soil genus	土种 Soil species	土层码 Layer code	土层厚度 Depth/cm	颜色 Soil color	质地 Soil texture	土壤结构 Soil structure	pH	有机质 OM/(g/kg)	全氮 TN/(g/kg)	全磷 TP/(g/kg)	全钾 TK/(g/kg)	碱解氮 AN/(mg/kg)	有效磷 AP/(mg/kg)	速效钾 AK/(mg/kg)	阳离子交换量CEC/(cmol/kg)	土壤母质 Parent material	剖面点坐标 Profile coordinate	匹配指数 Matching index/%
剖1	人为土	水稻土	潴育水稻土	潴育型黄砂泥田	表潜性中潴灰黄砂泥田	1	0—17	浅黄灰色	轻壤土	较稀糊状										石英岩类风化物	E 113°57′56.1″ N 25°45′55.3″	95
						2	17—20	黄灰色	中壤土	块状												
						3	20—60	棕灰色	轻壤土	块状												
剖2	人为土	水稻土	潴育水稻土	潴育型鳝泥田	弱潜砾质底鳝泥田	1	0—13	浅黄色	中壤土	屑粒状										泥质岩类风化物	E 113°57′08.5″ N 25°45′05.7″	75
						2	13—18	棕黄色	重壤土	块状												
						3	18—60	棕黄色	中壤土	块状												
剖3	人为土	水稻土	潴育水稻土	潴育型黄砂泥田	弱潴砂泥田	1	0—13	浅黄黄色	轻壤土	屑粒状	5.5	19.0	1.18			98	≤1.0	80		石英岩类风化物	E 113°59′54.4″ N 25°46′14.0″	75
						2	13—19	黄灰色	中壤土	粒状	5.8	13.0	0.97			87	≤1.0	24				
						3	19—33	棕黄色	中壤土	块状	6.4	20.0	0.90			88	≤1.0	56				
剖4	铁铝土	黄壤	山地黄壤	酸性结晶岩类黄壤		1	0—13	黑色	轻壤土	团粒状	5.8	52.0	1.24	0.39		120	2.2	158		酸性结晶岩类	E 113°55′59.1″ N 25°43′16.0″	97
						2	13—44	棕黄色	轻壤土	粒状	5.9	15.0	0.42	0.22								
						3	44—100	浅黄棕色	轻壤土	块状	6.0	7.0	0.29	0.23								
剖5	铁铝土	红壤		酸性结晶岩类红壤		1	0—23	暗棕灰色	轻壤土	团粒状	5.0	33.0	1.91	0.77		147	2.3	87		酸性结晶岩类	E 113°56′43.5″ N 25°44′39.1″	95
						2	23—43	棕灰色	中壤土	核粒状	5.3	25.0	1.47	0.69								
						3	43—74	棕红色	中壤土	核块状	6.2	21.0	1.08	0.68								
						4	74—100	棕红色	轻壤土	块状	5.8	12.0	0.49	0.78								
剖6	人为土	水稻土	潴育水稻土	潴育型潮砂泥田	灰潮砂泥田	1	0—15	灰棕色	轻壤土	粒状										河流冲积物	E 113°59′03.4″ N 25°44′21.7″	95
						2	15—21	棕黄色	轻壤土	棱块状												
						3	21—60	黄棕色	轻壤土	块状												
剖7	铁铝土	红壤		酸性结晶岩类红壤		1	0—9	灰黑色	轻壤土	团粒状	5.3	61.0	1.99	0.65		242	3.7	144		酸性结晶岩类	E 113°59′08.4″ N 25°43′58.2″	95
						2	9—40	棕色	中壤土	块状	6.0	12.0	0.60	0.54								
						3	40—65	棕色	中壤土	块状	5.1	9.0	0.35	0.53								
						4	65—100	浅棕色	轻壤土	块状	5.9	≤1.0	0.98	0.36								
剖8	人为土	水稻土	潴育水稻土	潴育型潮砂泥田	弱潴潮砂泥田	1	0—17	浅棕灰色	轻壤土	屑粒状	4.7	113.0	5.43	1.02		327	8.7	134		河流冲积物	E 113°59′26.2″ N 25°44′13.3″	95
						2	17—25	浅棕灰色	轻壤土	屑粒状	5.1	43.0	1.98	0.72								
						3	25—37	浅棕色	中壤土	块状	5.4	22.0	1.45	0.79								
						4	37—60	浅红棕色	轻壤土	块状	5.5	10.0	0.70	0.92								
剖9	铁铝土	红壤		石英岩类红壤	中层多有机质石英岩类红壤	1	0—2	浅黑色	轻壤土	屑粒状										石英岩类	E 113°58′54.0″ N 25°42′53.7″	95
						2	2—24	浅黑色	轻壤土	屑粒状												
						3	24—54	浅黄棕色	中壤土	块状												
						4	54—100	浅棕色	轻壤土	块状												
剖10	人为土	水稻土	潴育水稻土	潴育型麻砂泥田	上位弱潜麻砂泥田	1	0—14	灰色	轻壤土	屑粒状	6.4	35.0	1.87	0.99		135	6.8	51		花岗岩风化物	E 113°59′45.0″ N 25°44′38.2″	95
						2	14—30	浅蓝灰色	轻壤土	小块状	6.3	30.0	1.33	0.96								
						3	30—45	中黄棕色	中壤土	块状	6.4	12.0	0.56	0.91								
						4	45—74	棕色	砾壤土	块状	6.7	6.0	0.22	0.87								
						5	74—100	黄棕色	轻壤土	块状	7.0	6.0	0.20	0.78								
剖11	人为土	水稻土	潴育水稻土	潴育型黄泥田	砾质底乌黄砂泥田	1	0—11	灰棕色	砾质土	块状	7.3	≤1.0	≤0.10	0.65						石英岩类风化物	E 113°59′49.7″ N 25°44′02.8″	75
						2	11—14	浅黄棕色														
						3	14—22															
						4	22—33															
						5	33—44															
						6	44—100															

续表 Continued

剖面号 Soil profile	土纲 Soil order	土类 Soil great group	亚类 Soil subgroup	土属 Soil genus	土种 Soil species	土层码 Layer code	土层厚度 Depth/cm	颜色 Soil color	质地 Soil texture	土壤结构 Soil structure	pH	有机质 OM/(g/kg)	全氮 TN/(g/kg)	全磷 TP/(g/kg)	全钾 TK/(g/kg)	碱解氮 AN/(mg/kg)	有效磷 AP/(mg/kg)	速效钾 AK/(mg/kg)	阳离子交换量 CEC/(cmol/kg)	土壤母质 Parent material	剖面点坐标 Profile coordinate	匹配指数 Matching index/%
剖12	铁铝土	红壤	红壤性土	石英岩类红壤性土	全层弱潜潮砂泥田	1	0—8	浅棕红色	中壤土	小块状	5.4	16.0	1.25	0.78		109		83		石英岩类	E 113°59′59.7″ N 25°44′39.0″	75
						2	8—100	棕红色	中壤土	核状	5.4	11.0	0.87	0.79								
剖13	人为土	水稻土	潴育水稻土	潴育型潮砂泥田	全层弱潜潮砂泥田	1	0—13	棕灰色	轻壤土	软糊无结构	6.2	32.0	1.59	1.24		≤1	8.8	64		河流冲积物	E 113°59′40.3″ N 25°43′12.6″	95
						2	13—100	蓝灰色	轻壤土	软糊无结构	6.5	60.0	0.73	0.34								
剖14	人为土	水稻土	潴育水稻土	潴育型麻砂泥田	弱潴潲砂泥田	1	0—12	浅灰色	中壤土	屑散状										花岗岩风化物	E 113°57′10.2″ N 25°41′17.1″	95
						2	12—16	浅棕灰色	中壤土	块状												
						3	16—35	棕灰色	中壤土	块状												
						4	35—100		粗砂土	分散状												
剖15	人为土	水稻土	潴育水稻土	潴育型麻砂泥田	中潴潲麻砂泥田	1	0—12				5.9	51.0	2.42	1.40		235	10.3	131		花岗岩风化物	E 113°56′50.5″ N 25°40′46.8″	75
						2	12—20				6.1	23.0	1.36	0.93								
						3	20—60				6.5	19.0	0.96	0.68								
						4	60—100				6.7	16.0	0.73									
剖16	人为土	水稻土	潴育水稻土	潴育型黄泥田	弱潴乌黄砂泥田	1	0—14	浅棕灰色	轻壤土	粒状	6.0	45.0	2.16	1.44		264	8.5	86		石英岩类风化物	E 113°56′35.1″ N 25°40′38.8″	95
						2	14—22	浅棕灰色	中壤土	小块状	6.6	23.0	1.48	1.04								
						3	22—45	棕灰色	中壤土	棱块状	6.8	25.0	1.13	1.06								
						4	45—100	棕红色	重壤土	块状	6.8	3.0	0.46	0.81								
剖17	铁铝土	黄壤	山地黄壤	黄砂泥黄壤	厚层灰黄砂泥土	1	0—15	棕红色	重壤土	屑粒状	5.7	27.0	1.46	0.48		163	4.9	190			E 113°58′38.1″ N 25°41′55.4″	95
						2	15—75	棕黄色	中壤土	块状	6.7	26.0	1.29	0.43								
						3	75—100	棕灰色	中壤土	块状	5.7	23.0	1.28	0.44								
剖18	人为土	水稻土	潴育水稻土	潴育型酸性紫砂泥田	酸性紫油砂泥田	1	0—18	紫棕色	中壤土	粒状	6.1	33.0	1.39	0.71		153	3.9	66		紫色砂岩类风化物	E 113°57′51.7″ N 25°40′23.6″	95
						2	18—26	紫棕色	轻壤土	小块状	5.9	20.0	1.07	0.47								
						3	26—43	棕色	中壤土	块状	5.9	9.0	0.78	0.27								
						4	43—100	浅紫色	中壤土	小块状	6.7	5.0	0.61	0.25								
剖19	人为土	水稻土	潴育水稻土	潴育型鳝泥田	强潴(铁子底)鳝泥田	1	0—13	浅灰色	中壤土	屑散状	5.3	60.0	1.41	0.82		205	3.9	97		泥质岩类风化物	E 113°59′11.0″ N 25°41′48.1″	95
						2	13—20	黄灰色	重壤土	团粒状	5.5	17.0	0.62	0.81								
						3	20—50	棕黄色	中壤土	棱状	6.7	10.0	0.22	0.70								
						4	50—60															
剖20	铁铝土	红壤	山地红壤	酸性结晶岩类山地黄红壤		1	0—5	灰黑色	轻壤土	团粒状	4.5	147.0	4.65	0.98		368	8.8	186		酸性结晶岩类	E 113°58′53.2″ N 25°40′17.9″	95
						2	5—48	棕红色	中壤土	棱状	4.9	41.0	2.35	0.76								
						3	48—100	棕黄色	中壤土	棱状	4.9	26.0	1.14	0.78								
剖21	铁铝土	黄红壤	石英岩山地黄红壤			1	2—10	灰黑色	中壤土	屑粒状	5.3	18.0	0.61	0.80						石英岩类	E 113°59′47.4″ N 25°41′24.3″	97
						2	10—24															
						3	24—55															
						4	55—100															
剖22	人为土	水稻土	淹育水稻土	淹育型酸性砂泥田	强淹(铁)底鳝泥田	1	0—13	浅棕黄色	重壤土	屑粒状	5.3	43.0	1.77	0.66		221	1.8	115		花岗岩风化物	E 113°59′40.7″ N 25°41′03.4″	95
						2	13—18	棕黄色	重壤土	块状	5.6	21.0	1.45	0.42								
						3	18—60	暗灰色	重壤土	核状	5.4	11.0	0.78	1.72								
剖23	初育土	酸性紫色土	紫色砂岩	厚层多有机质石英岩类红壤		1	0—12	暗灰色	重壤土	团粒状	5.7	69.0	3.82	1.02		370	7.9	186		紫砂岩类	E 113°58′36.1″ N 25°38′47.4″	98
						2	12—34	浅棕紫色	中壤土	核状	5.7	14.0	0.91	0.67								
						3	34—44	棕黄色	中壤土	块状	5.7	11.0	0.71	0.73								
剖24	铁铝土	红壤	酸性结晶岩酸红壤			1	1—38													石英岩类	E 113°59′26.6″ N 25°37′56.1″	95
						2	38—63															
						3	63—100															

续表 Continued

剖面号 Soil profile	土纲 Soil order	土类 Soil great group	亚类 Soil subgroup	土属 Soil genus	土种 Soil species	土层码 Layer code	土层厚度 Depth/cm	颜色 Soil color	质地 Soil texture	土壤结构 Soil structure	pH	有机质 OM/(g/kg)	全氮 TN/(g/kg)	全磷 TP/(g/kg)	全钾 TK/(g/kg)	碱解氮 AN/(mg/kg)	有效磷 AP/(mg/kg)	速效钾 AK/(mg/kg)	阳离子交换量CEC/(cmol/kg)	土壤母质 Parent material	剖面点坐标 Profile coordinate	匹配指数 Matching index/%
剖25	人为土	水稻土	潴育水稻土	潴育型黄砂泥田	中位中潴灰黄砂泥田	1	0~20	浅棕灰色	中壤土	屑粒状	5.9	44.0	1.92	1.01		176	2.7	132		石英岩类风化物	E 113°58′41.7″ N 25°29′51.8″	95
						2	20~30	浅蓝灰色	中壤土	软糊无结构	6.4	37.0	1.64	0.72								
						3	30~60	灰黄色	中壤土	软糊无结构	5.9	57.0	2.20	0.52								
						4	60~100	浅灰白色	中壤土	块状	5.6	9.0	0.52	0.43								
剖26	人为土	水稻土	潴育水稻土	潴育型麻砂泥田	上位弱潴灰麻砂泥田	1	0~13	浅蓝灰色	轻壤土	屑粒状										花岗岩风化物	E 113°58′57.1″ N 25°29′08.4″	95
						2	13~19	浅蓝灰色	轻壤土	块状												
						3	19~38	灰黄色	砂壤土	块状												
						4	38~60	浅灰黄色	中壤土	块状												
剖27	人为土	水稻土	潴育水稻土	潴育型麻砂泥田	中潴灰麻砂泥田	1	0~16	浅棕灰色	轻壤土	屑粒状	6.4	36.0	1.65	0.71		132	7.1	53		花岗岩风化物	E 113°59′39.0″ N 25°29′10.8″	95
						2	16~18	浅灰灰色	轻壤土	块状	6.6	27.0	1.21	0.71								
						3	18~37	棕灰色	轻壤土	块状	6.6	16.0	0.76	0.46								
						4	37~76	灰黄色	多砾质砂土	单粒状	6.7	7.0	0.37	1.11								
剖28	人为土	水稻土	潴育水稻土	潴育型潮砂泥田	表潜性弱潴灰潮砂泥田	1	0~17	浅黄灰色	轻壤土	屑粒状	5.9	28.0	2.43	0.84		138	7.3	61		河流冲积物	E 113°59′52.9″ N 25°28′17.2″	95
						2	17~31	浅蓝灰色	轻壤土	块状	6.0	13.0	1.25	0.68								
						3	31~70	浅蓝灰色	轻壤土	小块状	6.3	6.0	0.59	0.46								
						4	70~100	浅灰黄色	细砂土	分散状	6.4	5.0	0.22	0.40								
剖29	人为土	水稻土	淹育水稻土	淹育型麻砂泥田	强淹黄砂泥田	1	0~12	浅棕灰色	中壤土	屑粒状										石英岩类风化物	E 113°59′51.5″ N 25°27′42.5″	95
						2	12~17	浅灰灰色	轻壤土	块状												
						3	17~60	棕灰色	中壤土	粒状												
剖30	人为土	水稻土	潴育水稻土	潴育型麻砂泥田	中潴灰麻砂泥田	1	0~15	浅蓝灰色	中壤土	粒状	6.0	46.0	2.51	1.86		211		94		花岗岩风化物	E 114°04′53.0″ N 25°52′47.7″	95
						2	15~25	浅蓝灰色	黏壤土	块状	6.3	29.0	1.33	1.44								
						3	25~40	黄橙色	轻壤土	棱块状	6.5	24.0	0.82	1.28								
						4	40~100	浅棕灰色	中壤土	块状	6.5	14.0	0.41	≤0.10								
剖31	人为土	水稻土	潴育水稻土	潴育型麻砂泥田	灰麻砂泥田	A	0~9	灰黄灰色	砂质黏壤土	碎块状	5.3	37.0	1.62	0.55	36.2				7.0			81
						P	9~15	灰黄棕色	砂质黏土	小块状	5.4	24.7	1.16	0.55	35.8				6.0			
						W	15~84	黄橙色	黏壤土	小块状	5.3	20.6	0.88	0.83	38.6				7.4			
						C	84~100	浅棕色	砂质黏壤土	分散状	5.6	5.5	0.33	0.40	46.5				6.2			
剖32	铁铝土	红壤	黄红壤	石英岩山地黄红壤		1	0~2	棕灰色	中壤土	团粒状	5.0	42.0	2.32	0.63		201	1.1	56		石英岩类	E 114°04′49.6″ N 25°52′13.2″	97
						2	2~32	棕灰色	中壤土	粒状	4.9	15.0	1.28	0.42								
						3	32~100	黄红色	轻壤土	块状	5.5	6.0	0.58	0.41								
剖33	人为土	水稻土	潴育水稻土	潴育型麻砂泥田	表潜性弱潴灰麻砂泥田	1	0~12	浅棕灰色	中壤土	屑粒状	6.4	43.0	2.08	0.64		174	4.9	97		花岗岩风化物	E 114°08′31.6″ N 25°52′40.7″	95
						2	12~18	棕灰色	重壤土	块状	6.2	28.0	1.33	0.47								
						3	18~49	棕灰色	重壤土	棱块状	6.6	16.0	0.62	0.39								
						4	49~60	棕灰色	重壤土	块状	6.3	8.0	0.47	≤0.10								
剖34	人为土	水稻土	潴育水稻土	潴育型鳝泥田	弱潴乌鳝泥田	1	0~16	暗黑色	中壤土	屑粒状	6.6	5.0	0.18	0.61						泥质岩类风化物	E 114°10′05.1″ N 25°51′25.3″	95
						2	16~20	浅蓝灰色	重壤土	块状												
						3	20~30	浅灰灰色	重壤土	棱块状												
						4	30~60	棕灰色	砾石夹泥土	块状												
剖35	人为土	水稻土	潴育水稻土	潴育型鳝泥田	表潜性弱潴灰鳝泥田	1	0~15	棕灰色	轻黏土	屑粒状										泥质岩类风化物	E 114°09′39.3″ N 25°50′35.3″	95
						2	15~20			块状												
						3	20~51			棱块状												
						4	51~100			块状												

续表 Continued

剖面号 Soil profile	土纲 Soil order	土类 Soil great group	亚类 Soil subgroup	土属 Soil genus	土种 Soil species	土层码 Layer code	土层厚度 Depth/cm	颜色 Soil color	质地 Soil texture	土壤结构 Soil structure	pH	有机质 OM/(g/kg)	全氮 TN/(g/kg)	全磷 TP/(g/kg)	全钾 TK/(g/kg)	碱解氮 AN/(mg/kg)	有效磷 AP/(mg/kg)	速效钾 AK/(mg/kg)	阳离子交换量 CEC/(cmol/kg)	土壤母质 Parent material	剖面点坐标 Profile coordinate	匹配指数 Matching index/%
剖36	半水成土	山地草甸土	山地草甸土	酸性结晶岩类山地草甸土		1	0~1	黑色	轻壤土	团粒状	5.4	201.0	7.79	0.58		222	4.1	460		酸性结晶岩类	E 114°01′17.9″ N 25°47′30.2″	97
						2	1~11	浅黄棕色	中壤土	核状	5.5	147.0	5.35	0.93								
						3	11~25	棕黄色	中壤土	块状	5.7	74.0	2.98	0.68								
						4	25~73	棕黄色	中壤土	块状	6.0	43.0	2.29	0.54								
剖37	铁铝土	红壤	黄红壤	泥质岩类山地黄红壤		1	4~23	棕黄色	轻黏土	团粒状	4.8	88.0	4.94	0.72		234	3.5	123		泥质岩类	E 114°05′41.1″ N 25°48′08.3″	95
						2	23~40	黄棕色	中黏土	核粒状	5.2	25.0	2.35	0.55								
						3	40~65	棕红色	中黏土	块状	5.0	13.0	1.58	0.53								
						4	65~100	浅棕红色	中黏土	块状	4.8	12.0	0.37	0.63								
剖38	人为土	水稻土	淹育水稻土	淹育型潮砂泥田	强淹砂土底灰潮砂泥田	2	12~18	浅棕灰色	中壤土	屑粒状	5.7	30.0	1.43	1.18		151	10.1	58		河流冲积物	E 114°08′26.1″ N 25°48′11.9″	95
						3	18~100	浅棕灰色	砂壤土	分散状	6.4	4.0	0.24	0.41								
												9.0	0.78	0.89								
剖39	铁铝土	红壤		泥质岩红壤	中层多有机质泥质岩类红壤	1	0~20	灰棕色	重壤土	核粒状	5.2	64.0	2.46	0.73		235	3.7	60		泥质岩类	E 114°12′29.4″ N 25°47′50.3″	95
						2	20~80	浅黄棕色	轻黏土	块状	5.7	29.0	1.33	0.43								
						3	30~100	黄棕色	砾质泥土		5.4	17.0	1.06	0.37								
剖40	人为土	水稻土	潴育水稻土	潴育型潮砂泥田	弱潴灰潮砂泥田	1	0~12	灰黑色	中壤土	团粒状	6.4	39.0	2.16	0.98		123	6.1	102		河流冲积物	E 114°08′01.4″ N 25°46′49.0″	95
						2	13~18	浅棕灰色	中壤土	块状	6.6	28.0	1.56	0.89								
						3	18~40	浅黄棕色	中壤土	核状	7.2	2.0	0.59	0.73								
						4	40~100	棕黄色	砂壤土	单粒状	6.9	≤1.0	0.44	0.96								
剖41	人为土	水稻土	潴育水稻土	潴育型黄砂泥田		1	0~15	灰色	轻壤土	屑粒状											E 114°06′53.6″ N 25°44′53.8″	95
						2	15~21	浅棕灰色	中壤土	块状												
						3	21~38	棕黄色	砾质土	粒状												
						4	38~60	棕黄色	中壤土	块状												
剖42	铁铝土	红壤	山地黄红壤	泥质岩类山地黄红壤		1	0~10	灰棕色	轻壤土	核粒状	5.8	43.0	2.08	1.02		186	4.5	61		石英岩类风化物	E 114°06′11.2″ N 25°42′08.0″	95
						2	10~40	黄棕色	中壤土	块状	6.3	20.0	1.33	0.96								
						3	40~60	棕红色	重壤土	块状	6.4	9.0	0.47	0.69								
剖43	人为土	水稻土	潴育水稻土	潴育型黄砂泥田	潮砂泥田	1	0~17	棕色	重壤土	屑粒状	6.8	9.0	≤0.10	0.63							E 114°06′16.8″ N 25°41′41.4″	95
						2	17~24	黄棕色	中壤土	块状		8.0								河流冲积物		
						3	24~44	浅棕灰色	砂壤土	分散状												
						4	44~100	灰色	轻壤土	粒状												
剖44	人为土	水稻土	潴育水稻土	潴育型黄砂泥田	弱潴黄砂泥田	1	0~17	浅棕灰色	中壤土	块状	6.2	54.0	2.25	0.88		208	12.3	253		石英岩类风化物	E 114°06′30.7″ N 25°41′35.8″	95
						2	17~23	棕灰色	重壤土	核状	5.2	23.0	1.69	0.31								
						3	23~43	棕黄色	中壤土	块状	5.3	15.0	0.94	0.59								
						4	43~63	浅黄棕色	中壤土	块状	5.6	6.0	0.59	0.51								
						5	63~100	红棕色	砂壤土	块状												
剖45	铁铝土	红壤		酸性结晶岩红壤	厚层少有机质岩类红壤	1	0~8	棕灰色	轻壤土	小块状	4.6	45.0	2.00	0.67		201	3.2	101		酸性结晶岩类	E 114°14′12.6″ N 25°44′25.0″	95
						2	8~28	棕色	中壤土	核状	5.0	16.0	0.97	0.60								
						3	28~74	浅棕黄色	重壤土	核状	5.3	7.0	0.93	0.56								
						4	74~100	浅红棕色	轻壤土	粒状												
剖46	铁铝土	红壤		石英岩红壤	中层多有机质岩类红壤	1	0~4	棕灰色	重壤土	屑粒状	5.4	79.0	3.12	1.79		267	7.7	348		石英岩类	E 114°11′26.3″ N 25°42′08.6″	95
						2	4~30	浅红棕色	中壤土	核粒状	5.5	61.0	2.59	1.01								
						3	30~100	棕红色	中壤土	粒状	5.6	17.0	1.18	0.93								
剖47	铁铝土	红壤		泥质岩红壤	中层多有机质岩类红壤	1	0~1	棕红色	轻黏土	屑粒状	5.5	16.0	0.93	0.83						泥质岩类	E 114°04′33.8″ N 25°37′44.4″	95
						2	1~13	浅红棕色	重黏土	块状	5.6											
						3	13~39	浅红棕色	轻黏土	块状												
						4	39~100	棕红色		块状												

续表 Continued

剖面号 Soil profile	土纲 Soil order	土类 Soil great group	亚类 Soil subgroup	土属 Soil genus	土种 Soil species	土层码 Layer code	土层厚度 Depth/cm	颜色 Soil color	质地 Soil texture	土壤结构 Soil structure	pH	有机质 OM/(g/kg)	全氮 TN/(g/kg)	全磷 TP/(g/kg)	全钾 TK/(g/kg)	碱解氮 AN/(mg/kg)	有效磷 AP/(mg/kg)	速效钾 AK/(mg/kg)	阳离子交换量CEC/(cmol/kg)	土壤母质 Parent material	剖面点坐标 Profile coordinate	匹配指数 Matching index/%
剖48	铁铝土	黄壤	山地黄壤	泥质岩类山地黄壤		1	0—2	灰黑色	中壤土	团粒状	6.0	156.0	5.68	1.31		459	4.0	322		泥质岩类	E 114°08′07.8″ N 25°37′02.9″	97
						2	2—9	棕灰色	重壤土	团粒状	6.2	126.0	4.49	1.09								
						3	9—33	浅棕黄色	重壤土	块状	6.4	73.0	3.29	0.93								
						4	33—100				6.8	27.0	1.42	0.79								
剖49	人为土	水稻土	潴育水稻土	潴育型黄砂泥田	中位中潜黄砂泥田	1	0—16	浅灰棕色	轻壤土	屑粒状	5.7	27.0	1.66	0.60		156	4.7	53		石英岩类风化物	E 114°07′40.3″ N 25°36′19.9″	95
						2	16—24	棕灰色	中壤土		6.1	17.0	0.85	0.42								
						3	24—48	灰蓝色	中壤土	软糊无结构	6.7	7.0	0.34	0.34								
						4	48—100	浅蓝灰色	中壤土		6.7	15.0	0.60	0.16								
剖50	铁铝土	红壤	黄红壤	酸性结晶岩类黄红壤		1	0—9	棕红色	轻壤土	核粒状										酸性结晶岩类	E 114°08′19.8″ N 25°36′08.2″	95
						2	9—50	浅黄红色	轻壤土	小块状	6.1	39.0	2.07			196	5.5	50				
						3	50—70	棕红色	轻壤土	块状	6.1	21.0	1.20									
						4	70—100	浅棕红色	砂壤土	块状	6.5	6.0	0.41									
剖51	人为土	水稻土	潴育水稻土	潴育型麻砂泥田	灰麻砂泥田	1	0—16	暗灰色	轻壤土	粒状	6.1	39.0	2.07	1.19						花岗岩风化物	E 114°08′12.6″ N 25°35′01.4″	95
						2	16—22	棕灰色	轻壤土	棱块状	6.1	21.0	1.20	1.24								
						3	22—60	棕黄色	轻壤土	块状	6.3	12.0	0.58	1.23								
						4	60—100	红棕色	砂壤土	块状	6.5	6.0	0.41	1.34								
剖52	人为土	水稻土	潴育水稻土	潴育型麻砂泥田	弱潴麻砂泥田	1	0—14	浅灰棕色	轻壤土	屑粒状										花岗岩风化物	E 114°09′12.5″ N 25°35′10.9″	95
						2	14—22	棕灰色	中壤土	块状												
						3	22—44	黄棕色	中壤土	块状												
						4	44—65	棕红色	砂壤土	块状												
						5	65—100	浅棕红色	砂壤土	块状												
剖53	铁铝土	红壤		麻砂泥土	厚层灰棕砂泥土	1	0—14	浅灰色	砾质粗砂土	核粒状										花岗岩风化物	E 114°03′24.3″ N 25°34′55.4″	95
						2	9—20	黄灰色	中壤土	小块状	6.4	18.0	1.06			80	1.4	42				
						3	20—74	浅灰白色	中壤土	单粒状	6.2	15.0	0.81			97	3.0	60				
剖54	人为土	水稻土	潴育水稻土	潴育型黄砂泥田	黄泥砂田	1	0—12	棕灰色	中壤土	屑粒状	6.4	17.0	1.21			97	3.0	114		石英岩类风化物	E 114°06′06.0″ N 25°32′52.0″	95
						2	12—19	浅灰棕色	中壤土	块状	5.7	18.0	0.96			94	2.4	53				
						3	19—40	棕黄色	中壤土	棱块状												
						4	40—60	棕黄色	砂壤土	块状												
剖55	人为土	黄壤	山地黄壤	酸性结晶岩类山地黄壤		1	0—15	黑色	中壤土	团粒状	5.3	62.0	2.35	0.74		203	1.7	99		酸性结晶岩类	E 114°01′12.4″ N 25°30′25.4″	99
						2	15—68	浅棕灰色	重壤土	块状	5.9	11.0	0.85	0.51								
						3	68—100	黄棕色	重壤土	块状	5.3	6.0	0.59	0.13								
剖56	人为土	水稻土	潴育水稻土	潴育型潮砂泥田	砾质底灰潮砂泥田	1	0—14	青灰色	轻壤土	屑粒状	5.7	26.0	1.19	1.05		165	9.1	67		河流冲积物	E 114°08′09.3″ N 25°32′15.4″	95
						2	14—19	青灰色	中壤土	块状	5.9	11.0	0.71	0.85								
						3	19—41	灰棕色	中壤土	棱块状	6.7	6.0	0.50	0.84								
						4	41—71	灰棕色	轻壤土	分散状	7.1	2.0	0.39	0.50								
						5	71—100	浅棕黄色	砾质粗砂土	分散状	7.2	2.0	0.31	0.59								
剖57	人为土	水稻土	潴育水稻土	潴育型黄砂泥田	全层中潴灰麻砂泥田	1	0—14	黑色	中壤土	软糊无结构	6.0	36.0	1.76	0.58		117	4.1	82		花岗岩风化物	E 114°01′12.4″ N 25°29′39.9″	95
						2	14—21	棕灰色	重壤土	软糊无结构	6.3	17.0	1.04	0.44								
						3	21—31	青灰色	中壤土	软糊无结构	7.0	10.0	0.94	0.38								
						4	31—60	灰棕色	轻壤土	块状	7.0	4.0	0.69	0.18								
						5	60—100	黄棕色	砂壤土	单粒状	7.2	2.0	0.61	0.34								
剖58	淋溶土	黄棕壤	山地黄棕壤	酸性结晶岩类山地黄棕壤		1	0—12				6.5	71.0	2.71	1.15		314	5.5	118		酸性结晶岩类	E 114°01′15.1″ N 25°29′46.9″	97
						2	12—84				6.3	16.0	0.78	1.04								
						3	84—100				6.1	2.0	0.49	0.49								

续表 Continued

剖面号 Soil profile	土纲 Soil order	土类 Soil great group	亚类 Soil subgroup	土属 Soil genus	土种 Soil species	土层码 Layer code	土层厚度 Depth/cm	颜色 Soil color	质地 Soil texture	土壤结构 Soil structure	pH	有机质 OM/(g/kg)	全氮 TN/(g/kg)	全磷 TP/(g/kg)	全钾 TK/(g/kg)	碱解氮 AN/(mg/kg)	有效磷 AP/(mg/kg)	速效钾 AK/(mg/kg)	阳离子交换量CEC/(cmol/kg)	土壤母质 Parent material	剖面点坐标 Profile coordinate	匹配指数 Matching index/%
剖59	人为土	水稻土	潴育水稻土	潴育型石灰泥田	弱潜乌石灰泥田	1	0—13	浅黄灰色	轻黏土	粒状	6.2	39.0	2.49	1.52		176	3.1	79		石灰岩风化物	E 114° 05′ 34.6″ N 25° 28′ 48.5″	97
						2	13—20	浅黄灰色	轻黏土	块状	5.9	29.0	1.60	1.09								
						3	20—70	浅黄棕色	轻黏土	块状	7.5	15.0	0.69	0.84								
						4	70—100	棕黄色	重黏土	块状	7.7	9.0	0.37	0.99								
剖60	初育土	石灰（岩）土	黑色石灰土	黑色石灰泥土	中层多有机质黑色石灰土	1	0—10	黑色	重黏土	团粒状										石灰岩风化物	E 114° 06′ 00.5″ N 25° 29′ 06.2″	97
						2	10—44	黑色	重黏土	团粒状												
						3	44—60	棕黄色	轻黏土	块状												
剖61	铁铝土	红壤		鳝泥土	厚层灰鳝泥土	1	0—10	棕黄色	重黏土	棱粒状	6.5	33.0	2.03	1.68		127	7.7	74		泥质岩类风化物	E 114° 06′ 08.4″ N 25° 28′ 38.7″	95
						2	10—33	浅灰棕色	重黏土	小块状	5.3	26.0	1.26	0.39								
						3	33—100	黄棕色	轻黏土	块状	5.4	19.0	1.16	0.30								
剖62	人为土	水稻土	潴育水稻土	潴育型石灰泥田	中位中潜灰石灰泥田	1	0—19	棕黄色	重黏土	屑粒状	7.8	53.0	2.51	1.38		181	3.5	93		石灰岩风化物	E 114° 05′ 52.4″ N 25° 28′ 13.9″	97
						2	19—27	灰色	重黏土	软糊无结构	7.2	46.0	2.21	1.30								
						3	27—68	蓝灰色	重黏土	软糊无结构	7.1	41.0	1.85	0.64								
						4	68—100	棕灰色	重黏土	软糊无结构	6.8	11.0	1.09	0.85								
剖63	初育土	石灰（岩）土	红色石灰土	红色石灰泥土	厚层中有机质红色石灰土	1	0—4	棕灰色	重黏土	屑粒状	5.2	74.0	2.68	0.87		208	2.8	133		石灰岩风化物	E 114° 06′ 53.2″ N 25° 28′ 34.3″	97
						2	4—38	棕黄色	重黏土	核状	5.8	12.0	0.93	1.66								
						3	38—65	棕灰色	重黏土	块状	5.4	7.0	0.74	1.59								
						4	65—100	浅棕黄色	中黏土	块状	5.3	6.0	0.28	1.31								
剖64	人为土	水稻土	潴育水稻土	潴育型鳝泥田	全层弱潜灰鳝泥田	1	0—12	浅蓝灰色	中黏土	软糊无结构	5.7	43.0	1.63	0.71		182	4.7	127		泥质岩风化物	E 114° 06′ 58.0″ N 25° 28′ 41.3″	97
						2	12—18	浅蓝灰色	重黏土	软糊无结构	5.8	27.0	0.90	0.52								
						3	18—61	蓝灰色	重黏土	软糊无结构	6.3	21.0	0.49	0.46								
						4	61—100	蓝灰色	重黏土	软糊无结构	6.5	14.0	0.31	≤0.10								
剖65	人为土	水稻土	潴育水稻土	潴育型麻砂泥田	灰黄砂泥田	1	0—15	浅灰黄色	砂黏土	小块状	5.9	29.0	1.34	0.79		169	6.8	55		石英岩类风化物	E 114° 09′ 04.4″ N 25° 29′ 20.5″	95
						2	15—22	浅灰黄色	砂黏土	块状	6.3	19.0	1.05	0.64								
						3	22—31	浅灰黄色	砂黏土	块状	6.4	7.0	0.41	0.59								
						4	31—42	浅灰黄色	砂黏土	块状	6.6	6.0	0.32	0.46								
						5	42—100	浅灰黄色	砂黏土	块状	6.6	4.0	0.16	0.43								
剖66	铁铝土	红壤		黄砂泥土	乌麻砂泥田	1	0—12	灰黑色		屑粒状	5.7	48.0	2.62	1.34		223	11.2	84		花岗岩类风化物	E 114° 18′ 47.1″ N 25° 50′ 26.2″	95
						2	13—21	棕灰色	轻黏土	块状	6.1	23.0	1.27	0.97								
						3	21—45	棕灰色	中黏土	块状	6.3	9.0	0.99	0.86								
						4	45—70	棕红色	中黏土	粒状	7.3	8.0	0.67	0.71								
剖67	铁铝土	红壤		黄砂泥土	厚层灰黄砂泥田	1	0—14	黄棕色	轻黏土	块状	7.3	6.0	0.40	0.50		67	5.1	43		石灰岩类风化物	E 114° 16′ 02.3″ N 25° 51′ 33.6″	95
						2	14—48	棕红色			7.1		0.25	1.49								
剖68	初育土		酸性结晶岩红壤	酸性结晶岩红壤		1	0—20				7.2	12.0	0.95	1.51		53	3.8	25		酸性结晶岩类	E 114° 21′ 40.0″ N 25° 45′ 04.5″	95
剖69	半水成土	潮土		壤质潮土	厚层灰潮砂泥田	1	0—13	浅棕灰色	重黏土	粒状	6.9	11.0	0.65	1.41		231	3.5	68		河流冲积物	E 114° 17′ 57.1″ N 25° 42′ 46.2″	95
						2	13—19	棕灰色	中黏土	核块状	6.5	64.0	2.03	1.10								
剖70	人为土	水稻土	潴育水稻土	潴育型鳝泥田	乌鳝泥田	1	0—5	棕灰色	轻黏土	块状	6.8	38.0	1.68	1.07		448	5.9	232		泥质岩类风化物	E 114° 18′ 54.2″ N 25° 44′ 57.9″	95
						2	5—34	黄棕色	中黏土	块状	7.6	24.0	1.02	0.96								
						3	34—100	棕灰色	重黏土	棱块状	7.9	19.0	0.97									
剖71	铁铝土	红壤		炭质岩类红壤	厚层多有机质炭质岩类红壤	1	0—5	浅棕灰色	重黏土	粒状	5.0	73.0	2.80	0.62						炭质岩类	E 114° 16′ 25.9″ N 25° 40′ 36.5″	97
						2	5—34	棕灰色	轻黏土	块状	5.2	75.0	3.14	0.52								
						3	34—100	浅棕灰色	轻黏土	棱块状	5.8	10.0	1.33	0.48								

续表 Continued

剖面号 Soil profile	土纲 Soil order	土类 Soil great group	亚类 Soil subgroup	土属 Soil genus	土种 Soil species	土层码 Layer code	土层厚度 Depth/cm	颜色 Soil color	质地 Soil texture	土壤结构 Soil structure	pH	有机质 OM/(g/kg)	全氮 TN/(g/kg)	全磷 TP/(g/kg)	全钾 TK/(g/kg)	碱解氮 AN/(mg/kg)	有效磷 AP/(mg/kg)	速效钾 AK/(mg/kg)	阳离子交换量CEC/(cmol/kg)	土壤母质 Parent material	剖面点坐标 Profile coordinate	匹配指数 Matching index/%
剖72	人为土	水稻土	潴育水稻土	潴育型炭浆田	弱潴炭浆田	1	0—13	浅棕灰色	重壤土	小块状	6.5	71.0	3.51	1.74		306	6.4	67			E 114°16′34.9″ N 25°40′27.2″	98
						2	13—23	棕色	重壤土	块状	6.8	61.0	2.08	1.45								
						3	23—53	浅灰黑色	重壤土	块状	6.9	38.0	1.98	0.87								
						4	53—100	浅黄棕色	轻壤土	块状	7.0	10.0	0.89	0.76								
剖73	铁铝土	红壤		石英岩红壤		1	0—12	灰棕红色	中壤土	屑粒状	4.9	22.0	0.88	0.47		123	≤1.0	98		石英岩类	E 114°17′27.7″ N 25°40′45.7″	95
						2	12—45	棕红色	轻壤土	块状	5.3	10.0	0.26	0.43								
剖74	铁铝土	红壤		石英岩红壤		1	0—15	浅灰棕色	轻壤土	核粒状	5.1	27.0	1.61	0.76		159	2.7	112		石英岩类	E 114°28′16.2″ N 25°41′17.7″	95
						2	15—100	棕红色	中壤土	块状	5.3	5.0	0.79	0.74								
剖75	人为土	水稻土	潴育水稻土	潴育型黄砂泥田	中潴灰黄砂泥田	1	0—15	棕灰色	中壤土	屑粒状	5.7	28.0	1.27	0.79		135	4.7	87		石英岩类风化物	E 114°29′01.3″ N 25°40′36.2″	95
						2	15—21	棕灰色	中壤土	块状	6.4	18.0	0.98	0.61								
						3	21—46	棕黄色	中壤土	块状	7.3	9.0	0.57	0.53								
						4	46—100	棕红色	重壤土	块状	7.6	5.0	0.29	0.48								
剖76	人为土	水稻土	潴育水稻土	潴育型潮砂泥田	弱潴砂土底灰棕潮砂泥田	1	0—15	暗灰色	轻壤土	屑粒状	6.5	28.0	0.97	0.77		131	4.5	93		河流冲积物	E 114°29′41.0″ N 25°40′22.5″	95
						2	15—20	浅棕灰色	中壤土	块状	5.9	11.0	0.35	0.42								
						3	20—70	棕灰色	紧砂土	分散状	6.9	10.0	≤0.10	0.47								
						4	70—100	棕灰色	中壤土	块状	6.8	3.0	0.78	0.49								
剖77	人为土	水稻土	潴育水稻土	潴育型石灰泥田	中潴乌石灰泥田	1	0—13	灰棕色	重壤土	屑粒状	7.3	45.0	2.52	1.09		181	4.1	76		石灰岩风化物	E 114°16′18.4″ N 25°35′50.0″	99
						2	13—21	黄棕灰色	重壤土	核块状	7.7	22.0	1.41	0.98								
						3	21—40	红棕色	重壤土	块状	7.8	11.0	0.51	0.93								
						4	40—100	棕色	轻壤土	屑粒状	7.8	8.0	0.76	0.69								
剖78	半水成土	山地草甸土	山地草甸土			1	3—9	黑色	砾石夹砂土	团粒状	6.0	136.0	3.88	1.67		480	9.2	151		石英岩类	E 114°18′16.0″ N 25°37′27.5″	97
						2	9—34	棕紫色	中壤土	屑粒状	5.9	107.0	3.77	1.56								
剖79	人为土	水稻土	潴育水稻土	潴育型潮质砾底灰潮砂泥田	中位弱潴砾质底灰潮砂泥田	1	0—15	浅棕灰色	中壤土	屑粒状	6.0	24.0	1.17	0.75		183	7.6	60		河流冲积物	E 114°24′55.7″ N 25°39′23.3″	95
						2	15—22	黄蓝灰色	中壤土	块状	6.2	28.0	1.09	0.70								
						3	22—40	蓝灰色	中壤土	软糊无结构	6.1	23.0	1.00	0.62								
						4	40—100	黄棕色	中壤土	单粒状	6.1	14.0	0.47	0.78								
						5	48—100	红棕色	砾石夹砂土	屑粒状	6.2	2.0	0.37	0.43								
剖80	人为土	水稻土	潴育水稻土	潴育型黄砂泥田	中潴灰黄砂泥田	1	0—15	灰棕色	中壤土	屑粒状	6.0		1.36	0.57		115	4.1	54		石英岩类风化物	E 114°28′42.4″ N 25°38′24.6″	95
						2	15—20	棕红色	中壤土	核块状	5.5	27.0	1.11	0.41								
						3	20—43	棕红色	中壤土	核块状	5.8	17.0	0.62	0.37								
						4	43—60	棕红色	轻壤土	块状	5.8	11.0	0.52	0.21								
剖81	人为土	水稻土	潴育水稻土	潴育型黄砂泥田	全层弱潴黄砂泥田	1	0—16	红棕色	轻壤土	屑粒状	5.3	20.0	1.15	1.76		142	1.8	128		石英岩类风化物	E 114°29′16.7″ N 25°38′40.6″	95
						2	16—23	棕红色	轻壤土	块状	5.5	3.0	0.76	1.07								
剖82	铁铝土	红壤	黄红壤			1	0—8	黑色	轻壤土	核粒状	5.0	≥250.0	8.32	0.65		≥500	19.0	400		酸性结晶岩类	E 114°22′39.6″ N 25°37′08.3″	97
						2	8—50	棕黄色	轻壤土	小块状	5.0	95.0	3.48	0.95								
剖83	铁铝土	黄壤	山地黄壤	石英岩山地黄壤		1	0—4	浅黄色	中壤土	块状	5.1	94.0	0.97	0.67								
						2	4—30	黄色	轻壤土	块状	5.4	6.0	0.42	0.66		≥500	13.5	260		石英岩类	E 114°17′54.7″ N 25°34′46.1″	95
						3	30—55	黑色	轻壤土	块状	4.3	215.0	7.78	1.27								
						4	55—100	棕色	轻壤土	核粒状	4.9	55.0	3.41	0.83								
剖84	铁铝土	红壤	黄红壤	石英岩山地黄红壤		1	0—5	棕黄色	中壤土		5.1	35.0	1.64	0.76						石英岩类	E 114°17′47.6″ N 25°31′12.5″	99
						2	5—25	棕黄色	中壤土	核粒状	5.4	19.0	1.29	0.76								
						3	25—50	棕黄色	砾石夹泥土													
						4	50—100															

续表 Continued

剖面号 Soil profile	土纲 Soil order	土类 Soil great group	亚类 Soil subgroup	土属 Soil genus	土种 Soil species	土层码 Layer code	土层厚度 Depth/cm	颜色 Soil color	质地 Soil texture	土壤结构 Soil structure	pH	有机质 OM/(g/kg)	全氮 TN/(g/kg)	全磷 TP/(g/kg)	全钾 TK/(g/kg)	碱解氮 AN/(mg/kg)	有效磷 AP/(mg/kg)	速效钾 AK/(mg/kg)	阳离子交换量CEC/(cmol/kg)	土壤母质 Parent material	剖面点坐标 Profile coordinate	匹配指数 Matching index/%
剖85	人为土	水稻土	潴育水稻土	潴育型黄砂泥田	中潴灰黄砂泥田	1	0–13	浅灰色	轻壤土	软糊无结构										石英岩类风化物	E 114°17′00.6″ N 25°29′49.3″	95
						2	13–20	浅棕灰色	中壤土	块状												
						3	20–42	棕黄色	中壤土	块状												
						4	42–100	棕黄色	中壤土	块状												
剖86	人为土	水稻土	潴育水稻土	潴育型麻砂泥田	麻砂泥田	1	0–12	棕灰色	轻壤土	屑粒状	5.4	19.0	1.15	1.36						花岗岩风化物	E 114°17′57.2″ N 25°28′54.8″	95
						2	12–24	浅棕灰色	轻壤土	块状	5.3	11.0	0.75	0.67		114	5.3	460				
						3	24–43	浅黄棕色	轻壤土	块状	5.3	8.0	0.63	0.67								
						4	43–66	浅黄色	砂壤土	块状	5.5	6.0	0.43	0.55								
						5	66–100	浅黄色	中壤土	块状		4.0	0.37	0.44								
剖87	人为土	水稻土	潴育水稻土	潴育型黄砂泥田	上位弱潴灰黄砂泥田	1	0–16	棕灰色	中壤土	屑粒状	6.7	38.0	1.69	0.89		152	6.5	51		石英岩类风化物	E 114°30′24.6″ N 25°40′39.2″	95
						2	16–30	浅黄灰色	重壤土	较软糊	6.9	27.0	1.66	0.76								
						3	30–40	浅棕灰色	轻壤土		7.1	10.0	1.16	0.51								
						4	40–100	黄棕色	轻壤土	块状	7.1	9.0	1.27	0.60								

安 远 县

主要土类说明

红壤是安远县主要土壤类型，占本县地域面积的76%。红壤是中亚热带生物气候条件下形成的地带性土壤，一般土层深厚，除去表层颜色较灰暗外，心土层和底土层均为红色的紧实黏土层，呈块状或核块状结构，在底土有时可见黄、红、白色相间的网纹层；土壤呈酸性，缺磷、少钾，在土壤侵蚀地区表土或心土被冲刷，底土裸露，自然肥力低。本县红壤有红壤、山地黄红壤两个亚类。其中红壤亚类面积最大，处于海拔500m以下地区，全县各地均有分布，由花岗岩类、石英岩类、泥质岩类、第四纪红色黏土发育而成，是主要的林业土壤。山地黄红壤分布在海拔500—800m的低山地区，植被较好，有松、杉、茅、竹、油茶等；土层较厚，表层和心土层有黄化现象，心土层仍然是红土壤。

水稻土是安远县第二大土壤类型，占本县地域面积的12%。在长期种植水稻，人为耕作、施肥、灌溉的影响下，土壤干湿交替，氧化还原交替进行，土体内进行着有机质合成与分解、复盐基与盐基淋溶、黏粒淋溶与淀积等作用，促使土壤形态变化，从而形成水稻土特殊的剖面形态、理化和生物特征。根据土壤水分动态和剖面形态特征，本县水稻土分为淹育水稻土、潴育水稻土、潜育水稻土和侧渗水稻土四个亚类。

紫色土是安远县第三大土壤类型，占本县地域面积的8%，分布在本县低、中丘陵地区，由紫色岩类风化物发育而成。紫色岩层较复杂，分为紫色砂岩类和紫色泥页岩类。本县紫色土只有酸性紫色土一个亚类。

黄壤占本县地域面积的3%，分布于海拔800m以上的中、低山区，分布在山地黄红壤之上，在植被茂密、云雾多、日照少、潮湿阴凉的条件下，形成土壤剖面中的黄化层。表层有枯枝落叶层，腐殖质含量较高，颜色较暗，亚表层受腐殖质影响被染成棕黄色，心土层为鲜艳的黄色，酸性土，适宜发展林业。本县黄壤只有山地黄壤一个亚类。

小于本县地域面积3%的土壤类型还有潮土等。

本区域中心区气候特征

本区域中心区气候特征值
Regional climate characteristics in central area of the region

气候带：中亚热带湿润气候 Climate region: Subtropical humid climate	
年平均气温 /℃ Annual average temperature /℃	19.9
年平均最高气温 /℃ Annual average maximum temperature /℃	24.6
年平均最低气温 /℃ Annual average minimum temperature /℃	16.6
年降水量 /mm Annual precipitation /mm	1568
≥10℃的积温 /℃ Daily temperature accumulated in a year（≥10℃）/℃	11200
年日照时数 /h Annual sunshine /h	1781
年平均相对湿度 /% Annual average relative humidity /%	77
干燥度 Dryness	0.75

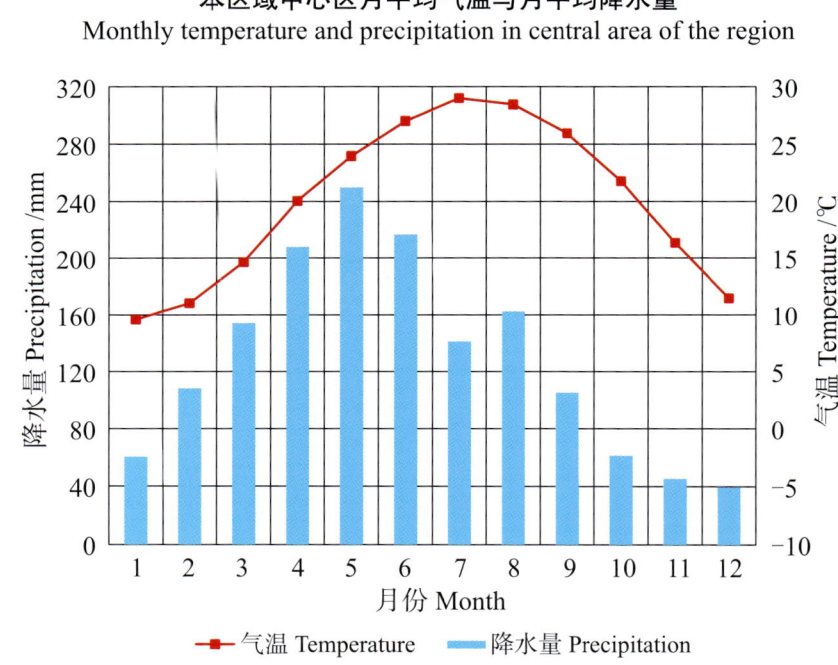

本区域中心区月平均气温与月平均降水量
Monthly temperature and precipitation in central area of the region

安远县主要土壤类型与土壤剖面点分布图
1∶280 000

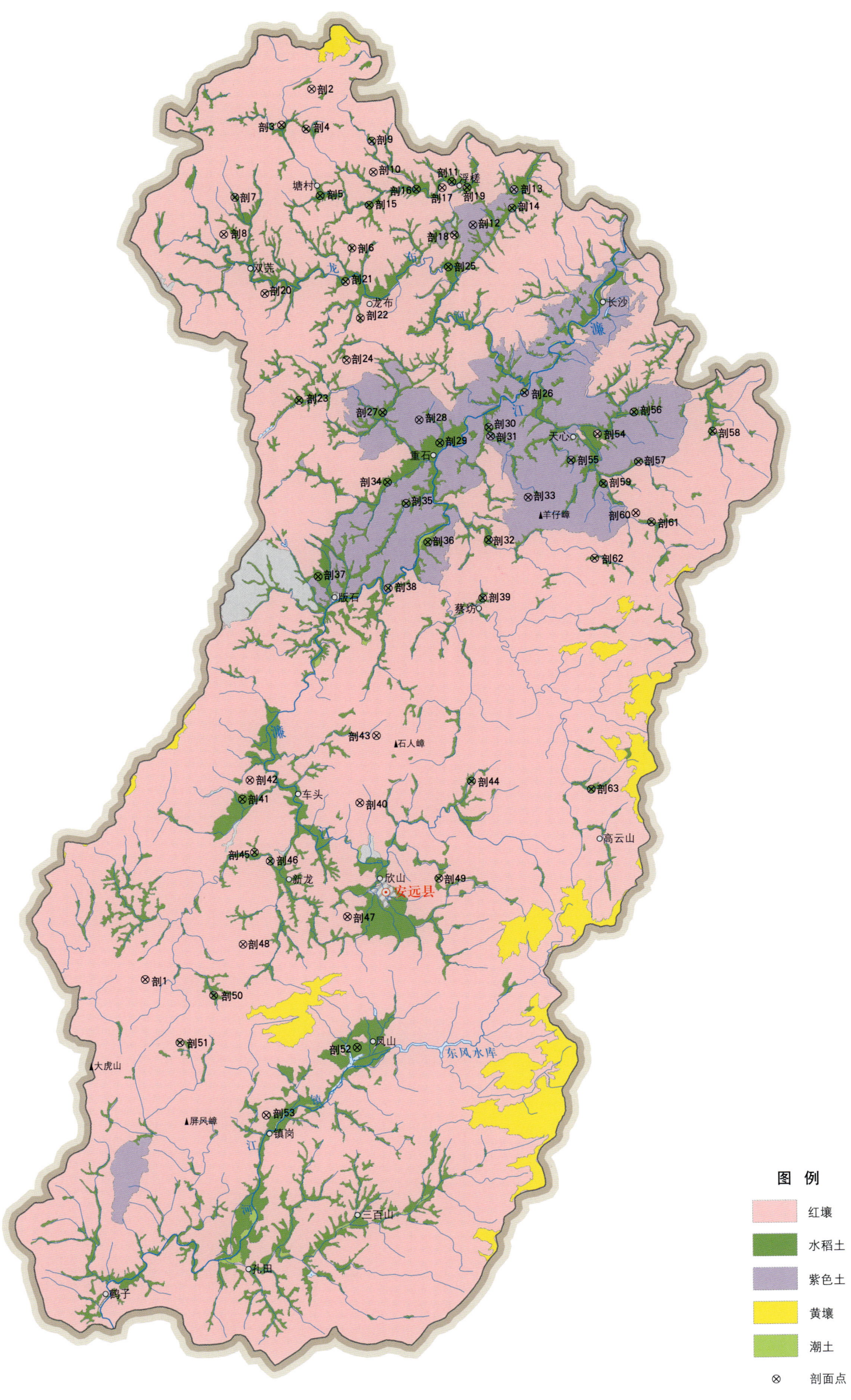

安远县土壤剖面理化性状表

剖面号 Soil profile	土纲 Soil order	土类 Soil great group	亚类 Soil subgroup	土属 Soil genus	土种 Soil species	土层码 Layer code	土层厚度 Depth/cm	颜色 Soil color	质地 Soil texture	土壤结构 Soil structure	pH	有机质 OM/(g/kg)	全氮 TN/(g/kg)	全磷 TP/(g/kg)	全钾 TK/(g/kg)	碱解氮 AN/(mg/kg)	有效磷 AP/(mg/kg)	速效钾 AK/(mg/kg)	土壤母质 Parent material	剖面点坐标 Profile coordinate	匹配指数 Matching index/%
剖1	铁铝土	红壤	红壤	泥砂红土	灰黄砂泥	A	0—5	红棕色	黏壤土	碎块状	4.6	28.2	0.80	0.50	10.5				石英岩风化物	E 115°14′12.3″ N 25°05′11.3″	95
						Bv	5—24	油红色	黏壤土	块状	5.1	13.4	0.50	0.50	12.1						
						C	24—100	油红棕色	黏壤土	块状	4.9	8.9	0.20	0.50	12.5						
剖2	铁铝土	红壤	黄红壤	花岗岩类山地黄红壤	厚层中有机质花岗岩类山地黄红壤	1	0—6	黑黄棕色	轻壤土	核粒状	5.6	30.4	1.11	0.34		111	3.7	159	花岗岩	E 115°20′19.2″ N 25°35′42.6″	95
						2	6—40	浅黄棕色	中壤土	核块状	4.9	16.0	0.72	0.19							
						3	40—70	浅红棕色	中壤土	核块状	5.2	7.7	0.51	0.27							
						4	70—100	红棕色	中壤土	核粒状	5.3	5.3	0.47	0.24							
剖3	铁铝土	红壤	红壤	麻砂泥土	厚层灰麻砂泥土	2	15—29	浅棕灰色	中壤土	核块状									花岗岩风化物	E 115°19′11.7″ N 25°34′28.7″	99
						3	29—58	黄棕色	中壤土	核块状											
						4	58—100	棕灰色	轻壤土	核块状											
剖4	人为土	水稻土	潜育水稻土	潜育型潜鳝泥田	全层弱潜鳝泥田	1	0—25	棕灰色	重壤土	软糊无结构									泥质岩类风化物	E 115°20′07.6″ N 25°34′20.9″	95
						2	25—40	浅蓝灰色	重壤土	软糊无结构											
						3	40—70	蓝灰色	中壤土	软糊无结构											
						4	70—100	灰蓝色	重壤土	软糊无结构											
剖5	人为土	水稻土	潜育水稻土	潜育型鳝泥田	强潜砂砾底灰潮砂泥田	1	0—10	棕灰色	轻壤土	小粒状									河流冲积物	E 115°20′40.3″ N 25°32′04.2″	95
						2	10—21	浅棕灰色	重壤土	块状											
						3	21—46	棕色	轻壤土	块状											
						4	46—100	棕灰色	轻壤土	块状											
剖6	人为土	水稻土	淹育水稻土	潜育型鳝泥田	中潜砂砾底鳝泥田	1	0—14	浅棕灰色	中壤土	小粒状									泥质岩类风化物	E 115°21′53.6″ N 25°30′16.6″	95
						2	14—21	棕灰棕色	重壤土	小粒状											
						3	21—40	棕灰色	重壤土												
						4	40—100	棕灰色	重壤土	块状											
剖7	人为土	水稻土	潜育水稻土	潜育型潮泥田	灰潮砂泥田	1	0—17	暗棕色	中壤土	块状									河流冲积物	E 115°17′26.3″ N 25°31′59.1″	95
						2	17—34	棕色	中壤土	团粒状											
						3	34—63	棕灰色	中壤土	核块状	5.2	14.6	0.43	0.57		50	2.5	65			
						4	63—100	浅红棕色	重壤土	核块状	5.2	3.2	0.18	0.90							
剖8	铁铝土	红壤	红壤	泥质岩类红壤	厚层少有机质泥质岩类红壤	1	0—14	红棕色	重壤土	核块状	5.4	2.5	≤0.10	0.55					泥质岩类	E 115°17′01.6″ N 25°30′42.5″	98
						2	14—29	黄棕色	重壤土	块状	5.5	1.9	0.19	0.59							
						3	29—71	浅棕色	中壤土	小粒状											
						4	71—100	棕灰色	重壤土	块状											
剖9	人为土	水稻土	潜育水稻土	潜育型紫砂泥田	中潜酸性砾底灰紫泥田	1	0—13	紫棕色	重壤土	块状									紫色砂岩类	E 115°22′37.4″ N 25°33′57.1″	95
						2	13—20	紫紫色	重壤土	核块状											
						3	20—40	紫棕色	重壤土	核块状											
						4	40—100	棕色	中壤土	核块状											
剖10	铁铝土	红壤	山地黄红壤	泥质岩类山地黄红壤	中层少有机质泥质岩类山地黄红壤	1	0—15	灰棕色	重壤土	软糊无结构	5.1	37.2	1.85	0.47		127	5.4	10	泥质岩类	E 115°22′41.3″ N 25°32′53.5″	95
						2	15—31	紫蓝色	重壤土	核块状	5.2	37.2	1.74	0.43							
						3	31—80	紫灰色	重壤土	核块状	5.8	36.1	1.86	0.45							
						4	80—100	棕灰色	重壤土	核块状	5.2	35.7	1.42	0.42							
剖11	人为土	水稻土	潜育水稻土	潜育型紫酸性紫泥田	全层中潜酸性紫泥田	1	0—15	灰棕色	中壤土	软糊无结构									紫色泥页岩风化物	E 115°25′39.7″ N 25°32′34.9″	95
						2	15—21	紫蓝色	重壤土	核块状											
						3	21—46	紫灰色	重壤土	核块状											
						4	46—100	紫蓝色	重壤土	核块状											

续表 Continued

剖面号 Soil profile	土纲 Soil order	土类 Soil great group	亚类 Soil subgroup	土属 Soil genus	土种 Soil species	土层码 Layer code	土层厚度 Depth/cm	颜色 Soil color	质地 Soil texture	土壤结构 Soil structure	pH	有机质 OM/(g/kg)	全氮 TN/(g/kg)	全磷 TP/(g/kg)	全钾 TK/(g/kg)	碱解氮 AN/(mg/kg)	有效磷 AP/(mg/kg)	速效钾 AK/(mg/kg)	土壤母质 Parent material	剖面点坐标 Profile coordinate	匹配指数 Matching index/%
剖12	初育土	紫色土	酸性紫色土	紫色泥岩酸性紫色土	薄层中有机质酸性紫色土	1	0—9	棕紫色	中壤土	核粒状									酸性紫色泥页岩类	E 115°26′27.5″ N 25°31′05.9″	97
						2	9—30	紫色	重壤土	核块状											
						3	30—53	棕色	重壤土	核块状											
						4	53—	紫棕色	重壤土	核状											
剖13	初育土	紫色土	酸性紫色土	酸性紫泥土	厚层酸性灰紫泥土	1	0—20	浅红紫色	重壤土	核状										E 115°28′01.3″ N 25°32′19.7″	98
						2	20—46	红紫色	重壤土	核块状											
						3	46—64	棕灰色	重壤土	核块状											
						4	64—100	紫棕色	重壤土	核状											
剖14	人为土	水稻土	潴育水稻土	潴育型酸性紫砂泥田	中潴酸性灰紫砂泥田	1	0—14	棕灰色	轻黏土	小粒状	5.7	15.7	1.04	0.35					紫色砂岩类风化物	E 115°27′56.7″ N 25°31′41.0″	95
						2	14—27	浅棕灰色	轻黏土	块状	5.8	14.5	1.16	0.35							
						3	27—57	棕灰色	轻黏土	棱块状	5.3	13.6	1.54	0.50			1.4	50			
						4	57—100	浅黄色	轻黏土	块状	5.8	15.2	1.22	0.31							
剖15	人为土	水稻土	潴育水稻土	潴育型黄砂泥田	泥炭底灰麻砂泥田	1	0—18	灰棕色	轻壤土	小粒状									花岗岩风化物	E 115°22′31.9″ N 25°31′45.7″	95
						2	18—27	浅棕灰色	重壤土	块状											
						3	27—62	灰黑色	重壤土	块状											
						4	62—100	黑色	中壤土	块状											
剖16	人为土	水稻土	淹育水稻土	淹育型鳝泥田	强潴灰鳝泥田	1	0—12	浅棕灰色	重壤土	小粒状	5.7	19.9	1.16	0.58		94	8.4	96	泥质岩类风化物	E 115°24′18.7″ N 25°32′18.9″	95
						2	12—23	棕灰色	重壤土	块状	6.8	9.1	0.68	0.35							
						3	23—67	棕灰色	重壤土	棱块状	6.7	7.4	0.68	0.59							
						4	67—100	暗棕色	轻黏土	块状	6.4	6.6	0.73	0.57							
剖17	铁animal土	红壤		鳝泥土	厚层灰鳝泥土	1	0—11	浅棕灰色	中壤土	小粒状									泥质岩类风化物	E 115°25′17.7″ N 25°32′22.4″	97
						2	11—32	浅棕灰色	重壤土	核块状											
						3	32—53	浅棕灰色	重壤土	棱块状											
						4	53—100	浅黄棕色	重壤土	块状											
剖18	人为土	水稻土	潴育水稻土	潴育型潮砂泥田	砂砾底灰黄泥田	1	0—15	暗棕色	轻壤土	小粒状									河流冲积物	E 115°24′46.2″ N 25°30′45.0″	95
						2	15—24	暗棕色	轻壤土	块状											
						3	24—51	棕灰色	轻散状	松散状											
						4	51—100														
剖19	人为土	水稻土	潴育水稻土	潴育型黄泥田	弱潴灰潮砂泥田	1	0—15	棕灰色	中壤土	小粒状									第四纪红色黏土	E 115°26′14.3″ N 25°32′23.4″	95
						2	15—29	棕红色	重壤土	核块状	5.6	28.3	1.84	0.47		162	9.9	74			
						3	29—51	棕红色	重壤土	棱块状	5.5	25.0	1.63	0.38							
						4	51—100	浅黄色	轻壤土	块状	6.8	6.0	0.43	0.37							
剖20	人为土	水稻土	潴育水稻土	潴育型潮砂泥田	弱潴灰潮砂泥田	1	0—12	黄棕色	砂土	松散状	6.4	4.6	0.19	0.62					河流冲积物	E 115°18′35.6″ N 25°28′42.3″	95
						2	12—23	棕灰色	中壤土	小粒状	5.8	5.3	0.35	0.66		31	12.6	37			
						3	23—56	浅黄色	轻壤土	块状	5.6	14.8	0.96	0.99							
						4	56—100	棕灰色	中壤土	小块状											
剖21	半水成土	潮土	灰潮土	壤质潮土	厚层潮砂泥土	1	0—12	浅棕灰色	中壤土	块状	5.6	17.4	0.90	1.03					河流冲积物	E 115°21′39.1″ N 25°29′08.0″	97
						2	12—28	灰棕色	中壤土	小块状	5.5	4.7	0.22	0.60							
						3	28—52	浅棕灰色	中壤土	块状											
						4	52—100	棕灰色	中壤土	块状											
剖22	人为土	水稻土	潴育水稻土	潴育型麻砂泥田	全层强潴灰麻砂泥田	1	0—20	蓝灰色	中壤土	软糊无结构									花岗岩风化物	E 115°22′13.2″ N 25°27′53.5″	95
						2	20—28	蓝灰色	中壤土	软糊无结构											
						3	28—52	浅蓝灰色	中壤土	软糊无结构											
						4	52—100	灰蓝色	中壤土	软糊无结构											

续表 Continued

剖面号 Soil profile	土纲 Soil order	土类 Soil great group	亚类 Soil subgroup	土属 Soil genus	土种 Soil species	土层码 Layer code	土层厚度 Depth/cm	颜色 Soil color	质地 Soil texture	土壤结构 Soil structure	pH	有机质 OM/(g/kg)	全氮 TN/(g/kg)	全磷 TP/(g/kg)	全钾 TK/(g/kg)	碱解氮 AN/(mg/kg)	有效磷 AP/(mg/kg)	速效钾 AK/(mg/kg)	土壤母质 Parent material	剖面点坐标 Profile coordinate	匹配指数 Matching index/%
剖23	人为土	水稻土	潴育水稻土	潴育型类黄砂田	强潴灰黄泥田	1	0—13	棕灰色	中壤土	小粒状									第四纪红色黏土	E 115°19′54.9″ N 25°25′04.6″	95
						2	13—20	浅棕灰色	重壤土	块状											
						3	20—37	浅红棕色	重壤土	块状											
						4	37—100	黄棕色	重壤土	块粒状											
剖24	铁铝土	红壤		黄砂泥土	厚层灰黄砂泥土	1	0—25	浅棕色	中壤土	核块状									石英岩类风化物	E 115°21′42.3″ N 25°26′27.8″	97
						2	25—55	浅黄棕色	中壤土	核块状											
						3	55—70	浅红棕色	中壤土	核块状											
						4	70—100	浅红棕色	中壤土	核块状											
剖25	人为土	水稻土	潴育水稻土	潴育型酸性紫砂泥田	酸潴灰紫砂泥田	1	0—13	浅紫色	重壤土	小粒状	5.2	23.1	1.49	0.63		117	5.0	150	紫色砂岩类风化物	E 115°25′32.4″ N 25°29′39.4″	95
						2	13—22	浅紫灰色	重壤土	棱块状	5.3	20.5	1.40	0.57							
						3	22—67	浅紫灰色	重壤土	块状	5.2	11.9	0.75	0.38							
						4	67—100	浅紫棕色	重壤土	块状	5.0	7.2	0.52	0.31							
剖26	人为土	水稻土	潴育水稻土	潴育型潮砂泥田	强潴砂砾底乌嘴砂泥田	1	0—13	暗灰色	轻壤土	小粒状									河流冲积物	E 115°28′26.8″ N 25°25′23.1″	95
						2	13—23	棕灰色	轻壤土	块状											
						3	23—61	灰棕色	砂壤土	块状											
						4	61—100	浅红棕色	砂壤土	块状											
剖27	人为土	水稻土	潴育水稻土	潴育型黄砂泥田	强潴砂砾底灰黄砂泥田	1	0—10	浅灰棕色	轻壤土	小粒状									石英岩类风化物	E 115°23′04.8″ N 25°24′41.1″	95
						2	10—16	浅红棕色	轻壤土	块状											
						3	16—58	棕灰色	砂壤土	块状											
						4	58—100	浅黄棕色	轻壤土	块状											
剖28	初育土	紫色土	酸性紫色土	酸性紫色砾岩类紫砂土	厚层少有机质酸性紫砂土	1	0—7	棕灰色	中壤土	核状									酸性紫色砂砾岩类	E 115°24′27.9″ N 25°24′26.0″	98
						2	7—42	紫棕色	重壤土	棱块状											
						3	42—68	浅紫色	重壤土	棱块状											
						4	68—100	棕紫色	中壤土	块状											
剖29	人为土	水稻土	潴育水稻土	潴育型鳝田	强潴鳝泥田	1	0—15	浅灰色	中壤土	小粒状									泥质岩类风化物	E 115°25′15.1″ N 25°23′38.9″	95
						2	15—27	浅灰棕色	重壤土	棱块状											
						3	27—42	棕黄色	重壤土	棱块状											
						4	42—72	浅黄棕色	重壤土	棱块状											
						5	72—100	浅黄棕色	重壤土	块状											
剖30	人为土	水稻土	潴育水稻土	潴育型酸性紫砂紫泥田	弱潴酸性紫砂泥田	1	0—13	棕紫色	轻壤土	小粒状									紫色砂岩类风化物	E 115°27′05.9″ N 25°24′11.3″	95
						2	13—22	浅紫灰色	轻壤土	块状											
						3	22—70	棕灰色	中壤土	块状											
						4	70—100	棕灰色	轻壤土	块状											
剖31	人为土	水稻土	潴育水稻土	潴育型麻砂泥田	弱潴灰麻砂泥田	1	0—10	棕灰色	轻壤土	小粒状									花岗岩风化	E 115°27′06.5″ N 25°24′03.5″	95
						2	10—23	棕黄色	轻壤土	块状											
						3	23—53	棕灰色	轻壤土	块状											
						4	53—100	棕灰色	轻壤土	块状											
剖32	人为土	水稻土	潴育水稻土	潴育型黄砂泥田	中潴乌黄砂泥田	1	0—20	棕灰色	中壤土	小粒状	5.7	27.1	1.76	1.34		156	29.7	80	石英岩类风化物	E 115°27′06.4″ N 25°20′20.1″	95
						2	20—35	浅棕灰色	中壤土	块状	5.8	15.8	0.84	1.39							
						3	35—67	灰棕色	中壤土	块状	5.6	8.5	0.42	1.17							
						4	67—100	浅灰棕色	中壤土	块状	5.7	5.6	0.32	1.22							
剖33	初育土	紫色土	酸性紫色土	酸性紫色砾岩类紫砂土	薄层少有机质酸性紫砂土	1	0—5	棕灰色	轻壤土	小核状									酸性紫色砂砾岩类	E 115°28′36.0″ N 25°21′47.6″	99
						2	5—35	紫棕色	轻壤土	块状											
						3	35—70	紫棕色	砂壤土	块状											
						4	70—	浅紫色													

续表 Continued

剖面号 Soil profile	土纲 Soil order	土类 Soil great group	亚类 Soil subgroup	土属 Soil genus	土种 Soil species	土层码 Layer code	土层厚度 Depth/cm	颜色 Soil color	质地 Soil texture	土壤结构 Soil structure	pH	有机质 OM/(g/kg)	全氮 TN/(g/kg)	全磷 TP/(g/kg)	全钾 TK/(g/kg)	碱解氮 AN/(mg/kg)	有效磷 AP/(mg/kg)	速效钾 AK/(mg/kg)	土壤母质 Parent material	剖面点坐标 Profile coordinate	匹配指数 Matching index/%
剖134	人为土	水稻土	潴育水稻土	潴育型黄砂泥田	砂砾底灰黄砂泥田	1	0—17	暗灰色	中壤土	小粒状									石英岩类风化物	E 115°23′16.9″ N 25°22′16.9″	96
						2	17—28	黄棕色	中壤土	块状											
						3	28—47	棕黄色	轻壤土	块状											
						4	47—100	棕黄色	中壤土												
剖135	人为土	水稻土	潴育水稻土	潴育型黄砂泥田	中位中潜黄砂泥田	1	0—12	棕黄色	中壤土	小粒状									石英岩类风化物	E 115°23′59.0″ N 25°21′33.3″	95
						2	12—23	棕黄色	中壤土	块状											
						3	23—50	棕蓝色	轻壤土	软糊无结构											
						4	50—100	浅蓝色	中壤土	软糊无结构											
剖136	人为土	水稻土	潴育水稻土	潴育型黄砂泥田	乌麻砂泥田	1	0—18	灰色	重壤土	小粒状	5.4	53.2	2.48	1.11		191	11.7	183	花岗岩风化物	E 115°24′48.9″ N 25°20′14.6″	95
						2	18—25	浅棕灰色	重壤土	棱块状	5.5	48.6	2.24	0.82							
						3	25—36	浅棕灰色	中壤土	棱块状	5.7	27.3	1.46	0.66							
						4	36—100	棕黄色	中壤土	块状	5.3	20.1	1.04	0.63							
剖137	人为土	水稻土	侧渗水稻土	侧渗型鳝泥田	中漂灰鳝泥田	1	0—15	棕黄色	重壤土	小粒状	5.3	30.8	1.83	0.51		220	7.4	58	泥质岩类风化物	E 115°20′40.3″ N 25°19′03.1″	95
						2	15—24	浅蓝灰色	重壤土	块状	5.4	21.0	1.57	0.39							
						3	24—49	浅蓝灰色	重壤土	块状	6.1	11.6	0.86	0.24							
						4	49—100	浅棕灰色	轻壤土	小粒状	7.0	3.2	0.19	≤0.10							
剖138	半水成土	潮土	灰潮土	壤质潮土	厚层砂砾底灰潮砂泥土	1	0—14	浅棕灰色	中壤土	单粒状									河流冲积物	E 115°23′19.5″ N 25°18′40.3″	97
						2	14—37	黄棕色	轻壤土	屑粒状											
						3	37—100	棕灰色	中壤土	块状											
剖139	人为土	水稻土	潴育水稻土	潴育型黄砂泥田	弱潜灰黄砂泥田	1	0—14	棕灰色	中壤土	棱块状	5.2	33.5	1.11	0.41		106	4.6	89	石英岩类风化物	E 115°26′53.5″ N 25°18′21.1″	96
						2	14—32	浅灰色	中壤土	核粒状	5.1	11.1	0.49	0.36							
						3	32—69	浅灰色	中壤土	核状	5.2	9.3	0.37	0.37							
						4	69—100	浅灰色	轻壤土	团粒状											
剖140	铁铝土	红壤	红壤	花岗岩类红壤	中层中有机质花岗岩山地黄红壤	1	0—3	暗棕紫色	中壤土	核粒状	5.9	22.9	1.28	0.40		95	2.7	113	花岗岩	E 115°22′16.9″ N 25°11′18.9″	95
						2	3—26	棕紫色	重壤土	核块状	6.0	12.0	0.80	0.35							
						3	26—40	黄棕色	轻壤土	核块状	6.8	3.5	0.55	0.17							
						4	40—														
剖141	铁铝土	红壤	淹育水稻土	淹育型酸性紫泥田	酸性灰紫泥田	1	0—8	黑灰色	重壤土	小粒状	4.6	55.9	1.40	0.28		130	7.6	139	紫色泥页岩风化物	E 115°17′50.7″ N 25°11′24.6″	95
						2	8—27	棕灰色	中壤土	核块状	4.6	22.3	0.75	0.22							
						3	27—55	灰棕色	重壤土	核块状	4.7	11.5	0.57	0.16							
						4	55—100	浅棕色	中壤土	块状											
剖142	人为土	山地黄红壤	山地黄红壤	花岗岩类山地黄红壤	薄层中有机质花岗岩类山地黄红壤	1	0—12	浅灰色	轻壤土	小块状	5.8	58.0	1.24	0.65		124	8.9	70	花岗岩	E 115°18′07.6″ N 25°12′03.9″	95
						2	12—24	棕灰色	中壤土	小粒状	5.9	59.0	0.36	0.35							
剖143	人为土	山地黄红壤	山地黄红壤	石英岩类山地黄红壤	中潴砂砾底灰麻砂泥田	3	24—53	浅棕灰色	重壤土	单粒状	5.4	54.0	0.74	0.39					石英岩类	E 115°22′54.5″ N 25°13′36.7″	95
						4	53—100	灰蓝色	砂壤土	软糊无结构	5.7	57.0	0.29	0.28							
剖144	人为土	水稻土	潴育水稻土	潴育型潮砂泥田		1	0—15	浅棕灰色	砂壤土	小粒状									花岗岩风化物	E 115°18′19.1″ N 25°26′30.1″	95
剖145	人为土	水稻土	潴育水稻土	潴育型潮砂泥田	中位弱潜灰潮砂泥田	2	15—24	棕灰色	砂壤土	软糊无结构									河流冲积物	E 115°09′36.5″ N 25°12′04.0″	95

续表 Continued

剖面号 Soil profile	土纲 Soil order	土类 Soil great group	亚类 Soil subgroup	土属 Soil genus	土种 Soil species	土层码 Layer code	土层厚度 Depth/cm	颜色 Soil color	质地 Soil texture	土壤结构 Soil structure	pH	有机质 OM/(g/kg)	全氮 TN/(g/kg)	全磷 TP/(g/kg)	全钾 TK/(g/kg)	碱解氮 AN/(mg/kg)	有效磷 AP/(mg/kg)	速效钾 AK/(mg/kg)	土壤母质 Parent material	剖面点坐标 Profile coordinate	匹配指数 Matching index/%
剖46	人为土	水稻土	潴育水稻土	青砂泥田	青黄砂泥田	Aa	0—16	亮棕色	壤质黏土	团块状	5.4	39.1	1.90	0.50	23.1	149	11.0	64	石英砂岩风化物	E 115°18′54.8″ N 25°09′18.6″	81
						Ap	16—25	暗黄黄色	壤质黏土	软块状	5.6	32.3	1.40	0.30	21.9						
						G₁	25—84	灰色	黏质土	软块状	5.5	26.1	0.90	≤0.10	26.4						
						G₂	84—111	橄榄黄色	砂质黏壤土	软块状	5.4	5.6	0.70	0.20	29.6						
剖47	铁铝土	红壤		石英岩红壤	厚层多有机质石英岩类红壤	1	0—5	棕灰色	轻壤土	小核块状									石英岩类	E 115°21′50.4″ N 25°07′23.7″	98
						2	5—30	浅棕黄色	中壤土	核块状											
						3	30—50	浅红棕色	中壤土	核块状											
						4	50—100	红棕色	中壤土	核块状											
剖48	铁铝土	红壤		花岗岩红壤	中层多有机质花岗岩类红壤	1	0—7	灰黑色	中壤土	粒状									花岗岩	E 115°17′53.3″ N 25°06′25.6″	99
						2	7—35	浅棕灰色	中壤土	核块状											
						3	35—61	红棕色	中壤土	核块状											
						4	61—100	浅棕灰色	中壤土	核块状											
剖49	人为土	水稻土	潴育水稻土	潴育型鳝泥田	灰鳝泥田	1	0—11	棕灰色	轻壤土	小粒状									泥质岩类风化物	E 115°25′17.0″ N 25°08′44.6″	95
						2	11—20	棕灰色	中壤土	核块状	5.4	44.4	1.95	0.47		159	6.5	88			
						3	20—30	浅棕灰色	中壤土	核块状	5.3	41.5	1.62	0.45							
						4	30—40	暗灰色	中壤土	软糊无结构	5.2	19.2	0.74	0.33							
						5	40—100	灰色	轻壤土	块状	5.4	3.3	0.12	0.21							
剖50	人为土	水稻土	潴育水稻土	潴育型麻砂泥田	中位中潜灰麻砂泥田	1	0—20	浅棕灰色	轻壤土	小粒状	5.2	45.0	2.03	0.38		178	5.0	68	花岗岩风化物	E 115°16′47.8″ N 25°04′39.3″	95
						2	20—28	浅棕灰色	重壤土	核块状	5.4	43.1	1.95	0.37							
						3	28—45	蓝灰色	重壤土	软糊无结构	5.7	24.5	0.98	0.21							
						4	45—100	蓝灰色	中壤土	软糊无结构	5.7	26.4	0.91	0.25							
剖51	人为土	水稻土	潴育水稻土	潴育型鳝泥田	中位少潜鳝泥田	1	0—13	浅蓝灰色	轻壤土	小粒状									泥质岩类风化物	E 115°15′31.9″ N 25°03′03.5″	95
						2	13—22	浅黄灰色	轻壤土	块状											
						3	22—55	蓝灰色	中壤土	块状											
						4	55—100	蓝灰色	中壤土	块状											
剖52	人为土	水稻土	潴育水稻土	潴育型麻砂泥田	强潴乌麻砂泥田	1	0—17	浅棕灰色	轻壤土	小块状	4.8	50.3	1.76	3.00		160	5.2	95	花岗岩风化物	E 115°22′13.0″ N 25°02′54.9″	95
						2	17—27	浅棕灰色	重壤土	块状	5.0	16.4	0.89	0.21							
						3	27—63	暗黄色	重壤土	块状	5.0	8.1	0.64	0.22							
						4	63—100	暗黄色	重壤土	块状	5.0	12.5	0.57	≤0.10							
剖53	铁铝土	红壤	山地黄红壤	泥质岩类山地黄红壤	厚层中有机质泥质岩类山地黄红壤	1	0—17	浅黄灰色	中壤土	核块状									泥质岩类	E 115°18′47.9″ N 25°00′37.0″	95
						2	17—28	棕灰色	重壤土	核块状											
						3	28—44	浅红棕色	重壤土	核块状											
						4	44—100	红棕色	重壤土	核块状											
剖54	铁铝土	红壤		黄泥土	厚层黄泥土	1	0—11	灰棕色	中壤土	小块状	5.5	30.5	1.49	0.85		128	10.8	41	第四纪红色黏土	E 115°31′12.5″ N 25°23′59.2″	99
						2	11—20	棕灰色	重壤土	小块状	5.7	21.8	0.84	0.13							
						3	20—46	蓝灰色	重壤土	小块状	5.5	27.3	0.97	≤0.10							
						4	46—100	灰白色	中壤土	块状	5.5	2.2	0.28	≤0.10							
剖55	人为土	水稻土	侧渗型水稻土	侧渗型麻砂泥田	中漂灰麻砂泥田	1	0—18	灰色	轻壤土	小粒状									花岗岩风化物	E 115°30′12.9″ N 25°23′04.9″	93
						2	18—29	浅棕灰色	轻壤土	块状											
						3	29—56	棕灰色	轻壤土	块状											
						4	56—100	浅灰色	砂壤土	块状											
剖56	人为土	水稻土	潴育水稻土	潴育型麻砂泥田	灰麻砂泥田	—	—	—	—	—									花岗岩风化物	E 115°32′35.1″ N 25°24′44.9″	95

续表 Continued

剖面号 Soil profile	土纲 Soil order	土类 Soil great group	亚类 Soil subgroup	土属 Soil genus	土种 Soil species	土层码 Layer code	土层厚度 Depth/cm	颜色 Soil color	质地 Soil texture	土壤结构 Soil structure	pH	有机质 OM/(g/kg)	全氮 TN/(g/kg)	全磷 TP/(g/kg)	全钾 TK/(g/kg)	碱解氮 AN/(mg/kg)	有效磷 AP/(mg/kg)	速效钾 AK/(mg/kg)	土壤母质 Parent material	剖面点坐标 Profile coordinate	匹配指数 Matching index/%
剖57	人为土	水稻土	侧渗水稻土	侧渗型黄砂泥田	中漂灰黄砂泥田	1	0—20	浅棕灰色	重壤土	小粒状	5.4	31.9	1.51	0.57		132	4.9	28	石英岩类风化物	E 115°32′45.8″ N 25°23′02.5″	93
						2	20—39	浅黄灰色	重壤土	块状	5.4	28.6	1.39	0.48							
						3	39—69	浅棕灰色	重壤土	块状	5.3	20.4	1.05	0.37							
						4	69—100	浅灰白色	重壤土	小块状	5.9	14.1	0.70	0.54							
剖58	人为土	水稻土	潴育水稻土	潴育型鳝泥田	乌鳝泥田	1	0—20	暗灰色	中壤土	小粒状	5.2	55.4	2.57	1.27		216	17.3	123	泥质岩类风化物	E 115°35′34.2″ N 25°24′06.1″	95
						2	20—29	浅棕灰色	中壤土	块状	5.4	23.4	1.22	0.76							
						3	29—75	浅灰色	中壤土	棱块状	6.4	13.3	0.64	0.75							
						4	75—100	浅红棕色	中壤土	小粒状	6.5	9.2	0.41	0.99							
剖59	人为土	水稻土	潴育水稻土	潴育型石灰泥田	乌石灰泥田	1	0—15	浅灰棕色	重壤土	棱块状									石灰岩风化物	E 115°31′26.8″ N 25°22′17.1″	95
						2	15—30	棕黄色	重壤土	棱块状											
						3	30—60	暗棕色	重壤土	块状											
						4	60—100	棕灰色	轻壤土	核粒状	4.7	30.5	1.36	0.46		101	3.7	60	石英岩类	E 115°32′40.3″ N 25°21′16.9″	97
剖60	铁铝土	红壤		石英岩红壤	中层多有机质石英岩类红壤	2	13—38	浅红棕色	中壤土	核粒状	5.0	14.5	0.66	0.56							
						3	38—67	红棕色	中壤土	核状	5.0	12.8	0.55	0.61							
						4	67—	棕灰色		松散状	5.1	7.8	0.49	0.56							
剖61	人为土	水稻土	淹育水稻土	淹育型潮砂泥田	砾石底灰棕砂泥田	1	0—17	浅棕灰色	轻壤土	小粒状									河流冲积物	E 115°33′15.8″ N 25°20′58.8″	95
						2	17—35	棕灰色	轻壤土	块状											
						3	35—100	浅灰蓝色	轻壤土	小粒状											
剖62	人为土	水稻土	潴育水稻土	潴育型麻砂泥田	中位中潜麻砂泥田	1	0—11	棕灰色	轻壤土	块状	5.2	29.8	1.63	0.65		120	7.4	95	花岗岩风化物	E 115°31′07.4″ N 25°19′43.7″	95
						2	11—21	浅红棕色	轻壤土	软糊无结构	5.7	22.4	1.12	0.49							
						3	21—38	浅蓝灰色	轻壤土	软糊无结构											
						4	38—100	浅灰棕色	重壤土	屑粒状											
剖63	人为土	水稻土	淹育水稻土	淹育型麻砂泥田	灰棕砂泥田	1	0—11	浅棕灰色	轻壤土	块状									花岗岩风化物	E 115°31′01.6″ N 25°11′48.3″	95
						2	11—15	棕灰棕色	砂壤土		5.5	12.9	0.80	0.45							
						3	15—100	浅红棕色													

定 南 县

主要土类说明

红壤是定南县主要土壤类型，占本县地域面积的 82%。红壤是在中亚热带生物气候条件下形成的地带性土壤，分布在低山、丘陵地区，一般土层深厚，剖面分层不太明显，除表层颜色较灰暗外，心土和底土均为红色的坚实土层，出现块状或棱块状结构，全剖面呈酸性，缺磷、少钾，在强烈侵蚀的地区，表土或心土被冲蚀，底土裸露，自然肥力低。按土壤发育阶段及过渡，本县红壤分为红壤、山地黄红壤两个亚类。其中，红壤亚类分布在海拔 500m 以下的丘陵地区，面积最大。各乡均有分布，由酸性结晶岩类、石英岩类发育而成。一些红壤区，由于植被遭不同程度破坏，土壤侵蚀可达中度，局部地区为重度，距村庄和公路较远的大部分地区，植被破坏较少，多数为轻度水土流失。山地黄红壤亚类分布在海拔 500—800m 处的低山地区，各乡均有分布，一般林木生长茂盛，植被较好，有松、杉、小灌木、草被、油茶等植被下的土层较厚，质地砂黏不一，表土层和心土层有黄化现象，心土层仍然是红土层；表土层有明显的枯枝落叶层，有机质含量高，黄化特征被暗色腐殖质所掩盖而不明显。

水稻土是定南县第二大土壤类型，占本县地域面积的 16%。根据土壤水分动态、剖面形态特征和耕作措施对土壤肥力的影响，本县水稻土分为淹育水稻土、潴育水稻土、潜育水稻土和侧渗水稻土四个亚类。潴育水稻土在本县分布最广、面积最大，占水稻土面积的 80% 以上，土壤肥力较高，在农业生产上占有重要地位。

小于本县地域面积 3% 的土壤类型还有紫色土、黄壤和潮土。

本区域中心区气候特征

本区域中心区气候特征值
Regional climate characteristics in central area of the region

气候带：中亚热带湿润气候 Climate region: Subtropical humid climate	
年平均气温 /℃ Annual average temperature /℃	20.5
年平均最高气温 /℃ Annual average maximum temperature /℃	25.2
年平均最低气温 /℃ Annual average minimum temperature /℃	17.3
年降水量 /mm Annual precipitation /mm	1689
≥ 10℃的积温 /℃ Daily temperature accumulated in a year (≥ 10℃) /℃	9921
年日照时数 /h Annual sunshine /h	1803
年平均相对湿度 /% Annual average relative humidity /%	77
干燥度 Dryness	0.72

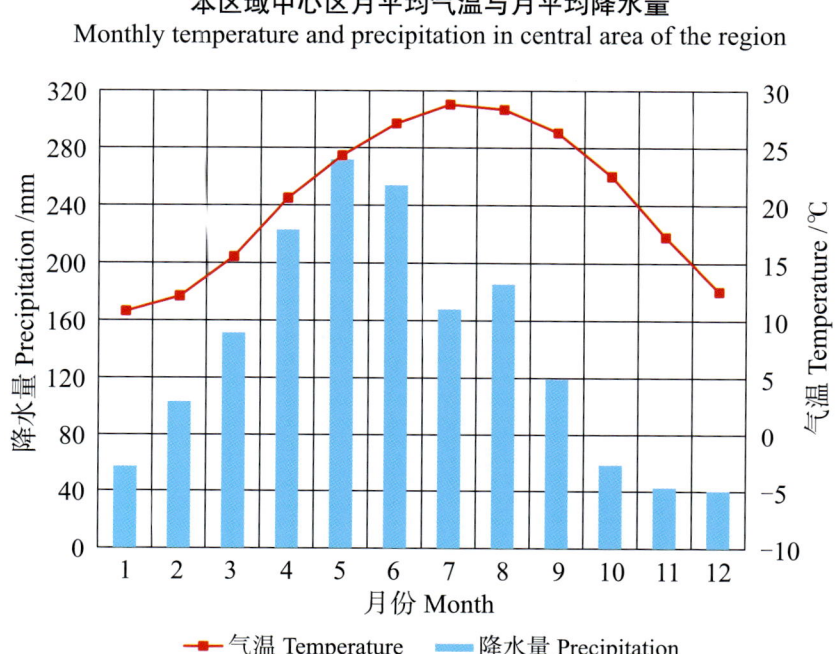

本区域中心区月平均气温与月平均降水量
Monthly temperature and precipitation in central area of the region

定南县主要土壤类型与土壤剖面点分布图
1∶250 000

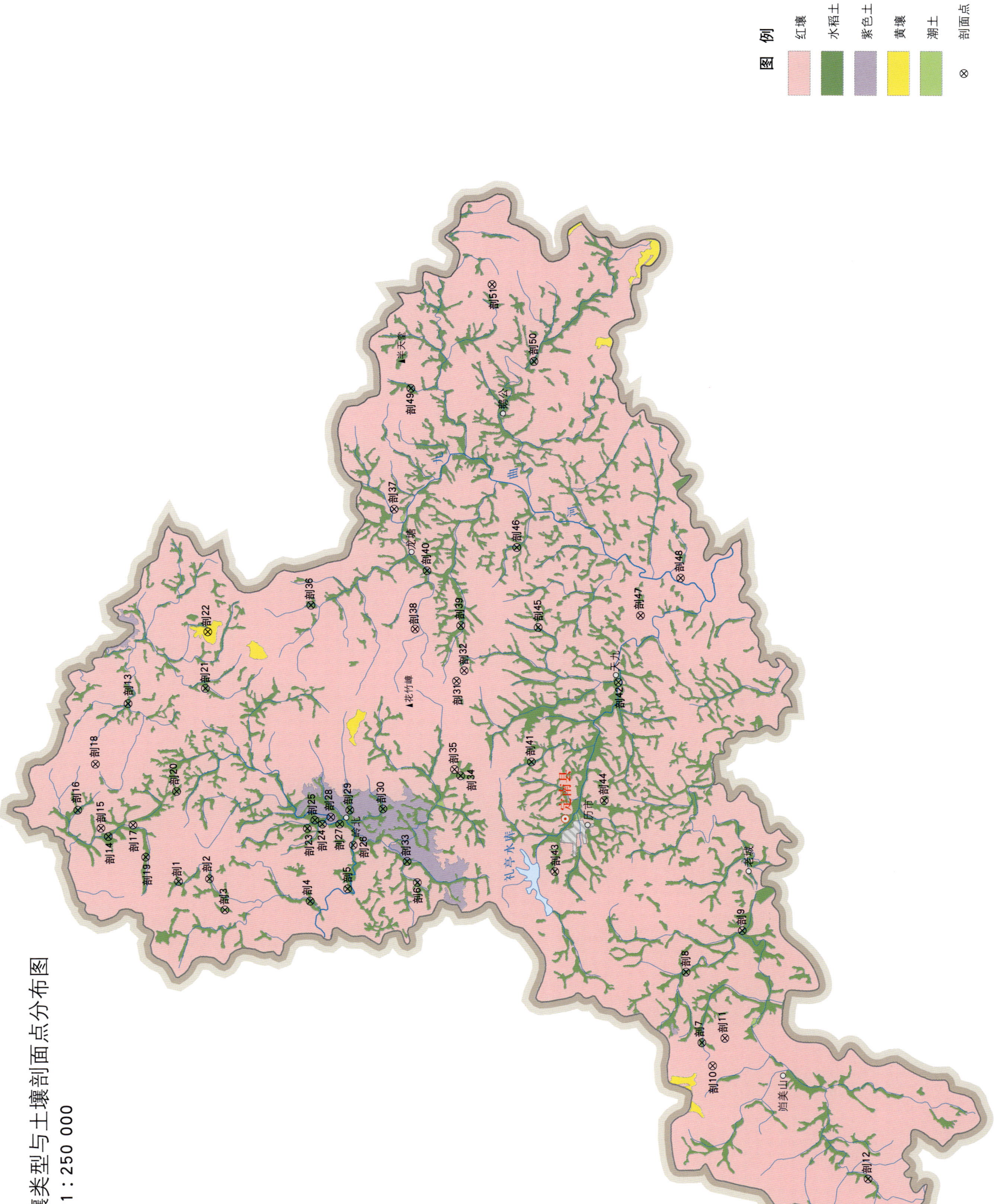

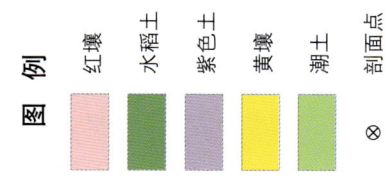

第二编 分县土壤图与土壤剖面数据 | 253

定南县土壤剖面理化性状表

剖面号 Soil profile	土纲 Soil order	土类 Soil great group	亚类 Soil subgroup	土属 Soil genus	土种 Soil species	土层码 Layer code	土层厚度 Depth/cm	颜色 Soil color	质地 Soil texture	土壤结构 Soil structure	pH	有机质 OM/(g/kg)	全氮 TN/(g/kg)	全磷 TP/(g/kg)	碱解氮 AN/(mg/kg)	有效磷 AP/(mg/kg)	速效钾 AK/(mg/kg)	土壤母质 Parent material	剖面点坐标 Profile coordinate	匹配指数 Matching index/%
剖1	人为土	水稻土	潴育水稻土	潴育型鳝泥田	中潴乌鳝泥田	1	0—17	浅棕灰色	中壤土	屑粒状	5.5	46.5	2.46	1.54	215	18.3	75	泥质岩类风化物	E 114°59′33.7″ N 24°58′49.7″	97
						2	17—26	浅棕色	中壤土	块状	5.7	26.3	1.44	1.08						
						3	26—57	浅黄棕色	中壤土	棱块状	6.6	17.8	0.76	0.78						
						4	57—100	浅红棕色	中壤土	棱柱状	6.6	13.5	0.66	0.87						
剖2	人为土	水稻土	潴育水稻土	潴育型麻砂泥田	全层强潴麻砂泥田	1	0—15	浅灰色	砂壤土		5.1	29.6	1.46	0.34	116	1.1	66	花岗岩类风化物	E 114°59′40.1″ N 24°57′52.5″	95
						2	15—29	浅灰蓝色	砂壤土		4.6	28.9	1.27	0.44						
						3	29—49	灰蓝色	砂壤土		5.0	29.3	1.18	0.33						
						4	49—59	蓝灰色	砂壤土		5.0	17.6	0.72	0.19						
						5	59—100	灰蓝色	砂壤土											
剖3	人为土	水稻土	潴育水稻土	潴育型鳝泥田	中位弱潴灰鳝泥田	1	0—15	棕灰色	中壤土	块状	5.7	35.3	1.80	0.77	155	2.5	52	泥质岩类风化物	E 114°58′37.5″ N 24°57′23.8″	97
						2	15—25	浅棕灰色	重壤土	柔软糊状	5.3	37.9	1.73	0.61						
						3	25—55	蓝灰色	重壤土	软糊无结构	5.0	27.1		0.66						
						4	55—87	灰蓝色	重壤土	松软糊状	5.3	32.2	1.28	0.61						
						5	87—100	浅灰蓝色	重壤土											
剖4	人为土	水稻土	潴育水稻土	潴育型黄砂泥田	弱潴潴灰黄砂泥田	1	0—12	浅灰棕色	中壤土	粒状	5.2	29.6	1.73	0.91	136	6.0	49	石英岩类风化物	E 114°58′56.8″ N 24°54′45.7″	95
						2	12—20	浅灰棕色	重壤土	块状	5.3	21.1	1.24	0.81						
						3	20—41	浅黄棕色	重壤土	棱块状	6.1	11.6	0.62	0.76						
						4	41—63	浅黄棕色	中壤土	块块状	6.6	9.8	0.63	0.66						
						5	63—100	浅黄棕色	重壤土	块状										
剖5	人为土	水稻土	淹育水稻土	淹育型黄砂泥田	强淹麻灰砂泥田	1	0—10	棕灰色	轻壤土	屑粒状	5.6				94	4.3	55	花岗岩类风化物	E 114°59′23.5″ N 24°53′36.8″	95
						2	10—19	灰棕色	轻壤土	小块状										
						3	19—45	棕色	轻壤土	块状										
						4	45—60	棕黄色	轻壤土	块状										
						5	60—100	棕黄色	轻壤土	碎块状										
剖6	人为土	水稻土	潴育水稻土	潴育型黄砂泥田	砾石底灰黄砂泥田	1	0—12	浅灰黄色	轻壤土	屑粒状								石英岩类风化物	E 114°59′38.9″ N 24°51′28.3″	95
						2	12—23	深灰色	轻壤土	块状										
						3	23—49	黄棕色	轻壤土	块状										
						4	49—100	浅棕色	轻壤土	块状										
剖7	人为土	水稻土	潴育水稻土	潴育型鳝泥田	中潴砾石底灰鳝泥田	1	0—16	浅灰棕色	中壤土	屑粒状								泥质岩类风化物	E 114°54′22.9″ N 24°42′38.6″	97
						2	16—27	棕灰色	中壤土	块状										
						3	27—52	浅棕棕色	中壤土	块状										
						4	52—100	黑色	中壤土	块状										
剖8	人为土	水稻土	潴育水稻土	潴育型鳝泥田	强潴砾石底灰鳝泥田	1	0—15	浅棕灰色	重壤土	屑粒状	5.5	54.0	3.26	2.16	230	13.4	226	泥质岩类风化物	E 114°56′43.9″ N 24°43′09.5″	97
						2	15—24	浅黄棕色	重壤土	块状	5.7	32.5	1.63	1.55						
						3	24—44	浅棕棕色	重壤土	棱块状	6.4	15.5	1.09							
						4	44—54	黑棕色	重壤土	块块状										
						5	54—100													
剖9	人为土	水稻土	潴育水稻土	潴育型鳝泥田	强潴乌鳝泥田	1	0—17	浅棕灰色	中壤土	屑粒状	5.6	4.3	0.55	2.03				泥质岩类风化物	E 114°58′10.1″ N 24°41′26.8″	97
						2	17—26	浅黄棕色	重壤土	块状										
						3	26—48	浅黄棕色	重壤土	棱块状										
						4	48—100	浅棕色	重壤土	块块状										

续表 Continued

剖面号 Soil profile	土纲 Soil order	土类 Soil great group	亚类 Soil subgroup	土属 Soil genus	土种 Soil species	土层码 Layer code	土层厚度 Depth/cm	颜色 Soil color	质地 Soil texture	土壤结构 Soil structure	pH	有机质 OM/(g/kg)	全氮 TN/(g/kg)	全磷 TP/(g/kg)	碱解氮 AN/(mg/kg)	有效磷 AP/(mg/kg)	速效钾 AK/(mg/kg)	土壤母质 Parent material	剖面点坐标 Profile coordinate	匹配指数 Matching index/%
剖10	铁铝土	红壤	黄红壤	泥质岩山地黄红壤	厚层多有机质泥质岩山地黄红壤	1	0—16	浅红棕色	轻壤土	核粒状								泥质岩类	E 114°53′37.0″ N 24°42′18.4″	97
						2	16—45	浅棕红色	中壤土	核状										
						3	45—73	棕红色	中壤土	核状										
						4	73—100	浅红棕色	中壤土	核状										
剖11	铁铝土	红壤	黄红壤	泥质岩山地黄红壤	薄层中有机质泥质岩山地黄红壤	1	0—14	暗灰色	中壤土	核粒状								泥质岩类	E 114°54′32.4″ N 24°41′56.4″	97
						2	14—18	浅棕灰色	中壤土	核粒状										
						3	18—70	浅红棕色	中壤土	核状										
						4	70—	浅棕色												
剖12	人为土	水稻土	潴育水稻土	潴育型鳝泥田	中潴乌黄泥田	1	0—13		轻壤土	屑粒状	6.9	55.6	2.43	1.38	199	9.5		泥质岩类风化物	E 114°49′55.3″ N 24°37′28.0″	98
						2	13—24	暗灰色	轻壤土	小块状	5.9	42.1	1.92	1.06			≤5			
						3	24—51	浅棕灰色	轻壤土	核状	6.3	15.2	0.62	0.47						
						4	51—75	浅红棕色	砂壤土	小块状	6.6	6.3	0.31	0.31						
						5	75—100	浅棕色	中壤土	核粒状	6.6	6.1	0.32	0.28						
剖13	人为土	水稻土	潴育水稻土	潴育型麻砂泥田	中潴灰麻砂泥田	1	0—10		轻壤土	屑粒状								花岗岩风化物	E 115°05′32.9″ N 25°00′26.9″	95
						2	10—21	灰棕色	中壤土	块状										
						3	21—38	浅棕灰色	砂壤土	核柱状										
						4	38—72	浅红棕色	砂砾土	小块状										
						5	72—100	棕灰色		单粒状										
剖14	人为土	水稻土	潴育水稻土	潴育型麻砂泥田	强潴砾石底灰麻砂泥田	1	0—20	棕灰色	轻壤土	屑粒状	6.0	21.7	1.17	1.99	101	33.0	30	花岗岩风化物	E 115°01′03.2″ N 25°01′00.5″	95
						2	20—50	浅灰棕色	中壤土	块状	5.8	14.4	0.76	1.77						
						3	50—100		中壤土	松软糊状	6.1	10.6	0.85	2.37						
剖15	铁铝土	红壤	山地黄红壤	麻砂泥土	厚层灰麻砂泥土	1	0—17	浅蓝灰色	轻壤土	松软糊状	5.8	41.0	2.09	1.32	207	5.7	83	石英岩类风化物	E 115°01′32.9″ N 25°01′26.9″	97
						2	17—50	蓝灰色	轻壤土	松软糊状	5.6	39.8	1.93	1.27						
						3	50—100	灰蓝色	轻壤土	软糊无结构	5.5	38.3	1.62	1.32						
剖16	人为土	水稻土	潴育水稻土	潴育型黄砂泥田	全层强潴黄砂泥田	1	0—14				4.3	31.5	2.33	1.27	193	2.4	85	花岗岩风化物	E 115°01′56.1″ N 25°01′57.8″	75
						2	14—27	暗灰色	轻壤土	团粒状	4.1	13.1	0.76	0.89						
						3	27—59	黑灰色	中壤土	团粒状	3.9	16.0	0.33	0.92						
						4	59—100	浅灰棕色	轻壤土	核块状	4.1	8.5	0.48	0.86						
剖17	铁铝土	红壤	红壤	黄砂黄红土	厚层灰黄砂泥土	1	0—12	红灰棕色	轻壤土	团粒状	5.6	48.7	2.12	0.90	209	≤1.0	250	花岗岩风化物	E 115°01′27.2″ N 25°01′00.5″	97
						2	12—22	暗灰色	中壤土	团粒状	6.6	47.2	0.95	0.48						
						3	22—65	浅红棕色	轻壤土	核柱状	5.1	16.1	0.56	0.74						
						4	65—100	红灰色	中壤土	团粒状	5.2	11.0	0.75	0.64						
剖18	人为土	水稻土	潴育水稻土	潴育型麻砂泥田	中潴乌麻砂泥田	1	0—20	暗灰色	轻壤土	小块状	6.6	55.9	2.43	1.35	205	6.0	41	花岗岩风化物	E 115°03′29.2″ N 25°01′26.2″	93
						2	20—32	浅灰棕色	中壤土	核柱状	7.3	26.5	1.03	0.66						
						3	32—44	浅灰棕色	重壤土	棱柱状	7.6	15.5	0.69	0.43						
						4	44—69	棕灰色	轻壤土	块状	7.6	10.7	0.39	0.27						
						5	69—100	浅灰棕色	轻壤土	块状	7.7	9.0		0.26						
剖19	铁铝土	水稻土	潴育水稻土	潴育型潮砂泥田	砾石底乌潮砂泥田	1	0—11	棕灰色	砂壤土	屑粒状	5.8	50.6	2.76	1.99	235	18.2	158	花岗岩风化物	E 115°02′36.5″ N 24°59′22.5″	95
						2	11—17	灰棕色	轻壤土	块状	5.6	50.4	1.84	1.45						
剖20	人为土	水稻土	潴育水稻土			3	17—100	浅灰棕色			6.3	7.9	0.61	0.87				河流冲积物	E 115°02′36.5″ N 24°58′55.6″	95

续表 Continued

剖面号 Soil profile	土纲 Soil order	土类 Soil great group	亚类 Soil subgroup	土属 Soil genus	土种 Soil species	土层码 Layer code	土层厚度 Depth/cm	颜色 Soil color	质地 Soil texture	土壤结构 Soil structure	pH	有机质 OM/(g/kg)	全氮 TN/(g/kg)	全磷 TP/(g/kg)	碱解氮 AN/(mg/kg)	有效磷 AP/(mg/kg)	速效钾 AK/(mg/kg)	土壤母质 Parent material	剖面点坐标 Profile coordinate	匹配指数 Matching index/%
剖21	人为土	水稻土	潴育水稻土	潴育型酸性黄砂泥田	乌黄砂泥田	1	0—14	浅棕灰色	轻壤土	屑粒状								石英岩类风化物	E 115°06′06.0″ N 24°58′04.5″	95
						2	14—21	浅灰棕色	中壤土	块状										
						3	21—46	浅棕色	中壤土	棱块状										
						4	46—87	浅棕灰色	重壤土	棱块状										
						5	87—100	浅棕灰色	重壤土	块状										
剖22	铁铝土	黄壤	山地黄壤	酸性结晶岩类黄壤		1	0—13	灰黑色	轻壤土	团粒状	5.1	72.6	2.84	0.82	183	≤1.0	148	酸性结晶岩类	E 115°08′01.0″ N 24°58′01.2″	97
						2	13—34	棕灰色	中壤土	核块状	5.9	36.1	1.40	0.79						
						3	34—68	浅红棕色	重壤土	核块状	5.1	12.4	1.34	0.83						
						4	68—100	浅棕红色	重壤土	核块状	5.1	7.0	0.23	0.81						
剖23	人为土	水稻土	潴育水稻土	潴育型酸性紫砂泥田	中位中潴酸性灰紫紫砂泥田	1	0—21	棕紫色	中壤土	屑粒状								紫色砂岩类风化物	E 115°01′25.0″ N 24°54′52.8″	95
						2	21—29	浅紫棕色	重壤土	块状										
						3	29—60	浅紫棕色	中壤土	软糊无结构										
剖24	半水成土	潮土	潮土	壤质潮土	厚层潮砂土	1	0—15	浅棕灰色	轻壤土	小块状								河流冲积物	E 115°01′34.6″ N 24°54′25.2″	97
						2	15—53	黄棕色	轻壤土	小块状										
						3	53—83	浅棕色	砂土	单粒状										
						4	83—100	浅棕色	轻壤土	屑粒状	5.6	24.0	1.36	0.66	109	3.6	38			
剖25	人为土	水稻土	侧渗水稻土	侧渗型酸性潮砂泥田	中潴灰棕砂泥田	1	0—14	浅棕灰色	轻壤土	屑粒状	5.6	24.0	1.36	0.66	109	3.6	38	河流冲积物	E 115°01′39.4″ N 24°54′36.6″	95
						2	14—36	浅棕色	轻壤土	块状	7.2	3.6	0.23	0.32						
						3	36—62	浅黄棕色	砂壤土	小块状	7.8	2.6	0.16	0.44						
						4	62—91	浅黄白色	中壤土	块状	7.3	3.0	0.18	0.49						
						5	91—100	浅棕灰色	中壤土	块状	7.0	2.8	0.11	0.11						
剖26	人为土	水稻土	淹育水稻土	淹育型黄砂泥田	灰黄砂泥田	1	0—9	棕灰色	中壤土	屑粒状	5.3	36.5	1.93	1.59	158	16.3	148	石英岩类风化物	E 115°00′52.7″ N 24°53′27.8″	95
						2	9—20	浅黄棕色	重壤土	棱块状	6.7	14.5	0.94	1.13						
						3	20—100	浅黄棕色	重壤土	棱块状	7.0	6.4	0.50	0.74						
剖27	人为土	水稻土	潴育水稻土	潴育型酸性紫砂泥田	中潴酸性紫油紫砂泥田	1	0—14	棕紫色	重壤土	屑粒状	5.2	35.8	1.88	0.81	160	7.6	73	紫色砂岩类风化物	E 115°01′35.0″ N 24°53′53.2″	95
						2	14—31	紫棕色	重壤土	棱块状	6.5	9.1	0.40	0.45						
						3	31—45	浅紫棕色	重壤土	棱块状	7.0	5.9	0.28	0.28						
						4	45—69	浅紫棕色	中壤土	棱块状	7.1	4.8	0.15	0.35						
						5	69—100	浅紫棕色	中壤土	核粒状	7.2	3.4		0.26						
剖28	初育土	紫色土	酸性紫色土	紫色砂岩酸性紫色土	中层少有机质灰紫色砂岩	1	0—12	浅紫灰色	轻壤土	屑粒状								紫色砂岩类	E 115°01′49.2″ N 24°54′10.2″	95
						2	12—36	浅紫色	轻壤土	块状										
						3	36—63	浅紫色	轻壤土	块状										
						4	63—100	浅紫色	轻壤土	块状										
剖29	人为土	水稻土	潴育水稻土	潴育型酸性紫砂泥田	中潴酸性紫灰紫砂泥田	1	0—10	棕紫灰色	轻壤土	屑粒状	5.2	21.0	1.22	0.55	115	5.5	109	紫色砂岩类风化物	E 115°02′04.0″ N 24°53′35.2″	95
						2	10—20	浅紫棕色	轻壤土	块状	7.0	9.2	0.60	0.61						
						3	20—35	紫棕色	轻壤土	块状	7.1	6.5	0.45	0.38						
						4	35—51	棕紫色	砂壤土	块状	7.2	5.9	0.40	0.31						
						5	51—100	浅紫灰色			7.4	4.9	0.32							
剖30	人为土	水稻土	侧渗水稻土	侧渗型酸性紫砂泥田	弱潴酸性灰紫砂泥田	1	0—13	浅紫灰色	轻壤土	屑粒状	4.9	28.4	1.24	0.49	122	8.7	45	紫色砂岩类风化物	E 115°02′07.0″ N 24°52′33.6″	95
						2	13—24	浅紫色	轻壤土	块状	5.1	25.8	1.23	0.48						
						3	24—43	浅灰紫色	轻壤土	块状	5.4	15.7	0.77	0.30						
						4	43—86	灰白色	砂壤土	块状	5.2	9.6	0.44	0.28						
						5	86—100	浅蓝白色		小块状										

续表 Continued

剖面号 Soil profile	土纲 Soil order	土类 Soil great group	亚类 Soil subgroup	土属 Soil genus	土种 Soil species	土层码 Layer code	土层厚度 Depth/cm	颜色 Soil color	质地 Soil texture	土壤结构 Soil structure	pH	有机质 OM/(g/kg)	全氮 TN/(g/kg)	全磷 TP/(g/kg)	碱解氮 AN/(mg/kg)	有效磷 AP/(mg/kg)	速效钾 AK/(mg/kg)	土壤母质 Parent material	剖面点坐标 Profile coordinate	匹配指数 Matching index/%
剖31	铁铝土	红壤	黄红壤	泥质岩山地黄红壤	中层多有机质泥质岩类山地黄红壤	1	0—7	棕灰色	中壤土	棕粒状	4.8	87.2	2.83	1.45	261	2.3	51	泥质岩类	E 115° 06′ 28.2″ N 24° 50′ 20.5″	97
						2	7—17	棕色	重壤土	块状	4.7	46.9	1.68	1.31						
						3	17—44	浅泥质棕红色	重壤土	块状	4.9	24.3	1.19	1.28						
						4	44—100	浅棕红色	中壤土	块状	4.9	21.5	0.95	1.33						
剖32	铁铝土	红壤		石英岩红壤	中层少有机质石英岩类红壤	1	0—10	浅红棕色	中壤土	棱粒状	4.8	29.7	1.17	0.57	90	≤1.0	44	石英岩类	E 115° 06′ 49.3″ N 24° 50′ 06.7″	97
						2	10—21	浅红棕色	重壤土	块状	5.0	13.2	0.64	0.50						
						3	21—37	浅棕红色	重壤土	块状	5.1	8.3	0.45	0.47						
						4	37—60	浅棕红色	重壤土	块状	5.2	7.5	0.48	0.52						
						5	60—													
剖33	人为土	水稻土	潴育水稻土	潴育型麻砂泥田	全层弱潴麻砂泥田	1	0—11	浅蓝灰色	轻壤土	屑粒状								花岗岩风化物	E 115° 00′ 21.4″ N 24° 51′ 47.8″	95
						2	11—19	蓝灰色	轻壤土	块状										
						3	19—39	浅蓝灰色	轻壤土	软糊无结构										
						4	39—60	浅蓝灰色	轻壤土	软糊无结构										
剖34	人为土	水稻土	潴育水稻土	潴育型鳝泥田	弱潴鳝泥田	1	0—8	浅棕色	重壤土	屑粒状								泥质岩类风化物	E 115° 03′ 16.3″ N 24° 50′ 10.8″	97
						2	8—13	浅红棕色	重壤土	块状										
						3	13—45	浅棕色	中壤土	棱块状	4.5	42.0	1.42	0.67	118	1.1	46			
						4	45—100	浅棕灰色	中壤土	块状	4.8	18.8	0.69	0.63						
剖35	铁铝土	红壤		泥质岩红壤	厚层多有机质泥质岩类红壤	1	0—6	浅棕灰色	重壤土	团粒状	5.1	14.3	0.67	0.67				泥质岩类	E 115° 03′ 25.3″ N 24° 50′ 20.8″	97
						2	6—35	浅棕红色	重壤土	棱块状	5.7	19.4	0.89	0.54	102	1.8	44			
						3	35—100	浅棕红色	轻壤土	棱块状										
剖36	人为土	水稻土	潴育水稻土	潴育型黄砂泥田	上位弱潴黄砂泥田	1	0—13	浅蓝灰色	轻壤土	屑粒状	5.6	9.5	0.40	0.49				石英岩类风化物	E 115° 08′ 57.5″ N 24° 54′ 51.4″	95
						2	13—26	浅棕灰色	砂壤土	块状	5.4	7.8	0.28	0.42						
						3	26—48	棕灰色	轻壤土	块状	6.0	3.4	0.25	0.45						
						4	48—100	棕黄色	中壤土	小块状	4.8	22.6	1.09	0.71	83	≤1.0	31			
剖37	铁铝土	红壤		黄砂泥土	厚层灰黄砂泥土	1	0—30	浅棕灰色	中壤土	块状	4.9	22.6	1.06	0.79				石英岩类风化物	E 115° 08′ 12.5″ N 24° 51′ 38.4″	97
						2	30—53	棕色	中壤土	块状	5.1	8.6	0.94	0.78						
						3	53—78	浅红棕色	中壤土	块状	5.0	19.2	0.48	0.72						
						4	78—100	浅棕色	中壤土	块状										
剖38	铁铝土	红壤		石英岩红壤	厚层中有机质石英岩类红壤	1	0—9	浅棕色	中壤土	块状								石英岩类	E 115° 08′ 57.5″ N 24° 54′ 51.4″	98
						2	9—46	红棕色	中壤土	块状										
						3	46—100	棕红色	中壤土	块状										
剖39	人为土	水稻土	潴育水稻土	潴育型潮砂泥田	砾石底灰砂泥田	1	0—9	浅棕灰色	轻壤土	屑粒状								河流冲积物	E 115° 12′ 13.7″ N 24° 52′ 20.1″	97
						2	9—17	浅黄棕色	中壤土	块状	5.3	37.3	2.08	1.09	166	5.5				
						3	17—53	棕色	中壤土	块状	5.5	25.6	1.32	0.70						
						4	53—100				6.4	15.0	0.70	0.74						
剖40	人为土	水稻土	潴育水稻土	潴育型黄砂泥田	中潴灰黄砂泥田	1	0—15	浅棕色	中壤土	块状	6.9	10.8	0.42	0.54				石英岩类风化物	E 115° 08′ 21.0″ N 24° 50′ 14.1″	95
						2	15—20	棕色	中壤土	块状	6.8	12.8	≤0.10	0.39			284			
						3	20—40	浅黄棕色	中壤土	块状										
						4	40—64	棕黄色	轻壤土	粒状										
						5	64—100													
剖41	人为土	水稻土	潴育水稻土	潴育型麻砂泥	麻砂泥田	1	0—8	浅棕色	中壤土	屑粒状								花岗岩风化物	E 115° 03′ 46.2″ N 24° 48′ 00.2″	95
						2	8—15	浅红棕色	中壤土	块状										
						3	15—50	浅黄棕色	中壤土	棱块状										
						4	50—100	灰黄色	中壤土	块状										

续表 Continued

剖面号 Soil profile	土纲 Soil order	土类 Soil great group	亚类 Soil subgroup	土属 Soil genus	土种 Soil species	土层码 Layer code	土层厚度 Depth/cm	颜色 Soil color	质地 Soil texture	土壤结构 Soil structure	pH	有机质 OM/(g/kg)	全氮 TN/(g/kg)	全磷 TP/(g/kg)	碱解氮 AN/(mg/kg)	有效磷 AP/(mg/kg)	速效钾 AK/(mg/kg)	土壤母质 Parent material	剖面点坐标 Profile coordinate	匹配指数 Matching index/%
剖42	半水成土	潮土	潮土	壤质潮土	厚层乌潮砂泥土	1	0—12	浅棕灰色	中壤土	核粒状								河流冲积物	E 115° 06′ 30.1″ N 24° 45′ 21.2″	97
						2	12—18	浅灰棕色	轻壤土	小块状										
						3	18—33	浅红棕色	砂壤土	块状										
						4	33—60	浅棕色	砂壤土	松散状										
剖43	人为土	水稻土	潜育水稻土	潜育型潮砂泥田	全层强潜鳝泥田	1	0—20	蓝棕色	重壤土	软糊糊状	5.4	43.8	2.14	0.85	149	3.6	73	泥质岩类风化物	E 115° 00′ 05.2″ N 24° 47′ 14.5″	95
						2	20—40	浅灰棕色	重壤土	软糊无结构	5.3	46.5	2.19	0.92						
						3	40—63	蓝棕色	重壤土	软糊无结构	5.3	40.5	1.95	0.73						
						4	63—100	浅棕色	重壤土	柔软糊状	5.2	30.2	1.42	0.75						
剖44	人为土	水稻土	潜育水稻土	潜育型潮砂泥田	中位弱潜灰潮砂泥田	1	0—13	浅棕灰色	轻壤土	粒状	5.3	39.1	1.66	1.32	195	4.5	76	河流冲积物	E 115° 02′ 30.0″ N 24° 45′ 44.5″	95
						2	13—19	浅棕色	轻壤土	块状	6.1	31.6	1.67	1.27						
						3	19—62	浅棕色	中壤土	块状	6.6	21.2	0.76	1.04						
						4	62—100	蓝棕色	砂壤土	软糊无结构	6.0	10.8	0.49	1.34						
剖45	人为土	水稻土	潜育水稻土	潜育型麻砂泥田	上位弱潜灰潮砂泥田	1	0—15	棕灰色	轻壤土	粒状	5.3	41.8	2.13	1.64	190	11.2	141	河流冲积物	E 115° 08′ 19.2″ N 24° 47′ 51.1″	95
						2	15—22	灰蓝色	轻壤土	块状	5.7	34.6	1.84	1.42						
						3	22—40	棕灰色	砂壤土	块状	7.0	16.9	0.79	1.15						
						4	40—100	浅蓝棕色	砂壤土	单粒状	6.5	10.0	0.47							
剖46	人为土	水稻土	侧渗水稻土	侧渗型麻砂泥田	中漂砂子底灰砾砂砂泥田	1	0—15	浅棕灰色	轻壤土	粒状	5.2	32.8	2.03	1.29	165	6.3	59	花岗岩风化物	E 115° 10′ 59.4″ N 24° 48′ 32.7″	95
						2	15—20	浅灰棕色	中壤土		5.7	30.9	1.34	1.20						
						3	20—72	浅灰棕色	轻壤土	单粒状	5.6	30.3	1.39	1.19						
						4	72—100	棕灰色	松砂土		5.7	3.3	0.23	0.78						
剖47	人为土	红壤	红壤	石英岩红壤	厚层少有机质石英岩类红壤	1	0—7	浅棕灰色	轻壤土	核块状								石英岩类	E 115° 08′ 46.5″ N 24° 44′ 42.0″	99
						2	7—20	浅棕灰色	轻壤土	块状										
						3	20—53	浅黄棕色	轻壤土	块状										
						4	53—100	浅棕色	重壤土	棱块状										
剖48	人为土	红壤	红壤	鳝泥土	厚层泥土	1	0—13	浅红棕色	重壤土	块状					163	≤1.0	104	泥质岩类风化物	E 115° 10′ 02.9″ N 24° 43′ 28.8″	99
						2	13—29	浅棕色	轻壤土	棱块状										
						3	29—100	浅棕色	轻壤土	糊状										
剖49	人为土	水稻土	潜育水稻土	潜育型麻砂泥田	全层中潜麻砂泥田	1	0—12	浅灰棕色	轻壤土	糊状	5.6	55.6	2.39	0.90				花岗岩风化物	E 115° 16′ 19.0″ N 24° 51′ 51.8″	95
						2	12—29	浅红棕色	轻壤土	糊状	5.6	48.6	2.37							
						3	29—56	浅蓝棕色	轻壤土	糊状	5.6	50.5	2.10	0.86						
						4	56—100	棕灰色	轻壤土	软糊无结构	5.9	38.5	1.45	0.72						
剖50	人为土	水稻土	潜育水稻土	潜育型麻砂泥田	中潜乌潮砂泥田	1	0—10	浅棕灰色	中壤土	屑粒状								花岗岩风化物	E 115° 17′ 16.9″ N 24° 48′ 04.8″	95
						2	10—18	浅棕色	中壤土	棱块状										
						3	18—60	黑棕色	轻壤土	团粒状	4.8	76.0	2.83	1.44	233	8.7	133			
剖51	铁铝土	红壤	黄红壤	酸性结晶岩山地黄红壤		1	0—4	黑棕色	壤土	松散状	4.8	70.3	2.81	1.49				酸性结晶岩类	E 115° 19′ 50.4″ N 24° 49′ 24.3″	97
						2	4—11	棕灰色	松砂土		6.2	4.7	0.24							
						3	11—100													

全 南 县

主要土类说明

红壤是全南县主要土壤类型，占本县地域面积的85%。红壤是中亚热带生物气候条件下形成的地带性土壤，呈中度脱硅富铝化。在此过程中，硅酸盐类矿物强烈分解，硅和盐基遭到淋失，黏粒和次生矿物不断形成，铁铝氧化物明显积聚。红壤的深厚红色土层，是在古气候条件下形成的产物。在深厚的红色风化壳上，现代生物、气候等成土条件，使脱硅富铝化过程继续进行。所以，它既有古风化壳的残余特征，又受近代富铝化过程的影响。发育于第四纪红色黏土的红壤，土层深厚，剖面发育明显，除表层颜色较灰暗外，心土层和底土层为红色紧实的黏土层，呈块状和棱块状结构，在底土有时可见黄、红、白色相间的网纹层，全剖面土壤呈酸性，矿质养分缺乏。本县红壤主要分布在低山、丘陵地区，是发展林业和多种经营的主要土壤资源。根据海拔和不同的发育阶段，分为红壤、山地黄红壤两个亚类。其中，红壤亚类面积最大，处于海拔600m以下地区，全县各乡均有分布，主要由花岗岩类、玄武岩类、石英岩类、泥质岩类等的风化物发育而成。山地黄红壤分布在低山地区，位于红壤亚类之上，海拔600—800m，是由红壤向山地黄壤过渡的土壤类型。由于植被一般较好，气候又比较湿润，土壤表层和亚表层黄化现象明显，而心土层和底土层仍保留红色特性，但表层黄化特征有时会被暗色腐殖质掩盖而不明显。

水稻土是全南县第二大土壤类型，占本县地域面积的12%。水稻土是经过人工长期种植水稻，由人为的耕作、施肥、灌溉等水耕熟化而形成的一种人工土壤。由于干湿交替，氧化还原交替进行，有机质合成与分解、复盐基与盐基淋溶、黏粒淋溶与淀积等作用，促使土壤形成特殊的剖面形态、理化和生物特性。根据土壤水分动态和剖面形态特征，本县水稻土分为淹育水稻土、潴育水稻土、潜育水稻土、侧渗水稻土四个亚类。其中，潴育水稻土面积最大，占本县水稻土总面积的89%，主要分布于沿江河（或小溪）两岸的塅田，丘陵地区的垄田、排田和梯田的中下部。成土母质为花岗岩类、玄武岩类、石英岩类、泥质岩类、石灰岩类、紫色泥质岩类、紫色砂砾岩类、第四纪红色黏土和河流冲积物。其土体深厚，耕层质地适中，耕性良好，宜种性广，肥力水平较高。剖面构形为A-P-W-C、A-P-W、A-P-W-G。利用方式有稻-稻-油、稻-稻-肥、稻-稻-冬闲、豆-稻-肥，豆-稻-油、早花生-稻、稻-薯。

小于本县地域面积3%的土壤类型还有石灰（岩）土、黄壤、火山灰土、潮土等。

本区域中心区气候特征

本区域中心区气候特征值
Regional climate characteristics in central area of the region

气候带：中亚热带湿润气候 Climate region: Subtropical humid climate	
年平均气温 /℃ Annual average temperature /℃	20.3
年平均最高气温 /℃ Annual average maximum temperature /℃	25.0
年平均最低气温 /℃ Annual average minimum temperature /℃	17.0
年降水量 /mm Annual precipitation /mm	1643
≥10℃的积温 /℃ Daily temperature accumulated in a year (≥10℃) /℃	10124
年日照时数 /h Annual sunshine /h	1753
年平均相对湿度 /% Annual average relative humidity /%	76
干燥度 Dryness	0.73

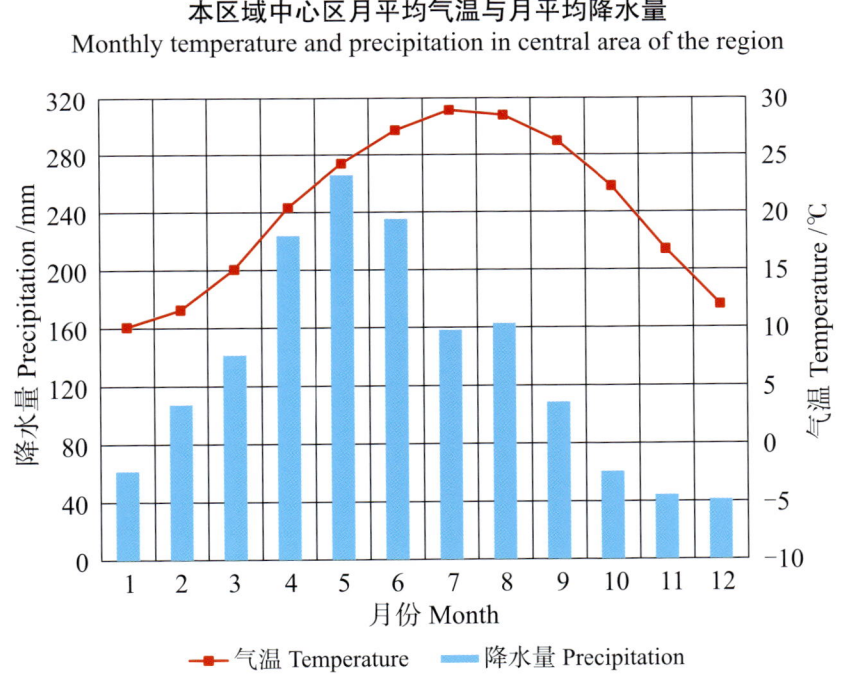

本区域中心区月平均气温与月平均降水量
Monthly temperature and precipitation in central area of the region

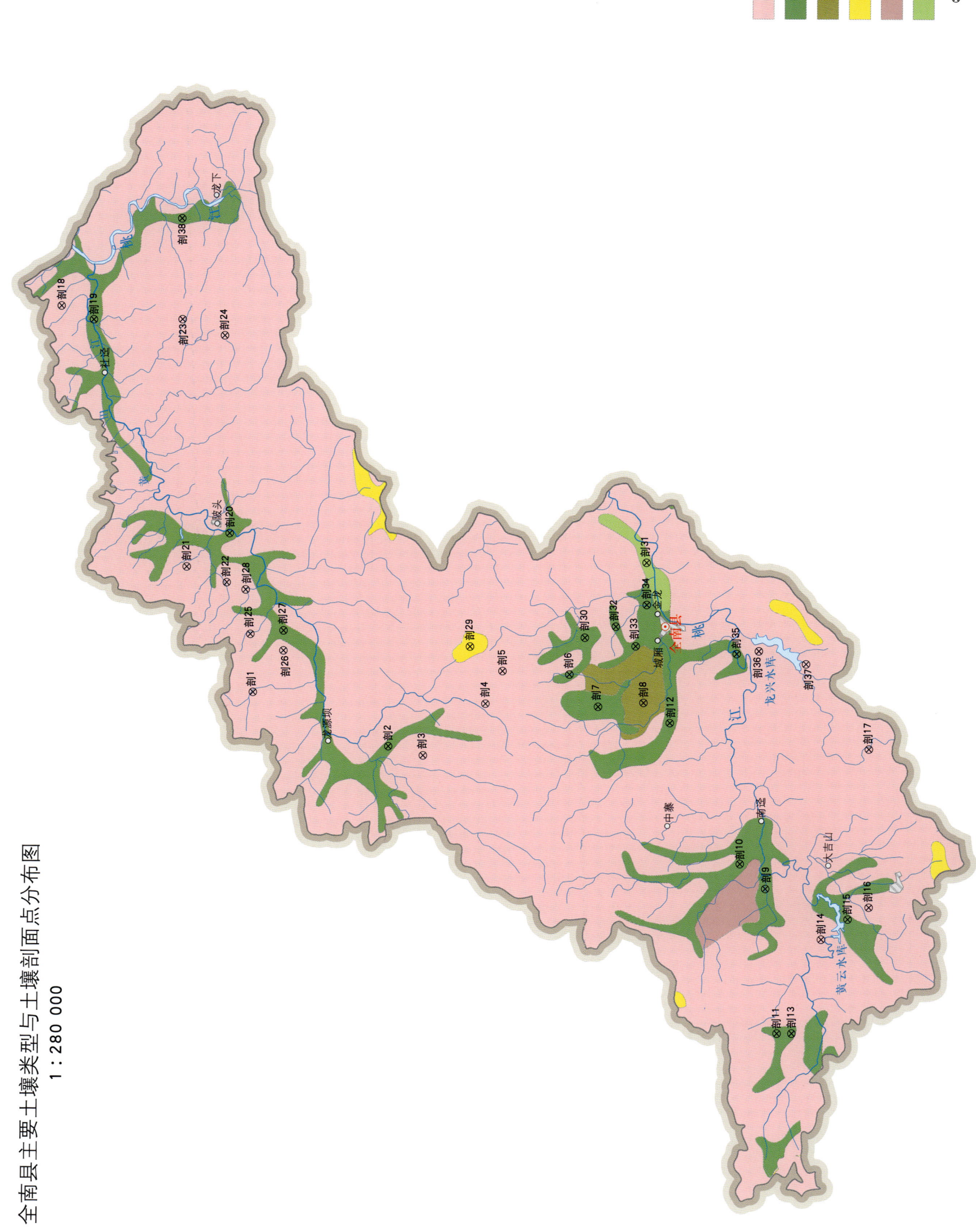

全南县土壤剖面理化性状表

剖面号 Soil profile	土纲 Soil order	土类 Soil great group	亚类 Soil subgroup	土属 Soil genus	土种 Soil species	土层码 Layer code	土层厚度 Depth/cm	颜色 Soil color	质地 Soil texture	土壤结构 Soil structure	pH	有机质 OM/(g/kg)	全氮 TN/(g/kg)	全磷 TP/(g/kg)	碱解氮 AN/(mg/kg)	有效磷 AP/(mg/kg)	速效钾 AK/(mg/kg)	土壤母质 Parent material	剖面点坐标 Profile coordinate	匹配指数 Matching index/%
剖1	铁铝土	红壤	红壤	泥质岩类红壤	厚层中有机质泥质岩类红壤	1	0—10	浅棕灰色	中壤土	核粒状								泥质岩类	E 114°28′36.5″ N 24°59′17.1″	95
						2	10—24	浅灰棕色	中壤土	核状										
						3	24—76	棕黄色	中壤土	核状										
						4	76—100	浅棕黄色	轻壤土	核状										
剖2	人为土	水稻土	淹育水稻土	淹育型麻砂泥田	灰麻砂泥田	1	0—9	棕灰色	中壤土	屑粒状								花岗岩风化物	E 114°26′37.5″ N 24°54′26.2″	95
						2	9—17	浅棕灰色	中壤土	小块状										
						3	17—100	浅棕黄色	中壤土	块状										
剖3	铁铝土	红壤	红壤	麻砂泥红壤		1	0—17				5.7	23.8	0.72	0.19	119	6.0	110	花岗岩	E 114°26′18.1″ N 24°53′12.1″	95
						2	17—49				5.4	16.2	0.51	0.28						
						3	49—100				5.3	9.3	0.25	0.35						
剖4	铁铝土	红壤	红壤	鳝泥土	厚层灰鳝泥土	1	0—11				5.6	25.9	0.76	0.66	107	5.5	107	泥质岩类风化物	E 114°28′22.5″ N 24°51′01.9″	96
						2	11—17				5.6	22.2	0.61	0.65						
						3	17—48				6.1	17.9	0.47	0.70						
						4	48—100				6.5	14.6	0.46	0.90						
剖5	铁铝土	红壤	红壤	泥质岩类红壤	薄层多有机质泥质岩类红壤	1	0—5		重壤土		4.6	53.8	1.62	0.52	133	7.6	80	泥质岩类	E 114°29′40.0″ N 24°50′27.3″	95
						2	5—19		中壤土		5.0	29.1	0.83	0.42						
						3	19—100		中壤土		5.6	4.8	0.15	0.63						
剖6	人为土	水稻土	潴育水稻土	潴育型紫褐泥田	乌紫褐泥田	1	0—13	暗棕色	重壤土	屑粒状	7.3	12.7	0.61	0.84				基性结晶岩类	E 114°29′35.1″ N 24°48′04.6″	95
						2	13—20	棕棕色	重壤土	块状										
						3	20—28	浅灰棕色	中壤土	核状										
						4	28—40	棕红色	中壤土											
						5	40—100	浅灰棕色	砂壤土											
剖7	人为土	水稻土	潴育水稻土	弱潴型鳝泥田		1	0—12	暗棕灰色	重壤土	小粒状	6.0	10.4	0.53	0.49	76	4.0	85	泥质岩类风化物	E 114°28′21.4″ N 24°47′02.2″	95
						2	12—54	棕灰色	重壤土	梭粒状	7.2	18.3	0.77	0.50						
						3	54—100	棕灰色	重壤土	块状	7.0	10.0	0.57	0.71						
剖8	初育土	石灰（岩）土	棕色石灰土	棕色石灰土		1	0—2	棕黑色	中壤土	核粒状	7.2	40.1	1.20	≤0.10	95	2.5	59	石灰岩风化物	E 114°28′33.2″ N 24°45′25.6″	93
						2	2—28	棕棕色	重壤土	核状	6.9	8.4	0.26	0.26						
						3	28—61	黄棕色	重壤土	核红色	6.6	5.8	0.16	0.24						
						4	61—100	棕黄色	重壤土	浅灰棕色	6.5	4.8	0.15	0.26						
剖9	人为土	水稻土	潴育水稻土	潴育型麻砂泥田	弱潴底麻砂泥田	1	0—11	暗灰色	重壤土	屑粒状	6.0	41.1	1.79	0.70	103	2.5	75	花岗岩风化物	E 114°21′27.8″ N 24°40′56.3″	95
						2	11—15	浅灰棕色	中壤土	块状	6.1	25.6	1.47	0.48						
						3	15—36	棕黄色	中壤土	块状	6.7	10.5	0.68	0.54						
						4	36—47	棕黑色	中壤土		6.5	4.9	0.32	0.22						
						5	47—100	棕黄色	中壤土		6.4	2.8	0.18	0.14						
剖10	人为土	水稻土	潴育水稻土	潴育型鳝泥田	砾石底乌鳝泥田	1	0—14	暗棕色	重壤土	屑粒状	6.0	33.9	1.77	0.52	140	10.0	63	泥质岩类风化物	E 114°22′23.6″ N 24°41′51.8″	95
						2	14—25	棕黄色	中壤土	块状	6.3	17.9	1.10	0.66						
						3	25—58	棕灰色	中壤土	块状	5.5	10.3	0.52	0.75						
						4	58—100													
剖11	人为土	水稻土	潴育水稻土	潴育型石灰泥田	乌石灰泥田	1	0—20	浅灰灰色	重壤土	屑粒状	6.3	35.6	1.64	0.12	126	5.8	99	石灰岩风化物	E 114°15′54.2″ N 24°40′23.9″	75
						2	20—28	浅灰灰色	重壤土	块状	7.4	23.9	0.57	0.45						
						3	28—42	浅灰灰色	重壤土	核块状	7.5	12.0	0.53	0.45						
						4	42—100	棕黄色	轻黏土	核状	7.9	1.6	≤0.10	0.49						

续表 Continued

剖面号 Soil profile	土纲 Soil order	土类 Soil great group	亚类 Soil subgroup	土属 Soil genus	土种 Soil species	土层码 Layer code	土层厚度 Depth/cm	颜色 Soil color	质地 Soil texture	土壤结构 Soil structure	pH	有机质 OM/(g/kg)	全氮 TN/(g/kg)	全磷 TP/(g/kg)	碱解氮 AN/(mg/kg)	有效磷 AP/(mg/kg)	速效钾 AK/(mg/kg)	土壤母质 Parent material	剖面点坐标 Profile coordinate	匹配指数 Matching index/%
剖12	人为土	水稻土	潴育水稻土	潴育型石灰泥田	乌石灰泥田	1	0—18		重壤土									石灰岩风化物	E 114° 27′ 47.4″ N 24° 44′ 28.6″	95
						2	18—34		重壤土											
						3	34—55		重壤土											
						4	55—100		重壤土											
剖13	人为土	水稻土	潴育水稻土	潴育型潮砂泥田	乌潮砂泥田	1	0—16	浅棕色	轻壤土	屑粒状	5.8	26.7	1.24	0.73	113	5.5	56	河流冲积物	E 114° 15′ 55.8″ N 24° 39′ 52.3″	75
						2	16—22	棕灰色	轻壤土	块状	6.2	24.7	1.15	0.57						
						3	22—63	浅棕色	中壤土	块状	6.9	14.6	6.70	0.55						
						4	63—100	棕黄色	轻壤土	小块状	6.9	2.0	0.12	0.48						
剖14	铁铝土	红壤	红壤	麻砂泥土	厚层灰麻砂泥土	1	0—21	棕灰色	中壤土	核粒状	5.4	28.3	0.85	0.46	111	19.5	55	花岗岩风化物	E 114° 19′ 32.9″ N 24° 38′ 54.6″	95
						2	21—35	浅棕色	轻壤土	核状	4.9	8.5	0.25	0.23						
						3	35—68	棕灰色	轻壤土	核状	5.8	4.6	0.13	0.11						
						4	68—100	灰白色	轻壤土	块状	6.3	1.9	0.56	0.23						
剖15	人为土	水稻土	潴育水稻土	潴育型潮砂泥田	弱潴灰潮砂泥田	1	0—16	棕灰色	重壤土	屑粒状	5.9	36.5	1.61	0.19	121	7.5	50	河流冲积物	E 114° 20′ 21.0″ N 24° 37′ 59.3″	95
						2	16—22	棕灰色	中壤土	块状	6.3	17.9	0.80	0.57						
						3	22—39	棕黄色	中壤土	块状	6.9	4.6	0.30	0.86						
						4	39—100	棕灰色	砂壤土	块状	7.2	1.1	≤0.10	0.60						
剖16	铁铝土	红壤	红壤	玄武岩类红壤	中层中有机质玄武岩类红壤	1	0—16	棕灰色	中壤土	核粒状	7.3	32.9	1.02	0.12	183	4.0	307	玄武岩类	E 114° 20′ 50.0″ N 24° 37′ 15.1″	95
						2	16—45	浅棕色	中壤土	核状	6.8	15.9	0.51	0.64						
						3	45—70	浅棕色	中壤土	块状	6.6	5.9	0.18	0.48						
						4	70—100	棕黄色	中壤土	核状	6.6	3.7	0.11	0.71						
剖17	铁铝土	红壤	红壤	第四纪红色黏土红壤	厚层中有机质第四纪红色黏土红壤	1	0—20	棕灰色	重壤土	核状								第四纪红色黏土	E 114° 26′ 58.1″ N 24° 37′ 23.0″	95
						2	20—50	浅红棕色	中壤土	核状										
						3	50—70	棕黄色	重壤土	核状										
						4	70—100	浅棕灰色	重壤土	核状										
剖18	铁铝土	红壤	红壤	麻砂泥红壤	厚层麻砂泥红壤	1	0—12	棕灰色	轻壤土	屑粒状	5.8	37.5	1.60	≤0.10	120	9.8	92	花岗岩	E 114° 43′ 25.5″ N 25° 06′ 23.3″	95
						2	12—60	浅棕灰色	中壤土	块状	6.4	22.0	1.52	0.57						
						3	60—100	棕黄色	中壤土	块状	6.0	10.2	0.51	0.85						
剖19	人为土	水稻土	潴育水稻土	潴育型麻砂泥田	强潴乌麻砂泥田	1	0—14	灰棕色	轻壤土	核粒状	6.9	4.0	0.20	1.02				花岗岩风化物	E 114° 42′ 55.1″ N 25° 05′ 13.9″	95
						2	14—20	浅棕灰色	重壤土	屑粒状										
						3	20—45	暗棕色	中壤土	块状										
						4	45—100	浅棕灰色	轻壤土	块状										
剖20	人为土	水稻土	潴育水稻土	潴育型麻砂泥田	灰麻砂泥田	1	0—15		重壤土									花岗岩风化物	E 114° 34′ 44.0″ N 25° 00′ 15.2″	95
						2	15—21		中壤土											
						3	21—45		中壤土											
						4	45—100		中壤土											
剖21	铁铝土	红壤	红壤	花岗岩红壤	厚层中有机质花岗岩类红壤	1	0—5	浅棕灰色	轻壤土	团粒状	5.7	56.9	1.66	0.16	175	6.0	165	花岗岩	E 114° 33′ 24.4″ N 25° 01′ 44.5″	75
						2	5—24	棕黄色	中壤土	核状	5.6	12.5	0.51	0.24						
						3	24—100		重壤土		5.9	4.5	0.12	0.19						
剖22	铁铝土	红壤	红壤	花岗岩红壤	薄层花岗岩类红壤	1	0—8	浅棕灰色	轻壤土	块状	5.1	63.5	1.77	0.47	127	5.5	148	花岗岩	E 114° 32′ 50.4″ N 25° 00′ 18.8″	75
						2	8—33		中壤土		5.0	34.4	1.02	0.73						
						3	33—100		中壤土			15.0	0.45	0.64						
剖23	铁铝土	红壤	红壤	花岗岩红壤	中层多有机质花岗岩类红壤	1	0—12		重壤土		5.1							花岗岩	E 114° 42′ 59.9″ N 25° 02′ 05.3″	75
						2	12—60													
						3	60—100													

续表 Continued

剖面号 Soil profile	土纲 Soil order	土类 Soil great group	亚类 Soil subgroup	土属 Soil genus	土种 Soil species	土层码 Layer code	土层厚度 Depth/cm	颜色 Soil color	质地 Soil texture	土壤结构 Soil structure	pH	有机质 OM/(g/kg)	全氮 TN/(g/kg)	全磷 TP/(g/kg)	碱解氮 AN/(mg/kg)	有效磷 AP/(mg/kg)	速效钾 AK/(mg/kg)	土壤母质 Parent material	剖面点坐标 Profile coordinate	匹配指数 Matching index/%
剖24	铁铝土	红壤	红壤	花岗岩类山地红壤	中层中有机质花岗岩类山地红壤	1	0~2	棕灰色	轻壤土	核粒状	5.3	46.3	1.45	0.57	114	16.5	180	花岗岩	E 114°42′24.5″ N 25°00′34.6″	75
						2	2~20	棕黄色	轻壤土	核块状	5.1	27.1	0.81	0.44						
						3	20~53	棕黄色	中壤土	核状	5.3	16.1	0.51	0.34						
						4	53~100	浅棕色	粗石英砂粒	单粒状	5.3	11.1	0.30	0.42						
剖25	铁铝土	红壤	山地黄红壤	花岗岩类山地黄红壤	厚层中有机质花岗岩类山地黄红壤	1	0~4	棕灰色	轻壤土	核粒状	5.1	22.7	0.67	0.46	73	10.0	110	花岗岩	E 114°30′51.5″ N 24°59′25.8″	75
						2	4~22	浅棕黄色	中壤土	核块状	5.3	26.1	0.81	0.45						
						3	22~100	浅棕黄色	中壤土	核状	5.4	17.5	0.52	0.53						
剖26	铁铝土	红壤	山地黄红壤	泥质岩类山地黄红壤	厚层多有机质泥质岩类山地黄红壤	1	0~1	灰黑色	中壤土	团粒状	4.9	99.5	2.60	0.51	155	5.5	129	泥质岩类	E 114°30′15.2″ N 24°58′14.5″	75
						2	1~10	棕黄色	重壤土	核块状	4.9	24.8	0.74	0.41						
						3	10~100	浅红棕色	重壤土	核状	5.5	6.4	2.00	0.40						
剖27	人为土	水稻土	潴育水稻土	潴育型麻砂泥田	灰麻砂泥田	1	0~16	浅棕黄色	轻壤土	屑粒状	5.9	42.0	1.74	0.60	112	8.0	85	花岗岩风化物	E 114°31′01.5″ N 24°58′15.1″	95
						2	16~30	浅棕黄色	中壤土	棱粒状	≥10.0	23.7	1.31	0.64						
						3	30~48	棕色	中壤土	棱块状	7.2	17.6	1.02	0.73						
						4	48~63	浅棕灰色	中壤土	块状	7.3	8.3	0.45	0.56						
						5	63~100	棕黄色	中壤土	块状	7.5	6.9	0.39	0.86						
剖28	铁铝土	红壤	山地黄红壤	石英岩类山地黄红壤		1	0~10	黑色	轻壤土	团粒状	5.3	95.7	2.92	0.24	226	6.0	98	石英岩类	E 114°32′34.5″ N 24°59′37.5″	75
						2	10~100	棕灰色	轻壤土	核粒状	5.6	16.0	0.43	0.44						
剖29	铁铝土	黄壤	山地黄壤	花岗岩类山地黄壤		1	0~20	浅红棕色	轻壤土	屑粒状	5.2	32.3	0.97	0.69	82	5.5	58	花岗岩	E 114°30′35.0″ N 24°51′37.4″	73
						2	20~100	灰色	中壤土	块状	≤3.5	8.5	0.26	0.52						
剖30	人为土	水稻土	潴育水稻土	潴育型石灰泥田	灰潮砂泥田	1	0~18	浅棕灰色	轻壤土	粒状	5.7	56.5	0.67	0.54	56	≤1.0	50	河流冲积物	E 114°31′01.7″ N 24°47′34.0″	95
						2	18~24	棕灰色	中壤土	小块状	5.2	51.5	0.26	0.51						
						3	24~55	棕黄色	中壤土	小块状	5.2	52.0	0.24	0.58						
						4	55~100	棕黄色	砂壤土	单粒状	5.5	35.0	0.17	0.49						
剖31	半水成土	潮土	灰潮土	壤质灰潮土	厚层灰潮砂泥土	1	0~15	浅棕灰色	中壤土	屑粒状	5.8	21.2	1.02	0.57	95	5.8	60	河流冲积物	E 114°33′58.2″ N 24°45′26.1″	75
						2	15~21	棕灰色	中壤土	块状	6.7	32.5	0.74	0.37						
						3	21~39	棕灰色	重壤土	块状	6.7	15.4	0.74	0.37						
						4	39~66	灰棕色	重壤土	块状	7.0	11.5	0.57	0.40						
						5	66~100	棕黄色	重壤土	块状	7.2	4.0	0.22	≤0.10						
剖32	人为土	水稻土	潴育水稻土	潴育型石灰泥田	灰石灰泥田	1	0~14	浅棕灰色	轻壤土	屑粒状	6.0	29.8	1.41	1.16	132	9.5	77	石灰岩风化物	E 114°31′28.8″ N 24°46′28.4″	75
						2	14~21	棕灰色	轻壤土	小块状	6.2	17.7	0.80	1.09						
						3	21~40	棕黄色	轻壤土	块状	5.9	10.5	0.47	0.97						
						4	40~60	黑棕色	砾质砂壤土		6.7	6.3	0.36	1.08						
						5	60~100	黑褐色	砾质砂壤土		6.8	3.3	1.08	0.42						
剖33	人为土	水稻土	潴育水稻土	潴育型砂泥田	强潴砾底乌潮砂泥田	1	0~13	棕褐色			5.4	36.8	1.66	0.29	147	19.0	118	河流冲积物	E 114°30′44.4″ N 24°45′45.2″	95
						2	13~17				6.0	31.5	1.40	0.80						
剖34	人为土	水稻土	潴育水稻土	潴育型紫褐泥田	乌紫褐泥田	2	17~32				6.9	15.7	0.73	1.43				基性结晶岩类	E 114°32′21.3″ N 24°45′23.5″	95
						3	32~55				7.2	9.7	0.48	1.13						
						4	55~100				5.7	5.0	0.23	2.61						

续表 Continued

剖面号 Soil profile	土纲 Soil order	土类 Soil great group	亚类 Soil subgroup	土属 Soil genus	土种 Soil species	土层码 Layer code	土层厚度 Depth/cm	颜色 Soil color	质地 Soil texture	土壤结构 Soil structure	pH	有机质 OM/(g/kg)	全氮 TN/(g/kg)	全磷 TP/(g/kg)	碱解氮 AN/(mg/kg)	有效磷 AP/(mg/kg)	速效钾 AK/(mg/kg)	土壤母质 Parent material	剖面点坐标 Profile coordinate	匹配指数 Matching index/%
剖135	人为土	水稻土	潴育水稻土	潴育型紫褐泥田	乌紫褐泥田	1	0—16		重壤土		5.8	42.4	1.85	0.83	141	4.0	38	基性结晶岩类	E 114°30′32.6″ N 24°42′09.7″	95
						2	16—22		重壤土		6.0	25.2	1.14	0.75						
						3	22—46		重壤土		7.2	14.5	0.75	0.90						
						4	46—56		重壤土		7.2	14.0	0.64	1.01						
						5	56—100													
剖136	铁铝土	红壤	红壤	麻砂泥红壤		1	0—2	棕黑色	轻壤土	团粒状								花岗岩	E 114°30′40.0″ N 24°41′22.9″	95
						2	2—9	棕灰色	中壤土	核块状										
						3	9—33	浅棕灰色	中壤土	核块状										
						4	33—100	棕黄色	轻壤土	核状	5.1	69.8	1.95	0.22	131	7.5	350			
剖137	铁铝土	红壤	红壤	麻砂泥红壤		1	0—14				5.2	45.9	1.39	0.34				花岗岩	E 114°30′12.3″ N 24°39′41.4″	95
						2	14—27				5.3	21.3	0.70	0.24						
						3	27—60				5.8	8.8	0.25	0.25						
						4	60—100													
剖138	人为土	水稻土	潴育水稻土	潴育型黄砂泥田	强潴黄砂泥田	1	0—14	浅棕灰色	轻壤土	屑粒状								石英岩类风化物	E 114°46′54.8″ N 25°02′10.9″	95
						2	14—19	浅棕灰色	中壤土	块状										
						3	19—51	浅棕黄色	中壤土	块状										
						4	51—72	棕黄色	中壤土	块状										

宁 都 县

主要土类说明

红壤是宁都县主要土壤类型，占本县地域面积的 67%。红壤发生在中亚热带常绿阔叶林条件下，经中度脱硅富铝化作用形成。黏粒中游离铁占全铁 50%—60%，具深厚红色土层，底层可见深厚红、黄、白相间网纹红色黏土。黏土矿物以高岭石、赤铁矿为主，黏粒硅铝率 1.8—2.4，风化淋溶系数小于 0.2，盐基饱和度小于 35%，pH 为 4.5—5.5。

水稻土是宁都县第二大土壤类型，占本县地域面积的 26%。在水稻种植条件下，长期季节性淹灌、水下翻耕、季节性脱水、氧化还原交替，使原来成土母质或母土的特性有重大的改变，形成水稻土。由于干湿交替，形成糊状淹育层、较坚实板结的犁底层、渗育层、潴育层与潜育层多种发生层。这些不同发生层段是在人为耕作、水浆管理下形成的。本县水稻土分为淹育水稻土、潴育水稻土、表潜水稻土和侧渗水稻土四个亚类。其中以肥力较高的潴育水稻土所占面积最大。

紫色土是宁都县第三大土壤类型，占本县地域面积的 4%。紫色土是热带、亚热带紫红色岩层直接风化形成的 A-C 型土壤。其理化性质与母岩组成直接相关，土层浅薄，剖面层次发育不明显，仍为初育阶段。母岩富含矿质养分，且风化迅速。

小于本县地域面积 3% 的土壤类型还有黄壤、石灰（岩）土、潮土、山地草甸土等。

本区域中心区气候特征

本区域中心区气候特征值
Regional climate characteristics in central area of the region

气候带：中亚热带湿润气候 Climate region: Subtropical humid climate	
年平均气温 /℃ Annual average temperature /℃	18.8
年平均最高气温 /℃ Annual average maximum temperature /℃	23.6
年平均最低气温 /℃ Annual average minimum temperature /℃	15.4
年降水量 /mm Annual precipitation /mm	1565
≥10℃的积温 /℃ Daily temperature accumulated in a year (≥10℃) /℃	10701
年日照时数 /h Annual sunshine /h	1681
年平均相对湿度 /% Annual average relative humidity /%	79
干燥度 Dryness	0.71

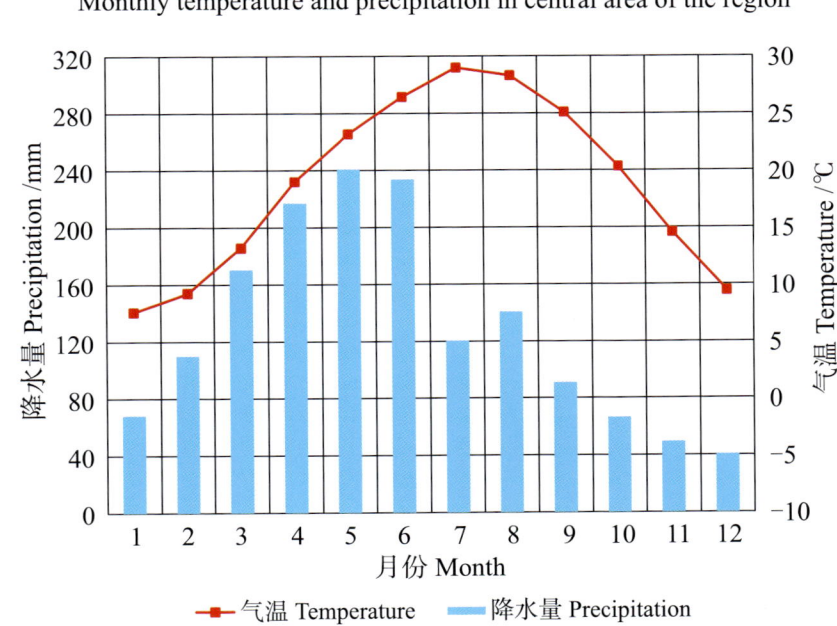

本区域中心区月平均气温与月平均降水量
Monthly temperature and precipitation in central area of the region

宁都县主要土壤类型与土壤剖面点分布图
1∶280 000

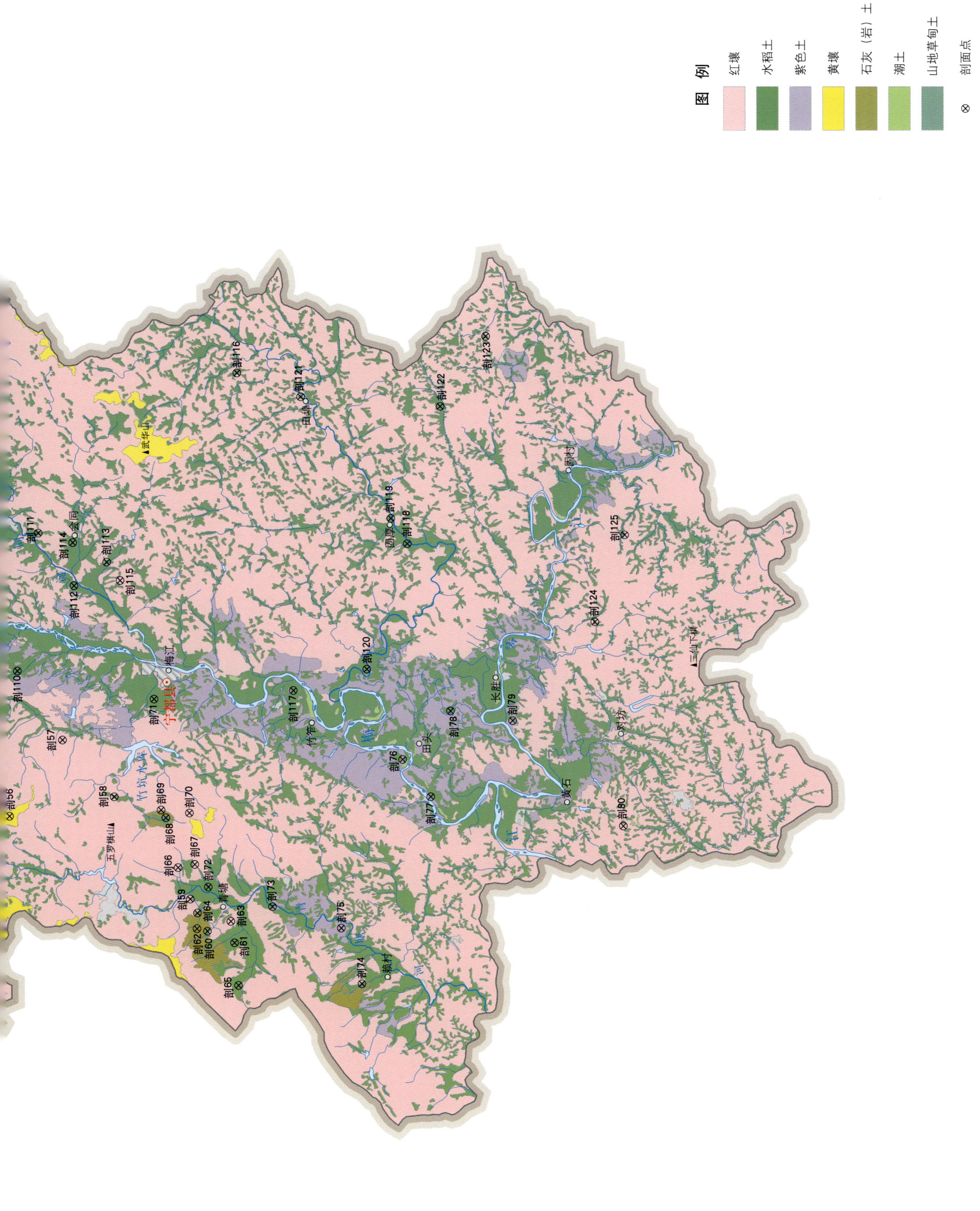

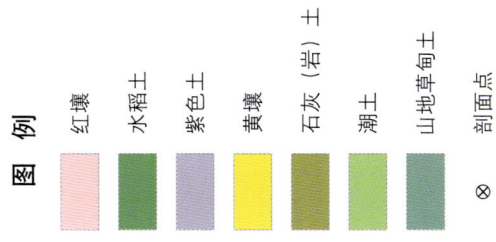

宁都县土壤剖面理化性状表

剖面号 Soil profile	土纲 Soil order	土类 Soil great group	亚类 Soil subgroup	土属 Soil genus	土种 Soil species	土层码 Layer code	土层厚度 Depth/cm	颜色 Soil color	质地 Soil texture	土壤结构 Soil structure	pH	有机质 OM/(g/kg)	全氮 TN/(g/kg)	全磷 TP/(g/kg)	全钾 TK/(g/kg)	碱解氮 AN/(mg/kg)	有效磷 AP/(mg/kg)	速效钾 AK/(mg/kg)	阳离子交换量CEC/(cmol/kg)	土壤母质 Parent material	剖面点坐标 Profile coordinate	匹配指数 Matching index/%
剖1	人为土	水稻土	潴育水稻土	花岗岩性潴育水稻土	麻砂泥田	1					4.5	31.0	1.70	1.48		119	6.0	166		花岗岩	E 115°42′27.3″ N 26°49′50.8″	95
						2					4.5	29.7	1.78	1.39		111	6.6	146				
						3					5.1	18.7	1.22	1.34		137	4.8	150				
						4			中壤土		5.0	14.4	1.04	1.46		125	4.7	166				
剖2	人为土	水稻土	淹育水稻土	河积性淹育水稻土	砂泥田	1			轻壤土		5.6	11.1	0.71	0.41		55	2.5	14		河流冲积物	E 115°42′28.1″ N 26°46′57.1″	95
						2			砂壤土		6.0	3.5	0.31	0.45		24	2.1	15				
						3			重壤土		6.4	1.8	0.19	0.28		6	2.3	26				
						4					6.4	5.1	0.35	0.67		26	3.2	23				
剖3	铁铝土	红壤	棕红壤	森林棕红壤	林地花岗岩棕红壤	1	0—7				4.3	39.2	1.31	0.62		129	3.5	100		花岗岩	E 115°42′41.5″ N 26°47′24.1″	98
						2	7—35				4.4	25.7	0.80	0.38		68	≤1.0	89				
						3	35—				4.6	13.9	0.57	0.49		49	≤1.0	70				
剖4	人为土	水稻土	潴育水稻土	红砂岩性潴育水稻土	乌红砂泥田	1	0—13	深灰色	轻壤土	粒状										红砂岩类风化物	E 115°44′48.1″ N 26°46′38.5″	95
						2	13—18	灰黄色	中壤土	块状												
						3	18—54	浅灰黄色	重壤土	小块状												
						4	54—	橘黄色	重壤土	块状												
剖5	人为土	水稻土	潴育水稻土	河积性潴育水稻土	乌潮砂泥田	1	0—14		中壤土		4.8	31.9	1.93	1.02		194	4.4	66		河流冲积物	E 115°44′28.2″ N 26°41′49.9″	95
						2	14—20		中壤土		4.8	28.9	1.69	0.95		171	4.9	39				
						3	20—40		中壤土		5.1	25.7	1.42	0.89		184	3.4	30				
						4	40—				5.4	21.6	1.17	0.86		132	4.8	61				
剖6	人为土	水稻土	表潜水稻土	河积性表潜水稻土	青潮砂泥田	1	0—16	浅青灰色	中壤土	小团粒状										河流冲积物	E 115°58′03.3″ N 26°59′09.7″	75
						2	16—30	浅青灰色	中壤土	小块状												
						3	30—48	浅灰棕色	中壤土	块状												
						4	48—100			棱块状												
剖7	人为土	水稻土	淹育水稻土	紫土性淹育水稻土	浅紫砂泥田	1	0—12		重黏土	核粒状	7.9	34.8	2.23	1.51		142	3.3	161		紫色砂页岩风化物	E 115°58′32.0″ N 26°59′31.8″	75
						2	12—24	浅紫紫色	重黏土	核块状	8.0	32.4	2.17	1.43		130	3.3	157				
						3	21—41	浅紫灰色	重黏土	小块状	8.2	21.4	1.56	1.43		78	2.9	132				
						4	41—100	灰白色	重黏土	棱块状	8.2	8.4	0.70	1.32		21	2.7	108				
剖8	人为土	水稻土	侧渗水稻土	紫土性侧渗水稻土	漂洗紫泥田	1	0—11	浅灰黄色	重黏土	团块状										紫色砂页岩风化物	E 115°58′04.1″ N 26°58′29.0″	95
						2	11—19	灰白色	重黏土	块状												
						3	19—37	灰灰黄色	重黏土	块状												
						4	37—		重黏土	块状												
剖9	人为土	水稻土	潴育水稻土	潴育型坚性水稻土	泺水石灰性黄泥田	1	0—18	浅蓝色	轻壤土	粒状										石灰岩风化物	E 115°58′58.4″ N 26°59′59.4″	75
						2	18—26	青蓝色	中壤土	块状												
						3	26—61	灰黄黄色	重黏土	块状												
						4	61—			棱状												
剖10	人为土	水稻土	潴育水稻土	石英砂岩性潴育水稻土	黄砂泥田	1	0—14	红黄色	轻壤土		8.0	23.4	1.47	0.99		102	2.9	117		石英砂岩风化物	E 115°58′25.5″ N 26°58′19.9″	95
						2	14—25		中壤土		8.3	16.8	1.15	1.01		60	1.9	91				
						3	25—100				8.3	10.0	0.80	1.00		30	1.9	84				
剖11	人为土	水稻土	潴育水稻土	紫性潴育水稻土	紫砂泥田	1	0—16													紫色砂岩风化物	E 115°59′12.7″ N 26°58′59.7″	75
						2	16—22				8.4	6.4	0.57	1.24		16	2.1	78				
						3	22—45				8.8	7.4	0.56	0.83		17	4.4					
						4	45—78															
						5	78—100															

续表 Continued

剖面号 Soil profile	土纲 Soil order	土类 Soil great group	亚类 Soil subgroup	土属 Soil genus	土种 Soil species	土层码 Layer code	土层厚度 Depth/cm	颜色 Soil color	质地 Soil texture	土壤结构 Soil structure	pH	有机质 OM/(g/kg)	全氮 TN/(g/kg)	全磷 TP/(g/kg)	全钾 TK/(g/kg)	碱解氮 AN/(mg/kg)	有效磷 AP/(mg/kg)	速效钾 AK/(mg/kg)	阳离子交换量CEC/(cmol/kg)	土壤母质 Parent material	剖面点坐标 Profile coordinate	匹配指数 Matching index/%
剖12	人为土	水稻土	侧渗水稻土	红黏土性侧渗水稻土	漂洗红泥田	1					5.9	31.2	1.56	0.60		118	2.2	23		第四纪红色黏土	E 115°59′32.6″ N 26°59′54.5″	75
						2					7.3	21.0	1.20	0.52		80	1.6	18				
						3					8.1	6.3	0.42	0.52		22	2.6	19				
						4					7.9	5.1	0.40	0.41		18	1.8	23				
剖13	人为土	水稻土	淹育水稻土	红砂岩性淹育水稻土	红砂结板田	1	0—13	灰紫色	轻壤土	粒状										红砂岩类风化物	E 115°51′44.0″ N 26°52′18.5″	95
						2	13—16	浅灰黄色	中壤土	块状												
						3	16—	棕黄色	中壤土	块状												
剖14	人为土	水稻土	淹育水稻土	红黏土性淹育水稻土	黄泥结板田	1	0—14	浅黄灰色	中壤土	微粒状										第四纪红色黏土	E 115°52′08.9″ N 26°51′18.1″	95
						2	14—23	黄灰黄色	重壤土	块状												
						3	23—34	橘黄色	重壤土	块状												
						4	34—	灰黄色	中壤土	块状												
剖15	人为土	水稻土	潜育水稻土	潜育型潜水稻田	泒水麻砂泥田	1	0—14	浅黄灰色	中壤土	粒状										花岗岩	E 115°54′45.8″ N 26°54′41.8″	95
						2	14—23	蓝灰黄色	中壤土	块状												
						3	23—100		中壤土	粒状												
剖16	人为土	水稻土	侧渗水稻土	千枚岩性侧渗水稻土	漂洗鳝泥田	1	0—9	浅黄灰色	粉砂壤土	块状										千枚岩	E 115°55′11.7″ N 26°53′34.4″	95
						2	9—19	灰黄色	中壤土	块状												
						3	19—33	灰白色	粉砂壤土	块状												
						4	33—	灰色		团粒状												
剖17	人为土	水稻土	表潜水稻土	石英砂岩性表潜水稻土	青膏黄泥田	1	0—13	青黄色	重壤土	小块状										石英砂岩风化物	E 115°55′22.8″ N 26°52′41.4″	95
						2	13—21	浅灰黄色	重壤土	棱块状												
						3	21—87	浅灰黄色	中壤土	棱块状												
						4	87—	灰黄色	重壤土	块状												
剖18	人为土	水稻土	淹育水稻土	红黏土性淹育水稻土	红土田	1	0—13	红黄色	轻壤土	粒状										第四纪红色黏土	E 115°54′04.6″ N 26°50′54.1″	95
						2	13—25	红黄色	轻黏土	块状												
						3	25—	红紫黄色	中壤土	粒状												
剖19	人为土	水稻土	潜育水稻土	紫土性潜育水稻土	紫砂泥田	1	0—14	浅黄灰色	中壤土	块柱状										紫色砂岩风化物	E 115°54′10.5″ N 26°50′34.2″	95
						2	14—27	浅棕紫色	中壤土	棱柱状												
						3	27—50	浅紫色	中壤土	棱柱状												
						4	50—100	浅黄灰色	中壤土	块状												
剖20	人为土	水稻土	潜育水稻土	千枚岩性潜育水稻土	鳝泥田	1	0—13	暗灰色	轻壤土	团粒状	4.8	38.6	1.77	0.71		180	6.2	122		千枚岩类	E 115°54′25.1″ N 26°52′04.3″	95
						2	13—20	青灰色	中壤土	团块状	4.7	11.7	0.66	0.44		85	≤1.0	28				
						3	20—46	浅棕色	中壤土	块状	4.8	10.3	0.57	0.39		60	≤1.0					
						4	46—76															
剖21	铁铝土	红壤	棕红壤	森林棕红壤	林地花岗岩棕红壤	1	0—12		轻壤土	团粒状	4.7	44.9	1.43	0.61		103	1.1	81		花岗岩	E 115°55′13.2″ N 26°51′14.2″	97
						2	12—46		轻壤土	团块状	5.1	8.4	0.58	0.70		30	≤1.0	45				
						3	46—			块状	5.0	11.0	0.60	0.65		36	≤1.0	60				
剖22	铁铝土	红壤	黄红壤	林地黄红壤	林地石英砂岩黄红壤	1	0—20		黏土	块状	5.5	27.4	1.63	0.67		195	3.0	83		石英砂岩风化物	E 115°47′51.1″ N 26°48′40.1″	97
						2	20—50		黏土	块状		6.4	0.40	0.31		51	1.2					
						3	50—				5.9	15.1	0.80	0.42		122	1.1	24				
剖23	人为土	水稻土	潜育水稻土	河积性潜育水稻土	沉板田	1	0—12													河流冲积物	E 115°48′43.0″ N 26°48′14.0″	95
						2	12—23															
						3	23—55					9.2	0.47	0.35		73	1.3	33				
						4	55—100				6.7											

续表 Continued

剖面号 Soil profile	土纲 Soil order	土类 Soil great group	亚类 Soil subgroup	土属 Soil genus	土种 Soil species	土层码 Layer code	土层厚度 Depth/cm	颜色 Soil color	质地 Soil texture	土壤结构 Soil structure	pH	有机质 OM/(g/kg)	全氮 TN/(g/kg)	全磷 TP/(g/kg)	全钾 TK/(g/kg)	碱解氮 AN/(mg/kg)	有效磷 AP/(mg/kg)	速效钾 AK/(mg/kg)	阳离子交换量CEC/(cmol/kg)	土壤母质 Parent material	剖面点坐标 Profile coordinate	匹配指数 Matching index/%
剖24	人为土	水稻土	潴育水稻土	紫土性潴育水稻土	紫砂泥田	1					8.4	12.8	1.02	1.68		59	3.6	136		紫色砂岩风化物	E 115° 49′ 05.6″ N 26° 46′ 17.7″	95
						2					8.3	11.3	0.94	1.77		41	2.6	96				
						3					8.4	8.0	0.77	1.30		26	2.4					
						4					8.3	8.8	0.61	1.22		23	3.0	108				
剖25	人为土	水稻土	淹育水稻土	石英砂岩性淹育水稻土	浅黄砂泥田	1	0—11	浅灰黄色	轻壤土	粒状										石英砂岩风化物	E 115° 49′ 55.8″ N 26° 46′ 59.9″	95
						2	11—23	棕黄色	轻壤土	小块状												
						3	23—45	棕黄色	轻壤土	块状												
						4	45—61	青夹黄色	轻壤土	块状												
						5	61—100	灰夹黄色	轻壤土	块状												
剖26	人为土	水稻土	潴育水稻土	河积性潴育水稻土	沉板田	1			重壤土		5.8	20.1	1.19	0.38		114	3.2	25		河流冲积物	E 115° 48′ 53.9″ N 26° 45′ 31.1″	95
						2			重壤土		5.8	13.3	0.84	0.24		99	1.7	18				
						3			重壤土		6.4	8.6	0.73	0.24		71	1.2	22				
剖27	人为土	水稻土	潴育水稻土	花岗岩性潴育水稻土	麻黄砂泥田	1	0—10		重壤土		5.1	32.4	1.58	0.93		144	5.6	61		花岗岩	E 115° 50′ 26.8″ N 26° 46′ 01.0″	95
						2	10—18		重壤土		5.1	32.7	1.74	0.94		154	5.0	60				
						3	18—42				4.3	23.2	1.26	0.85		110	5.4	35				
						4	42—62				5.8	12.0	0.60	0.95		44	4.3	37				
						5	62—				6.0	8.4	0.37	1.23		38	19.8	85				
剖28	人为土	水稻土	潴育水稻土	红黏土性潴育水稻土	火焰黄泥田	1	0—12		中壤土	粒状										第四纪红色黏土	E 115° 50′ 47.2″ N 26° 46′ 15.4″	95
						2	12—22		中壤土	块状												
						3	22—51		重壤土	小块状												
						4	51—100		重壤土	块状												
剖29	铁铝土	红壤		红壤性	红砂泥土	1	0—12	黄红色	重壤土	粒状	4.3	1.7	0.19	0.11		13	≤1.0	52		红砂岩类风化物	E 115° 45′ 42.0″ N 26° 47′ 22.3″	95
						2	12—35	红黄色	重壤土	小块状	4.1	3.9	0.31	0.19		26	≤1.0	70				
						3	35—48	红褐色	重壤土	单粒状	4.5	1.8	0.13	0.11		33	≤1.0	35				
						4	48—	黄褐色	中壤土	块状	4.0	4.2	0.36	0.16		28	≤1.0	48				
剖30	人为土	水稻土	潴育水稻土	河积性潴育水稻土	潮砂泥田	1	0—16		轻壤土	粒状	6.6	6.8	0.31	0.44		35	1.1	21		河流冲积物	E 115° 53′ 33.1″ N 26° 48′ 56.3″	95
						2	16—33		中壤土	块状	5.9	4.3	0.25	0.47		26	1.3	15				
						3	33—		轻壤土	块状	6.0	3.8	0.28	0.44		20	2.7	12				
剖31	人为土	侧渗水稻土	紫土性侧渗水稻土	漂洗紫砂泥田		1	0—12		轻壤土	粒状	5.7	31.9	1.48	0.60		115	4.1	27		紫四纪红色黏土	E 115° 55′ 30.5″ N 26° 49′ 45.5″	95
						2	12—17		重壤土	块状	6.0	26.4	1.26	0.68		100	1.1	24				
						3	17—33		轻壤土	块状	7.1	17.4	0.96	0.44		66	≤1.0	29				
						4	33—47		轻壤土	块状	8.1	4.6	0.27	0.24		14	2.5					
						5	47—100		轻壤土	粒状	8.3	2.2	0.18	0.22		26	4.2	27				
剖32	人为土	水稻土	淹育水稻土	红黏土性淹育水稻土	红土田	1	0—15	深灰色	重壤土	块状	5.5	24.1	1.18	0.78		122	4.2	78		第四纪红色黏土	E 115° 56′ 57.4″ N 26° 46′ 03.9″	95
						2	15—31	棕红色	轻黏土	块状	5.7	15.9	0.83	0.71		70	2.8	40				
						3	31—100	黄褐色	轻黏土	块状	6.3	13.3	0.88	0.65		75	≤1.0	49				
剖33	人为土	水稻土	淹育水稻土	千枚岩性淹育水稻土	面浆田	1	0—12	棕褐色	轻壤土	粒状										千枚岩类	E 115° 58′ 42.2″ N 26° 47′ 19.6″	95
						2	12—20	青灰色	中壤土	块状												
						3	20—70	浅灰色	轻壤土	块状												
						4	70—	浅灰黄色	重壤土	块状												
剖34	人为土	水稻土	表潜水稻土	千枚岩性表潜水稻土	青鳝泥田	1	0—18	青灰色	中壤土	粒状										千枚岩类	E 115° 53′ 32.0″ N 26° 46′ 31.5″	95
						2	18—24		中壤土	块状												
						3	24—72		中壤土	块状												
						4	72—100	青灰色		块状												

续表 Continued

剖面号 Soil profile	土纲 Soil order	土类 Soil great group	亚类 Soil subgroup	土属 Soil genus	土种 Soil species	土层码 Layer code	土层厚度 Depth/cm	颜色 Soil color	质地 Soil texture	土壤结构 Soil structure	pH	有机质 OM/(g/kg)	全氮 TN/(g/kg)	全磷 TP/(g/kg)	全钾 TK/(g/kg)	碱解氮 AN/(mg/kg)	有效磷 AP/(mg/kg)	速效钾 AK/(mg/kg)	阳离子交换量CEC/(cmol/kg)	土壤母质 Parent material	剖面点坐标 Profile coordinate	匹配指数 Matching index/%
剖35	人为土	水稻土	潴育水稻土	红黏土性潴育水稻土	乌黄泥田	1	0—12	乌灰色	轻壤土	粒状	6.3	14.6	0.91	0.93		71	4.2			第四纪红色黏土	E 115°51′25.7″ N 26°44′59.7″	95
						2	12—23	浅灰黄色	中壤土	小棱块状	7.0	17.6	1.02	0.88		68	2.5	79				
						3	23—40	浅灰黄色	重壤土	块状	8.1	6.1	0.49	0.50		22	1.4	55				
						4	40—	棕黄色	重壤土	块状	8.1	5.3	0.46	0.77		27	8.0	69				
剖36	人为土	水稻土	淹育水稻土	紫色性淹育水稻土	浅紫砂泥田	1					7.0	6.5	0.52	0.73		41	5.3	40		紫色砂页岩风化物	E 115°49′19.0″ N 26°41′13.4″	95
						2					6.9	5.8	0.45	0.51		72	4.4	71				
						3					6.7	5.7	0.46	0.42		33	8.4	43				
剖37	人为土	水稻土	潴育水稻土	河积性潴育水稻土	潮砂泥田	1					5.4	32.9	1.71	0.82		153	7.2	33		河流冲积物	E 115°50′28.7″ N 26°41′29.1″	95
						2					5.8	13.6	0.72	0.78		54	4.8	19				
						3					6.3	11.1	0.59	0.35		34	≤1.0	19				
剖38	人为土	水稻土	潴育水稻土	红黏土性潴育水稻土	乌黄泥田	4					5.5	23.0	0.74	0.31		41	1.1	27		第四纪红色黏土	E 115°50′53.1″ N 26°40′46.7″	95
剖39	人为土	水稻土	淹育水稻土	紫色性淹育水稻土	浅紫砂泥田	1	0—12	暗紫色	黏土	核粒状										紫色砂页岩风化物	E 115°45′47.7″ N 26°40′58.6″	95
						2	12—27	暗紫色	黏土	棱块状												
						3	27—100	暗黄色	黏土	棱块状												
剖40	人为土	水稻土	潴育水稻土	河积性潴育水稻土	青隔潮砂泥田	1	0—16	浅灰黄色	轻壤土	粒状										河流冲积物	E 115°46′48.7″ N 26°42′28.5″	95
						2	16—24	浅黄色	中壤土	块状												
						3	24—55	青黄色	中壤土	块状												
						4	55—	浅黄色	轻壤土	块状												
剖41	人为土	水稻土	表潴水稻土	花岗岩性表潴水稻土	青隔麻砂泥田	1	0—13	浅黄色	中壤土	粒状										花岗岩风化物	E 115°52′40.6″ N 26°43′31.4″	95
						2	13—20	浅灰黄色	中壤土	块状												
						3	20—45	浅灰黄色	轻壤土	块状												
						4	45—90	浅黄色	轻壤土	块状												
						5	90—	浅黄色	轻壤土	小块状												
剖42	人为土	水稻土	表潴水稻土	花岗岩性表潴水稻土	黄麻砂泥田	1	0—14	浅黄色	中壤土	块状	7.3	9.9	0.49	0.62		57	5.2	115		花岗岩	E 115°55′36.7″ N 26°43′37.3″	97
						2	14—30	浅灰黄色	中壤土	块状	6.9	11.8	0.67	0.60		58	4.7	59				
						3	30—58	棕黄色	重壤土	块状		2.6	0.17	0.33		19	1.1					
						4	58—					2.2	0.11	0.23		15						
剖43	铁铝土	红壤		森林红壤	林地侵蚀黄泥土	1	0—15	浅黄色	中壤土	核粒状										第四纪红色黏土	E 115°56′40.3″ N 26°43′48.1″	95
						2	15—18	浅黄色	中壤土	核块状												
						3	18—49	棕黄色	重壤土	块柱状												
						4	49—															
剖44	人为土	水稻土	潴育水稻土	红黏土性潴育水稻土	黄泥田	1	0—12	棕黄色	中壤土	块状										第四纪红色黏土	E 115°56′51.3″ N 26°43′30.3″	95
						2	12—17	棕黄色	重壤土	棱块状												
						3	17—23	棕黄色	重壤土	棱块状												
						4	23—50	红黄色	重壤土	棱柱状												
						5	50—															
剖45	铁铝土	红壤		生草红壤	草地麻砂泥土	1	0—17	灰黑色	轻壤土	棱块状	4.6	24.0	1.25	0.69		116	2.6	37		花岗岩风化物	E 115°52′32.8″ N 26°41′55.1″	98
						2	17—45	黄红色	轻壤土	小团块状	4.4	13.7	1.13	0.69		91	2.2	35				
						3	45—															
剖46	人为土	水稻土	潴育水稻土	潴育型冷浸田	锈水田	1															E 115°53′28.5″ N 26°40′47.1″	95
						2																

续表 Continued

剖面号 Soil profile	土纲 Soil order	土类 Soil great group	亚类 Soil subgroup	土属 Soil genus	土种 Soil species	土层码 Layer code	土层厚度 Depth/cm	颜色 Soil color	质地 Soil texture	土壤结构 Soil structure	pH	有机质 OM/(g/kg)	全氮 TN/(g/kg)	全磷 TP/(g/kg)	全钾 TK/(g/kg)	碱解氮 AN/(mg/kg)	有效磷 AP/(mg/kg)	速效钾 AK/(mg/kg)	阳离子交换量CEC/(cmol/kg)	土壤母质 Parent material	剖面点坐标 Profile coordinate	匹配指数 Matching index/%
剖47	人为土	水稻土	潴育水稻土	花岗岩性潴育水稻土	麻砂泥田	1	0–10				4.6	29.0	1.56	0.47		177	5.2	97		花岗岩	E 115°55′54.6″ N 26°40′26.5″	95
						2	10–15				5.4	11.2	0.68	0.33		73	1.7	56				
						3	15–33				6.3	5.4	0.44	0.20		40	≤1.0	46				
						4	33–48				6.2	6.6	0.44	0.21		41	1.4	52				
剖48	人为土	水稻土	侧渗水稻土	红砂岩性侧渗水稻土	漂洗红砂泥田	1	0–13	棕黄色	轻壤土	粒状										红砂岩类风化物	E 115°45′34.9″ N 26°39′04.7″	95
						2	13–17	浅灰黄色	轻壤土	块状												
						3	17–48	浅灰黄色	中壤土	块状												
						4	48–70	浅白色	轻壤土	小块状												
						5	70–100															
剖49	人为土	水稻土	潴育水稻土	花岗岩性潴育水稻土	麻砂泥田	1	0–12				5.2	33.9	1.70	1.26		149	9.6	27		花岗岩	E 115°46′58.7″ N 26°39′29.6″	95
						2	12–22				6.4	16.2	1.00	1.09		76	4.0	28				
						3	22–45				6.8	13.8	0.74	1.13		68	3.8	21				
						4	45–78				6.9	12.0	0.66	1.50		55	6.6	25				
						5	78–100					11.4	0.55	2.05		44	14.4	31				
剖50	人为土	水稻土	淹育水稻土	泥质岩性淹育水稻土	黄浆田	1	0–13	浅灰色	轻壤土	粒状										泥质岩类	E 115°48′44.6″ N 26°38′32.5″	95
						2	13–22	浅灰黄色	中壤土	小块状												
						3	22–58	黄灰色	中壤土	块状												
						4	58–															
剖51	人为土	水稻土	潴育水稻土	千枚岩性潴育水稻土	黄鳝泥田	1					5.5	27.4	1.39	0.87		112	5.1	70		千枚岩类	E 115°48′37.9″ N 26°36′53.4″	95
						2					5.5	16.6	0.96	0.64		99	3.7	45				
						3					5.1	8.1	0.55	0.55		66	2.1	52				
						4					6.2	5.9	0.69	0.48		65	2.4	59				
剖52	人为土	水稻土	潴育水稻土	紫土性潴育水稻土	紫砂泥田	1	0–14		中黏土		4.7	36.6	1.75	1.03		153	7.1	105		紫色砂岩风化物	E 115°56′33.0″ N 26°39′31.4″	95
						2	14–23		中黏土		5.3	19.1	1.06	0.85		91	5.3	58				
						3	23–		重黏土		6.6	8.0	0.48	1.03		39	7.4	119				
剖53	人为土	水稻土	潴育水稻土	紫土性潴育水稻土	紫砂泥田	1	0–11		中黏土		4.8	37.3	1.88	1.10		187	5.3	68		紫色砂岩风化物	E 115°56′45.9″ N 26°36′03.5″	95
						2	11–22		中黏土		5.3	19.8	1.06	0.84		107	1.6	47				
						3	22–46		重黏土		7.0	10.5	0.51	0.63		52	1.1	60				
						4	46–100		轻壤土		7.2	4.4	0.20	0.50		33	≤1.0	62				
剖54	人为土	水稻土	潴育水稻土	潴育型矿毒田	矿毒田	1	0–15				5.3	19.8	1.08	0.94		85	7.1				E 115°57′59.2″ N 26°37′20.6″	95
						2	15–29				5.4	20.9	1.24	1.01		122	7.0	36				
						3	29–48				5.8	15.2	0.80	0.79		80	3.8	25				
						4	48–70				5.7	13.1	0.75	0.70		64	3.7	29				
						5	70–100				5.1	8.3	0.50	0.84		40	3.1	26				
剖55	人为土	水稻土	潴育水稻土	花岗岩性潴育水稻土	麻砂泥田	1	0–10				5.6	30.6	1.64	0.63		141	4.2	46		花岗岩	E 115°56′19.7″ N 26°35′58.3″	95
						2	10–21				5.4	14.3	0.78	0.49		76	2.1	31				
						3	21–48				6.0	7.4	0.50	0.48		36	1.3	51				
						4	48–100				6.5	2.8	0.15	0.31		9	1.3	37				
剖56	铁铝土	黄壤	黄壤	黄砂泥黄壤	厚层乌黄砂泥黄壤	Ao	0–7	灰黄棕色	砂质黏土	核粒状	4.9	107.2	4.62	0.66	12.4	453	11.0		7.5	石英岩残积物、坡积物	E 115°55′15.7″ N 26°34′00.6″	95
						A	7–20	亮棕色	砂质梨壤土	块状	5.2	55.2	2.72	0.53	12.5	360	3.0		4.9			
						Bv	20–48	亮棕色	砂质黏土	块状	5.2	23.0	1.39	0.47	14.1	134	≤1.0		3.9			
						Bvc	48–100	橙色	砂质壤土	粒状	5.2	14.3	1.00	0.37	14.3	87	≤1.0		3.6			
剖57	铁铝土	红壤	棕红壤	森林棕红壤	林地千枚岩棕红壤	1	0–9	灰棕色	中壤土	块状	4.8	16.8	0.68	0.46		57	1.2	38		千枚岩风化物	E 115°58′12.3″ N 26°32′09.6″	98
						2	9–23	棕色	中壤土	团粒状	4.6	5.1	0.29	0.43		17	≤1.0	26				
						3	23–	棕灰白色														

续表 Continued

剖面号 Soil profile	土纲 Soil order	土类 Soil great group	亚类 Soil subgroup	土属 Soil genus	土种 Soil species	土层码 Layer code	土层厚度 Depth/cm	颜色 Soil color	质地 Soil texture	土壤结构 Soil structure	pH	有机质 OM/(g/kg)	全氮 TN/(g/kg)	全磷 TP/(g/kg)	全钾 TK/(g/kg)	碱解氮 AN/(mg/kg)	有效磷 AP/(mg/kg)	速效钾 AK/(mg/kg)	阳离子交换量 CEC/(cmol/kg)	土壤母质 Parent material	剖面点坐标 Profile coordinate	匹配指数 Matching index/%
剖58	人为土	水稻土	淹育水稻土	千枚岩性淹育水稻土	黄鳝泥田	1	0–13	浅黄灰色	轻壤土	粒状										千枚岩类	E 115°56′02.1″ N 26°30′20.8″	95
						2	13–28	灰黄色	轻壤土	块状												
						3	28–55	浅灰黄色	中壤土	块状												
						4	55–88	橘黄色	中壤土	块状												
剖59	铁铝土	红壤	熟化红壤		黄泥土	1	0–11	浅黄灰色	重壤土	粒状	6.2	8.6	0.44	0.47		42	1.7	28		第四纪红色黏土	E 115°52′04.3″ N 26°27′40.1″	98
						2	11–23	浅灰黄色	重壤土	小块状	6.2	6.3	0.39	0.50		32	≤1.0	30				
						3	23–33	浅灰黄色	中壤土	大块状	6.3	6.1	0.52	0.55		34	1.2	24				
						4	33–	黄红色	重壤土	大块状	6.2	4.9	0.42	0.58		24	2.1	23				
剖60	人为土	水稻土	淹育水稻土	淹育型黄砂泥田	淹育黄砂泥田	A	0–8	黄棕色	黏壤土	小块状	5.1	16.1	0.93	0.29		81	2.7	36		石英砂岩风化物	E 115°50′49.2″ N 26°27′03.5″	82
						P	8–13	黄棕色	黏壤土	块状	6.1	8.6	0.53	0.25		61	2.4	21				
						C	13–100	红棕色	壤质黏土	块状	6.0	3.7	0.39	0.23		44	≤1.0	31				
剖61	人为土	水稻土	潴育水稻土	石灰岩性潴育水稻田	石灰性泥田	1	0–14				6.1	23.3	1.10	0.69	19.3				2.9	石灰岩类	E 115°50′23.1″ N 26°27′06.3″	95
						2	14–28				6.0	17.8	0.88	0.58	20.2				4.5			
						3	28–41				6.8	9.5	0.78	0.60	25.9				4.2			
剖62	初育土	石灰(岩)土	红色石灰土	红色石灰土	红色石灰土	1	0–11	黄灰色	中黏土											石灰岩风化物	E 115°50′55.0″ N 26°27′25.5″	92
						2	11–47	红棕色	重黏土													
						3	47–	红褐色	重黏土													
剖63	铁铝土	红壤	森林红壤	林地侵蚀黄砂土	1	0–11	红棕灰色	重壤土	小团粒状	4.5	29.3	1.27	0.49		93	1.1	45		第四纪红色黏土	E 115°51′12.5″ N 26°26′14.2″	98
						2	11–44	黄棕色	重壤土	团块状	4.7	5.3	0.69	0.46		33	≤1.0	25				
						3	44–100	红棕色	黏土	块状	4.7	5.3	0.52	0.49		22	≤1.0	19				
剖64	初育土	石灰(岩)土	红色石灰土	红色石灰土	红色石灰土	1	0–13	黄灰色	轻黏土		8.2	29.2	1.41	0.82		137	2.7	82		石灰岩风化物	E 115°51′31.3″ N 26°27′24.7″	74
						2	13–34		中黏土		7.7	9.4	0.74	0.52		66	1.2	56				
						3	34–		中黏土		7.9	5.3	0.60	0.67		32	1.1	60				
剖65	人为土	水稻土	潴育水稻土	潴育型矿毒田	矿毒田	1	0–13		重壤土		5.2	11.8	0.66	0.49		52	2.3	37		石灰岩类	E 115°48′42.8″ N 26°25′57.2″	95
						2	13–20		重壤土		6.1	7.8	0.48	0.42		36	≤1.0	45				
						3	20–50		重壤土		6.5	7.5	0.46	0.35		49	≤1.0	33				
						4	50–80		重壤土		6.7	6.1	0.44	0.47		36	1.7	58				
剖66	铁铝土	红壤	熟化红壤		黄泥土	1					6.1	7.7	0.39	0.45		43	1.7	52		第四纪红色黏土	E 115°53′17.0″ N 26°28′05.7″	97
						2					5.1	7.2	0.43	0.64		40	1.5	39				
						3					5.2	7.8	0.59	0.79		45	1.4	57				
剖67	铁铝土	红壤	熟化红壤		黄泥土	1					5.7	9.1	0.58	0.48		47	2.0	51		第四纪红色黏土	E 115°53′24.7″ N 26°27′30.8″	97
						2					6.7	6.4	0.46	0.52		≤1.0	68					
						3					6.5	7.3	0.57	0.48		81	≤1.0	54				
剖68	人为土	水稻土	淹育水稻土	浅黄砂泥田	青塘黄泥田	Aa	0–8	泔黄棕色	黏壤土	小块状	5.1	16.1	0.90	0.30	19.3	36	≤1.0	45		第四纪红色黏土	E 115°55′13.7″ N 26°28′32.2″	95
						Ap	8–13	黄黄棕色	黏壤土	块状	6.1	8.6	0.50	0.30	20.2	49	≤1.0	33				
						C	13–100	红棕色	壤质黏土	块状	6.0	3.7	0.40	0.20	25.9	36	1.7	58				
剖69	初育土	石灰(岩)土	红色石灰土	红色石灰土	红色石灰土	1	0–20	浅黄红色	砂壤土		6.1	33.9	1.25	1.14		105	≤1.0	49		石灰岩风化物	E 115°55′21.1″ N 26°28′35.3″	74
						2	20–50		中黏土		5.9	8.6	0.65	1.05		35	≤1.0	23				
						3	50–100		重黏土		5.4	6.1	0.53	1.05		114	1.2	25				
剖70	铁铝土	红壤	红壤	森林红壤	林地侵蚀红砂泥土	1	0–8	浅紫红色	砂壤土	粒状										红砂岩类风化物	E 115°55′25.4″ N 26°27′42.4″	95
						2	8–74	紫红色	砂壤土													
						3	74–															

续表 Continued

剖面号 Soil profile	土纲 Soil order	土类 Soil great group	亚类 Soil subgroup	土属 Soil genus	土种 Soil species	土层码 Layer code	土层厚度 Depth/cm	颜色 Soil color	质地 Soil texture	土壤结构 Soil structure	pH	有机质 OM/(g/kg)	全氮 TN/(g/kg)	全磷 TP/(g/kg)	全钾 TK/(g/kg)	碱解氮 AN/(mg/kg)	有效磷 AP/(mg/kg)	速效钾 AK/(mg/kg)	阳离子交换量CEC/(cmol/kg)	土壤母质 Parent material	剖面点坐标 Profile coordinate	匹配指数 Matching index/%
剖71	人为土	水稻土	潴育水稻土	花岗岩性潴育水稻土	乌麻砂泥田	1	0—11	浅灰色	中壤土	粒状										花岗岩	E 115°59′49.7″ N 26°28′57.3″	95
						2	11—20	浅灰黄色	中壤土	块状												
						3	20—34	浅灰黄色	中壤土	块状												
						4	34—54	灰黄色	中壤土	块状												
						5	54—															
剖72	人为土	水稻土	淹育水稻土		麻砂田	1	0—9		中壤土		5.4	13.5	0.69	0.37		71	1.7	64		花岗岩	E 115°52′32.7″ N 26°27′02.0″	95
						2	9—		重壤土		6.1	6.7	0.37	0.25		43	≤1.0	72				
剖73	人为土	水稻土	潴育水稻土	红黏土性潴育水稻土	乌黄泥田	1	0—12		重壤土		5.2	21.4	1.18	0.54		99	4.1	14		第四纪红色黏土	E 115°51′47.2″ N 26°24′47.1″	95
						2	12—23		重壤土		5.7	8.1	0.66	0.45		40	1.7	14				
						3	23—40		轻黏土		6.9	4.9	0.48	0.57		19	2.1	26				
						4	40—		轻黏土		7.0	3.4	0.46	0.46		14	2.0	24				
剖74	人为土	水稻土	表潜水稻土	红砂岩性表潜水稻土	青暇红砂泥田	1	0—14	浅灰黄色	中壤土	粒状										红砂岩类风化物	E 115°48′47.9″ N 26°21′38.4″	95
						2	14—37	黄褐色	中壤土	块状												
						3	37—61	浅灰黄色	中壤土	块状												
						4	61—100	紫红色	中壤土	块状												
剖75	初育土	紫色土	酸性紫色土	熟化酸性紫色土	酸潜紫泥田	1	0—14	紫红色	中壤土	团粒状												
						2	14—30	紫红色	中壤土	小块状												
						3	30—72	紫红色	中壤土	块状												
						4	72—	暗紫色	重壤土	团块状												
剖76	初育土	紫色土			紫色土	1	0—11	灰紫色	中壤土	团块状												
						2	11—30	暗紫色	重壤土	团块状												
						3	30—															
剖77	初育土	紫色土	酸性紫色土		侵蚀酸性紫色土	1	0—7				5.1	21.9	1.04	0.48		72	2.1	42			E 115°57′31.2″ N 26°20′14.9″	97
						2	7—16				4.8	18.1	0.76	0.45		74	2.3	107				
剖78	人为土	水稻土	潴育水稻土	紫土性潴育水稻土	紫油砂泥田	1					5.1	29.4	1.59	1.00		182	4.4	64			E 115°56′05.2″ N 26°19′16.0″	95
						2					6.2	16.2	0.96	0.90		64	9.3	78				
						3					7.7	6.7	0.55	1.11		26	5.5	56				
						4					6.3	5.4	0.44	0.77		20	8.5	48				
						5					6.4	4.7	0.39	0.59		36	6.4	51				
剖79	初育土	紫色土	酸性紫色土		侵蚀酸性紫色土	1	0—9				4.8	15.7	0.72	0.26		71	1.5	33			E 115°59′25.3″ N 26°18′34.9″	97
						2	9—14				4.9	8.8	0.56	0.24		58	≤1.0					
剖80	铁铝土	红壤		森林红壤	林地麻砂泥土	1	0—3	灰棕色	中壤土	核粒状										花岗岩风化物	E 115°59′03.0″ N 26°16′24.5″	97
						2	3—18	浅灰黄色	中壤土	团粒状												
						3	18—100	浅灰黄色	砾质砂土	无结构												
剖81	人为土	水稻土	潴育水稻土	花岗岩性潴育水稻土	麻砂泥田	1	0—9		中壤土		6.1	26.6	1.39	0.78		123	6.2	59		花岗岩	E 116°05′38.5″ N 27°05′28.6″	95
						2	9—14		重壤土		6.3	17.0	1.14	0.76		212	4.3	23				
						3			中壤土		5.9	11.5	0.61	0.80		149	3.6	25				
						4			轻壤土		6.2	9.3	0.56	0.84		91	2.0	37				
						5			重壤土		5.9	8.2	0.54	0.69		45	2.3	50				
剖82	人为土	水稻土	淹育水稻土	红黏土性淹育水稻土	黄顽泥田	1	0—14	灰黄色	重壤土	块状										第四纪红色黏土	E 116°00′23.6″ N 26°59′00.1″	95
						2	14—29	浅灰黄色	黏土	大块状												
						3	29—45	灰褐色	黏土	大块状												
						4	45—															
剖83	人为土	水稻土	淹育水稻土	石灰性淹育水稻土	石灰性黄顽泥田	1	0—13	灰黑色	轻壤土	粒状											E 116°01′26.7″ N 26°58′14.5″	95
						2	13—16	灰黑色	轻壤土	块状												
						3	16—100	浅黄灰色	重壤土	块状												

续表 Continued

剖面号 Soil profile	土纲 Soil order	土类 Soil great group	亚类 Soil subgroup	土属 Soil genus	土种 Soil species	土层码 Layer code	土层厚度 Depth/cm	颜色 Soil color	质地 Soil texture	土壤结构 Soil structure	pH	有机质 OM/(g/kg)	全氮 TN/(g/kg)	全磷 TP/(g/kg)	全钾 TK/(g/kg)	碱解氮 AN/(mg/kg)	有效磷 AP/(mg/kg)	速效钾 AK/(mg/kg)	阳离子交换量CEC/(cmol/kg)	土壤母质 Parent material	剖面点坐标 Profile coordinate	匹配指数 Matching index/%
剖84	铁铝土	红壤	红壤	熟化红壤	麻砂泥土	1	0—5				5.0	4.9	0.22	0.54		53	≤1.0	45		花岗岩风化物	E 116°05′47.1″ N 26°59′52.0″	97
						2	5—45				4.8	2.5	0.13	0.44		12	≤1.0	51				
						3	45—100				5.0	1.6	0.11	0.35		4	≤1.0	112				
剖85	铁铝土	红壤	红壤	森林红壤	林地麻砂土	1					4.8	18.5	0.68	0.16		83	2.2	64		花岗岩风化物	E 116°04′18.4″ N 26°57′21.7″	97
						2					4.9	9.3	0.39	0.14		22	≤1.0	33				
											5.1	2.1	0.14	0.13		5	2.1	73				
剖86	初育土	石灰性中性紫色土		紫色土	紫色土	1	0—20				8.5	11.7	0.76	1.41		56	12.9	185			E 116°04′33.2″ N 26°57′17.6″	75
						2	20—27				8.5	4.6	0.36	1.11		17	1.6	85				
剖87	铁铝土	红壤	红壤	森林红壤	林地麻砂泥土	1					4.8	17.7	0.68	0.16		83	2.2	64		花岗岩风化物	E 116°00′13.8″ N 26°55′41.0″	97
						2					4.9	9.3	0.39	0.14		22	≤1.0	33				
						3					5.1	2.1	0.14	0.13		5	2.1	73				
剖88	人为土	水稻土	潴育水稻土	红砂岩性潴育水稻土	红砂岩火稻田	1	0—14	浅紫灰色	轻壤土	粒状										红砂岩	E 116°00′17.1″ N 26°55′29.1″	95
						2	14—21	浅紫灰色	轻壤土	块状												
						3	21—30	黄紫红色	中壤土	块状												
						4	30—															
剖89	人为土	水稻土	淹育水稻土	河积性淹育水稻土	砂子田	1	0—20	棕黄色	砂壤土	粒状										河流冲积物	E 116°00′07.8″ N 26°54′34.8″	95
						2	20—34	灰黄色	细砂土	单粒状	5.1	27.3	1.52	0.44		116	3.3	31				
						3	34—51	夹灰黑色	砂壤土	小块状	5.4	16.4	0.89	0.40		60	1.5	26				
						4	51—100	浅灰色	砂壤土	小块状	5.7	16.9	0.77	0.42		36	2.1	21				
											5.8	12.7	0.74	0.36		26	2.5	29				
											5.8	12.7	0.59	0.33		113	2.3	31				
剖90	人为土	水稻土	潴育水稻土	红砂岩性潴育水稻土	红砂泥田	1					6.6	27.9	1.48	0.59		116	7.2	33		红砂岩风化物	E 116°00′31.1″ N 26°54′44.0″	95
						2					6.8	16.1	0.87	0.44		63	2.0	20				
						3					7.1	6.5	0.33	0.52		25	2.9	16				
						4					6.6	6.1	0.38	0.24		30	≤1.0	22				
						5					6.4	6.6	0.56	0.31		20	≤1.0	63				
剖91	人为土	水稻土	潴育水稻土	河积性潴育水稻土	潮砂泥田	1	0—14				5.5	20.6	1.00	0.46		129	5.0	65		第四纪红色黏土	E 116°03′10.3″ N 26°53′10.3″	95
						2	14—18				6.2	4.2	0.21	0.44		87	3.7	34				
						3	18—45				6.1	6.6	0.41	0.23		48	1.1	33				
						4	45—82				6.8	15.5	0.82	0.35		33	1.1	35				
						5	82—100															
剖92	铁铝土	红壤	红壤	森林红壤	林地麻砂泥土	1	0—3	浅紫色	重壤土	粒状	4.6	64.6	1.50	0.52		115	4.8	157		河流冲积物	E 116°04′02.3″ N 26°51′28.4″	95
						2	3—18	浅紫色	重壤土	块状	4.8	10.5	0.44	0.56		40	≤1.0	68				
						3	18—	浅紫色	中壤土	棱块状	4.8	2.1	0.14	0.31		31	≤1.0	51				
剖93	人为土	水稻土	表潜水稻土	紫土性表潜水稻土	青搁紫砂泥田	1	0—12	青灰色	重壤土	块状										花岗岩风化物	E 116°06′50.4″ N 26°51′19.4″	97
						2	12—23		重壤土	块状												
						3	23—52		重壤土													
						4	52—82		重壤土													
						5	82—100															
剖94	人为土	水稻土	潜育水稻土	潜育型冷浸田	冷水田	1	0—16	棕灰色	重壤土	粒状	5.2	31.3	1.40	0.37		139	1.7	39			E 116°01′39.4″ N 26°51′18.3″	95
						2	16—	粉红色	中壤土	块状	5.4	25.6	1.11	0.50		105	1.1	16				
剖95	铁铝土	红壤	红壤	森林红壤	林地粉红土	1	0—8	浅粉红色	中壤土	块状										千枚岩类风化物	E 116°05′55.4″ N 26°47′54.5″	95
						2	8—83			块状												
						3	83—															

续表 Continued

剖面号 Soil profile	土纲 Soil order	土类 Soil great group	亚类 Soil subgroup	土属 Soil genus	土种 Soil species	土层码 Layer code	土层厚度 Depth/cm	颜色 Soil color	质地 Soil texture	土壤结构 Soil structure	pH	有机质 OM/(g/kg)	全氮 TN/(g/kg)	全磷 TP/(g/kg)	全钾 TK/(g/kg)	碱解氮 AN/(mg/kg)	有效磷 AP/(mg/kg)	速效钾 AK/(mg/kg)	阳离子交换量 CEC/(cmol/kg)	土壤母质 Parent material	剖面点坐标 Profile coordinate	匹配指数 Matching index/%
剖97	人为土	水稻土	潴育水稻土	潴育型潴水田	泥水砂泥田	1	0–13	浅灰黄色	中壤土	粒状										河流冲积物	E 116°04′21.6″ N 26°47′05.3″	95
						2	13–17	浅灰黄色	中壤土	棱块状												
						3	17–35	青灰色	轻壤土	棱块状												
						4	35–100	青灰色	轻壤土	棱块状												
剖98	人为土	水稻土	侧渗水稻土	红黏土性侧渗水稻土	漂洗黄泥田	1	0–15	灰黄色	重壤土	粒状										第四纪红色黏土	E 116°05′27.2″ N 26°46′07.8″	95
						2	15–24	浅灰黄色	重壤土	块状												
						3	24–45	灰黄色	重壤土	块状												
						4	45–54	灰夹黄色	重壤土	小块状												
						5	54–100	灰白色	黏土	块状												
剖99	铁铝土	红壤	红壤	森林红壤	林地侵蚀红砂泥土	1	0–9				4.9	7.1	0.35	0.24		22	≤1.0	42		红砂岩风化物	E 116°05′38.8″ N 26°45′44.5″	95
						2	9–17				4.8	4.1	0.18	0.20		17	≤1.0	54				
						3	17–30				4.9	2.7	0.28	0.20		11	≤1.0	70				
						4	30–100				5.0	1.6	0.12	0.17		7	≤1.0	66				
剖100	人为土	水稻土	潴育水稻土	潴育型潴水田	泥水砂泥田	1	0–12		中壤土		5.0	26.6	1.21	0.74		100	21.3	47		河流冲积物	E 116°03′10.7″ N 26°46′15.1″	95
						2	12–27		轻壤土		5.1	13.3	0.56	0.58		33	15.8	20				
						3	27–100		砂壤土		5.1	13.0	0.52	0.75		37	21.4	34				
剖101	铁铝土	红壤	红壤	森林红壤	林地侵蚀红砂泥土	1	0–3	黄红色		团块状										红砂岩风化物	E 116°03′45.3″ N 26°44′40.8″	95
						2	3–14	浅红黄色		粒状												
						3	14–55	浅紫红色														
						4	55–	紫红色														
剖102	铁铝土	红壤	红壤	森林红壤	林地侵蚀红砂粉土	Ao	0–5	灰黑色	中壤土	粒状										千枚岩类风化物	E 116°06′18.4″ N 26°40′28.6″	97
						2	5–14	浅黄灰色	中壤土	小块状												
						3	14–27	浅灰黄色	中壤土	块状												
						4	27–66	浅灰黄色	中壤土	小块状												
						5	66–				5.2	18.6	1.27	0.48		168	3.1	40				
剖103	人为土	水稻土	淹育水稻土	红黏土性淹育水稻土	黄沤泥田	1	0–14		轻壤土		5.0	8.7	0.64	0.35		97	≤1.0	27		第四纪红色黏土	E 116°01′43.6″ N 26°40′13.5″	95
						2	14–27		中壤土		4.9	7.1	0.57	0.35		97	≤1.0	42				
						3	27–60		中壤土		4.9	8.1	0.53	0.26		94		46				
						4	60–100		中壤土													
剖104	人为土	水稻土	潴育水稻土	石英砂岩性潴育水稻土	乌黄砂泥田	1	0–15	浅黄灰色	中壤土	粒状										石英砂岩风化物	E 116°10′19.3″ N 26°40′10.3″	95
						2	15–23	浅黄灰色	中壤土	小块状												
						3	23–50	橘黄色	中壤土	块状												
						4	50–	浅黄灰色	重壤土	块状												
剖105	紫色土	紫色土	石灰性紫色土	熟化石灰性紫色土	紫砂泥土	1	0–20		中壤土	小块状	8.5	11.7	0.76	1.41		56	12.9	185		紫色砂页岩风化物	E 116°03′52.7″ N 26°39′32.7″	95
						2	20–27		砂壤土	粒状	8.5	4.6	0.36	1.11		17	1.6	85				
剖106	水稻土	水稻土	潴育水稻土	潴育型潴水田	泥水鳝泥田	1	0–15		重壤土	小块状	5.4	20.1	1.14	0.45		116	≤1.0	42		泥质岩类风化物	E 116°04′17.7″ N 26°39′56.3″	95
						2	15–27		重壤土	块状	5.0	18.3	1.00	0.45		111	1.3	32				
						3	27–57	黑黄色	重壤土	块状	4.8	19.0	0.99	0.37		102	1.2	20				
						4	57–100															
剖107	人为土	水稻土	潴育水稻土	千枚岩性潴育水稻土	鳝泥田	1	0–15				4.0	2.3		0.38						千枚岩类	E 116°06′04.2″ N 26°39′48.1″	95
						2	15–27															
						3	27–51															
						4	51–100															

续表 Continued

剖面号 Soil profile	土纲 Soil order	土类 Soil great group	亚类 Soil subgroup	土属 Soil genus	土种 Soil species	土层码 Layer code	土层厚度 Depth/cm	颜色 Soil color	质地 Soil texture	土壤结构 Soil structure	pH	有机质 OM/(g/kg)	全氮 TN/(g/kg)	全磷 TP/(g/kg)	全钾 TK/(g/kg)	碱解氮 AN/(mg/kg)	有效磷 AP/(mg/kg)	速效钾 AK/(mg/kg)	阳离子交换量 CEC/(cmol/kg)	土壤母质 Parent material	剖面点坐标 Profile coordinate	匹配指数 Matching index/%
剖108	人为土	水稻土	潴育水稻土	花岗岩性潴育水稻土	麻砂泥田	1	0—15	浅黄灰色	中壤土	粒状	4.9	22.0	1.16	0.57		98	4.3	72		花岗岩	E 116°09′35.0″ N 26°36′20.2″	95
						2	15—30	浅灰黄色	中壤土	小块状	5.2	8.8	0.51	0.69		38	2.0	68				
						3	30—64	灰黄色	轻壤土	块状	5.2	5.2	0.35	0.43		27	2.0	40				
						4	64—100	灰黄色	轻壤土	块状	5.8	6.5	0.31	0.43		22	1.1	54				
剖109	人为土	水稻土	潜育水稻土	潜育型潴育水稻土	泥水黄泥田	1	0—14		重壤土		5.8	33.4	1.56	0.45		83	2.3	30		第四纪红色黏土	E 116°09′18.8″ N 26°35′05.8″	95
						2	14—26		轻壤土		5.1	25.4	1.16	0.27		44	≤1.0	16				
						3	26—42		重壤土		5.4	15.4	0.68	0.34		45	≤1.0	18				
						4	42—60		重壤土		5.3	17.9	0.73	0.27			≤1.0	14				
						5	60—100		中壤土		5.1			0.37			≤1.0	16				
剖110	人为土	水稻土	淹育水稻土	红砂岩性淹育水稻土	浅红砂泥田	1	0—8	灰紫红色	轻黏土	粒状										红砂岩类风化物	E 116°00′53.3″ N 26°33′44.9″	95
						2	8—10	灰紫红色	轻壤土	小块状												
						3	10—50	紫红色	中壤土	块状												
						4	50—100		中壤土	块状												
剖111	人为土	水稻土	潴育水稻土	河积性潴育水稻土	潮砂泥田	1	0—11		重壤土		5.3	15.5	0.80	0.51		82	3.6	26		河流冲积物	E 116°06′12.8″ N 26°33′02.5″	95
						2	11—18		中壤土		5.0	11.6	0.65	0.45		70	2.0	17				
						3	18—39		中壤土		6.1	6.4	0.44	0.46		40	10.1	19				
						4	39—		轻壤土		6.6	6.8	0.46	0.54		43	1.1	39				
剖112	人为土	水稻土	潴育水稻土	花岗岩性潴育水稻土	乌砂泥田	1	0—15		中壤土		5.5	40.1	1.81	1.09		127	19.1	29		花岗岩	E 116°04′12.1″ N 26°31′46.9″	95
						2	15—23		重壤土		5.6	11.9	0.60	0.47		60	5.9	15				
						3	23—56		重壤土		6.7	5.7	0.42	0.55		34	3.1	17				
						4	56—		重壤土		7.2	2.6	0.17	0.54		14	4.4	19				
剖113	人为土	水稻土	潜育水稻土	潜育型潴育水稻土	泥水黄泥田	1	0—14				5.5	24.2	1.29	0.50		113	2.7	40		第四纪红色黏土	E 116°05′06.4″ N 26°30′38.0″	95
						2	14—20				6.5	9.3	0.52	0.49		42	1.1	36				
						3	20—70				7.3	6.8	0.40	0.65		28	2.5	35				
						4	70—100				7.7	7.9	0.38	0.70		59	3.6	31				
剖114	人为土	水稻土	潴育水稻土	花岗岩性潴育水稻土	麻砂泥田	1	0—11		中壤土		4.8	30.3	1.52	0.60		170	4.1	172		花岗岩	E 116°06′01.0″ N 26°31′47.9″	95
						2	11—19		轻壤土			24.4	0.99	0.43		107	2.0	85				
						3	19—71		轻壤土			19.1	0.74	0.24		59	≤1.0	63				
						4	71—100		轻壤土			10.4	0.41	0.28		44	2.6	99				
剖115	铁铝土	红壤	黄红壤	黄砂泥黄红壤	厚层灰黄砂泥黄红壤	A	0—23	暗灰色	黏土	团块状	5.3	29.2	1.36	0.86	13.1	127	6.0	28	4.3	石英岩类风化物	E 116°04′24.2″ N 26°30′10.6″	82
						Bv	23—64	灰黄色	黏土	小块状	5.3	8.9	0.73	0.74	12.0	44	≤1.0	25	2.9			
						C	64—100	红棕色	中壤土	块状	5.3	7.4	0.62	0.90	9.5	49	≤1.0	20	3.3			
剖116	人为土	水稻土	潴育水稻土	河积性潴育水稻土	乌潮砂泥田	1	0—15		轻壤土		6.4	12.7	0.76	0.43		76	4.9	28		河流冲积物	E 116°12′28.2″ N 26°26′06.8″	95
						2	15—17		轻壤土		5.6	5.4	0.35	0.40		38	2.8	25				
						3	17—30		轻壤土		6.5	3.1	0.23	0.36		23	1.6	20				
						4	30—85		轻壤土		6.5	3.1	0.19	0.38		21	2.1	18				
剖117	人为土	水稻土	潴育水稻土	紫土性潴育水稻土	紫油泥田	1	0—14				8.2	28.6	1.77	1.78		119	6.4	120			E 116°00′11.1″ N 26°24′05.3″	95
						2	14—16				8.3	22.3	1.44	1.70		114	8.4	140				
						3	16—25				8.5	11.8	0.82	1.65		53	4.7	139				
						4	25—60				8.6	7.7	0.61	1.30		28	4.5	97				
剖118	人为土	水稻土	表潜水稻土	花岗岩性表潜水稻土	青碣麻砂泥田	1					5.1	35.5	1.82	1.08		163	11.0	31		花岗岩风化物	E 116°05′52.9″ N 26°20′07.6″	95
						2					5.5	8.9	0.48	0.74		41	4.5	40				
						3					5.9	11.6	0.49	0.74		42	3.3	29				
						4					6.1			0.69			2.3	26				

续表 Continued

剖面号 Soil profile	土纲 Soil order	土类 Soil great group	亚类 Soil subgroup	土属 Soil genus	土种 Soil species	土层码 Layer code	土层厚度 Depth/cm	颜色 Soil color	质地 Soil texture	土壤结构 Soil structure	pH	有机质 OM/(g/kg)	全氮 TN/(g/kg)	全磷 TP/(g/kg)	全钾 TK/(g/kg)	碱解氮 AN/(mg/kg)	有效磷 AP/(mg/kg)	速效钾 AK/(mg/kg)	阳离子交换量CEC/(cmol/kg)	土壤母质 Parent material	剖面点坐标 Profile coordinate	匹配指数 Matching index/%
剖119	人为土	水稻土	淹育水稻土	河积性淹育水稻土	砂泥田	1					4.9	19.5	0.98	0.58		92	4.5	36		河流冲积物	E 116° 06′ 46.0″ N 26° 20′ 41.9″	95
						2					5.2	11.4	0.63	0.54		58	2.6	44				
						3					6.7	3.9	0.26	0.51		15	2.3	74				
						4					6.7	2.4	0.12	0.45		8	2.8	61				
						5					5.2	4.5	0.18	0.51		14	3.8	73				
剖120	人为土	水稻土	潴育水稻土	紫土性潴育水稻土	紫油砂泥田	1	0—13		轻黏土		8.1	12.3	0.84	1.53		45	2.6	157			E 116° 01′ 01.9″ N 26° 21′ 31.1″	95
						2	13—23		轻黏土		8.4	12.4	0.65	0.49		33	2.1	86				
						3	23—100		轻黏土		8.3	6.6	0.61	0.87		22	2.4	90				
剖121	人为土	水稻土	潴育水稻土	花岗岩性潴育水稻土	乌麻黄砂泥田	1					5.6	40.8	2.00	1.78		190	38.0	107		花岗岩	E 116° 11′ 33.7″ N 26° 23′ 53.0″	95
						2			中壤土		5.4	23.7	1.21	2.11		134	46.1	46				
						3			轻壤土		6.2	10.5	0.59	2.08		60	16.2	95				
						4			中壤土		6.6	12.3	0.57	0.74		79	6.4	84				
剖122	人为土	水稻土	淹育水稻土	千枚岩性淹育水稻土	黄鳝泥田	1				粒状	5.8	24.6	1.30	0.38		113	3.8	72		千枚岩类	E 116° 11′ 12.9″ N 26° 18′ 59.8″	95
						2			轻壤土	小块状	5.8	11.9	0.67	0.24		70	2.0	50				
						3			中壤土	块状	5.5	10.5	0.61	0.33		44	3.3	42				
剖123	人为土	水稻土	表潴水稻土	泥岩性表潴水稻土	青埔红黄泥田	1	0—14	浅黄灰色	轻壤土	块状										泥岩风化物	E 116° 13′ 55.3″ N 26° 17′ 24.8″	95
						2	14—21	浅黄灰色	中壤土	小块状												
						3	21—58	青灰色	中壤土	块状												
						4	58—	浅灰黄色	中壤土	小块状												
剖124	人为土	水稻土	潴育型潴水稻土	潴育型潴水田	泗水黄泥田	1	0—13	灰灰黄色	重壤土	块状										第四纪红色黏土	E 116° 02′ 54.3″ N 26° 13′ 32.9″	95
						2	13—43	灰蓝色	黏土	块状												
						3	43—87	浅黄灰色	黏土	团粒状												
剖125	人为土	水稻土	表潴水稻土	千枚岩性表潴水稻土	青碉鳝泥田	1	0—11	浅黄灰色	轻壤土	块状										千枚岩	E 116° 06′ 22.3″ N 26° 12′ 36.4″	95
						2	11—14	浅黄黄色	中壤土	块状												
						3	14—27	青灰黄色	重壤土	块状												
						4	24—80	青黄色	重壤土	块状												
						5	80—	棕黄色	中壤土	块状												

于 都 县

主要土类说明

红壤是于都县主要土壤类型，占本县地域面积的71%，分布于丘陵山区。成土母质多样，在低丘、岗地以第四纪红色黏土为主，丘陵山区以花岗岩、石英岩、泥质岩、红砂岩等居多。土壤呈酸性，盐基饱和度较低，养分缺乏。根据土壤发育阶段及其过渡过程，本县红壤分为红壤、棕红壤和山地黄红壤三个亚类。其中，红壤亚类是具有代表性的亚类，分布在本县海拔300m以下的丘陵地区，面积最大。成土母质以第四纪红色黏土为主，其次是红砂岩、千枚岩等风化物。植被主要为草类、灌木和松、杉稀疏林。土层深厚、质地砂黏不一，为酸性土。棕红壤亚类属幼年红壤，为一种粗骨性红壤，分布在海拔200—500m的丘陵地区，土层浅薄，多石砾，植被覆盖较差，仅有稀林木，水土流失严重，仅部分表土尚存，多为裸露心土或母质、基岩。山地黄红壤亚类是红壤向黄壤过渡的类型，分布于山地垂直地带中海拔500—800m处，由花岗岩，石英岩等风化物发育而成，土壤剖面形态由红色向黄色过渡，表土层、心土层出现黄色、黄红色，底土仍为红色，土层浅薄，质地较粗，多砾质，呈酸性。

水稻土是于都县第二大土壤类型，占本县地域面积的20%，是本县的主要农业土壤。本县水稻土分为淹育水稻土、潴育水稻土、表潜水稻土、侧渗水稻土、潜育水稻土等亚类。其中，潴育水稻土土壤熟化程度高，分布面积最广，由于种稻时间长，干湿交替，氧化还原作用剧烈，铁锰淋溶和淀积明显。犁底层以下有灰色胶膜、锈纹、锈斑和铁锰结核等新生体。土壤呈棱柱状或棱块状结构，高肥田常有"鳝血"斑纹及酥软粒状结构。一般有机质含量高，色泽呈灰色或乌色。肥力中等偏高，耕层深厚，地下水位适当，多是稳产、高产农田。

紫色土占本县地域面积的3%，分布于中、低丘陵地区，是由紫色页岩、泥岩、紫色砂砾岩、砂岩等的风化物发育而成的土壤。因紫色岩石矿物组成差异，分别有酸性、中性和石灰性不同反应。紫色土质地差异大，由砂壤土至轻壤土。由于紫色岩石岩性松脆，抗蚀力弱，物理风化强烈，土壤侵蚀严重。土层浅薄，剖面颜色为紫色、紫红色，不因水分而变化。

小于本县地域面积3%的土壤类型还有黄壤、石灰（岩）土、黄棕壤、草甸土和山地草甸土。

本区域中心区气候特征

本区域中心区气候特征值
Regional climate characteristics in central area of the region

气候带：中亚热带湿润气候 Climate region: Subtropical humid climate	
年平均气温 /℃ Annual average temperature /℃	19.4
年平均最高气温 /℃ Annual average maximum temperature /℃	24.1
年平均最低气温 /℃ Annual average minimum temperature /℃	16.1
年降水量 /mm Annual precipitation /mm	1506
≥10℃的积温 /℃ Daily temperature accumulated in a year (≥10℃) /℃	12355
年日照时数 /h Annual sunshine /h	1756
年平均相对湿度 /% Annual average relative humidity /%	77
干燥度 Dryness	0.76

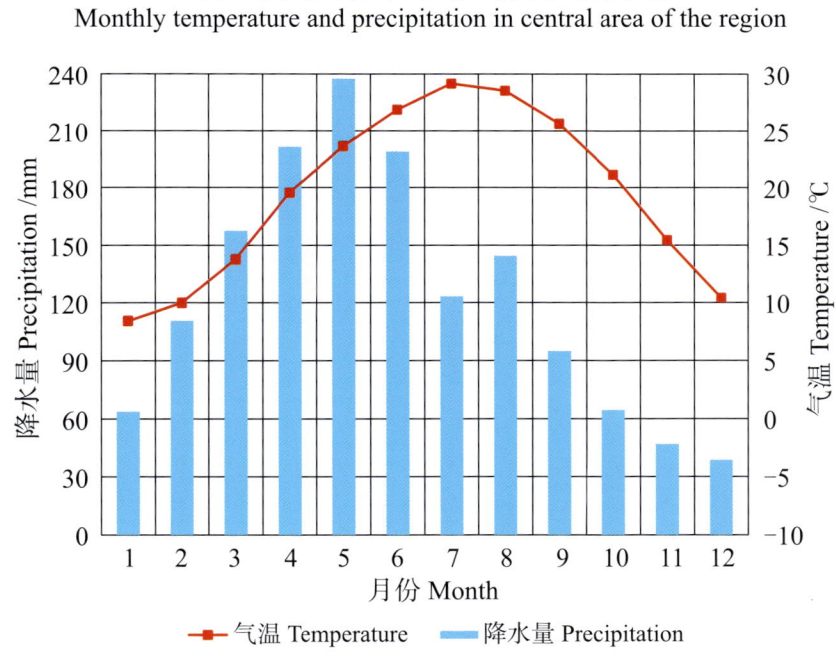

本区域中心区月平均气温与月平均降水量
Monthly temperature and precipitation in central area of the region

于都县主要土壤类型与土壤剖面点分布图
1∶300 000

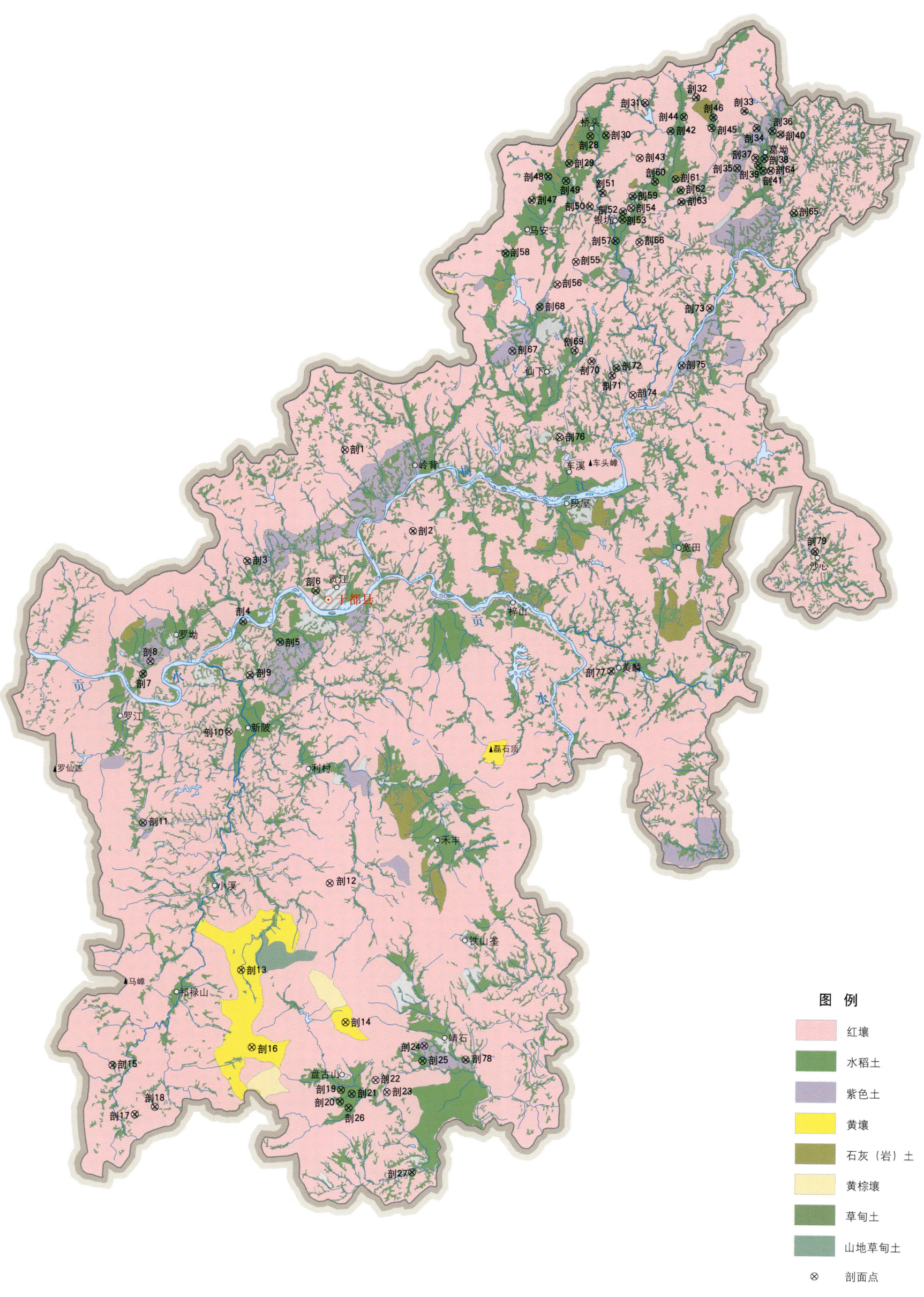

图例
- 红壤
- 水稻土
- 紫色土
- 黄壤
- 石灰（岩）土
- 黄棕壤
- 草甸土
- 山地草甸土
- ⊗ 剖面点

于都县土壤剖面理化性状表

剖面号 Soil profile	土纲 Soil order	土类 Soil great group	亚类 Soil subgroup	土属 Soil genus	土种 Soil species	土层码 Layer code	土层厚度/cm Depth/cm	颜色 Soil color	质地 Soil texture	土壤结构 Soil structure	pH	有机质 OM/(g/kg)	全氮 TN/(g/kg)	全磷 TP/(g/kg)	碱解氮 AN/(mg/kg)	有效磷 AP/(mg/kg)	速效钾 AK/(mg/kg)	土壤母质 Parent material	剖面点坐标 Profile coordinate	匹配指数 Matching index/%
剖1	铁铝土	红壤	红壤	熟化红壤	园林麻砂泥土	1	0—16	浅黄棕色	中壤土	团粒状	4.7	4.6	0.98	0.53	94	≤1.0	44	花岗岩风化物	E 115° 24′ 55.8″ N 26° 03′ 35.4″	95
						2	16—33	浅黄红色	中壤土	块状	4.7	16.2	1.09	0.53	62	≤1.0	37			
						3	33—40	浅黄红棕色	中壤土	块状	4.8	9.4	1.04	0.48	55	≤1.0	37			
						4	40—100	黄红色	中壤土	块状	4.7	14.9	0.80	0.67	43	≤1.0	45			
剖2	人为土	水稻土	潴育水稻土	潜育型冷浸田	锈水田	1	0—18	浅黄灰色	轻壤土	小粒状	5.5	20.0			100	12.0	65		E 115° 28′ 00.8″ N 26° 00′ 24.0″	98
						2	18—26	棕黄色	中壤土	块状										
						3	26—63	青色	重壤土	块状										
						4	63—100	棕紫色	轻黏土	块状										
剖3	人为土	水稻土	表潜水稻土	紫土性表潜水稻土	青瑕紫泥田	1	0—20	浅紫棕色	重壤土	小粒状	6.3	20.0			70	6.0	25		E 115° 20′ 41.1″ N 25° 56′ 39.2″	95
						2	20—34	浅紫黄色	轻黏土	块状										
						3	34—64	浅绿黄色												
						4	64—100	紫红色												
剖4	半水成土	草甸土	浅色草甸土	冲积土	潮砂泥土	1	0—13	棕灰色	砂壤土	小粒状	5.3	18.7	1.08	1.34	83	4.4	42	河流冲积物	E 115° 20′ 33.8″ N 25° 56′ 39.2″	92
						2	13—65	棕黄色	轻壤土	小块状	5.4	7.7	0.48	0.23	45	2.8	42			
						3	65—100	浅黄黄色	轻壤土	小块状	6.3	7.7	0.39	0.23	37	1.7	26			
剖5	人为土	水稻土	潴育水稻土	红砂岩性潴育水稻土	红沙泥田	1	0—17		中壤土	块状	6.6	5.8	0.32	0.17	24	1.6	31	红砂岩类风化物	E 115° 22′ 12.8″ N 25° 55′ 51.1″	95
						2	17—26		轻壤土	块状										
						3	26—47		轻壤土	块状										
						4	47—60		中壤土	块状										
						5	60—100		中壤土											
剖6	人为土	水稻土	潴育水稻土	红黏土性潴育水稻土	乌黄泥田	1	0—13		轻壤土	小块状	5.7	24.3	1.34	0.43	133	5.7	53	第四纪红黏土	E 115° 23′ 44.9″ N 25° 57′ 55.7″	98
						2	13—21		中壤土	块状	7.3	10.9	1.01	0.72	58	3.7	29			
						3	21—58		中壤土	块状	7.3	9.3	0.76	0.63	51	6.0	31			
						4	58—100		中壤土	块状	6.4	6.9	0.49	0.78	46	4.6	49			
剖7	人为土	水稻土	淹育水稻土	千枚岩性淹育水稻土	鳝泥田	1	0—15	浅灰黄色	轻壤土	小块状								千枚岩类	E 115° 16′ 11.9″ N 25° 54′ 28.5″	99
						2	15—26	浅灰黄色	中壤土	块状										
						3	26—54	浅黄色	中壤土	块状										
						4	54—100		中壤土	块状										
剖8	初育土	紫色土	酸性紫色土	酸性紫色土	侵蚀酸性紫色土	1	0—10	浅紫红色	轻壤土	块状									E 115° 16′ 28.7″ N 25° 54′ 59.0″	98
						2	10—27	紫色	中壤土	小粒状										
剖9	人为土	水稻土	淹育水稻土	红砂岩性淹育水稻土	红砂结饭田	1	0—13	黄原棕色	轻壤土	块状					55	4.0	75	红砂岩类风化物	E 115° 20′ 50.3″ N 25° 54′ 28.3″	95
						2	13—20	紫棕色	轻壤土	块状	5.1	≤1.0								
						3	20—49	浅黄黄色	重壤土	小粒状										
						4	49—100		重壤土	块状										
剖10	铁铝土	红壤	红壤	熟化红壤	园林黄泥土	1	0—12	棕灰色			4.9	16.6	0.60	0.27	50	≤1.0	63	第四纪红色黏土	E 115° 20′ 01.0″ N 25° 52′ 14.0″	97
						2	12—36	棕黄色			4.4	5.9	0.53	0.25	26	≤1.0	57			
剖11	初育土	紫色土	酸性紫色土	酸性紫色土	酸性紫色土	3	36—80				5.1	5.0	0.58	0.25	21	≤1.0	43		E 115° 16′ 17.3″ N 25° 48′ 30.7″	98
						4	80—100				4.5	2.1	0.63	0.24	14	≤1.0	57			

续表 Continued

剖面号 Soil profile	土纲 Soil order	土类 Soil great group	亚类 Soil subgroup	土属 Soil genus	土种 Soil species	土层码 Layer code	土层厚度 Depth/cm	颜色 Soil color	质地 Soil texture	土壤结构 Soil structure	pH	有机质 OM/(g/kg)	全氮 TN/(g/kg)	全磷 TP/(g/kg)	碱解氮 AN/(mg/kg)	有效磷 AP/(mg/kg)	速效钾 AK/(mg/kg)	土壤母质 Parent material	剖面点坐标 Profile coordinate	匹配指数 Matching index/%
剖12	铁铝土	红壤	山地黄红壤	森林山地黄红壤	林地千枚岩山地黄红壤	1	0—15	灰黑色	中壤土	团粒状								千枚岩类风化物	E 115°24′37.9″ N 25°46′13.6″	95
						2	15—45	浅黄色	中壤土	块状										
						3	45—													
剖13	铁铝土	黄壤	山地黄壤	山地黄壤	山地黄壤	1	0—20				4.4	63.5	3.06	1.02	294	≤1.0	123	石英岩、花岗岩等风化物	E 115°20′46.9″ N 25°42′40.1″	98
						2	20—47				5.1	4.6	3.49	0.36	40	≤1.0	46			
						3	47—100				5.2	7.9	0.15	0.48	62	≤1.0	46			
剖14	铁铝土	黄壤	山地黄壤	山地黄壤	山地黄壤	1	0—10	灰黑色	轻壤土	团粒状								石英岩、花岗岩等风化物	E 115°25′27.1″ N 25°40′39.3″	99
						2	10—40	桔黄色	中壤土	小块状										
						3	40—100	桔黄色	轻壤土	块状										
剖15	人为土	水稻土	潴育水稻土	河积性潴育水稻土	沉板田	1	0—15	灰黄灰色	轻壤土	小块状								河流冲积物	E 115°15′11.0″ N 25°38′44.9″	97
						2	15—26	浅黄灰色	轻壤土	块状										
						3	26—67	棕黄色	轻壤土	块状										
						4	67—100	棕灰色	轻壤土	块状										
剖16	铁铝土	黄壤	山地黄壤	山地黄壤	山地黄壤	1	0—20			小粒状	4.8	31.9	1.41	0.67	129	≤1.0	80	石英岩、花岗岩等风化物	E 115°21′19.9″ N 25°39′35.1″	97
						2	20—47		轻壤土	小粒状	5.1	7.8	0.57	0.57	39	34.0	38			
						3	47—100		轻壤土	块状	5.3	5.4	0.54	0.58	32	≤1.0	26			
剖17	人为土	水稻土	淹育水稻土	红砂岩性潴育水稻土	浅红砂泥田	1	0—14	浅棕紫色	轻壤土	小粒状	5.0	18.0			50	4.0	25	红砂岩类风化物	E 115°16′12.4″ N 25°36′49.6″	95
						2	14—21	棕红色	中壤土	块状										
						3	21—100	紫红色	中壤土	块状										
剖18	人为土	水稻土	表潴水稻土	红砂岩性潜育水稻土	青碣红砂泥田	1	0—15	棕紫灰色	中壤土	小粒状								红砂岩类风化物	E 115°17′05.0″ N 25°37′08.8″	95
						2	15—25	紫紫红色	中壤土	棱块状										
						3	25—32	紫红色	中壤土	棱块状										
						4	32—55	深紫褐色	中壤土	块状										
						5	55—100	紫红色	中壤土	块状										
剖19	人为土	水稻土	表潴水稻土	红黏土性表潴水稻土	青黄泥田	1	0—13	深灰黄色	重壤土	团粒状	5.7	22.0			65	7.0	80	第四纪红色黏土	E 115°17′20.6″ N 25°37′52.1″	97
						2	13—25	深灰黄色	重壤土	块状										
						3	25—42	灰黑蓝色	轻壤土	块状										
						4	42—100	灰黄灰色												
剖20	人为土	水稻土	潴育水稻土	花岗岩性潴育水稻土	乌赤砂泥田	1	0—18	浅灰黄色	轻壤土	小粒状	6.5	28.6	1.36	1.01	146	9.1	97	花岗岩	E 115°25′16.2″ N 25°37′30.8″	95
						2	18—33	灰黄色	轻壤土	块状	6.5	11.2	0.82	0.44	53	1.1	59			
						3	33—59	棕色	中壤土	棱块状	6.4	9.4	0.61	0.30	46	≤1.0	41			
						4	59—100	棕色	中壤土	块状	6.0	8.1	0.56	0.40	65	≤1.0	100			
剖21	人为土	水稻土	潴育水稻土	花岗岩性潴育水稻土	乌赤砂泥田	1	0—15	浅黄灰色	中壤土	块状								花岗岩	E 115°25′33.8″ N 25°37′50.9″	95
						2	15—23	棕色	中壤土	棱块状										
						3	23—58	浅黄灰色	中壤土	块状										
						4	58—100													
剖22	铁铝土	红壤	红壤	森林红壤	林地红砂泥土	1	0—20	黄色	轻壤土	小粒状	5.0	4.8	0.43	0.26	18	≤1.0	63	紫红色砂砾岩风化物	E 115°26′49.5″ N 25°38′23.4″	97
						2	20—40	浅黄棕色	轻壤土	块状	4.9	2.6	0.49	0.46	13	2.3	81			
						3	40—70	棕色	中壤土	棱块状	5.1	5.3	0.59	0.26	9	≤1.0	57			
						4	70—100				5.0	2.1	0.48	0.34	12	1.4	85			
剖23	铁铝土	红壤	红壤	森林红壤	林地红砂泥土	1	0—10	黄色	轻壤土	小粒状								紫红色砂砾岩风化物	E 115°27′20.7″ N 25°37′55.1″	97
						2	10—70	浅黄棕色	轻壤土	小块状										
						3	70—100	棕红色	中壤土	小块状										

续表 Continued

剖面号 Soil profile	土纲 Soil order	土类 Soil great group	亚类 Soil subgroup	土属 Soil genus	土种 Soil species	土层码 Layer code	土层厚度 Depth/cm	颜色 Soil color	质地 Soil texture	土壤结构 Soil structure	pH	有机质 OM/(g/kg)	全氮 TN/(g/kg)	全磷 TP/(g/kg)	碱解氮 AN/(mg/kg)	有效磷 AP/(mg/kg)	速效钾 AK/(mg/kg)	土壤母质 Parent material	剖面点坐标 Profile coordinate	匹配指数 Matching index/%
剖24	初育土	紫色土	酸性紫色土	酸性紫色土	酸性紫色土	1	0~10	浅紫棕色	中壤土	小粒状									E 115° 28′ 57.7″ N 25° 39′ 47.2″	99
						2	10~20	浅紫红色	重壤土	块状										
						3	20~60	黄红色	重壤土	块状										
						4	60—													
剖25	人为土	水稻土	表潜水稻土	红砂岩性潜育水稻土	青端红砂泥田	1	0~17		中壤土		5.7	28.0	1.48	0.57	163	4.3	70	红砂岩类风化物	E 115° 28′ 53.5″ N 25° 39′ 11.0″	95
						2	17~25		重壤土	棱块状	6.4	20.3	0.66	0.47	62	1.8	24			
						3	25~57		中壤土	棱块状	7.0	9.3	0.43	0.19	34	1.6	27			
						4	57~100		中壤土		7.0	5.9	0.29	0.21	24	≤1.0	27			
剖26	人为土	水稻土	潴育水稻土	红砂岩性潴育水稻土	乌红砂泥田	1	0~14				5.7	28.9	1.29	0.64	163	7.9	145	红砂岩类风化物	E 115° 25′ 39.8″ N 25° 37′ 16.5″	95
						2	14~21			小粒状	5.8	14.5	0.91	0.49	109	3.7	46			
						3	21~72			棱块状	5.0	13.0	0.65	0.52	88	3.1	63			
						4	72~100			棱块状	5.2	1.7	0.31	0.62	53	4.4	39			
剖27	人为土	水稻土	潴育水稻土	红砂岩性潴育水稻土	红砂泥田	1	0~15	浅棕红色	重壤土	小粒状								红砂岩类风化物	E 115° 28′ 31.8″ N 25° 34′ 46.5″	95
						2	15~23	紫红色	重壤土	棱块状										
						3	23~76	紫红色	重壤土	棱块状										
						4	76~100	棕红色	中壤土	棱块状										
剖28	人为土	水稻土	潴育水稻土	泥岩性潴育水稻土	红黄泥田	1	0~14	浅黄灰色	中壤土	棱块状								泥质岩	E 115° 25′ 36.1″ N 26° 16′ 15.5″	97
						2	14~23	浅灰黄色	中壤土	棱块状										
						3	23~71		重壤土	块状										
						4	71~100													
剖29	人为土	水稻土	潜育水稻土	潜育型冷浸田	冷浆田	1	0~16		重壤土	团块状	6.5	47.2	2.22	0.63	187	1.1	78		E 115° 34′ 40.8″ N 26° 15′ 09.9″	97
						2	16~27		中壤土	块状	6.4	41.3	1.53	0.52	165	2.8	67			
						3	27~65		中壤土	小粒状	6.4	32.2	1.48	0.44	123	2.9	53			
						4	65~100		中壤土	块状	6.2	28.5	1.27	0.34	109	3.1	61			
剖30	人为土	水稻土	淹育水稻土	河积性淹育水稻土	砂泥田	1	0~17		重壤土	块状	6.7	22.8	1.33	0.55	111	1.4	68	河流冲积物	E 115° 36′ 18.6″ N 26° 16′ 18.2″	95
						2	17~26	浅棕紫色	中壤土	块状	6.8	17.1	0.87	0.40	66	1.4	51			
						3	26~37	棕紫色	中壤土	块状	6.5	7.6	0.26	0.45	35	1.8	40			
						4	37~100	蓝灰色	中壤土	块状	5.8	5.7	0.28	0.39	39	1.8	46			
剖31	人为土	水稻土	侧渗水稻土	千枚岩性侧渗水稻土	漂洗鳝泥田	1	0~18	浅黄灰色	中壤土	小粒状	5.4	10.0	0.79	0.52	111	4.8	69	千枚岩	E 115° 38′ 00.9″ N 26° 17′ 37.6″	97
						2	18~25	浅黄灰色	轻壤土	块状										
						3	25~100	深灰黄色	轻壤土	棱块状										
剖32	人为土	水稻土	潜育水稻土	潜育型泜水水稻土	泜水紫泥田	1	0~14	浅紫棕色	中壤土	块状								紫色泥页岩风化物	E 115° 40′ 17.8″ N 26° 17′ 52.9″	97
						2	14~24	棕紫色	重壤土	块状										
						3	24~46	棕紫色	重壤土	块状										
						4	46~100	蓝灰色	重壤土	块状										
剖33	人为土	水稻土	潜育水稻土	千枚岩性潜育水稻土	鳝泥田	1	0~12	浅黄灰色	中壤土	小粒状								千枚岩类	E 115° 42′ 26.0″ N 26° 17′ 23.3″	97
						2	12~19	浅黄灰色	中壤土	块状										
						3	19~83	棕黄色	中壤土	棱块状										
						4	83~100		重壤土	块状										
剖34	人为土	水稻土	淹育水稻土	红黏土性淹育水稻土	红土田	1	0~12	棕黄色	重壤土	团块状	5.4	20.8	1.08	0.47	103	4.2	34	第四纪红色黏土	E 115° 42′ 59.3″ N 26° 16′ 45.2″	97
						2	12~20	棕黄色	重壤土	块状	7.4	11.2	0.71	0.32	69	3.4	28			
						3	20~100	黄红色	重壤土	块状	7.3	5.6	0.29	0.24	29	2.4	34			
剖35	人为土	水稻土	潜育水稻土	潜育型泜水水稻土	泜水紫泥田	2	17~31		重壤土	块状	6.9	2.4	0.33	0.23	19	1.8	41	紫色泥页岩风化物	E 115° 42′ 09.9″ N 26° 15′ 04.7″	97
						3	31~78													
						4	78~100													

续表 Continued

剖面号 Soil profile	土纲 Soil order	土类 Soil great group	亚类 Soil subgroup	土属 Soil genus	土种 Soil species	土层码 Layer code	土层厚度 Depth/ cm	颜色 Soil color	质地 Soil texture	土壤结构 Soil structure	pH	有机质 OM/ (g/kg)	全氮 TN/ (g/kg)	全磷 TP/ (g/kg)	碱解氮 AN/ (mg/kg)	有效磷 AP/ (mg/kg)	速效钾 AK/ (mg/kg)	土壤母质 Parent material	剖面点坐标 Profile coordinate	匹配指数 Matching index/%
剖36	人为土	水稻土	潴育水稻土	石英砂岩性潴育水稻土	黄砂泥田	1	0—15				5.2	18.3	1.29	0.57	129	4.0	88	石英砂岩风化物	E 115°43′42.5″ N 26°16′34.5″	95
						2	15—22				5.1	7.1	0.36	0.35	31	1.2	76			
						3	22—37				5.3	5.9	0.29	0.40	33	≤1.0	82			
						4	37—100				5.0	4.0	0.16	0.33	18	≤1.0	71			
剖37	人为土	水稻土	潴育水稻土	花岗岩性潴育水稻土	麻砂泥田	1	0—16				6.8	22.3	0.95	0.29	118	7.2	121	花岗岩	E 115°43′05.0″ N 26°15′32.3″	95
						2	16—26				7.3	9.6	0.64	0.65	57	4.0	92			
						3	26—76				7.7	6.4	0.37	0.41	44	3.5	76			
						4	76—100				7.5	3.7	0.25	0.41	32	4.1	80			
剖38	人为土	水稻土	淹育水稻土	红黏土性淹育水稻土	黄硬泥田	2	14—25		中壤土		5.5	17.4	0.92	0.47	107	2.4	57	第四纪红色黏土	E 115°43′17.8″ N 26°15′37.4″	97
						3	25—100		重壤土		6.5	8.7	0.48	0.25	38	≤1.0	37			
剖39	人为土	水稻土	潴育水稻土	河积性潴育水稻土	潮砂泥田	1	0—20				5.8	8.2	0.26	0.46	19	≤1.0	57	河流冲积物	E 115°43′06.1″ N 26°15′12.1″	95
						2	20—28				4.8	17.7	1.06	0.67	104	7.9	67			
						3	28—44				5.5	8.4	0.44	0.58	61	4.1	89			
						4	44—62				7.0	3.9	0.35	0.53	32	2.9	65			
						5	62—100				6.8	4.1	0.27	0.56	36	3.3	75			
剖40	人为土	水稻土	潜育水稻土	潜育型冷浸田	冷水田	2	18—28	深灰色	中壤土	糊状	6.8	6.0	0.43	0.65	43	3.4	110			97
						3	28—70	蓝灰色	中壤土	糊状	6.4	16.0	0.91	0.26	90	2.7	83			
						4	70—100	浅黄灰色	重壤土	糊状										
剖41	人为土	水稻土	潜育水稻土	潜育型泥水田	泥砂泥田	1	0—14		轻壤土	小粒状	5.8	22.8	0.74	0.43	117	1.5	76	河流冲积物	E 115°44′28.8″ N 26°15′02.8″	95
						2	14—24		中壤土	块状	5.4	7.5	0.13	0.37	51	1.6	40			
						3	24—51		中壤土	块状	5.5	7.3	0.37	0.32	37	≤1.0	38			
						4	51—100		中壤土	团粒状	6.2	11.4		0.22	41		71			
剖42	人为土	水稻土	潜育水稻土	潜育型矿毒田	矿毒田	1	0—14	棕黄色	轻壤土	小块状	6.5	24.0	0.36		40	16.0	55	千枚岩风化物	E 115°43′10.8″ N 26°16′30.4″	97
剖43	铁铝土	红壤	棕红壤	森林棕红壤	林地千枚岩棕红壤	1	0—10	灰黑色	重壤土									千枚岩	E 115°37′49.0″ N 26°15′24.7″	97
						2	10—40	黄灰色	重壤土											
						3	40—100	黄灰色	中壤土											
剖44	人为土	水稻土	侧渗水稻土	千枚岩性侧渗水稻土	漂洗鳝泥田	1	0—13	浅紫灰色	重壤土	小粒状	5.7	12.1	0.68	0.32	89	4.1	70			97
						2	13—18	紫棕色	中壤土	块状	6.2	5.5	0.34	0.24	54	2.8	45			
						3	18—82	棕紫色	重壤土	块状	6.0	4.0	0.46	0.22	57	3.9	50			
						4	82—100	蓝灰色	中壤土	小块状	5.1	5.2	0.39	0.19	44	2.5	78			
剖45	人为土	水稻土	潜育水稻土	潜育型泥水田	泥水红泥田	1	0—14	黄黑色	轻壤土	小粒状	5.4	27.0	1.24	0.53	138	5.8	87	红砂岩类风化物	E 115°41′00.1″ N 26°16′39.2″	95
剖46	人为土	水稻土	潜育水稻土	石灰岩性潜育水稻土	石灰性乌泥田	1	0—16		重壤土	小粒状	5.3	41.5	1.05	0.53	124	3.5	32	石灰岩类	E 115°39′45.7″ N 26°17′04.9″	97
						2	16—25	浅灰黄色	重壤土	棱块状	5.9	33.2	0.71	0.52	80	2.5	41			
						3	25—40	浅黄色	重壤土	棱块状	7.1	13.9	0.37	0.44	42	3.8	38			
						4	40—100	棕黄色	重壤土	块状	6.9	4.7	0.23	0.35	21	4.2	49			
剖47	人为土	水稻土	潜育水稻土	红黏土性潜育水稻土	黄泥田	1	0—17											第四纪红色黏土	E 115°33′02.5″ N 26°13′40.3″	97
						2	17—27													
						3	27—68													
						4	68—100													

续表 Continued

剖面号 Soil profile	土纲 Soil order	土类 Soil great group	亚类 Soil subgroup	土属 Soil genus	土种 Soil species	土层码 Layer code	土层厚度 Depth/cm	颜色 Soil color	质地 Soil texture	土壤结构 Soil structure	pH	有机质 OM/(g/kg)	全氮 TN/(g/kg)	全磷 TP/(g/kg)	碱解氮 AN/(mg/kg)	有效磷 AP/(mg/kg)	速效钾 AK/(mg/kg)	土壤母质 Parent material	剖面点坐标 Profile coordinate	匹配指数 Matching index/%
剖48	人为土	水稻土	潴育水稻土	红黏土性潴育水稻土	黄泥田	1	0—15				4.9	17.9	1.05	0.66	107	6.5	70	第四纪红色黏土	E 115°33′49.6″ N 26°14′40.5″	97
						2	15—22				6.4	6.5	0.48	0.43	38	1.5	55			
						3	22—100				6.8	2.9	0.30	0.35	26	1.6	77			
剖49	人为土	水稻土	潴育水稻土	潴育型疚水田	泛水黄泥田	1	0—24	浅黄灰色	重壤土	无结构	6.9	35.6	1.44	0.49	124	1.8	51	第四纪红色黏土	E 115°34′33.4″ N 26°14′27.8″	97
						2	24—40	黄灰色	重壤土	无结构	6.8	11.4	0.78	0.23	43	1.4	32			
						3	40—100	灰灰色	重壤土	无结构	6.8	2.5	0.29	0.24	16	2.0	32			
剖50	人为土	水稻土	侧渗水稻土	河积性侧渗水稻土	漂洗潮砂泥田	1	0—14	浅紫棕色	轻壤土	小粒状								河流冲积物	E 115°35′38.0″ N 26°13′28.3″	95
						2	14—20	浅紫色	轻壤土	块状										
						3	20—37	灰白色	砂壤土	块状										
						4	37—51		砂砾质粗砂土	小块状										
						5	51—100													
剖51	人为土	水稻土	潴育水稻土	河积性潴育水稻土	潮砂泥田	1	0—12	浅黄灰色	中壤土	小粒状								河流冲积物	E 115°36′11.9″ N 26°14′00.6″	95
						2	12—22	浅棕灰色	轻黏土	棱块状										
						3	22—42	棕灰色	轻壤土	块状										
						4	42—67	灰棕色	轻壤土	块状										
						5	67—100													
剖52	人为土	水稻土	潴育水稻土	石灰岩性潴育水稻土	石灰性黄泥田	1	0—13	棕灰色	重壤土	小块状	6.8	23.0			55	17.0		石灰岩类	E 115°37′06.5″ N 26°13′16.9″	97
						2	13—26	灰棕色	轻黏土	棱块状							30			
						3	26—59	棕灰色	轻黏土	块状										
						4	59—100													
剖53	人为土	水稻土	淹育水稻土	泥岩性淹育水稻土	黄浆田	1	0—14	暗棕色	重壤土	小块状	5.3	19.0			82	6.0	40	泥质岩	E 115°37′04.7″ N 26°13′00.4″	97
						2	14—30	棕黄色	中壤土	块状										
						3	30—50	棕黄色	轻壤土	分散状										
						4	50—100													
剖54	铁铝土	红壤		熟化红壤	黄泥土	1	0—16	棕黄色	重壤土	小粒状	5.3	18.0	0.78	0.52	64	3.3	99	第四纪红色黏土	E 115°37′28.3″ N 26°13′26.2″	97
						2	16—60	棕黄色	重壤土	块状										
						3	60—100	棕红色	砂壤土	单粒状										
剖55	铁铝土	红壤		森林红壤	林地侵蚀床砂泥土	1	0—12	棕黄色	中壤土	小块状								花岗岩风化物	E 115°35′02.7″ N 26°11′15.4″	97
						2	12—56	红色	中壤土	块状										
						3	56—100	红黄色	轻壤土	团粒状										
剖56	铁铝土	棕红壤		森林棕红壤	林地花岗岩棕红壤	1	0—10	灰黑色	轻壤土	粒状								花岗岩	E 115°34′14.9″ N 26°10′20.1″	97
						2	10—40	灰黑色	中壤土	块状										
						3	40—100	深灰色	重壤土	糊状										
剖57	人为土	水稻土	潜育水稻土	潜育型冷浸田	冷浆田	1	0—16	浅蓝灰色	重壤土	糊状									E 115°36′47.8″ N 26°12′07.4″	97
						2	16—27	浅灰色	重壤土	软糊无结构	6.2	30.6	1.05	0.97	108	5.0	46			
						3	27—70		重壤土	块状	6.1	23.3	0.82	0.68	80	3.0	41			
						4	70—100				7.0	10.9	0.54	0.67	47	1.7	38			
剖58	人为土	水稻土	潴育水稻土	泥岩性潴育水稻土	乌红黄泥田	1	0—14		轻黏土	块状	6.5	7.0	0.37	0.60	49	3.0	48	泥质岩	E 115°31′54.5″ N 26°11′32.8″	97
						2	14—20		重壤土	团块状	6.4	20.0	1.00	0.49	106	4.9	56			
						3	20—47		重壤土											
						4	47—100		轻壤土											
剖59	人为土	水稻土	表潜水稻土	千枚岩性表潜水稻土	青鳝泥田	1	0—14	浅棕灰色	重壤土	块状								千枚岩	E 115°37′32.0″ N 26°13′54.0″	97
						2	14—24	浅黄灰色	重壤土	块状										
						3	24—52	蓝灰色	重壤土	块状										
						4	52—100	浅灰蓝色	重壤土	块状										

续表 Continued

剖面号 Soil profile	土纲 Soil order	土类 Soil great group	亚类 Soil subgroup	土属 Soil genus	土种 Soil species	土层码 Layer code	土层厚度 Depth/cm	颜色 Soil color	质地 Soil texture	土壤结构 Soil structure	pH	有机质 OM/(g/kg)	全氮 TN/(g/kg)	全磷 TP/(g/kg)	碱解氮 AN/(mg/kg)	有效磷 AP/(mg/kg)	速效钾 AK/(mg/kg)	土壤母质 Parent material	剖面点坐标 Profile coordinate	匹配指数 Matching index/%
剖60	人为土	水稻土	潜育水稻土	泥岩性潜育水稻土	乌红黄泥田	1	0—13	浅灰色	中壤土	小粒状								泥质岩	E 115°38′31.1″ N 26°14′29.9″	97
						2	13—19	浅灰棕黄色	中壤土	棱块状										
						3	19—65	棕黄色	重壤土	棱块状										
						4	65—100	浅黄色	重壤土	块状										
剖61	人为土	水稻土	潜育水稻土	潜育犁铧毒田	炭浆田	1	0—14		中壤土		5.2	55.0	1.52	0.74	140	5.4	60		E 115°39′26.2″ N 26°14′35.8″	97
						2	14—21													
						3	21—51													
剖62	人为土	水稻土	潜育水稻土	泥岩性潜育水稻土	火瑚红黄泥田	1	0—15	浅灰色	中壤土	小粒状	5.9	19.1	1.12	0.60	104	4.9	41	泥岩	E 115°39′40.4″ N 26°14′10.5″	95
						2	15—23	浅黄色	重壤土	块状										
						3	23—42	浅黄色	轻壤土	块状										
						4	42—55	棕黄色	轻壤土	棱块状										
						5	55—100		砂砾土											
剖63	人为土	水稻土	表潜水稻土	花岗岩性表潜水稻土	青瑚麻砂泥田	1	0—13	深灰色	轻壤土	小粒状	7.4	23.8	1.06	0.63	106	3.8	42	花岗岩风化物	E 115°39′42.4″ N 26°13′42.4″	95
						2	13—21	浅黄灰色	轻壤土	块状										
						3	21—41	青灰色	轻壤土	块状										
						4	41—100													
剖64	人为土	水稻土	潜育水稻土	潜育型沉水田	泥水黄砂泥田	1	0—14	浅黄色	轻壤土	小粒状	4.9	19.1	0.81	0.26	99	5.6	40	石英砂页岩风化物	E 115°43′40.1″ N 26°14′59.6″	95
						2	14—25	灰白色	轻壤土	块状										
						3	25—42	浅黄灰色	轻壤土	块状										
						4	42—100	棕黄色	砂砾土											
剖65	人为土	水稻土	潜育水稻土	紫土性潜育水稻土	酸性紫油泥田	1	0—15				4.8	22.5	1.16	0.62	104	7.9	64	紫色泥页岩风化物	E 115°44′43.3″ N 26°13′19.9″	95
						2	15—28			小粒状	5.8	12.9	0.61	0.50	73	5.0	50			
						3	28—42			块状	6.9	5.0	0.42	0.34	39	2.9	38			
						4	42—100			块状	6.7	3.8	0.21	0.31	28	2.0	43			
剖66	铁铝土	红壤	红壤	森林红壤	林地黄泥土	1	0—10	浅黄色	重壤土	小粒状								第四纪红色黏土	E 115°37′51.8″ N 26°12′04.6″	97
						2	10—35	棕黄色	重壤土	块状										
						3	35—100	浅黄棕色	中壤土	团块状										
剖67	人为土	水稻土	淹育水稻土	紫土性淹育水稻土	浅紫砂泥田	1	0—13	紫色	重壤土	块状								紫色砂页岩风化物	E 115°32′17.4″ N 26°07′38.7″	95
						2	13—23	棕紫色	重壤土	棱块状										
						3	23—85	棕紫色	重壤土	棱块状										
						4	85—100													
剖68	人为土	水稻土	侧渗水稻土	红黏土性侧渗水稻土	漂洗黄泥田	1	0—18	浅紫棕色	中壤土	小粒状	5.6	9.5	0.43	0.50	116	5.3	56	第四纪红色黏土	E 115°33′27.1″ N 26°09′29.0″	97
						2	18—38	浅紫紫色	中壤土	棱块状	6.1	10.5	0.81	0.36	46	2.3	38			
						3	38—53	棕紫色	轻壤土	块状	6.8	5.4	0.40	0.26	25	1.4	31			
						4	53—100	灰白色	轻壤土	块状	7.3	3.4	0.22	0.23	13	1.5	40			
剖69	人为土	水稻土	侧渗水稻土	紫土性侧渗水稻土	漂洗紫泥田	1	0—11	浅黄色	中壤土	棱块状								紫色泥页岩风化物	E 115°35′02.9″ N 26°07′45.1″	97
						2	11—20	浅紫色	重壤土	块状										
						3	20—35	棕紫色	轻壤土	棱块状										
						4	35—60	浅黄色	中壤土	块状										
						5	60—100	浅黄灰色	中壤土	棱块状										
剖70	人为土	水稻土	潜育水稻土	紫土性潜育水稻土	紫砂泥田	1	0—16	棕紫色	重壤土	小粒状								紫色砂岩风化物	E 115°35′49.5″ N 26°07′16.5″	95
						2	16—27	紫棕色	重壤土	棱块状										
						3	27—59	棕紫色	轻黏土	棱块状										
						4	59—100													

续表 Continued

剖面号 Soil profile	土纲 Soil order	土类 Soil great group	亚类 Soil subgroup	土属 Soil genus	土种 Soil species	土层码 Layer code	土层厚度 Depth/cm	颜色 Soil color	质地 Soil texture	土壤结构 Soil structure	pH	有机质 OM/(g/kg)	全氮 TN/(g/kg)	全磷 TP/(g/kg)	碱解氮 AN/(mg/kg)	有效磷 AP/(mg/kg)	速效钾 AK/(mg/kg)	土壤母质 Parent material	剖面点坐标 Profile coordinate	匹配指数 Matching index/%
剖71	人为土	水稻土	侧渗水稻土	红砂岩性侧渗水稻土	漂洗红砂泥田	1	0—14		中壤土		5.5	18.4	1.48	0.37	108	2.7	59	红砂岩类风化物	E 115°36′45.4″ N 26°06′43.2″	95
						2	14—22		轻壤土		6.3	14.0	0.59	0.22	58	≤1.0	30			
						3	22—44		砂壤土		6.5	3.0	0.31	0.16	13	1.4	31			
						4	44—100		砂壤土		6.9	1.5	≤0.10	0.17	10	1.5	27			
剖72	人为土	水稻土	表潜水稻土	红黏土性表潜水稻土	青腐黄泥田	1	0—14		中壤土		6.3	16.6	0.82	0.35	83	1.9	64	第四纪红色黏土	E 115°36′56.5″ N 26°07′01.7″	95
						2	14—20		重壤土		7.6	5.0	0.34	0.23	27	1.4	38			
						3	20—49		重壤土		7.2	5.8	0.55	0.28	40	2.5	75			
						4	49—81		重壤土		7.5	3.8	0.28	0.16	22	2.3	42			
						5	81—100		中壤土		7.5	3.8	0.28	0.16	22	2.3	42			
剖73	人为土	水稻土	潴育水稻土	花岗岩性潴育水稻土	麻砂泥田	1	0—18	浅黄灰色	轻壤土	小粒状								花岗岩	E 115°41′01.9″ N 26°09′28.8″	95
						2	18—30	浅黄灰色	轻壤土	棱块状										
						3	30—82	灰黄色	中壤土	块状										
						4	82—100	深灰色	轻壤土	块状										
剖74	铁铝土	红壤		森林红壤	林地侵蚀红砂土	1	0—2	紫红色	中壤土	小粒状								紫红色砂砾岩风化物	E 115°37′42.0″ N 26°05′58.0″	97
						2	2—30	紫红色	中壤土	小块状										
						3	30—42	紫红色	中壤土	块状										
						4	42—100	紫色	中壤土											
剖75	人为土	水稻土	淹育水稻土	花岗岩性淹育水稻土	麻砂泥田	1	0—16	浅灰色	轻壤土	小粒状								花岗岩	E 115°39′50.5″ N 26°07′14.3″	95
						2	16—40	灰色	中壤土	块状										
						3	40—100	浅灰黄色	中壤土	棱块状										
剖76	铁铝土	红壤		熟化红壤	红砂泥土	1	0—12	棕紫色	轻壤土	小粒状	5.9	6.0	0.55	0.40	26	3.1	92	紫红色砂砾岩风化物	E 115°34′27.8″ N 26°04′14.2″	97
						2	12—35	紫紫色	中壤土	块状										
						3	35—100	紫红色	重壤土	棱块状										
剖77	人为土	水稻土	潴育水稻土	紫土性潴育水稻土	紫砂泥田	1	0—15		中壤土	团块状	6.8	17.3	0.82	0.51	105	4.1	93	紫色砂岩风化物	E 115°36′56.6″ N 25°54′56.0″	95
						2	15—23	浅黄灰色	中壤土	棱块状	7.5	10.3	0.53	0.42	63	3.1	50			
						3	23—52	灰黄色	重黏土	块状	7.2	5.5	0.38	0.35	36	2.9	59			
						4	52—100	棕黄色	轻黏土	块状	6.1	5.5	0.52	0.43	49	3.2	81			
剖78	人为土	水稻土	淹育水稻土	泥岩性淹育水稻土	红砂顽泥田	1	0—14	棕黄色	轻壤土	小块状								泥质岩	E 115°30′48.2″ N 25°39′15.8″	97
						2	14—20	棕黄色	中壤土	块状										
						3	20—38	棕灰色	重壤土	块状										
						4	38—100	蓝灰色	重壤土	块状										
剖79	人为土	水稻土	侧渗水稻土	花岗岩性侧渗水稻土	漂洗麻砂泥田	1	0—15		砂壤土	小块状								花岗岩风化物	E 115°45′58.2″ N 25°59′40.9″	95
						2	15—24													
						3	24—31													
						4	31—51													
						5	51—100													

兴 国 县

主要土类说明

红壤是兴国县主要土壤类型，占本县地域面积的76%。红壤发育于中亚热带常绿阔叶林下，呈中度脱硅富铝化特征。黏粒中游离铁占全铁50%—60%，具深厚红色土层。底层可见深厚红、黄、白色相间的网纹红色黏土。黏土矿物以高岭石、赤铁矿为主，黏粒硅铝率1.8—2.4，风化淋溶系数小于0.2，盐基饱和度小于35%，pH为4.5—5.5。本县红壤分为红壤、棕红壤、黄红壤三个亚类。

水稻土是兴国县第二大土壤类型，占本县地域面积的20%。本县水稻土分为淹育水稻土、潴育水稻土、侧渗水稻土、表潜水稻土、潜育水稻土五个亚类。其中，潴育水稻土亚类面积最大，主要分布于河谷平原的塅田，山丘岗地的坑田、垄田中部，灌排方便，一般不易遭受干旱，能自流灌溉或有蓄水可灌。水耕熟化程度较高，土层分化明显，耕作层以下具有锈纹、锈斑，并具有灰色胶膜及褐色斑纹。其发育较深的有大量铁锰结核或铁盘，呈棱块状或棱柱状结构，地下水位适中，有时下部呈浅蓝灰色至蓝灰色，耕层尚深厚，有机质含量较丰富，肥力中等偏高。

小于本县地域面积3%的土壤类型还有黄壤、紫色土、草甸土、粗骨土、石灰（岩）土等。

本区域中心区气候特征

本区域中心区气候特征值
Regional climate characteristics in central area of the region

气候带：中亚热带湿润气候 Climate region: Subtropical humid climate	
年平均气温 /℃ Annual average temperature /℃	18.9
年平均最高气温 /℃ Annual average maximum temperature /℃	23.5
年平均最低气温 /℃ Annual average minimum temperature /℃	15.6
年降水量 /mm Annual precipitation /mm	1517
≥10℃的积温 /℃ Daily temperature accumulated in a year (≥10℃) /℃	12141
年日照时数 /h Annual sunshine /h	1699
年平均相对湿度 /% Annual average relative humidity /%	78
干燥度 Dryness	0.74

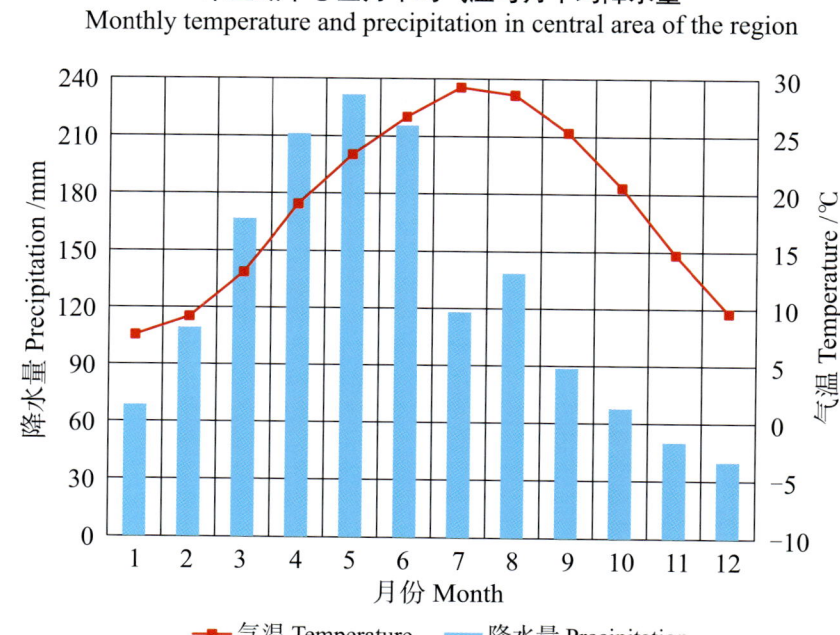

本区域中心区月平均气温与月平均降水量
Monthly temperature and precipitation in central area of the region

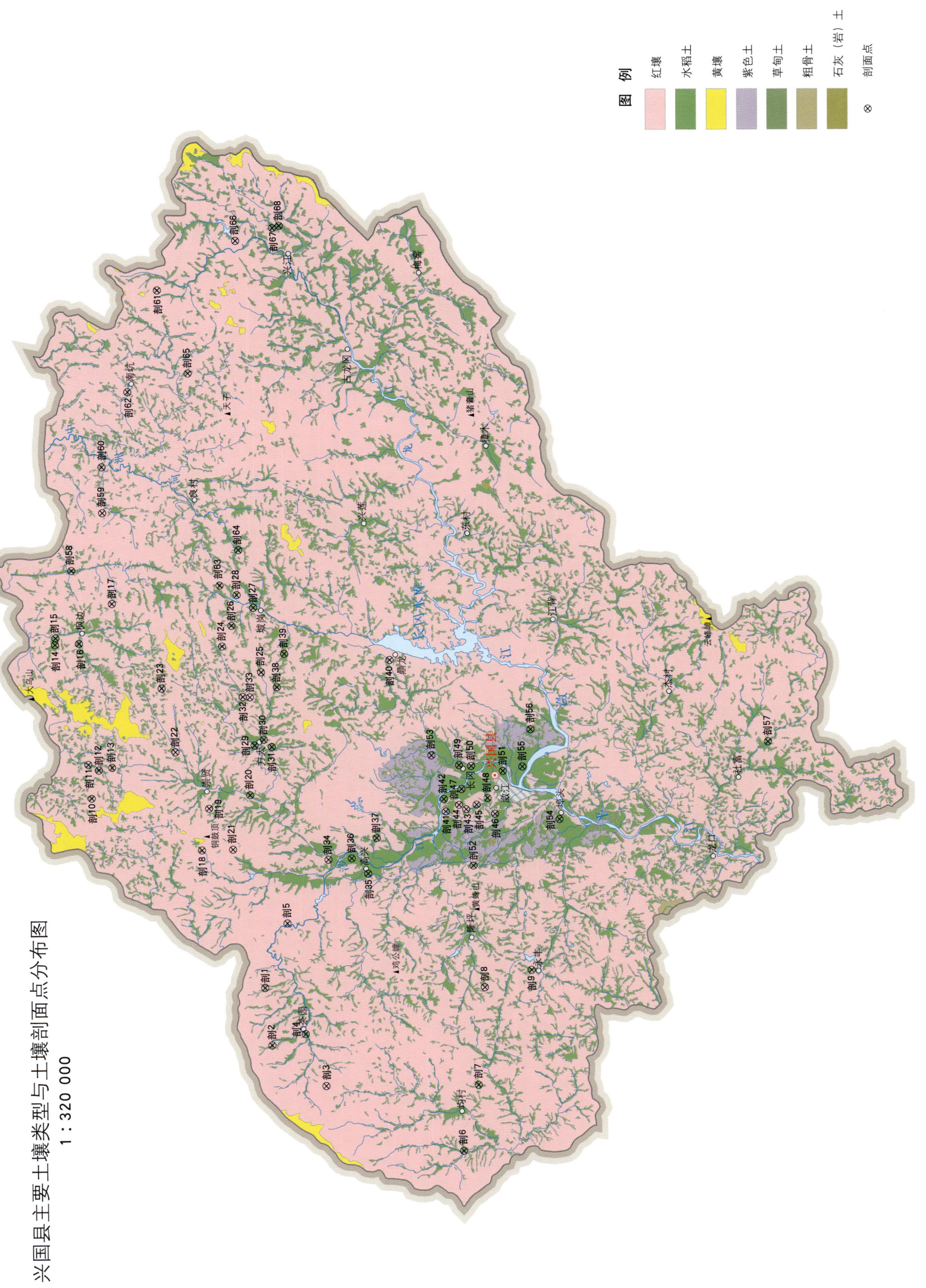

兴国县土壤剖面理化性状表

剖面号 Soil profile	土纲 Soil order	土类 Soil great group	亚类 Soil subgroup	土属 Soil genus	土种 Soil species	土层码 Layer code	土层厚度 Depth/cm	颜色 Soil color	质地 Soil texture	土壤结构 Soil structure	pH	有机质 OM/(g/kg)	全氮 TN/(g/kg)	全磷 TP/(g/kg)	全钾 TK/(g/kg)	碱解氮 AN/(mg/kg)	有效磷 AP/(mg/kg)	速效钾 AK/(mg/kg)	阳离子交换量 CEC/(cmol/kg)	土壤母质 Parent material	剖面点坐标 Profile coordinate	匹配指数 Matching index/%
剖1	人为土	水稻土	表潜水稻土	千枚岩性表潜水稻土	青塥簔泥田	1	0-17	浅潜灰色	中壤土	屑粒状										千枚岩	E 115°11′22.2″ N 26°30′19.9″	99
						2	17-23	浅蓝灰色	中壤土	块状												
						3	23-65	浅黄灰色	重壤土	块状												
						4	65-100	蓝黄色	重壤土	块状												
剖2	人为土	水稻土	淹育水稻土	泥质岩性淹育水稻土	红顽泥田	1	0-14	浅黄灰色	中壤土	小粒状										泥质岩类风化物	E 115°08′42.9″ N 26°30′03.8″	97
						2	14-25	浅黄黄色	重壤土	块状												
						3	25-100	黄棕色	重壤土	大块状												
剖3	人为土	水稻土	潜育水稻土	潜育型潜水稻田	泥水黄泥田	1	0-18	浅黄灰色	中壤土	屑粒状										第四纪红色黏土	E 115°06′50.1″ N 26°27′45.3″	97
						2	18-26	灰棕色	中壤土	块状												
						3	26-50	棕黄色	重壤土	块状												
						4	50-100	蓝灰色	重壤土	块状												
剖4	人为土	水稻土	潜育水稻土	石英砂岩性潜育水稻土	乌黄砂泥田	1	0-19		中壤土	中粒状	6.3	28.0	1.44	0.56						石英砂岩风化物	E 115°09′18.7″ N 26°28′40.9″	95
						2	19-25		砂壤土	块状	6.1	12.0	0.66	0.33		130	5.3	72				
						3	25-50		轻壤土	块状	7.0	8.0	0.38	0.11								
						4	50-100		重壤土	块状	7.3	7.0	3.20	0.74								
剖5	人为土	红壤	红黏土性潜育水稻土	乌黄泥田		1	0-16	棕灰色	中壤土											第四纪红色黏土	E 115°14′22.2″ N 26°29′22.2″	95
						2	16-26	浅黄棕色	黏土	粒状												
						3	26-56	黄棕色	黏土	棱块状												
						4	56-100	浅黄棕色	中壤土	块状												
剖6	人为土	水稻土	潜育水稻土	花岗岩性潜育水稻土	麻砂泥田	1	0-16		轻壤土	屑粒状	5.8	12.5	0.71	0.52						花岗岩	E 115°03′47.3″ N 26°21′50.5″	95
						2	16-30		中壤土	小块状	5.9	9.9	0.60	0.44		85	4.1	54				
						3	30-47		砂壤土	块状	5.9	8.4	0.40	0.59								
						4	47-100		中壤土	块状	5.8	8.4	0.65	0.58								
剖7	人为土	水稻土	潜育水稻土	花岗岩性潜育水稻土	黄麻砂泥田	1	0-12	浅黄灰色	砾质砂土	单粒状										花岗岩	E 115°06′56.7″ N 26°21′07.9″	95
						2	12-24	浅灰黄色	砾质砂土	单粒状												
						3	24-100	灰棕色	轻壤土	块状												
剖8	铁铝土	红壤	熟化红壤	麻砂泥土		1	0-20	棕红色	砾质砂土	屑粒状										花岗岩风化物	E 115°11′31.7″ N 26°20′48.2″	97
						2	20-45	棕黄色	轻壤土	块状												
						3	45-100	棕黄色	中壤土	块状												
剖9	人为土	水稻土	潜育水稻土	潜育型潜水稻田	泥水麻砂泥田	1	0-18	青灰色	中壤土	小粒状										花岗岩	E 115°12′13.9″ N 26°18′39.4″	95
						2	18-68	蓝灰色	中壤土	块状												
						3	68-100	蓝黄灰色	重壤土	块状												
剖10	人为土	水稻土	潜育水稻土	潜育型冷浸田	冷水田	1	0-14	浅黄灰色	紧砂土	屑粒状	6.0	31.0	1.62	0.97						花岗岩	E 115°20′17.5″ N 26°37′46.4″	95
						2	14-26	浅黄灰色	紧砂土	块状	6.0	16.0	0.94	1.01		167	8.1	61				
						3	26-100	浅黄色	砂壤土	小块状	5.8	5.0	0.30	0.65								
剖11	人为土	水稻土	侧渗水稻土	花岗岩性侧渗水稻土	漂洗麻砂泥田	1	0-13	灰白色	松壤土	块状	6.5	3.0	0.23	0.60						花岗岩风化物	E 115°21′55.5″ N 26°37′59.4″	95
						2	13-21	浅黄棕色	砂壤土	小块状												
						3	21-51	浅黄灰色	中壤土	块状												
						4	51-57	灰黄棕色	轻壤土	屑粒状												
						5	57-100															
剖12	人为土	水稻土	淹育水稻土	河积性淹育水稻土	砂泥田	1	0-15	黄色	中壤土	屑粒状										河流冲积物	E 115°21′38.8″ N 26°37′32.2″	95
						2	15-27	浅黄灰色	轻壤土	小块状												
						3	27-100	砂土和重壤土														

续表 Continued

剖面号 Soil profile	土纲 Soil order	土类 Soil great group	亚类 Soil subgroup	土属 Soil genus	土种 Soil species	土层码 Layer code	土层厚度 Depth/cm	颜色 Soil color	质地 Soil texture	土壤结构 Soil structure	pH	有机质 OM/(g/kg)	全氮 TN/(g/kg)	全磷 TP/(g/kg)	全钾 TK/(g/kg)	碱解氮 AN/(mg/kg)	有效磷 AP/(mg/kg)	速效钾 AK/(mg/kg)	阳离子交换量CEC/(cmol/kg)	土壤母质 Parent material	剖面点坐标 Profile coordinate	匹配指数 Matching index/%
剖13	人为土	水稻土	潴育水稻土	花岗岩性潴育水稻土	乌麻砂泥田	1	0—15	浅棕灰色	轻壤土	粒状										花岗岩	E 115°21′43.1″ N 26°36′57.0″	95
						2	15—21	棕砂灰色	中壤土	核块状												
						3	21—32	灰黄色	中壤土	核块状												
						4	32—60	灰棕色	砂壤土	块状												
						5	60—100															
剖14	人为土	水稻土	淹育水稻土	花岗岩性淹育水稻土	麻砂田	1	0—16	浅灰黄色	砂壤土	屑粒状										花岗岩	E 115°27′41.4″ N 26°39′21.5″	95
						2	16—22	棕砂色	砂壤土	小块状												
						3	22—100	黄色	中壤土	小粒状												
剖15	人为土	水稻土	潴育水稻土	千枚岩性潴育水稻土	鳝泥田	1	0—20	浅黄灰色	中壤土	屑粒状										千枚岩类	E 115°27′56.6″ N 26°39′18.8″	98
						2	20—28	黄红色	重壤土	块状												
						3	28—66	浅红黄色	重壤土	核块状												
						4	66—100	浅红黄色	重壤土													
剖16	人为土	水稻土	潴育水稻土	花岗岩性潴育水稻土	麻砂泥田	1	0—14		轻壤土		6.6	30.3	1.52	0.92						花岗岩	E 115°27′37.4″ N 26°38′20.5″	95
						2	14—19		砂壤土	屑粒状	6.2	10.1	0.70	1.35								
						3	19—67		砂壤土	块状	6.1	8.9	0.58	1.36		91		54				
						4	67—100		砂壤土	核块状		4.1	0.44	1.72								
剖17	人为土	水稻土	潴育水稻土	泥质岩性潴育水稻土		1	0—12	浅灰黄色	中壤土	屑粒状										泥质岩类风化物	E 115°29′27.7″ N 26°36′58.1″	95
						2	12—16	棕灰棕色	重壤土	块状												
						3	16—64	浅蓝灰色	重壤土	核块状												
						4	64—100	黄红灰色	重壤土	块块状												
剖18	人为土	水稻土	潜育水稻土	潜育型潴水田	泒水黄砂泥田	1	0—18	浅蓝灰色	轻壤土	屑粒状										石英砂岩风化物	E 115°17′48.5″ N 26°33′02.6″	95
						2	18—29	浅蓝灰色	轻壤土													
						3	29—45	青灰色	中壤土													
						4	45—100															
剖19	铁铝土	红壤	红壤	森林红壤	林地粉红土	1	0—15		轻壤土	小粒状	4.6	25.0	1.06	0.91	13.7	95	2.0	69		千枚岩类风化物	E 115°19′58.2″ N 26°32′44.6″	97
						2	15—37		轻壤土	块状	4.8	9.0	0.39	0.81	11.7	46	≤1.0	54				
						3	37—52		轻壤土	单粒状	4.4	7.0	0.31	0.87	14.2	40	≤1.0	53				
剖20	人为土	水稻土	潴育水稻土	潴育型潴水田	泒水砂泥田	1	0—17	浅灰棕色	轻壤土	块状										河流冲积物	E 115°20′35.4″ N 26°31′00.5″	95
						2	17—26	浅蓝灰色	砂壤土	块状												
						3	26—81	青灰色	中壤土	块状												
						4	81—100	棕灰色	中壤土	屑粒状												
剖21	人为土	水稻土	表潜水稻土	红砂岩性表潜水稻土	青湖红砂泥田	1	0—19	浅黄棕色	轻壤土	块状										红砂岩类风化物	E 115°17′50.9″ N 26°31′42.2″	95
						2	19—29	青灰色	轻壤土	核粒状												
						3	29—49	黄色	轻壤土	大块状												
						4	49—100															
剖22	铁铝土	红壤	棕红壤	森林棕红壤	林地岗岩棕红壤	1	0—16	浅黄棕色	中壤土	核状										花岗岩	E 115°22′39.3″ N 26°34′12.0″	97
						2	16—34	黄黄红色	中壤土	块状												
						3	34—100	浅灰黄色	轻壤土	小粒状												
剖23	人为土	水稻土	潜育型潴水田	泒水鳝泥田		1	0—15	浅灰黄色	中壤土	块状										泥质岩类风化物	E 115°25′28.1″ N 26°34′51.4″	99
						2	15—21	棕灰黄色	中壤土	核块状												
						3	21—35	蓝灰色	重壤土	块状												
						4	35—100															

续表 Continued

剖面号 Soil profile	土纲 Soil order	土类 Soil great group	亚类 Soil subgroup	土属 Soil genus	土种 Soil species	土层码 Layer code	土层厚度 Depth/cm	颜色 Soil color	质地 Soil texture	土壤结构 Soil structure	pH	有机质 OM/(g/kg)	全氮 TN/(g/kg)	全磷 TP/(g/kg)	全钾 TK/(g/kg)	碱解氮 AN/(mg/kg)	有效磷 AP/(mg/kg)	速效钾 AK/(mg/kg)	阳离子交换量CEC/(cmol/kg)	土壤母质 Parent material	剖面点坐标 Profile coordinate	匹配指数 Matching index/%
剖24	人为土	水稻土	潴育水稻土	花岗岩性潴育水稻土	麻砂泥田	1	0—17	浅黄灰色	轻壤土	屑粒状										花岗岩	E 115°27′32.9″ N 26°32′14.5″	95
						2	17—33	浅灰黄色	轻壤土	块状												
						3	33—42	浅黄灰色	轻壤土	棱块状												
						4	42—80	青蓝色	砂壤土	块状												
						5	80—100	青蓝色	砂壤土													
剖25	人为土	水稻土	潴育水稻土	石英砂岩性潴育水稻土	乌黄砂泥田	1	0—19	浅黄灰色	轻壤土	屑粒状										石英砂岩风化物	E 115°26′20.8″ N 26°30′33.7″	95
						2	19—25	浅灰黄色	轻壤土	块状												
						3	25—52	浅棕黄色	轻壤土	棱块状												
						4	52—100	浅黄灰色	砂壤土													
剖26	人为土	水稻土	淹育水稻土	花岗岩性淹育水稻土	黄麻砂泥田	1	0—15				5.7	15.9	0.71	0.72		83	≤1.0	53		花岗岩	E 115°28′31.6″ N 26°31′53.4″	95
						2	15—25				7.1	11.0	0.61	0.43								
						3	25—100				7.3	3.4	0.47	0.40								
剖27	人为土	水稻土	淹育水稻土	河积性潴育水稻土	砂子田	1	0—10	浅灰色	砾质细砂土											河流冲积物	E 115°29′26.6″ N 26°30′57.1″	95
						2	10—14	浅黄灰色	砾质粗砂土													
						3	14—100	浅黄灰色	多砾质粗砂土													
剖28	人为土	水稻土	潴育水稻土	河积性潴育水稻土	乌潮砂泥田	1	0—20	浅黄灰色	轻壤土	屑粒状	5.6	24.0	1.36	1.02		121	5.9	88		河流冲积物	E 115°29′58.3″ N 26°31′41.1″	95
						2	20—29	浅黄棕色	中壤土	棱块状	5.5	14.0	0.92	0.76								
						3	29—90	浅黄棕色	砂壤土	块状	6.8	13.0	0.24	0.45								
						4	90—100	浅黄灰色	砂壤土	粒状	7.0	3.0	0.16	0.38								
剖29	人为土	水稻土	潴育水稻土	河积性潴育水稻土	沉板田	1	0—18	浅黄棕色		块状										河流冲积物	E 115°22′51.3″ N 26°30′48.8″	98
						2	18—30	浅黄棕色		棱块状												
						3	30—42	灰棕色		块块状												
						4	42—100	浅灰色														
剖30	人为土	水稻土	侧渗水稻土	千枚岩性侧渗水稻土	漂洗鳝泥田	1	0—15	浅灰色	中壤土	团块状	4.8	16.0	1.44	0.92	28.3	97	6.2	55		千枚岩	E 115°23′05.3″ N 26°30′22.3″	97
						2	15—22	浅黄灰色	中壤L	块状	4.9	9.0	0.73	0.82	16.9							
						3	22—46	灰白色	重壤土	棱块状		6.0	0.48	0.91	31.8							
						4	46—100	浅黄灰色	轻壤土			5.0	0.43	0.72								
剖31	人为土	水稻土	侧渗水稻土	千枚岩性侧渗水稻土	漂洗鳝泥田	1	0—16	浅黄灰色	中壤土	粒状										千枚岩	E 115°22′47.2″ N 26°30′04.7″	97
						2	16—27	浅黄棕色	中壤土	块状												
						3	27—100	浅黄棕色	砂壤土	棱块状												
剖32	人为土	水稻土	潴育水稻土	河积性潴育水稻土	潮砂泥田	1	0—17	浅灰棕色	中壤土	块状	4.8	16.0	0.84	0.42		71	1.1	68		河流冲积物	E 115°25′08.9″ N 26°31′20.4″	95
						2	17—27	灰棕色	中壤土	块状	4.9	17.0	0.66	0.39		73	≤1.0	40				
						3	27—100	浅灰色	中壤土	棱块状		3.0	0.41	0.39		57	≤1.0	36				
剖33	铁铝土	红壤	红壤	森林红壤	林地麻砂泥土	1	0—30	浅棕灰色	轻壤土	团块状	5.3	4.0	0.34	0.52		30	1.2	47		花岗岩风化物	E 115°25′07.5″ N 26°31′02.2″	97
						2	30—50	浅灰棕色	轻壤土	块状												
						3	50—	青黄色	中壤土	块状												
剖34	铁铝土	红壤	熟化红壤		红砂泥土	1	0—15	棕色	轻壤土	棱块状		4.0	0.43	0.46						红砂岩类风化物	E 115°17′33.7″ N 26°27′37.2″	97
						2	15—35				5.6	2.0	0.33	0.56								
						3	35—															
剖35	人为土	水稻土	表潜水稻土	河积性表潜水稻土	青潲潮泥田	1	0—15	浅蓝灰色	砂土	单粒状										河流冲积物	E 115°16′54.4″ N 26°25′54.3″	95
						2	15—24															
						3	24—54															
						4	54—78															
						5	78—100															

续表 Continued

剖面号 Soil profile	土纲 Soil order	土类 Soil great group	亚类 Soil subgroup	土属 Soil genus	土种 Soil species	土层码 Layer code	土层厚度 Depth/cm	颜色 Soil color	质地 Soil texture	土壤结构 Soil structure	pH	有机质 OM/(g/kg)	全氮 TN/(g/kg)	全磷 TP/(g/kg)	全钾 TK/(g/kg)	碱解氮 AN/(mg/kg)	有效磷 AP/(mg/kg)	速效钾 AK/(mg/kg)	阳离子交换量CEC/(cmol/kg)	土壤母质 Parent material	剖面点坐标 Profile coordinate	匹配指数 Matching index/%
剖36	人为土	水稻土	潴育水稻土	河积性潴育水稻土	潮砂泥田	1	0—14				5.6	8.0	0.54	0.68						河流冲积物	E 115°17′38.0″ N 26°26′37.0″	95
						2	14—23				5.5	9.0	0.63	0.56				48				
						3	23—58				6.0	3.0	0.34	0.49								
						4	58—93				6.7	3.0	0.27	0.52								
剖37	初育土	紫色土	紫色土	紫色土	紫色土	1	0—20				6.5	16.0	0.84	0.43	24.2	52	≥100.0				E 115°18′32.0″ N 26°25′36.3″	75
						2	20—45				6.4	6.0	0.61	0.42	25.1	54	88.0					
						3	45—100				7.1	4.0	0.45	0.36	27.0	55	43.0					
剖38	人为土	水稻土	潴育水稻土	紫土性潴育水稻土	紫油砂泥田	1	0—19		轻壤土	屑粒状	6.8	22.0	1.32	0.65		80	2.6	71			E 115°25′45.8″ N 26°29′52.1″	95
						2	19—28		中壤土	小块状	7.0	18.0	1.13	0.56								
						3	28—80		轻壤土	块状	7.4	4.0	0.39	0.48								
剖39	人为土	水稻土	淹育水稻土	红砂岩性淹育水稻土	红砂结板田	1	0—10	浅黄棕色												红砂岩类风化物	E 115°27′20.8″ N 26°29′33.6″	95
						2	10—30	浅紫棕色	中壤土	屑粒状	6.2	18.0	1.02	0.47			4.9	62				
						3	30—50	浅蓝黄色	轻壤土	块状	6.4	15.0	0.80	0.43								
						4	50—100	浅紫红色	中壤土			6.0	0.37	0.29									
剖40	人为土	水稻土	潴育水稻土	千枚岩性潴育水稻土	鳝泥田	1	0—14		轻壤土	屑粒状				0.20						千枚岩类	E 115°27′11.3″ N 26°25′01.1″	98
						2	14—20		中壤土	块状												
						3	20—26		轻壤土	小块状												
						4	26—83		中壤土	小块状												
						5	83—100				6.1											
剖41	人为土	水稻土	侧渗水稻土	红砂岩性侧渗水稻土	漂洗砂泥田	1	0—15	浅黄灰色	轻壤土	棱块状	6.4	8.0	0.60	0.55	8.1	51	7.1	36		红砂岩类风化物	E 115°19′54.7″ N 26°22′37.5″	95
						2	15—25	黄褐色	中壤土	块状	6.4	3.0	0.31	0.41	8.2							
						3	25—47	浅蓝灰色	轻壤土	小块状		4.0	0.41	0.43								
						4	47—82	浅黄色	壤土			4.0	0.35	0.45								
						5	82—100						0.40									
剖42	人为土	水稻土	潴育水稻土	红黏土性潴育水稻土	黄泥田	1	0—12			团块状	4.8	18.0	0.40	0.40		32	1.1	46		第四纪红色黏土	E 115°20′29.5″ N 26°22′43.6″	95
						2	12—23			小块状	5.1	5.0	0.24	0.45		20	≤1.0	38				
						3	23—37				5.0	5.0	0.24	0.36		13	≤1.0	39				
						4	37—50				4.8	3.0	0.19	0.32		20	≤1.0	26				
剖43	铁铝土	红壤	森林红壤	林地侵蚀黄泥土		1	0—30	棕色	重壤土	单粒状	5.2	3.0	0.23	0.23		28	1.2	21		第四纪红色黏土	E 115°20′07.1″ N 26°21′46.4″	99
						2	30—75	棕黄色	重壤土	块状	5.7	6.0	0.38	0.67		43						
						3	75—105	紫黄色	重壤土	碎块状	5.1	2.0	0.21	0.20								
						4	105—157	紫红色	砂壤土		5.0	≤1.0	0.19	0.24									
剖44	铁铝土	红壤	熟化红壤	黄泥土		1	0—15	浅黄灰色	轻壤土	块状										第四纪红色黏土	E 115°20′16.4″ N 26°22′09.8″	97
						2	16—26	棕黄色														
						3	26—49	浅黄色														
						4	49—100															
剖45	铁铝土	红壤	熟化红壤	黄泥土		1	0—14													第四纪红色黏土	E 115°20′11.6″ N 26°21′24.1″	97
						2	14—24															
						3	24—100															
剖46	铁铝土	红壤	熟化红壤	红砂泥土		1	0—17	棕红色	粗砂土	单粒状										红砂岩类风化物	E 115°19′49.1″ N 26°20′29.1″	97
						2	17—30	紫黄色	粗砂土	单粒状												
						3	30—100	紫红色	细砂土	单粒状												
剖47	半水成土	草甸土	浅色草甸土	冲积土	潮红砂泥田	1	0—18	浅黄灰色												河流冲积物	E 115°20′60.0″ N 26°21′56.2″	75
						2	18—40	浅灰黄色														
						3	40—100	灰黄色														

续表 Continued

剖面号 Soil profile	土纲 Soil order	土类 Soil great group	亚类 Soil subgroup	土属 Soil genus	土种 Soil species	土层码 Layer code	土层厚度 Depth/cm	颜色 Soil color	质地 Soil texture	土壤结构 Soil structure	pH	有机质 OM/(g/kg)	全氮 TN/(g/kg)	全磷 TP/(g/kg)	全钾 TK/(g/kg)	碱解氮 AN/(mg/kg)	有效磷 AP/(mg/kg)	速效钾 AK/(mg/kg)	阳离子交换量CEC/(cmol/kg)	土壤母质 Parent material	剖面点坐标 Profile coordinate	匹配指数 Matching index/%
剖48	人为土	水稻土	淹育水稻土	红黏土性淹育水稻土	红土田	1	0—15					11.0	0.68	0.68		75	5.0	44		第四纪红色黏土	E 115°20′35.3″ N 26°20′48.5″	95
						2	15—28					5.0	0.41	0.38								
						3	28—40					4.4	0.36	0.37								
						4	40—53					3.8	0.30	0.31								
剖49	半水成土	草甸土	浅色草甸土	冲积土	潮红砂泥田	1	0—13	浅黄灰色	细砂土	单粒状										河流冲积物	E 115°22′07.9″ N 26°22′02.9″	95
						2	13—39	浅灰黄色	砂壤土	碎块状												
						3	39—100	浅灰黄色	砂壤土	单粒状												
剖50	半水成土	草甸土	浅色草甸土	冲积土	潮红砂泥田	1	0—12	灰黄色	砾质粗砂土	单粒状										河流冲积物	E 115°22′06.0″ N 26°21′31.5″	75
						2	12—21	浅黄色	砾质砂土	块状												
						3	21—59	灰黄色	砾质砂土	单粒状												
						4	59—100	灰棕灰色	轻壤土	屑粒状												
剖51	人为土	水稻土	淹育水稻土	石英砂岩性淹育水稻土	黄砂泥田	1	0—16	棕红色	中壤土	块状										石英砂岩风化物	E 115°21′52.7″ N 26°20′10.0″	95
						2	16—23	红黄色	轻壤土	块状												
						3	23—57	黄灰色	轻壤土	粒状-团块状												
						4	57—100	浅棕灰色	轻壤土	粒状												
剖52	人为土	水稻土	潴育水稻土	红砂岩性潴育水稻土	乌红砂泥田	1	0—19	浅灰紫色	中壤土	棱块状										红砂岩类风化物	E 115°17′18.1″ N 26°21′23.4″	95
						2	19—31	浅灰紫色	中壤土	块状												
						3	31—53	黄紫色	中壤土	块状												
						4	53—100	紫紫色	轻壤土	块状												
剖53	初育土	紫色土	紫色土	熟化紫色土	紫砂泥土	1	0—18	灰紫棕色	轻壤土	粒状										紫色砂页岩风化物	E 115°22′35.4″ N 26°23′13.8″	95
						2	18—52	紫紫色	轻壤土	块状												
						3	52—100	红紫色	轻壤土	块状												
剖54	人为土	水稻土	淹育水稻土	紫性淹育水稻土	紫砂泥田	1	0—15		轻砾质轻壤土	团块状	7.4	8.2	0.61	0.59		38	8.1	54		紫色砂岩风化物	E 115°19′43.9″ N 26°17′43.4″	95
						2	15—27		中壤土	块状	8.2	3.3	0.32	0.41								
						3	27—100		中壤土	棱块状	8.3	2.9	0.31	0.42								
剖55	人为土	水稻土	淹育水稻土	河积性淹育水稻土	砂泥田	1	0—15		轻壤土	粒状	7.4	8.2	0.61	0.59		38	8.1	54		河流冲积物	E 115°22′05.1″ N 26°19′20.0″	95
						2	15—27		中壤土	块状	8.2	3.3	0.32	0.41								
						3	27—100		中壤土	块状	8.3	2.9	0.31	0.42								
剖56	人为土	水稻土	潴育水稻土	红黏土性潴育水稻土	黄泥田	1	0—20	浅灰棕色	重壤土	团块状										第四纪红色黏土	E 115°23′56.4″ N 26°19′00.1″	95
						2	20—35	浅黄棕色	黏土	块状												
						3	35—45	浅黄棕色	黏土	棱块状												
						4	45—100	棕红色		粒状												
剖57	人为土	水稻土	淹育水稻土	红砂岩性淹育水稻土	红砂土田	1	0—10	棕红色	中壤土	块状										红砂岩类风化物	E 115°23′20.9″ N 26°08′46.5″	95
						2	10—19	黄棕色	中壤土	块状												
						3	19—100		中壤土	块状												
剖58	人为土	水稻土	潴育水稻土	潴育型区水田	泥水麻砂泥田	1	0—25	棕红色	中壤土	屑粒状	6.9	21.0	1.23	0.82		100	5.9	61		花岗岩	E 115°31′06.3″ N 26°38′39.5″	95
						2	25—30	紫红色		块状	7.4	17.0	0.84	0.62								
						3	30—100	浅紫红色			6.2	70.0	0.52	0.80								
剖59	铁铝土	红壤	红壤	生草红壤	草地侵蚀粉红土	1	0—25		紫砂土											千枚岩类风化物	E 115°33′48.8″ N 26°37′20.0″	81
						2	25—75															
						3	75—															
剖60	人为土	水稻土	潴育水稻土	花岗岩性潴育水稻土	麻砂泥田	1	0—17		轻壤土	屑粒状	6.0	22.0	1.24	0.93		111	7.9	79		花岗岩	E 115°36′06.6″ N 26°37′19.4″	95
						2	17—24		中壤土	块状	6.1	19.0	1.00	0.86								
						3	24—40		中壤土	块状	6.8	5.0	0.43	0.69								
						4	40—83		轻壤土	块状	6.9	5.0	0.38	0.52								

续表 Continued

剖面号 Soil profile	土纲 Soil order	土类 Soil great group	亚类 Soil subgroup	土属 Soil genus	土种 Soil species	土层码 Layer code	土层厚度 Depth/cm	颜色 Soil color	质地 Soil texture	土壤结构 Soil structure	pH	有机质 OM/(g/kg)	全氮 TN/(g/kg)	全磷 TP/(g/kg)	全钾 TK/(g/kg)	碱解氮 AN/(mg/kg)	有效磷 AP/(mg/kg)	速效钾 AK/(mg/kg)	阳离子交换量CEC/(cmol/kg)	土壤母质 Parent material	剖面点坐标 Profile coordinate	匹配指数 Matching index/%
剖61	人为土	水稻土	淹育水稻土	千枚岩性淹育水稻土	面浆田	1	0—16	浅黄棕色	中壤土	屑粒状										千枚岩类	E 115°44′33.9″ N 26°35′02.1″	97
						2	16—27	浅黄灰色	中壤土	块状												
						3	27—53	浅黄棕色	中壤土	大块状												
						4	53—100	浅黄棕色	重壤土	块状												
剖62	人为土	水稻土	表潜水稻土	千枚岩性表潜水稻土	菁蕈泥田	1	0—17	菁灰色	中壤土	块状	5.3	39.0	2.06	0.70		140	7.1	37		千枚岩类	E 115°39′42.1″ N 26°36′10.2″	98
						2	17—26	浅黄灰色	中壤土	块状	6.6	16.0	0.96	0.74								
						3	26—100	浅黄棕色	重壤土	棱块状	6.7	10.0	0.68	0.62								
剖63	人为土	水稻土	表潜水稻土	花岗岩性表潜水稻土	菁滴麻砂泥红田	1	0—18	浅黄灰色	中壤土	屑粒状										花岗岩类风化物	E 115°30′28.1″ N 26°32′24.6″	95
						2	18—33	浅黄灰色	轻壤土	块状												
						3	33—50	靛蓝色	中壤土	块状												
						4	50—100	棕灰色	中壤土	块状												
剖64	人为土	水稻土	淹育水稻土	紫土性淹育水稻土	紫砂泥田	1	0—18	紫棕色	中壤土	团粒状										紫色砂岩风化物	E 115°32′16.5″ N 26°31′33.7″	95
						2	18—32	紫棕色	轻壤土	块状												
						3	32—64	紫紫棕色	中壤土	块状												
						4	64—100	浅紫棕色	中壤土	块状												
剖65	人为土	水稻土	潜育水稻土	潜育型冷浸田	锈水田	1	0—18	浅黄灰色	中壤土	屑粒状											E 115°40′37.7″ N 26°33′46.3″	97
						2	18—100	浅青灰色	重壤土	糊泥状												
剖66	铁铝土	红壤		黄砂泥红壤	厚层黄砂泥红壤	A	0—7	灰黄色	壤土	小块状	4.7	16.7	0.64	0.28	16.4	47	≤1.0	37	6.3	石英岩类残积物、坡积物	E 115°46′55.6″ N 26°31′45.5″	95
						ABv	7—22	浅棕红色	壤质黏土	块状	4.8	12.1	0.56	0.19	12.0	47	≤1.0	13	6.0			
						Bv₁	22—47	棕红色	壤质黏土	块状	4.9	9.1	0.49	0.19	12.9	39	≤1.0	12	8.2			
						Bv₂	47—74	浅棕红色	壤质黏土	大块状	5.1	6.5	0.45	0.18	13.6	33	≤1.0	8	8.0			
						BvC	74—100	浅黄棕色	壤质黏土	大块状	4.8	6.4	0.40	0.20	14.5	29	≤1.0	8	6.6			
剖67	人为土	水稻土	潜育水稻土	潜育型矿毒田	矿毒田	1	0—13	浅黄灰色	轻壤土	团块状											E 115°47′38.0″ N 26°30′13.3″	98
						2	13—23	棕灰色	中壤土	小块状												
						3	23—42	棕黄色	中壤土	块状												
						4	42—100	灰棕色								127	3.9	103				
剖68	人为土	水稻土	潜育水稻土	潜育型矿毒田	矿毒田	1	0—14		轻壤土		5.8	24.0	1.24	0.61							E 115°47′36.9″ N 26°29′57.0″	98
						2	14—23		轻壤土		5.9	21.0	1.14	0.57								
						3	23—41		砂壤土		6.7	12.0	0.84	0.50								
						4	41—62		砂壤土		6.9	7.0	0.50	0.63								

会 昌 县

主要土类说明

红壤是会昌县主要土壤类型，占本县地域面积的 80%，广泛分布在全县低山、丘陵地区，属中亚热带地带性土壤。红壤是经脱硅富铝化过程形成的土壤。一般土层深厚，多具 1m 以上的红色土层。剖面发育比较完整，除表层颜色较灰暗外，心土和底土层为红色、黄红色，呈棱块状、块状结构。有时可见黄、白、红相间的网纹层，全剖面呈酸性。在强烈侵蚀情况下，表土流失，心土层出露，或裸露心土、基岩，自然肥力很低。按照发育阶段和过渡类型，本县红壤分为红壤和山地黄红壤两个亚类。红壤亚类分布在海拔 500m 以下的丘陵地区，由酸性结晶岩类、石英岩类、泥质岩类、红砂岩类和第四纪红色黏土等风化发育而成。山地黄红壤亚类分布在海拔 500—800m 的低山地段，是由红壤向山地黄壤的过渡类型。由于植被一般较好，气候比较湿润，土壤表层及亚表层黄化现象明显，而心土层、底土层仍保留红壤特性。

水稻土是会昌县第二大土壤类型，占本县地域面积的 12%。依据水分动态及其对土壤剖面形态的影响以及土壤剖面诊断层特征，本县水稻土分为四个亚类。淹育水稻土多处于丘陵和山地的梯田，地下水位低，水源缺乏，易受干旱，多为"望天田"，耕作熟化程度低，一般属低产田。潴育水稻土面积最大，占水稻土总面积的 88%，主要位于沿河两岸的垅田，丘陵山地的垅田，坑田的上、中部，水源条件较好，灌排方便，属高中产田。侧渗水稻土位于河谷平原的斜坡或边缘，在坡地的上部有地下潜水或山塘水库渗漏水，形成地下暗流，侧向漂洗，黏粒淋失，作物根系生长受阻，多属低产田。潜育水稻土位于河谷平原低洼地或山区垅田、坑田下部，地势低洼，地下水位高或地下有渗水、冷泉水或铁锈水，硫化物等危害，土壤全部或局部终年积水难排，土体还原作用强，通透性差，水温、土温低，土壤养分不易分解，作物很难吸收利用，属低产田。

紫色土占会昌县地域面积的 6%，是由紫色岩类风化物发育形成的，土层浅薄，剖面层次发育不明显，具有 A-C 型土体构造。其理化性质与母岩组成直接相关。本县紫色土分为中性紫色土、酸性紫色土两个亚类。中性紫色土由紫色岩类风化物发育形成，呈中性。酸性紫色土是由酸性紫色或紫红色砂砾岩、泥页岩类风化物经垦耕熟化的旱地土壤。

小于本县地域面积 3% 的土壤类型还有黄壤、石灰（岩）土、潮土等。

本区域中心区气候特征

本区域中心区气候特征值
Regional climate characteristics in central area of the region

气候带：中亚热带湿润气候 Climate region: Subtropical humid climate	
年平均气温 /℃ Annual average temperature /℃	19.7
年平均最高气温 /℃ Annual average maximum temperature /℃	24.5
年平均最低气温 /℃ Annual average minimum temperature /℃	16.3
年降水量 /mm Annual precipitation /mm	1549
≥10℃的积温 /℃ Daily temperature accumulated in a year (≥10℃) /℃	10633
年日照时数 /h Annual sunshine /h	1758
年平均相对湿度 /% Annual average relative humidity /%	78
干燥度 Dryness	0.75

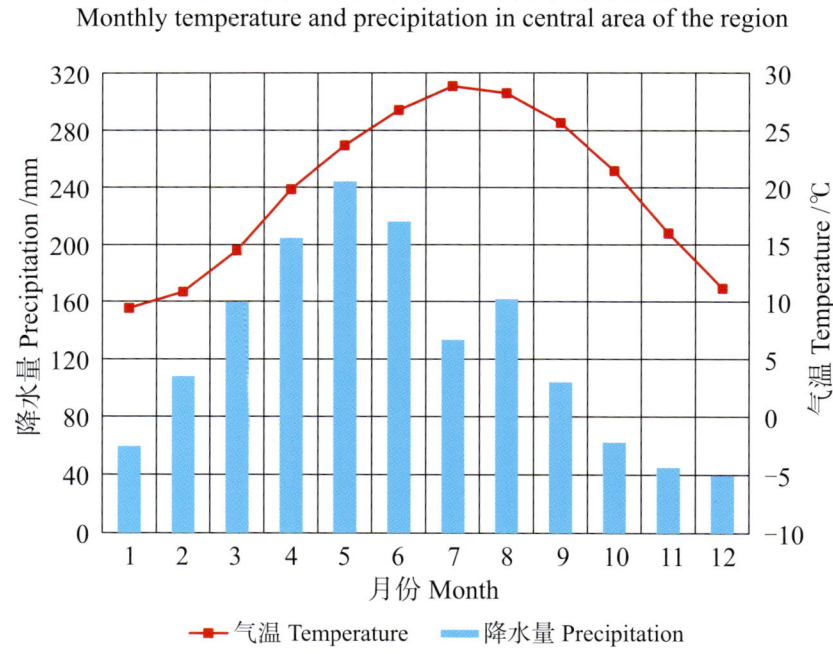

本区域中心区月平均气温与月平均降水量
Monthly temperature and precipitation in central area of the region

会昌县主要土壤类型与土壤剖面点分布图
1∶280 000

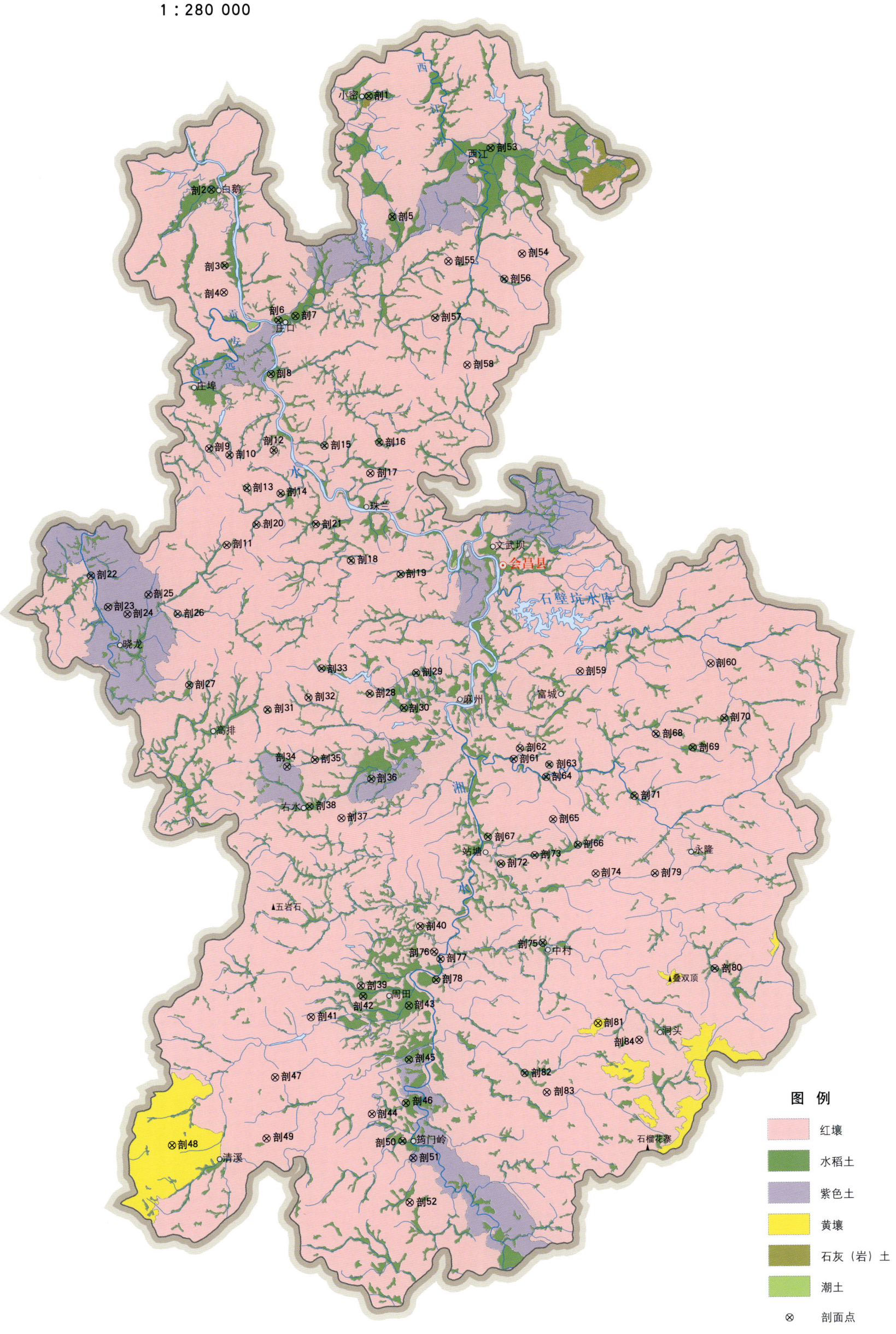

会昌县土壤剖面理化性状表

剖面号 Soil profile	土纲 Soil order	土类 Soil great group	亚类 Soil subgroup	土属 Soil genus	土种 Soil species	土层码 Layer code	土层厚度 Depth/cm	颜色 Soil color	质地 Soil texture	土壤结构 Soil structure	pH	有机质 OM/(g/kg)	全氮 TN/(g/kg)	全磷 TP/(g/kg)	碱解氮 AN/(mg/kg)	有效磷 AP/(mg/kg)	速效钾 AK/(mg/kg)	土壤母质 Parent material	剖面点坐标 Profile coordinate	匹配指数 Matching index/%
剖1	人为土	水稻土	潴育水稻土	潴育型黄砂泥田	中潴灰黄泥田	1	0—15	棕灰色	中壤土	屑粒状	7.7	34.0	1.77	2.17	147	7.0	177	第四纪红色黏土	E 115°42′33.6″ N 25°52′23.6″	97
						2	15—23	浅棕灰色	中壤土	棱块状	7.5	30.7	1.62	1.94						
						3	23—42	灰白色	中壤土	棱块状	7.6	7.2	0.59	2.16						
						4	42—60	棕黄色	轻壤土	棱块状	7.7	4.2	0.26	1.52						
						5	60—100	棕灰色	细砂土	松散状										
剖2	人为土	水稻土	潴育水稻土	潴育型黄砂泥田	强潴灰黄砂泥田	1	0—13	灰色	轻壤土	屑粒状								石英岩类风化物	E 115°36′18.9″ N 25°49′08.0″	95
						2	13—21	棕黄色	轻壤土	棱块状										
						3	21—34	浅褐色	重壤土	块状										
						4	34—100	灰棕色	砂壤土	块状										
剖3	人为土	水稻土	潴育水稻土	潴育型紫砂泥田	弱潴乌紫砂泥田	1	0—8	浅黄棕色	轻壤土									紫色砂页岩类风化物	E 115°36′53.5″ N 25°46′20.0″	95
						2	8—100	浅蓝灰色	中壤土											
剖4	铁铝土	红壤		石英岩红壤		1	0—14	浅蓝灰色	轻壤黏土	糊状	7.4	34.0	1.91	2.17	108	5.0	43	石英岩类	E 115°36′50.5″ N 25°45′23.7″	98
剖5	人为土	水稻土	潴育水稻土	潴育型黄砂泥田	上位弱潴灰黄砂泥田	1	0—14	浅蓝灰色	轻黏土	糊状	7.6	15.4	0.74	2.26				第四纪红色黏土	E 115°43′39.0″ N 25°48′08.2″	97
						2	14—27	蓝灰色	重黏土	糊状	7.7	9.6	0.52	2.84						
						3	27—46	灰蓝色	轻黏土	糊状	7.6	5.6	0.29	2.89						
						4	46—60	棕灰色	轻壤土	屑粒状	5.9	31.9	1.95	1.15	145	13.0	115			
剖6	人为土	水稻土	潴育水稻土	潴育型黄砂泥田	乌黄砂泥田	1	0—12	棕黄色	轻壤土	块状	6.1	22.4	1.64	1.08				石英岩类风化物	E 115°39′09.9″ N 25°44′24.0″	95
						2	12—22	浅黄色	中壤土	棱块状	7.3	6.7	0.70	1.07						
						3	22—38	灰白色	中壤土	块状	7.3	1.1	0.55	0.87						
						4	38—100	浅黄色	轻壤土	屑粒状	5.0	26.2	1.28	0.81	153	5.0	140			
剖7	人为土	水稻土	潴育水稻土	潴育型黄砂泥田	上位弱潴灰黄砂泥田	1	0—18	浅黄灰色	中壤土	块状	4.6	6.8	0.53	0.56				石英岩类风化物	E 115°39′44.8″ N 25°44′33.8″	95
						2	18—28	棕黄色	中壤土	块状	4.4	8.2	0.47	0.47						
						3	28—40	棕灰色	中壤土	棱块状	4.4	4.4	0.30	0.47						
						4	40—60	浅黄色	中壤土	块状	4.5	3.2	0.31	0.40						
						5	60—100	浅黄灰色	中壤土											
剖8	人为土	水稻土	潴育水稻土	潴育型黄砂泥田	夹砂灰黄泥田	1	0—11	棕灰色	重壤土	小粒状	5.6	15.5	0.98	1.06				第四纪红色黏土	E 115°38′46.4″ N 25°42′25.6″	95
						2	11—24	棕黄色	细砂土	块状	6.6	7.6	0.42	0.77						
						3	24—45	棕灰色	砂壤土	棱块状	6.8	3.8	0.42	0.66	139	5.0	20			
						4	45—53	棕黄色	中壤土	棱块状	7.0	5.7	0.34	0.49						
剖9	人为土	水稻土	潴育水稻土	潴育型潮砂泥田	灰潮砂泥田	1	0—16	棕灰色	轻壤土	块状	7.2	4.2	0.36	0.66				河流冲积物	E 115°38′14.4″ N 25°39′41.0″	75
						2	16—23	棕黄色	中壤土	棱块状										
						3	23—56	棕黄色	中壤土	棱块状										
						4	56—72	浅黄灰色	重壤土	块状										
						5	72—100	棕灰色	重壤土											
剖10	人为土	水稻土	潴育水稻土	潴育型麻砂泥田	上位中潴麻砂泥田	1	0—12	浅紫棕色	轻壤土	稀糊状	5.2	20.2	1.48	0.82	107	9.0	90	花岗岩风化物	E 115°36′59.4″ N 25°39′33.8″	75
						2	12—23	蓝灰色	轻壤土	屑粒状										
						3	23—100	浅紫棕色	中壤土	棱块状										
剖11	人为土	水稻土	潴育水稻土	潴育型红砂泥田	灰红砂泥田	1	0—14	棕红色	重壤土	棱块状	6.6	9.8	0.82	0.61				红砂岩类风化物	E 115°37′01.0″ N 25°36′10.2″	95
						2	14—28	棕黄色	重壤土	棱块状	6.7	5.8	0.42	0.41						
						3	28—70	棕红色	重壤土	棱块状		5.6	0.43	0.63						
						4	70—100													

续表 Continued

剖面号 Soil profile	土纲 Soil order	土类 Soil great group	亚类 Soil subgroup	土属 Soil genus	土种 Soil species	土层码 Layer code	土层厚度 Depth/cm	颜色 Soil color	质地 Soil texture	土壤结构 Soil structure	pH	有机质 OM/(g/kg)	全氮 TN/(g/kg)	全磷 TP/(g/kg)	碱解氮 AN/(mg/kg)	有效磷 AP/(mg/kg)	速效钾 AK/(mg/kg)	土壤母质 Parent material	剖面点坐标 Profile coordinate	匹配指数 Matching index/%
剖12	人为土	水稻土	潴育水稻土	潴育型黄泥田	弱潴乌黄泥田	1	0—15	棕灰色	重壤土									第四纪红色黏土	E 115°38′51.0″ N 25°39′43.4″	95
						2	15—29	棕黄色	重壤土											
						3	29—44	浅黄棕色	重壤土											
						4	44—60	棕黄色	轻黏土											
剖13	人为土	水稻土	潴育水稻土	潴育型红砂泥田	乌红砂泥田	1	0—16	浅紫棕色	中壤土	块状								红砂岩类风化物	E 115°37′43.9″ N 25°38′19.6″	95
						2	16—30	紫棕色	重壤土	核粒状										
						3	30—43	浅紫棕色	重黏土	块状										
						4	43—													
剖14	人为土	水稻土	潴育水稻土	潴育型黄泥田	夹泥炭层乌黄泥田	1	0—18	浅黄色	中壤土	屑粒状								第四纪红色黏土	E 115°39′03.9″ N 25°38′08.7″	95
						2	18—35	灰色	重壤土	块状										
						3	35—60	黑色	重壤土	块状										
						4	60—100	灰白色	砂黏土	块状										
剖15	人为土	水稻土	潴育水稻土	潴育型紫红泥田	中位中潜灰紫砂泥田	1	0—16	棕灰色	中壤土	屑粒状								紫色砂页岩类风化物	E 115°40′52.4″ N 25°39′54.2″	75
						2	16—54	浅蓝灰色	重壤土	块状										
						3	54—100	蓝灰色	轻壤土	块状										
剖16	人为土	水稻土	潴育水稻土	潴育型潮砂泥田	强潴灰潮砂泥田	1	0—15	棕黄色	轻壤土									河流冲积物	E 115°43′08.8″ N 25°39′55.5″	75
						2	15—28	黄棕色	中壤土											
						3	28—37	棕黄色	中壤土											
						4	37—81		中壤土											
剖17	铁铝土	红壤		泥质岩红壤	厚层中有机质泥质岩类红壤	1	0—16	棕黄色	轻壤土	核粒状	4.6	19.2	0.74	0.38	51	2.0	40	泥质岩类	E 115°42′49.4″ N 25°38′49.1″	97
						2	16—45	浅红棕色	轻黏土	核粒状	4.8	9.7	0.40	0.38						
						3	45—85	浅红棕色	轻黏土	块状	4.9	4.1	0.23	0.32						
						4	85—100	黄棕色	轻黏土	块状	4.8	2.4	0.19	0.43						
剖18	人为土	水稻土	潴育水稻土	潴育型鳝泥田	上位弱潴鳝泥田	1	0—18	浅灰色	重壤土	屑粒状	7.5	38.2	1.96	1.67	109	4.0	257	泥质岩类风化物	E 115°41′59.4″ N 25°35′38.7″	97
						2	18—29	蓝灰色	重壤土	块状	8.1	9.7	0.38	1.32						
						3	29—60	浅蓝灰色	砂壤土	块状	8.4	6.7	0.25	1.18						
						4	60—83	浅蓝灰色	重壤土	小块状	8.4	6.7	0.25	1.18						
						5	83—100	棕灰色	重壤土	屑粒状										
剖19	人为土	水稻土	潴育水稻土	潴育型紫红泥田	中潴灰紫泥田	1	0—16	浅紫棕色	重壤土	屑粒状	5.2	54.3	2.96	1.09	185	5.0	55	第四纪红色黏土残积物、坡积物	E 115°44′01.9″ N 25°35′06.8″	97
						2	16—23	紫红色	重壤土	核粒状	5.0	18.2	1.08	0.66						
						3	23—69	深黄色	重壤土	块状	4.9	15.9	0.99	0.55						
						4	69—100	深棕色	砂壤土	小块状	4.7	7.3	0.66	0.42						
剖20	人为土	水稻土	潴育水稻土	潴育型麻砂泥田	中潴灰麻砂泥田	1	0—17	浅灰色	轻壤土	屑粒状								花岗岩风化物	E 115°38′05.6″ N 25°36′58.0″	95
						2	17—28	棕灰色	中壤土	核粒状										
						3	28—64	黄棕色	重壤土	块状										
						4	64—100	浅灰色	砂壤土	小块状										
剖21	人为土	水稻土	潴育水稻土	潴育型黄砂泥田	黄砂泥田	1	0—15	棕灰色	轻壤土	屑粒状								石英岩类风化物	E 115°40′33.1″ N 25°37′02.0″	95
						2	15—21	棕黄色	中壤土	核粒状										
						3	21—70	黄棕色	重壤土	块状										
剖22	人为土	水稻土	潴育水稻土	潴育型潮砂泥田	弱潴灰潮砂泥田	1	0—15	浅灰棕色	轻壤土	屑粒状								河流冲积物	E 115°31′27.2″ N 25°34′58.9″	95
						2	15—22	黄棕色	中壤土	块状										
						3	22—46	灰黄色	中壤土	小块状										
						4	46—100	棕灰色	粗砂土											
剖23	人为土	水稻土	潴育水稻土	潴育型麻砂泥田	上位弱潴灰麻砂泥田	1	0—17	浅灰棕色	轻壤土									花岗岩类风化物	E 115°32′11.8″ N 25°33′50.7″	95
						2	17—28	灰黄色	中壤土											
						3	28—68	浅蓝灰色	中壤土											

续表 Continued

剖面号 Soil profile	土纲 Soil order	土类 Soil great group	亚类 Soil subgroup	土属 Soil genus	土种 Soil species	土层码 Layer code	土层厚度 Depth/cm	颜色 Soil color	质地 Soil texture	土壤结构 Soil structure	pH	有机质 OM/(g/kg)	全氮 TN/(g/kg)	全磷 TP/(g/kg)	碱解氮 AN/(mg/kg)	有效磷 AP/(mg/kg)	速效钾 AK/(mg/kg)	土壤母质 Parent material	剖面点坐标 Profile coordinate	匹配指数 Matching index/%
剖24	初育土	紫色土	中性紫色土	紫色岩类中性紫色土	厚层中有机质中性紫色土	1	0—28	暗紫色	中壤土	核粒状								紫色岩类	E 115° 33′ 01.2″ N 25° 33′ 37.1″	97
						2	28—53	暗紫色	中壤土	核粒状										
						3	53—79	暗紫色	中壤土	小块状										
						4	79—100	棕紫色	中壤土	小块状										
剖25	人为土	水稻土	潴育水稻土	潴育型紫砂泥田	乌紫砂泥田	1	0—20	浅棕紫色	重壤土	屑粒状	6.0	31.2	1.81	0.80	118	10.0	158	紫色砂页岩类风化物	E 115° 33′ 44.6″ N 25° 34′ 16.3″	95
						2	20—31	浅紫棕色	重壤土	块状	7.6	16.4	1.10	0.73						
						3	31—59	浅紫棕色	重壤土	棱块状	7.9	3.5	0.40	0.42						
						4	59—80	浅紫色	重壤土	棱块状	7.6	4.4	0.41	0.54						
						5	80—100	浅紫色	轻壤土	棱块状	7.6	4.8	0.44	0.48						
剖26	人为土	水稻土	潴育水稻土	潴育型紫砂泥田	强潴砂砾麻砂泥田	2	20—27	浅紫灰色	中壤土									花岗岩类岩风化物	E 115° 34′ 58.9″ N 25° 33′ 33.0″	95
						3	27—46	浅紫灰色	中壤土											
						4	30—41													
剖27	人为土	水稻土	潴育水稻土	潴育型潮砂泥田	上位中潴乌潮砂泥田	1	0—17	浅蓝灰色	中壤土	屑粒状								河流冲积物	E 115° 35′ 32.1″ N 25° 31′ 02.1″	95
						2	17—28	蓝灰色	中壤土	糊状										
						3	28—100	浅蓝灰色	中壤土	糊状										
剖28	人为土	水稻土	潴育水稻土	潴育型麻砂泥田	弱潴砂子底灰麻砂泥田	1	0—14	深灰色	轻壤土	屑粒状	5.2	25.8	1.55	0.78	117	2.0	80	花岗岩风化物	E 115° 42′ 50.5″ N 25° 30′ 43.3″	95
						2	14—20	棕灰色	轻壤土	块状	5.0	20.0	1.28	0.40						
						3	20—35	浅灰色	砂壤土	小块状	6.0	9.0	0.62	0.31						
						4	35—100	浅灰色	粗砂壤		6.0	3.2	0.37	0.24						
剖29	人为土	水稻土	潴育水稻土	潴育型红砂泥田	红砂泥田	1	0—14	棕黄色	轻壤土									红砂岩类岩风化物	E 115° 44′ 41.5″ N 25° 31′ 30.4″	95
						2	14—22	浅棕黄色	中壤土	棱块状										
						3	22—66	棕黄色	中壤土	棱块状										
						4	66—88	棕黄色	中壤土	屑粒状										
剖30	人为土	水稻土	潴育水稻土	潴育型麻砂泥田	灰棕麻砂泥田	1	0—17	棕灰色	中壤土	块状	5.8	28.9	1.99	1.59	92	5.0	29	花岗岩风化物	E 115° 44′ 10.0″ N 25° 30′ 11.2″	95
						2	17—31	棕灰色	中壤土	块状	5.9	15.3	1.04	3.33						
						3	31—71	浅蓝灰色	中壤土	块状	5.9	9.3	0.75	1.05						
						4	71—100	棕灰色	中壤土		5.9	9.3	0.75	1.05						
剖31	人为土	水稻土	潴育水稻土	潴育型紫砂泥田	弱潴紫砂泥田	1	0—14	棕灰色	轻壤土	棱块状								紫色砂页岩类风化物	E 115° 38′ 47.6″ N 25° 30′ 04.5″	95
						2	14—25	棕黄色	中壤土	棱块状										
						3	25—40	棕黄色	中壤土											
						4	40—100	棕黄色	中壤土											
剖32	人为土	水稻土	潴育水稻土	潴育型黄砂泥田	上位中潴砂子底黄砂泥田	1	0—16	蓝灰色	砂壤土									石英岩类风化物	E 115° 40′ 24.4″ N 25° 30′ 30.8″	95
						2	16—27	棕灰色	中壤土											
						3	27—38	棕黄色	细砂											
						4	38—	棕黄色	中壤土											
剖33	人为土	水稻土	潴育水稻土	潴育型紫泥田	强潴灰紫泥田	1	0—14	浅紫灰色	重壤土									紫色泥页岩风化物	E 115° 40′ 57.6″ N 25° 31′ 36.3″	97
						2	23—41	黄棕色	重壤土	核块状										
						3	41—100	棕褐色	轻壤土											
剖34	人为土	水稻土	潴育水稻土	潴育型麻砂泥田	弱潴灰麻砂泥田	1	0—14	棕灰色	中壤土	块状								花岗岩风化物	E 115° 39′ 37.1″ N 25° 27′ 56.4″	95
						2	14—24	浅棕灰色	中壤土											
						3	24—34	棕灰色	中壤土											
						4	34—100	棕灰色	中壤土											

续表 Continued

剖面号 Soil profile	土纲 Soil order	土类 Soil great group	亚类 Soil subgroup	土属 Soil genus	土种 Soil species	土层码 Layer code	土层厚度 Depth/cm	颜色 Soil color	质地 Soil texture	土壤结构 Soil structure	pH	有机质 OM/(g/kg)	全氮 TN/(g/kg)	全磷 TP/(g/kg)	碱解氮 AN/(mg/kg)	有效磷 AP/(mg/kg)	速效钾 AK/(mg/kg)	土壤母质 Parent material	剖面点坐标 Profile coordinate	匹配指数 Matching index/%
剖35	人为土	水稻土	潜育水稻土	潜育型鳝泥田	表潜性弱潜乌鳝泥田	1	0—18	深灰色	轻壤土									泥质岩类风化物	E 115°40′43.7″ N 25°28′13.4″	97
						2	18—35	浅灰色	砂壤土											
						3	35—48	棕灰色	砂土											
						4	48—65	棕黄色	细砂土											
						5	65—100	棕黄色	重壤土											
剖36	人为土	水稻土	潜育水稻土	潜育型麻砂泥田	中位中潜灰麻砂泥田	1	0—20	浅黄灰色	中壤土									花岗岩风化物	E 115°42′57.7″ N 25°27′32.5″	95
						2	20—34	浅黄灰色	中壤土											
						3	34—55	蓝灰色	中壤土											
						4	55—100	棕灰色	砂壤土											
剖37	铁铝土	红壤	红壤	红砂岩红壤	薄层中有机质红砂岩类红壤	1	0—14	棕红色	中壤土									红砂岩类	E 115°41′51.6″ N 25°26′06.2″	97
						2	14—40	紫红色	轻壤土											
						3	40—													
剖38	人为土	水稻土	潜育水稻土	潜育型麻砂泥田	上位中潜灰麻砂泥田	1	0—16	浅蓝灰色	中壤土	小粒状	5.7	30.1	1.16	1.25	115	5.0	123	花岗岩风化物	E 115°40′32.7″ N 25°26′33.3″	95
						2	16—30	青灰色	中壤土	块状	5.8	13.7	0.64	0.68						
						3	30—39	灰白色	中壤土	块状	5.8	14.1	0.61	0.63						
						4	39—49	灰白色	中壤土	块状	5.9	12.5	0.46	0.63						
						5	49—100	灰灰色	重壤土		5.9	≤1.0	0.26	0.59						
剖39	人为土	水稻土	潜育水稻土	潜育型潮砂泥田	表潜性中潜灰潮砂泥田	1	0—18	棕灰色	中壤土	小粒状	6.0	21.7	1.28	0.70	144	5.0	100	河流冲积物	E 115°42′47.4″ N 25°20′06.8″	95
						2	18—29	浅蓝灰色	中壤土	块状	5.4	17.3	1.15	0.72						
						3	29—59	浅紫灰色	重壤土	块状	5.3	9.7	0.62	0.81						
						4	59—100	棕黄色	重壤土	块状	5.9	7.7	0.49	0.66						
剖40	人为土	水稻土	潜育水稻土	潜育型紫泥田	中潜乌紫泥田	1	0—11	暗紫色	重壤土	屑粒状								紫色泥页岩风化物	E 115°44′59.8″ N 25°22′19.8″	97
						2	11—21	紫色	重壤土	块状										
						3	21—58	棕紫色	重壤土	棱块状										
						4	58—87	紫灰色	重壤土	块状										
						5	87—100	棕灰色	中壤土	粒状										
剖41	铁铝土	红壤	红壤	红砂岩红壤	中层中有机质红砂岩类红壤	1	0—18	黄棕色	重壤土	屑粒状	5.6	24.1	1.40	0.91	132	7.0	≤5	红砂岩类	E 115°40′31.3″ N 25°18′55.6″	97
						2	18—60	浅棕黄色	重壤土	棱块状		13.9	0.93	0.84						
						3	60—79	棕黄色	细砂壤	块状		6.3	0.50	0.83						
						4	79—100	棕黄色	中壤土			3.3	0.25	0.67						
剖42	人为土	水稻土	潜育水稻土	潜育型紫泥田	中潜砂子底灰紫泥田	1	0—15	浅次紫色	轻壤土									紫色泥页岩风化物	E 115°42′52.5″ N 25°19′43.5″	97
						2	15—27	蓝灰色	轻壤土											
						3	27—55	棕黄色	中壤土											
						4	55—100	棕黄色	中壤土											
剖43	人为土	水稻土	潜育水稻土	潜育型麻砂泥田	表潜性中潜灰麻砂泥田	1	0—18	暗紫棕色	轻壤土	团块状								花岗岩风化物	E 115°44′36.2″ N 25°19′22.0″	95
						2	18—49	紫棕色	中壤土	核粒状										
						3	49—80	紫红色	重壤土	块状										
						4	80—	暗紫色												
剖44	铁铝土	红壤	红壤	红砂岩红壤	厚层多有机质红砂岩类红壤	1	0—16	浅灰棕色	轻壤土	屑粒状	5.5	33.3	1.92	0.48	216	2.0	40	红砂岩	E 115°42′59.8″ N 25°15′24.1″	97
						2	16—26	棕灰色	中壤土	块状	5.5	7.8	9.67	0.26						
						3	26—45	棕黄色	中壤土	块状	6.1	7.6	0.65	0.24						
剖45	人为土	水稻土	潜育水稻土	潜育型麻砂泥田	强潜灰麻砂泥田	4	45—100	棕褐色	砂壤土		6.0	8.9	0.58	≤0.10				花岗岩风化物	E 115°44′38.7″ N 25°17′26.8″	95

续表 Continued

剖面号 Soil profile	土纲 Soil order	土类 Soil great group	亚类 Soil subgroup	土属 Soil genus	土种 Soil species	土层码 Layer code	土层厚度 Depth/cm	颜色 Soil color	质地 Soil texture	土壤结构 Soil structure	pH	有机质 OM/(g/kg)	全氮 TN/(g/kg)	全磷 TP/(g/kg)	碱解氮 AN/(mg/kg)	有效磷 AP/(mg/kg)	速效钾 AK/(mg/kg)	土壤母质 Parent material	剖面点坐标 Profile coordinate	匹配指数 Matching index/%
剖46	人为土	水稻土	潴育水稻土	潴育型紫砂泥田	灰紫砂泥田	1	0—16	浅紫灰色	中壤土	屑粒状								紫色砂页岩类风化物	E 115°44′33.3″ N 25°15′54.1″	95
						2	16—29	紫灰色	中壤土	块状										
						3	29—71	紫棕色	中壤土	棱块状										
						4	71—100	浅紫灰色	中壤土	块状										
剖47	铁铝土	红壤		酸性结晶岩红壤	中层多有机质酸性结晶岩类红壤	1	0—30	棕灰色	中壤土									酸性结晶岩类	E 115°39′22.6″ N 25°16′44.7″	97
						2	30—84	棕黄色	中壤土											
						3	84—	棕灰夹红色												
剖48	铁铝土	黄壤	山地黄壤	酸性结晶岩类山地黄壤		1	0—29	紫红色	轻壤土	核粒状								酸性结晶岩类	E 115°34′55.4″ N 25°14′13.9″	98
						2	29—53	紫紫棕色	轻壤土	核粒状										
						3	53—100	黄色	轻壤土	小块状										
剖49	铁铝土	红壤	黄红壤	石英岩山地黄红壤		1	0—44	黄黄色	轻壤土	团粒状	4.6	7.6	0.29	0.65	70		70	石英岩类	E 115°38′55.6″ N 25°14′36.2″	97
						2	44—100	黄棕色	砂壤土	块状	4.0	≤1.0	≤0.10	0.63						
剖50	人为土	水稻土	淹育水稻土	淹育型潮砂泥田	砾石底灰潮砂泥田	1	0—13	棕红色	中壤土	屑粒状								河流冲积物	E 115°44′26.2″ N 25°14′36.3″	95
						2	13—20	棕棕色	中壤土	小块状										
						3	20—100	棕黄色	中壤土											
剖51	初育土	紫色土	酸性紫色土	紫色岩酸性紫色土	厚层中有机质紫色岩酸性紫色土	1	0—27	紫红色	中壤土	核粒状								紫色岩类	E 115°44′52.4″ N 25°14′02.3″	95
						2	27—60	紫棕色	重壤土	块状										
						3	60—82	紫紫棕色	重壤土	块状										
						4	82—100	紫红色	中壤土	核粒状										
剖52	铁铝土	红壤		红砂岩红壤	薄层少有机质红砂岩红壤	1	0—13	紫红色	轻壤土	小块状								红砂岩类	E 115°44′39.4″ N 25°12′23.3″	97
						2	13—29	棕棕色	中壤土	块状										
						3	29—62	浅棕黄色	中壤土	块状										
						4	62—100	浅灰灰色	中壤土	屑粒状										
剖53	人为土	水稻土	潴育型水稻土	潴育型黄泥田	弱潴黄泥田	1	0—15	棕棕色	重壤土	棱粒状	5.9	21.5	1.41	0.52	110	5.0	36	第四纪红色黏土	E 115°47′43.0″ N 25°50′31.3″	98
						2	15—28	棕黄色	重壤土	棱块状	6.5	8.8	0.76	0.49						
						3	28—58	棕棕色	重壤土	棱块状	7.3	8.1	0.71	0.31						
						4	58—100	棕红色	轻壤土	块状	7.4	3.7	0.56	0.24						
剖54	铁铝土	红壤		泥质岩红壤	厚层少有机质泥质岩红壤	1	0—20	棕红色	轻壤土	屑粒状								红砂岩类	E 115°44′55.7″ N 25°46′53.1″	97
						2	20—48	棕红夹黄色	中壤土	团粒状										
						3	48—74	红棕色	中壤土	团块状										
						4	74—100	灰白夹棕色	中壤土											
剖55	铁铝土	红壤		红砂岩红壤	厚层少有机质红砂岩红壤	1	0—18	白色	中壤土	屑粒状								红砂岩类	E 115°45′57.1″ N 25°46′35.5″	97
						2	18—48	棕灰色	中壤土	块状										
						3	48—73	棕棕色	轻壤土	核柱状										
						4	78—100	小块状	中壤土	块状										
剖56	人为土	水稻土	潴育水稻土	潴育型鳝泥田	中潴灰鳝泥田	1	0—16	浅棕灰色	重壤土	屑粒状	5.4	30.4	1.85	0.71	153		64	泥质岩类	E 115°48′55.7″ N 25°45′52.9″	97
						2	16—28	棕灰色	轻黏土	块状	5.9	21.7	1.54	0.56						
						3	28—41	棕棕色	重黏土	棱块状	5.4	8.7	0.66	0.50						
						4	41—100	黄黄色	重黏土	块状	5.9	6.2	0.53	0.30						
剖57	人为土	水稻土	潴育水稻土	潴育型鳝泥田	中潴鸟鳝泥田	1	0—14	灰色	中壤土	屑粒状						5.0		泥质岩类风化物	E 115°48′07.1″ N 25°45′52.1″	97
						2	14—22	棕灰色	轻黏土	块状										
						3	22—69	棕棕色	中壤土	棱块状										
						4	69—100	浅黄灰色	中壤土	块状										
剖58	铁铝土	红壤		红砂岩红壤	厚层中有机质红砂岩红壤	1	0—16	棕黄棕色	中壤土	核粒状								红砂岩类	E 115°46′43.8″ N 25°42′49.0″	97
						2	16—65	黄棕色	中壤土	块状										
						3	65—100	棕棕色	中壤土	块状										

续表 Continued

剖面号 Soil profile	土纲 Soil order	土类 Soil great group	亚类 Soil subgroup	土属 Soil genus	土种 Soil species	土层码 Layer code	土层厚度 Depth/cm	颜色 Soil color	质地 Soil texture	土壤结构 Soil structure	pH	有机质 OM/(g/kg)	全氮 TN/(g/kg)	全磷 TP/(g/kg)	碱解氮 AN/(mg/kg)	有效磷 AP/(mg/kg)	速效钾 AK/(mg/kg)	土壤母质 Parent material	剖面点坐标 Profile coordinate	匹配指数 Matching index/%
剖59	铁铝土	红壤	红壤	泥质岩红壤		1	0—28	棕红色	轻黏土	团块状								泥质岩类	E 115°51′21.0″ N 25°31′37.6″	97
						2	28—	灰白色												
剖60	铁铝土	红壤	黄红壤	酸性结晶岩山地黄红壤		1	0—13	棕红色	中壤土									酸性结晶岩类	E 115°56′38.4″ N 25°31′56.2″	97
						2	13—85	黄红色	中壤土											
						3	85—100	浅黄棕色	中壤土											
剖61	人为土	水稻土	侧渗水稻土	侧渗型麻砂泥田	中潴灰黄型麻砂泥田	1	0—13	棕褐色	轻壤土	屑粒状								花岗岩风化物	E 115°48′36.8″ N 25°28′23.0″	95
						2	13—20	浅黄色	中壤土	小块状										
						3	20—30	棕黄色	细砂土	单粒状										
						4	30—48	浅黄灰色	中壤土	小块状										
						5	48—100	棕灰色	细砂土	单粒状										
剖62	人为土	水稻土	潴育水稻土	潴育型黄砂泥田	灰黄砂泥田	1	0—15	浅黄灰色	砂壤土	屑粒状	6.6	16.4	0.52	0.84	126	7.0	29	石英岩类风化物	E 115°48′53.7″ N 25°28′46.4″	95
						2	15—23	浅黄色	砂壤土	棱块状	6.8	15.4	0.43	0.70						
						3	23—55	灰黄色	中壤土	棱块状	7.3	8.1	0.37	0.51						
						4	55—100	棕灰色	中壤土	块状			0.24	0.39						
剖63	人为土	水稻土	潴育水稻土	潴育型鳝泥田	中潴鳝泥田	1	0—13	棕灰色	中壤土									泥质岩类风化物	E 115°50′02.4″ N 25°28′12.6″	97
						2	13—23	黄棕色	重壤土											
						3	23—87	棕灰色	重壤土											
						4	87—100	浅黄灰色	中壤土											
剖64	人为土	水稻土	潴育水稻土	潴育型潮砂泥田	潮砂泥田	1	0—16	浅黄灰色	轻壤土	屑粒状								河流冲积物	E 115°49′54.2″ N 25°27′46.7″	95
						2	16—28	浅黄棕色	中壤土	棱块状										
						3	28—58	浅黄棕色	中壤土	棱块状										
						4	58—100	棕灰色	重壤土	块状										
剖65	铁铝土	红壤	红壤	泥质岩红壤	厚层多有机质泥质岩类红壤	1	0—16	黄棕色	重壤土									泥质岩类	E 115°50′16.6″ N 25°26′13.0″	97
						2	16—48	黄红色	轻黏土											
						3	48—100	棕灰色	轻黏土	屑粒状										
剖66	人为土	水稻土	潴育水稻土	潴育型黄砂泥田	表潜中潴灰棕乌麻砂泥田	1	0—15	棕灰色	中壤土									花岗岩风化物	E 115°51′16.8″ N 25°25′16.5″	95
						2	15—28	棕灰色	中壤土	屑粒状	5.1	21.4	1.43	0.92			75			
						3	28—55	浅黄灰色	中壤土	棱块状	5.0	21.0	1.16	0.38						
						4	55—100	浅黄棕色	中壤土	棱块状	5.0	19.0	1.12	0.33	120	4.0				
剖67	人为土	水稻土	潴育水稻土	潴育型麻砂泥田	砂子底灰麻砂泥田	1	0—17	浅白灰色	粗砂土		5.8	8.7	0.62	0.60				花岗岩风化物	E 115°47′39.7″ N 25°25′31.4″	95
						2	17—26	棕灰色	轻壤土	屑粒状	5.3	24.1	1.03	0.65	81	5.0	30			
						3	26—66	浅黄灰色	轻壤土	块状	5.4	20.2	1.01	0.61						
						4	66—100	浅黄棕色	砂壤土	块状	6.2	18.5	0.42	0.28						
剖68	人为土	水稻土	潴育水稻土	潴育型潮砂泥田	砂子底乌潮砂泥田	1	0—17	棕褐色	细砂土	粒状	5.5	8.9	0.42	0.26				河流冲积物	E 115°54′21.5″ N 25°29′20.8″	95
						2	17—28	浅黄色	轻壤土											
						3	28—61	灰色	轻壤土											
						4	61—100	浅黄色	中壤土											
剖69	人为土	水稻土	潴育水稻土	潴育型黄砂泥田	弱潴黄砂泥田	1	0—14	棕灰色	轻壤土									石英岩类风化物	E 115°55′53.0″ N 25°29′49.5″	95
						2	14—24	浅黄色	中壤土											
						3	24—60	浅蓝灰色	重壤土											
剖70	人为土	水稻土	潜育水稻土	潜育型砂泥田	上位中潜灰黄砂泥田	1	0—14	浅蓝灰色	中壤土									石英岩类风化物	E 115°57′07.3″ N 25°29′56.6″	95
						2	14—26	浅蓝灰色	重壤土											
						3	26—46		重壤土											
						4	46—100		重壤土											

续表 Continued

剖面号 Soil profile	土纲 Soil order	土类 Soil great group	亚类 Soil subgroup	土属 Soil genus	土种 Soil species	土层码 Layer code	土层厚度 Depth/cm	颜色 Soil color	质地 Soil texture	土壤结构 Soil structure	pH	有机质 OM/(g/kg)	全氮 TN/(g/kg)	全磷 TP/(g/kg)	碱解氮 AN/(mg/kg)	有效磷 AP/(mg/kg)	速效钾 AK/(mg/kg)	土壤母质 Parent material	剖面点坐标 Profile coordinate	匹配指数 Matching index/%
剖71	人为土	水稻土	侧渗水稻土	侧渗型麻砂泥田	弱漂型灰麻砂泥田	1	0—12	深灰色	轻壤土	屑状								花岗岩风化物	E 115° 53′ 33.6″ N 25° 27′ 02.4″	95
						2	12—22	棕灰色	轻壤土	块状										
						3	22—56	灰白色	砂壤土	块状										
						4	56—100	浅黄灰色	砂壤土	小块状										
剖72	人为土	水稻土	潴育水稻土	潴育型潮砂泥田	强潴灰潮砂泥田	1	0—19	浅紫灰色	中壤土									河流冲积物	E 115° 48′ 10.7″ N 25° 24′ 32.8″	95
						2	19—30	紫棕色	中壤土											
						3	30—50	紫黄色	中壤土											
						4	50—	棕黄色	中壤土											
剖73	人为土	水稻土	潴育水稻土	潴育型鳝泥田	中潴灰鳝泥田	2	14—24	浅灰色	重壤土									泥质岩类风化物	E 115° 49′ 32.3″ N 25° 24′ 52.0″	95
						3	24—45	棕黄色	重壤土											
						4	74—	灰色	重壤土											
剖74	铁铝土	红壤	红壤	酸性结晶岩红壤	厚层多有机质酸性结晶岩类红壤	1	0—23	棕灰色	重壤土	核粒状	5.7	32.7	1.77	1.19	79	3.0	94	酸性结晶岩类	E 115° 52′ 00.3″ N 25° 24′ 12.3″	97
						2	23—40	棕红色	重壤土	块状	5.1	2.8	0.35	1.16						
						3	40—60	棕黄色	重壤土	块状	4.6	≤1.0	0.46	1.19						
						4	60—100	棕黄色	重壤土	块状	4.3	≤1.0	0.37	1.06						
剖75	人为土	水稻土	侧渗水稻土	侧渗型麻砂泥田	中漂灰麻砂泥田	1	0—17	棕灰色	重壤土	屑粒状	5.7	32.4	2.02	1.44	148	24.0	63	花岗岩风化物	E 115° 50′ 11.0″ N 25° 21′ 39.6″	95
						2	17—25	灰色	中壤土	块状		22.5	1.16	1.08						
						3	25—37	深灰色	砂壤土			9.7	0.50	0.69						
						4	37—100	灰白色	砂土			6.0	0.89	0.99						
剖76	人为土	水稻土	潴育水稻土	潴育型紫泥田	弱潴紫泥田	1	0—16	浅紫灰色	轻壤土									紫色泥页岩风化物	E 115° 45′ 36.6″ N 25° 21′ 20.4″	97
						2	16—25	紫黄色	中壤土	梭块状										
						3	25—35	黄紫色	轻壤土											
						4	35—100	紫棕色	中壤土											
剖77	人为土	水稻土	潴育水稻土	潴育型紫泥田	弱潴紫泥田	1	0—15	浅紫灰色	重壤土									紫色泥页岩风化物	E 115° 45′ 52.2″ N 25° 21′ 04.8″	97
						2	15—25	紫棕色	重壤土	梭状										
						3	25—55	棕紫色	重壤土											
						4	55—100	浅紫灰色	重壤土											
剖78	人为土	水稻土	潴育水稻土	潴育型紫泥田	中潴紫泥田	1	0—17	灰白色	重壤土	核粒状								紫色泥页岩风化物	E 115° 45′ 38.4″ N 25° 20′ 16.3″	98
						2	17—32	棕黄色	重壤土	块状										
						3	32—43	紫棕色	重壤土	核块状										
						4	43—100	棕黄色	轻壤土	块状										
剖79	铁铝土	红壤	黄红壤	酸性结晶岩地黄红壤	酸性结晶岩山地黄红壤	1	0—10	棕黄色	砂壤土	屑粒状								酸性结晶岩类	E 115° 54′ 24.0″ N 25° 24′ 13.2″	98
						2	10—25	橘黄色	砂壤土	块状										
						3	25—53	棕黄色	砂壤土	小块状										
						4	53—100	棕黄色	粗砂土	单粒状										
剖80	人为土	水稻土	淹育水稻土	淹育型麻砂泥田	强潴砂子底灰麻砂泥田	1	0—12	浅淤灰色	轻壤土	核粒状								花岗岩风化物	E 115° 56′ 52.0″ N 25° 20′ 51.4″	95
						2	12—20	浅黄灰色	中壤土	核块状										
						3	20—74	橘黄色	砂壤土											
						4	74—100	紫红色	中壤土	团块状										
剖81	铁铝土	黄壤	山地黄壤	酸性结晶岩山地黄壤	酸性结晶岩类	1	0—12	浅黄灰色										酸性结晶岩类	E 115° 52′ 07.4″ N 25° 18′ 44.6″	97
						2	12—34													
						3	34—100													

续表 Continued

剖面号 Soil profile	土纲 Soil order	土类 Soil great group	亚类 Soil subgroup	土属 Soil genus	土种 Soil species	土层码 Layer code	土层厚度 Depth/cm	颜色 Soil color	质地 Soil texture	土壤结构 Soil structure	pH	有机质 OM/(g/kg)	全氮 TN/(g/kg)	全磷 TP/(g/kg)	碱解氮 AN/(mg/kg)	有效磷 AP/(mg/kg)	速效钾 AK/(mg/kg)	土壤母质 Parent material	剖面点坐标 Profile coordinate	匹配指数 Matching index/%
剖82	人为土	水稻土	潴育水稻土	潴育型潮砂泥田	夹砂灰潮砂泥田	1	0—19	棕灰色	中壤土	小粒状								河流冲积物	E 115°49′17.0″ N 25°17′00.7″	95
						2	19—25	深棕灰色	重壤土	块状										
						3	25—47	棕灰色	重壤土	块状										
						4	47—73	棕灰色	细砂土	松散状										
						5	73—100	黄棕色	重壤土	块状										
剖83	铁铝土	红壤	红壤	酸性结晶岩红壤		1	0—20	灰黑色	重壤土	核状	4.2	30.1	2.04	1.47	137	4.0	122	酸性结晶岩类	E 115°50′11.9″ N 25°16′17.3″	98
						2	20—	黄棕色	中壤土		4.0	6.4	0.70	1.27						
剖84	铁铝土	红壤	黄红壤	酸性结晶岩山地黄红壤		1	0—28	棕灰色	砂壤土									酸性结晶岩类	E 115°53′46.9″ N 25°18′08.3″	98
						2	28—56	棕黄色	砂土											
						3	56—68	棕红色	砂土											
						4	68—100	棕红色												

寻 乌 县

主要土类说明

红壤是寻乌县主要土壤类型，占本县地域面积的83%，广泛分布于低山、丘陵地区，是在中亚热带气候条件下所形成的地带性土壤。红壤除表层颜色较灰暗外，心土层和底土层均为红色的紧实土层，有的底土可见黄、白、红色相间的网纹土层，全剖面呈酸性。按地带性分布规律，本县红壤分为红壤和黄红壤两个亚类。红壤亚类分布在海拔600m以下地区，由酸性结晶岩类、石英岩类、泥质岩类和红砂岩类风化物发育而成。黄红壤亚类分布于海拔600—1000m的低山地带，位于红壤亚类之上，由于山地气候潮湿，温度较低，植被为针叶林、阔叶林，对土壤剖面形态特征产生影响，表层和亚表层都有黄化现象，由于表层腐殖质含量不同，黄化特征被暗红色腐殖质所掩盖，表层黄化并不明显。

水稻土是寻乌县第二大土壤类型，占本县地域面积的11%。水稻土是在种植水稻过程中，经长期水耕熟化而形成，具有独特的剖面特征的一类土壤。根据土壤水分动态和剖面形态特征，本县水稻土分为淹育水稻土、潴育水稻土、潜育水稻土和侧渗水稻土四个亚类。其中潴育水稻土分布较广，面积较大，在农业生产上具有重要作用。潴育水稻土在塅田、排田、垄田均有分布，其成土母质主要是酸性结晶岩类、石英岩类、红砂岩类、紫色砂岩类风化物和河流冲积物。由于长期栽种水稻，精耕细作，水耕熟化程度较高，潴育水稻土土体氧化还原作用强烈，铁锰淋溶、淀积明显，具有一定数量的锈纹、锈斑和灰色胶膜，土层深厚，肥力较高，耕性良好，宜种性广，是高产土壤类型。剖面构型为A-P-W-C、A-P-W、A-P-W-G。

紫色土是寻乌县第三大土壤类型，占本县地域面积的4%，分布于中、低丘陵地区，由紫色岩类风化物发育而成，由于岩石矿物组成特性，物理风化作用强烈，而化学风化作用缓慢，其风化物保蓄水分能力较差，易产生侵蚀。同时，生物作用微弱，土壤特性与母岩类风化物的特性基本相同。土层浅薄，土壤侵蚀严重。

小于本县地域面积3%的土壤类型还有黄壤、潮土、山地草甸土等。

本区域中心区气候特征

本区域中心区气候特征值
Regional climate characteristics in central area of the region

气候带：中亚热带湿润气候 Climate region: Subtropical humid climate	
年平均气温 /℃ Annual average temperature /℃	20.2
年平均最高气温 /℃ Annual average maximum temperature /℃	24.9
年平均最低气温 /℃ Annual average minimum temperature /℃	16.9
年降水量 /mm Annual precipitation /mm	1623
≥10℃的积温 /℃ Daily temperature accumulated in a year (≥10℃) /℃	10059
年日照时数 /h Annual sunshine /h	1811
年平均相对湿度 /% Annual average relative humidity /%	77
干燥度 Dryness	0.74

本区域中心区月平均气温与月平均降水量
Monthly temperature and precipitation in central area of the region

寻乌县主要土壤类型与土壤剖面点分布图
1∶270 000

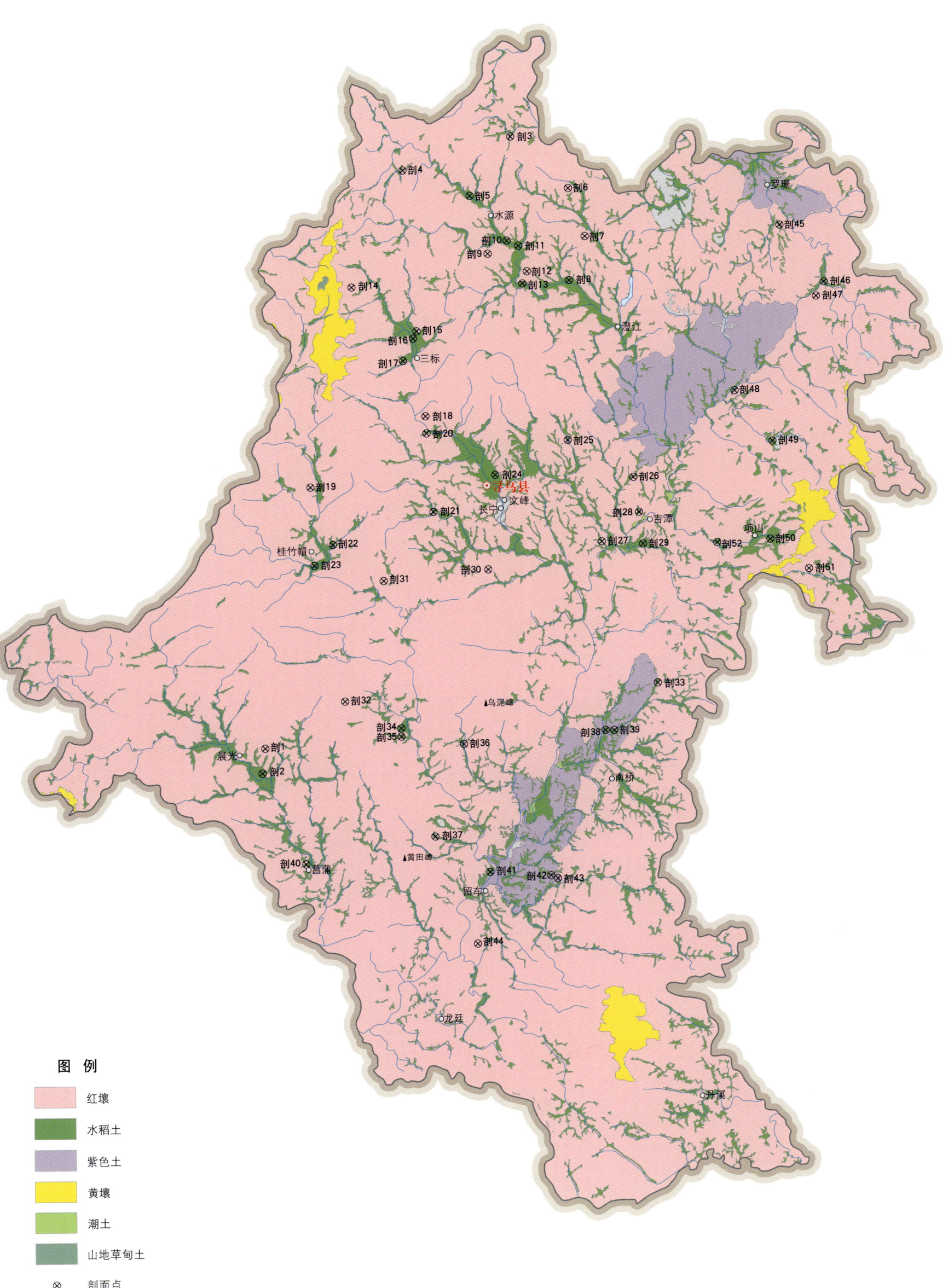

图 例
- 红壤
- 水稻土
- 紫色土
- 黄壤
- 潮土
- 山地草甸土
- ⊗ 剖面点

寻乌县土壤剖面理化性状表

剖面号 Soil profile	土纲 Soil order	土类 Soil great group	亚类 Soil subgroup	土属 Soil genus	土种 Soil species	土层码 Layer code	土层厚度 Depth/cm	颜色 Soil color	质地 Soil texture	土壤结构 Soil structure	pH	有机质 OM/(g/kg)	全氮 TN/(g/kg)	全磷 TP/(g/kg)	碱解氮 AN/(mg/kg)	有效磷 AP/(mg/kg)	速效钾 AK/(mg/kg)	土壤母质 Parent material	剖面点坐标 Profile coordinate	匹配指数 Matching index/%
剖1	铁铝土	红壤	红壤	泥质岩红壤	厚层灰鳝泥土	1	0—13	浅灰棕色	中壤土	核状	6.3	17.1	0.89	1.46	60	7.3	40	泥质岩类风化物	E 115°29′36.3″ N 24°48′45.0″	95
						2	13—37	浅红棕色	中壤土	核块状	6.0	10.4	0.56	1.52						
						3	37—60	红棕色	中壤土	核块状	6.3	8.2	0.47	1.52						
						4	60—100	红棕色	重壤土	核块状	6.1	9.3	0.53	1.34						
剖2	人为土	水稻土	潴育水稻土	潴育型潮砂泥田	砾石底乌潮砂泥田	1	0—13	浅棕灰色	轻壤土	小粒状	5.4	36.0	1.96	0.67	116	10.9	32	河流冲积物	E 115°29′30.3″ N 24°47′51.8″	95
						2	13—21	浅红棕色	中壤土	小粒状	5.3	26.3	1.49	0.55						
						3	21—30	浅红棕色	中壤土	细粒状	4.8	1.9	0.16	0.64						
剖3	人为土	水稻土	潴育水稻土	潴育型红砂泥田	灰红砂泥田	1	0—12	灰灰色	中壤土	小块状								红砂岩类风化物	E 115°39′01.5″ N 25°10′19.5″	95
						2	12—20	浅紫棕色	中壤土	梭块状										
						3	20—38	浅红棕色	轻壤土	块状										
						4	38—100	灰蓝色	轻壤土	软糊无结构										
剖4	人为土	水稻土	潴育水稻土	潴育型黄砂泥田	全生中潴灰黄砂泥田	1	0—16	浅灰棕色	轻壤土	软糊无结构								石英岩类风化物	E 115°34′50.6″ N 25°09′07.2″	95
						2	16—26	浅灰棕色	轻壤土	软糊无结构										
						3	26—60	浅红棕色	中壤土	小粒状										
剖5	人为土	水稻土	潴育水稻土	潴育型潮泥田	灰潮砂泥田	1	0—14	浅灰棕色	中壤土	块状	5.7	28.9	1.48	0.48	104	3.9	55	河流冲积物	E 115°37′26.9″ N 25°08′14.8″	95
						2	14—21	浅灰棕色	中壤土	块状	5.3	22.2	1.22	0.39						
						3	21—69	浅红棕色	中壤土	核粒状	7.4	8.9	0.45	0.42						
						4	69—100	浅红棕色	中壤土	梭块状	7.2	2.0	0.40	0.46						
剖6	铁铝土	红壤	红壤	石英岩红壤	薄层少有机质石英岩类红壤	1	0—6	紫棕色	轻壤土	细粒状	5.1	17.4	0.75	0.44	57	≤1.0	47	石英岩类	E 115°41′16.1″ N 25°08′31.9″	97
						2	6—30	浅红棕色	轻壤土	核状	5.2	5.8	0.31	0.39						
						3	30—100	灰白色	中壤土		5.5	1.2	0.31	0.17						
剖7	铁铝土	红壤	红壤	石英岩红壤	厚层中有机质石英岩类红壤	1	0—7	浅红棕色	中壤土	细粒状	4.9	28.0	1.12	0.55	90	1.2	50	石英岩类	E 115°41′55.8″ N 25°06′51.0″	95
						2	7—17	红红棕色	中壤土	核状	5.2	11.0	0.57	0.47						
						3	17—100	棕红棕色	中壤土	核状	5.4	6.1	0.40	0.51						
剖8	人为土	水稻土	潴育水稻土	潴育型麻砂泥田	乌麻砂泥田	1	0—20	浅灰棕色	砂壤土	屑粒状	5.4	46.4	2.69	0.59	166	8.3	69	花岗岩风化物	E 115°41′19.0″ N 25°05′17.5″	95
						2	20—27	棕灰色	轻壤土	小块状	5.2	14.6	0.88	0.20						
						3	27—48	灰灰色	中壤土	核状	5.5	10.8	0.56	0.28						
						4	48—100	黄灰色	中壤土	块状	7.1	6.4	0.36	0.18						
剖9	铁铝土	红壤	红壤	花岗岩红壤	薄层多有机质花岗岩类红壤	1	0—7	浅灰棕色	轻壤土	细粒状	5.2	39.6	1.19	0.21	103	1.8	142	花岗岩	E 115°38′09.5″ N 25°06′12.6″	95
						2	7—37	暗棕色	中壤土	核状	5.1	12.5	0.61	0.17						
						3	37—100	浅棕红色	中壤土	细粒状	5.2	2.0	0.15	0.13						
剖10	人为土	水稻土	潴育水稻土	潴育型鳝泥田	中潴乌鳝泥田	1	0—14	浅棕灰色	中壤土	细粒状	5.6	22.6	1.56	0.27	101	7.1	66	泥质岩类风化物	E 115°38′54.0″ N 25°06′40.4″	95
						2	14—26	浅棕红色	重壤土	小块状	5.2	13.5	0.84	0.76						
						3	26—55	浅棕红色	重壤土	梭粒状	5.7	6.2	0.40	0.73						
						4	55—100	浅棕红色	轻壤土	核块状	6.6	7.3	0.47	1.26						
剖11	人为土	水稻土	潴育水稻土	潴育型紫砂泥田	灰紫砂泥田	1	0—13	紫棕色	中壤土	细粒状	5.0	27.6	1.53	0.48	105	5.8	47	紫色砂岩风化物	E 115°39′20.9″ N 25°06′29.7″	95
						2	13—25	浅紫棕色	中壤土	小块状	5.1	16.1	1.10	0.35						
						3	25—49	棕紫色	中壤土	核状	6.4	6.0	0.91	0.37						
						4	49—100	浅灰棕色	重壤土	梭状	6.7	5.4	0.47	0.36						
剖12	铁铝土	红壤	红壤	黄砂泥土	厚层灰黄砂泥土	1	0—12	浅灰棕色	重壤土	细粒状	5.6	27.3	1.11	1.24	87	11.7	149	石英岩类风化物	E 115°39′41.4″ N 25°05′35.9″	95
						2	12—100	红棕色	重壤土	核状	5.0	27.3	1.08	1.14						

续表 Continued

剖面号 Soil profile	土纲 Soil order	土类 Soil great group	亚类 Soil subgroup	土属 Soil genus	土种 Soil species	土层码 Layer code	土层厚度/cm Depth/cm	颜色 Soil color	质地 Soil texture	土壤结构 Soil structure	pH	有机质 OM/(g/kg)	全氮 TN/(g/kg)	全磷 TP/(g/kg)	碱解氮 AN/(mg/kg)	有效磷 AP/(mg/kg)	速效钾 AK/(mg/kg)	土壤母质 Parent material	剖面点坐标 Profile coordinate	匹配指数 Matching index/%
剖13	人为土	水稻土	潴育水稻土	潴育型麻砂泥田	强潴灰麻砂泥田	1	0—11	浅灰色	轻壤土	屑粒状	5.7	22.0	1.12	0.46	59	3.0	32	花岗岩风化物	E 115°39′31.1″ N 25°05′09.6″	95
						2	11—39	浅棕灰色	轻壤土	小块状	5.4	13.9	0.68	0.39						
						3	21—39	棕红色	轻壤土	块状	6.3	7.2	0.62	0.51						
						4	39—100	红棕色	轻壤土	小块状	6.4	6.7	0.48	0.52						
剖14	铁铝土	红壤	黄红壤	泥质岩山地黄红壤	中层中有机质泥质岩类山地黄红壤	1	0—17	浅黄棕色	重壤土	核粒状	4.9	30.8	1.45	0.61	93	2.1	61	泥质岩类	E 115°32′52.6″ N 25°04′58.7″	95
						2	17—60	黄棕色	重壤土	核块状	5.0	13.2	0.78	0.52						
						3	60—100	棕色		核块状	5.3	3.9	0.15	0.34						
剖15	人为土	水稻土	潴育水稻土	潴育型潮砂泥田	弱潴灰砂潮泥田	1	0—11	浅灰色	轻壤土	小块状	5.3	27.9	1.53	1.81	110	15.7	40	河流冲积物	E 115°35′24.4″ N 25°03′27.0″	95
						2	11—23	浅棕色		块状	5.3	16.5	0.95	1.14						
						3	23—29	浅棕色	细砂土	单粒状	5.5	7.0	0.35	0.57						
						4	29—100	棕色	轻壤土	块状	6.3	10.3	0.79	0.67						
剖16	人为土	水稻土	淹育水稻土	淹育型鳝泥田	强淹乌麻泥田	1	0—18	棕灰色	中壤土	小粒状	5.5	47.7	2.33	0.56	159	8.7	61	泥质岩类风化物	E 115°35′19.2″ N 25°03′15.5″	95
						2	18—25	浅黄棕色	中壤土	块状	5.5	22.2	1.21	0.68						
						3	25—100	棕黄色	中壤土	块状	5.7	4.5	0.65	0.57						
剖17	人为土	水稻土	潴育水稻土	潴育型麻砂泥田	中潴乌麻砂泥田	1	0—13	浅棕灰色			5.5	40.1	1.97	0.67	137	7.4	85	花岗岩风化物	E 115°34′53.0″ N 25°02′24.5″	95
						2	13—20				5.5	27.7	1.28	0.54						
						3	20—50				5.8	12.3	0.79	0.50						
						4	50—100				5.7	15.7	0.73	0.57						
剖18	铁铝土	红壤	山地黄红壤	花岗岩红壤	厚层中有机质花岗岩类山地黄红壤	1	0—7	浅棕灰色	中壤土	细粒状	4.9	27.5	1.12	0.29	85	1.6	77	岩花岗	E 115°35′46.7″ N 25°00′28.7″	98
						2	7—43	浅灰色	中壤土	核块状	5.0	19.0	0.83	0.27						
						3	43—80	浅黄棕色	中壤土	核块状	5.2	9.9	0.54	0.16						
						4	80—100	红棕色	中壤土	核块状	5.4	5.0	0.36	0.24						
剖19	铁铝土	红壤	山地黄红壤	泥质岩类山地黄红壤	厚层多有机质泥质岩类山地黄红壤	1	0—5	浅灰色	重壤土	核粒状	4.6	50.5	1.70	0.56	123	2.7	104	泥质岩类	E 115°31′18.9″ N 24°57′57.0″	95
						2	5—20	浅黄棕色	重壤土	核块状	5.0	17.3	0.90	0.56						
						3	20—60	红棕色	重壤土	核块状										
						4	60—100			核块状										
剖20	人为土	水稻土	潴育水稻土	潴育型红砂泥田	弱潴灰砂红泥田	1	0—16	浅紫灰色	中壤土	细粒状	5.3	35.1	2.06	0.70	142	6.6	62	红砂岩类风化物	E 115°35′48.9″ N 24°59′53.0″	95
						2	16—26	浅灰棕色	中壤土	小块状	5.5	23.5	1.43	0.50						
						3	26—65	浅红色	中壤土	块状	6.6	9.6	0.56	0.71						
						4	65—100		中壤土	单粒状	6.7	8.9	0.68	0.78						
剖21	人为土	水稻土	潴育水稻土	潴育型乌砂泥田	弱潴灰乌砂泥田	1	0—15	棕灰色	轻壤土	屑粒状	5.6	55.0	2.62	0.87	164	10.1	56	花岗岩风化物	E 115°36′05.6″ N 24°57′06.5″	95
						2	15—26	浅灰棕色	轻壤土	小块状	6.1	12.3	0.53	0.28						
						3	26—60	浅灰色	轻壤土	块状	6.7	10.1	0.35	0.18						
						4	60—100		中壤土	块状	6.7	6.7	0.40	0.18						
剖22	人为土	水稻土	潴育水稻土	潴育型麻砂泥田	弱潴灰麻砂泥田	1	0—16	浅棕灰色	轻壤土	细粒状	5.4	29.8	1.57	0.57	177	8.4	53	花岗岩风化物	E 115°32′11.9″ N 24°55′55.4″	95
						2	16—22	浅灰色	轻壤土	块状	5.7	20.6	0.85	0.38						
						3	22—38	浅灰色	中壤土	块状	5.7	31.1	1.44	0.45						
						4	38—100	浅棕色	轻壤土	块状	5.8	2.7	0.42	0.40						
剖23	人为土	水稻土	潴育水稻土	潴育型麻砂泥田	中潴灰麻砂泥田	1	0—14	浅灰棕色	轻壤土	小块状	5.3	38.0	1.96	0.68	121	2.6	61	花岗岩风化物	E 115°36′05.6″ N 24°55′10.9″	95
						2	14—20	浅灰色	中壤土	块状	5.3	32.0	1.74	0.60						
						3	20—41	浅灰色	中壤土	块状	5.7	14.4	7.70	0.58						
						4	41—100	浅棕色	轻壤土	块状	7.0	12.3	0.47	0.60						
剖24	人为土	水稻土	潴育水稻土	潴育型紫砂泥田	强潴砾石底乌紫砂泥田	1	0—14	紫灰色	轻壤土	小粒状	5.2	33.3	1.87	0.56	124	8.6	67	紫色砂岩风化物	E 115°38′29.5″ N 24°58′25.6″	95
						2	14—21	紫棕色	轻壤土	块状	5.8	13.6	0.89	0.58						
						3	21—47	紫棕色		块状	7.3	8.7	0.51	0.86						
						4	47—				7.3	7.2	0.46	1.09						

续表 Continued

剖面号 Soil profile	土纲 Soil order	土类 Soil great group	亚类 Soil subgroup	土属 Soil genus	土种 Soil species	土层码 Layer code	土层厚度 Depth/cm	颜色 Soil color	质地 Soil texture	土壤结构 Soil structure	pH	有机质 OM/(g/kg)	全氮 TN/(g/kg)	全磷 TP/(g/kg)	碱解氮 AN/(mg/kg)	有效磷 AP/(mg/kg)	速效钾 AK/(mg/kg)	土壤母质 Parent material	剖面点坐标 Profile coordinate	匹配指数 Matching index/%
剖25	人为土	水稻土	潴育水稻土	潴育型黄砂泥田	乌黄砂泥田	1	0—17	暗灰色	轻壤土	小粒状	5.7	39.2	1.86	0.78	143	2.5	46	石英岩类风化物	E 115° 41′ 17.5″ N 24° 59′ 40.3″	95
						2	17—27	浅灰蓝色	轻壤土	小块状	5.6	15.3	0.72	0.42						
						3	27—40	浅灰蓝色	轻壤土	小粒状	6.9	7.0	0.36	0.36						
						4	40—100	浅灰棕色	轻壤土	块状	5.9	10.4	0.52	0.37						
剖26	人为土	水稻土	潴育水稻土	潴育型紫砂泥田	弱潴灰紫砂泥田	1	0—12	浅紫灰色	轻壤土	小块状	5.3	16.1	1.10	0.36	71	6.4	47	紫色砂岩风化物	E 115° 43′ 50.7″ N 24° 58′ 22.9″	95
						2	12—20	浅紫色	轻壤土	块状	5.5	12.1	6.90	0.27						
						3	20—47	浅灰棕色	轻壤土	分散状	6.7	3.3	0.23	0.15						
						4	47—	棕色												
剖27	人为土	水稻土	潴育水稻土	潴育型黄砂泥田	弱潴灰黄砂泥田	1	0—14	浅灰棕色	中壤土	细粒状	5.3	20.9	1.09	0.53	87	4.3	47	石英岩类风化物	E 115° 42′ 37.8″ N 24° 56′ 05.6″	95
						2	14—22	浅红棕色	中壤土	小块状	5.4	10.6	0.59	0.45						
						3	22—37	棕红色	中壤土	块状	5.8	6.0	0.36	0.42						
						4	37—100	浅红棕色	中壤土	小块状	6.8	2.8	0.22	0.43						
剖28	人为土	水稻土	潴育水稻土	潴育型黄砂泥田	中位中潴黄砂泥田	1	0—13	棕灰色	中壤土	小块状	5.4	36.2	1.70	0.67	118	5.5	50	石英岩类风化物	E 115° 44′ 03.8″ N 24° 57′ 08.5″	95
						2	13—19	棕灰色	中壤土	小粒状	5.7	32.2	1.50	0.59						
						3	19—36	灰蓝色	中壤土	软糊无结构	5.5	30.3	1.45	0.45						
						4	36—100	暗灰蓝色	中壤土	软糊无结构	5.5	41.3	1.24	0.23						
剖29	人为土	水稻土	潴育水稻土	潴育型麻砂泥田	中位弱潴麻砂泥田	1	0—20	浅灰蓝色	中壤土	屑粒状	5.3	29.2	1.53	0.46	95	4.0	35	花岗岩风化物	E 115° 44′ 13.7″ N 24° 56′ 01.3″	95
						2	20—27	浅灰蓝色	中壤土	核状	5.1	24.6	1.27	0.27						
						3	27—58	米红棕色	中壤土	核状	5.0	26.2	1.04	0.19						
						4	58—100	灰蓝色	砂壤土	单粒状	5.2	4.8	0.28	0.13						
剖30	铁铝土	红壤	红壤	泥质岩红壤	厚层中潴泥质岩类红壤	1	0—6	浅灰蓝色	中壤土	核粒状	4.9	29.1	1.18	0.26	60	1.2	40	泥质岩类	E 115° 38′ 13.6″ N 24° 55′ 05.0″	98
						2	6—43	浅灰蓝色	中壤土	核状	5.0	18.9	0.84	0.63						
						3	43—100	浅灰蓝色	重壤土		5.3	8.7	0.43	0.60						
剖31	铁铝土	山地黄红壤	山地黄红壤	花岗岩类山地黄红壤	中层中潴质花岗岩类山地黄红壤	1	0—8	暗棕紫色	中壤土	核粒状	5.0	53.5	2.13	0.91	149	3.1	227	花岗岩	E 115° 34′ 10.3″ N 24° 54′ 40.0″	95
						2	8—38		重壤土		5.2	26.8	1.24	1.13						
						3	38—77				5.3	12.7	0.70	1.14						
						4	77—100				5.7	2.2	0.17	1.11						
剖32	铁铝土	红壤	泥质岩红壤	薄层多有机质泥质岩类红壤	上位弱潴黑麻砂泥田	1	0—6	暗棕紫色	轻壤土	小块状	4.9	53.2	1.83	0.61	143	2.3	76	泥质岩类	E 115° 32′ 41.5″ N 24° 50′ 25.6″	95
						2	6—28	棕灰色	轻壤土	块状	5.0	23.3	1.01	0.55						
						3	28—100	浅棕灰色	中壤土	块状	5.3	11.5	0.37	0.49						
剖33	人为土	水稻土	侧渗水稻土	侧渗型麻砂泥田	全层中潴灰麻砂泥田	1	0—13	浅灰棕色	中壤土	块状	5.5	36.3	2.20	0.43	168	6.8	174	花岗岩风化物	E 115° 44′ 48.3″ N 24° 51′ 08.1″	95
						2	13—20	浅灰棕色	轻壤土	块状	5.7	10.0	0.66	0.18						
						3	20—47	灰棕色	轻壤土	块状	7.3	5.5	0.39	0.19						
						4	47—100	浅红棕色	中壤土		7.2	5.5	0.60	0.35						
剖34	人为土	水稻土	潴育水稻土	潴育型麻砂泥田		1	0—11	浅灰棕色	中壤土	屑粒状	4.8	43.9	2.12	0.36	137	3.7	27	花岗岩风化物	E 115° 34′ 52.8″ N 24° 49′ 29.3″	95
						2	11—22	棕灰色	中壤土	软糊无结构	4.8	41.1	1.99	0.29						
						3	22—60	蓝灰色	重壤土	软糊无结构	4.5	21.0	0.89	0.13						
						4	60—70	灰蓝色	中壤土	软糊无结构	4.3	61.1	2.15	0.14						
						5	70—100	浅灰白色	中壤土	软糊无结构	4.4	11.8	0.46	0.11						
剖35	人为土	水稻土	潴育水稻土	潴育型潮砂泥田	砂土底乌潮砂泥田	1	0—16	浅灰灰色	轻壤土	小粒状	5.5	33.3	1.72	0.64	140	5.7	56	河流冲积物	E 115° 34′ 52.7″ N 24° 49′ 11.4″	95
						2	16—27	棕灰色	轻壤土	块状	5.7	13.2	0.79	0.41						
						3	27—55	浅灰棕色	砂壤土	单粒状	7.0	5.4	0.36	0.53						
						4	55—100	棕红色	紧砂土		7.3	3.1	0.25	0.63						

续表 Continued

剖面号 Soil profile	土纲 Soil order	土类 Soil great group	亚类 Soil subgroup	土属 Soil genus	土种 Soil species	土层码 Layer code	土层厚度 Depth/cm	颜色 Soil color	质地 Soil texture	土壤结构 Soil structure	pH	有机质 OM/(g/kg)	全氮 TN/(g/kg)	全磷 TP/(g/kg)	碱解氮 AN/(mg/kg)	有效磷 AP/(mg/kg)	速效钾 AK/(mg/kg)	土壤母质 Parent material	剖面点坐标 Profile coordinate	匹配指数 Matching index/%
剖36	人为土	水稻土	侧渗水稻土	侧渗型麻砂泥田	全层中漂灰麻砂泥田	1	0—14	灰白色	轻壤土	细粒状	5.3	33.3	1.69	0.37	92	6.0	40	花岗岩风化物	E 115° 37′ 17.9″ N 24° 48′ 56.6″	95
						2	14—21	灰白色	砂壤土	小块状	5.3	18.1	1.14	0.20						
						3	21—74	浅灰色	砂壤土	小块状	6.6	7.3	0.81	0.19						
						4	74—100	浅棕灰色	砂壤土	细粒状	7.0	3.8	0.35	0.15						
剖37	人为土	水稻土	侧渗水稻土	侧渗型麻砂泥田	弱潴乌麻砂泥田	1	0—17	浅灰色	砂壤土	块状								花岗岩风化物	E 115° 36′ 11.9″ N 24° 45′ 39.1″	95
						2	17—25	灰白色	砂壤土	块状										
						3	25—60	灰灰色	轻壤土	块状										
						4	60—100													
剖38	人为土	水稻土	潴育水稻土	潴育型紫砂泥田	灰紫泥田	1	0—10	紫灰色	重壤土	小粒状	5.4	24.4	1.37	0.44	81	2.2	71	紫色泥页岩风化物	E 115° 42′ 47.2″ N 24° 49′ 27.3″	95
						2	10—16	紫灰色	重壤土	块状	7.3	8.0	0.59	0.42						
						3	16—77	紫棕色	轻黏土	棱块状	7.6	6.3	0.46	0.41						
						4	77—100	紫红色	重黏土	块状	7.5	3.1	0.38	0.28						
剖39	初育土	紫色土	酸性紫色土	酸性紫泥土	厚层酸性紫泥土	1	0—16	浅灰紫色	中壤土	核状	6.9	9.6	0.60	0.62	41	5.8	114	紫色泥页岩风化物	E 115° 43′ 07.3″ N 24° 49′ 27.4″	97
						2	16—70	棕紫色	重壤土	核块状	5.7	7.3	0.46	0.41						
						3	70—100	紫色	重壤土	块状	5.6	2.6	2.90	0.50						
剖40	人为土	水稻土	潴育水稻土	潴育型鳝泥田	中潴乌鳝泥田	1	0—14	暗灰色	中壤土	小粒状	5.2	31.4	1.94	0.60	128	9.6	47	泥砂岩类风化物	E 115° 31′ 14.4″ N 24° 44′ 36.1″	95
						2	14—20	浅棕灰色	中壤土	块状	5.2	16.4	1.03	0.31						
						3	20—49	棕灰色	中壤土	棱块状	6.7	10.8	0.61	0.48						
						4	49—100	浅红棕色	中壤土	棱块状	6.8	3.5	0.26	0.27						
剖41	人为土	水稻土	潴育水稻土	潴育型红砂泥田	中位弱潜灰红砂泥田	1	0—14	浅蓝灰色	中壤土	小粒状	5.5	41.6	2.36	0.74	137	7.6	79	红砂岩类风化物	E 115° 38′ 19.8″ N 24° 44′ 24.3″	95
						2	14—21	浅蓝灰色	中壤土	核块状	6.1	32.3	1.81	0.60						
						3	21—57	浅蓝蓝色	中壤土	软糊无结构	6.3	10.7	0.62	0.63						
						4	57—78	蓝蓝色	中壤土	软糊无结构	5.6	27.5	0.89	0.24						
						5	78—100	灰白色	轻壤土	软糊无结构	5.4	5.7	0.33	0.18						
剖42	人为土	水稻土	潴育水稻土	潴育型紫砂泥田	中位弱潜灰紫砂泥田	1	0—13	浅蓝灰色	中壤土	细粒状								紫砂岩类风化物	E 115° 40′ 41.1″ N 24° 44′ 17.9″	95
						2	13—27	紫灰色	中壤土	软糊无结构										
						3	27—60	紫棕色	重壤土	棱块状										
剖43	初育土	紫色土	酸性紫色土	酸性紫泥土	厚层酸性紫泥土	1	0—15	浅棕灰色	中壤土	块状	5.3	5.2	0.21	0.52	26	≤1.0	22	红砂岩类	E 115° 40′ 57.1″ N 24° 44′ 11.7″	95
						2	15—61	浅红灰色	重壤土	块状	5.4	3.8	0.15	0.47						
						3	61—85	浅红棕色	重壤土	棱块状	5.3	3.1	0.11	0.59						
						4	85—													
剖44	铁铝土	红壤	红壤	红砂岩红壤	厚层少有机质红砂岩红壤	1	0—14	棕灰色	中壤土	块状	5.2	22.0	1.07	0.24	68	3.4	44	红砂岩类	E 115° 37′ 29.4″ N 24° 41′ 52.5″	98
						2	14—29	浅棕灰色	重壤土	块状	5.0	23.1	1.07	0.21						
						3	29—63	蓝灰色	重壤土	核块状	5.1	22.6	0.86	0.14						
						4	63—100	浅红灰色	重壤土	软糊无结构	4.8	17.3	0.67	0.13						
剖45	人为土	水稻土	潴育水稻土	潴育型鳝泥田	全层中潴鳝泥田	1	0—15	暗灰色	轻壤土	细粒状	5.4	39.5	2.22	0.78	146	6.4	66	泥质岩类风化物	E 115° 49′ 29.4″ N 25° 07′ 17.1″	95
						2	15—23	棕灰色	中壤土	小块状	5.3	18.8	1.16	0.59						
剖46	人为土	水稻土	潴育水稻土	潴育型麻砂泥田	弱潴灰麻砂泥田	2	23—50	紫红色	砂壤土	块状	6.3	8.2	0.53	1.69	78	21.2	356	花岗岩风化物	E 115° 51′ 13.1″ N 25° 05′ 17.4″	95
						3	50—100	浅灰棕色	砂壤土	松散状	6.4	2.5	0.29	1.40						
剖47	铁铝土	红壤		麻砂泥土	厚层乌麻砂泥土	1	0—12	棕灰色	中壤土	核状	7.8	30.8	1.27	1.23				花岗岩风化物	E 115° 50′ 54.6″ N 25° 04′ 46.8″	95
						2	12—25	灰灰棕色	中壤土	块状	5.1	16.1	0.70	0.71						
						3	25—100	浅红棕色	轻壤土	核块状	7.0	23.7	1.15	0.95						

续表 Continued

剖面号 Soil profile	土纲 Soil order	土类 Soil great group	亚类 Soil subgroup	土属 Soil genus	土种 Soil species	土层码 Layer code	土层厚度 Depth/cm	颜色 Soil color	质地 Soil texture	土壤结构 Soil structure	pH	有机质 OM/(g/kg)	全氮 TN/(g/kg)	全磷 TP/(g/kg)	碱解氮 AN/(mg/kg)	有效磷 AP/(mg/kg)	速效钾 AK/(mg/kg)	土壤母质 Parent material	剖面点坐标 Profile coordinate	匹配指数 Matching index/%
剖148	人为土	水稻土	潴育水稻土	潴育型紫砂泥田	弱潴乌紫砂泥田	1	0—15	紫灰色	轻壤土	小粒状								紫色砂岩风化物	E 115°47′46.0″ N 25°01′26.1″	95
						2	15—22	棕紫色	轻壤土	块状										
						3	22—58	紫棕色	中壤土	棱块状										
						4	58—100	浅棕紫色	中壤土	棱块状										
剖149	人为土	水稻土	潴育水稻土	潴育型紫潮砂泥田	弱潴水潮砂泥田	1	0—13		轻壤土		5.5	34.1	1.95	1.05	134	10.8		河流冲积物	E 115°49′14.0″ N 24°59′40.7″	95
						2	13—18		砂壤土		5.5	15.2	0.89	0.85			90			
						3	18—38		轻壤土		5.9	8.1	0.48	0.71						
						4	38—100		砂壤土		6.4	6.0	0.58	0.47						
剖150	人为土	水稻土	淹育水稻土	淹育型麻砂泥田	强淹乌麻砂泥田	1	0—12	浅棕灰色	中壤土	屑粒状	5.4	32.7	1.82	0.48	98	2.5	47	花岗岩风化物	E 115°49′09.6″ N 24°56′12.6″	95
						2	12—22	棕黄色	中壤土	小块状	5.4	20.0	1.03	0.35						
						3	22—100	棕红色	轻黏土	块状	7.6	8.2	0.56	0.42						
剖151	铁铝土	红壤	黄红壤	花岗岩山地黄红壤	厚层中有机质花岗岩类山地黄红壤	1	0—7	浅棕灰色	中壤土	核粒状	5.1	36.9	1.79	0.47	128	3.4	252	花岗岩	E 115°50′39.7″ N 24°55′10.3″	95
						2	7—51	浅红棕色	中壤土	核粒状	4.8	13.3	0.60	0.35						
						3	51—100	红棕色	中壤土	核粒状	5.1	6.8	0.36	0.25						
剖152	人为土	水稻土	潜育水稻土	潜育型鳝泥田	中位中潜灰鳝泥田	1	0—18	浅灰棕色	中壤土	小粒状	5.3	42.5	2.17	0.58	114	2.1	40	泥质岩类风化物	E 115°47′06.1″ N 24°56′04.6″	95
						2	18—42	浅灰棕色	重壤土	软糊无结构	4.7	52.3	2.18	0.45						
						3	42—100	暗灰蓝色	重壤土	软糊无结构	4.7	18.5	1.67	0.61						

石 城 县

主要土类说明

红壤是石城县主要土壤类型，占本县地域面积的61%，主要分布在低山、丘陵地区。本县红壤分为红壤、红壤性土、山地黄红壤三个亚类。红壤亚类分布在海拔600m以下的地带，其成土母质以石英岩类和花岗岩类风化物为主，泥质岩类风化物次之，亦有极少量为第四纪红色黏土。一般土层深厚，剖面发育完整，土壤呈酸性。红壤性土亚类主要分布在土壤侵蚀较严重的丘陵岗地，土体中含有较多的砾石和半风化物碎片，其表层浅薄。山地黄红壤亚类主要分布在低山地带，位于红壤亚类之上，海拔为600—1000m，其剖面基本特征是表层和亚表层都有黄化现象，但表层黄化特征有时会被暗色腐殖质所掩盖而不明显，在石英岩类母质上，剖面上下都有较明显的黄色，底土层见黄红色。

水稻土是石城县第二大土壤类型，占本县地域面积的21%。水稻土是经长期水耕熟化而形成具有独特剖面形态特征的一类土壤。除新垦稻田或旱地改水田植稻年限短的淹育水稻土以外，其余类型的分布主要与地形部位、水文条件密切相关。潴育水稻土多处于平坦地区排水良好的墩田，丘陵山地的排田以及地势较高的垄田和坑田，土壤通透性好，氧化还原作用相互交替，铁锰氧化物淋溶淀积明显。潜育水稻土位于沿河两岸低洼地段的稻田及丘陵山区地势低、地下水位较高的垄田和坑田，这些稻田积水难排，甚至终年渍水，土体还原作用强，通透性差，养分不易分解，作物很难吸收利用，土壤冷、烂、毒、缺，大部分属中、低产田。侧渗水稻土分布于斜坡或边缘墩田，在坡的上部有地下潜水或山塘水库渗漏水，形成地下暗流，侧向漂洗，黏粒淋失，产生灰白色粉粒质且结持力差的漂洗层。潴育水稻土是本县分布最广，面积最大的亚类，在墩田、排田和垄田均有，发育在各种成土母质类型上。由于灌水和排水条件较好，干湿交替，土体中的氧化还原作用强烈，铁锰氧化物淋淀明显，犁底层以下有铁锰新生体和灰色胶膜淀积的潴育层。该土种稻时间长，通过人们精耕细作，水耕熟化程度较高，为高产土壤类型。

紫色土是石城县第三大土壤类型，占本县地域面积的15%，分布在中、低丘陵地带，有的与红壤呈交错分布。成土母质为紫色砂砾岩类和紫色泥页岩类风化物。土壤特性与母岩风化物的特性基本相同，反映了岩性土的特点和母岩的色调。由于紫色岩系的岩性松脆，抗蚀力弱，加之不合理垦荒，植被破坏，土壤侵蚀严重，一般土层浅薄，不少地方基岩裸露，应列为水土保持的重点。根据紫色岩石的酸碱度和石灰反应，本县紫色土分为酸性紫色土、中性紫色土、石灰性紫色土三个亚类。

小于本县地域面积3%的土壤类型还有黄壤、潮土、山地草甸土等。

本区域中心区气候特征

本区域中心区气候特征值
Regional climate characteristics in central area of the region

气候带：中亚热带湿润气候 Climate region: Subtropical humid climate	
年平均气温 /℃ Annual average temperature /℃	19.1
年平均最高气温 /℃ Annual average maximum temperature /℃	24.1
年平均最低气温 /℃ Annual average minimum temperature /℃	15.6
年降水量 /mm Annual precipitation /mm	1567
≥10℃的积温 /℃ Daily temperature accumulated in a year (≥10℃) /℃	9354
年日照时数 /h Annual sunshine /h	1679
年平均相对湿度 /% Annual average relative humidity /%	79
干燥度 Dryness	0.72

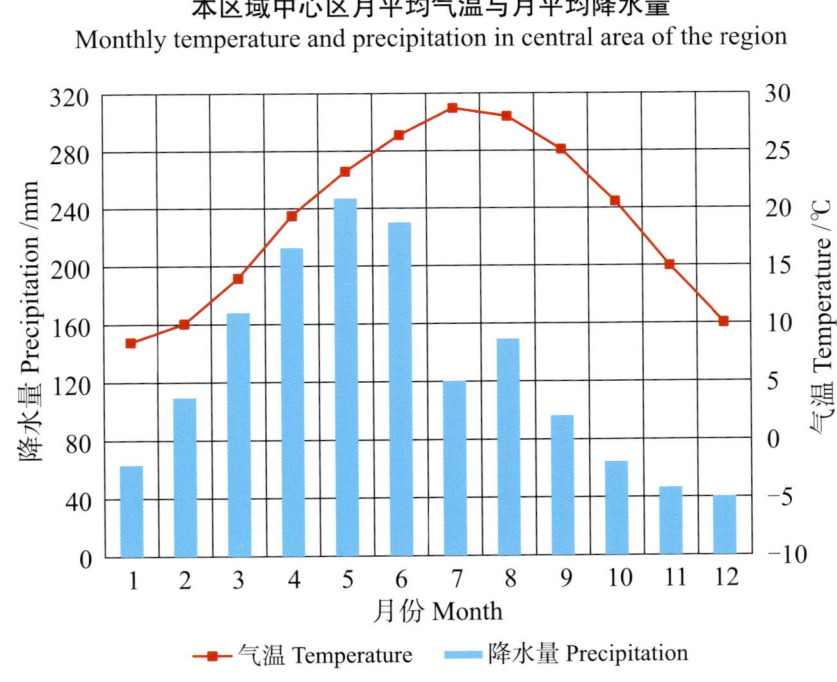

本区域中心区月平均气温与月平均降水量
Monthly temperature and precipitation in central area of the region

石城县主要土壤类型与土壤剖面点分布图
1∶240 000

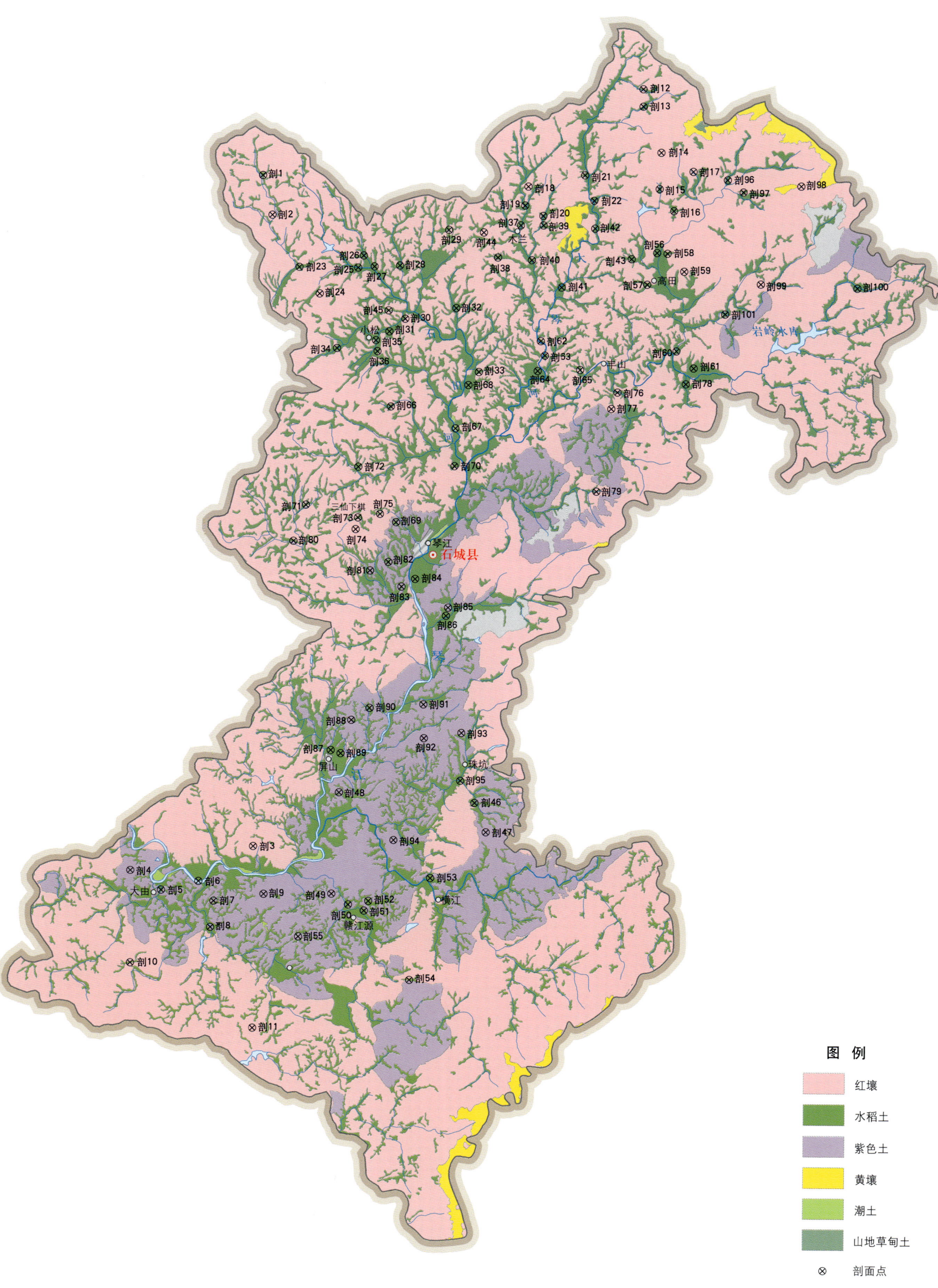

石城县土壤剖面理化性状表

剖面号 Soil profile	土纲 Soil order	土类 Soil great group	亚类 Soil subgroup	土属 Soil genus	土种 Soil species	土层码 Layer code	土层厚度 Depth/cm	颜色 Soil color	质地 Soil texture	土壤结构 Soil structure	pH	有机质 OM/(g/kg)	全氮 TN/(g/kg)	全磷 TP/(g/kg)	碱解氮 AN/(mg/kg)	有效磷 AP/(mg/kg)	速效钾 AK/(mg/kg)	土壤母质 Parent material	剖面点坐标 Profile coordinate	匹配指数 Matching index/%
剖1	人为土	水稻土	潴育水稻土	潴育型潮砂泥田	弱潴乌潮砂泥田	1	0—15	浅紫灰色	中壤土	屑粒状								河流冲积物	E 116°14′23.2″ N 26°31′23.6″	75
						2	15—21	浅灰紫色	中壤土	块状										
						3	21—39	浅棕黄色	砂壤土	小块状										
						4	39—80	浅黄棕色	砂壤土	小块状										
剖2	铁铝土	红壤	红壤	花岗岩红壤	薄层中有机质花岗岩红壤	1	0—3	棕红色	中壤土	核状								花岗岩	E 116°14′44.2″ N 26°30′09.0″	97
						2	3—30	棕黄色	中壤土	块状										
						3	30—100	浅黄黄色													
剖3	铁铝土	红壤	红壤	石英岩红壤	薄层中有机质石英岩类红壤	1	0—15	浅黄色		小核状								石英岩类	E 116°14′18.9″ N 26°10′15.8″	97
						2	15—48	浅黄色	轻壤土											
						3	48—100	浅灰色													
剖4	初育土	紫色土	酸性紫色土	紫色砂砾岩酸性紫色土		1	0—16	紫灰色	砾质砂壤土	分散状								紫色砂砾岩类	E 116°10′01.2″ N 26°09′26.7″	97
						2	16—	紫色													
剖5	初育土	紫色土	中性紫色土	紫色泥页岩紫色土	厚层中有机质紫色泥页岩类紫色土	1	0—23	紫灰色	轻黏土	小核状								紫色砂页岩类	E 116°10′59.2″ N 26°08′46.4″	95
						2	23—72	暗紫色	轻黏土	块状										
						3	72—100	紫色													
剖6	人为土	水稻土	潴育水稻土	潴育型紫泥田	表潜性中潴灰紫泥田	1	0—15	浅紫紫色	中壤土	屑粒状								紫色泥页岩风化物	E 116°12′25.0″ N 26°09′06.7″	95
						2	15—29	浅紫色	重壤土	块状										
						3	29—40	浅紫色	重壤土	棱块状										
						4	40—100	紫色	轻黏土	棱块状										
剖7	初育土	紫色土	酸性紫色土	酸性紫泥土	厚层酸性紫泥土	1	0—20	棕紫紫色	中壤土	小粒状								紫色泥页岩风化物	E 116°12′56.9″ N 26°08′30.0″	97
						2	20—54	黄紫黄色	重壤土	块状										
						3	54—69	紫紫色													
						4	69—	紫色	中壤土	小粒状										
剖8	初育土	紫色土	酸性紫色土	酸性紫泥土	厚层酸性灰紫泥土	1	0—24	紫紫色	重壤土	块状								紫色页岩类风化物	E 116°12′50.9″ N 26°07′40.1″	98
						2	24—72	紫色													
						3	72—														
剖9	初育土	紫色土	酸性紫色土	紫色砂砾岩酸性紫色土		1	0—19	浅棕紫色	轻壤土	小粒状								紫色砂砾岩类风化物	E 116°14′41.9″ N 26°08′44.0″	97
						2	19—														
剖10	人为土	水稻土	侧渗水稻土	侧渗型紫泥田	弱潜灰紫色紫泥田	1	0—13	棕紫灰色	重壤土	屑粒状	5.9	33.5	1.71	0.83	177	6.6	73	紫色泥页岩风化物	E 116°10′03.4″ N 26°06′31.2″	95
						2	13—21	紫灰色	重壤土	块状	6.1	21.6	0.94	0.78						
						3	21—47	棕紫色	重壤土	块状	6.7	12.0	0.82	0.89						
						4	47—100	灰白色	重壤土	核状	6.9	9.1	0.34	0.82						
剖11	铁铝土	红壤	红壤	泥质岩红壤	厚层中有机质泥质岩类红壤	1	0—12	浅黄灰色	重壤土	小块状	4.9	15.9	0.45	0.31	105	4.5	78	泥质岩类	E 116°14′21.8″ N 26°04′30.7″	97
						2	12—37	浅紫色	重壤土	块状	4.9	8.0	0.19	0.35						
						3	37—87	黄红色	重壤土	块状	5.1	4.7	0.23	0.23						
						4	87—100	紫红色	中壤土	块状	5.0	1.8	0.22	0.22						
剖12	人为土	水稻土	潴育水稻土	潴育型紫砂泥田	全层中潴灰紫砂泥田	1	0—16	紫灰色	中壤土	屑粒状	6.2	25.6	1.14	0.33	123	4.0	56	紫色砂砾岩类风化物	E 116°27′44.5″ N 26°34′12.4″	95
						2	16—24	浅灰紫色	中壤土	小块状	6.1	22.5	1.06	0.30						
						3	24—65	浅灰紫色	中壤土	块状	5.8	13.5	0.85	0.23						
						4	65—100	浅灰紫色	中壤土	块状	5.5	21.6	1.18	0.22						

续表 Continued

剖面号 Soil profile	土纲 Soil order	土类 Soil great group	亚类 Soil subgroup	土属 Soil genus	土种 Soil species	土层码 Layer code	土层厚度 Depth/cm	颜色 Soil color	质地 Soil texture	土壤结构 Soil structure	pH	有机质 OM/(g/kg)	全氮 TN/(g/kg)	全磷 TP/(g/kg)	碱解氮 AN/(mg/kg)	有效磷 AP/(mg/kg)	速效钾 AK/(mg/kg)	土壤母质 Parent material	剖面点坐标 Profile coordinate	匹配指数 Matching index/%
剖13	人为土	水稻土	潴育水稻土	潴育型麻砂泥田	弱潴灰麻砂泥田	1	0—15	浅黄灰色	轻壤土	小粒状								花岗岩风化物	E 116°27′45.1″ N 26°33′39.4″	95
						2	15—23	浅黄灰色	轻壤土	块状										
						3	23—48	浅黄棕色	中壤土	块状										
						4	48—60	浅黄棕色	中壤土	块状										
剖14	铁铝土	红壤	黄红壤	花岗岩山地黄红壤	中层多有机质花岗岩类山地黄红壤	1	0—13	黄灰色	轻壤土	核粒状								花岗岩	E 116°28′23.7″ N 26°32′12.5″	97
						2	13—23	棕灰色	轻壤土	屑粒状										
						3	23—59	黄灰色	轻壤土	块状										
						4	59—100	棕灰色	轻壤土	小块状										
剖15	人为土	水稻土	潴育水稻土	潴育型黄砂泥田	乌黄砂泥田	1	0—15	浅棕灰色	轻壤土	屑粒状								石英岩类风化物	E 116°28′20.8″ N 26°31′04.1″	95
						2	15—26	棕灰色	中壤土	块状										
						3	26—75	棕黄色	中壤土	棱块状										
						4	75—100	棕黄色	中壤土	块状										
剖16	人为土	水稻土	潴育水稻土	潴育型麻砂泥田	弱潴麻砂泥田	1	0—15	棕黄色	轻壤土	屑粒状	6.1	15.5	0.78	0.41	106	5.0	45	花岗岩风化物	E 116°28′51.7″ N 26°30′22.8″	95
						2	15—20	棕黄色	砂壤土	块状	6.2	≤1.0	0.35							
						3	20—39	棕黄色	轻壤土	块状	6.1	≤1.0	0.35							
						4	39—60	棕黄色	中壤土	块状	6.5	≤1.0	0.29							
剖17	铁铝土	红壤		花岗岩红壤	厚层少有机质花岗岩红壤	1	0—10	棕红色	轻壤土	屑粒状	5.8	15.0	0.30	0.45	63	3.5	105	花岗岩	E 116°29′31.8″ N 26°31′36.8″	97
						2	10—35	棕黄色	砂壤土	分散状	5.8	11.7	0.37	0.53						
						3	35—62	浅棕黄色	轻壤土	块状	6.0	4.9	≤0.10	0.45						
						4	62—100	棕黄棕色	粗砂土	分散状	6.2	3.4	0.24	0.41						
剖18	铁铝土	红壤		第四纪红色黏土红壤	厚层少有机质第四纪红色黏土红壤	1	0—5	棕黄色	轻壤土	核粒状	5.5	11.0	0.52	0.47	67	4.2	58	第四纪红色黏土	E 116°23′43.7″ N 26°31′06.8″	95
						2	5—26	黄灰色	轻壤土	块状	5.5	≤1.0	0.50	0.42						
						3	26—55	浅灰红色	轻黏土	块状	5.7	4.7	0.46	0.41						
						4	55—100	浅灰黄色	轻黏土	块状	5.7	3.7	0.25	0.38						
剖19	人为土	水稻土	潴育水稻土	潴育型黄砂泥田	弱潴砂砾底黄砂泥田	1	0—13	浅灰黄色	砾质砂壤土	屑粒状								石英岩类风化物	E 116°23′37.4″ N 26°30′31.4″	95
						2	13—19	棕灰色	重壤土	块状										
						3	19—42	灰色	中壤土	分散块状										
						4	42—53	紫灰色	重壤土	屑粒状										
剖20	人为土	水稻土	潴育水稻土	潴育型紫泥田	灰紫泥田	1	0—14	紫灰色	重黏土	块状								紫色泥质岩风化物	E 116°24′15.7″ N 26°30′11.8″	95
						2	14—23	紫灰色	重黏土	棱块状										
						3	23—49	棕紫色	轻黏土	棱块状										
						4	49—64	棕紫色	中壤土	块状										
剖21	人为土	水稻土	潴育水稻土	潴育型黄砂泥田	表潜弱潴灰黄砂泥田	1	0—10	浅灰色	轻壤土	屑粒状								花岗岩风化物	E 116°25′43.0″ N 26°31′28.9″	95
						2	10—25	浅灰黄色	轻壤土	块状										
						3	25—67	棕灰色	中壤土	棱粒状										
						4	67—100	浅灰色	重壤土	块状										
剖22	人为土	水稻土	潴育水稻土	潴育型麻砂泥田	弱潴乌麻砂泥田	1	0—14	深灰色	中壤土	屑粒状								石英岩类风化物	E 116°26′02.9″ N 26°30′41.1″	95
						2	14—23	浅灰黄色	中壤土	块状										
						3	23—45	浅黄灰色	轻壤土	棱块状										
						4	45—64	棕黄色	中壤土	块状										
						5	64—100	浅灰色	重壤土	块状										
剖23	人为土	水稻土	潴育水稻土	潴育型麻砂泥田	弱潴砂麻砂泥田	1	0—15	浅黄灰色	中壤土	屑粒状								花岗岩风化物	E 116°15′42.2″ N 26°28′31.8″	95
						2	15—19	棕黄色	中壤土	块状										
						3	19—35	灰色	中壤土	块状										
						4	35—100		砾石细砂土											

续表 Continued

剖面号 Soil profile	土纲 Soil order	土类 Soil great group	亚类 Soil subgroup	土属 Soil genus	土种 Soil species	土层码 Layer code	土层厚度 Depth/cm	颜色 Soil color	质地 Soil texture	土壤结构 Soil structure	pH	有机质 OM/(g/kg)	全氮 TN/(g/kg)	全磷 TP/(g/kg)	碱解氮 AN/(mg/kg)	有效磷 AP/(mg/kg)	速效钾 AK/(mg/kg)	土壤母质 Parent material	剖面点坐标 Profile coordinate	匹配指数 Matching index/%
剖24	铁铝土	红壤	红壤	花岗岩红壤	厚层多有机质花岗岩质红壤	1	0—20	棕灰色	轻壤土	团粒状								花岗岩	E 116°16′25.2″ N 26°27′42.2″	99
						2	20—65	灰黑色	轻壤土	核粒状										
						3	65—85	棕黄色	轻壤土	小块状										
						4	85—100	棕红色	轻壤土	块状										
剖25	人为土	水稻土	潜育水稻土	潜育型潮砂泥田	表潜弱发砂砾底灰潮砂泥田	1	0—16		中壤土		6.5	30.0	1.81	0.74	184	7.5	54	河流冲积物	E 116°17′46.1″ N 26°28′31.8″	95
						2	16—25		中壤土		6.2	27.3	1.29	0.58						
						3	25—40		中壤土		6.2	18.2	0.78	0.68						
						4	40—60		砂壤土		5.5	3.6	≤0.10	0.14						
						5	60—100		松砂土		6.6	2.3	≤0.10	0.22						
剖26	人为土	水稻土	潜育水稻土	潜育型潮砂泥田	表潜弱发砂砾底灰潮砂泥田	1	0—13	深灰色	轻壤土	屑粒状								河流冲积物	E 116°17′57.5″ N 26°28′54.6″	95
						2	13—20	灰黄色	轻壤土	小块状										
						3	20—30	黄棕色	粗砂土	松散状										
						4	30—100		粗砂土											
剖27	人为土	水稻土	潜育水稻土	潜育型紫砂泥田	弱潜紫砂泥田	1	0—15	浅紫色	轻壤土	团粒状								紫色砂砾岩类风化物	E 116°18′20.8″ N 26°28′34.2″	95
						2	15—24	浅紫色	中壤土	块状										
						3	24—52	紫色	中壤土	块状										
						4	52—90	浅黄色	中壤土	块状										
						5	90—100	棕红色	中壤土	块状										
剖28	人为土	水稻土	潜育水稻土	潜育型麻砂泥田	强潜灰麻砂泥田	1	0—11	浅灰黄色	中壤土	屑粒状								花岗岩风化物	E 116°19′14.0″ N 26°28′36.4″	95
						2	11—17	浅黄灰色	中壤土	块状										
						3	17—27	棕灰色	中壤土	小棱块状										
						4	27—46	黄灰色	中壤土	棱块状										
						5	46—60	暗棕色	轻壤土	小核状										
剖29	人为土	水稻土	潜育水稻土	潜育型黄砂泥田	表潜性弱潜灰黄砂泥田	1	0—13	浅黄灰色	中壤土	屑粒状	5.8	28.2	1.34	0.69	165	6.6	74	石英岩类风化物	E 116°20′56.7″ N 26°29′44.1″	95
						2	13—24	浅棕灰色	中壤土	棱块状	5.9	14.8	0.95	0.64						
						3	24—66	棕黄色	中壤土	棱块状	7.0	8.1	0.69	0.61						
						4	66—83	棕红色	重壤土	块状	6.8	7.6	0.50	0.49						
剖30	人为土	水稻土	潜育水稻土	潜育型鳝泥田	全层弱潜灰鳝泥田	1	0—18	浅灰色	中壤土	小粒状								泥质岩类风化物	E 116°19′26.6″ N 26°26′56.0″	95
						2	18—50	青灰色	中壤土	块状										
						3	50—100	深灰色	中壤土	屑粒状										
剖31	人为土	水稻土	潜育水稻土	潜育型麻砂泥田	全层中潜灰麻砂泥田	1	0—14	浅灰色	轻壤土	屑粒状	5.9	24.7	1.28	0.94	137	8.7	50	花岗岩风化物	E 116°18′53.3″ N 26°26′32.0″	95
						2	14—23	棕灰色	中壤土	小块状	6.3	14.8	0.82	0.68						
						3	23—55	黄灰色	中壤土	块状	6.3	15.3	0.70	0.63						
						4	55—73	青灰色	轻壤土	小块状	6.4	10.0	0.39	1.64						
						5	73—100	深灰色	轻壤土	块状	6.4	10.0	0.39	1.64						
剖32	人为土	水稻土	潜育水稻土	潜育型黄砂泥田	全层中潜黄砂泥田	1	0—15	浅灰色	轻壤土	软糊无结构								石英岩类风化物	E 116°21′13.6″ N 26°27′17.0″	95
						2	15—23	青灰色	中壤土	小块状										
						3	23—65	浅灰色	中壤土	块状										
						4	65—100	灰色	中壤土	屑粒状										
剖33	人为土	水稻土	潜育水稻土	潜育型黄砂泥田	中位中潜黄砂泥田	1	0—16	浅灰黄色	轻壤土	块状								石英岩类风化物	E 116°22′02.7″ N 26°25′16.2″	95
						2	16—23	浅青灰色	中壤土	块状										
						3	23—36	黄棕色	中壤土	屑粒状										
						4	36—60	黄棕色	中壤土	块状										

续表 Continued

剖面号 Soil profile	土纲 Soil order	土类 Soil great group	亚类 Soil subgroup	土属 Soil genus	土种 Soil species	土层码 Layer code	土层厚度 Depth/cm	颜色 Soil color	质地 Soil texture	土壤结构 Soil structure	pH	有机质 OM/(g/kg)	全氮 TN/(g/kg)	全磷 TP/(g/kg)	碱解氮 AN/(mg/kg)	有效磷 AP/(mg/kg)	速效钾 AK/(mg/kg)	土壤母质 Parent material	剖面点坐标 Profile coordinate	匹配指数 Matching index/%
剖34	人为土	水稻土	潴育水稻土	潴育型麻砂泥田	弱潴灰麻砂泥田	1	0~14	深灰色	中壤土	屑粒状								花岗岩风化物	E 116°17′03.0″ N 26°25′59.3″	95
						2	14~18	灰黄色	中壤土	块状										
						3	18~24	棕黄色	中壤土	块状										
						4	24~65	浅黄灰色	轻壤土	块状										
						5	65~100	棕黄色	砾质砂壤土	分散状										
剖35	人为土	水稻土	潴育水稻土	潴育型黄砂泥田	弱潴灰黄砂泥田	1	0~16	浅黄灰色	中壤土	小块状								石英岩类风化物	E 116°18′14.0″ N 26°26′18.5″	95
						2	16~23	棕黄色	重壤土	块状										
						3	23~40	棕黄色	中壤土	块状										
						4	40~60	棕黄色	中壤土	小枝块状										
剖36	人为土	水稻土	侧渗水稻土	侧渗型黄砂泥田	弱漂灰黄砂泥田	1	0~13	浅灰色	砂壤土	屑粒状	6.9	26.3	1.25	0.70	151	12.9	80	石英岩类风化物	E 116°18′28.8″ N 26°25′54.3″	95
						2	13~22	灰白红色	中壤土	小块状	6.4	8.1	0.46	0.49						
						3	22~36	灰黄色	砂壤土	小块状	6.3	4.2	0.32	0.53						
						4	36~60	浅灰黄色	砂壤土	小块状	6.2	4.4	≤0.10	0.33						
剖37	人为土	水稻土	侧渗水稻土	侧渗型紫砂泥田	弱潴灰紫砂泥田	1	0~13	浅紫灰色	中壤土	屑粒状	6.4	23.5	1.28	0.67	204	8.7	59	紫色砂砾岩类风化物	E 116°23′28.2″ N 26°29′53.9″	95
						2	13~22	浅紫灰紫	中壤土	小块状	6.3	13.0	0.88	0.58						
						3	22~41	棕灰色	重壤土	块状	6.6	7.9	0.55	0.44						
						4	41~61	棕黄色	中壤土	块状	6.8	4.2	0.48	0.38						
剖38	人为土	水稻土	潴育水稻土	潴育型潮砂泥田	灰潮砂泥田	1	0~13	浅潴灰色	中壤土	屑粒状	6.1	30.9	1.52	0.58	207	6.6	52	河流冲积物	E 116°22′40.8″ N 26°28′53.0″	95
						2	13~22	紫棕色	中壤土	块状	6.6	13.2	0.92	0.53						
						3	21~72	紫棕色	中壤土	棱柱状	7.4	5.7	0.52	0.51						
						4	72~84	黄棕色	轻壤土	棱柱状	7.5	3.8	0.30	0.46						
						5	84~100		砂壤土	小粒状	7.5	3.1	0.24	0.34						
剖39	人为土	水稻土	潴育水稻土	潴育型紫砂泥田	弱潴紫砂泥田	1	0~17	灰紫色	重壤土	小粒状	7.1	35.3	1.69	0.28	166	4.5	181	紫色泥页岩风化物	E 116°24′16.7″ N 26°29′53.9″	95
						2	17~25	紫色	重壤土	棱块状	7.2	17.2	0.98	0.22						
						3	25~35	紫色	重壤土	棱柱状	8.0	6.7	0.40	0.26						
						4	35~100	紫色	重壤土	棱柱状	8.0	6.7	0.40	0.26						
剖40	人为土	水稻土	潴育水稻土	潴育型紫泥田	中位弱潴灰紫泥田	1	0~15	紫青灰色	重壤土	小粒状								紫色泥页岩风化物	E 116°23′52.3″ N 26°28′48.6″	95
						2	15~30	棕灰紫色	重壤土	块状										
						3	30~42	紫棕色	重壤土	块状										
						4	42~64	紫棕色	轻壤土	块状										
剖41	人为土	水稻土	潴育水稻土	潴育型黄砂泥田	弱潴灰黄砂泥田	1	0~15	浅灰色	轻壤土	屑粒状	6.4	19.8	1.00	0.47	127	4.5	33	石英岩类风化物	E 116°24′55.7″ N 26°27′57.6″	95
						2	15~23	棕灰色	轻壤土	棱块状	6.4	11.4	0.62	0.35						
						3	23~48	棕灰棕	中壤土	块状	7.5	8.1	0.39	0.38						
						4	48~64	棕灰色	中壤土	块状	7.5	8.6	0.23	0.35						
						5	64~100	灰白棕色	中壤土	块状	7.2	6.0	0.28	0.33						
剖42	人为土	水稻土	潴育水稻土	潴育型紫泥田	弱潴灰紫泥田	1	0~15	紫灰色	轻壤土	屑粒状								紫色砂砾岩类风化物	E 116°26′05.4″ N 26°29′48.9″	95
						2	15~23	棕紫色	中壤土	小块状										
						3	23~64	紫灰白色	中壤土	棱块状										
						4	64~100	灰白棕色	中壤土	块状										
剖43	人为土	水稻土	潴育水稻土	潴育型麻砂泥田	中潴灰麻砂泥田	1	0~13	灰黄色	中壤土	屑粒状								花岗岩风化物	E 116°27′22.7″ N 26°28′52.0″	95
						2	13~22	浅黄灰色	中壤土	块状										
						3	22~42	浅黄棕色	中壤土	块状										
						4	42~67	灰黄棕色	中壤土	块状										
						5	67~100	浅黄灰色	中壤土	块状										

续表 Continued

剖面号 Soil profile	土纲 Soil order	土类 Soil great group	亚类 Soil subgroup	土属 Soil genus	土种 Soil species	土层码 Layer code	土层厚度 Depth/cm	颜色 Soil color	质地 Soil texture	土壤结构 Soil structure	pH	有机质 OM/(g/kg)	全氮 TN/(g/kg)	全磷 TP/(g/kg)	碱解氮 AN/(mg/kg)	有效磷 AP/(mg/kg)	速效钾 AK/(mg/kg)	土壤母质 Parent material	剖面点坐标 Profile coordinate	匹配指数 Matching index/%
剖44	铁铝土	红壤	红壤性土	石英岩红壤性土	厚层少有机质石英岩类红壤性土	1	0—9	棕黄色	轻壤土	小粒状								石英岩类	E 116°22′10.3″ N 26°29′39.9″	95
						2	9—30	黄红色	轻壤土	块状										
						3	30—53	黄红色	中壤土	块状							50			
						4	53—100	红黄色		块状										
剖45	人为土	水稻土	潴育水稻土	潴育型黄砂泥田	全层弱潴灰黄砂泥田	1	0—16				6.6	23.2	0.96	0.42	115	17.2		石英岩类风化物	E 116°18′51.0″ N 26°27′12.0″	95
						2	16—22				6.5	17.7	0.66	0.37						
						3	22—71				6.7	10.0	0.39	0.26						
						4	71—100				6.7	7.9	0.26	0.29						
剖46	人为土	水稻土	潴育水稻土	潴育型紫砂泥田	全层弱潴灰紫砂泥田	1	0—13		轻黏土	屑粒状	6.4	23.8	1.29	0.47	109	8.1	84	紫色泥页岩风化物	E 116°22′03.0″ N 26°11′42.9″	95
						2	13—25	紫灰色	轻黏土	块状	6.8	19.2	1.08	0.41						
						3	25—56	浅紫灰色	重壤土	棱块状	7.0	9.7	0.69	0.35						
						4	56—100	紫色	中壤土	块状	7.0	11.8	0.82	0.42						
剖47	初育土	紫色土	中性紫色土	紫泥土	厚层紫灰紫泥土	1	0—18	紫灰色	轻壤土	屑粒状								紫色砂岩类风化物	E 116°22′27.7″ N 26°10′47.0″	95
						2	18—61	棕紫色	轻壤土	块状										
						3	61—91	紫色	中壤土	块状										
						4	91—	紫色		块状										
剖48	初育土	紫色土	酸性紫色土	紫色砂砾岩酸性紫色土		1	0—11	紫红色	轻壤土	屑粒状								紫色砂砾岩类	E 116°17′18.0″ N 26°11′59.6″	97
						2	11—30	紫红色	轻壤土	小块状										
						3	30—65	浅紫红色	中壤土	小块状										
						4	65—100	紫红色	重壤土	块状										
剖49	初育土	紫色土	酸性紫色土	紫色砂砾岩酸性紫色土	表潴弱潴紫泥土	1	0—7	紫灰色	中壤土	屑粒状	5.9	41.1	1.72	0.38	168	3.6	88	紫色砂砾岩类	E 116°17′04.8″ N 26°08′46.4″	97
						2	7—27	灰棕紫色	中壤土	小块状	5.6	17.3	0.94	0.27						
						3	27—46	浅紫色	中壤土	小块状	5.6	17.1	1.04	0.29						
						4	46—100	紫灰色	轻壤土	块状	5.8	8.3	0.62	0.25						
剖50	人为土	水稻土	潴育水稻土	潴育型紫泥田	表潴弱潴紫泥田	1	0—13	浅紫灰色	重壤土	团粒状								紫色泥页岩风化物	E 116°17′39.8″ N 26°08′26.1″	95
						2	13—22	紫色	重壤土	块状										
						3	22—49	浅紫灰色	轻壤土	块状										
						4	49—65	紫棕色	中壤土	小棱块状										
剖51	人为土	水稻土	潴育水稻土	潴育型紫砂泥田	中潴灰紫砂泥田	1	0—14	棕紫色	轻壤土	屑粒状								紫色砂砾岩类风化物	E 116°17′13.3″ N 26°08′15.2″	95
						2	14—23	浅紫灰色	中壤土	棱块状										
						3	23—41	棕灰色	轻壤土	小棱块状										
						4	41—100	紫灰色	重壤土	棱粒状										
剖52	人为土	水稻土	潴育水稻土	潴育型黄泥田	弱潴灰黄泥田	1	0—14	棕紫色	中壤土	小块状								第四纪红色黏土	E 116°18′22.2″ N 26°08′33.3″	95
						2	14—24	棕紫色	重壤土	块状										
						3	24—52	黄棕色	轻壤土	块状										
						4	52—100	紫棕色	中壤土	小棱块状										
剖53	人为土	水稻土	潴育水稻土	潴育型潮砂泥田	中潴潮砂泥田	1	0—15	浅灰紫色	轻壤土	屑粒状	6.5	43.9	2.23	0.68	267	6.5	105	河流冲积物	E 116°20′32.1″ N 26°09′18.1″	95
						2	15—31	浅灰紫色	中壤土	块状	6.3	32.3	1.62	0.50						
						3	31—60	浅黄灰色	中壤土	块状		11.3	0.43	0.30						
						4	60—82	青灰色	粗砂土											
						5	82—100	青灰色												
剖54	人为土	水稻土	潴育水稻土	潴育型麻砂泥田	全层弱潴灰麻砂泥田	1	0—14	浅灰紫色	中壤土	屑粒状		37.0	1.31	0.27				花岗岩风化物	E 116°19′50.5″ N 26°06′04.7″	95
						2	14—24	青灰色	中壤土	块状										
						3	24—48	浅黄灰色	中壤土	块状										
						4	48—100	青灰色	中壤土	块状	5.7									

续表 Continued

剖面号 Soil profile	土纲 Soil order	土类 Soil great group	亚类 Soil subgroup	土属 Soil genus	土种 Soil species	土层码 Layer code	土层厚度 Depth/cm	颜色 Soil color	质地 Soil texture	土壤结构 Soil structure	pH	有机质 OM/(g/kg)	全氮 TN/(g/kg)	全磷 TP/(g/kg)	碱解氮 AN/(mg/kg)	有效磷 AP/(mg/kg)	速效钾 AK/(mg/kg)	土壤母质 Parent material	剖面点坐标 Profile coordinate	匹配指数 Matching index/%
剖155	初育土	紫色土	酸性紫色土	紫色砂砾岩酸性紫色土		1	0—8	暗紫色	轻壤土	小团粒状								紫色砂砾岩类	E 116°15′55.9″ N 26°07′24.3″	98
						2	8—41	棕紫色	中壤土	小块状										
						3	41—	紫色												
剖156	人为土	水稻土	淹育水稻土	淹育型潮砂泥田	弱潜砂底灰潮砂泥田	1	0—14	浅棕灰色	砂壤土	屑粒状								河流冲积物	E 116°28′16.4″ N 26°29′04.1″	95
						2	14—32	浅灰黄色	轻壤土	小块状										
						3	32—	棕黄色	细砂壤土											
剖157	人为土	水稻土	潜育水稻土	潜育型棕砂泥田	全层弱潜底灰棕砂泥田	1	0—20	浅灰色	中壤土	屑粒状								花岗岩风化物	E 116°27′56.1″ N 26°28′04.5″	95
						2	20—30	浅青灰色	砂壤土	块状										
						3	30—59	青灰色	重壤土	分散状										
						4	59—100	浅黄灰白色	中壤土	块状										
剖158	人为土	水稻土	潜育水稻土	潜育型鳝泥田	表潜弱鳝泥田	1	0—16	浅灰色	中壤土	屑粒状								泥质岩类风化物	E 116°28′38.3″ N 26°29′02.9″	95
						2	16—30	浅灰色	中壤土	块状										
						3	30—51	浅黄灰色	中壤土	块状										
						4	51—60	浅黄灰色	中壤土	小块状										
剖159	铁铝土	红壤	红壤性土	花岗岩红壤性土	薄层少有机质花岗岩红壤性土	1	0—16	棕黄色	轻壤土	分散状	5.6	3.0	0.43	0.65	11	2.3	31	花岗岩	E 116°29′14.4″ N 26°28′29.3″	98
						2	16—47	棕黄色	轻壤土	松散状	5.8	≤1.0	0.19	0.98						
						3	47—100	棕黄色	轻壤土	小粒状	5.9	≤1.0	≤0.10	0.76						
剖160	人为土	水稻土	潜育水稻土	潜育型黄砂泥田	中位弱潜砂底灰黄砂泥田	1	0—15	浅黄黄色	轻壤土	小粒状								石英岩类风化物	E 116°28′59.1″ N 26°25′58.5″	95
						2	15—26	棕黄色	轻壤土	块状										
						3	26—75	黄棕色	细砂壤土	分散状										
						4	75—88	浅灰黄色	轻壤土	屑粒状										
						5	88—100	浅灰黄色	轻壤土	块状										
剖161	人为土	水稻土	潜育水稻土	潜育型黄砂泥田	中位弱潜灰黄砂泥田	1	0—14	浅灰黄色	轻壤土	屑粒状								石英岩类风化物	E 116°29′35.9″ N 26°25′26.3″	95
						2	14—20	棕黄色	轻壤土	块状										
						3	20—48	棕黄色	轻壤土	块状										
						4	48—60	黄棕色	轻壤土	块状										
剖162	人为土	水稻土	淹育水稻土	淹育型潮砂泥田	弱潜砂底灰潮砂泥田	1	0—11	棕黄色	轻壤土	屑粒状								河流冲积物	E 116°24′13.1″ N 26°26′15.7″	95
						2	11—19	棕黄色	轻壤土	小块状										
						3	19—44	棕黄色	轻壤土	小块状										
						4	44—100	黄棕色	细砂壤土	块状										
剖163	人为土	水稻土	潜育水稻土	潜育型潮砂泥田	砂砾底潮砂泥田	1	0—12	浅灰黄色	轻壤土	屑粒状								河流冲积物	E 116°24′21.9″ N 26°25′48.5″	95
						2	12—18	棕黄色	砂壤土	小块状										
						3	18—31	棕黄色	轻壤土	小块状										
						4	31—43	棕黄色	轻壤土	块状										
						5	43—100	棕黄色	粗砂壤土	块状										
剖164	人为土	水稻土	淹育水稻土	淹育型潮砂泥 田	砂砾底潮砂泥田	1	0—12	浅棕灰色	轻壤土	屑粒状	6.1	10.4	0.58	0.44	85	16.0	78	河流冲积物	E 116°24′06.9″ N 26°25′19.4″	95
						2	12—27	浅棕灰黄色	砂壤土	小块状	6.7	4.4	0.38	0.34						
						3	27—100	浅灰黄色	粗砂壤土	屑粒状	7.1	1.4	≤0.10	0.18						
剖165	人为土	水稻土	潜育水稻土	潜育型黄砂泥田	全层强潜灰黄砂泥田	1	0—12	浅灰黄色	轻壤土	屑粒状	5.5	27.0	1.24	0.31	168	4.5	131	石英岩类风化物	E 116°25′36.6″ N 26°25′22.2″	95
						2	12—21	浅灰黄色	砂壤土	块状	6.0	24.2	1.25	0.30						
						3	21—57	青灰色	中壤土	块状	6.1	15.5	0.69	0.20						
						4	57—100	深青灰色	轻壤土	块状	5.6	23.0	0.72	0.15						
剖166	人为土	水稻土	潜育水稻土	潜育型黄砂泥田	表潜性弱潜黄砂泥田	1	0—11	浅灰黄色	中壤土	屑粒状								石英岩类风化物	E 116°18′58.2″ N 26°24′09.6″	95
						2	11—19	浅灰黄色	砂壤土	小块状										
						3	19—43	浅灰黄色	中壤土	块状										
						4	43—60	浅灰黄色	中壤土	块状										

续表 Continued

剖面号 Soil profile	土纲 Soil order	土类 Soil great group	亚类 Soil subgroup	土属 Soil genus	土种 Soil species	土层码 Layer code	土层厚度 Depth/cm	颜色 Soil color	质地 Soil texture	土壤结构 Soil structure	pH	有机质 OM/(g/kg)	全氮 TN/(g/kg)	全磷 TP/(g/kg)	碱解氮 AN/(mg/kg)	有效磷 AP/(mg/kg)	速效钾 AK/(mg/kg)	土壤母质 Parent material	剖面点坐标 Profile coordinate	匹配指数 Matching index/%
剖67	半水成土	潮土	潮土	砂质潮土	厚层灰潮土	1	0—10	棕灰色	细砂土	分散状								河流冲积物	E 116°21′14.2″ N 26°23′29.8″	95
						2	10—32	棕色	砂壤土	小块状										
						3	32—52	浅黄棕色	细砂土	分散状										
						4	52—100	黄棕色	砂壤土	小块状										
剖68	人为土	水稻土	潴育水稻土	潴育型紫砂泥田	灰紫砂泥田	1	0—15	灰紫色	中壤土	屑粒状	6.2	27.2	1.33	0.54	161	6.5	48	紫色砂砾岩类风化物	E 116°21′40.6″ N 26°24′51.4″	95
						2	15—21	灰紫色	中壤土	小块状	6.6	15.8	0.88	0.42						
						3	21—59	灰紫色	中壤土	棱块状	7.3	6.8	0.38	0.36						
						4	59—100	浅黄棕色	中壤土	块状	7.1	5.7	0.30	0.23						
剖69	人为土	水稻土	潴育水稻土	潴育型紫砂泥田	中位中潜紫泥田	1	0—15	浅黄灰色	中壤土	小粒状	6.8	16.3	1.02	0.41	91	3.8	20	紫色页岩风化物	E 116°19′11.6″ N 26°20′31.8″	95
						2	15—21	紫灰色	重壤土	块状		8.4	0.75	0.22						
						3	21—60	浅紫灰色	重壤土	块状	6.9	4.9	0.37	0.33						
剖70	人为土	水稻土	潴育水稻土	潴育型黄砂泥田	弱潜灰黄砂泥田	1	0—13	浅灰色	轻壤土	屑粒状								石英岩类风化物	E 116°21′13.1″ N 26°22′18.6″	95
						2	13—20	黄棕色	轻壤土	小块状										
						3	20—30	浅黄灰色	砂壤土	小块状										
						4	30—60	浅灰色	砂壤土	小块状										
						5	60—100	浅黄灰色	中壤土	小块状										
剖71	人为土	水稻土	潴育水稻土	潴育型麻砂泥田	中位弱潜麻砂泥田	1	0—15	浅黄灰色	中壤土	屑粒状								花岗岩风化物	E 116°16′01.1″ N 26°21′03.1″	95
						2	15—20	浅灰色	中壤土	棱块状										
						3	20—32	青灰色	中壤土	块状										
						4	32—60	青灰色	中壤土	小块状										
剖72	人为土	水稻土	潴育水稻土	潴育型麻砂泥田	全层弱潜灰紫砂泥田	1	0—13	浅灰色	粗砂土	分散状								花岗岩风化物	E 116°17′50.6″ N 26°22′15.5″	95
						2	14—19	浅紫色	中壤土	屑粒状	7.2	29.3	1.44	0.65	156	4.5	73			
						3	19—64	紫紫色	重壤土	小块状	7.5	16.0	0.88	0.52						
						4	64—100	紫色	重壤土	棱块状	7.7	4.5	0.31	0.50						
剖73	人为土	水稻土	潴育水稻土	潴育型紫砂泥田							7.7	5.0	0.34	0.47				紫色砂砾岩类风化物	E 116°17′51.1″ N 26°20′40.1″	95
剖74	铁铝土	红壤性土	红壤性土	泥质岩红壤性土	薄层少有机质泥质岩红壤性土	1	0—13	紫红色	轻壤土	屑粒状	6.1	8.2	0.35	0.41	49	3.5	39	泥质岩类	E 116°17′46.3″ N 26°20′18.1″	95
						2	13—28	紫红色	砂壤土	屑粒状	5.8	3.9	0.22	0.44						
						3	28—52	浅紫红色	紧壤土		6.0	2.3	0.18	0.29						
						4	52—100	浅紫红色	中壤土	小薄块状	6.2	1.3	≤0.10	0.23						
剖75	人为土	水稻土	潴育水稻土	潴育型紫砂泥田	中位弱潜灰紫砂泥田	1	0—15	灰紫色	重壤土	块状								紫色砂砾岩类风化物	E 116°18′37.5″ N 26°20′47.5″	95
						2	15—22	棕紫色	重壤土	块状										
						3	22—53	浅紫色	重壤土	小块状										
						4	53—100	浅紫色	轻壤土	屑粒状										
剖76	人为土	水稻土	潴育水稻土	潴育型黄砂泥田	中位弱潜黄砂泥田	1	0—10	浅黄灰色	轻壤土	块状								石英岩类风化物	E 116°26′55.5″ N 26°24′39.7″	95
						2	10—17	浅灰色	中壤土	小块状										
						3	17—45	棕黄色	轻壤土	屑粒状										
						4	45—100	棕红色	轻壤土	块状										
剖77	铁铝土	红壤	红壤	石英岩红壤	厚层中有机质石英岩类红壤	1	0—13	棕红色	轻壤土	块状								石英岩类	E 116°26′43.2″ N 26°24′08.8″	98
						2	13—29	浅棕红色	轻壤土	块状										
						3	29—66	浅红黄色	轻壤土	块状										
						4	66—100													

续表 Continued

剖面号 Soil profile	土纲 Soil order	土类 Soil great group	亚类 Soil subgroup	土属 Soil genus	土种 Soil species	土层码 Layer code	土层厚度 Depth/cm	颜色 Soil color	质地 Soil texture	土壤结构 Soil structure	pH	有机质 OM/(g/kg)	全氮 TN/(g/kg)	全磷 TP/(g/kg)	碱解氮 AN/(mg/kg)	有效磷 AP/(mg/kg)	速效钾 AK/(mg/kg)	土壤母质 Parent material	剖面点坐标 Profile coordinate	匹配指数 Matching index/%
剖78	人为土	水稻土	潜育水稻土	潜育型紫砂泥田	表潜弱度紫砂泥田	1	0—12	棕紫色	轻壤土	小粒状								紫色砂砾岩类风化物	E 116°29′19.7″ N 26°24′56.7″	95
						2	12—20	浅紫灰色	中壤土	块状										
						3	20—30	灰棕色	中壤土	块状										
						4	30—43	蓝灰色	中壤土	块状										
						5	43—60	棕蓝色	中壤土	块状										
剖79	人为土	水稻土	潜育水稻土	潜育型黄砂泥田	全层中潜灰黄砂泥田	1	0—16	浅灰色	中壤土	屑粒状	6.5	28.2	1.19	0.73	139	5.5	103	石英岩类风化物	E 116°26′13.0″ N 26°21′33.3″	95
						2	16—23	浅灰色	中壤土	小块状	6.8	19.1	0.56	0.39						
						3	23—49	青灰色	轻壤土	小块状	6.7	17.5	0.64	0.30						
						4	49—100	深青灰色	中壤土	块状	6.6	15.9	0.37	0.17						
剖80	人为土	水稻土	潜育水稻土	潜育型鳝泥田	中位弱潜灰黄砂鳝泥田	1	0—12	浅紫灰色	中壤土	小粒状	6.6	29.7	1.38	0.67	157	7.1	101	泥质岩类风化物	E 116°15′35.7″ N 26°19′55.0″	95
						2	12—20	浅灰色	中壤土	小块状	6.8	27.1	1.30	0.61						
						3	20—49	浅灰色	中壤土	块状	7.0	7.6	0.36	0.46						
						4	49—76	浅灰色	重壤土	块状	7.0	12.0	0.53	0.45						
剖81	初育土	紫色土	中性紫色土	紫泥土	中层灰紫泥土	1	0—14	紫灰色	重壤土	屑粒状	7.4	11.7	0.47	0.78	38	3.2	63	紫色泥页岩类风化物	E 116°18′17.5″ N 26°19′00.2″	97
						2	14—27	紫红色	轻黏土	块状	7.1	4.6	0.43	0.39						
						3	27—49	红色	轻黏土	块状	6.0	1.1	0.20	0.39						
						4	49—60	紫红色	重壤土	块状	6.2	1.6	1.60	0.39						
剖82	人为土	水稻土	潜育水稻土	潜育型黄砂泥田	中位中潜灰黄砂泥田	1	0—14	浅黄灰色	中壤土	屑粒状								石英岩类风化物	E 116°18′56.1″ N 26°19′16.8″	95
						2	14—23	浅黄色	中壤土	块状										
						3	23—43	棕灰棕色	中壤土	块状										
						4	43—60	浅灰色	重壤土	块状										
剖83	初育土	紫色土	中性紫色土	紫色泥页岩类紫色土	厚层少有机质紫色泥页岩类紫色土	1	0—11	紫色	重壤土	屑粒状								紫色泥页岩类	E 116°19′31.5″ N 26°18′40.1″	95
						2	11—37	紫色	重壤土	块状										
						3	37—80	棕紫色	重壤土	块状										
						4	80—100	浅棕紫色	重壤土	块状										
剖84	人为土	水稻土	潜育水稻土	潜育型潮砂泥田	中位弱潜灰潮砂泥田	1	0—12	棕灰色	轻壤土	屑粒状								河流冲积物	E 116°19′53.1″ N 26°18′45.2″	95
						2	12—23	浅灰黄色	中壤土	块状										
						3	23—45	浅灰棕色	中壤土	块状										
						4	45—60	浅灰黄色	中砾质砂土	块状										
剖85	初育土	紫色土	酸性紫色土	紫色泥页岩类酸性紫色土		1	0—13	紫灰色	重壤土	小核状								紫色泥页岩类	E 116°21′02.7″ N 26°17′51.1″	95
						2	13—39	紫紫色	轻黏土	块状										
						3	39—	暗紫色	轻黏土	块状										
剖86	人为土	水稻土	潜育水稻土	潜育型麻砂泥田	砂底灰麻砂泥田	1	0—14	浅紫灰色	中壤土	屑粒状								花岗岩风化物	E 116°21′02.0″ N 26°17′39.6″	95
						2	14—22	浅灰棕色	中壤土	块状										
						3	22—49	浅灰棕色	中壤土	块状										
						4	49—60	浅灰黄色	中壤土	块状										
剖87	人为土	水稻土	潜育水稻土	潜育型紫泥田	紫泥田	1	0—12	浅紫色	重壤土	屑粒状								紫色泥页岩类	E 116°16′59.3″ N 26°13′19.8″	95
						2	12—18	紫色	轻黏土	块状										
						3	18—39	紫色	轻黏土	块状										
						4	39—60	灰紫色	中壤土	块状										
剖88	初育土	紫色土	酸性紫色土	紫色砂砾岩酸性紫色土		1	0—9	紫灰色	中壤土	屑粒状								紫色砂砾岩类	E 116°17′42.1″ N 26°14′17.2″	98
						2	9—34	紫紫色	中壤土	小块状										
						3	34—70	紫棕色	中壤土	块状										
						4	70—100	紫棕色	中壤土	块状										

续表 Continued

剖面号 Soil profile	土纲 Soil order	土类 Soil great group	亚类 Soil subgroup	土属 Soil genus	土种 Soil species	土层码 Layer code	土层厚度 Depth/cm	颜色 Soil color	质地 Soil texture	土壤结构 Soil structure	pH	有机质 OM/(g/kg)	全氮 TN/(g/kg)	全磷 TP/(g/kg)	碱解氮 AN/(mg/kg)	有效磷 AP/(mg/kg)	速效钾 AK/(mg/kg)	土壤母质 Parent material	剖面点坐标 Profile coordinate	匹配指数 Matching index/%
剖89	人为土	水稻土	潴育水稻土	潴育型砂泥田	弱潴砂砾底灰麻砂泥田	1	0—12	浅灰色	中壤土	屑粒状								花岗岩风化物	E 116°17′20.4″ N 26°13′14.1″	95
						2	12—21	浅黄色	中壤土	块状										
						3	21—39	浅灰黄色	中壤土	棱块状										
						4	39—60	棕灰黄色	砂砾土	分散状										
剖90	人为土	水稻土	潴育水稻土	潴育型紫砂泥田	中潴灰紫砂泥田	1	0—16	浅灰灰色	轻壤土	屑粒状								紫色砂砾岩类风化物	E 116°18′19.8″ N 26°14′40.1″	95
						2	16—21	紫灰色	轻壤土	小块状										
						3	21—30	紫棕色	中壤土	小块状										
						4	30—47	浅棕紫色	中壤土	块状										
						5	47—100	棕紫色	中壤土	小块状										
剖91	人为土	水稻土	潴育水稻土	潴育型紫砂泥田	中潴灰紫砂泥田	1	0—13	棕紫色	轻壤土	屑粒状								紫色砂砾岩类风化物	E 116°20′13.3″ N 26°14′48.3″	95
						2	13—20	棕紫色	中壤土	小块状										
						3	20—27	棕紫色	中壤土	小块状										
						4	27—60	红紫色	重壤土	小粒状										
剖92	初育土	紫色土	石灰性紫色土	紫色泥页岩类石灰性紫色土	厚层酸性灰紫泥土	1	0—16	紫灰色	重壤土	小核状	7.7	26.3	1.35	0.75	116	2.8	123	紫色泥页岩类	E 116°20′15.1″ N 26°13′44.6″	95
						2	16—47	棕紫色	重壤土	块状	8.0	1.9	0.29	0.60						
						3	47—	暗紫色	轻黏土	核状	8.0	1.7	0.36	0.99						
剖93	初育土	紫色土	酸性紫色土	酸性紫色土	厚层酸性灰紫泥土	1	0—15	棕紫色	中壤土	小块状								紫色砂砾岩类风化物	E 116°21′33.6″ N 26°13′55.0″	95
						2	15—33	紫棕色	重壤土	小块状										
						3	33—100	黄棕色	中壤土	小块状										
剖94	初育土	紫色土	酸性紫色土	紫色砂砾岩酸性紫色土		1	0—9	浅灰紫色	中壤土	小块状								紫色砂砾岩类风化物	E 116°19′13.8″ N 26°10′30.3″	98
						2	9—60	灰紫色	中壤土	小块状										
						3	60—	紫色	砾石	屑粒状										
剖95	人为土	水稻土	潴育水稻土	潴育型潮砂泥田	弱潴乌潮砂泥田	1	0—15	灰色	轻壤土	小块状								河流冲积物	E 116°21′32.1″ N 26°12′24.4″	95
						2	15—20	浅灰黄色	中壤土	棱块状										
						3	20—53	棕灰色	中壤土	棱块状										
						4	53—100	中壤土		屑粒状										
剖96	人为土	水稻土	潴育水稻土	潴育型紫砂泥田	砂砾底紫砂泥田	1	0—12	浅紫灰色	中壤土	块状								紫色砂砾岩类风化物	E 116°30′44.3″ N 26°31′21.6″	95
						2	12—18	紫棕色	中壤土	小块状										
						3	18—53	紫灰色	轻壤土	小块状										
						4	53—100	黄棕色	砾石											
剖97	人为土	水稻土	潴育水稻土	潴育型潮砂泥田	全层中潜麻砂泥田	1	0—10	浅黄灰色	轻壤土	屑粒状	5.2	29.5	0.53	0.20	95	4.5	80	花岗岩风化物	E 116°31′17.7″ N 26°30′59.2″	95
						2	10—19	浅灰色	中壤土	小块状	5.3	9.6	0.16	0.16						
						3	19—41	棕灰色	中壤土	块状	6.0	2.4	0.31	0.21						
						4	41—100	中壤土		屑粒状	5.4	4.0	0.16	0.17						
剖98	铁铝土	红壤	黄红壤	花岗岩山地黄红壤	中层中有机质花岗岩山地黄红壤	1	0—8	浅黄棕色	中壤土	屑粒状	5.9	2.5	≤0.10	0.31				花岗岩	E 116°33′19.9″ N 26°31′11.0″	97
						2	8—18	浅紫灰色	中壤土	屑粒状	5.4	27.9	1.01	0.85	140	6.0	133			
						3	18—44	紫棕色	中壤土	小块状	5.6	17.7	0.59	0.76						
						4	44—78	浅黄白色	轻壤土	分散状	6.0	2.4	0.31	0.21						
						5	78—100	浅粉红色	砂壤土											
剖99	铁铝土	红壤	红壤	花岗岩红壤	厚层中有机质花岗岩红壤	1	0—10	浅黄棕色	中壤土	屑粒状	5.4	27.9	1.01	0.85				花岗岩	E 116°31′55.9″ N 26°28′06.4″	98
						2	10—21	棕黄色	重壤土	核状	5.6	17.7	0.59	0.76						
						3	21—63	浅棕红色	中壤土	块状	5.7	17.1	0.70	0.38						
						4	63—100	棕黄色	中壤土	块状	5.7	10.0	0.30	0.82						

续表 Continued

剖面号 Soil profile	土纲 Soil order	土类 Soil great group	亚类 Soil subgroup	土属 Soil genus	土种 Soil species	土层码 Layer code	土层厚度 Depth/cm	颜色 Soil color	质地 Soil texture	土壤结构 Soil structure	pH	有机质 OM/(g/kg)	全氮 TN/(g/kg)	全磷 TP/(g/kg)	碱解氮 AN/(mg/kg)	有效磷 AP/(mg/kg)	速效钾 AK/(mg/kg)	土壤母质 Parent material	剖面点坐标 Profile coordinate	匹配指数 Matching index/%
剖100	人为土	水稻土	潴育水稻土	潴育型潮砂泥田	弱潴灰潮砂泥田	1	0—16	灰色	轻壤土	屑粒状								河流冲积物	E 116°35′19.6″ N 26°28′00.3″	95
						2	16—22	浅黄灰黄色	中壤土	块状										
						3	22—46	浅灰黄色	中壤土	块状										
						4	46—70	浅灰黄色	中壤土	块状										
剖101	人为土	水稻土	潴育水稻土	潴育型麻砂泥田	乌麻砂泥田	1	0—15	浅灰色	中壤土	屑粒状	6.6	30.5	1.92	1.05	227	10.8	103	花岗岩风化物	E 116°30′41.2″ N 26°27′08.9″	95
						2	15—24	浅黄灰色	中壤土	块状	6.0	15.3	0.70	0.98						
						3	24—75	浅棕灰色	中壤土	块状	7.1	8.4	0.63	0.93						
						4	75—100	浅棕灰色	轻壤土	小块状	7.1	4.6	0.29	0.34						

瑞 金 市

主要土类说明

红壤是瑞金市主要土壤类型，占本市地域面积的 70%。红壤是在中亚热带常绿阔叶林条件下，经中度脱硅富铝化作用发育形成的土壤，黏粒中游离铁占全铁 50%—60%，具深厚红色土层，底层可见深厚红、黄、白相间的网纹红色黏土。黏土矿物以高岭石、赤铁矿为主，黏粒硅铝率为 1.8—2.4，风化淋溶系数小于 0.2，盐基饱和度小于 35%，pH 为 4.5—5.5。本市红壤分为红壤、棕红壤及黄红壤三个亚类。红壤亚类面积最大，主要由第四纪红色黏土经垦耕而成，红土层深厚黏重，但耕层不厚，适耕期短，耕层通透性差，保水、保肥力强，耐肥、耐旱，宜种性广。棕红壤亚类分布于丘陵及低山，成土母质为千枚岩、石英砂岩、片岩及花岗岩。黄红壤亚类分布于低山及中山，由变质岩风化物发育形成，表层为厚 12—20cm 的棕灰色至灰色的腐殖质层，呈粒状，心土层为红黄色至浅棕黄色，质地为壤土至重壤土。一般土层厚度在 60cm 以上，为厚层黄红壤。

水稻土是瑞金市第二大土壤类型，占本市地域面积的 17%。冲积性水稻土为近代河流沉积物发育而成的水稻，分布于沿河两岸的冲积平原及溪流两岸的冲积地段，占水稻土总面积的 21%。红壤性水稻土分布于缓坡地、长岗地和丘陵山地的坑田、排田、垄田、墈田地段，它包括各种红壤母质发育成的水稻土，占水稻土总面积的 58%。紫泥田亚类为紫色岩层的风化物经垦耕而成的水稻土，分布于紫色岩层丘陵区的坑田、垄田地段，土体呈猪肝色，长期浸渍也难变其颜色，极易辨别，主要分布于紫色砂页岩层的坑田、垄田及开阔平坦地段，占水稻土总面积的 15%。

紫色土是瑞金市第三大土壤类型，占本市地域面积的 9%。紫色土系紫色砂页岩风化物发育而成的土壤。本市紫色土分为紫色土和侵蚀紫色土两个亚类。紫色土呈紫色至紫棕色，一般土层浅薄，厚度不到 60cm，为薄层紫色土，有时土层中夹有母岩小碎块，质地为壤土至重壤土，呈酸性至中性，表层为厚 7—10cm 的暗紫灰色至暗灰色的腐殖质层。侵蚀紫色土侵蚀严重，有时表土、心土全部被剥尽，仅余下厚 4—6cm 的碎屑层，其下即为基岩。

黄壤占本市地域面积的 3%，主要分布于中山地带。成土母质是变质岩及花岗岩风化物，是在气候潮湿阴凉的亚热带森林下发育而成的土壤。本市黄壤分为山地黄壤和山地粗骨黄壤两个亚类。山地黄壤表层为厚 8—10cm 的灰色至灰黑色的腐殖质层，含大量植物根，腐殖质含量高，土层厚度可达 1m，下层夹有母岩碎块，再下即为基岩，心土层呈浅黄色，质地为砂壤土至轻壤土，为碎块状至块状，疏松，呈酸性。山地粗骨黄壤表层为厚 13—24cm 的深灰色至黑色腐殖质层，为团粒状，腐殖质大量累积，但土层浅薄，其厚度为 36—60cm，再下即为风化基岩，心土层为浅棕黄色至浅黄色，夹多量风化母岩碎砾，质地为砂壤土，呈酸性。

小于本市地域面积 3% 的土壤类型还有石灰（岩）土等。

本区域中心区气候特征

本区域中心区气候特征值
Regional climate characteristics in central area of the region

气候带：中亚热带湿润气候 Climate region: Subtropical humid climate	
年平均气温 /℃ Annual average temperature /℃	19.3
年平均最高气温 /℃ Annual average maximum temperature /℃	24.1
年平均最低气温 /℃ Annual average minimum temperature /℃	15.9
年降水量 /mm Annual precipitation /mm	1537
≥10℃的积温 /℃ Daily temperature accumulated in a year (≥10℃) /℃	11060
年日照时数 /h Annual sunshine /h	1723
年平均相对湿度 /% Annual average relative humidity /%	78
干燥度 Dryness	0.74

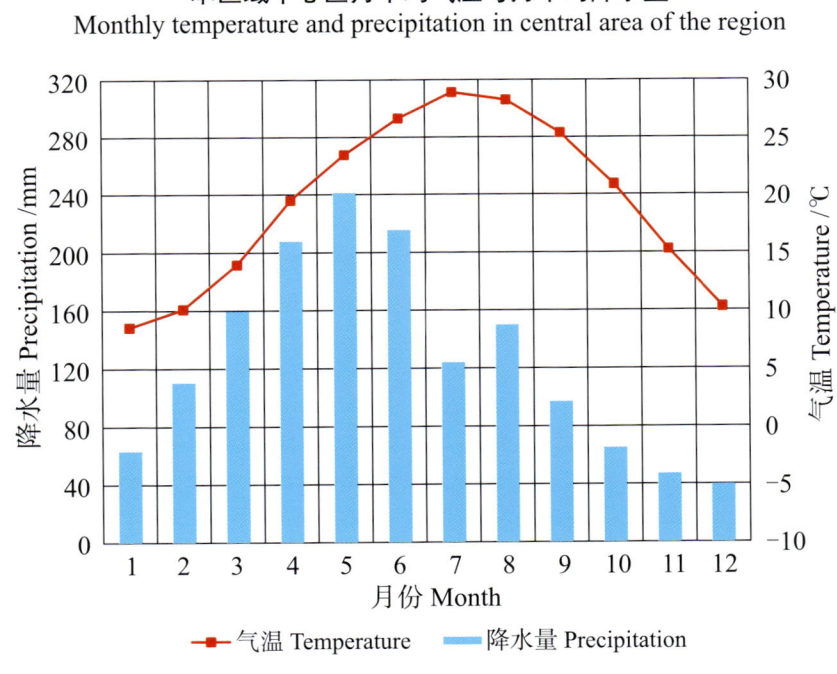

本区域中心区月平均气温与月平均降水量
Monthly temperature and precipitation in central area of the region

瑞金县主要土壤类型与土壤剖面点分布图
1∶290 000

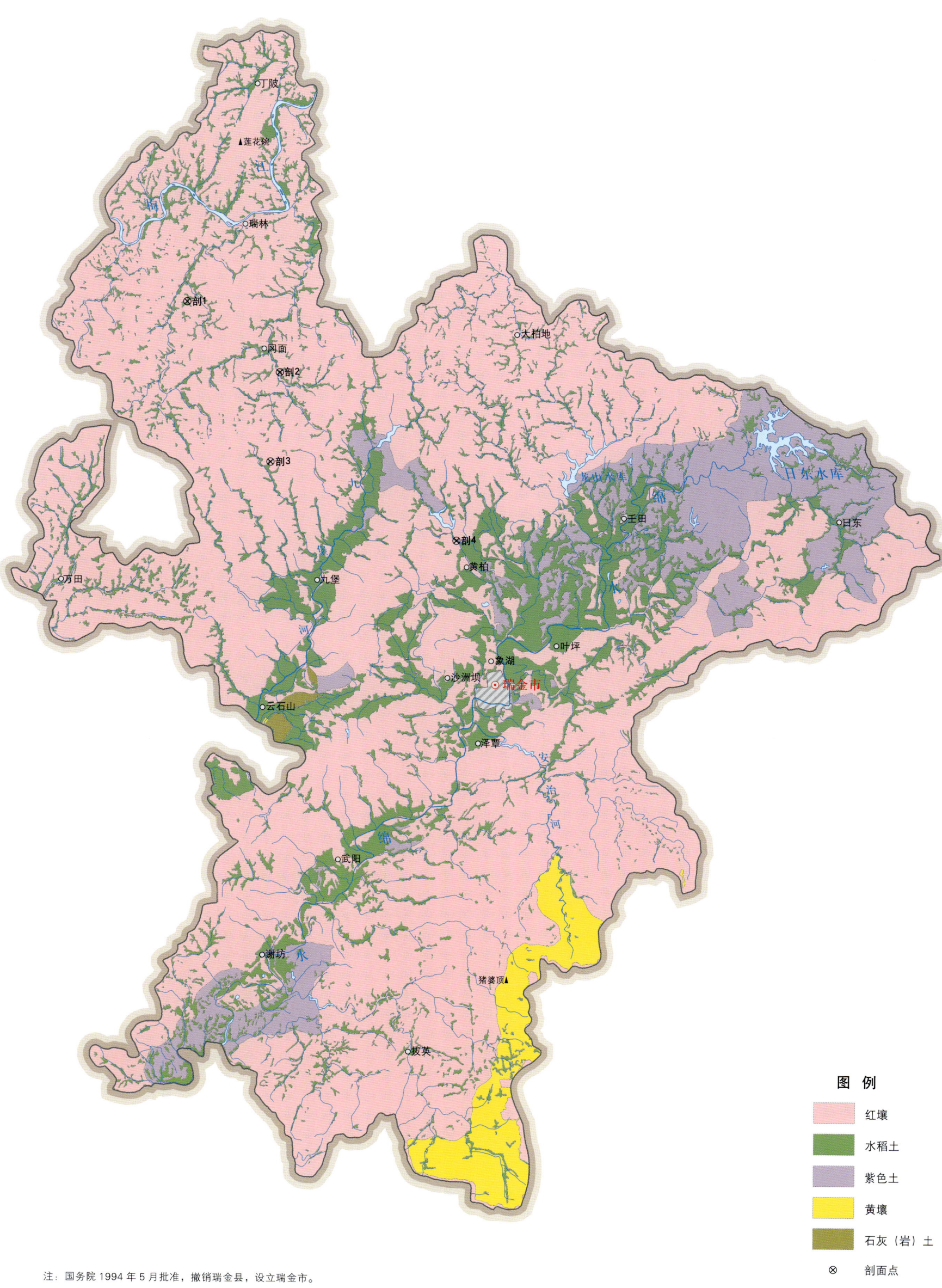

注：国务院 1994 年 5 月批准，撤销瑞金县，设立瑞金市。

瑞金市土壤剖面理化性状表

剖面号 Soil profile	土纲 Soil order	土类 Soil great group	亚类 Soil subgroup	土属 Soil genus	土种 Soil species	土层码 Layer code	土层厚度 Depth/cm	颜色 Soil color	质地 Soil texture	土壤结构 Soil structure	pH	有机质 OM/(g/kg)	全氮 TN/(g/kg)	全磷 TP/(g/kg)	碱解氮 AN/(mg/kg)	有效磷 AP/(mg/kg)	速效钾 AK/(mg/kg)	剖面点坐标 Profile coordinate	匹配指数 Matching index/%
剖1	人为土	水稻土	冷毒田	冷浸田	冷水田	1	0—15	棕灰色	中壤土	碎块状								E 115° 48′ 22.9″ N 26° 07′ 14.7″	97
						2	15—25	灰色	中壤土	块状									
						3	25—43	黄棕色	重壤土	大块状									
						4	43—	棕黄色	重壤土	大块状									
						5													
						6													
剖2	人为土	水稻土	冷毒田	冷浸田	冷浆田	1	0—22	浅青灰色	中壤土	糊烂无结构								E 115° 52′ 19.9″ N 26° 04′ 35.6″	97
						2	22—30	灰棕色	中壤土	小粒状									
						3	30—80	灰棕色	重壤土	中核块状									
						4	80—100	灰黄色	重壤土	大棱块状									
剖3	人为土	水稻土	冷毒田	矿毒田	硫磺田	1					5.4	20.9	0.80	0.44	122	≤1.0	50	E 115° 51′ 59.3″ N 26° 01′ 11.5″	97
						2					5.2	19.5	0.73	0.33	119	4.8	41		
						3					4.9	20.5	0.50	0.29	62	≤1.0	78		
						4					4.5	51.0	1.26	0.26	136	≤1.0	51		
剖4	人为土	水稻土	冷毒田	矿毒田	炭浆田	1	0—11	黑色	砂壤土	碎粒状	4.7	86.0	1.18	0.42	95	14.6	51	E 115° 59′ 53.4″ N 25° 58′ 17.9″	97
						2	11—18	黑色	砂壤土	碎粒状	4.9	65.5	0.99	0.45	88	11.5	31		
						3	18—45	灰棕色	轻壤土	块状	5.9	14.1	0.68	0.54	68	9.2	20		
						4	45—100	灰棕色	轻壤土	块状	6.6	12.1	0.49	0.58	75	8.4	31		

龙 南 市

主要土类说明

红壤是龙南市主要土壤类型,占本市地域面积的80%。红壤是中亚热带生物气候条件下形成的地带性土壤,具有明显的脱硅富铝化过程,一般土层深厚,剖面发育为红色土层,除表面颜色较灰暗外,心土和底土均为红色紧实的黏土层,出现块状或棱块状结构,在底土有时可见黄、红、白色相间的网纹层。土壤呈酸性,缺磷、少钾,在侵蚀地区表土或心土被冲蚀,露出底土,自然肥力低。本市红壤划分为红壤、红壤性土、黄红壤三个亚类。其中,红壤亚类处于海拔500m以下的丘陵地区,各地均有分布,由酸性结晶岩类、石英岩类、泥质岩类、炭质泥页岩类、第四纪红色黏土发育而成,面积最大。红壤性土亚类分布于低山、丘陵地区,水土流失严重,土壤发育不完全,土体构型主要为A-C。黄红壤分布在海拔500—800m的低山地带,表层和亚表层都有黄化现象,有的可达心土层,但一般心土层和底土层是红土层。土层较厚,质地砂黏不一。

水稻土是龙南市第二大土壤类型,占本市地域面积的11%。水稻土在长期种植水稻、人为耕作、施肥灌溉等影响下,由于干湿交替,氧化还原交替进行,土壤发生有机质合成与分解、复盐基与盐基淋溶、黏粒淋溶与沉积等作用,形成特殊的剖面形态、理化和生物特性。根据水文条件和剖面特征,本市水稻土分为四个亚类:淹育水稻土、潴育水稻土、潜育水稻土和侧渗水稻土。潴育水稻土面积最大,主要分布于沿河(或小溪)两岸的塅田,丘陵、山区的垄田、坑田和梯田的中、下部,水利条件较好,一般自流灌溉,排水方便,不易受旱涝威胁,种稻时间长,土壤熟化程度高,土体发育良好;犁底层以下的心土层潴育现象明显,有灰色胶膜、锈纹、锈斑和铁锰结核等新生体。土壤呈小粒状、块状、棱块状结构。剖面构型为A-P-W-C、A-P-W-G、A-P-W。

黄壤占本市地域面积的5%。黄壤形成于亚热带湿润气候条件下,主要分布于700—1200m的山区,具O-A-AB-B-C剖面构型。富含水合氧化物(针铁矿),呈黄色,中度脱硅富铝化,有时多含三水铝石。土壤有机质累积较高,可达100g/kg,pH为4.5—5.5。

紫色土占本市土壤总面积的3%,主要分布在低、中丘陵地区,多与第四纪红色黏土和红砂岩类风化物上发育的红壤呈复区存在。紫色土是由紫色和红色砂岩、砂砾岩、泥页岩等风化物发育而成的一种幼年土壤,土壤特性与母岩风化物特性基本相同,没有明显的层次发育。剖面色泽均一,多为紫色、紫红色、暗紫色等。

小于本市地域面积3%的土壤类型还有潮土和粗骨土。

本区域中心区气候特征

本区域中心区气候特征值
Regional climate characteristics in central area of the region

气候带:中亚热带湿润气候 Climate region: Subtropical humid climate	
年平均气温 /℃ Annual average temperature /℃	20.5
年平均最高气温 /℃ Annual average maximum temperature /℃	25.2
年平均最低气温 /℃ Annual average minimum temperature /℃	17.2
年降水量 /mm Annual precipitation /mm	1678
≥10℃的积温 /℃ Daily temperature accumulated in a year(≥10℃)/℃	9750
年日照时数 /h Annual sunshine /h	1756
年平均相对湿度 /% Annual average relative humidity /%	76
干燥度 Dryness	0.72

本区域中心区月平均气温与月平均降水量
Monthly temperature and precipitation in central area of the region

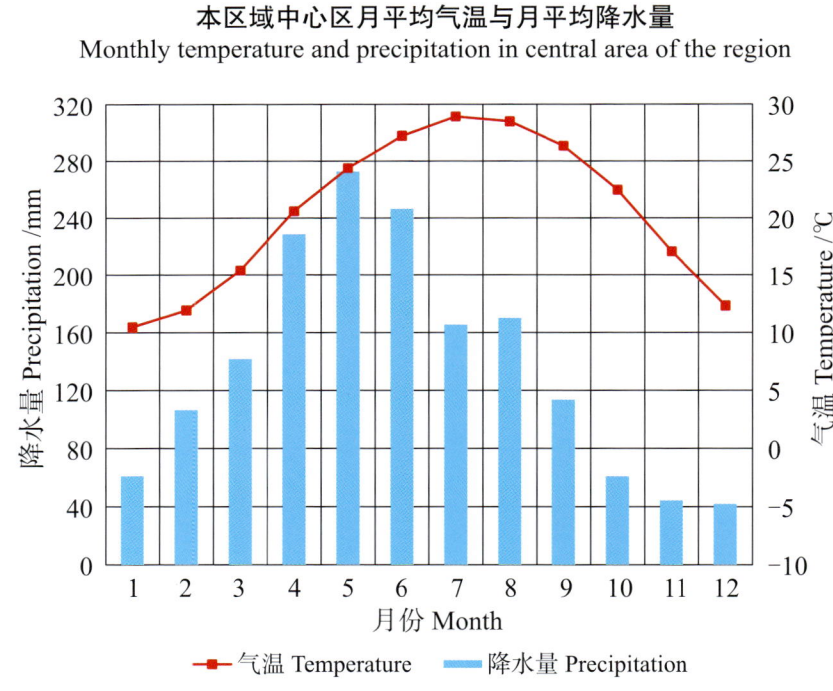

龙南县主要土壤类型与土壤剖面点分布图

1:260 000

图 例

红壤	
水稻土	
黄壤	
紫色土	
潮土	
粗骨土	
⊗	剖面点

注：国务院2020年6月批准，撤销龙南县，设立龙南市。

第二编　分县土壤图与土壤剖面数据 | 329

龙南市土壤剖面理化性状表

剖面号 Soil profile	土纲 Soil order	土类 Soil great group	亚类 Soil subgroup	土属 Soil genus	土种 Soil species	土层码 Layer code	土层厚度 Depth/cm	颜色 Soil color	质地 Soil texture	土壤结构 Soil structure	pH	有机质 OM/(g/kg)	全氮 TN/(g/kg)	全磷 TP/(g/kg)	碱解氮 AN/(mg/kg)	有效磷 AP/(mg/kg)	速效钾 AK/(mg/kg)	土壤母质 Parent material	剖面点坐标 Profile coordinate	匹配指数 Matching index/%
剖1	铁铝土	黄壤	山地黄壤	石英岩类黄壤	薄层多有机质石英岩类山地黄壤	1	0~3	灰黑色	轻壤土	团粒状	5.0	37.2	1.44	0.37	128	2.9	50	石英岩类	E 114°27′06.2″ N 24°31′33.8″	76
						2	3~17	暗灰色	轻壤土	核粒状	5.2	16.7	2.83	0.44		12.1	39			
						3	17—	棕紫色			5.9	55.5	2.51	1.70	175	27.7	200			
剖2	铁铝土	红壤	红壤	鳝泥土	厚层乌鳝泥土	1	0~13	棕紫色	重壤土	核状	7.7	36.0	1.64	2.29	106			泥质岩类风化物	E 114°24′50.4″ N 24°31′57.9″	95
						2	13~61	浅红棕色	重壤土	核状	5.7	9.0	0.83	1.36						
						3	61~100	棕黄色	重壤土	核状	7.3	7.0	0.32	1.19						
剖3	人为土	水稻土	淹育水稻土	淹育型紫泥田	紫泥田	1	0~12	浅灰紫色	重壤土	屑粒状	5.6	13.8	0.69	0.64	57	8.6	25	紫色页岩风化物	E 114°41′47.4″ N 24°55′51.7″	75
						2	12~16	棕紫色	重壤土	块状	5.6	11.9	0.53	0.72						
						3	16~100	浅紫色	重壤土	块状	5.6	4.7	0.21	0.51						
剖4	人为土	水稻土	淹育水稻土	淹育型潮砂泥田	强潜砂泥底乌潮砂泥田	1	0~17	浅灰棕色	砂壤土	屑粒状	5.7	49.0	1.74	1.25	122	8.9	85	河流冲积物	E 114°42′44.6″ N 24°55′28.4″	75
						2	17~21	红灰色	细砂土	小块状	5.7	29.4	0.81	1.11						
						3	21~55	浅灰色	细砂土	单粒状	6.9	13.1	0.61	0.86						
						4	55~100	浅棕色	细砂土夹砾石	单粒状	5.9	5.6	0.46	0.85						
剖5	铁铝土	红壤	山地红壤	石英岩类红壤	中层多有机质红壤	1	0~5	棕灰色	中壤土	核粒状	4.6	34.3	1.14	0.59	86	1.6	109	石英岩类	E 114°39′26.7″ N 24°55′21.6″	95
						2	5~50	浅红棕色	中壤土	块状	5.2	5.9	0.35	0.47						
						3	50~100	红灰黄色	中壤土	核粒状	5.3	5.0	≤0.10	0.48						
剖6	铁铝土	红壤	红壤	泥质岩类红壤	厚层多有机质泥质岩类红壤	1	0~4	浅灰色	中壤土	屑粒状	4.5	52.4	2.08	0.44	136	5.6	88	泥质岩类	E 114°41′04.6″ N 24°56′17.4″	95
						2	4~14	浅棕色	重壤土	核粒状	5.0	22.7	0.95	0.47						
						3	14~50	黄灰色	中壤土	核状	5.5	15.8	1.00	0.41						
						4	50~100	棕灰色	中壤土	块状	5.8	6.3	0.46	0.29						
剖7	铁铝土	红壤	山地红壤	泥质岩类红壤	厚层多有机质泥质岩类山地黄红壤	1	0~4	棕灰色	轻壤土	团粒状	6.0	44.4	1.45	0.84	116	6.5	56	花岗岩风化物	E 114°44′02.5″ N 24°54′50.3″	75
						2	4~12	浅棕色	中壤土	核块状	6.2	25.2	1.21	0.79						
						3	12~100	棕黄色	中壤土	核块状	6.9	13.4	0.63	0.63						
剖8	人为土	水稻土	潴育水稻土	潴育型麻砂泥田	砂砾底乌麻砂泥田	1	0~12	棕灰色	中壤土	屑粒状	6.8	6.8	0.36	0.48					E 114°42′52.9″ N 24°51′53.9″	95
						2	12~19	浅灰色	中壤土	块状										
						3	19~58	棕灰色	中壤土	块状										
						4	58~100	棕灰色	砂土夹砾石	小粒状										
剖9	人为土	水稻土	潴育水稻土	潴育型潮砂泥田	强潜灰潮泥底潮砂泥田	1	0~12	浅灰色	轻壤土	核块状	5.6	16.7	0.78	0.44	57	87.0	41	河流冲积物	E 114°41′58.7″ N 24°50′11.0″	75
						2	12~23	棕灰色	中壤土	核块状	6.6	15.0	0.58	0.53						
						3	23~54	棕黄色	中壤土	块状	5.3	19.0	0.74	0.75						
						4	54~100	棕灰色	中壤土	块状										
剖10	人为土	水稻土	淹育水稻土	淹育型潮砂泥田	弱潜黄泥底潮砂泥田	1	0~14	棕黄色	重壤土	屑粒状	5.4	15.1	0.52	0.47	52	12.9	19	河流冲积物	E 114°41′11.8″ N 24°50′31.5″	75
						2	14~100	紫棕色	轻壤土	块状										
剖11	初育土	紫色土	酸性紫色土	酸性紫砂泥	中层酸性紫砂泥田	1	0~9	紫红色	轻壤土	核粒状	5.1	1.2	0.26	0.45				紫色砂岩风化物	E 114°42′49.5″ N 24°51′05.7″	75
						2	9~50	暗紫色	轻壤土	小粒状		24.5	0.92	0.34	72	6.1	26			
						3	50~100	浅灰紫色	中壤土	核块状	5.3	15.6	0.66	0.30						
剖12	人为土	水稻土	潴育水稻土	潴育型紫砂泥田	灰紫色泥田	1	0~11	棕紫色	中壤土	核块状	5.7	13.4	0.54	0.38					E 114°39′45.0″ N 24°49′48.8″	75
						2	11~15	棕紫色	中壤土	核块状										
						3	15~48	棕灰色	中壤土	核块状										
						4	48~100	浅灰紫色	中壤土	核块状	6.1	11.7	0.49	0.41						

续表 Continued

剖面号 Soil profile	土纲 Soil order	土类 Soil great group	亚类 Soil subgroup	土属 Soil genus	土种 Soil species	土层码 Layer code	土层厚度 Depth/cm	颜色 Soil color	质地 Soil texture	土壤结构 Soil structure	pH	有机质 OM/(g/kg)	全氮 TN/(g/kg)	全磷 TP/(g/kg)	碱解氮 AN/(mg/kg)	有效磷 AP/(mg/kg)	速效钾 AK/(mg/kg)	土壤母质 Parent material	剖面点坐标 Profile coordinate	匹配指数 Matching index/%
剖13	人为土	水稻土	潴育水稻土	潴育型紫砂泥田	弱潴紫油砂泥田	1	0—12	小紫色	中壤土	小粒状	5.8	49.5	2.08	0.78	153	6.3	65	紫色砂岩风化物	E 114° 41′ 59.4″ N 24° 49′ 57.6″	75
						2	12—17	暗紫色	中壤土	核块状	6.0	30.5	1.57	0.64						
						3	17—34	紫棕色	中壤土	核块状	6.8	12.6	0.64	0.75						
						4	34—100	紫灰色	中壤土	核块状	7.3	9.3	0.58	0.86						
剖14	铁铝土	红壤	红壤	炭质岩类红壤	中层多有机质炭质岩类红壤	1	0—4	黑色	中壤土	团粒状	5.0	46.0	1.99	0.43	139	3.6	98	炭质岩类	E 114° 42′ 43.7″ N 24° 49′ 20.3″	95
						2	4—32	浅棕色	重壤土	核块状	4.9	28.0	1.21	0.29						
						3	32—59	黑色	重壤土	块状	5.4	7.9	0.46	0.23						
						4	59—100				5.8	4.9		0.32						
剖15	铁铝土	红壤	红壤	石英岩类红壤		1	0—15	棕黄色	中壤土	核粒状	5.0	32.4	1.41	1.00	99	2.2	80	石英岩类	E 114° 42′ 06.7″ N 24° 45′ 00.3″	95
						2	15—100	棕黄色			5.3	25.4	1.23	1.00						
剖16	人为土	水稻土	潴育水稻土	潴育型黄砂泥田	乌黄砂泥田	1	0—16				5.7	44.6	2.10	≥10.00	151	8.6	≤5	石灰岩类风化物	E 114° 38′ 28.8″ N 24° 42′ 37.5″	96
						2	16—22				6.5	33.1	1.63	1.29						
						3	22—62				7.9	12.8	0.53	0.80						
						4	62—100				8.1	5.3	0.23	0.41						
剖17	人为土	水稻土	潴育水稻土	潴育型石灰泥田	中位中潜灰石灰黄泥田	1	0—13	浅棕色	重壤土	小粒状	8.3	31.9	1.25	0.96	89	7.9	53	石灰岩类风化物	E 114° 44′ 26.3″ N 24° 44′ 26.8″	75
						2	13—24	浅蓝色	重壤土	软糊无结构	8.4	21.0	0.95	0.71						
						3	24—51	浅蓝色	轻壤土	软糊无结构	8.4	20.5	0.64	0.49						
						4	51—100	灰蓝色	中壤土	软糊无结构	7.7	12.0	0.29	0.46						
剖18	人为土	水稻土	潴育水稻土	潴育型紫砂泥田	中位中弱紫油砂泥田	1	0—13	紫灰色	重壤土	小粒状	5.6	28.1	1.25	0.51	96	2.8	35	紫色砂岩风化物	E 114° 38′ 06.5″ N 24° 42′ 12.6″	75
						2	13—33	浅紫紫色	重壤土	软糊无结构	7.2	20.8	0.81	0.49						
						3	33—100	浅紫色	轻壤土	屑粒状	7.9	10.2	0.53	0.33						
剖19	人为土	水稻土	潴育水稻土	潴育型潮砂泥田	薄层多有机质泥质岩类山地黄壤	1	0—12	浅棕色	砂壤土	小块状	6.6	12.5	0.75	0.66	66	4.3	59	河流冲积物	E 114° 37′ 18.4″ N 24° 37′ 33.4″	95
						2	12—17	黄棕色	砂壤土	块状	6.7	7.4	0.43	0.68						
						3	17—40	棕黄色	砂壤土	小块状	6.7	5.7	0.27	0.55						
						4	40—70	浅棕黄色	砂壤土	块状	6.8	5.5	0.25	0.65						
						5	70—100	棕黄色	轻壤土	块状	7.0	6.0	0.21	0.71						
剖20	铁铝土	红壤	黄红壤	石英岩黄红壤	中层中质石英质山地黄红壤	1	0—13	棕黄色	轻壤土	核块状	5.1	32.9	1.42	1.12	141	2.5	64	石英岩类	E 114° 31′ 02.4″ N 24° 36′ 33.7″	95
						2	13—50	棕黄色	中壤土	块状	5.4	10.8	0.62	1.11						
						3	50—100	棕黄色	中壤土	块状	5.7	1.1	0.47	0.88						
剖21	铁铝土	红壤	红壤	石英岩类红壤	中层中质中有机质石英岩类红壤	1	0—12	棕红色	轻壤土	核粒状	5.5	25.1	1.43	1.08	129	4.5	54	石英岩类	E 114° 38′ 16.5″ N 24° 37′ 20.7″	95
						2	12—62	棕红色	中壤土	核块状	5.8	7.0	0.59	1.21						
						3	62—100	棕红色	中壤土	团粒状	5.8	1.7	0.23	1.21						
剖22	铁铝土	黄壤	山地黄壤	泥质岩类黄壤	薄层多有机质泥质岩类山地黄壤	1	0—3	棕色	中壤土	核块状	6.4	31.3	1.54	1.25	193	12.0	92	泥质岩类	E 114° 49′ 32.1″ N 24° 57′ 59.7″	73
						2	3—23	浅灰棕色	中壤土	核状	7.0	5.9	0.49	0.78						
						3	23—38	棕色	中壤土	核块状	4.9	70.4	3.02	1.38						
						4	38—		中壤土	块状	5.1	51.5	1.94	1.01						
剖23	人为土	水稻土	潴育水稻土	潴育型潮砂泥田	麻砂泥田	1	0—15	浅灰色	砂壤土	小粒块状					129	29.2	62	花岗岩风化物	E 114° 46′ 00.5″ N 24° 55′ 22.2″	95
						2	15—20	棕灰色	轻壤土	块状	6.5	38.5	1.62	1.46						
						3	20—35	灰棕色	中壤土	小粒状	6.7	23.2	0.89	1.77						
						4	35—100	浅灰色	砂壤土	细粒状	7.2	4.0	0.27	0.68						
剖24	人为土	水稻土	潴育水稻土	潴育型潮砂泥田	乌潮砂泥田	1	0—16	暗灰色	重壤土	棱块状	5.8	41.5	1.23	0.80	77	1.7	24	河流冲积物	E 114° 47′ 54.6″ N 24° 55′ 13.6″	95
						2	16—25	暗灰色	重壤土	核块状	6.7	12.6	0.77	0.78						
						3	25—100	浅灰棕色	重壤土	块状	7.2									
剖25	铁铝土	红壤	红壤	第四纪红色黏土红壤	厚层中有机质第四纪红色黏土红壤	1	0—13	红棕色	重壤土	核粒状	5.9	12.6	0.77	0.78				第四纪红色黏土	E 114° 48′ 34.0″ N 24° 56′ 27.5″	95
						2	13—35	棕红色	重壤土	核状										
						3	35—100		重壤土	块状	6.0	12.9	0.59	0.76						

续表 Continued

剖面号 Soil profile	土纲 Soil order	土类 Soil great group	亚类 Soil subgroup	土属 Soil genus	土种 Soil species	土层码 Layer code	土层厚度 Depth/cm	颜色 Soil color	质地 Soil texture	土壤结构 Soil structure	pH	有机质 OM/(g/kg)	全氮 TN/(g/kg)	全磷 TP/(g/kg)	碱解氮 AN/(mg/kg)	有效磷 AP/(mg/kg)	速效钾 AK/(mg/kg)	土壤母质 Parent material	剖面点坐标 Profile coordinate	匹配指数 Matching index/%
剖26	人为土	水稻土	潴育水稻土	潴育型潮砂泥田	乌鳞泥田	1	0—14	浅棕灰色	中壤土	屑粒状	5.3	41.3	2.35	0.77	143	8.4	39	泥质岩类风化物	E 114°53′22.2″ N 24°58′21.0″	95
						2	14—23	浅灰棕色	重壤土	棱块状	5.7	36.1	2.02	0.74						
						3	23—47	灰棕色	重壤土	棱块状	7.2	16.7	1.05	0.60						
						4	47—100	棕黄色	重壤土	块状	7.0	12.7	0.24	0.83						
剖27	人为土	水稻土	潴育水稻土	潴育型潮砂泥田	灰潮砂泥田	1	0—17	浅棕灰色	砂壤土	小粒状	≤3.5	20.9	1.30	0.96	116	11.0	27	河流冲积物	E 114°45′14.6″ N 24°53′32.7″	95
						2	17—28	浅灰棕色	轻壤土	块状	5.7	5.7	0.53	0.58						
						3	28—48	棕黄色	轻壤土	块状	5.6	4.4	0.34	0.72						
						4	48—100				5.5	6.1	0.28	0.80						
剖28	半水成土	潮土	灰潮土	壤质灰潮土	厚层灰潮砂泥土	1	0—16	浅棕灰色	轻壤土	细粒状	6.7	10.5	0.51	0.74	37	10.2	60	河流冲积物	E 114°46′41.8″ N 24°53′41.7″	75
						2	16—43	棕灰色	轻壤土	细块状	6.8	8.7	0.43	0.72						
						3	43—61	棕灰色	轻壤土	小块状	6.8	7.5	0.33	0.64						
						4	61—100	棕黄色	砂壤土	块状	6.7	3.2	0.25	0.80						
剖29	人为土	水稻土	潴育水稻土	潴育型麻砂泥田	乌黄砂泥田	1	0—14	浅棕灰色	中壤土	屑粒状	5.4	58.4	1.26	1.33	106	21.2	36	石英岩类风化物	E 114°49′18.0″ N 24°54′40.7″	95
						2	14—21	棕色	重壤土	棱块状	5.6	32.9	0.64	0.89						
						3	21—80	棕灰色	中壤土	块状	7.8	16.5	0.59	0.65						
						4	80—100	棕黄色	中壤土	块状	7.9	7.8	0.36	0.91						
剖30	人为土	水稻土	潴育水稻土	潴育型麻砂泥田	弱潴灰潮砂泥田	1	0—16	浅灰棕色	轻壤土	小粒状	6.2	23.9	1.25	0.72	90	8.9	52	河流冲积物	E 114°51′06.7″ N 24°53′52.0″	95
						2	16—25	浅灰棕色	中壤土	棱块状	6.7	7.1	0.43	0.44						
						3	25—56	棕黄色	中壤土	块状	7.3	6.1	0.36	0.76						
						4	56—100	棕黄色	砂壤土	块状	7.2	5.4	0.30	0.92						
剖31	人为土	水稻土	潴育水稻土	潴育型黄砂泥田	全层中潴麻砂泥田	1	0—22	浅蓝灰色	中壤土	软糊无结构					82	≤1.0	171	花岗岩风化物	E 114°50′17.3″ N 24°51′09.1″	95
						2	22—27	深蓝灰色	中壤土	软糊无结构										
						3	27—100	暗灰蓝色	轻壤土	核粒状	5.0	32.5	1.03	0.45						
剖32	铁铝土	红壤	红壤	麻砂泥土	厚层灰麻砂泥土	1	0—6	棕灰色	轻壤土	核块状	5.5	22.2	1.08	0.40	116	2.2	94	花岗岩风化物	E 114°51′05.0″ N 24°51′41.5″	95
						2	6—26	棕红色	中壤土	核粒状	5.6	7.0	0.32	0.33						
						3	26—78	棕红色	砂壤土	单粒状	5.6	5.9	0.25	0.32						
						4	78—100													
剖33	铁铝土	红壤	红壤	泥质岩类红壤	中层中有机质泥质岩类红壤	1	0—14	棕黄色	重壤土	核粒状	6.3	43.2	1.70	0.93	116	8.3	51	泥质岩类	E 114°45′55.6″ N 24°51′33.1″	95
						2	14—33	棕黄色	重壤土	棱状	5.3	22.0	1.07	1.00						
						3	33—65	棕红色	中壤土	棱粒状	5.4	21.7	1.08	1.26						
						4	65—100	棕红色	轻壤土	核状	5.4	10.4	0.55	1.13						
剖34	初育土	紫色土	酸性紫色土	紫色砂岩类酸性紫色土		1	0—15	棕灰棕色	中壤土	小粒状	5.1	7.4	0.48	0.22	34	1.1	51	紫岩类	E 114°46′56.9″ N 24°50′46.7″	95
						2	15—40	棕紫色	中壤土	块状	5.3	6.6	0.32	0.21						
						3	40—	暗紫色	中壤土	块状	5.6	3.4	0.21	0.22						
剖35	人为土	水稻土	潴育水稻土	潴育型鳞砂泥田	强潴乌麻泥田	1	0—18	棕灰色	重壤土	棱状	6.6	41.7	1.87	1.10	136	8.3	95	泥质岩类风化物	E 114°47′41.5″ N 24°51′31.5″	95
						2	18—28	棕黄色	重壤土	棱块状	6.4	16.9	0.73	0.81						
						3	28—54	棕黄色	中壤土	棱状	8.1	8.3	0.42	0.33						
						4	54—100	棕黄色	中壤土	棱状	8.3	2.8	0.23	0.31						
剖36	人为土	水稻土	潴育水稻土	潴育型麻砂泥田	弱潴乌麻泥田	1	0—18	暗灰色	轻壤土	屑粒状	6.1	46.0	1.49	1.11	119	14.8	54	花岗岩风化物	E 114°55′31.5″ N 24°51′57.8″	95
						2	18—28	浅灰棕色	中壤土	块状	6.9	13.0	0.62	0.49						
						3	28—100	浅灰棕色	中壤土	块状	7.2	6.1	0.36	0.72						
剖37	人为土	水稻土	潴育水稻土	潴育型黄砂泥田	弱潴灰砂泥田	1	0—12	浅灰棕色	轻壤土	屑粒状	6.3	21.1	1.00	1.16	79	24.6	46	石英岩类风化物	E 114°56′12.8″ N 24°50′32.1″	95
						2	12—23	浅灰黄色	轻壤土	块状	7.1	13.2	0.71	1.23						
						3	23—76	浅灰黄色	轻壤土	块状	7.4	7.2	0.53	1.44						
						4	76—100	棕黄色	中壤土	棱块状	7.3	4.4	0.35	1.86						

续表 Continued

剖面号 Soil profile	土纲 Soil order	土类 Soil great group	亚类 Soil subgroup	土属 Soil genus	土种 Soil species	土层码 Layer code	土层厚度 Depth/cm	颜色 Soil color	质地 Soil texture	土壤结构 Soil structure	pH	有机质 OM/(g/kg)	全氮 TN/(g/kg)	全磷 TP/(g/kg)	碱解氮 AN/(mg/kg)	有效磷 AP/(mg/kg)	速效钾 AK/(mg/kg)	土壤母质 Parent material	剖面点坐标 Profile coordinate	匹配指数 Matching index/%
剖38	初育土	紫色土	酸性紫色土	紫色泥页岩类酸性紫色土		1	0~19	浅紫棕色	重壤土	核粒状	4.8	47.3	1.85	0.93	156	3.3	69	紫色泥页岩类	E 114°46′17.0″ N 24°49′43.9″	95
						2	19~60	紫棕色	重壤土	核粒状	5.1	15.4	0.82	0.78						
						3	60~100	棕紫色	重壤土	核块状	5.4	7.6	0.60	0.85						
剖39	铁铝土	红壤		第四纪红色黏土红壤	厚层少有机质第四纪红色黏土红壤	1	0~8	浅红棕色	重壤土	核粒状	5.1	107.0	0.53	0.96	39	1.8	19	第四纪红色黏土	E 114°45′49.7″ N 24°48′12.3″	95
						2	8~42	红红色	重壤土	核块状	5.3	8.2	0.50	1.10						
						3	42~100	棕红色	重壤土	块状	5.5	21.0	0.39	1.06						
剖40	铁铝土	红壤		泥质岩类红壤	薄层中有机质泥质岩类红壤	1	0~5	棕灰色	重壤土	核粒状	4.6	24.3	0.66	0.49	50	5.7	29	泥质岩类	E 114°52′14.7″ N 24°47′47.2″	95
						2	5~16	棕黄色	重壤土	块状	5.3	11.7	0.51	0.39						
						3	16~40	浅红棕色	重壤土	块状	6.1	14.0	0.36	0.46						
						4	40~100	灰色	重壤土	块状	5.3	4.3	0.25	0.44						
剖41	人为土	水稻土	潴育水稻土	潴育型黄砂泥田	弱潴鸟黄砂泥田	1	0~12	浅棕灰色	轻壤土	屑粒状	6.9	43.4	1.50	0.76	119	5.7	41	石英岩类风化物	E 114°46′50.2″ N 24°46′59.5″	95
						2	12~16	棕黄色	轻壤土	块状	7.8	27.9	1.34	0.83						
						3	16~51	棕黄色	中壤土	梭块状	8.1	4.1	0.32	0.39						
						4	51~100				8.4	2.4	0.30	0.34						
剖42	铁铝土	红壤		酸性结晶岩类红壤		1	0~7	灰黑色	轻壤土	团粒状	6.4	35.4	1.45	0.66	108	6.3	6	酸性结晶岩类	E 114°46′25.4″ N 24°45′45.2″	75
						2	7~35	棕黄色	轻壤土	核粒状	6.9	26.8	0.60	0.56						
						3	35~76	棕色	轻壤土	核状	7.3	11.5	0.49	0.43						
						4	76~100	浅棕色	砂壤土	核状	7.5	8.7	0.31	0.42						
剖43	人为土	水稻土	潴育水稻土	潴育型紫泥田	中位中潴灰紫泥田	1	0~14	灰紫色	重壤土	屑粒状	5.5	21.7	1.75	1.79	123	32.6	158	紫色泥岩风化物	E 114°56′08.0″ N 24°49′35.7″	95
						2	14~22	棕紫色	重壤土	核块状	6.4	15.1	1.41	1.19						
						3	22~32	蓝紫色	重壤土	核块状	7.0	13.6	0.73	1.65						
						4	32~100	紫蓝色	重壤土	梭块状	7.3	11.3	0.55	0.96						
剖44	人为土	水稻土	潴育水稻土	潴育型麻砂泥田	灰麻砂泥田	1	0~16	棕暗灰色	轻壤土	核块状	7.1	65.3	2.28	0.94	161	8.4	89	花岗岩风化物	E 114°53′39.6″ N 24°45′58.7″	95
						2	16~22	灰棕色	中壤土	软糊无结构	7.1	68.8	1.03	0.93						
						3	22~48	浅蓝灰色	中壤土	软糊无结构	7.3	56.6	0.50	0.32						
						4	48~100	蓝灰色	中壤土	软糊无结构	6.9	51.5	0.24	0.34						
剖45	铁铝土	红壤性		酸性结晶岩类红壤性土	全层中潴鸟黄砂泥田	1	0~29	浅红棕色	轻壤土	块状	5.5	5.0	0.29	0.49	22	6.7	12	石英岩类风化物	E 114°46′15.0″ N 24°44′55.0″	95
						2	29~57	红棕色	中壤土	块状	5.5	4.8	0.24	0.49						
						3	57~100	红棕色	中壤土	块状	5.5	4.0	0.15	0.45						
剖46	人为土	淹育水稻土		潴育型潮砂泥田		1	0~16	浅棕灰色	轻壤土	屑粒状	5.6	27.9	1.04	0.76	99	9.8	26	河流冲积物	E 114°46′26.9″ N 24°40′47.1″	93
						2	16~21	棕灰色	重壤土	块状	5.8	12.9	0.60	0.81						
						3	21~93	浅棕色	中壤土	核块状	6.1	6.9	0.50	0.86						
						4	93~100	浅灰棕色	中壤土	块状	7.1	6.1	0.57	0.53						
剖47	铁铝土	红壤		泥质岩类红壤土	中位中潴灰鳝泥田	1	0~17	暗灰色	重壤土	核块状	5.9	17.4	0.58	0.45	53	3.8	98	泥质岩类风化物	E 114°47′13.9″ N 24°41′28.1″	95
						2	17~39	棕灰色	重壤土	块状	6.2	15.8	0.46	0.57						
						3	39~56	浅红棕色	重壤土	块状	6.4	10.0	0.28	0.45						
剖48						4	56~100	红灰色	中壤土	小粒状	6.3	8.4	≤0.10	0.45						
剖49	人为土	水稻土	潴育水稻土	潴育型潮砂泥田	中位中潴鸟石底灰潮砂泥田	1	0~15	暗灰色	中壤土	软糊无结构	6.1	37.1	1.42	0.11	102	11.6	50	河流冲积物	E 114°45′43.0″ N 24°38′36.2″	95
						2	15~21	蓝灰色	中壤土	块状	6.4	36.1	1.28	0.99				河流冲积物	E 114°46′43.3″ N 24°39′02.4″	95
						3	21~51	浅灰蓝色	中壤土	软糊无结构	6.8	34.1	0.61	0.83						
						4	51~100	蓝灰色	砾石夹砂土		6.1	10.7	0.43	0.75						

吉 安 市

青 原 区

主要土类说明

红壤是青原区主要土壤类型，占本区地域面积的66%，主要分布在中低丘地区。成土母质有基性结晶岩（辉绿岩）、石英砂岩、红色砂砾岩、紫红色泥页岩、第四纪红色黏土。该土类在本县只有红壤一个亚类，其中耕种的红壤有黄泥土和紫红泥土两个土属，多为菜地，一般熟化程度颇高。耕层深浅不一，有机质含量均大于20g/kg，最高的可达55.7g/kg，呈微酸性至中性。

水稻土是青原区第二大土壤类型，占本区地域面积的23%。水稻土是地带性的自然土壤或旱作土壤在长期水耕条件下，原来的土壤剖面发生变化而重新发育形成的土壤。水稻土的肥力来源具有二重性：一方面母质类型所含的矿物营养元素的丰缺程度带有先天性的影响，另一方面人为耕作施肥等措施对水稻土的肥力水平也起着决定性作用。成土母质有石英岩类、红砂岩类、紫红色泥页岩类、紫色泥页岩类风化物以及第四纪红色黏土、河流冲积物。本区水稻土分为三个亚类。潴育水稻土亚类面积最大，分布在垄田及河谷畈田，水利条件较好，肥力属中上等，整个土层较深厚，耕层质地适中，通透性也较好，有适当的渗漏量，为水耕熟化程度较好的一个亚类，属良水型。

紫色土是青原区第三大土壤类型，占本区地域面积的3%，分布于低丘。在河东紫色土呈水平带状成片分布，河西常与第四纪红色黏土和红砂岩类风化物等发育红壤呈交错分布。成土母质为紫色泥页岩风化物。紫色土的成土过程主要表现在物理崩解、侵蚀堆积作用以及碳酸钙不断淋洗，而有机物质累积作用十分微弱，成土时间短暂。由于土层疏松细碎，抗蚀性弱，易被侵蚀，因而仅在丘陵缓坡处才具有中层以上的土层。紫色土一般矿质养分含量较丰富。本区紫色土分为酸性紫色土和石灰性紫色土两个亚类。

小于本区地域面积3%的土壤类型还有潮土、草甸土、黄棕壤等。

本区域中心区气候特征

本区域中心区气候特征值
Regional climate characteristics in central area of the region

气候带：中亚热带湿润气候 Climate region: Subtropical humid climate	
年平均气温 /℃ Annual average temperature /℃	18.6
年平均最高气温 /℃ Annual average maximum temperature /℃	23.0
年平均最低气温 /℃ Annual average minimum temperature /℃	15.3
年降水量 /mm Annual precipitation /mm	1522
≥10℃的积温 /℃ Daily temperature accumulated in a year (≥10℃) /℃	12562
年日照时数 /h Annual sunshine /h	1661
年平均相对湿度 /% Annual average relative humidity /%	79
干燥度 Dryness	0.72

本区域中心区月平均气温与月平均降水量
Monthly temperature and precipitation in central area of the region

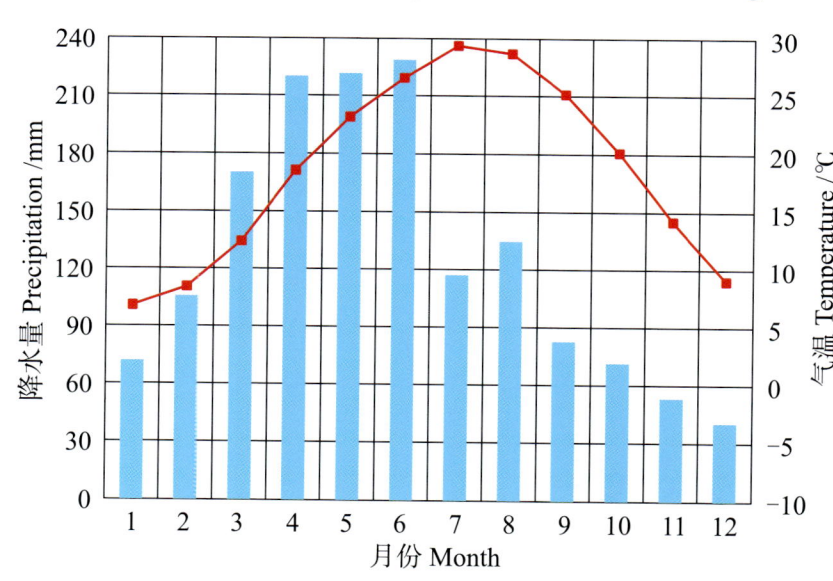

青原区主要土壤类型与土壤剖面点分布图
1∶230 000

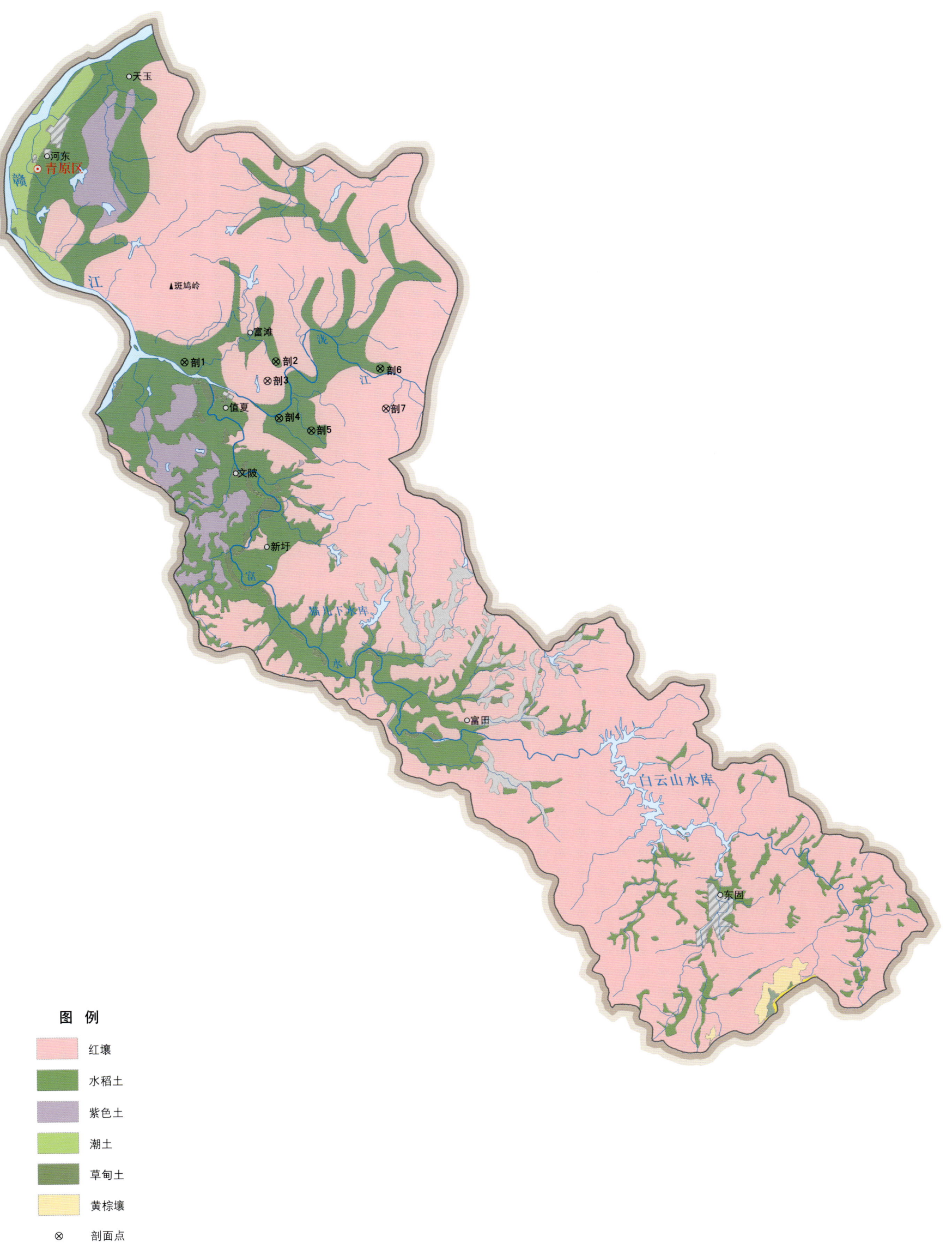

青原区土壤剖面理化性状表

剖面号 Soil profile	土纲 Soil order	土类 Soil great group	亚类 Soil subgroup	土属 Soil genus	土种 Soil species	土层码 Layer code	土层厚度 Depth/cm	颜色 Soil color	质地 Soil texture	土壤结构 Soil structure	pH	有机质 OM/(g/kg)	全氮 TN/(g/kg)	全磷 TP/(g/kg)	碱解氮 AN/(mg/kg)	有效磷 AP/(mg/kg)	速效钾 AK/(mg/kg)	土壤母质 Parent material	剖面点坐标 Profile coordinate	匹配指数 Matching index/%
剖1	人为土	水稻土	潴育水稻土	潴育型黄泥田	黄泥田	1	0—13	灰棕色	重壤土	粒块状								第四纪红色黏土	E 115°05′11.7″ N 26°59′48.7″	75
						2	13—20	浅灰棕色	重壤土	块状										
						3	20—55	浅灰棕色	重壤土	块状										
						4	55—100	棕黄色	重壤土	块状										
剖2	人为土	水稻土	潴育水稻土	潴育型紫泥田	乌紫泥田	1	0—20	紫棕灰色	轻黏土	粒状	6.0	33.5	1.75	1.09	134	10.0	143	紫色泥页岩风化物	E 115°08′17.2″ N 26°59′51.6″	75
						2	20—27	暗紫棕色	重壤土	块状	7.6	13.0	0.89	0.99						
						3	27—59	紫棕色	重壤土	棱块状	7.7	8.7	0.57	0.64						
						4	59—100	浅紫棕色	重壤土	棱块状	7.7	7.8	0.55	0.67						
剖3	铁铝土	红壤	红壤	黄泥土	厚层灰黄泥土	1	0—21		中壤土		5.6	12.0	0.89	0.76	86	15.0	62	第四纪红色黏土	E 115°08′00.2″ N 26°59′17.0″	75
						2	21—27		中壤土		5.8	10.3	0.51	0.48						
						3	27—80		重壤土		5.9	7.5	0.48	0.56						
						4	80—100		重壤土		6.1	6.7	0.47	0.61						
剖4	人为土	水稻土	潴育水稻土	潴育型黄泥田	灰黄泥田	1	0—14	灰黄色	轻壤土	屑粒状	5.5	29.6	1.42	1.02	132	13.0	48	第四纪红色黏土	E 115°08′24.3″ N 26°58′09.9″	75
						2	14—21	浅灰棕色	轻壤土	块状	6.0	13.7	0.94	0.94						
						3	21—48	红棕色	轻黏土	棱块状	6.9	9.2	0.66	0.89						
						4	48—100	红棕色	轻黏土	棱块状	7.1	8.9	0.58							
剖5	人为土	水稻土	潴育水稻土	潴育型紫红泥田	灰紫红泥田	1	0—14	灰棕色	重壤土	粒状								第四纪红色黏土	E 115°09′29.6″ N 26°57′48.0″	75
						2	14—22	黄棕色		块状										
						3	22—100	浅紫红色		棱块状										
剖6	人为土	水稻土	潴育水稻土	潴育型黄泥田	弱潴乌黄泥田	1	0—22				5.5	31.5	1.46	2.65	124	14.0	173	第四纪红色黏土	E 115°11′48.4″ N 26°59′40.8″	75
						2	22—33				5.4	13.5	0.71	1.30						
						3	33—45				6.1	5.8	0.55	0.63						
						4	45—100				4.7	28.7	1.27	0.51						
剖7	铁铝土	红壤	红壤	红砂岩红壤	厚层中有机质红砂岩类红壤	1	0—7				4.7	14.0	0.66	0.40			59	红砂岩类	E 115°12′00.4″ N 26°58′28.9″	75
						2	7—30				4.8	6.6	0.38	0.37			52			
						3	30—100										43			

吉 安 县

主要土类说明

红壤是吉安县主要土壤类型，占本县地域面积的61%，广泛分布于本县山地、丘陵区。它是在亚热带湿润气候条件下，由于生物活动旺盛而形成的一个典型地带性土壤。本县红壤分为红壤和黄红壤两个亚类。其中，红壤亚类主要分布在丘陵地区及海拔500m以下的山地。成土母质以第四纪红色黏土、砂岩、砂页岩、千枚岩、变质千枚状页岩为主，其次为花岗岩等残积物、坡积物或洪积物等。目前已经开垦利用的旱地、园林地占本亚类总面积的0.7%；人造林和自然森林覆盖面积占90%；山丘草地及灌木草地面积占9%。黄红壤亚类分布于本县东南部海拔500—800m的山地，是由红壤向黄壤过渡的一种过渡性土壤类型，它除有红壤化过程外，又附加有黄壤的成土过程。成土母质为花岗岩风化残积物、坡积物。

水稻土是吉安县第二大土壤类型，占本县地域面积的29%。水稻土是在长期季节性淹灌、水下翻耕、季节性脱水、氧化还原交替影响下，原来成土母质或母土的特性发生重大改变，形成的新的土壤类型。由于干湿交替，水稻土形成糊状淹育层、较坚实板结的犁底层、渗育层、潴育层与潜育层等多种发生层。这些不同发生层段是在人为耕作、水浆管理下形成的。

紫色土是吉安县第三大土壤类型，占本县地域面积的5%。在本县丘陵地区，由紫色岩类风化物发育的土壤，都归为紫色土土类。本县紫色土分为酸性紫色土与石灰性紫色土两个亚类。除少量由紫色砂砾岩发育的紫色土外，其他紫色土均有程度不同的石灰反应。

小于本县地域面积3%的土壤类型还有草甸土、石灰（岩）土等。

本区域中心区气候特征

本区域中心区气候特征值
Regional climate characteristics in central area of the region

气候带：中亚热带湿润气候 Climate region: Subtropical humid climate	
年平均气温 /℃ Annual average temperature /℃	18.4
年平均最高气温 /℃ Annual average maximum temperature /℃	22.7
年平均最低气温 /℃ Annual average minimum temperature /℃	15.1
年降水量 /mm Annual precipitation /mm	1490
≥10℃的积温 /℃ Daily temperature accumulated in a year (≥10℃) /℃	12502
年日照时数 /h Annual sunshine /h	1640
年平均相对湿度 /% Annual average relative humidity /%	79
干燥度 Dryness	0.73

本区域中心区月平均气温与月平均降水量
Monthly temperature and precipitation in central area of the region

吉安县主要土壤类型与土壤剖面点分布图
1∶300 000

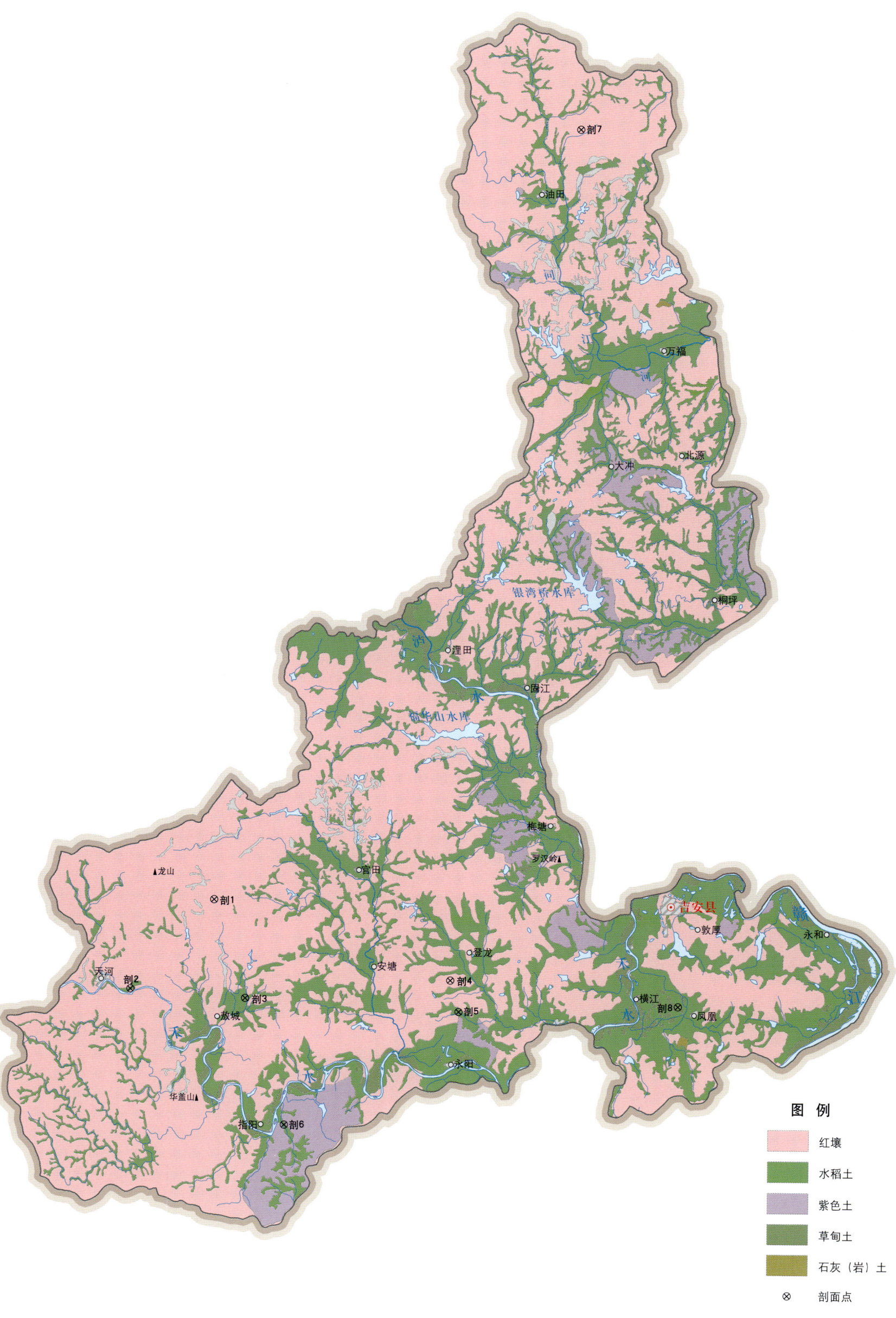

吉安县土壤剖面理化性状表

剖面号 Soil profile	土纲 Soil order	土类 Soil great group	亚类 Soil subgroup	土属 Soil genus	土种 Soil species	土层码 Layer code	土层厚度 Depth/cm	颜色 Soil color	质地 Soil texture	土壤结构 Soil structure	pH	有机质 OM/(g/kg)	全氮 TN/(g/kg)	全磷 TP/(g/kg)	全钾 TK/(g/kg)	碱解氮 AN/(mg/kg)	有效磷 AP/(mg/kg)	速效钾 AK/(mg/kg)	阳离子交换量CEC/(cmol/kg)	土壤母质 Parent material	剖面点坐标 Profile coordinate	匹配指数 Matching index/%
剖1	铁铝土	红壤	红壤	森林红壤	林地黄砂泥土	1	0—10	灰白色	黏壤土	碎块状	4.8	27.2	0.31	0.91	8.7		8.3	41		石英岩类风化物	E 114°33′45.0″ N 27°02′31.6″	98
						2	10—52				5.0	5.2		0.60	10.2		1.4	43				
剖2	人为土	水稻土	潴育水稻土	潴育型潮砂泥田	灰湖砂泥田	A	0—13	白色	黏壤土	棱块状	5.3	25.3	1.62	0.45	20.6	134	6.0	34	3.4	河流冲积物	E 114°30′08.9″ N 26°58′54.2″	81
						P	13—18	深灰棕色	黏壤土	棱块状	5.4	21.5	1.36	0.41	21.3				3.3			
						W₁	18—62	暗棕色	黏壤土	块状	5.9	9.0	0.57	0.39	21.9				3.6			
						W₂	62—100		砂质黏土		6.1	4.9	0.42	0.46	21.6				3.5			
剖3	人为土	水稻土	潴育水稻土	黄泥田	灰黄泥田	Aa	0—13	浊棕色	壤质黏土	块状	5.2	27.9	1.50	0.30	9.2					第四纪红色黏土	E 114°35′13.4″ N 26°58′38.5″	95
						Ap	13—23	浊黄棕色	黏壤土	块状	5.8	18.2	1.10	0.40	10.6							
						W	23—100	浊黄棕色	壤质黏土	核块状	7.0	5.9	0.40	0.40	11.0							
剖4	铁铝土	红壤	红壤	森林红壤	林地黄泥土	1	0—10				5.5	41.5	0.81	0.95	10.4		8.4	64		第四纪红色黏土	E 114°44′16.4″ N 26°59′33.2″	97
						2	10—26				4.6	17.8		1.00	10.7		3.5	26				
						3	26—41				4.7	9.2		0.86	9.2		4.1	17				
						4	41—100				5.0	6.1		0.61	11.2		1.8	20				
剖5	人为土	水稻土	潴育水稻土	潮泥田	吉安砂泥田	Aa	0—13	棕灰色	黏壤土	碎块状	5.3	25.3	1.60	0.50	20.6	134	6.0	34		河流沉积物	E 114°44′40.8″ N 26°58′18.6″	95
						Ap	13—18	棕灰色	黏壤土	棱块状	5.4	21.5	1.40	0.40	21.3							
						W₁	18—62	浊黄棕色	黏壤土	块状	5.9	9.0	0.60	0.40	21.9							
						W₂	62—100	黄棕色	砂质壤土	块状	6.1	4.9	0.40	0.50	21.6							
剖6	人为土	水稻土	潴育水稻土	黄泥田	黏黄泥田	Aa	0—13	浊黄棕色	壤质黏土	块状	5.1	19.5	1.10	0.50	16.6					第四纪红色黏土	E 114°37′06.1″ N 26°53′42.9″	95
						Ap	13—19	浊黄棕色	黏壤土	棱块状	5.7	15.6	0.90	0.40	9.4							
						W	19—62	黄棕色	黏壤土	核块状	6.9	5.4	0.40	3.20	9.2							
剖7	铁铝土	红壤	红壤	生草红壤	草地黄泥土	1	0—12				5.0	28.8	0.65	0.31	3.3		2.3	41		第四纪红色黏土	E 114°49′08.7″ N 27°33′15.6″	95
						2	12—17				5.0	6.7	0.13	≤0.10	7.4		2.4	30				
						3	17—				6.2	3.7		≤0.10	8.1		2.4	18				
剖8	人为土	水稻土	潴育水稻土	潴育型黄泥田	灰黄泥田	A	0—13	浅黄棕色	黏壤土	块状	5.2	27.9	1.53	0.31	9.2				3.8	第四纪红色黏土	E 114°54′22.3″ N 26°58′42.6″	81
						P	13—23	暗灰棕色	黏壤土	块状	5.8	18.2	1.11	0.36	10.6				3.9			
						W	23—77	深灰棕色	壤质黏土	核块状	7.0	5.9	0.44	0.41	11.0				5.9			

吉 水 县

主要土类说明

红壤是吉水县主要土壤类型，占本县地域面积的 64%，除几条主要江、河、水溪两岸的河谷平原外，从海拔 50m 以上的岗地低丘到海拔 891.3m 的太中山均有分布。成土母质有花岗岩类风化物、石英岩类风化物、千枚岩类风化物、第四纪红色黏土、红砂岩类风化物、紫红色泥页岩类风化物。其中，以千枚岩类红壤最多，其次是石英岩类红壤，再次为第四纪红色黏土红壤。根据地貌类型、成土母质类型、风化质和侵蚀度差异，本县红壤分为红壤、红壤性土、黄红壤等亚类。

水稻土是吉水县第二大土壤类型，占本县地域面积的 24%。水稻土是人为耕作的产物，是经过平整土地、长期种稻、在灌溉施肥、轮作等综合影响下形成的一种土壤类型。长期淹水种稻、水耕熟化，氧化还原交替是形成水稻土的基本过程。因此，凡适宜种稻的地区和以种水稻为主的土壤都可以形成水稻土。本县水稻土的成土母质有花岗岩类、石英岩类、千枚岩类、碳酸岩类、红色砂砾岩类、紫色砂砾岩类、紫红色泥页岩类、紫色泥页岩类风化物，第四纪红色黏土和河流冲积物。其中，千枚岩类风化物发育的鳝泥田面积最大，其次是红色岩类风化物发育的红砂泥田、紫砂泥田、紫红泥田、紫泥田及第四纪红色黏土发育的黄泥田，面积最小的是由花岗岩类风化物和碳酸岩类风化物发育的麻砂泥田和石灰泥田。根据水稻土的发育程度、剖面特征及耕层肥力状况，本县水稻土分为四个亚类。其中，以分布在河谷平原和沟谷垄田的上中部的潴育水稻土亚类分布最广，占水稻土的 94%，肥力较高，剖面构型多为 A-P-W 或 A-P-W-C。

紫色土是吉水县第三大土壤类型，占本县地域面积的 8%。成土母质为紫色砂岩、砾岩、砂砾岩和紫色泥岩、页岩、泥页岩等风化物。其成土过程以物理风化为主，黏粒脱硅富铝化作用不强，硅铝率较高，是典型的岩性土壤。此类土壤往往与紫红色泥页岩类红壤、红砂岩类红壤相交叠，呈锯齿状交错分布。本县紫色土分为酸性紫色土和石灰性紫色土两个亚类。

小于本县地域面积 3% 的土壤类型还有潮土、石灰（岩）土等。

本区域中心区气候特征

本区域中心区气候特征值
Regional climate characteristics in central area of the region

气候带：中亚热带湿润气候 Climate region: Subtropical humid climate	
年平均气温 /℃ Annual average temperature /℃	18.3
年平均最高气温 /℃ Annual average maximum temperature /℃	22.7
年平均最低气温 /℃ Annual average minimum temperature /℃	15.1
年降水量 /mm Annual precipitation /mm	1525
≥10℃的积温 /℃ Daily temperature accumulated in a year（≥10℃）/℃	12668
年日照时数 /h Annual sunshine /h	1645
年平均相对湿度 /% Annual average relative humidity /%	79
干燥度 Dryness	0.71

本区域中心区月平均气温与月平均降水量
Monthly temperature and precipitation in central area of the region

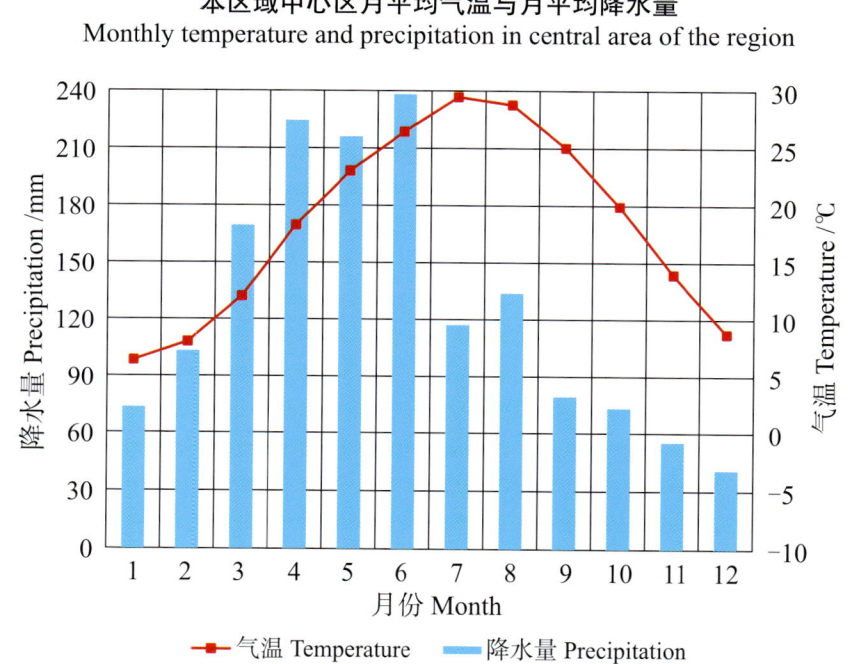

吉水县主要土壤类型与土壤剖面点分布图
1∶330 000

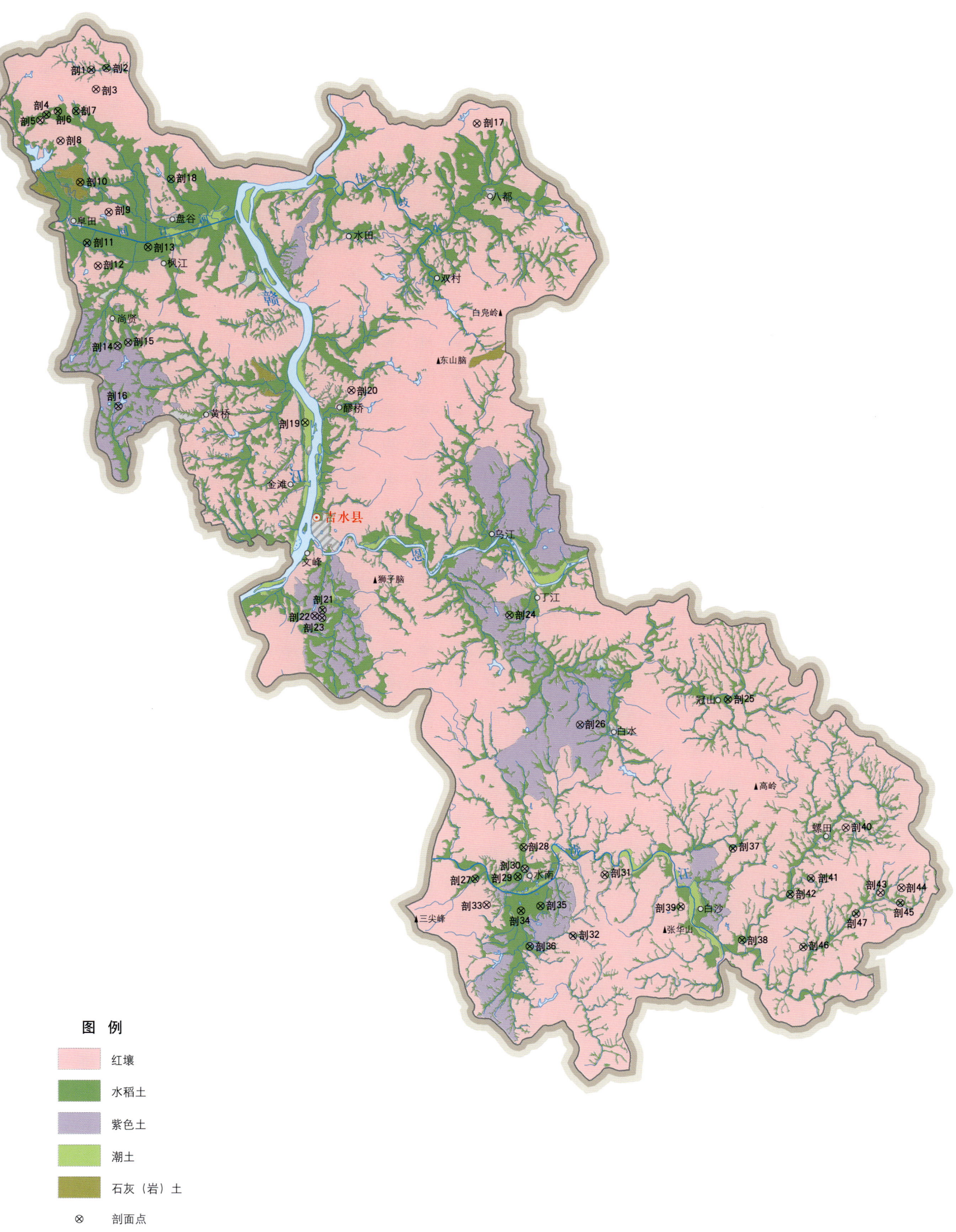

吉水县土壤剖面理化性状表

剖面号 Soil profile	土纲 Soil order	土类 Soil great group	亚类 Soil subgroup	土属 Soil genus	土种 Soil species	土层码 Layer code	土层厚度 Depth/cm	颜色 Soil color	质地 Soil texture	土壤结构 Soil structure	pH	有机质 OM/(g/kg)	全氮 TN/(g/kg)	全磷 TP/(g/kg)	全钾 TK/(g/kg)	碱解氮 AN/(mg/kg)	有效磷 AP/(mg/kg)	速效钾 AK/(mg/kg)	阳离子交换量 CEC/(cmol/kg)	土壤母质 Parent material	剖面点坐标 Profile coordinate	匹配指数 Matching index/%
剖1	人为土	水稻土	潴育水稻土	潴育型紫砂泥田	中位弱潜紫砂泥田	A	0—12	紫色	中壤土	核块状	5.5	17.0	0.96	0.27		105	6.8	44		紫色砂砾岩类	E 114°56′28.7″ N 27°32′05.0″	75
						P	12—17	灰色	中壤土	块状	5.8	11.2	0.67	0.28								
						G	17—48	暗灰色	重壤土		4.1	7.6	0.31	0.58								
						C	48—100	黄棕色			7.0	4.7	0.31	0.38								
剖2	人为土	水稻土	潴育水稻土	潴育型黄泥田	表潜性中潴灰黄泥田	A	0—14		黏土		5.5	28.2	1.30	0.59		228	11.4			第四纪红色黏土	E 114°57′11.5″ N 27°32′10.5″	75
						P	14—20				5.9	15.3	0.63	0.32								
						W_1	20—60				6.9	7.0	0.24	0.38								
						W_2	60—100				7.1	3.7	0.18	0.18								
剖3	铁铝土	红壤		千枚岩红壤	中层少有机质千枚岩类红壤	A	0—3				4.9	23.8	0.75	0.47		76	4.5	60		千枚岩类风化物	E 114°56′43.5″ N 27°31′15.6″	97
						Bv_1	3—14			核块状	5.1	13.2	0.59	0.48								
						Bv_2	14—79			块状	5.3	7.9	0.35	0.53								
						C	79—100				5.8	2.2	0.16	0.60								
剖4	人为土	水稻土	潴育水稻土	潴育型紫砂泥田	中潴鳝泥田	A	0—13	棕灰色	中壤土	碎屑状	5.5	23.9	1.13	0.53		130	4.8	23		千枚岩类	E 114°54′23.3″ N 27°30′08.7″	75
						P	13—17	浅灰褐色	重襄土	块状	6.0	8.7	0.42	0.64								
						W	17—100	黄棕色	黏土	碎块状	6.6	6.3	0.31	0.61								
剖5	铁铝土	红壤		第四纪红色黏土红壤		A	0—3	棕红色	中壤土	碎粒状	5.0	16.9	0.93	0.29		87	5.5	38		第四纪红色黏土	E 114°54′14.7″ N 27°30′01.5″	95
						Bv_1	3—51		重壤土	粒块状	4.9	10.3	0.61	0.27								
						Bv_2	51—100		重壤土	粒状	4.9	4.3	0.24	0.24								
剖6	人为土	水稻土	潴育水稻土	潴育型紫砂泥田	紫砂泥田	A	0—11				5.9	11.3	0.50	0.34		62	2.6	25		紫色砂岩类	E 114°54′55.7″ N 27°30′18.1″	75
						P	11—15				6.2	9.8	0.42	0.32								
						W_1	15—56				7.0	5.1	0.21	0.40								
						W_2	56—100				6.9	1.9	≤0.10	0.25								
剖7	人为土	水稻土	潴育水稻土	潴育型红砂泥田	表潜性中潴灰红砂泥田	A	0—12				6.1	24.5	1.16	1.10		151	12.8	46		红砂岩类风化物	E 114°55′48.0″ N 27°30′19.0″	75
						P	12—17				6.1	18.7	0.78	0.98								
						W_1	17—48				6.7	12.5	0.48	0.89								
						W_2	48—100				7.3	6.1	0.25	0.50								
剖8	铁铝土	红壤		千枚岩红壤	薄层少有机质千枚岩类红壤	A	0—6		中壤土		5.0	31.4	1.44	0.69		169	6.8	31		千枚岩类风化物	E 114°55′04.8″ N 27°29′02.7″	98
						Bv	6—36		重壤土	粒状	4.9	20.8	0.88	0.62								
						C	36—77		重壤土	粒块状	5.2	5.5	0.49	0.89								
						D	77—100			块状	5.4	3.4	0.35	0.56								
剖9	铁铝土	红壤		第四纪红色黏土红壤		A	0—14	棕灰色	中壤土	粒状	5.3	9.5	0.44	0.96		50	4.0			第四纪红色黏土	E 114°57′26.3″ N 27°26′04.8″	98
						Bv	14—32	黄棕色	重壤土	粒块状	4.9	5.7	0.23	0.36								
						C	32—100	红黄色	重壤土	块状	5.4	4.3	0.29	0.34								
剖10	初育土	石灰（岩）土	棕色石灰土	棕色石灰土	中层少有机质石灰土	A	0—6	棕灰色	中壤土	小核块状	6.0	38.5	1.29	0.45		151	2.6	39		石灰岩风化物	E 114°56′03.4″ N 27°27′18.6″	95
						Bv	6—69	黄棕色		块状	7.1	5.5	0.30	0.36								
						C	69—100	浅灰色		棱柱状	7.1	3.2	0.32	0.32								
剖11	人为土	水稻土	潴育水稻土	潴育型鳝泥田	强潴灰鳝泥田	A	0—12	浅灰色	中壤土		5.7	32.0	1.73	1.01		153	7.2			千枚岩类	E 114°56′26.2″ N 27°24′46.0″	95
						P	12—20	黄棕色			5.8	25.0	1.29	0.91								
						W_1	20—35				6.4	11.1	0.54									
						W_2	35—72				6.6	9.1	0.34	0.91								
						W_3	72—100		黏土		6.5	5.6	0.17	0.57								

续表 Continued

剖面号 Soil profile	土纲 Soil order	土类 Soil great group	亚类 Soil subgroup	土属 Soil genus	土种 Soil species	土层码 Layer code	土层厚度 Depth/cm	颜色 Soil color	质地 Soil texture	土壤结构 Soil structure	pH	有机质 OM/(g/kg)	全氮 TN/(g/kg)	全磷 TP/(g/kg)	全钾 TK/(g/kg)	碱解氮 AN/(mg/kg)	有效磷 AP/(mg/kg)	速效钾 AK/(mg/kg)	阳离子交换量 CEC/(cmol/kg)	土壤母质 Parent material	剖面点坐标 Profile coordinate	匹配指数 Matching index/%
剖12	铁铝土	红壤	红壤	石英岩红壤	厚层少有机质石英岩类红壤	A	0—1	暗红色	中壤土	碎粒状	5.0	10.8	0.66	0.59		36	3.5	64		石英岩类	E 114°56′58.2″ N 27°23′49.0″	95
						ABv	1—30	黄棕色	中壤土	碎粒状	5.0	10.8	0.46	0.49								
						Bv	30—100				5.2	5.9	0.39	0.58								
剖13	人为土	水稻土	潴育水稻土	潴育型黄泥田	黄泥田	A	0—9				5.6	26.8	1.29	0.86		129	4.0	48		第四纪红色黏土	E 114°59′20.6″ N 27°24′38.9″	95
						P	9—16				6.0	20.7	1.06	0.78								
						W₁	16—65				7.1	5.7	0.34	0.55								
						W₂	65—100				7.3	4.9	0.28	0.61								
剖14	初育土	紫色土	石灰性紫色土	紫色泥页岩类石灰性紫色土	薄层石灰性紫色泥岩紫色土	A	0—13	灰棕色	中壤土	碎粒状	8.0	11.8	0.43	0.71		43	12.3	69		紫色泥页岩类	E 114°57′58.7″ N 27°20′26.5″	97
						ABv	13—27	棕紫色	重壤土	粒块状	8.1	5.4	0.26	0.38								
						C	27—100	紫色	中壤土	块状	8.7	3.4	0.16	0.76								
剖15	初育土	紫色土	石灰性紫色土	紫色泥页岩类石灰性紫色土	中层石灰性紫色泥岩紫色土	A	0—15		中壤土	碎粒状	8.6	11.6	0.52	0.42		48	3.7	121		紫色泥页岩类	E 114°58′29.2″ N 27°20′35.5″	97
						Bv	15—57				8.4	9.0	0.38	0.18								
						C	57—100				5.6	3.9	0.75	0.15								
剖16	初育土	紫色土	石灰性紫色土	紫色泥页岩类石灰性紫色土		A	0—4	灰紫色	中壤土	碎粒状	7.0	21.9	0.65	0.49		75	5.0	112		紫色泥页岩类	E 114°58′14.2″ N 27°17′47.3″	95
						C	4—50	紫色		碎块状	7.2	3.7	0.37	0.49								
						D	50—100															
剖17	铁铝土	红壤	红壤	石英岩红壤	中层少有机质石英岩类红壤	A	0—4				5.5	11.3	0.48	0.24		47	2.7	33		石英岩类	E 115°14′53.4″ N 27°30′08.0″	97
						Bv	4—60				5.4	9.7	0.37	0.38								
						C	60—100				5.7	2.6	0.11	0.18								
剖18	人为土	水稻土	潴育水稻土	潴育型黄砂泥田	表潜性中潴灰黄砂泥田	A	0—15	青灰色	中壤土	棱块状	5.5	35.1	1.12	0.62		90	2.5	25		石英岩类风化物	E 115°00′22.4″ N 27°27′31.5″	95
						P	15—23	浅蓝灰色	中壤土	块状	5.5	26.8	0.97	0.58								
						W	23—100	黄棕色	中壤土	小棱块状	6.5	4.7	0.20	0.37								
剖19	半水成土	潮土	河潮土	壤质潮土	厚层潮砂泥土	A	0—16	棕色	砂壤土	碎粒状	5.7	8.7	0.35	0.72		40	9.8			河流冲积物	E 115°06′57.8″ N 27°17′20.7″	99
						ABv	16—41	棕红色	壤质	碎粒状	6.4	8.3	0.22	0.49								
						Bv₁	41—74	红棕色	轻壤土	碎屑状	6.3	4.1	0.18	0.54								
						Bv₂	74—100	微紫色	轻壤土	碎粒状	6.4	4.4	0.19	0.55								
剖20	初育土	紫色土		紫色泥岩类		1	0—1	紫红色	中壤土	碎粒状	5.0	15.8	0.73	0.59		109	8.5	19		紫色泥页岩类	E 115°09′07.7″ N 27°18′45.4″	98
						2	1—61	紫红色	中壤土	块状	5.7	11.1	0.49	0.27								
						3	61—			棱柱状	6.4	8.0	0.37	0.25								
剖21	人为土	水稻土	潴育水稻土	潴育型黄砂泥田	火焊潜中潴灰黄砂泥田	A	0—12	浅棕色	中壤土	棱块状	6.8	7.2	0.31	0.23						石英岩类风化物	E 115°07′55.4″ N 27°09′26.1″	95
						P	12—17	灰棕色	中壤土	块状	7.0	7.0	7.00	0.20								
						W₁	17—33	棕黄色	中壤土	棱块状	5.3	33.7	0.92	0.29								
						W₂	33—78															
						W₃	78—100															
剖22	初育土	紫色土	酸性紫色土	紫色砂砾岩类酸性紫色土		A	0—3	紫红色	轻壤土	粒状	5.3	33.7	0.92	0.29		104	1.5	64		紫色砂砾岩类	E 115°07′43.6″ N 27°09′12.2″	95
						Bv	3—24	红棕色	中壤土	碎粒状	5.0	31.1	0.44	0.20								
						C	24—71	深紫色	重壤土	碎块状	4.8	10.5	0.27	0.26								
						D	71—100				5.3	3.4	0.21	0.29								
剖23	初育土	紫色土	酸性紫色土	紫色砂砾岩类酸性紫色土		1	0—3	暗紫色	轻壤土	粒状						101	4.3	27		紫色砂砾岩类	E 115°08′00.6″ N 27°09′07.4″	95
						2	3—24	红紫色	中壤土	小块状	5.8	23.4	0.91	0.44								
						3	24—71	红紫色	重壤土	块状	6.5	11.3	0.48	0.37								
						4	71—100	灰白色	黏土	大块状	6.7	5.1	0.34	0.32								
剖24	人为土	水稻土	漂洗水稻土	漂洗型紫泥田	中位中漂紫泥田	A	0—13	灰紫色	轻壤土	粒状	6.4	5.1	0.31	0.38						紫色泥页岩风化物	E 115°16′49.1″ N 27°09′21.0″	97
						P	13—21															
						E	21—56															
						W	56—100															

续表 Continued

剖面号 Soil profile	土纲 Soil order	土类 Soil great group	亚类 Soil subgroup	土属 Soil genus	土种 Soil species	土层码 Layer code	土层厚度 Depth/cm	颜色 Soil color	质地 Soil texture	土壤结构 Soil structure	pH	有机质 OM/(g/kg)	全氮 TN/(g/kg)	全磷 TP/(g/kg)	全钾 TK/(g/kg)	碱解氮 AN/(mg/kg)	有效磷 AP/(mg/kg)	速效钾 AK/(mg/kg)	阳离子交换量CEC/(cmol/kg)	土壤母质 Parent material	剖面点坐标 Profile coordinate	匹配指数 Matching index/%
剖25	人为土	水稻土	淹育水稻土	淹育型鳝泥田	强淹育鳝泥田	A	0—9	棕灰色	中壤土	棱块状	5.0	26.2	1.16	0.90		130	7.8	67		千枚岩类	E 115°27′13.8″ N 27°05′55.9″	95
						P	9—14	黄灰色	重壤土	盘状	6.2	21.5	0.76	0.84								
						C	14—				6.1	8.6	0.41	0.70								
剖26	初育土	紫色土	酸性紫色土	紫色泥页岩酸性紫色土		A	0—2	浅紫色	中壤土	碎粒状	4.6	10.0	0.35	0.77		55	6.3	60		紫色泥页岩类	E 115°20′13.8″ N 27°04′46.1″	95
						Bv	2—37	红紫色			4.8	7.8	0.39	0.73								
						C	37—100	紫色	黏土	小块状	4.6	2.7	0.33	0.29								
剖27	人为土	水稻土	潴育水稻土	潴育型潮砂泥田	强潴育砂泥田	A	0—11	棕灰色	砂壤土	碎粒状	5.4	18.5	0.96	1.06		130	20.0	27		河流冲积物	E 115°15′21.4″ N 26°58′08.1″	95
						P	11—18	黄棕色	砂壤土	小棱块状	5.9	13.2	0.62	1.00								
						W₁	18—60	棕黄色	中壤土		6.5	7.7	0.35	1.08								
						W₂	60—100				6.4	5.5	0.20	0.93								
剖28	半水成土	潮土	河潮土	砂质潮土	厚层潮砂土	A	0—15				6.2	5.3	0.20	0.58		40	6.2	43		河流冲积物	E 115°17′38.7″ N 26°59′30.3″	97
						Bv₁	15—53				6.0	2.8	0.12	0.54								
						Bv₂	53—76				5.2	2.2	0.19	0.47								
						Bv₃	76—100				5.8	2.0	1.30	0.48								
剖29	人为土	水稻土	潴育水稻土	潴育型鳝泥田	中位弱潴鳝泥田	A	0—9	棕灰色	中壤土	小块状	6.6	37.2	1.04	0.81		136	60.0	44		千枚岩类	E 115°17′23.5″ N 26°58′14.9″	95
						P	9—14	青灰色		块状	6.6	46.4	1.98	0.82								
						G	14—49	青灰色		大块状	4.8	37.4	1.50	0.58								
						C	49—100				6.1	6.6	0.23	0.59								
剖30	铁铝土	红壤	红壤性土	紫色泥质页岩红色性土		A	0—2	黄棕色	轻壤土	粒状	4.8	35.0	1.07	0.22		105	6.8			紫色泥页岩类	E 115°17′42.8″ N 26°58′34.9″	95
						C	2—72	红黄色	中壤土	粒状	5.1	5.5	0.20	0.19								
						D	72—100	暗棕色			5.1	4.1	0.21	0.19								
剖31	人为土	水稻土	淹育水稻土	淹育型红砂泥田	强淹育红砂泥田	1	0—9	灰棕色		棱块状						84	2.1	20		红砂岩类风化物	E 115°21′30.7″ N 26°58′23.2″	95
						2	9—16	灰棕色		块状												
						3	16—100															
剖32	人为土	水稻土	潴育水稻土	潴育型红砂泥田	中位中潴灰红砂泥田	A	0—15		中壤土	小块状	6.7	23.0	1.13	0.32		105	7.5	36		红砂岩类风化物	E 115°20′01.9″ N 26°55′49.3″	95
						P	15—23		中壤土	块状	6.4	22.0	0.98	0.23								
						G	23—60		中壤土	硬块状	6.5	13.2	0.53	0.31								
						C	60—100				6.4	9.3	0.49	0.24								
剖33	铁铝土	红壤		千枚岩红壤	中层少有机质千枚岩红壤	1	0—3	黄棕色			5.3	27.8	1.22	0.47		102	37.5	192		千枚岩类风化物	E 115°15′55.5″ N 26°57′03.1″	98
						2	3—14	红黄色			6.0	6.5	0.54	0.45								
						3	14—79	暗棕色			6.6	6.4	0.23	0.48								
						4	79—100	暗棕色			6.6	5.8	0.22	1.51								
											7.2	5.6	0.18	0.27								
剖34	人为土	水稻土	潴育水稻土	潴育型紫砂泥田	表潴中潴灰紫砂泥田	A	0—12	紫棕色	黏土	小团块状	6.3	22.8	0.98	0.58		122	8.7	60		紫色砂砾岩类	E 115°17′34.1″ N 26°56′49.4″	95
						P	12—18	紫棕色	重壤土	块状	6.7	18.1	0.54	0.62								
						W₁	18—49	暗紫灰色	黏土	棱块状	7.4	8.7	0.31	0.55								
						W₂	49—65				7.6	6.8	0.28	0.46								
						W₃	65—100															
剖35	人为土	水稻土	潴育水稻土	潴育型紫泥田		A	0—14	浅灰色	中壤土	棱块状	5.6	27.4	1.17	0.61						紫色泥岩风化物	E 115°18′28.8″ N 26°57′02.6″	95
						W₁	14—20	浅灰色	中壤土	块状	5.8	22.3	0.97	0.64								
						W₂	20—53	浅棕红色		块状	6.8	8.2	0.38	0.34								
							53—100															
剖36	人为土	水稻土	潴育水稻土	潴育型紫红泥田	中潴紫红泥田	A	0—10		中壤土	棱块状										紫红色泥页岩类	E 115°18′00.1″ N 26°55′21.0″	95
						W₁	10—16															
						W₂	16—65		重壤土至黏土		6.8	7.2	0.32	0.37								
							65—100															

续表 Continued

剖面号 Soil profile	土纲 Soil order	土类 Soil great group	亚类 Soil subgroup	土属 Soil genus	土种 Soil species	土层码 Layer code	土层厚度 Depth/cm	颜色 Soil color	质地 Soil texture	土壤结构 Soil structure	pH	有机质 OM/(g/kg)	全氮 TN/(g/kg)	全磷 TP/(g/kg)	全钾 TK/(g/kg)	碱解氮 AN/(mg/kg)	有效磷 AP/(mg/kg)	速效钾 AK/(mg/kg)	阳离子交换量CEC/(cmol/kg)	土壤母质 Parent material	剖面点坐标 Profile coordinate	匹配指数 Matching index/%
剖37	人为土	水稻土	淹育水稻土	淹育型黄泥田	强淹灰黄泥田	1	0—14	棕灰色	重壤土	棱块状										第四纪红色黏土	E 115°27′33.6″ N 26°59′34.6″	95
						2	14—20	棕灰色	重壤土	片状												
						3	20—		黏土													
剖38	人为土	水稻土	潴育水稻土	潴育型潮砂泥田	灰潮砂泥田	A	0—16				5.8	27.7	1.24	0.75		140	7.5	44		河流冲积物	E 115°28′03.4″ N 26°55′44.6″	95
						P	16—24				6.3	19.9	0.85	0.68								
						W_1	24—48				6.9	11.5	0.58	0.62								
						W_2	48—					6.6	0.25	0.84								
剖39	人为土	水稻土	淹育水稻土	淹育型潮砂泥田	强淹型潮砂泥田	1	0—11	棕灰色	中壤土	棱块状										河流冲积物	E 115°25′07.3″ N 26°57′06.5″	95
						2	11—17	浅黄色	中壤土													
						3	17—															
剖40	铁铝土	红壤	红壤	千枚岩红壤	厚层少有机质千枚岩类红壤	A	0—3				5.5	8.1	0.38	0.25		54	6.3	54		千枚岩类风化物	E 115°32′53.7″ N 27°00′32.5″	98
						Bv_1	3—70				5.7	5.0	0.37	0.24								
						Bv_2	70—100				5.8	4.2	0.31	0.21								
剖41	人为土	水稻土	潴育水稻土	潴育型紫红泥田	紫红泥田	A	0—12				5.6	24.6	1.29	0.83		180	3.7	33		紫红色泥页岩类母质	E 115°31′16.5″ N 26°58′21.6″	95
						P	12—18				7.3	7.8	0.47	0.75								
						W	18—100				7.3	7.6	0.39	0.59								
剖42	人为土	水稻土	漂洗水稻土	漂洗型鳝泥田	上位弱漂鳝泥田	A	0—13				5.6	15.5	0.85	2.28		100	3.2	52		千枚岩类	E 115°30′18.0″ N 26°57′41.2″	98
						P	13—18				6.5	12.5	0.61	0.50								
						E	18—37				6.0	5.2	0.26	0.19								
						W	37—100				7.0	4.2	0.21	0.18								
剖43	铁铝土	红壤	红壤	红砂岩红壤		1	0—6	紫灰色	砂壤土	碎粒状										红砂岩类	E 115°34′34.7″ N 26°57′48.5″	97
						2	6—	棕红色	轻壤土	碎粒状												
剖44	铁铝土	红壤	红壤	花岗岩红壤	中层少有机质花岗岩红壤	A	0—3	浅灰色	砂壤土	粒状	5.4	47.1	1.33	0.13		199	10.3			花岗岩	E 115°35′34.1″ N 26°58′01.4″	97
						Bv	3—79	暗灰色	轻壤土	大块状	5.4	3.1	0.13	≤0.10								
						C	79—100	暗灰色			5.8	1.7	≤0.10	≤0.10								
剖45	人为土	水稻土	潴育水稻土	潴育型黄砂泥田	灰黄砂泥田	A	0—13	浅灰色	中壤土	小棱块状	5.7	25.9	1.10	0.99		180	17.2	60		石英岩类风化物	E 115°35′31.6″ N 26°57′23.4″	95
						P	13—18	灰黄色	中壤土	块状	5.2	18.1	0.97	0.97								
						W_1	18—56	棕黄色	中壤土	棱块状	6.5	8.4	0.43	0.70								
						W_2	56—100		中壤土		6.9	7.3	0.30	0.50								
剖46	人为土	水稻土	潴育水稻土	潴育型黄泥田	表潜灰黄泥田	Ag	0—13	黄棕色	粉砂质黏壤土	碎粒状	5.2	28.0	1.52	0.31	14.0				4.5	第四纪红色黏土	E 115°30′57.1″ N 26°55′29.2″	95
						Pg	13—18	灰黄色	粉砂质黏壤土	块状	5.4	13.8	0.82	0.28	15.5				4.7			
						W	18—31	灰黄色	中壤土	棱块状	6.0	6.8	0.45	0.30	17.0				7.6			
						C	31—100	灰白色	粉砂质黏壤土	碎粒状	6.3	5.4	0.32	0.25	16.6				9.6			
剖47	人为土	水稻土	潴育水稻土	潴育型麻砂泥田	表潜性麻潞砂泥田	A	0—12	浅黄色	砂壤土	块状	6.1	24.3	1.41	0.58		136	4.0	64		花岗岩风化物	E 115°33′26.4″ N 26°56′55.1″	95
						P	12—17	青灰色	中壤土	粒状	6.2	17.6	0.68	0.49								
						W_1	17—35	黄棕色	中壤土	块状-碎块状	6.4	7.2	0.21	0.35								
						W_2	35—100	黄棕色	中壤土	块状-碎块状		4.6	0.30	0.18								

峡 江 县

主要土类说明

红壤是峡江县主要土壤类型，占本县地域面积的 66%。本县地处亚热带，高温多雨的气候条件使矿物风化和淋溶作用强烈。脱硅富铝化作用的结果，形成了本县大面积的红壤。本县共有红壤和红壤性土两个亚类。在红壤亚类中泥质岩类红壤土属面积最大，占全县红壤面积的 63%，广泛分布于全县山丘，主要由千枚岩、片岩母质发育而成。该土属由于母岩风化较容易，养分含量较高，颗粒较细，所以一般土层深厚，质地适中，植被生长繁茂，基本上没有水土流失。红壤性土亚类是水土流失严重的强侵蚀性土壤，由于母质颗粒粗，土壤疏松，加上植被破坏严重，表土层全被侵蚀，或只有很薄一层，没有 B 层发育，下面即为母质层，呈 A-C 构型，或没有典型土层，只有母质裸露地表。

水稻土是峡江县第二大土壤类型，占本县地域面积的 30%，主要分布在赣江及其支流中下游的河谷平原和丘间谷地。成土母质主要有河流冲积物、泥质岩类风化物、花岗岩风化物、第四纪红色黏土，其次是紫色砂页岩、紫红色砂砾岩、石英质岩类风化物，还有小面积的中性结晶岩类、基性结晶岩类、碳酸岩类风化物。本县水稻土分为四个亚类，其中，潴育水稻土面积最大，占水稻土的 79%，属良水型水稻土，主要分布在河谷平原、丘间谷地及丘陵缓坡的垇田、垄田和排田的中下部，排灌条件较好，水耕熟化程度较高，有明显的潴育层，肥力水平较高。耕作制度以稻-稻-肥为主，其次为稻-稻-油、稻-豆-肥、稻-秋闲-肥。双季稻田及稳产高产田几乎全部在这个亚类。

小于本县地域面积 3% 的土壤类型还有潮土、紫色土、草甸土等。

本区域中心区气候特征

本区域中心区气候特征值
Regional climate characteristics in central area of the region

气候带：中亚热带湿润气候 Climate region: Subtropical humid climate	
年平均气温 /℃ Annual average temperature /℃	18.0
年平均最高气温 /℃ Annual average maximum temperature /℃	22.3
年平均最低气温 /℃ Annual average minimum temperature /℃	14.8
年降水量 /mm Annual precipitation /mm	1532
≥10℃的积温 /℃ Daily temperature accumulated in a year (≥10℃) /℃	11766
年日照时数 /h Annual sunshine /h	1667
年平均相对湿度 /% Annual average relative humidity /%	79
干燥度 Dryness	0.70

峡江县主要土壤类型与土壤剖面点分布图

1∶230 000

图例：红壤 | 水稻土 | 潮土 | 紫色土 | 草甸土 | ⊗ 剖面点

第二编　分县土壤图与土壤剖面数据 | 347

峡江县土壤剖面理化性状表

剖面号 Soil profile	土纲 Soil order	土类 Soil great group	亚类 Soil subgroup	土属 Soil genus	土种 Soil species	土层码 Layer code	土层厚度 Depth/cm	颜色 Soil color	质地 Soil texture	土壤结构 Soil structure	pH	有机质 OM/(g/kg)	全氮 TN/(g/kg)	全磷 TP/(g/kg)	全钾 TK/(g/kg)	碱解氮 AN/(mg/kg)	有效磷 AP/(mg/kg)	速效钾 AK/(mg/kg)	阳离子交换量CEC/(cmol/kg)	土壤母质 Parent material	剖面点坐标 Profile coordinate	匹配指数 Matching index/%
剖1	人为土	水稻土	潴育水稻土	砂岩潴育水稻土	强潜黄砂田	A	0—16	浅灰色	轻壤土	碎块状	6.0	22.3	1.16	6.81		122	2.6	25		砂岩类	E 114°58′43.9″ N 27°38′30.2″	97
						G	16—100	青灰色	轻壤土	无结构												
剖2	人为土	水稻土	淹育水稻土	砂岩淹育水稻土	结板黄砂田	A	0—11	黄灰色	轻壤土	单粒状	4.8	18.5	1.03	0.68	31.8	81	11.0	42		砂岩类	E 114°59′13.5″ N 27°38′17.2″	97
						P	11—15	黄灰色	轻壤土	碎块状	4.9	9.7	0.52	2.79	30.0	55	13.8	20				
						W	15—51	黄棕色	中壤土	块状	5.7	8.4	0.15	1.27	31.4	39	7.2	25				
						C	51—100	浅红色	轻壤土	块状	5.8	1.5	≤0.10	0.51	31.6	9	2.0	29				
剖3	铁铝土	红壤		砂岩红壤	厚层砂岩类红壤	A_1	0—40	灰色	中壤土	核块状										砂岩类	E 114°59′14.9″ N 27°38′01.1″	97
						A	4—40	棕黄色	砂壤土	碎块状												
						Bvc	40—90	浅黄色	砂壤土	块状												
							90—	黄褐色	中壤土	块状												
剖4	人为土	水稻土	淹育水稻土	酸性结晶岩淹育水稻土	黄麻砂泥田	A	0—10	浅灰色	轻壤土	块状										酸性结晶岩类	E 114°57′27.1″ N 27°37′15.6″	97
						P	10—12	灰灰色	中壤土	小块状												
						W	12—33	棕黄色	中壤土	块状												
						C	33—100	深灰色	中壤土	块状												
剖5	人为土	水稻土	潴育水稻土	河积潴育水稻土	中潜潮黄泥田	A	0—15	深灰色	中壤土	小块状	4.9	20.9	1.57			136	7.9	49		河流冲积物	E 114°57′33.8″ N 27°36′16.1″	97
						P	15—17	青灰色	中壤土	不明显												
						G	17—54	青灰色	重壤土	不明显												
						Gc	54—100	棕黄色	黏土	无结构												
剖6	人为土	水稻土	潜育水稻土	泥质岩类潜育水稻土	青潴鳝泥田	A	0—18	深灰色	中壤土	不明显块状										泥质岩类风化物	E 114°59′01.1″ N 27°36′13.3″	95
						Pg	18—27	青灰色	中壤土	块状												
						W	27—50	棕黄色	中壤土	碎块状												
						C	50—100	红黄相同	中壤土	块粒状												
剖7	人为土	水稻土	潴育水稻土	酸性结晶岩类潴育水稻土	薄层酸性结晶岩类侵蚀红壤	A	0—4	灰灰色	轻壤土	屑粒状	5.1	14.5	0.83	0.52	28.6	42	≤1.0	68		酸性结晶岩类	E 114°59′30.0″ N 27°36′26.2″	97
						ABv	4—25	棕红色	砂壤土	碎块状	5.0	4.7	0.18	0.45	25.3	26	≤1.0	43				
						C	25—	红灰色	砂壤土	无结构	5.1	1.3	≤0.10	0.58		12	≤1.0					
剖8	人为土	水稻土	漂洗水稻土	酸性结晶岩漂洗水稻土	漂洗黄麻砂泥田	A	0—12	灰色	中壤土	碎块状										酸性结晶岩类	E 114°59′14.6″ N 27°35′01.2″	95
						P	12—19	浅黄色	砂壤土	粒状												
						W	19—37	灰黄色	中壤土	核块状												
						E	37—57	灰白色	砂壤土	粒状												
						G	57—100	青灰色	黏土	无结构												
剖9	人为土	水稻土	潴育水稻土	酸性结晶岩类潴育水稻土	乌麻潴泥田	A	0—18	灰色	中壤土	核粒状										酸性结晶岩类	E 114°56′09.6″ N 27°37′03.8″	95
						P	18—27	棕黄色	中壤土	小块状												
						W_1	27—65	棕黄色	重壤土	核块状												
						W_2	65—80	棕黄色	中壤土	不明显												
						W_3	80—100	浅棕黄色	中壤土	小棱块状												
剖10	人为土	水稻土	潴育水稻土	河积性潴育水稻土	弱潜潮砂泥田	A	0—17	深灰色	中壤土	小块状	5.7	19.1	0.97	0.79	20.9	76	3.0	35		河流冲积物	E 114°59′29.0″ N 27°34′51.1″	97
						P	17—19	灰灰色	重壤土	块状	5.5	13.6	0.76	0.57	20.1	65	≤1.0	36				
						G	19—51	青灰色	中壤土	不明显	6.1	10.1	0.64	0.42		44	3.6	25				
						C	51—100	棕灰色	中壤土	块状	6.3	7.5	0.46	0.51	19.3	39	3.8	34				
剖11	人为土	水稻土	潴育水稻土	砂岩潴育水稻土	黄砂田	A	0—13	白灰色	轻壤土	碎块状										砂岩类	E 115°04′56.6″ N 27°40′33.1″	97
						P	13—20	黄灰色	轻壤土	块状												
						W_1	20—70	棕色	轻壤土	核块状												
						W_2	70—100	灰褐色	砂壤土	大块状												

续表 Continued

剖面号 Soil profile	土纲 Soil order	土类 Soil great group	亚类 Soil subgroup	土属 Soil genus	土种 Soil species	土层码 Layer code	土层厚度/cm Depth/cm	颜色 Soil color	质地 Soil texture	土壤结构 Soil structure	pH	有机质OM/(g/kg)	全氮TN/(g/kg)	全磷TP/(g/kg)	全钾TK/(g/kg)	碱解氮AN/(mg/kg)	有效磷AP/(mg/kg)	速效钾AK/(mg/kg)	阳离子交换量CEC/(cmol/kg)	土壤母质 Parent material	剖面点坐标 Profile coordinate	匹配指数 Matching index/%
剖12	铁铝土	红壤	红壤性土	紫红色砂砾岩红壤性土	紫红色砂砾岩类	AC C D	0—5 5—20 20—	灰白色 浅黄色	砂壤土 砂壤土	粒状 粒状										紫红色砂砾岩类	E 115° 05′ 35.9″ N 27° 40′ 48.6″	75
剖13	铁铝土	红壤		砂岩红壤	中层砂岩类红壤性	A ABv BvC	0—6 6—45 45—65 65—	棕褐色 褐黄色 褐黄色 浅黄色	轻壤土 砂壤土 砂壤土 砂壤土	核块状 碎块状 碎块状 屑粒状	4.3 5.0 5.4	14.1 2.4 1.9	0.63 0.29 0.18	1.14 0.61 0.80	11.1 13.4 13.6	92 35 21	≤1.0 ≤1.0 4.3	53 15 16		砂岩类	E 115° 05′ 15.4″ N 27° 40′ 23.1″	97
剖14	人为土	潴育水稻土	紫红色砂砾岩潴育水稻土	紫黄泥田	A P W C	0—14 14—20 20—40 40—100	黄灰色 浅黄色 紫黄色 紫黄色	轻壤土 砂壤土 中壤土 中壤土	屑粒状 屑粒状 块状 块状										紫红色砂砾岩	E 115° 06′ 56.5″ N 27° 41′ 32.5″	75
剖15	人为土	潴育水稻土	河积性潴育水稻土	灰潮砂泥田	A P W C	0—12 12—16 16—77 77—100	灰色 灰色 黄灰色 浅褐灰色	中壤土 中壤土 中壤土 中壤土	团粒状 小块状 块状 块状	4.9	6.5	0.48			47	22.2	36		河流冲积物	E 115° 06′ 42.5″ N 27° 40′ 20.4″	97
剖16	人为土	潴育水稻土	酸性结晶岩类潴育水稻土	灰麻砂泥田	A P W C	0—12 12—18 18—70 70—100	灰色 浅灰色 灰棕色 灰白色	中壤土 中壤土 重壤土 砂壤土	核块状 小块状 块状 碎屑状	5.2 5.5 5.9 5.8	27.7 24.5 8.6 7.2	1.51 1.26 0.36 0.21	0.69 0.58 0.49 0.36	26.4 29.2 29.8 31.4	120 35 23 37	2.6 2.0 ≤1.0 ≤1.0	25 21 25 20		酸性结晶岩类	E 115° 03′ 03.3″ N 27° 40′ 19.1″	95
剖17	铁铝土	红壤		石英质岩红壤	薄层石英质岩类红壤	A ABv C D	0—4 4—20 20—30 30—	浅褐色 红褐色 红棕色	轻壤土 中壤土 重壤土	碎屑状 碎屑	4.7	19.2	1.01			166	≤1.0	26		石英质岩类	E 115° 14′ 11.2″ N 27° 41′ 42.6″	97
剖18	半水成土	草甸土	浅色草甸土	河滩浅色草甸土	草洲土	A Bv BvC	0—18 18—50 50—100	黄灰色 棕色 浅灰色	中壤土 中壤土 重壤土	小团块状 块状 碎块状	5.3 5.3 5.4	25.7 9.5 8.6	1.55 1.03 0.40	0.79 0.50 0.59	16.0 16.6 12.5	118 98 53	≤1.0 ≤1.0	33 11 11		河流冲积物	E 115° 13′ 34.3″ N 27° 40′ 07.6″	97
剖19	人为土	潴育水稻土	泥质岩潴育水稻土	黄鳝泥田	A P W C	0—8 8—10 10—38 38—100	浅灰色 浅黄色 灰黄色 黄棕色	中壤土 中壤土 中壤土 重壤土	碎块状 小块状 梭柱状 大梭块状										泥质岩类风化物	E 115° 14′ 17.7″ N 27° 40′ 49.6″	97
剖20	人为土	潴育水稻土	第四纪红色黏土潴育水稻土	黄泥田	A P W	0—12 12—17 17—55 55—100	浅红色 黄灰色 灰黄色 棕黄色	中壤土 重壤土 重壤土 黏土	团块状 小块状 大梭块状 块状										第四纪红色黏土	E 115° 14′ 10.8″ N 27° 40′ 24.1″	95
剖21	铁铝土	红壤		泥质岩红壤	黄泥底潮砂泥田	A BvC C	0—19 19—30 30—	浅棕色 浅黄色 棕黄色	多砾质重壤土 黏土 黏土	碎块状 梭块状										泥质岩类	E 115° 14′ 34.7″ N 27° 40′ 25.8″	95
剖22	人为土	潴育水稻土	泥质潴育水稻土	灰泥田	A W₁ W₂ C	0—12 12—14 14—26 26—50 50—100	灰色 暗黄色 灰棕色 浅黄色	轻壤土 中壤土 中壤土 中壤土	块状 小块状 梭块状										河流冲积物	E 115° 14′ 59.7″ N 27° 40′ 54.1″	97
剖23	人为土	潴育水稻土	基性结晶岩类潴育水稻土	灰泥田	A P W C	0—11 11—15 15—92 92—100	灰灰色 棕黄色	重壤土 中壤土 重壤土	块状 梭块状										基性结晶岩类	E 115° 09′ 14.5″ N 27° 41′ 15.5″	75

续表 Continued

剖面号 Soil profile	土纲 Soil order	土类 Soil great group	亚类 Soil subgroup	土属 Soil genus	土种 Soil species	土层代码 Layer code	土层厚度 Depth/cm	颜色 Soil color	质地 Soil texture	土壤结构 Soil structure	pH	有机质 OM/(g/kg)	全氮 TN/(g/kg)	全磷 TP/(g/kg)	全钾 TK/(g/kg)	碱解氮 AN/(mg/kg)	有效磷 AP/(mg/kg)	速效钾 AK/(mg/kg)	阳离子交换量 CEC/(cmol/kg)	土壤母质 Parent material	剖面点坐标 Profile coordinate	匹配指数 Matching index/%
剖24	铁铝土	红壤	红壤	黄泥红壤	薄层黄泥红壤	A	0—11	橙红色	壤质黏土	碎块状	4.6	18.8	0.82	0.29	11.1				6.9	第四纪红色黏土残积物、坡积物	E 115°00′49.8″ N 27°38′22.9″	95
						Bv	11—32	橙红色	壤质黏土	块状	5.0	7.7	0.47	0.30	10.8				4.5			
						C	32—100	黄红色	壤质黏土	块状	5.2	3.2	0.37	0.21	11.2				5.3			
剖25	铁铝土	红壤	红壤	中性结晶岩类红壤	中层中性结晶岩类红壤	A	0—8	浅棕色	重壤土	碎块状	6.4	44.1	1.76	0.42	11.1	265	≤1.0	61		中性结晶岩类	E 115°02′34.6″ N 27°39′19.4″	95
						Bv	8—38		重壤土	碎块状	6.4	7.8	0.62	0.30	12.7	169	≤1.0	25				
						C	38—50	红棕色	重壤土		6.8	1.9	0.26	0.54	5.4	133	≤1.0	21				
剖26	人为土	水稻土	淹育水稻土	第四纪红色黏土淹育水稻土	结饭黄泥田	A	0—12	灰黄色	中壤土											第四纪红色黏土	E 115°03′02.5″ N 27°37′16.9″	97
						P	12—19	浅黄色	重壤土	碎块状												
						W	19—34	浅棕黄色	重壤土	棱块状												
						C	34—100	棕红色	黏土	棱块状												
剖27	人为土	水稻土	漂洗水稻土	河积性漂洗水稻土	漂洗潮砂泥田	Ae	0—8	灰白色	轻壤土	碎块状										河流冲积物	E 115°14′23.2″ N 27°37′58.8″	97
						P	8—11	浅棕色	中壤土	块状												
						We	11—43	深棕色	重壤土	棱块状												
						W	43—94	灰白色	轻壤土	棱块状												
						E	94—100	深黄色	中壤土	单粒状												
剖28	人为土	水稻土	潴育水稻土	泥质岩类潴育水稻土	乌鳝泥田	A	0—18	灰灰色	中壤土	团粒状	5.0	26.1	1.48	0.54	15.1	139	7.4	41		泥质岩类风化物	E 115°14′30.5″ N 27°37′55.5″	95
						P	18—24	浅灰色	中壤土	小块状	5.7	20.4	1.03	0.42	15.7	96	1.4	20				
						W₁	24—65	棕灰色	中壤土	棱柱状	6.5	9.0	0.40	0.14	15.2	43	≤1.0	25				
						W₂	65—90	灰棕色	重壤土	棱块状	6.4	8.4	0.42	0.21	18.1	44	≤1.0	24				
剖29	人为土	水稻土	淹育水稻土	河积性淹育水稻土	潮砂泥田	A	0—12	浅灰色	轻壤土	碎块状	4.6	15.1	0.86	0.75	25.4	84	5.1	73		河流冲积物	E 115°11′46.2″ N 27°36′44.8″	97
						P	12—17	黄黄色	轻壤土	片状	4.8	13.6	0.83	0.77	28.4	77	5.0	31				
						W₁	17—33	棕色	中壤土	棱柱状	4.6	10.8	0.58	0.91	29.8	63	≤1.0	23				
						W₂	33—70	灰灰色	中壤土	棱块状	5.8	5.1	0.30	0.77	28.6	33	5.9	28				
						C	70—100															
剖30	人为土	水稻土	淹育水稻土	泥质岩类淹育水稻土	黄鳝泥田	A	0—10	深灰色	轻壤土	屑粒状	4.3	17.2	1.16	0.80	7.2	148	≤1.0	45		泥质岩类风化物	E 115°07′54.3″ N 27°35′13.6″	98
						P	10—14	灰白色	中壤土	碎块状	4.5	14.1	0.99	0.72	15.1	138	≤1.0	43				
						W	14—53	浅黄色	中壤土	棱柱状	5.1	5.9	0.11	0.67	8.3	54		23				
						C	53—100	灰色	中壤土	棱块状	5.0	2.5	0.35	0.64	13.2	40		42				
剖31	铁铝土	红壤	红壤性	酸性结晶岩类红壤	灰鳝泥田	A	0—15	灰棕色	中壤土	小块状	5.7	21.7	1.40	0.60	10.5	114	8.7	35		酸性结晶岩类	E 115°00′58.5″ N 27°34′29.5″	95
						P	15—19	黄黄色	中壤土	棱柱状	5.5	19.2	1.28	0.56	11.4							
						W₁	19—46	棕色	中壤土	棱柱状	6.5	6.0	0.63	0.64	11.4							
						W₂	46—68	棕色	重壤土	棱柱状	6.3	5.2	0.46	0.37	11.8							
						C	68—100															
剖32	人为土	水稻土	潴育水稻土	泥质岩类潴育水稻土	中层酸性结晶岩类红壤	A	0—18	灰棕红色	砂壤土	碎块状	5.1	19.8	1.52	0.52	37.0	90	≤1.0	99		泥质岩类风化物	E 115°04′18.5″ N 27°31′17.0″	98
						ABv	18—36	棕红色	砂壤土	碎块状	5.1	3.8	0.83	1.48	29.3	35	≤1.0	61				
						C	36—	黄黄色	中壤土	无结构	5.2	≤1.0	0.21	0.79	30.8	19	≤1.0	56				
剖33	铁铝土	红壤	红壤	酸性结晶岩类红壤		A	0—13	浅黄色	中壤土	碎块状	5.3	21.5	1.22							酸性结晶岩类	E 115°05′41.2″ N 27°31′33.9″	95
						P	13—19	黄黄色	中壤土	块状												
						W	19—45		重壤土	棱柱状												
						G	45—100	青灰色	重壤土	不明显												
剖34	人为土	水稻土	潜育水稻土	酸性结晶岩潜育水稻土	弱潜麻砂泥田							21.5	1.22			121	12.7	20				

续表 Continued

剖面号 Soil profile	土纲 Soil order	土类 Soil great group	亚类 Soil subgroup	土属 Soil genus	土种 Soil species	土层码 Layer code	土层厚度 Depth/cm	颜色 Soil color	质地 Soil texture	土壤结构 Soil structure	pH	有机质 OM/(g/kg)	全氮 TN/(g/kg)	全磷 TP/(g/kg)	全钾 TK/(g/kg)	碱解氮 AN/(mg/kg)	有效磷 AP/(mg/kg)	速效钾 AK/(mg/kg)	阳离子交换量CEC/(cmol/kg)	土壤母质 Parent material	剖面点坐标 Profile coordinate	匹配指数 Matching index/%
剖35	人为土	水稻土	漂洗水稻土	河积性漂洗水稻土	漂洗灰潮砂泥田	A	0—15	灰色	中壤土	块状										河流冲积物	E 115°01′58.1″ N 27°31′12.4″	97
						P	15—18	灰色	中壤土	块状												
						W	18—38	灰白色	中壤土	块状	≤3.5	≤1.0										
						E	38—100	灰白色	砂土													
剖36	半水成土	潮土	河潮土	河潮土	灰潮砂泥土	A	0—18	浅灰色	砂壤土	粒状	5.3	≤1.0	0.20	0.76		22	36.7			河流冲积物	E 115°10′00.5″ N 27°34′08.4″	95
						ABv	18—25	黄灰色	砂壤土	粒状	5.3	≤1.0	0.21	0.66		66		31				
						BvC	25—100	红棕色	轻壤土	碎粒状	5.3	≤1.0	0.21	0.66		25		19				
剖37	半水成土	潮土	河潮土	河潮土	潮砂土	A	0—14	灰褐色	砂壤土	单粒状							≤1.0	19		河流冲积物	E 115°10′47.4″ N 27°33′54.7″	95
						Bv	14—36	浅褐色	砂壤土	单粒状												
						C	36—100	褐色	轻壤土	碎粒状												
剖38	人为土	水稻土	淹育水稻土	河积性淹育水稻土	潮砂田	A	0—13	黄棕色	砂壤土	屑粒状										河流冲积物	E 115°10′52.5″ N 27°33′23.0″	97
						P	13—17	黄棕色	砂壤土	片状												
						C	17—100	浅黄色	轻壤土	片状												
剖39	人为土	水稻土	潴育水稻土	石英质岩类潴水稻土	灰黄砂泥田	A	0—13	灰色	轻壤土	碎块状	4.5	26.3	1.69	1.20	13.3	179	17.9	44		石英岩类风化物	E 115°12′41.8″ N 27°34′22.6″	95
						P	13—17	灰色	中壤土	碎块状	4.5	14.1	0.92	1.31	14.3	130	3.1	17				
						W	17—69	黄棕色	中壤土	棱块状	4.9	4.9	0.33	0.81	14.6	48	2.0	21				
						C	69—100	棕褐色	轻壤土	块状	5.0	4.3	0.36	0.81	19.0	44	6.2	50				
剖40	人为土	水稻土	漂洗水稻土	酸性结晶岩漂洗水稻土	漂洗砾砂泥田	A	0—9	黄棕色	砂壤土	小棱状										酸性结晶岩类	E 115°12′18.9″ N 27°32′56.9″	95
						P	9—12	浅灰色	中壤土	小棱块状												
						W	12—26	灰色	砂土	单粒状												
						E	26—100	灰色	中壤土	屑粒状												
剖41	铁铝土	红壤	红壤	紫红色砂砾岩红壤	中层紫红色砂砾岩红壤	A₁	0—1	红棕色	中壤土	小块状										紫红色砂砾岩类	E 115°17′14.4″ N 27°41′52.6″	97
						A	1—11	紫红色	中壤土	团块状												
						Bv	11—50	紫红色	中壤土	团块状												
						C	50—100	深灰色	重壤土	核块状	5.9	27.9	1.57	0.82	18.0	148		56				
剖42	人为土	水稻土	潴育水稻土	河积性潴育水稻土	乌潮砂泥田	A	0—14	灰灰色	中壤土	片状	6.0	13.7	0.83	1.00	17.8	81	2.6	30		河流冲积物	E 115°19′22.3″ N 27°36′05.8″	98
						P	14—17	棕灰色	中壤土	大棱块状	6.2	6.3	0.38	0.80	17.0	29	7.4	30				
						W₁	17—65	灰棕色	中壤土	小棱块状	6.2	7.1	0.35	0.95	18.6	28	8.9	29				
						W₂	65—100															
剖43	人为土	水稻土	淹育水稻土	浅黄泥田	巴邱黄泥田	Aa	0—12	亮灰棕色	粉砂质黏壤土	小块状	5.0	19.6	1.30	0.60	15.3					第四纪红色黏土	E 115°18′40.7″ N 27°35′45.5″	95
						Ap	12—16	亮灰棕色	粉砂质黏壤土	块状	5.0	17.4	1.10	0.50	16.7							
						C	16—60	橙色	黏壤土	大块状	5.0	7.1	0.50	0.50	21.3							
剖44	铁铝土	红壤	红壤	第四纪红色黏土红壤	乌黄泥田	A	0—16	暗灰色	重壤土	团积状										第四纪红色黏土	E 115°18′40.7″ N 27°35′45.5″	95
						P	16—21	灰棕色	壤质黏壤土	小块状												
						Bv	21—100	红棕色	重壤土	碎块状												
剖45	人为土	水稻土	潴育水稻土	黏紫泥	灰黄泥	P	0—11	红棕色	壤质黏壤土	团块状	5.7	18.8	0.80	0.30	11.1					第四纪红色黏土	E 115°16′58.0″ N 27°34′36.8″	95
						W₁	11—32	黄棕色	中壤土	小块状	5.0	6.7	0.50	0.30	10.8							
						W₂	32—100	棕色	中壤土	碎块状	5.3	3.2	0.40	0.20	11.2							
剖46	铁铝土	红壤	红壤	碳酸盐岩类潴岩红壤	碳酸盐土类乌泥田	A	0—19	黄棕色	砾质重壤	大块状										碳酸岩类风化物	E 115°17′38.3″ N 27°34′55.5″	95
						Bv	19—23	棕色	重壤土	块状												
						Bvv	23—37	亮红棕色	重壤土	棱块状												
						C	37—100	红色	重壤土	碎块状												
剖47	铁铝土	红壤	红壤	第四纪红色黏土熟化红壤	红泥土	P	0—19	红棕色	中壤土	团块状										第四纪红色黏土	E 115°18′15.4″ N 27°33′20.7″	95
						Bv	9—60	棕红色	重壤土	碎块状												
						C	60—100	红色	重壤土	大块状												

续表 Continued

剖面号 Soil profile	土纲 Soil order	土类 Soil great group	亚类 Soil subgroup	土属 Soil genus	土种 Soil species	土层码 Layer code	土层厚度 Depth/cm	颜色 Soil color	质地 Soil texture	土壤结构 Soil structure	pH	有机质 OM/(g/kg)	全氮 TN/(g/kg)	全磷 TP/(g/kg)	全钾 TK/(g/kg)	碱解氮 AN/(mg/kg)	有效磷 AP/(mg/kg)	速效钾 AK/(mg/kg)	阳离子交换量CEC/(cmol/kg)	土壤母质 Parent material	剖面点坐标 Profile coordinate	匹配指数 Matching index/%
剖48	铁铝土	红壤	红壤	泥质岩红壤	厚层泥质岩类红壤	Aoo	0—2	灰色		碎屑状										泥质岩类	E 115°18′58.2″ N 27°34′10.5″	95
						Ao	2—3	灰棕色	轻壤土	核粒状												
						A₁	3—16	棕黄色	中壤土	团块状												
						ABv	16—40	黄色	中壤土	块状												
						Bvc	40—100		中壤土	碎块状												
剖49	人为土	水稻土	潴育水稻土	第四纪红色黏土潴育水稻土	灰黄泥田	A	0—13	灰色	重壤土	小块状	5.1	26.6	1.66	0.77	11.9	139	12.6	44		第四纪红色黏土	E 115°19′40.2″ N 27°33′30.2″	95
						P	13—18	黄灰色	重壤土	棱块状	5.8	13.5	0.94	0.91	12.0	78	≤1.0	37				
						W	18—52	灰黄色	中壤土	棱块状	6.4	3.8	0.44	0.39	18.5	13	≤1.0	50				
						C	52—100	黄色	中壤土	碎块状	6.6	6.0	0.43	0.28	12.3	25	≤1.0	34				
剖50	人为土	水稻土	潴育水稻土	河积性潴育水稻土	青褐灰潮砂泥田	A	0—14	棕灰色	重壤土	小团块状	5.3	27.2	1.67	0.55	≥50.0	≤1	76.6	76		河流冲积物	E 115°20′16.8″ N 27°31′34.0″	97
						Pg	14—21	青灰色	重壤土	无结构	6.0	16.5	0.92	0.33	≥50.0	≤1	36.5	36				
						W	21—100	棕黄色	重壤土	大棱块状	6.8	7.3	0.62	0.62	≥50.0	4	42.0	42				
剖51	人为土	水稻土	潴育水稻土	紫红色砂页岩潴育水稻土	紫泥田	A	0—13	棕紫色	重壤土		5.1	16.6	1.03	0.62	17.6	87	1.4	55		紫红色砂页岩	E 115°20′49.2″ N 27°31′55.0″	95
						P	13—18	棕紫色	重壤土	小块状	5.9	8.3	0.59	0.49	18.6	41	≤1.0	57				
						W₁	18—39	紫灰色	重壤土	棱块状	7.0	4.1	0.42	≤0.10	20.7	20	≤1.0	62				
						W₂	39—54	紫褐色	重壤土	棱块状	6.9	5.5	0.42	0.48	19.8	25	≤1.0	57				
						C	54—100	黄褐色	重壤土		6.8	5.1	0.33	0.40	17.2	197	≤1.0	34				
剖52	人为土	水稻土	潴育水稻土	紫红色砂砾岩潴育水稻土	紫黄泥田	A	0—13	褐棕色	中壤土	块状	4.7	17.0	1.20	0.78	17.5	87	1.2	25		紫红色砂砾岩	E 115°22′54.6″ N 27°34′16.6″	95
						P	13—17	黄褐色	重壤土	小块状	4.9	6.6	0.70	1.45	16.0	50	2.3	30				
						W₁	17—38	黄褐色	中壤土	棱柱状	5.5	5.1	0.54	1.02	14.8	51	≤1.0	24				
						W₂	38—71	浅褐色	中壤土	棱块状	5.2	2.8	0.31	0.75								
						C	71—	紫灰色	重壤土													
剖53	人为土	水稻土	潴育水稻土	紫红色砂砾岩潴育水稻土	中潜紫黄泥田	A	0—17	棕紫色	中壤土	块状		13.6				91	3.6	42		紫红色砂砾岩	E 115°23′41.8″ N 27°34′25.2″	97
						P	17—30	棕紫色	黏土	小块状												
						C	20—100	灰黄褐色	中壤土	无结构												
剖54	人为土	水稻土	潴育水稻土	石英质岩类潴育水稻土	黄砂泥田	A	0—11	灰白色	中壤土	块状										石英质岩类	E 115°22′47.1″ N 27°33′38.7″	95
						P	11—16	灰色	中壤土	小块状	4.7	8.8	0.44	0.14	21.7	41	≤1.0	42				
						ABv	10—15	紫红色	轻壤土	屑粒状	4.5	3.0	0.20	0.14	22.7	13	≤1.0	35				
						BvC	15—27	紫渣色	轻壤土	煤渣状	4.7	2.7	0.25	0.13	21.8	9	≤1.0	26				
						C	27—100	紫红色	中壤土	碎块状	4.7	2.4	0.18	0.19	23.0	15	≤1.0	29				
剖55	人为土	红壤	红壤	第四纪红色黏土红壤	中层第四纪红色黏土红壤	A	0—11	浅黄色	轻壤土	粒状	4.9	19.3	1.40	0.69	19.7	120	5.8	24		第四纪红色黏土	E 115°23′49.2″ N 27°33′20.2″	95
						P	11—17	灰色	中壤土	块状	5.3	11.5	0.84	0.64	16.4	77	≤1.0	16				
						W	17—50	棕褐色	重壤土	棱块状	5.2	6.5	0.94	0.74	17.4	62	1.3	40				
						C	50—100	红褐色	中壤土	块状	6.2	2.9	0.66	0.61	14.6	18	4.6	60				
剖56	铁铝土	红壤	红壤	紫红色砂砾岩类红壤	鳝泥田	A	0—16	深灰色	中壤土	小块状										紫红色砂砾岩类	E 115°25′11.3″ N 27°32′06.8″	95
						ABv	20—56	浅棕红色	中壤土	大块状	6.2	127.2	4.30			214	5.4	50				
						C	56—100	红黄杂色	黏土	无结构	4.9	26.8	≤0.10			72		70				
剖57	人为土	水稻土	潴育水稻土	泥质岩类潴育水稻土	中潜鳝泥田	A	0—10	棕色	轻壤土	屑粒状	4.8	41.6	1.38			99		90		泥质岩类风化物	E 115°26′35.5″ N 27°33′39.0″	95
剖58	人为土	水稻土	潴育水稻土	泥质岩潜育水稻土	强潜鳝泥田	A	0—12	棕灰色	中壤土	块状	5.2	23.2	1.45			191		50		泥质岩类风化物	E 115°21′01.9″ N 27°27′29.6″	95
剖59	人为土	水稻土	潴育水稻土			G	12—	青灰色	重壤土	无结构												

续表 Continued

剖面号 Soil profile	土纲 Soil order	土类 Soil great group	亚类 Soil subgroup	土属 Soil genus	土种 Soil species	土层码 Layer code	土层厚度 Depth/cm	颜色 Soil color	质地 Soil texture	土壤结构 Soil structure	pH	有机质 OM/(g/kg)	全氮 TN/(g/kg)	全磷 TP/(g/kg)	全钾 TK/(g/kg)	碱解氮 AN/(mg/kg)	有效磷 AP/(mg/kg)	速效钾 AK/(mg/kg)	阳离子交换量CEC/(cmol/kg)	土壤母质 Parent material	剖面点坐标 Profile coordinate	匹配指数 Matching index/%
剖60	人为土	水稻土	潴育水稻土	砂岩潴育水稻土	灰黄砂田	A	0—14	灰色	轻壤土	碎块状	5.6	18.6	1.16	2.24	32.0	121	2.0	25		砂岩类	E 115°30′14.1″ N 27°29′42.8″	98
						P	14—18	灰色	轻壤土	片状	5.5	12.0	0.71	2.87	35.4							
						W$_1$	18—59	棕灰色	轻壤土	棱柱状	5.8	10.7	0.70		31.8							
						W$_2$	59—88	黄灰色	轻壤土	棱块状	5.8	11.1	0.58	0.78								
						E	88—100	灰白色	砂壤土													

新 干 县

主要土类说明

红壤是新干县主要土壤类型，占本县地域面积的58%，广泛分布于本县岗地、丘陵、低山地区，是中亚热带生物气候条件下形成的典型地带性土壤。土壤剖面发育完整，除表层颜色较灰暗外，心土层和底土层均为红色的紧实黏土层，呈块状或棱块状结构，有时底土可见黄、白、红相间的网纹层。全剖面红化、酸化、黏化明显，大部分土壤缺磷、少钾。根据成土因素差异，本县红壤土类分为红壤和黄红壤两个亚类。其中红壤亚类位于海拔600m以下的丘陵地区，占红壤土类的98%，呈酸性，土壤有机质、氮、钾含量差别大。黄红壤亚类是红壤向黄壤过渡的土壤类型，除了有红壤化过程外，还附加有黄壤成土过程。其剖面表层和亚表层有较明显的黄化现象，而心土层和底土层一般仍为红土层，占红壤土类的2%，成土母质均为酸性结晶岩类风化物，主要分布于桃溪的黎山等地海拔300—600m的低山地带。

水稻土是新干县第二大土壤类型，占本县地域面积的34%，广泛分布于赣江及其支流两岸的河谷平原和低山、丘陵谷地、山坑内。长期种植水稻、特定的耕作方式及轮作制度使土壤经常处于干湿交替和氧化还原交替的过程中，铁锰氧化物发生淋溶淀积现象，从而形成了水稻土特有的剖面形态和理化性状。在水稻土形成过程中，水分存在方式及运动状况的不同，也深刻地影响着水稻土剖面形态特征及理化性状的形成，使水稻土发育成不同的亚类。同一亚类中，又因母质来源的不同及耕作熟化程度、耕作层肥沃度的差异，形成不同的土属及众多的土种。本县水稻土共分为四个亚类：淹育型、潴育型、潜育型、漂洗型。潴育水稻土占水稻土面积的81%，主要分布于赣江及其支流两岸和丘陵谷地以及坑田的中下部。其水文状况为良水型，地下水位在60cm以下，种植水稻年限长，土壤熟化程度高，肥力水平较高，耕性较好。犁底层发育良好，既有较好的托水保肥能力，又有适当的渗漏量。水、肥、气、热协调，宜种性较广泛。其剖面构型有 A-P-W-C、A-P-W-W_2、A-P-W_2-G。

潮土是新干县第三大土壤类型，占本县地域面积的4%，主要分布在赣江及其支流中下游两岸的冲积平原上，丘陵地区河流平缓处两岸也有零星分布。本县潮土均由近代河流冲积物发育而成，土层深厚（1m以上）。具有明显的分选性，一般近河处质地偏轻，多为砂壤土至轻壤土，远河处质地较细腻，多为轻壤土至中壤土，位于丘陵地区河流平缓处的质地较粗，颗粒较大。此外，土壤剖面还具有明显的层理性，一般上细下粗，或夹有砂层，丘陵地区河流平缓处的潮土还常夹有细卵石层。残丘岗地与河流冲积物的交接地带及部分台地的潮土，底垫物常出现第四纪红色黏土。

小于本县地域面积3%的土壤类型还有草甸土、黄壤、紫色土等。

本区域中心区气候特征

本区域中心区气候特征值
Regional climate characteristics in central area of the region

气候带：中亚热带湿润气候 Climate region: Subtropical humid climate	
年平均气温 /℃ Annual average temperature /℃	17.9
年平均最高气温 /℃ Annual average maximum temperature /℃	22.2
年平均最低气温 /℃ Annual average minimum temperature /℃	14.7
年降水量 /mm Annual precipitation /mm	1571
≥10℃的积温 /℃ Daily temperature accumulated in a year (≥10℃) /℃	11468
年日照时数 /h Annual sunshine /h	1685
年平均相对湿度 /% Annual average relative humidity /%	79
干燥度 Dryness	0.68

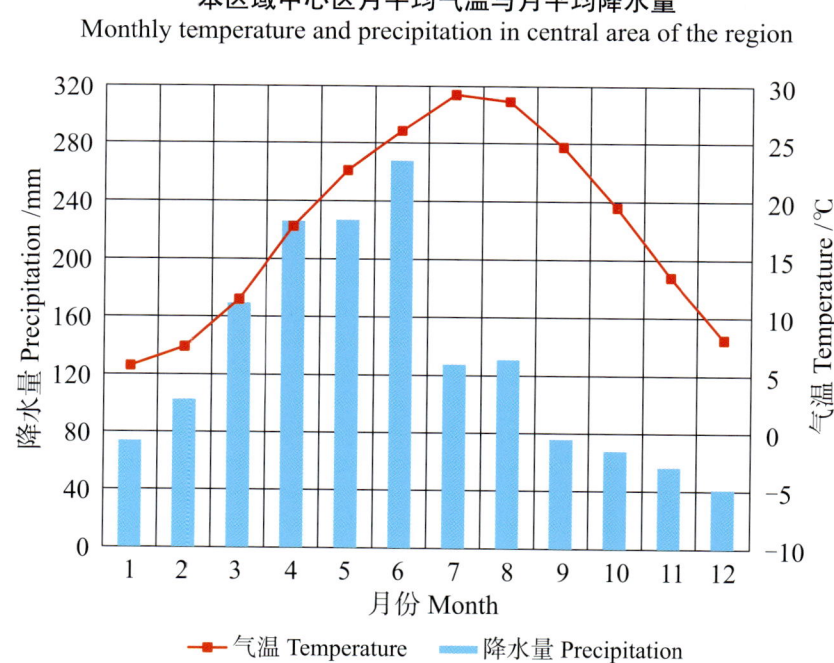

本区域中心区月平均气温与月平均降水量
Monthly temperature and precipitation in central area of the region

新干县主要土壤类型与土壤剖面点分布图
1∶210 000

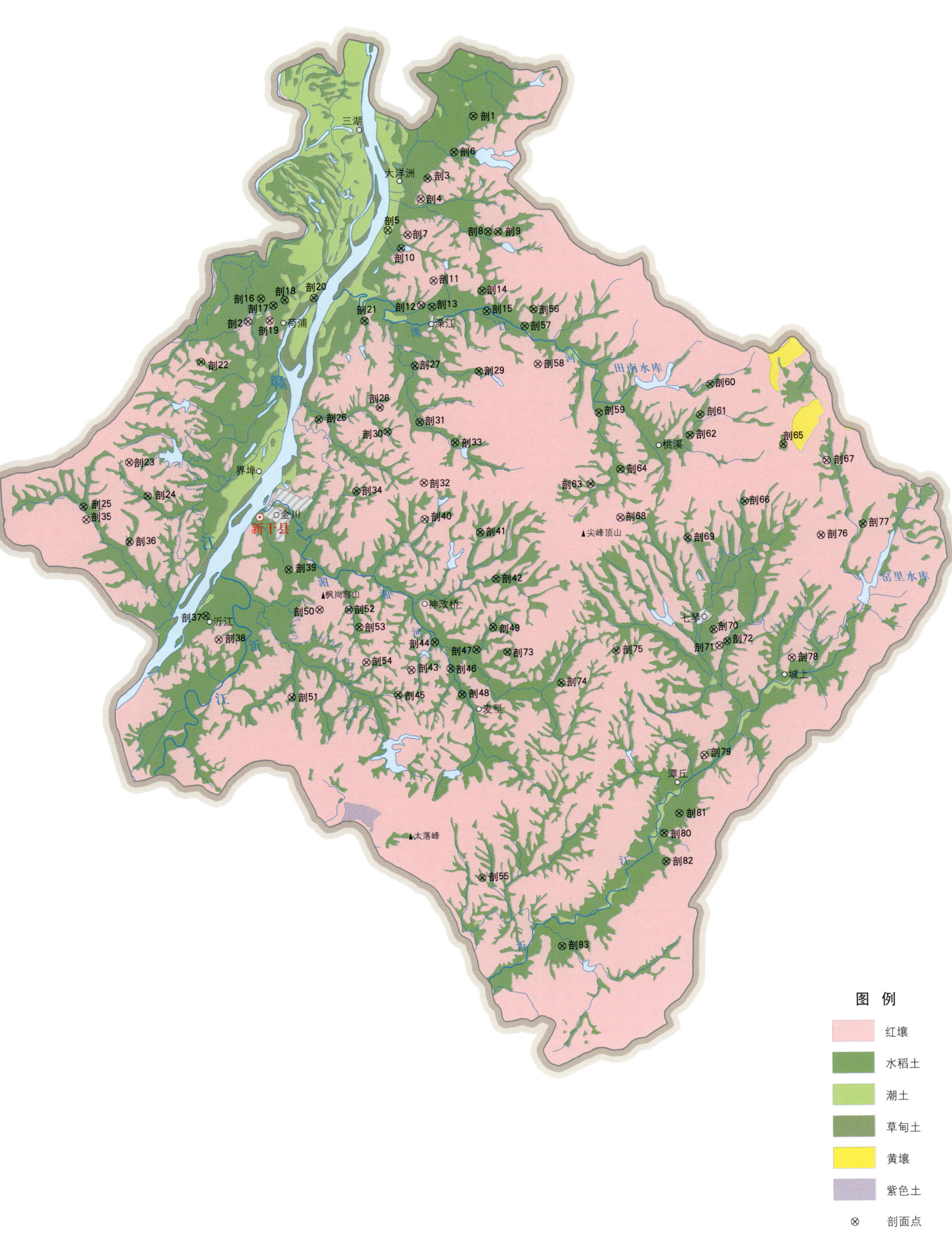

新干县土壤剖面理化性状表

剖面号 Soil profile	土纲 Soil order	土类 Soil great group	亚类 Soil subgroup	土属 Soil genus	土种 Soil species	土层码 Layer code	土层厚度 Depth/cm	颜色 Soil color	质地 Soil texture	土壤结构 Soil structure	pH	有机质 OM/(g/kg)	全氮 TN/(g/kg)	全磷 TP/(g/kg)	碱解氮 AN/(mg/kg)	有效磷 AP/(mg/kg)	速效钾 AK/(mg/kg)	土壤母质 Parent material	剖面点坐标 Profile coordinate	匹配指数 Matching index/%
剖1	人为土	水稻土	潴育水稻土	潴育型潮砂泥田	红砂泥底中潜乌潮砂泥田	A	0—15	深灰色	中壤土	团粒状	5.3	35.9	2.10	0.63	152	6.0	46	河流冲积物	E 115°29′11.7″ N 27°55′46.5″	95
						P	15—19	灰色	中壤土	块状	5.3	33.8	1.99	0.62						
						W₁	19—40	黄棕色	中壤土	棱柱状	6.4	7.3	0.49	0.91						
						W₂	40—100	砖红色	重壤土	棱柱状	6.8	5.3	0.50	0.95						
剖2	铁铝土	红壤		泥质岩红壤	中层中有机质泥质岩类红壤	A	0—8	灰棕色	中壤土	粒状	4.8	38.4	1.11	0.71	111	1.6	117	泥质岩类	E 115°22′21.5″ N 27°50′09.6″	75
						Bv	8—33	棕黄色	中壤土	小块状	4.7	12.9	0.61	0.60						
						C	33—100	暗灰色	重壤土	棱粒状	4.9	5.7	0.44	0.64						
剖3	人为土	水稻土	潴育水稻土	潴育型红砂泥田	弱潴红砂泥田	A	0—13	浅灰色	轻壤土	团块状	4.9	16.3	0.71	0.56	72	5.0	26	红砂岩类风化物	E 115°27′49.0″ N 27°54′04.4″	97
						P	13—17	黄灰色	轻壤土	小块状	5.0	14.9	0.78	0.56						
						W₁	17—36	灰棕色	中壤土	棱柱状	5.8	4.5	0.34	0.68						
						W₂	36—100	棕黄色	重壤土	棱柱状	6.0	6.5	0.41	0.72						
剖4	铁铝土	红壤		红砂泥土	中层红砂泥土	A	0—16	暗红色	中壤土	粒状	5.0	11.6	0.80	0.75	66	3.6	67	红砂岩类风化物	E 115°27′36.9″ N 27°53′31.0″	97
						Bv	16—58	红色	中壤土	块状	5.0	4.2	0.38	0.57						
						C	58—100	红白相间	砂壤土	块状	5.0	4.6	0.43	0.59						
剖5	半水成土	潮土		壤质潮土	厚层潮砂土	A	0—20	灰色	轻壤土	粒状	5.5	8.1	0.44	0.78	45	9.7	85	河流冲积物	E 115°26′36.1″ N 27°52′39.8″	97
						Bv	20—100	灰棕色	中壤土	小块状	5.9	6.5	0.30	0.76						
剖6	人为土	水稻土	潴育水稻土	潴育型红砂鳝泥田	弱潴灰红鳝泥田	A	0—14	棕色	轻壤土	屑粒状	5.4	30.2	1.39	0.91	140	26.1	25	红砂岩类风化物	E 115°28′36.7″ N 27°54′47.6″	97
						P	14—18	浅棕色	轻壤土	小块状	6.8	18.1	0.96	0.72						
						W₁	18—39	黄棕色	轻壤土	棱块状	7.3	9.9	0.52	0.63						
						W₂	39—100	棕黄色	轻壤土	棱块状	7.2	4.7	0.41	0.74						
剖7	铁铝土	红壤		红砂岩红壤	厚层少有机质红砂岩类红壤	A	0—9	灰棕色	中壤土	粒状	5.2	21.4	1.24	0.68	103	3.2	153	红砂岩类	E 115°27′12.9″ N 27°52′32.4″	95
						Bv₁	9—31	棕红色	中壤土	块状	5.1	9.3	0.68	0.52						
						Bv₂	31—100	暗红色	重壤土	块状	5.2	5.2	0.56	0.83						
剖8	人为土	水稻土	潴育水稻土	潴育型鳝泥田	表潜性中潜灰潴鳝泥田	A	0—11	黄棕色	重壤土	团块状	4.7	23.2	1.48		131	30.3	154	泥质岩类风化物	E 115°29′40.3″ N 27°52′38.6″	97
						P	11—16	棕灰色	中壤土	块状										
						W₁	16—64	棕色	中壤土	棱柱状										
						W₂	64—100	浅棕色	重壤土	棱柱状										
剖9	人为土	水稻土	潴育水稻土	潴育型砂泥田	中位中潜鳝泥田	A	0—14	灰棕色	重壤土	粒状	4.9	25.5	1.50		124	10.0	44	泥质岩类风化物	E 115°28′36.7″ N 27°54′47.6″	97
						P	14—21	浅蓝灰色	中壤土	块状										
						G₁	21—57	青灰色	中壤土	棱柱状										
						G₂	57—100	青棕色	重壤土	块状										
剖10	人为土	水稻土	潴育水稻土	潴育型红砂泥田	表潜性红砂岩红壤	Ag	0—13	黄棕色	轻壤土	屑粒状	5.0	28.6	1.71		168	22.5	100	红砂岩类风化物	E 115°29′58.8″ N 27°52′38.6″	97
						Pg	13—20	褐黄色	轻壤土	块状										
						W	20—63	砖红色	中壤土	棱柱状										
						4	63—65	砖红色	中壤土	块状										
						C	65—100	暗红色	中壤土	小块状										
剖11	铁铝土	红壤		红砂岩红壤	厚层少有机质红砂岩红壤	A	0—4	暗红色	中壤土	碎粒状	5.0	10.6	0.47		41	1.6	24	红砂岩类	E 115°28′01.1″ N 27°51′18.8″	95
						Bv	4—33	棕红色	中壤土	小粒状	5.3	18.4	1.10	1.27	95	10.2	77			
						C	33—55	黄灰色	中壤土	块状										
						D	55—100	砖红色	中壤土	块状										
剖12	铁铝土	红壤		红砂泥土	厚层灰砂泥土	A	0—11	灰黄色	轻壤土	粒状	5.3	5.1	0.52	0.91				红砂岩类风化物	E 115°27′38.9″ N 27°50′38.7″	97
						Bv₁	11—57	黄灰色	中壤土	块状	5.4	4.1	0.53	0.79						
						Bv₂	57—100	浅红色	中壤土	棱柱状										

续表 Continued

剖面号 Soil profile	土纲 Soil order	土类 Soil great group	亚类 Soil subgroup	土属 Soil genus	土种 Soil species	土层码 Layer code	土层厚度 Depth/cm	颜色 Soil color	质地 Soil texture	土壤结构 Soil structure	pH	有机质 OM/(g/kg)	全氮 TN/(g/kg)	全磷 TP/(g/kg)	碱解氮 AN/(mg/kg)	有效磷 AP/(mg/kg)	速效钾 AK/(mg/kg)	土壤母质 Parent material	剖面点坐标 Profile coordinate	匹配指数 Matching index/%
剖13	人为土	水稻土	潴育水稻土	潴育型潮砂泥田	表潴性中潴灰潮砂泥田	A	0—13	浅棕灰色	轻壤土	鳞片状	5.0	24.4	1.24	0.98	127	9.2	70	河流冲积物	E 115°27′58.5″ N 27°50′36.4″	95
						P	13—18	棕灰色	中壤土	棱片状	5.0	12.0	0.61	0.55						
						W₁	18—54	灰棕色	中壤土	棱块状	6.1	7.5	0.34	0.84						
						W₂	54—100	棕黄色	中壤土	棱块状	6.4	4.0	0.25	0.75						
剖14	人为土	水稻土	潴育水稻土	潴育型红砂泥田	表潴性中潴灰红砂泥田	A	0—9	浅棕灰色	轻壤土	肩粒状	4.9	28.7	1.53	0.82	163	22.1	72	红砂岩类风化物	E 115°29′29.8″ N 27°51′03.2″	97
						P	9—14	棕灰色	中壤土	小块状	5.0	26.9	1.18	0.82						
						W₁	14—45	棕黄色	轻壤土	棱块状	5.8	9.8	0.70	0.60						
						W₂	45—100	棕黄色	轻壤土	棱柱状	6.7	5.6	0.47	0.57						
剖15	人为土	水稻土	潴育水稻土	潴育型潮砂泥田	表潴性弱潴灰鳝砂泥田	A	0—12	浅棕灰色	中壤土	小块状	5.1	34.9	1.89	0.53	156	11.2	43	泥质岩类风化物	E 115°29′38.6″ N 27°50′30.1″	97
						W₁	12—18	青灰色	中壤土	块状	5.4	18.9	1.08	0.38						
						W₂	18—57	黄棕色	重壤土	大块状	6.3	6.3	0.60	0.36						
						W₃	57—100	棕黄色	重壤土	大块状	6.6	7.0	0.52	0.36						
剖16	人为土	水稻土	潴育水稻土	潴育型潮砂泥田	上位弱潜灰潮砂泥田	Pg	0—13	浅灰色	中壤土	团粒状	5.2	27.5	1.51	0.90	117	4.0	87	河流冲积物	E 115°22′44.9″ N 27°50′47.4″	95
						W₁	13—19	青灰色	中壤土	棱块状	5.5	25.1	1.46	0.92						
						W₂	19—36	棕灰色	重壤土	块状	6.9	13.0	0.88	0.94						
						W₃	36—100	棕黄色	重壤土	大块状	6.8	9.9	0.63	0.91						
剖17	人为土	水稻土	潴育水稻土	潴育型红砂泥田	黄泥底中潴灰棕砂泥田	A	0—13	浅灰色	中壤土	团块状	5.1	30.6	1.59	1.13	120	15.5	75	河流冲积物	E 115°23′07.8″ N 27°50′36.3″	95
						P	13—20	灰棕色	中壤土	块状	6.2	18.0	0.79	1.29						
						W₁	20—42	灰棕色	中壤土	棱块状	6.7	16.5	0.56	1.18						
						W₂	42—100	棕黄色	重壤土	大粒状	6.6	6.0	0.52	1.46						
剖18	人为土	水稻土	潴育水稻土	潴育型潮砂泥田	黄泥底上位弱潜灰潮砂泥田	Ag	0—11	灰青色	中壤土	团粒状	5.4	24.8	1.37		121	21.4	56	河流冲积物	E 115°23′28.6″ N 27°50′45.3″	95
						Pg	11—15	青灰色	中壤土	块状										
						W₁	15—39	黄棕色	中壤土	大块状										
						W₂	39—67	棕黄色	中壤土	棱块状										
						W₃	67—100	浅黄棕色	重壤土	棱块状										
剖19	铁铝土	红壤	红壤	黄泥土	厚层黄泥土	A	0—9	灰棕色	中壤土	粒块状	5.1	17.9	1.18	1.25	122	10.9	133	第四纪红色黏土	E 115°23′01.4″ N 27°50′11.7″	97
						Bv	9—100	乌黑色	中壤土	棱块状	5.0	6.6	0.58	1.15						
剖20	半水成土	草甸土	山地草甸土	酸性结晶岩类山地草甸土		A	0—11	灰黑色	中壤土	粒状	4.9	46.1	1.79	2.79	185	4.3	75	酸性结晶岩类	E 115°24′21.5″ N 27°50′48.9″	74
						C	11—40	灰色	中壤土	块状	4.8	29.7	1.34	2.50	122					
						D	40—													
剖21	人为土	水稻土	潴育水稻土	潴育型红砂泥田	中潴灰砂泥田	A	0—13	棕灰色	轻壤土	肩粒状	5.5	35.3	≥10.00	0.85	124	16.9	72	红砂岩类风化物	E 115°25′55.1″ N 27°50′12.6″	98
						P	13—18	青灰色	中壤土	块状	5.3	26.2	1.64	0.68						
						W₁	18—100	浅蓝灰色	重壤土	棱柱状	7.0	7.7	0.58	0.49						
剖22	人为土	水稻土	潴育水稻土	潴育型红砂泥田	中潴红砂泥田	A	0—12	棕灰色	中壤土	团块状	4.8	17.5	0.95	0.67	78	6.4	41	红砂岩类风化物	E 115°20′56.0″ N 27°49′03.6″	99
						P	12—17	黄棕色	中壤土	块状	5.4	14.5	0.87	0.64						
						W₁	17—47	棕黄色	中壤土	棱块状	6.4	8.1	0.47	0.67						
						W₂	47—100	浅红棕色	中壤土	块状	6.5	5.9	0.33	0.75						
剖23	铁铝土	红壤		红砂岩红壤		A	0—20	黄棕色	中壤土	粒状	4.6	20.7	0.89	0.62	97	3.6	100	红砂岩类	E 115°18′45.7″ N 27°46′19.3″	95
						Bv	20—100	暗红色	重壤土	小块状	4.8	5.7	0.38	0.42						
剖24	人为土	水稻土	潴育水稻土	潴育型红砂泥田	上位中潴灰红砂泥田	A	0—15	棕灰色	中壤土	块状	4.9	29.9	1.51	0.79	137	9.6	77	红砂岩类风化物	E 115°19′19.9″ N 27°45′25.1″	98
						Pg	15—21	浅青灰色	中壤土	块状	5.2	22.0	1.39	0.40						
						G₁	21—67	青灰色	中壤土	块状	5.5	20.1	0.98	0.38						
						G₂	67—100	灰色	重壤土	块状	5.4	11.0	0.53	0.50						

续表 Continued

剖面号 Soil profile	土纲 Soil order	土类 Soil great group	亚类 Soil subgroup	土属 Soil genus	土种 Soil species	土层码 Layer code	土层厚度 Depth/cm	颜色 Soil color	质地 Soil texture	土壤结构 Soil structure	pH	有机质 OM/(g/kg)	全氮 TN/(g/kg)	全磷 TP/(g/kg)	碱解氮 AN/(mg/kg)	有效磷 AP/(mg/kg)	速效钾 AK/(mg/kg)	土壤母质 Parent material	剖面点坐标 Profile coordinate	匹配指数 Matching index/%
剖25	人为土	水稻土	潴育水稻土	潴育型黄砂泥田	弱潴黄砂泥田	A	0—13	灰色	中壤土	粒状	5.3	23.4	1.42		133	8.9	29	石英岩类风化物	E 115°17′22.5″ N 27°45′06.7″	97
						P	13—18	灰棕色	中壤土	块状										
						W	18—72	棕黄色	中壤土	棱块状										
						C	72—100	黄棕色	中壤土	块状										
剖26	人为土	水稻土	潴育水稻土	潴育型红砂泥田	上位弱潜灰红砂泥田	A	0—11	浅黄色	中壤土	团块状	5.3	31.3	1.68	0.70	151	12.2	69	红砂岩类风化物	E 115°24′32.5″ N 27°47′31.7″	97
						Pg	11—15	灰青色	中壤土	块状	6.7	28.3	1.54	0.91						
						W₁	15—49	棕黄色	中壤土	棱块状	6.4	5.7	0.38	0.60						
						W₂	49—79	灰黄色	中壤土	棱柱状	6.4	5.9	0.46	0.47						
						W₃	79—100	灰棕黄色	轻壤土	块状	6.9	5.5	0.30	0.45						
剖27	人为土	水稻土	潴育水稻土	潴育型鳝泥田	中潴乌黄鳝泥田	A	0—15	深棕灰色	中壤土	屑粒状	5.1	37.1	1.67	0.69	183	8.4	95	泥质岩类风化物	E 115°26′28.2″ N 27°49′00.5″	97
						P	15—19	深黄灰色	中壤土	小块状	4.8	27.7	1.40	0.68						
						W₁	19—37	灰黄色	重壤土	棱块状	5.2	14.7	0.78	0.74						
						W₂	37—60	灰褐色	中壤土	棱柱状	6.3	10.3	0.61	0.78						
						W₃	60—100	灰褐色	重壤土	棱块状	6.3									
剖28	人为土	水稻土	潴育水稻土	潴育型黄砂泥田	弱潴灰黄砂泥田	A	0—11	灰棕色	中壤土	小块块状	5.4	30.9	1.66		157	9.7	80	石英岩类风化物	E 115°27′24.1″ N 27°47′52.1″	97
						P	11—16	灰棕色	中壤土	棱块状										
						W	16—61	灰色	中壤土	棱块状										
						G	61—100	浅蓝灰色	重壤土	棱柱状										
剖29	人为土	水稻土	潴育水稻土	潴育型鳝泥田	表潜性弱潴鳝泥田	A	0—10	浅棕灰色	中壤土	小块状	5.6	29.5	1.36	0.43	146	17.8	56	泥质岩类风化物	E 115°29′24.7″ N 27°48′52.5″	97
						Pg	10—15	浅灰色	中壤土	块状	5.4	23.7	1.05	0.55						
						W₁	15—38	棕黄色	中壤土	棱块状	5.2	14.5	0.60	0.28						
						W₂	38—100	黄棕色	中壤土	棱柱状	5.3	11.8	0.56	0.79						
剖30	人为土	水稻土	潴育水稻土	潴育型黄砂泥田	表潜性弱潴灰黄砂泥田	A	0—15	浅灰色	中壤土	屑粒状	5.0	37.1	1.80		168	7.5	86	石英岩类风化物	E 115°26′38.5″ N 27°47′12.9″	97
						Pg	15—25	青灰色	中壤土	块状										
						W₁	25—51	浅灰黄色	中壤土	小棱块状										
						W₂	51—100	深灰色	中壤土	棱柱状										
剖31	人为土	水稻土	潴育水稻土	潴育型黄砂泥田	中潴灰黄砂泥田	A	0—14	深灰色	中壤土	团粒状	5.1	28.5	1.64	0.75	134	12.3	57	石英岩类风化物	E 115°27′37.4″ N 27°47′28.7″	99
						P	14—19	棕黄色	中壤土	块状	6.1	14.1	0.83	0.98						
						W₁	19—35	棕黄色	重壤土	棱块状	7.5	9.0	0.33	0.41						
						W₂	35—100	棕黄色	黏土	棱柱状	7.5	3.3	0.32	0.45						
剖32	铁铝土	红壤	红壤	酸性结晶岩红壤	厚层少有机质酸性结晶岩类红壤	A	0—13	棕灰色	轻壤土	粒状	4.5	13.7	0.44	0.22	66		104	酸性结晶岩类	E 115°27′45.9″ N 27°45′50.3″	95
						Bv₁	13—38	黄棕色	轻壤土	棱块状	4.5	4.3	0.24	0.17						
						Bv₂	38—70	黄红色	轻壤土	棱柱状	4.6	2.9	0.11	0.18						
						C	70—100	浅红黄色	轻壤土	块状	5.0	2.0	0.12	0.19						
剖33	人为土	水稻土	潴育水稻土	潴育型黄砂泥田	中潴乌黄砂泥田	A	0—15	深灰色	中壤土	屑粒状	5.1	33.4	1.82		158	6.6	81	石英岩类风化物	E 115°28′42.3″ N 27°46′55.9″	98
						P	15—22	黄棕色	中壤土	团粒状	4.9	29.5	1.71							
						W	22—100	棕灰色	中壤土	鳞片状										
剖34	人为土	水稻土	潴育水稻土	潴育型黄砂泥田	上位中潴灰黄砂泥田	A	0—15	棕灰色	中壤土	棱柱状					178	3.3	67	石英岩类风化物	E 115°25′42.2″ N 27°45′35.8″	98
						P	15—20	青灰色	中壤土	块状										
						G₁	20—48	蓝灰色	中壤土	块状										
						G₂	48—100	灰灰色	中壤土	粒状										
剖35	铁铝土	红壤	红壤	第四纪红色黏土红壤	厚层中有机质红色黏土红壤	A	0—12	灰棕色	中壤土	屑粒状	4.8	31.5	1.16	0.66	105	2.5	89	第四纪红色黏土	E 115°17′28.1″ N 27°44′46.3″	97
						Bv	12—70	砖红色	重壤土	块状	5.0	5.7	0.47	0.61						
						C	70—100	红棕色	重壤土	块状										

续表 Continued

剖面号 Soil profile	土纲 Soil order	土类 Soil great group	亚类 Soil subgroup	土属 Soil genus	土种 Soil species	土层码 Layer code	土层厚度 Depth/cm	颜色 Soil color	质地 Soil texture	土壤结构 Soil structure	pH	有机质 OM/(g/kg)	全氮 TN/(g/kg)	全磷 TP/(g/kg)	碱解氮 AN/(mg/kg)	有效磷 AP/(mg/kg)	速效钾 AK/(mg/kg)	土壤母质 Parent material	剖面点坐标 Profile coordinate	匹配指数 Matching index/%
剖36	人为土	水稻土	潜育水稻土	潜育型红砂泥田	上位弱潜红砂泥田	A	0—12	灰棕色	中壤土	团块状	5.2	24.1	1.08		114	24.5	48	红砂岩类风化物	E 115°18′47.5″ N 27°44′10.9″	97
						Pg	12—15	浅青灰色	中壤土	鳞片状										
						G	15—24	青灰色	中壤土	块状										
						W	24—100	黄棕色	中壤土	块状										
剖37	人为土	水稻土	潜育水稻土	潜育型潮砂泥田	弱潜潮砂泥田	A	0—14	浅蓝色	轻壤土	团块状	5.1	19.1	0.96		104	2.2	58	河流冲积物	E 115°21′07.8″ N 27°42′12.3″	95
						P	14—19	浅蓝色	轻壤土	小块状										
						W_1	19—51	灰棕色	砂壤土	棱块状										
						W_2	51—100	灰青色	砂壤土	棱块状										
剖38	铁铝土	红壤		红砂岩红壤	薄层少有机质红砂岩红壤	A	0—7	黄红色	轻壤土	粒状	4.8	7.3	0.34		56	≤1.0	63	红砂岩类	E 115°21′31.7″ N 27°41′33.8″	95
						Bv	7—28	黄棕色	轻壤土	小块状										
						C	28—100	黄棕色	砂壤土	棱柱状										
剖39	人为土	水稻土	淹育水稻土	淹育型红砂泥田	红砂泥田	A	0—12	灰黄色	轻壤土	小块状	4.9	25.5	1.40	1.42	113	13.4	30	红砂岩类风化物	E 115°23′39.3″ N 27°43′28.1″	97
						P	12—18	棕红色	轻壤土	小块状	6.4	10.7	0.74	1.18						
						C	18—100	红棕色	砂壤土	块状	5.6	6.8	0.48	0.63						
剖40	铁铝土	红壤		石英质红壤	厚层少有机质石英质红壤	A	0—12	灰黑色	中壤土	粒状	4.9	30.9	1.65	0.70	151	9.0	51	石英质类	E 115°27′47.6″ N 27°44′51.4″	97
						Bv_1	12—40	棕红色	中壤土	粒状	4.9	27.1	1.17	0.43						
						Bv_2	40—100	棕红色	重壤土	团粒状	4.9	24.2	1.21	0.35						
剖41	人为土	水稻土	潜育水稻土	潜育型黄砂泥田	上位潜灰黄砂泥田	A	0—15	棕灰色	中壤土	块状	4.8	10.4	0.51	0.32	91	≤1.0	39	石英岩类风化物	E 115°29′28.7″ N 27°44′30.7″	97
						Pg	15—23	浅青灰色	中壤土	块状	5.1	24.4	1.12							
						G	23—45	青灰色	中壤土	棱柱状										
						W	45—100	灰棕色	轻壤土	团粒状										
剖42	人为土	潴育水稻土		潴育型麻砂泥田	弱潴灰棕麻砂泥田	A	0—13	灰棕色	砂壤土	小块状	4.5	11.8	0.33	0.46	44	≤1.0	44	花岗岩风化物	E 115°29′58.5″ N 27°43′15.7″	97
						P	13—17	灰棕色	砂壤土	块状	4.7	3.8	0.15	0.44						
						W_1	17—36	黄棕灰色	中壤土	棱柱状	4.9	2.8	0.11	1.05						
						W_2	36—100		重壤土	软糊无结构										
剖43	铁铝土	红壤		酸性结晶岩红壤	厚层少有机质酸性结晶岩红壤	A	0—7	棕红色	砂壤土	糊状	4.6	36.2	1.58	1.60	166	22.4	63	酸性结晶岩类	E 115°27′24.9″ N 27°40′46.3″	95
						Bv	7—27	红黄色	轻壤土	糊状	4.6	34.7	1.44	0.62						
						C	27—100	青灰色	轻壤土	大块状	5.7	31.4	1.30	0.50						
剖44	人为土	水稻土	潴育水稻土	潴育型麻砂泥田	上位中潴灰麻砂泥田	A	0—13	深灰色	中壤土	屑粒状	5.3	20.2	1.11		110	14.0	79	花岗岩风化物	E 115°28′07.3″ N 27°41′32.0″	97
						P	13—17	灰色	中壤土	小块状		28.2	1.20							
						G_1	17—37	浅灰棕色	中壤土	块状										
						G_2	37—100	青灰色	重壤土	棱柱无结构										
剖45	人为土	水稻土	潴育水稻土	潴育型麻砂泥田	全层强潴灰麻砂泥田	Ag	0—25	深灰色	砂壤土	块状	5.0	33.6	1.67	1.00	150	9.6	62	花岗岩风化物	E 115°29′00.7″ N 27°40′05.4″	97
						G_1	25—42	灰棕色	砂壤土	块状	4.8	26.3	1.26	0.84						
						G_2	42—100	棕灰色	砂壤土	棱柱状	5.3	8.5	0.42	0.87						
剖46	人为土	水稻土	潴育水稻土	潴育型麻砂泥田	中潴麻砂泥田	A	0—11	灰棕色	轻壤土	团块状								花岗岩风化物	E 115°28′36.4″ N 27°40′48.9″	97
						P	11—17		中壤土	块状										
						W_1	17—44		中壤土	块状										
						W_2	44—100		中壤土	棱柱状										
剖47	人为土	水稻土	潴育水稻土	潴育型潮砂泥田	表潴性弱潴灰潮砂泥田	A	0—10	青灰色	轻壤土	块状								河流冲积物	E 115°29′23.2″ N 27°41′20.2″	95
						Pg	10—23	棕黄色	轻壤土	棱柱状										
						W_1	23—45	灰黄色	砂壤土	大块状										
						W_2	45—100													

续表 Continued

剖面号 Soil profile	土纲 Soil order	土类 Soil great group	亚类 Soil subgroup	土属 Soil genus	土种 Soil species	土层码 Layer code	土层厚度 Depth/cm	颜色 Soil color	质地 Soil texture	土壤结构 Soil structure	pH	有机质 OM/(g/kg)	全氮 TN/(g/kg)	全磷 TP/(g/kg)	碱解氮 AN/(mg/kg)	有效磷 AP/(mg/kg)	速效钾 AK/(mg/kg)	土壤母质 Parent material	剖面点坐标 Profile coordinate	匹配指数 Matching index/%
剖48	人为土	水稻土	潴育水稻土	潴育型麻砂泥田	中潜乌麻砂泥田	A	0—17	深灰色	中壤土	屑粒状	4.9	36.6	1.59	1.24	148	22.0	49	花岗岩风化物	E 115°28′57.7″ N 27°40′06.8″	98
						P	17—22	灰色	轻壤土	块状	5.0	26.2	1.33	1.16						
						W₁	22—43	黄棕色	中壤土	棱柱状	6.3	8.0	0.44	0.88						
						W₂	43—51	灰棕色	重壤土	棱柱状	6.9	7.5	0.52	0.86						
						W₃	51—100	棕黄色	重壤土	棱柱状	7.0	4.4	0.34	0.54						
剖49	人为土	水稻土	潴育水稻土	潴育型麻砂泥田	上位弱潴灰麻砂泥田	A	0—15	暗棕灰色	中壤土	粒状	5.2	36.5	1.70	1.50	168	20.9	135	花岗岩风化物	E 115°29′53.7″ N 27°41′57.1″	97
						Pg	15—20	浅青灰色	中壤土	小块状	5.5	33.7	1.55	0.52						
						G	20—36	浅青灰色	中壤土	棱柱状	5.0	29.7	1.32	0.39						
						W	36—61	灰棕色	中壤土	棱块状	4.9	16.6	0.75	0.39						
						C	61—100	棕黄色	重壤土	棱柱状	5.5	13.3	0.60	0.72						
剖50	铁铝土	红壤	红壤	泥质岩红壤	薄层少有机质泥质岩红壤	A	0—12	灰红色	重壤土	小块状	4.9	14.5	0.62	0.71	71	2.0	48	泥质岩类	E 115°24′36.0″ N 27°42′23.5″	95
						Bv	12—28	黄红色	重壤土	棱柱状	5.2	3.3	0.24	0.65						
						C	28—50	棕红色	重壤土	棱柱状	5.2	3.3	0.29	0.86						
						D	50—100	红黄色	重壤土		5.1	7.9	0.22	0.72						
剖51	人为土	水稻土	潴育水稻土	潴育型麻砂泥田	上位中潴麻砂泥田	A	0—10	灰棕色	中壤土	团块状	4.4	31.9	1.63		172	3.4	49	花岗岩风化物	E 115°23′45.9″ N 27°40′00.4″	97
						Pg	10—16	暗蓝灰色	中壤土	块状										
						G₁	16—26	青蓝色	中壤土	棱柱状										
						G₂	26—65	蓝灰色	中壤土	棱柱状										
						W	65—100	灰棕色	中壤土	棱柱状										
剖52	人为土	水稻土	潴育水稻土	潴育型鳝泥田	上位中潜灰鳝泥田	Ag	0—12	黄灰色	中壤土	块状	4.8	35.3	1.54	0.63	128	1.9	29	泥质岩类风化物	E 115°25′29.7″ N 27°42′23.6″	98
						Pg	12—20	青灰色	中壤土	块状	4.8	31.4	1.40	0.52						
						G₁	20—60	暗灰色	中壤土	棱柱状	4.9	24.2	1.33	0.59						
						G₂	60—100	蓝灰色	重壤土	块状	5.3	15.6	0.53	0.38						
剖53	人为土	水稻土	潴育水稻土	潴育型鳝泥田	强潜灰麻砂泥田	A	0—14	灰棕色	中壤土	团块状		25.1	1.22	0.56	147	8.2	57	花岗岩风化物	E 115°25′49.2″ N 27°41′55.6″	97
						P	14—23	灰棕色	中壤土	块状	≥10.0	12.7	0.60	0.37						
						W₁	23—42	棕色	中壤土	棱柱状	5.6	9.2	0.49	0.36						
						W₂	42—54	棕色	中壤土	块状	6.8	6.0	0.30	0.47						
						W₃	54—100	红棕色	轻壤土	块状	7.4	5.3	0.19	0.29						
剖54	铁铝土	红壤	红壤	麻砂泥土	厚层灰麻砂泥土	A	0—11	棕红色	轻壤土	屑粒状	5.0	42.7	1.77	1.42	123	4.0	84	花岗岩风化物	E 115°26′02.5″ N 27°40′58.6″	97
						Bv	11—100	黄红色	中壤土	棱柱状	4.9	9.4	0.28	1.15						
剖55	人为土	水稻土	潴育水稻土	潴育型鳝泥田	全层强潜鳝泥田	Ag	0—15	青灰色	重壤土	小块状	4.9	39.7	1.62	0.67	121	4.0	62	泥质岩类风化物	E 115°29′36.0″ N 27°35′09.0″	97
						Pg	15—21	青灰色	重壤土	糊状	5.9	38.0	1.45	0.60						
						G	21—100	青灰色	重壤土	小块状	6.5	31.7	1.18	0.54						
剖56	人为土	水稻土	潴育水稻土	潴育型鳝泥田	弱潜鳝泥田	A	0—12	棕黄色	黏土	团块状	4.9	21.3	1.16	0.66	116	10.2	41	泥质岩类风化物	E 115°31′04.5″ N 27°50′33.6″	97
						P	12—18	棕黄色	黏土	块状	4.8	12.2	0.74	0.57						
						W₁	18—27	棕黄色	重壤土	棱柱状	5.1	12.5	0.60	0.63						
						W₂	27—53	棕褐色	黏土	棱柱状	5.4	7.2	0.49	0.71						
						C	53—100	黄红色	黏土	大块状	6.4	10.5	0.50	1.00						
剖57	人为土	水稻土	潴育水稻土	潴育型鳝泥田	中潜灰鳝泥田	A	0—13	深灰色	中壤土	团粒状	5.1	36.1	2.15	0.67	183	7.0	179	泥质岩类风化物	E 115°30′48.5″ N 27°50′06.5″	98
						P	13—18	灰棕色	重壤土	小块状	6.0	20.0	1.30	0.50						
						W₁	18—45	黄灰色	中壤土	棱柱状	6.2	5.5	0.44	0.49						
						W₂	45—100	棕黄色	中壤土	棱柱状	6.7	4.9	0.49	0.34						
剖58	铁铝土	红壤	红壤	酸性结晶岩红壤	中层中有机质酸性结晶岩红壤	Ao	0—0.5	浅灰色	轻壤土	粒状	4.7	24.4	1.90	0.99	206	5.4	15	酸性结晶岩类	E 115°31′13.1″ N 27°49′05.2″	95
						A	0.5—16	浅黄色	轻壤土	粒状	4.9	23.0	0.97	0.75						
						Bv	16—60	黄黄色	轻壤土	小块状	5.3	10.6	0.60	0.70						
						C	60—100	棕黄色	砂壤土	无结构	5.4	6.4	0.43	0.64						

续表 Continued

剖面号 Soil profile	土纲 Soil order	土类 Soil great group	亚类 Soil subgroup	土属 Soil genus	土种 Soil species	土层码 Layer code	土层厚度 Depth/cm	颜色 Soil color	质地 Soil texture	土壤结构 Soil structure	pH	有机质 OM/(g/kg)	全氮 TN/(g/kg)	全磷 TP/(g/kg)	碱解氮 AN/(mg/kg)	有效磷 AP/(mg/kg)	速效钾 AK/(mg/kg)	土壤母质 Parent material	剖面点坐标 Profile coordinate	匹配指数 Matching index/%
剖59	人为土	水稻土	潴育水稻土	潴育型黄砂泥田	表潜性中潴灰黄砂泥田	A	0—14	灰棕色	中壤土	小块状	5.8	31.7	1.57	0.59	158	9.1	35	石英岩类风化物	E 115°33′05.3″ N 27°47′46.2″	97
						Pg	14—23	浅灰色	中壤土	块状	5.7	28.1	1.27	0.38						
						W₁	23—65	棕灰色	中壤土	大块状	5.8	20.1	1.12	0.29						
						W₂	65—100	黄棕色	重壤土	棱柱状	6.1	6.3	0.51	0.54						
剖60	人为土	水稻土	潴育水稻土	潴育型鳝泥田	中潴鳝泥田	A	0—13	蓝灰色	中壤土	团块状	5.0	44.3	2.21	0.92	177	20.6		泥质岩类风化物	E 115°36′28.8″ N 27°48′34.4″	97
						Pg	13—18	蓝灰色	中壤土	块状	5.6	31.8	2.44	0.45						
						W₁	18—24	黄棕色	中壤土	棱柱状	6.7	11.5	0.66	0.79						
						W₂	24—80	灰棕色	中壤土	棱柱状	6.8	9.8	0.51	0.93						
						W₃	80—100	棕黄色	中壤土	棱块状	5.0	4.5	0.31	0.43						
剖61	人为土	水稻土	潴育水稻土	潴育型麻砂泥田	中潴灰麻砂泥田	A	0—13	棕灰色	轻壤土	团粒状	5.0	32.4	1.67	0.65	149	4.1	87	花岗岩风化物	E 115°36′10.9″ N 27°47′45.0″	98
						P	13—18	黄棕灰色	轻壤土	块状	5.0	28.2	1.49	0.84						
						W₁	18—32	黄棕色	中壤土	棱柱状	5.2	20.4	1.20	0.84						
						W₂	32—72	棕色	中壤土	棱柱状	6.1	9.7	0.57	0.83						
						W₃	72—100	棕黄色	中壤土	团块状	6.3	4.6	0.46	0.49						
剖62	人为土	水稻土	潴育水稻土	潴育型麻砂泥田	表潜性中潴灰麻砂泥田	A	0—13	灰棕色	轻壤土	团粒状	4.9	37.7	1.81	1.30	143	46.4	157	花岗岩风化物	E 115°35′52.4″ N 27°47′11.1″	98
						Pg	13—18	青灰色	中壤土	棱柱状	5.5	32.9	1.37	0.70						
						W	18—100	棕色	重壤土	棱柱状	6.5	19.3	0.93	0.52						
剖63	人为土	水稻土	淹育水稻土	淹育型麻砂泥田	表潜性弱潴黄砂泥田	A	0—13	浅灰色	中壤土	团粒状	5.0	25.1	1.30		129	9.6	65	石英岩类风化物	E 115°32′51.0″ N 27°45′50.6″	98
						Pg	13—18	青灰色	中壤土	块状										
						W₁	18—77	灰棕色	重壤土	棱柱状										
						W₂	77—100	灰黄色	重壤土	棱柱状										
剖64	人为土	水稻土	潴育水稻土	潴育型黄砂泥田	上位中潴黄砂泥田	A	0—15	棕色	中壤土	团块状	5.4	25.1	1.18	0.55	91	≤1.0	43	石英岩类风化物	E 115°33′44.9″ N 27°46′14.9″	97
						Pg	15—20	青灰色	中壤土	块状	5.0	28.2	1.07	0.39						
						G	20—100	青灰色	中壤土	大块状	4.9	23.9	0.89	0.39						
剖65	人为土	水稻土	潴育水稻土	潴育型麻砂泥田	强潴灰麻砂泥田	A	0—10	棕灰色	中壤土	小块状	4.8	25.7	1.41	1.09	127	8.3	123	花岗岩风化物	E 115°38′43.4″ N 27°46′57.6″	97
						P	10—15	灰棕色	中壤土	小块状	5.1	22.0	0.91	0.91						
						C	15—100	黄棕色	中壤土	块状	5.6	20.5	0.56	0.98						
剖66	人为土	水稻土	潴育水稻土	潴育型黄泥田	黄泥田	A	0—13	灰棕色	中壤土	小块状	5.1	24.2	1.40		132	13.6	38	第四纪红色黏土	E 115°37′33.0″ N 27°45′24.5″	95
						P	13—18	黄棕色	重壤土	团块状										
						W	18—100	棕蓝灰色	重壤土	块块状	5.0	31.4	1.56							
						4	53—56	褐黄色	中壤土	盘块状										
剖67	铁铝土	红壤		泥质岩红壤	厚层中有机质泥质岩类红壤	A	0—17	棕色	黏土	团粒状	4.6	23.8	0.91	1.07	87	2.0	93	泥质岩类风化物	E 115°40′03.2″ N 27°46′31.4″	95
						Bv₁	17—40	红棕色	黏土	棱块状	5.0	6.5	3.30	1.09						
						Bv₂	40—100	棕红色	黏土	棱块状	5.4	2.3		1.02						
剖68	铁铝土	红壤		石英质岩红壤	厚层中石英岩质红壤	A	0—13	黄棕色	中壤土	块状	5.0	33.2	1.16		120		100	石英质岩类	E 115°33′45.2″ N 27°44′56.7″	99
						Bv	13—67	黄褐色	中壤土	小块状										
						C	67—100	棕褐色	中壤土	棱柱状										
剖69	人为土	水稻土	潴育水稻土	潴育型黄泥田	上位弱潴鳝泥田	A	0—13	棕褐灰色	重壤土	团块状	5.0	31.4	1.56		123	17.8	63	泥质岩类风化物	E 115°35′49.0″ N 27°44′25.1″	97
						Pg	13—17	蓝灰色	重壤土	小块状										
						G	17—37	蓝灰色	黏土	棱柱状										
						Wg	37—60	浅灰棕色	黏土	棱柱状										
						W	60—100	灰棕色	黏土	棱柱状										
剖70	人为土	水稻土	潴育水稻土	潴育型黄砂泥田	中潴灰黄砂泥田	A	0—11	棕灰色	重壤土	屑粒状	5.0	31.5	1.68	0.86	164	43.0	74	第四纪红色黏土	E 115°36′37.3″ N 27°41′56.0″	97
						P	11—16	灰色	重壤土	棱柱状	5.4	24.1	1.34	0.55						
						W	16—100	棕褐色	重壤土	棱柱状	6.7	19.7	1.17	0.88						

续表 Continued

剖面号 Soil profile	土纲 Soil order	土类 Soil great group	亚类 Soil subgroup	土属 Soil genus	土种 Soil species	土层码 Layer code	土层厚度 Depth/cm	颜色 Soil color	质地 Soil texture	土壤结构 Soil structure	pH	有机质 OM/(g/kg)	全氮 TN/(g/kg)	全磷 TP/(g/kg)	碱解氮 AN/(mg/kg)	有效磷 AP/(mg/kg)	速效钾 AK/(mg/kg)	土壤母质 Parent material	剖面点坐标 Profile coordinate	匹配指数 Matching index/%
剖71	铁铝土	红壤	红壤	第四纪红色黏土红壤		A	0—20	棕红色	轻壤土	小块状	4.7	25.0	1.11		99	≤1.0	31	第四纪红色黏土	E 115°36′47.8″ N 27°41′29.8″	99
						Bv	20—100	棕黄色	轻壤土	小块状										
剖72	人为土	水稻土	潴育水稻土	潴育型黄砂泥田	上位弱潴灰黄泥田	A	0—12	灰棕色	中壤土	小块状	5.0	33.7	1.69	0.60	159	4.5	71	第四纪红色黏土	E 115°37′02.3″ N 27°41′37.4″	97
						Pg	12—16	青灰色	中壤土	粒状	6.2	30.2	1.52	0.60						
						W	16—55	黄棕色	中壤土	核块状	5.3	10.0	0.38	0.21						
						G	55—100	青灰色	黏土		5.0	14.0	0.78	0.60						
剖73	人为土	水稻土	潴育水稻土	潴育型麻砂泥田	上位弱潴麻砂泥田	A	0—14	灰棕色	中壤土	团块状	5.0	29.5	1.00		161	18.1	72	花岗岩风化物	E 115°30′20.5″ N 27°41′16.7″	98
						Pg	14—18	浅青灰色	中壤土	块状										
						G	18—52	青灰色	中壤土	块状										
						W	52—100	深灰色	中壤土	棱柱状										
剖74	人为土	水稻土	潴育水稻土	潴育型鳝泥田	弱潴灰鳝泥田	A	0—13	灰色	中壤土	屑粒状	5.0	26.6	1.40		142	6.4	104	泥质岩类风化物	E 115°31′59.0″ N 27°40′27.2″	98
						P	13—16	灰棕色	中壤土	小块状										
						W₁	16—49	青灰色	重壤土	粒状										
						W₂	49—78	蓝灰色	中壤土	棱柱状										
						C	78—100	深灰色	中壤土	棱柱状										
剖75	人为土	水稻土	潴育水稻土	潴育型鳝泥田	上位中潴鳝泥田	A	0—10	灰棕色	中壤土	粒状	5.1	24.9	1.13	0.68	109	8.9	36	泥质岩类风化物	E 115°33′39.4″ N 27°41′20.5″	97
						Pg	10—14	浅青灰色	中壤土	小块块状	5.5	20.8	0.90	0.54						
						G₁	14—52	青灰色	重壤土	小块无结构	5.4	18.1	0.80	0.40						
						G₂	52—100	蓝灰色	重壤土	软糊无结构	5.0	23.7	0.87	0.33						
剖76	铁铝土	黄红壤	酸性结晶岩黄红壤			A	0—12	棕灰色	砂壤土	块状	5.2	18.5	0.45	0.57	55	2.0	≤5	酸性结晶岩类	E 115°39′52.8″ N 27°44′30.7″	95
						C	12—100	浅棕黄色	砂壤土	屑粒状	5.3	≤1.0	≤0.10	4.20						
剖77	人为土	水稻土	漂洗水稻土	漂洗型麻砂泥田	上位弱漂麻砂泥田	A	0—11	灰安色	中壤土	鳞片状	5.9	23.8	1.09	0.39	119	5.5	47	花岗岩风化物	E 115°41′09.6″ N 27°44′49.4″	99
						P	11—15	深灰色	砂壤土	棱柱状	5.6	24.4	0.77	0.38						
						E	15—30	灰白色	砂壤土	棱柱状	5.4	12.9	0.57	0.27						
						W	33—100	黄棕色	中壤土	块块状	6.8	6.1	0.36	0.24						
剖78	铁铝土	红壤	黄砂泥土		厚层黄砂泥土	A	0—12	棕红色	轻壤土	粒状	4.6	18.2	0.82	0.70	79	9.3	66	石英岩岩类风化物	E 115°39′00.5″ N 27°41′10.8″	97
						ABv	12—32	浅红棕色	轻壤土	粒状	4.4	18.0	0.77	0.63						
						Bv₁	32—54	浅红色	轻壤土	粒状	5.0	14.2	0.56	0.66						
						Bv₂	54—71	红色	轻壤土	粒状	5.0	4.8	0.42	0.62						
						C	71—100	棕红色	重壤土	粒状	4.8	4.8	0.43	0.63						
剖79	铁铝土	红壤	鳝泥土		厚层鳝泥土	A	0—19	黄棕色	重壤土	粒状	4.7	29.8	1.46	1.15	138	6.9	54	泥质岩类风化物	E 115°36′21.0″ N 27°38′31.6″	97
						Bv	19—100	棕红色	黏土	块状	5.2	27.2	1.39	0.91						
剖80	人为土	水稻土	淹育水稻土	淹育型黄砂泥田	强淹灰黄砂泥田	A	0—13	灰棕色	中壤土	粒状	5.1	18.3	0.89	1.20	123	33.2	42	石英岩类风化物	E 115°35′08.5″ N 27°36′23.8″	97
						P	13—18	黄棕色	中壤土	块状	5.5	12.3	0.68	1.23						
						3	18—25	浅棕黄色	砂壤土											
						C	25—100	棕黄色	轻壤土	核粒状	6.0	11.5	0.80							
剖81	人为土	水稻土	潴育水稻土	潴育型麻砂泥田	上位弱潴灰鳝泥田	Ag	0—17	蓝棕灰色	中壤土	团块状	4.9	31.7	1.45	0.67	141	9.3	87	泥质岩类风化物	E 115°35′35.8″ N 27°36′56.6″	98
						Pg	17—25	蓝灰色	重壤土	块状	5.0	21.4	0.95	0.42						
						W	25—58	黄褐色	重壤土	块状	6.6	11.1	0.52	1.05						
						G	58—100	蓝灰色	中壤土	块状	5.4	10.2	0.50	0.84						
剖82	人为土	水稻土	淹育水稻土	淹育型黄砂泥田	黄砂泥田	A	0—11	浅灰棕色	中壤土	小块状	4.9	17.3	1.11		101	7.0	56	石英岩类风化物	E 115°35′12.5″ N 27°35′37.3″	95
						P	11—15	灰棕色	中壤土											
						C	15—100	棕黄色	中壤土	大块状										

续表 Continued

剖面号 Soil profile	土纲 Soil order	土类 Soil great group	亚类 Soil subgroup	土属 Soil genus	土种 Soil species	土层码 Layer code	土层厚度 Depth/cm	颜色 Soil color	质地 Soil texture	土壤结构 Soil structure	pH	有机质 OM/(g/kg)	全氮 TN/(g/kg)	全磷 TP/(g/kg)	碱解氮 AN/(mg/kg)	有效磷 AP/(mg/kg)	速效钾 AK/(mg/kg)	土壤母质 Parent material	剖面点坐标 Profile coordinate	匹配指数 Matching index/%
剖83	人为土	水稻土	漂洗水稻土	漂洗型鳝泥田	中位弱漂灰鳝泥田	A	0—15	深棕灰色	重壤土	团粒状	5.2	31.0	1.47	0.62	128	6.7	91	泥质岩类风化物	E 115°32′02.5″ N 27°33′18.9″	97
						P	15—20	棕灰色	中壤土	块状	5.6	24.4	0.94	0.37						
						W	20—32	灰棕色	中壤土	棱块状	5.9	10.6	0.68	0.54						
						E	32—100	灰白色	砂壤土	块状	6.3	3.2	0.21	0.15						

永 丰 县

主要土类说明

红壤是永丰县主要土壤类型，占本县地域面积的77%，广泛分布于本县各地海拔500m以下的丘陵和低山地区，各乡镇均有分布，是发展林业和多种经营的重要土壤资源。红壤一般土层深厚，多具有1m深的红色土层，土质黏重，全剖面呈酸性，养分贫瘠。本县红壤分为红壤和黄红壤两个亚类。在红壤亚类中，泥质岩类红壤土属（包括鳝泥土）是面积最大、分布最广的一类红壤，约占红壤面积的2/3。土质中等偏黏，土层较厚，保水保肥能力强。除磷以外，矿物质元素含量较高，是本县主要的油茶林和用材林基地。本县红壤区林木资源丰富，植被良好，除局部靠村庄公路附近有轻度面蚀外，大多无明显水土流失。黄红壤亚类是红壤向山地黄壤的过渡类型，处于海拔500—800m的低山，主要分布在中村、上溪、沙溪、石马、上固、君埠、陶唐等乡镇。植被良好，有杉、松、毛竹、油茶等。土层较厚，亚表层和心土层有的有黄化现象，但一般心土层和底土层是红土层。表层多为腐殖质层，颜色灰暗或呈乌黑色，有机质含量较丰富，氮钾养分含量也较高。成土母质有泥质岩、花岗岩和石英岩类风化物。

水稻土是永丰县第二大土壤类型，占本县地域面积的19%。水稻土是人工种稻条件下发育起来的一种特殊性质的土壤，是本县分布最广的耕作土壤，从南到北，从东到西都有分布。在长期耕作、施肥和灌溉的条件下，由于还原淋溶和氧化淀积等作用，形成了水稻土特有的剖面结构，即耕作层（A）、犁底层（P）、潴育层（W）和潜育层（G）。这些层次不一定都出现在一个剖面上，除耕作层（A）层外，其余各层也不一定都有。因此，可出现多种多样的剖面构型。水耕熟化程度不高的水稻土在耕层或犁底层之下还会保留母质层（C）。本县水稻土按水型和水耕熟化程度分为淹育水稻土、潴育水稻土、潜育水稻土三个亚类。其中，以潴育水稻土分布最广，占水稻土面积的81%，属良水型水稻土。由于水源条件较好，灌水和排水交替进行，土体中氧化还原强烈，铁锰氧化物淋溶淀积明显，土层分化清晰，种稻时间较长，水耕熟化程度较高，主要为中、高产土壤类型。

小于本县地域面积3%的土壤类型还有黄壤、紫色土、泥炭土、潮土、黄棕壤等。

本区域中心区气候特征

本区域中心区气候特征值
Regional climate characteristics in central area of the region

气候带：中亚热带湿润气候 Climate region: Subtropical humid climate	
年平均气温 /℃ Annual average temperature /℃	18.5
年平均最高气温 /℃ Annual average maximum temperature /℃	23.0
年平均最低气温 /℃ Annual average minimum temperature /℃	15.1
年降水量 /mm Annual precipitation /mm	1583
≥10℃的积温 /℃ Daily temperature accumulated in a year (≥10℃) /℃	10803
年日照时数 /h Annual sunshine /h	1663
年平均相对湿度 /% Annual average relative humidity /%	80
干燥度 Dryness	0.69

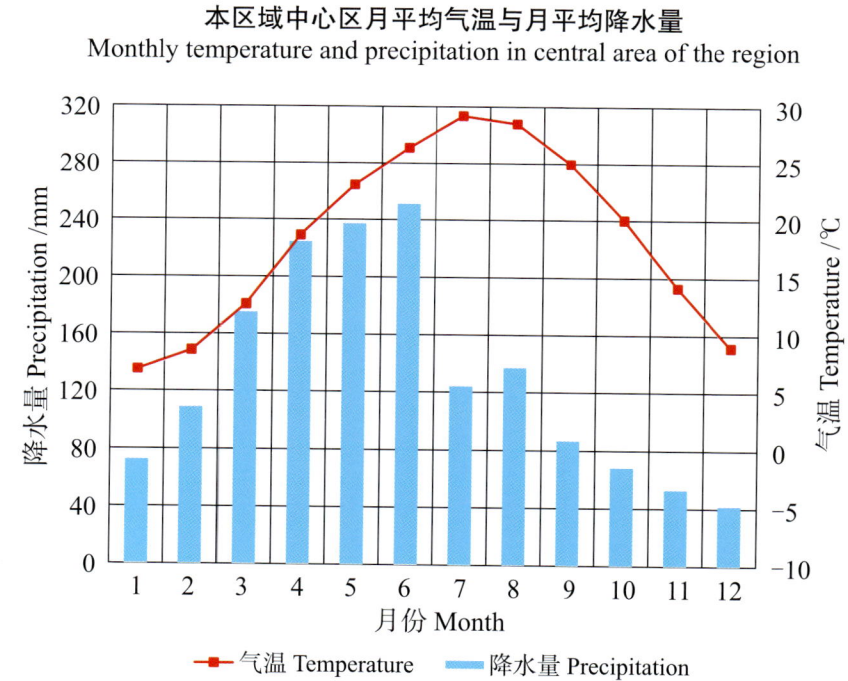

本区域中心区月平均气温与月平均降水量
Monthly temperature and precipitation in central area of the region

永丰县主要土壤类型与土壤剖面点分布图
1:320 000

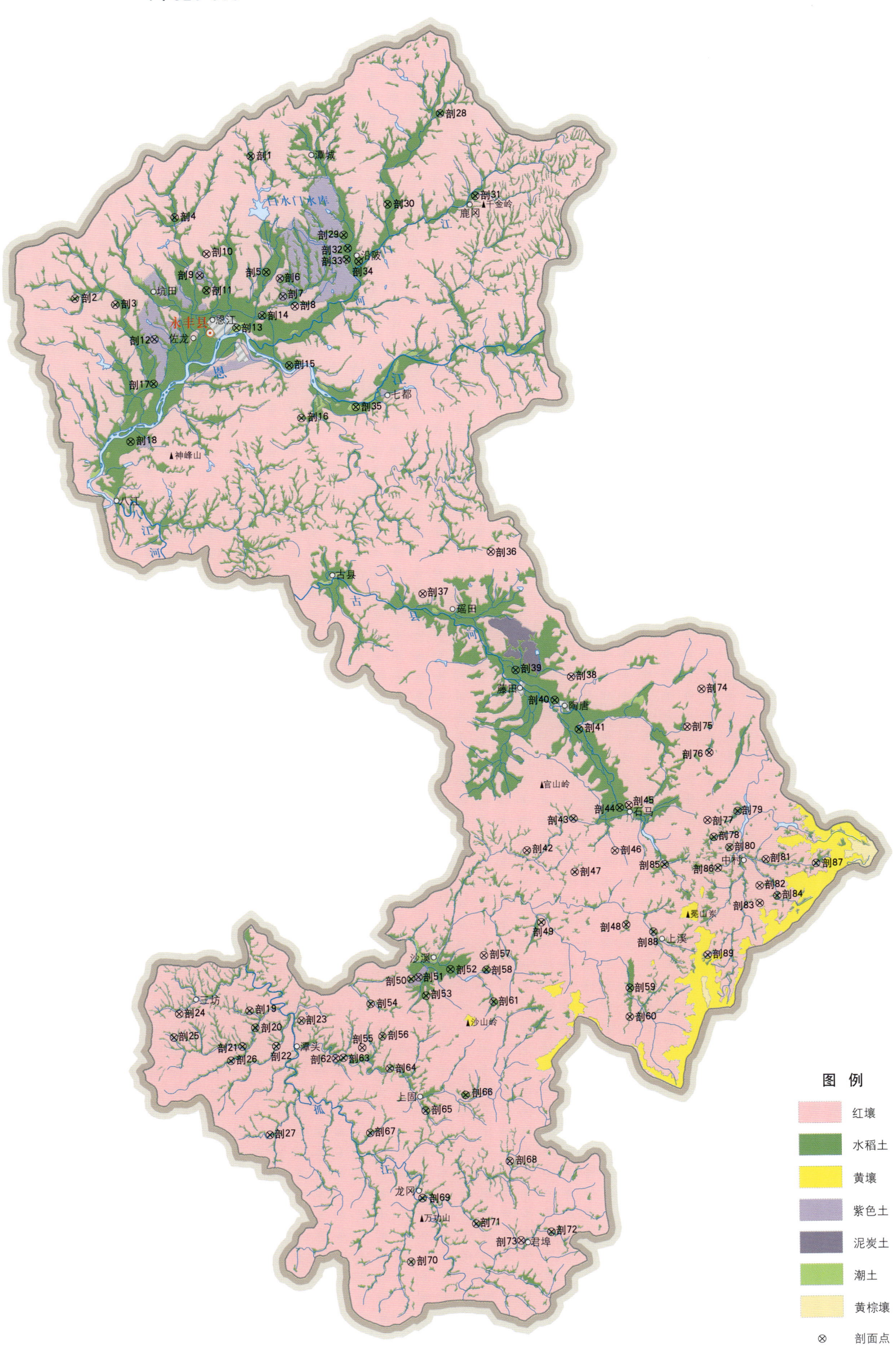

图 例
- 红壤
- 水稻土
- 黄壤
- 紫色土
- 泥炭土
- 潮土
- 黄棕壤
- ⊗ 剖面点

永丰县土壤剖面理化性状表

剖面号 Soil profile	土纲 Soil order	土类 Soil great group	亚类 Soil subgroup	土属 Soil genus	土种 Soil species	土层码 Layer code	土层厚度 Depth/cm	颜色 Soil color	质地 Soil texture	土壤结构 Soil structure	pH	有机质 OM/(g/kg)	全氮 TN/(g/kg)	全磷 TP/(g/kg)	全钾 TK/(g/kg)	碱解氮 AN/(mg/kg)	有效磷 AP/(mg/kg)	速效钾 AK/(mg/kg)	阳离子交换量CEC/(cmol/kg)	土壤母质 Parent material	剖面点坐标 Profile coordinate	匹配指数 Matching index/%
剖1	人为土	水稻土	潴育水稻土	潴育型黄泥田	灰黄泥田	1		灰色	中壤土	屑粒状	5.3	23.2	1.19	0.67		104	11.0	30		第四纪红色黏土	E 115°27′07.4″ N 27°26′08.3″	95
						2		浅灰色	中壤土	棱块状	5.4	18.8	0.85	0.60								
						W		黄棕色	重壤土	棱块状	6.1	8.2	0.56	0.64								
						4		棕红色	中壤土	块状	6.4	7.4	0.63	0.82								
剖2	人为土	水稻土	潴育水稻土	潴育型鳝泥田	中潴灰鳝泥田	1		灰黄色	中壤土	核粒状	5.5	27.2	1.71			137	14.9	34		泥质岩类风化物	E 115°19′09.8″ N 27°20′18.9″	95
						2		杂青灰色	中壤土	小块状												
						W₁		棕黄色	重壤土	棱黄状												
						W₂		棕红色	重壤土	块状												
剖3	人为土	水稻土	潴育水稻土	潴育型砂泥田	强潴乌潮砂泥田	1		暗青灰色	轻壤土	团块状	5.1	27.2	1.53	0.70		146	13.0	31		河流冲积物	E 115°20′59.9″ N 27°20′05.3″	95
						2		暗青灰色	轻壤土	块状	5.4	15.4	0.84	0.83								
						W₁		灰褐色	中壤土	棱柱状	6.1	4.5	0.26	1.12								
						W₂		黄褐色	重壤土	棱柱状	6.0	6.1	0.42	0.97								
剖4	人为土	水稻土	潴育水稻土	潴育型黄砂泥田	表潜性中潴灰黄砂泥田	1		浅青灰色	中壤土	团粒状	5.5	24.4	1.30			110	14.9	54		石英岩类风化物	E 115°23′40.8″ N 27°23′37.0″	95
						2		杂浅青色	中壤土	小块状												
						W₁		灰棕色	中壤土	棱块状												
						W₂		黄褐色	重壤土	棱块状												
剖5	人为土	水稻土	潴育水稻土	潴育型红砂泥田	弱潴红砂泥田	1		灰灰色	中壤土	粒状	5.2	30.6	1.50			16	56.5			红砂岩类风化物	E 115°27′52.0″ N 27°21′26.8″	95
						2		棕灰色	中壤土	块状												
						3		红灰色	中壤土	块状												
剖6	初育土	紫色土	石灰性紫色土	石灰性紫泥土	厚层石灰性灰紫泥土	1	0—17	灰紫褐色	重壤土	团块状	8.0	14.4	0.56	1.60		69	6.0	223			E 115°28′28.9″ N 27°21′11.8″	97
						2	17—36	紫褐色	重壤土	小片状	8.0	11.1	0.71	1.44								
						3	36—100	紫红色	重壤土	棱块状	7.8	13.7	0.91	0.57								
剖7	初育土	紫色土	石灰性紫色土	石灰性紫砂土		1	0—9	紫红色	细砂土	屑粒状	8.2	31.6	1.58	1.57							E 115°28′37.6″ N 27°20′28.5″	97
						2	9—	紫色			8.1	7.4	0.32	1.63								
剖8	铁铝土	红壤		第四纪红色黏土红壤		1	0—20	黄棕色	中壤土	棱块状	5.3	7.3	0.72	0.39						第四纪红色黏土	E 115°29′11.1″ N 27°20′05.3″	98
						2	20—50	红黄色	中壤土	块状	5.5	5.0	0.50	0.44								
						3	50—100	橙红色	轻壤土	块状	5.4	≤1.0	0.34	0.35								
剖9	初育土	紫色土	酸性紫色土	酸性紫泥土	厚层酸性灰紫泥土	1	0—11	紫红色	重壤土	屑粒状	4.7	27.1	0.73	0.41							E 115°24′49.5″ N 27°21′17.8″	97
						2	11—50	紫红色	重壤土	屑粒状	4.8	5.2	0.24	0.39								
						3	50—100	橙红色	重壤土	屑粒状	4.9	2.9	0.16	0.34								
剖10	铁铝土	红壤		红砂岩红壤	中层少有机质红岩类红壤	1	0—8	浅灰棕色	中壤土	块状	5.3	29.7	1.29	0.50		136	10.0	34		红砂岩类风化物	E 115°25′08.1″ N 27°22′09.9″	99
						2	8—60	青灰色	重壤土	块状	5.6	15.0	0.71	0.26								
						3	60—100	青黄色	黏土		6.5	12.7	0.58	0.24								
剖11	人为土	水稻土	潴育水稻土	潴育型紫砂泥田	全层中潜紫砂泥田	1	0—16	紫黄色	中壤土	棱块状	7.0	24.9	1.20	0.46						紫色砂岩风化物	E 115°25′08.9″ N 27°20′41.5″	95
						2	16—32	紫红色	重壤土	粒粒状	6.4	22.1	1.14	0.75								
						3	32—100	橙红色	轻壤土	粒粒状	7.5	3.3	0.17	0.77								
剖12	初育土	紫色土	石灰性紫色土		薄层少有机质石灰性紫色土	1	0—31	灰棕色	中壤土	棱块状	5.2	25.2	1.27	1.16		192	9.9				E 115°22′47.8″ N 27°18′42.3″	98
						2	31—55	黄棕色	轻壤土	棱块状	5.0	11.2	0.63	0.80								
剖13	半成土	潮土	潮土	壤质潮砂泥土	厚层潮质潮砂泥土	1												104		河流冲积物	E 115°26′32.1″ N 27°19′11.5″	95
						2	55—100	暗棕色	轻壤土	棱块状	5.5	7.3	0.55	0.77								

续表 Continued

剖面号 Soil profile	土纲 Soil order	土类 Soil great group	亚类 Soil subgroup	土属 Soil genus	土种 Soil species	土层码 Layer code	土层厚度 Depth/cm	颜色 Soil color	质地 Soil texture	土壤结构 Soil structure	pH	有机质 OM/(g/kg)	全氮 TN/(g/kg)	全磷 TP/(g/kg)	全钾 TK/(g/kg)	碱解氮 AN/(mg/kg)	有效磷 AP/(mg/kg)	速效钾 AK/(mg/kg)	阳离子交换量CEC/(cmol/kg)	土壤母质 Parent material	剖面点坐标 Profile coordinate	匹配指数 Matching index/%
剖14	人为土	水稻土	潴育水稻土	潴育型黄砂泥田	上位弱潜黄砂泥田	1		棕灰色	中壤土	小团块状	4.9	37.3	2.34	0.68		173	15.5	33		石英岩类风化物	E 115° 27′ 41.6″ N 27° 19′ 41.9″	95
						2		浅青灰色	中壤土	鳞片状	4.8	30.7	1.73	0.57								
						W₁		灰棕色	中壤土	核块状	7.1	8.6	0.53	0.44								
						W₂		棕色	中壤土	块状	6.9	7.8	0.39	0.51								
剖15	人为土	水稻土	潴育水稻土	潴育型红砂泥田	灰红砂泥田	1	0—16	深棕色	轻壤土	屑粒状	5.4	21.7	1.09	0.39		115	8.4	22		红砂岩类风化物	E 115° 28′ 56.2″ N 27° 17′ 41.3″	95
						2	16—21	灰棕色	轻壤土	块状	5.0	7.3	0.40	0.28								
						W₁	21—50	棕黄色	轻壤土	块状	6.2	3.4	0.26	0.34								
						W₂	50—100	棕红色	中壤土	块状												
剖16	人为土	水稻土	淹育水稻土	淹育型黄泥田	强淹黄泥田	1	0—11	浅灰色	中壤土	颗粒状	5.3	23.4	1.26	1.02		110	9.9	40		第四纪红色黏土	E 115° 29′ 30.3″ N 27° 15′ 32.4″	95
						2	11—19	黄棕色	中壤土		5.8	18.6	0.99	0.90								
						3	19—100	棕红色	中壤土		6.6	6.5	0.42	0.69								
						4	100—															
剖17	人为土	水稻土	潴育水稻土	潴育型紫泥田	紫砂泥田	1		浅灰色	轻壤土	粒状	5.4	14.3	0.79			78	4.6	38		紫色砂岩风化物	E 115° 22′ 46.1″ N 27° 16′ 53.5″	95
						2		棕灰色	轻壤土	核块状												
						W		浅紫棕色	轻壤土	块状												
						4																
剖18	人为土	水稻土	潴育水稻土	潴育型潮砂泥田	中位中潜潮砂泥田	1		浅蓝灰色	中壤土	糊状	5.6	44.0	2.23	0.82		206	7.0	42		河流冲积物	E 115° 21′ 43.8″ N 27° 14′ 32.0″	95
						2		蓝灰色	中壤土	块状		28.7	1.54									
						3		黄棕色	中壤土	柱状		12.8	0.77									
剖19	人为土	水稻土	潴育水稻土	潴育型鳝泥田	全层中潜灰鳝泥田	1		青灰色	重壤土	糊状	5.5	29.3	1.55	0.69		142	5.3	46		泥质岩类风化物	E 115° 27′ 14.6″ N 26° 51′ 29.9″	95
						2		蓝紫色	重壤土	软糊无结构		24.4	1.07	0.49								
剖20	人为土	水稻土	潴育水稻土	潴育型紫泥田	弱潜紫砂泥田	1		棕褐色	重壤土	小团块状	6.7	22.0	1.17	0.68		84	3.8	60		紫色泥质岩风化物	E 115° 27′ 30.2″ N 26° 50′ 48.9″	95
						2		棕褐色	重壤土	小块状												
						W		棕黄色	重壤土	块状												
						4		紫红色	重壤土	块状												
剖21	人为土	水稻土	潴育水稻土	潴育型鳝泥田	全层中潜灰鳝泥田	1	0—16	浅青灰色	黏土	小块状	5.4	38.1	2.03	0.72		161	17.0	80		泥质岩类风化物	E 115° 26′ 55.6″ N 26° 50′ 03.8″	95
						2	16—24	青灰色	黏土	块状	5.6	35.0	1.76	0.58								
						3	24—100	黄棕色	黏土	块状	5.6	13.7	0.67	0.49								
剖22	人为土	水稻土	潴育水稻土	潴育型紫泥田	上位弱潜鳝泥田	1		杂青灰色	黏土	小块状	5.6	41.4	2.04	0.68		199	19.1	83		泥质岩类风化物	E 115° 28′ 27.6″ N 26° 50′ 04.9″	95
						2		浅青灰色	黏土	块状	5.6	40.3	2.02	0.63								
						3		棕黄色	黏土	软柱状	5.9	11.2	0.69	0.23								
剖23	人为土	水稻土	潴育水稻土	潴育型鳝泥田	表潜中潜鳝鳞泥田	1		棕黄色	重壤土	块状	5.1	7.6	0.43	0.42		150	5.5	37		泥质岩类风化物	E 115° 29′ 36.0″ N 26° 51′ 06.3″	95
						2		黄棕色	重壤土	小块状	5.1	22.4	1.25	0.56		124	9.4	44				
						3		黑色	重壤土	块状	5.3	3.4	0.85	0.51								
						W		灰棕色	重壤土	核块状	6.7	9.5	0.69	0.47								
						5		棕色	重壤土	块状	6.7	6.6	0.51	0.40								
剖24	铁铝土	红壤	红壤	花岗岩红壤		1		浅灰色	中壤土	核粒状	4.9	2.0	0.13			17	≤1.0	44		花岗岩	E 115° 24′ 03.1″ N 26° 51′ 21.6″	95
剖25	人为土	水稻土	潴育水稻土	潴育型黄砂泥田	弱潜火瑞黄砂泥田	1		黄灰色	中壤土	小块状	5.0	17.3	0.87	0.70		87	8.8	49		石英岩类风化物	E 115° 23′ 49.1″ N 26° 50′ 24.7″	95
						2		棕灰色	中壤土	核块状	6.7	12.4	0.61	0.63								
						W		棕黄色	中壤土	小块状	5.0	8.7	0.61	0.62								
						4		棕红色	中壤土	大块状	6.8	9.1	0.60	0.74								
						5																

续表 Continued

剖面号 Soil profile	土纲 Soil order	土类 Soil great group	亚类 Soil subgroup	土属 Soil genus	土种 Soil species	土层码 Layer code	土层厚度 Depth/cm	颜色 Soil color	质地 Soil texture	土壤结构 Soil structure	pH	有机质 OM/(g/kg)	全氮 TN/(g/kg)	全磷 TP/(g/kg)	全钾 TK/(g/kg)	碱解氮 AN/(mg/kg)	有效磷 AP/(mg/kg)	速效钾 AK/(mg/kg)	阳离子交换量 CEC/(cmol/kg)	土壤母质 Parent material	剖面点坐标 Profile coordiate	匹配指数 Matching index/%
剖26	人为土	水稻土	潴育水稻土	潴育型紫砂泥田	表潜性中潴灰紫砂泥田	1		黄灰色	中壤土	屑粒状	5.3	27.2	1.24			121	23.8	57		紫色砂岩风化物	E 115°26′24.8″ N 26°49′29.2″	95
						2		同青灰紫色	中壤土	小块状												
						W₁		黄棕色	中壤土	棱块状												
						W₂		黄色	重壤土	棱块状												
剖27	人为土	水稻土	潴育水稻土	潴育型潮泥田	表潜性弱潴潮砂泥田	1		黄灰色	中壤土	粒状	4.9	32.8	1.76	0.58		140	7.8	47		河流冲积物	E 115°28′10.5″ N 26°46′30.4″	95
						2		浅灰色	中壤土	块状	4.8	15.5	0.88	0.49								
						W₁		棕黄色	轻壤土	棱块状	6.3	8.7	0.59	0.60								
						W₂		黄棕色	轻壤土	棱块状	6.6	7.2	0.60	0.81								
剖28	人为土	水稻土	潴育水稻土	潴育型紫泥田	灰紫紫泥田	1		灰紫色	重壤土	团块状	5.9	30.1	1.78	0.74		144	6.8	75		紫色泥页岩风化物	E 115°35′43.6″ N 27°27′56.5″	95
						2		紫色	重壤土	块状	7.3	14.7	0.91	0.71								
						W₁		紫褐色	重壤土	棱块状	7.7	6.5	0.47	0.65								
						W₂		紫褐色	轻壤土	棱块状	7.5	5.4	0.33	0.26								
剖29	人为土	水稻土	潴育水稻土	潴育型潮砂泥田	全层中潴潮砂泥田	1		浅蓝灰色	中壤土	粒状	6.0	33.2	1.75	0.84		129	7.9	56		河流冲积物	E 115°31′22.9″ N 27°22′58.1″	95
						2		青灰色	重壤土	块状	5.3	20.8	1.10	0.71								
						W		棕黄色	中壤土	块状	6.4	6.2	0.35	0.68								
						4		黄褐色	砂壤土	砂粒状												
剖30	人为土	水稻土	潴育水稻土	潴育型红砂泥田	弱潴砾石底灰紫砂泥田	2		棕黄色	重壤土	团块状	5.3	33.4	1.75			142	6.3	41		河流冲积物	E 115°33′22.6″ N 27°24′13.4″	95
						W		棕色	中壤土	块状												
						4		黄棕色	砂壤土	砂粒状												
剖31	人为土	水稻土	淹育型红砂泥田	潴育型红砂泥田	强淹灰红泥田	1	0—10	灰黄色	砂壤土	粒状	4.8	19.9	0.11	0.52		116	36.0	11		红砂岩风化物	E 115°37′21.7″ N 27°24′35.5″	95
						2	10—16	灰黄色	黏土	块状	4.8	16.5	0.99	0.38								
						W	16—67	棕黄色	黏土	棱柱状	5.7	7.6	0.53	0.25								
						4	67—130	黄灰色	重壤土	棱块状	6.3	3.3	0.23	0.23								
剖32	人为土	水稻土	潴育水稻土	潴育型紫砂泥田	中潴灰潮砂泥田	1	0—12	灰棕色	中壤土	团块状	5.1	22.8	1.44			147	4.5	64		河流冲积物	E 115°31′34.0″ N 27°22′26.2″	95
						2		同青灰紫色	中壤土	片状												
						W₁		棕灰色	中壤土	棱块状												
						W₂		紫灰色	中壤土	棱块状												
剖33	人为土	水稻土	潴育水稻土	潴育型紫泥田	上位中潴灰紫泥田	1		紫棕色	黏土	软块状	5.9	25.6	1.47	0.63		86	5.0	23		紫色泥页岩风化物	E 115°31′30.6″ N 27°21′59.3″	95
						2		紫棕灰色	黏土	软块状	6.4	22.5	1.28	0.58								
						W		浅紫色	轻壤土	棱块状	7.2	9.9	0.66	0.61								
剖34	人为土	水稻土	潴育水稻土	潴育型紫砂泥田	弱潴紫砂泥田	1		棕灰色	中壤土	团块状	5.4	16.1	0.95				≥100.0			紫色砂岩风化物	E 115°32′03.7″ N 27°21′54.8″	95
						2		浅紫色	中壤土	片状												
						W₁		紫灰色	中壤土	棱块状												
						W₂		紫黄色	重壤土	棱块状												
剖35	半水成土	潮土		砂壤质潮砂泥土	厚层砂壤土	1	0—21	灰白色	砂壤土	粒状	6.5	8.3	0.44	0.67		42	9.2	70		河流冲积物	E 115°31′58.4″ N 27°27′00.3″	95
						2	21—41	灰黄色	重壤土	块状	5.6	6.0	0.32	0.69								
						3	41—70	棕黄色	轻壤土	块状	5.7	8.4	0.36	0.79								
						4	70—100	黄褐色	重壤土	块状	5.7	4.6	0.31	0.92								
剖36	铁铝土	红壤		泥质岩类红壤	中层中有机质泥质岩类红壤	1	0—12	棕红色	中壤土	屑粒状	4.7	10.8	0.58	0.64						泥质岩类	E 115°38′07.8″ N 27°10′10.9″	98
						2	12—60	橙黄色	重壤土	棱粒状												
						3	60—100	棕红色	重壤土	片状												
剖37	铁铝土	红壤		泥岩红壤		1	0—8	棕红色	中壤土	棱粒状	4.8	8.6	0.57	0.62						第四纪红色黏土	E 115°35′01.9″ N 27°08′27.6″	98
						2	8—100			团块状												

续表 Continued

剖面号 Soil profile	土纲 Soil order	土类 Soil great group	亚类 Soil subgroup	土属 Soil genus	土种 Soil species	土层码 Layer code	土层厚度 Depth/cm	颜色 Soil color	质地 Soil texture	土壤结构 Soil structure	pH	有机质 OM/(g/kg)	全氮 TN/(g/kg)	全磷 TP/(g/kg)	全钾 TK/(g/kg)	碱解氮 AN/(mg/kg)	有效磷 AP/(mg/kg)	速效钾 AK/(mg/kg)	阳离子交换量CEC/(cmol/kg)	土壤母质 Parent material	剖面点坐标 Profile coordinate	匹配指数 Matching index/%
剖38	铁铝土	红壤	红壤	石灰岩型红壤	中层少有机质石灰岩类红壤	1	0—2	灰棕色	中壤土	棱块状	5.1	9.9	0.57	0.38						石灰岩类	E 115° 41′ 47.9″ N 27° 05′ 06.7″	98
						2	2—28	棕灰色	中壤土	棱块状	5.1	6.9	0.50	0.35								
						3	28—60	红棕色	中壤土	棱块状	5.1	6.4	0.47	0.29								
						4	60—															
剖39	人为土	水稻土	潴育水稻土	潴育型潮砂泥田	中潴乌潮砂泥田	1	0—14	灰黑色	中壤土	屑粒状	6.4	41.2	1.75	0.89		145		50		河流冲积物	E 115° 39′ 16.5″ N 27° 05′ 22.3″	95
						2	14—19	暗灰色	中壤土	小棱块状	6.4	41.2	1.75	0.91								
						W	19—49	棕灰色	中壤土	棱块状	7.4	7.3	0.43	0.64								
						4	49—100	浅黄棕	砂壤土	团团状	7.6	4.0	0.26	0.37								
剖40	人为土	水稻土	潴育水稻土	潴育型黄砂泥田	弱潴砾石底黄砂泥田	1		灰黄色	中壤土	小块状	5.6	19.9	1.02			79	5.6	22		第四纪红色黏土	E 115° 41′ 03.3″ N 27° 04′ 10.0″	95
						2		灰棕色	中壤土	块块状												
						W		黄棕色	中壤土	棱片状												
						4		乌灰色	中壤土	块状												
剖41	人为土	水稻土	潴育水稻土	潴育型潮砂泥田	中潴砾石底灰黄砂泥田	1		灰黄色	中壤土	团粒状	6.0	31.3	1.58	0.68		123	5.2	57		河流冲积物	E 115° 42′ 09.4″ N 27° 02′ 58.6″	95
						2		黄棕色	中壤土	鳞片状												
						W1		灰白色	砂壤土	棱块状												
						W2		灰棕色	中壤土	粒状												
						W4				棱柱状												
剖42	铁铝土	红壤	红壤	花岗岩红壤	厚层中有机质花岗岩类红壤	1	0—29	暗灰色	砂壤土	屑粒状	4.5	37.1	1.49							花岗岩	E 115° 39′ 48.2″ N 26° 58′ 03.2″	95
						2	29—71	黄红色	砂壤土	棱块状	4.7	7.9	0.51	0.45								
						3	71—100	红色	砂壤土	小块状	4.9	32.0	1.51	0.97								
剖43	人为土	水稻土	潴育水稻土	潴育型灰鳝泥田	中潴灰鳝泥田	1	0—16	棕灰色	中壤土	块状	4.9	15.9	0.84	0.56		145	29.1	30		泥质岩类风化物	E 115° 41′ 55.0″ N 26° 59′ 22.3″	95
						2	16—22	灰棕色	中壤土	棱块状	6.0	6.0	0.41	0.28								
						W	22—60	棕灰色	重壤土	大块状	6.2	6.0	0.47	0.44								
						4	60—100															
剖44	人为土	水稻土	淹育水稻土	淹育型石灰岩泥田	强淹石灰岩泥田	1	0—12	浅灰色	中壤土	粒状	5.8	27.3	1.32	1.20		115	6.0	49		石灰岩风化物	E 115° 44′ 00.8″ N 26° 59′ 49.3″	97
						2	12—17	暗灰色	中壤土	块状	5.9	19.1	1.11	1.14								
						3	17—100	红灰色	中壤土	小块状	4.7	9.6	≥10.00	0.75								
剖45	铁铝土	红壤	红壤	泥质岩红壤	中层中有机质泥质岩类红壤	1	0—11	褐色	砂壤土	粒状	4.7	39.6	1.52	0.43						泥质岩类风化物	E 115° 44′ 25.8″ N 26° 59′ 55.0″	97
						2	11—57	红色	中壤土	棱柱状	5.0	9.4	0.48	0.47								
						3	57—100	棕红色	重壤土	棱片状												
剖46	铁铝土	红壤	红壤	红砂岩红壤	厚层多有机质红砂岩类红壤	1	0—26	乌黑色	中壤土	颗粒状	4.3	39.9	1.30	0.41		93	8.6	22		红砂岩类风化物	E 115° 43′ 47.6″ N 26° 58′ 03.4″	95
						2	26—52	暗黄色	中壤土	小块状	4.4	17.7	0.78	0.34								
						3	52—100	红黄色	中壤土	小块状	5.6	15.8	1.04									
剖47	人为土	水稻土	潴育水稻土	潴育型红泥田	红砂泥田	1		灰棕色	轻壤土	鳞片状	5.5	40.0	1.96	1.21		164	11.5	39		红砂岩类风化物	E 115° 41′ 58.5″ N 26° 57′ 10.3″	95
						2		棕灰色	轻壤土	棱块状	5.4	27.4	1.34	1.08								
						W1		深棕色	中壤土	棱片状	6.1	16.4	0.63	0.63								
						W2		黄棕色	中壤土	棱块状	6.1	11.2	0.59	0.47								
剖48	人为土	水稻土	潴育水稻土	潴育型灰鳝泥田	弱灰鳝泥田	1		棕灰色	重壤土	粒状	5.4	42.3	1.99			172	5.8	31		泥质岩类风化物	E 115° 44′ 18.7″ N 26° 55′ 01.7″	95
						2		灰色	砂壤土	棱块状												
剖49	人为土	水稻土	潴育水稻土	潴育型麻砂泥田	嘛砂泥田	1		灰色	砂壤土	小块状										花岗岩风化物	E 115° 40′ 28.0″ N 26° 55′ 06.4″	95
						2		棕黄色	砂壤土	块状												

续表 Continued

剖面号 Soil profile	土纲 Soil order	土类 Soil great group	亚类 Soil subgroup	土属 Soil genus	土种 Soil species	土层码 Layer code	土层厚度 Depth/cm	颜色 Soil color	质地 Soil texture	土壤结构 Soil structure	pH	有机质 OM/(g/kg)	全氮 TN/(g/kg)	全磷 TP/(g/kg)	全钾 TK/(g/kg)	碱解氮 AN/(mg/kg)	有效磷 AP/(mg/kg)	速效钾 AK/(mg/kg)	阳离子交换量 CEC/(cmol/kg)	土壤母质 Parent material	剖面点坐标 Profile coordinate	匹配指数 Matching index/%
剖50	人为土	水稻土	潴育水稻土	潴育型麻砂泥田	中位中潴麻砂泥田	1	0—14	棕黄色	重壤土	块状	4.9	35.4	1.66	0.65		159	6.0	84		花岗岩风化物	E 115°34′34.1″ N 26°52′47.8″	95
						2	14—22	浅黄灰色	重壤土	块状	5.0	33.2	1.49	0.56								
						3	22—57	青灰色	重壤土		4.7	26.8	0.82	0.26								
						4	57—100				4.4	34.8	1.16	0.16								
剖51	初育土	紫色土	酸性紫色土	酸性紫色土	中潜少有机质酸性紫色土	1	0—27	紫红色	中壤土	屑粒状	4.6	5.9	0.33	0.38		31	≤1.0	83			E 115°34′53.8″ N 26°52′51.8″	97
						2	27—49	紫棕色	中壤土	屑粒状	4.7	7.3	0.44	0.40								
						3	49—100	紫红色	中壤土	碎块状	4.8	4.4	0.35	0.32								
剖52	人为土	水稻土	潴育水稻土	潴育型潮砂泥田	中潴潮砂泥田	1		棕褐色	轻壤土	团块状	5.1	27.5	1.56	0.58		147	14.6	28		河流冲积物	E 115°36′19.9″ N 26°53′11.5″	95
						2		灰棕色	中壤土	棱块状	5.3	20.2	1.14	0.62								
						W₁		棕褐色	中壤土	棱块状	6.5	4.8	0.35	0.47								
						W₂		棕黄色	中壤土	块状	6.7	5.7	0.42	0.71								
						5		浅青紫色	重壤土	块状												
剖53	人为土	水稻土	潴育水稻土	潴育型鳝泥田	上位弱潴灰鳝泥田	1		青灰色	中壤土	糊状	4.8	36.0	1.98	0.68		161	19.1	37		泥质岩类风化物	E 115°35′13.8″ N 26°52′07.7″	95
						2		浅青灰色	中壤土	块状	4.9	29.0	1.62	0.59								
						3		青灰色	轻壤土	块状	5.5	17.8	1.01	0.68								
						4		青灰色	轻壤土	块状	6.0	13.9	0.75	0.46								
剖54	人为土	水稻土	潴育水稻土	潴育型黄泥田	乌黄泥田	1		深灰色	中壤土	屑粒状	5.4	42.3	1.80	0.84		176	13.7	29		第四纪红色黏土	E 115°32′43.4″ N 26°51′47.8″	95
						2		黄灰色	中壤土	棱柱状	5.7	28.7	1.91	0.67								
						W		棕灰色	中壤土	棱块状	6.0	20.6	0.80	0.52								
						4		棕黄色	中壤土	团块状	6.9	7.7	0.64	0.68								
剖55	铁铝土	红壤		泥质岩类红壤	中层少有机质泥质岩类红壤	1		棕褐色	重壤土	团粒状	4.7	12.3	0.60			67	≤1.0	57		泥质岩类	E 115°32′21.1″ N 26°50′02.4″	97
						2		浅棕红色	重壤土	块状												
						3		红棕色	重壤土	块状												
剖56	人为土	水稻土	潴育水稻土	潴育型潮泥田	灰潮砂泥田	1		黄黄色	轻壤土	粒状	4.8	23.6	1.23	0.68		135	6.8	41		河流冲积物	E 115°33′15.8″ N 26°50′29.6″	95
						2		灰黄色	轻壤土	棱块状	5.2	13.0	0.90	0.70								
						W₁		棕黄色	轻壤土	棱块状	6.7	4.8	0.35	0.61								
						W₂		棕黄色	中壤土	块状	6.5	6.4	0.34	0.45								
剖57	铁铝土	红壤	黄红壤	花岗岩类黄红壤		1		黑红色	轻壤土	核粒状	4.8	82.9	3.02	0.91						花岗岩	E 115°37′51.9″ N 26°53′45.6″	95
						2		黄红色	轻壤土	核粒状	4.9	28.7	0.49	0.58								
						W		浅棕色	轻壤土	团块状	5.0	23.6	1.20	0.44								
剖58	人为土	水稻土	潴育水稻土	潴育型潮泥田	弱潴灰潮砂泥田	1		棕灰色	轻壤土	块状	5.0	14.8	0.75	0.35		111	10.0	24		河流冲积物	E 115°37′58.5″ N 26°53′10.8″	95
						2		黄棕色	中壤土	棱块状	6.1	7.1	0.50	0.50								
						W₁		浅黄色	中壤土	块状	6.5	4.8	0.33	0.23								
剖59	人为土	水稻土	潴育水稻土	潴育型潮泥田	强潴灰鳝砂泥田	1	0—16	灰色	轻壤土	屑粒状	5.8	31.5	1.55			138	8.5	30		河流冲积物	E 115°44′28.7″ N 26°52′28.2″	95
						2	16—22	浅黄灰色	中壤土	碎块状	5.5	35.0	1.56	0.77								
						W₁	22—54	棕灰色	中壤土	小块状	5.0	16.8	0.93	0.69								
						W₂	54—100	浅棕色	轻壤土	棱块状	5.9	7.6	0.34	0.47								
剖60	人为土	水稻土			灰麻砂泥田	1		浅棕色	轻壤土	棱块状	5.9	5.9	0.29	1.01		139	10.3	40		花岗岩风化物	E 115°44′28.7″ N 26°51′18.8″	95
						2		棕灰色	中壤土	小块状	4.9	32.0	1.51	0.97								
剖61	人为土	水稻土	潴育水稻土	潴育型鳝泥田	表潜性中潴灰鳝泥田	1		棕灰色	中壤土	块状	4.9	15.9	0.84	5.60		145	29.1	30		泥质岩类风化物	E 115°38′18.1″ N 26°51′54.1″	95
						2		青灰色	中壤土	棱块状	6.0	6.0	0.41	0.28								
						W		灰黄棕色	重壤土	大块状	6.2	6.0	0.47	0.44								

续表 Continued

剖面号 Soil profile	土纲 Soil order	土类 Soil great group	亚类 Soil subgroup	土属 Soil genus	土种 Soil species	土层码 Layer code	土层厚度 Depth/cm	颜色 Soil color	质地 Soil texture	土壤结构 Soil structure	pH	有机质 OM/(g/kg)	全氮 TN/(g/kg)	全磷 TP/(g/kg)	全钾 TK/(g/kg)	碱解氮 AN/(mg/kg)	有效磷 AP/(mg/kg)	速效钾 AK/(mg/kg)	阳离子交换量CEC/(cmol/kg)	土壤母质 Parent material	剖面点坐标 Profile coordinate	匹配指数 Matching index/%
剖62	铁铝土	红壤	红壤	鳝泥土	厚层灰鳝泥土	1		暗灰色	中壤土	小块状	≥10.0	14.0	0.67	≥10.00		146	6.2			泥质岩类风化物	E 115°31′09.0″ N 26°49′36.0″	99
						2		灰黄色	中壤土	块状												
						3		灰白色	中壤土	块状												
						4		黄色	重壤土	块状												
剖63	人为土	水稻土	潜育水稻土	潜育型潮砂泥田	中位中潜灰潮砂泥田	1		青灰色	中壤土	颗粒状	5.0	35.8	1.78	0.81		160	11.8	46		河流冲积物	E 115°31′30.3″ N 26°49′37.7″	95
						2		青灰色	中壤土	块状	5.1	29.8	1.62	0.81								
						3		青灰色	中壤土	块柱状	5.6	16.7	1.10	0.78								
						W		棕黄色	中壤土	块状	6.5	9.6	0.51	0.77								
剖64	人为土	水稻土	潜育水稻土	潴育型石灰泥田	灰石灰泥田	1	0—15	灰色	中壤土	肩粒状	5.3	35.3	1.93	1.09		171	13.6	37		石灰岩风化物	E 115°33′36.0″ N 26°49′11.9″	95
						2	15—27	黄医色	中壤土	小块状	5.6	15.4	0.73	0.88								
						W_1	27—53	灰棕色	中壤土	棱柱状	6.3	10.3	0.63	0.94								
						W_2	53—89	褐黄色	中壤土	棱柱状	6.6	6.6	0.36	1.06								
						5	89—100	灰色	轻壤土	块状												
剖65	人为土	水稻土	淹育水稻土	淹育型潮砂泥田	潮砂泥田	1	0—16	浅灰色	轻壤土	小团块状	5.1	16.7	0.91	0.39		89	25.5	45		河流冲积物	E 115°35′14.1″ N 26°47′30.0″	95
						2	16—21	浅灰色	中壤土	块状	5.1	13.1	0.77	0.37								
						3	21—100	棕黄色	中壤土	棱柱状	6.8	9.5	0.47	0.52								
剖66	人为土	水稻土	潴育水稻土	潴育型黄泥田	火烧底黄泥田	1		深灰色	中壤土	肩粒状		23.6								第四纪红色黏土	E 115°37′02.4″ N 26°48′08.5″	95
						2	0—10	灰色	中壤土	小块状	6.0	19.4	1.13	0.90		148	6.5	21				
						W	10—12	棕黄色	中壤土	棱块状	6.5	11.8	0.72	0.78								
						4	12—26	黑褐色	中壤土	块状	6.3	9.3	0.68	0.90								
						5	26—100	棕红色	重壤土	大块状	5.1	24.5	1.40	0.67								
剖67	人为土	水稻土	潴育水稻土	潴育型紫泥田	上位弱潜紫泥田	1		紫灰褐色	黏土	软糊无结构	5.6	19.6	1.01	0.58						紫色泥页岩风化物	E 115°32′43.3″ N 26°46′35.6″	95
						2		青灰色	黏土	软糊状	7.5	7.7	0.49	0.52								
						W		紫灰色	重壤土	棱柱状	5.1	13.4	0.86	0.65								
剖68	人为土	水稻土	潴育水稻土	潴育型潮砂泥田	潮砂泥田	1		黄灰色	轻壤土	粒状	5.4	9.6	0.66	0.51		78	6.3	102		河流冲积物	E 115°39′02.5″ N 26°45′28.7″	95
						2		棕灰色	中壤土	小块状	5.6	7.3	0.45	0.44								
						W_1		灰棕色	中壤土	棱块状	6.4	5.8	0.33	0.53								
						W_2		灰色	中壤土	碎块状	5.7	25.2	1.31									
剖69	人为土	水稻土	潴育水稻土	潴育型潮泥田	黄泥底灰潮泥田	1		浅灰色	中壤土	肩粒状						113	10.0	30		河流冲积物	E 115°35′05.2″ N 26°43′59.4″	95
						2		棕灰色	中壤土	小棱块状												
						W		青灰色	中壤土	棱柱状												
						4		棕红色	重壤土	大块状												
剖70	人为土	水稻土	潴育水稻土	潴育型灰鳝泥田	中潜灰鳝泥田	1		暗黄色	轻壤土	小团块状	5.3	40.5	1.78	1.68		173	41.0	92		泥质岩类风化物	E 115°34′35.1″ N 26°41′27.1″	95
						2		棕黄色	中壤土	块状	5.5	24.4	1.27	1.57								
						W_1		黄灰色	中壤土	块状	6.4	8.1	0.38	0.93								
						W_2		棕黄色	中壤土	块状	6.5	9.2	0.46	0.75								
剖71	人为土	水稻土	潴育水稻土	潴育型鳝泥田	中位中潜鳝泥田	1		暗灰色	中壤土	小块状	5.4	31.3	1.63	0.59		143	5.5	40		泥质岩类风化物	E 115°37′31.8″ N 26°42′58.8″	95
						2		灰灰色	重壤土	块状	5.6	26.2	1.34	0.44								
						3		青灰色	重壤土	块状	6.1	12.8	0.67	0.33								
剖72	人为土	水稻土	潴育水稻土	潴育型麻砂泥田	表潜性弱潜麻砂泥田	1		棕灰色	中壤土	软糊无结构	5.4	18.1	0.80	0.34		124	8.8	54		花岗岩风化物	E 115°40′55.4″ N 26°42′39.6″	95
						2		浅青灰色	中壤土	小块状	5.4	24.1	1.29									
						W		棕灰色	轻壤土	块状												
						4		黄棕色		粒状												

续表 Continued

剖面号 Soil profile	土纲 Soil order	亚类 Soil subgroup	土属 Soil genus	土种 Soil species	土层码 Layer code	土层厚度 Depth/cm	颜色 Soil color	质地 Soil texture	土壤结构 Soil structure	pH	有机质 OM/(g/kg)	全氮 TN/(g/kg)	全磷 TP/(g/kg)	全钾 TK/(g/kg)	碱解氮 AN/(mg/kg)	有效磷 AP/(mg/kg)	速效钾 AK/(mg/kg)	阳离子交换量CEC/(cmol/kg)	土壤母质 Parent material	剖面点坐标 Profile coordinate	匹配指数 Matching index/%
剖73	人为土	潴育水稻土	潴育型鳝泥田	中位弱潜鳝泥田	1		浅灰色	轻壤土	粒状	5.2	30.3	1.61	0.55						泥质岩类风化物	E 115°39′49.5″ N 26°42′12.7″	95
					2		棕灰色		团块状	5.7	20.6	1.03	0.40								
					W		灰棕色		梭块状	6.4	12.9	0.57	0.48								
					4		青灰色		大块状	6.2	9.0	0.52	0.33								
剖74	铁铝土	红壤	石灰岩红壤	厚层中有机质石灰岩类红壤	1		灰黄色		小颗粒状	5.6	40.7	1.81							石灰岩类	E 115°47′43.4″ N 27°04′37.8″	99
					2		棕黄色	中壤土	小颗粒状												
					3		红棕黄色	重壤土	粒状黄色												
剖75	铁铝土	红壤	石灰岩红壤	中层中有机质石灰岩类红壤	1		咖啡色	中壤土	屑粒状	5.4	50.5	1.82			184		64		石灰岩类	E 115°47′04.4″ N 27°03′05.9″	98
					2		棕红色	中壤土	小块状												
					3		棕红色	中壤土	粒状												
					4		棕红色	中壤土	梭状												
剖76	铁铝土	红壤	石灰泥土	厚层石灰泥土	1	0—18	棕红色	中壤土	粒状	7.2	16.1	0.98	1.06						碳酸岩类风化物	E 115°48′04.5″ N 27°02′03.4″	98
					2	18—36	棕黄色	中壤土	梭块状		11.1	0.85	1.11		71	8.8	108				
					3	36—100	棕红色	重壤土	块状		10.5	0.78	1.20								
剖77	铁铝土	红壤	红砂岩红壤	中层少有机质红砂岩类红壤	1	0—10	紫红色	中壤土	块状	5.5	12.6	0.48	0.25						红砂岩类	E 115°48′00.0″ N 26°59′19.1″	97
					2	10—50	紫红色	重壤土	块状	5.1	5.1	0.29	0.26								
					3	50—100	棕红色														
剖78	人为土	潴育水稻土	潴育型潮砂泥田	上位潜育灰潮砂泥田	1	0—12	黄褐色	中壤土	小块状	5.0	22.4	1.20	0.63		112	9.0	25		河流冲积物	E 115°48′16.4″ N 26°58′38.0″	95
					2	12—15	棕黄色	中壤土	小块状	5.2	23.0	1.25	0.61								
					W	15—25	棕黄色	中壤土	块状	6.0	14.0	0.78	0.50								
					W	25—100	棕黄色	重壤土	梭柱状	6.7	8.7	0.42	0.61								
剖79	人为土	潴育水稻土	潴育型红砂泥田	弱潜红砂泥田	1		浅青灰色	中壤土	软糊无结构	5.1	18.6	1.01	0.71		102	4.8	95		红砂岩类	E 115°49′21.6″ N 26°59′41.3″	95
					2		浅青灰色	轻壤土	块状	5.6	14.8	0.74	0.74								
					W1		灰青色	轻壤土	块状	5.8	9.0	0.55	0.70								
					W2		浅青灰色	重壤土	块状	5.1	5.5	0.48	0.72								
					5		棕灰色	重壤土	块状												
剖80	人为土	潴育水稻土	潴育型鳝泥田	鳝泥田	1		灰棕色	重壤土	碎粒状	5.0	25.3	1.38	0.66		137	17.3	41		泥质岩类风化物	E 115°48′59.5″ N 26°58′12.5″	95
					2		棕灰色	重壤土	小块状	4.9	24.4	1.48	0.61								
					W1		灰棕色	轻壤土	块状	6.7	8.2	0.50	0.42								
					W2		浅白灰色	轻壤土	块状	6.9	3.4	0.27	0.24								
					3		白黄色	轻壤土	块状	5.2	36.3	1.23									
剖81	铁铝土	红壤	花岗岩类黄红壤		1		黄黄色	中壤土	粒状	4.3	92.8	3.28	1.00		150	1.5	77		花岗岩	E 115°50′38.8″ N 26°57′42.7″	95
					2		灰黄色	中壤土	小块状	4.7	24.6	0.94	0.72								
剖82	铁铝土	红壤	泥质岩黄红壤	黄泥田	1		浅黄色	中壤土	屑粒状	4.9	21.4	1.37	0.88		125	12.8	57		泥质岩类	E 115°50′21.8″ N 26°56′38.3″	98
					2		黄棕色	中壤土	小块状	5.0	13.1	0.90	0.51								
剖83	人为土	潴育水稻土	潴育型黄泥田		1		棕灰色	中壤土	屑粒状	6.2	9.8	0.62	0.56		120	16.8	43		第四纪红色黏土	E 115°50′21.9″ N 26°55′55.2″	95
					2		棕褐色	中壤土	梭块状	6.6	8.3	0.56	0.63								
					W		灰色	中壤土	梭柱状												
					4		黄黄色	中壤土	小块状	5.5	30.9	1.57									
剖84	人为土	潴育水稻土	潴育型黄砂泥田	灰黄砂泥田	1		灰色	中壤土	小块状										石英岩类风化物	E 115°51′10.2″ N 26°56′13.8″	95
					2		棕褐色	中壤土	梭柱状												
					W		棕红色	中壤土	大块状												

续表 Continued

剖面号 Soil profile	土纲 Soil order	土类 Soil great group	亚类 Soil subgroup	土属 Soil genus	土种 Soil species	土层码 Layer code	土层厚度 Depth/cm	颜色 Soil color	质地 Soil texture	土壤结构 Soil structure	pH	有机质 OM/(g/kg)	全氮 TN/(g/kg)	全磷 TP/(g/kg)	全钾 TK/(g/kg)	碱解氮 AN/(mg/kg)	有效磷 AP/(mg/kg)	速效钾 AK/(mg/kg)	阳离子交换量 CEC/(cmol/kg)	土壤母质 Parent material	剖面点坐标 Profile coordinate	匹配指数 Matching index/%
剖85	人为土	水稻土	潴育水稻土	潴育型紫砂泥田	灰紫砂泥田	1	0—11	紫红色	中壤土	粒状	5.3	18.3	0.84	0.90		92	34.4	49		紫色砂岩风化物	E 115°46′02.6″ N 26°57′29.6″	95
						2	11—15	棕红色	中壤土	小块状	5.6	17.2	0.81	0.91								
						W₁	15—52	棕褐色	中壤土	棱块状	6.7	6.2	0.28	0.56								
						W₂	52—100	黄红色	中壤土	块状	6.8	6.8	0.33	0.93								
剖86	人为土	水稻土	淹育水稻土	淹育型麻砂泥田	强淹麻砂泥田	1	0—12	灰黄色	轻壤土	小块状	5.4	33.9	1.55	0.74		156	5.0	42		花岗岩风化物	E 115°48′28.3″ N 26°57′21.7″	95
						2	12—18	黄棕色	轻壤土	小块状	5.4	27.7	1.32	0.82								
						3	18—103	浅黄色	砂壤土	碎块状												
剖87	人为土	水稻土	潴育水稻土	潴育型潮砂泥田	表潜性中潴灰潮砂泥田	1		浅青灰色	轻壤土	块状	5.4	28.5	1.44			120	25.8	35		河流冲积物	E 115°52′55.3″ N 26°57′33.8″	95
						2		浅灰色	轻壤土	块柱状												
						W₁		暗棕色	轻壤土	棱柱状												
						W₂		黄棕色	轻壤土	棱柱状												
剖88	人为土	水稻土	潴育水稻土	潴育型麻砂泥田	弱潴麻砂泥田	1		灰色	轻壤土	核粒状	5.6	31.5	1.48	0.95		138	≥100.0	54		花岗岩风化物	E 115°45′32.3″ N 26°54′44.6″	95
						2		棕灰色	轻壤土	核块状	5.3	17.2	0.97	0.78								
						W		灰棕色	轻壤土	核块状	6.3	12.4	0.61	0.66								
						4		棕黄色	轻壤土	块状	6.3	10.2	0.45	0.67								
剖89	人为土	水稻土	潴育水稻土	潴育型石灰泥田	石灰泥田	A	0—19	灰白色	黏壤土	团块状	7.7	41.9	2.23	0.97	9.2	142	3.0	116	21.9	石灰岩风化物	E 115°48′00.7″ N 26°53′48.4″	81
						P	19—27	灰白色	黏壤土	小块状	7.9	39.4	2.06	1.14	9.7				22.8			
						W	27—42	浅黄色	黏壤土	棱块状	7.3	7.9	0.70	1.03	10.3				10.0			
						Wg	42—	浅青灰色	黏壤土	棱块状	7.4	11.2	0.77	0.50	10.5				9.9			

泰 和 县

主要土类说明

红壤是泰和县主要土壤类型，占本县地域面积的63%，分布于中山以下河谷阶地以上的广大山丘地区。红壤发生于高温高湿的亚热带生物气候条件下，铝硅酸盐类矿物强烈分解，盐基遭到强烈淋失，高岭化的黏粒和其他次生矿物不断形成，铁铝氧化物明显积聚，盐基高度不饱和。本县红壤分为红壤和红壤性土两个亚类。红壤亚类占红壤的88%，广泛分布于丘陵和山区，以发育于第四纪红色黏土母质的红壤最为典型，一般有1m以上剖面发育完整的红色土层。表土层较薄，心土层、底土层为均一的棕红色或暗红棕色黏实土层，呈块状或小块状结构，有时可见铁锰胶膜，在剖面不同深度中常可见到黄、红、白相间的网纹层。全剖面质地黏重，为轻黏土至中黏土。土壤呈强酸性，pH 为 4.5—5.0。土壤表土层薄，全剖面全量养分偏高，可能是由于生物富集及营养元素淋淀所致。

水稻土是泰和县第二大土壤类型，占本县地域面积的24%。水稻土是在淹灌植稻情况下由长期耕作、施肥、轮作等综合影响而形成的一类耕作土壤，集中分布于赣江两侧及螺溪、沙村、塘洲、苑前和灌溪等地的河谷平原和丘陵沟谷地区。在季节性淹水耕作或水旱耕作等影响下，水稻土进行着有机质的分解与合成、盐基淋溶与复盐基、黏粒的聚积和淋淀等作用。根据地形、土壤地下水位高低和人为淹水植稻作用的强度，发育形成剖面具明显差异的水稻土亚类。以地面淹水作用为主形成淹育水稻土，地面淹水和地下毛管水共同作用下形成肥力较高的潴育水稻土，在地面水、层间滞水、地下水长期浸渍下形成潜育水稻土，在侧渗水作用下形成漂洗水稻土等。

紫色土是泰和县第三大土壤类型，占本县地域面积的7%，多见于盆地内海拔100—200m的浑圆状起伏中、低丘陵。成土母质为紫色页岩和紫色砂砾岩风化物。因岩性不同，土壤呈紫色、紫红色或紫棕色。本县紫色土分为两个亚类：由石灰性紫色泥岩风化物发育，质地黏重，土体呈紫色的石灰性紫色土；土壤无石灰反应，由紫色砂砾岩或泥岩风化物发育的中性紫色土。

潮土占本县地域面积的3%，主要分布在靠赣江边及其主支流沿岸的河漫滩阶地和平原上。潮土是在河流冲积物上进行旱耕而发育形成的一类旱作土壤，是受土壤地下水影响而形成有锈纹、锈斑和潮化特征的一类半水成土。此类土壤土层深厚，土体潮润。全剖面质地均一，疏松，通透性好。

小于本县地域面积3%的土壤类型还有黄壤等。

本区域中心区气候特征

本区域中心区气候特征值
Regional climate characteristics in central area of the region

气候带：中亚热带湿润气候 Climate region: Subtropical humid climate	
年平均气温 /℃ Annual average temperature /℃	18.7
年平均最高气温 /℃ Annual average maximum temperature /℃	23.2
年平均最低气温 /℃ Annual average minimum temperature /℃	15.4
年降水量 /mm Annual precipitation /mm	1513
≥10℃的积温 /℃ Daily temperature accumulated in a year (≥10℃) /℃	12582
年日照时数 /h Annual sunshine /h	1672
年平均相对湿度 /% Annual average relative humidity /%	78
干燥度 Dryness	0.73

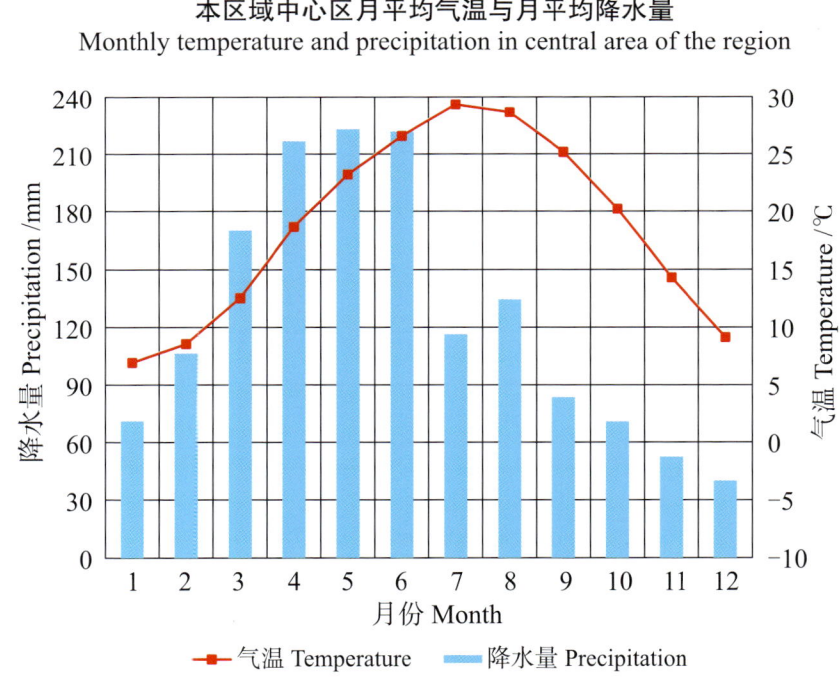

本区域中心区月平均气温与月平均降水量
Monthly temperature and precipitation in central area of the region

泰和县主要土壤类型与土壤剖面点分布图

1:340 000

图 例
- 红壤
- 水稻土
- 紫色土
- 潮土
- 黄壤
- ⊗ 剖面点

泰和县土壤剖面理化性状表

剖面号 Soil profile	土纲 Soil order	亚类 Soil subgroup	土类 Soil great group	土属 Soil genus	土种 Soil species	土层码 Layer code	土层厚度 Depth/cm	颜色 Soil color	质地 Soil texture	土壤结构 Soil structure	pH	有机质 OM/(g/kg)	全氮 TN/(g/kg)	全磷 TP/(g/kg)	全钾 TK/(g/kg)	有效磷 AP/(mg/kg)	速效钾 AK/(mg/kg)	阳离子交换量CEC/(cmol/kg)	土壤母质 Parent material	剖面点坐标 Profile coordinate	匹配指数 Matching index/%
剖1	人为土	水稻土	潴育水稻土	石灰性紫色泥岩潴育水稻土	灰紫泥中潴育型水稻土	1	0—13				7.1	30.4	2.01	1.28	16.3				石灰性紫色泥岩潴育沟谷填充物	E 114°23′29.5″ N 26°46′04.7″	95
						2	13—22				7.6	14.3	1.24	1.44	18.5						
						3	22—37				8.1	8.3	0.65	1.23	18.5						
						4	37—65				7.9	6.3	0.60	1.40	23.3						
剖2	人为土	水稻土	潴育水稻土	红色砂砾岩潴育水稻土	灰红砂泥弱潴育型水稻土	1	0—10				5.1	20.7	1.31	0.49					红色砂砾岩沟谷填充物	E 114°43′01.9″ N 26°54′22.3″	95
						2	10—15				5.8	16.2	1.01	0.49							
						3	15—50				7.2	4.6	0.23	0.48							
						4	50—75				7.6	3.7	0.20	0.45							
剖3	人为土	水稻土	潴育水稻土	第四纪红色黏土潴育水稻土	灰黄泥弱潴育型水稻土	1	0—10				5.0	28.5	1.67	1.44	8.2				第四纪红色黏土沟谷填充物	E 114°41′35.8″ N 26°51′24.4″	95
						2	10—17				5.4	23.3	1.38	1.08	8.0						
						3	17—55				7.1	6.0	0.54	0.69	8.0						
剖4	人为土	水稻土	潴育水稻土	红黏底覆盖质沉积物潴育水稻土	黏体潴育型水稻土	1	0—15				5.3	39.3	1.96	0.62						E 114°44′20.5″ N 26°52′02.5″	75
						2	15—23				4.5	30.5	1.67	0.51							
						3	23—54				6.1	6.8	0.51	1.21							
						4	54—80				6.7	4.3	0.38	0.70							
剖5	人为土	水稻土	潴育水稻土	红黏体底覆盖质沉积物潴育水稻土	红黏体弱潴育型水稻土	1	0—13				5.4	18.2	0.82	0.50						E 114°40′39.9″ N 26°50′32.4″	95
						2	13—16				6.4	13.3	0.51	0.42							
						3	16—55				7.7	5.2	0.23	0.40							
						4	55—100				7.9	5.5	0.32	0.37							
剖6	铁铝土	红壤	红壤	红砂泥红壤	薄层红砂泥红壤	A	0—5	橙红色	砂壤土	核粒状	4.9	8.5	0.38	≤0.10	9.3			3.4	红砂岩风化坡积物	E 114°49′52.6″ N 26°56′02.4″	95
						Bv	5—30	浅棕红色	砂壤土	块状	4.8	3.5	0.19	≤0.10	10.3			3.5			
						C	30—	棕红色	砂质黏壤土		4.8	2.4	0.18	0.16	14.1			7.7			
剖7	人为土	水稻土	潴育水稻土	红黏体覆盖质沉积物潴育水稻土	红黏体中潴育型水稻土	1	0—9				6.0	16.7	0.94	1.20	27.0					E 114°50′07.6″ N 26°55′22.2″	95
						2	9—14				6.1	10.8	0.63	0.94	29.0						
						3	14—				6.6	7.2	0.52	1.10	28.0						
剖8	铁铝土	红壤	红壤	石英岩红壤	多有机质中层红壤	1	0—3				4.7	88.1	3.69	0.76	11.3				石英岩类风化物	E 114°48′29.6″ N 26°51′40.9″	95
						2	3—14				4.5	28.1	2.26	0.64	11.5						
						3	14—43				5.0	18.3	0.85	0.60	12.2						
剖9	人为土	水稻土	潴育水稻土	第四纪红色黏土潴育水稻土	灰黄泥中潴育型水稻土	1	0—12				4.9	33.9	1.92	0.60	6.0				第四纪红色黏土沟谷填充物	E 114°53′49.9″ N 26°52′40.5″	95
						2	12—21				5.2	23.7	1.50	0.60	5.8						
						3	21—50				6.6	8.1	0.63	0.68	6.5						
剖10	人为土	水稻土	潴育水稻土	红色砂砾岩潴育水稻土	灰红砂泥中潴育型水稻土	1	0—14				5.6	30.2	1.79	1.27	17.0				红色砂砾岩沟谷填充物	E 114°57′33.7″ N 26°54′34.8″	95
						2	14—23				6.7	16.1	1.17	0.84	17.0						
						3	23—45				6.0	4.8	0.65	0.72	14.8						
						4	45—71				5.3	5.0	0.45	0.60	13.8						
						5	71—100				5.7	6.9	0.56	0.58	18.0						
剖11	铁铝土	红壤	红壤	泥质岩红壤	中有机质薄层红壤	1	0—3				4.2	36.4	1.54	0.49	12.5				泥质岩类风化物	E 114°59′32.1″ N 26°52′41.9″	95
						2	3—20				4.4	6.7	0.54	0.47	21.0						
						3	20—35				4.5	3.4	0.35	0.43	24.5						
						4	35—				4.6	2.0	0.26	0.49	23.5						
剖12	人为土	水稻土	潴育水稻土	石灰性紫色泥岩潴育水稻土	灰紫泥弱潴育型水稻土	1	0—11				6.4	28.6	1.85	1.26	21.8				石灰性紫色泥岩潴育沟谷填充物	E 114°55′41.9″ N 26°50′09.1″	95
						2	11—18				6.7	24.8	1.74	1.16	14.5						
						3	18—75				8.0	8.7	0.71	0.98	19.8						

续表 Continued

剖面号 Soil profile	土纲 Soil order	土类 Soil great group	亚类 Soil subgroup	土属 Soil genus	土种 Soil species	土层码 Layer code	土层厚度 Depth/cm	颜色 Soil color	质地 Soil texture	土壤结构 Soil structure	pH	有机质 OM/(g/kg)	全氮 TN/(g/kg)	全磷 TP/(g/kg)	全钾 TK/(g/kg)	有效磷 AP/(mg/kg)	速效钾 AK/(mg/kg)	阳离子交换量CEC/(cmol/kg)	土壤母质 Parent material	剖面点坐标 Profile coordinate	匹配指数 Matching index/%
剖13	铁铝土	红壤	红壤			1	0~2				5.2	163.8	4.56	0.94	22.8				泥质岩类风化物	E 114°57′11.1″ N 26°48′21.8″	97
						2	2~9				4.8	66.2	2.34	0.84	25.6						
						3	9~45				5.4	10.9	0.78	0.60	34.0						
剖14	人为土	水稻土	潴育水稻土	红黏底壤质潴育水稻土	红黏体中潴育水稻土	1	0~10				5.1	8.1	0.70	0.41	10.3					E 114°56′59.1″ N 26°45′39.1″	95
						2	10~15				5.4	6.9	0.61	0.36	9.8						
剖15	半水成土	潮土	灰潮土	砂质灰潮土	潮砂土	1	0~15				6.6	4.5	0.31	0.76	39.3				河流冲积物	E 115°02′33.0″ N 26°55′32.8″	95
						2	15~25				6.8	4.2	0.28	0.82	42.0						
剖16	铁铝土	红壤	红壤			1	0~8				4.7	12.5	0.61	0.44	11.8				红色砂砾岩风化物	E 115°00′21.7″ N 26°46′46.0″	97
						2	8~27				5.0	7.7	0.45	0.48	13.8						
剖17	人为土	水稻土	潴育水稻土	紫红色砂泥岩潴育水稻土	灰红砂泥中潴育水稻土	1	0~13				7.1	30.4	2.01	1.28	16.3				紫色泥质岩	E 115°07′45.6″ N 26°45′23.7″	95
						2	13~22				7.6	14.3	1.24	1.44	18.5						
剖18	铁铝土	红壤	红壤			1	0~5				4.6	43.1	1.97	0.60	6.0				第四纪红色黏土	E 115°04′15.6″ N 26°40′02.0″	97
						2	5~10				3.8	27.9	1.43	0.71	6.2						
						3	10~15				5.5	7.5	0.54	0.60	9.9						
剖19	铁铝土	红壤	红壤			1	0~20				5.6	12.3	0.36	0.54	11.8				第四纪红色黏土	E 115°05′25.3″ N 26°39′16.9″	97
剖20	铁铝土	红壤	红壤	石英岩红壤	中有机质中层红壤	1	0~14				5.0	29.5	1.38	0.61		11.0	95		石英岩类风化物	E 115°06′16.4″ N 26°39′52.9″	95
						2	14~45				4.8	12.1	0.57	0.60		12.0	55				
						3	45~70				4.8	9.0	0.44	0.64		3.0	45				
						4	70~				5.3	6.3	0.47	0.55		2.0	52				
剖21	铁铝土	红壤	红壤	泥质岩红壤	多有机质中层红壤	1	0~3				5.2	89.8	3.60	1.09	14.8				泥质岩类风化物	E 115°05′25.1″ N 26°35′31.5″	95
						2	3~12				4.5	30.3	1.69	0.84	17.5						
						3	12~30				4.5	19.0	1.06	0.89	20.8						
						4	30~79				4.7	9.5	0.70	1.00	24.5						
剖22	人为土	水稻土	潜育水稻土	红色砂砾岩潜育水稻土	红砂泥中潜育水稻土	1	0~15				4.7	32.5	2.03	0.53	8.8				红色砂砾岩沟谷填充物	E 115°07′09.3″ N 26°35′05.3″	95
						2	15~33				5.2	22.3	1.47	0.40	9.5						
						3	33~42				5.5	8.1	0.48	0.33	8.0						

遂 川 县

主要土类说明

红壤是遂川县主要土壤类型，占本县地域面积的69%。红壤风化强烈，土层一般比较深厚。除营盘圩乡外，全县各地均有分布。本县红壤土类划分为红壤、红壤性土和山地黄红壤三个亚类。红壤亚类分布于海拔500m以下地区，成土母质主要为酸性结晶岩类、泥质岩类、千枚岩类、红砂岩类、石英岩类和第四纪红色黏土等。由于人为活动影响，植被遭不同程度破坏，引起水土流失。红壤性土亚类仅发育于红砂岩类母质，主要分布在泉江、雩田、衙前等地，受人为活动影响强烈，植被破坏严重，侵蚀沟纵横交替，水土流失严重。山地黄红壤亚类是红壤向山地黄壤的过渡类型，位于海拔500—800m的地段，除了红壤化过程外，又附加有山地黄壤的成土过程。

水稻土是遂川县第二大土壤类型，占本县地域面积的16%。水稻土是在植稻后，经长期耕作、灌溉、轮作、施肥等综合影响下，发育形成的一种特殊性质的农业土壤。受人为水耕作用影响，干湿交替，氧化还原交替进行，形成了水稻土特有的发生层次如淹育层、潴育层、漂洗层和潜育层。成土母质主要有花岗岩类风化物、泥质岩类风化物、河流冲积物、紫色砂砾岩类、石英岩类、千枚岩类、红砂岩类、紫色泥页岩类、第四纪红色黏土异元母质和洪积物等。本县水稻土分为淹育水稻土、潴育水稻土、潜育水稻土和漂洗水稻土四个亚类。

黄壤是遂川县第三大土壤类型，占本县地域面积的8%，分布于海拔800—1200m的中山地段，与红壤属同一纬度带，但水湿条件较红壤高，热量条件比红壤略低。在山地垂直带谱中，分布在红壤之上，黄棕壤之下。成土过程主要是土壤黄化过程，同时也普遍具有热带、亚热带土壤所共有的脱硅富铝化过程，土壤酸性较大。黄壤在形成过程中，富铝化作用表现得较弱，黄壤黏粒部分的硅铝率较红壤高，较黄棕壤稍低。游离氧化铁遭受水化，主要以针铁矿、褐铁矿和多水氧化铁的形态存在。黄壤剖面呈黄色至蜡黄色，尤其在淀积层更为明显。

黄棕壤占本县地域面积的3%，分布于海拔1200—1500m的地区，主要分布在大汾、戴家埔、营盘圩、高坪等地和大坝里林分场。表土层一般以灰棕色为主，有机质含量较高，土体疏松孔隙度大，渗漏性强。心土层一般以棕色或暗棕色为主，呈棱块状或块状结构，结构体面被覆棕色或暗棕色胶膜或有铁锰结核。由于原生矿物质变成次生矿物质的过程比较快，黏粒含量较高，且黏粒的淋溶聚积过程亦较强烈，常形成黏重的土层，因心土层质地黏重，滞水性强，所以铁锰淋溶淀积显著。

小于本县地域面积3%的土壤类型还有山地草甸土、紫色土、棕壤等。

本区域中心区气候特征

本区域中心区气候特征值
Regional climate characteristics in central area of the region

气候带：中亚热带湿润气候 Climate region: Subtropical humid climate	
年平均气温 /℃ Annual average temperature /℃	18.8
年平均最高气温 /℃ Annual average maximum temperature /℃	23.2
年平均最低气温 /℃ Annual average minimum temperature /℃	15.6
年降水量 /mm Annual precipitation /mm	1454
≥10℃的积温 /℃ Daily temperature accumulated in a year (≥10℃) /℃	11987
年日照时数 /h Annual sunshine /h	1669
年平均相对湿度 /% Annual average relative humidity /%	78
干燥度 Dryness	0.76

本区域中心区月平均气温与月平均降水量
Monthly temperature and precipitation in central area of the region

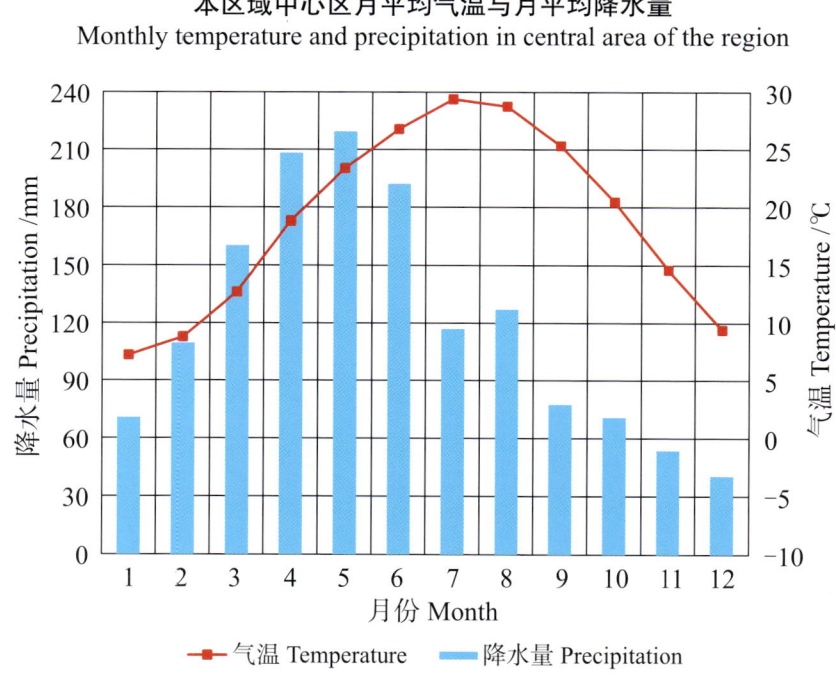

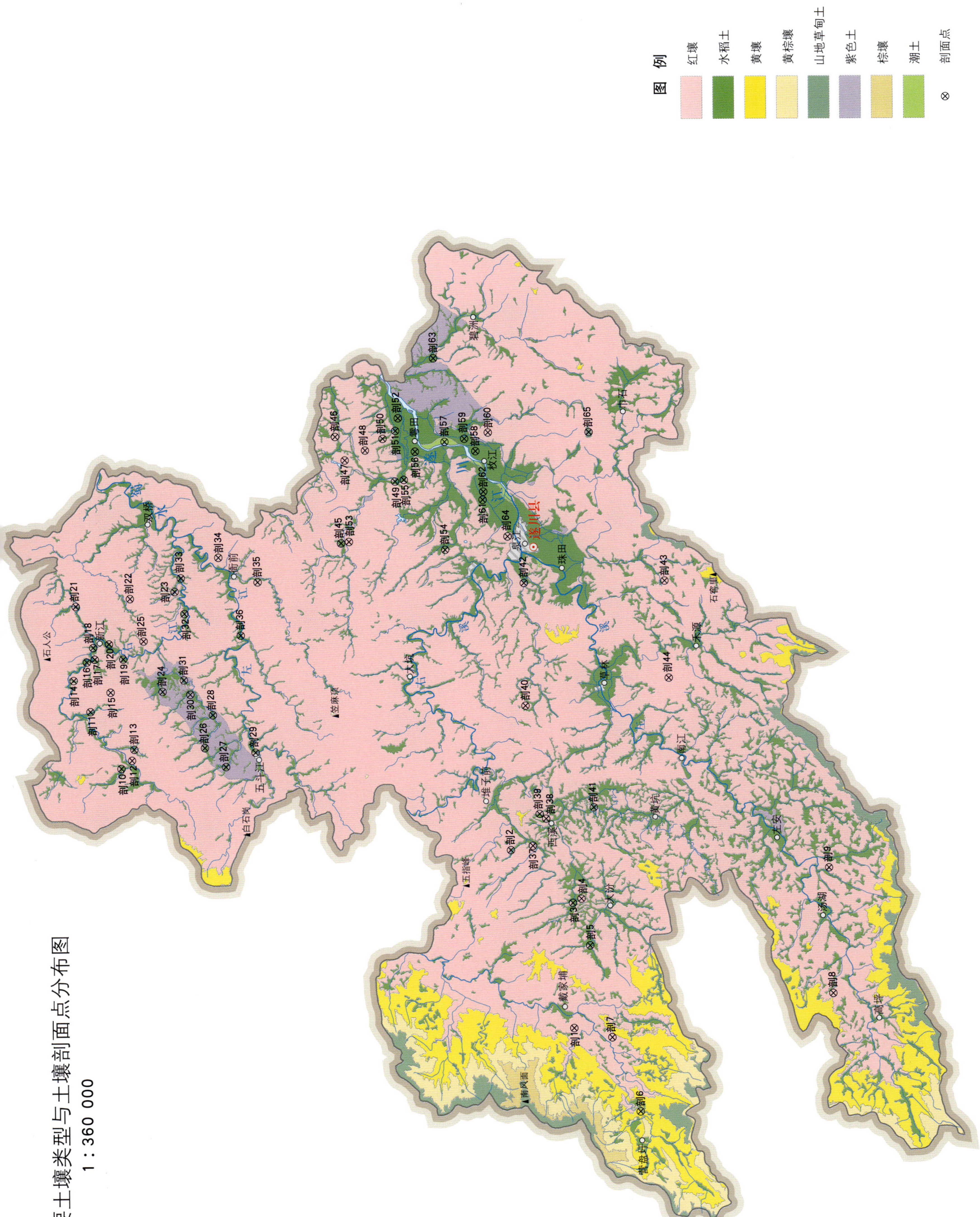

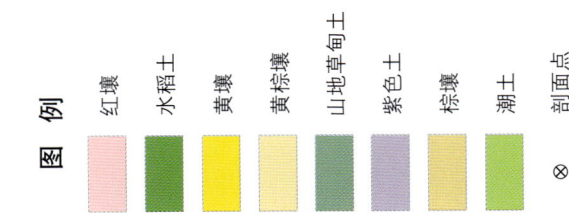

遂川县主要土壤类型与土壤剖面点分布图
1∶360 000

遂川县土壤剖面理化性状表

剖面号 Soil profile	土纲 Soil order	土类 Soil great group	亚类 Soil subgroup	土属 Soil genus	土种 Soil species	土层码 Layer code	土层厚度 Depth/cm	颜色 Soil color	质地 Soil texture	土壤结构 Soil structure	pH	有机质 OM/(g/kg)	全氮 TN/(g/kg)	全磷 TP/(g/kg)	全钾 TK/(g/kg)	碱解氮 AN/(mg/kg)	速效钾 AK/(mg/kg)	阳离子交换量 CEC/(cmol/kg)	土壤母质 Parent material	剖面点坐标 Profile coordinate	匹配指数 Matching index/%
剖1	铁铝土	红壤	红壤	泥质岩类红壤	薄层少有机质泥质岩红壤	1	0~8	棕黄色	中壤土	碎块状	5.6	21.3	1.04	0.53		105	185		泥质岩类	E 114°05′58.7″ N 26°16′33.2″	95
						2	8~40	棕黄色	中壤土	块状	4.6	5.5	0.34	0.38							
						3	40~100														
剖2	初育土	石灰(岩)土	黑色石灰土	黑色石灰土	厚层灰黑色石灰土	1	0~15	暗棕色	中壤土	碎粒状	7.3	16.6	0.75	0.92		88	116		石灰岩风化物	E 114°14′58.8″ N 26°19′34.8″	97
						2	15~30	暗棕色	中壤土	碎粒状	7.3	16.3	0.65	0.89							
						3	30~60	浅棕色	中壤土	团块状	7.5	15.2	0.57	0.86							
						4	60~100	浅黑色	中壤土	小块状	7.5	15.3	0.39	0.90							
剖3	人为土	水稻土	淹育水稻土	淹育型麻砂泥田	强淹麻砂泥田	1	0~10	浅灰色	轻壤土	碎粒状									花岗岩风化物	E 114°12′18.9″ N 26°16′41.1″	95
						2	10~15	浅灰色	轻壤土	小块状											
						3	15~100	浅黄色	轻壤土	块状											
剖4	铁铝土	红壤	红壤	麻砂泥土	厚层麻砂泥土	1	0~11	棕灰色	中壤土	碎块状	5.7	11.4	0.59	0.67		74	101		花岗岩风化物	E 114°12′33.3″ N 26°16′17.8″	97
						2	11~44	黄棕色	中壤土	块状	5.3	10.0	0.47	0.58							
						3	44~100	黄棕色	中壤土	块状	5.3	4.0	0.25	0.37							
剖5	人为土	水稻土	潴育水稻土	潴育型麻砂紫砂泥田	全层强潴育灰紫砂泥田	1	0~11	青灰色	中壤土	碎粒状	5.3	23.3	1.20	0.53		119	69		紫色砂岩风化物	E 114°10′08.4″ N 26°15′52.0″	95
						2	11~16	青灰色	中壤土	碎粒状	5.4	21.5	1.14	0.51							
						3	16~35	蓝灰色	重壤土	块状	5.5	22.6	1.01	0.38							
						4	35~100	浅灰色	中壤土	块状	5.5	19.7	0.95	0.36							
剖6	黄壤	黄壤	山地黄壤	黄壤性麻砂泥土	中层黄壤乌麻砂泥土	1	0~8	棕灰色	中壤土	碎粒状	6.0	101.2	3.11	2.05		326	195		花岗岩风化物	E 114°01′49.8″ N 26°13′26.6″	95
						2	8~16	棕黑色	重壤土	碎粒状	6.4	102.3	2.60	2.28							
						3	16~43	棕黑色	轻壤土	碎粒状	5.4	96.0	3.77	1.83							
						4	43~100	棕黄色	轻壤土	块状	5.7	60.0	2.30	1.60							
剖7	铁铝土	红壤	黄红壤	黄壤性麻砂泥土	厚层黄红壤灰麻砂泥土	1	0~8	棕灰色	轻壤土	碎块状	5.4	18.1	1.13	0.58		141	136		花岗岩风化物	E 114°05′32.5″ N 26°13′46.9″	95
						2	8~30	棕灰色	轻壤土	块状	4.7	13.5	0.55	0.50							
						3	30~100	浅灰色	中壤土	碎块状	5.2	15.0	0.73	0.61							
剖8	铁铝土	红壤	黄红壤	石英岩山地黄红壤	薄层多有机质石英岩类山地黄红壤	1	0~8	棕灰色	中壤土	碎块状	4.6	66.2	2.57	1.05		261	196		石英岩类	E 114°07′55.4″ N 26°04′38.0″	95
						2	8~30	棕黄色	重壤土	块状	4.5	18.0	0.89	0.94							
						3	30~100	棕黄色	重壤土	团粒状	4.8	8.6	0.47	0.86							
剖9	人为土	水稻土	潴育水稻土	潴育型紫泥田	灰紫泥田	1	0~14	紫灰色	重壤土	块状	6.3	21.6	1.10	0.47		109	53		紫色页岩风化物	E 114°14′20.1″ N 26°04′54.2″	95
						2	14~23	浅紫色	重壤土	块状	6.1	10.7	0.54	0.44							
						3	23~43	紫灰色	重壤土	块状	6.3	6.1	0.33	0.38							
						W_1	43~100	紫灰色	重壤土	小块状	6.8	5.8	0.14	0.33							
剖10	人为土	水稻土	潴育水稻土	潴育型紫砂泥田	灰紫砂泥田	1	0~15	紫灰色	中壤土	块状	5.0	32.2	1.70	0.60		232	80		紫色砂岩风化物	E 114°18′51.9″ N 26°37′33.4″	95
						2	15~21	紫灰色	中壤土	块状	5.1	31.1	1.40	0.57							
						W_1	21~73	浅紫色	重壤土	块状	5.9	29.7	1.33	0.38							
						W_2	73~82	浅紫色	重壤土	块状	6.3	11.1	0.53	0.36							
						W_3	82~100	浅灰色	重壤土	块状	6.0	7.8	0.37	0.39							
剖11	人为土	水稻土	潴育水稻土	潴育型潮砂泥田	中位中潴灰潮砂泥田	1	0~14	浅黄色	轻壤土	碎块状	5.8	18.6	0.80	1.16		102	40		河流冲积物	E 114°21′42.8″ N 26°38′57.4″	95
						2	14~21	浅灰色	轻壤土	块状	5.8	12.1	0.54	1.07							
						3	21~52	蓝灰色	中壤土	块状	5.4	28.1	1.40	1.33							
						W	52~71	棕灰色	中壤土	块状	5.4	9.9	0.54	1.07							
						5	71~100	浅黄色		松散状	5.8	9.1	0.39	0.96							

续表 Continued

剖面号 Soil profile	土纲 Soil order	土类 Soil great group	亚类 Soil subgroup	土属 Soil genus	土种 Soil species	土层码 Layer code	土层厚度 Depth/cm	颜色 Soil color	质地 Soil texture	土壤结构 Soil structure	pH	有机质 OM/(g/kg)	全氮 TN/(g/kg)	全磷 TP/(g/kg)	全钾 TK/(g/kg)	碱解氮 AN/(mg/kg)	速效钾 AK/(mg/kg)	阳离子交换量CEC/(cmol/kg)	土壤母质 Parent material	剖面点坐标 Profile coordinate	匹配指数 Matching index/%
剖12	铁铝土	红壤	山地黄红壤	石英岩类山地黄红壤	厚层多有机质石英岩类山地黄红壤	1	0—5	浅灰色	中壤土	小块状	5.0	45.9	2.16	0.90		235	101		石英岩类	E 114°19′10.8″ N 26°37′10.4″	95
						2	5—28	浅灰色	中壤土	块状	5.0	31.3	1.42	0.77							
						3	28—80	棕黄色	重壤土	块状	5.3	14.1	0.64	0.57							
						4	80—100	黄棕色	重壤土	块状	5.5	5.2	0.27	0.63							
剖13	人为土	水稻土	潴育水稻土	潴育型红黄泥田	全层强潴红黄泥田	1	0—12	青灰色	中壤土	碎块状	5.2	21.0	0.94	0.50		102	45		泥质岩类风化物	E 114°19′50.6″ N 26°36′58.8″	95
						2	12—18	青灰色	中壤土	块状	5.5	14.1	0.82	0.43							
						3	18—45	青灰色	中壤土	块状	6.1	13.6	0.77	0.35							
						4	45—100	蓝灰色	重壤土	块状	6.1	12.2	0.58	0.30							
剖14	人为土	水稻土	潴育水稻土	潴育型红黄泥田	全层强潴灰红黄泥田	1	0—14	青灰色	重壤土	软块状	5.2	26.8	1.22	0.52		124	70		泥质岩类风化物	E 114°23′19.4″ N 26°39′48.3″	95
						2	14—23	青灰色	重壤土	软块状	5.4	25.9	1.22	0.48							
						3	23—100	蓝灰色	黏土	软块状	5.2	25.6	1.13	0.38							
剖15	铁铝土	红壤	红壤	红黄泥土	厚层灰红黄泥土	1	0—11	浅灰色	中壤土	碎块状	5.3	26.0	1.39	0.81		147	48		泥质岩类风化物	E 114°22′45.3″ N 26°38′06.5″	95
						2	11—30	浅灰色	中壤土	碎块状	5.2	24.3	1.31	0.72							
						3	30—60	浅灰色	重壤土	块状	5.3	21.1	1.13	0.65							
						4	60—100	浅黄色	重壤土	块状	5.1	18.5	0.92	0.56							
剖16	人为土	水稻土	潴育水稻土	潴育型紫砂泥田	弱潴灰紫泥田	1	0—14	紫灰色	中壤土	碎粒状	5.8	13.5	0.81	0.44		80	70		紫色砂岩类风化物	E 114°24′27.2″ N 26°38′57.2″	95
						2	14—27	浅紫色	中壤土	块状	6.5	4.7	0.21	0.29							
						W	27—78	浅紫色	重壤土	块状	6.3	4.6	0.39	0.32							
						4	78—100	黄棕色	重壤土	块状	6.8	4.2	0.24	0.27							
剖17	人为土	水稻土	潴育水稻土	潴育型潮砂泥田	灰潮砂泥田	1	0—10	黄棕色	轻壤土	屑粒状	5.3	21.5	1.20	0.66		123	83		河流冲积物	E 114°24′32.8″ N 26°38′56.0″	95
						2	10—17	深灰色	中壤土	碎块状	5.3	10.1	0.53	0.33							
						W_1	17—49	浅灰色	中壤土	块状	5.8	9.8	0.47	0.37							
						W_2	49—87	浅灰色	重壤土	块状	5.4	7.5	0.40	0.59							
						5	87—100		中壤土	块状	5.6	6.7	0.36	0.48							
剖18	人为土	水稻土	潴育水稻土	潴育型潮砂泥田	表潴性弱潴砂底灰潮泥田	1	0—12	青灰色	中壤土	小块状	4.9	41.9	2.35	0.88		283	52		河流冲积物	E 114°25′01.5″ N 26°38′55.7″	95
						2	12—20	青灰色	中壤土	块状	5.5	21.7	1.15	0.73							
						W	20—33	棕灰色	重壤土	块状	5.7	13.3	0.61	0.66							
						4	33—100	浅灰色	砂壤土	块状	6.0	7.3	0.37	0.60							
剖19	人为土	水稻土	潴育水稻土	潴育型红泥田	表潴性灰红泥田	1	0—15	青灰色	中壤土	小块状	6.1	6.5	0.42	0.87					泥质岩类风化物	E 114°24′27.8″ N 26°37′32.4″	95
						2	15—20	浅灰色	重壤土	块状											
						W_1	20—28	浅灰色	重壤土	块状											
						W_2	28—50	棕灰色	重壤土	块状											
						W_3	50—100	浅黄色	黏土	块状											
剖20	人为土	水稻土	潴育水稻土	潴育型红砂泥田	强潴灰红砂泥田	1	0—15	浅灰色	中壤土	小块状	5.3	34.4	2.07	0.61		244	50		红砂岩类风化物	E 114°25′13.5″ N 26°38′12.6″	95
						2	15—21	灰棕色	重壤土	块状	6.1	15.3	0.89	0.49							
						W	21—70	棕色	重壤土	块状	6.3	6.5	0.33	0.22							
						4	70—100	棕色	重壤土	块状	6.4	4.6	0.44	0.33							
剖21	人为土	水稻土	潴育水稻土	潴育型红黄泥田	弱潴灰红泥田	1	0—14	棕灰色	重壤土	小块状	6.3	2.7	0.25	0.45		151	75		泥质岩类风化物	E 114°27′07.9″ N 26°39′45.8″	95
						2	14—19	灰棕色	重壤土	块状											
						3	19—40	灰棕色	重壤土	块状											
						W	40—70	棕色	重壤土	块状											
						5	70—100	棕色	重壤土	块状											
剖22	铁铝土	红壤	红壤	千枚岩红壤	厚层中有机质千枚岩红壤	1	0—14	棕褐色	中壤土	团粒状	4.9	25.0	1.13	0.86					千枚岩风化物	E 114°27′34.0″ N 26°37′15.8″	97
						2	14—89	浅棕黄色	重壤土	块状	4.9	6.8	0.31	0.71							
						3	89—100	棕黄色	重壤土	块状											

续表 Continued

剖面号 Soil profile	土纲 Soil order	土类 Soil great group	亚类 Soil subgroup	土属 Soil genus	土种 Soil species	土层码 Layer code	土层厚度 Depth/cm	颜色 Soil color	质地 Soil texture	土壤结构 Soil structure	pH	有机质 OM/(g/kg)	全氮 TN/(g/kg)	全磷 TP/(g/kg)	全钾 TK/(g/kg)	碱解氮 AN/(mg/kg)	速效钾 AK/(mg/kg)	阳离子交换量CEC/(cmol/kg)	土壤母质 Parent material	剖面点坐标 Profile coordinate	匹配指数 Matching index/%
剖23	人为土	水稻土	潜育水稻土	潜育型麻砂泥田	上位弱潜火塌麻砂泥田	1	0—14	青灰色	中壤土	软糊无结构	5.2	38.7	2.02	1.04		205	71		花岗岩风化物	E 114°27′56.6″ N 26°35′12.8″	95
						2	14—18	蓝灰色	重壤土	块状	5.3	31.7	1.48	0.87							
						W₁	18—30	浅灰色	重壤土	块状	5.3	21.1	0.97	0.49							
						W₂	30—43	浅灰色	重壤土	块状	5.5	9.0	0.52	0.53							
						W₃	43—100	浅黄色	轻壤土	碎块状	6.3	7.7	0.36	0.66							
剖24	人为土	水稻土	潜育水稻土	潜育型紫泥田	上位弱潜灰紫紫泥田	1	0—15	青灰色	重壤土	块状	6.2	28.9	1.41	0.68		143	56		紫色泥页岩风化物	E 114°22′49.3″ N 26°35′42.3″	95
						2	15—23	青灰色	重壤土	块状	6.7	10.4	0.56	0.48							
						W	23—70	紫灰色	重壤土	块状	6.8	6.7	0.41	0.41							
						4	70—100	紫紫色	重壤土	块状	7.1	3.6	0.25	0.31							
剖25	铁铝土	红壤	红壤	千枚岩红壤	厚层少有机质千枚岩红壤	1	0—5	浅棕黄色	中壤土	碎块状	5.0	11.9	0.73	1.22		100	62		千枚岩类风化物	E 114°25′24.0″ N 26°36′36.7″	97
						2	5—60	重棕色	重壤土	块状	5.1	17.1	0.97	0.57							
						3	60—100	紫紫色	重壤土	块状	4.9	6.9	0.41	0.50							
剖26	人为土	水稻土	潜育水稻土	潜育型麻砂泥田	全层强潜灰麻砂泥田	1	0—10	青灰色	轻壤土	软糊无结构	5.0	42.3	1.98	0.74		245	50		花岗岩风化物	E 114°19′58.1″ N 26°33′43.9″	95
						2	10—25	青灰色	轻壤土	碎块状	5.2	37.1	1.85	0.66							
						3	25—43	青灰色	轻壤土	碎块状	6.4	12.6	0.66	0.40							
						4	43—69	青灰色	轻壤土	块状	6.4	8.3	0.35	0.32							
						5	69—100	蓝灰色	细砂土	块状	6.5	10.6	0.34	0.26							
剖27	人为土	水稻土	潜育水稻土	潜育型潮泥田	上位中潜火塌底灰潮田	1	0—15	青灰色	中壤土	碎粒状	5.3	43.1	2.31	1.06		227	108		河流冲积物	E 114°19′06.3″ N 26°32′42.3″	95
						2	15—21	蓝灰色	中壤土	碎块状	5.4	27.1	1.35	0.81							
						W₁	21—62	棕灰色	重壤土	块状	5.8	7.5	0.33	0.88							
						W₂	62—100	棕黄色	重壤土	块状	6.1	3.8	0.22	0.30							
剖28	人为土	水稻土	潜育水稻土	砂壤质潮土	乌潮砂泥田	1	0—7	浅灰色	砂壤土	屑粒状	5.3	30.5	1.60	0.51		185	52		河流冲积物	E 114°21′39.3″ N 26°33′22.8″	95
						2	7—30	棕黄色	砂壤土	碎粒状	5.7	26.3	1.22	0.46							
						3	30—100	棕黄色	中壤土	无结构	6.2	14.8	0.67	0.36							
剖29	半水成土	潮土	砂壤质潮土	砂壤质潮土	厚层砂壤质潮土	1	0—10	浅黄色	砂壤土	碎粒状	5.9	5.8	0.30	0.60		35	27		河流冲积物	E 114°19′46.4″ N 26°31′21.4″	75
						2	10—25	浅黄色	砂壤土	块状	5.9	6.7	0.33	0.59							
						3	25—46	浅黄色	中壤土	块状	6.1	2.9	0.14	0.42							
剖30	初育土	紫色土	酸性紫色土	酸性紫砂泥土	厚层灰酸紫色土	1	0—10	浅紫色	中壤土	碎块状	6.0	19.2	0.84	0.89		87	110		花岗岩风化物	E 114°22′41.5″ N 26°34′26.2″	97
						2	10—25	浅紫色	中壤土	块状	6.3	11.2	0.56	0.73							
						3	25—46	浅紫色	中壤土	块状	6.1	11.7	0.73	0.69							
						4	46—100	浅紫色	中壤土	块状	6.7	9.8	0.58	0.63							
剖31	人为土	水稻土	潜育水稻土	潜育型麻砂泥田	中位中潜火塌底灰麻砂泥田	1	0—10	浅灰色	中壤土	碎块状	5.1	42.3	1.98	0.74		245	113		花岗岩风化物	E 114°23′25.9″ N 26°34′44.1″	95
						2	10—18	青灰色	中壤土	块状	5.2	37.1	1.85	0.66							
						3	18—43	深灰色	中壤土	块状	6.4	12.6	0.66	0.40							
						W₁	43—69	浅灰色	中壤土	块状	6.4	8.3	0.35	0.32							
						W₂	69—100	浅灰色	中壤土	块状	6.5	10.6	0.34	0.26							
剖32	人为土	水稻土	潜育水稻土	潜育型红泥田	灰红黄泥田	1	0—12	浅灰色	中壤土	碎块状	5.2	29.0	1.02	0.37		145	152		泥质岩类风化物	E 114°26′49.9″ N 26°34′44.9″	95
						2	12—17	浅灰色	中壤土	块状	5.3	27.5	1.03	0.40							
						3	17—31	青灰色	中壤土	块状	5.2	19.2	1.03	0.33							
						4	31—69	灰棕色	中壤土	块状	5.5	12.7	0.53	0.24							
						5	69—100	灰棕色	中壤土	块状	5.0	17.2	0.60	0.26							

续表 Continued

剖面号 Soil profile	土纲 Soil order	土类 Soil great group	亚类 Soil subgroup	土属 Soil genus	土种 Soil species	土层码 Layer code	土层厚度 Depth/cm	颜色 Soil color	质地 Soil texture	土壤结构 Soil structure	pH	有机质 OM/(g/kg)	全氮 TN/(g/kg)	全磷 TP/(g/kg)	全钾 TK/(g/kg)	碱解氮 AN/(mg/kg)	速效钾 AK/(mg/kg)	阳离子交换量 CEC/(cmol/kg)	土壤母质 Parent material	剖面点坐标 Profile coordinate	匹配指数 Matching index/%
剖33	人为土	水稻土	潴育水稻土	潴育型红黄泥田	弱潴灰红黄泥田	1	0~11	浅灰色	中壤土	碎粒状	5.5	39.5	1.89	0.84		213	221		泥质岩类风化物	E 114°28′38.8″ N 26°34′56.4″	95
						2	11~17	浅灰色	中壤土	块状	5.0	25.6	1.19	0.52							
						3	17~24	棕灰色	重壤土	块状	5.7	24.6	1.32	0.49							
						W₁	24~52	浅灰色	黏壤土	块状	6.6	4.5	0.42	0.85							
						5	52~100	浅灰色	黏壤土	块状	6.6	4.4	0.32	0.57							
剖34	铁铝土	红壤	红壤	石英岩红壤	厚层多有机质石英岩类红壤	1	0~18	浅灰色	中壤土	碎块状	4.8	26.7	1.10	0.51		109	55		石英岩类	E 114°29′42.9″ N 26°33′13.0″	97
						2	18~45	棕黄色	中壤土	块状	5.0	12.6	0.61	0.50							
						3	45~100	浅棕黄色	中壤土	块状	5.0	8.2	0.39	0.50							
剖35	人为土	水稻土	潴育水稻土	潴育型鳝泥田	弱潴灰鳝泥田	1	0~13	浅灰色	中壤土	屑粒状	5.5	37.5	2.05	0.95		215	76		泥质岩类风化物	E 114°28′30.1″ N 26°31′24.0″	95
						2	13~18	棕黄色	中壤土	棱块状	6.4	11.1	0.56	0.60							
						W₁	18~51	棕黄色	中壤土	棱块状	6.4	10.5	0.48	0.40							
						W₂	51~84	棕黄色	重壤土	棱块状	5.7	21.8	0.99	0.30							
						5	84~100	浅灰色	中壤土	碎块状	5.3	4.5	0.29	0.30							
剖36	人为土	水稻土	潴育水稻土	潴育型紫泥田	全层强潴灰紫泥田	1	0~10	青灰色	重壤土	碎块状	5.3	25.5	1.13	0.30		107	33		紫色泥质页岩风化物	E 114°25′45.9″ N 26°32′08.1″	95
						2	10~18	青灰色	黏土	软糊无结构	5.3	19.2	0.70	0.29							
						3	18~100	蓝灰色	黏土	软糊无结构	5.5	14.6	0.61	0.24							
剖37	铁铝土	红壤	红壤	麻砂泥土	厚层泥砾少有机质泥岗岩红壤	1	0~8	黄棕色	轻壤土	碎粒状	5.2	24.1	1.18	0.62		141	45		花岗岩	E 114°15′13.6″ N 26°18′33.0″	95
						2	8~27	浅黄色	轻壤土	块状	5.3	12.5	0.64	0.57							
						3	27~100	浅黄色	中壤土	块状	5.3	9.7	0.53	0.54							
剖38	人为土	水稻土	潴育水稻土	潴育型麻砂泥田	中层中有机质泥质岩红壤	1	0~13	青灰色	中壤土	团粒状	5.6	27.5	1.24	1.99		129	82		花岗岩风化物	E 114°16′26.7″ N 26°17′47.2″	96
						2	13~21	浅灰灰色	中壤土	块状	6.1	16.2	0.96	1.68							
						W	21~85	浅灰色	轻壤土	块状	6.6	10.0	0.46	2.01							
						4	85~100	浅灰色	轻壤土	块状	6.7	6.9	0.40	2.21							
剖39	铁铝土	红壤	红壤	泥质岩红壤	厚层灰麻砂泥土	1	0~16	浅灰色	中壤土	碎粒状	5.3	16.8	0.80	0.61		83	87		花岗岩风化物	E 114°16′37.7″ N 26°17′53.5″	97
						2	16~23	浅灰色	重壤土	块状	5.8	15.1	0.67	0.58							
						3	23~87	灰棕色	重壤土	块状	5.3	10.6	0.42	0.44							
						4	87~100	棕色	中壤土	块状	5.0	8.9	0.51	0.33							
剖40	铁铝土	红壤	红壤	泥质岩红壤	中层中有机质泥质岩红壤	1	0~2	浅灰色	中壤土	块状	5.0	44.8	1.67	0.69		182	182		泥质岩类	E 114°22′21.5″ N 26°18′58.6″	95
						2	2~54	棕黄色	中壤土	块状	4.8	23.8	1.11	0.55							
						3	54~100	棕黄色	中壤土	块状	4.8	15.9	0.85	0.53							
剖41	人为土	水稻土	潴育水稻土	潴育型红黄泥田	厚层中有机质红砂岩红黄泥田	1	0~15	青灰色	重壤土	块状	5.1	34.9	1.54	0.45		172	91		泥质岩类	E 114°17′14.7″ N 26°15′46.7″	95
						2	15~22	蓝灰色	重壤土	块状	5.5	23.1	0.89	0.33							
						W₁	22~38	深灰色	重壤土	块状	6.0	16.2	0.69	0.35							
						W₂	38~100	浅灰黄色	砂壤土	块状	6.0	8.9	0.31	0.30							
剖42	铁铝土	红壤	红壤	红砂岩红壤	厚层中有机质红砂岩红壤	1	0~9	浅灰色	轻壤土	碎块状	5.3	23.5	1.07	0.58		109	135		红砂岩风化物	E 114°28′38.5″ N 26°19′07.5″	97
						2	9~33	浅红色	中壤土	块状	5.3	13.8	0.57	0.26							
						3	33~100	浅紫红色	中壤土	碎块状	5.4	4.9	0.20	0.25							
剖43	铁铝土	红壤	红壤	石英岩红壤	厚层中有机质石英岩类红壤	1	0~9	灰棕色	中壤土	碎块状	5.5	20.3	0.96	0.45		117	43		石英岩类	E 114°28′52.1″ N 26°12′39.1″	98
						2	9~26	棕黄色	中壤土	块状	5.3	9.2	0.61	0.44							
						3	26~100	浅棕黄色	中壤土	块状	5.5	6.6	0.45	0.40							
剖44	铁铝土	红壤	红壤	花岗岩类红壤	厚层中有机质花岗岩红壤	1	0~22	棕黄色	中壤土	碎块状	5.1	25.9	1.15	0.72		143	93		花岗岩	E 114°23′54.7″ N 26°12′24.0″	95
						2	22~33	灰棕色	中壤土	块状	5.1	25.3	0.72	0.46							
						3	33~66	棕色	中壤土	块状	5.1	18.3	0.98	0.71							
						4	66~92	棕色	中壤土	块状	6.0	10.3	0.56	0.69							
						5	92~100	红棕色	轻壤土	块状	5.2	6.2	0.29	0.52							

续表 Continued

剖面号 Soil profile	土纲 Soil order	土类 Soil great group	亚类 Soil subgroup	土属 Soil genus	土种 Soil species	土层码 Layer code	土层厚度 Depth/cm	颜色 Soil color	质地 Soil texture	土壤结构 Soil structure	pH	有机质 OM/(g/kg)	全氮 TN/(g/kg)	全磷 TP/(g/kg)	全钾 TK/(g/kg)	碱解氮 AN/(mg/kg)	速效钾 AK/(mg/kg)	阳离子交换量CEC/(cmol/kg)	土壤母质 Parent material	剖面点坐标 Profile coordinate	匹配指数 Matching index/%
剖45	人为土	水稻土	潴育水稻土	潴育型红黄泥田	弱潴泥砾底灰红黄泥田	1	0–13	浅灰色	中壤土	碎块状	5.3	28.8	1.42	0.80		189	47		泥质岩类风化物	E 114°30′31.7″ N 26°27′34.4″	95
						2	13–19	浅灰色	中壤土	块状	5.0	24.9	1.03	0.90							
						3	19–28	灰棕色	中壤土	块状	5.2	12.4	0.55	1.11							
						4	28–47	砂棕色	砂壤土	碎块状	5.7	6.8	0.39	1.03							
						5	47–100	砂棕色	砂壤土	碎块状	5.9	7.2	0.34	0.81							
剖46	铁铝土	红壤		鳝泥土	厚层乌鳝底灰红黄泥土	A	0–10	暗黄橙色	黏壤土	屑粒状	5.4	34.4	1.79	0.80	18.9	146	86	4.3	泥质岩类风化物	E 114°35′57.7″ N 26°27′54.0″	95
						ABv	10–20	暗黄橙色	黏壤土	块状	6.1	26.8	1.59	0.78	19.6			3.8			
						Bv	20–100	浅黄橙色	壤质黏土	粒状	5.2	15.6	0.99	0.73	21.0			4.7			
剖47	铁铝土	红壤		黄砂泥土	厚层灰黄砂泥土	1	0–6	棕灰色	轻壤土	碎块状	4.7	34.4	1.59	0.44		169	42		石英岩类风化物	E 114°31′45.5″ N 26°27′27.1″	95
						2	6–47		中壤土	块状	4.7	23.0	1.05	0.43							
						3	47–100		中壤土	碎块状	4.8	19.9	1.03	0.42							
剖48	铁铝土	红壤		花岗岩类红壤	厚层泥砾多有机质岩红壤	1	0–20	灰棕色	中壤土	碎块状	5.2	30.2	1.37	0.70		160	113		花岗岩	E 114°35′16.8″ N 26°26′30.8″	95
						2	20–30	灰棕色	中壤土	碎块状	5.0	7.5	0.52	0.67							
						3	30–60			块状	4.8	4.9	0.31	0.63							
						4	60–100			块状	5.5	25.3	1.34	0.41							
剖49	人为土	水稻土	潴育水稻土	潴育型红砂泥田	弱潴灰红砂泥田	1	0–15				5.8	13.9	0.90	0.21		133	53		红砂岩类风化物	E 114°33′47.9″ N 26°25′04.1″	95
						2	15–22				6.1	5.9	0.27	0.12							
						3	22–48				6.5	3.3	0.17	0.16							
						4	48–100			碎块状	5.8	34.7	1.91	1.31							
剖50	人为土	水稻土	潴育水稻土	潴育型黄砂泥田	灰黄砂泥田	A	0–14	浅灰色	中壤土	块状	6.0	27.5	1.63	1.07		253	121		石英岩类风化物	E 114°35′53.7″ N 26°25′42.7″	95
						P	14–20	浅灰色	重壤土	块状	6.1	20.0	1.07	0.90							
						W	20–100	灰棕色	重壤土	团粒状	5.6	40.2	2.29	0.71							
剖51	人为土	水稻土	潴育水稻土	潴育型潮砂泥田	砂底乌潮泥田	1	0–15	灰色	中壤土	块状	5.3	31.0	1.49	0.66		259	76		河流冲积物	E 114°36′18.8″ N 26°25′07.6″	95
						2	15–20	深灰色	中壤土	块状	5.8	13.5	0.63	0.90							
						3	20–40	深灰色	砂壤土	松散状	6.2	5.4	0.28	1.01							
						4	40–100	灰棕色	中壤土	碎块状	5.2	39.3	1.84	0.79							
剖52	人为土	水稻土	潴育水稻土	潴育型潮砂泥田	中潴灰潮灰泥田	1	0–12		轻壤土	块状	5.2	20.8	1.30	0.60		186	82		河流冲积物	E 114°36′57.8″ N 26°25′01.0″	95
						2	12–16		中壤土	块状	6.0	10.7	0.49	0.83							
						3	16–32		中壤土	块状	6.2	5.9	0.43	0.72							
						4	32–72		中壤土	块状	6.2	5.9	0.43	0.72							
						5	72–100														
剖53	铁铝土	红壤		泥质岩红壤	厚层中有机质泥质岩红壤	1	0–9	蓝灰色	中壤土	块状	5.1	31.7	1.36	0.76		180	57		泥质岩类	E 114°30′37.1″ N 26°27′12.6″	95
						2	9–35	蓝灰色	轻壤土	块状	4.9	13.2	0.51	0.82							
						3	35–100	青灰色	中壤土	块状	4.8	14.7	0.72	0.76							
剖54	人为土	水稻土	潴育水稻土	潴育型红砂泥田	全层强潴灰红砂泥田	1	0–13	蓝灰色	中壤土	块状	5.2	34.5	1.71	0.64		174	73		红砂岩类风化物	E 114°30′16.6″ N 26°22′45.8″	95
						2	13–21	蓝灰色	中壤土	块状	5.1	33.4	1.41	0.56							
						3	21–31	灰棕色	中壤土	块状	5.6	16.2	0.74	0.44							
						4	31–100	棕灰色	轻壤土	块状	6.4	6.9	0.28	0.28							
剖55	人为土	水稻土	潴育水稻土	潴育型黄砂泥田	弱潴灰黄砂泥田	A	0–13	浅灰色	中壤土	屑粒状	5.5	42.4	2.22	0.67		232	73		石英岩类风化物	E 114°33′51.4″ N 26°24′45.4″	95
						P	13–20	浅灰色	中壤土	块状	5.2	28.2	1.48	0.65							
						W_1	20–35	灰棕色	轻壤土	块状	6.2	9.6	0.54	0.52							
						W_2	35–100	灰灰色	轻壤土	块状	6.3	3.6	0.24	0.89							
剖56	人为土	水稻土	潴育水稻土	潴育型黄砂泥田	强潴灰黄砂泥田	1	0–15	浅灰色	中壤土	团粒状	5.4	27.4	1.38	0.71		155	90		石英岩类风化物	E 114°35′15.2″ N 26°24′13.1″	95
						P	15–20	浅灰色	中壤土	块状	5.9	19.3	0.90	0.70							
						W_1	20–54	浅灰色	中壤土	块状	6.3	7.8	0.46	0.71							
						W_2	54–100	浅灰色	中壤土	块状	6.4	8.6	0.46	1.22							

续表 Continued

剖面号 Soil profile	土纲 Soil order	土类 Soil great group	亚类 Soil subgroup	土属 Soil genus	土种 Soil species	土层码 Layer code	土层厚度 Depth/cm	颜色 Soil color	质地 Soil texture	土壤结构 Soil structure	pH	有机质 OM/(g/kg)	全氮 TN/(g/kg)	全磷 TP/(g/kg)	全钾 TK/(g/kg)	碱解氮 AN/(mg/kg)	速效钾 AK/(mg/kg)	阳离子交换量CEC/(cmol/kg)	土壤母质 Parent material	剖面点坐标 Profile coordinate	匹配指数 Matching index/%
剖57	半水成土	潮土	潮土	壤质潮土	厚层壤质潮土	1	0—16	浅灰色	中壤土	碎粒状	5.9	10.8	0.62	1.04		63	50		河流冲积物	E 114°35′47.0″ N 26°22′51.3″	98
						2	16—28	浅灰色	轻壤土	碎块状	5.8	9.0	0.48	0.98							
						3	28—100	浅灰色	轻壤土	碎块状	5.3	5.6	0.27	2.73							
剖58	人为土	水稻土	潜育水稻土	潜育型麻砂泥田	底潜夹砂麻砂泥田	1	0—14	浅红色	轻壤土	碎块状	5.2	25.1	1.11	0.84		112	51		花岗岩风化物	E 114°35′19.5″ N 26°21′26.4″	95
						2	14—21	浅灰色	中壤土	块状	5.3	20.1	0.68	0.57							
						3	21—45	灰白色	砂壤土		6.1	5.4	0.29	1.05								
						4	45—80	青灰色	中壤土	块状	5.6	13.3	0.33	0.56							
						5	80—100	蓝灰色	重壤土	块状	4.9	9.4	0.48	0.66							
剖59	人为土	水稻土	潜育水稻土	潜育型潮砂泥田	表潜火土灰灰潮砂泥田	1	0—13	青灰色	中壤土	碎粒状	5.3	31.0	1.94	1.14		177	78		河流冲积物	E 114°35′57.3″ N 26°21′57.6″	95
						2	13—17	青灰色	中壤土	块状	5.3	35.3	1.85	1.02							
						W₁	17—40	青灰色	中壤土	块状	5.5	30.1	1.46	1.01							
						4	40—100	深灰色	中壤土	块状	6.3	8.8	0.52	0.30							
剖60	铁铝土	红壤	红砂岩红壤			1	0—3	浅灰色			5.0	16.5	0.72	0.32		82	106		红砂岩风化物	E 114°36′17.3″ N 26°20′52.6″	97
						2	3—100				4.7	3.5	0.24	0.25							
剖61	人为土	水稻土	潜育水稻土	潜育型红砂泥田	上位弱潜灰红砂泥田	1	0—10	青灰色	轻壤土	碎粒状	6.0	37.3	2.36	0.68		225	47		红砂岩类风化物	E 114°32′50.6″ N 26°21′04.8″	95
						2	10—15	青灰色	轻壤土	块状	6.1	13.6	0.87	0.67							
						W₁	15—40	浅红色	轻壤土	块状	6.2	6.3	0.31	0.52							
						W₂	40—100	紫红色	轻壤土	块状	6.5	5.5	0.26	0.28							
剖62	人为土	水稻土	潜育水稻土	潜育型黄砂泥田	全层强潜黄砂泥田	1	0—13	青灰色	中壤土	块状	5.5	33.0	1.80	0.70		208	55		石英岩类风化物	E 114°33′15.4″ N 26°21′03.1″	95
						2	13—21	青灰色	中壤土	块状	5.5	27.3	1.43	0.42							
						3	21—62	青灰色	中壤土	块状	6.5	9.4	0.51	0.55							
						4	62—100	蓝灰色	重壤土	块状	5.3	26.8	1.19	0.33							
剖63	人为土	水稻土	潜育水稻土	潜育型黄泥田	弱潜灰黄泥田	1	0—11	浅灰黄色	重壤土	碎块状	5.2	29.8	1.50	0.60		164	48		第四纪红色黏土	E 114°40′02.7″ N 26°23′25.3″	95
						2	11—17	浅灰色	中壤土	碎块状	5.1	19.4	1.10	0.47							
						W₁	17—43	浅红色	中壤土	块状	6.3	6.8	0.34	0.49							
						W₂	43—70	浅红色	中壤土	块状	6.6	4.4	0.29	0.38							
						5	70—100	浅红色	重壤土	块状	6.4	4.2	0.26	0.23							
剖64	铁铝土	红壤		红砂泥土	厚层灰红砂泥土	1	0—9	浅红色	轻壤土	粒状	5.6	32.7	1.83	0.44		67	70		红砂岩类风化物	E 114°30′59.9″ N 26°19′54.4″	98
						2	9—26	浅灰红色	中壤土	碎粒状	5.9	5.4	0.27	0.36							
						3	26—77	浅红色	中壤土	碎块状	6.2	5.6	0.25	0.20							
						4	77—100	浅红紫色	轻壤土	块状	6.3	2.9	0.31	0.18							
剖65	半水成土	山地草甸土	山地草甸土	石英岩类山地草甸土	薄层多有机质石英岩类山地草甸土	1	0—8	深灰色	轻壤土	碎粒状	5.1	30.7	1.32	0.54		147	70		石英岩类	E 114°36′22.3″ N 26°16′13.6″	97
						2	8—19	棕灰色	轻壤土	块状	5.0	19.1	0.88	0.45							
						3	19—														

万 安 县

主要土类说明

红壤是万安县主要土壤类型，占本县地域面积的70%。红壤是在亚热带生物气候条件下，硅酸盐类发生铁、铝和硅的分离，硅酸流失，铁、铝相对积累，母质的可溶性成分全部流失而形成的一类地带性土壤。由于成土母质、地形特点及其他成土条件的差异，导致土壤属性的差异，本县红壤分为红壤和黄红壤两个亚类。其中红壤亚类分布于海拔500m以下的丘陵和山区，占本土类的94%，其土层深厚、剖面发育完整，心土层和底土层为红色的紧土层，呈块状或棱块状结构，剖面通体红化，酸化明显，成土母质有花岗岩、石英岩、泥质岩、碳酸岩和红砂岩类风化物及第四纪红色黏土，质地则因母质不同差异较大。黄红壤亚类是山地红壤向山地黄壤的过渡类型，位于红壤之上，黄壤之下，海拔500—800m。不仅有红壤的特征，也兼有黄壤的某些特征。成土母质有花岗岩、石英岩和泥质岩。

水稻土是万安县第二大土壤类型，占本县地域面积的14%。水稻土是在人工种稻条件下发育起来的一种具有特殊性质的农业土壤。由于长期受人为活动（灌溉、耕作、复种、轮作、施肥等）的影响，使其水、肥、气、热条件比其他土壤更稳定。但土壤多处在嫌气条件下，其低价铁锰、有机质含量、pH和盐基饱和度及磷的有效性明显提高，而氧气含量降低，导致氧化还原电位也降低，同时剖面形态发生了与其他土壤完全不同的变化，形成了其特有的淹育层、潴育层和潜育层。按照水稻土所处地点排灌条件和发育特征不同，本县水稻土分为淹育水稻土、潴育水稻土和潜育水稻土三个亚类。其中，以潴育水稻土亚类面积最大，占水稻土总面积的81%，广泛分布于本县赣江两岸平缓地区、中低丘陵、低山区的沟谷中。此类水稻土排灌条件良好，水耕熟化程度较高，整个土层分化明显，质地适中，少障碍层次，是本县主要的双季稻田和高产稳产田。

紫色土是万安县第三大土壤类型，占本县地域面积的10%。本县的紫色土是由紫色砂岩、砂砾岩类及有石灰反应的紫红色砂岩、砂砾岩类风化物发育而成的一种幼年土壤。紫色岩石以物理风化为主，由岩石风化成土的速度很快，形成的土壤保留了许多母质的特征，如颜色、矿物成分等，大多土层深厚，植被覆盖度高，但有局部地方因植被破坏严重，形成了荒山秃岭，土壤受到强烈侵蚀，甚至基岩裸露。裸露于地表的基岩有的有石灰反应，但上部土层则无石灰反应，有的通体均无石灰反应。据表层酸碱反应，本县紫色土分为酸性紫色土、石灰性紫色土两个亚类。

小于本县地域面积3%的土壤类型还有潮土、黄壤、草甸土等。

本区域中心区气候特征

本区域中心区气候特征值
Regional climate characteristics in central area of the region

气候带：中亚热带湿润气候 Climate region: Subtropical humid climate	
年平均气温 /℃ Annual average temperature /℃	18.9
年平均最高气温 /℃ Annual average maximum temperature /℃	23.4
年平均最低气温 /℃ Annual average minimum temperature /℃	15.6
年降水量 /mm Annual precipitation /mm	1487
≥10℃的积温 /℃ Daily temperature accumulated in a year (≥10℃) /℃	12786
年日照时数 /h Annual sunshine /h	1695
年平均相对湿度 /% Annual average relative humidity /%	78
干燥度 Dryness	0.75

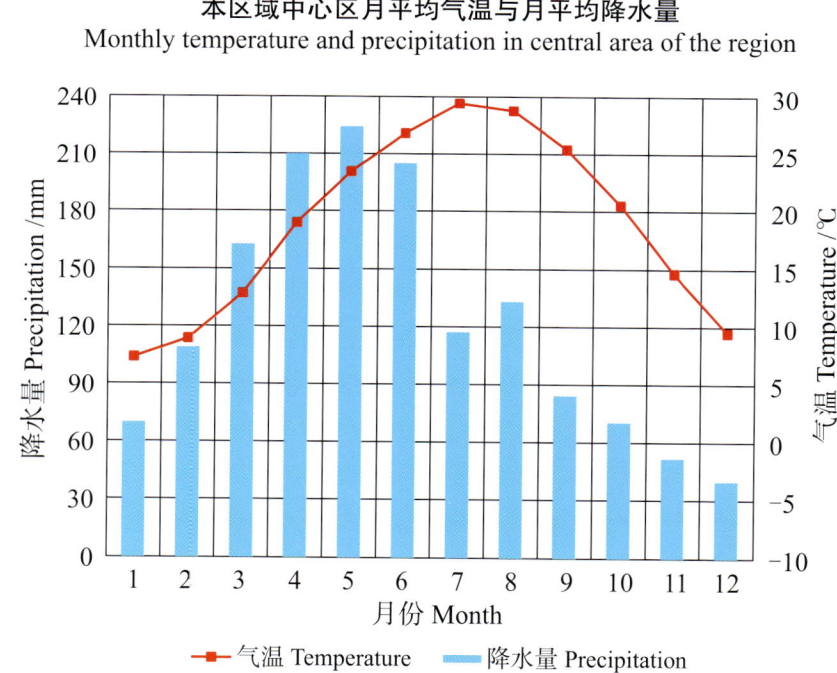

本区域中心区月平均气温与月平均降水量
Monthly temperature and precipitation in central area of the region

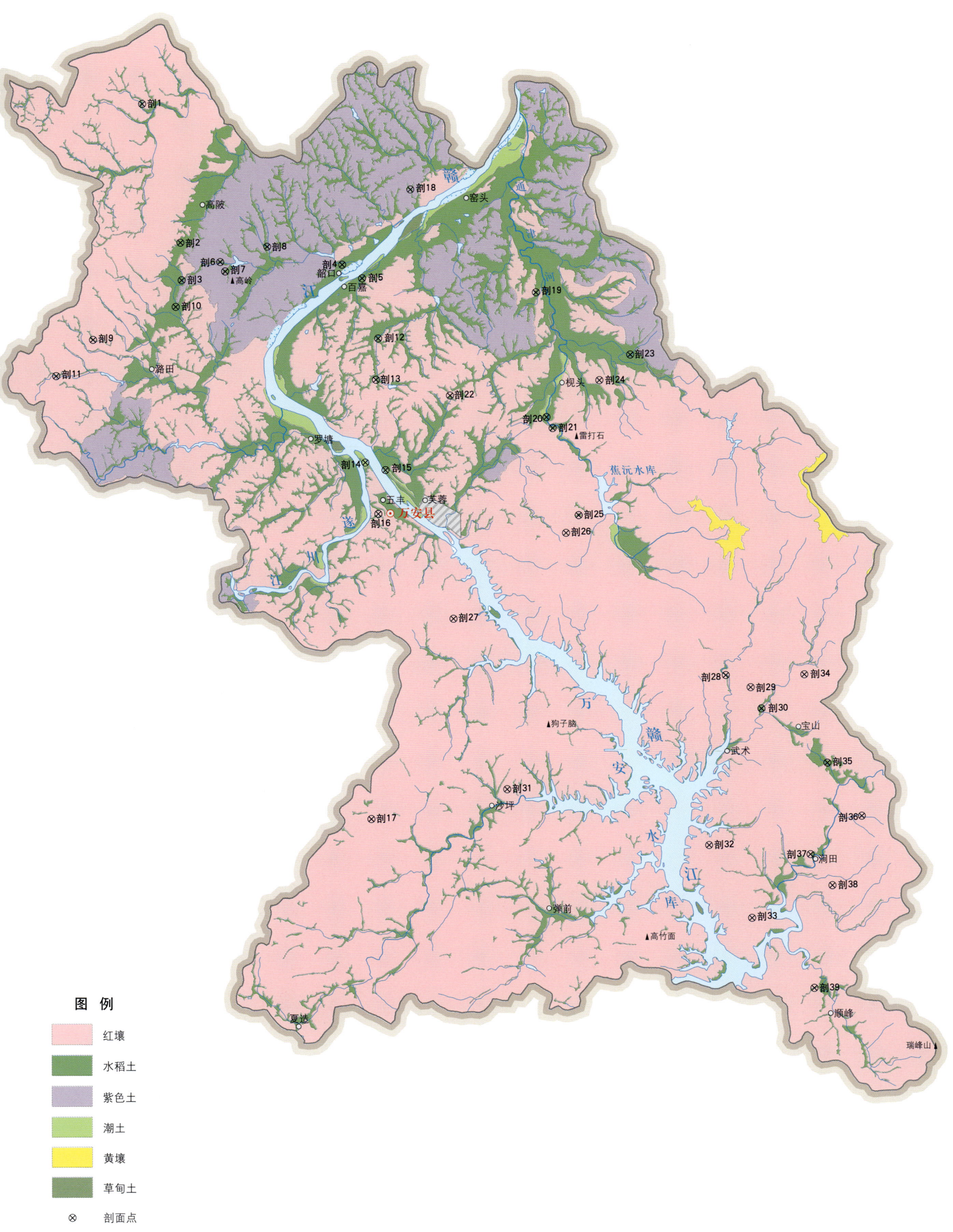

万安县土壤剖面理化性状表

剖面号 Soil profile	土纲 Soil order	土类 Soil great group	亚类 Soil subgroup	土属 Soil genus	土种 Soil species	土层码 Layer code	土层厚度 Depth/cm	颜色 Soil color	质地 Soil texture	土壤结构 Soil structure	pH	有机质 OM/(g/kg)	全氮 TN/(g/kg)	全磷 TP/(g/kg)	碱解氮 AN/(mg/kg)	有效磷 AP/(mg/kg)	速效钾 AK/(mg/kg)	土壤母质 Parent material	剖面点坐标 Profile coordinate	匹配指数 Matching index/%
剖1	人为土	水稻土	潴育水稻土	潴育型红黄泥田	中潴灰红黄泥田	A	0—13	灰色	轻壤土	小块状	5.6	21.3	1.36	0.71	124	9.0	32	泥质岩类风化物	E 114°35′34.7″ N 26°41′17.9″	97
						P	13—18	浅灰色	中壤土	块状	6.1	11.1	0.80	0.56						
						W₁	18—49	浅黄灰色	中壤土	棱柱状	6.2	6.9	0.56							
						W₂	49—100	黄灰色	中壤土	棱柱状	5.9	7.3	0.43	0.67						
剖2	人为土	水稻土	潴育水稻土	潴育型紫砂泥田	全层弱潴紫砂泥田	A	0—15	灰色	重壤土	小块状	5.6	35.6	1.88	0.70	193	10.0	63	紫色砂岩风化物	E 114°37′06.1″ N 26°36′42.1″	96
						Pg	15—20	浅青灰色	中壤土	块状	6.5	22.5	1.25	0.54						
						G	20—100	灰褐色	中壤土	块状	7.5	6.5	0.42	1.45						
剖3	人为土	水稻土	潴育水稻土	潴育型黄泥田	中潴灰黄泥田	A	0—14	灰色	中壤土	块状								第四纪红色黏土	E 114°37′11.0″ N 26°35′26.2″	97
						P	14—19	褐黄灰色	中壤土	棱柱状										
						W	19—37	黄色	重壤土	块状										
剖4	人为土	水稻土	潴育水稻土	潴育型潮砂泥田	中潴灰潮砂泥田	A	0—16	灰色	轻壤土	小块状	5.0	28.6	1.42		115	10.0	25	河流冲积物	E 114°43′10.0″ N 26°36′04.3″	95
						P	16—22	浅灰色	中壤土	块状										
						W₁	22—68	青灰色	中壤土	棱柱状										
						W₂	68—100	黄灰色	重壤土	棱柱状										
剖5	人为土	水稻土	潴育水稻土	潴育型红黄泥田	中位弱潴红黄泥田	A	0—19	灰色	中壤土	小块状	5.0	32.1	1.58	0.51	171	6.0	95	泥质岩类风化物	E 114°43′55.3″ N 26°35′37.7″	97
						Pg	19—23	浅青灰色	中壤土	块状	4.9	21.7	1.19	0.49						
						G	23—47	青灰色	中壤土	棱柱状	4.9	13.4	0.70	0.68						
						W	47—100	青灰色	重壤土	棱柱状	6.1	7.4	0.33	0.58						
剖6	人为土	水稻土	潴育水稻土	潴育型黄泥田	全层弱潴灰黄泥田	A	0—17	暗灰色	中壤土	小块状	6.0	31.2	1.78		151	13.4	43	第四纪红色黏土	E 114°38′36.8″ N 26°36′04.8″	97
						Pg	17—22	青灰色	重壤土	块状										
						G₁	22—32	青灰色	重壤土	块状										
						G₂	32—100	青灰色	黏土	块状										
剖7	人为土	水稻土	潴育水稻土	潴育型黄泥田	全层中潴灰黄泥田	A	0—22	浅灰色	中壤土	小块状	6.2	29.1	1.38	0.65	172	9.0	65	第四纪红色黏土	E 114°38′48.1″ N 26°35′46.0″	97
						Pg	22—29	青灰色	中壤土	块状	5.7	17.0	1.02	0.64						
						G₁	29—53	青灰色	中壤土	棱块状	5.5	6.9	0.58	0.64						
						G₂	53—100	蓝灰色	轻壤土	块状	5.6	8.3	0.38	0.71						
剖8	人为土	水稻土	潴育水稻土	潴育型紫砂泥田	中潴灰紫砂泥田	A	0—12	黄灰色	中壤土	小块状	5.0	20.1	1.02		89	3.2	31	紫色砂岩风化物	E 114°40′21.0″ N 26°36′37.3″	95
						P	12—18	黄灰色	中壤土	团粒状										
						W₁	18—39	黄灰色	砂壤土	团块状										
						W₃	39—100	黄灰色	砂壤土	棱块状										
剖9	人为土	水稻土	潴育水稻土	潴育型麻砂泥田	中位中潴灰麻砂泥田	A	0—15	灰色	砂壤土	块状	5.6	40.2	1.57	0.40	158	6.0	65	花岗岩风化物	E 114°33′54.9″ N 26°33′23.3″	95
						P	15—19	灰色	砂壤土	团块状	5.8	38.6	1.61	0.86						
						G₁	19—67	青灰色	轻壤土	棱块状	5.7	34.5	1.34	0.58						
						G₂	67—100	蓝灰色	轻壤土	块状	5.5	37.4	1.08	0.28						
剖10	人为土	水稻土	潴育水稻土	潴育型黄砂泥田	弱潴灰黄砂泥田	A	0—13	灰色	砂壤土	小团块状								石英岩类风化物	E 114°36′58.6″ N 26°34′32.5″	95
						P	13—18	深灰色	砂壤土	块状	5.3	46.6	2.60	0.74	215	11.0	70			
						W	18—42	深灰色	中壤土	块状	5.2	36.4	1.69	0.75						
						C	42—	灰棕色	中壤土	块状	6.7	11.4	0.50	0.65						
剖11	人为土	水稻土	潴育水稻土	潴育型黄泥田	强潴乌泥田	A	0—16	黄色	中壤土	块状	5.9	5.4	0.27	0.63				第四纪红色黏土	E 114°32′34.3″ N 26°32′09.6″	97
						P	16—21													
						W	21—73													
						C	73—100													

续表 Continued

剖面号 Soil profile	土纲 Soil order	土类 Soil great group	亚类 Soil subgroup	土属 Soil genus	土种 Soil species	土层码 Layer code	土层厚度 Depth/cm	颜色 Soil color	质地 Soil texture	土壤结构 Soil structure	pH	有机质 OM/(g/kg)	全氮 TN/(g/kg)	全磷 TP/(g/kg)	碱解氮 AN/(mg/kg)	有效磷 AP/(mg/kg)	速效钾 AK/(mg/kg)	土壤母质 Parent material	剖面点坐标 Profile coordinate	匹配指数 Matching index/%
剖12	人为土	水稻土	潴育水稻土	潴育型红砂泥田	弱潴红砂泥田	A	0—10	灰色	轻壤土	小块状	5.7	22.8	1.34	0.48	117	12.0	43	红砂岩岩类风化物	E 114°44′33.7″ N 26°33′38.0″	95
						P	10—24	灰褐色	中壤土	块块状	5.2	18.2	0.66	0.35						
						W₁	24—58	棕褐色	中壤土	棱块状	5.6	9.7	0.36	0.53						
						W₂	58—100	黄褐色	重壤土	块状	5.4	8.6	0.43	0.42						
剖13	人为土	水稻土	潴育水稻土	潴育型红黄泥田	弱潴灰红黄泥田	A	0—17	灰色	中壤土	块状	5.6	38.5	2.13		107	40.2	77	泥质岩类风化物	E 114°44′30.2″ N 26°32′15.1″	97
						P	17—22	棕黄色	中壤土	棱块状										
						W₁	22—36	浅褐色	中壤土	棱块状										
						W₂	36—59	黄褐色	中壤土	棱块状										
						W₃	59—100	黄褐色	中壤土	块状										
剖14	半水成土	潮土	潮土	砂质潮土	厚层潮砂土	A	0—16	灰红色	砂壤土	团粒状	5.6	4.5	0.33	0.70	45	9.0		河流冲积物	E 114°44′09.7″ N 26°29′28.3″	95
						ABv	16—29	浅棕色	砂壤土	团块状	5.8	2.3	0.15	0.72						
						Bv₁	29—41	棕黄色	轻壤土	小块状	5.6	3.1	0.21	0.63						
						Bv₂	41—100	褐黄色	中壤土	块块状	5.5	3.1	0.25	0.48						
剖15	半水成土	潮土	潮土	壤质潮土	厚层黄泥底潮砂泥土	A	0—18	黄棕色	砂壤土	团粒状	5.1	20.1	1.53	0.50	69	5.3	51	河流冲积物	E 114°44′55.3″ N 26°29′14.0″	97
						Bv	18—50	棕黄色	中壤土	团块状	4.9	10.7	0.64	0.39						
						k	50—100	棕黄色	中壤土	块状	4.6	3.7	0.26	0.40						
剖16	铁铝土	红壤	黄红壤	花岗岩山地黄红壤	中层多有机质花岗岩地黄红壤	A	0—14	黄灰色	轻壤土	团粒状	5.7	20.1	1.12	0.48	162	5.0	87	花岗岩	E 114°44′41.0″ N 26°27′45.5″	95
						Bv	14—55	灰黄色	轻壤土	小块状	5.4	7.6	0.38	0.40						
						C	55—	黄色	轻壤土	块状	5.3	≤1.0	0.24	0.40						
剖17	铁铝土	红壤	红壤	花岗岩红壤	薄层中有机质花岗岩红壤	A	0—5	灰棕色	中壤土	团块状	5.5	26.2	1.50	0.51	135	8.0	54	花岗岩	E 114°44′36.7″ N 26°17′31.6″	97
						Bv	5—15	棕黄色	中壤土	块状	6.5	7.8	0.49	0.34						
						C	15—	棕黄色	中壤土	棱块状	6.8	3.4	0.28	0.34						
剖18	人为土	水稻土	潴育水稻土	潴育型紫砂泥	灰紫砂泥田	A	0—13	褐灰色	中壤土	块状	6.5	5.7	0.40	0.37	121	28.0	25	紫色砂岩风化物	E 114°45′39.8″ N 26°38′38.3″	95
						P	13—18	褐黄灰色	轻壤土	小块状	5.4	23.3	1.18	0.93						
						W₁	18—29	紫红色	中壤土	棱块状	5.5	13.7	1.11	0.99						
						C	29—100	灰红色	轻壤土	块状	6.7	6.0	0.38	0.69						
剖19	人为土	水稻土	淹育水稻土	淹育型红砂泥田	强潴灰红砂泥田	A	0—10	灰色	中壤土	小团块状	5.1	21.8	1.19	0.85	109	11.0	59	红砂岩类风化物	E 114°50′25.1″ N 26°35′16.3″	95
						P	10—13	深黄色	中壤土	团块状	5.0	18.3	0.76	0.85						
						C	13—	红黄色	中壤土	块状	5.7	9.0	0.66	0.87						
剖20	人为土	水稻土	潴育水稻土	潴育型潮砂泥田	灰潴砂泥田	A	0—18	浅灰色	轻壤土	小块状	6.5	3.6	0.21	0.26	208	27.0	91	河流冲积物	E 114°50′53.3″ N 26°31′06.8″	99
						P	18—26	棕黄色	中壤土	块状	5.5	39.8	2.20	1.27						
						W₁	26—52	灰色	重壤土	棱块状	5.8	32.1	1.72	1.43						
						C	54—100	黄棕灰色	重壤土	棱状	6.6	17.3	0.83	1.22						
剖21	人为土	水稻土	潴育水稻土	潴育型红砂泥田	强潴乌黄泥田	A	0—15	灰色	黏土	块状	6.4	5.8	0.28	0.65	89	5.0		泥质岩类风化物	E 114°51′07.7″ N 26°30′44.9″	95
						P	15—20	蓝灰色	中壤土	块状	6.4	5.3	0.23	0.67						
						W₁	20—28	灰色	中壤土	团块状	5.2	22.3	1.08	0.47						
剖22	人为土	水稻土	潴育水稻土	潴育型红砂泥田	弱潴灰红砂泥田	A	0—15	浅灰色	中壤土	小块状	5.6	16.9	1.93	0.47	132	4.0	59	红砂岩类风化物	E 114°47′16.0″ N 26°31′46.5″	95
						P	15—22	黄灰色	中壤土	块状	6.8	8.3	0.43	0.44						
						W₁	22—52	浅红灰色	重壤土	棱状	7.2	7.7	0.34	0.47						
						W₂	52—100	黄红色	重壤土	棱柱状	5.7	28.7	1.35	1.41						
剖23	人为土	水稻土	潴育水稻土	潴育型黄泥田	强潴灰黄泥田	A	0—15	乌灰色	中壤土	块状	6.4	22.8	1.28	1.17				第四纪红黏土	E 114°53′58.4″ N 26°33′15.2″	97
						P	15—19	黄褐色	中壤土	小棱柱状	6.2	6.6	0.42	0.93						
						W₁	19—60	黄灰色	重壤土	小棱柱状	6.8	9.9	0.47	1.18						
						W₂	60—65													

续表 Continued

剖面号 Soil profile	土纲 Soil order	土类 Soil great group	亚类 Soil subgroup	土属 Soil genus	土种 Soil species	土层码 Layer code	土层厚度 Depth/cm	颜色 Soil color	质地 Soil texture	土壤结构 Soil structure	pH	有机质 OM/(g/kg)	全氮 TN/(g/kg)	全磷 TP/(g/kg)	碱解氮 AN/(mg/kg)	有效磷 AP/(mg/kg)	速效钾 AK/(mg/kg)	土壤母质 Parent material	剖面点坐标 Profile coordinate	匹配指数 Matching index/%
剖24	铁铝土	红壤	红壤	红砂岩红壤	中层中有机质红砂岩类红壤	A	0—5	浅灰色	中壤土	团粒状	5.3	30.6	1.27		107	15.0	45	红砂岩类	E 114°52′50.5″ N 26°32′23.1″	95
						ABv	5—14	红棕色	中壤土	块状	4.8									
						Bv	14—37	棕红色	中壤土	棱块状										
						C	37—	紫红色	黏土	棱块状										
剖25	人为土	水稻土	潜育水稻土	潜育型黄砂泥田	全层中潜灰黄砂泥田	A	0—20	棕灰色	轻壤土	小块状	4.8	19.0	0.81		60	5.0	57	石英岩类风化物	E 114°52′09.1″ N 26°27′50.5″	95
						P	20—27	浅灰色	中壤土	块状										
						G₁	27—39	蓝灰色	重壤土	块状										
						G₂	39—100	灰色	重壤土	糊粒状										
剖26	铁铝土	红壤	红壤	石英岩红壤	中层中有机质石英岩类红壤	A	0—3	深灰色	中壤土	屑粒状	5.2	34.3	4.04	1.32			104	石英岩类	E 114°51′41.2″ N 26°27′13.9″	99
						Bv	3—60	黄色	中壤土	块状	4.6	36.3	1.68	1.12						
						C	60—	黄色	中壤土		4.7	20.6	1.28	1.07						
剖27	铁铝土	红壤	红壤	泥质岩红壤	中层中有机质泥质岩类红壤	A	0—17	灰黑色	中壤土	团粒状	4.5	20.1	0.86	0.61	98	4.6	78	泥质岩类	E 114°47′32.5″ N 26°24′18.1″	98
						Bv	17—60	黄灰色	中壤土	块状	4.9	11.1	0.48	0.64						
						D	60—	浅灰色	中壤土											
剖28	人为土	水稻土	潜育水稻土	潜育型麻砂泥田	全层中潜灰麻砂泥田	A	0—13	灰棕色	中壤土	团粒状	5.4	46.6	0.72	0.51	170	12.0	132	花岗岩风化物	E 114°57′43.5″ N 26°22′34.3″	95
						Pg	13—21	青灰色	中壤土	块状	5.2	43.1	2.01	0.57						
						G	21—100	青灰色	中壤土	块状	5.1	46.5	1.87	0.35						
剖29	铁铝土	红壤	红壤	石英岩红壤	薄层中有机质石英岩类红壤	A	0—5	灰棕色	中壤土	碎屑状	4.5	24.6	0.93		90	5.3	34	石英砂岩	E 114°58′39.5″ N 26°22′11.0″	99
						Bv	5—16	黄色	中壤土	块状										
						3	16—													
剖30	人为土	水稻土	淹育水稻土	淹育型黄砂泥田	强潜火瑚底灰黄砂泥田	A	0—10	浅灰黄色	中壤土	团块状	5.3	21.2	1.12	0.94	84	18.0	27	石英岩类风化物	E 114°59′04.2″ N 26°21′27.9″	95
						P	10—16	褐色		块状	7.5	57.3	2.40	1.47						
						C	16—	棕红色		无明显结构	7.4	25.3	1.18	1.46						
剖31	铁铝土	红壤	红壤	泥质岩红壤	厚层中有机质泥质岩类红壤	A	0—10	棕红色	重壤土	块状	4.8	21.7	0.64	0.38	45	6.0	31	泥质岩类	E 114°49′39.1″ N 26°18′36.2″	98
						Bv	10—67	棕红色	重壤土	块状	5.1	6.3	0.36	0.36						
						C	67—	棕红色	重壤土	块状	5.1	2.7	0.18	0.18						
剖32	铁铝土	红壤	黄红壤	石英岩山地黄红壤	中层多有机质石英岩山地黄红壤	A	0—11	乌色	轻壤土	碎屑状	4.3	65.4	2.45	0.73	275	6.5	32	石英砂岩	E 114°57′11.8″ N 26°16′51.0″	95
						Bv	11—34	黄棕色	轻壤土	团粒状	4.8	20.7	0.99	0.63						
						3	34—	黄灰色		块状	4.7	15.8	0.84	0.58						
剖33	铁铝土	红壤	红壤	泥质岩红壤	厚层少有机质泥质岩类红壤	A	0—17	浅灰黄色	中壤土	团块状	4.9	14.8	0.88		68	2.7	37	泥质岩类	E 114°58′50.3″ N 26°14′26.3″	98
						ABv	17—47	黄灰黄色	中壤土	棱块状										
						Bv	47—86	黄黄色	重壤土	块状										
						C	86—100	灰棕色	中重壤土	块状										
剖34	铁铝土	红壤	红壤	石英岩红壤	厚层中有机质石英岩类红壤	A	0—14	灰色	中壤土	碎屑状	3.8	34.7	1.62		159	5.3	53	石英岩类	E 115°00′38.9″ N 26°22′38.6″	99
						Bv	14—70	浅灰黄色	中壤土	团粒状	7.6	48.6	2.25	1.51						
						C	70—	黄黄色	砂黏	粒状	6.2	16.7	0.88	0.98						
剖35	人为土	水稻土	潜育水稻土	潜育型石灰泥田	全层中潜灰石灰泥田	Ag	0—25	青灰黄色	重壤土	块状	7.7	52.8	2.21	1.30	183	9.0	62	石灰岩类风化物	E 115°01′33.3″ N 26°19′39.8″	97
						Pg	25—32	黄黄色	中壤土	棱块状	8.0	47.5	2.05	1.46						
						G₁	32—53	灰灰色	中壤土	棱块状	6.9	7.3	0.35	0.54						
						G₂	53—73	浅黄色		块状										
						C	73—													
剖36	铁铝土	红壤	红壤	红砂岩红壤	厚层中有机质红砂岩类红壤	A	0—16	灰灰色	砂壤土	屑粒状	5.5	24.2	1.15	0.43				红砂岩类	E 115°02′52.0″ N 26°17′54.1″	95
						Bv₁	16—42	浅灰黄色	砂壤土	粒状	4.8	13.7	0.58	0.42						
						Bv₂	42—72	红黄色	砂壤土	块状	5.1	17.8	0.54	0.42						
						C	72—	紫红色		小块状										

续表 Continued

剖面号 Soil profile	土纲 Soil order	土类 Soil great group	亚类 Soil subgroup	土属 Soil genus	土种 Soil species	土层码 Layer code	土层厚度 Depth/cm	颜色 Soil color	质地 Soil texture	土壤结构 Soil structure	pH	有机质 OM/(g/kg)	全氮 TN/(g/kg)	全磷 TP/(g/kg)	碱解氮 AN/(mg/kg)	有效磷 AP/(mg/kg)	速效钾 AK/(mg/kg)	土壤母质 Parent material	剖面点坐标 Profile coordinate	匹配指数 Matching index/%
剖37	人为土	水稻土	潴育水稻土	潴育型红黄泥田	表潜性中潴灰红黄泥田	A	0—16	浅灰色	中壤土	团块状	6.0	28.0	1.78		167	6.1	47	泥质岩类风化物	E 115°01′06.8″ N 26°16′31.3″	98
						Pg	16—19	浅青灰色	中壤土	块状										
						W₁	19—38	浅黄灰色	中壤土	棱柱状										
						W₂	38—100	浅黄灰色	重壤土	棱状										
剖38	铁铝土	红壤	黄红壤	泥质岩山地黄红壤	薄层中有机质泥质岩山地黄红壤	A	0—8	棕灰色	中壤土	团粒状								泥质岩类风化物	E 115°01′48.4″ N 26°15′33.8″	95
						Bv	8—22	棕黄色	中壤土	团粒状										
						D	22—													
剖39	人为土	水稻土	潴育水稻土	潴育型红黄泥田	表潜性弱潴灰红黄泥田	Ag	0—17	浅灰色	轻壤土	团块状	5.5	28.8	1.37	0.57	179	8.0	58	泥质岩类风化物	E 115°01′11.8″ N 26°12′08.4″	97
						Pg	17—25	青灰色	中壤土	块状		28.2	1.23	0.53						
						W₁	25—60	黄灰色	中壤土	块状		26.1	1.12	0.42						
						W₂	60—100	黄灰色	中壤土	棱状		17.2	0.59	0.30						

安 福 县

主要土类说明

红壤是安福县主要土壤类型，占本县地域面积的 66%，广泛分布于本县丘陵低山地区。红壤一般有深厚的红色土层，紧实黏重，呈酸性，养分含量低，本县红壤分为红壤和黄红壤两个亚类。红壤亚类广泛分布于本县丘陵地区及海拔 500m 以下的山地，占红壤面积的 89%，剖面特征一般有深厚紧实黏重的红色心土层，有的还可见黄、白、红色相间的网纹层，红化、酸化、黏化明显，土壤养分含量差异大。土壤质地因母质来源不同而有差异，成土母质有酸性结晶岩类、石英岩类、泥质岩类、石灰岩、炭质泥页岩类风化物和第四纪红色黏土。黄红壤亚类分布在海拔 500—800m 地区，除了具有红壤的红化过程外，还有黄壤的成土过程特点，表层和亚表层都有黄化现象，心土层和底土层仍为红色土层。土层深厚，表层腐殖质多，占红壤面积的 11%。

水稻土是安福县第二大土壤类型，占本县地域面积的 23%。水稻土是以种植水稻为主，经长期水耕熟化而形成的具有独特剖面形态特征的一类土壤，广泛分布于泸水河、陈水河及其支流两岸的河谷平原、山丘沟谷。本县水稻土有淹育水稻土、潴育水稻土和潜育水稻土三个亚类。其中以潴育水稻土面积最大，占水稻土总面积的 87%，属良水型水稻土，广泛分布在泸水河、陈水河两岸平原和丘间较为开阔平坦的部位。潴育水稻土排灌条件好，地下水位适中（60cm 以下），土体中的氧化还原交替强烈，铁锰氧化物淋溶淀积现象明显。土层分化清晰，犁底层渗水而不漏水，渍水而不滞水，心土层深厚，常见多量的铁锰新生体和灰色胶膜。

黄壤是安福县第三大土壤类型，占本县地域面积的 4%。本县黄壤只有山地黄壤一个亚类，处于海拔 800—1200m 的中山地段，位于黄红壤之上，山地黄棕壤之下，是在云雾多、日照少、湿度大的山地气候条件下形成的一类黄色土壤。表层有机质含量较高，颜色深暗，亚表层至均质层为黄色，心土层的黄色鲜艳，质地多为中壤土至重壤土，全剖面盐基不饱和，呈酸性。成土母质为酸性结晶岩类、石英岩类、泥质岩类风化物。

紫色土占本县地域面积的 3%，分布于本县东部和南部的低丘陵地区，主要分布在竹江、枫田、瓜畲、金田、洋门等乡镇，以竹江面积最大。有的与红壤呈交错分布，是由紫色砂岩类风化物发育而成的一种岩性土，呈石灰反应。紫色土特性与母岩风化物特性基本相同，反映了岩性土的特点和母岩的色调，由于岩性松脆，抗蚀力弱，在湿热气候条件下，物理风化作用强烈，极易风化散碎，质地稍轻并多含岩屑，粗骨性较强，水土流失严重，土壤经常处于幼年发育阶段，除在丘陵坡脚土层稍厚外，一般土层浅薄，不少地方基岩裸露，基本上属 A-C 土体构型，没有明显的发育层次。

小于本县地域面积 3% 的土壤类型还有潮土、黄棕壤、石灰（岩）土、山地草甸土等。

本区域中心区气候特征

本区域中心区气候特征值
Regional climate characteristics in central area of the region

气候带：中亚热带湿润气候 Climate region: Subtropical humid climate	
年平均气温 /℃ Annual average temperature /℃	18.0
年平均最高气温 /℃ Annual average maximum temperature /℃	22.4
年平均最低气温 /℃ Annual average minimum temperature /℃	14.8
年降水量 /mm Annual precipitation /mm	1470
≥10℃的积温 /℃ Daily temperature accumulated in a year（≥10℃）/℃	11429
年日照时数 /h Annual sunshine /h	1632
年平均相对湿度 /% Annual average relative humidity /%	79
干燥度 Dryness	0.73

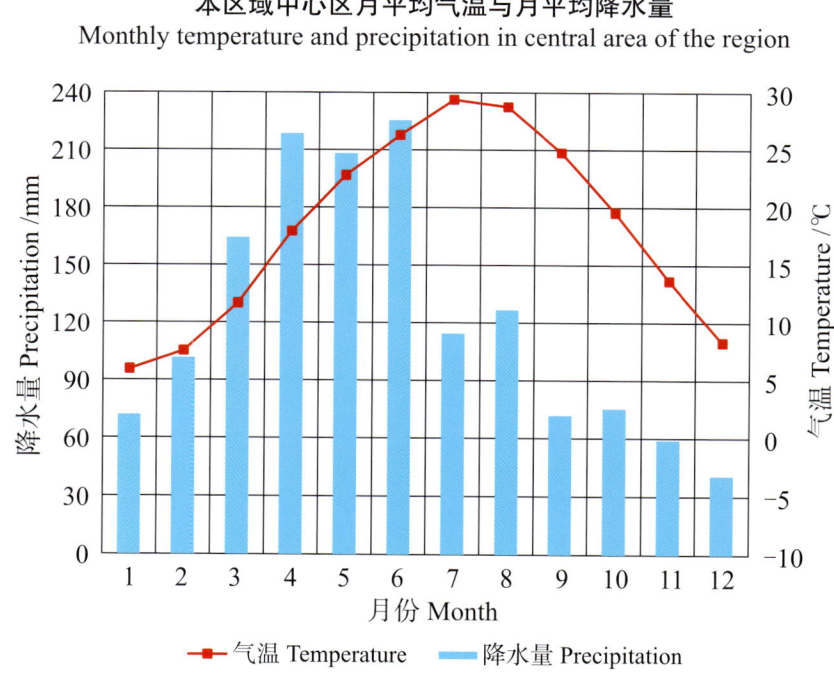

本区域中心区月平均气温与月平均降水量
Monthly temperature and precipitation in central area of the region

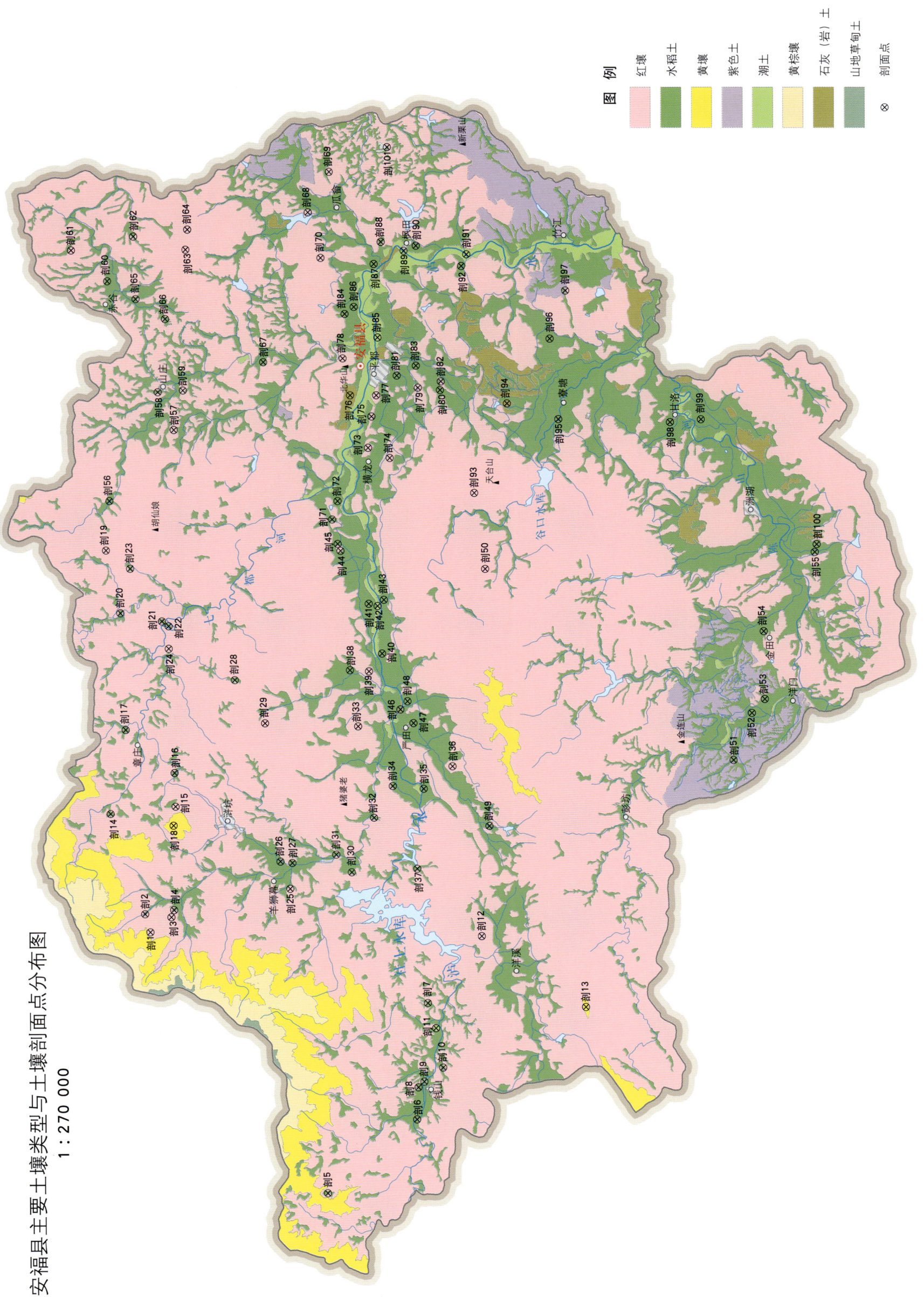
安福县主要土壤类型与土壤剖面点分布图
1:270 000

安福县土壤剖面理化性状表

剖面号 Soil profile	土纲 Soil order	土类 Soil great group	亚类 Soil subgroup	土属 Soil genus	土种 Soil species	土层码 Layer code	土层厚度 Depth/cm	颜色 Soil color	质地 Soil texture	土壤结构 Soil structure	pH	有机质 OM/(g/kg)	全氮 TN/(g/kg)	全磷 TP/(g/kg)	全钾 TK/(g/kg)	碱解氮 AN/(mg/kg)	有效磷 AP/(mg/kg)	速效钾 AK/(mg/kg)	阳离子交换量CEC/(cmol/kg)	土壤母质 Parent material	剖面点坐标 Profile coordinate	匹配指数 Matching index/%
剖1	铁铝土	红壤	黄红壤	酸性结晶岩黄红壤		A	0—17	灰黄色	中壤土	屑粒状	4.1	32.0	1.45				1.4			酸性结晶岩类	E 114°14′03.3″ N 27°30′57.3″	97
剖2	人为土	水稻土	潴育水稻土	潴育型紫砂泥田	全层弱潴紫砂泥田	Bv	17—38	浅棕黄色	中壤土	团粒状										紫色砂岩类风化物	E 114°14′46.8″ N 27°31′09.2″	75
						Bv₁	38—100	浅棕黄色	中壤土	团粒状												
剖2						A	0—12	青灰色	轻壤土	软糊无结构	5.6	29.0	1.44	0.31		157	1.6	59				
						Ag	12—100	青灰色	中壤土	软糊无结构	6.2	24.6	1.27	0.23								
剖3	铁铝土	红壤	红壤	酸性结晶岩红壤		A	0—12	褐灰色	轻壤土	粒状	4.9	25.9	1.04	0.44		101	2.9	171		酸性结晶岩类	E 114°14′40.4″ N 27°30′12.5″	97
						Bv	12—53	浅红色	中壤土	粒状	4.5	12.7	0.75	0.27								
						Bv₂	53—100	浅红色	中壤土	粒状	4.7	9.1	0.50	0.18								
剖4	人为土	水稻土	潴育水稻土	潴育型黄砂泥田	弱潴黄黄砂泥田	A	0—15	灰黄色	轻壤土	屑粒状	5.3	25.9	1.64	0.76		161	13.7	51		石英岩类风化物	E 114°14′57.6″ N 27°30′06.7″	75
						P	15—16	浅黄色	中壤土	块状	5.9	16.9	1.42	0.64								
						W	16—100	棕黄色	中壤土	棱粒状	6.2	4.1	0.51	0.40								
剖5	人为土	水稻土	潴育水稻土	潴育型黄砂泥田	弱潴黄砂泥田	A	0—10	浅灰黄色	轻壤土	屑粒状	5.0	21.6	1.33	0.84		120	2.5	189		石英岩类风化物	E 114°03′51.1″ N 27°24′24.7″	95
						P	10—15	灰黄色	中壤土	块状	6.6	21.2	1.17	0.74								
						W	15—71	黄黄色	中壤土	粒状	6.4	9.0	0.56	0.72								
						G	71—100	蓝青灰色	中壤土	软糊无结构	6.2	11.8	0.63	0.65								
剖6	人为土	水稻土	淹育水稻土	淹育型潮砂泥田	潮砂泥田	A	0—12	灰灰色	轻壤土	团粒状	6.4	15.7	9.00	0.90		109	5.8	118		河流冲积物	E 114°06′50.1″ N 27°21′15.9″	95
						P	12—15	黄黄色	中壤土	小块状	5.7	11.0	0.86	0.49								
						C	15—100	灰黄色	中壤土	块状	6.4	7.5	0.50	0.47								
剖7	人为土	水稻土	淹育水稻土	淹育型麻砂泥田	强淹灰麻砂泥田	A	0—10	浅灰黄色	轻壤土	粒状	4.9	25.2	1.23	0.65		179	5.8	91		花岗岩风化物	E 114°11′27.6″ N 27°20′56.7″	95
						P	10—14	浅黄色	中壤土	小块状	5.1	16.0	1.05	0.56								
						C	14—100	黄黄色	中壤土	块状	5.1	10.8	0.68	0.52								
剖8	人为土	水稻土	潴育水稻土	潴育型麻砂泥田	中潴黄麻砂泥田	A	0—17	灰黄色	中壤土	粒状	5.2	24.2	1.26	0.39		143	1.6	72		花岗岩风化物	E 114°08′13.1″ N 27°21′08.8″	95
						P	17—22	灰灰色	中壤土	小块状	5.3	16.9	0.11	0.37								
						W	22—100	暗黄棕色	中壤土	棱块状	5.3	10.1	0.57	0.32								
剖9	半水成土	潮土		砂质潮土	薄层砾石底潮砂土	A	0—10	浅灰黄色	轻壤土	粒状	5.1	8.0	0.41	0.67		48	5.0	75		河流冲积物	E 114°08′19.5″ N 27°21′01.4″	97
						Bv	10—22	青灰色	中壤土	粒状	6.5	5.7	0.32	0.62								
						C	22—100	青灰色	中壤土	无结构	7.2	3.7	0.32	0.54								
剖10	人为土	水稻土	潴育水稻土	潴育型麻砂泥田	全层弱潴麻砂泥田	A	0—14	青灰色	中壤土	糊状	5.6	23.6	1.33	0.28		125	9.2	100		花岗岩风化物	E 114°08′53.7″ N 27°20′22.0″	95
						Pg	14—19	蓝黄色	中壤土	糊状	5.7	21.8	0.98	0.23								
						G	19—100	红黄色	中壤土	糊状	5.9	14.7	0.89	≤0.10								
剖11	半水成土	潮土		壤质潮土	厚层潮砂土	A	0—11	灰黄色		粒状	5.8	7.1	0.51	0.65		54	9.2	57		河流冲积物	E 114°10′27.5″ N 27°20′38.8″	97
						ABv	11—30	灰黄色	中壤土	小块状	5.9	5.6	0.39	0.60								
						Bv	30—100	黄棕色	中壤土	块状	6.0	3.7	0.26	0.46								
剖12	铁铝土	红壤		石英砾红壤	厚层中有机质石英岩类红壤	A	0—13	灰黄色	轻壤土	粒状	5.0	23.0	1.33	1.18		48	1.6	27		石英岩类	E 114°14′09.2″ N 27°19′03.7″	98
						Bv	13—35	灰黄色	中壤土	粒状	5.8	11.9	0.71	0.91								
						Bv₁	35—100	红黄色	中壤土	粒状	6.1	9.3	0.63	0.75								
剖13	铁铝土	黄壤	山地黄壤	泥质岩类山地黄壤		A	0—14	灰褐色	重壤土	团粒状	5.7	65.9	3.73	1.38		229	1.6	144		泥质岩类	E 114°11′25.3″ N 27°15′16.9″	97
						Bv	14—100	黄色	中壤土	块状		14.6	1.16	1.34								
剖14	人为土	水稻土	淹育水稻土	淹育型黄砂泥田	强淹黄砂泥田	A	0—12	黄黄色	中壤土	小块状	5.1	23.2	1.43	0.96		116	20.0	44		石英岩类风化物	E 114°18′46.9″ N 27°32′26.9″	95
						P	12—15	浅灰黄色	中壤土	块状	5.5	18.7	1.06	0.92								
						W	15—53	浅灰黄色	中壤土	块状	5.9	12.7	0.76	0.83								
						C	53—100	黄棕色	中壤土	大块状	6.1	8.5	0.46	0.77								

续表 Continued

剖面号 Soil profile	土纲 Soil order	土类 Soil great group	亚类 Soil subgroup	土属 Soil genus	土种 Soil species	土层码 Layer code	土层厚度 Depth/cm	颜色 Soil color	质地 Soil texture	土壤结构 Soil structure	pH	有机质 OM/(g/kg)	全氮 TN/(g/kg)	全磷 TP/(g/kg)	全钾 TK/(g/kg)	碱解氮 AN/(mg/kg)	有效磷 AP/(mg/kg)	速效钾 AK/(mg/kg)	阳离子交换量 CEC/(cmol/kg)	土壤母质 Parent material	剖面点坐标 Profile coordinate	匹配指数 Matching index/%
剖15	铁铝土	红壤	黄红壤	酸性结晶岩类红壤		A	0—12	灰黄色	轻壤土	粒状	4.9	28.8	1.97	0.76			3.1	73		酸性结晶岩类	E 114°19′07.8″ N 27°30′08.1″	97
						Bv	12—30	棕黄色	中壤土	粒状	5.0	13.3	0.60	0.59			3.3					
						D	30—100				5.1	4.3	0.29	0.55								
剖16	人为土	水稻土	潴育水稻土	潴育型红黄泥田	全层弱潜红黄泥田	Ag	0—14	青灰色	中壤土	糊状	4.3	25.2	1.44	0.31						泥质岩类风化物	E 114°20′29.5″ N 27°30′11.3″	97
						G	14—100		重壤土	糊状	4.5	22.2	1.27	0.22		142	3.3	42				
剖17	人为土	水稻土	潴育水稻土	潴育型红黄泥田	表潜性弱潴红黄泥田	Ag	0—10	棕黄色	中壤土	团块状	4.6	35.1	0.20	0.99			13.3	120		泥质岩类风化物	E 114°22′10.3″ N 27°31′57.6″	97
						Pg	10—13	浅蓝灰色	中壤土	块状	4.7	31.9	2.00	0.93		157						
						W	13—100	灰黄色	重壤土	棱块状	5.0	11.8	0.85	0.80								
剖18	铁铝土	黄壤	山地黄壤	酸性结晶岩类山地黄壤		A	0—2	灰黄色	砂壤土	粒状	5.0	46.3	3.32	0.41			1.6	220		酸性结晶岩类	E 114°18′21.1″ N 27°30′11.6″	97
						ABv	2—11	灰黄色	中壤土	粒状	5.4	44.9	1.50	0.24								
						C	11—100	黄色	中壤土	块状		5.8	0.64	0.12								
剖19	铁铝土	红壤	红壤	泥质岩类红壤	中层中有机质岩类红壤	Bv	0—4	黄灰色	中壤土	小块状	5.1	41.0	1.86	0.96			8.1	180		泥质岩类	E 114°29′21.0″ N 27°32′47.2″	97
						C	60—100	黄灰色	黏土	块状	5.4	15.9	0.95	0.78								
剖20	人为土	水稻土	潴育水稻土	潴育型潮砂泥田	弱潴潮砂泥田	A	0—13	浅灰黄色	轻壤土	粒状	5.4	22.3	1.12	0.92			5.6	55		河流冲积物	E 114°26′50.1″ N 27°32′13.6″	95
						P	13—15	浅灰黄色	中壤土	块状	5.7	18.4	1.08	0.86		118						
						W	15—100	棕灰色	中壤土	棱块状	6.0	10.9	0.64	0.75								
剖21	人为土	水稻土	潴育水稻土	潴育型红泥田	中潴灰泥田	A	0—13	浅灰黄色	中壤土	团块状	5.3	81.8	1.81	0.93			14.3	127		泥质岩类风化物	E 114°26′26.6″ N 27°30′40.1″	97
						P	13—19	浅灰黄色	重壤土	块状	5.4	21.0	1.24	0.71		218						
						W_1	19—67	青灰色	中壤土	棱块状	5.8	10.0	0.60	0.70								
						W_2	67—100	棕灰色	重壤土	棱块状	5.9	7.8	0.54	0.32								
剖22	人为土	水稻土	潴育水稻土	潴育型潮砂泥田	全层中潴潮砂泥田	Ag	0—10	青灰色	轻壤土	糊状	5.0	41.3	2.47	0.67			9.0	100		河流冲积物	E 114°26′26.1″ N 27°30′31.8″	75
						Pg	10—22	青灰色	轻壤土	糊烂无结构	5.3	33.8	1.93	0.60		229						
						G	22—100	蓝灰色	轻壤土	糊烂无结构	6.3	7.6	0.49	0.58								
剖23	人为土	水稻土	淹育水稻土	淹育型红泥田	强淹红黄泥田	A	0—12	浅灰黄色	中壤土	团块状	4.5	23.4	1.10	0.68			11.1	72		泥质岩类风化物	E 114°28′37.9″ N 27°31′54.0″	97
						P	12—17	灰黄色	中壤土	小块状	4.8	11.0	0.76	0.65		140						
						W	17—36	黄灰色	黏土	块状	5.2	7.4	0.63	0.60								
						C	36—100	黄棕色	黏土	块状	5.2	5.7	0.61	0.70								
剖24	铁铝土	红壤	红壤	炭质泥页岩红壤		A	0—6	黄灰色	中壤土	块状	4.2	34.8	0.17	0.62			5.8	52		炭质泥页岩类	E 114°25′27.0″ N 27°30′28.6″	95
						Bv	6—100	浅红黄色	重壤土	块状	4.5	34.3	≥10.00	0.56								
剖25	铁铝土	黄红壤	黄红壤	泥砂质黄红土		Ao	0—4	棕黑色	黏壤土	屑粒状	5.7	47.6	2.30	0.70	16.0					石英岩类残积物、坡积物	E 114°15′54.5″ N 27°25′57.8″	95
						A	4—14	棕黑色	黏壤土	块状	4.7	12.1	0.90	0.50	16.6							
						Bv	14—45	暗黄黄色	黏壤土	块状	4.7	7.3	0.60	0.50	12.0							
剖26	人为土	水稻土	潴育水稻土	潴育型黄泥田	全层弱潴黄泥田	A	0—19	黄棕色	中壤土	糊状	6.0	50.8	2.65	1.00			1.6	88		第四纪红色黏土	E 114°16′59.1″ N 27°26′19.8″	97
						Ag	19—20	青灰色	中壤土	糊状	6.5	44.9	2.08	0.89		165						
						Pg	20—100	青灰色	重壤土	块状	6.6	34.4	1.74	0.84								
剖27	人为土	潴育水稻土	潴育水稻土	潴育型麻砂泥田	上位弱潴麻砂泥田	Ag	0—4	青灰色	轻壤土	糊状	5.6	33.9	1.79	1.08			13.7	63		花岗岩风化物	E 114°16′56.7″ N 27°25′54.2″	95
						Pg	13—17	青灰色	中壤土	糊状、小块状	6.0	23.5	1.24	1.09		251						
						W	17—100	灰棕色	中壤土	棱块状	6.3	7.5	0.48	0.88								
剖28	人为土	水稻土	潴育水稻土	潴育型石灰泥田	中位弱潴砾石底石灰泥田	Ag	0—14	棕黄色	中壤土	糊状	5.9	31.9	1.68	0.88			3.3	69		石灰岩类风化物	E 114°24′14.6″ N 27°28′04.7″	97
						Pg	14—17	棕黄色	中壤土	糊状	6.2	20.2	0.85	0.82		163						
						G	17—50	青灰色	重壤土	糊状	6.5	10.5	0.52	0.62								
						C	50—100	灰黄色			6.9	9.7	0.43	0.52								
剖29	铁铝土	红壤	红壤	石英岩红壤		A	0—7	黄灰色	中壤土	小块状	4.5	78.8	1.99	1.34						石英岩类	E 114°22′32.9″ N 27°26′57.7″	97
						Bv	7—100	棕黄色	中壤土	小块状	4.8	7.1	0.97	1.39								

续表 Continued

剖面号 Soil profile	土纲 Soil order	土类 Soil great group	亚类 Soil subgroup	土属 Soil genus	土种 Soil species	土层码 Layer code	土层厚度 Depth/cm	颜色 Soil color	质地 Soil texture	土壤结构 Soil structure	pH	有机质 OM/(g/kg)	全氮 TN/(g/kg)	全磷 TP/(g/kg)	全钾 TK/(g/kg)	碱解氮 AN/(mg/kg)	有效磷 AP/(mg/kg)	速效钾 AK/(mg/kg)	阳离子交换量CEC/(cmol/kg)	土壤母质 Parent material	剖面点坐标 Profile coordinate	匹配指数 Matching index/%
剖30	人为土	水稻土	潴育水稻土	潴育型红黄泥田	全层中潴红黄泥田	Ag	0—11	青灰色	重壤土	糊状	6.1	37.2	1.98	0.76		156	6.0	63		泥质岩类风化物	E 114°16′36.8″ N 27°23′45.6″	97
						G	11—100	蓝灰色	黏土	糊烂无结构	6.7	34.6	1.62	0.69								
剖31	人为土	水稻土	潴育水稻土	潴育型红黄泥田	中位弱潴红黄泥田	Ag	0—13	青灰色	中壤土	糊烂烂泥	5.2	21.8	1.09	0.49		122	4.2	49		泥质岩类风化物	E 114°17′18.2″ N 27°24′19.8″	99
						Pg	13—17	青灰色	中壤土	糊状	5.5	16.2	1.08	0.40								
						G	17—45	青灰色	中壤土	糊状	5.2	9.3	0.62	0.35								
						W	45—100	黄粉色	重壤土	块状	5.2	8.9	0.55	0.23								
剖32	人为土	水稻土	潴育水稻土	潴育型黄砂泥田	灰黄砂泥田	A	0—13	青灰色	轻壤土	屑粒状	6.0	25.8	1.35	0.90		227	13.3	60		石英岩类风化物	E 114°18′49.6″ N 27°22′59.9″	95
						P	13—15	浅黄黄	中壤土	小块状	6.1	24.1	1.21	0.90								
						W	15—100	棕黄色	中壤土	块状	6.2	6.2	0.31	0.86								
剖33	铁铝土	红壤		石灰岩红壤		Bv	0—11	棕红色	中壤土	小块状	5.2	34.7	1.75	0.75		177	1.8	69		石灰岩类	E 114°22′29.5″ N 27°23′37.6″	95
							11—100	黄红色	重壤土	棱块状	5.2	7.1	0.53	0.32								
剖34	人为土	水稻土	潴育水稻土	潴育型黄泥田	弱潴火焖黄砂泥田	A	0—14	棕黄色	中壤土	团块状	4.6	21.0	1.46	0.51		134	3.3	49		石灰岩类	E 114°20′07.8″ N 27°22′21.0″	95
						Bv	14—17	黄灰色	黏土	块状	5.1	18.6	1.09	0.47								
						P	17—64	黄棕色	中壤土	棱块状	5.8	14.3	0.83	0.42								
						C	64—100	黄色	重壤土	块状	5.7	8.6	0.77	0.32								
剖35	人为土	水稻土	潴育水稻土	潴育型黄砂泥田	全层强潴黄砂泥田	Ag	0—23	青灰色	中壤土	糊状	5.2	45.1	2.66	0.72		183	3.3	53		第四纪红色黏土	E 114°20′02.8″ N 27°21′14.0″	95
						Pg	23—25	青蓝色	中壤土	糊状	5.4	38.9	2.20	0.70								
						G	25—100	蓝灰色	重壤土	糊状	5.4	12.1	0.77	0.49								
剖36	铁铝土	红壤		泥砂红土		A	0—4	灰色	壤质黏土	屑粒状	4.8	55.9	2.20	0.60	11.4			124		石英岩坡积物、残积物	E 114°20′58.3″ N 27°20′13.4″	95
						Bv	4—30	棕红色	黏土	块状	4.9	16.7	0.90	0.40	16.6							
						BvC	30—60	橙色	黏土	块状	4.9	15.1	0.90	0.40	16.8							
剖37	人为土	水稻土	潴育水稻土	潴育型石灰岩田	表潴性弱潴石灰田	Ag	0—11	青灰色	中壤土	小块状	5.2	32.7	1.54	0.94		123	3.0	91		石灰岩风化物	E 114°16′48.4″ N 27°21′24.7″	95
						Pg	11—14	青灰色	黏土	棱块状	6.6	28.3	1.39	0.94								
						W	14—100	浅灰黄色	黏土	粒状	7.2	10.7	0.51	0.66								
剖38	人为土	水稻土	潴育水稻土	潴育型潮砂泥田	表潴性弱潴潮麻砂泥田	A	0—13	灰棕色	轻壤土	粒状	5.2	29.8	1.51	0.67		175	3.7	96		花岗岩风化物	E 114°24′44.0″ N 27°23′57.0″	95
						Pg	13—28	青黄色	轻壤土	块状	5.6	27.9	1.41	0.62								
						W1	28—68	黄棕色	轻壤土	棱块状	6.1	12.3	0.68	0.54								
						W2	68—100	棕色	中壤土	块状	6.5	7.9	0.44	0.52								
剖39	铁铝土	红壤		石英岩红壤	中层中有机质石英岩红壤	A	0—13	棕灰色	中壤土	碎块状	4.9	24.2	1.07	0.70		124	1.6	53		石英岩类	E 114°24′42.1″ N 27°23′16.2″	97
						Bv	13—50	黄色	中壤土	小块状	4.4	7.5	0.59	0.61								
						C	50—100	棕黄色	中壤土	碎块状	5.0	4.3	0.43	0.41								
剖40	人为土	水稻土	潴育水稻土	潴育型黄泥田	弱潴黄砂泥田	A	0—15	青灰色	轻壤土	团粒状	5.1	27.9	1.58	1.05		166	7.5	61		第四纪红色黏土	E 114°25′25.5″ N 27°22′48.6″	95
						P	15—18	棕灰色	中壤土	块状	5.4	13.0	0.60	1.02								
						W	18—100	棕黄色	重壤土	棱块状	5.5	3.5	0.51	0.77								
剖41	人为土	水稻土	潴育水稻土	潴育型潮泥田	中潴黄底灰潮泥田	A	0—12	灰黄色	中壤土	粒状	5.3	22.1	1.40	1.01		117	40.8	61		河流冲积物	E 114°27′24.1″ N 27°23′19.2″	95
						P	12—15	黄色	黏土	块状	5.8	13.3	0.75	0.75								
						W	15—100	棕黄色	黏土	棱块状	6.1	4.3	0.39	0.58								
剖42	半水成土	潮土		砂质潮土	中层砂砂土	A	0—36	灰色	砂壤土	粒状	4.8	6.7	0.40	0.65		56	5.8	34		河流冲积物	E 114°27′19.2″ N 27°23′00.1″	97
						C	36—100	黄色	砂壤土	碎块状	4.7	5.8	0.40	0.35								
剖43	人为土	水稻土	潴育水稻土	潴育型黄砂泥田	全层中潴灰黄砂泥田	A	0—16	青灰色	中壤土	糊状	5.6	48.2	2.33	0.65		169	1.6	56		石英岩类风化物	E 114°27′28.2″ N 27°22′51.6″	95
						G	16—100	青灰色	中壤土	糊状	6.3	33.7	1.32	0.48								
剖44	铁铝土	红壤		黄砂泥土	厚层灰黄砂泥土	A	0—15	棕色	壤质黏土	碎块状	5.6	24.6	1.55	0.96	12.9	147	9.0	91	5.0	石英砂岩风化残积物、坡积物	E 114°29′34.9″ N 27°24′24.8″	97
						ABv	15—32	棕红色	壤质黏土	小块状	5.5	13.7	0.99	0.69	13.6				3.6			
						Bv	32—65	亮棕红色	壤质黏土	块状	4.3	6.2	0.49	0.46	13.9				3.5			
						C	65—100	亮红棕色	壤质黏土	棱块状												

续表 Continued

剖面号 Soil profile	土纲 Soil order	土类 Soil great group	亚类 Soil subgroup	土属 Soil genus	土种 Soil species	土层码 Layer code	土层厚度 Depth/cm	颜色 Soil color	质地 Soil texture	土壤结构 Soil structure	pH	有机质 OM/(g/kg)	全氮 TN/(g/kg)	全磷 TP/(g/kg)	全钾 TK/(g/kg)	碱解氮 AN/(mg/kg)	有效磷 AP/(mg/kg)	速效钾 AK/(mg/kg)	阳离子交换量 CEC/(cmol/kg)	土壤母质 Parent material	剖面点坐标 Profile coordinate	匹配指数 Matching index/%
剖45	人为土	水稻土	潴育水稻土	潴育型黄砂泥田	中潴黄泥田	A	0—11	浅黄灰色	轻壤土	屑粒状	5.5	18.4	1.38	0.84		104	15.0	38		石英岩类风化物	E 114°29′47.4″ N 27°24′28.0″	95
						P	11—13	浅灰黄色	中壤土	小块状	6.3	6.9	0.50	0.65								
						W	13—43	浅黄色	中壤土	梭块状	6.3	7.0	0.60	0.58								
						C	43—100				6.3	6.5	0.52									
剖46	初育土	石灰（岩）土	黑色石灰土	黑色石灰土	中层多有机质黑色石灰土	A₁	0—5	黑灰色	中壤土	小块状	6.6	75.9	2.60	0.61			2.5	160		石英岩类风化物	E 114°23′12.0″ N 27°22′07.4″	97
						Bv	5—14	黑灰黄色	中壤土	块状	7.1	15.4	0.70	0.77			3.3	51				
						Bv	14—52	黑灰色	黏土	块状	7.5	6.5	0.34									
						C	52—100	黑色	黏土	块状	6.0	≤1.0	0.38									
剖47	人为土	水稻土	潴育水稻土	潴育型黄泥田	黄泥田	A	0—13	浅灰黄色	中壤土	团块状	5.3	24.4	1.36	0.73		129	13.2	58		第四纪红色黏土	E 114°22′40.1″ N 27°21′38.4″	95
						P	13—15	浅灰黄色	中壤土	块状	5.1	24.1	0.73	0.65								
						W	15—100	黄棕色	重壤土	块状	6.6	5.3	0.63	0.52								
剖48	人为土	水稻土	潴育水稻土	潴育型黄砂泥田	薄潜性中潴黄砂泥田	Ag	0—10	青灰色	轻壤土	小块状	5.4	27.2	1.63	0.80		134	7.5	71		石英岩类风化物	E 114°23′32.1″ N 27°21′52.3″	95
						Pg	10—14	青灰色	中壤土	小块状	5.1	24.0	1.72	0.76								
						W₁	14—60	棕黄色	中壤土	梭块状	5.7	8.7	0.57	0.68								
						W₂	60—100	黄色	中壤土	梭块状	6.0	6.1	0.30	0.42								
剖49	人为土	水稻土	潴育水稻土	潴育型黄泥田	全层强潜黄泥田	Ag	0—13	青灰色	黏土	糊状	6.4	50.3	2.55	0.65		188	3.7	44		第四纪红色黏土	E 114°18′34.7″ N 27°18′51.6″	97
						G	13—100	蓝灰色	黏土	糊烂无结构	7.3	30.9	1.63	0.54								
剖50	铁铝土	红壤		泥质岩红壤	薄层中有机质泥质岩类红壤	A	0—2.5	深灰色	中壤土	粒状	4.2	88.0	2.39	0.62			18.0	190		泥质岩类	E 114°28′53.9″ N 27°19′10.0″	98
						Bv	2.5—16	棕黄色	黏土	块状	4.3	24.6	1.37	0.50								
						C	16—100	棕红色	黏土	块状	4.6	8.2	0.69	0.38								
剖51	人为土	水稻土	潴育水稻土	潴育型紫砂泥田	弱潴紫砂泥田	A	0—10	紫色	轻壤土	团粒状	5.7	22.2	1.61	0.75		126	6.5	32		紫色砂岩类风化物	E 114°21′26.0″ N 27°10′08.7″	95
						P	10—13	紫红色	中壤土	块状	5.8	21.2	1.15	0.55								
						W	13—100	紫色	中壤土	梭块状	6.1	6.4	0.50	0.47								
剖52	人为土	水稻土	潴育水稻土	潴育型潮紫砂泥田	中位中潜砾底紫砂泥田	A	0—15	浅灰色	中壤土	粒状	5.3	21.4	1.17	0.89		124	17.5	94		河流冲积物	E 114°23′19.4″ N 27°09′31.1″	95
						P	15—18	棕黄色	中壤土	块状	5.2	10.4	0.67	0.71								
						G	18—100	青灰色	中壤土	块状	5.3	6.7	0.43	0.45								
剖53	人为土	水稻土	潴育水稻土	潴育型紫砂泥田	紫砂泥田	A	0—11	浅灰色	轻壤土	团粒状	5.1	24.2	1.51	0.47		207	3.3	40		紫色砂岩类风化物	E 114°23′53.2″ N 27°09′21.6″	95
						P	11—14	浅灰黄色	中壤土	块状	5.3	22.9	1.37	0.45								
						W	14—100	黄灰色	中壤土	块状	6.3	10.4	0.67	0.39								
剖54	人为土	水稻土	潴育水稻土	潴育型紫砂泥田	中潴紫紫泥田	A	0—10	紫色	轻壤土	屑粒状	5.1	34.0	1.79	0.40		185	2.5	59		紫色砂岩类风化物	E 114°26′35.9″ N 27°09′08.6″	95
						G	10—34	青灰色	中壤土	小块状	5.5	23.8	1.50	0.29								
						C	34—100	青灰色	中壤土	块状	5.9	11.4	0.59	0.30								
剖55	人为土	水稻土	潴育水稻土	潴育型黄砂泥田	中潴黄砂泥田	A	0—9	浅灰黄色	轻壤土	屑粒状	6.4	19.1	1.09	0.63		129	8.3	50		石英岩类风化物	E 114°29′49.4″ N 27°07′21.6″	95
						P	9—13	棕黄色	中壤土	小块状	6.8	16.3	1.14	0.62								
						W	13—100	黄色	中壤土	块状	6.8	5.8	0.53	0.56								
剖56	人为土	水稻土	潴育水稻土	潴育型黄泥田	弱潴黄泥田	A	0—12	浅灰色	中壤土	团块状	5.9	21.6	1.10	1.09		103	7.1	46		第四纪红色黏土	E 114°31′20.4″ N 27°32′41.1″	95
						P	12—15	浅灰色	中壤土	小块状	6.1	14.5	0.88	0.75								
						W	15—100	浅黄色	黏土	小块状	6.6	6.5	0.39	0.51								
剖57	铁铝土	红壤				A	0—19	黄红色	少砾质黏土	块状	5.1	16.3	0.92	0.84			3.7	57		第四纪红色黏土	E 114°34′13.2″ N 27°30′25.6″	95
						Bv	19—100	灰红色	少砾质黏土	粒状	5.3	6.0	0.39	0.61								
剖58	人为土	水稻土	潴育水稻土	潴育型黄砂泥田	弱潴灰麻砂泥田	A	0—12	红灰黄	轻壤土	块状	5.0	29.6	1.99	0.58		183	3.7	95		花岗岩类风化物	E 114°35′42.9″ N 27°31′01.2″	95
						P	12—14	黄灰黄	轻壤土	块状	6.1	26.7	1.48	0.55								
						W	14—77	棕黄色	中壤土	块状	5.0	18.7	1.34	0.53								
						C	77—100				5.9	9.3	0.70	0.48								

续表 Continued

剖面号 Soil profile	土纲 Soil order	土类 Soil great group	亚类 Soil subgroup	土属 Soil genus	土种 Soil species	土层码 Layer code	土层厚度 Depth/cm	颜色 Soil color	质地 Soil texture	土壤结构 Soil structure	pH	有机质 OM/(g/kg)	全氮 TN/(g/kg)	全磷 TP/(g/kg)	全钾 TK/(g/kg)	碱解氮 AN/(mg/kg)	有效磷 AP/(mg/kg)	速效钾 AK/(mg/kg)	阳离子交换量CEC/(cmol/kg)	土壤母质 Parent material	剖面点坐标 Profile coordinate	匹配指数 Matching index/%
剖59	铁铝土	红壤	红壤	酸性结晶岩红壤		Ao	0—3	黄灰色	轻壤土	粒状	4.9	56.8	2.88	0.63						酸性结晶岩类	E 114°35′48.5″ N 27°30′07.3″	95
						A	3—14	灰黄色	轻壤土	小块状	5.9	25.9	1.74	0.38								
						Bv	14—50	红黄色	中壤土	小块状	5.0	10.2	0.46	0.30								
						C	50—100	红色	中壤土	松散块状	5.2	5.9	0.42	0.16								
剖60	人为土	水稻土	潴育水稻土	潴育型黄泥田	全层中潜黄泥田	Ag	0—13	青灰色	重壤土	糊状	5.3	49.7	2.49	1.00						第四纪红色黏土	E 114°40′08.5″ N 27°32′54.1″	97
						Pg	13—18	青灰色	黏土	糊状	5.8	32.9	2.06	0.84								
						G	18—100	青灰色	黏土	糊状	5.3			0.80								
剖61	铁铝土	红壤	红壤	酸性结晶岩红壤		Ao	0—4	黑灰色	轻壤土	粒状	4.5	89.5	2.97	0.63			7.7	220		酸性结晶岩类	E 114°41′21.2″ N 27°34′13.2″	98
						Bv	4—12	棕红色	轻壤土	粒状	4.5	36.0	1.26	0.39								
						C	12—100	红色	中壤土	碎块状	4.9	6.9	0.43	0.30								
剖62	人为土	水稻土	潴育水稻土	潴育型红黄泥田	弱潜红黄泥田	A	0—10	灰黄色	轻壤土	小团块状	5.1	26.3	1.49	0.71		164	6.6	61		泥质岩类风化物	E 114°41′56.8″ N 27°31′59.4″	97
						P	10—14	浅棕黄色	重壤土	块状	5.2	17.5	1.04	0.64								
						W	14—100	红黄色	中壤土	棱块状	5.8	7.4	0.58	0.61								
剖63	铁铝土	红壤	红壤	石英岩红壤	薄层中有机质石英岩类红壤	A	0—2	棕色	轻壤土	粒状	4.7	29.7	1.07	0.57		119	2.0	80		石英岩类	E 114°41′27.9″ N 27°30′06.6″	97
						Bv	2—30	黄色	中壤土	碎块状	5.0	9.5	0.56	0.55								
						C	30—70	黄红色	中壤土	块状	4.8	4.3	0.25	0.52								
						D	70—100	浅红色	中壤土	棱块状												
剖64	铁铝土	红壤	红壤	石英岩红壤		A	0—10	浅黄色	中壤土	小块状	4.8	65.1	2.65	0.56			6.8	48		石英岩类	E 114°42′15.9″ N 27°30′03.1″	97
						C	10—100	黄红色	中壤土	块状	4.8	11.4	0.53	0.34								
剖65	人为土	水稻土	潴育水稻土	潴育型潮砂泥田	灰潮砂泥田	A	0—14	浅灰色	中壤土	团块状	5.7	26.1	1.64	1.01		144	12.0	64		河流冲积物	E 114°39′27.0″ N 27°31′52.5″	95
						P	14—16	深棕色	重壤土	小块状	6.0	16.4	0.96	0.78								
						W	16—100	棕黄色	中壤土	棱块状	6.6	6.3	0.43	0.73								
剖66	人为土	水稻土	潴育水稻土	潴育型潮砂泥田	中位弱潜潮砂泥田	Ag	0—11	青灰色	轻壤土	糊状	6.0	36.7	1.75	0.78		209	15.8	48		河流冲积物	E 114°38′39.9″ N 27°30′48.4″	95
						Pg	11—24	蓝灰色	轻壤土	糊状	6.2	8.2	0.56	0.46								
						G	24—43	蓝灰色	中壤土	糊状	5.6	8.1	0.54	0.20								
						W	43—100	黄灰色	中壤土	块状	5.4	6.9	0.44	0.20								
剖67	人为土	水稻土	潴育水稻土	潴育型黄泥田	表潜性弱潴潴黄泥田	Ag	0—13	青灰色	中壤土	团块状	5.0	32.3	1.53	0.68		156	9.8	154		第四纪红色黏土	E 114°37′00.3″ N 27°27′15.3″	95
						Pg	13—18	棕灰色	中壤土	块状	5.1	27.5	1.28	0.55								
						W	18—35	红灰色	重壤土	块状	5.1	12.5	0.50	0.50								
						W_1	35—60	黄灰色	黏土	块状	4.9	8.3	0.53	0.29								
						C	60—100	黄灰色	黏土	块状	4.9	4.7	0.39	0.27								
剖68	铁铝土	红壤	红壤	第四纪红色黏土红壤		A	0—5	灰灰色	中壤土	碎粒状	4.7	21.7	0.99	0.62						第四纪红色黏土	E 114°43′01.8″ N 27°25′44.9″	95
						Bv	5—34	棕红色	中壤土	块状	4.6	17.1	0.81	0.58								
						C	34—100	红色	重壤土	块状	4.4	6.1	0.60	0.55								
剖69	铁铝土	红壤	黄红壤	黄砂泥红壤	厚层灰黄砂泥土	A	0—16	黄灰色	中壤土	屑粒状	6.1	24.8	1.31	0.85		124	11.3	130		石英砂岩类风化物	E 114°44′39.6″ N 27°25′00.4″	98
						Bv	16—100	红灰色	中壤土	屑粒状	6.3	7.3	0.68	0.56								
剖70	铁铝土	红壤	红壤	黄砂泥红壤	厚层乌黄砂泥红壤	A	0—4	棕褐色	壤质黏土	块状	4.8	55.9	2.23	0.60	11.4				7.2	石英砂岩残积物、坡积物	E 114°41′14.0″ N 27°25′15.5″	82
						Bv	4—30	棕红色	黏土	块状	4.9	16.7	0.95	0.35	16.6				5.5			
						BvC	30—60	橙红色	黏土	块状	4.9	15.1	0.90	0.42	16.8				5.3			
剖71	人为土	水稻土	潴育水稻土	潴育型紫砂泥田	灰紫砂泥田	A	0—13	紫紫色	轻壤土	团粒状	5.7	25.5	1.47	0.76		132	8.0	63		紫色砂岩类风化物	E 114°30′46.2″ N 27°24′41.0″	95
						P	13—16	灰紫色	中壤土	块状	5.7	18.8	1.01	0.68								
						W	16—100	紫色	中壤土	棱块状	6.1	6.8	0.50									
剖72	人为土	水稻土	潴育水稻土	潴育型黄砂泥田	强潴黄砂泥田	A	0—10	浅黄色	轻壤土	屑粒状	4.9	17.5	0.96	0.74		119	5.8	≤5		石英岩类风化物	E 114°31′30.4″ N 27°24′30.2″	95
						P	10—12	浅灰色	中壤土	小块状	5.9	12.8	0.85	0.70								
						W	12—100	灰灰色	中壤土	块状	6.6	7.2	0.66	0.68								

续表 Continued

剖面号 Soil profile	土纲 Soil order	土类 Soil great group	亚类 Soil subgroup	土属 Soil genus	土种 Soil species	土层码 Layer code	土层厚度 Depth cm	颜色 Soil color	质地 Soil texture	土壤结构 Soil structure	pH	有机质 OM/(g/kg)	全氮 TN/(g/kg)	全磷 TP/(g/kg)	全钾 TK/(g/kg)	碱解氮 AN/(mg/kg)	有效磷 AP/(mg/kg)	速效钾 AK/(mg/kg)	阳离子交换量CEC/(cmol/kg)	土壤母质 Parent material	剖面点坐标 Profile coordinate	匹配指数 Matching index/%
剖73	铁铝土	红壤	红壤	石灰岩红壤	薄层灰岩红壤	A	0—3	棕灰色	中壤土	团块状	5.5	47.4	2.02	0.76			5.1	210		石灰岩类	E 114°33′39.6″ N 27°23′26.1″	95
剖74	铁铝土	红壤	红壤	黄泥土	薄层灰黄泥土	C	3—100	红色	黏土	块状	6.0	5.9	0.74	0.49						第四纪红色黏土	E 114°33′16.0″ N 27°22′39.2″	97
剖75	铁铝土	红壤	红壤	黄泥土	厚层灰黄泥土	A	0—12	黄灰色	中壤土	团粒状	5.9	17.7	0.89	0.71		106	4.1	104		第四纪红色黏土	E 114°34′54.5″ N 27°23′20.2″	97
						C	12—100	黄红色	黏土	块状	5.8	15.9	0.91	1.41		90	11.8	94				
						A	0—13	棕褐色	中壤土	团块状	5.9	15.8	0.67	1.40								
						ABv	13—49	浅棕黄色	黏土	小块状	5.8	8.5	0.44	1.29								
						Bv	49—100	浅黄红色	黏土	梭粒状	8.0	≤1.0	≥10.00						25.7			
剖76	初育土	石灰（岩）土	棕色石灰土	钙质页岩石灰土	薄层灰岩钙质页岩石灰土	A	0—5	灰色	黏壤土	碎粒状	8.1	≤1.0	≥10.00						24.5	钙质页岩风化物	E 114°35′44.2″ N 27°24′06.8″	95
						Bv	5—30	灰白色	黏壤土	小块状	8.3	≤1.0	0.18						25.5			
						C	30—	灰白色	黏壤土	屑粒状	5.2	43.0	1.48	5.17			14.5	138				
剖77	铁铝土	红壤	红壤	黄泥土	厚层乌黄泥土	A	0—20	灰乌色	中壤土	小团块状	5.0	22.7	0.80	6.80						第四纪红色黏土	E 114°35′45.3″ N 27°23′10.8″	97
						Bv	20—100	棕乌色	黏壤土	碎粒状	4.6	40.7	1.74	0.59			6.0	140				
剖78	铁铝土	红壤	红壤	黄泥土		A	0—8	红黄色	重壤土	块状	4.8	17.9	1.00	0.39			6.8	77		第四纪红色黏土	E 114°37′12.6″ N 27°24′24.1″	95
						Bv	8—100	深黄色	粉砂质黏壤土	粒状	4.7	47.6	2.29	0.66	16.0				6.7			
剖79	铁铝土	黄红壤	黄砂泥黄红壤	薄乌黄砂泥黄红壤	Ao	0—4	暗棕色	黏壤土	粒状	4.6	12.1	0.92	0.54	16.6				5.1	石英岩类残积物、坡积物	E 114°36′05.9″ N 27°21′41.0″	81
						A	4—14	灰黄色	黏壤土	块状	4.8	7.3	0.62	0.51	12.0				4.6			
						Bv	14—45															
						C	45—															
剖80	人为土	水稻土	潴育水稻土	潴育型黄砂泥田	表潜性弱潴黄砂泥田	Ag	0—10	青灰色	轻壤土	小块块状	5.2	32.0	1.74	0.94		161	4.4	65		石英岩类风化物	E 114°36′00.6″ N 27°20′53.5″	95
						Pg	10—16	浅潜灰色	轻壤土	块状	5.5	30.7	1.51	0.60								
						W	16—71	灰黄色	中壤土	块状	6.6	10.5	0.67	0.53								
						W₁	71—100	黄色	黏壤土	块状	6.3	6.9	0.45	0.48								
剖81	人为土	水稻土	潴育水稻土	潴育型黄泥田	乌黄泥土	A	0—14	暗灰色	中壤土	小团块状	5.1	44.1	2.02	1.75		238	34.3	98		石英岩类风化物	E 114°36′33.7″ N 27°22′27.5″	95
						P	14—17	浅灰色	中壤土	块状	5.2	31.1	1.41	1.66								
						W	17—100	棕灰色	重壤土	块块状	6.4	9.4	0.55	1.39								
剖82	铁铝土	红壤	红壤	黄泥土	厚层黄泥土	A	0—9	暗黄色	中壤土	团块状	5.4	15.2	0.84	1.14		75	10.2	90		第四纪红色黏土	E 114°36′11.7″ N 27°20′49.2″	97
						Bv	9—100	棕红色	黏土	块状	4.8	7.2	0.44	1.10								
剖83	人为土	水稻土	潴育水稻土	潴育型紫砂泥田	表潜性中潴紫砂泥田	Ag	0—12	浅灰紫色	轻壤土	小块状	5.2	24.1	1.21	0.55		155	7.5	6		紫色砂岩类风化物	E 114°36′58.3″ N 27°21′45.9″	95
						P	12—15	棕紫色	中壤土	块状	5.3	19.4	1.07	0.42								
						W	15—100	棕紫色	中壤土	梭块状	6.3	10.6	0.64	0.42								
剖84	人为土	水稻土	潴育水稻土	潴育型石灰泥田	弱潜石灰泥田	A	0—11	黄灰色	重壤土	团块状	6.1	24.7	1.25	0.62		157	1.6	61		石灰岩类风化物	E 114°39′00.4″ N 27°24′21.8″	95
						P	11—13	浅灰色	中壤土	小块状	6.9	17.9	1.02	0.55								
						W	13—100	浅灰色	中壤土	梭块状	7.2	10.6	0.53	0.52								
剖85	半水成土	潮土	潮土	壤质潮土	厚层灰潮泥土	A	0—18	深灰色	中壤土	屑粒状	6.1	18.3	0.91	1.52		91	13.3	98		河流冲积物	E 114°38′05.4″ N 27°23′10.1″	98
						Bv	18—100	棕灰色	轻壤土	块状	5.7	10.7	0.63	1.20								
剖86	人为土	水稻土	潴育水稻土	潴育型黄砂泥田	中位弱潜黄砂泥田	Ag	0—12	糊状烂泥	中壤土	糊状烂泥	5.3	29.8	1.54	6.80		107	3.6	62		石英岩类风化物	E 114°39′17.6″ N 27°24′02.2″	95
						Pg	12—15	糊状烂泥	中壤土	糊状烂泥	4.9	21.7	1.50	0.66								
						G	15—57	糊状烂泥	中壤土	糊状烂泥	5.7	17.2	1.02	0.57								
						W	57—100	黄灰色	重壤土	块状	6.5	7.9	5.72	0.38								
剖87	人为土	水稻土	潴育水稻土	潴育型潮砂泥田	弱潜灰潮砂泥田	A	0—10	浅灰色	轻壤土	粒状	6.2	21.0	0.92	0.62		137	5.0	44		河流冲积物	E 114°41′01.7″ N 27°23′20.7″	95
						P	10—12	灰黄色	中壤土	块状	5.7	16.3	0.89	0.59								
						W	12—100	黄灰色	中壤土	梭块状	5.6	6.8	0.44	0.58								
剖88	人为土	水稻土	淹育水稻土	淹育型黄泥田	黄泥田	A	0—13	灰灰色	中壤土	小块状	5.4	17.4	0.80	0.80		95	2.3	79		第四纪红色黏土	E 114°41′54.8″ N 27°23′06.5″	97
						P	13—14	浅黄色	重壤土	块状	4.9	14.9	0.37	0.74								
						C	14—100	黄红色	重壤土	块状	6.0	5.2	0.37	0.70								

续表 Continued

剖面号 Soil profile	土纲 Soil order	土类 Soil great group	亚类 Soil subgroup	土属 Soil genus	土种 Soil species	土层构 Layer code	土层厚度 Depth/cm	颜色 Soil color	质地 Soil texture	土壤结构 Soil structure	pH	有机质 OM/(g/kg)	全氮 TN/(g/kg)	全磷 TP/(g/kg)	全钾 TK/(g/kg)	碱解氮 AN/(mg/kg)	有效磷 AP/(mg/kg)	速效钾 AK/(mg/kg)	(cmol/kg)	土壤母质 Parent material	剖面点坐标 Profile coordinate	匹配指数 Matching index/%
剖89	半水成土	潮土	潮土	砂质潮土		A	0~2	灰黄色	砂壤土	粒状	5.6	7.2	0.37	0.45			6.0	61		河流冲积物	E 114°41′34.7″ N 27°22′16.9″	97
						Bv	2~100	灰黄色	砂壤土	粒状	6.1	5.0	0.37	0.38								
剖90	人为土	水稻土	淹育水稻土	淹育型黄砂泥田	黄砂泥田	A	0~10	浅黄色	中壤土	小块状	5.8	22.1	0.12	0.54		118	8.3	64		石英岩类风化物	E 114°41′47.1″ N 27°21′50.8″	95
						P	10~100	棕黄色	中壤土	块状	6.6	6.9	0.41	0.52								
剖91	半水成土	潮土	潮土	砂质潮土	薄层少有机质潮砂土	A	0~17	灰色	砂壤土	粒状	6.1	7.7	0.36	0.45		52				河流冲积物	E 114°41′28.8″ N 27°20′02.0″	97
						C	17~80	灰色	细砂													
						D	80~100	灰色	砾石													
剖92	人为土	水稻土	潴育水稻土	潴育灰潮砂泥田	弱潴灰潮砂泥田	A	0~13	灰色	轻壤土	粒状	5.2	28.7	1.36	0.67		135	9.8	80		河流冲积物	E 114°41′00.6″ N 27°20′12.5″	95
						P	13~15	灰色	中壤土	块状	5.6	24.6	1.35	0.65								
						W	15~84	棕黄色	中壤土	棱块状	5.9	11.7	0.67	0.61								
						C	84~100	黄色	中壤土	块状	5.9	7.9	0.56	0.64								
剖93	铁铝土	红壤		泥质岩红壤	厚层中有机质岩质泥质红壤	A	0~4	浅黄色	中壤土	小块状	5.2	29.9	1.39	1.09			10.0	133		泥质岩类	E 114°31′56.1″ N 27°19′36.4″	98
						Bv	4~67	棕黄色	中壤土	小块状	5.4	14.6	1.01	1.04								
						C	67~100	黄红色	黏土	大块状	5.1	9.4	0.46	0.92								
剖94	初育土	石灰(岩)土	黑色石灰土	黑色石灰土	薄层中有机质黑色石灰土	A	0~3	黑色	重壤土	小块状	7.5	66.4	2.89	2.23			8.3	90		石灰岩风化物	E 114°35′31.7″ N 27°18′29.3″	98
						Bv	3~25	灰黑色	重壤土	块状	7.3	18.1	0.68	1.50								
						C	25~100	灰黑色	重壤土	块状												
剖95	人为土	水稻土	潴育水稻土	潴育型石灰泥田	灰黄泥田	A	0~12	灰色	中壤土	屑粒状	5.1	28.8	1.59	0.84		152	7.7	66		第四纪红色黏土	E 114°34′56.1″ N 27°16′37.8″	95
						P	12~15	灰色	重壤土	小块状	5.1	27.6	1.63	0.75								
						W	15~100	棕黄色	重壤土	小棱块状	5.8	7.7	0.76	0.61								
剖96	人为土	水稻土	潴育水稻土	潴育型石灰泥田	灰石灰泥田	A	0~12	灰色	中壤土	团粒状	7.0	29.0	1.59	0.96		148	5.2	45		石灰岩风化物	E 114°38′09.8″ N 27°17′59.6″	95
						P	12~16	黄灰色	重壤土	棱块状	7.3	22.0	1.37	0.58								
						W₁	16~48	黄灰色	重壤土	棱块状	7.5	9.1	0.54	0.44								
						W₂	48~100	暗灰色	重壤土	棱块状	7.3	8.2	0.44	0.34								
剖97	初育土	紫色土	石灰性紫色土	石灰性紫色土		A	0~12	紫紫色	中壤土	粉块状	6.0	17.7	0.80	0.76		86	10.8	114		紫色砂岩类风化物	E 114°40′06.1″ N 27°16′27.5″	95
						C	12~100	暗紫色	中壤土		7.2											
剖98	人为土	水稻土	潴育水稻土	潴育型石灰泥田	全层弱潜石灰泥田	Ag	0~10	青灰色	中壤土	糊状	5.4	31.4	1.64	0.72		179	2.0	61		石灰岩风化物	E 114°34′53.6″ N 27°12′37.9″	95
						Pg	10~13	青灰色	重壤土	糊状		30.1	1.40	0.64								
						G	13~100	青灰色	重壤土	块状		4.2	0.34	0.59								
剖99	人为土	水稻土	潴育水稻土	潴育型石灰泥田	全层中潜石灰泥田	Ag	0~11	黄灰色	重壤土	糊状	6.4	30.7	1.48	0.96		136	3.3	54		石灰岩风化物	E 114°35′02.0″ N 27°11′31.3″	95
						Pg	11~15	黄灰色	重壤土	糊状	6.9	27.0	1.48	0.43								
						G	15~100	蓝灰色	重壤土	糊状	7.3	8.5	0.41	0.27								
剖100	人为土	水稻土	潴育水稻土	潴育型潮砂泥田	表潜性中潜潮砂泥田	Ag	0~10	深青灰色	轻壤土	粒状	6.3	18.7	1.06	0.50		115	9.2	59		河流冲积物	E 114°30′07.8″ N 27°07′17.8″	95
						P	10~13	棕灰色	中壤土	块状	5.9	13.4	0.85	0.48								
						W₁	13~65	灰黄色	中壤土	棱块状	6.5	5.5	0.48	0.36								
						W₂	65~100	灰黄色	中壤土	棱块状	6.7	7.2	0.59	0.20								
剖101	人为土	水稻土	潴育水稻土	潴育型麻砂泥田	全层中潜麻砂泥田	Ag	0~13	青灰色	轻壤土	糊状	4.7	32.5	1.72	0.58		169	4.3	93		花岗岩风化物	E 114°45′41.9″ N 27°22′56.3″	95
						G₁	13~43	青灰色	轻壤土	糊状	4.9	28.1	1.46	0.52								
						G₂	43~100	青灰色	轻壤土	糊状	4.9	28.1	1.46	0.52								

永 新 县

主要土类说明

红壤是永新县主要土壤类型，占本县地域面积的 62%。红壤是本县亚热带湿润气候条件下形成的典型地带性土壤，广泛分布于海拔 800m 以下的丘陵和低山地，除某些特殊岩性土壤和水田土壤之上。红壤形成的明显标志是脱硅富铝化作用。可溶性盐类大量淋溶，铁铝氧化物相对积聚，呈现出以红黄色为主的土体颜色。红壤土层深厚，剖面发育比较完整，剖面结构为 Ao-A（或 AB）-B（或 BC）-C-D。全剖面呈酸性。本县红壤分为红壤和黄红壤两个亚类。其中，红壤亚类分布于海拔 500—550m 的丘陵岗地，占本土类面积的 84%；黄红壤亚类分布在海拔 500—800m 的低山地带，是位于红壤之上、黄壤之下的过渡性土壤，剖面基本特征是表层和亚表层具黄化现象，而心土层和底土层仍是红土层，也有的黄化现象延及心土层，是本县用林地的重要土壤类型。

水稻土是永新县第二大土壤类型，占本县地域面积的 21%，是本县主要耕作土壤。水稻土是在其他土壤类型上，经人工平整，长期灌水种稻，改变了原来土壤的性状而发育起来的一种特殊耕作土壤。由于水耕熟化、周期性的干湿交替、氧化还原与淋溶淀积作用，形成了水稻土特有的以淹育、潴育、潜育为主的剖面形态特征，具有耕作层、犁底层、潴育层、潜育层等发育层段。本县水稻土分为淹育水稻土、潴育水稻土和潜育水稻土三个亚类。其中以潴育水稻土面积最大，占水稻土总面积的 78%，属良水型，以低丘陵谷地和河谷平原分布居多，排灌方便。地下水位适中（100cm 左右），可以将毛管上升水作为土壤和作物的水分给源，土壤水分能够保持在一定变幅范围内运动。土体氧化还原，淋溶淀积过程形成了清晰的土体剖面层次。

紫色土是永新县第三大土壤类型，占本县地域面积的 11%，广泛分布于本县西北部低丘陵红色盆地，间或嵌镶第四纪红色黏土红壤和红砂岩红壤。本县紫色土是在紫红色砂岩、砾岩、砂砾岩、泥岩等特殊母质上发育起来的一种幼年土壤。紫色岩系的岩性松脆，抗蚀力弱，以物理风化占主导；又由于雨水较多，土壤侵蚀严重，成土作用常被周期性的土壤侵蚀所打断，致使土壤经常处于幼年发育阶段，不能形成完整的发育层次，剖面结构基本属于 A-C 或 A-B-C，土层浅薄，且常基岩裸露，土体色泽均一，为紫色、紫红色或紫棕色，完全反映母岩色调。根据土壤酸碱度状况，紫色土分为酸性紫色土和石灰性紫色土两个亚类。

黄壤占本县地域面积的 4%，是位于山地土壤垂直带谱海拔 800m 以上的山地土壤，在云雾多，日照少，气候冷，湿度大的山地气候条件下发育形成。表层之上有一枯枝落叶层，表层腐殖质含量很高，颜色深暗，亚表层和心土层具明显黄化现象。

小于本县地域面积 3% 的土壤类型还有山地草甸土、石灰（岩）土、潮土等。

本区域中心区气候特征

本区域中心区气候特征值
Regional climate characteristics in central area of the region

气候带：中亚热带湿润气候 Climate region: Subtropical humid climate	
年平均气温 /℃ Annual average temperature /℃	18.3
年平均最高气温 /℃ Annual average maximum temperature /℃	22.6
年平均最低气温 /℃ Annual average minimum temperature /℃	15.1
年降水量 /mm Annual precipitation /mm	1446
≥10℃的积温 /℃ Daily temperature accumulated in a year（≥10℃）/℃	11460
年日照时数 /h Annual sunshine /h	1627
年平均相对湿度 /% Annual average relative humidity /%	79
干燥度 Dryness	0.75

本区域中心区月平均气温与月平均降水量
Monthly temperature and precipitation in central area of the region

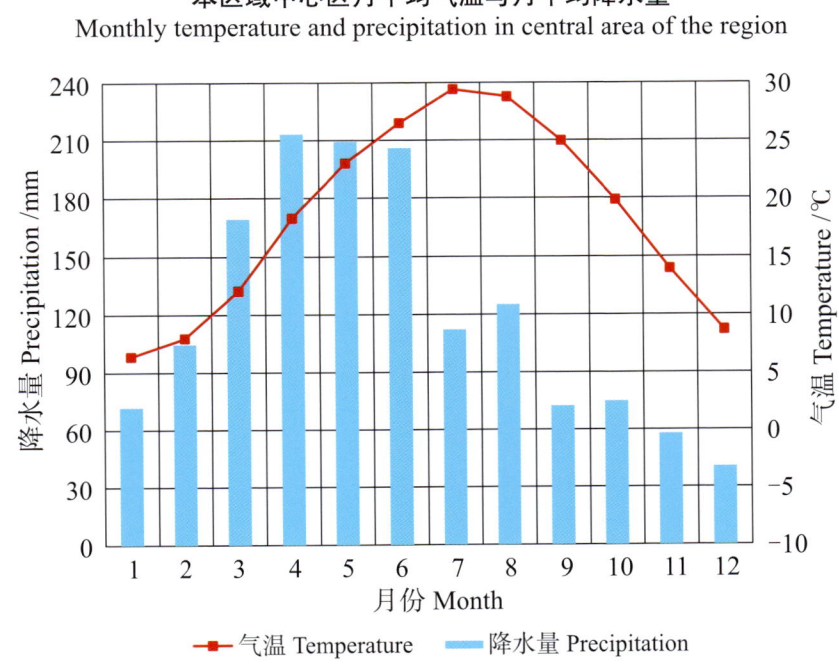

永新县主要土壤类型与土壤剖面点分布图
1:250 000

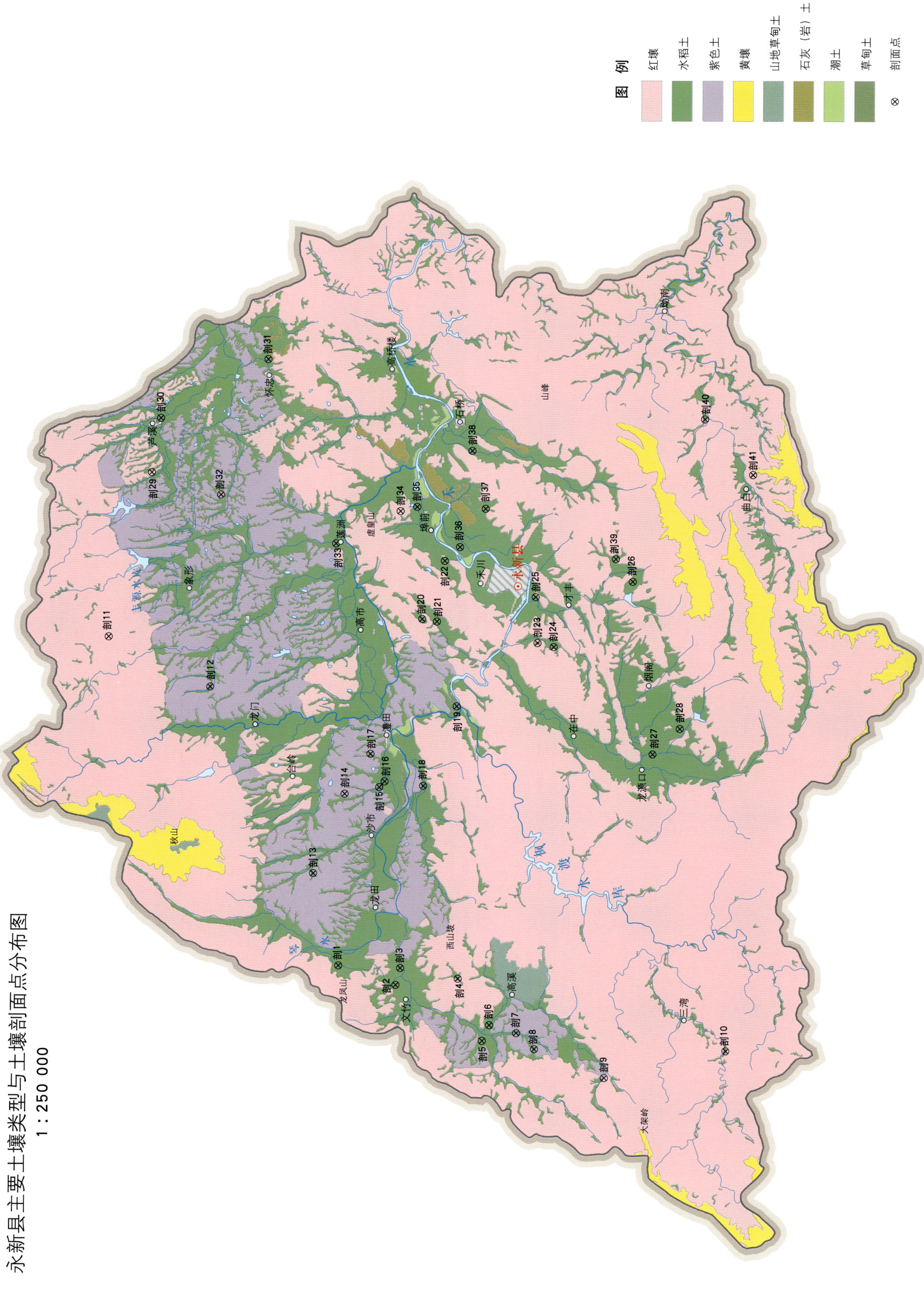

永新县土壤剖面理化性状表

剖面号 Soil profile	土纲 Soil order	土类 Soil great group	亚类 Soil subgroup	土属 Soil genus	土种 Soil species	土层码 Layer code	土层厚度 Depth/cm	颜色 Soil color	质地 Soil texture	土壤结构 Soil structure	pH	有机质 OM/(g/kg)	全氮 TN/(g/kg)	全磷 TP/(g/kg)	碱解氮 AN/(mg/kg)	有效磷 AP/(mg/kg)	速效钾 AK/(mg/kg)	土壤母质 Parent material	剖面点坐标 Profile coordinate	匹配指数 Matching index/%
剖1	人为土	水稻土	潴育水稻土	潴育型砂红泥田	中潴乌黄砂泥田	A	0—11	灰棕色	黏壤土	小团块状	6.5	42.5	2.36	0.88	191	3.5	120	石英岩类风化物	E 113°59′40.4″ N 27°02′20.5″	97
						P	11—18	灰黄色	黏壤土	梭块状	6.1	34.4	1.80	0.83						
						W₁	18—47	深灰黄色	黏壤土	小棱柱状	7.0	7.0	0.41	0.52						
						W₂	47—100	浅灰黄色	黏壤土	梭块状	6.6	4.0	0.37	0.43						
剖2	人为土	水稻土	潴育水稻土	潴育型紫红泥田	强潴乌紫红泥田	A	0—14	灰棕色	黏壤土	团块状	5.7	34.8	1.74	1.01	170	5.5	109		E 113°59′00.5″ N 27°00′24.4″	98
						P	14—22	灰棕色	少砾质黏壤土	梭块状	6.2	27.7	1.45	0.89						
						W₁	22—36	黄灰色	壤土	小梭块状	7.4	8.7	0.51	0.63						
						W₂	36—70	黄红色	粉壤土	小棱柱状	7.3	5.9	0.35	0.24						
						W₃	70—100	黄红色	粉壤土	梭柱状	7.4	5.3	0.30	0.68						
剖3	人为土	水稻土	潴育水稻土	潴育型潮砂泥田	中潴灰潮砂泥田	A	0—11	棕黄色	轻壤土	团块状	6.2	20.4	1.56	1.06	139	5.7	145	河流冲积物	E 113°59′38.8″ N 27°00′16.2″	98
						P	11—19	浅灰色	中壤土	块状	6.2	11.0	1.43	1.03						
						W₁	19—37	灰灰色	砂壤土	块状	6.7	8.0	0.49	0.44						
						W₂	37—100	白灰色	砂壤土	散粒状										
剖4	人为土	水稻土	潜育水稻土	潜育型黄砂泥田	全层中潜黄砂泥田	A	0—25	蓝灰色	粉壤土	糊状	6.7	38.9	1.85	0.51	110	1.5	98	石英岩类风化物	E 113°59′18.7″ N 26°58′20.2″	97
						G	25—100	深青灰色	多砾质粉壤土	块状	6.3	11.8	0.67	0.63						
剖5	人为土	水稻土	潴育水稻土	潴育型紫砂泥田	表潜性中潴灰紫砂泥田	Ag	0—16	灰棕色	轻壤土	团块状	5.9	43.9	2.22	0.58	194	4.1	90	紫色砂岩风化物	E 113°57′01.9″ N 26°57′28.1″	98
						Pg	16—32	青灰色	中壤土	块状	6.1	27.5	1.36	0.52						
						W₁	32—50	黄灰色	中壤土	梭块状	6.6	7.3	0.45	1.09						
						W₂	50—84	黄灰色	中壤土	块状	6.9	7.3	0.41	0.77						
						W₃	84—100	黄色	中壤土	块状	7.3	3.5	0.23	0.44						
剖6	人为土	水稻土	潴育水稻土	潴育型潮砂泥田	中潴乌潮砂泥田	A	0—16	褐灰色	中壤土	团块状	7.0	28.5	1.52	0.63	136	≤1.0	≤5	河流冲积物	E 113°57′37.1″ N 26°57′14.7″	97
						P	16—19	深灰色	中壤土	块状	6.6	18.1	0.89	0.53						
						W₁	19—36	灰棕色	轻壤土	粒状	7.0	5.6	0.31	0.41						
						W₂	36—82	灰棕色	砂壤土	粒状		4.1	0.23	0.36						
						W₃	82—100	棕黄色	砂壤土	粒状		3.2	0.19	0.37						
剖7	人为土	水稻土	潴育水稻土	潴育型紫砂泥田	潜潴中潴紫砂泥田	Ag	0—14	灰棕色	中壤土	团粒状	6.5	39.0	1.82	0.63	101	4.0	173	紫色砂岩风化物	E 113°57′28.9″ N 26°56′18.7″	97
						Pg	14—34	青灰色	中壤土	团块状	6.9	26.0	1.08	0.36						
						G₁	34—68	青灰色	重壤土	小块状	6.9	17.0	0.80	0.31						
						G₂	68—100	黄灰色	中壤土	块状	8.2	17.0	0.81	0.30						
剖8	人为土	水稻土	潴育水稻土	潴育型紫砂泥田	弱潴灰紫砂泥田	A	0—15	灰棕色	中壤土	团块状	6.3	14.4	0.68	0.45	62	2.0	25	紫色砂岩风化物	E 113°56′47.1″ N 26°55′42.8″	97
						P	15—18	棕色	轻壤土	小块状	6.3	11.5	0.66	0.32						
						W₁	18—30	棕黄色	中壤土	梭块状	6.9	4.7	0.20	0.34						
						W₂	30—63	灰棕色	中壤土	块状	7.2	5.7	0.26	0.23						
						W₃	63—100	灰黄色	中壤土	块状	6.0	6.1	0.26	0.18						
剖9	铁铝土	红壤	红壤	石英岩红壤	薄层多有机质石英质红壤类	A	0—7	红棕色	多砾质黏土	屑粒状	5.1	34.0	1.52	0.68	76	4.5	124	石英质岩类	E 113°55′48.4″ N 26°53′21.1″	97
						Bv	7—24	浅红棕色	少砾质黏土	粒状	5.1	11.2	0.62	0.64						
						C	24—100	红黄色	多砾质粉黏土	块状	5.4	9.1	0.54	0.54						
剖10	人为土	水稻土	潜育水稻土	潜育型红黄泥田	全层中潜红黄泥田	A	0—15	深灰色	中壤土	小块状	6.3	31.0	1.59	0.51				泥质岩类风化物	E 113°56′55.8″ N 26°49′19.7″	97
						Pg	15—42	蓝灰色	重壤土	糊状	6.2	16.0	0.72	0.29						
						G₁	42—68	青灰色	重壤土	小块状	6.1	19.0	0.98	0.21						
						G₂	68—100	青灰色	中壤土	块状	6.1	6.0	0.36	0.18						

续表 Continued

剖面号 Soil profile	土纲 Soil order	土类 Soil great group	亚类 Soil subgroup	土属 Soil genus	土种 Soil species	土层码 Layer code	土层厚度 Depth/cm	颜色 Soil color	质地 Soil texture	土壤结构 Soil structure	pH	有机质 OM/(g/kg)	全氮 TN/(g/kg)	全磷 TP/(g/kg)	碱解氮 AN/(mg/kg)	有效磷 AP/(mg/kg)	速效钾 AK/(mg/kg)	土壤母质 Parent material	剖面点坐标 Profile coordinate	匹配指数 Matching index/%
剖11	铁铝土	红壤	黄红壤	泥质岩类黄红壤	厚层多有机质泥质岩类黄红壤	A	0—10	灰棕色	中壤土	屑粒状	5.8	56.0	2.65	0.95				泥质岩类	E 114°11′42.7″ N 27°10′19.6″	95
						ABv	10—40	黄灰色	中壤土	粒状	5.2	15.3	0.75	0.74						
						BvC	40—88	棕灰色	轻壤土	块状	5.3			0.66						
						C	88—100													
剖12	人为土	水稻土	潜育水稻土	潜育型紫砂泥田	上位弱潜灰紫砂泥田	Ag	0—15	蓝灰色	少砾质黏壤土	小块状	8.3	41.0	1.27	1.07	92	2.8	63	紫色砂岩类风化物	E 114°09′56.5″ N 27°06′53.4″	97
						Pg	15—28	青灰色	少砾质黏壤土	块状	8.2	36.0	1.94	0.98						
						W₁	28—50	棕灰色	少砾质黏壤土	团块状	8.4	12.0	0.91	0.86						
						W₂	50—100	深黄灰色	少砾质黏壤土		8.4	11.0	0.71	0.78						
剖13	人为土	水稻土	潜育水稻土	潜育型紫砂泥田	中潜乌紫砂泥田	A	0—13	紫灰色	粉黏壤土	团粒状	6.3	33.6	1.86	0.47	181	2.7	82	紫色砂岩风化物	E 114°03′05.6″ N 27°03′16.1″	98
						P	13—20	灰棕色	粉黏壤土	块状	7.5	30.5	1.45	0.47						
						W₁	20—49	灰黄色	粉黏壤土	棱块状	7.8	7.5	0.38	0.57						
						W₂	49—100	黄红色	粉黏壤土	棱块状	7.8	4.5	0.27	0.31						
剖14	初育土	紫色土	石灰性紫色土	石灰性紫泥土	中层灰石灰性紫泥土	A	0—13	紫棕色	重壤土	大块状	5.6	28.0	1.31	0.50	87	3.3	108	紫色砂页岩风化物	E 114°06′05.4″ N 27°02′18.3″	97
						ABv	13—19	紫棕色	黏土	团块状	5.9	19.9	1.01	0.44						
						Bv	19—51	棕紫色	黏土	块状	7.4	7.6	0.32	0.46						
						C	51—100	紫色	黏土		7.6	2.2	0.45	0.50						
剖15	人为土	水稻土	潜育水稻土	潜育型紫泥田	弱潜灰紫泥田	P	0—14	灰紫色	粉黏壤土	小团块状	6.0	21.9	1.21	0.38	119	2.8	62	紫色泥页岩风化物	E 114°06′22.5″ N 27°01′09.1″	98
						W₁	14—21	紫棕色	粉黏壤土	棱块状	7.1	5.9	0.37	0.25						
						W₂	21—36	浅黄棕色	粉黏壤土	棱块状	7.2	5.5	0.27	0.23						
						W₃	36—75	深黄棕色	粉黏壤土	块状	7.1	4.5	0.25	0.22						
							75—100				7.1	1.4	0.12	0.12						
剖16	人为土	水稻土	潜育水稻土	潜育型紫泥田	中潜乌紫泥田	P	0—14	紫棕色	中壤土	团块状	6.2	28.7	1.64	0.65	144	2.7	88	紫色泥页岩风化物	E 114°06′35.5″ N 27°00′58.8″	97
						W₁	14—21	灰棕色	中壤土	小棱块状	7.9	10.3	0.41	0.47						
						W₂	21—36	浅黄灰色	中壤土	块状	7.9	6.8	0.35	0.31						
						W₃	36—75	深黄灰色	中壤土	块状	7.9	3.4	0.21	0.13						
							75—100		中壤土		7.7	2.1	0.11	0.21						
剖17	人为土	水稻土	潜育水稻土	潜育型潮砂泥田	全层弱潜潮砂泥田	A	0—14	灰棕色	粉壤土	团块状	8.3	56.0	2.37	0.89	61	6.5	89	河流冲积物	E 114°07′36.8″ N 27°01′28.5″	97
						Pg	14—22	青灰色	粉壤土	块状	8.3	22.0	1.08	0.50						
						G	22—60	白灰色	少砾质粉壤土	块状	8.3	20.0	1.03	0.48						
						W	60—100		粉壤土		7.2	4.0	0.72	0.21						
剖18	半水成土	草甸土	草甸土	砂质草甸土	厚层少有机质砂质粗砂土	A	0—23	灰棕色	细砂土	大粒状	6.1	34.4	1.75	0.62	98	2.3	98	河流冲积物	E 114°06′28.1″ N 26°59′41.6″	97
						Ag	23—58	白灰色	多砾质粗砂土	粉状	6.6	13.5	0.68	0.58						
						G₁	58—100	灰白色	多砾质粗砂土	粒状	6.1	6.6	0.21	0.40						
						G₂														
剖19	人为土	水稻土	潜育水稻土	潜育型红砂泥田	全层潜红砂泥田	A	0—6	灰色	面砂土	小粒状	7.1	11.2	0.79	0.81		1.3	104	红砂岩类风化物	E 114°09′28.2″ N 26°58′38.9″	95
						G₁	6—38	灰白色			7.6	5.2	0.36	0.61						
						Bv	38—51	灰白色			7.0	3.8	0.24	0.44						
						BvC	51—100				7.1	1.9	0.11	0.51						
剖20	人为土	水稻土	潜育水稻土	潜育型红砂泥田	全层潜红砂泥田	A	0—17	青灰色	重壤土	小块状	5.7	24.0	1.38	0.40	99	1.3	104	红砂岩类风化物	E 114°12′40.5″ N 26°59′52.7″	95
						Pg	17—28	浅紫灰色	重壤土	块状	6.1	21.0	1.08	0.31						
						G	28—100		重壤土		6.0	17.0	0.91	0.24						
剖21	人为土	水稻土	潜育水稻土	潜育型红黄泥田	中位弱潜灰黄泥田	A	0—20	黄灰色	黏土	小块状	8.2	49.0	2.26	1.12	120	13.8		泥质岩类风化物	E 114°12′35.5″ N 26°59′23.4″	95
						Pg	20—42	黄灰色	重壤土	块状	7.6	23.0	1.11	0.42						
						W₁	42—60	灰白色	重壤土	团块状	7.6	32.0	1.54	0.51						
						W₂	60—100		黏土	块状	7.6	6.0	0.25	0.44						

续表 Continued

剖面号 Soil profile	土纲 Soil order	土类 Soil great group	亚类 Soil subgroup	土属 Soil genus	土种 Soil species	土层码 Layer code	土层厚度 Depth/cm	颜色 Soil color	质地 Soil texture	土壤结构 Soil structure	pH	有机质 OM/(g/kg)	全氮 TN/(g/kg)	全磷 TP/(g/kg)	碱解氮 AN/(mg/kg)	有效磷 AP/(mg/kg)	速效钾 AK/(mg/kg)	土壤母质 Parent material	剖面点坐标 Profile coordinate	匹配指数 Matching index/%
剖22	人为土	水稻土	潜育水稻土	潜育型黄泥田	中位弱潜灰黄泥田	A	0—15	深灰色	中壤土	团块状	5.9	40.6	2.01	0.90	127	7.5	14	第四纪红色黏土	E 114°14′51.7″ N 26°59′10.7″	97
						P	15—26	蓝灰色	重壤土	块状	6.3	29.8	1.47	0.53						
						G₁	26—47	青灰色	重壤土	小块状	6.6	10.3	0.63	0.49						
						G₂	47—100	蓝黄色	重壤土	块状	6.8	6.3	0.35	1.00						
剖23	人为土	水稻土	潜育水稻土	潜育型黄泥田	弱潜灰黄泥田	A	0—12	浅灰色	粉壤土	小块状	6.0	27.1	1.33	0.78	121	11.5	90	第四纪红色黏土	E 114°11′53.7″ N 26°56′00.4″	97
						P	12—16	灰黄色	粉壤土	团块状	5.9	10.9	0.57	0.58						
						W₁	16—49	浅黄黄色		棱块状	6.5	7.3	0.45	0.57						
						W₂	49—100	棕黄色	少砾质粉壤土	块状	6.6	6.5	0.44	0.64						
剖24	人为土	水稻土	潜育水稻土	潜育型黄砂泥田	弱潜灰黄砂泥田	A	0—14	浅灰色	黏土壤土	块状	6.4	28.7	1.54	1.12	150	5.3	134	石英岩类风化物	E 114°11′46.1″ N 26°55′27.7″	98
						P	14—17	黄黄色		大块状	5.9	25.0	1.49	1.43						
						W	17—100	黄棕色		棱黄状	6.4	8.1	0.48	0.99						
剖25	人为土	水稻土	潜育水稻土	潜育型红黄泥田	表潜性中潜灰红黄泥田	A	0—16	灰棕色	中壤土	小块状	6.0	39.2	2.06	0.94	174	12.4	92	泥质岩类风化物	E 114°13′35.6″ N 26°56′06.3″	95
						W₁	16—21	青灰色	中壤土	棱块状	6.2	13.8	0.85	0.84						
						W₂	21—67	棕灰色	中壤土	块状	7.0	7.5	0.42	0.56						
							67—100	黄色	中壤土	团块状	7.0	3.9	0.19	0.33						
剖26	人为土	淹育水稻土		淹育型红黄泥田	强潜型灰黄泥田	A	0—9	黄灰色	多砾质粉壤土	块状	5.9	25.0	1.40	0.89	142	9.6	121	泥岩类风化物	E 114°14′15.8″ N 26°52′52.9″	99
						P	9—20	灰红色	多砾质粉壤土	棱块状	5.8	13.7	0.65	0.97						
						C	20—100	黄灰色	多砾质粉壤土	块状	6.2	5.0	0.49	0.76						
剖27	人为土	水稻土	潜育水稻土	潜育型黄泥田	表潜性中潜灰黄泥田	A	0—16	灰黄色	中壤土	小团块状	6.5	34.9	1.60	0.66	138	3.5	73	第四纪红色黏土	E 114°07′53.1″ N 26°52′03.9″	97
						Pg	16—25	蓝灰色	中壤土	块状	6.8	27.4	1.33	0.61						
						W₁	25—52	黄灰色	中壤土	棱块状	6.3	9.6	0.52	0.34						
						W₂	52—100	黄棕色	重壤土	棱柱状	7.0	7.8	0.44	0.37						
剖28	人为土	潜育水稻土		潜育型石灰泥田	全层中潜灰石灰泥田	A	0—18	浅蓝紫色	重壤土	小块状	8.2	52.0	2.56	1.16	89	5.7	111	石灰岩风化物	E 114°08′51.3″ N 26°51′10.8″	95
						Pg	18—100	青灰色		碎块状	8.3	41.0	2.04	0.94						
剖29	初育土	石灰性紫色土		紫色泥页岩类灰性紫色土	厚层中有机质红砂岩类红黄土	A	0—7	棕红色	多岩屑砂砾块	5.7	17.4	1.04	0.36	124	6.5	165	红砂岩类	E 114°17′53.2″ N 27°09′01.8″	98
						ABv	7—43	褐红色	多砾质砂土	块状	5.8	4.6	0.42	0.29						
						Bv	43—74	褐黄色	多砾质黏土	小棱块状	4.5	3.2	0.37	0.26						
						BvC	74—100	棕黄色	多砾质粉壤土	块状	4.5	3.0	0.27	0.29						
剖30	人为土	水稻土	潜育水稻土	潜育型红砂泥田	中潜乌红砂泥田	A	0—14	灰棕色	中壤土	团块状	5.7	37.8	2.07	0.63	178	5.3	118	红砂岩类风化物	E 114°19′54.6″ N 27°08′46.4″	98
						P	14—18	浅灰紫色	中壤土	棱块状	5.7	26.9	1.43	0.44						
						W₁	18—42	褐紫色	粉黏土	棱柱状	6.2	7.1	3.20	0.44						
						W₂	42—100	棕灰色	粉黏土	块状	6.4	8.0	0.46	0.35						
剖31	人为土	水稻土	潜育水稻土	潜育型黄泥田	弱潜灰黄泥田	A	0—15	灰黄色	粉壤土	块状	5.4	29.3	1.78	0.63	146	4.0	163	红砂岩类风化物	E 114°22′11.6″ N 27°05′14.7″	95
						P	15—18	褐黄色	粉黏	团块状	6.2	27.0	1.22	0.58						
						W₁	18—72	棕黄色	粉黏	棱柱状	6.7	15.6	0.81	0.69						
						C	72—100	灰黄色	粉壤土	粒状	6.8	12.0	0.56	0.61						
剖32	初育土	石灰性紫色土		紫色泥页岩石灰性紫色土		A	0—9	紫灰色	黏壤土	核粒状	6.4	18.7	0.84	0.65				紫色泥页岩类	E 114°17′07.1″ N 27°06′42.0″	95
						Bv	9—25	浅灰紫色	粉黏	小块状	6.4	19.0	1.10	0.60						
						BvC	25—50	紫紫色	粉黏	多岩屑碎块	6.6	11.0	0.56	0.61						
						C	50—100	棕紫色	粉壤土	团块状	6.7	9.6	0.56	0.43						
剖33	人为土	淹育水稻土		淹育型紫砂泥田	强潜灰紫砂泥田	A	0—10	棕灰色	粉壤土	小块状	6.4	28.9	1.18	0.80				紫色砂岩风化物	E 114°15′24.4″ N 27°02′49.3″	98
						P	10—29	棕黄色	粉壤土	棱块状	6.8	12.4	4.83	0.65						
						C	29—81	深棕黄色	粉壤土	屑粒状	7.6	5.5	0.39	0.61						
剖34	铁铝土	红壤		第四纪红色黏土红壤		A	0—9	棕红色	少砾质黏土	粒状	4.8	18.9	1.01	0.54				第四纪红色黏土	E 114°16′40.8″ N 27°00′41.6″	99
						Bv	9—48	红灰色	少砾质黏土	粒状	4.9	10.9	0.53	0.58						
						BvC	48—100	棕红色	黏土	块状	5.1	5.7	0.51	0.55						

续表 Continued

剖面号 Soil profile	土纲 Soil order	土类 Soil great group	亚类 Soil subgroup	土属 Soil genus	土种 Soil species	土层码 Layer code	土层厚度 Depth/cm	颜色 Soil color	质地 Soil texture	土壤结构 Soil structure	pH	有机质 OM/(g/kg)	全氮 TN/(g/kg)	全磷 TP/(g/kg)	碱解氮 AN/(mg/kg)	有效磷 AP/(mg/kg)	速效钾 AK/(mg/kg)	土壤母质 Parent material	剖面点坐标 Profile coordinate	匹配指数 Matching index/%
剖35	人为土	水稻土	潴育水稻土	潴育型黄砂泥田	中潴灰黄泥田	A	0—14	灰黄色	中壤土	团块状	5.4	24.4	1.21	0.89	112	10.2	97	第四纪红色黏土	E 114°16′51.3″ N 27°00′08.6″	98
						P	14—27	棕黄色	中壤土	棱块状	4.4	15.8	0.89	0.68						
						W	27—100	浅黄灰色	重壤土	小棱柱状	4.8	7.6	0.46	0.76						
剖36	人为土	水稻土	潴育水稻土	潴育型潮砂泥田	黄泥底中潴灰潮砂泥田	A	0—13	深灰色	轻壤土	团块状	6.1	24.8	1.23	0.65	117	9.4	105	河流冲积物	E 114°15′23.9″ N 26°58′41.2″	97
						P	13—20	浅黄灰色	中壤土	棱块状	6.4	14.0	0.76	0.49						
						W₁	20—40	黄灰色	中壤土	棱块状	6.9	7.2	0.32	0.78						
						W₂	40—67	灰黄色	重壤土	棱块状	7.1	8.6	0.46	0.75						
						W₃	67—100	浅灰黄色	重壤土	团块状	7.1	6.7	0.20	0.11						
剖37	人为土	水稻土	潴育水稻土	潴育型黄泥田	中潴乌黄泥田	A	0—14	灰棕色	中壤土	团块状	6.3	31.8	2.13	0.82	186	3.3	68	第四纪红色黏土	E 114°16′51.0″ N 26°57′51.6″	97
						P	14—17	黄棕色	中壤土	棱块状	5.6	21.9	1.16	0.62						
						W	17—100	灰黄色	中壤土	棱柱状	7.0	≤1.0	0.52	0.71						
剖38	人为土	水稻土	潴育水稻土	潴育型黄泥田	强潴乌黄泥田	A	0—14	深灰色	中壤土	团块状	6.6	44.0	1.99	1.03	191	6.3	93	第四纪红色黏土	E 114°18′59.3″ N 26°58′21.4″	97
						P	14—24	深灰棕色	中壤土	块状	6.7	33.0	1.69	0.88						
						W₁	24—36	黄灰色	中壤土	棱块状	7.3	8.0	0.51	0.97						
						W₂	36—67	灰黄色	中壤土	小棱块状	7.6	10.3	0.56	0.62						
						W₃	67—100	黄棕色	中壤土	块状	7.8	4.6	0.29	0.52						
剖39	人为土	水稻土	潴育水稻土	潴育型红黄泥田	中潴乌红黄泥田	A	0—14	浅灰棕色	粉壤土	块状	5.9	37.0	1.67	0.33	161	11.0	113	泥质岩类风化物	E 114°15′05.5″ N 26°53′28.0″	97
						P	14—18	棕灰色	粉壤土	团块状	5.8	27.5	1.32	0.89						
						W₁	18—32	黄灰棕色	粉壤土	小棱块状	6.0	11.2	0.64	0.72						
						W₂	32—100	浅灰棕色	多砾质粉壤土	块状	6.4	6.0	0.35	0.46						
剖40	人为土	水稻土	潴育水稻土	潴育型石灰泥田	中潴乌石灰泥田	A	0—14	灰棕色	黏壤土	块状	8.3	53.2	2.77	1.87	237	7.5	120	石灰岩风化物	E 114°20′21.8″ N 26°50′36.5″	98
						P	14—20	灰色	少砾质黏壤土	大块状	8.4	44.4	2.24	1.71						
						W	20—100	浅灰棕色	少砾质黏壤土	棱块状	8.4	17.2	0.79	1.38						
剖41	人为土	水稻土	潴育水稻土	潴育型麻砂泥田	弱潴灰麻砂泥田	A	0—9	灰色	轻壤土	块状	6.5	43.9	2.31	1.16	221	7.5	375	花岗岩风化物	E 114°18′21.2″ N 26°48′57.4″	98
						P	9—15	浅灰色	中壤土	团块状	6.4	63.5	1.88	1.01						
						W	15—100	棕黄色	中壤土	小棱柱状	6.9	11.2	0.63	0.61						

井 冈 山 市

主要土类说明

红壤是井冈山市主要土壤类型，占本市地域面积的60%。红壤呈中度脱硅富铝化特征，黏粒中游离铁占全铁50%—60%，形成深厚红色土层，底层可见深厚红、黄、白相间网纹红色黏土，黏土矿物以高岭石、赤铁矿为主，黏粒硅铝率为1.8—2.4，风化淋溶系数小于0.2，盐基饱和度小于35%，pH为4.5—5.5。本县红壤分为红壤和山地黄红壤两个亚类。红壤亚类分布在海拔225—550m的低山丘陵带，占红壤总面积62%，此区所处的自然条件优越，热量、光照条件好。黄红壤亚类占红壤总面积38%，分布于海拔550—800m的山地，年积温3604—3702℃，植被类型属中亚热带常绿阔叶林，多为油茶、油桐、杉树等人工林所更替。

黄壤是井冈山市第二大土壤类型，占本市地域面积的21%，分布于海拔800—1200m地区。本市黄壤只有山地黄壤一个亚类。按成土母质分为山地石英岩黄壤、山地泥质岩黄壤、山地花岗岩黄壤、山地石灰岩黄壤四个土属。黄壤具O-A-AB-B-C剖面构型，富含水合氧化物（针铁矿），呈黄色，呈中度富铝化特征，有时多含三水铝石，土壤有机质累积较高，可达100g/kg，pH为4.5—5.5。植被主要为常绿阔叶林，常绿阔叶、落叶阔叶混交林。

水稻土是井冈山市第三大土壤类型，占本市地域面积的14%。水稻土是以种植水稻为主，经长期水耕熟化而形成具有独特剖面形态特征的一类土壤。根据土壤水分动态和剖面形态特征，本市水稻土分为四个亚类。其中，以潴育水稻土亚类面积最大，该亚类在犁底层下，发育着不同程度的潴育层，土壤肥力较高。

黄棕壤占本市地域面积的4%，主要分布在本市西南海拔1200—1500m的中山地带。成土母质为石英岩、山地花岗岩和山地泥质岩。在海拔1200m左右为薄层粗骨性黄棕壤，山体较大的延伸带、山腰部多是母岩残积风化物和部分堆积物，土层较厚，笔架山一带多为石英质砂岩和砾岩风化残积物或坡积物。黄棕壤发生于亚热带暖湿落叶阔叶林下，弱度脱硅富铝化，黏化特征明显，呈黄棕色黏土，具A-B-C或A-(B)-C剖面构型。B层黏聚现象明显，硅铝率在2.5左右，铁的游离度较红壤低，交换性酸B层大于A层，pH为5.5。

小于本市地域面积3%的土壤类型还有草甸土、石灰（岩）土、潮土等。

本区域中心区气候特征

本区域中心区气候特征值
Regional climate characteristics in central area of the region

气候带：中亚热带湿润气候 Climate region: Subtropical humid climate	
年平均气温 /℃ Annual average temperature /℃	18.6
年平均最高气温 /℃ Annual average maximum temperature /℃	23.0
年平均最低气温 /℃ Annual average minimum temperature /℃	15.4
年降水量 /mm Annual precipitation /mm	1448
≥10℃的积温 /℃ Daily temperature accumulated in a year（≥10℃）/℃	11609
年日照时数 /h Annual sunshine /h	1648
年平均相对湿度 /% Annual average relative humidity /%	78
干燥度 Dryness	0.76

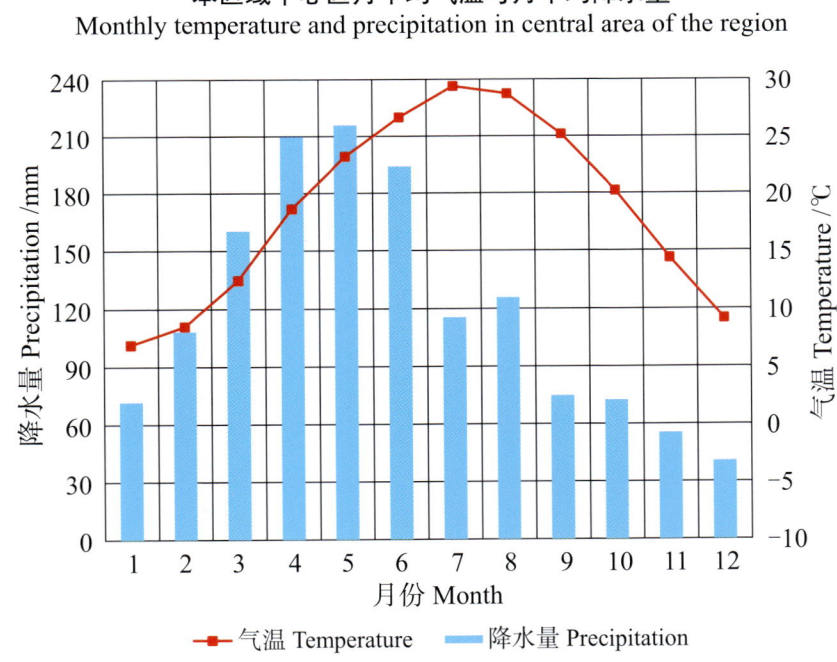

本区域中心区月平均气温与月平均降水量
Monthly temperature and precipitation in central area of the region

井冈山市主要土壤类型与土壤剖面点分布图
1:230 000

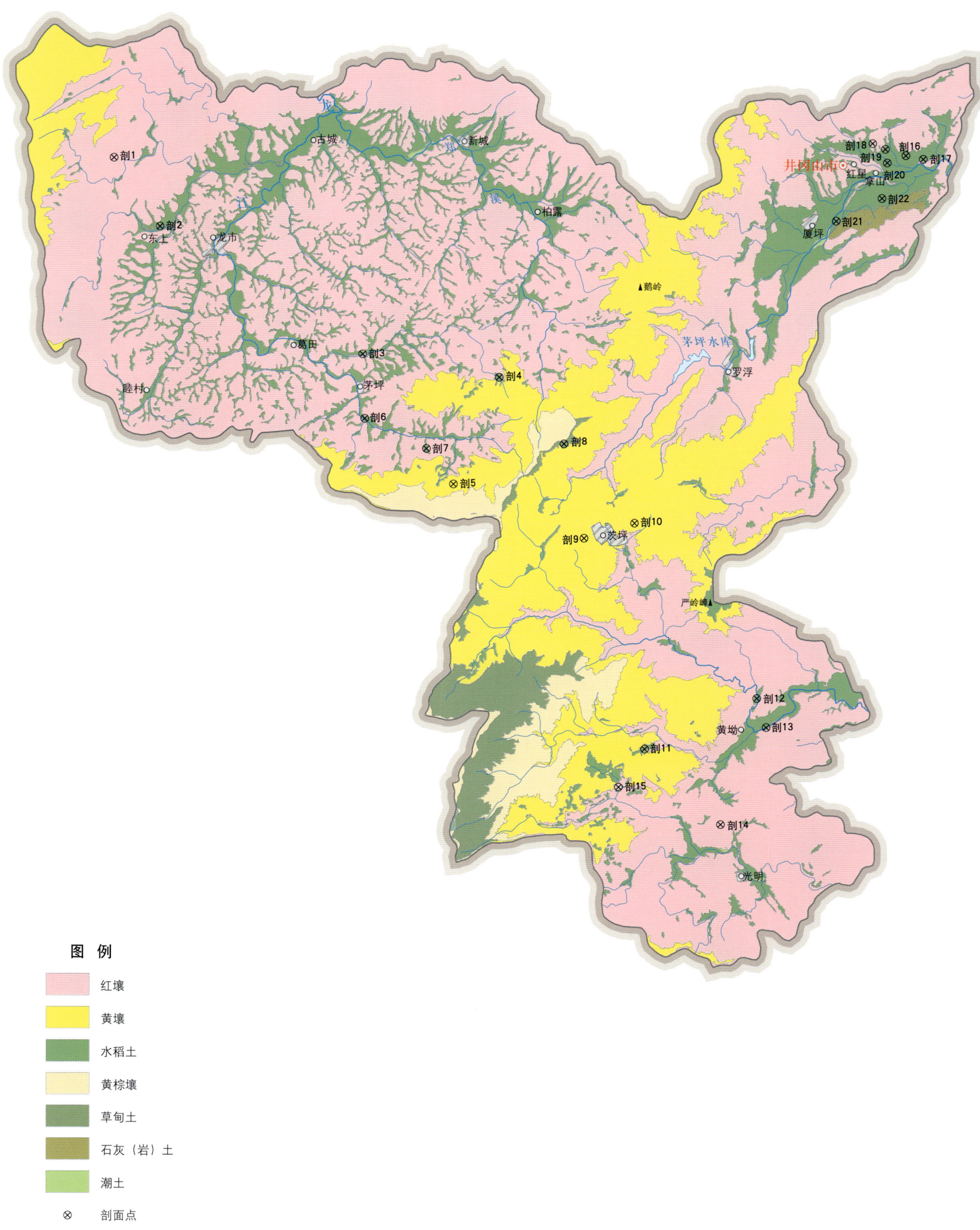

井冈山市土壤剖面理化性状表

剖面号 Soil profile	土纲 Soil order	土类 Soil great group	亚类 Soil subgroup	土属 Soil genus	土种 Soil species	土层码 Layer code	土层厚度 Depth/cm	颜色 Soil color	质地 Soil texture	土壤结构 Soil structure	pH	有机质 OM/(g/kg)	全氮 TN/(g/kg)	全磷 TP/(g/kg)	全钾 TK/(g/kg)	碱解氮 AN/(mg/kg)	有效磷 AP/(mg/kg)	速效钾 AK/(mg/kg)	阳离子交换量CEC/(cmol/kg)	土壤母质 Parent material	剖面点坐标 Profile coordinate	匹配指数 Matching index/%
剖1	铁铝土	红壤	黄红壤	花岗岩黄红壤	中层中有机质花岗岩黄红壤	1	0~3	暗灰色	轻壤土	屑粒状	4.8	23.0	1.05	0.32		77	3.0	92		花岗岩	E 113°53′32.1″ N 26°44′47.4″	97
						2	3~15	灰黄色	轻壤土	粒状	4.9	9.0	0.50	0.27								
						3	15~42	深黄色	中壤土	小块状												
						4	42~100	浅黄色	砾石	单粒状												
剖2	半水成土	草甸土	河积草甸土	砂质草甸土	薄层少有机质砂石底草甸土	1	0~11	暗黄色	轻壤土	小粒状	5.7	29.0	1.50	0.83		142	2.0	61		花岗岩风化物	E 113°55′03.4″ N 26°42′51.5″	97
						2	11~30	暗黄色	砂壤土	粒状	5.4	25.0	1.23	0.81								
						3	30~100	灰白色	砂壤土	粒状	5.9	24.0	1.14	0.72								
剖3	人为土	水稻土	淹育水稻土	淹育型麻砂泥田	强潴麻砂泥田	1	0~14	浅棕灰色	中壤土	小块状	5.1	34.0	1.89	0.75		166	3.0	42		花岗岩风化物	E 114°01′36.0″ N 26°39′19.6″	95
						2	14~22	灰色	中壤土	块状	5.2	27.0	1.54	0.78								
						3	22~100	棕褐色	中壤土	块状	5.2	11.0	0.84	0.67								
剖4	人为土	水稻土	潴育水稻土	潴育型麻砂泥田	弱潴麻砂泥田	1	0~12	棕灰色	轻壤土	小块状	5.1	48.0	2.06	1.19		178	12.0	106		花岗岩风化物	E 114°05′58.7″ N 26°38′44.0″	95
						2	12~24	浅灰棕色	中壤土	块状		35.0	1.63	1.07								
						W₁	24~46	黄棕色	中壤土	小块状		11.0	0.62	0.94								
						W₂	46~64	棕灰色	中壤土	块状		24.0	1.18	0.90								
						5	64~100	浅灰色	砂壤土	单粒状		5.0	0.32	0.78								
剖5	铁铝土	黄壤	黄壤	花岗岩黄壤	中层多有机质花岗岩黄壤	1	0~19	棕灰色	中壤土	小块状	4.9	38.0	1.75	0.66		152	2.0	144		花岗岩	E 114°04′35.4″ N 26°35′40.3″	99
						2	19~58	灰色	中壤土	块状	5.4	19.0	1.13	0.53								
						3	58~100	灰色	中壤土	块状	5.3	1.2	0.81	0.45								
剖6	人为土	水稻土	潴育水稻土	潴育型潮砂泥田	弱潴卵石底潮砂泥田	1	0~10	棕灰色	中壤土	小块状	5.5	21.0	1.42	0.78		158	5.0	54		河流冲积物	E 114°01′43.0″ N 26°37′28.6″	95
						2	10~16	黄灰色	轻壤土	小块状	5.7	10.0	0.63	0.68								
						W	16~33	棕灰色	砂壤土	单粒状	6.0	3.0	0.25	0.25								
						4	33~100	白灰色	砂土													
剖7	人为土	水稻土	潜育水稻土	潜育型潮砂泥田	全层弱潜灰潮砂泥田	A	0~13	棕灰色	轻壤土	碎块状	5.2	17.0	1.11	1.01		117	4.0	61		河流冲积物	E 114°03′42.5″ N 26°36′39.5″	95
						P	13~19	浅灰色	中壤土	小块状	5.4	19.0	1.11	0.94								
						G₁	19~62	灰棕色	中壤土	棱块状	6.2	8.0	0.43	0.72								
						G₂	62~100	褐棕色	中壤土	块状	6.4	5.0	0.26	0.68								
剖8	半水成土	草甸土	草甸土	山地泥质草甸土	山地黄砂泥黄草甸土	1	0~15		轻壤土		5.4	84.7	2.90	1.51	18.7	381	3.0	150		石英岩类风化物	E 114°08′05.6″ N 26°36′52.3″	74
						2	15~39	暗褐色	中壤土		5.6	21.2	1.18	1.48	19.5	109	3.0	40				
						3	39~72		中壤土		5.6	12.4	1.00	0.65	22.4	92	3.0	37				
剖9	铁铝土	黄壤	黄壤	黄砂泥黄壤	厚层灰黄砂泥黄壤	Ao	0~6	亮黄橙色	砂质黏壤土	小块状	4.7	38.2	1.60	0.28	15.5				7.3	石英岩类残积物、坡积物	E 114°08′47.3″ N 26°34′11.6″	95
						A	6~23	浅黄橙色	黏壤土	棱块状	5.0	23.8	1.27	0.34	18.0				5.9			
						Bv	23~43	黄灰橙色	黏壤土	棱块状	5.1	19.5	1.04	0.26	19.1				4.9			
						BvC	43~58	黄褐色	中壤土													
剖10	铁铝土	黄壤	山地黄壤	泥质岩山地黄壤		1	0~2	暗黄色	轻壤土	屑粒状										泥质岩	E 114°10′23.6″ N 26°34′39.3″	93
						2	2~17	灰黄色	中壤土	碎粒状												
						3	17~24	橙黄色	中壤土	碎粒状												
						4	24~100	黄灰色	中壤土	软糊无结构												
剖11	人为土	水稻土	潜育水稻土	潜育型红黄泥田	弱潜红黄泥田	1	0~22	灰色	重壤土	软壤土										泥质岩类风化物	E 114°10′52.2″ N 26°28′12.2″	95
						2	22~29	青灰色	重壤土	块状												
						3	29~50	灰色		块状												
						4	50~100			块状												

续表 Continued

剖面号 Soil profile	土纲 Soil order	土类 Soil great group	亚类 Soil subgroup	土属 Soil genus	土种 Soil species	土层码 Layer code	土层厚度 Depth/cm	颜色 Soil color	质地 Soil texture	土壤结构 Soil structure	pH	有机质 OM/(g/kg)	全氮 TN/(g/kg)	全磷 TP/(g/kg)	全钾 TK/(g/kg)	碱解氮 AN/(mg/kg)	有效磷 AP/(mg/kg)	速效钾 AK/(mg/kg)	阳离子交换量 CEC/(cmol/kg)	土壤母质 Parent material	剖面点坐标 Profile coordinate	匹配指数 Matching index/%
剖12	人为土	水稻土	潴育水稻土	潴育型麻砂泥田	弱潴麻砂泥田	1	0—20				6.1	47.0	2.37	1.41		255	8.0	73		花岗岩风化物	E 114°14′24.5″ N 26°29′42.8″	95
						2	20—28				6.4	39.7	1.96	1.32								
						3	28—37				7.5	30.4	1.65	1.30								
						4	37—51				7.5	30.6	1.51	1.26								
						5	51—100				7.9	4.7	0.75	0.87								
剖13	人为土	水稻土	潴育水稻土	潴育型麻砂泥田	弱潴麻砂泥田	1	0—15	黑灰色	轻壤土	软糊无结构	6.2	40.4	2.16	1.47		236	2.7	72		花岗岩风化物	E 114°14′43.6″ N 26°28′53.5″	98
						2	15—24	浅灰色	轻壤土	软糊状	6.4	33.2	1.60	1.36								
						3	24—42	浅黄灰色	轻壤土	软糊无结构	6.9	21.8	1.05	1.24								
						4	42—100				6.9	6.2	0.66	0.62								
剖14	铁铝土	红壤	山地黄红壤	山地泥质岩黄红壤		1	3—10				4.7	32.9	1.29	0.54		122	7.0	101		山地泥质岩类	E 114°13′20.7″ N 26°26′04.9″	85
						2	10—40				4.8	19.2	0.79	0.54								
						3	40—100				5.2	11.5	0.58	0.54								
剖15	人为土	水稻土	潴育水稻土	潴育型潮砂泥田	中潴潮砂泥田	1	0—15	浅蓝色	中壤土	碎块状										河流冲积物	E 114°10′03.4″ N 26°27′06.3″	97
						2	15—22	蓝色	中壤土	块状												
						3	22—45	灰蓝色	中壤土	块状												
						4	45—100	浅灰色	中壤土	块状												
剖16	人为土	水稻土	潴育水稻土	潴育型黄泥田	强潴黄泥田	1	0—14	浅灰色	中壤土	小块状	6.3	35.1	2.00	0.74		250	4.5	49		第四纪红色黏土	E 114°18′49.4″ N 26°45′16.9″	97
						2	14—19	黄灰色	中壤土	软糊状	7.3	25.8	≥10.00	0.73								
						3	19—36	黄色	中壤土	块状		9.6	0.65	0.52								
						4	36—55	浅黄灰色	软泥			7.3	0.50	0.29								
						5	55—99	灰灰色	中壤土			≤1.0	0.34	0.31								
剖17	人为土	水稻土	潴育水稻土	潴育型黄泥田	弱潴黄泥田	1	0—15	浅黄灰色	重壤土	碎块状	5.3	29.9	1.72	0.78		156	3.0	82		石英岩类风化物	E 114°19′22.7″ N 26°45′09.0″	95
						2	10—15	浅灰色	重壤土	小块状	6.2	26.7	1.48	0.79								
						3	15—41	黄棕色	重壤土	棱块状	6.9	12.6	0.87	0.69								
						4	41—100	黄黄棕色	中壤土	棱块状	7.2	10.6	0.78	0.64								
剖18	人为土	水稻土	淹育水稻土	淹育型黄泥田	强淹黄泥田	1	0—11	灰黄色	中壤土	块状	5.6	9.7	0.65	0.56		70	3.0	30		第四纪红色黏土	E 114°17′45.5″ N 26°45′36.6″	97
						2	11—36	灰黄棕色	重壤土	块状	5.4	9.6	0.65	0.52								
						3	36—99	蓝灰色	重壤土	棱块状	5.3	7.3	0.50	0.39								
						4	99—				5.4	≤1.0		0.39								
剖19	人为土	水稻土	潴育水稻土	潴育型黄泥田	中潴黄泥田	1	0—13	灰色	中壤土	团块状	6.5	30.3	1.79	0.64		223	7.0	42		第四纪红色黏土	E 114°19′22.7″ N 26°45′09.0″	98
						2	13—20	灰色	中壤土	块状	6.5	20.6	1.30	0.49								
						3	20—60	浅黄色	中壤土	棱块状	7.0	8.6	0.63	0.64								
						4	60—	黄色	中壤土	块状	6.9	6.9	0.62	1.54								
剖20	人为土	水稻土	潴育水稻土	潴育型黄泥田	中潴黄泥田	1	0—12	灰黄色	黏壤土	软糊无结构	7.5	58.9	3.00	0.94		308	7.0	57		第四纪红色黏土	E 114°18′10.1″ N 26°45′27.5″	98
						2	12—16	蓝灰色	黏壤土	块状	7.8	57.0	2.97	0.84								
						3	16—29	蓝灰色	重壤土	块状	7.9	50.9	2.50	1.00								
						4	29—52	浅黄色	重壤土	块状	7.9	29.3	1.44	0.53								
						5	52—93	棕黄色	重壤土	块状	7.6	6.4	0.56	0.44								
						6	93—	灰白色														
剖21	人为土	水稻土	潴育水稻土	潴育型潮砂泥田	灰潮砂泥田	1	0—15	黄灰色	中壤土	小团块状	6.8	46.7	3.40	1.66		190	11.0	89		河流冲积物	E 114°16′38.1″ N 26°43′23.1″	95
						2	15—23	灰色	中壤土	块状	6.7	32.1	2.10	1.25								
						3	23—36	灰色	中壤土	块状	6.7	16.1	1.40	1.15								
						4	36—72	灰色	中壤土	块状	6.8	8.4	1.20	1.17								
						5	72—100	黄灰色	轻壤土	棱块状	6.8	5.5	0.62	0.87								

续表 Continued

剖面号 Soil profile	土纲 Soil order	土类 Soil great group	亚类 Soil subgroup	土属 Soil genus	土种 Soil species	土层码 Layer code	土层厚度 Depth/cm	颜色 Soil color	质地 Soil texture	土壤结构 Soil structure	pH	有机质 OM/(g/kg)	全氮 TN/(g/kg)	全磷 TP/(g/kg)	全钾 TK/(g/kg)	碱解氮 AN/(mg/kg)	有效磷 AP/(mg/kg)	速效钾 AK/(mg/kg)	阳离子交换量CEC/(cmol/kg)	土壤母质 Parent material	剖面点坐标 Profile coordinate	匹配指数 Matching index/%
剖22	人为土	水稻土	潴育水稻土	潴育型潮泥田	灰潮泥田	1	0—13	黄灰色	中壤土	小团块状	6.5	26.7	1.19	0.64		122	8.0	32		河流冲积物	E 114°18′05.3″ N 26°44′03.2″	97
						2	13—19	灰色	中壤土	块状	6.2	15.1	0.92	1.08								
						3	19—40	灰黄色	中壤土	棱块状	7.4	2.9	0.13	0.61								
						4	40—57	黄灰色	轻壤土	棱块状	7.4	4.7	0.30	0.71								
						5	57—100	浅黄色	砂壤土	碎屑状	7.4	3.6	0.23	0.81								

宜 春 市

市 辖 区

主要土类说明

红壤是宜春市主要土壤类型，占本市地域面积的60%。红壤是在高温多湿的亚热带生物气候条件下，铝硅酸盐类矿物强烈分解，盐基遭到强烈淋失，高岭化的黏粒和其他次生矿物不断形成，铁铝氧化物明显积聚而产生的盐基高度不饱和、具有特殊剖面形态和脱硅富铝化特征的土壤类型。本市红壤仅有红壤一个亚类。

水稻土是宜春市第二大土壤类型，占本市地域面积的22%，分布于本市各类地貌单元内，尤以袁河两侧和支流沿岸的河谷平原以及丘陵沟谷地区最为集中。水稻土是长期淹水植稻，人为耕作，施肥、灌溉、轮作等因素综合影响下，土壤干湿交替，氧化还原交替进行，有机质合成与分解，复盐基与盐基淋溶，黏粒淀积与淋溶，使土壤性状发生变化，形成的新的土壤类型。水稻土具有独特的发生层次，即耕作层、犁底层、潴育层、潜育层和母质层等，并以此构成特殊的剖面构型和生物、理化性状及其相应的肥力特性。

石灰（岩）土是宜春市第三大土壤类型，占本市地域面积的15%，主要分布在低矮丘陵和岗阜地段，由泥质灰岩、硅质灰岩、钙质页岩类风化物发育而成。干热和湿热交替的气候条件下，受化学溶解和物理崩解双重作用的影响，淋溶脱钙和淀积复钙交替进行，形成了较幼年的石灰（岩）土。有机质在分解过程中与石灰岩母质所含的钙质相结合，形成结构良好的灰白色土层，在坡度和缓的低平地段，土层相对较厚。该土类以土层浅薄、土壤有机质和碳酸钙含量高为特征。

小于本市地域面积3%的土壤类型还有黄棕壤、黄壤、潮土、山地草甸土等。

本区域中心区气候特征

本区域中心区气候特征值
Regional climate characteristics in central area of the region

气候带：中亚热带湿润气候 Climate region: Subtropical humid climate	
年平均气温 /℃ Annual average temperature /℃	17.6
年平均最高气温 /℃ Annual average maximum temperature /℃	21.9
年平均最低气温 /℃ Annual average minimum temperature /℃	14.4
年降水量 /mm Annual precipitation /mm	1448
≥10℃的积温 /℃ Daily temperature accumulated in a year (≥10℃) /℃	10261
年日照时数 /h Annual sunshine /h	1650
年平均相对湿度 /% Annual average relative humidity /%	80
干燥度 Dryness	0.73

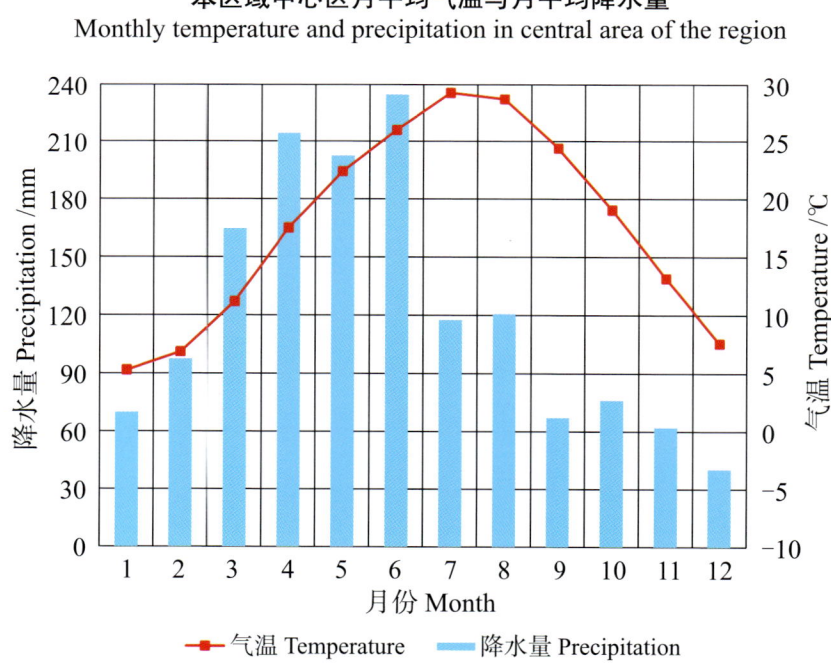

本区域中心区月平均气温与月平均降水量
Monthly temperature and precipitation in central area of the region

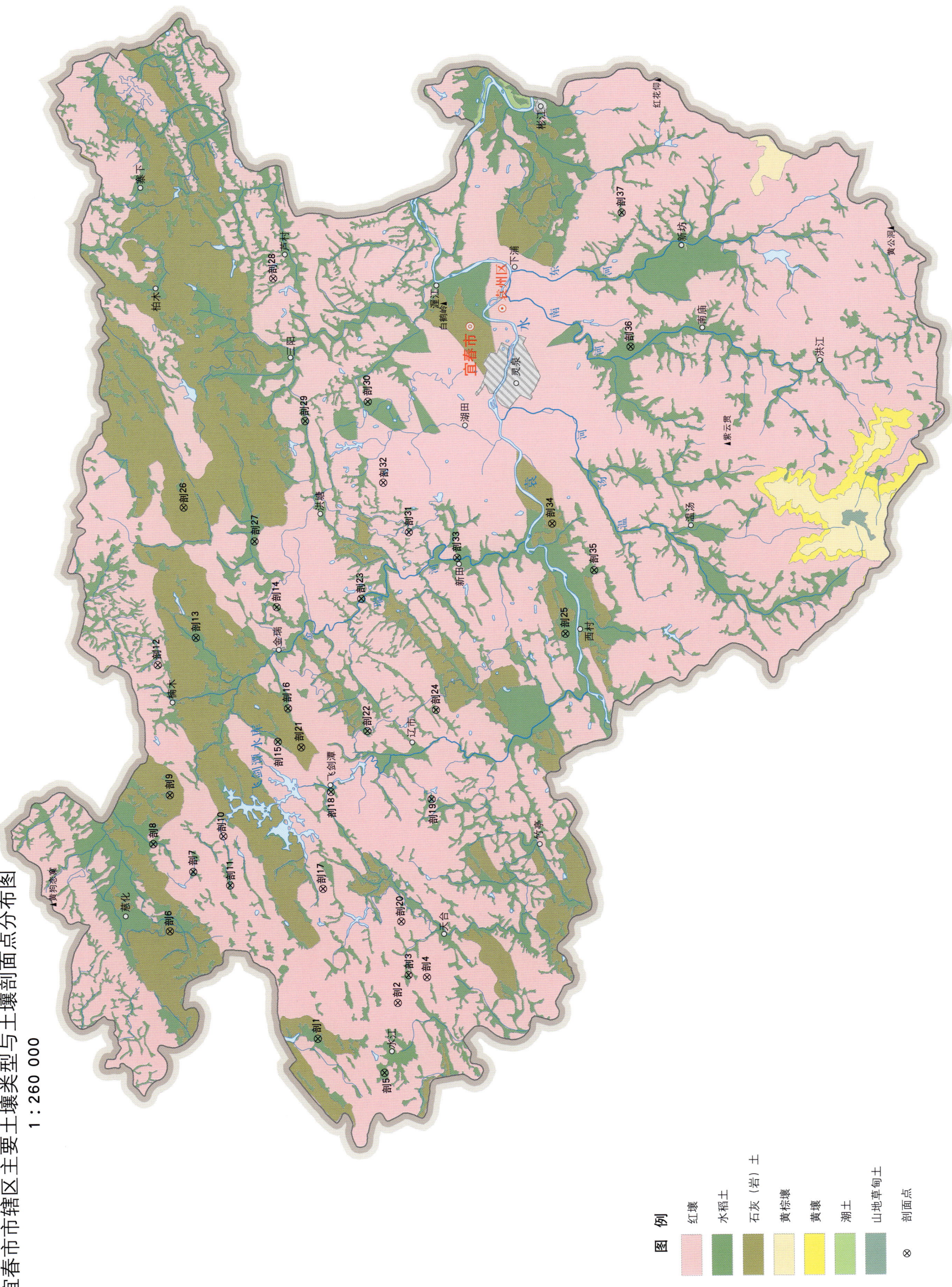

宜春市土壤剖面理化性状表

剖面号	土纲	土类	亚类	土属	土种	土层码	土层厚度/cm	颜色	质地	土壤结构	pH	有机质OM/(g/kg)	全氮TN/(g/kg)	全磷TP/(g/kg)	全钾TK/(g/kg)	碱解氮AN/(mg/kg)	有效磷AP/(mg/kg)	速效钾AK/(mg/kg)	阳离子交换量CEC/(cmol/kg)	土壤母质Parent material	剖面点坐标Profile coordinate	匹配指数Matching index/%
剖1	人为土	水稻土	潴育水稻土	潴育型湖砂泥田	弱潴灰潮砂泥田	1	0—10	棕灰色	中壤土	细粒状	6.8	21.0	1.30	0.49	30.0	113	2.6	26		河流冲积物	E 113°57′05.8″ N 27°54′02.1″	95
						2	10—15	棕灰色	中壤土	小块状	5.7	10.5	0.48	0.51	29.0							
						3	15—44	浅棕色	中壤土	碎块状	6.8	10.5	0.59	0.56	28.5							
						4	44—100	黄棕色	中壤土	单粒状	6.9	4.4	0.26	0.53	28.4							
剖2	铁铝土	红壤	红壤	第四纪红色黏土红壤	厚层中有机质红黏土红壤	1	0—12	红棕色	轻黏土	碎块状	4.0	34.1	1.72	0.69	11.6	193	≤1.0	74		第四纪红色黏土	E 113°58′31.3″ N 27°51′18.8″	95
						2	12—37	暗棕红色	轻黏土	小块状	4.1	15.6	0.76	0.68	14.9							
						3	37—100	浅棕红色	轻黏土	碎块状	4.4	8.8	0.69	0.66	15.8							
剖3	人为土	水稻土	淹育水稻土	淹育型鳝泥田	强潴灰鳝泥田	1	0—13	灰色	重黏土	屑粒状	6.4	40.4	1.84	0.88	11.7	193	8.2	60		泥质岩类风化物	E 113°59′36.4″ N 27°50′57.6″	95
						2	13—18	棕灰色	重黏土	小块状	6.4	29.4	1.42	0.75	12.7							
						3	18—100	黄棕色	重黏土	大块状	6.8	2.3	0.15	0.19	13.6							
剖4	铁铝土	红壤	红壤	黄砂泥土	厚层灰黄砂泥土	1	0—17	暗棕色	轻黏土	细粒状	5.9	34.3	1.49	1.23	6.1	158	12.6	71		石英岩类风化物	E 113°59′32.1″ N 27°50′19.2″	95
						2	17—36	棕灰色	轻黏土	小团块状	6.2	15.6	0.95	0.50	4.9							
						3	36—70	浅灰色	重黏土	碎块状	6.8	11.1	0.75	3.40	4.1							
						4	70—100	灰黄色	中壤土	小块状	6.7	9.1	0.74	0.68	7.7							
剖5	人为土	水稻土	淹育水稻土	淹育型黄泥田	灰黄泥田	1	0—13	灰黄色	重黏土	块状	5.1	37.5	2.00	0.75	17.2	201	4.6	28		第四纪红色黏土	E 113°55′51.2″ N 27°51′43.8″	95
						2	13—20	灰黄色	轻黏土	块状	5.5	19.9	1.24	0.80	17.5							
						3	20—100	深棕色	重黏土	大块状	7.4	7.3	0.45	0.77	14.2							
剖6	初育土	石灰(岩)土	白色石灰土	白色石灰土	厚层白色石灰土	1	0—20	浅灰色	重黏土	小块状	8.0	16.9	0.92	0.30	≤1.0	87	2.8	8		石灰岩类风化物	E 114°01′07.5″ N 27°59′10.7″	95
						2	20—39	灰白色	重黏土	块状	8.2	11.6	0.54	0.35	≤1.0							
						3	39—75	灰白色	重黏土	块状	8.4	2.0	0.16	0.31	1.3							
						4	75—100	灰白色	重黏土	核状状	8.5	2.2	≤0.10	0.30	≤1.0							
剖7	人为土	水稻土	潴育水稻土	潴育型石灰性白泥田	表潜中潴石灰性白泥田	1	0—18	暗棕色	轻黏土	屑粒状	7.8	64.9	3.08	0.90	7.1	184	7.8	37		第四纪红色黏土	E 114°03′26.4″ N 27°58′24.2″	95
						2	18—27	青灰色	重黏土	小块状	8.0	52.8	2.52	0.74	7.1							
						3	27—57	棕灰色	重黏土	块状	7.7	39.5	1.86	0.40	5.3							
						4	57—100	灰棕色	中壤土	块状	7.8	11.5	0.63	0.41	6.8							
剖8	人为土	水稻土	潴育水稻土	潴育型黄泥田	乌黄泥田	1	0—16	浅灰色	重黏土	屑粒状	5.2	44.9	2.28	0.70	12.6	244	3.6	33		石灰岩类风化物	E 114°04′28.6″ N 27°59′47.6″	95
						2	16—27	棕灰色	重黏土	棱块状	5.4	31.1	1.77	0.65	12.3							
						3	27—70	黄棕色	重黏土	棱块状	5.1	8.6	0.45	0.37	8.0							
						4	70—100	棕灰色	中壤土	块状	5.3	5.1	0.29	0.32	7.4							
剖9	人为土	水稻土	潴育水稻土	全层强潴红砂岩红砂泥田	厚层中有机质红砂岩红砂泥田	1	0—10	暗棕色	中壤土	软糊无结构	6.1	39.4	2.18	0.65	11.1	267	4.1	93		红砂岩类风化物	E 114°06′23.3″ N 27°59′15.3″	95
						2	10—21	深青灰色	重黏土	软糊无结构	5.3	38.2	1.99	0.72	11.6							
						3	21—100	暗蓝灰色	重黏土	糊状	5.4	32.1	1.44	0.43	11.4							
剖10	铁铝土	红壤	红壤	泥质岩红壤	厚层少有机质泥质岩类红壤	1	0—16	灰色	重黏土	小团块状	7.2	27.8	0.95	0.80	5.1	110	13.2	119		泥质岩类风化物	E 114°04′49.9″ N 27°57′23.7″	95
						2	16—37	红白色	重黏土	小块状	5.1	5.7	0.41	0.25	3.8							
						3	37—70	灰白色	重黏土	块状	5.1	6.4	0.34	0.18	1.8							
剖11	人为土	水稻土	潴育水稻土	潴育型红砂岩红砂泥田	乌红砂泥田	1	0—19	灰色	中壤土	屑粒状	6.3	31.3	1.48	0.87	6.9	186	10.3	67		红砂岩类风化物	E 114°02′56.5″ N 27°57′08.2″	95
						2	19—27	灰棕色	重黏土	块状	7.2	15.5	0.79	0.75	8.2							
						3	27—48	灰红色	中壤土	屑粒状	6.4	7.3	0.42	0.71	6.7							
						4	48—100	暗棕色	重黏土	块状	6.4	5.6	0.36	0.69	6.6							
剖12	铁铝土	红壤	红壤	石英岩红壤	厚层中有机质石英岩类红壤	1	0—14	灰棕色	轻壤土	小团块状	4.7	35.7	1.68	0.70	17.3	175	2.6	135		石英岩类	E 114°11′24.5″ N 27°59′44.4″	95
						2	14—40	灰棕色	中壤土	块状	4.5	13.6	0.82	0.52	20.8							
						3	40—100	红棕色	轻壤土	碎块状	4.7	7.0	0.44	0.34	23.6							

续表 Continued

剖面号 Soil profile	土纲 Soil order	土类 Soil great group	亚类 Soil subgroup	土属 Soil genus	土种 Soil species	土层码 Layer code	土层厚度 Depth/cm	颜色 Soil color	质地 Soil texture	土壤结构 Soil structure	pH	有机质 OM/(g/kg)	全氮 TN/(g/kg)	全磷 TP/(g/kg)	全钾 TK/(g/kg)	碱解氮 AN/(mg/kg)	有效磷 AP/(mg/kg)	速效钾 AK/(mg/kg)	阳离子交换量CEC/(cmol/kg)	土壤母质 Parent material	剖面点坐标 Profile coordinate	匹配指数 Matching index/%
剖13	人为土	水稻土	潴育水稻土	潴育型潮砂泥田	黄砂泥底灰潮砂泥田	1	0—12	深灰色	中壤土	团粒状	5.1	49.0	2.51	1.23	22.3	265	16.2	33		河流冲积物	E 114°12′29.0″ N 27°58′26.4″	95
						2	12—19	浅灰色	中壤土	团块状	5.9	27.5	1.40	0.74	23.4							
						3	19—59	棕黄色	中壤土	小块状	6.5	8.7	0.54	0.56	28.6							
						4	59—100	棕黄色	中壤土	碎块状	6.8	4.0	0.39	0.52	9.9							
剖14	人为土	水稻土	淹育水稻土	淹育型石灰性白泥田	强淹石灰性灰白泥田	1	0—11	浅灰色	重壤土	粒状	7.2	38.6	2.10	0.80	5.0	198	6.4	24				95
						2	11—17	灰白色	中壤土	块状	7.2	30.3	1.47	0.70	5.0							
						3	17—74	灰白色	重壤土	棱块状	7.5	14.8	0.97	0.63	5.3							
						4	74—100	棕灰色	少砂质轻黏土	大块状	7.9	7.1	0.47	0.32	9.9							
剖15	人为土	水稻土	潴育水稻土	潴育型黄砂泥田	强潴黄砂泥田	1	0—13	棕灰色	重壤土	屑粒状	6.0	42.3	2.01	1.02	8.9	194	9.0	43		石英岩类风化物	E 114°08′31.6″ N 27°55′34.2″	95
						2	13—25	灰棕色	重壤土	团粒状	6.2	17.9	0.99	0.37	8.6							
						3	25—49	灰黄色	重壤土	块状	6.7	7.4	0.36	0.67	8.6							
						4	49—100	棕红色	中壤土	块状	6.9	1.9	0.22	0.51	6.5							
剖16	人为土	水稻土	潴育水稻土	潴育型黄砂泥田	灰潮砂泥田	1	0—14	暗灰色	轻壤土	细粒状	6.4	26.1	1.33	0.71	28.5	131	3.8	34		河流冲积物	E 114°09′49.8″ N 27°55′14.4″	95
						2	14—25	棕灰色	中壤土	小块状	6.8	5.3	0.28	0.86	33.2							
						3	25—43	灰棕色	中壤土	团块状	6.5	12.1	0.76	0.72	30.1							
						4	43—100	棕灰色	轻壤土	碎块状	6.2	8.4	0.53	0.99	31.2							
剖17	铁铝土	红壤		石英岩红壤		1	0—11	灰棕色	中壤土	小团块状	4.3	12.8	0.82	0.23	5.4	88	1.6	15		石英岩类	E 114°02′52.1″ N 27°53′56.8″	95
						2	11—45	红棕色	中壤土	核粒状	4.3	7.6	0.46	0.17	3.2							
剖18	人为土	水稻土	潴育水稻土	潴育型黄泥田	强潴乌黄泥田	1	0—17	暗灰色	重壤土	屑粒状	7.4	68.1	3.47	1.57	6.9	279	11.1	52		第四纪红色黏土	E 114°06′52.0″ N 27°53′44.0″	95
						2	17—24	棕灰色	轻壤土	小块状	7.7	42.9	1.89	0.97	6.8							
						3	24—52	灰色	轻壤土	块状	7.9	8.6	0.54	0.31	9.0							
						4	52—100	棕灰色	中壤土	块状	7.7	5.7	0.35	0.42	11.8							
剖19	人为土	水稻土	潴育水稻土	潴育型黄泥田	弱潴黄泥田	1	0—17	暗灰色	重壤土	屑粒状	5.8	26.2	1.69	0.84	11.2	150	38.0	27		第四纪红色黏土	E 114°06′24.5″ N 27°50′15.7″	95
						2	17—25	灰棕色	中壤土	小块状	7.5	9.4	0.58	0.51	10.2							
						3	25—62	棕黄色	重壤土	棱块状	7.4	6.9	0.40	0.84	19.9							
						4	62—100	棕红色	重壤土	碎块状	7.4	1.7	≤0.10	0.60	19.5							
剖20	人为土	水稻土	潴育水稻土	潴育型黄砂泥田	厚层中有机质红砂岩类红壤	1	0—14	灰红棕色	轻壤土	小团块状	4.1	22.2	1.01	0.49	7.5	202	1.5	35		红砂岩类风化物	E 114°01′39.9″ N 27°51′14.5″	95
						2	14—36	暗红棕色	中壤土	块状	4.3	16.0	0.82	0.27	9.8							
						3	36—100	浅红棕色	轻壤土	块状	4.5	10.1	0.53	0.40	10.2							
剖21	初育土	石灰（岩）土	白色石灰土	白色石灰性土	中层中有机质白色石灰类红壤	1	0—7	暗灰色	重壤土	屑粒状	8.0	51.1	2.48	1.01	1.2	187	5.0	48		石灰岩类风化物	E 114°08′19.3″ N 27°54′46.0″	95
						2	7—38	灰棕色	重黏土	小块状	8.2	9.2	0.60	0.56	≤1.0							
						3	38—69	灰白色	重黏土	块状	8.2	8.3	0.48	1.39	1.6							
剖22	人为土	水稻土	潴育水稻土	潴育型黄砂泥田	全层中潴灰黄砂泥田	1	0—20	浅灰棕色	重壤土	团块状	7.1	53.7	2.54	0.90	8.8	170	7.8	26		石英岩类风化物	E 114°09′00.2″ N 27°52′30.1″	95
						2	20—60	棕黄色	重壤土	棱块状	7.2	43.6	2.19	0.64	8.8							
						3	60—100	棕灰色	重壤土	块状	7.0	32.8	1.30	0.58	8.1							
剖23	人为土	水稻土	潴育水稻土	潴育型石灰性白泥田	上位弱潴石灰性白泥田	1	0—18	暗青灰色	重壤土	小块状	7.9	46.2	2.25	1.25	6.5	165	15.4	42		石英岩类风化物	E 114°14′05.5″ N 27°52′46.8″	95
						2	18—25	棕青色	重壤土	块状	7.8	46.2	2.06	0.96	6.5							
						3	25—40	浅青色	重壤土	块状	7.3	25.8	1.15	0.61	6.0							
						4	40—100	棕灰色	重黏土	块状	7.6	12.1	0.97	0.22	5.4							
剖24	人为土	水稻土	潴育水稻土	潴育型红砂泥田	强潴灰红砂泥田	1	0—12	浅灰色	重壤土	屑粒状	7.5	42.1	2.06	1.18	10.6	189	6.4	48		红砂岩类风化物	E 114°09′52.4″ N 27°50′09.6″	95
						2	12—20	灰棕色	重壤土	块状	7.5	29.8	1.55	0.56	10.8							
						3	20—35	红棕色	重壤土	块状	7.5	28.8	1.41	1.20	11.1							
						4	35—100	棕灰色	重壤土	块状	7.0	22.6	1.29	0.34	11.3							
剖25	人为土	水稻土	潴育水稻土	潴育型鳝泥田	乌鳝泥田	1	0—15	暗棕色	轻壤土	小块状	7.4	48.6	2.62	0.82	17.8	215	3.5	60		泥质岩类风化物	E 114°12′53.2″ N 27°45′45.3″	95
						2	15—30	灰棕色	中黏土	块状	7.1	34.3	2.14	0.44	16.0							
						3	30—100	浅棕色	中黏土	块状	7.4	13.5	0.80	0.57	19.0							

续表 Continued

剖面号 Soil profile	土纲 Soil order	土类 Soil great group	亚类 Soil subgroup	土属 Soil genus	土种 Soil species	土层码 Layer code	土层厚度 Depth/cm	颜色 Soil color	质地 Soil texture	土壤结构 Soil structure	pH	有机质 OM/(g/kg)	全氮 TN/(g/kg)	全磷 TP/(g/kg)	全钾 TK/(g/kg)	碱解氮 AN/(mg/kg)	有效磷 AP/(mg/kg)	速效钾 AK/(mg/kg)	阳离子交换量 CEC/(cmol/kg)	土壤母质 Parent material	剖面点坐标 Profile coordinate	匹配指数 Matching index/%
剖26	初育土	石灰(岩)土	白色石灰土	白泥土	厚层乌白泥土	1	0—18	暗白色	重壤土	细粒状	8.2	35.8	1.79	1.16	5.7	110	4.1	54		石灰岩风化物	E 114°17′30.1″ N 27°58′56.1″	95
						2	18—36	白灰色	重壤土	团块状	8.2	20.3	1.27	0.99	5.6							
						3	36—100	灰白色	轻黏土	棱柱状	8.2	7.6	0.44	1.05	5.5							
剖27	人为土	水稻土	潴育水稻土	潴育型潮砂泥田	黄泥底灰潮砂泥田	1	0—14	暗黄色	中壤土	屑粒状	5.6	55.2	2.32	0.95	21.0	260	7.5	58		河流冲积物	E 114°16′14.1″ N 27°56′28.9″	95
						2	14—25	棕红色	重壤土	碎块状	6.9	17.0	0.91	0.57	20.2							
						3	25—50	灰棕色	轻黏土	团块状	7.5	8.7	0.47	0.45	30.0							
						4	50—100	棕黄色	重壤土	块状	6.3	6.1	0.35	0.36	10.4							
剖28	铁铝土	红壤		黄泥土	厚层灰黄泥土	1	0—20	浅棕红色	中壤土	小团块状	5.8	24.8	1.01	0.77	5.9	115	4.1	38		第四纪红色黏土	E 114°26′23.8″ N 27°55′58.6″	95
						2	20—60	浅棕红色	轻壤土	棱块状	4.8	6.1	0.57	0.48	8.6							
						3	60—100	暗棕红色	轻黏土	棱柱状	5.1	3.6	0.43	0.39	7.4							
剖29	人为土	水稻土	潴育水稻土	潴育型黄砂泥田	乌黄砂泥田	1	0—18	暗黄色	重壤土	屑粒状	6.8	42.7	2.13	2.02	10.2	194	5.3	91		石英岩类风化物	E 114°20′54.7″ N 27°54′48.2″	95
						2	18—31	浅黄色	重黏土	块状	5.1	37.7	1.79	1.68	10.3							
						3	31—56	棕黄色	重黏土	块状	7.1	12.7	0.57	0.79	9.2							
						4	56—100	棕黄色	中壤土	块状	7.4	4.0	0.23	0.53	10.0							
剖30	人为土	水稻土	潴育水稻土	潴育型潮砂泥田	乌潮砂泥田	1	0—16	深棕色	中壤土	屑粒状	6.2	32.8	1.77	0.75	30.4	140	3.8	38		河流冲积物	E 114°21′42.3″ N 27°52′39.8″	95
						2	16—27	暗棕色	中壤土	碎块状	6.7	21.2	1.27	0.55	32.8							
						3	27—54	浅棕色	中壤土	块块状	7.7	17.1	0.98	0.49	32.1							
						4	54—100	棕黄色	轻壤土	细粒状	7.6	≤1.0	0.42	0.34	31.8							
剖31	铁铝土	红壤		泥质岩红壤	厚层少有机质泥质岩类红壤	1	0—18	棕灰色	重壤土	小团块状	4.6	38.3	2.01	0.65	14.5	185	2.6	56		泥质岩类风化物	E 114°16′41.5″ N 27°51′11.2″	95
						2	18—54	灰黄色	多砾轻质黏土	块状	4.7	14.5	1.09	0.53	16.0							
						3	54—100	棕红色	重黏土	块状	4.7	18.9	1.12	0.49	17.0							
剖32	铁铝土	红壤		粉红土	中层粉红土	1	0—13	棕灰色	重壤土	屑粒状	6.3	26.1	1.38	1.00	22.3	133	3.0	129		千枚岩类风化物	E 114°18′35.8″ N 27°52′05.5″	95
						2	13—34	棕红色	重黏土	小块状	6.6	17.2	1.05	0.89	24.4							
						3	34—55	红棕色	轻黏土	块状	5.4	8.5	0.93	0.96	33.5							
						4	55—				6.3	10.8	0.87	0.76	26.1							
剖33	人为土	水稻土	潴育水稻土	潴育型鳝泥田	全层强潜鳝泥田	1	0—20	深青灰色	重壤土	糊状	7.6	57.9	3.39	0.86	21.8	260	4.4	80		泥质岩类风化物	E 114°15′44.3″ N 27°49′31.2″	95
						2	20—100	深蓝灰色	重壤土	糊状	7.3	47.7	2.55	0.64	22.3							
剖34	初育土	石灰(岩)土	棕色石灰土	钙质岩石灰土	薄层钙质页岩类石灰土	A	0—9	灰色	黏土	小块状	8.0	16.3	0.81	0.45	≥50.0		2.8		5.1	钙质页岩风化物	E 114°17′07.5″ N 27°46′16.2″	85
						BvC	9—59	灰白色	粉砂质黏壤土	小块状	8.2	3.1	0.15	0.43					3.4			
						C	59—100	灰白色														
剖35	人为土	水稻土	潴育水稻土	潴育型鳝泥田	强潜灰鳝泥田	1	0—14	灰色	重壤土	团块状	5.3	26.9	1.34	0.51	19.0	176	6.8	43		泥质岩类风化物	E 114°15′21.0″ N 27°44′48.1″	95
						2	14—31	棕灰色	重壤土	块状	5.5	26.7	1.28	0.47	19.1							
						3	31—75	灰棕色	重壤土	块状	6.5	9.6	0.45	0.23	20.2							
						4	75—100	浅棕色	中壤土	块状	6.8	7.1	0.38	0.25	25.0							
剖36	人为土	水稻土	潴育水稻土	潴育型石灰性白泥田	全层中潜石灰性白泥田	1	0—10	白灰色	轻黏土	团块状	7.4	53.5	2.45	1.14	3.9	172	7.8	33		泥质岩类风化物	E 114°23′59.1″ N 27°43′40.6″	95
						2	10—18	青灰色	重壤土	块状	7.9	40.2	1.85	1.72	1.4							
						3	18—60	灰白色	重壤土	大块状	8.1	24.6	1.34	1.13	1.8							
						4	60—100	灰白色	轻黏土	大粒状	8.3	5.2	0.32	0.80	≤1.0							
剖37	人为土	水稻土	潴育水稻土	潴育型鳝泥田	弱潜乌鳝泥田	1	0—14	浅黄棕色	轻黏土	小块状	5.0	38.2	1.92	0.85	25.3	207	3.6	60		泥质岩类风化物	E 114°29′09.9″ N 27°44′02.8″	95
						2	14—24	棕色	轻黏土	小粒状	6.7	15.6	1.00	0.90	24.8							
						3	24—70	棕黄色	轻黏土	块状	7.5	7.9	0.42	1.05	25.9							
						4	70—100	棕红色	轻黏土	块状	7.2	7.8	0.38	1.56	23.8							

奉 新 县

主要土类说明

红壤是奉新县主要土壤类型，占本县地域面积的 60%，广泛分布于丘陵和低山地区。红壤是在高温、高湿的亚热带生物气候条件下，铝硅酸盐类矿物强烈分解，硅和盐基遭到淋失，高岭化黏粒与其他次生矿物不断形成，铁铝氧化物明显积聚，而形成的富铝化土壤。本县红壤分为三个亚类。其中，红壤亚类面积最大，占红壤的 79%。红壤性土亚类地表侵蚀严重，土体中含较多风化物碎片，砾石较多，所以又称粗骨性红壤。其剖面特征是表土被侵蚀成极薄的表层，下部就是母质层。黄红壤亚类分布于本县西部及西北部的甘坊、澡溪、仰山、上富、会埠、澡下等山区，成土母质为花岗岩风化物。黄红壤地处红壤之上，在海拔 500—800m 的山地上，占红壤的 20%。土壤脱硅富铝化过程较红壤亚类弱，土体中铁铝氧化物的积累量稍低于红壤亚类，盐基饱和度较红壤亚类稍高，黏粒和次生矿物含量比红壤亚类稍低。它的基本剖面特征是表层和亚表层都有黄化现象，一般心土层和底土层是红土层。

水稻土是奉新县第二大土壤类型，占本县地域面积的 32%，是本县最主要的耕作土壤，分布于本县各地。水稻土为自然土壤经过人为栽种水稻，长期耕作、施肥、灌溉，土体内物质转化、淋溶和淀积而形成的土壤。在水耕条件下，氧化还原交替进行，土体内进行着有机质分解与合成、盐基淋溶与复盐基、黏粒淋失与淀积等作用，使水稻土形成特有的剖面结构，具有耕作层、犁底层、潴育层、潜育层、漂洗层和母质层等发生层次。成土母质有花岗岩、紫红色泥页岩、紫红色砂砾岩、河流冲积物、第四纪红色黏土、石英岩、泥质岩等。本县水稻土分为潜育水稻土、潴育水稻土、淹育水稻土和侧渗漂洗水稻土四个亚类。以潴育水稻土面积最大，占水稻土总面积的 94%，分布于平原畈田、丘陵、山区垄田中下部，灌溉条件较好，地下水位适中（1—1.5m）。土体通气、爽水、水气协调，为高产田。其剖面构型为 A-P-W-C 或 A-P-W 等。

黄壤是奉新县第三大土壤类型，占本县地域面积的 8%，分布于甘坊、澡溪、仰山、会埠、澡下等地海拔 800—1200m 的山区地带，位于黄红壤之上。黄壤是在云雾多、日照少、湿度大的山地气候条件下形成的一类黄色土壤。土壤富铝化作用较红壤土类减弱，硅铁铝率略高于红壤。土壤中的游离氧化铁受水化，主要以针铁矿、褐铁矿和多水氧化铁的形式存在，使土体发黄。黄壤一般表层之上都有一个枯枝落叶层。表层的腐殖质含量高，颜色深暗。亚表层均为黄色，心土层呈鲜艳黄色。质地较红壤轻，多为中壤土至重壤土，土壤呈酸性。

小于本县地域面积 3% 的土壤类型还有黄棕壤、山地草甸土等。

本区域中心区气候特征

本区域中心区气候特征值
Regional climate characteristics in central area of the region

气候带：中亚热带湿润气候 Climate region: Subtropical humid climate	
年平均气温 /℃ Annual average temperature /℃	17.4
年平均最高气温 /℃ Annual average maximum temperature /℃	21.5
年平均最低气温 /℃ Annual average minimum temperature /℃	14.2
年降水量 /mm Annual precipitation /mm	1507
≥10℃的积温 /℃ Daily temperature accumulated in a year（≥10℃）/℃	10665
年日照时数 /h Annual sunshine /h	1771
年平均相对湿度 /% Annual average relative humidity /%	78
干燥度 Dryness	0.69

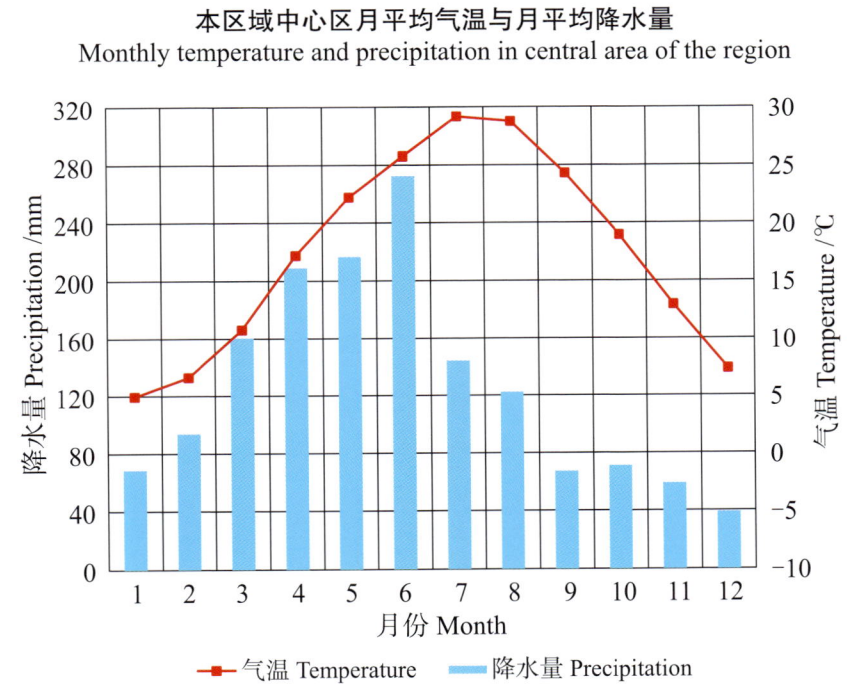

本区域中心区月平均气温与月平均降水量
Monthly temperature and precipitation in central area of the region

奉新县主要土壤类型与土壤剖面点分布图
1∶270 000

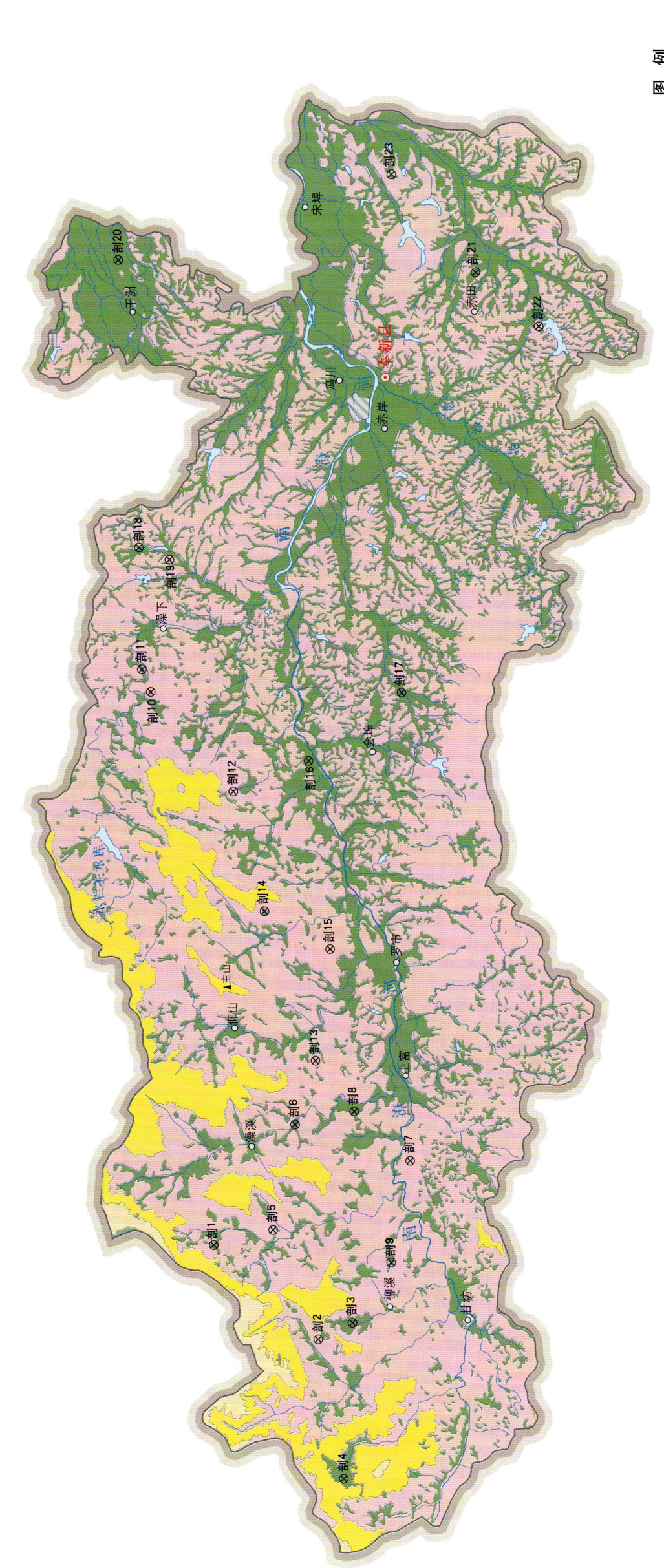

奉新县土壤剖面理化性状表

剖面号 Soil profile	土纲 Soil order	土类 Soil great group	亚类 Soil subgroup	土属 Soil genus	土种 Soil species	土层码 Layer code	土层厚度 Depth/cm	颜色 Soil color	质地 Soil texture	土壤结构 Soil structure	pH	有机质 OM/(g/kg)	全氮 TN/(g/kg)	全磷 TP/(g/kg)	全钾 TK/(g/kg)	碱解氮 AN/(mg/kg)	有效磷 AP/(mg/kg)	速效钾 AK/(mg/kg)	阳离子交换量 CEC/(cmol/kg)	土壤母质 Parent material	剖面点坐标 Profile coordinate	匹配指数 Matching index/%
剖1	人为土	水稻土	潴育水稻土	潴育型潮砂泥田	乌潮砂泥田	1	0—17	暗灰色	中壤土	小团块状	6.0	23.5	1.69	0.94		127	10.0	65		河流冲积物	E 114°54′22.1″ N 28°46′06.7″	95
						2	17—24	暗灰色	中壤土	团块状		22.7	1.47	0.85								
						3	24—48	棕灰色	中壤土	块状		8.3	0.48	1.36								
						4	48—100	黄棕色	中壤土	棱块状		5.9	0.47	1.40								
剖2	铁铝土	红壤	黄红壤	花岗岩黄红壤	中层中有机质花岗岩黄红壤	1	0—9	乌黑色	中壤土	小团粒状	5.2	75.3	3.50	1.40		209	2.0	225		花岗岩	E 114°51′17.1″ N 28°42′55.1″	95
						2	9—60	黄红色	壤土	团粒状		33.8	1.56	1.02								
						3	60—															
剖3	人为土	水稻土	潴育水稻土	潴育型红黄泥田	灰红黄泥田	A	0—11	棕灰色	中壤土	屑粒状										泥质岩类风化物	E 114°51′51.8″ N 28°41′54.7″	75
						P	11—17	黄灰色	中壤土	块状												
						W₁	17—60	棕黄色	中壤土	棱块状												
						W₂	60—100	黄灰色	中壤土	棱块状												
剖4	人为土	水稻土	淹育水稻土	淹育型潮砂泥田	强淹灰砂泥田	1	0—9	浅灰色	砂壤土	小块状	5.0	24.9	1.54	0.23	22.2	211	11.0	85		河流冲积物	E 114°46′37.0″ N 28°42′03.6″	95
						2	9—12	浅黄灰色	砂土	块状		20.1	1.44	1.46	23.6							
						3	12—100	黄红色	中壤土	棱粒状		3.1	0.18	1.30	29.7							
剖5	铁铝土	红壤	红壤	泥质岩红壤	薄层多有机质泥质岩红壤	1	0—4	黄棕色	黏壤土	粒状	5.4	61.6	2.30	0.96		177	≤1.0	143		泥质岩风化物	E 114°54′47.7″ N 28°44′22.3″	95
						2	4—24	黄红色	黏土	小块状		31.0	1.52	0.79								
						3	24—100	红黄色	黏土	片状		11.4	1.95	0.81								
剖6	人为土	水稻土	潴育水稻土	潴育型麻砂泥田	中潜灰麻砂泥田	A	0—21				5.7	24.4	1.27	0.65		112	2.5	86		花岗岩风化物	E 114°58′30.9″ N 28°43′45.4″	95
						P	21—29					5.8	0.63	0.37								
						G	29—47					≤1.0	0.16	0.33								
剖7	铁铝土	红壤	红壤	鳝泥红壤	薄层鳝泥红壤	A	0—12	赤褐色	黏壤土	小块状	4.4	12.7	0.69	0.24	17.7	165	≤1.0	46	10.3	泥质岩风化物	E 114°57′21.7″ N 28°40′17.4″	95
						Bv	12—30	棕红色	黏壤土	块状	4.9	6.1	0.31	0.36	11.3				5.2			
						C	30—86	棕红色	黏壤土	块状	5.0	3.5	0.27	0.38	15.4				8.9			
剖8	人为土	水稻土	潴育水稻土	潴育型麻砂泥田	中潴灰麻砂泥田	1	0—15	黄灰色	中壤土	屑粒状	5.4	42.5	1.56	0.73	15.8	117	3.0	30		花岗岩风化物	E 114°59′00.1″ N 28°42′00.2″	95
						2	15—25	灰黄色	重壤土	块状		24.1	1.58	0.46	20.3							
						3	25—52	深黄色	重壤土	棱块状		7.1	0.56	0.42	24.7							
						4	52—100	灰黄色	轻壤土	棱块状		3.5	0.22	0.47	25.3							
剖9	人为土	水稻土	潴育水稻土	潴育型潮砂泥田	灰潮砂泥田	1	0—11	浅灰色	轻壤土	小块状	5.5	22.5	1.45	0.63						河流冲积物	E 114°53′54.9″ N 28°40′47.6″	95
						2	11—17	灰黄色	轻壤土	块状		13.1	0.77	0.54								
						3	17—53	黄棕色	轻壤土	棱块状		4.8	0.43	0.38								
						4	53—100	黄棕色	轻壤土	棱块状		3.3	0.35	0.41								
剖10	铁铝土	红壤	红壤	紫红色泥页岩红壤	弱潜红泥田	1	0—5	红棕色	壤土	碎粒状	5.5	10.8	0.77	0.49		57	≤1.0	55		紫红色泥页岩类	E 115°13′06.7″ N 28°48′19.1″	95
						2	5—13	浅棕红色	黏土	小块状		5.9	0.44	0.57								
						3	13—100	暗红色	黏土	块状		4.6	0.52	0.45								
剖11	人为土	水稻土	潴育水稻土	泥质岩红泥田	厚层中有机质泥质岩红壤	1	0—10	灰黄色	中壤土	团块状	5.1	29.2	1.27	0.46		68	1.7	48		泥页岩风化物	E 115°13′51.8″ N 28°48′35.7″	95
						2	10—15	黄棕色	中壤土	棱块状		16.2	0.87	0.52								
						3	15—34	棕黄色	重壤土	块状		5.5	0.55	0.50								
						4	34—70	棕红色	重壤土	块状		4.4	0.51	0.38								
						5	70—100															
剖12	铁铝土	红壤		花岗岩类红壤		1	0—10	暗红棕色	壤土	粒状	5.8	28.8	1.49	1.29		178	≤1.0	78		花岗岩风化物	E 115°09′47.8″ N 28°45′48.0″	95
						2	10—45	红棕色	黏土	块状		8.6	0.58	1.37								
						3	45—100	红棕色	黏土	块状		6.6	0.36	0.86								

续表 Continued

剖面号 Soil profile	土纲 Soil order	土类 Soil great group	亚类 Soil subgroup	土属 Soil genus	土种 Soil species	土层码 Layer code	土层厚度 Depth/cm	颜色 Soil color	质地 Soil texture	土壤结构 Soil structure	pH	有机质 OM/(g/kg)	全氮 TN/(g/kg)	全磷 TP/(g/kg)	全钾 TK/(g/kg)	碱解氮 AN/(mg/kg)	有效磷 AP/(mg/kg)	速效钾 AK/(mg/kg)	阳离子交换量CEC/(cmol/kg)	土壤母质 Parent material	剖面点坐标 Profile coordinate	匹配指数 Matching index/%
剖13	铁铝土	红壤	红壤	花岗岩红壤	中层中有机质花岗岩红壤	1	0—10	暗棕色	壤土	屑粒状	5.7	43.2	1.76	0.75		153	≤1.0	77		花岗岩风化物	E 115°00′43.7″ N 28°43′11.2″	95
						2	10—60	棕红色	壤土	块状		≤1.0	0.48	0.48								
						3	60—100					6.5	0.35	0.77								
剖14	人为土	水稻土	潴育水稻土	潴育型红砂泥田	灰红砂泥田	1	0—11	灰棕色	中壤土	团块状	5.2	26.4	1.34	0.91	14.3	103	9.0	42		红砂岩类风化物	E 115°05′43.8″ N 28°44′48.1″	95
						2	11—19	灰黄色	中壤土	块状		10.7	1.17	0.53	12.4							
						3	19—48	灰黄色	中壤土	棱块状		6.2	0.42	0.30	13.6							
						4	48—100	浅黄色	中壤土	棱块状		2.6	0.34	0.24	14.1							
剖15	铁铝土	红壤	黄红壤	花岗岩类红黄红壤	中层中有机质花岗岩黄红壤	1	0—3	灰黄棕色	中壤土	碎粒状	5.8	69.6	2.57	1.08		210	≤1.0	232		花岗岩	E 115°04′30.0″ N 28°42′48.8″	95
						2	3—40	黄红色	壤土	块状		12.7	0.95	0.80								
						3	40—70					8.2	0.74	0.77								
剖16	人为土	水稻土	潴育水稻土	潴育型麻砂泥田	中潴灰麻砂泥田	1	0—19	暗棕灰色	中壤土	小团块状	5.7	59.9	2.30	1.62		251	19.0	65		花岗岩风化物	E 115°10′52.2″ N 28°43′34.0″	95
						2	19—28	棕黄色	中壤土	块状		65.9	2.86	1.27								
						3	28—57	棕黄色	重壤土	柱状		16.3	0.55	2.33								
						4	57—100	棕黄色	重壤土	柱状		15.6	0.44	2.10								
剖17	人为土	水稻土	侧渗漂洗水稻土	侧渗漂洗型麻砂红泥田	中漂灰砂泥田	1	0—11	灰黄色	砂壤土	粒状	5.3	44.0	2.15	1.14	39.1	207	10.0	105		花岗岩风化物	E 115°13′13.8″ N 28°40′49.0″	95
						2	11—14	棕灰色	砂壤土	团块状		27.3	1.13	1.02	32.8							
						3	14—32	灰白色	粉砂壤土	块状		14.7	0.80	0.69	33.7							
						4	32—100	青灰色	砂泥壤土	块状		18.2	0.44	0.88	32.1							
剖18	人为土	水稻土	侧渗漂洗水稻土	侧渗漂洗型红砂泥田	中漂灰红砂泥田	1	0—17	棕黄色	中壤土	细块状	5.8	31.6	1.69	0.70	13.8	135	4.0	46		红砂岩类风化物	E 115°18′00.7″ N 28°48′44.2″	95
						2	17—27	棕灰色	砂壤土	砂块状		12.3	0.62	0.38	12.2							
						3	27—47	灰白色	粉砂壤土	砂粒状		4.3	0.31	0.20	14.7							
						4	47—90	灰黄色	重壤土	粒状		5.2	0.19	0.20	12.2							
剖19	铁铝土	红壤	红壤	紫红色砂砾岩红壤		1	0—3	棕红色	砂壤土	屑粒状	5.4	43.8	1.39	0.41		93	40.0	68		紫红色砂砾岩	E 115°17′36.3″ N 28°47′49.1″	95
						2	3—64	紫红色	中壤土	小团块状		7.9	0.55	0.39								
						3	64—100	紫红色	中壤土	块状		1.6	0.34	0.37								
剖20	人为土	水稻土	潴育水稻土	潴育型红泥田	乌红泥田	1	0—15	暗棕色	中壤土	块状	5.7	32.0	1.88	0.88		127	4.0	53		泥页岩风化物	E 115°27′45.3″ N 28°49′29.7″	95
						2	15—22	暗棕色	中壤土	棱块状		19.1	1.14	0.83								
						3	22—48	棕黄色	中壤土	棱块状		5.6	0.44	0.61								
						4	48—100	浅黄色	中壤土	棱块状		5.5	0.31	0.51								
剖21	人为土	水稻土	潴育水稻土	潴育型红泥田	灰红泥田	1	0—11	浅黄红色	中壤土	细块状	5.4	32.0	1.92	0.92		112	4.0	45		泥页岩风化物	E 115°27′30.2″ N 28°38′48.3″	95
						2	11—17	黄棕色	中壤土	块状		18.6	1.49	0.70								
						3	17—57	黄棕色	中壤土	棱块状		6.4	0.46	0.65								
						4	57—100	黄棕色	中壤土	棱块状		5.2	0.49	0.64								
剖22	铁铝土	红壤	红壤	石英岩红壤	中层中有机质石英岩红壤	1	0—5	浅红棕色	砂壤土	小块状	5.8	18.4	0.67	0.29	11.4	53	≤1.0	48		石英岩风化物	E 115°25′41.1″ N 28°36′53.1″	95
						2	5—60	红黄色	砂土	粒状		7.2	0.46	0.30	12.1							
						3	60—100					7.8	0.52	0.76	15.0							
剖23	铁铝土	红壤	红壤	红泥土	厚层灰红泥土	1	0—11	浅棕红色	壤土	屑粒状	6.1	12.9	0.83	1.34		60	11.0	45		泥页岩风化物	E 115°30′46.4″ N 28°41′21.4″	95
						2	11—17	红棕色	黏壤土	块状		11.5	0.78	1.12								
						3	17—92	红棕色	黏壤土	块状		3.9	0.30	0.42								

万 载 县

主要土类说明

红壤是万载县主要土壤类型，占本县地域面积的71%。红壤是在中亚热带生物气候条件下形成的典型地带性土壤。它一般土层深厚，剖面发育完整，多具有1m以上的红色土层，除表层颜色较灰暗外，心土层及底土层均为紧实的红色土层，这是由于土壤中含有较多高价铁氧化物及赤铁矿。由于盐基物质的大量流失，土壤胶体复合体呈盐基不饱和状态，使土壤风化壳表现为酸性或强酸性。本县红壤分为红壤、红壤性土及黄红壤三个亚类。其中，红壤亚类主要分布在海拔500m以下的丘陵地区，占红壤总面积的79%。成土母质主要为酸性结晶岩类（花岗岩）、泥质岩类（泥岩、板岩）。红壤性土亚类分布在赤兴等土壤侵蚀比较严重的山地，占红壤总面积的2%，为土层发育不明显的幼年土壤，土体中含有较多风化物碎片，砾石较多，表土侵蚀成极薄的表层，下部为母质层。黄红壤亚类分布在海拔500—800m的低山地带，位于红壤之上，占红壤总面积的19%，剖面特征是土层有黄化现象，这是其区别于红壤的主要依据。

水稻土是万载县第二大土壤类型，占本县地域面积的22%。在长期淹水栽种水稻、水下翻耕影响下，氧化还原作用交替进行，形成了具有耕作层、犁底层、潴育层、潜育层、母质层等特殊发生层次的水稻土。根据其形成过程中水分状况的不同，本县水稻土分为淹育水稻土、潴育水稻土、潜育水稻土三个亚类。其中，良水性的潴育水稻土亚类占水稻土总面积的77%，主要分布于河谷平原及丘陵山区的沟谷平原，灌溉条件良好，地下水位适中，土壤的水、肥、气、热协调，耕种历史悠久，一般土层深厚，土壤的熟化程度高，因而剖面层次分明，属高产稳产、旱涝保收田。潜育水稻土亚类占水稻土总面积22%，主要分布于山丘的垄田、坑田、坑田的下部地形低洼处。因排水不良，土体结构差，或终年渍水，水、气严重失调，土体呈软糊状。由于水多缺氧，土体中还原作用强烈，常有硫化氢、甲烷、亚铁离子等有毒物质的出现，使土壤多呈青灰色至深青灰色。

石灰（岩）土是万载县第三大土壤类型，占本县地域面积的4%，主要分布于本县南部地区。石灰（岩）土是碳酸岩类风化物形成的一类盐基饱和的岩性土壤。一般上层较薄，矿质营养元素较丰富。由于强烈的淋溶作用，大量钙、镁盐基物质流失，使表层土壤呈酸性，但其中下部一般有石灰反应。

黄壤占本县地域面积的3%，分布在本县南部锦源林场、高村、仙源等地海拔800m以上的山区。黄壤是在云雾多、日照少、冬无严寒、夏无酷暑的山地气候条件下形成的一类黄色土壤。除表土层颜色较深外，亚表层及心土层均为黄色，心土层的黄色鲜艳，这是黄壤的主要特征。

小于本县地域面积3%的土壤类型还有黄棕壤、山地草甸土。

本区域中心区气候特征

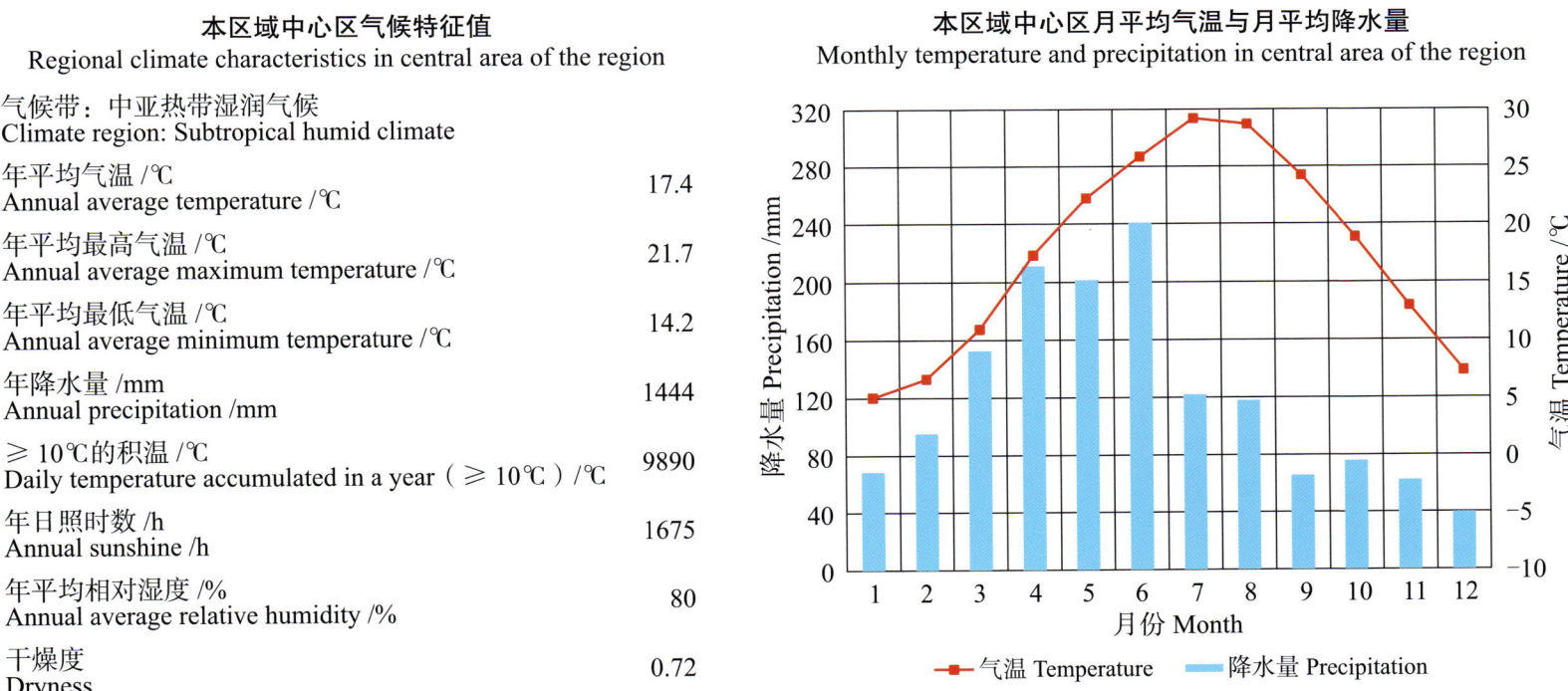

本区域中心区气候特征值
Regional climate characteristics in central area of the region

气候带：中亚热带湿润气候 Climate region: Subtropical humid climate	
年平均气温 /℃ Annual average temperature /℃	17.4
年平均最高气温 /℃ Annual average maximum temperature /℃	21.7
年平均最低气温 /℃ Annual average minimum temperature /℃	14.2
年降水量 /mm Annual precipitation /mm	1444
≥10℃的积温 /℃ Daily temperature accumulated in a year (≥10℃) /℃	9890
年日照时数 /h Annual sunshine /h	1675
年平均相对湿度 /% Annual average relative humidity /%	80
干燥度 Dryness	0.72

本区域中心区月平均气温与月平均降水量
Monthly temperature and precipitation in central area of the region

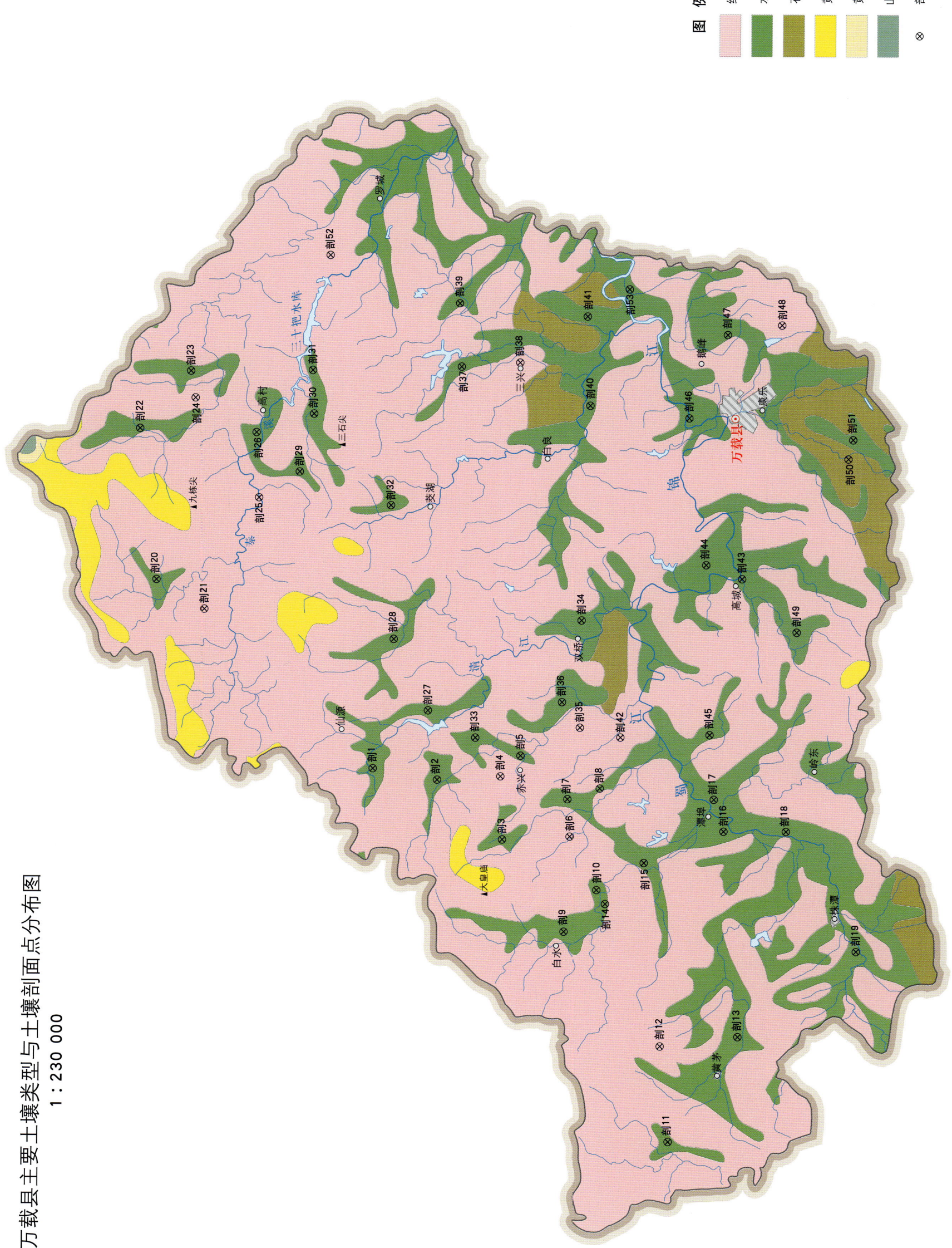

万载县土壤剖面理化性状表

剖面号 Soil profile	土纲 Soil order	土类 Soil great group	亚类 Soil subgroup	土属 Soil genus	土种 Soil species	土层码 Layer code	土层厚度 Depth/cm	颜色 Soil color	质地 Soil texture	土壤结构 Soil structure	pH	有机质 OM/(g/kg)	全氮 TN/(g/kg)	全磷 TP/(g/kg)	全钾 TK/(g/kg)	碱解氮 AN/(mg/kg)	有效磷 AP/(mg/kg)	速效钾 AK/(mg/kg)	阳离子交换量 CEC/(cmol/kg)	土壤母质 Parent material	剖面点坐标 Profile coordinate	匹配指数 Matching index/%
剖1	人为土	水稻土	淹育水稻土	淹育型麻砂泥田	弱淹灰麻砂泥田	A	0—10	浅灰色	轻砂壤土	小块状										花岗岩风化物	E 114°14′14.1″ N 28°16′54.7″	95
						C	10—100	灰黄色	砂壤土	团粒状												
剖2	人为土	水稻土	潴育水稻土	潴育型石灰泥田	强潴灰石灰泥田	A	0—16	灰黄色	中壤土	块状										石灰岩风化物	E 114°13′54.9″ N 28°15′00.2″	95
						P	16—25	灰褐色	重壤土	块状												
						W	25—100	黄褐色	中壤土	软糊无结构												
剖3	人为土	水稻土	潴育水稻土	潴育型黄泥田	全层强潴灰黄泥田	A	0—18	浅黄色	中壤土	块状										第四纪红色黏土	E 114°11′58.7″ N 28°13′01.2″	75
						P	18—25	深灰色	黏土	无明显												
						G_1	25—36	深青灰色	黏土	无结构												
						G_2	36—100	青灰色	黏土	无结构												
剖4	铁铝土	红壤		黄泥土	厚层乌黄土	A	0—23	灰棕色	壤质黏土	小块状	6.0	22.6	1.44	0.72	15.2	106	13.0	71	5.5	第四纪红色黏土	E 114°14′05.3″ N 28°13′07.8″	95
						Bv	23—65	棕红色	黏土	块状	5.5	16.3	1.01	0.48	15.5				4.9			
						C	65—100	棕红色	黏土	块状	4.8	9.2	0.75	0.36	16.7				5.7			
剖5	人为土	水稻土	潴育水稻土	潴育型紫泥田	中位弱潴乌黄紫泥田	A	0—13	棕褐色	中壤土	屑粒状										第四纪红色黏土	E 114°14′48.2″ N 28°12′33.0″	95
						P	13—24	深灰色	中壤土	块状												
						G	24—45	深灰色	黏土	块状												
						W	45—100	棕褐色	黏土	棱块状												
剖6	铁铝土	红壤性土		红砂岩类红壤性土		1	0—15	紫红色	轻壤土	粒状	5.3	25.9	1.70	1.00		141	≤1.0	68		红砂岩类	E 114°12′08.1″ N 28°11′01.3″	93
						2	15—30	紫红色	轻壤土	块状		10.5	1.50	0.90								
						3	30—100	紫红色	中壤土	块状		14.3	1.20	0.80								
剖7	人为土	水稻土	潴育水稻土	潴育型灰泥田	全层中潴灰紫泥田	A	0—16	灰棕色	轻壤土	小块状										紫色泥页岩风化物	E 114°13′23.0″ N 28°11′07.5″	75
						P	16—30	青灰色	中壤土	块状												
						G	30—76	青色	重壤土	块状												
						G_2	76—100	黄褐色	中壤土	无明显												
剖8	人为土	水稻土	潴育水稻土	潴育型石灰泥田	全层中潴乌黄灰泥田	A	0—15	灰黄色	轻壤土	块状	8.2	39.6	2.50	0.90		172	13.0	112		石灰岩风化物	E 114°13′46.7″ N 28°10′10.7″	75
						P	16—22	青灰色	黏土	块状		33.2	2.30	0.80								
						G	22—100	青色	黏土	块状		30.4	1.90	0.70								
剖9	人为土	水稻土	潴育水稻土	潴育型麻砂泥田	强潴弱潴灰麻砂泥田	A	0—15	灰棕色	中壤土	松散状										花岗岩风化物	E 114°08′58.1″ N 28°11′06.9″	95
						P	15—28	灰黄色	砂壤土	块状												
						W	28—100	黄褐色	中壤土	块状												
剖10	人为土	水稻土	潴育水稻土	潴育型鳝泥田	上位弱潴乌鳝泥田	A	0—12	棕黄色	中壤土	屑粒状	6.2	41.8	2.50	0.80		177	1.8	42		泥质岩类风化物	E 114°10′23.6″ N 28°10′11.1″	75
						P	12—26	青灰色	黏土	细块状		12.7	0.80	0.40								
						G	26—100	浅灰色	黏土	块状		7.9	0.50	0.40								
剖11	人为土	水稻土	潴育水稻土	潴育型黄泥田	全层弱潴乌黄泥田	A	0—17	灰黄色	砂壤土	团粒状	5.9	41.8	2.40	0.90		186	2.4	33		第四纪红色黏土	E 114°02′08.5″ N 28°07′50.6″	75
						P	17—32	青灰色	黏土	块状		34.5	1.80	0.90								
						G	32—100	黄褐色	黏土	块状		9.4	0.60	0.30								
剖12	铁铝土	红壤		泥质岩类红壤	薄层中有机质岩红壤	1	0—11	灰红色	中壤土	团块状	8.0	43.0	2.50	0.90		179	16.0	70		泥质岩类	E 114°05′15.7″ N 28°08′10.1″	95
						2	11—28	浅红色	中壤土	棱块状		40.0	1.90	0.70								
						3	28—100	浅红色	黏土	棱块状		10.0	0.80	0.50								
剖13	人为土	水稻土	潴育水稻土	潴育型鳝泥田	灰鳝泥田	A	0—13	灰黄色	壤土	团块状		43.0	2.50	0.90						泥质岩类风化物	E 114°05′39.1″ N 28°05′52.5″	95
						P	13—21	浅黄色	中壤土	棱块状												
						W_2	21—62	浅黄色	黏土	棱块状												
						C	62—100	黄色	黏土	棱块状		11.0	0.90	0.50								

续表 Continued

剖面号 Soil profile	土纲 Soil order	土类 Soil great group	亚类 Soil subgroup	土属 Soil genus	土种 Soil species	土层码 Layer code	土层厚度 Depth/cm	颜色 Soil color	质地 Soil texture	土壤结构 Soil structure	pH	有机质 OM/(g/kg)	全氮 TN/(g/kg)	全磷 TP/(g/kg)	全钾 TK/(g/kg)	碱解氮 AN/(mg/kg)	有效磷 AP/(mg/kg)	速效钾 AK/(mg/kg)	阳离子交换量CEC/(cmol/kg)	土壤母质 Parent material	剖面点坐标 Profile coordinate	匹配指数 Matching index/%
剖14	人为土	水稻土	潜育水稻土	潜育型潮砂泥田	上位弱潜乌潮砂泥田	A	0—15	乌灰色	重壤土	屑粒状	6.2	38.8	2.10	0.90		167	9.5	42		河流冲积物	E 114°09′56.2″ N 28°09′55.0″	75
						P	15—24	浅灰色	重壤土	块状		23.1	0.90	0.70								
						G	24—38	浅青灰色	中壤土	块状		13.6	0.60	0.60								
						C	38—100	黄青色	砂土	散状		12.3	0.40	0.40								
剖15	人为土	水稻土	淹育水稻土	淹育型鳝泥田	强淹灰鳝泥田	A	0—15	灰棕色	中壤土	小块状										泥质岩类风化物	E 114°11′20.1″ N 28°08′48.2″	95
						2	15—19	黄棕色	中壤土	块状												
						C	29—100	黄棕色	中壤土	块状												
剖16	人为土	水稻土	潴育水稻土	潴育型麻砂泥田	弱潴乌砂泥田	A	0—15	灰棕色	中壤土	屑粒状										花岗岩风化物	E 114°12′27.5″ N 28°06′28.6″	95
						P	15—25	浅灰色	中壤土	小块状												
						W	25—73	灰棕色	中壤土	块状												
						C	73—100	灰棕色	重壤土	块状												
剖17	人为土	水稻土	潴育水稻土	潴育型紫泥田	弱潴灰紫泥田	A	0—10	棕灰色	中壤土	团块状	5.7	20.4	1.70	0.80		163	4.7	72		紫色泥页岩风化物	E 114°13′30.7″ N 28°06′47.2″	95
						P	10—19	棕灰色	中壤土	块状		17.7	1.10	0.60								
						W1	19—40	棕灰色	中壤土	块状		8.3	0.80	0.40								
						W2	40—100	棕灰色	中壤土	块状		8.3	0.80	0.40								
剖18	人为土	水稻土	潴育水稻土	潴育型麻砂泥田	麻砂泥田	A	0—14	浅灰色	中壤土	屑粒状										花岗岩风化物	E 114°12′30.6″ N 28°04′37.6″	95
						P	14—22	灰色	中壤土	小块状												
						W	22—65	棕灰色	中壤土	块状												
						C	65—100	暗灰色	重壤土	屑粒状												
剖19	人为土	水稻土	潴育水稻土	潴育型鳝泥田	弱潴乌鳝泥田	A	0—15	棕灰色	轻壤土	大块状										泥质岩风化物	E 114°08′35.2″ N 28°02′27.0″	95
						P	15—31	灰黄色	黏土	软糊无结构												
						W	31—100	灰白色	黏壤土	湿软状												
剖20	人为土	水稻土	潴育水稻土	潴育型鳝泥田	全层强鳝泥田	A	0—17	棕灰色	黏壤土	软糊无结构	6.7	24.6	2.10	0.40		82	27.0	37		泥质岩风化物	E 114°20′20.4″ N 28°22′28.1″	75
						G	17—100	深灰色	黏土	软糊无结构		17.7	1.10	1.60								
剖21	铁铝土	红壤		酸性结晶岩类红壤		1	0—30	灰黄色	砂壤土	小粒状										酸性结晶岩类	E 114°19′23.7″ N 28°22′01.8″	95
						2	30—54	灰棕色	砂壤土	小块状												
						3	54—100	红棕色	重砂壤土	散状												
剖22	人为土	水稻土	潴育水稻土	潴育型砂泥田		1	0—20				6.2	35.1	1.80	0.60		≤1	2.4	53		花岗岩风化物	E 114°25′23.2″ N 28°24′05.0″	75
剖23	人为土	水稻土	潴育水稻土	潴育型鳝泥田		1	0—20				5.8	51.6	2.30	0.80		190	6.0	37		花岗岩风化物	E 114°27′19.9″ N 28°22′37.0″	75
剖24	铁铝土	黄红壤		酸性结晶岩类黄红壤		1	0—15	灰棕色	轻壤土	屑粒状										酸性结晶岩类	E 114°26′26.8″ N 28°22′27.8″	95
						2	15—73	黄红色	砂壤土	团块状												
						3	73—100	黄色														
剖25	铁铝土	红壤		酸性结晶岩红壤		1	0—9				5.0	51.4	3.10	≤0.10		249	5.9	131		酸性结晶岩类	E 114°23′10.5″ N 28°20′30.3″	95
						2	9—22					21.9	1.90	1.00								
						3	22—100					26.7	1.90	0.90								
剖26	人为土	水稻土	潴育水稻土	潴育型砂泥田	灰红砂泥田	1	0—20	灰黄色	中壤土	屑粒状	6.9	34.0	1.40	0.60		160	4.0	33		花岗岩风化物	E 114°25′21.1″ N 28°20′37.6″	75
剖27	人为土	水稻土	潴育水稻土	潴育型红泥田		A	0—15	灰黄色	重壤土	块状	6.2	28.3	1.30	0.90		190	8.2	100		红砂岩风化物	E 114°16′13.7″ N 28°15′19.9″	75
						P	15—24	灰黄色	中壤土	棱柱状		12.9	0.80	0.70								
						W1	24—54	棕红色	重壤土	棱柱状		7.1	0.60	0.60								
						W2	54—100	棕色	重壤土			6.5	0.50	0.50								
剖28	人为土	水稻土	潴育水稻土	潴育型鳝泥田	鳝泥田	A	0—12	灰色	轻壤土											泥质岩类风化物	E 114°18′34.7″ N 28°16′24.0″	95
						P	12—19	灰色	轻壤土													
						W	19—36	浅灰黄色	轻壤土													
							36—100	灰灰黄色	中壤土													

续表 Continued

剖面号 Soil profile	土纲 Soil order	土类 Soil great group	亚类 Soil subgroup	土属 Soil genus	土种 Soil species	土层码 Layer code	土层厚度 Depth/cm	颜色 Soil color	质地 Soil texture	土壤结构 Soil structure	pH	有机质 OM/(g/kg)	全氮 TN/(g/kg)	全磷 TP/(g/kg)	全钾 TK/(g/kg)	碱解氮 AN/(mg/kg)	有效磷 AP/(mg/kg)	速效钾 AK/(mg/kg)	阳离子交换量 CEC/(cmol/kg)	土壤母质 Parent material	剖面点坐标 Profile coordinate	匹配指数 Matching index/%
剖29	人为土	水稻土	潴育水稻土	潴育型红砂岩类红壤	强潴乌红砂泥田	A	0-15	灰棕色	轻壤土	粒状										红砂岩类风化物	E 114°24′04.5″ N 28°19′19.7″	75
						P	15-27	灰褐色	中壤土	块状												
						W₁	27-41	灰黄色	轻壤土	棱块状												
						W₂	41-100	灰棕色	中壤土	棱块状												
剖30	人为土	水稻土	潴育水稻土	潴育型紫泥田	强潴灰紫砂泥田	A	0-15	黄棕色	中壤土	肩状										紫色泥页岩风化物	E 114°26′00.9″ N 28°18′56.7″	75
						P	15-23	黄棕色	中壤土	块状												
						W₁	23-40	灰色	中壤土	块状												
						W₂	40-100	黄棕色	中壤土	块状												
剖31	人为土	水稻土	潴育水稻土	潴育型麻砂泥田	全层强潜麻砂泥田	A	0-22	灰黄色	中壤土	小块状		41.5	1.90	0.60		157	4.0	41		花岗岩风化物	E 114°27′27.6″ N 28°19′00.5″	75
						P	22-26	青灰色	中壤土	块状		36.1	6.10	0.40								
						G	26-100	青灰色	中壤土	无结构		36.1	6.10	0.40								
剖32	人为土	水稻土	潴育水稻土	潴育型黄泥田	弱潜乌黄泥田	A	0-14	灰色	中壤土	小块状										第四纪红色黏土	E 114°23′01.7″ N 28°16′35.5″	75
						P	14-22	灰棕色	重壤土	块状												
						W	22-36	灰黄色	轻黏土	块状												
						C	36-100	黄色	中壤土	块状												
剖33	人为土	水稻土	潴育水稻土	潴育型黄泥田	强潜乌黄泥田	A	0-15	乌褐色	中壤土	肩粒状										第四纪红色黏土	E 114°15′21.6″ N 28°13′54.3″	75
						P	15-23	灰黄色	中壤土	块状												
						W₁	23-37	棕黄色	重壤土	大块状												
						W₂	37-100	黄色	重壤土	块状												
剖34	人为土	水稻土	潴育水稻土	潴育型石灰泥田	乌石灰泥田	A	0-16	乌黄色	重壤土	肩粒状	5.1	44.0	2.70	1.20		198	8.0	85		石灰岩风化物	E 114°19′21.3″ N 28°10′51.3″	95
						P	16-25	浅黄色	重壤土	块状		39.0	1.30	0.70								
						W₁	25-73	灰色	重壤土	块状		6.0	0.80	0.40								
						W₂	73-100	黄色	重壤土	棱块状		≤1.0	0.50	0.30								
剖35	铁铝土	红壤	红壤	红砂岩类红壤		1	0-27	紫红色	中壤土	小块状		46.1	2.50	0.80						红砂岩类	E 114°15′47.7″ N 28°10′49.1″	95
						2	27-100	棕红色	重壤土	碎粒状		45.5	2.50	0.70								
剖36	人为土	水稻土	潴育水稻土	潴育型石灰泥田	灰黄灰泥田	A	0-14	灰黄色	中壤土	团粒状	5.7	31.1	2.30	1.35		183	10.0	51		石灰岩风化物	E 114°16′37.7″ N 28°11′22.0″	75
						P	14-21	浅黄色	重壤土	块状		18.4	1.20	0.90								
						W₁	21-51	浅黄色	重壤土	块状		16.5	0.80	8.70								
						W₂	51-100	棕黄色	轻壤土	块状		17.1	0.85									
剖37	人为土	水稻土	潴育水稻土	潴育型麻砂泥田	乌麻砂泥田	A	0-15	灰棕色	中壤土	小块状	6.1	46.1	2.50	0.80		218	12.0	40		花岗岩风化物	E 114°27′42.1″ N 28°14′36.5″	95
						P	15-20	浅灰色	重壤土	小块状		45.5	2.50	0.70								
						W₁	20-40	青灰色	重壤土	小块状		22.8	1.10	0.40								
						W₂	40-100	黄色	重壤土	小块状		22.5	1.20	0.20								
剖38	铁铝土	红壤				1	0-23	黄灰色	中壤土	小粒状	4.8	20.1	1.20	0.50		102	≤1.0	130		第四纪红色黏土	E 114°27′52.7″ N 28°12′53.1″	95
						2	23-100	红色	黏土	小块状		5.3	1.10	0.50								
剖39	人为土	水稻土	潴育水稻土	潴育型潮砂泥田	强潴乌潮砂泥田	A	0-13	乌灰色	砂土	肩状	6.4	27.4	1.60	0.84		154	19.2	212		河流冲积物	E 114°29′48.5″ N 28°14′42.7″	95
						P	13-23	浅棕色	砂壤土	小块状		23.3	1.40	0.79								
						W	23-100	棕褐色	轻壤土	大块状		5.2	0.49	0.85								
剖40	人为土	水稻土	潴育水稻土	潴育型潮砂泥田	乌砂泥田	A	0-16	乌黄色	中壤土	团粒状		6.9	0.50	0.80						河流冲积物	E 114°26′30.8″ N 28°10′46.2″	75
						P	16-25	灰黄色	重壤土	块状		31.4	1.90	1.04		170	18.0	112				
						W₁	25-49	灰褐色	黏土	棱柱状		15.9	1.10									
剖41	人为土	水稻土	潴育水稻土	潴育型黄泥田	强潴乌黄泥田	1	0-13	灰黄色			5.8	13.7	0.70							第四纪红色黏土	E 114°29′28.2″ N 28°10′55.1″	75
						2	13-23		砂壤土			12.4	0.70	0.70								
						3	23-37		黏土													
						4	37-100		黏土													

续表 Continued

剖面号 Soil profile	土纲 Soil order	土类 Soil great group	亚类 Soil subgroup	土属 Soil genus	土种 Soil species	土层码 Layer code	土层厚度 Depth/cm	颜色 Soil color	质地 Soil texture	土壤结构 Soil structure	pH	有机质 OM/(g/kg)	全氮 TN/(g/kg)	全磷 TP/(g/kg)	全钾 TK/(g/kg)	碱解氮 AN/(mg/kg)	有效磷 AP/(mg/kg)	速效钾 AK/(mg/kg)	阳离子交换量 CEC/(cmol/kg)	土壤母质 Parent material	剖面点坐标 Profile coordinate	匹配指数 Matching index/%
剖42	铁铝土	红壤	红壤	红砂泥土	厚层灰红砂泥土	1	0—12	灰褐色	轻壤土	粒状	4.7	12.6	1.10	1.24		112	16.0	320		红砂岩类风化物	E 114°15′30.0″ N 28°09′36.5″	95
						2	12—83	黄棕色	轻壤土	粒状		12.6	1.00	0.80								
						3	83—100	黄棕色	轻壤土	块状		12.3	0.70	1.10								
剖43	人为土	水稻土	潴育水稻土	潴育型潮砂泥田	灰潮砂泥田	A	0—15	灰色	中壤土	团粒状										河流冲积物	E 114°20′52.4″ N 28°06′08.2″	95
						P	15—24	浅黄色	重壤土	块状												
						W₁	24—65	棕黄色	中壤土	团粒状												
						W₂	65—100	灰黄色	中壤土	块状												
剖44	人为土	水稻土	潴育水稻土	潴育型麻砂泥田	全层中潴灰麻砂泥田	A	0—17	棕灰色	轻壤土	小粒状	5.6	29.2	2.00			220	7.2	36		花岗岩风化物	E 114°21′18.1″ N 28°07′12.7″	95
						P	17—26	棕灰色	中壤土	块状		24.1	1.50	0.30								
						G₁	26—55	青灰色	中壤土	块状		26.1	1.30	0.20								
						G₂	55—100	青黄色	黏壤土	湿软状		30.1	1.40	0.50								
剖45	人为土	水稻土	潴育水稻土	潴育型麻砂泥田	全层强潴灰麻砂泥田	A	0—25	青灰色	中壤土	软糊无结构										花岗岩风化物	E 114°15′39.7″ N 28°06′58.0″	95
						G₁	25—60	青黄色	中壤土	湿软状												
						G₂	60—100	青黄色	中壤土	湿软状												
剖46	人为土	水稻土	潴育水稻土	潴育型黄泥田	强潴黄泥田	A	0—12	灰黄色	黏壤土	小块状										第四纪红色黏土	E 114°26′11.0″ N 28°07′49.9″	95
						P	12—19	灰黄色	中壤土	块状												
						W₁	19—48	棕黄色	中壤土	块状												
						W₂	48—100	红棕色	黏土	块状												
剖47	人为土	水稻土	潴育水稻土	潴育型黄泥田	灰黄泥田	A	0—15	灰黄色	黏土	团块状		35.4	2.10	0.60		17	≤1.0	58		第四纪红色黏土	E 114°28′58.6″ N 28°06′45.2″	95
						P	15—24	浅青灰色	黏土	块状		22.9	1.40	0.56								
						W₁	24—48	浅青灰色	黏土			3.7	0.60	0.57								
						W₂	48—100	棕黄色	黏土	块状		2.6	0.40	0.51								
剖48	铁铝土	红壤	红壤	酸性结晶岩红壤		1	0—14	棕褐色	中壤土	小块状										酸性结晶岩类	E 114°29′20.3″ N 28°05′09.6″	95
						2	14—35	灰红色	中壤土	小块状												
						3	35—60	浅红色	砂土	小石块												
						4	60—100	红黄色														
剖49	人为土	水稻土	潴育水稻土	潴育型黄泥田	上位弱潜乌黄泥田	A	0—14	暗黑色	中壤土	屑粒状	6.7	35.2	1.70	0.70		166	8.8	56		第四纪红色黏土	E 114°19′09.3″ N 28°04′28.4″	95
						P	14—19	浅灰黄色	中壤土	小块状		13.7	0.90	0.40								
						G₁	19—54	灰黄色	中壤土	块状		6.6	0.20	0.40								
						G₂	54—100	棕黄色	砂土	块状		2.3	0.40	0.40								
剖50	初育土	石灰(岩)土	棕色石灰土	碳酸盐类棕色石灰土		1	0—10	灰红色	中壤土	屑粒状										石灰岩类	E 114°24′57.5″ N 28°03′04.9″	95
						2	10—40	黄红色	中壤土	小块状												
						3	40—100	浅红色	中壤土													
剖51	人为土	水稻土	潴育水稻土	潴育型炭泥田	灰炭泥田	A	0—13	灰黑色	重壤土	小块状											E 114°25′36.0″ N 28°02′58.0″	95
						P	13—23	灰黑色	重壤土	块状												
						W₁	23—47	棕黑色	重壤土	块状												
						W₂	47—100	黑色	重壤土	块状												
剖52	铁铝土	红壤	红壤	泥质岩红壤	厚层多有机质泥质岩红壤	1	0—13	灰褐色	黏土	屑粒状										泥质岩类	E 114°31′19.1″ N 28°18′34.8″	95
						2	13—50	黄红色	黏土	细块状												
						3	50—100	浅红色	黏土	小块状												
剖53	人为土	水稻土	潴育水稻土	潴育型麻砂泥田	弱潴黄麻砂泥田	A	0—16	灰色	中壤土	块状										花岗岩风化物	E 114°30′24.8″ N 28°09′41.7″	95
						P	16—32	黄色	中壤土	块状												
						W	45—100		重壤土													

上 高 县

主要土类说明

红壤是上高县主要土壤类型，占本县地域面积的37%，主要分布在低丘陵及山地。红壤是在高温、高湿，春夏雨水多、秋冬干旱的气候条件下，铝硅酸盐类的矿物质强烈分解，硅和盐基遭到淋失，高岭化黏粒与其他次生矿物不断形成，红色铁、锰、铝氧化物明显积聚而形成的。土体剖面结构为A-B-C。主要成土母质为第四纪红色黏土，红砂岩、千枚岩、石灰岩、页岩、花岗岩风化物，质地为黏质重壤土至黏壤土（而红砂岩发育的红壤为轻壤土至中壤土）。土层深厚，多在1m以上，积储大量母质营养元素，供养能力巨大。而花岗岩、砂页岩、石灰岩发育的红壤，质地为轻砂土，多砾石，土层薄，但海拔在500m以下且植被多。所有红壤都呈酸性至强酸性，一般有机质含量为15g/kg左右，磷、钾含量较缺。根据利用状况及肥力高低，本县红壤分为红壤、红壤性土、黄红壤三个亚类。其中，以红壤亚类面积最大，占本土类总面积的83%，主要分布在本县海拔400m以下丘陵地，土层多在1m以下，质地黏重，多呈酸性，有机质含量低，在10g/kg左右。

水稻土是上高县第二大土壤类型，占本县地域面积的34%，分布于本县各地。由于长期水耕熟化，各种母土或母质起源的水稻土都具有基本发育层段：耕作层、犁底层、潴育层或潜育层（青泥层）。本县水稻土的起源母质以第四纪红色黏土、河流冲积物和红砂岩风化物为主，千枚岩、花岗岩、石灰岩、紫色砂页岩风化物次之。本县水稻土分为淹育水稻土、潴育水稻土、表潜侧渗水稻土、潜育水稻土四个亚类。其中以良水型的潴育水稻土亚类面积最大，占水稻土总面积的84%，主要分布于河流平原中、畈田中部丘陵、山地、冲田、垄田的中部，水耕熟化程度和土壤肥力较高，灌溉条件好，地下水位适中，土体的氧化还原作用交替进行，铁锰淋溶淀积现象明显，剖面分层清晰，耕作层之下心土层呈花斑状，常见多量的铁锰质新生体，如锈纹、锈斑，土壤呈柱状、棱柱状结构，表面可看到水分下渗的痕迹，有棕灰色、青灰色胶膜，剖面构型一般为A-P-W-C、A-P-W-G、A-P-W。

石灰（岩）土是上高县第三大土壤类型，占本县地域面积的28%，分布在南港、田心、翰堂、蒙山等乡镇，石灰岩风化物形成的土壤有石灰反应，呈中性、弱碱性，pH为7.0—8.0，土质黏重，土层厚薄不一，有机质含量在20g/kg左右，高的可达40g/kg。在芦洲、塔下、新界埠、徐家渡、田心等乡镇，地下深层埋藏石灰岩，地表覆盖红黏土。根据母岩颜色，本县石灰（岩）土分为红色石灰土、棕色石灰土和黑色石灰土三个亚类。

小于本县地域面积3%的土壤类型还有紫色土和黄壤等。

本区域中心区气候特征

本区域中心区气候特征值
Regional climate characteristics in central area of the region

气候带：中亚热带湿润气候 Climate region: Subtropical humid climate	
年平均气温 /℃ Annual average temperature /℃	17.6
年平均最高气温 /℃ Annual average maximum temperature /℃	21.8
年平均最低气温 /℃ Annual average minimum temperature /℃	14.4
年降水量 /mm Annual precipitation /mm	1499
≥10℃的积温 /℃ Daily temperature accumulated in a year（≥10℃）/℃	10842
年日照时数 /h Annual sunshine /h	1703
年平均相对湿度 /% Annual average relative humidity /%	79
干燥度 Dryness	0.70

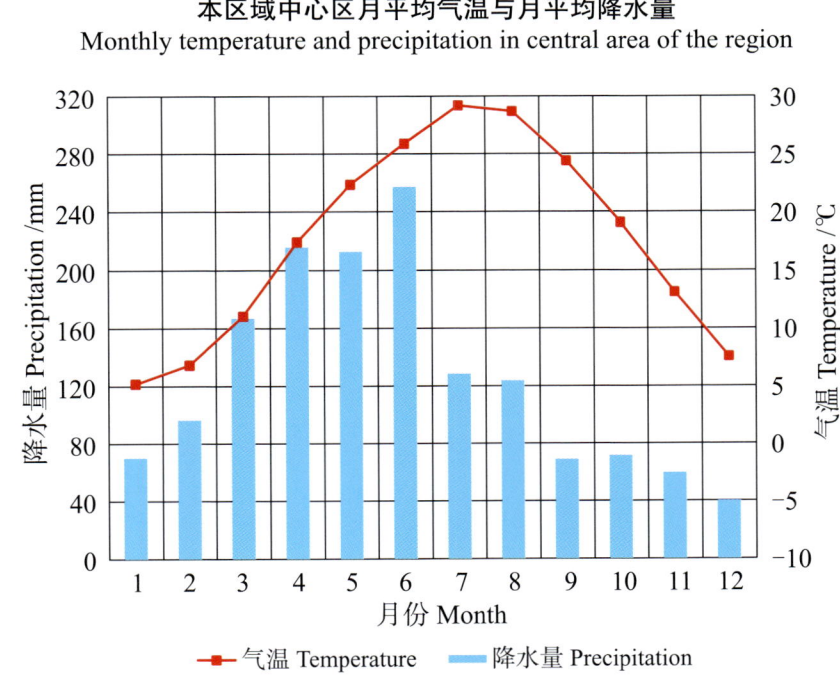

本区域中心区月平均气温与月平均降水量
Monthly temperature and precipitation in central area of the region

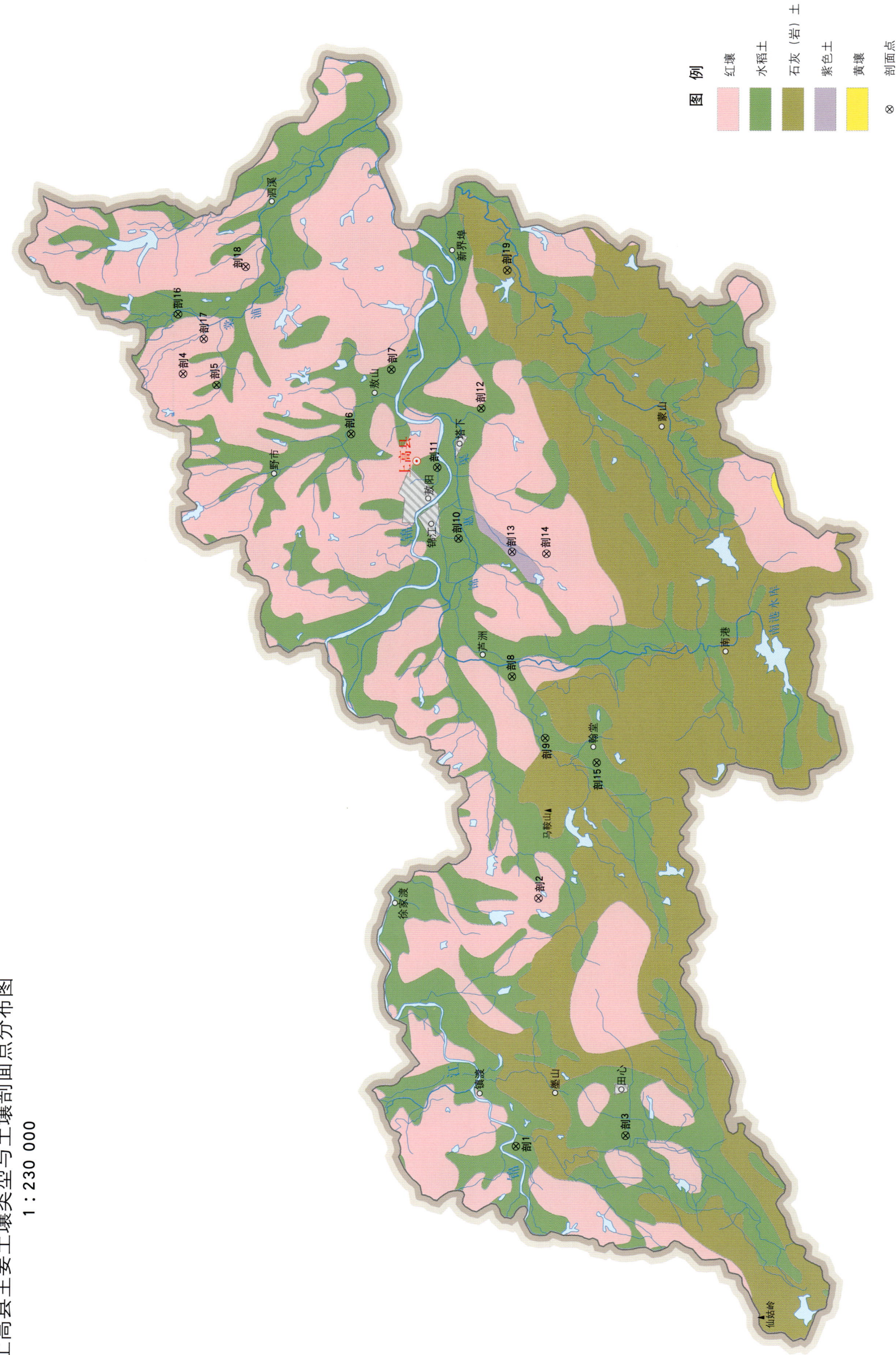

上高县主要土壤类型与土壤剖面点分布图
1∶230 000

上高县土壤剖面理化性状表

剖面号 Soil profile	土纲 Soil order	土类 Soil great group	亚类 Soil subgroup	土属 Soil genus	土种 Soil species	土层码 Layer code	颜色 Soil color	质地 Soil texture	土壤结构 Soil structure	pH	有机质 OM (g/kg)	全氮 TN (g/kg)	全磷 TP (g/kg)	全钾 TK (g/kg)	碱解氮 AN (mg/kg)	有效磷 AP (mg/kg)	速效钾 AK (mg/kg)	土壤母质 Parent material	剖面点坐标 Profile coordinate	匹配指数 Matching index/%
剖1	人为土	水稻土	潴育水稻土	紫土性潴育水稻土	乌紫砂泥田	1				7.0	38.4	1.90	0.46	17.6	144	15.0	92		E 114° 34′ 21.5″ N 28° 11′ 04.8″	95
						2				6.5	31.7	1.80	0.41	17.4	112	9.0	82			
						3				6.6	9.6	0.28	0.39	17.0	24	4.0	66			
剖2	铁铝土	红壤	红壤性土	森林红壤性土	林地千枚岩棕红土	1				5.8	43.5	0.28	6.40		143	≤1.0	81	千枚岩风化物	E 114° 42′ 26.0″ N 28° 10′ 36.5″	93
						2				5.7	13.1	0.22	8.40		32	≤1.0	47			
						3				5.8	4.3	0.18	≤0.10		51	≤1.0	37			
剖3	人为土	水稻土	潴育水稻土	石灰岩潴育水稻土	石灰性乌泥田	1				7.8	28.6	1.38	0.39		40	6.0	47	石灰性岩	E 114° 34′ 46.9″ N 28° 07′ 55.4″	95
						2				7.8	26.7	1.20	0.34		36	5.0	31			
						3				7.8	7.9	0.36	0.24		34	3.0	20			
						4				7.8	3.6	0.20	0.25		30	≤1.0	20			
剖4	铁铝土	红壤	红壤	熟化红壤	黄泥土	1				6.2	16.4	1.00	0.51	10.3	75	9.0	72	第四纪红色黏土	E 114° 59′ 16.6″ N 28° 21′ 13.0″	95
						2				6.3	16.1	0.90	0.60	7.2	67	16.0	61			
						3				5.8	9.2	0.70	0.47	13.4	54	≤1.0	57			
剖5	人为土	水稻土	淹育水稻土	红黏土性淹育水稻土	红泥田	1				5.6	12.1	0.77	0.40	10.4	40	4.0	25	第四纪红色黏土	E 114° 58′ 56.0″ N 28° 20′ 14.1″	75
						2				5.5	8.4	0.49	0.31	10.6	25	≤1.0	18			
						3				5.6	2.5	0.13	0.28	10.5	17	≤1.0	16			
剖6	人为土	水稻土	表潜侧渗水稻土	河积性表潜侧渗水稻土	漂洗黄泥田	1				6.1	29.2	1.60	0.49	8.2	146	21.0	41	河流冲积物	E 114° 57′ 25.7″ N 28° 16′ 19.3″	95
						2				6.6	23.0	0.80	0.35	8.7	62	10.0	20			
						3				7.1	25.0	0.40	0.27	8.2	38	8.0	20			
剖7	人为土	水稻土	潜育水稻土	潜育型冷浸田		1				7.5	33.0	1.70	0.87	15.9	115	9.0	44		E 114° 59′ 32.6″ N 28° 15′ 11.3″	95
						2				7.5	27.4	1.60	0.70	13.6	24	9.0	37			
剖8	人为土	水稻土	潴育水稻土	红黏土性潴育水稻土	火瑞黄泥田	1		重黏土	碎块状	5.5	24.8	1.30	0.78	9.2	87	10.0	41	第四纪红色黏土	E 114° 49′ 38.1″ N 28° 11′ 31.2″	95
						2			块状	6.2	14.5	0.80	0.78	8.1	63	7.0	31			
						3				6.7	9.9	0.50	0.33	8.2	35	7.0	31			
						4				6.8	9.6	0.40	0.55	13.5	35	4.0	68			
剖9	人为土	水稻土	潴育水稻土	千枚岩性潴育水稻土	乌鳞泥田	1		中壤土	碎块状	5.4	40.4	2.90	0.44	11.6	161	14.0	74	千枚岩类	E 114° 47′ 39.6″ N 28° 10′ 31.0″	95
						2	黄灰色	重黏土	块状	5.9	30.4	2.00	0.40	11.5	131	3.0	35			
						3	黄黄色	重黏土		6.8	11.1	0.60	0.25	13.6	35	3.0	33			
						4				6.9	6.4	0.60	0.23	12.5	21	2.0	34			
剖10	人为土	水稻土	潴育水稻土	红黏土性潴育水稻土	灰黄泥田	1	黄灰色	中壤土	碎块状	5.6	20.8	1.35	0.63	15.4	80	6.0	57	第四纪红色黏土	E 114° 54′ 06.0″ N 28° 13′ 09.2″	95
						2	灰黄色	重黏土	块状	5.6	16.2	1.05	0.66	15.3	56	6.0	47			
						3	灰黄色	重黏土		6.2	15.7	0.37	0.44	15.4	42	7.0	46			
						4				6.2	5.7	0.30	0.52	15.6	28	5.0	48			
剖11	人为土	水稻土	潴育水稻土	河积性潴育水稻土	灰潮砂泥田	1		中壤土	粒状	6.8	20.0	1.01	0.38	27.9	70	3.0	34	河流冲积物	E 114° 56′ 23.4″ N 28° 13′ 48.3″	95
						2		中壤土		6.8	7.7	0.40	0.33	25.3	38	≤1.0	27			
						3		中壤土	粒状	6.8	4.5	0.30	0.35	26.0	27	1.0	27			
						4		中壤土		6.9	2.0	0.30	0.57	27.5	15	1.0	28			
剖12	人为土	水稻土	潴育水稻土	红砂岩性潴育水稻土	乌红砂泥田	1		中壤土	粒状	7.5	35.5	2.10	0.55	11.7	156	6.0	61	红砂岩类风化物	E 114° 58′ 15.6″ N 28° 12′ 29.4″	95
						2		中壤土	碎块状	7.6	25.0	1.20	0.47	13.5	103	2.0	56			
						3		中壤土	碎块状	7.7	12.6	0.60	0.30	12.5	41	≤1.0	50			
						4		中壤土	碎块状	7.4	1.4	≤0.10	0.24	13.2	11	≤1.0	38			

续表 Continued

剖面号 Soil profile	土纲 Soil order	土类 Soil great group	亚类 Soil subgroup	土属 Soil genus	土种 Soil species	土层码 Layer code	颜色 Soil color	质地 Soil texture	土壤结构 Soil structure	pH	有机质 OM/(g/kg)	全氮 TN/(g/kg)	全磷 TP/(g/kg)	全钾 TK/(g/kg)	碱解氮 AN/(mg/kg)	有效磷 AP/(mg/kg)	速效钾 AK/(mg/kg)	土壤母质 Parent material	剖面点坐标 Profile coordinate	匹配指数 Matching index/%
剖13	初育土	紫色土	酸性紫色土	熟化酸性紫色土	灰紫砂泥土	1				6.1	20.2	1.00	0.77	18.9	57	11.0	53	第四纪红色黏土	E 114°53′41.9″ N 28°11′35.7″	75
						2				6.1	12.5	0.50	0.77	18.9	53	5.0	53			
						3				6.1	10.4	0.30	0.39	14.7	46	4.0	42			
剖14	铁铝土	红壤	红壤	生草红壤	草地黄泥土	1				5.4	36.1	0.35	7.40		82	≤1.0	24	第四纪红色黏土	E 114°53′39.6″ N 28°10′35.8″	95
						2				5.0	25.2	0.31	≥10.00		57	≤1.0	15			
						3				5.1	10.3	0.32	≥10.00		49	≤1.0	16			
剖15	人为土	水稻土	淹育水稻土	石灰岩性淹育水稻土	石灰性黄泥田	1		中壤土	碎块状	7.6	21.4	1.28	0.50	12.6	40	5.0	42	石灰岩类	E 114°46′53.7″ N 28°09′01.1″	95
						2		中壤土	块状	7.5	9.3		0.31	11.4	32	2.0	41			
						3		重壤土	块状	7.5	4.1		0.30	11.1	30	2.0	42			
剖16	人为土	水稻土	淹育水稻土	河积性青水稻土	潮砂泥田	1				6.3	14.0	0.90	0.40	13.1	61	6.0	56	河流冲积物	E 115°01′13.3″ N 28°21′23.7″	95
						2				6.3	9.2	0.50	0.31	12.9	42	3.0	43			
						3				6.4	7.1	0.43	0.25	11.2	20	≤1.0	26			
剖17	铁铝土	红壤	黄红壤	林地黄红壤	林地黄红壤	1				5.4	44.2	0.55	≥10.00		170	5.0	179		E 115°00′26.1″ N 28°20′37.7″	75
						2				5.6	10.3	0.51	≥10.00		60	2.0	99			
剖18	铁铝土	红壤	红壤	生草红壤	草地黄泥土	1				5.2	10.3	0.30	0.14	8.1	24	2.0	50	第四纪红色黏土	E 115°02′48.8″ N 28°19′27.5″	95
						2				5.2	9.8	0.20	0.15	8.2	17	≤1.0	35			
						3				4.8	7.9	0.20	0.13	8.1	13	≤1.0	20			
剖19	初育土	石灰(岩)土	黑色石灰土	熟化黑色石灰土	黑色石灰土	1				6.8	14.7	0.90	0.41	15.2	86	2.0	23	石灰岩风化物	E 115°02′40.3″ N 28°11′44.6″	74
						2				7.0	9.2	0.52	0.38	15.3	41	≤1.0	20			
						3				7.0	5.8	0.36	0.38	15.2	34	≤1.0	24			

宜 丰 县

主要土类说明

红壤是宜丰县主要土壤类型，占本县地域面积的74%，广泛分布于本县低山、丘陵地区，凡海拔800m以下的山丘都有分布。由于本县地处中亚热带温暖湿润区，在高温、高湿及干湿交替明显的气候条件下，硅铝酸盐类矿物强烈分解，盐基遭到淋失，高岭化黏粒和其他次生矿物不断形成，铁铝氧化物明显积聚而形成了这种盐基高度不饱和的脱硅富铝化土壤。红壤土层一般深厚，质地黏重，呈酸性至微酸性，除表土层稍松，色泽灰暗外，其他各层位土体都呈红色，且紧实。土壤发生层一般有淋溶层、淋淀过渡层、淀积层、淀积母质层和母质层等。发育良好的土壤剖面，在淀积层有胶膜淀积。因受地形、母质、植被等成土因素的影响，红壤的属性、生产性能、利用方式等方面有所差异。

水稻土是宜丰县第二大土壤类型，占本县地域面积的21%，广泛分布于丘陵沟谷和河谷平原，在山丘缓坡处也有少量分布。水稻土是在淹灌、栽培水稻条件下，经长期耕作、施肥等因素综合影响下而形成的一类耕作土壤。在季节性的淹水灌溉和干湿交替过程中，水稻土进行着有机质的积累和分解，有机-无机复合胶体的形成与解离，钾、钠、钙等盐基的淋溶和复盐基过程，土壤剖面形态发生了深刻变化，特别是铁、锰等物质在地表水和地下水的双重作用下，进行还原淋溶和氧化淀积形成斑状土层，使水稻土形成淹育层（水耕层）、潴育层、潜育层、漂洗层以及耕作层（水耕层）、犁底层、母质层等发生层。这些水稻土独有的发生层段形成多种剖面构型。发育好的水稻土，剖面1m以内都呈花斑状特征，而且具有垂直节理，心土层结构呈棱柱状或棱块状结构。本县水稻土分为淹育水稻土、潴育水稻土、潜育水稻土和漂洗水稻土四个亚类。其中以潴育水稻土亚类面积最大，占水稻土面积的77%，主要分布于河谷平原、丘陵宽阔沟谷，低丘岗埠平原地区。排灌条件好的地区，土体中氧化还原过程交替进行，铁、锰游离淋溶淀积明显，花斑状土层发育良好，除耕作层和犁底层外，形成了深厚的潴育层，剖面构型一般为 A-P-W、A-P-W-C、A-P-W-G 等。土体通透性好，渗水不漏水，土壤结构较好，肥力较高，是最好的水稻土类型。

小于本县地域面积3%的土壤类型还有黄壤、黄棕壤、山地草甸土、潮土等。

本区域中心区气候特征

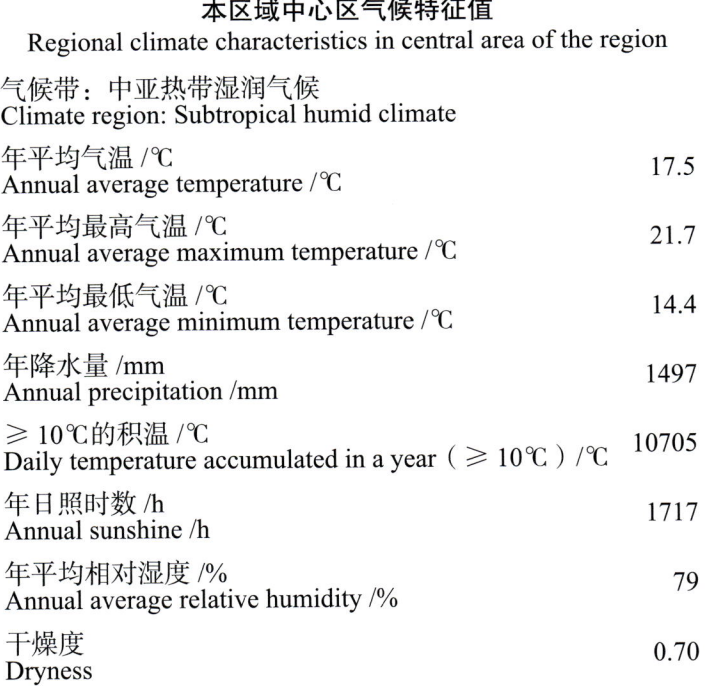

本区域中心区气候特征值
Regional climate characteristics in central area of the region

气候带：中亚热带湿润气候 Climate region: Subtropical humid climate	
年平均气温 /℃ Annual average temperature /℃	17.5
年平均最高气温 /℃ Annual average maximum temperature /℃	21.7
年平均最低气温 /℃ Annual average minimum temperature /℃	14.4
年降水量 /mm Annual precipitation /mm	1497
≥10℃的积温 /℃ Daily temperature accumulated in a year (≥10℃) /℃	10705
年日照时数 /h Annual sunshine /h	1717
年平均相对湿度 /% Annual average relative humidity /%	79
干燥度 Dryness	0.70

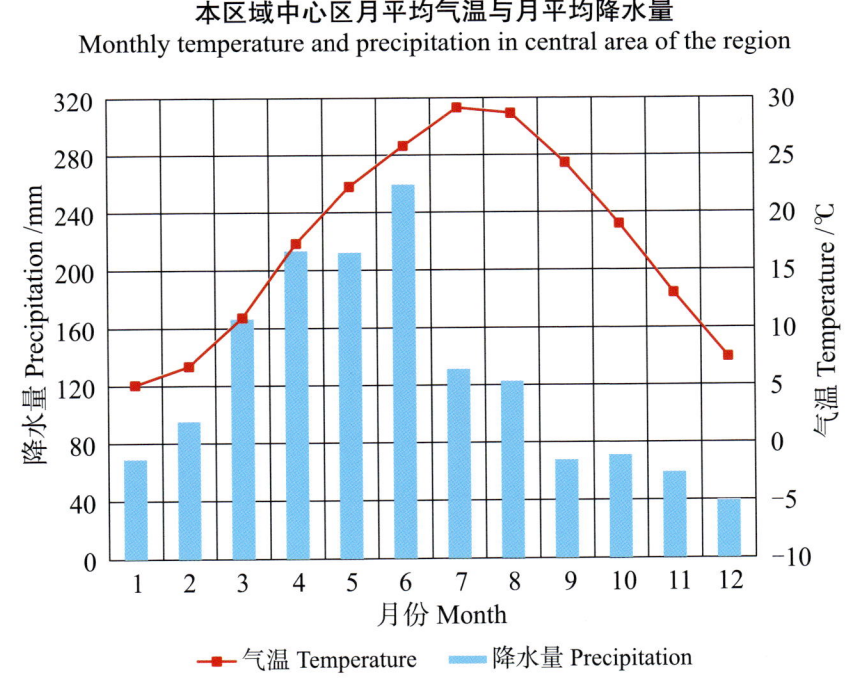

本区域中心区月平均气温与月平均降水量
Monthly temperature and precipitation in central area of the region

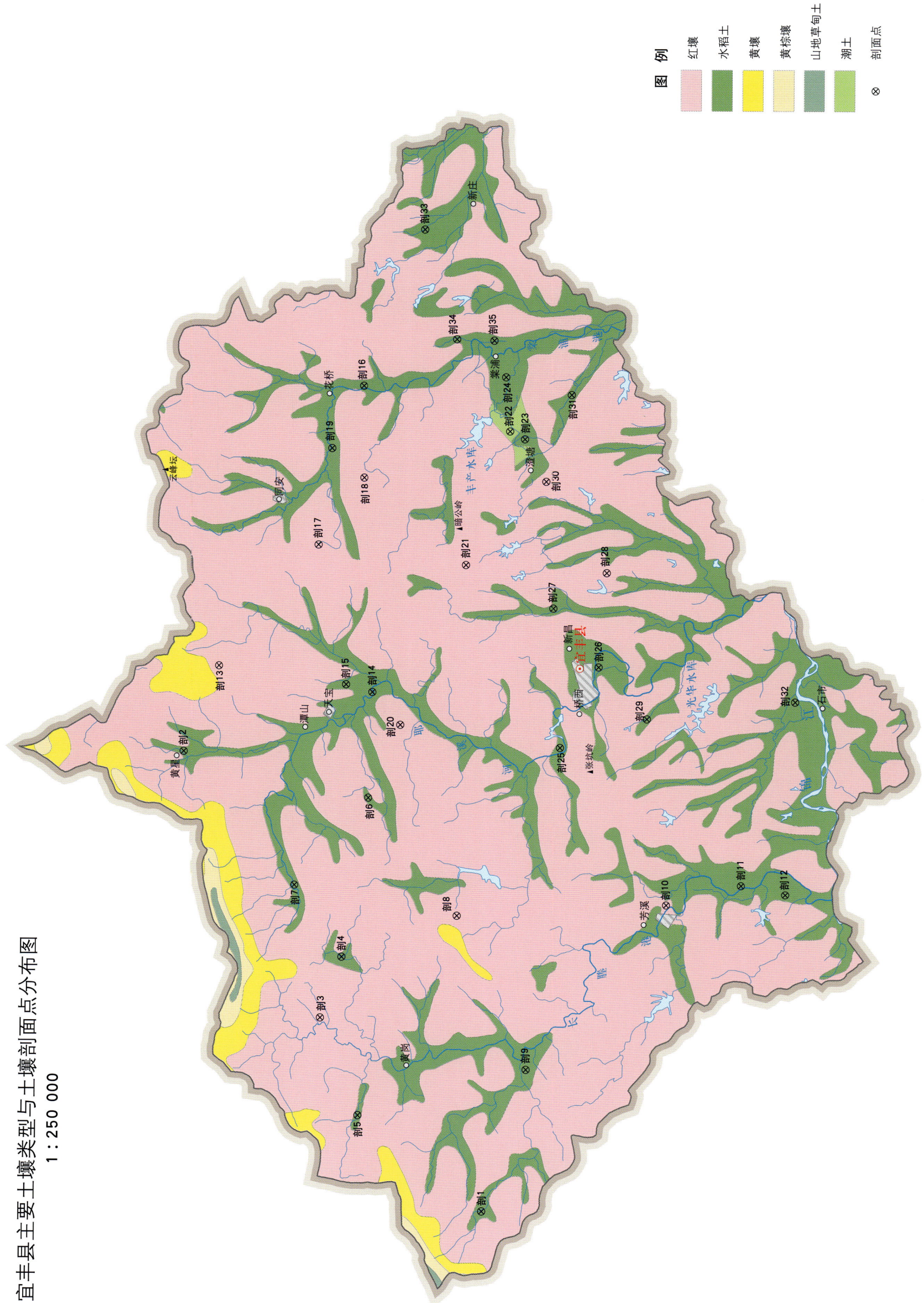

宜丰县主要土壤类型与土壤剖面点分布图
1:250 000

宜丰县土壤剖面理化性状表

剖面号 Soil profile	土纲 Soil order	土类 Soil great group	亚类 Soil subgroup	土属 Soil genus	土种 Soil species	土层码 Layer code	土层厚度 Depth/cm	颜色 Soil color	质地 Soil texture	土壤结构 Soil structure	pH	有机质 OM/(g/kg)	全氮 TN/(g/kg)	全磷 TP/(g/kg)	全钾 TK/(g/kg)	碱解氮 AN/(mg/kg)	有效磷 AP/(mg/kg)	速效钾 AK/(mg/kg)	阳离子交换量 CEC/(cmol/kg)	土壤母质 Parent material	剖面点坐标 Profile coordinate	匹配指数 Matching index/%
剖1	人为土	水稻土	潴育水稻土	潴育黄泥田	全层弱潜灰黄泥田	A	0—15	暗黄棕色	重壤土	团块状	5.8	29.9	1.63	0.62	19.8	175	9.0	61		第四纪红色黏土	E 114°27′19.4″ N 28°26′15.8″	85
						G	15—100	青灰色	重壤土	块状	6.4	25.3	1.09	0.46	18.6							
剖2	人为土	水稻土	潴育水稻土	潴育麻砂泥田	强潜灰砂泥田	A	0—17	暗灰黄色	中壤土	团块状	7.1	29.4	1.67	0.76	32.9	130	4.0	30		花岗岩风化物	E 114°44′08.5″ N 28°36′38.2″	93
						Ap	17—27	暗灰色	中壤土	块状	6.8	20.0	0.88	0.46	33.1							
						W₁	27—39	棕灰色	中壤土	小棱块状	7.2	8.2	0.39	0.35	33.1							
						W₂	39—80	暗灰色	中壤土	小棱块状	5.5	6.7	0.12	0.55	31.6							
						5	80—100	暗灰色		碎块状												
剖3	铁铝土	红壤	黄红壤	泥质岩类黄红壤	中层多有机质泥质岩黄红壤	A	0—23	暗黄棕色	轻黏土	屑粒状	5.5	65.2	2.00	0.49	19.1	235	≤1.0	85		泥质岩类风化物	E 114°34′14.2″ N 28°31′48.9″	80
						Bv	23—60	浅黄棕色	轻砾石土	块状	5.4	22.1	1.05	0.46	18.6							
						3	60—		重砾石土													
剖4	人为土	水稻土	潴育水稻土	潴育潮砂泥田	强潜乌潮砂泥田	A	0—17	棕灰色	中壤土	团块状	5.6	42.3	1.52	1.19		271	21.0	56		河流冲积物	E 114°36′36.6″ N 28°31′12.1″	93
						Ap	17—27	浅灰色	中壤土	柱状	5.8	36.4	1.39	0.82								
						W₁	27—62	灰棕色	中壤土	碎块状	6.3	24.0	1.00	0.66								
						W₂	62—90	浅灰黄色	轻壤土	碎块状	5.9	19.2	0.85	0.37								
						5	90—		紫砂土													
剖5	人为土	水稻土	潴育水稻土	潴育麻砂泥田	弱潜灰砂泥田	A	0—12	暗灰色	中壤土	小团块状	5.7	28.8	1.31	0.69	34.7	156	2.0	34		花岗岩风化物	E 114°30′39.4″ N 28°30′29.1″	83
						Bv	12—21	暗黄色	轻壤土	块状	6.0	16.6	0.75	0.62	36.3							
						3	21—63	灰棕色	中壤土	块状	6.4	7.8	0.28	0.66	34.6							
						4	63—100	暗黄色		块状												
剖6	人为土	水稻土	潴育水稻土	潴育潮砂泥田	强潜乌潮砂泥田	A	0—17	棕灰色	中壤土	团块状	5.1	56.1	2.49	1.04		247	9.0	61		花岗岩风化物	E 114°42′35.6″ N 28°30′27.7″	87
						Ap	17—27	浅灰色	中壤土	块状	5.4	36.6	1.80	0.73								
						W	27—54	暗灰黄色	中壤土	小团块状	5.5	24.7	0.88	0.35								
						Wg	54—100	灰白色			5.8	8.3	0.37	1.12								
剖7	人为土	水稻土	淹育水稻土	淹育黄泥田	强潜灰麻砂泥田	A	0—12	褐色	重壤土	小团块状	5.5	25.8	1.43	1.07	20.6	165	7.0	58		花岗岩风化物	E 114°39′11.1″ N 28°32′44.9″	81
						Ap	12—17	灰黄色	重壤土	块状	5.6	26.1	1.17	0.93	20.1							
						W	17—50	红棕色	轻黏土	棱块状	6.4	14.5	0.82	1.10	20.0							
						4	50—100	红棕色	中壤土	块状												
剖8	铁铝土	红壤	红壤	酸性结晶岩红壤	厚层中有机质酸性结晶岩红壤	A	0—16	红棕色	中壤土	小团块状	5.6	16.6	0.47	0.77			26.0	64		酸性结晶岩类风化物	E 114°38′16.5″ N 28°27′26.4″	95
						ABv	16—42	黄红棕色	中壤土	碎块状	5.7	12.8	0.45	0.72								
						Bv	42—90	黄红棕色	中壤土	碎块状	5.7	6.9	0.29	0.71								
						C	90—100	灰白色			5.9	7.2	0.17	0.67								
剖9	人为土	水稻土	潴育水稻土	潴育黄泥田	乌黄泥田	A	0—15	暗灰色	重壤土	团块状	6.6	34.4	1.97	1.48	16.9	243				第四纪红色黏土	E 114°32′36.6″ N 28°25′00.6″	97
						Ap	15—20	棕色	重壤土	块状	6.8	23.5	1.36	1.38	17.3							
						W₁	20—28	灰棕色	重壤土	棱块状	6.8	17.7	1.15	1.48	17.2							
						W₂	28—100	棕黄色	重壤土	块状	7.0	10.6	0.72	1.06	18.2							
剖10	铁铝土	红壤	红壤	红砂岩红壤	中层中有机质红砂岩类红壤	A	0—11	暗红色	重壤土	小块状	5.9	13.0	1.06	0.70		192	5.0	186		红砂岩类风化物	E 114°38′43.3″ N 28°20′28.6″	74
						ABv	11—31	红棕色	重壤土	块状	6.0	17.6	0.54	0.51								
						Bv	31—68	红棕色	重壤土	块状	6.0	9.2	0.86	0.47								
						4	68—															

续表 Continued

剖面号 Soil profile	土纲 Soil order	土类 Soil great group	亚类 Soil subgroup	土属 Soil genus	土种 Soil species	土层码 Layer code	土层厚度 Depth/cm	颜色 Soil color	质地 Soil texture	土壤结构 Soil structure	pH	有机质 OM/(g/kg)	全氮 TN/(g/kg)	全磷 TP/(g/kg)	全钾 TK/(g/kg)	碱解氮 AN/(mg/kg)	有效磷 AP/(mg/kg)	速效钾 AK/(mg/kg)	阳离子交换量 CEC/(cmol/kg)	土壤母质 Parent material	剖面点坐标 Profile coordinate	匹配指数 Matching index/%
剖11	人为土	水稻土	侧渗水稻土	侧渗红砂泥田	中位弱漂灰红砂泥田	A	0—13	浅灰黄色	中壤土	小团块状	5.2	28.4	1.69	0.73	11.8	117	12.0	51		红砂岩类风化物	E 114°39′39.9″ N 28°17′54.7″	85
						Ap	13—20	暗灰黄色	重壤土	块状	6.4	21.5	1.29	0.46	16.9							
						E₁	20—35	灰白色	轻壤土	碎块状	7.0	6.2	0.39	0.22	18.1							
						E₂	35—49	灰白色	中壤土	碎块状	7.0	9.9	0.68	0.33	18.1							
						W	49—100	浅灰色	中壤土	块状	6.7	9.7	0.45	0.18	18.9							
剖12	人为土	水稻土	潴育水稻土	潴育红砂泥田	弱潴红砂泥田	A	0—12	紫棕色	中壤土	小团块状	5.4	29.3	1.44	0.64		136	10.0	53		红砂岩类风化物	E 114°39′21.5″ N 28°16′46.2″	89
						Ap	12—20	紫棕色	中壤土	块状	7.3	16.6	1.16	0.45	14.1							
						W	20—70	紫棕色	中壤土	块状	7.4	4.3	0.43	0.27	14.2							
						4	70—100	紫棕色		块状					13.1							
剖13	铁铝土	红壤		红砂岩类红壤	厚层中有机质红砂岩类红壤	A	0—8	暗棕灰色	中壤土	屑粒状	5.7	33.2	1.74	0.23	14.7	307	3.0	100		红砂岩类风化物	E 114°47′24.7″ N 28°35′23.9″	72
						ABv	8—50	棕黄色	轻黏土	小块状	5.6	10.5	0.72	0.21								
						Bv	50—61	浅棕红色	重壤土	碎块状	5.7	8.0	0.51	0.18								
						C	61—100	红棕色	轻砾石土	块状	5.9	5.5	0.51	0.17	11.0							
剖14	人为土	水稻土	潴育水稻土	红砂泥田	灰白砂泥田	Aa	0—12	灰黄色	黏壤土	小块状	5.0	27.1	1.60	0.30	11.6	231	16.0	44		红砂岩类风化物	E 114°46′10.5″ N 28°30′40.3″	85
						Ap	12—16	亮黄棕色	黏壤土	碎块状	5.3	16.1	0.90	0.30	12.2							
						W	16—79	棕色	壤土	棱块状	7.0	5.0	0.40	0.20								
剖15	人为土	水稻土	潴育水稻土	潴育潮砂泥田	乌潮砂泥田	A	0—15	棕灰色	中壤土	团块状	5.8	39.9	2.28	1.38	34.4	180	11.0	49		河流冲积物	E 114°46′48.4″ N 28°31′14.0″	94
						Ap	15—22	棕灰色	中壤土	块块状	6.6	16.6	0.67	0.68	35.8							
						W₁	22—55	黄灰色	轻黏土	棱块状	6.9	4.9	0.25	0.37	32.4							
						W₂	55—95	浅灰色	重壤土	棱块状	6.9	6.4	0.26	0.29	32.0							
						W₃	95—100		小棱块状													
剖16	人为土	水稻土	潴育水稻土	潴育鳝泥田	灰鳝泥田	A	0—15	棕灰色	中壤土	团块状	6.3	34.9	1.74	0.95		207	6.0	121		泥质岩类风化物	E 114°57′54.9″ N 28°30′52.8″	72
						Ap	15—23	棕灰色	中壤土	块块状	6.5	25.2	1.06	0.63								
						W₁	23—70	黄灰色	轻壤土	棱块状	7.0	15.1	0.53	0.33								
						W₂	70—89	浅灰色	轻壤土	棱块状	7.0	5.1	0.21	0.32								
						5	89—	红褐色														
剖17	铁铝土	红壤		第四纪红色黏土红壤	厚层中有机质第四纪红色黏土红壤	A	0—10	暗棕色	重黏土	屑粒状	5.2	41.9	2.09	0.76						第四纪红色黏土	E 114°52′04.2″ N 28°32′14.5″	87
						ABv	10—47	棕红色	轻黏土	块状	5.3	10.1	0.72	0.57	10.2							
						Bv₁	47—70	浅棕红色	轻黏土	块状	5.5	9.7	0.69	0.57	14.7							
						Bv₂	70—100	棕红色	重壤土	块状	5.5	1.3	1.76	0.54	18.4							
剖18	铁铝土	红壤性土		红砂岩类红壤性土	薄层少有机质红砂岩类红壤性土	A	0—3	浅棕灰色	轻砾石土	碎块状	5.8	5.1	0.23	0.11						红砂岩类风化物	E 114°54′28.0″ N 28°31′00.4″	88
						C	3—19	浅棕红色	轻砾石土	碎块状	6.0	3.9	0.18	0.11								
						4	19—44	棕红色		碎块状	6.0	≤1.0	0.11	≤0.10								
							44—															
剖19	人为土	水稻土	潴育水稻土	潴育黄泥田	灰黄泥田	A	0—10	棕灰色	中壤土	团块状	5.4	27.9	1.75	0.76		179	11.0	40		泥质岩类风化物	E 114°55′39.9″ N 28°31′55.2″	89
						W₁	10—18	浅棕灰色	重壤土	块状	6.4	18.8	1.04	0.67								
						W₂	18—43	黄棕色	重壤土	棱块状	6.7	7.2	0.61	0.44								
						W₃	43—69	棕红色	重壤土	松软状	7.6	6.0	0.57	0.57								
						4	69—100															
剖20	铁铝土	红壤		第四纪红色黏土红壤	中层中有机质第四纪红色黏土红壤	A	0—6	灰棕色	中壤土	屑粒状	5.3	29.1	1.46	0.64		212	2.0	107		第四纪红色黏土	E 114°45′28.1″ N 28°29′28.0″	94
						Bv	6—26	黄棕色	重壤土	小块状	5.1	11.3	1.12	0.63								
						C	26—52	棕红色	重壤土	块状	5.6	8.0	0.96	0.59								
						4	52—															
剖21	铁铝土	红壤		红砂岩类红壤	薄层少有机质红砂岩类红壤	A	0—4	浅棕红色	中壤土	碎块状	5.9	8.1	0.22	0.17						红砂岩类风化物	E 114°51′19.5″ N 28°27′19.5″	97
						Bv	4—30	浅棕红色	中壤土	块状	6.0	6.0	0.16	0.12								
						C	30—	暗棕红色		碎块状	6.2	2.3	0.15	0.11								

续表 Continued

剖面号 Soil profile	土纲 Soil order	土类 Soil great group	亚类 Soil subgroup	土属 Soil genus	土种 Soil species	土层码 Layer code	土层厚度 Depth/cm	颜色 Soil color	质地 Soil texture	土壤结构 Soil structure	pH	有机质 OM/(g/kg)	全氮 TN/(g/kg)	全磷 TP/(g/kg)	全钾 TK/(g/kg)	碱解氮 AN/(mg/kg)	有效磷 AP/(mg/kg)	速效钾 AK/(mg/kg)	阳离子交换量CEC/(cmol/kg)	土壤母质 Parent material	剖面点坐标 Profile coordinate	匹配指数 Matching index/%
剖22	半水成土	潮土	潮土	壤质潮土	厚层灰壤质潮土	A	0–14	棕灰色	中壤土	小块状	6.3	14.4	0.73	0.95	25.3	112	7.0	96		河流冲积物	E 114°56′27.4″ N 28°26′02.6″	91
						Bv	14–42	灰褐色	中壤土	块状	6.4	12.2	0.78	0.85	25.9							
						C	42–100	棕黄色	砂壤土	无结构	6.3	9.8	0.35	0.42	24.9							
剖23	人为土	水稻土	潴育水稻土	潴育黄泥田	弱潴灰黄泥田	A	0–11	暗灰黄色	重壤土	小团块状	5.3	33.2	1.67	0.82		133	12.0	48		第四纪红色黏土	E 114°56′06.7″ N 28°25′30.5″	73
						Ap	11–16	灰黄色	重壤土	块状	6.0	20.2	0.76	0.69								
						W	16–76	黄棕色	重壤土	棱块状	6.5	7.4	0.62	0.67								
						C	76–100	黄棕色	重壤土	小块状	7.0	7.8	0.58	0.59								
剖24	人为土	水稻土	潴育水稻土	潴育黄泥田	强潴灰黄泥田	A	0–15	灰黄色	重壤土	团块状	5.6	44.0	2.60	0.97		173	10.0	53		第四纪红色黏土	E 114°58′24.0″ N 28°26′13.7″	80
						Ap	15–21	浅棕灰色	重壤土	块状	5.6	27.3	1.24	0.81								
						W₁	21–33	黄棕色	重壤土	棱块状	6.4	13.2	0.85	0.67								
						W₂	33–63	黄棕色	重壤土	小棱块状	7.1	15.5	0.54	0.65								
						W₃	63–100	灰黄色	重壤土	碎块状	7.2	7.7	0.48	0.48								
剖25	人为土	水稻土	潴育水稻土	潴育麻砂泥田	灰麻砂泥田	A	0–16	棕灰色	中壤土	小团块状	5.4	33.5	1.47	0.49		165	6.0	55		花岗岩风化物	E 114°44′46.7″ N 28°24′07.0″	81
						Ap	16–23	浅灰色	重壤土	块状	5.3	17.5	0.97	0.46								
						W	23–100	灰色	中壤土	棱块状	6.2	16.6	0.66	0.72								
剖26	人为土	水稻土	淹育水稻土	淹育潮砂泥田	强淹灰潮砂泥田	A	0–9	灰色	轻壤土	屑粒状	6.7	27.9	0.15	0.99	25.3	246	7.0	36		河流冲积物	E 114°47′36.8″ N 28°22′56.0″	99
						Ap	9–16	灰色	轻壤土	块状	6.4	19.4	1.06	0.94	25.9							
						W	16–21	暗棕色	砂壤土	碎块状	6.9	9.3	0.63	1.04	24.9							
						C	21–100		紧砂土		7.3	4.6	≤0.10	1.03	23.9							
剖27	人为土	水稻土	潜育水稻土	潜育鳝泥田	全层潜灰鳝泥田	A	0–15	浅潜灰色	中壤土	团团状	5.6	37.9	1.60	0.70	20.3	175	5.0	71		泥质岩类风化物	E 114°49′52.5″ N 28°24′24.4″	100
						G₁	15–20	黄棕灰色	中壤土	块状	6.1	33.4	1.21	0.56	20.3							
						G₂	20–46	暗棕灰色	中壤土	碎块状	6.4	30.5	1.10	0.44	18.8							
						G₃	46–100	暗棕红色	中壤土	碎块状	6.8	25.5	1.25	0.34	18.3							
剖28	铁铝土	红壤	红壤性土	第四纪红色黏土红壤性土	侵蚀网纹红壤性土	A	0–3	棕灰色	轻黏土	核状	5.6	2.3	0.29	0.45	10.1					第四纪红色黏土	E 114°51′05.4″ N 28°22′37.8″	99
						BvC	3–18	黑色	重黏土	小核块状	5.7	2.1	0.24	0.40	10.5							
						3	18–100	暗棕红色	中壤土	小核块状												
剖29	人为土	水稻土	潴育水稻土	潴育鳝泥田	全层中潜鳝泥田	A	0–15	暗棕灰色	重壤土	糊状	5.9	32.6	1.71	0.61	18.7	209	6.0	89		泥质岩类风化物	E 114°45′52.9″ N 28°21′09.6″	73
						G₁	15–24	浅灰色	中壤土	糊状	6.7	26.3	1.28	0.47	20.4							
						G₂	24–	暗棕色	中壤土		6.0	38.5	1.14	0.44	21.4							
剖30	铁铝土	红壤	红壤	酸性结晶岩质红壤	薄层多有机质酸性结晶岩类红壤	A	0–15	棕灰色	中壤土	团块状	5.3	32.1	1.59	0.55	18.7	137	13.0	29		酸性结晶岩类风化物	E 114°54′24.4″ N 28°24′56.6″	70
						Bv	15–32	棕红色	中壤土	块状	5.5	13.7	0.74	0.50	20.4							
						C	32–52	红黄色			5.6	12.9	0.50	0.49	21.4							
剖31	人为土	水稻土	潴育水稻土	潴育红砂泥田	强潴灰红砂泥田	A	0–12	暗棕色	中壤土	团块状	6.1	16.5	1.00	0.71	16.1	173	5.0	94		红砂岩类风化物	E 114°57′46.3″ N 28°24′00.2″	74
						Ap	12–18	浅棕灰色	重壤土	块状	7.3	13.6	0.89	0.39	16.7							
						W₁	18–56	黄棕色	重壤土	小棱块状	7.2	8.0	0.54	0.37	16.0							
						W₂	56–100	灰棕色	中壤土	碎块状	7.3	14.5	0.43	0.27	16.7							
剖32	人为土	水稻土	潴育水稻土	潴育红砂泥田	全层弱潜红砂泥田	A	0–18	暗棕色	重壤土	团块状	6.3	34.4	1.84	0.76	20.7	166	7.0	44		红砂岩类风化物	E 114°46′33.5″ N 28°16′23.3″	93
						Ap	15–22	暗棕灰色	重壤土	块状	6.8	28.0	1.38	0.71	21.2							
						G	22–100	灰棕色	重壤土	块状	7.5	10.0	0.64	0.63								
剖33	人为土	水稻土	潴育水稻土	潴育红砂泥田	全层中潜红砂泥田	A	0–18	青灰色	重壤土		5.5	46.1	1.67	0.45	20.7					红砂岩类风化物	E 115°03′46.2″ N 28°29′02.0″	77
						G₁	18–23	暗灰色	重壤土	软糊无结构	5.6	38.7	1.65	0.38	21.2							
						G₂	23–67	青灰色	轻黏土		6.0	15.5	0.87	0.39	24.1							
						G₃	67–84	黑色	重黏土		5.5	12.3	0.31	0.59	22.4							
						G₄	84–100	青灰色	轻黏土		5.2	15.5	0.76	0.19	29.3							

续表 Continued

剖面号 Soil profile	土纲 Soil order	土类 Soil great group	亚类 Soil subgroup	土属 Soil genus	土种 Soil species	土层码 Layer code	土层厚度 Depth/cm	颜色 Soil color	质地 Soil texture	土壤结构 Soil structure	pH	有机质 OM/(g/kg)	全氮 TN/(g/kg)	全磷 TP/(g/kg)	全钾 TK/(g/kg)	碱解氮 AN/(mg/kg)	有效磷 AP/(mg/kg)	速效钾 AK/(mg/kg)	阳离子交换量CEC/(cmol/kg)	土壤母质 Parent material	剖面点坐标 Profile coordinate	匹配指数 Matching index/%
剖34	人为土	水稻土	潴育水稻土	潴育鳝泥田	强潴灰鳝泥田	A	0—15	黄棕灰色	中壤土	团块状	5.3	32.4	2.02	0.46		173	4.0	48		泥质岩类风化物	E 114°59′45.6″ N 28°27′53.7″	75
						Ap	15—21	暗棕灰色	中壤土	块状	5.2	31.8	1.81	0.45								
						W₁	21—55	灰色	中壤土	棱柱状	6.6	8.2	0.99	0.50								
						W₂	55—95	灰色	中壤土	小棱块状												
						5	95—	暗灰色														
剖35	人为土	水稻土	潴育水稻土	潴育红砂泥田	灰红砂泥田	A	0—12	浅黄色	黏壤土	小块状	5.0	27.1	1.55	0.33	11.0				9.9	红砂岩类风化物	E 114°59′43.1″ N 28°26′27.2″	86
						P	12—16	浅黄色	黏壤土	碎块状	5.3	16.1	0.93	0.29	11.6				10.1			
						W	16—79	亮黄褐色	黏壤土	碎块状	7.0	5.9	0.35	0.20	12.2				12.6			
						C	79—100	黄褐色		碎块状												

靖 安 县

主要土类说明

红壤是靖安县主要土壤类型，占本县地域面积的66%，各地均有分布。土壤中硅酸盐类矿物强烈分解，硅和盐基淋失，硅、钙、镁、钾的迁移量在40%—70%，最高可达90%，而铁铝氧化物却大量聚积。虽然黏粒和次生矿物不断形成，但黏土矿物中是以贫瘠的高岭土和三水铝矿为主，并含有赤铁矿和多水氧化铁。在高温多湿气候条件下，境内生物物质循环强烈进行，表现出生物残落物大量积聚，灰分元素的生物吸收与富集和生物与土壤间强烈的物质交换三个特点。

水稻土是靖安县第二大土壤类型，占本县地域面积的13%。水稻土是在人工渍水耕作下形成的土壤，形成在不同的土壤类型上，受到人为和自然双重作用的影响，多数水稻土仍然保留有起源土壤的残余特性。在长期的耕作、施肥和灌溉条件下，由于还原淋溶和氧化淀积等作用，土体中形成有不同于其他土类的发生层次的剖面结构，即耕作层、犁底层、潴育层和潜育层等。由于这些层次的发育程度及组合，特别是耕层性质的不同，各种水稻土具有各自的肥力特性。

黄壤占是靖安县第三大土壤类型，占本县地域面积的12%，主要分布在本县海拔600—1200m地区，其上为棕壤，下为红壤。本县黄壤形成于云雾多、湿度大、日照少、夏无酷暑、干湿季不明显的气候条件下，富铝化作用表现较弱，黏粒部分的硅铝率较红壤高，土体中游离氧化铁遭受水化，主要以针铁矿、褐铁矿和多水化铁的形态存在，把整个土体染为黄色，尤以淀积层更为明显，它在形成的过程中有明显的络合淋溶作用，有的地方还伴有表潜作用。不同的成土母质，黄壤剖面形态有所差异，发育于花岗岩成土母质上的黄壤要比泥质岩上的黄壤土层较厚，质地偏砂，渗透性强，淋溶作用较明显。

黄棕壤占本县地域面积的8%，分布于海拔1200—1500m地区，在阴坡海拔800—900m处也有分布。黄棕壤形成的水热条件与黄壤相似，一般具有下述特点：具有醒目的棕色和黄棕色的心土层，呈棱块状或块状结构，结构面上可见暗棕色的胶膜，0.01mm的黏粒含量一般在20%以上，质地较为黏重；心土层以上为表土层，呈暗棕色，有机质含量一般在30g/kg以上，呈粒状、团块状结构，表土层之上有厚薄不一的枯枝落叶层，厚的地方可达20—30cm；表土层呈酸性或微酸性，心土层的酸性有逐渐加强的趋势；成土母岩中矿物质经过风化，释放出铁、锰，随着土壤黏粒的形成和移动，铁、锰元素也发生位移，因心土层滞水性强，铁锰质在心土层常淀积在结构面上，以暗棕色胶膜形态存在，有的可见软结核。

小于本县地域面积3%的土壤类型还有棕壤、潮土等。

本区域中心区气候特征

本区域中心区气候特征值
Regional climate characteristics in central area of the region

气候带：中亚热带湿润气候 Climate region: Subtropical humid climate	
年平均气温 /℃ Annual average temperature /℃	17.3
年平均最高气温 /℃ Annual average maximum temperature /℃	21.5
年平均最低气温 /℃ Annual average minimum temperature /℃	14.2
年降水量 /mm Annual precipitation /mm	1506
≥10℃的积温 /℃ Daily temperature accumulated in a year (≥10℃) /℃	10423
年日照时数 /h Annual sunshine /h	1780
年平均相对湿度 /% Annual average relative humidity /%	78
干燥度 Dryness	0.69

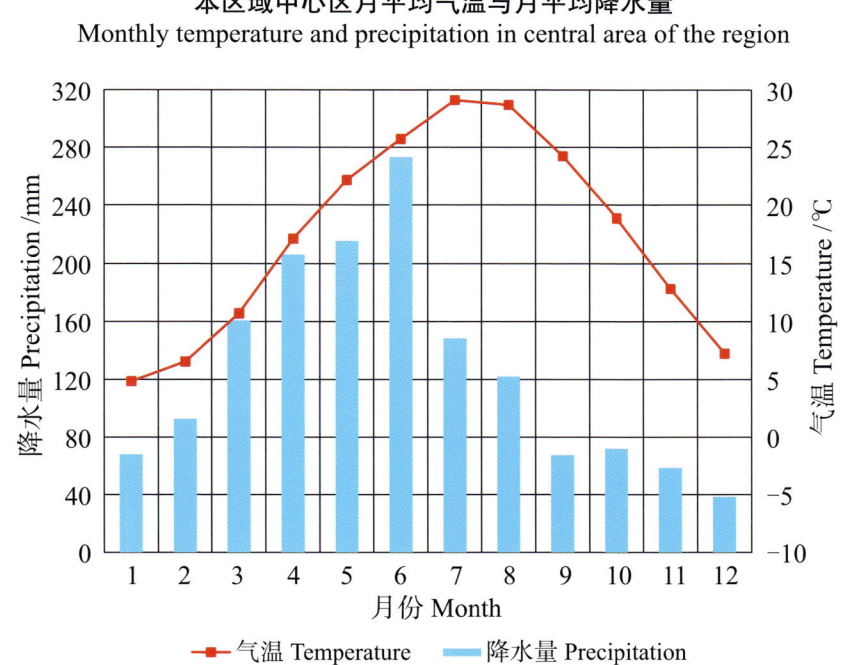

本区域中心区月平均气温与月平均降水量
Monthly temperature and precipitation in central area of the region

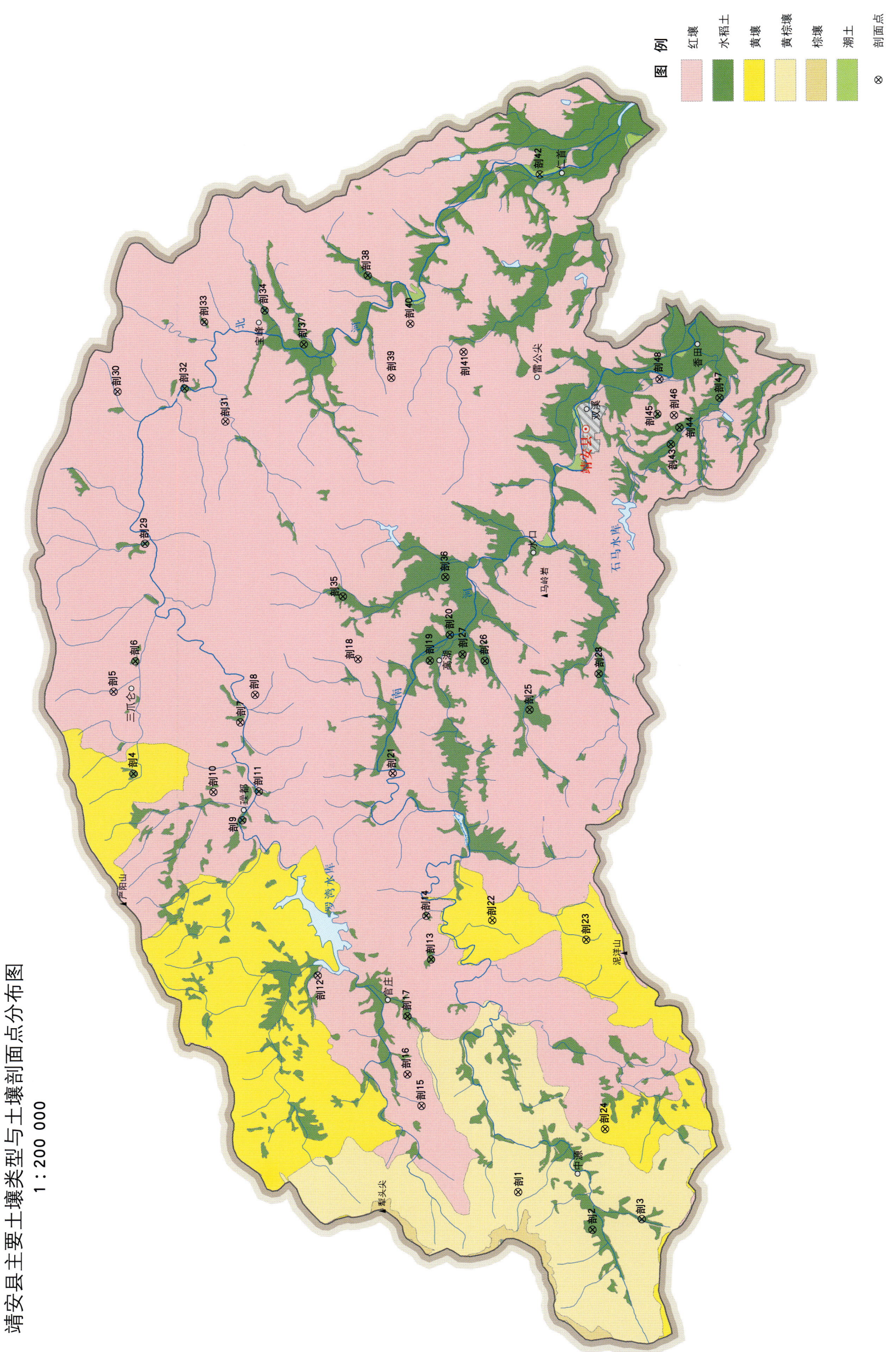

靖安县土壤剖面理化性状表

剖面号 Soil profile	土纲 Soil order	土类 Soil great group	亚类 Soil subgroup	土属 Soil genus	土种 Soil species	土层码 Layer code	土层厚度 Depth/cm	颜色 Soil color	质地 Soil texture	土壤结构 Soil structure	pH	有机质 OM/(g/kg)	全氮 TN/(g/kg)	全磷 TP/(g/kg)	全钾 TK/(g/kg)	碱解氮 AN/(mg/kg)	有效磷 AP/(mg/kg)	速效钾 AK/(mg/kg)	土壤母质 Parent material	剖面点坐标 Profile coordinate	匹配指数 Matching index/%
剖1	淋溶土	黄棕壤	山地黄棕壤	酸性结晶岩山地黄棕壤		1	0—6	暗棕色	砂壤土	团粒状	6.5	62.7	1.59	1.79	27.7	271	4.5	227	酸性结晶岩类	E 114° 58′ 32.9″ N 28° 53′ 13.9″	98
						2	6—23	黄棕色	中壤土	棱块状	5.6	35.6	0.87	0.65	27.5	208	4.5	120			
						3	23—100	棕色	中壤土	黏糊状	6.0	32.5	0.72	1.01		125	5.5	50			
剖2	人为土	水稻土	潴育水稻土	潴育型麻砂泥田	弱潴灰砂麻砂泥田	1	0—17	暗灰色	轻壤土	黏糊状	5.9	49.2	2.53	0.45	36.9	21	6.5	68	花岗岩风化物	E 114° 57′ 29.6″ N 28° 51′ 16.3″	95
						2	17—23	蓝灰色	轻壤土	黏糊状	6.0	46.9	2.10	0.58		157	6.0	46			
						3	23—100	青蓝色	轻壤土	黏糊状	5.9	39.7	1.92	0.70		152	4.5	41			
剖3	人为土	水稻土	漂洗水稻土	漂洗型麻砂泥田	中位弱漂灰麻砂泥田	1	0—14	暗灰色	轻壤土	屑屑状	5.6	30.9	1.62	0.87	28.9	174	3.0	13	花岗岩风化物	E 114° 57′ 49.6″ N 28° 49′ 59.7″	97
						2	14—21	暗灰色	砂壤土	小块状	5.6	28.6	2.03	0.85		169	4.0	20			
						W	21—51	暗灰色	砂壤土	小块状	5.5	22.5	1.42	0.69		127	4.5	36			
						4	51—100	暗灰白色	砂壤土												
剖4	人为土	水稻土	潴育水稻土	潴育型紫砂泥田	弱潴灰紫砂泥田	1	0—14	暗灰色	砂壤土	小块状	5.5	22.6	1.28	0.54	23.3	108	5.5	36	紫色砂岩风化物	E 115° 10′ 44.1″ N 29° 03′ 27.0″	97
						2	14—21	灰色	轻壤土	片状	5.9	79.2	1.27	0.51		142	3.0	10			
						W	21—43	浅黄棕色	砂壤土	棱块状	6.8	9.0	1.09	0.32		69	1.5	15			
						4	43—		轻壤土		5.7	30.1	1.97	1.01		176	11.0	23			
剖5	铁铝土	红壤		紫砂岩红壤	薄层中有机质紫砂岩类山地黄红壤	Ao	0—4	暗灰色	轻壤土	团粒状	4.6	88.0	4.22	0.72	20.4	291	6.0	113	紫砂岩类	E 115° 13′ 09.0″ N 29° 04′ 00.1″	99
						2	4—15	浅灰色	轻壤土	细粒状	5.3	18.5	0.88	0.44	26.1	107	2.0	35			
						3	15—47	灰紫色	轻壤土	小块状	5.0	8.2	0.68	0.28		62	1.5	28			
						4	47—														
剖6	人为土	水稻土	潴育水稻土	潴育型紫砂泥田	强潴乌紫砂泥田	1	0—15	浅黄色	砂壤土	碎屑状	5.4	36.2	2.24	1.25	14.7	197	20.5	21	紫砂岩类	E 115° 14′ 03.5″ N 29° 03′ 26.7″	97
						2	15—17	浅灰色	轻壤土	片状	5.3	15.2	0.96	0.88		87	4.0	53			
						W_1	17—38	黄棕色	轻壤土	棱块状	6.3	7.2	1.18	0.99		51	3.0	36			
						W_2	38—100	灰白色	轻壤土	棱块状	6.6	6.0	0.91	0.98		58	5.0	62			
剖7	人为土	水稻土	潴育水稻土	泥质岩质水稻土	中层中有机质泥质岩类山地黄红壤	1	0—13	棕色	轻壤土	小块状	4.7	27.7	1.23	0.28	17.2	73	2.5	40	泥质岩类	E 115° 12′ 18.0″ N 29° 00′ 41.2″	97
						2	13—60	暗红色	轻壤土	小块状	5.3	9.9	0.78	0.18		62	6.5	30			
						3	60—100	红色			4.9										
剖8	铁铝土	红壤		泥质岩红壤		1	0—24	灰黄色	中壤土	块状	5.2	26.8	1.57	0.26	12.2	182	2.0	48	泥质岩类	E 115° 13′ 07.1″ N 29° 00′ 18.7″	97
						2	24—100	棕黄色	轻壤土	棱块状	5.1	8.9	0.97	0.26		42	4.0	28			
剖9	铁铝土	红壤		潴育型紫砂泥田	中潴乌麻砂泥田	1	0—14	灰黑色	中壤土	团粒状	5.8	≤1.0	1.43	0.82	20.7	217	4.5	65	花岗岩风化物	E 115° 09′ 23.6″ N 29° 00′ 35.7″	97
						2	14—18	暗黄色	轻壤土	片状	6.0	16.9	1.20	0.49		108	2.0	42			
						W_1	18—33	浅黄灰色	轻壤土	棱块状	6.9	11.5	0.99	1.63		78	≤1.0	42			
						W_2	33—100	灰白色	轻壤土	棱块状	6.7	11.8	0.71	0.49		70	≤1.0	53			
剖10	人为土	红壤		酸性结晶岩红壤	中层中有机质酸性结晶岩类红壤	1	0—11	暗黄色	轻壤土	小块状	5.1	37.2	0.72	≤0.10	31.9	135	3.5	95	酸性结晶岩类	E 115° 10′ 13.3″ N 29° 01′ 21.4″	98
						2	11—55	棕黄色	松砂土	棱块状	5.3	7.5	0.65	0.52		42	1.5	35			
						3	55—100	棕黄色	砂壤土	小块状	5.5	6.3	0.21	0.54		21	2.0	30			
剖11	铁铝土	水稻土	潴育水稻土	潴育型麻砂泥田	弱潴麻砂泥田	1	0—12	浅黄色	砂壤土	小块状	5.1	24.9	0.70	0.84	30.2	129	5.5	30	花岗岩风化物	E 115° 10′ 15.6″ N 29° 00′ 10.4″	98
						2	12—19	浅黄色	砂壤土	片状	5.6	14.8	2.80	0.40		142	1.5	23			
						W_1	19—67	浅灰色	砂砂土	棱柱状	5.7	15.3	0.96	0.32		112	2.5	23			
						W_2	67—100	浅灰色	砂壤土		5.3	16.5	1.00	0.14		112	4.5	13			
剖12	铁铝土	红壤		麻砂泥土	厚层麻砂泥土	1	0—16	棕黄色	砂壤土	小块状	5.9	9.7	0.50	0.31	≥50.0	43	5.5	39	花岗岩风化物	E 115° 04′ 49.1″ N 28° 58′ 33.7″	97
						2	16—100	棕红色	砂壤土	块状	5.3	5.0	0.43	0.19		26	4.5	10			

续表 Continued

剖面号 Soil profile	土纲 Soil order	土类 Soil great group	亚类 Soil subgroup	土属 Soil genus	土种 Soil species	土层码 Layer code	土层厚度 Depth/cm	颜色 Soil color	质地 Soil texture	土壤结构 Soil structure	pH	有机质 OM/(g/kg)	全氮 TN/(g/kg)	全磷 TP/(g/kg)	全钾 TK/(g/kg)	碱解氮 AN/(mg/kg)	有效磷 AP/(mg/kg)	速效钾 AK/(mg/kg)	土壤母质 Parent material	剖面点坐标 Profile coordinate	匹配指数 Matching index/%
剖13	人为土	水稻土	潴育水稻土	潴育型麻砂泥田	中潴灰麻砂泥田	1	0—17	棕灰色	轻壤土	块状	5.6	34.2	1.65	0.58	42.6	149	2.0	58	花岗岩风化物	E 115° 05′ 21.2″ N 28° 55′ 36.6″	95
						2	17—24	青灰色	轻壤土	软糊无结构	5.7	31.2	1.56	0.35		112	1.5	31			
						3	24—65	青灰色	轻壤土		5.6	30.4	1.58	0.38		87	1.5	55			
						4	65—100		砂壤土		5.5	18.9	0.94	0.18	20.6	87	≤1.0	40			
剖14	人为土	水稻土	淹育水稻土	淹育型鳝泥田	强淹灰鳝泥田	1	0—12	灰黄色	砂壤土	小块状	5.6	33.9	1.15	0.82		156	9.1	≤5	泥质岩类风化物	E 115° 06′ 38.4″ N 28° 55′ 45.0″	98
						2	12—17	灰黄色	砂壤土	小块状	5.3	19.6	1.36	0.83		114	3.5	≤5			
						3	17—50	灰白色	轻壤土	块状	5.4	11.4	0.52	0.72		142	1.5	17			
						4	50—100														
剖15	铁铝土	红壤	黄红壤	酸性结晶岩山地黄红壤	厚层多有机质酸性结晶岩类红壤	1	0—16	棕黄色	砂壤土	碎粒状	5.3	17.4	0.98	0.74	38.5	79	8.0	41	酸性结晶岩类	E 115° 01′ 00.9″ N 28° 55′ 47.7″	98
						2	16—80	棕红色	紧砂土	碎粒状	5.1	4.9	0.61	0.69		70	≤1.0	≤5			
						3	80—100	棕红色	紧砂土		4.9	≤1.0	0.61	0.41		58	≤1.0	25			
剖16	铁铝土	红壤	红壤	酸性结晶岩红壤	厚层少有机质酸性结晶岩类红壤	1	0—20	棕黄色	中壤土	小块状	4.8	32.2	1.30	0.55	25.0	121	5.0	64	酸性结晶岩类	E 115° 01′ 56.4″ N 28° 56′ 10.6″	97
						2	20—50	棕黄色	中壤土	块状	4.9	5.0	0.54	0.48		58	≤1.0	34			
						3	50—100	棕红色	中壤土	块状	4.9	3.6	0.61	0.59		60	≤1.0	40			
剖17	人为土	水稻土	潴育水稻土	潴育型麻砂泥田	中潴乌麻砂泥田	1	0—15	灰色	轻壤土	小块状	6.2	49.4	1.14	1.50	20.6	174	16.0	61	花岗岩风化物	E 115° 03′ 39.1″ N 28° 56′ 12.3″	98
						2	15—18	暗黄色	轻壤土	薄片状	5.4	32.2	1.70	1.36		153	11.5	34			
						W	18—100	暗黄色	轻壤土	棱柱状	6.3	26.4	0.79	0.69		139	6.0	63			
剖18	铁铝土	红壤	红壤	酸性结晶岩红壤	—	1	0—16	灰黄色	轻壤土	小块状	5.4	9.0	0.71	0.50	28.1	86	≤1.0	58	酸性结晶岩类	E 115° 14′ 13.0″ N 28° 57′ 38.3″	99
						2	16—35	棕红色	轻壤土	棱柱状	5.5	8.6	0.71	0.44		65	2.0	48			
						3	35—100		轻壤土												
剖19	人为土	水稻土	潴育水稻土	潴育型潮砂泥田	强潴乌潮砂泥田	1	0—15	灰黄色	轻壤土	团粒状	5.5	37.0	1.77	0.72	25.7	167	15.0	70	河流冲积物	E 115° 14′ 12.0″ N 28° 55′ 45.5″	98
						2	15—18	暗黄色	轻壤土	片状	5.7	22.0	0.71	0.72		114	29.5	53			
						W1	18—48	灰黄色	轻壤土	棱块状	6.0	12.7	0.43	0.55		41	4.0	60			
						W2	48—100	灰黄色	轻壤土	棱块状	6.2	6.7	0.42	0.93		34	1.5	62			
剖20	人为土	水稻土	潴育水稻土	潴育型潮砂泥田	中潴中有机潴砂泥田	1	0—11	灰黄色	松砂土	小块状	5.5	19.0	1.08	0.62	26.6	123	≤1.0	20	河流冲积物	E 115° 14′ 58.5″ N 28° 55′ 14.8″	97
						2	11—17	黄棕色	松砂土	片状	5.5	4.7	1.08	0.45		67	≤1.0	22			
						W	17—100	灰黄色	松砂土	小棱块状	6.3	2.0	0.95	0.48		48	4.0	20			
剖21	铁铝土	红壤	红壤	酸性结晶岩红壤	厚层中有机质酸性结晶岩类红壤	1	0—18	灰黄色	中壤土	小块状	6.6	24.2	0.96	0.74	25.3	104	4.0	40	酸性结晶岩类	E 115° 10′ 51.7″ N 28° 56′ 41.2″	98
						2	18—50	棕红色	轻壤土	块状	6.3	6.7	0.43	0.74		45	4.5	56			
						3	50—100	棕红色	轻壤土	片状	5.5	5.7	0.44	0.26		31	2.5	48			
剖22	黄壤	黄壤	山地黄壤	泥质岩类山地黄壤	中层中有机质泥质岩类山地黄壤	1	0—12	棕色	砂壤土	小块状									泥质岩类	E 115° 06′ 32.4″ N 28° 54′ 01.8″	97
						2	12—34	黄棕色		小块状											
						3	34—100														
剖23	黄壤	黄壤	山地黄壤	泥质岩类山地黄壤	薄层中有机质泥质岩类山地黄壤	Ao	0—4	浅灰色		团粒状	4.7	94.3	1.17	1.03	21.0	211	6.0	29	泥质岩类	E 115° 06′ 00.3″ N 28° 51′ 34.0″	97
						2	4—22	棕黄色	中壤土	小块状	5.3	14.8	0.98	0.53	17.2	128	≤1.0	46			
						3	22—														
剖24	铁铝土	黄壤	山地黄壤	酸性结晶岩山地黄壤	—	1	0—8	灰色	砂壤土	碎粒状	5.3	26.6	1.62	0.75	20.9	114	2.0	20	酸性结晶岩类	E 115° 00′ 25.4″ N 28° 50′ 59.2″	99
						2	8—40	黄色	砂壤土	小块状	6.0	12.8	1.28	0.74	22.0	107	≤1.0	40			
						3	40—														
剖25	人为土	水稻土	潴育水稻土	潴育型麻砂泥田	中潴灰麻砂泥田	1	0—12	浅灰色	砂壤土	小块状	5.6	33.5	1.14	1.19	33.2	187	2.5	45	花岗岩风化物	E 115° 12′ 47.5″ N 28° 53′ 08.2″	98
						2	12—19	灰棕色	轻壤土	棱柱状	5.8	28.3	0.86	1.12		156	2.5	56			
						W	19—72	黄棕色	轻壤土	块柱状	5.7	12.0	0.76	1.01		95	2.0	56			
						4	72—100		砂壤土	块状	6.4	≤1.0	0.44	0.30		38	3.0	44			

续表 Continued

剖面号 Soil profile	土纲 Soil order	土类 Soil great group	亚类 Soil subgroup	土属 Soil genus	土种 Soil species	土层码 Layer code	土层厚度 Depth/cm	颜色 Soil color	质地 Soil texture	土壤结构 Soil structure	pH	有机质 OM/(g/kg)	全氮 TN/(g/kg)	全磷 TP/(g/kg)	全钾 TK/(g/kg)	碱解氮 AN/(mg/kg)	有效磷 AP/(mg/kg)	速效钾 AK/(mg/kg)	土壤母质 Parent material	剖面点坐标 Profile coordinate	匹配指数 Matching index/%
剖26	人为土	水稻土	潴育水稻土	潴育型潮砂泥田	强潴灰潮砂泥田	1	0—15	浅灰色	砂壤土	小块状	5.7	37.3	1.77	0.19	23.2	16	4.0	28	河流冲积物	E 115°14′12.7″ N 28°54′19.5″	97
						2	15—19	浅灰色	砂壤土	小块状	4.8	14.2	1.24	0.61		73	3.8	33			
						W₁	19—49	黄棕色	砂壤土	小块状	5.8	5.5	0.56	0.88		32	3.0	28			
						W₂	49—100		砂壤土		6.3	7.2	0.68	0.87		47	6.0	30			
剖27	人为土	水稻土	潴育水稻土	潴育型麻砂泥田	强潴灰麻砂泥田	1	0—13	灰黄色	轻壤土	碎粒状	5.4	30.1	1.69	0.69	27.8	153	5.5	77	花岗岩风化物	E 115°14′23.9″ N 28°54′54.8″	98
						2	13—19	灰黄色	轻壤土	小块状	5.7	19.4	0.71	0.44		107	3.0	21			
						W	19—100		轻壤土		6.8	9.5	0.66	0.58		69	1.5	15			
剖28	人为土	水稻土	漂洗水稻土	漂洗型麻砂泥田	中位中漂灰麻砂泥田	1	0—11	浅灰色	砂壤土	小块状	5.8	30.5	2.43	0.82	32.7	213	4.5	60	花岗岩风化物	E 115°13′52.7″ N 28°51′20.9″	98
						2	11—15	青灰色	轻壤土	块状	5.4	17.6	1.28	0.58		104	≤1.0	16			
						W	15—40	棕黄色	砂壤土	棱块状	5.6	6.8	0.57	0.83		49	3.5	18			
						4	40—100	灰白色	紧砂土		5.5	4.1	0.39	0.77		22					
剖29	人为土	水稻土	潴育水稻土	潴育型鳝泥田	中位中潴灰鳝砂泥田	1	0—12	灰黄色	砂壤土	小块状	5.0	27.5	1.68	1.19	25.3	141	2.0	28	泥质岩类	E 115°17′33.8″ N 29°03′14.1″	95
						2	12—47	灰黄色	砂壤土	小块状	6.5	15.1	0.64	0.38		37	≤1.0	19			
						3	47—90	灰蓝色	砂壤土	软糊无结构	6.5	12.0	0.43	0.42		49	2.0	40			
						4	90—100	青蓝色	砂壤土	软糊无结构	5.6	5.0	0.36	0.29		33	3.0	30			
剖30	铁铝土	红壤		泥质岩红壤	中层中有机质泥质岩类红壤	1	0—17	棕黄色	轻壤土	小块状	5.3	16.3	0.90	0.56	33.0	107	1.5	15	泥质岩类	E 115°22′02.9″ N 29°04′00.5″	97
						2	17—38	浅黄色	中壤土	棱块状	5.1	13.5	0.86	0.43		54	≤1.0	16			
						3	38—100	浅黄色													
剖31	铁铝土	红壤		泥质岩红壤	薄层中有机质泥质岩类红壤	Ao	0—3	暗红色	轻壤土	团粒状	4.9	25.3	1.41	2.33	19.3	169	3.5	113	泥质岩类	E 115°21′11.8″ N 29°01′10.7″	98
						2	3—39	黄red色	轻壤土	小块状	4.9	10.3	0.50	0.36		68	2.5	33			
						3	39—100	红色	轻壤土	碎块状	5.4	10.4	0.57	0.28		111	2.0	48			
剖32	人为土	水稻土	潴育水稻土	潴育型紫泥田	中潴乌紫泥田	1	0—15	暗黄色	紧砂土	小块状	5.8	33.1	2.06	1.23	20.1	166	3.5	24	紫色砂岩风化物	E 115°22′10.1″ N 29°02′15.3″	97
						2	15—21	灰黄色	砂壤土	片状	5.8	26.5	1.56	0.93		127	4.0	42			
						W₁	21—66	棕黄色	砂壤土	块状	6.3	3.0	0.76	0.61		61	4.0	33			
						W₂	66—89	黄色	砂壤土	块状	6.7	6.0	0.65	0.78		42	6.0	109			
剖33	人为土	水稻土	潴育水稻土	潴育型紫泥田	强潴灰紫砂泥田	1	0—15	浅灰色	砂壤土	小块状	5.6	28.8	1.75	1.16	12.9	148	26.0	89	紫色砂岩风化物	E 115°24′09.1″ N 29°01′45.9″	97
						2	15—19	黄灰色	紧砂土	小块状	5.5	32.5	1.58	0.94		121	19.0	50			
						W	19—65	灰黄色	紧砂土	软糊无结构	6.4	9.4	0.84	1.06		51	20.0	45			
						4	65—82	棕黄色	紧砂土	软糊无结构	6.6	7.9	0.41	0.94		36	36.0	45			
剖34	人为土	水稻土	潴育水稻土	潴育型紫泥田	中潴乌紫砂泥田	1	0—22	灰黄色	轻壤土	小块状	5.8	29.2	≥10.00	0.80		173	10.0	15	紫色砂岩风化物	E 115°24′30.8″ N 29°00′11.4″	95
						2	22—31	灰黄色	轻壤土	块状	5.2	27.9	1.84	0.79		166	10.0	80			
						3	31—45	棕黄色	轻壤土	软糊无结构	6.5	13.4	1.28	0.59		101	7.5	40			
						4	45—100	次黄色	轻壤土	软糊无结构	6.6	10.5	1.00	0.55		79	3.0	23			
剖35	人为土	水稻土	潴育水稻土	潴育型鳝泥田	中潴灰鳝泥田	1	0—12	灰色	轻壤土	小块状	5.9	22.7	1.00	0.66	33.9	114	6.0	42	泥质岩类风化物	E 115°16′03.9″ N 28°58′03.4″	98
						2	12—18	黄棕色	轻壤土	块状	5.5	15.1	0.91	0.37		73	2.0	30			
						3	18—30	灰棕色	轻壤土	棱块状	5.5	14.6	0.56	0.58		55	2.0	40			
						4	30—100	灰黄色	轻壤土	棱块状	5.6	12.4	0.42	1.08		74	≤1.0	32			
剖36	人为土	水稻土	潴育水稻土	潴育型鳝泥田	强潴灰鳝泥田	1	0—13	浅灰色	轻壤土	块状	5.7	19.5	1.23	1.19	20.5	152	10.5	31	泥质岩类风化物	E 115°16′41.2″ N 28°55′23.3″	97
						2	13—18	浅黄色	轻壤土	块状	5.9	9.0	1.53	0.79		67	5.5	40			
						W₂	18—48	黄棕色	轻壤土	块状	6.7	7.9	1.02	0.99		≥500	20.0	29			
						4	48—														
剖37	人为土	水稻土	潴育水稻土	潴育型潮砂泥田	弱潴乌潮砂泥田	1	0—16	灰色	砂壤土	小块状	5.4	42.2	2.67	0.60	23.9	218	5.0	60	河流冲积物	E 115°23′31.2″ N 28°59′09.6″	98
						2	16—19	灰色	轻壤土	片状	5.9	13.9	1.48	0.40		196	3.8	67			
						W₁	19—70	黄棕色	轻壤土	块状	6.1	2.4	0.69	0.30		72	3.3	82			
						W₂	70—100	浅黄棕色	砂壤土	棱块状	6.4	4.9	1.09	0.26		45	3.0	56			

续表 Continued

剖面号 Soil profile	土纲 Soil order	土类 Soil great group	亚类 Soil subgroup	土属 Soil genus	土种 Soil species	土层码 Layer code	土层厚度 Depth/cm	颜色 Soil color	质地 Soil texture	土壤结构 Soil structure	pH	有机质 OM/(g/kg)	全氮 TN/(g/kg)	全磷 TP/(g/kg)	全钾 TK/(g/kg)	碱解氮 AN/(mg/kg)	有效磷 AP/(mg/kg)	速效钾 AK/(mg/kg)	土壤母质 Parent material	剖面点坐标 Profile coordinate	匹配指数 Matching index/%
剖38	人为土	水稻土	潴育水稻土	潴育型鳝泥田	强潴乌鳝泥田	1	0—15	灰白色	砂壤土	块状	5.4	63.7	4.00	1.32	17.0	166	11.5	64	泥质岩类风化物	E 115°25′35.3″ N 28°57′30.7″	98
						2	15—19	灰白色	砂壤土	片状	5.7	30.1	2.11	1.13		315	4.5	53			
						W₁	19—45	棕黄色	砂壤土	梭块状	5.3	53.0	1.52	1.70		101	3.2	71			
						W₂	45—77	棕黄色	砂壤土	块状	6.4	64.0	0.84	0.69	20.3	78	4.5	60			
剖39	铁铝土	红壤	红壤	泥质岩红壤	薄层少有机质泥质岩类红壤	1	0—15	浅灰色	砂壤土	小块状	5.0	7.5	0.49	0.32		62	3.5	48	泥质岩类	E 115°22′33.7″ N 28°56′51.8″	97
						2	15—40	棕红色	砂壤土		5.1	4.9	0.71	0.47		47	≤1.0	70			
						3	40—100	红棕色	砂壤土		5.0	4.4	0.35	0.41		42	≤1.0	29			
剖40	铁铝土	红壤	红壤	紫砂岩红壤	中层中有机质紫砂岩类红壤	1	0—16	红棕色	轻壤土	小块状	5.1	16.2	1.87	1.01	26.4	99	5.0	75	紫砂岩类	E 115°24′10.6″ N 28°56′23.2″	98
						2	16—58	红棕色	中壤土	小块状	5.2	14.3	1.19	0.35		98	3.3	76			
						3	58—100	红色													
剖41	铁铝土	红壤	红壤	粉红泥土	中厚灰粉红泥土	1	0—10	灰褐色	轻壤土	小块状	6.6	30.8	1.99	1.16		172	6.0	39		E 115°23′21.2″ N 28°54′59.0″	97
						2	10—55	暗褐色	轻壤土	小块状	6.0	11.2	0.95	0.87		74	2.0	35			
						3	55—														
剖42	半水成土	潮土	潮土	潮砂泥土	厚层潮砂泥土	1	0—10	灰黄色	松砂土	粒状	5.2	18.6	1.08	1.29	17.1	87	6.0	61	河流冲积物	E 115°28′37.1″ N 28°53′02.8″	95
						2	10—100	浅黄色	松砂土	粒状	5.4	16.7	0.81	0.97		57	2.5	35			
剖43	人为土	水稻土	潴育水稻土	潴育型红砂泥田	中潴灰红砂泥田	1	0—14	黄棕色	紧砂土	碎屑状	5.2	26.9	1.62	1.32	13.2	111	≤1.0	30	红砂岩类风化物	E 115°20′41.3″ N 28°49′32.7″	97
						2	14—21	黄棕色	砂壤土	片状	5.2	18.8	1.08	0.32		129	3.0	26			
						W	21—51	黄棕色	砂壤土	梭块状	6.3	13.6	0.54	0.32		40	≤1.0	27			
						4	51—100	黄棕色	砂壤土	梭块状	7.3	2.6	0.81	0.29		44	≤1.0	21			
剖44	人为土	水稻土	潴育水稻土	潴育型红砂泥田	强潴灰红砂泥田	1	0—12	灰黄色	轻壤土	细粒状	5.2	33.2	1.83	0.52	15.7	157	9.0	56	红砂岩类风化物	E 115°21′11.1″ N 28°49′19.1″	97
						2	12—17	浅黄色	轻壤土	小块状	5.6	30.1	1.28	0.49		145	2.5	28			
						W	17—100	棕黄色	轻壤土		6.3	7.6	0.64	0.34		45	1.2	21			
剖45	人为土	水稻土	潴育水稻土	潴育型红砂泥田	中潴乌红砂泥田	1	0—16	浅灰色	砂壤土	碎块状	5.4	36.5	1.12	0.58	18.8	208	17.0	33	红砂岩类风化物	E 115°21′34.2″ N 28°49′54.0″	97
						2	16—23	浅黄色	轻壤土	片状	5.3	5.7	1.10	0.35		80	5.0	25			
						W₁	23—60	棕黄色	轻壤土	梭柱状	5.6	6.8	0.57	0.16		47	25.0	35			
						W₂	60—100	棕黄色	轻壤土	梭块状	5.5	3.8	0.43	0.29		31	≤1.0				
剖46	铁铝土	红壤	红壤	红砂岩红壤	中层中有机质红砂岩类红壤	1	0—8	暗红色	碎块状	碎块状	5.3	16.4	0.71	0.28	21.1	84	≤1.0	39	红砂岩类风化物	E 115°21′32.2″ N 28°49′28.1″	98
						2	8—98	红棕色	轻壤土	小块状	5.0	4.8	0.61	≤0.10	19.0	55	3.0	36			
						3	94—														
剖47	人为土	水稻土	潴育水稻土	鳝泥田	乌鳝泥田	Aa	0—11	灰黄棕色	壤土	屑粒状	4.7	39.8	2.10	0.50	19.8				泥质岩类风化物	E 115°22′04.4″ N 28°48′17.8″	81
						Ap	11—22	黄灰色	壤土	小块状	4.8	22.8	1.20	0.40	20.3						
						W	22—57	浊黄橙色	粉砂质黏壤土	梭柱状	6.3	11.3	0.60	0.20	21.9						
						G	57—100	黄灰色	黏土	大块状	6.6	11.2	0.50	0.20	22.0						
剖48	铁铝土	红壤	红壤	粉红泥土	厚层灰粉红泥土	1	0—15	灰红色	中壤土	块状	5.2	10.9	1.01	0.34	17.5	65	4.0	36	泥质岩类风化物	E 115°22′36.3″ N 28°49′51.5″	97
						2	15—100	棕红色	重壤土	大块状	4.8	4.6	0.70	0.43		36	2.5	51			

铜 鼓 县

主要土类说明

红壤是铜鼓县主要土壤类型，占本县地域面积的 81%。成土母质为泥质岩类风化物、酸性结晶岩类风化物和红砂岩类风化物。在高温高湿、干湿交替明显的气候条件下，土壤中原生矿物强烈风化，生成大量的次生黏土矿物和游离氧化物，与此同时，硅和盐基遭到强烈淋失，铝、铁等不易移动的氧化物明显聚集，形成盐基高度不饱和、具有脱硅富铝化特征的土壤类型。由于红壤在风化成土过程中，铁从矿物中分解游离后多脱水成为 Fe_2O_3，主要是赤铁矿，其次是针铁矿和褐铁矿，致使剖面呈红色或黄红色。红壤由于矿物的强烈风化，黏粒含量较高，质地黏重。红壤强烈的淋溶作用，使土壤的交换性阳离子中盐基离子大多为氢、铝离子所代换而淋失，土壤中交换性盐基离子高度不饱和，使土壤呈酸性，pH 一般在 4.1—5.2。矿物养分较低，由于土壤的酸性，交换性阳离子中盐基不饱和，植物可利用的矿物质元素一般都比较缺乏，尤其是磷、钾含量更低，磷大都为铝、铁离子所固定而使有效磷尤为缺乏。虽然土壤中全钾的含量不算低，但可被植物吸收利用的游离态钾则由于强烈的淋溶作用而含量低。

黄壤是铜鼓县第二大土壤类型，占本县地域面积的 12%，分布在本县低山地区海拔 650—1100m 的区域，在中山地区其上限与山地黄棕壤相接。气候特点是热量较红壤少，冬无严寒，夏无酷热，云雾多。土壤湿度大，土壤中氧化铁所含结晶水多，土体呈黄色。其成土过程也有脱硅富铝化作用，但较红壤弱，矿物分化的程度也较红壤低，黏粒含量比红壤少。由于黄壤分布地段的气候温暖，云雾多，湿度大，土壤的水分不断向下运动，使盐基离子大量淋失，黏粒下移。土壤呈酸性，pH 一般为 4.8—5.6。

水稻土是铜鼓县第三大土壤类型，占本县地域面积的 6%，除龙门林场外，本县其他乡镇、林场均有分布。水稻土是各种土壤或母质经过平整土地、淹水植稻，在耕作、施肥、灌溉等综合措施影响下形成的土壤，形成过程以还原淋溶、氧化淀积和水耕熟化为主。其分布特点是在东、西河岸较为集中连片，以河流为基准呈枝状分布，呈零星状镶嵌在各种地貌单元中。

小于本县地域面积 3% 的土壤类型还有黄棕壤、山地草甸土和潮土等。

本区域中心区气候特征

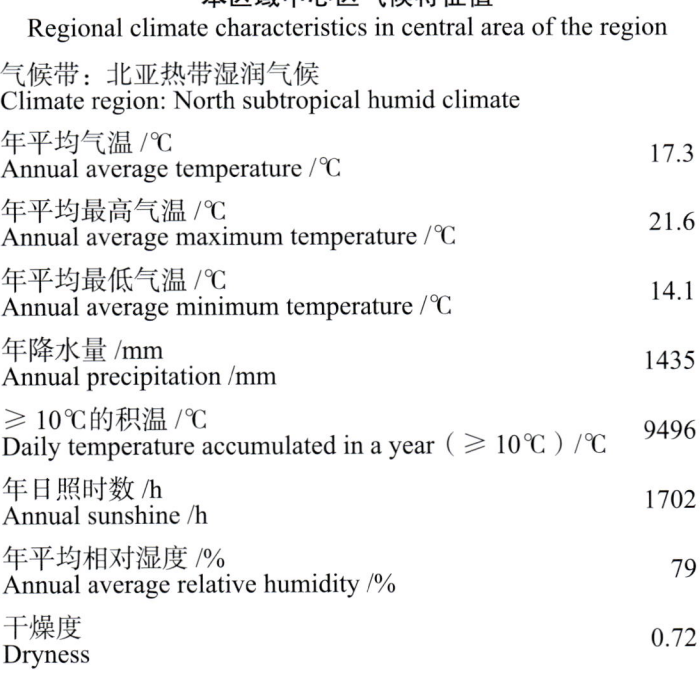

本区域中心区气候特征值
Regional climate characteristics in central area of the region

气候带：北亚热带湿润气候 Climate region: North subtropical humid climate	
年平均气温 /℃ Annual average temperature /℃	17.3
年平均最高气温 /℃ Annual average maximum temperature /℃	21.6
年平均最低气温 /℃ Annual average minimum temperature /℃	14.1
年降水量 /mm Annual precipitation /mm	1435
≥10℃的积温 /℃ Daily temperature accumulated in a year (≥10℃) /℃	9496
年日照时数 /h Annual sunshine /h	1702
年平均相对湿度 /% Annual average relative humidity /%	79
干燥度 Dryness	0.72

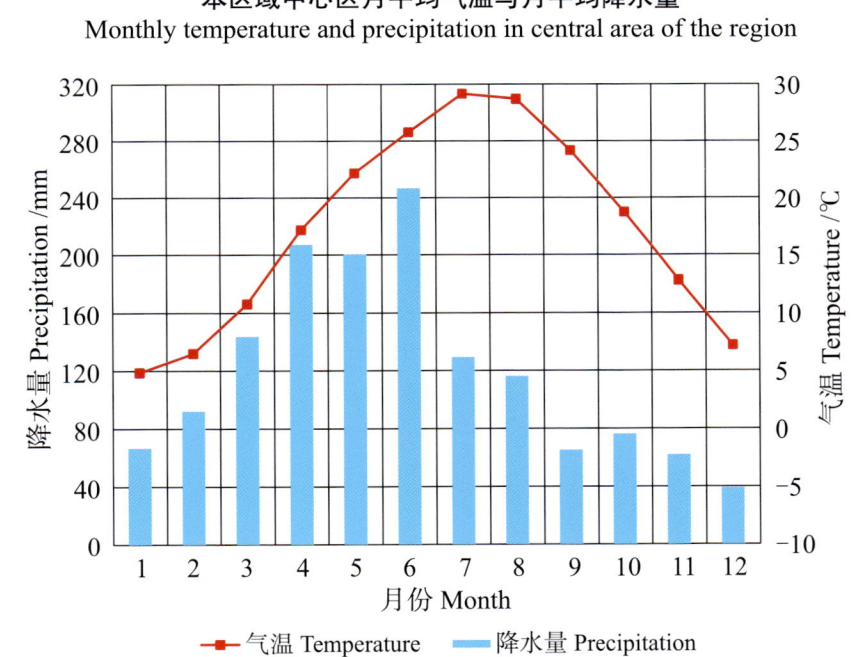

本区域中心区月平均气温与月平均降水量
Monthly temperature and precipitation in central area of the region

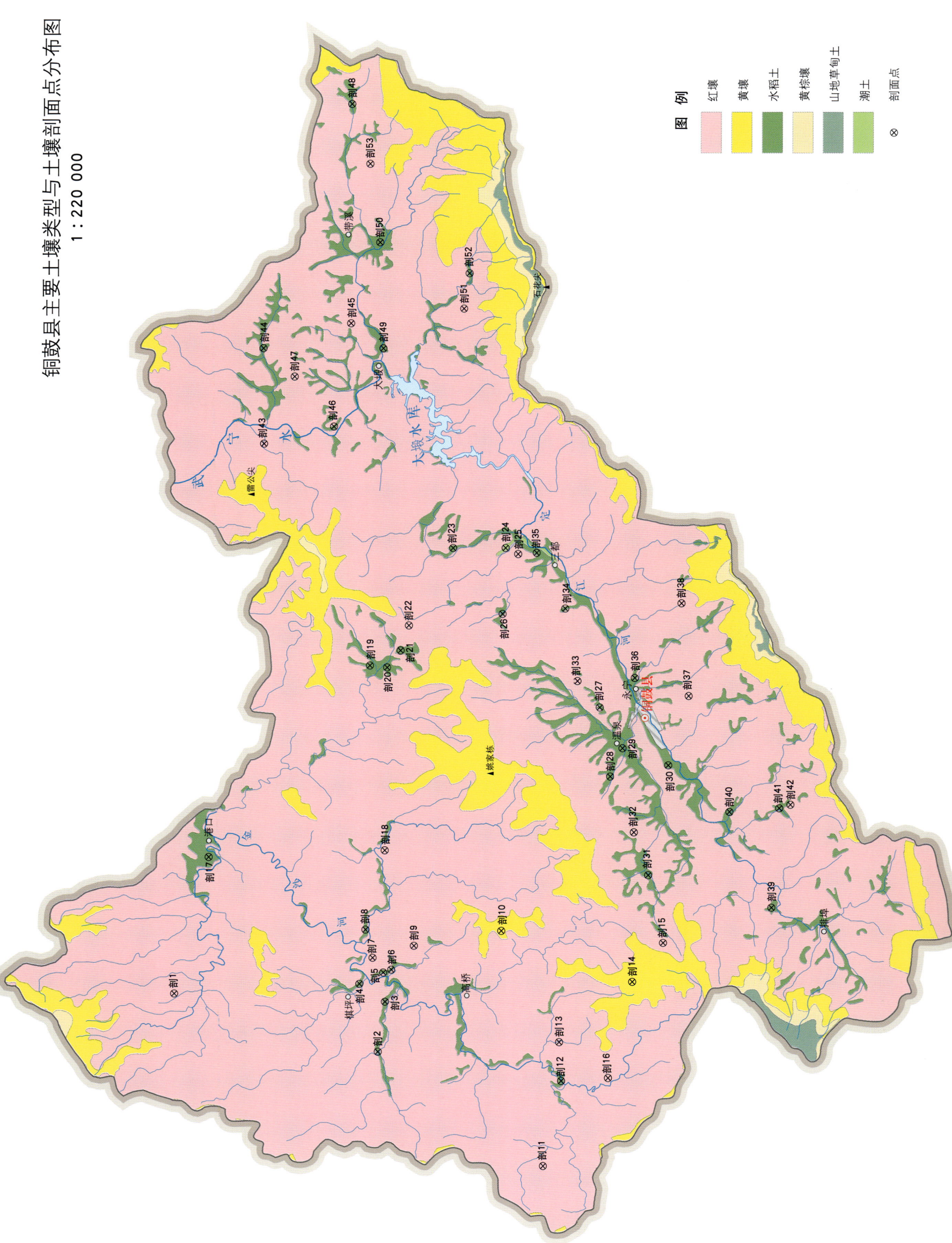

铜鼓县土壤剖面理化性状表

剖面号 Soil profile	土纲 Soil order	土类 Soil great group	亚类 Soil subgroup	土属 Soil genus	土种 Soil species	土层码 Layer code	土层厚度 Depth/cm	颜色 Soil color	质地 Soil texture	土壤结构 Soil structure	pH	有机质 OM/(g/kg)	全氮 TN/(g/kg)	全磷 TP/(g/kg)	全钾 TK/(g/kg)	碱解氮 AN/(mg/kg)	有效磷 AP/(mg/kg)	速效钾 AK/(mg/kg)	阳离子交换量 CEC/(cmol/kg)	土壤母质 Parent material	剖面点坐标 Profile coordinate	匹配指数 Matching index/%
剖1	铁铝土	红壤	黄红壤	泥质岩黄红壤		A	0—20	灰棕色	重壤土	核粒状	7.0	59.4	2.95	1.95	20.7	11	19.0			泥质岩类	E 114°12′14.2″ N 28°44′57.8″	98
						ABv	20—40	灰红色	轻黏土	粒状	6.4	30.2	1.56	1.65	20.2							
						Bv	40—70	黄红棕色	轻黏土	核粒状	5.8	26.3	1.38	1.38	20.2							
						C	70—100	浅黄红色		块状	5.9	18.5	0.87	0.87	23.8							
剖2	人为土	水稻土	淹育水稻土	淹育型麻砂泥田	强淹育灰麻砂泥田	A	0—14	暗灰色	重壤土	小块状	5.2	33.2	1.76	0.75	21.5	136	4.5	124		花岗岩类风化物	E 114°10′30.2″ N 28°38′56.9″	95
						P	14—20	暗灰色	重壤土	块状	5.3	29.6	1.72	0.85								
						C	20—100	黄灰棕色	轻黏土	大块状	6.8	5.4	0.54	0.88								
剖3	人为土	水稻土	淹育水稻土	淹育型鳝泥田	强淹育石底鳝泥田	A	0—11	浅灰棕色	中壤土	小团块状	5.5	34.1	1.52	1.11	24.8	129	8.8	99		泥质岩类风化物	E 114°12′09.4″ N 28°38′46.7″	95
						P	11—26	灰黄棕色	中壤土	块状	5.7	23.0	1.10	1.04	17.5							
						C	26—100		重砾石土		5.7	19.8	0.92	0.79	28.3							
剖4	人为土	水稻土	潴育水稻土	潴育型鳝泥田	弱潴鳝泥田	A	0—13	暗灰色	重壤土	小团块状	5.3	33.7	1.39	0.55		136	4.8	≤5		泥质岩类风化物	E 114°12′43.8″ N 28°39′32.3″	95
						P	13—18	暗灰色	重壤土	块状	5.9	27.3	1.28	0.57								
						W	18—70	灰黄色	重壤土	块状	6.2	17.5	0.66	0.38								
						G	70—100	青灰色	重壤土		6.1	14.9	0.59	0.59								
剖5	人为土	水稻土	潴育水稻土	潴育型红砂泥田	全层弱潴灰红砂泥田	A	0—13	灰棕色	中壤土	小团粒状	4.9	37.6	1.85	0.28	20.5	166	18.3	57		红砂岩类风化物	E 114°13′08.1″ N 28°38′51.5″	75
						Pg	13—22	灰棕色	重壤土	块状	4.9	33.4	1.76	0.68	20.9							
						G_1	22—50	青灰棕色	中壤土	块状	5.2	26.7	1.26	0.39	21.7							
						G_2	50—100	青灰棕色	重壤土		5.2	5.9	0.59	0.32	20.7							
剖6	人为土	水稻土	淹育水稻土	潴育型鳝泥田	强淹育灰鳝泥田	A	0—11	灰棕色	重壤土	小团块状	4.5	24.7	1.44	1.57	28.3	125	33.5	42		泥质岩类风化物	E 114°13′14.1″ N 28°38′37.3″	95
						P	11—17	浅灰棕色	重壤土	块状	4.5	19.1	1.24	1.80	28.6							
						W	17—29	浅灰黄色	轻黏土	块状	5.1	13.8	1.07	1.40	28.8							
						C	29—100	黄灰色	中壤土	块状	5.4	15.8	1.10	1.49	33.1							
剖7	铁铝土	红壤		泥质岩红壤	厚层中有机质泥质岩类红壤	Ao	0—2														E 114°13′36.9″ N 28°39′10.7″	98
						A	2—16	棕红色	重壤土	小块状	4.7	28.2	1.21	0.50	23.4	83	2.0	54		泥质岩类风化物		
						ABv	16—34	红色	重壤土	块状	5.0	13.5	0.81	0.66	25.4							
						Bv	34—102		重壤土	块状	5.2	5.9	0.59	0.48	22.1							
剖8	人为土	水稻土	潴育水稻土	潴育型鳝泥田	全层弱潴砾石底灰鳝泥田	A	0—13	黄灰色	重壤土	块状	4.6	23.5	1.46	0.85	24.7	126	11.5	28		泥质岩类风化物	E 114°14′33.0″ N 28°39′24.3″	75
						P	13—22	黄灰色	重壤土	块状	4.8	18.8	1.38	0.69	24.9							
						G_1	22—47	青灰色	重壤土		4.2	12.9	0.89	0.68	26.2							
						G_2	47—100	暗灰色	轻壤土	块状	4.6	18.3	1.09	0.74	24.7							
剖9	铁铝土	红壤		红砂泥土	厚层灰红砂泥土	A	0—16	黑棕红色	中壤土	块状	5.2	15.9	0.99	0.81	17.3	74	5.0	62		红砂岩类风化物	E 114°14′03.5″ N 28°37′58.5″	75
						Bv	16—40	淡棕红色	重壤土	块状	5.1	5.8	0.56	0.52	21.1							
						D	40—80	红色	轻黏土	块状	5.1	4.9	0.41	0.36								
							80—															
剖10	铁铝土	黄壤		麻山黄泥土	灰山麻碎泥	Ao	0—4														酸性结晶岩坡积物、残积物	E 114°14′37.9″ N 28°35′25.3″	75
						A	4—7	暗棕色	砂壤土	屑粒状	4.5	35.8	1.00	0.30	23.2	190	≤1.0	48				
						Bv	23—51	暗棕红色	砂质黏壤土	小块状	4.8	12.3	0.50	0.30	22.1							
						BvC	51—100	棕色	壤质黏土	块状	4.8	6.3	0.20	0.30	22.0							
剖11	铁铝土	红壤	黄红壤	泥质岩黄红壤		A_1	0—4	黑褐色	重壤土	核粒状	4.9	49.6	2.23	0.83	23.2					泥质岩类	E 114°06′55.0″ N 28°34′00.4″	98
						A	4—7	黄灰色		核粒状	5.1	10.6	0.70	0.53	23.1							
						Bv	7—28	黄红色	轻黏土	小块状												

续表 Continued

剖面号 Soil profile	土纲 Soil order	土类 Soil great group	亚类 Soil subgroup	土属 Soil genus	土种 Soil species	土层码 Layer code	土层厚度 Depth/cm	颜色 Soil color	质地 Soil texture	土壤结构 Soil structure	pH	有机质 OM/(g/kg)	全氮 TN/(g/kg)	全磷 TP/(g/kg)	全钾 TK/(g/kg)	碱解氮 AN/(mg/kg)	有效磷 AP/(mg/kg)	速效钾 AK/(mg/kg)	阴离子交换量 CEC/(cmol/kg)	土壤母质 Parent material	剖面点坐标 Profile coordinate	匹配指数 Matching index/%
剖12	人为土	水稻土	潴育水稻土	潴育型潮砂泥田	弱潴灰潮砂泥田	A	0—12	暗灰棕色	重壤土	小团块状	4.7	27.2	1.41	0.58	28.3	155	14.0	70		河流冲积物	E 114°09′43.3″ N 28°33′32.9″	75
						P	12—21	暗灰棕色	中壤土	块状	4.9	25.7	1.53	0.97	≥50.0							
						W₁	21—50	浅黄棕色	中壤土	大块状	5.1	12.2	0.66	1.13	29.6							
						W₂	50—80	浅橙色	中壤土	大核柱状	5.5	10.4	0.57	1.21	29.2							
						G	80—100	青灰色	砂壤土	不明显块状	5.7	4.2	0.25	0.68								
剖13	铁铝土	红壤		泥质岩红壤		A	0—12	棕红色	轻黏土		5.1	59.2	2.39	1.16	21.5	133	≤1.0	90		泥质岩类	E 114°10′59.5″ N 28°33′38.3″	99
						Bv	12—70	红色	轻黏土		5.2	12.3	0.90	1.07	27.0							
剖14		黄壤		泥质岩类黄壤	厚层灰鳞泥质黄壤	A	0—20	黑褐色	黏壤土	核粒状	4.8	42.9	2.36	0.59	29.6	179	≤1.0	205	7.0	泥质岩类残坡积物	E 114°13′02.5″ N 28°31′32.6″	75
						Bv	20—43	黄橙色	黏壤土	小块状	4.9	23.7	1.69	0.46	32.0				6.1			
						BvC	43—60	浅褐色	黏壤土		5.0	11.8	1.24	0.49	31.6				5.0			
剖15	铁铝土	红壤	黄红壤	泥质岩黄红壤		Ao	0—4		砂壤土											泥质岩类	E 114°14′22.7″ N 28°30′40.5″	97
						A	4—29	黑褐色	轻黏土	核状	4.9	72.1	2.49	0.82	16.4	146	3.0	36				
						Bv	29—44	红色	轻黏土	核状	4.5	31.7	1.28	0.60	18.4							
						C	44—104	黄红色														
剖16	铁铝土	红壤		红砂岩红壤	厚层多有机质红砂岩类红壤	A	0—10	棕红色	重壤土	块状	4.5	32.6	1.27	0.88	18.4	173	2.8	84		红砂岩类	E 114°09′51.8″ N 28°32′10.8″	75
						Bv	10—69	棕红色	重壤土	块状	4.8	16.9	0.66	0.70	18.0							
						C	69—100	棕红色	重壤土	块状	5.1	5.3	0.31	0.75	17.9							
剖17	人为土	水稻土	潴育水稻土	潴育型鳞泥田	中位弱潴灰鳞泥田	A	0—15	灰黄色	轻黏土	团块状	5.4	40.3	2.62	0.50	25.5	163	5.0	110		泥质岩类风化物	E 114°16′49.7″ N 28°44′03.8″	95
						P	15—23	灰黄色	轻黏土	块状	5.7	20.5	1.29	1.25	25.0							
						W	23—45	灰黄色	轻黏土	块状	5.0	17.3	1.08	0.69	28.4							
						G	45—100	青灰色	重壤土	粒状	5.9	17.3	1.08	0.69	26.9							
剖18	铁铝土	红壤		泥质岩红壤		A	0—3	黑褐色	重壤土	核粒状	4.9	45.4	1.64	0.87		106	1.5	40		泥质岩类	E 114°17′12.6″ N 28°38′54.7″	98
						Bv	3—20	棕红色	重壤土	块状	5.1	16.7	0.60	0.72								
剖19	人为土	水稻土	潴育水稻土	潴育型鳞泥田	砾石底灰鳞泥田	A	0—12	灰黄棕色	重壤土	小块状	5.2	26.0	1.45	1.11	24.1	71	16.3	120		泥质岩类	E 114°09′51.8″ N 28°32′10.8″	75
						P	12—18	灰黄棕色	重壤土	块状	5.2	22.7	1.35	0.96	17.5							
						W	18—53	棕色	重壤土	核柱状	5.7	10.9	0.61	1.21	16.9							
						C	53—100	棕色	重砾石土													
剖20	人为土	水稻土	潴育水稻土	潴育型麻砂泥田	全层弱潴灰麻砂泥田	A	0—16	暗棕色	重壤土	团块状	4.5	39.4	1.76	0.67	31.3	217	8.5	91		花岗岩风化物	E 114°16′49.7″ N 28°44′03.8″	95
						P	16—20	青灰色	中壤土	小团块状	4.7	31.4	1.52	0.73	30.7							
						G₁	20—46	蓝灰色	重壤土	块状	5.0	17.9	0.86	0.46	31.0							
						G₂	46—100	青灰色	重壤土		4.1	5.0	0.38	0.49	31.0							
剖21	人为土	水稻土	潴育水稻土	潴育型潮砂泥田	上位中潴砾石底灰潮砂泥田	A	0—15	暗棕色	中壤土	小团块状	4.9	40.9	1.64	0.61	31.0	158	5.5	46		河流冲积物	E 114°23′51.7″ N 28°38′35.4″	95
						P	15—20	暗棕色	中壤土	块状	4.9	34.9	1.53	0.61	25.4							
						G₁	20—50	青灰色	中壤土	软块状	4.3	27.7	0.88	0.57	28.2							
						G₂	50—100	青灰白色	中壤土		4.3	5.4	0.35	0.57	32.6							
剖22	铁铝土	红壤	黄红壤	酸性结晶岩黄红壤		A	0—25	黄灰红色	轻壤土	块状	5.0	14.9	0.26	0.82	30.5	39	2.5	34		酸性结晶岩类	E 114°24′41.9″ N 28°38′22.0″	97
						Bv	25—80	黄红色	中壤土	块状	5.0	12.1	0.21	0.69	31.3							
						C	80—100	棕红色	轻壤土		5.1	6.8	≤0.10	0.43	31.0							
剖23	人为土	水稻土	潴育水稻土	潴育型红砂泥田	全层弱潴灰红砂泥田	A	0—12	灰棕红色	轻黏土	不明显块状	3.9	32.2	1.85	0.68	21.5	137	10.3	44		红砂岩类风化物	E 114°27′17.3″ N 28°37′07.7″	95
						P	12—14	灰棕红色	轻黏土	块状	4.2	31.3	1.63	0.55	21.7							
						G₁	14—46	暗灰褐色	重壤土		4.3	30.7	1.50	0.25	23.7							
						G₂	46—100	青灰色	重壤土	不明显块状	4.4	21.5	1.11	0.46	22.4							

续表 Continued

剖面号 Soil profile	土纲 Soil order	土类 Soil great group	亚类 Soil subgroup	土属 Soil genus	土种 Soil species	土层码 Layer code	土层厚度 Depth/cm	颜色 Soil color	质地 Soil texture	土壤结构 Soil structure	pH	有机质 OM/(g/kg)	全氮 TN/(g/kg)	全磷 TP/(g/kg)	全钾 TK/(g/kg)	碱解氮 AN/(mg/kg)	有效磷 AP/(mg/kg)	速效钾 AK/(mg/kg)	阳离子交换量CEC/(cmol/kg)	土壤母质 Parent material	剖面点坐标 Profile coordinate	匹配指数 Matching index/%
剖24	半水成土	潮土	灰潮土	壤质潮土	厚层灰潮砂泥土	A	0—15	灰黄棕色	砂壤土	小块状	5.2	11.0	0.45	1.85		34	9.0	74		河流冲积物	E 114°27′20.1″ N 28°35′35.2″	75
						ABv	15—35	灰黄色	砂壤土	小块状	5.5	8.4	0.38	1.54								
						Bv	35—62	灰黄色	轻壤土		5.0	5.2	0.29	1.41								
						BvC	62—100	灰黄色	紧砂土		5.2	2.1	0.26	1.39								
剖25	铁铝土	红壤		红砂岩红壤		A	0—15	灰棕红色	重壤土	粒状	5.1	45.9	1.02	0.49	17.5	198	4.0	56		红砂岩类	E 114°27′08.6″ N 28°35′12.7″	95
						Bv	15—55	棕红色	中壤土	块状	4.8	6.0	0.62	0.46	18.4							
剖26	人为土	水稻土	潴育水稻土	麻砂泥田	麻砂泥田	Aa	0—13	灰黄色	黏壤土	粒状	5.3	1.4	≥10.00	0.50	23.8					花岗岩风化的沟谷填充物	E 114°25′09.1″ N 28°35′37.7″	95
						Ap	13—19	浅黄棕色	黏壤土	梭块状	6.3	1.1	≥10.00	0.50	23.7							
						W₁	19—41	浅黄色	黏壤土	块状	5.7	≤1.0	≥10.00	0.40	23.4							
						W₂	41—100	浊黄色	砂质壤土	块状	5.7	≤1.0	9.50	0.20	25.9							
剖27	人为土	水稻土	潴育水稻土	潴育型鳝灰泥田	全层弱潜灰鳝泥田	A	0—12	灰黄色	重壤土	团块状	5.1	28.9	1.66	0.74	38.1	169	3.0	96		泥质岩类风化物	E 114°22′07.9″ N 28°32′42.6″	95
						Pg	12—19	暗黄色	重壤土	块状	5.1	24.9	1.27	0.71	≥50.0							
						G₁	19—60	青灰色	轻黏土	软块状	5.4	22.0	1.20	0.53	36.1							
						G₂	60—100	灰白色	重壤土	软块状	5.1	13.9	0.80	0.83	37.4							
剖28	人为土	水稻土	淹育水稻土	浅麻砂泥田	黄麻砂泥田	Aa	0—12	浊黄棕色	黏壤土	碎块状	5.4	17.0	0.90	0.50	28.8					花岗岩类风化物	E 114°19′50.6″ N 28°32′21.1″	95
						Ap	12—24	黄棕色	黏壤土	块状	6.0	11.5	0.60	0.50	28.6							
						C	24—41	红棕色	壤质黏土	大块状	6.4	7.5	0.40	0.40	24.6							
剖29	人为土	水稻土	潴育水稻土	潴育型红砂泥田	弱潴灰砂泥田	A	0—12	灰黄色	中壤土	小团块状	5.3	32.4	1.77	1.02	25.7	146	11.8	108		河流冲积物	E 114°20′51.0″ N 28°32′03.3″	95
						Ap	12—20	暗灰棕色	重壤土	块状	5.3	26.4	1.43	0.84	26.3							
						W	20—80	灰棕色	中壤土	梭块状	5.6	8.7	0.24	0.87	24.8							
						G	80—100	青灰色	轻壤土	不明显块状	6.0	4.7	0.19	0.43	26.8							
剖30	人为土	水稻土	潴育水稻土	潴育型红砂泥田	弱潴灰砂泥田	A	0—15	暗红色	中壤土	小团块状	4.0	27.9	1.39	1.02	19.3	138	43.0	69		红砂岩类风化物	E 114°20′15.7″ N 28°30′39.5″	95
						P	15—20	紫红色	重壤土	大梭块状	4.2	18.4	0.94	0.24	20.1							
						W₁	20—55	浅红色	重壤土	大梭柱状	5.3	9.6	0.53	0.57	20.1							
						W₂	55—100	紫红色	重壤土	小团块状	5.9	3.3	0.47	0.34	21.1							
剖31	人为土	水稻土	潴育水稻土	乌潮砂泥田	中层中有机质红砂岩类灰红壤	A	0—14	暗灰色	中壤土	小团块状	5.3	33.9	2.14	1.13	28.6	206	21.5	40		河流冲积物	E 114°16′36.9″ N 28°31′09.6″	95
						P	14—21	暗黄棕色	中壤土	块状	5.2	25.0	2.19	1.13	28.7							
						W₁	21—60	浅灰棕色	中壤土	梭块状	4.1	16.7	0.69	0.37	31.0							
						W₂	60—100	黄黄色	中壤土	大梭块状	4.1	9.4	0.49	0.67	32.2							
剖32	铁铝土	红壤		红砂岩红壤		A	0—19	暗红色	轻壤土	大块状	4.9	25.2	1.44	0.85	18.1	82	2.5	35		红砂岩类	E 114°18′01.2″ N 28°33′37.0″	95
						Bv₁	19—35	紫红色	重壤土	块状	5.1	22.0	1.01	0.78	19.0							
						BvC	35—50	浅红色	重壤土	不明显块状	5.3	16.9	0.66	0.81	19.2							
						D	50—	紫红色		无结构												
剖33	铁铝土	红壤		泥质岩红壤	中层中腐有机质岩灰红壤	A	0—18	暗红色	轻壤土	小团块状	5.2	28.7	1.28	0.89	19.6	76	3.5	65		泥质岩类	E 114°22′59.5″ N 28°33′23.0″	99
						Bv	18—48	暗红色	黏壤土	块状	4.1	10.3	0.85	0.80	17.7							
剖34	人为土	水稻土	潴育水稻土	潴育型麻砂泥田	全层中麻砂泥田	A	0—15	青黄色	中壤土	块状	5.6	47.6	2.17	0.99	25.1	190	13.8	50		花岗岩类风化物	E 114°25′22.8″ N 28°33′47.6″	95
						P	15—21	青黄色	中壤土	块状	5.1	37.1	1.84	0.84	26.1							
						G₁	21—50	蓝灰色	中壤土	梭块状	5.2	29.4	1.16	0.64	27.9							
						G₂	50—100	青灰色	中壤土	梭柱状	4.5	40.2	1.37	0.39	29.1							
剖35	人为土	水稻土	潴育水稻土	红砂岩潮泥田	灰红砂岩类	A	0—10	暗红色	中壤土	块状	4.3	24.8	1.28	0.70	16.9	113	10.5	32		红砂岩类	E 114°27′11.8″ N 28°34′40.6″	95
						P	10—16	暗红棕色	中壤土	块状	4.3	17.2	0.80	0.79	16.9							
						W₁	16—55	黄棕色	中壤土	梭块状	4.5	7.8	0.49	0.73	18.1							
						W₂	55—100	黄棕色	中壤土	梭块状	3.8	11.4	0.68	0.92	17.2							
剖36	人为土	水稻土	淹育水稻土	淹育型砂泥田	强淹砾石底灰砂泥田	A	0—15	暗灰棕色	砂壤土	团粒状	4.4	21.8	0.92	1.27	30.7	94	39.3	15		河流冲积物	E 114°23′08.5″ N 28°31′42.1″	95
						P	15—19	暗棕色	砂壤土	块状	4.5	9.2	0.70	1.27	29.7							
						C	19—100	灰棕色	紧砂土	块状	4.5	5.1	0.43	0.48	23.0							

续表 Continued

剖面号 Soil profile	土纲 Soil order	土类 Soil great group	亚类 Soil subgroup	土属 Soil genus	土种 Soil species	土层码 Layer code	土层厚度 Depth/cm	颜色 Soil color	质地 Soil texture	土壤结构 Soil structure	pH	有机质 OM/(g/kg)	全氮 TN/(g/kg)	全磷 TP/(g/kg)	全钾 TK/(g/kg)	碱解氮 AN/(mg/kg)	有效磷 AP/(mg/kg)	速效钾 AK/(mg/kg)	阳离子交换量CEC/(cmol/kg)	土壤母质 Parent material	剖面点坐标 Profile coordinate	匹配指数 Matching index/%
剖37	铁铝土	红壤	黄红壤	酸性结晶岩黄红壤		A	0—19	黄褐色	重壤土	核粒状	5.1	33.2	0.82	0.87	30.4	70	2.5	106		酸性结晶岩类	E 114°22′35.5″ N 28°30′06.4″	97
						ABv	19—28	黄褐色	中壤土	核粒状	5.1	15.7	0.59	0.80	30.3							
						Bv	28—42	黄红色	重壤土	块状	5.3	15.3	0.25	0.59	29.9							
剖38	铁铝土	红壤	黄红壤	酸性结晶岩黄红壤		A	0—10	黄褐色	中壤土	核粒状	4.9	54.3	1.51	0.93	24.7	86	4.0	106		酸性结晶岩类	E 114°25′38.8″ N 28°30′23.3″	97
						ABv	10—22	黄红色	重壤土	块状	4.9	32.4	0.92	0.84	21.9							
						Bv	22—62	黄红色	中壤土	棱块状	5.1	19.9	0.63	0.37	24.5							
						C	62—	黄灰相间														
剖39	人为土	水稻土	潴育水稻土	潴育型鳝泥田	弱潴砾底灰鳝泥田	A	0—12	灰黄色	重壤土	团块状	5.5	32.8	1.67	1.06	20.5	174	15.5	60		泥质岩类风化物	E 114°15′38.5″ N 28°27′30.9″	95
						P	12—17	灰黄棕色	重壤土	块状	5.8	22.0	1.27	0.77	21.1							
						W	17—45	黄棕色	重壤土	棱块状	6.0	17.8	0.90	0.78	21.5							
						C	45—100		重壤土		5.9	20.2	1.05	0.99	20.7							
剖40	人为土	水稻土	潴育水稻土	潴育型鳝泥田	全层中潴中鳝泥田	A	0—14	青灰色	重壤土	团粒状	4.6	37.6	2.38	0.94	24.4	232	22.8	122		泥质岩类风化物	E 114°18′46.6″ N 28°28′49.3″	95
						P	14—18	青灰色	重壤土	块状	4.3	30.2	1.61	0.68	44.2							
						G_1	18—54	蓝灰色	重壤土	不明显软块状	4.4	20.8	1.24	0.64	24.3							
						G_2	54—100		重壤土		4.3	20.9	1.00	0.66	24.6							
剖41	人为土	水稻土	潴育水稻土	潴育型麻砂泥田	全层强潴麻砂泥田	A	0—14	青灰色	轻砾石土	块状	5.8	32.1	1.19	0.84	28.0	190	9.3	89		花岗岩风化物	E 114°18′55.7″ N 28°27′21.8″	95
						P	14—20	青灰色	中壤土	不明显块状	5.7	30.5	0.98	0.83	27.4							
						G	20—100	青灰色	重壤土	软糊无结构	5.0	24.6	0.85	1.09	27.3							
剖42	铁铝土	红壤	红壤	酸性结晶岩红壤		A	0—18	暗黄色	轻壤土	团块状	5.6	23.9	0.64	2.15	36.4	66	29.0	188		花岗岩风化物	E 114°19′03.6″ N 28°27′02.7″	95
						ABv	18—27	浅黄黄色	中壤土	团块状	5.5	14.5	0.45	2.02	32.6							
						Bv	27—60	黄红色	中壤土	块状	5.3	7.1	0.44	1.62	33.5							
						C	60—100	黄红色	轻壤土	大棱块状	5.2	5.9	0.21	1.02	25.6							
剖43	铁铝土	红壤	红壤	粉红土	厚层灰粉红土	A	0—20	黄褐色	松砂土	小块状	6.7	15.3	0.69	0.89	19.7	56	5.8	106		千枚岩类风化物	E 114°30′37.0″ N 28°42′44.6″	95
						Bv	20—60	红色	中壤土	块状	6.9	8.1	0.65	0.66	20.5							
						C	60—100	红色	轻黏土	块状	6.8	4.8	0.41	0.64	17.6							
剖44	人为土	水稻土	潴育水稻土	潴育型潮砂泥田	中潴乌砂泥田	A	0—12	暗灰色	轻壤土	小粒状	4.6	31.8	1.63	0.86	30.3	228	21.3	21		河流冲积物	E 114°33′35.0″ N 28°42′51.6″	95
						P	12—19	灰棕色	中壤土	小团块状	4.7	17.1	0.83	0.80	30.7							
						W	19—68	灰黄棕色	轻壤土	块状	5.2	4.6	0.25	0.67	28.9							
						C	68—100	灰黄棕色			5.7	2.3	0.15	0.46	25.6							
剖45	铁铝土	红壤	红壤	酸性结晶岩红壤	弱潴乌麻砂泥田	Ao	1—2	黑褐色		屑粒状							≤1.0	80		酸性结晶岩类	E 114°34′40.5″ N 28°40′16.3″	99
						A_1	0—2	褐红色	中壤土	块状	5.0	25.2	0.75	1.28	28.9	52						
						Bv	2—14	褐红色	中壤土	块状	5.1	10.2	0.20	1.03	29.2							
						BvC	14—37	红色	轻黏土	棱柱状	5.3	10.2	0.11	0.77	35.0							
						C	37—70	暗黄色	重壤土	块状	4.9	33.7	1.42	0.69	25.4							
剖46	人为土	水稻土	潴育水稻土	潴育型麻砂泥田	弱潴乌麻砂泥田	A	0—14	暗黄色	重壤土	小团块状	5.4	27.3	1.44	0.51	25.4	160	11.0	64		花岗岩风化物	E 114°31′14.5″ N 28°40′42.2″	95
						P	14—19	暗黄色	重壤土	块状	6.0	10.3	0.46	0.35	≥50.0							
						W	19—68	灰棕色	中壤土	棱柱状	5.1	8.4	0.38	0.27	≥50.0							
						G	68—100	青灰色	重壤土	软块状	5.0	10.6	0.63	0.79	28.9							
剖47	铁铝土	红壤	红壤	酸性结晶岩红壤		A	0—19	红色	重壤土	小块状	5.1	8.9	0.55	0.83	29.2	69	2.5	84		酸性结晶岩类	E 114°32′52.2″ N 28°41′53.7″	97
						Bv	19—35	红色	重壤土	块状	5.1	6.2	0.35	0.87	28.7							
						BvC	35—56	棕色	重壤土	块状	5.2											
剖48	人为土	水稻土	潴育水稻土	潴育型鳝泥田	灰鳝泥田	A	0—12	灰黄棕色	重壤土	小团块状	4.9	40.1	1.61	0.75	18.9	167	7.8	82		泥质岩类风化物	E 114°41′57.6″ N 28°40′22.9″	95
						P	12—17	灰黄棕色	重壤土	块状	5.3	43.6	1.66	0.85	19.5							
						W_1	17—58	浅黄棕色	重壤土	棱块状	5.5	23.4	0.84	0.72	20.5							
						W_2	58—100	浅黄棕色	重壤土	大块状	5.7	22.6	1.56	0.69	20.9							

续表 Continued

剖面号 Soil profile	土纲 Soil order	土类 Soil great group	亚类 Soil subgroup	土属 Soil genus	土种 Soil species	土层码 Layer code	土层厚度 Depth/cm	颜色 Soil color	质地 Soil texture	土壤结构 Soil structure	pH	有机质 OM/(g/kg)	全氮 TN/(g/kg)	全磷 TP/(g/kg)	全钾 TK/(g/kg)	碱解氮 AN/(mg/kg)	有效磷 AP/(mg/kg)	速效钾 AK/(mg/kg)	阳离子交换量CEC/(cmol/kg)	土壤母质 Parent material	剖面点坐标 Profile coordinate	匹配指数 Matching index/%
剖49	人为土	水稻土	潴育水稻土	潴育型红砂泥田	乌红砂泥田	A	0—17	暗灰色	重壤土	小团块状	5.2	33.1	1.44	1.12	21.1	143	13.3	32		红砂岩类风化物	E 114°33′52.3″ N 28°39′18.6″	95
						P	17—29	浅灰色	重壤土	块状	5.1	23.5	1.38	1.10	21.5							
						W₁	29—59	紫红色	中壤土	棱块状	4.9	26.9	1.38	0.61	18.1							
						W₂	59—100	灰紫红色	重壤土	块状	4.9	24.3	1.02	0.86	21.3							
剖50	人为土	水稻土	潴育水稻土	潴育型麻砂泥田	中位弱潜灰麻砂泥田	A	0—14	灰黄棕色	重壤土	小粒状	4.7	35.7	1.53	1.02	25.5	138	10.0	50		花岗岩风化物	E 114°37′23.7″ N 28°39′28.3″	95
						P	14—26	灰黄棕色	重壤土	块状	5.2	33.0	1.44	1.30	31.3							
						W	26—49	黄棕色	重壤土	块状	5.5	24.8	1.08	0.32	26.3							
						G	49—100	青灰色	重壤土	软块状	5.5	18.8	0.92	0.22	28.2							
剖51	铁铝土	红壤	黄红壤	粉黄红土	厚层灰粉黄红土	A	0—20	黄褐色	重壤土	粒状	5.6	71.4	2.96	1.08	25.0	232	3.5	56			E 114°35′14.8″ N 28°36′57.8″	95
						Bv	20—80	黄色	重壤土	块状	5.4	16.4	0.82	0.99	27.6							
						C	80—100	浅黄色	重壤土	块状	5.8	9.7	0.49	0.44	26.3							
剖52	人为土	水稻土	潴育水稻土	潴育型麻砂泥田	弱潜灰麻砂泥田	A	0—10	灰棕色	重壤土	团块状	5.0	28.9	1.65	1.66	26.8	169	33.0	61		花岗岩风化物	E 114°36′25.5″ N 28°36′49.8″	81
						P	10—18	灰棕色	中壤土	块状	5.1	23.2	1.28	1.68	26.4							
						W₁	18—60	灰黄棕色	中壤土	棱块状	4.3	13.5	0.67	2.07	28.3							
						W₂	60—100	黄棕色	中壤土	块状	4.2	7.2	0.48	1.02	28.3							
剖53	铁铝土	红壤		酸性结晶岩红壤		Ao	0—4	黑褐色		屑粒状										酸性结晶岩类	E 114°39′59.5″ N 28°39′48.5″	97
						A₁	4—7	褐红色	中壤土	小团块状	4.8	48.0	1.08	1.16	22.7	81	1.5	56				
						A	7—17	褐红色	中壤土	块状	5.2	17.2	0.41	2.98	20.9							
						Bv	17—104	棕红色	重壤土	块状												

丰 城 市

主要土类说明

红壤是丰城市主要土壤类型，占本市地域面积的53%。红壤是本市面积最大、分布最广的一类地带性土壤。分为红壤、红壤性土两个亚类。其中红壤亚类占本土类面积的94%，广泛分布在丘陵和山区。红壤亚类中，泥质岩红壤土属面积最大，占红壤总面积的48%，主要分布在洛市、铁路、淘沙、白土、杜市、秀市、蕉坑、荣塘、荷湖、董家和曲江等地中高丘及低山部位。丘顶较平，坡度常在25°左右。成土母质为泥质岩类风化物。以中厚层土壤最多。山地植被茂密，且以针阔叶混交林为主，高、中丘陵有大面积油茶林，林下草被盛长，覆盖度大，丘顶平缓地段常见有残存的枯枝落叶层。红壤性土又叫侵蚀红壤或幼红壤，土壤剖面分异不明显，处于红壤初期发育阶段，或仍显母质残留特征，多属不能直接种植利用的不毛之地。

水稻土是丰城市第二大土壤类型，占本市地域面积的42%，是丰城市主要的耕作土壤。该土类是在人们淹灌、植稻的条件下形成的。水分是形成水稻土的主导因素。根据土壤水分活动的特性，本市水稻土分为四个亚类。其中，良水型的潴育水稻土亚类面积最大，占水稻土总面积的91%，遍及本县各乡镇的畈田、垄田较平坦的地形部位。由于地表水和地下毛管水共同作用，使土体形成深厚的潴育层，产量水平较高。

小于本市地域面积3%的土壤类型还有潮土、黄壤等。

本区域中心区气候特征

本区域中心区气候特征值
Regional climate characteristics in central area of the region

气候带：中亚热带湿润气候 Climate region: Subtropical humid climate	
年平均气温 /℃ Annual average temperature /℃	17.7
年平均最高气温 /℃ Annual average maximum temperature /℃	21.9
年平均最低气温 /℃ Annual average minimum temperature /℃	14.6
年降水量 /mm Annual precipitation /mm	1620
≥10℃的积温 /℃ Daily temperature accumulated in a year（≥10℃）/℃	11241
年日照时数 /h Annual sunshine /h	1737
年平均相对湿度 /% Annual average relative humidity /%	79
干燥度 Dryness	0.65

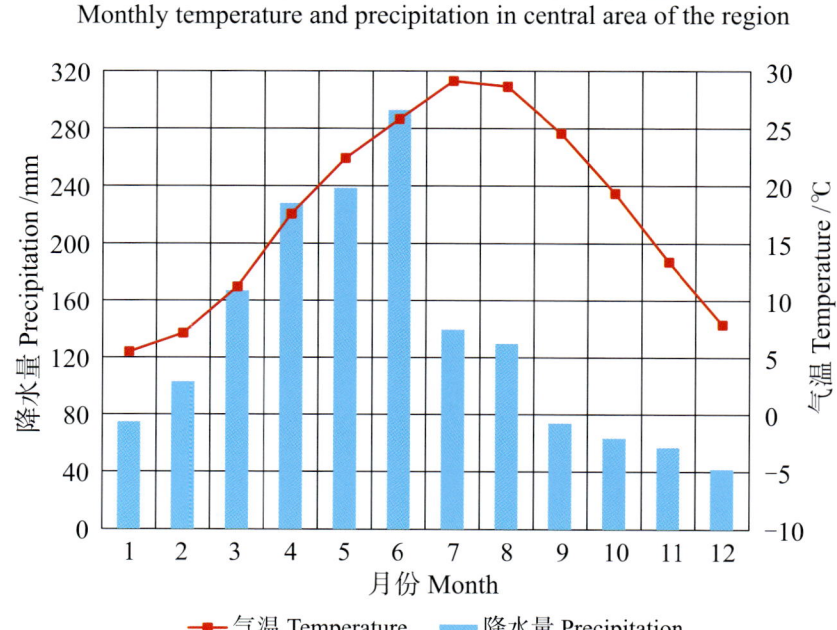

本区域中心区月平均气温与月平均降水量
Monthly temperature and precipitation in central area of the region

丰城市主要土壤类型与土壤剖面点分布图
1:310 000

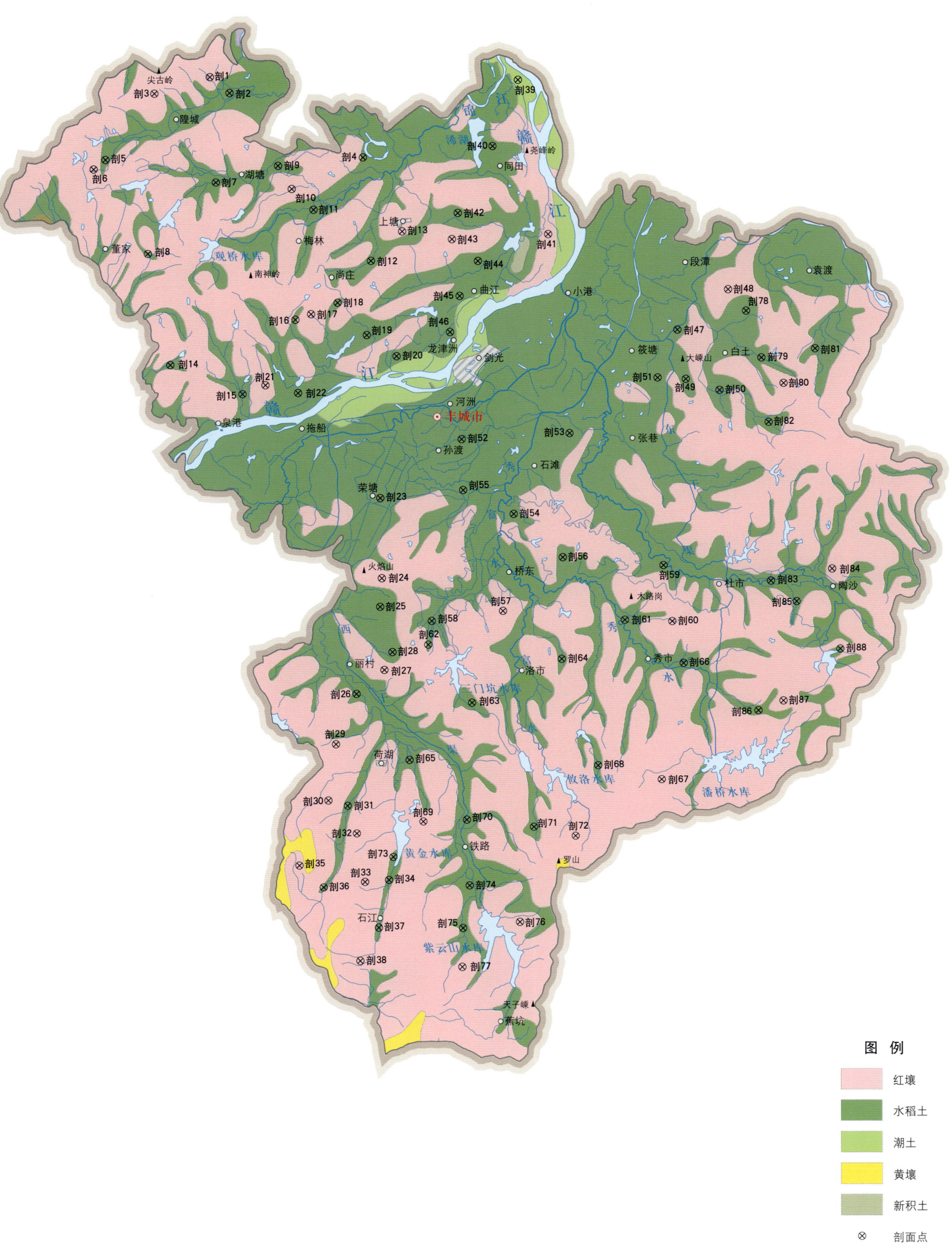

图 例
- 红壤
- 水稻土
- 潮土
- 黄壤
- 新积土
- ⊗ 剖面点

丰城市土壤剖面理化性状表

剖面号 Soil profile	土纲 Soil order	土类 Soil great group	亚类 Soil subgroup	土属 Soil genus	土种 Soil species	土层码 Layer code	土层厚度 Depth/cm	颜色 Soil color	质地 Soil texture	土壤结构 Soil structure	pH	有机质 OM/(g/kg)	全氮 TN/(g/kg)	全磷 TP/(g/kg)	全钾 TK/(g/kg)	碱解氮 AN/(mg/kg)	有效磷 AP/(mg/kg)	速效钾 AK/(mg/kg)	阳离子交换量CEC/(cmol/kg)	土壤母质 Parent material	剖面点坐标 Profile coordinate	匹配指数 Matching index/%
剖1	铁铝土	红壤	红壤	花岗岩红壤	厚层多有机质花岗岩红壤	1	0–2	灰色	重壤土	粒状	4.9	96.8	3.61	0.75		301	4.0	165		花岗岩风化物	E 115° 35′ 14.3″ N 28° 23′ 16.4″	98
						2	2–10	红灰色	重壤土	粒状	4.9	66.7	2.77	0.68		251	3.0	128				
						3	10–70	红色	重壤土	粒状	5.0	20.6	1.20	0.50		128	≤1.0	61				
剖2	人为土	水稻土	淹育水稻土	淹育红砂岩红砂泥田	强潴弱砂泥田	1	0–10		中黏土		6.1	20.6	1.23	0.57		89	3.0	27		红砂岩类风化物	E 115° 36′ 16.1″ N 28° 22′ 39.3″	95
						2	10–21		石块	碎块状	5.9	20.8	0.90	0.56		62	2.0	26				
						3	21–58				7.1	6.0	0.45	0.55		27	16.0	24				
剖3	铁铝土	红壤	红壤	红砂岩红壤	薄层少有机质红砂岩红壤	1	0–10	浅灰色	中黏土	碎块状	4.3	19.4	0.96	0.25		89	≤1.0	39		红砂岩类风化物	E 115° 32′ 42.2″ N 28° 22′ 39.7″	70
						2	10–60	棕红黄色	石块	块状	4.9	9.0	0.54	0.33		63	≤1.0	30				
						3	60–	棕红黄色														
剖4	人为土	水稻土	漂洗水稻土	漂洗黄泥田	弱漂表潜黄泥田	1	0–16	灰色	重黏土	小块状										第四纪红色黏土	E 115° 42′ 23.8″ N 28° 20′ 09.5″	91
						2	16–21	青灰色	中黏土	小块状												
						3	21–32	灰棕色	中黏土	块状												
						4	32–54	灰白色	中黏土	块状												
						5	54–100	棕黄色	中黏土	块状												
剖5	人为土	水稻土	潴育水稻土	潴育黄泥田	灰黄泥田	1	0–14	浅灰色	中黏土	大粒状										第四纪红色黏土	E 115° 30′ 31.3″ N 28° 19′ 53.1″	93
						2	14–21	棕黄色	中黏土	小块状												
						3	21–54	黄棕色	中黏土	小块状												
						4	54–100	棕黄色	中黏土	棱块状												
剖6	铁铝土	红壤	红壤	红黏土红壤	红黏土红壤	1	0–3	灰棕色	重黏土	碎块状	5.0	23.8	1.25	0.39		109	4.0	15		第四纪红色黏土	E 115° 30′ 02.6″ N 28° 19′ 23.5″	84
						2	3–27	黄红色	重黏土	散状	5.1	5.7	0.36	0.31		30	4.0	20				
						3	27–100	棕红色	重黏土	散状	5.2	3.4	0.20	0.27		19	≤1.0	20				
剖7	人为土	水稻土	潴育水稻土	潴育潮砂田	弱潴砂底水潮砂田	1	0–14	暗灰色	中壤土	散状	5.2	25.4	1.49	0.36		110	≤1.0	52		河流冲积物	E 115° 35′ 36.0″ N 28° 19′ 04.0″	87
						2	14–25	白灰色	中壤土	碎块状	7.2	9.7	0.63	0.45		37	2.0	46				
						3	25–46	棕黄色	中壤土	块状	7.4	7.9	0.57	0.58		29	4.0	30				
						4	46–100	黄棕色	中壤土	块状												
剖8	人为土	水稻土	潴育水稻土	潴育潮砂田	强潴表潜灰潮泥田	1	0–19	浅灰色	重壤土	糊状	5.0	23.1	1.76	0.36		275	12.0	50		河流冲积物	E 115° 32′ 37.3″ N 28° 16′ 01.0″	96
						2	19–28	青灰色	重壤土	块状	5.1	14.4	0.91	0.12		69	≤1.0	30				
						3	28–67	灰棕色	重壤土	棱块状	4.7	3.0	0.25	0.21		25	≤1.0	24				
						4	67–100	灰黄色	重壤土	棱块状												
剖9	铁铝土	红壤	红壤	花岗岩红壤	中层中有机质花岗岩红壤	1	0–2	灰色	重壤土	粒状	5.4	29.6	1.70	0.50		133	6.0	55		花岗岩风化物	E 115° 38′ 24.3″ N 28° 19′ 38.3″	96
						2	2–8	灰黄色	重壤土	粒状	5.0	23.0	1.00	0.40		103	2.0	30				
						3	8–52	棕黄色	重壤土	大粒状	4.8	18.6	1.00	0.20		73	≤1.0	10				
						4	52–	灰黄色														
剖10	铁铝土	红壤	红壤	红砂岩红壤	红砂泥田	1	0–14	黄灰色	砂壤土	粒状	5.3	35.8	2.07	0.56		153	4.0	43		花岗岩风化物	E 115° 39′ 10.4″ N 28° 18′ 49.2″	77
						2	14–19	浅灰色	轻壤土	块状	6.4	18.3	1.20	0.36		106	≤1.0	22				
						3	19–34	黄栗色	轻壤土	小块状	7.3	5.5	0.51	0.38		28	≤1.0	25				
剖11	人为土	水稻土	潴育水稻土	潴育红砂泥田		4	34–100	黄栗色	轻壤土	小块状										红砂岩类风化物	E 115° 40′ 06.1″ N 28° 17′ 56.4″	73

续表 Continued

剖面号 Soil profile	土纲 Soil order	土类 Soil great group	亚类 Soil subgroup	土属 Soil genus	土种 Soil species	土层码 Layer code	土层厚度 Depth/cm	颜色 Soil color	质地 Soil texture	土壤结构 Soil structure	pH	有机质 OM/(g/kg)	全氮 TN/(g/kg)	全磷 TP/(g/kg)	全钾 TK/(g/kg)	碱解氮 AN/(mg/kg)	有效磷 AP/(mg/kg)	速效钾 AK/(mg/kg)	阳离子交换量CEC/(cmol/kg)	土壤母质 Parent material	剖面点坐标 Profile coordinate	匹配指数 Matching index/%
剖12	人为土	水稻土	淹育水稻土	淹育黄泥田	强淹黄泥田	1	0–13				5.2	22.6	1.41	1.10		99	12.0	45		第四纪红色黏土	E 115°42′48.6″ N 28°15′57.6″	85
						2	13–19				5.4	15.3	1.05	0.94		74	7.0	28				
						3	19–100				6.2			0.71		44	2.0	44				
剖13	铁铝土	红壤		泥质岩红壤	厚层泥质岩红土	1	0–8	棕黄色	重壤土	棱块状	6.0	17.3	1.02	0.66		84	4.0	113		泥质岩类风化物	E 115°44′18.7″ N 28°17′15.9″	76
						2	8–15	浅黄色	重壤土	块状	6.0	6.4	0.76	0.30		110	3.0	66				
						3	15–60	棕红色	重壤土		5.6	4.9	0.48	0.57		26	≤1.0	73				
剖14	人为土	水稻土	潴育水稻土	潴育鳝泥田	强潴灰鳝泥田	1	0–15				5.0					87	≤1.0	46		泥质岩类风化物	E 115°33′31.3″ N 28°11′37.9″	70
						2	15–24				5.2					53	≤1.0	46				
						3	24–46				4.5					43	≤1.0	43				
剖15	人为土	水稻土	潴育水稻土	潴育潮砂泥田	潮砂泥田	1	0–19				5.3					97	5.0	28		河流冲积物	E 115°36′54.0″ N 28°10′30.4″	86
						2	19–25				5.7					73	4.0	30				
						3	25–85				6.3					49	6.0	35				
剖16	人为土	水稻土	淹育水稻土	潴育潮砂泥田	强潴灰潮泥田	1	0–14	灰色	中壤土	团块状										河流冲积物	E 115°39′12.7″ N 28°13′24.5″	72
						2	14–21	黄灰色	中壤土	块状												
						3	21–52	浅棕色	中壤土	棱块状												
						4	52–69	黄色	重壤土	棱块状												
						5	69–100	浅黄色	中壤土	棱块状												
剖17	铁铝土	红壤		红黏土红壤	红黏土乌红土	1	0–13				6.0					69	15.0	28		第四纪红色黏土	E 115°40′07.1″ N 28°13′45.4″	83
						2	13–22				6.2					64	13.0	25				
						3	22–45				6.1					29	13.0	38				
剖18	人为土	水稻土	潴育水稻土	潴育灰潮砂泥田	弱潴灰潮砂泥田	1	0–17	灰棕色		小块状	4.5					65	6.0	55		河流冲积物	E 115°41′15.9″ N 28°14′14.7″	85
						2	17–26	红棕色	中壤土	小块状	5.2					20	2.0	32				
						3	26–40	暗棕色	中壤土		4.6					23	2.0	40				
剖19	人为土	水稻土	潴育水稻土	潴育红砂泥田	弱潴红砂泥田	1	0–17	浅灰色	中壤土		5.5					29	3.0	27		红砂岩类风化物	E 115°42′37.5″ N 28°13′00.7″	81
						2	17–42	棕灰色	中壤土	团块状	6.0					11	≤1.0	18				
						3	42–69	黄灰色	中壤土	块状	6.4					6	≤1.0	15				
剖20	人为土	水稻土	潴育水稻土	潴育黄泥田	厚淹多有机质泥质岩红土壤	1	0–15	栗褐色	中壤土	棱块状	5.1	45.3	2.17	0.49		165	≤1.0	133		泥质岩类风化物	E 115°43′53.4″ N 28°12′03.6″	73
						2	15–52	灰棕色	中壤土	块状	5.0	27.6	1.56	0.62		111	≤1.0	45				
						3	52–100	红棕色	中壤土	粒状	4.8	14.5	1.07	0.56		71	≤1.0	34				
剖21	铁铝土	红壤		泥质岩红壤		1	0–1													泥质岩类风化物	E 115°38′00.8″ N 28°10′51.9″	98
						2	1–16															
						3	16–38															
剖22	人为土	水稻土	潴育水稻土	潴育黄泥田	强潴黄泥田	1	0–12	灰色	中黏土	棱块状	5.1	41.3	2.51	0.67		186	7.0	48		第四纪红色黏土	E 115°42′29.2″ N 28°10′37.6″	100
						2	12–24	灰棕色	中黏土	块状	5.7	26.3	1.49	0.53		118	3.0	29				
						3	24–54	棕灰色	中黏土	块状	6.8	5.8	0.40	0.71		21	10.0	26				
剖23	人为土	水稻土	潴育水稻土	潴育潮砂泥田	强潴乌潮泥田	1	0–16	灰棕色	重壤土	块块状										河流冲积物	E 115°43′15.6″ N 28°06′22.7″	96
						2	16–54	棕灰色	中壤土	块状												
						3	54–100	黄棕色	中壤土	块块状												
剖24	铁铝土	红壤		红砂岩红壤	厚层中有机质红砂岩红壤	1	0–5	棕褐色		碎块状										红砂岩风化物	E 115°43′31.0″ N 28°03′10.4″	72
						2	5–38	棕灰色	中壤土	棱块状												
						3	38–100	黄棕色	中壤土													

续表 Continued

剖面号 Soil profile	土纲 Soil order	土类 Soil great group	亚类 Soil subgroup	土属 Soil genus	土种 Soil species	土层码 Layer code	土层厚度 Depth/cm	颜色 Soil color	质地 Soil texture	土壤结构 Soil structure	pH	有机质 OM/(g/kg)	全氮 TN/(g/kg)	全磷 TP/(g/kg)	全钾 TK/(g/kg)	碱解氮 AN/(mg/kg)	有效磷 AP/(mg/kg)	速效钾 AK/(mg/kg)	阳离子交换量 CEC/(cmol/kg)	土壤母质 Parent material	剖面点坐标 Profile coordinate	匹配指数 Matching index/%
剖25	人为土	水稻土	潴育水稻土	潴育潮砂泥田	乌潮砂田	1	0—16				5.4					67	16.0	33		河流冲积物	E 115°43′22.0″ N 28°01′57.5″	95
						2	16—49				5.2					75	4.0	21				
						3	49—100				6.7					25	≤1.0	28				
剖26	人为土	水稻土	潴育水稻土	潴育鳝泥田	乌鳝泥田	1	0—21	浅灰色	轻黏土	大块状	4.9	32.6	1.83	0.68		133	10.0	34		泥质岩类风化物	E 115°42′17.3″ N 27°58′23.4″	100
						2	21—26	黄灰色	轻黏土	大块状	6.8	5.0	0.36	0.48		19	2.0	25				
						3	20—45	棕黄色	轻黏土	大块状	6.4	6.4	0.37	0.26		15	≤1.0	31				
						4	45—100	棕灰色	轻黏土	大块状												
剖27	铁铝土	红壤	红壤	红砂岩红壤	厚层红砂岩红土	1	0—15	灰红色	中壤土	粒状										红砂岩类风化物	E 115°43′31.3″ N 27°59′28.2″	77
						2	15—60	暗红色	中壤土	小块状												
						3	60—100	暗红色	中壤土	小块状												
剖28	人为土	水稻土	淹育水稻土	潴育灰潮砂泥田	淹育灰潮砂泥田	A	0—15	棕灰色	黏壤土	粒状	5.2	25.9	1.14	0.55	24.6	132	11.0	60	4.2	河流沉积物	E 115°43′56.4″ N 28°00′03.6″	86
						P	15—21	灰棕色	黏壤土	小块状	4.8	21.0	0.91	0.45	24.6				3.9			
						C	21—100	棕黄色	黏壤土	块状	5.8	7.5	0.43	0.42	24.3				4.6			
剖29	铁铝土	红壤	红壤	泥质岩类红壤	厚层中有机质泥质岩红壤	1	0—3	灰红色	重壤土	梭块状	4.8					198	4.0	210		泥质岩类风化物	E 115°41′34.1″ N 27°56′28.6″	85
						2	3—24	红棕色	重壤土	碎粒状	4.8					176	2.0	114				
						3	24—100	红棕色	重壤土	碎粒状	4.9					97	≤1.0	43				
剖30	铁铝土	红壤	红壤	泥质岩类红壤	厚层少有机质泥质岩红壤	1	0—1	红色	重壤土	小块状	5.0					102	6.0	63		泥质岩类风化物	E 115°41′10.9″ N 27°54′13.1″	85
						2	1—5	红色	重壤土	团块状	7.2					21	≤1.0	35				
						3	5—100	灰色	重壤土	梭块状	6.1					57	≤1.0	36				
剖31	人为土	水稻土	潴育水稻土	潴育潮泥田	表潜灰潮泥田	1	0—14	青灰色	中壤土	梭块状										河流冲积物	E 115°42′00.4″ N 27°54′05.8″	84
						2	14—20	灰黄色	中壤土	梭块状												
						3	20—43	灰棕色	中壤土	梭块状												
						4	43—100	棕栗色	中壤土	梭块状												
剖32	铁铝土	红壤	红壤	花岗岩红壤	厚层中有机质花岗岩红壤	1	0—4	棕灰色	重壤土	粒状	4.9	33.0	1.00			140	≤1.0	45		花岗岩风化物	E 115°42′22.6″ N 27°52′49.5″	89
						2	4—7	棕灰色	重壤土	粒状												
						3	7—100	棕色	重壤土	大粒状												
剖33	铁铝土	红壤	红壤	泥质岩类红壤	厚层少有机质泥质岩红壤	1	0—5		中壤土		4.7	45.3	2.19	0.86		137	≤1.0	103		泥质岩类风化物	E 115°42′45.8″ N 27°50′43.2″	82
						2	5—26		中壤土	小块状	4.8	191.0	0.99	0.58		78	≤1.0	35				
						3	26—100		中壤土	块状	4.9	11.5	0.95	0.49		55	≤1.0	31				
剖34	人为土	水稻土	潴育水稻土	潴育潮泥田	灰潮砂泥田	1	0—13	灰色	中壤土	梭块状	5.3	16.8	1.05	0.37		114	3.0	30		河流冲积物	E 115°43′52.4″ N 27°50′53.9″	74
						2	13—19	灰色	中壤土	梭块状	5.4	10.8	0.69	0.31		57	2.0	27				
						3	19—36	黄灰色	中壤土	梭块状	7.1	8.2	0.51	0.47		36	2.0	29				
						4	36—51	栗灰色	中壤土	梭块状												
						5	51—100	棕栗色	中壤土	梭块状												
剖35	铁铝土	红壤	红壤	泥质岩类红壤	中层中有机质泥质岩红壤	1	0—10	灰黑色	轻黏土	粒状	5.6					162	3.0	178		泥质岩类风化物	E 115°39′48.3″ N 27°51′22.3″	83
						2	10—30	棕灰色	重黏土	块状	5.9					74	≤1.0	126				
						3	30—	棕色	重壤土	大粒状												
剖36	人为土	水稻土	潴育水稻土	潴育黄泥田	弱潴黄泥田	1	0—13		中壤土		5.6					159	6.0	45		第四纪红色黏土	E 115°40′47.7″ N 27°50′29.1″	100
						2	13—20		中壤土		7.2					58	5.0	26				
						3	20—50		中壤土		6.1					83	2.0	42				
剖37	人为土	水稻土	淹育水稻土	淹育麻砂泥田	强淹麻砂泥田	1	0—11	浅灰色	中壤土	团块状	5.4	45.3				282	3.0	81		花岗岩风化物	E 115°43′22.6″ N 27°49′01.4″	86
						2	11—17	棕灰色	中壤土	块状	5.4					71	≤1.0	73				
						3	17—19	黄色	中壤土	大块状	6.5					112	≤1.0	118				
剖38	铁铝土	红壤	红壤	红黏土红壤	红黏土红土	1	0—17	棕红色	重黏土	粒状	5.6					61	≤1.0	130		第四纪红色黏土	E 115°42′34.6″ N 27°47′36.9″	74
						2	17—45	红色	重黏土	碎块状	5.5					23	≤1.0	59				
						3	45—100	红色	重黏土	块状	5.5					22	≤1.0	51				

续表 Continued

剖面号 Soil profile	土纲 Soil order	土类 Soil great group	亚类 Soil subgroup	土属 Soil genus	土种 Soil species	土层码 Layer code	土层厚度 Depth/cm	颜色 Soil color	质地 Soil texture	土壤结构 Soil structure	pH	有机质 OM/(g/kg)	全氮 TN/(g/kg)	全磷 TP/(g/kg)	全钾 TK/(g/kg)	碱解氮 AN/(mg/kg)	有效磷 AP/(mg/kg)	速效钾 AK/(mg/kg)	阳离子交换量 CEC/(cmol/kg)	土壤母质 Parent material	剖面点坐标 Profile coordinate	匹配指数 Matching index/%
剖39	半水成土	潮土	灰潮土	潮砂土	轻壤底灰潮砂土	1	0—15	灰色	中壤土	碎块状										河流冲积物	E 115° 49′ 18.0″ N 28° 23′ 22.9″	78
						2	15—19	浅灰色	中壤土	碎块状												
						3	19—40	棕灰色	砂壤土	散状												
						4	40—88	白灰色	砂壤土	散状												
						5	88—100	浅灰色	中壤土	块状												
剖40	人为土	水稻土	潴育水稻土	潴育红砂岩红砂泥田	弱潴灰红砂泥田	1	0—14	棕灰色	中壤土	小团块状										红砂岩类风化物	E 115° 48′ 27.7″ N 28° 20′ 38.0″	99
						2	14—26	浅灰色	中壤土	块状												
						3	26—47	棕色	中壤土	核块状												
						4	47—100	黄棕色	中壤土	核块状												
剖41	铁铝土	红壤		红砂岩红壤	潴层红砂岩灰红土	1	0—16	棕黄色	中壤土	粒状	6.7	17.3	0.95	1.07		71	23.0	103		红砂岩类风化物	E 115° 50′ 45.5″ N 28° 17′ 01.4″	75
						2	16—22	红棕色	中壤土	团块状	6.6	10.1	0.69	0.50		48	4.0	63				
						3	22—60	棕红色	中壤土	团块状	6.4	5.2	0.58	0.40		31	14.0	90				
剖42	人为土	水稻土	潴育水稻土	潴育潮砂泥田	潮砂泥田	1	0—12	黄灰色	中壤土	团块状										河流冲积物	E 115° 46′ 41.0″ N 28° 17′ 47.5″	84
						2	12—17	黄黄色	中壤土	小块状												
						3	17—31	黄棕色	中壤土	碎块状												
						4	31—54	浅灰色	中壤土	块状												
						5	54—100	灰色	中壤土	块状												
剖43	铁铝土	红壤		红砂岩红壤	中层少有机质红砂岩红壤	1	0—1	暗灰色	中壤土	粒状										红砂岩类风化物	E 115° 46′ 39.4″ N 28° 16′ 53.8″	80
						2	1—19	棕黄色	中壤土	小块状												
						3	19—34	灰黄色	轻壤土	小块状												
剖44	人为土	水稻土	潴育水稻土	潴育潮砂泥田	乌潮泥田	1	0—15	灰黄色	轻壤土	块状	5.3	33.4	2.01	0.70		144	3.0	103		河流冲积物	E 115° 47′ 41.6″ N 28° 15′ 55.8″	70
						2	15—23	灰黄色	重壤土	核块状	6.9	17.6	0.99	0.54		77	≤1.0	36				
						3	23—42	浅灰色	黏壤土	块状	7.6	7.6	0.57	0.64		38	2.0	40				
						4	42—80	浅灰色	黏壤土	散状												
						5	80—100	黄色	重壤土	块状												
剖45	人为土	水稻土	漂洗水稻土	漂洗鳝泥田	中漂鳝泥田	1	0—19	浅灰色	重壤土	块状	5.2	36.0	2.18	0.67		135	3.0	51		泥质岩类风化物	E 115° 46′ 55.0″ N 28° 14′ 39.0″	94
						2	19—23	黄灰色	重壤土	核块状	5.4	24.6	1.54	0.52		93	≤1.0	35				
						3	23—67	灰白色	重壤土	块状	6.3	7.9	0.47	0.21		30	≤1.0	39				
剖46	人为土	水稻土	潴育水稻土	潴育鳝泥田	灰鳝泥田	1	0—13	棕黄色	轻黏土	块状	5.3					160	6.0	37		泥质岩类风化物	E 115° 46′ 26.0″ N 28° 13′ 10.1″	99
						2	13—18	黄黄色	轻黏土	块状	5.5					93	2.0	24				
						3	18—22	棕黄色	轻黏土	核块状	6.3					42	≤1.0	15				
						4	22—51	棕黄色	轻黏土	核块状	4.9					90	6.0	38				
						5	51—100				5.7					59	17.0	37				
剖47	铁铝土	红壤	淹育水稻土	淹育砾石泥田	强淹砾石泥田	1	0—11				6.9					22	9.0	45		石灰岩类风化物	E 115° 56′ 48.1″ N 28° 13′ 19.9″	89
						2	11—19	棕色	中壤土	粒状	5.1	35.3	1.69	0.45		126	≤1.0	62				
						3	19—48	灰灰色	中壤土	粒状	5.3	8.8	0.58	0.39		42	≤1.0	28				
剖48	铁铝土	红壤		红砂岩红壤		1	0—4	黄棕色		核块状	5.6					90	≤1.0	23		红砂岩类风化物	E 115° 59′ 06.6″ N 28° 14′ 55.5″	80
						2	4—100	棕红色		块状	6.2					54	≤1.0	17				
剖49	人为土	水稻土	潴育水稻土	潴育黄泥底潮泥田	黄泥底乌潮泥田	1	0—15	棕棕色	重壤土	核块状	5.3					127	6.0	26		上部沉积物，下部红黏土	E 115° 57′ 10.1″ N 28° 11′ 23.9″	70
						2	15—22	灰灰色	重壤土	核块状												
						3	22—78	黄棕色	重壤土	核块状												
						4	78—100															

续表 Continued

剖面号 Soil profile	土纲 Soil order	土类 Soil great group	亚类 Soil subgroup	土属 Soil genus	土种 Soil species	土层码 Layer code	土层厚度 Depth/cm	颜色 Soil color	质地 Soil texture	土壤结构 Soil structure	pH	有机质 OM/(g/kg)	全氮 TN/(g/kg)	全磷 TP/(g/kg)	全钾 TK/(g/kg)	碱解氮 AN/(mg/kg)	有效磷 AP/(mg/kg)	速效钾 AK/(mg/kg)	阳离子交换量CEC/(cmol/kg)	土壤母质 Parent material	剖面点坐标 Profile coordinate	匹配指数 Matching index/%
剖50	人为土	水稻土	潴育水稻土	潴育黄泥底潮泥田	黄潴底灰潮泥田	1	0—17	浅灰色	中壤土	粒状	5.0	26.0	1.35	0.69		105	7.0	86		上部沉积物，下部红黏土	E 115°58′44.6″ N 28°10′54.3″	80
						2	17—22	浅灰色	黏壤土	团块状	6.0	13.4	0.61	0.55		43	≤1.0	30				
						3	22—35	灰色	黏壤土	块状	7.3	4.5	0.20	0.39		18	≤1.0	21				
						4	35—60	灰白色	黏壤土	块状												
剖51	人为土	水稻土	潴育水稻土	潴育潮砂泥田	弱潴灰潮砂泥田	1	0—12		中壤土		5.9					96	3.0	63		河流冲积物	E 115°55′54.8″ N 28°11′19.3″	73
						2	12—17		中黏土		5.6					104	≤1.0	36				
						3	17—21		中黏土		6.8					31	≤1.0	33				
剖52	人为土	水稻土	淹育水稻土	淹育黄泥田	弱潴黄泥田	1	0—11	黄棕色	中黏土	团块状	5.4	23.9		0.69		111	2.0	40		第四纪红色黏土	E 115°46′57.4″ N 28°08′47.0″	90
						2	11—17	黄棕色	中黏土	块状	6.4	12.6		0.54		48	≤1.0	25				
						3	17—40	浅棕色	中黏土	棱块状	7.9	7.0		0.44		25	2.0	35				
						4	40—100		中黏土	棱块状												
剖53	人为土	水稻土	潴育水稻土	潴育红砂泥田	弱潴红砂泥田	1	0—17	棕灰色	中壤土	棱块状										红砂岩类风化物	E 115°51′56.2″ N 28°09′03.9″	77
						2	17—23	棕色	中壤土	小块状												
						3	23—43	棕色	中壤土	棱块状												
						4	43—100	棕色	中壤土	块状												
剖54	人为土	水稻土	潴育水稻土	潴育红砂泥田	深脚红砂泥田	1	0—12	灰安色	中壤土	小块状										红砂岩类风化物	E 115°49′28.4″ N 28°05′47.9″	83
						2	12—16	浅蓝色	中壤土	大块状												
						3	16—46	暗栗色	中壤土	大块状												
						4	46—100	黄棕色	重壤土	大块状												
剖55	人为土	水稻土	潴育水稻土	潴育鳝泥田	弱潴鳝泥田	1	0—10	黄棕色	轻黏土	棱块状	5.1					126	4.0	72		泥质岩类风化物	E 115°47′03.0″ N 28°06′38.8″	99
						2	10—13	棕色	中黏土		4.9					102	3.0	46				
						3	13—20	黄棕色	轻黏土	块状	5.5					67	≤1.0	39				
剖56	人为土	淹育水稻土	淹育黄泥田	强淹灰黄泥田		1	0—13	灰黄色	团块		5.0					143	≤1.0	56		第四纪红色黏土	E 115°51′40.3″ N 28°04′12.1″	97
						2	14—20				7.7					24	≤1.0	16				
						3	20—				5.6					73	4.0	41				
剖57	铁铝土	红壤		泥质岩红壤		1	0—13	红棕色	重壤土	粒状	4.8	48.6	2.29	0.73		156	2.0	78		泥质岩类风化物	E 115°48′50.9″ N 28°01′49.3″	99
						2	13—100		重壤土	小团粒状	5.3	35.7	1.47	0.59		19	≤1.0	27				
剖58	人为土	水稻土	潴育水稻土	潴育鳝泥田		1	0—18	灰色	轻黏土		5.6	4.3	0.70	1.12		146	2.0	26		泥质岩类风化物	E 115°45′42.7″ N 28°01′21.6″	79
						2	18—26	棕灰色	团块	块状	5.9					85	3.0	75				
						3	26—100				7.0					24	6.0	38				
剖59	人为土	水稻土	潴育水稻土	潴育麻砂泥田	中潴麻砂泥田	1	0—13	灰棕色	中壤土	软糊无结构	5.4	29.6	1.68	0.51		133	6.0	55		花岗岩风化物	E 115°56′18.3″ N 28°03′49.0″	78
						2	13—17	棕色	中壤土	软糊无结构	5.0	23.2	1.02	0.37		103	2.0	30				
						3	17—33	青灰色	重壤土	软糊无结构	4.8	18.6	1.03	0.23		73	6.0	102				
						4	33—100	蓝灰色	重壤土													
剖60	铁铝土	红壤	红壤性土	泥质岩红壤性土		1	0—2	棕黄色	黏壤土	小块状	5.1	36.3	1.77	0.48		66	≤1.0	145		泥质岩类风化物	E 115°56′37.9″ N 28°01′36.3″	100
						2	2—100	棕色	黏壤土	块状	5.3	35.2	0.47	0.34		23	≤1.0	38				
剖61	人为土	水稻土	潴育水稻土	潴育麻砂泥田	灰麻砂泥田	1	0—14	浅灰色	中壤土	棱块状	5.1	34.2	2.89	0.62		144	8.0	100		花岗岩风化物	E 115°54′26.5″ N 28°01′29.1″	97
						2	14—19	黄灰色	中壤土	块状	5.1	17.8	1.30	0.45		98	3.0	43				
						3	19—30	黄灰	中壤土	块状	5.6	10.5	0.87	0.56		60	≤1.0	40				
						4	30—51	棕灰色	中壤土	棱块状												
						5	51—100	浅灰色	中壤土	块状												
剖62	人为土	水稻土	潴育水稻土	潴育紫红泥田	强(弱)潴灰紫红泥田	1	0—12	棕灰色	重壤土	块状										紫红色泥页岩类风化物	E 115°45′34.7″ N 28°00′25.7″	88
						2	12—18	浅灰色	重壤土	块状												
						3	18—															

续表 Continued

剖面号 Soil profile	土纲 Soil order	土类 Soil great group	亚类 Soil subgroup	土属 Soil genus	土种 Soil species	土层码 Layer code	土层厚度 Depth/cm	颜色 Soil color	质地 Soil texture	土壤结构 Soil structure	pH	有机质 OM/(g/kg)	全氮 TN/(g/kg)	全磷 TP/(g/kg)	全钾 TK/(g/kg)	碱解氮 AN/(mg/kg)	有效磷 AP/(mg/kg)	速效钾 AK/(mg/kg)	阳离子交换量 CEC/(cmol/kg)	土壤母质 Parent material	剖面点坐标 Profile coordinate	匹配指数 Matching index/%
剖63	人为土	水稻土	潴育水稻土	潴育潮砂泥田	强潴乌潮砂泥田	1	0~14	暗灰色	中壤土	小块状										河流冲积物	E 115° 47′ 24.5″ N 27° 58′ 11.8″	89
						2	14~21	灰色	中壤土	块状												
						3	21~35	栗灰色	中壤土	梭块状												
						4	35~74	棕黄色	中壤土	梭块状												
						5	74~100	栗色	中壤土	块状												
剖64	人为土	水稻土	潴育水稻土	潴育鳝泥田	中潴鳝泥田	1	0~15	棕灰色	轻黏土	块状										泥质岩类风化物	E 115° 51′ 38.0″ N 27° 59′ 56.9″	70
						2	15~20	浅灰色	轻黏土	块状												
						3	20~36	蓝灰色	轻黏土	块状												
						4	36~100	灰棕色	中壤土	梭块状												
剖65	人为土	水稻土	潴育紫红泥田	潴育紫红泥田	强(弱)潴灰紫红泥田	1	0~10	浅灰色	重壤土											紫红色泥页岩类风化物	E 115° 44′ 41.0″ N 27° 55′ 47.6″	72
						2	10~17	棕黄色	重壤土													
						3	17—	棕黑色		块状												
剖66	人为土	水稻土	淹育水稻土	淹育鳝泥田	强淹灰鳝泥田	1	0~12		重壤土	粉粒状	5.1	39.6	2.50	0.93		164	9.0	77		泥质岩类风化物	E 115° 57′ 10.9″ N 27° 59′ 51.4″	82
						2	12~21	暗灰色	重壤土	粒状	5.1	39.2	2.35	0.88		158	8.5	64				
						3	21~52	暗灰色	中壤土	小块状	5.7	21.5	1.39	0.57		85	2.0	37				
剖67	铁铝土	红壤		泥质岩红壤		1	0~24	灰色	中壤土	粒状	4.6	128.5	5.63	2.11		372	9.0	90		泥质岩类风化物	E 115° 56′ 15.0″ N 27° 55′ 08.4″	72
						2	24~63	浅灰色	中壤土	板状	4.8	≥250.0	3.75	2.21		259	13.0	49				
剖68	人为土	水稻土	潴育水稻土	潴育麻砂泥田	灰麻砂泥田	1	0~11	黄灰色	中壤土	块状	5.2	33.7	2.04	0.78		161	16.0	43		花岗岩类风化物	E 115° 52′ 43.1″ N 27° 55′ 55.9″	80
						2	11~16				5.2	241.0		0.51		124	6.0	26				
						3	16~24				5.7	9.4	0.74	0.50		47	≤1.0	21				
剖69	铁铝土	红壤		泥质岩红壤	中层中有机质泥质岩红壤	1	0~2				5.2					150	2.0	113		泥质岩类风化物	E 115° 45′ 33.5″ N 27° 53′ 27.5″	74
						2	2~45				5.3					37	≤1.0	61				
						3	45~100				5.5					130	2.0	40				
剖70	人为土	水稻土	淹育水稻土	浅潮泥田	黄潮砂泥田	Aa	0~15	棕灰色	黏壤土	粒状	5.2	25.9	1.10	0.50	24.6	179	11.0	60		河湖相沉积物	E 115° 47′ 18.2″ N 27° 53′ 17.9″	77
						Ap	15~21	灰黄棕色	黏壤土	小块状	4.8	21.0	0.90	0.50	24.6		6.0	74				
						C	21~100	淡黄棕色	黏壤土	块状	5.8	7.5	0.40	0.40	24.3	13						
剖71	人为土	水稻土	潴育水稻土	潴育鳝泥田	弱潴鳝泥田	1	0~15	灰棕色	重壤土	块状	5.0	46.7	2.72	0.90		179	6.0	74		泥质岩类风化物	E 115° 50′ 28.9″ N 27° 53′ 13.6″	93
						2	15~20	灰棕色	中壤土	块状	5.5	45.1	3.00	0.90		223	3.0	63				
						3	20~100	浅棕色	中壤土	块状	5.2	32.2	1.79	0.32		93	≤1.0	20				
剖72	铁铝土	红壤		泥质岩红壤		1	0~6	浅蓝色	轻砂		5.2	50.3	2.25	0.68		185	≤1.0	98		泥质岩类风化物	E 115° 52′ 24.2″ N 27° 52′ 44.0″	78
						2	6~48	蓝色	轻黏土	块状	5.1	15.2	0.92	1.10		70	≤1.0	31				
剖73	人为土	水稻土	淹育水稻土	淹育砾石泥田	强潴砾石泥田	1	0~13	灰黄色	轻黏土	块状										石英岩类风化物	E 115° 44′ 01.5″ N 27° 51′ 50.2″	88
						2	13~19	棕红色	中壤土	块状												
						3	19~100	棕红色	中壤土	块状												
剖74	人为土	水稻土	潴育水稻土	潴育麻砂泥田	强潴麻砂泥田	1	0~15	黄黄色	中壤土	软糊无结构										花岗岩类风化物	E 115° 47′ 38.5″ N 27° 50′ 37.4″	92
						2	15~20	蓝黄色	中壤土	软糊无结构												
						3	20~27	灰黄色	中壤土	软糊无结构												
						4	27~48	浅红色	中壤土	软糊无结构												
						5	48~69	蓝色	轻壤土	软糊无结构												
剖75	人为土	水稻土	潴育水稻土	潴育泥质岩红泥田	强潴潮泥田	1	0~17	浅灰色	轻黏土	块状										泥质岩类风化物	E 115° 47′ 17.1″ N 27° 48′ 59.0″	75
						2	17~22	棕灰色	轻黏土	块状												
						3	22~100	青灰色	中壤土	块状						57	≤1.0	46				
剖76	铁铝土	红壤		麻砂泥红壤		1	0~4	红黄色	重壤土	粒状		11.8	8.00							花岗岩风化物	E 115° 49′ 47.6″ N 27° 49′ 20.7″	78
						2	4~45	红棕色	重壤土	粒状												
						3	45~100															

续表 Continued

剖面号 Soil profile	土纲 Soil order	土类 Soil great group	亚类 Soil subgroup	土属 Soil genus	土种 Soil species	土层码 Layer code	土层厚度 Depth/cm	颜色 Soil color	质地 Soil texture	土壤结构 Soil structure	pH	有机质 OM/(g/kg)	全氮 TN/(g/kg)	全磷 TP/(g/kg)	全钾 TK/(g/kg)	碱解氮 AN/(mg/kg)	有效磷 AP/(mg/kg)	速效钾 AK/(mg/kg)	阳离子交换量CEC/(cmol/kg)	土壤母质 Parent material	剖面点坐标 Profile coordinate	匹配指数 Matching index/%
剖77	铁铝土	红壤	红壤	红黏土红土	红黏土红土	1	0—13				5.8					80	5.0	118		第四纪红色黏土	E 115°47′11.6″ N 27°47′20.4″	82
						2	13—24				6.4					48	≤1.0	53				
剖78	人为土	水稻土	淹育水稻土	淹育鳝泥田	强潴灰鳝泥田	1	0—11	灰棕色	轻黏土	块状	5.1	23.1	1.39	0.61		99	10.0	31		泥质岩类风化物	E 116°00′02.8″ N 28°14′04.3″	98
						2	11—17	黄棕色		大块状	5.3	9.8	0.67	0.63		40	4.0	35				
						3	17—100	棕色			5.5	10.3	0.63	0.51		47	≤1.0	25				
剖79	人为土	水稻土	潴育水稻土	潴育黄泥底潮泥田	弱淹黄泥底潮泥田	1	0—13	棕灰色	中壤土	团块状										上部沉积物，下部红黏土	E 116°00′39.8″ N 28°12′12.7″	88
						2	13—24	浅灰棕色	中壤土	块状												
						3	24—100	棕灰色	黏土壤	梭块状												
剖80	铁铝土	红壤	红壤性土	红砂岩红壤性土	红砂岩红壤性土	1	0—20	浅红棕色	重壤土	粒状	5.1	14.8	0.69	0.30		53	≤1.0	89		红砂岩风化物	E 116°01′38.2″ N 28°11′11.2″	89
						2	20—100	红棕色	重壤土	梭块状	5.3	3.5	0.42	0.29		16	≤1.0	42				
剖81	人为土	水稻土	潴育水稻土	潴育黄泥田	灰黄泥田	1	0—14				5.3	34.6	1.89	0.87		137	10.0	39		第四纪红色黏土	E 116°03′04.3″ N 28°12′33.4″	91
						2	14—18				5.5	21.4	1.24	0.54		85	4.0	25				
						3	18—50				6.9	9.1	0.57	0.37		31	≤1.0	31				
剖82	人为土	水稻土	潴育水稻土	潴育鳝泥田	鳝泥田	1	0—13	灰棕色	轻黏土	团块状	6.5	24.4	1.33	0.70		99	6.0	25		泥质岩类风化物	E 116°01′00.2″ N 28°09′36.2″	85
						2	13—18	灰棕色	轻黏土	块状	7.5	10.8	0.69	0.56		44	3.0	26				
						3	18—40	棕黄色	轻黏土	梭块状	7.5	6.9	0.53	0.37		27	≤1.0	30				
						4	40—100	灰白色	轻壤土													
剖83	人为土	水稻土	漂洗水稻土	漂洗黄泥田	弱漂黄泥田	1	0—17				5.5	13.6	1.43	0.55		106	≤1.0	38		第四纪红色黏土	E 116°01′14.2″ N 28°03′16.1″	83
						2	17—22				5.7	5.7	0.85	0.41		51	≤1.0	31				
						3	22—29				7.4	3.1	0.36	0.17		17	≤1.0	30				
剖84	红壤	红壤	红壤	泥质岩红壤	厚层少有机质泥质岩红壤	1	0—5				4.7					136	≤1.0	100		泥质岩类风化物	E 116°01′57.2″ N 28°03′48.2″	79
						2	5—67				5.5					25	≤1.0	26				
						3	67—100				5.4					38	≤1.0	30				
剖85	人为土	水稻土	淹育水稻土	淹育灰鳝泥田	淹育灰鳝泥田	A	0—14	棕灰色	粉砂质黏壤土	屑粒状	4.9	25.9	1.41	0.64	13.3	109	21.0	61	4.3	泥质岩类风化物	E 116°02′23.2″ N 28°02′23.6″	98
						P	14—19	灰棕色	粉砂质黏壤土	块状	5.1	17.4	0.97	0.67	13.9				3.7			
						C	19—100	亮红棕色	壤质黏壤土	块状	5.7	9.7	0.60	0.72	16.7				5.7			
剖86	人为土	水稻土	潴育水稻土	潴育鳝泥田	弱潴灰鳝泥田	1	0—13													泥质岩类风化物	E 116°00′47.5″ N 27°57′59.8″	78
						2	13—18															
						3	18—40															
						4	40—100															
剖87	铁铝土	红壤	红壤	红黏土红壤	红黏土红土	1	0—14	棕灰色	重壤土	粒状	6.1					80	5.0	58		第四纪红色黏土	E 116°01′48.1″ N 27°58′23.0″	70
						2	14—60	棕色	重壤土	小块状	6.5					82	≤1.0	41				
						3	60—100	红棕色	重壤土	小块状												
剖88	人为土	水稻土	潴育水稻土	潴育鳝泥田	乌鳝泥田	1	0—14				5.2	56.8	2.24	1.02		144	9.0	25		泥质岩类风化物	E 116°04′22.1″ N 28°00′29.0″	72
						2	14—20				5.6	43.5	1.62	0.64		99	2.0	28				
						3	20—26				6.5	≥250.0	1.05	0.63		71	≤1.0	35				

樟 树 市

主要土类说明

水稻土是樟树市主要土壤类型，占本市地域面积的 48%，是本市主要的粮食生产用地。水稻土是在开垦植稻、水耕水耙形成的具有特殊剖面形态特征的土壤。在长期季节性淹水耕作、灌溉施肥的水耕熟化过程中，土壤氧化与还原交替进行，土体中不断地进行氧化淀积与还原淋溶，复盐基与盐基淋溶，黏粒淋移与聚积，有机物分解与合成。受地形、母质、生物、气候、时间等自然成土因素和人类生产活动的影响，形成各自剖面形态、理化性质和农业生产特征不同的水稻土类型。水稻土基本发生层有淹育层、耕作层、犁底层、潴育层、潜育层等。在淹水植稻期间，耕作层还可以进一步划分为浮泥氧化亚层和潮泥还原亚层。本市水稻土分为淹育水稻土、潴育水稻土和潜育水稻土三个亚类。其中，良水型的潴育水稻土亚类面积最大，占水稻土总面积的 87%，分布于河流两岸的畈田，丘陵地区的垄田、排田和冲田，为高产、稳产水稻土。成土母质有红砂岩类风化物、河流冲积物和第四纪红色黏土。

红壤是樟树市第二大土壤类型，占本市地域面积的 44%，广泛分布于丘陵低山地带，是发展毛竹、林木和多种经营的重要土地资源。本市红壤发育于多种成土母质，这些母质类型随地形的抬升，呈现有规律的变异：在袁河、赣江的三、四级阶地及岗埠地形区域，主要成土母质为第四纪红色黏土；低丘地域成土母质以红砂岩类风化物为主，有第四纪红色黏土母质复存，在西北翘起带还零星分布着石英砂岩类风化物；低山高丘的东南角，成土母质以泥质岩类风化物为主，并有酸性结晶岩类出露，风化成土。

潮土是樟树市第三大土壤类型，占本市地域面积的 4%。潮土起源于河流冲积物，是受地下水影响，经旱耕熟化过程发育形成的一类旱作土壤。分布在大桥、洋湖、永太、张家山、洲上、临江、黄土岗等乡镇。所处地形为赣江、袁河的江心洲，河漫滩，河流一、二级阶地。成土母质为江河运积泥沙。成土特点：土层深厚，土体疏松，濒于江河，地层孔隙水丰富，旱季有夜潮现象；流水运积，具明显的分选性；一般是垂直于河床，由远及近，土壤质地由细渐粗；阶面低洼地段，静水沉积多为淤泥；河水易道或洪水缓急之变，则产生砂黏夹层型。境内沉积层较厚，潮土剖面多属均质型，局部地段略有变异，可见上轻下重、上细下粗、砂黏夹层等几种类型。

小于本市地域面积 3% 的土壤类型还有黄壤等。

本区域中心区气候特征

本区域中心区气候特征值
Regional climate characteristics in central area of the region

气候带：中亚热带湿润气候 Climate region: Subtropical humid climate	
年平均气温 /℃ Annual average temperature /℃	17.8
年平均最高气温 /℃ Annual average maximum temperature /℃	21.9
年平均最低气温 /℃ Annual average minimum temperature /℃	14.6
年降水量 /mm Annual precipitation /mm	1558
≥10℃的积温 /℃ Daily temperature accumulated in a year（≥10℃）/℃	11412
年日照时数 /h Annual sunshine /h	1710
年平均相对湿度 /% Annual average relative humidity /%	79
干燥度 Dryness	0.68

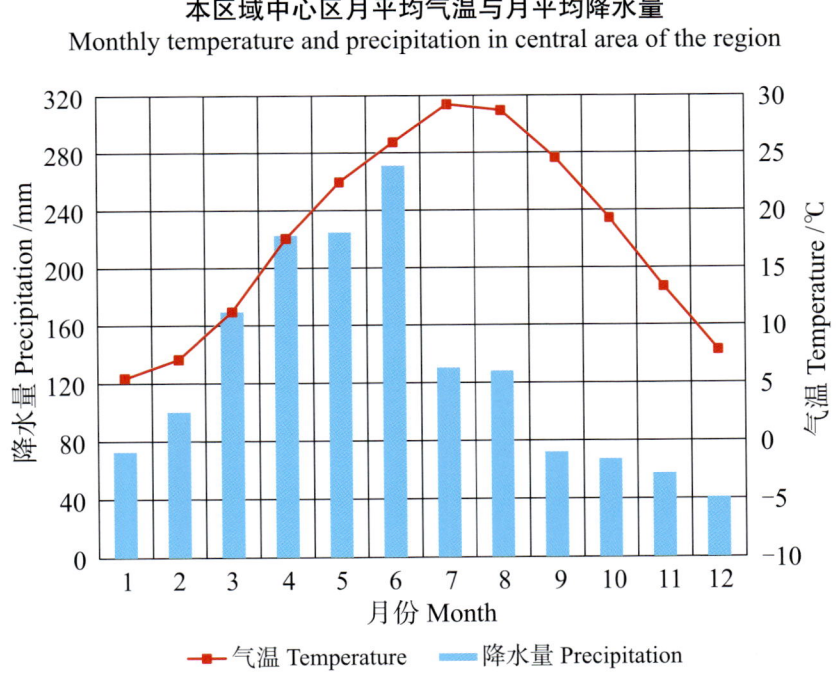

本区域中心区月平均气温与月平均降水量
Monthly temperature and precipitation in central area of the region

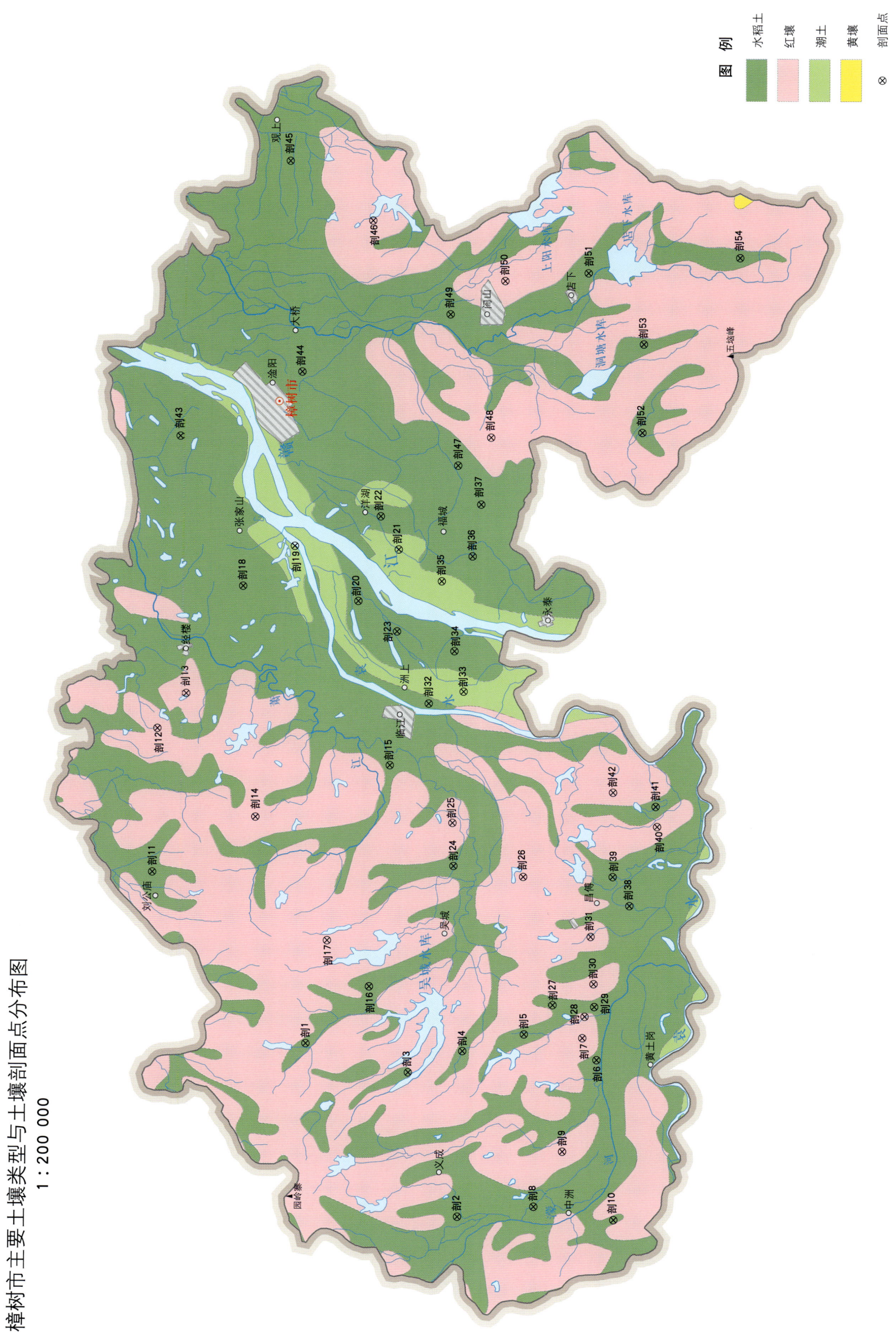

樟树市主要土壤类型与土壤剖面点分布图

1:200 000

樟树市土壤剖面理化性状表

剖面号 Soil profile	土纲 Soil order	土类 Soil great group	亚类 Soil subgroup	土属 Soil genus	土种 Soil species	土层码 Layer code	土层厚度 Depth/cm	颜色 Soil color	质地 Soil texture	土壤结构 Soil structure	pH	有机质 OM/(g/kg)	全氮 TN/(g/kg)	全磷 TP/(g/kg)	全钾 TK/(g/kg)	碱解氮 AN/(mg/kg)	有效磷 AP/(mg/kg)	速效钾 AK/(mg/kg)	阳离子交换量CEC/(cmol/kg)	土壤母质 Parent material	剖面点坐标 Profile coordinate	匹配指数 Matching index/%
剖1	人为土	水稻土	潴育水稻土	潴育型潮砂泥田	上位弱潜灰潮砂泥田	Ag	0—18	浅青灰色	中壤土	软糊无结结构	5.5	33.3	1.86	1.14	22.1	138	13.7	118		河流冲积物	E 115°14′08.6″ N 28°02′36.3″	95
						Pg	18—28	青灰色	中壤土	块状	6.1	25.6	1.13	0.81								
						W	28—48	灰色	中壤土	块状	6.5	7.8	0.50	0.89								
						4	48—100	黄褐色	中壤土		6.3	8.7	0.64	1.02								
剖2	人为土	水稻土	潴育水稻土	潴育型潮砂泥田	强潴灰潮砂泥田	1	0—13	灰褐色	轻壤土	屑粒状	5.9	24.7	1.44	0.49	201	8.0	151		河流冲积物	E 115°09′14.2″ N 27°58′34.6″	95
						2	13—18	棕灰色	轻壤土	块状	6.8	11.2	0.66	0.41								
						W₁	18—38	灰色	中壤土	棱柱状	7.2	5.6	0.16	0.51								
						W₂	38—74	褐黄色	中壤土	棱柱状	6.6	5.3	0.43	0.68								
						5	74—100	棕黄色	中壤土	块状	6.5	6.4	0.34	0.65								
剖3	人为土	水稻土	潴育水稻土	第四纪红色黏土红壤	强潴灰潮泥田	1	0—13	黄灰色	中壤土	小块状	5.8	32.5	1.84	0.95	17.8	116	11.0	67		第四纪红色黏土	E 115°13′21.6″ N 27°59′56.6″	75
						2	13—21	灰色	中壤土	块状	4.9	18.9	0.94	0.96								
						W₁	21—53	暗灰色	中黏土	棱柱状	≤3.5	12.8	0.62	0.73								
						W₂	53—81	灰黄色	黏土	棱柱状	≤3.5	4.1	0.38	0.47								
						5	81—100	红黄色	轻黏土	块状												
剖4	人为土	水稻土	潴育水稻土	潴育型黄泥田	黄泥底黄潴潮泥田	1	0—13	灰色	中壤土	小块状	5.4	28.1	1.81	0.90		238		6		河流冲积物	E 115°14′31.8″ N 27°56′57.4″	75
						2	13—21	棕灰色	中壤土	团粒状	6.7	15.6	0.97	0.59								
						W	15—52	暗灰色	重壤土	块状	7.9	15.5	0.36	0.34								
						4	52—100	红黄色	重壤土	块状	8.0	3.7	1.66	0.70								
剖5	人为土	水稻土	潴育水稻土	潴育型黄泥田	灰黄砂泥田	1	0—13	灰棕色	重壤土	块状	5.7	31.4	1.16	0.52		115	12.2	64		石英岩类风化物	E 115°13′49.7″ N 27°55′04.1″	95
						2	13—20	黄棕色	重壤土	块状	8.0	10.7	0.59	0.49								
						3	20—65	黄黄色	重黏土	棱柱状	7.8	8.0	0.29	0.20								
						4	65—100	黄黄色	重黏土	块状	7.6	3.6										
剖6	人为土	水稻土	潴育水稻土	潴育型石灰泥田	灰石灰泥田	1	0—11	灰色	重壤土	屑粒状	5.4	16.8	0.62	0.65		42	2.5	35		石灰岩风化物	E 115°14′00.5″ N 27°58′32.5″	75
						2	11—20	灰棕色	轻壤土	块状	5.0	6.8	0.34	0.49								
						3	20—32	黄棕色	中壤土	小块块状	5.0	4.5	0.56	0.48								
剖7	铁铝土	红壤		第四纪红色黏土红壤	暗红有机质少黏土壤	1	0—15	暗红色	中壤土	粒状	4.9	17.8	0.41	0.39	18.5	31	1.2	83		第四纪红黏土	E 115°14′27.7″ N 27°55′27.2″	95
						2	15—22	暗紫红色	中壤土	小块状	5.1	4.5	0.42	0.39								
						W	22—60	棕红色	重壤土	块状												
剖8	人为土	水稻土	潴育水稻土	潴育型潮砂泥田	强潴乌潮砂泥田	1	0—20	棕灰色	砂壤土	粒-小块状	5.9	16.4	0.99	0.70	27.8	186	5.9	50		河流冲积物	E 115°09′34.1″ N 27°56′36.7″	95
						2	20—45	黄棕色	中壤土	块状	6.0	15.6	0.30	0.56								
						3	45—65	黄棕色	轻壤土	块状												
剖9	铁铝土	红壤		红砂岩红壤	厚层少有机质岩类红壤	1	0—5	暗棕黄色	中壤土	粒-小块状	6.4	10.1	0.34	0.84						红砂岩风化物	E 115°11′09.8″ N 27°55′54.2″	95
						2	5—40	棕黄色	重壤土	小块状												
						3	40—100	棕黄色	中壤土	小块状												
剖10	人为土	水稻土	潴育水稻土	潴育型潮砂泥田	潮砂泥田	1	0—13	浅灰色	轻壤土	小块状	6.5	8.7	0.26	0.68						河流冲积物	E 115°09′13.9″ N 27°54′32.2″	95
						2	13—20	黄黄色	中壤土	块状	6.6	4.8										
						W₁	20—41	浅黄色	中壤土	小块状												
						W₂	41—73	浅褐色	中壤土	块状												
						5	73—100															

续表 Continued

剖面号 Soil profile	土纲 Soil order	土类 Soil great group	亚类 Soil subgroup	土属 Soil genus	土种 Soil species	土层码 Layer code	土层厚度 Depth/cm	颜色 Soil color	质地 Soil texture	土壤结构 Soil structure	pH	有机质 OM/(g/kg)	全氮 TN/(g/kg)	全磷 TP/(g/kg)	全钾 TK/(g/kg)	碱解氮 AN/(mg/kg)	有效磷 AP/(mg/kg)	速效钾 AK/(mg/kg)	阳离子交换量 CEC/(cmol/kg)	土壤母质 Parent material	剖面点坐标 Profile coordinate	匹配指数 Matching index/%
剖11	人为土	水稻土	潴育水稻土	潴育型红砂泥田	弱潴红砂泥田	1	0—13	灰色	轻壤土	块状										红砂岩类风化物	E 115° 19′ 04.0″ N 28° 06′ 40.0″	95
						2	13—16	棕灰色	轻壤土	块状												
						3	16—48	灰黄色	中壤土	块状												
						4	48—100	棕黄色	中壤土	块状												
剖12	铁铝土	红壤	红壤	第四纪红色黏土红壤		1	0—5	暗红色	中壤土	块状										第四纪红色黏土	E 115° 23′ 14.7″ N 28° 06′ 36.5″	95
						2	5—45	暗红色	重壤土	块状												
						3	45—100	黄红色	中壤土	核粒状												
剖13	铁铝土	红壤	红壤	黄泥土	中层黄泥土	1	0—10	浅棕黄色	中壤土	小块状	5.8	14.9	0.86	0.79	8.3	99	5.7	25		第四纪红色黏土	E 115° 24′ 16.4″ N 28° 05′ 53.3″	95
						2	10—69	棕橘红色	中壤土	碎块状	5.1	7.7	0.59	0.44								
						3	69—100	棕红色	中壤土	块状	4.9	7.5	0.59	0.58								
剖14	铁铝土	红壤	红壤	黄泥土	厚层乌黄泥土	1	0—20	棕黄色	中壤土	团粒状	5.9	23.3	1.49	1.03	107		7.5	98		第四纪红色黏土	E 115° 20′ 43.9″ N 28° 04′ 01.7″	95
						2	20—51	棕红色	重壤土	小块状	5.2	8.5	0.70	0.59								
						3	51—93	棕红色	重壤土	块状	4.9	6.1	0.61	0.63								
剖15	人为土	水稻土	淹育水稻土	淹育型黄泥田	强淹黄泥田	1	0—10	紫棕红色	黏土	小块状										第四纪红色黏土	E 115° 22′ 17.7″ N 28° 00′ 34.4″	95
						2	10—17	暗红色	黏土	块状												
						3	17—100	灰色	中壤土	小团块状	5.2	31.7	1.77	0.89	161		4.7	62				
剖16	人为土	水稻土	潴育水稻土	潴育型石灰泥田	乌石灰泥田	1	0—15	褐灰色	中壤土	块状	7.3	18.9	0.95	0.93						石英岩类风化物	E 115° 15′ 49.9″ N 28° 00′ 59.2″	95
						2	15—21	暗黄色	中壤土	块状	8.0	8.0	0.63	0.65								
						W	21—50	浅黄色	中壤土	块状												
						3	50—100	棕灰色	重壤土	块状												
剖17	铁铝土	红壤	红壤	红砂岩红壤	厚层红壤土	1	0—11	暗棕红色	轻壤土	小块状	5.3	7.9	0.73	0.66	64		2.5	95		红砂岩类风化物	E 115° 17′ 09.0″ N 28° 02′ 06.3″	95
						2	11—22	棕红色	中壤土	小块状	5.4	4.2	0.51	0.56								
						3	22—54	棕红色	重壤土	小块状	5.2	3.0	0.47	0.55								
						4	54—100	棕红色	中壤土	小块状	5.2	2.3	0.42	0.51								
剖18	人为土	水稻土	潴育水稻土	潴育型潮砂泥田	黄泥底潴灰潮砂泥田	2	12—16	灰色	中壤土	棱柱状	6.5	27.7	1.81	1.02	145		6.8	116		河流冲积物	E 115° 27′ 26.0″ N 28° 04′ 27.5″	95
						W_1	16—45	浅灰色	轻壤土	棱柱状	7.5	24.2	0.68	0.92								
						W_2	45—100	灰黄色	重壤土	块状		10.5	1.52	1.33								
剖19	半水成土	潮土	灰潮土	砂壤质潮土	砂壤质潮土	1	0—18	棕灰色	砂壤土	粒状	5.4	14.2	0.35	1.05	66		27.0	93		河流冲积物	E 115° 28′ 36.9″ N 28° 03′ 08.2″	95
						2	18—37	暗棕色	轻壤土	块状	5.9	5.1	0.35	1.08								
						3	37—70	棕红色	中壤土	块状	6.4	4.0	0.27	0.95								
						4	70—100	深灰色	重壤土	屑粒状	6.5	3.7	0.34	0.84								
剖20	人为土	水稻土	潴育水稻土	潴育型黄泥田	乌黄砂泥田	1	0—16	深灰色	砂壤土	块状	5.5	50.8	2.36	0.90	170		4.9	105		石英岩类风化物	E 115° 27′ 03.1″ N 28° 01′ 28.5″	95
						2	16—23	棕黑色	轻壤土	块状	7.5	10.0	0.64	0.42								
						W	23—72	棕红色	中壤土	棱柱状	7.5	16.2	0.74	0.93								
						4	72—100	黄黄色	轻壤土	块状												
剖21	半水成土	潮土	灰潮土	砂质潮土	砂质潮土	1	0—12	灰色	砂土	粒状	5.5	9.8	0.62	0.99	51		11.6	124		河流冲积物	E 115° 28′ 34.0″ N 28° 00′ 26.9″	75
						2	12—22	黄灰色	砂土	粒状	5.5	3.3	0.25	0.88								
						W	22—73	黄棕色	砂土	单粒状	5.5	3.4	0.25	0.65								
						4	73—100	棕黄色	轻壤土	块状	5.4	2.5	0.34	0.49								
剖22	人为土	水稻土	潴育水稻土	潴育型潮砂泥田	乌潮砂泥田	1	0—15	暗灰色	中壤土	屑粒状	5.8	29.3	1.55	1.22	107	≥100.0				河流冲积物	E 115° 29′ 30.8″ N 28° 00′ 56.0″	95
						2	15—22	灰黄色	中壤土	块状	6.1	27.5	1.37	1.14	24.0							
						W	22—66	灰黄色	重壤土	棱柱状	6.8	6.9	0.56	1.12								
						4	66—100	棕黄色	中壤土	块状	7.1	3.5	0.43	0.74								

续表 Continued

剖面号 Soil profile	土纲 Soil order	土类 Soil great group	亚类 Soil subgroup	土属 Soil genus	土种 Soil species	土层码 Layer code	土层厚度 Depth/cm	颜色 Soil color	质地 Soil texture	土壤结构 Soil structure	pH	有机质 OM/(g/kg)	全氮 TN/(g/kg)	全磷 TP/(g/kg)	全钾 TK/(g/kg)	碱解氮 AN/(mg/kg)	有效磷 AP/(mg/kg)	速效钾 AK/(mg/kg)	阳离子交换量CEC/(cmol/kg)	土壤母质 Parent material	剖面点坐标 Profile coordinate	匹配指数 Matching index/%
剖23	人为土	水稻土	潴育水稻土	潴育型黄泥田	黄泥田	1	0—11	灰色	中壤土	小块状	5.3	15.5	1.10	1.04	17.8	51	2.1	29		第四纪红色黏土	E 115°26′11.5″ N 28°00′27.5″	95
						2	11—17	灰色	中壤土	块状	6.9	11.6	0.83	0.60								
						W	17—90	黄灰色	重壤土	块状	4.9	4.7	0.51	0.71								
						4	90—100	红黄色	中壤土	块状												
剖24	人为土	水稻土	淹育水稻土	淹育型红砂泥田	强淹灰红砂泥田	1	0—8	褐棕色	重壤土	小块状	4.9	28.7	1.93	0.73	14.1	139	4.0	63		红砂岩类风化物	E 115°19′24.3″ N 27°58′52.8″	95
						2	8—19	灰棕色	中壤土	块状	5.2	19.9	1.19	0.58								
						3	19—100	紫红色	中壤土	碎块状	5.0	8.3	0.82	0.45								
剖25	铁铝土	红壤	红壤	石英砂岩红壤土		1	0—7	暗栗色	中壤土	小粒状	4.8	66.0	1.72	0.94	12.8	178	4.8	41		石英砂岩类	E 115°20′39.7″ N 27°58′55.4″	75
						2	7—40	暗棕色	中壤土	小块状	4.5	42.0	0.94	0.68								
						3	40—															
剖26	铁铝土	红壤		第四纪红色黏土红壤		1	0—18	暗红色	中壤土	块状	5.1	9.1	0.53	0.48	7.9	12	1.8	87		第四纪红色黏土	E 115°19′07.5″ N 27°57′04.0″	95
						2	18—39	瓯红色	重壤土	块状	5.2	4.5	0.34	0.40								
						3	39—100	黄红色	中壤土	块状	5.2	4.0	0.35	0.32								
剖27	人为土	水稻土	潴育水稻土	潴育型鳝泥田	中位弱潜灰泥鳝泥田	1	0—18	浅灰色	轻黏土	软糊无结构										泥质岩类风化物	E 115°15′24.1″ N 27°56′14.4″	75
						Pg	18—28	灰色	轻黏土	软块状不明显												
						W	28—70	浅深灰色	中壤土	块状												
剖28	铁铝土	红壤		黄砂岩红壤土	厚层中有机质红砂岩红壤	1	0—22	灰灰色	中壤土	小粒状	6.4	21.4	1.14	1.31	10.9	102	4.9	45		石英岩类风化物	E 115°15′05.2″ N 27°55′24.4″	75
						2	22—100	浅灰色	中壤土	小块状	6.3	11.7	0.78	0.62								
剖29	人为土	水稻土	潜育水稻土	潜育型潮砂泥田	中位弱潜灰潮砂泥田	A	0—13	灰色												河流冲积物	E 115°15′22.5″ N 27°55′09.5″	75
						P	13—19	暗黄色	重壤土	块状												
						G	19—50	浅棕色	重壤土	块状不明显												
						4	50—80	浅棕灰色	轻壤土	团粒状												
剖30	铁铝土	红壤		红砂泥红壤土	厚层灰红红砂泥	1	0—20	深灰色	中壤土	小块状	5.2	31.2	1.48	0.70	14.5	139	2.5	155		红砂岩类风化物	E 115°16′02.0″ N 27°55′11.2″	95
						2	20—27	棕黄色	中壤土	粒块块状	5.2	5.5	0.49	0.61								
						3	27—100	灰黄色	细砂土	小块状	5.0	9.7	0.88	0.54								
剖31	铁铝土	红壤		红砂岩红壤土	厚层中有机质红砂岩红壤	1	0—6	浅红色	粗砂土	小块状	5.0	4.6	3.90	0.53						泥质岩类风化物	E 115°17′24.1″ N 27°55′17.3″	75
						2	6—30	棕红色	轻壤土	块状												
						3	30—60	棕红色	轻壤土	小块状												
						4	60—100	黄棕色	中壤土	小块状												
剖32	人为土	水稻土	潜育水稻土	潜育型潮砂泥田	上位弱潜灰潮砂泥田	A	0—15	浅黄灰色	轻壤土	小块状	5.0	25.0	1.45	0.68	5.8	117	4.7	43		石砂岩类风化物	E 115°24′06.0″ N 27°55′36.3″	75
						Pg	15—26	暗黄色	黏土	块状	6.2	14.7	0.87	0.49								
						W	26—44	暗黄棕色	黏土	梭块状	6.6	9.7	0.68	0.51								
						4	44—63	棕黄色	中壤土	块状	6.6	7.7	0.32	0.51								
剖33	半水成土	潮土		砂质潮土	黄底中潴潮砂泥	1	0—16	灰灰色	砂壤土	小块状	7.5	4.1	0.20	0.61						泥质岩类风化物	E 115°24′28.2″ N 27°58′42.2″	95
						2	16—19	浅黄灰色	重壤土	粒状	7.6	9.9	0.39	0.66								
						3	19—65	黄褐色	中壤土	小块状												
						4	65—100															
剖34	人为土	水稻土	潜育水稻土	潜育型潮砂泥田	砂质灰潮土	1	0—11	灰色	中壤土	小块状	5.2	10.2	0.35	0.68	35.4	35	1.8	74		河流冲积物	E 115°25′38.7″ N 27°58′57.8″	95
						2	11—16	灰黄色	中壤土	块状	5.8	8.6	0.35	0.61								
						W1	14—43	棕黄色	中壤土	块状	6.0											
						W2	43—80	棕黄色	砂壤土	小粒状												
						5	80—100															
剖35	半水成土	潮土		砂壤潮土	砂壤质潮土	1	0—11	灰色	砂壤土	粒状										河流冲积物	E 115°27′39.9″ N 27°59′19.2″	75
						2	11—16	灰黄色	中壤土	小块状												
						3	16—35	棕黄色	中壤土	块状												
						4	35—100	棕黄色	中壤土	块状	6.5	5.2	0.19	0.58								

续表 Continued

剖面号 Soil profile	土纲 Soil order	土类 Soil great group	亚类 Soil subgroup	土属 Soil genus	土种 Soil species	土层码 Layer code	土层厚度 Depth/cm	颜色 Soil color	质地 Soil texture	土壤结构 Soil structure	pH	有机质 OM/(g/kg)	全氮 TN/(g/kg)	全磷 TP/(g/kg)	全钾 TK/(g/kg)	碱解氮 AN/(mg/kg)	有效磷 AP/(mg/kg)	速效钾 AK/(mg/kg)	阳离子交换量CEC/(cmol/kg)	土壤母质 Parent material	剖面点坐标 Profile coordinate	匹配指数 Matching index/%
剖36	人为土	水稻土	潴育水稻土	淹育型潮砂泥田	强淹育型潮砂泥田	1	0—14	灰色	轻壤土	小块状										河流冲积物	E 115°28′23.9″ N 27°58′32.0″	95
剖37	人为土	水稻土	潴育型黄泥田	潴育型黄泥田	上位弱潴灰黄泥田	1	0—14	浅灰色	中壤土	块状										第四纪红色黏土	E 115°29′54.1″ N 27°58′20.3″	75
						2	14—17	浅灰色	轻壤土	块状												
						3	17—100	黄棕色														
						Ag	0—14	青灰色	重壤土	软糊无结构	5.1	32.9	2.06	0.89	23.7	175	8.5	95				
						Pg	11—22	浅青灰色	轻黏土	不明显块状	5.1	16.3	1.17	0.46								
						W	22—52	棕黄色	中黏土	小块状	5.1	15.1	1.01	0.45								
						C	52—100	黄黄色	中黏土	块状	5.3	14.2	1.01	0.63								
剖38	人为土	水稻土	潴育型潮砂泥田	黄泥底中潴灰黄砂泥田		1	0—14	灰色	轻壤土	粒状	5.4	27.7	1.68	0.89	19.2	144	11.2	75		河流冲积物	E 115°18′20.6″ N 27°54′18.5″	95
						2	14—19	暗黄色	轻壤土	块状	5.3	18.6	1.28	0.46								
						W	19—71	黄灰色	中壤土	棱块状	6.5	4.5	0.43	0.45								
						4	71—100	黄红色	中壤土	块状	6.7	5.1	0.50	0.63								
剖39	人为土	水稻土	潴育型潮砂泥田	弱潴乌潮泥田		1	0—16	灰色	中壤土	小块状	5.5	33.2	2.06	0.94		168	10.0	45		河流冲积物	E 115°19′10.5″ N 27°54′45.2″	95
						2	16—20	棕灰色	轻壤土	块状	6.0	19.7	0.62	0.50								
						W	20—45	黄灰色	中壤土	块状	6.1	7.5	0.34	0.65								
						4	45—100	黄灰色	中壤土	块状	6.1	3.0	0.39	0.59								
剖40	铁铝土	红壤	红砂岩红壤	中层灰红砂土		1	0—12	暗棕红色		小团粒状										红砂岩类风化物	E 115°20′39.4″ N 27°53′38.0″	95
						2	12—40	红色		棱粒状												
						3	40—100															
剖41	人为土	水稻土	潴育型黄泥田	黄砂泥田		1	0—11	灰棕色	中壤土	块状	5.0	26.3	1.53	0.94	10.8	144	4.9	71		石英岩类风化物	E 115°21′14.3″ N 27°53′41.0″	75
						2	11—14	灰棕色	重壤土	棱块状	6.7	17.7	1.15	0.64								
						W	14—37	浅灰色	中壤土	块状	6.9	10.6	0.57	0.65								
							37—82		中壤土	块状	6.9	9.9	0.59	0.60								
						5	82—100		中壤土	块状	7.3	6.3	0.48	0.50								
剖42	铁铝土	红壤	黄泥土	厚层灰泥土		1	0—18	浅棕灰色	轻壤土	小块状	6.0	10.8	0.58	0.59	8.3	53	6.8	98		第四纪红色黏土	E 115°21′37.6″ N 27°54′47.2″	95
						2	18—54	浅棕黄色	中壤土	块状	5.5	5.4	0.55	0.68								
						3	54—100	棕红色	中壤土	小块状	5.8	6.1	0.50	0.62								
剖43	人为土	水稻土	潴育型潮砂泥田	黄泥底中潴灰泥田		1	0—15	深棕色	轻壤土	拟块状	6.1	35.0	2.18	0.86	15.5	172	12.5	144		河流冲积物	E 115°31′45.1″ N 28°06′08.8″	95
						2	15—22	浅黄棕色	中壤土	棱块状	6.8	22.3	1.31	0.64								
							22—70	灰白色	中壤土	块状	6.9	7.0	0.50	0.95								
						4	70—100	紫色	重壤土	块状												
剖44	人为土	水稻土	潴育型潮砂泥田	黄泥底强潴灰黄潮泥田		1	0—11	棕灰色	轻壤土	小块状	5.6	21.1	1.35	0.79	14.1	107	4.2	46		河流冲积物	E 115°33′40.4″ N 28°03′01.6″	95
						2	11—18	棕红色	中壤土	块状	6.4	15.1	1.01	0.66								
						3	18—54	灰色	中壤土	块状	6.6	5.5	0.56	0.50								
							54—68	红色	中壤土	块状	6.2	5.2	0.73	0.30								
						5	68—100	紫色	重壤土	块状	5.8	7.2	0.61	0.30								
剖45	人为土	水稻土	淹育型潮砂泥田			1	0—14	暗棕灰色	中壤土	小块状	5.0	20.9	1.17	0.67		62	≤1.0	108		河流冲积物	E 115°39′46.8″ N 28°03′24.9″	95
						2	14—18	棕红色	中壤土	块状	5.1	7.2	0.62	0.70								
						3	18—100	灰色	中壤土	块状	5.1	5.8	0.53	0.56								
剖46	铁铝土	红壤	红砂岩红壤	中层中有机质红砂岩类红壤		1	0—4	暗棕色	中壤土	小块状	5.7	30.9	1.90	0.89		142	7.5	100		红砂岩风化物	E 115°38′04.7″ N 28°01′15.1″	95
						2	4—51	棕红色	轻壤土	棱柱状	5.7	21.2	1.90	0.47								
						3	51—100	棕红色	轻黏土	棱块状	7.2	8.1	0.68	0.60								
剖47	人为土	水稻土	潴育型黄泥田	灰黄泥田		1	0—16	暗灰棕色	中壤土	小块状	5.7	30.9	1.90	0.89						第四纪红色黏土	E 115°31′00.8″ N 27°58′57.0″	95
						2	16—20	灰棕色	轻壤土	棱柱状	5.7	21.2	1.90	0.47								
						W1	20—65	灰棕色	中壤土	块状	7.2	8.1	0.68	0.60								
						W2	65—100	黄棕色	轻黏土	块状	7.3	2.3	0.51	0.60								

续表 Continued

剖面号 Soil profile	土纲 Soil order	土类 Soil great group	亚类 Soil subgroup	土属 Soil genus	土种 Soil species	土层码 Layer code	土层厚度 Depth/cm	颜色 Soil color	质地 Soil texture	土壤结构 Soil structure	pH	有机质 OM/(g/kg)	全氮 TN/(g/kg)	全磷 TP/(g/kg)	全钾 TK/(g/kg)	碱解氮 AN/(mg/kg)	有效磷 AP/(mg/kg)	速效钾 AK/(mg/kg)	阳离子交换量CEC/(cmol/kg)	土壤母质 Parent material	剖面点坐标 Profile coordinate	匹配指数 Matching index/%
剖48	铁铝土	红壤	黄红壤			1	0—17	灰色	中壤土	粒状	7.1	95.5	1.90	1.60		41	≤1.0	≤5		酸性结晶岩类	E 115°31′50.5″ N 27°58′06.8″	75
						2	17—															
剖49	人为土	水稻土	潴育水稻土	潴育型红砂泥田	灰红砂泥田	1	0—13	灰色	中壤土	块状	5.1	26.7	1.67	0.76	12.3	124	12.0	73		红砂岩类风化物	E 115°35′24.0″ N 27°59′13.0″	95
						2	13—17	灰色	中壤土	块状	6.1	15.6	1.08	0.70								
						W	17—60	黄灰色	重壤土	小块状	7.3	5.6	0.49	0.63								
						4	60—100	浅红色	中壤土	块状	7.3	2.6	0.24	0.27								
剖50	铁铝土	红壤	红壤	泥质岩黄红壤			1	0—15	灰色	重壤土	小块状	5.2	25.6	1.35	0.59	14.5	117	2.5	95		泥质岩类	E 115°36′23.1″ N 27°57′48.8″	75
						2	15—51	灰黄色	轻黏土	块状	5.2	18.6	1.19	0.63								
						3	51—100	灰红色	重壤土	小块状	5.7	24.5	1.21	0.62								
剖51	人为土	水稻土	潴育水稻土	潴育型黄泥田	乌黄泥田	A	0—14	灰棕色	粉砂质黏壤土	碎块状	4.8	36.4	2.01	0.46	10.6				4.7	第四纪红色黏土沟谷填充物	E 115°36′39.0″ N 27°55′39.6″	95
						P	14—19	棕色	粉砂质黏壤土	块状	5.1	26.8	1.55	0.41	10.5				4.8			
						W	19—77	棕黄色	粉砂质黏壤土	棱块状	6.0	5.3	0.45	0.35	12.3				5.8			
						C	77—100	黄色	粉砂质黏壤土	棱块状												
剖52	人为土	水稻土	潴育水稻土	潴育型鳝泥田	乌鳝泥田	1	0—16	暗棕色	重壤土	屑粒状	5.0	41.6	2.82	0.89	23.4	22	12.0	66		泥质岩类风化物	E 115°32′03.0″ N 27°54′12.3″	95
						2	16—21	深灰色	重壤土	块状	5.6	18.7	1.37	0.59								
						W	21—55	灰色	重壤土	棱块状	6.9	9.5	0.87	0.65								
						4	55—72	红黄色	重壤土	块状	7.3	6.2	0.66	0.97								
剖53	人为土	水稻土	潴育水稻土	潴育型鳝泥田	灰鳝泥田	1	0—13	灰色	重壤土	小块状	5.1	33.9	2.12	0.49	21.6	162	7.8	125		泥质岩类风化物	E 115°34′36.8″ N 27°54′12.3″	95
						2	13—17	棕灰色	重壤土	块状	6.0	20.2	1.36	0.35								
						W	17—46	浅灰色	重壤土	棱块状	7.5	3.7	0.54	0.32								
						4	46—100	红黄色	黏土	块状	7.5	3.2	0.43	0.22								
剖54	人为土	水稻土	潴育水稻土	潴育型麻砂泥田	灰麻砂泥田	1	0—13	暗灰色	轻壤土	小块状										花岗岩风化物	E 115°37′09.3″ N 27°51′45.5″	95
						2	13—23	灰棕色	轻壤土	块状												
						W	23—50	灰黄色	轻壤土	小块状												
						4	50—80	灰黄色	中壤土	块状												

高 安 市

主要土类说明

红壤是高安市主要土壤类型，占本市地域面积的55%，广泛分布于本市丘陵和山地。土层厚度不等，剖面发育不明显，除表土颜色较灰暗外，心土层和底土层部分为红色的紧实黏土层，部分为半风化土层，多呈块状结构，在底土有的可见黄、红、白相间的网纹层，全剖面多为酸性，pH为5.3—6.0，磷含量低，钾含量高低不一。在侵蚀红壤地区表土流失，底土出露，自然肥力低。本市红壤分为黄红壤、红壤、红壤性土三个亚类。其中，红壤亚类分布于低山、丘陵地区，占红壤总面积的89%，由花岗岩类、千枚岩类、石英岩类、红砂岩类风化物及第四纪红色黏土发育而成。受人为活动的影响，植被受到不同程度破坏，部分地区土壤侵蚀达中度至强度。受地形、母质属性以及水土流失程度的影响，土壤肥力特性差异较大。红壤性土亚类占本土类面积的11%，土壤处于初期发育阶段，或仍具有一定母质的残留特征，富铝化作用较弱，土壤有机质缺乏，盐基不饱和，土层坚硬，多砾石，有粗骨性土壤之称。黄红壤亚类仅在北部海拔600m以上低山地区有少量分布，表土层多呈棕色或黄棕色，植被以常绿阔叶树、矮灌木和杉竹为主，土层中厚，肥力较高。

水稻土是高安市第二大土壤类型，占本市地域面积的40%，广泛分布于本市各乡镇、各种母质类型和地貌单元，尤以锦河、肖江沿岸的河谷平原及山区沟谷地区为最集中。水稻土的形成是人们灌溉种稻，长期耕作、施肥、轮作等综合作用影响的结果。在季节性淹水耕作或水旱耕作交替过程中，氧化还原交替，土体内进行着有机质的分解与合成、盐基淋溶与复盐基、黏粒淋溶与聚积作用，原来土壤形态发生变化，形成水稻土特殊的剖面形态、理化和生物特性。然而由于水的作用形式不同，形成的土壤有很大差异。如受地面淹水作用为主形成淹育水稻土，地面淹水和地下毛管水共同作用下形成潴育水稻土，地面水、层间滞水或地下水长期浸渍下形成潜育水稻土。根据水的作用形式和剖面形态特征的不同，本市水稻土分为淹育水稻土、潴育水稻土和潜育水稻土三个亚类。其中，以良水型的潴育水稻土亚类面积最大，土壤肥力较高，占水稻土面积的95%，分布于锦河两岸和肖江北岸冲积平原上的畈田，丘陵地区的垄田、冲田、排田和山区坑田、梯田的中下部，其成土母质有酸性结晶岩、泥质（千枚）岩、石英岩、碳酸岩类、红色砂岩、紫色泥页岩风化物及第四纪红色黏土和河流冲积物。

小于本市地域面积3%的土壤类型还有石灰（岩）土、潮土、紫色土等。

本区域中心区气候特征

本区域中心区气候特征值
Regional climate characteristics in central area of the region

气候带：中亚热带湿润气候 Climate region: Subtropical humid climate	
年平均气温 /℃ Annual average temperature /℃	17.6
年平均最高气温 /℃ Annual average maximum temperature /℃	21.7
年平均最低气温 /℃ Annual average minimum temperature /℃	14.5
年降水量 /mm Annual precipitation /mm	1557
≥10℃的积温 /℃ Daily temperature accumulated in a year (≥10℃) /℃	11421
年日照时数 /h Annual sunshine /h	1761
年平均相对湿度 /% Annual average relative humidity /%	78
干燥度 Dryness	0.67

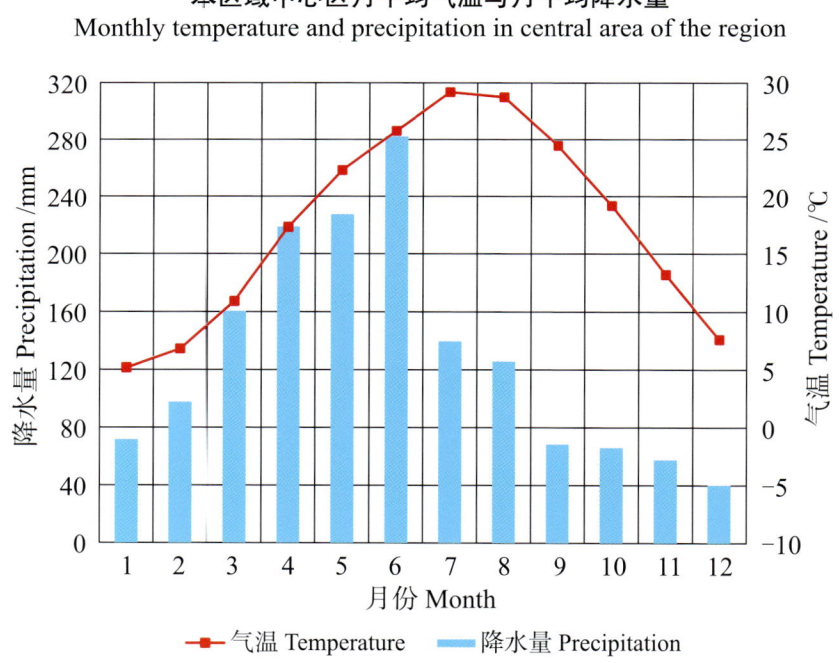

本区域中心区月平均气温与月平均降水量
Monthly temperature and precipitation in central area of the region

高安市主要土壤类型与土壤剖面点分布图
1:250 000

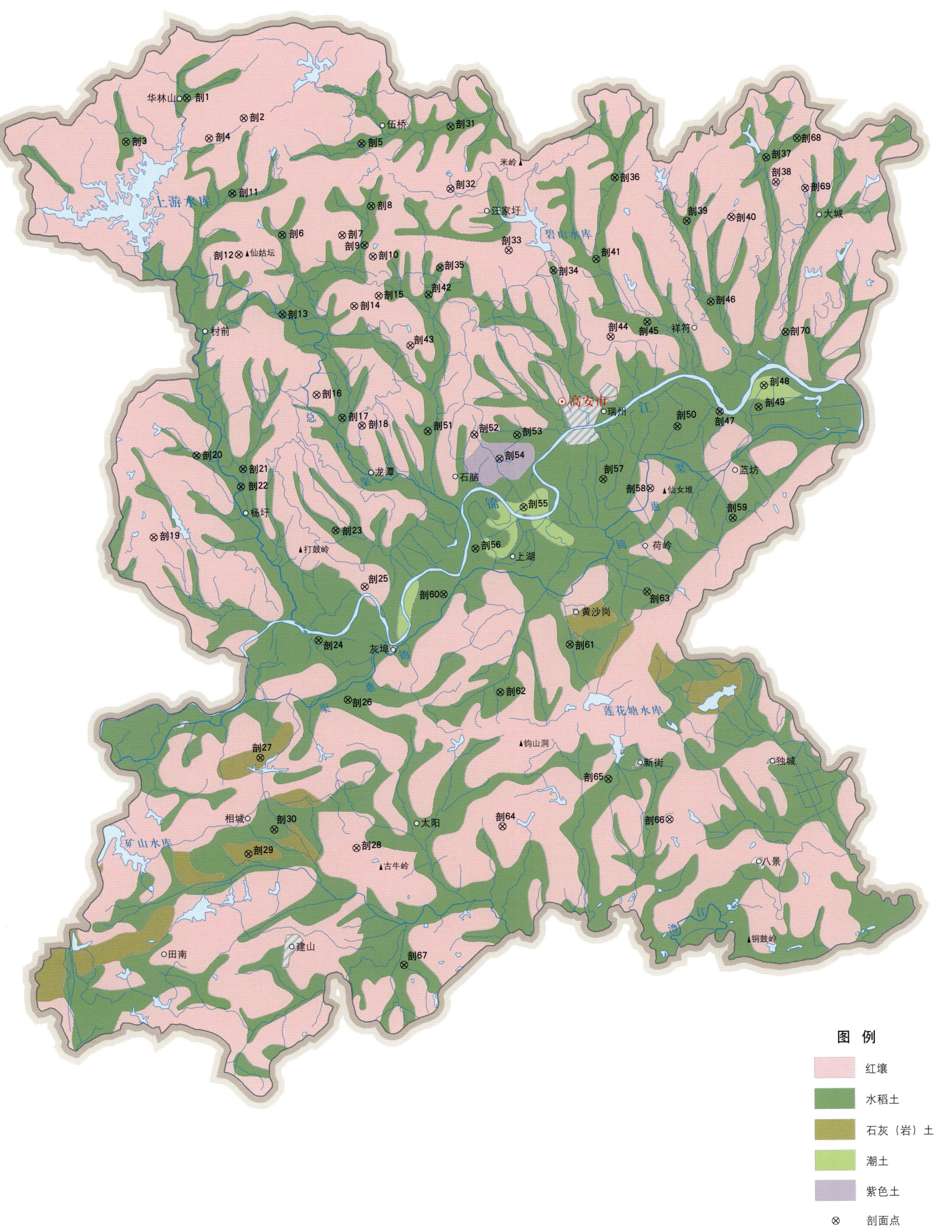

图例
- 红壤
- 水稻土
- 石灰（岩）土
- 潮土
- 紫色土
- ⊗ 剖面点

高安市土壤剖面理化性状表

剖面号	土纲	土类	亚类	土属	土种	土层码	土层厚度/cm	颜色	质地	土壤结构	pH	有机质OM/(g/kg)	全氮TN/(g/kg)	全磷TP/(g/kg)	全钾TK/(g/kg)	碱解氮AN/(mg/kg)	有效磷AP/(mg/kg)	速效钾AK/(mg/kg)	阳离子交换量CEC/(cmol/kg)	土壤母质	剖面点坐标	匹配指数/%
剖1	人为土	水稻土	潴育水稻土	潴育黄砂泥田	强潴灰黄砂泥田	1	0—12	浅灰色	中壤土	团块状										石英岩类风化物	E 115°07′08.7″ N 28°35′51.2″	78
						2	12—22	棕灰色	中壤土	小块状												
						3	22—66	灰棕色	中壤土	梭柱状												
						4	66—100	浅棕色		小梭块状												
剖2	铁铝土	红壤		石英岩类红壤	中层少有机质石英岩类红壤	A	0—10	灰黄色	重壤土	团块状	5.5	4.9	0.37	0.58	15.7	85		96		石英岩类风化物	E 115°09′18.8″ N 28°35′13.1″	71
						Bv	10—55	黄红色	轻壤土	块状	5.6	3.5	0.35	0.35	14.5							
						C	55—100	棕红色		砂粒状												
剖3	人为土	水稻土	潴育水稻土	潴育鳝泥田	灰鳝泥田	A	0—12	棕灰色	重壤土	屑粒状	6.0	25.2	1.76	0.94	16.3	159	18.1	48		泥质岩类风化物	E 115°04′51.9″ N 28°34′22.7″	82
						P	12—19	黄红色	轻壤土	小块状	6.5	14.7	1.12	0.92	18.8							
						W₁	19—52	黄棕色	轻黏土	梭块状	6.6	9.2	0.60	0.62	21.3							
						W₂	52—100	棕棕色	重壤土	梭柱状	7.0	5.0	0.47	0.50	17.1							
剖4	铁铝土	红壤	山地黄红壤	酸性结晶岩类山地黄红壤		A	0—27	暗棕色	重壤土	小粒状	5.3	32.8	1.70	1.02	25.5	187	5.3	325		酸性结晶岩类风化物	E 115°08′00.5″ N 28°34′32.1″	87
						Bv	27—36	黄红色	重壤土	小块状	5.4	11.2	0.78	0.68	26.8	93	2.2	233				
						C	36—100	浅黄色	中壤土	小块状	5.4	5.0	0.51	0.87	26.9	53	1.2	179				
剖5	人为土	水稻土	潴育水稻土	潴育麻砂泥田	强潴灰麻砂泥田	A	0—12	灰棕色	重壤土	碎粒状	6.0	26.9	1.63	1.02	35.3	152	3.8	46		花岗岩类风化物	E 115°13′48.0″ N 28°34′25.7″	91
						P	12—17	棕棕色	重壤土	小块状	6.1	24.6	1.37	0.80	32.4							
						W₁	17—36	浅浅棕色	重壤土	梭块状	6.5	10.2	0.63	0.48	27.1							
						W₂	36—58	黄棕色	重壤土	小梭块状	6.8	7.1	0.28	0.60	28.5							
						G	58—100	灰白棕色	重壤土	小块状	6.9	9.3	0.43	0.69	30.2							
剖6	人为土	水稻土	潴育水稻土	潴育石灰泥田	中潜灰麻砂泥田	A	0—16	黄灰色	砂壤土	碎粒状	6.2	23.0	1.05	0.82	33.5	137	2.8	86		花岗岩类风化物	E 115°10′49.1″ N 28°31′21.5″	80
						P	16—24	浅灰黄色	重壤土	小块状	6.1	10.5	0.28	1.06	34.4							
						G₁	24—60	灰棕色	轻壤土	粒状	5.9	5.6	0.60	0.86	35.1							
						G₂	60—100	深棕色	砂壤土	块状	6.2	3.6	0.16	0.90	41.2							
剖7	铁铝土	红壤		酸性结晶岩类红壤	厚层中有机质酸性结晶岩类红壤	A	0—9	灰棕色	重壤土	团块状	6.9	31.0	0.53	1.08	28.1	74	3.3	87		酸性结晶岩类风化物	E 115°13′05.6″ N 28°31′22.8″	100
						Bv₁	9—55	棕黄色	重壤土	碎粒状		6.3	0.33	0.73	42.4							
						Bv₂	55—100	棕棕色	轻壤土	细粒状		3.3	2.04	0.93	41.0							
剖8	人为土	水稻土	潴育水稻土	潴育石灰泥田	灰石泥田	1	0—13	棕棕色	轻壤土	团块状										碳酸岩类风化物	E 115°14′11.0″ N 28°32′21.5″	88
						2	13—22	黄棕色	重壤土	小块状												
						3	22—52	棕棕色	重壤土	梭块状												
						4	52—100	灰棕色	重壤土	团块状												
剖9	人为土	水稻土	潴育水稻土	潴育黄砂泥田	乌黄砂泥田	1	0—14	红灰色	重壤土	小块状										石英岩类风化物	E 115°13′57.1″ N 28°32′03.1″	72
						2	14—21	黄棕色	重壤土	块状												
						3	21—56	棕黄色	重壤土	块状												
						4	56—100	灰棕色	中壤土	块状												
剖10	铁铝土	红壤		粉红土	中层灰粉红土	1	0—10	棕棕色	重壤土	屑粒状		39.8	1.01	0.79		94	4.8			千枚岩类风化物	E 115°14′16.0″ N 28°30′40.5″	81
						2	10—48	棕棕色	中壤土	块状		20.5	0.87	0.75		88	5.5					
						3	48—80	棕灰色	重壤土	团块状												
剖11	人为土	水稻土	淹育水稻土	淹育麻砂泥田	灰麻砂泥田	A	0—12	浅灰色	重壤土	块状		15.1	0.57	0.66		63	4.3			花岗岩类风化物	E 115°08′54.3″ N 28°32′42.6″	100
						P	12—21	浅棕色														
						C	21—100															

续表 Continued

剖面号 Soil profile	土纲 Soil order	土类 Soil great group	亚类 Soil subgroup	土属 Soil genus	土种 Soil species	土层码 Layer code	土层厚度 Depth/cm	颜色 Soil color	质地 Soil texture	土壤结构 Soil structure	pH	有机质 OM/(g/kg)	全氮 TN/(g/kg)	全磷 TP/(g/kg)	全钾 TK/(g/kg)	碱解氮 AN/(mg/kg)	有效磷 AP/(mg/kg)	速效钾 AK/(mg/kg)	阳离子交换量CEC/(cmol/kg)	土壤母质 Parent material	剖面点坐标 Profile coordinate	匹配指数 Matching index/%
剖12	铁铝土	红壤	红壤	泥质岩红壤	厚层中有机质泥质岩类红壤	A	0—15	中棕色	中壤土	细粒状	6.4	11.3	0.75	1.32	27.6	102	4.6	136		泥质岩类风化物	E 115° 09′ 10.9″ N 28° 30′ 40.9″	90
						Bv₁	15—25	棕灰色	重壤土	中粒状	6.1	7.7	0.55	1.12	28.6							
						Bv₂	25—45	棕灰色	黏壤土	块块状	6.0	7.3	0.94	1.32	39.3							
						Bv₃	45—100	棕黄色	中壤土	块状	6.2	3.0	0.51	0.77	32.9							
剖13	人为土	水稻土	潴育水稻土	潴育麻砂泥田	弱潴麻砂泥红壤田	1	0—15	灰黄棕色	中壤土	小块状										花岗岩类风化物	E 115° 10′ 52.0″ N 28° 28′ 42.1″	91
						2	15—26	灰黄棕色	中壤土	块状												
						3	26—53	棕灰色	中壤土	块状												
剖14	铁铝土	红壤	红壤	泥质岩红壤	薄层中有机质泥质岩类红壤	A	0—14	棕灰色	中壤土	粉粒状	6.1	18.0	0.82	0.72	13.1	99	6.3	32		泥质岩类风化物	E 115° 13′ 34.9″ N 28° 29′ 00.7″	97
						Bv	14—44	棕红色	重壤土	小块状	6.4	5.3	0.40	0.29	17.2							
						C	44—100	紫红色	轻壤土	片状	6.4	6.7	0.30	0.30	19.9							
						4	100—				6.5	2.2	0.50	0.68	18.0							
剖15	铁铝土	红壤	红壤	黄泥土	薄层灰黄泥土	1	0—13	灰黄色	中壤土	屑粒状										第四纪红色黏土	E 115° 14′ 30.4″ N 28° 29′ 22.0″	72
						2	13—45	红黄色	黏土	块状												
						3	45—100	浅红黄色	黏土	大块状												
剖16	铁铝土	红壤	红壤	第四纪红色黏土红壤		A	0—4	暗红色	轻红壤土	团块状	5.1	20.4	1.45	0.58	16.6	132	≤1.0	115		第四纪红色黏土	E 115° 12′ 11.2″ N 28° 26′ 03.1″	75
						Bv	4—100	棕红色	轻黏土	块状	5.3	5.9	0.36	0.36	14.7							
剖17	人为土	水稻土	潴育水稻土	潴育红砂泥田	强潴灰砂潮泥田	1	0—15	灰色	轻壤土	屑粒状										红砂岩类风化物	E 115° 13′ 10.4″ N 28° 25′ 17.6″	85
						2	15—20	黄灰色	中壤土	小块状												
						3	20—55	棕灰色	中壤土	块状												
						4	55—100															
剖18	铁铝土	红壤	红壤性土	红砂岩类红壤性		A	0—3	浅红色	中壤土	粒状	6.4	5.4	0.24	0.28	22.8	36	5.4	56		红砂岩类风化物	E 115° 13′ 55.1″ N 28° 25′ 02.9″	93
						Bv	3—10	棕红色	中壤土	粒状	6.6	2.6	0.24	0.31	25.8							
						C	10—100	紫红色	中壤土	大块状	6.5	≤1.0	≤0.10	0.29	21.8							
剖19	铁铝土	红壤	红壤	红砂泥土		A	0—16	棕色	轻壤土	屑粒状	5.9	13.2	0.82	0.76	12.1	79	4.9	66		红砂岩类风化物	E 115° 12′ 04.7″ N 28° 21′ 14.0″	71
						Bv	16—70	棕红色	中壤土	块状	5.7	12.8	0.74	0.68	12.8							
						C	70—100	红色	轻壤土	碎块状	5.5	5.2	0.38	0.65	16.7							
剖20	人为土	水稻土	潴育水稻土	潴育潮砂泥田	强潴表潜性灰潮砂泥田	Aa	0—11	灰白色	中壤土	细粒状										河流冲积物	E 115° 07′ 40.1″ N 28° 23′ 59.3″	93
						Ap	11—17	浅棕色	中壤土	棱块状												
						W	17—100	黄灰色	中壤土	块状												
剖21	人为土	水稻土	潴育水稻土	黄砂泥田	黄砂泥田	1	0—13	灰棕色	细粒状	棱块状										石英砂岩类风化物	E 115° 06′ 04.7″ N 28° 21′ 14.0″	75
						2	13—18	浅灰色	中壤土	小块状												
						3	18—50	浅灰色	中壤土	块状												
						4	50—100	灰白色	重壤土	大块状												
剖22	人为土	水稻土	潴育水稻土	潴育黄砂泥田	中潜灰砂潮泥田	A	0—14	灰黄棕色	粉砂质黏壤土	屑粒状	4.8	24.9	1.20	0.40	22.8	158	38.5	65		石英砂岩类风化物	E 115° 09′ 25.9″ N 28° 22′ 57.9″	77
						Ap	14—20	浊黄橙色	粉砂质黏壤土	块状	5.2	15.1	0.70	0.40	22.4							
						W	20—45	黄灰色	粉砂质黏壤土	屑粒状	7.0	9.8	0.50	0.90	8.7							
剖23	人为土	水稻土	潴育水稻土	潴育潮砂泥田		A	0—13	暗黄色	轻黏土	小块状	6.3	30.0	1.78	1.03	22.4					河流冲积物	E 115° 12′ 57.6″ N 28° 21′ 32.5″	99
						P	13—24	浅灰色	轻黏土	棱块状	6.3	27.9	1.68	0.98	22.8				5.6			
						G₁	24—56	浅灰色	中黏土	块状	6.7	12.1	0.80	0.95	25.9				5.8			
						G₂	56—100	灰白色	重黏土	大块状	6.9	17.0	0.80	0.41	25.4				8.8			
剖24	人为土	水稻土	潴育水稻土	潴育黄砂泥田	灰砂泥田	A	0—14	灰黄棕色	粉砂质黏壤土	屑粒状	4.8	24.9	1.24	0.38	8.8				5.6	石英砂岩风化冶合堆积物	E 115° 12′ 20.9″ N 28° 17′ 52.8″	88
						P	14—20	灰黄色	粉砂质黏壤土	块状	5.2	15.1	0.74	0.36	8.4				5.8			
						WC	45—100	浅黄色	粉砂质黏壤土	大块状	7.0	9.8	0.46	0.42	8.7				8.8			

续表 Continued

剖面号 Soil profile	土纲 Soil order	土类 Soil great group	亚类 Soil subgroup	土属 Soil genus	土种 Soil species	土层码 Layer code	土层厚度 Depth/cm	颜色 Soil color	质地 Soil texture	土壤结构 Soil structure	pH	有机质 OM/(g/kg)	全氮 TN/(g/kg)	全磷 TP/(g/kg)	全钾 TK/(g/kg)	碱解氮 AN/(mg/kg)	有效磷 AP/(mg/kg)	速效钾 AK/(mg/kg)	阳离子交换量CEC/(cmol/kg)	土壤母质 Parent material	剖面点坐标 Profile coordinate	匹配指数 Matching index/%
剖25	铁铝土	红壤	红壤	石英岩红壤	厚层中有机质石英岩红壤	A	0—11	灰棕色	中壤土	碎块状	5.5	23.2	1.14	0.53	13.0	98	1.3	61		石英岩类风化物	E 115°14′04.9″ N 28°19′40.7″	97
						Bv₁	11—43	红棕色	重壤土	小块状	5.6	3.9	0.41	0.79	13.6							
						Bv₂	43—82	棕红色	重壤土	块状	5.7	3.7	0.51	0.68	13.3							
						C	82—100	棕红色	碎石块	屑粒状	5.8	≤1.0	0.30	0.49	7.5							
剖26	人为土	水稻土	潴育水稻土	潴育鳝泥田	强潴育鳝质泥田	1	0—14	灰棕色	中壤土	小块状										泥质岩类风化物	E 115°13′29.1″ N 28°15′54.7″	87
						2	14—23	灰棕色	中壤土	块状												
						3	23—60	棕黄色	中壤土	小核块状												
						4	60—100															
剖27	初育土	石灰（岩）土	棕色石灰土	石灰泥土	厚层灰岩石灰泥土	A	0—13	棕黑色	轻黏土	小粒状	6.1	24.0	0.89	0.96	9.5	98	1.3	80		碳酸岩类风化物	E 115°10′11.5″ N 28°13′55.4″	82
						Bv	13—65	红棕色	轻黏土	团块状	6.4	18.7	0.57	0.70	10.3							
						C	65—100															
剖28	铁铝土	红壤	红壤	石英岩红壤	厚层少有机质石英岩红壤	A	0—10	灰黄色	轻黏土	小块状	6.0	14.8	0.82	0.93		54	1.5			石英岩类风化物	E 115°13′51.2″ N 28°10′56.6″	100
						Bv₁	10—33	黄棕色	轻黏土	块状	5.8	6.1	0.40	1.02		25	2.6					
						Bv₂	33—100	棕红色	轻黏土	大块状	6.0	4.6	0.41	0.95		32	2.6					
剖29	初育土	石灰（岩）土	棕色石灰土			A	0—7	灰棕色	轻黏土	团块状										碳酸岩类风化物	E 115°09′46.5″ N 28°10′42.6″	83
						Bv	7—15	红棕色	轻黏土	团块状												
						D	15—100															
剖30	人为土	水稻土	潴育水稻土	潴育石灰泥田	中潜灰石灰泥田	A	0—20	灰棕色	黏土	糊状	6.7	55.5	2.17	1.11	21.7	209	3.9	107		碳酸岩类风化物	E 115°10′44.4″ N 28°11′31.8″	78
						P	20—29	暗棕色	黏土	小块状	7.2	49.0	2.60	0.99	10.9							
						G₁	29—56	青灰色	黏土	块状	7.6	44.0	2.25	0.96	17.6							
						G₂	56—100	青灰色	黏土	块状	6.2	35.2	1.55	0.71	13.1							
剖31	人为土	水稻土	淹育水稻土	淹育黄泥田	黄泥田	A	0—10	棕灰色	中壤土	屑粒状	5.6	13.3	≥10.00	0.70	6.4	104	8.9	61		第四纪红色黏土	E 115°17′09.7″ N 28°35′01.4″	73
						P	10—16	灰棕色	重壤土	团块状	5.7	13.0	0.55	0.69	6.7							
						C₁	16—31	棕灰色	重壤土	块状	6.0	11.2	0.25	0.95	11.4							
						C₂	31—100	浅黄棕色	轻壤土	碎粒状	6.1	6.3	0.46	0.69	8.3							
剖32	铁铝土	红壤	红壤	黄砂泥土	厚层灰岩砂泥土	A	0—15	灰棕色	重壤土	小块状	6.7	23.0	1.02	1.00	12.6	104	7.5	134		石英岩类风化物	E 115°17′11.0″ N 28°32′57.8″	86
						Bv₁	15—44	红棕色	重壤土	块状	7.0	14.0	0.82	1.75	16.0							
						Bv₂	44—100	红棕色	轻壤土	小块状	6.9	7.0	0.61	0.91	18.4							
剖33	铁铝土	红壤	红壤	红砂岩红壤	厚层中有机质红砂岩红壤	A	0—18	红棕色	轻壤土	大块状	5.4	13.5	0.50	0.85	≤1.0	81	7.1	98		红砂岩类风化物	E 115°19′24.6″ N 28°30′56.4″	77
						Bv₁	18—31	紫红色	轻壤土	大块状	5.5	8.4	0.41	0.87	27.1							
						Bv₂	31—100	紫红色	轻壤土	块状	5.8	4.4	0.36	0.89	33.2							
剖34	人为土	水稻土	潴育水稻土	潴育鳝泥田	中潜灰砂泥田	A	0—13	黄灰色	重壤土	碎块状	5.5	38.6	2.39	0.50	29.9	343	22.1	83		泥质岩类风化物	E 115°21′06.7″ N 28°30′16.9″	84
						P	13—29	青灰色	重壤土	块状	5.9	18.0	0.98	0.35	23.9							
						G₁	29—60	青灰色	重壤土	块状	≥10.0	16.9	0.84	0.24	26.4							
						G₂	60—84	青黄色		块状	5.8	5.2	0.34	0.91	10.0							
剖35	人为土	水稻土	潴育水稻土	潴育黄砂泥田	灰麻砂泥田	A	0—13	暗灰色	中壤土	团块状	5.7	33.5	2.04	0.94	19.0	185	12.6	56		花岗岩风化物	E 115°16′48.8″ N 28°30′19.5″	74
						P	13—22	棕灰色	轻壤土	核块状	6.3	24.0	1.47	0.70	19.7							
						W₁	22—60	黄灰色	轻壤土	块状	6.4	10.1	0.58	0.51	18.1							
						W₂	60—100	灰白色	轻壤土	软块状	6.7	5.5	0.37	0.26	19.0							
剖36	人为土	水稻土	潴育水稻土	潴育黄泥田	乌黄泥田	1	0—14	棕灰色	轻壤土	团块状										第四纪红色黏土	E 115°23′24.0″ N 28°33′24.3″	85
						2	14—21	黄灰色	中壤土	核块状												
						3	21—56	灰棕色	轻壤土	块状												
						4	56—100	棕黄色	重黏土	块状												

续表 Continued

剖面号 Soil profile	土纲 Soil order	土类 Soil great group	亚类 Soil subgroup	土属 Soil genus	土种 Soil species	土层码 Layer code	土层厚度 Depth/cm	颜色 Soil color	质地 Soil texture	土壤结构 Soil structure	pH	有机质 OM/(g/kg)	全氮 TN/(g/kg)	全磷 TP/(g/kg)	全钾 TK/(g/kg)	碱解氮 AN/(mg/kg)	有效磷 AP/(mg/kg)	速效钾 AK/(mg/kg)	阳离子交换量CEC/(cmol/kg)	土壤母质 Parent material	剖面点坐标 Profile coordinate	匹配指数 Matching index/%
剖37	人为土	水稻土	潜育水稻土	潜育黄泥田	中潜黄壤性	A	0—16	棕黄色	中壤土	小块状	6.3	27.3	2.14	0.84	14.8	173	1.1	51		第四纪红色黏土	E 115°29′08.1″ N 28°34′07.8″	96
						P	16—24	棕灰色	重壤土	棱块状	6.3	20.7	1.09	0.83	16.8							
						G₁	24—49	灰色	重壤土	棱块状	6.8	15.9	0.69	0.67	13.2							
						G₂	49—100	青灰色	重壤土	棱柱状	6.6	9.5	0.43	0.35	10.9							
剖38	铁铝土	红壤	红壤性土	第四纪红色黏土红壤性土	网纹红壤性土	Bv	0—20	棕黄色	重壤土	粒状	6.4	≤1.0	0.34	0.58	≤1.0	11	2.1	53		第四纪红色黏土	E 115°29′30.7″ N 28°33′19.1″	95
						C	20—100	棕红色			5.5	≤1.0	0.28	0.64	10.0							
剖39	人为土	水稻土	潜育水稻土	潜育黄砂泥田	弱潜黄砂泥田	1	0—13	灰黄色	轻壤土											石英岩类风化物	E 115°26′08.9″ N 28°31′59.4″	77
						2	13—20	黄棕色	中壤土	小块状												
						3	20—34	棕黄色														
						4	34—100	灰黄色														
剖40	铁铝土	红壤		红砂泥土	中层红砂泥土	A	0—12	棕黄色	重壤土	屑粒状	6.3	11.1	0.71	0.55	9.7	51	9.9	130		红砂岩类风化物	E 115°27′50.2″ N 28°32′08.2″	73
						Bv₁	12—20	浅灰黄色	中壤土	小块状	6.9	9.1	0.29	0.57	9.9							
						Bv₂	20—53	黄棕色	中壤土	块状	6.7	7.7	0.52	0.68	12.8							
						C	53—100	棕黄色	中壤土	棱柱状	6.1	6.2	0.48	0.82	15.0							
剖41	人为土	水稻土	淹育水稻土	淹育石灰泥田	灰石灰泥田	1	0—11	灰棕色	重壤土	团块状										碳酸岩类风化物	E 115°22′44.1″ N 28°30′40.3″	88
						2	11—20	暗棕色	重壤土	小块状												
						3	20—100	棕红色	轻黏土	块状												
剖42	人为土	水稻土	潜育水稻土	潜育黄砂泥田	中潜黄砂泥田	A	0—12	深灰色	中壤土	屑粒状	5.6	49.8	3.07	1.36	8.7	230	10.4	98		石英岩类风化物	E 115°16′23.6″ N 28°29′25.7″	97
						P	12—31	暗黄色	中壤土	小块状	5.7	32.7	2.00	0.92	4.3							
						G	31—46	灰棕色	中壤土	块状	6.1	13.1	0.91	0.95	5.9							
						C	46—100	棕黄色	中壤土	块状	6.1	25.0	1.03	0.61	5.6							
剖43	铁铝土	红壤		第四纪红色黏土红壤	中层多有机质酸性结晶岩类红壤	1	0—21	黄棕色	轻黏土	碎粒状										第四纪红色黏土	E 115°15′43.2″ N 28°27′43.5″	78
						2	21—100	棕红色	轻黏土	屑粒状												
剖44		红壤	红壤	酸性结晶岩类红壤		1	0—20	灰红色	重壤土	块状										酸性结晶岩类风化物	E 115°23′18.1″ N 28°28′05.6″	82
						2	20—30	暗黄色	中壤土	棱粒状												
						3	30—40	暗棕红色	中壤土	块状												
						4	40—100	浅棕红色	中壤土	块状												
剖45	人为土	水稻土	潜育水稻土	潜育黄泥田	黄泥田	1	0—16	浅灰色	轻黏土	团块状	5.9	28.1	1.40	1.15	9.3	116	3.9	75		第四纪红色黏土	E 115°24′41.3″ N 28°28′35.6″	76
						2	12—19	灰棕色	重壤土	块状	6.1	19.7	0.70	1.20	7.1							
						3	19—100	黄棕色	重壤土	棱粒状	7.0	8.1	0.38	0.61	4.5							
剖46	人为土	水稻土	潜育水稻土	潜育黄砂泥田	弱潜黄灰砂泥田	A	0—16	灰棕色	中壤土	小块状	6.7	2.3	0.29	0.50	10.5					第四纪红色黏土	E 115°27′05.4″ N 28°29′17.4″	73
						W₁	16—24	黄棕色	重壤土	棱块状	5.4	33.5	1.80	0.50	13.8							
						W₂	24—63	红棕色	重壤土	块状	6.5	17.1	1.00	0.50	14.9							
						C	63—100	棕红色	黏壤土	小块状												
剖47	人为土	水稻土	潜育水稻土	紫泥田	乌紫泥田	Aa	0—16	暗棕红棕色	黏壤土	棱块状	7.6	6.0	0.40	3.40	15.4					紫色泥页岩冷谷含填充物	E 115°27′27.7″ N 28°25′38.6″	85
						Ap	16—24	暗红棕色	黏壤土	块状	7.6	5.5	0.40	0.30	14.3							
						W	24—68	暗黄棕色	轻壤土	碎块状	6.7	16.1	0.58	0.81	27.9							
						C	68—100															
剖48	半成成土	潮土	潮土	砂质潮土	潮砂土	A	0—16	浅灰棕色	轻壤土	块状	6.8	7.6	0.29	0.72	29.1	69	11.2	103		河流冲积物	E 115°29′07.1″ N 28°26′31.4″	80
						Bv₁	16—32	浅黄棕色	重壤土	块状	6.8	6.0	0.17	0.76	22.3							
						Bv₂	32—100															
剖49	人为土	水稻土	潜育水稻土	潜育麻砂泥田	弱潜灰麻砂泥田	1	0—12	暗灰色	砂壤土	细粒状										花岗岩风化物	E 115°28′55.5″ N 28°25′48.6″	78
						2	12—21	黄灰色	砂壤土	棱块状												
						3	21—40	青灰色	砂壤土	碎块状												
						4	40—100															

续表 Continued

剖面号 Soil profile	土纲 Soil order	土类 Soil great group	亚类 Soil subgroup	土属 Soil genus	土种 Soil species	土层码 Layer code	土层厚度 Depth/cm	颜色 Soil color	质地 Soil texture	土壤结构 Soil structure	pH	有机质 OM/(g/kg)	全氮 TN/(g/kg)	全磷 TP/(g/kg)	全钾 TK/(g/kg)	碱解氮 AN/(mg/kg)	有效磷 AP/(mg/kg)	速效钾 AK/(mg/kg)	阳离子交换量CEC/(cmol/kg)	土壤母质 Parent material	剖面点坐标 Profile coordinate	匹配指数 Matching index/%
剖50	人为土	水稻土	潴育水稻土	潴育潮砂泥田	黄泥底灰潮砂泥田	A	0—12	灰色	重壤土	屑粒状	6.2	22.9	1.77	0.92	27.6	150	3.9	41		河流冲积物	E 115°25′51.6″ N 28°25′08.0″	88
						P	12—21	灰色	重壤土	块状	6.2	13.8	0.57	0.82	22.9							
						Wk	21—40	灰黄色	重壤土	棱块状	7.4	7.6	0.40	0.93	28.9							
						C	40—100	棕黄色	轻黏土	小块状	7.1	7.3	0.28	1.03	24.5							
剖51	人为土	水稻土	潴育水稻土	潴育黄泥田	灰黄泥田	A	0—15	灰黄色	轻黏土	团块状	6.5	30.0	1.73	1.25	11.5	147	12.8	51		第四纪红色黏土	E 115°16′25.0″ N 28°24′52.9″	82
						P	15—22	黄棕色	轻黏土	小块状	6.7	16.6	0.76	0.69	9.5							
						W	22—63	棕黄色	重壤土	棱块状	7.0	10.9	0.58	0.93	13.4							
						C	63—100	黄灰白色	重壤土	块状	6.6	5.6	0.34	0.73	10.7							
剖52	铁铝土	红壤	红壤性土	酸性结晶岩类红壤性土		A	0—3	红棕色	中壤土	粒状	5.7	2.8	≤0.10	0.94	20.3	10	≤1.0	170		酸性结晶岩类风化物	E 115°18′10.3″ N 28°24′47.6″	98
						Bv	3—13	红棕色	中壤土	块状	5.8	2.2	0.15	0.71	26.8							
						C	13—100	黄灰白色	中壤土	块状	5.7	7.3	0.23	1.01	19.7							
剖53	人为土	水稻土	潴育水稻土	潴育红砂泥田	灰红砂泥田	A	0—11	浅灰色	重壤土	屑粒状	6.2	25.1	1.21	0.79	13.6	110	11.9	51		红砂岩类风化物	E 115°19′47.6″ N 28°24′47.8″	81
						P	11—15	黄灰色	中壤土	小块状	6.4	17.9	1.05	0.71	13.7							
						W₁	15—31	黄棕色	中壤土	棱块状	6.7	6.2	0.51	0.60	12.5							
						W₂	31—100	棕黄色	中壤土	块状	6.7	5.6	0.38	0.65	15.3							
剖54	初育土	紫色土	石灰性紫色土	石灰性紫色土		A	0—16	浅紫色	砂壤土	小团块状	6.6	13.7	0.60	0.61	3.5	69	19.0	100			E 115°19′08.3″ N 28°23′59.9″	73
						Bv	16—32	紫色	中壤土	棱块状	6.7	8.1	0.52	0.64	10.7							
						C	32—100	暗紫色	重壤土	块状	6.7	5.9	0.23	0.44	12.4							
剖55	半水成土	潮土	壤质潮土	壤质灰潮土	壤质灰黄砂泥土	A	0—14	浅灰棕色	轻壤土	屑粒状	7.0	15.9	0.55	0.92	16.4	55	4.3	80			E 115°20′03.9″ N 28°22′23.0″	71
						Bv₁	14—38	黄黑棕色	团粒状	块状	7.2	8.2	0.30	0.92	17.5							
						Bv₂	38—63	黄棕色	中壤土	块状	7.2	6.6	0.45	1.11	18.2							
						C	63—100	灰棕色	黏壤土	棱块状	6.0	5.4	0.53	1.38	19.6							
剖56	人为土	水稻土	潴育水稻土	潴育红砂泥田	弱潴红砂泥田	A	0—13	灰棕色	中壤土	屑粒状	6.4	22.0	0.95	0.84	9.9	116	18.8	23		河流冲积物	E 115°18′15.5″ N 28°20′58.7″	70
						P	13—20	浅灰棕色	中壤土	小块状	6.5	15.0	0.39	0.73	9.9							
						W₁	20—40	浅灰色	重壤土	棱块状	6.6	6.1	0.32	0.62	11.8							
						W₂	40—100	黄灰色	重壤土	块状	6.7	4.2	0.31	0.54	13.8							
剖57	人为土	水稻土	潴育水稻土	潴育潮砂泥田	乌潮砂泥田	A	0—16	棕灰色	轻壤土	屑粒状	6.0	44.7	2.37	1.35	27.4	190	12.5	61		红砂岩类风化物	E 115°23′04.2″ N 28°23′21.1″	95
						P	16—23	灰棕色	轻壤土	小块状	5.9	42.0	2.10	1.48	19.3							
						W	23—100	浅棕灰色	重壤土	块状	6.5	11.2	0.71	0.90	27.8							
剖58	铁铝土	红壤		黄泥土		1	0—12	浅棕红色	中壤土	团粒状								49			E 115°24′51.1″ N 28°23′03.8″	75
						2	12—68	红棕色	黏土	块状												
						3	68—100	深红色	黏土	块状												
剖59	人为土	水稻土	潴育水稻土	潴育黄黄泥田	强潴灰黄泥田	A	0—11	暗棕色	中壤土	屑粒状	6.1	34.5	2.03	0.87	8.4	194	4.3			第四纪红色黏土	E 115°27′58.9″ N 28°22′05.6″	73
						P	11—16	棕灰色	重壤土	小块状	6.2	26.3	1.24	0.84	9.0							
						W	16—38	浅灰色	重壤土	棱块状	6.4	11.6	0.61	0.82	10.4							
						G	38—100	青灰色	重壤土	块状	6.5	7.5	0.45	0.95	15.5							
剖60	人为土	水稻土	淹育水稻土	淹育鳝泥田	鳝泥田	1	0—11	浅灰色	壤土	小块状										泥质岩类风化物	E 115°17′04.2″ N 28°19′26.9″	72
						2	11—20	粉红灰色	壤土	块状												
						3	20—100	棕灰色	轻壤土	团块状												
剖61	人为土	水稻土	潴育水稻土	潴育潮砂泥田	灰潮砂泥田	2	11—16	棕灰色	中壤土	小块状										河流冲积物	E 115°21′51.4″ N 28°17′49.4″	73
						3	16—47	棕黄色	重壤土	棱柱状												
						4	47—100															

续表 Continued

剖面号 Soil profile	土纲 Soil order	土类 Soil great group	亚类 Soil subgroup	土属 Soil genus	土种 Soil species	土层码 Layer code	土层厚度 Depth/cm	颜色 Soil color	质地 Soil texture	土壤结构 Soil structure	pH	有机质 OM/(g/kg)	全氮 TN/(g/kg)	全磷 TP/(g/kg)	全钾 TK/(g/kg)	碱解氮 AN/(mg/kg)	有效磷 AP/(mg/kg)	速效钾 AK/(mg/kg)	阳离子交换量CEC/(cmol/kg)	土壤母质 Parent material	剖面点坐标 Profile coordinate	匹配指数 Matching index/%
剖62	人为土	水稻土	潴育水稻土	潴育石灰泥田	强潴灰石灰泥田	A	0—13	暗灰色	轻黏土	屑粒状	7.0	32.1	1.61	0.99	11.5	141	2.9	56		碳酸岩类风化物	E 115°19′14.6″ N 28°16′12.8″	96
						P	13—24	深灰色	重壤土	块状	7.0	16.1	0.42	0.90	10.4							
						W	24—48	棕灰色	重壤土	小棱块状	7.1	9.0	0.37	0.78	11.2							
						4	48—59	青灰色	重壤土	小块状												
						5	59—100	黄灰色	重壤土	小块状												
剖63	人为土	水稻土	潴育水稻土	潴育红砂泥田	弱潴灰红砂泥田	A	0—10	棕红色	中壤土	屑粒状	5.9	22.7	1.20	0.50	6.4	130	5.4	35		红砂岩类风化物	E 115°24′45.7″ N 28°19′36.5″	77
						P	10—17	棕色	中壤土	块状	6.7	12.3	0.88	0.46	6.5							
						G_1	17—80	棕红色	黏土	块状	6.6	2.9	0.45	0.73	6.7							
						G_2	80—100	灰色	重壤土	棱块状	6.5	6.9	0.32	0.42	8.0							
剖64	铁铝土	红壤		酸性结晶岩红壤	薄层少有机质酸性结晶岩类红壤	Bv_1	0—8	灰红色	重壤土	团块状	5.7	9.3	0.48	0.98	35.5	18	≤1.0	33		酸性结晶岩类风化物	E 115°19′22.0″ N 28°11′42.5″	92
						Bv_2	8—14	棕红色	壤土	块状	5.3	3.4	0.19	0.84	31.0							
						C	14—33	灰棕红色	砂壤土	块状	5.5	4.4	0.21	0.94	37.4							
							33—55	棕红色	砂壤土	块状												
剖65	人为土	水稻土	潴育水稻土	潴育潮砂泥田	强潴灰潮砂泥田	A	0—13	棕灰色	重壤土	屑粒状	7.4	33.1	2.13	1.17	30.7	174	2.8	102		河流冲积物	E 115°23′21.2″ N 28°13′19.2″	99
						P	13—24	棕色	中壤土	块状	7.0	20.4	1.44	1.10	35.3							
						W	24—52	黄灰色		小棱块状	7.2	13.6	0.80	0.90	33.5							
						G	52—100	灰白色	重壤土	碎块状												
剖66	铁铝土	红壤		黄泥土	厚层灰黄泥土	A	0—22	暗黄色	重壤土	屑粒状	6.8	22.8	1.10	1.17	12.8	105	5.9	85		第四纪红色黏土	E 115°25′40.5″ N 28°11′59.1″	94
						Bv	22—100	棕红色	轻黏土	小团块状	7.0	7.9	0.66	0.93	20.1							
剖67	人为土	水稻土	潴育水稻土	潴育潮砂泥田	弱潴灰潮砂泥田	A	0—13	棕灰色	重壤土	屑粒状	5.6	28.0	1.41	1.88		105	≤1.0	146		河流冲积物	E 115°15′41.1″ N 28°07′04.4″	81
						P	13—17	浅棕灰色	重壤土	块状	5.8	18.2	0.82	1.35		74	15.9					
						W_1	17—47	红棕色	中黏土	块状	6.6	5.9	0.47	1.29		21	6.5					
						W_2	47—100	红棕色	中黏土	块状	6.3	5.0	0.40	1.14		16	5.5					
剖68	人为土	水稻土	潴育水稻土	潴育紫泥田	灰紫泥田	A	0—16	灰棕色	重壤土	屑粒状	7.1	29.1	1.48	1.33	21.8	108	4.5			紫色泥页岩风化物	E 115°30′17.8″ N 28°34′46.6″	94
						P	16—21	深棕棕色	重壤土	块状	7.0	10.8	0.69	0.88	31.2							
						W_1	21—53	浅棕色		块状	7.2	8.3	0.44	0.69	31.8							
							53—100	黄棕色			7.2	6.9	0.31	0.75	29.5							
剖69	铁铝土	红壤		泥质岩红壤	中层中有机质泥质岩类红壤	A	0—2	灰棕色	中壤土	屑粒状	6.7	17.3	1.25	1.29	28.1	94	11.9	198		泥质岩类风化物	E 115°30′37.7″ N 28°33′07.4″	85
						Bv	2—58	浅红棕色	中壤土	团块状	6.9	11.3	1.06	1.09	28.5							
						C	58—100	红棕色	重壤土	块状	6.1	4.0	1.08	0.67	41.9							
剖70	人为土	水稻土	潴育水稻土	潴育鳝泥田	弱潴灰鳝泥田	1	0—11	棕灰色	重壤土	块状										泥质岩类风化物	E 115°29′55.7″ N 28°28′18.1″	79
						2	11—15	深灰色	重壤土	块状												
						3	15—46	灰棕色	重壤土	块状												
						4	46—100	棕红色	重壤土	块状												

抚 州 市

市 辖 区

主要土类说明

红壤是抚州市主要土壤类型，占本市地域面积的49%，主要分布在海拔800m以下的低山、丘陵和岗地。根据发育阶段的属性，本市红壤分为红壤、红壤性土和黄红壤三个亚类。红壤亚类土层深厚。一般有1m左右的有效土层，剖面发育较完整，表层颜色灰暗，心土层和底土层均为红色的均质土层，有时底土可见黄、白、红相间的网纹层。

水稻土是抚州市第二大土壤类型，占本市地域面积的46%。水稻土是在长期灌水种稻、耕作施肥等影响下形成的一类耕作土壤。在季节性水耕种稻的过程中，由于干湿交替，氧化还原交替进行，土体内进行着有机质分解与合成、盐基淋溶和复盐基、黏粒淋溶和淀积，土壤剖面形态发生深刻的变化，从而形成了水稻土特殊的剖面构型和肥力特性。本市水稻土分为淹育水稻土、潴育水稻土和潜育水稻土三个亚类。其中以良水型潴育水稻土亚类面积最大，占水稻土面积的92%，分布在平原畈田、岗地和丘陵山区地势较为平坦开阔的区域。由于排灌条件较好，地下水位适中，种稻时间长，水耕熟化程度较高，土体中干湿交替，氧化还原过程交替强烈，铁锰淋溶淀积现象明显，具有锈纹、锈斑和铁锰结核，同时腐殖质和黏粒随水向下移动，淀积在土壤结构表面形成灰色胶膜，土层分化明显，耕作层下有明显的犁底层和深厚的潴育层。土壤剖面构型为 A-P-W、A-P-W-C 或 A-P-W-G。

小于本市地域面积3%的土壤类型还有潮土、紫色土、黄壤等。

本区域中心区气候特征

本区域中心区气候特征值
Regional climate characteristics in central area of the region

气候带：中亚热带湿润气候 Climate region: Subtropical humid climate	
年平均气温 /℃ Annual average temperature /℃	17.7
年平均最高气温 /℃ Annual average maximum temperature /℃	22.1
年平均最低气温 /℃ Annual average minimum temperature /℃	14.5
年降水量 /mm Annual precipitation /mm	1694
≥10℃的积温 /℃ Daily temperature accumulated in a year（≥10℃）/℃	9271
年日照时数 /h Annual sunshine /h	1692
年平均相对湿度 /% Annual average relative humidity /%	80
干燥度 Dryness	0.62

本区域中心区月平均气温与月平均降水量
Monthly temperature and precipitation in central area of the region

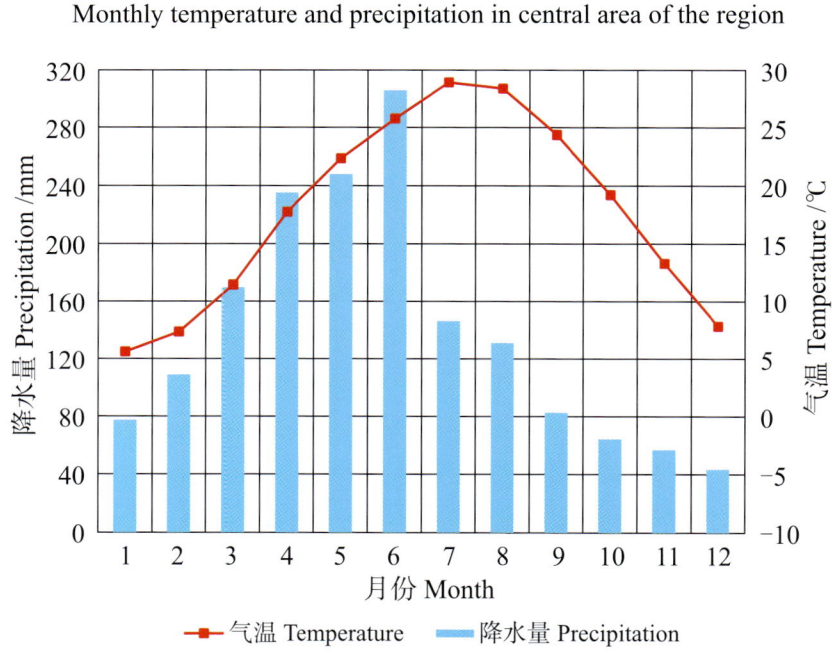

抚州市市辖区（部分）主要土壤类型与土壤剖面点分布图
1∶270 000

抚州市土壤剖面理化性状表

剖面号 Soil profile	土纲 Soil order	土类 Soil great group	亚类 Soil subgroup	土属 Soil genus	土种 Soil species	土层码 Layer code	土层厚度 Depth/cm	颜色 Soil color	质地 Soil texture	土壤结构 Soil structure	pH	有机质 OM/(g/kg)	全氮 TN/(g/kg)	全磷 TP/(g/kg)	全钾 TK/(g/kg)	碱解氮 AN/(mg/kg)	有效磷 AP/(mg/kg)	速效钾 AK/(mg/kg)	阳离子交换量CEC/(cmol/kg)	土壤母质 Parent material	剖面点坐标 Profile coordinate	匹配指数 Matching index/%
剖1	人为土	水稻土	潴育水稻土	潴育鳝泥田	中潴灰鳝泥田	A			重壤土											中性结晶岩类风化物	E 116°07′57.0″ N 28°12′36.0″	72
						P			重壤土													
						W			中壤土													
剖2	人为土	水稻土	潴育水稻土	潴育黄泥田	中潴灰黄泥田	A	0—15	浅灰色	中壤土	碎块状	5.6	31.5	2.02	1.03		168	12.5	40			E 116°11′42.4″ N 28°06′00.7″	94
						P	15—21	暗棕色	中壤土	小块状	5.5	18.5	1.34	0.73		121	5.0	33				
						W	21—100	黄棕色	重壤土	棱块状	6.6	4.8	0.36	0.43		41	2.0	45				
剖3	人为土	水稻土	潴育水稻土	潴育黄泥田	中潴灰黄泥田	Aa	0—13	浊黄棕色	粉砂质黏壤土	小块状	5.7	26.3	1.50	0.30	8.5	112	5.0	34		泥质岩类风化物	E 116°13′50.9″ N 28°00′06.5″	80
						Ap	13—19	暗黄色	黏壤土	小块状	5.8	23.0	1.20	0.30	8.7							
						G	19—100	暗黄色	黏壤土	块状	5.6	26.0	0.80	≤0.10	7.9							
剖4	人为土	水稻土	潴育水稻土	潴育鳝泥田	弱潴灰鳝泥田	A	0—16		重壤土		5.2	33.4	2.10	0.60		191	8.0	37		泥质岩类风化物	E 116°05′47.8″ N 27°57′24.1″	91
						P	16—24		重壤土		6.0	24.7	1.78	0.50		134	2.3	30				
						G	24—100		重壤土		6.4	21.1	1.46	0.43		102	2.3	22				
剖5	人为土	水稻土	淹育水稻土	淹育黄泥田	弱淹黄黄田	A	0—11	棕红色	重壤土	碎块状	5.4	12.0				40	9.6	26		第四纪红色黏土	E 116°08′26.2″ N 27°59′49.6″	86
						C	11—100	五色土	重壤土	碎块状												
剖6	人为土	水稻土	潴育水稻土	潴育鳝泥田	中潴乌鳝田	A	0—14	深filename灰色	中壤土	小块状	5.7	31.8	1.98	0.76		168	6.1	83		泥质岩类风化物	E 116°09′31.3″ N 27°58′31.4″	82
						P	14—21	黄灰色	重壤土	团粒状	5.4	25.7	1.50	0.75		140	5.2	70				
						W	21—100	灰黄色	重壤土	团粒状	6.5	8.2	0.51	1.20		79	8.7	83				
剖7	人为土	水稻土	潴育水稻土	潴育黄泥田	中潴灰黄泥田	A	0—14	棕灰色	轻壤土	碎块状	5.2	41.4	1.97	0.80		167	17.0	43		紫色砂岩类风化物	E 116°09′12.2″ N 27°57′32.4″	97
						P	14—20	棕灰色	中壤土	小块状	5.3	23.0	1.09	0.90		92	9.0	20				
						W	20—100	深灰色	中壤土	碎块状	6.5	2.6	0.12	0.64		18	3.5	15				
剖8	人为土	水稻土	潴育水稻土	潴育黄泥田	中潴灰黄泥田	A	0—14	深灰色	重壤土	小块状										第四纪红色黏土	E 116°10′34.7″ N 27°59′40.9″	79
						P	14—17	青灰色	重壤土	小块状												
						G	17—100	灰棕色	重壤土	大块状												
剖9	人为土	水稻土	潴育水稻土	潴育黄泥田	中潴灰黄泥田	A	0—12	灰棕色	中壤土	碎块状										红砂岩类风化物	E 116°10′41.2″ N 27°59′07.4″	98
						P	12—17	灰棕色	中壤土	层状												
						W	17—100	红棕色	中壤土	人工层												
剖10	人为土	水稻土	潴育水稻土	潴育黄泥田	中潴灰黄泥田	A	0—11	红黄色	黏壤土	小块状	5.4	9.1	0.57	0.36	11.0	51	4.0	65	3.4		E 116°10′13.4″ N 27°58′00.5″	84
						Bv	11—56	浅棕色	黏壤土	块状	5.2	2.0	0.33	0.30	11.5				4.8			
						C	56—100	浅红棕色	黏壤土	块状	5.6	1.6	0.27	0.31	12.4				6.5			
剖11	铁铝土	红壤	红壤	黄泥土	厚层黄泥土	1	0—5				4.8	11.3	0.65	0.45		54	1.5	48			E 116°12′17.3″ N 27°58′16.0″	72
						2	5—100				4.7	5.2	0.38	0.39		46	1.2	51				
剖12	铁铝土	红壤	红壤	黄泥土		A		棕黄色	重壤土	细块状											E 116°13′21.0″ N 27°59′17.5″	84
剖13	人为土	水稻土	潴育水稻土	潴育黄泥田	中潴灰黄泥田	A	0—17	浅灰色	重壤土	棱块状										石英岩类风化物	E 116°13′20.3″ N 27°58′15.6″	90
						P	17—23	灰棕色	重壤土	碎块状												
						W	23—100	灰色	重壤土	小块状												
剖14	人为土	水稻土	淹育水稻土	淹育黄泥田	中淹灰黄泥田	A	0—13	灰黄色	黏土	团粒状	6.1	20.8	1.21	0.71		103	17.0	30		第四纪红色黏土	E 116°13′57.4″ N 27°59′29.0″	84
						C	19—100	红黄相间	中壤土	块状	6.7	5.2	0.74	0.43		55	3.0	20				
剖15	人为土	水稻土	潴育水稻土	潴育黄泥田	中潴灰黄泥田	A	0—14	褐黄色	中壤土	块状	6.8	5.5	0.12	0.61		36	5.7	25		第四纪红色黏土	E 116°14′04.6″ N 27°59′49.9″	76
						P	14—22	黄棕色	重壤土	棱块状												
						W	22—100															

续表 Continued

剖面号 Soil profile	土纲 Soil order	土类 Soil great group	亚类 Soil subgroup	土属 Soil genus	土种 Soil species	土层码 Layer code	土层厚度 Depth/cm	颜色 Soil color	质地 Soil texture	土壤结构 Soil structure	pH	有机质 OM/(g/kg)	全氮 TN/(g/kg)	全磷 TP/(g/kg)	全钾 TK/(g/kg)	碱解氮 AN/(mg/kg)	有效磷 AP/(mg/kg)	速效钾 AK/(mg/kg)	阳离子交换量 CEC/(cmol/kg)	土壤母质 Parent material	剖面点坐标 Profile coordinate	匹配指数 Matching index/%
剖16	铁铝土	红壤	红壤			1	0~5				5.2	23.0	1.40	0.54		65	2.3	77		第四纪红色黏土	E 116°14′35.9″ N 27°58′30.0″	85
						2	5~100				5.2	3.4	0.86	0.61		38	2.3	23				
剖17	人为土	水稻土	潴育水稻土	潴育黄泥田	中潴灰黄泥田	A	0~11	灰色	中壤土	小块状	5.4	38.2	2.05	0.90		158	18.0	44		红砂岩类风化物	E 116°13′03.4″ N 27°56′56.0″	70
						P	11~24	棕灰色	中壤土	块状	5.5	15.0	0.95	0.37		81	3.0	20				
						W	24~100	棕色	中壤土	块状	5.8	8.4	0.62	0.50		52	3.7	18				
剖18	铁铝土	红壤	红壤	黄泥土	厚层灰黄泥土		0~16	灰棕色	重壤土	碎块状	4.8	21.9	1.30	0.76		117	1.3	140		泥质岩类风化物	E 116°13′48.0″ N 27°56′47.8″	78
						Bv	16~100	棕红色		团块状	4.3	14.6	1.01	0.68		102	≤1.0	52				
剖19	铁铝土	红壤	红壤	黄泥土	厚层灰黄泥土	1	0~22	棕红色			5.6	14.4	1.06	0.49		86	3.0	46		第四纪红色黏土	E 116°13′47.6″ N 27°56′24.4″	96
						2	22~100		轻黏土		5.7	8.8	0.87	0.42		76	1.8	37				
剖20	铁铝土	红壤	红壤	黄泥土	厚层灰黄泥土	A	0~19		轻黏土												E 116°14′18.2″ N 27°56′11.8″	100
						B	19~29		轻黏土													
						C	29~100															
剖21	人为土	水稻土	潴育水稻土	潴育黄泥田	中潴灰黄泥田	A	0~10	棕灰色	中壤土	小块状	4.8	43.8	1.69	0.88		159	5.3	117		紫色砂岩类风化物	E 116°14′56.0″ N 27°55′10.9″	87
						P	19~29	灰棕色	中壤土	小块状	4.9	22.7	0.96	0.66		88	1.2	51				
						G₁	29~52	青灰色	中壤土	大块状												
						G₂	52~100	青黄色	黏壤土	大块状												
剖22	铁铝土	红壤	红壤	黄泥土	厚层灰黄泥土	A	0~10	暗黄色	重壤土	碎粒状	4.6	9.1	0.60	0.40	11.0	114	3.2	58		石英岩类风化物	E 116°07′40.4″ N 27°55′25.3″	70
						Bv	10~100	黄棕色	轻壤土	小粒状	4.8	2.0	0.30	0.30	11.5	69	2.6	36				
剖23	铁铝土	红壤	红壤	黄泥土	厚层灰黄泥土	A	0~11		轻壤土		5.0	1.6	0.30	0.30	12.4	59	2.0	34			E 116°09′44.3″ N 27°57′18.7″	74
						B₁	11~14		中壤土													
						B₂	12~100			小棱块状												
剖24	铁铝土	红壤	红壤	第四纪红色黏土红壤	厚层多有机质黏土红壤	A₁₁	0~11	棕黄色	壤质黏土	小块状	5.1	25.0	1.27	0.72		136	5.5	74			E 116°09′42.8″ N 27°57′01.1″	76
						Bv₁	11~56	亮红棕色	壤质黏土	块状	5.5	10.7	0.50	0.64		101	2.5	33				
						Bv₂	56~100	亮红棕色	壤质黏土	碎块状	5.5	9.7	0.50	0.55		91	1.2	52				
剖25	人为土	水稻土	潴育水稻土	潴育黄泥田	中潴灰黄泥田	1	0~11	棕灰色	中壤土	碎块状	5.7	25.8	1.44	0.62							E 116°07′29.3″ N 27°54′54.0″	81
						2	11~16	棕红色	中壤土	细粒状	5.9	19.8	1.15	0.63	8.5			89		花岗岩风化物		
						3	16~100	棕黄色	中壤土	柱状	6.2	15.3	0.92	0.41	8.7							
剖26	铁铝土	红壤	红壤	鳝泥土	厚层灰鳝泥土	A	0~11	棕黄色	中壤土	柱状	6.3	6.1	6.10	0.42	7.9	70	2.0	34		泥质岩类风化物	E 116°19′10.9″ N 28°12′25.6″	98
						ABv	11~14	黄棕色	中壤土	小块状	5.7	26.3	1.47	0.32		112	5.0		2.8			
						Bv	14~100	灰色	黏土	块状	5.8	23.0	1.16	0.27					2.9			
剖27	人为土	水稻土	潴育水稻土	潴育黄泥田	中潴灰黄泥田	P	13~18	灰色	黏壤土	块状	5.6	26.0	0.78	0.13					3.1		E 116°17′48.1″ N 28°12′30.4″	100
						G	19~100	棕色	轻壤土	细块状	5.4	14.4	0.74	1.03		101	19.3	36				
剖28	人为土	水稻土	潴育水稻土	潴育黄泥田	中潴灰黄泥田	P	12~18	棕黄色	轻壤土	细粒状	5.6	6.9	0.37	1.05		53	24.2	47			E 116°21′49.3″ N 28°05′08.2″	70
						G	18~100	红黄色	重壤土	粒状	5.9	5.3	0.29	1.22		43	8.4	43		河流冲积物		
剖29	人为土	水稻土	潴育水稻土	潴育乌潮砂泥田	中潴乌潮砂泥田	A	0~14	灰棕色	中壤土	小块状	5.0	35.0	1.42	0.58		122	4.5	67			E 116°18′12.1″ N 28°05′01.0″	100
						Pg	14~24	棕黄色	黏壤土	块状	5.4	222.0	1.02	0.43		104	≤1.0	42		石英岩类风化物		
						W	24~60	青蓝色		碎块状	5.8	12.3	0.37	0.48		47	≤1.0	51				
剖30	人为土	水稻土	潴育水稻土	潴育黄泥田	中潴灰黄泥田	G	60~100	深蓝色													E 116°15′47.5″ N 28°02′36.2″	70
剖31	铁铝土	红壤	红壤	黄泥土	厚层灰黄泥土	1	0~5		中壤土		4.9	17.8	1.07	0.39		65	1.4	74		红砂岩类风化物	E 116°21′47.7″ N 28°04′53.8″	96
						2	5~100				5.2	3.3	0.71	0.29		44	1.4	57				

续表 Continued

剖面号 Soil profile	土纲 Soil order	土类 Soil great group	亚类 Soil subgroup	土属 Soil genus	土种 Soil species	土层码 Layer code	土层厚度 Depth/cm	颜色 Soil color	质地 Soil texture	土壤结构 Soil structure	pH	有机质 OM/(g/kg)	全氮 TN/(g/kg)	全磷 TP/(g/kg)	全钾 TK/(g/kg)	碱解氮 AN/(mg/kg)	有效磷 AP/(mg/kg)	速效钾 AK/(mg/kg)	阳离子交换量CEC/(cmol/kg)	土壤母质 Parent material	剖面点坐标 Profile coordinate	匹配指数 Matching index/%
剖32	人为土	水稻土	潴育水稻土	潴育黄泥田	中潴灰黄泥田	A	0—12	灰棕色	中壤土	小块状										紫色砂岩类风化物	E 116°24′02.5″ N 28°01′45.5″	72
						P	12—18	黄紫色	中壤土	团块状												
						W	18—100	棕紫色	重壤土	块状												
剖33	人为土	水稻土	潴育水稻土	潴育潮砂泥田	中潴乌砂泥田	A	0—18	棕黄色	中壤土	小块状	5.1	42.4	2.36	0.30		154	8.2	8		石英岩类风化物	E 116°17′41.3″ N 27°58′11.3″	90
						G	18—100	棕黄色	重壤土	块状	4.8	36.2	1.69	0.26		86	≤1.0	55				
剖34	人为土	水稻土	潴育水稻土	潴育潮泥田	中潴灰黄泥田	1	0—16				5.3	30.1	1.72	0.66		139	2.7	36		河流冲积物	E 116°15′58.3″ N 27°56′37.3″	77
						2	16—22				5.8	16.7	1.22	0.21		72	6.3	20				
						3	22—100				6.9	6.2	0.70	0.63		55	9.5	24				
剖35	铁铝土	红壤		黄泥土	厚层乌黄土	ABv	0—23	棕粒色	重壤土	碎粒状										第四纪红色黏土	E 116°18′33.5″ N 27°55′11.3″	97
						Bv	23—52	棕灰色	重壤土	碎块状												
							52—100	红棕色														
剖36	铁铝土	红壤		红砂岩红壤		A	0—15	棕紫色	中黏土											红砂岩类风化物	E 116°24′39.2″ N 27°59′55.3″	83
						B		棕紫色	重壤土													
剖37	人为土	水稻土	潴育水稻土	潴育潮砂泥田	中潴乌砂泥田	A	0—15	乌灰色	重壤土	屑粒状	5.2	32.9	1.67	0.79		114	8.0	36		河流冲积物	E 116°25′05.2″ N 27°58′41.2″	70
						P	15—20	棕黄色	重壤土	小块状	5.2	29.1	1.51	0.73		118	9.5	25				
						W	20—100	青黄色	重壤土	块状	6.1	13.2	0.75	0.75		48	5.5	23				
						4	100—		重壤土		6.6	5.1	0.40	0.57		25	7.5	38				
剖38	人为土	水稻土	潴育水稻土	潴育黄泥田	中潴灰黄泥田	A	0—14	棕灰色	轻壤土	碎屑状	5.8	23.4	1.28	0.60		122	12.5	25		红砂岩类风化物	E 116°26′14.6″ N 27°59′31.9″	77
						P	14—18	棕黄色	中壤土	层状	6.0	14.8	0.92	0.53		102	12.8	20				
						W	18—100	黄棕色	中壤土	块状	6.8	7.2	0.63	0.38		82	2.7	22				
剖39	铁铝土	红壤		红砂岩红壤		1	0—4	棕灰色			5.7	25.0	1.32	0.46		110	1.8	75		红砂岩类风化物	E 116°27′35.3″ N 27°59′44.5″	77
						2	4—100				5.3	12.9	0.74	0.31		67	≤1.0	47				
剖40	铁铝土	红壤		红砂岩红壤		A		中壤土												红砂岩类风化物	E 116°16′17.8″ N 27°53′43.4″	95
						B		重壤土														
剖41	人为土	水稻土	潴育水稻土	潴育潮泥田	中潴乌泥田	A	0—18	灰棕色	中壤土	小块状	5.1	42.4	2.36	0.30		154	8.2	8		石英岩类风化物	E 116°18′30.2″ N 27°53′59.3″	96
						G_1	18—100	棕黄色	中壤土	块状	4.8	36.2	1.69	0.26		86	≤1.0	55				
剖42	铁铝土	红壤		红砂岩红壤	厚层灰红砂泥田	1	0—4	青黄色	轻壤土		4.8	12.1	0.56	0.30		50	≤1.0	37		红砂岩类风化物	E 116°18′09.7″ N 27°51′27.4″	81
						2	4—30	棕灰色	中壤土		4.8	2.8	0.25	0.14		24	≤1.0	25				
剖43	人为土	水稻土	潴育水稻土	潴育黄泥田	中潴灰黄泥田	A	0—11	灰黄色	中壤土	碎屑状	5.2	27.0	1.74	0.76		125	4.8	42		花岗岩风化物	E 116°23′56.4″ N 27°54′16.9″	97
						P	11—14	浅灰色	轻壤土	碎块状	5.3	20.9	0.96	0.41		91	≤1.0	30				
						W	14—65	棕黄色	中壤土	块状	5.2	9.8	0.40	0.30		34	≤1.0	22				
						C	65—100		中壤土		5.4	3.5	0.39	0.18		11	≤1.0	30				
剖44	人为土	水稻土	潴育水稻土	潴育潮泥田	中潴乌潮泥田	A	0—11	灰黄色	中壤土	碎屑状										花岗岩风化物	E 116°27′52.2″ N 27°52′55.2″	84
						P	11—15	红棕色	中壤土	团块状												
						C	15—100	灰棕色	中壤土	块状												
剖45	铁铝土	红壤		红砂岩红壤	厚层灰红砂泥田	A	0—15	棕黄色	轻壤土	碎屑状	6.2	8.9	0.64	0.51		4	7.3	119		红砂岩类风化物	E 116°26′58.9″ N 27°52′27.1″	75
						ABv	15—23	黄黄色	中壤土	小块状	6.4	7.0	0.64	0.56		61	3.4	180				
						Bv	23—100	棕红色	中壤土	块状	7.0	6.2	0.55	0.61		59	3.6	65				
剖46	人为土	水稻土	潴育水稻土	潴育潮砂泥田	中潴灰潮砂泥田	A	0—11	灰灰色	中壤土	块状										花岗岩风化物	E 116°21′02.5″ N 27°47′41.6″	80
						G	11—100	青灰色	重壤土	块状												
剖47	半水成土	潮土				A	0—16	浅灰色	轻壤土	碎粒状										河流冲积物	E 116°17′37.0″ N 27°46′07.7″	85
						Bv	16—64	灰棕色	轻壤土	小块状												
						BvC	64—100	黄棕色	重壤土	块状												
剖48	铁铝土	红壤		麻砂泥土	厚层灰麻砂泥田	1	0—11				5.7	19.3	1.02	0.66		106	10.9	56		花岗岩风化物	E 116°27′57.2″ N 27°49′00.8″	93
						2	11—15				5.2	8.4	0.64	0.44		72	2.9	33				
						3	15—100				6.1	6.7	0.54	0.24		63	1.6	50				

续表 Continued

剖面号 Soil profile	土纲 Soil order	土类 Soil great group	亚类 Soil subgroup	土属 Soil genus	土种 Soil species	土层码 Layer code	土层厚度 Depth/cm	颜色 Soil color	质地 Soil texture	土壤结构 Soil structure	pH	有机质 OM/(g/kg)	全氮 TN/(g/kg)	全磷 TP/(g/kg)	全钾 TK/(g/kg)	碱解氮 AN/(mg/kg)	有效磷 AP/(mg/kg)	速效钾 AK/(mg/kg)	阳离子交换量CEC/(cmol/kg)	土壤母质 Parent material	剖面点坐标 Profile coordinate	匹配指数 Matching index/%
剖49	铁铝土	红壤	红壤	红砂岩红壤		A	0-4	棕红色	砂质											红砂岩类风化物	E 116°29′42.4″ N 27°48′39.6″	82
						C	4-100	棕红色		碎块状												
剖50	铁铝土	红壤	红壤	麻砂泥土	厚层灰麻砂泥土	A	0-11	棕灰色	中壤土	碎块状	5.4	13.7	0.63	0.47		54	5.0	30		花岗岩类风化物	E 116°18′35.6″ N 27°43′18.5″	82
						ABv	11-15	棕黄色	中壤土	块状	6.1	5.4	0.60	0.50		27	4.3	40				
						Bv	15-100	红棕色														
剖51	人为土	水稻土	淹育水稻土	淹育黄泥田	中潜灰黄泥田	1	0-13					18.2	1.06	0.45		76	5.3	72		第四纪红色黏土	E 116°20′28.0″ N 27°43′59.9″	77
						2	13-19															
						3	19-100															
剖52	人为土	水稻土	淹育水稻土	淹育黄泥田	中潜灰黄泥田	A	0-14	灰棕色	轻黏土	碎块状	5.4	25.0	1.67	0.78		152	20.0	34			E 116°20′44.5″ N 27°44′11.4″	74
						P	14-22	灰棕色	轻黏土	小块状												
						W₁	22-32	褐棕色	轻黏土	块状												
						W₂	32-100	灰褐色		梭块状												
剖53	铁铝土	红壤	红壤	石英岩红壤	强潜灰麻砂泥田	A	0-15	灰褐色	中壤土	粒状	4.8	33.4	2.03	0.75		139	13.0	46		花岗岩类风化物	E 116°23′07.8″ N 27°43′54.5″	70
						Bv	15-100	褐黄色	中壤土	粒状	4.3	10.8	0.94	0.53		88	21.0	36				
剖54	人为土	潴育水稻土	潴育紫砂泥田	中潴灰紫泥田	A	0-14	棕紫色	轻黏土	小块状											花岗岩类风化物	E 116°22′38.3″ N 27°43′31.4″	98
						P	14-18	紫色	轻黏土	梭块状												
						W	18-100		重壤土	粒状	4.6	17.6	0.94	0.46		88	2.1	99		紫色泥页岩风化物	E 116°24′48.6″ N 27°42′49.0″	73
剖55																						
剖56	初育土	紫色土	酸性紫色土			A	0-10	紫色	重壤土	粒状	4.8	10.6	0.87	0.53		59	1.1	96			E 116°26′09.2″ N 27°44′58.9″	98
						Bv	10-100	紫棕色	重壤土	块状												
剖57	人为土	潴育水稻土	潴育紫泥田	弱潜灰紫泥田	A	0-17	紫棕色	轻壤土	小块状	5.0	42.5	2.50	0.85		162	8.4	93		紫色泥页岩风化物	E 116°26′30.1″ N 27°44′58.9″	83
						G	17-100	青灰色	中壤土	块状	5.4	26.2	1.73	0.61		122	3.1	62				
						3	100-		中壤土	梭块状	5.5	12.8	0.68	0.45		84	1.3	45				
剖58	人为土	潴育水稻土	潴育紫泥田	弱潜紫砂泥田	A	0-15	深灰色	轻壤土	团块状	5.1	37.4	1.77	0.73		147	6.2	18		花岗岩类风化物	E 116°26′26.2″ N 27°42′34.6″	89
						P	15-25	褐黄棕色	中壤土	梭块状	5.5	56.0	1.19	0.48		109	≤1.0	32				
						G	25-100	褐黄色	中壤土	粒状	5.7	185.0	0.94	1.15		99	≤1.0	29				
剖59	铁铝土	红壤	红壤	石英岩红壤	厚层灰紫砂泥土	A	0-18	浅黄色	轻壤土	细粒状	4.9	21.0	1.05	0.49		72	16.5	129		石英岩类风化物	E 116°28′25.7″ N 27°41′30.1″	83
						Bv	18-100	浅黄色	中壤土	细粒状	4.8	25.0	0.85	0.50		38	17.5	98				
剖60	人为土	潴育水稻土	黄砂泥土	弱潜灰黄泥田	A	0-20	黄棕色	重壤土	细粒状	5.2	13.6	1.14	1.68		116	25.2	226		石英岩类风化物	E 116°25′30.0″ N 27°40′50.9″	90
						Bv	20-32	棕黄色	重壤土	碎块状	5.0	25.0	0.93	0.78		118	5.3	82				
						G	32-100	青灰色	中壤土	小块状	4.9			1.51		79	12.5	155				
剖61	人为土	潴育水稻土	潴育鳝泥田	中潴灰鳝砂泥田	A	0-16	浅灰色	轻壤土	碎块状	6.4	24.6	1.32	0.55		123	11.0	62		泥质岩类风化物	E 116°27′13.3″ N 27°39′41.0″	82
						G	16-100	青灰色		块状												
剖62	人为土	潴育水稻土	潴育潮砂泥田	中潴灰潮砂泥田	A	0-17	暗棕色	中壤土	小块状	6.7	6.6	0.63	0.30		164	3.7	52		河流冲积物	E 116°35′37.7″ N 27°48′53.6″	85
						P	17-23	黄棕色	中壤土	块状	6.4	5.1	0.40	0.29		92	3.4	24				
						G	23-100	青灰色	中壤土	块状						110	2.0	25				
剖63	人为土	潴育水稻土	潴育紫砂泥田	中潴灰紫砂泥田	1	0-12	灰棕色	轻黏土	碎块状	5.2	32.2	1.99	0.69		103	39.3	250		紫色砂岩类风化物	E 116°35′22.2″ N 27°45′35.3″	73
						2	12-18	黄黄棕色	轻黏土	小块状	5.2	18.2	1.05	0.59								
						3	18-100		轻黏土	块状	5.1	19.1	1.20	0.53								
剖64	人为土	水稻土	淹育水稻土	淹育鳝泥田	中淹鳝泥田	A	0-12	红黄色	轻黏土	小块状	5.6	24.1	1.23	1.31		46	≤1.0	39		泥质岩类风化物	E 116°30′43.2″ N 27°47′09.2″	73
						P	12-20		轻黏土	小块状	5.1	17.1	1.04	1.26		35	≤1.0	37				
						C	20-100		轻黏土		4.9	5.7	5.50	0.68		42	4.8	72				
剖65	铁铝土	红壤	红壤	花岗岩红壤		A															E 116°31′00.8″ N 27°45′12.6″	79
						B																

续表 Continued

剖面号 Soil profile	土纲 Soil order	土类 Soil great group	亚类 Soil subgroup	土属 Soil genus	土种 Soil species	土层码 Layer code	土层厚度 Depth/cm	颜色 Soil color	质地 Soil texture	土壤结构 Soil structure	pH	有机质 OM/(g/kg)	全氮 TN/(g/kg)	全磷 TP/(g/kg)	全钾 TK/(g/kg)	碱解氮 AN/(mg/kg)	有效磷 AP/(mg/kg)	速效钾 AK/(mg/kg)	阳离子交换量CEC/(cmol/kg)	土壤母质 Parent material	剖面点坐标 Profile coordinate	匹配指数 Matching index/%
剖66	人为土	水稻土	潴育水稻土	潴育麻砂泥田	中潴灰麻砂泥田	A	0—14	棕灰色	中壤土	碎块状	5.2	41.4	1.97	0.80		167	17.0	43		花岗岩风化物	E 116°32′43.8″ N 27°45′52.2″	84
						P	14—20	棕黄色	中壤土	碎块状	5.3	23.0	1.09	0.90		92	9.0	20				
						W	20—100	黄灰色	重壤土	小块状	6.5	2.6	0.12	0.64		18	3.5	15				
剖67	人为土	水稻土	潴育水稻土	潴育红砂泥田	中潴灰红砂泥田	Aa	0—14	浊黄棕色	砂质黏壤土	碎块状	5.1	21.3	1.10	0.50	18.7	110	6.0	77			E 116°36′08.3″ N 27°44′30.1″	100
						Ap	11—19	浊黄棕色	黏壤土	小块状	6.1	16.6	1.00	0.30	19.3							
						W	19—93	棕灰色	黏壤土	大棱块状	6.5	12.4	0.60	0.30	20.1							
						G	93—100	灰色	砂质黏壤土	大块状	5.5	11.6	0.80	0.30	17.7							

东 乡 区

主要土类说明

红壤是东乡区主要土壤类型，占本区地域面积的69%。本区红壤主要有红壤、红壤性土两个亚类。其中，红壤的质地随着母质的不同而存在着一定差异，成土母质为第四纪红色黏土、泥质岩类风化物时，质地多黏重，为轻黏土至重壤土。成土母质为红砂岩类、酸性结晶岩类、石英岩类风化物时，质地为重壤土至轻壤土。红壤土层厚度随着地形地貌不同而差异显著，厚薄不一，整个土体呈红色、酸性，一般肥力水平较低。红壤性土是表土和均质土层被剥蚀得最严重的一种自然土壤。土层很薄，网纹层或砾石层露出地表，存在水土流失情况。红壤性土由各种岩石风化残积物、坡积物发育而成，部分已开垦种植作物，质地砂黏不一。

水稻土是东乡区第二大土壤类型，占本区地域面积的29%。在长期种植水稻、施肥、灌溉等条件影响下，土壤水分干湿交替，氧化还原交替进行，土体内进行着有机物分解与合成、盐基淋溶和复盐基、黏粒淋溶和淀积等作用，促进土壤性状的变化，从而形成特殊的剖面形态、理化和生物特性。根据土壤发育过程中的水分状况和剖面特征，本区水稻土分为淹育水稻土、潴育水稻土、潜育水稻土三个亚类。其中，以良水型的潴育水稻土亚类分布最广，占水稻土总面积的96%，主要分布于丘陵平原的坂田和冲田、垄田的中下部。成土母质为酸性结晶岩类风化物、石英岩类风化物、泥质岩类风化物、红砂岩类风化物、冲积相第四纪红色黏土和河流冲积物。此类土壤地下水位适中，灌排条件较好，土体干湿交替，氧化还原作用强烈，铁锰淋溶淀积现象明显，具有锈纹、锈斑、铁锰结核，土壤腐殖质和黏粒随水向下移动，淀积形成土壤表面的灰色胶膜。层段分化明显，具有明显的耕作层、犁底层和潴育层。土壤剖面构型为 A-P-W、A-P-W-C、A-P-W-G。此种水稻土肥力较高，宜种性广，产量较高。

小于本区地域面积3%的土壤类型还有石质土等。

本区域中心区气候特征

本区域中心区气候特征值
Regional climate characteristics in central area of the region

气候带：中亚热带湿润气候 Climate region: Subtropical humid climate	
年平均气温 /℃ Annual average temperature /℃	17.7
年平均最高气温 /℃ Annual average maximum temperature /℃	22.2
年平均最低气温 /℃ Annual average minimum temperature /℃	14.4
年降水量 /mm Annual precipitation /mm	1718
≥10℃的积温 /℃ Daily temperature accumulated in a year (≥10℃) /℃	9794
年日照时数 /h Annual sunshine /h	1729
年平均相对湿度 /% Annual average relative humidity /%	80
干燥度 Dryness	0.61

本区域中心区月平均气温与月平均降水量
Monthly temperature and precipitation in central area of the region

东乡县主要土壤类型与土壤剖面点分布图
1:220 000

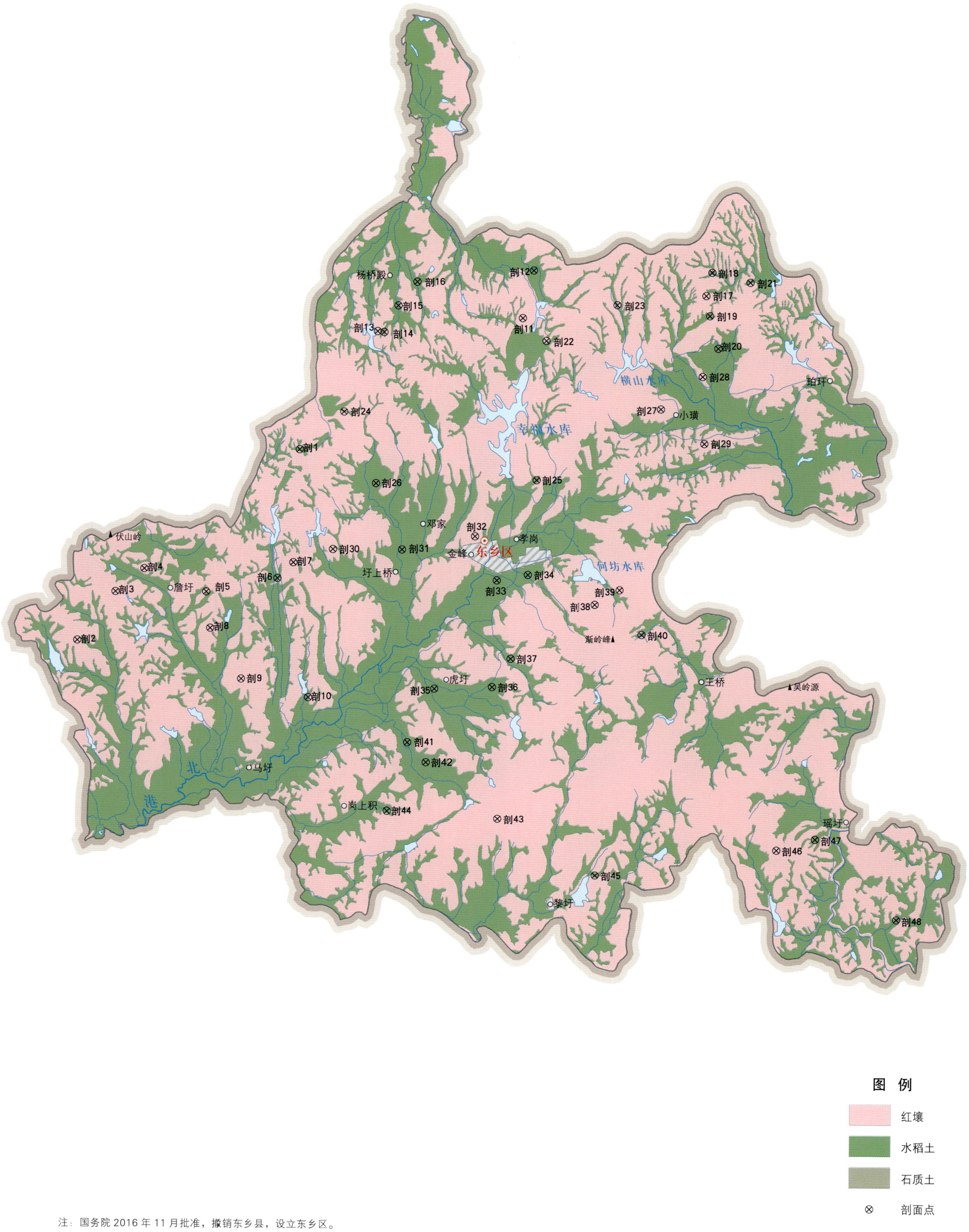

注：国务院 2016 年 11 月批准，撤销东乡县，设立东乡区。

图例
- 红壤
- 水稻土
- 石质土
- ⊗ 剖面点

东乡区土壤剖面理化性状表

剖面号 Soil profile	土纲 Soil order	土类 Soil great group	亚类 Soil subgroup	土属 Soil genus	土种 Soil species	土层码 Layer code	土层厚度 Depth/cm	颜色 Soil color	质地 Soil texture	土壤结构 Soil structure	pH	有机质 OM/(g/kg)	全氮 TN/(g/kg)	全磷 TP/(g/kg)	碱解氮 AN/(mg/kg)	有效磷 AP/(mg/kg)	速效钾 AK/(mg/kg)	土壤母质 Parent material	剖面点坐标 Profile coordinate	匹配指数 Matching index/%
剖1	人为土	水稻土	潴育水稻土	潴育型鳝泥田	表潜性弱潴灰鳝泥田	A	0—16	浅黄棕色	轻壤土	小块状	6.0	33.3	2.00	1.05	165	12.1	92	泥质岩类风化物	E 116°29′37.9″ N 28°17′12.1″	97
						Pg	16—26	青灰色	轻黏土	大块状	5.6	27.2	1.71	0.78	146	5.0	49			
						W₁	26—100	灰棕色	轻黏土	大块状	6.3	14.8	0.91	0.72	73	3.2	43			
剖2	铁铝土	红壤	红壤性土	石英岩红壤性土		1	0—6	暗棕色	中壤土	碎屑状								石英岩类	E 116°22′24.1″ N 28°11′38.3″	97
						2	6—100		中壤土											
剖3	铁铝土	红壤	红壤	泥质岩红色黏土	薄层中有机质泥质岩类红壤	1	0—2	灰棕色	中壤土	小粒状								泥质岩类	E 116°23′38.4″ N 28°13′03.2″	97
						2	2—25	棕红色		大粒状										
						3	25—100													
剖4	铁铝土	红壤	红壤	第四纪红色黏土红壤		1	0—2	棕黄色	中壤土	小块状								第四纪红色黏土	E 116°24′34.5″ N 28°13′44.1″	95
						2	2—		重壤土											
剖5	铁铝土	红壤	红壤	黄泥土	厚层灰黄泥土	1	0—21		轻黏土									第四纪红色黏土	E 116°26′36.9″ N 28°13′04.4″	97
						2	21—100		轻黏土											
剖6	人为土	水稻土	潴育水稻土	潴育型鳝泥田	中位中潴灰黄泥田	A	0—13	浅灰色	轻黏土	碎屑状								泥质岩类风化物	E 116°28′56.8″ N 28°13′29.4″	95
						P	13—16	灰色	轻黏土	块状										
						G	16—100	青蓝色	重壤土	块状										
剖7	铁铝土	红壤	红壤性土	泥质岩红色黏性土	少有机质泥质岩类红壤性土	1	0—6	灰棕色	中壤土	碎屑状								泥质岩类	E 116°29′27.3″ N 28°13′56.3″	97
						2	6—13	黄棕色		小块状										
						3	13—50	红棕色		小块状										
						4	50—100													
剖8	铁铝土	红壤	红壤	第四纪红色黏土红壤		1	0—8		轻黏土		5.4	10.8	0.68	0.53	62	2.1	71	第四纪红色黏土	E 116°26′45.4″ N 28°12′01.7″	97
						2	8—55		轻黏土	碎屑状	5.2	5.8	0.56	0.53	37	1.8	36			
						3	55—100			碎屑状	5.2	3.7	0.50	0.53	28	2.4	55			
剖9	铁铝土	红壤	红壤	黄泥土	厚层灰黄泥土	1	0—15	棕色	轻黏土	碎屑状	6.4	12.0	0.70	0.77	61	12.6	76	第四纪红色黏土	E 116°27′47.0″ N 28°10′33.6″	97
						2	15—100	红色	轻黏土	块状	5.9	3.7	6.03	0.63	27	2.1	55			
剖10	人为土	水稻土	潴育水稻土	潴育型黄泥田	表潜性弱潴灰黄泥田	A	0—14	灰棕色	重壤土	块状	5.5	27.4	1.74	0.59	154	5.4	59	第四纪红色黏土	E 116°29′59.2″ N 28°10′01.7″	97
						Pg	14—18	青灰色	轻壤土	大块状	5.8	14.2	1.01	0.44	87	2.3	44			
						W	18—100	浅灰色	轻壤土		6.1	2.7	0.40	0.32	31	1.1	31			
剖11	铁铝土	红壤	红壤	鳝泥土	薄层灰鳝泥土	1	0—15	暗棕色	重壤土	小块状								泥质岩类风化物	E 116°36′55.3″ N 28°21′02.0″	95
						2	15—100	紫红色	重壤土	小块状										
剖12	人为土	水稻土	淹育水稻土	淹潜灰鳝泥田	弱淹灰鳝泥田	A	0—11	浅灰色	重壤土	碎屑状	5.4	23.4	1.84	1.16	138	13.1	57	泥质岩类风化物	E 116°37′15.9″ N 28°22′24.9″	95
						C	11—100	棕灰色	重壤土	块状	6.2	6.6	0.88	0.97	49	5.1	40			
剖13	铁铝土	红壤	红壤	泥质岩红壤性土	厚层中有机质泥质岩类红壤	1	0—19	棕灰色	中壤土	屑粒状								泥质岩类	E 116°32′09.6″ N 28°20′39.0″	97
						2	19—69	棕黄色	重壤土	粒状										
						3	69—100			块状										
剖14	人为土	水稻土	潴育水稻土	潴育型鳝泥田	强潴鳝泥田	A	0—11	棕灰色	重壤土	小块状								泥质岩类风化物	E 116°32′22.5″ N 28°20′37.3″	97
						P	11—17	浅黄色	重壤土	小块状										
						W	17—35	褐灰色	重壤土	大块状										
						C	35—100	棕黄色	重壤土	大块状										
剖15	人为土	水稻土	潴育水稻土	潴育型麻砂泥田	表潜性弱潴灰麻砂泥田	A	0—12	暗灰色	轻壤土	块状								花岗岩类风化物	E 116°32′50.1″ N 28°21′23.2″	75
						Pg	12—17	青蓝色	轻壤土	块状										
						M	17—100	黄蓝色	轻壤土	块状										

续表 Continued

剖面号 Soil profile	土纲 Soil order	土类 Soil great group	亚类 Soil subgroup	土属 Soil genus	土种 Soil species	土层码 Layer code	土层厚度 Depth/cm	颜色 Soil color	质地 Soil texture	土壤结构 Soil structure	pH	有机质 OM/(g/kg)	全氮 TN/(g/kg)	全磷 TP/(g/kg)	碱解氮 AN/(mg/kg)	有效磷 AP/(mg/kg)	速效钾 AK/(mg/kg)	土壤母质 Parent material	剖面点坐标 Profile coordinate	匹配指数 Matching index/%
剖16	人为土	水稻土	潴育水稻土	潴育型砂泥田	灰麻砂泥田	A	0—16	浅灰色	轻壤土	块状	5.1	26.0	1.59	1.22	136	5.9	42	花岗岩类风化物	E 116°33′27.7″ N 28°21′03.6″	75
						P	16—21	浅灰色	轻壤土	块状	5.4	25.2	1.43	1.01	127	5.0	37			
						W₁	21—32	棕灰色	轻壤土	块状	5.4	18.7	0.93	0.37	96	4.8	50			
						W₂	32—100	黄色	轻壤土	块状	5.5	9.4	0.65	0.38	89	4.8	41			
剖17	铁铝土	红壤	红壤	泥质岩性红壤		1	0—7	灰黄色	重壤土	粒状								泥质岩类	E 116°42′55.7″ N 28°21′42.9″	98
						2	7—100	黄色	轻壤土	小粒状										
剖18	人为土	水稻土	潴育水稻土	潴育型黄砂泥田	强潴灰黄砂泥田	A	0—15	暗黄色	中壤土	小块状	4.9	30.5	1.97	0.85	188	8.1	45	石英岩类风化物	E 116°43′07.4″ N 28°22′22.7″	95
						P	15—21	黄色	中壤土	块状	4.9	17.8	1.31	0.81	108	4.9	23			
						W	21—100	灰色	中壤土	小块状	6.4	5.8	0.50	0.71	30	4.4	42			
剖19	人为土	水稻土	潴育水稻土	潴育型砂泥田	灰红砂泥田	A	0—15	棕黄色	中壤土	碎块状	5.9	25.2	1.29	0.72	130	12.2	49	红砂岩类风化物	E 116°43′03.4″ N 28°21′07.8″	95
						P	15—22	黄棕色	中壤土	块状	6.4	18.6	1.05	0.59	110	5.2	31			
						W	22—100	黄棕色	重壤土	棱块状	6.9	4.8	0.90	0.50	25	3.9	26			
剖20	人为土	水稻土	潴育水稻土	潴育型鳝泥田	中位弱潜灰黄泥田	A	0—21	棕黄色	重壤土	块状	5.5	34.1	2.45	0.89	238	5.4	75	第四纪红色黏土	E 116°43′20.0″ N 28°20′12.2″	95
						P	21—32	棕灰色	重壤土	块状	6.0	21.6	2.11	0.60	187	2.2	50			
						G₁	32—67	青灰色	重壤土	块状	6.3	8.7	0.93	0.59	75	1.2	43			
						G₂	67—100	青灰色	轻黏土	块状	6.2	6.1	0.53	0.33	54	≤1.0	49			
剖21	人为土	水稻土	潴育水稻土	潴育型鳝泥田	中潜灰鳝泥田	A	0—13	黄棕色	轻黏土	小块状	5.2	32.2	2.05	0.67	173	7.7	52	泥质岩类风化物	E 116°44′22.3″ N 28°22′06.3″	97
						W₁	13—20	黄棕色	轻黏土	块状	5.5	21.4	1.62	0.70	116	7.8	40			
						W₂	20—69	黄棕色	轻黏土	块状	6.2	5.5	0.63	0.81	33	5.0	37			
						2	69—100	棕黑色	轻黏土	块状	6.3	2.4	0.48	0.35	15	1.3	33			
剖22	铁铝土	红壤性土	红砂岩类红壤性土			1	0—100	黄棕色	壤土	粒状								红砂岩类	E 116°37′42.2″ N 28°20′23.6″	75
剖23	人为土	水稻土	潴育水稻土	潴育型鳝泥田	强潴灰鳝泥田	A	0—15	棕灰色	重壤土	碎屑状	5.9	28.3	1.58	0.83	146	7.5	46	泥质岩类风化物	E 116°40′01.0″ N 28°21′26.4″	97
						P	15—20	棕灰色	重壤土	小块状	5.9	15.8	1.01	0.86	102	9.5	50			
						W	20—64	黄棕色	重壤土	块状	6.2	5.8	0.48	0.83	55	2.0	57			
						C	64—100	棕黑色	壤土	碎粒状	6.2	4.6	0.43	0.73	52	5.8	80			
剖24	人为土	水稻土	潴育水稻土	潴育型黄砂泥田	中潴黄砂泥田	A	0—12	灰棕色	中壤土	碎屑状								石英岩类风化物	E 116°31′05.0″ N 28°18′19.0″	95
						1	12—16	浅黄色	中壤土	小块状										
						W	16—100	灰色	轻黏土	块状										
剖25	人为土	水稻土	潴育水稻土	潴育型黄泥田	强潴黄泥田	1	0—5	棕红色	轻黏土	小棱块状	5.1	21.4	1.05	0.72	89	2.2	12	第四纪红色黏土	E 116°42′49.6″ N 28°19′23.3″	99
						2	5—100	棕黄色	轻黏土	块状	5.2	2.8	0.38	0.65	16	1.8	43			
剖26	人为土	水稻土	淹育型水稻土	淹育型黄泥田	弱潴灰黄泥田	1	0—6	棕黄色	中壤土	块状	5.7	14.9	0.95	0.58	86	4.2	80	第四纪红色黏土	E 116°32′08.3″ N 28°16′14.0″	95
						2	6—28	红黄色	中壤土	小块状	5.8	10.2	0.81	0.63	83	1.7	51			
						3	28—75	红黄色	重壤土	块状										
						4	75—100	红色	轻壤土	小块状										
剖27	铁铝土	红壤性土	石英岩红壤性土			1	0—11	棕黄色	壤土	块状								石英岩类	E 116°41′27.7″ N 28°18′26.4″	98
						2	11—100	棕黄色	壤土	碎粒状										
剖28	铁铝土	红壤	第四纪红色黏土红壤			1	0—16	红黄色	中壤土	碎屑状								第四纪红色黏土	E 116°42′49.6″ N 28°19′23.3″	99
						2	16—73	棕红色	轻壤土	碎屑状										
剖29	铁铝土	红壤	红砂岩类红壤	薄层少有机质红砂岩红壤														红砂岩类	E 116°42′53.7″ N 28°17′26.5″	95
剖30	铁铝土	红壤	泥质岩类红壤	中层中有机质泥质岩类红壤		1	0—3	暗红色	中壤土	碎屑状								泥质岩类	E 116°30′45.1″ N 28°14′19.6″	98
						2	3—54	棕红色	中壤土	块状										
						3	54—100	棕红色	重壤土	块状										

续表 Continued

剖面号 Soil profile	土纲 Soil order	土类 Soil great group	亚类 Soil subgroup	土属 Soil genus	土种 Soil species	土层码 Layer code	土层厚度 Depth/cm	颜色 Soil color	质地 Soil texture	土壤结构 Soil structure	pH	有机质 OM/(g/kg)	全氮 TN/(g/kg)	全磷 TP/(g/kg)	碱解氮 AN/(mg/kg)	有效磷 AP/(mg/kg)	速效钾 AK/(mg/kg)	土壤母质 Parent material	剖面点坐标 Profile coordinate	匹配指数 Matching index/%
剖31	人为土	水稻土	潴育水稻土	潴育型黄砂泥田	灰黄砂泥田	A	0-13	棕灰色	中壤土	碎粒状	5.9	28.2	1.82	0.84	223	12.5	58	石英岩类风化物	E 116°33'01.0" N 28°14'20.3"	95
						P	13-18	灰棕色	中壤土	小块状	5.9	19.8	1.42	0.74	122	5.8	48			
						W	18-68	棕黄色	重壤土	块状	6.3	8.6	0.92	1.09	56	8.9	59			
						C	68-100	红黄色	轻壤土	块状	6.1	4.2	0.56	0.91	45	8.3	103			
剖32	铁铝土	红壤		红砂泥土	厚层灰红砂泥土	1	0-16	棕红色	重壤土	碎粒状	6.7	12.2	0.75	0.96	57	22.5	54	红砂岩类风化物	E 116°35'33.3" N 28°14'34.3"	97
						2	16-100	红色	重黏土	碎粒状	5.7	2.7	0.71	0.24	27	≤1.0	36			
剖33	人为土	水稻土	潴育水稻土	潴育型黄泥田	强潴乌黄泥田	A	0-14	暗灰色	重黏土	碎屑状								第四纪红色黏土	E 116°36'07.8" N 28°13'28.2"	97
						P	14-19	浅灰色	重壤土	小块状										
						W	19-100	黄灰色	轻黏土	块状										
剖34	人为土	水稻土	潴育水稻土	潴育型黄泥田	弱潴灰黄泥田	A	0-18	黄灰色	重黏土	碎屑状								第四纪红色黏土	E 116°37'08.8" N 28°13'38.0"	98
						P	18-28	浅黄色	重壤土	块状										
						W	28-100	黄灰色	重壤土	小块状										
剖35	人为土	水稻土	潴育水稻土	潴育型红砂泥田	红砂泥田	A	0-14	灰棕色	中壤土	小块状								红砂岩类风化物	E 116°34'06.8" N 28°10'18.8"	95
						P	14-18	浅灰棕色	重壤土	块状										
						W₁	18-50	暗棕黄色	重壤土	大块状										
						W₂	50-100	黄灰色	重壤土	碎屑状										
剖36	人为土	水稻土	潴育水稻土	潴育型黄泥田	中潴乌黄泥田	A	0-17	灰色	中壤土	块状								第四纪红色黏土	E 116°36'00.4" N 28°10'22.4"	97
						P	17-20	棕灰色	重壤土	块状										
						W	20-100	青灰色	轻壤土											
剖37	人为土	水稻土	潴育水稻土	潴育型鳝泥田	中位中潴鳝泥田	A	0-15	灰棕色	轻壤土	碎粒状								泥质岩类风化物	E 116°36'36.3" N 28°11'12.3"	97
						G	15-46	浅灰黄色	轻壤土	粒状										
						C	46-100	银灰黄色	轻黏土	粒状										
剖38	铁铝土	红壤		泥质红壤	薄层多有机质泥质类红壤	1	0-5	灰乌色	中壤土	屑块状	5.5	14.5	1.14	0.97	96	4.0	84	泥质岩类	E 116°39'20.6" N 28°12'46.9"	97
						2	5-14	灰棕黄色	轻壤土	块状	5.0	5.5	0.50	0.79	47	1.7	50			
						3	14-25	棕黄色	黏土	块状	5.0	4.0	0.42	0.18	37	1.4	52			
						4	25-100	深青灰色	重壤土	碎屑状										
剖39	铁铝土	红壤		鳝泥土	中层灰鳝泥土	1	0-11	紫红色	重壤土	小块状								泥质岩类风化物	E 116°40'09.6" N 28°13'12.2"	97
						2	11-83	紫红色	重壤土	大块状										
						3	83-100	浅灰色	轻壤土	碎块状										
剖40	人为土	水稻土	潴育水稻土	潴育型鳝泥田	姜潴性灰鳝泥田	A	0-15	蓝灰色	重壤土	小块状								泥质岩类风化物	E 116°40'53.3" N 28°11'55.5"	97
						Pg	15-25	浅黄色	重壤土	大块状										
						W₁	25-60	银灰黄色	轻黏土	碎屑状										
						W₂	60-100	灰黄色	轻黏土	碎块状										
剖41	人为土	水稻土	潴育水稻土	潴育型黄泥田	中位中潴灰黄泥田	A	0-16	浅灰黄色	轻黏土	块状								第四纪红色黏土	E 116°33'15.1" N 28°08'45.2"	97
						G₁	16-20	浅青灰色	重黏土	块状										
						G₂	20-48	青灰色	轻黏土	小块状										
							48-100	深青灰色	轻黏土	块状										
剖42	人为土	水稻土	潴育水稻土	潴育型黄泥田	中有机强灰黄泥田	A	0-16	浅黄色	轻壤土	大粒状								第四纪红色黏土	E 116°33'51.7" N 28°08'10.9"	97
剖43	铁铝土	红壤性土		泥质岩红壤性土	中有机泥质岩类红壤性土	1	0-8	黄灰色	砂壤土	碎屑状								泥质岩类	E 116°36'13.3" N 28°06'34.1"	98
						2	8-28	黄灰色	轻壤土	块状										
						3	28-100	棕黄色	重壤土	块状										
剖44	人为土	水稻土	潴育水稻土	潴育型黄泥田	中潴灰黄泥田	A	0-12	黄灰色	重壤土	碎屑状								第四纪红色黏土	E 116°32'35.9" N 28°06'46.1"	98
						P	12-16	黄灰色	中壤土	块状										
						W₁	16-47	棕黄色	重壤土	块状										
						W₂	47-100	红黄色	轻黏土	块状										

续表 Continued

剖面号 Soil profile	土纲 Soil order	土类 Soil great group	亚类 Soil subgroup	土属 Soil genus	土种 Soil species	土层码 Layer code	土层厚度 Depth/cm	颜色 Soil color	质地 Soil texture	土壤结构 Soil structure	pH	有机质 OM/(g/kg)	全氮 TN/(g/kg)	全磷 TP/(g/kg)	碱解氮 AN/(mg/kg)	有效磷 AP/(mg/kg)	速效钾 AK/(mg/kg)	土壤母质 Parent material	剖面点坐标 Profile coordinate	匹配指数 Matching index/%
剖45	人为土	水稻土	潴育水稻土	潴育型鳝泥田	中潴灰鳝泥田	A	0—13	棕灰色	重壤土	小块状	5.2	35.4	2.35	0.67	187	8.7	64	泥质岩类风化物	E 116°39′26.0″ N 28°04′56.3″	95
						P	13—18	灰黄色	重壤土	块状	6.5	14.2	1.09	0.41	95	4.6	36			
						W₁	18—38	灰白色	轻黏土	大块状	6.9	4.7	0.68	0.41	40	3.7	55			
						W₂	38—100	黄色	轻黏土	大块状	6.7	6.0	0.56	0.47	37	5.7	87			
剖46	铁铝土	红壤	红壤	黄砂泥土	厚层灰黄砂泥土	1	0—15	棕褐色	轻壤土	粒状	6.3	18.3	1.28	1.23	101	9.0	119	石英岩类风化物	E 116°45′21.8″ N 28°05′42.4″	95
						2	15—76	黄红色	轻壤土	粒状	5.6	3.8	0.64	0.78	33	1.3	72			
						3	76—100	黄红色	轻壤土	小块状										
剖47	人为土	水稻土	潴育水稻土	潴育型黄砂泥田	弱潴灰黄砂泥田	A	0—14	暗灰色	轻壤土	块状								石英岩类风化物	E 116°46′37.4″ N 28°06′01.5″	95
						P	14—18	棕灰色	轻壤土	块状										
						W₁	18—52	浅黄色	轻壤土	块状										
						W₂	52—100	浅黄色	轻壤土	碎屑状	5.8	27.7	1.71	0.72	168	4.9	54			
剖48	人为土	水稻土	潴育水稻土	潴育型麻砂泥田	表潜性中潴灰麻砂泥田	A	0—15	暗灰色	轻壤土	小块状	5.9	27.6	1.60	0.74	153	5.5	36	花岗岩风化物	E 116°49′18.4″ N 28°03′41.6″	95
						Pg	15—20	灰色	轻壤土	块状	6.3	9.4	0.65	0.39	38	≤1.0	52			
						Wg	20—55	浅灰色	轻壤土	块状										
						M	55—100	棕黄色	轻壤土	块状										

南 城 县

主要土类说明

红壤是南城县主要土壤类型，占本县地域面积的58%，分布在本县的丘陵和山区。成土母质有第四纪红色黏土、红色砂砾岩、千枚岩、花岗岩等。受地形、气候、人为活动及植被的影响，本县红壤分为三个亚类。红壤亚类主要分布在海拔300m以下的丘陵地区，占红壤面积的69%。红壤性土亚类分布于浔溪、株良、里塔等乡镇，位于海拔300—500m的高丘低山地区，占红壤面积的26%。黄红壤亚类分布于海拔500—1000m的中山区，占红壤面积的4%。

水稻土是南城县第二大土壤类型，占本县地域面积的23%。依据水的作用形式和剖面形态特征不同，本县水稻土分为淹育水稻土、潴育水稻土、侧渗水稻土和潜育水稻土四个亚类。其中，以良水型的潴育水稻土亚类面积最大，占水稻土的90%。该类型排灌条件好、地下水位在60cm以下，土层较深厚，耕层质地适中，通透性能较好，渗漏量适中，肥力水平较高，为本县主要稳产高产农田。本县水稻土的成土母质有紫色砂页岩、花岗岩、河流冲积物、第四纪红色黏土、红砂岩、千枚岩（变质岩类）、石灰岩。其中，发育于紫色砂页岩风化物的紫泥田、紫砂泥田等占41%，发育于花岗岩风化物的麻砂泥田等占34%，发育于河流冲积物的潮砂泥田占15%，发育于红黏土风化物的黄泥田占6%。紫泥田、紫砂泥田、黄泥田、潮砂泥田等水肥条件好，是本县的粮、油、经济作物高产区。麻砂泥田因水热条件差，生产潜力较大。

紫色土是南城县第三大土壤类型，占本县地域面积的15%，分布在本县中低丘陵地区，常与红砂岩交错分布，其中有部分属红砂岩与紫色砂砾岩的过渡类型。本县紫色土成土母质有两种类型：一是过渡性的紫红色砂砾岩风化物，所处部位为中高丘陵地带，所形成的紫色土质地较轻；二是低丘地带的紫色泥质页岩风化物，母岩中有部分层次有石灰反应，但在风化过程中由于钙质被淋洗，成土后无石灰反应，仍属酸性紫色土，质地较黏重，肥力水平较高。

小于本县地域面积3%的土壤类型还有潮土等。

本区域中心区气候特征

本区域中心区气候特征值
Regional climate characteristics in central area of the region

气候带：中亚热带湿润气候 Climate region: Subtropical humid climate	
年平均气温 /℃ Annual average temperature /℃	17.8
年平均最高气温 /℃ Annual average maximum temperature /℃	22.3
年平均最低气温 /℃ Annual average minimum temperature /℃	14.5
年降水量 /mm Annual precipitation /mm	1698
≥10℃的积温 /℃ Daily temperature accumulated in a year（≥10℃）/℃	7839
年日照时数 /h Annual sunshine /h	1644
年平均相对湿度 /% Annual average relative humidity /%	82
干燥度 Dryness	0.62

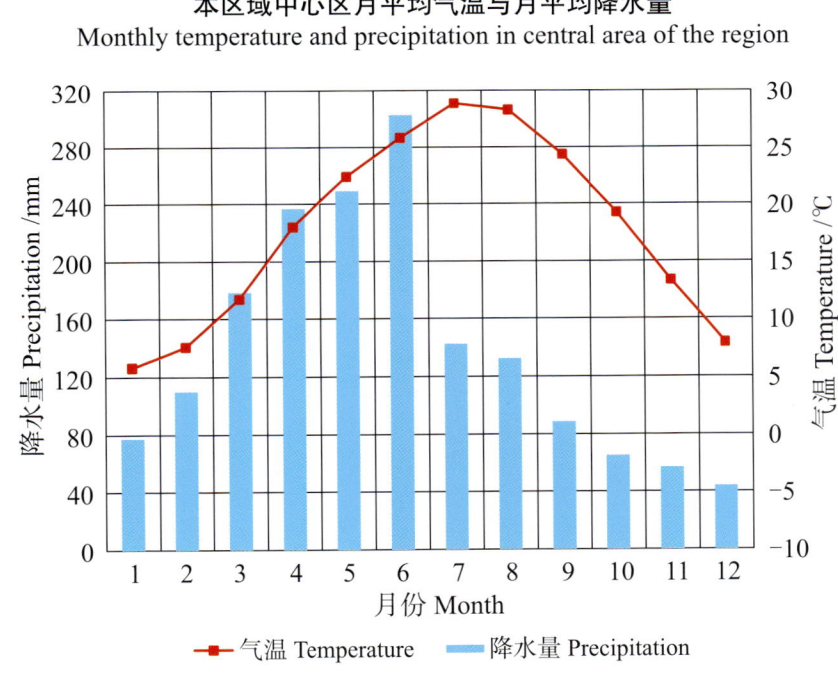

本区域中心区月平均气温与月平均降水量
Monthly temperature and precipitation in central area of the region

南城县主要土壤类型与土壤剖面点分布图
1∶250 000

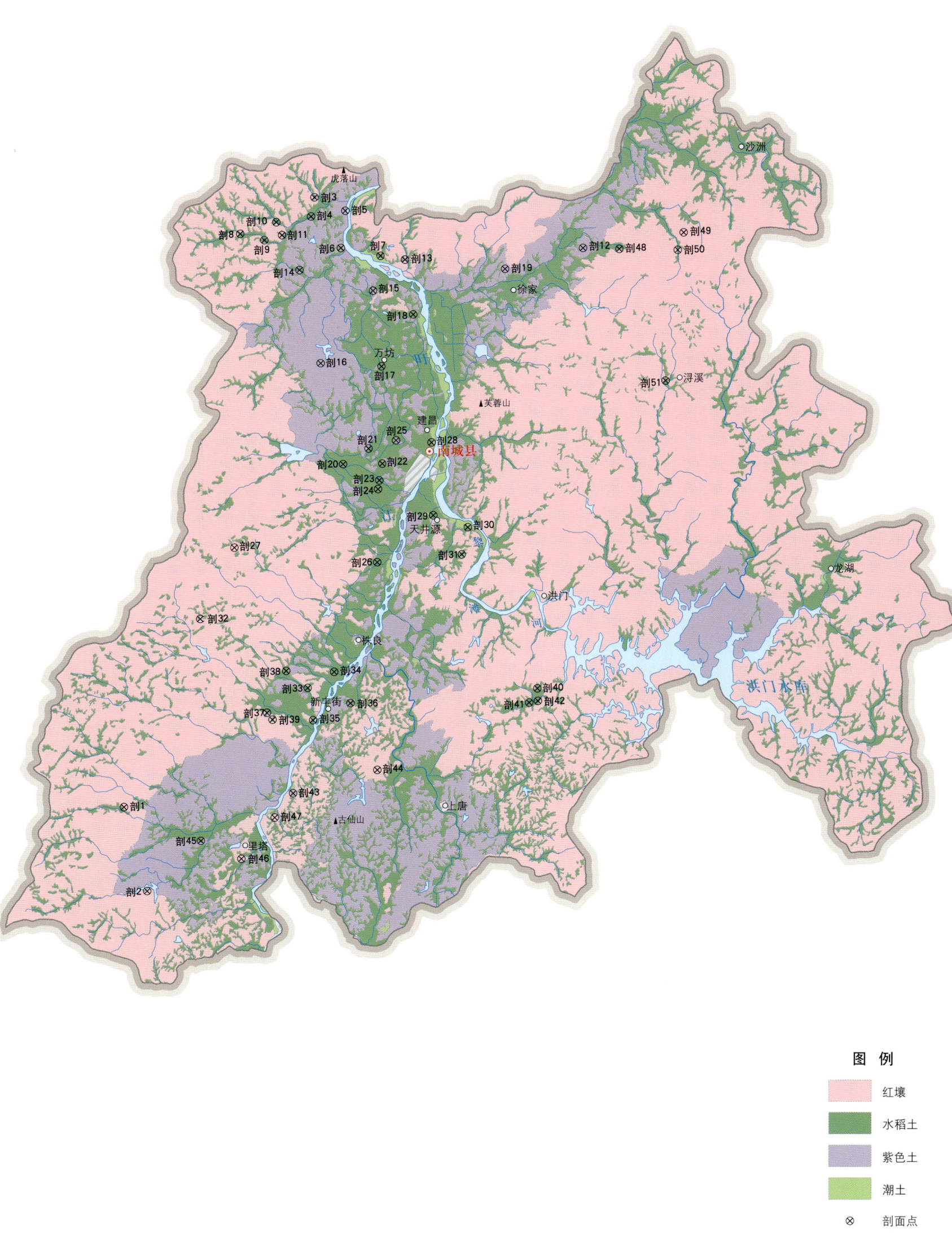

南城县土壤剖面理化性状表

剖面号 Soil profile	土纲 Soil order	土类 Soil great group	亚类 Soil subgroup	土属 Soil genus	土种 Soil species	土层码 Layer code	土层厚度 Depth/cm	颜色 Soil color	质地 Soil texture	土壤结构 Soil structure	pH	有机质 OM/(g/kg)	全氮 TN/(g/kg)	全磷 TP/(g/kg)	全钾 TK/(g/kg)	碱解氮 AN/(mg/kg)	有效磷 AP/(mg/kg)	速效钾 AK/(mg/kg)	阳离子交换量CEC/(cmol/kg)	土壤母质 Parent material	剖面点坐标 Profile coordinate	匹配指数 Matching index/%
剖1	铁铝土	红壤	红壤	熟化红壤	麻砂红泥土	A	0—8	暗棕色	轻壤土		5.8	43.3	1.06			249	4.5	168		花岗岩风化物	E 116°27′46.7″ N 27°22′45.2″	97
						Bv	8—35	黄棕色	轻壤土													
						C	35—65	棕黄色														
剖2	铁铝土	红壤	红壤	林地红壤	林地红砂泥土	1	0—20	棕红色	中壤土		5.1	12.7	0.50			70	12.5	129		红砂岩风化物	E 116°28′37.0″ N 27°20′03.9″	97
						2	20—100	红棕色	重壤土													
剖3	人为土	水稻土	潴育水稻土	千枚岩潴育水稻土	潴育型泥砂鳞泥田	1	0—11	灰棕色	中壤土	小块状	5.2	37.3				135	13.0	55		千枚岩风化物	E 116°34′30.2″ N 27°42′02.1″	75
						2	11—16	灰褐色	中壤土	小块状												
						3	16—34	棕黄色	重壤土	大块状												
						4	34—100	深灰色	中壤土													
剖4	人为土	水稻土	淹育水稻土	紫砂页岩淹育水稻土	淹育型紫砂泥田	1	0—12	灰紫色	轻壤土	碎粒状	5.6	22.7	2.34			132	4.5	96		紫砂页岩	E 116°34′22.7″ N 27°41′26.2″	97
						2	12—21	暗紫色	中壤土	小块状												
						3	21—100															
剖5	初育土	紫色土	酸性紫色土	酸性紫色土	紫色土	A	0—6	红褐色	黏壤土	粒状	5.9	23.2	1.08	0.32	20.8		3.5		10.4	紫色泥页岩风化残积坡积物	E 116°35′36.1″ N 27°41′37.0″	95
						Bv	6—26	红褐色	黏壤土	碎块状	6.6	14.7	0.70	0.25	22.3				10.6			
						C	26—50	微暗红色	黏壤土	小块状	6.6	12.4	0.68	0.48	31.1				14.6			
剖6	人为土	水稻土	潴育水稻土	紫砂页岩潴育水稻土	紫泥田	A	0—8	紫棕色	中壤土	细粒状	5.1	17.7	0.95			105	3.5	276		紫砂页岩	E 116°35′26.8″ N 27°40′27.2″	95
						P	8—13	棕紫色	重壤土	块状												
						W	13—100	紫棕色	重壤土													
剖7	人为土	水稻土	潴育水稻土	红黏土性潴育水稻土	黄泥田	A	0—15	灰黄色	中壤土	块状	5.9	14.2	1.01			101	17.0	35		第四纪红色黏土	E 116°36′51.3″ N 27°40′12.5″	97
						P	15—22	灰褐色	中壤土	块状												
						W	22—83	棕色	中壤土	棱块状												
						C	83—100															
剖8	人为土	水稻土	潴育水稻土	河积土性潴育水稻土	灰潮砂泥田	A	0—12	灰棕色	轻壤土	碎块状	5.5	28.1	2.65			141	8.0	137		河流冲积物	E 116°31′51.5″ N 27°40′53.3″	97
						P	12—17	黄棕色	中壤土	块状												
						W	17—100	棕色	中壤土	块状												
剖9	人为土	水稻土	潴育水稻土	紫砂页岩潴育水稻土	石灰性乌紫砂泥田	1	0—12	棕色	中壤土	块状	6.5	36.0	7.50			12	11.0			紫砂页岩	E 116°32′43.1″ N 27°40′41.5″	75
						2	12—21	黄褐色	中壤土	块状												
						3	21—100	黄棕色	重壤土	块状												
剖10	人为土	水稻土	表潜侧渗水稻土	表潜侧渗水稻土	侧渗型潜洗鳞泥田	1	90—	紫棕色	重壤土		4.8	43.7	2.10			185	7.5	52		千枚岩风化物	E 116°33′08.4″ N 27°41′15.5″	97
剖11	人为土	水稻土	潴育水稻土	千枚岩潴育水稻土	乌鳞泥田	A	0—12	暗棕色	重壤土	碎块状	5.0	41.4	1.67			167	1.3	153		千枚岩风化物	E 116°33′20.7″ N 27°40′50.8″	95
						P	12—19	黄棕色	中壤土	块状												
						W	19—100	深紫色	中壤土	棱块状												
剖12	初育土	紫色土	酸性紫色土	酸性紫色土	乌紫色土	A	0—23	紫色	轻壤土	块状	7.0	42.9	1.68			70	13.5	125		紫砂页岩风化物	E 116°44′04.8″ N 27°40′27.4″	97
						BvC	23—50	红棕色	中壤土	小块状												
						C	50—100															
剖13	铁铝土	红壤	红壤	生草红壤	草地黄泥土	1	0—12	棕色	中壤土	碎块状	5.6	3.7	0.18			61	2.5	246		第四纪红色黏土	E 116°37′44.2″ N 27°40′05.2″	97
						2	12—38	灰白色	轻壤土	块状												
						3	38—100															
剖14	人为土	水稻土	表潜侧渗水稻土	紫砂页岩表渗水稻土	漂洗紫砂泥田	A	0—13	灰紫色	中壤土	块状	5.2	23.3	1.21			146	16.0	126		紫砂页岩	E 116°33′58.3″ N 27°39′44.9″	95
						P	13—22	棕紫色	中壤土	细块状												
						E	22—59	灰白色	轻壤土													
						W	59—100	浅黄色	重壤土	块状												

续表 Continued

剖面号 Soil profile	土纲 Soil order	土类 Soil great group	亚类 Soil subgroup	土属 Soil genus	土种 Soil species	土层码 Layer code	土层厚度 Depth/cm	颜色 Soil color	质地 Soil texture	土壤结构 Soil structure	pH	有机质 OM/(g/kg)	全氮 TN/(g/kg)	全磷 TP/(g/kg)	全钾 TK/(g/kg)	碱解氮 AN/(mg/kg)	有效磷 AP/(mg/kg)	速效钾 AK/(mg/kg)	阳离子交换量CEC/(cmol/kg)	土壤母质 Parent material	剖面点坐标 Profile coordinate	匹配指数 Matching index/%
剖15	初育土	紫色土	酸性紫色土	熟化酸性紫色土	灰紫砂泥土	A	0—25	棕紫色	中壤土		5.4	18.7	0.91			73	12.5	156		紫色砂页岩	E 116°36′35.6″ N 27°39′06.5″	97
						Bv	25—100	棕红色	中壤土													
剖16	初育土	紫色土	酸性紫色土	酸性紫色土	厚层酸性紫色土	A	0—20	红棕色	黏壤土	粒状	5.6	9.4	0.60	0.24	23.0	41	7.0	92	7.8	紫色页岩	E 116°34′44.0″ N 27°36′48.2″	95
						ABv	20—31	红棕色	黏壤土	粒状	5.6	7.5	0.51	0.14	21.9				7.2			
						C	31—100	红棕色	黏壤土	小块状	5.3	4.3	0.33	0.17	25.8				9.8			
剖17	人为土	水稻土	潜育水稻土	青紫泥田	万坊青紫	Aa	0—18	油红紫棕色	黏壤土	小块状	5.3	32.6	1.80	0.40	20.5	115	≤1.0	67		紫色泥页岩风化残积物、坡积物	E 116°36′55.7″ N 27°36′44.2″	96
						APg	18—29	棕灰色	黏壤土	软块状	5.4	28.9	1.60	0.30	21.4							
						G	29—62	棕灰色	黏壤土	软块状	5.8	17.5	1.00	0.40	11.0							
剖18	人为土	水稻土	淹育水稻土	紫砂页岩淹育水稻土	淹育型紫泥田	1	0—8	棕色	黏壤土	块状	5.4	23.2	1.19							紫色砂页岩	E 116°38′01.9″ N 27°38′21.3″	97
						2	8—16	红棕色	重壤土	块状												
						3	16—100	棕红色	重壤土	棱块状												
剖19	初育土	紫色土	酸性紫色土	酸性紫色土	灰紫砂土	BvC	0—35	紫色	中壤土	碎块状	5.1	32.3				104	12.5	228		紫色砂页岩风化物	E 116°41′18.4″ N 27°39′47.9″	98
							35—60	紫棕色	重壤土	块状												
							60—100	紫棕色	重壤土													
剖20	人为土	水稻土	潜育水稻土	河积性潜育水稻土	泥水泥田	A	0—13	暗棕色	中壤土	碎块状	5.4	41.1	3.58			175	3.5	≤5		河流冲积物	E 116°35′32.2″ N 27°33′36.8″	82
						P	13—22	灰黄色	黏壤土	状状												
						G	22—79	灰蓝色	重壤土	粒状												
						C	79—100	灰褐色	重壤土													
剖21	人为土	水稻土	潜育水稻土	红砂岩潜育水稻土	淹育型红砂泥田	1	0—12	灰红棕色	砂壤土	粒状	5.7	14.0	2.24			60	7.8	25		红砂岩类风化物	E 116°36′26.7″ N 27°34′06.2″	97
						2	12—23	紫棕色	砂壤土	粒状												
						3	23—100	紫棕色	砂壤土													
剖22	人为土	水稻土	潜育水稻土	潜育型紫泥田	全潜灰紫泥田	A	0—18	亮红棕色	黏壤土	小块状	5.3	32.6	1.80	0.37	20.5	45	8.5	65	11.3	紫色泥页岩风化残积物、坡积物	E 116°36′56.3″ N 27°33′37.7″	81
						Pg	18—29	灰褐色	黏壤土	软糊状	5.4	28.9	1.62	0.34	21.4				12.4			
						G	29—62	灰褐色	黏壤土	软糊无结构	5.8	17.5	1.03	0.36	11.0				11.6			
剖23	人为土	水稻土	淹育水稻土	河积性淹育紫泥田	淹育型潮砂泥田	1	0—15	灰棕色	砂壤土	碎块状	6.2	7.4	1.33							河流冲积物	E 116°36′49.9″ N 27°33′06.2″	97
						2	15—22	灰棕色	轻壤土	碎块状												
						3	22—100	灰黄色	砂壤土													
剖24	人为土	水稻土	淹育水稻土	淹育型紫泥田	淹育灰紫泥田	A	0—14	浅红棕色	黏壤土	小块状	4.9	28.3	1.61	0.34	20.8	49	2.0	168	9.5	紫色泥页岩风化残积物、坡积物	E 116°36′46.7″ N 27°32′49.9″	81
						P	14—21	浅红棕色	黏壤土	小块状	5.0	20.1	1.02	0.30	20.7				9.8			
						C	21—70	深紫色	黏壤土	棱柱状	6.9	9.0	0.55	0.37	21.2				12.8			
剖25	初育土	紫色土	酸性紫色土	紫砂页岩紫色土	紫色土	A	0—5	棕色	中壤土		5.1	11.4	0.49							紫色砂页岩风化物	E 116°37′25.5″ N 27°34′22.0″	98
						Bv	5—21	暗棕色	重壤土	碎块状	5.8	33.7	1.76			149	17.0	123				
						C	21—100	棕色	重壤土	块状												
剖26	人为土	水稻土	潜育水稻土	乌紫泥田	乌紫土	A	0—16	红棕色	轻壤土	棱状										紫色砂岩	E 116°36′45.4″ N 27°30′31.8″	95
						P	16—28	红棕色	轻壤土	块状	5.6	68.0	1.48			221	4.5	140				
						C	28—100	红棕色	轻壤土	粒状												
剖27	铁铝土	红壤	黄红壤	熟化黄红壤	花岗岩黄红壤	A	0—15	暗灰色	砂土	小块状	4.8	24.2	0.56			132	5.5	50		花岗岩	E 116°31′40.8″ N 27°30′58.3″	97
剖28	人为土	水稻土	淹育水稻土	河积性淹育水稻土	淹育型灰潮砂泥田	1	0—12	棕色	中壤土	细块状	5.6									河流冲积物	E 116°38′41.1″ N 27°34′18.2″	97
						2	12—17	棕色	中壤土	块状												
						3	17—100	灰棕色	砂土													
剖29	人为土	水稻土	潜育水稻土	红黏土性潜育水稻土	乌黄泥田	A	0—16	棕色	中壤土	块状	5.6	33.7	1.78			154	4.0	195		第四纪红色黏土	E 116°38′45.2″ N 27°32′00.6″	97
						P	16—23	灰棕色	重壤土	棱块状												
						W	23—100	棕黄色	重壤土													

续表 Continued

剖面号 Soil profile	土纲 Soil order	亚类 Soil subgroup	土属 Soil genus	土种 Soil species	土层码 Layer code	土层厚度 Depth/cm	颜色 Soil color	质地 Soil texture	土壤结构 Soil structure	pH	有机质 OM/(g/kg)	全氮 TN/(g/kg)	全磷 TP/(g/kg)	全钾 TK/(g/kg)	碱解氮 AN/(mg/kg)	有效磷 AP/(mg/kg)	速效钾 AK/(mg/kg)	阳离子交换量 CEC/(cmol/kg)	土壤母质 Parent material	剖面点坐标 Profile coordinate	匹配指数 Matching index/%
剖30	人为土	潴育水稻土	红砂岩潴育水稻土	红砂泥田	A	0—10	棕红色	中壤土	细块状	6.9	19.8	1.29			126	10.0	126		红砂岩风化物	E 116°39′59.5″ N 27°31′37.9″	97
					P	10—15	灰红色	中壤土	细块状												
					W	15—100	黄棕色		块状												
剖31	人为土	潴育水稻土	红黏土性潴育水稻土	潴育型灰黄泥田	1	0—12	灰灰色	中壤土	块状	5.3	30.1	2.13			142	4.5	50		第四纪红色黏土	E 116°39′46.5″ N 27°30′46.9″	97
					2	12—23	黄黄色	重壤土	块状												
					3	23—100	青紫色	中壤土	梭柱状												
剖32	铁铝土	黄红壤	花岗岩黄红壤	林地花岗岩黄红壤	Ao	0—10	褐色	中壤土		5.7	39.9	1.27			48	4.0	70		花岗岩风化物	E 116°30′28.2″ N 27°28′42.5″	95
					ABv	10—34	红棕色	重壤土													
					BvC	34—80	棕色	中壤土													
						80—100	灰棕色														
剖33	人为土	表潴侧渗水稻土	紫砂页岩表潴侧渗水稻土	青湖紫潴田	A	0—18	棕灰色	重壤土	块状	6.5	33.3	1.72			185	16.0	55		紫页岩	E 116°34′17.6″ N 27°26′31.9″	95
					P	18—20	灰灰色	重壤土	块状												
					G	20—60	灰蓝色	重壤土	块状												
					W	60—100	棕紫色	轻黏土	梭柱状												
剖34	人为土	淹育水稻土	红黏土性潴育水稻土	淹育型黄泥田	A	0—13	灰棕色	重壤土	碎块状	5.6	26.0	1.45			150	14.0	50		第四纪红色黏土	E 116°34′29.1″ N 27°25′30.7″	97
					P	13—24	棕红色	重壤土	梭块状												
					W	24—78	紫黄色	中壤土	细块状												
剖35	人为土	潴育水稻土	紫砂页岩潴育水稻土	灰紫泥田	A	0—11	浅棕色	轻壤土	块状	5.9	29.9	1.55			132	8.0	100		紫色砂页岩	E 116°35′14.8″ N 27°27′02.4″	95
					P	11—18	黄棕色	中壤土	块状												
					W	18—100	灰紫色	中壤土	粒状												
剖36	人为土	潴育水稻土	红砂岩潴育水稻土	乌红砂泥田	A	0—13	紫棕色	中壤土	块状	5.1	30.0	1.23			154	1.3	174		红砂岩风化物	E 116°35′49.4″ N 27°26′03.3″	97
					G	13—27	灰棕色	轻壤土	粒状												
					W	27—100	青灰色	重壤土	梭块状												
剖37	人为土	表潴侧渗水稻土	红砂岩表潴侧渗水稻土	表潴型揭红砂泥田	A	0—14	褐色	中壤土	碎块状	5.9	24.8	1.76			176	9.5	≥500		红砂岩风化物	E 116°32′51.2″ N 27°25′44.3″	97
					G	14—22	暗棕色	重壤土	梭块状												
					W	22—100	灰青色	中壤土	块状												
剖38	人为土	表潴侧渗水稻土	表潴型麻砂泥田	表潴型揭麻砂红田	A	0—11	暗棕色	重壤土	碎块状	5.6	33.7	1.76			129	15.0	144		花岗岩风化物	E 116°33′32.2″ N 27°27′03.8″	97
					P	11—18	灰黄色	重壤土	梭柱状												
					W	18—100	灰紫色	重壤土	块状												
剖39	人为土	潴育水稻土	红砂岩潴育水稻土	灰紫泥田	A	0—12	紫棕色	中壤土	碎块状	6.1	23.1	1.01			115	3.8	65		红砂岩风化物	E 116°33′02.8″ N 27°25′31.6″	97
					P	12—24	灰棕色	重壤土	粒状												
					W	24—100	灰灰色	重壤土	碎块状												
剖40	人为土	潴育水稻土	潴育型石灰岩田	石灰性泥田	A	0—13	棕色	中壤土	碎块状	5.9	24.8	1.23			176	9.5	≥500		石灰岩风化物	E 116°42′28.2″ N 27°26′31.9″	98
					P	13—19	灰棕色	重壤土	块状												
					W	19—100	棕色	重壤土	梭柱状												
剖41	人为土	潴育水稻土	潴育型石灰岩田	石灰性灰红田	A	0—16	暗棕色	中壤土	碎块状	6.5	33.3	1.72			185	16.0	55		石灰岩风化物	E 116°42′10.7″ N 27°26′05.3″	97
					P	16—28	灰黄色	重壤土	梭柱状												
					W	28—100	棕色	中壤土	块状												
剖42	人为土	潴育水稻土	潴育型石灰岩田	石灰性灰泥田	A	0—12	紫棕色	中壤土	碎块状	5.6	33.7	1.76			129	3.8	144		石灰岩风化物	E 116°33′02.8″ N 27°26′08.1″	97
					P	12—19	灰灰色	重壤土	块状												
					W	19—100	棕色	重壤土	梭柱状												
剖43	初育土	酸性紫色土	熟化酸性紫色土	紫砂泥土	A	0—14	棕紫色	轻壤土	碎块状	5.6	14.5	0.88			66	3.5	186		紫色砂页岩风化物	E 116°42′47.5″ N 27°23′12.3″	98
					Bv	14—100	红黄色	轻壤土	块状												
剖44	铁铝土	红壤	生草红壤	草地红砂泥土	2	0—65	黄红色	中壤土	碎块状	5.0	7.3	≤0.10			28	3.5	238		红砂岩风化物	E 116°36′46.8″ N 27°23′57.2″	97
					3	65—				5.0	22.0	0.84			49	7.3	48				

续表 Continued

剖面号 Soil profile	土纲 Soil order	土类 Soil great group	亚类 Soil subgroup	土属 Soil genus	土种 Soil species	土层码 Layer code	土层厚度 Depth/cm	颜色 Soil color	质地 Soil texture	土壤结构 Soil structure	pH	有机质 OM/(g/kg)	全氮 TN/(g/kg)	全磷 TP/(g/kg)	全钾 TK/(g/kg)	碱解氮 AN/(mg/kg)	有效磷 AP/(mg/kg)	速效钾 AK/(mg/kg)	阳离子交换量CEC/(cmol/kg)	土壤母质 Parent material	剖面点坐标 Profile coordinate	匹配指数 Matching index/%
剖45	人为土	水稻土	潜育水稻土	紫色砂页岩潜育水稻土	沤水紫砂泥田	A	0—19	棕紫色	中壤土	碎块状	5.4	44.0	1.47			126	6.0	40		紫色砂页岩	E 116°30′31.0″ N 27°21′40.4″	95
						P	19—25	浅水紫灰色	中壤土	块状												
						G	25—100	灰青色	中壤土	棱块状												
剖46	铁铝土	红壤	红壤	熟化红壤	黄泥土	A	0—22	棕黄色	重壤土		5.7	21.8	1.11			101	25.0	282		红黏土	E 116°31′57.8″ N 27°21′06.2″	98
						Bv	22—100	棕红色	重壤土													
剖47	铁铝土	红壤	红壤	熟化红壤	红砂泥土	A	0—10	棕红色	砂壤土		5.1	8.0	0.33			50	10.0	100		红砂岩	E 116°33′08.4″ N 27°22′26.2″	97
						Bv	10—54	棕红色	砂壤土													
						C	54—100	棕红色	砂壤土													
剖48	人为土	水稻土	淹育水稻土	淹育型麻砂泥田	淹育型麻砂泥田	1	0—10	暗棕色	中壤土	粒状	5.7	41.0				88	18.0	80		花岗岩风化物	E 116°45′22.9″ N 27°40′25.9″	97
						2	10—16	黄棕色	中壤土	小块状												
						3	16—															
剖49	铁铝土	红壤	红壤	生草红壤	草地麻砂泥土	1	0—27	灰棕色	中壤土	碎块状										花岗岩风化物	E 116°47′40.2″ N 27°40′56.2″	97
						2	27—50	棕红色	中壤土	碎块状												
						3	50—															
剖50	人为土	水稻土	淹育水稻土	河积性淹育水稻土	淹育型乌潮砂泥田	1	0—11	暗棕色	轻壤土	粒状	5.5	32.0	1.32			80	18.0	50		河流冲积物	E 116°47′27.7″ N 27°40′23.5″	97
						2	11—22	黄棕色	轻壤土	粒状												
						3	22—100															
剖51	人为土	水稻土	潴育水稻土	潴育型麻砂泥田	乌麻砂泥田	A	0—14	棕色	中壤土	碎粒状	5.8	33.7	1.76			149	17.0	123		花岗岩风化物	E 116°47′03.8″ N 27°36′17.1″	95
						P	14—24	棕灰色	中壤土	块状												
						W	24—100	暗棕色	中壤土	块状												

黎 川 县

主要土类说明

红壤是黎川县主要土壤类型，占本县地域面积的73%。红壤是在高温高湿的亚热带气候条件下，盐基遭到强烈淋失，铁铝氧化物明显积聚，而形成的盐基高度不饱和，具有特殊剖面形态的脱硅富铝化土壤类型。脱硅富铝化的结果是土壤黏化、酸化和红化。黏化是原生矿物的彻底风化，形成以高岭土为主的大量次生黏土矿物；酸化是在雨水强烈淋溶下，可溶性盐基大量淋失，活性氢特别是活性铝相对增加，使土壤呈酸性至强酸性；红化是由于铁的积聚，高价铁使土壤染成红色。本县红壤分为红壤、黄红壤两个亚类。

水稻土是黎川县第二大土壤类型，占本县地域面积的22%，在各地貌单元内都有分布。在长期的水旱耕作干湿交替过程中，土体内进行着有机质的分解与合成、氧化还原交替等作用，使土壤剖面形态发生深刻的变化。水稻土剖面构型和形态特征的差异，与其所处的地形、水分状况、母质类型及人为生产活动密切相关，其中水分条件是水稻土发育的主要因素，由于地形和水分状况的差异而形成各种不同发育阶段的水稻土。如所处地形部位较高，主要受地面淹水、氧化作用影响形成淹育水稻土；而地处低洼处，在地面水或层间滞水或在地下水长期浸渍的作用下，还原作用占优势，进而形成潜育水稻土。这些水稻土的基本属性和农业利用的生产特性都存在着显著差异。人为的耕种活动对水稻土的形成发育也有较大的支配作用，灌溉排水、耕作施肥等生产活动，在一定程度上可以调节土壤的水肥状况，直接影响水稻土发育及肥力变化。本县水稻土分为淹育水稻土、潴育水稻土、潜育水稻土三个亚类。

黄壤是黎川县第三大土壤类型，占本县地域面积的4%，主要分布在德胜、宏村交界处及洵口、华山的部分村，海拔800—1200m。黄壤形成于植被茂密、云雾多、日照少、蒸发较低，年蒸发量低于年降水量，一年四季湿润、相对湿度高，干湿季节不明显的生物气候条件下。黄壤与红壤分布于同一纬度带，黄壤与红壤都表现出富铝化特征，但黄壤富铝化作用较弱，有机质分解较缓慢，积累较多。由于黄壤区全年湿度比较大，土壤水热状况较稳定，土层经常保持湿润状态，土体中氧化铁高度水化，所以黄壤中氧化铁以含化合水的针铁矿、褐铁矿与多水氧化铁为主，使黄壤剖面呈明显的黄色与暗黄色，其中心土层黄色更加明显。山地黄壤表层有枯枝落叶层，腐殖质含量较高，亚表层受腐殖质影响染成棕黄色，心土层为鲜艳的黄色酸性土，适宜林业发展。

小于本县地域面积3%的土壤类型还有黄棕壤、潮土等。

本区域中心区气候特征

本区域中心区气候特征值
Regional climate characteristics in central area of the region

气候带：中亚热带湿润气候 Climate region: Subtropical humid climate	
年平均气温 /℃ Annual average temperature /℃	18.2
年平均最高气温 /℃ Annual average maximum temperature /℃	22.9
年平均最低气温 /℃ Annual average minimum temperature /℃	14.8
年降水量 /mm Annual precipitation /mm	1689
≥10℃的积温 /℃ Daily temperature accumulated in a year（≥10℃）/℃	7598
年日照时数 /h Annual sunshine /h	1643
年平均相对湿度 /% Annual average relative humidity /%	81
干燥度 Dryness	0.63

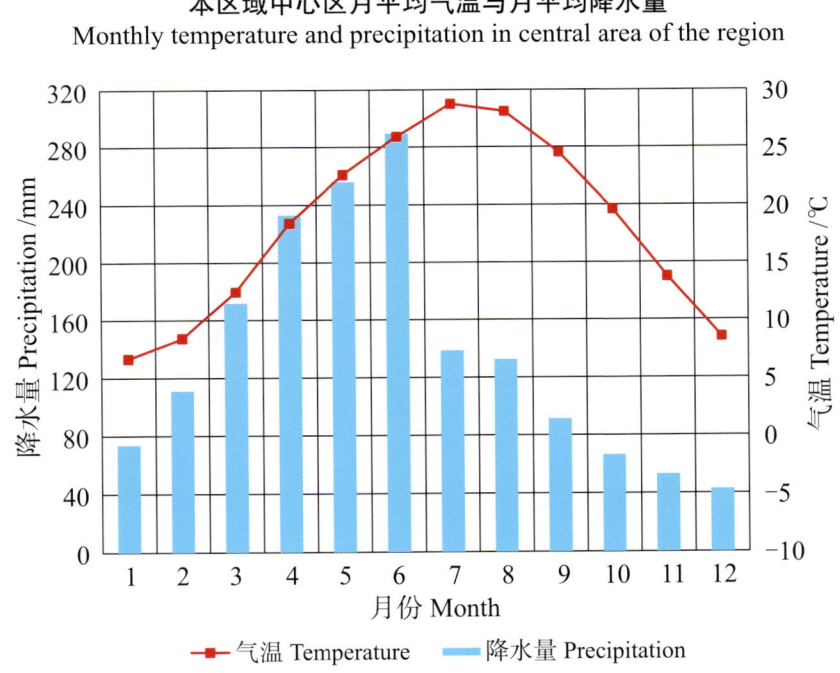

本区域中心区月平均气温与月平均降水量
Monthly temperature and precipitation in central area of the region

黎川县主要土壤类型与土壤剖面点分布图
1:220 000

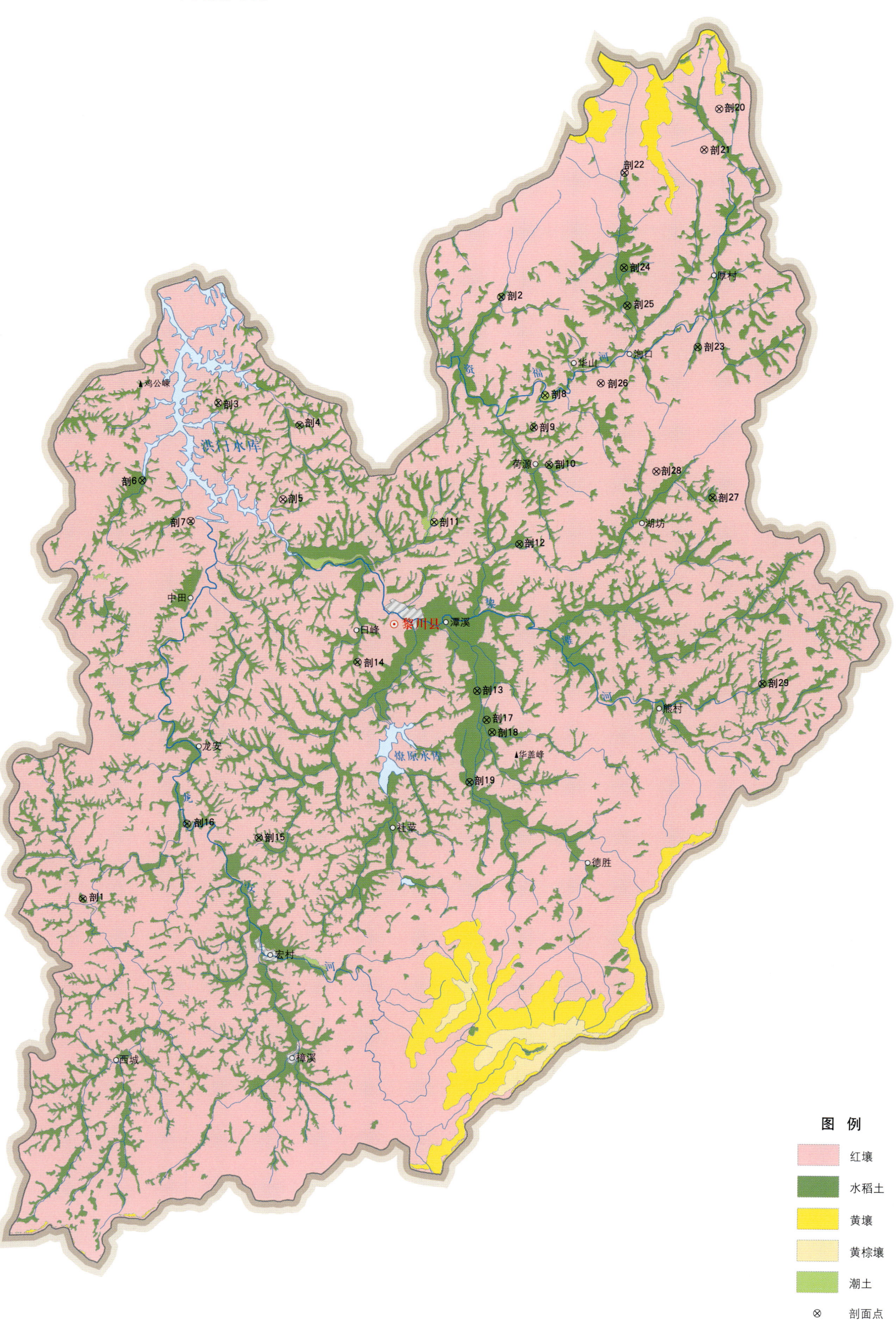

黎川县土壤剖面理化性状表

剖面号 Soil profile	土纲 Soil order	土类 Soil great group	亚类 Soil subgroup	土属 Soil genus	土种 Soil species	土层码 Layer code	土层厚度 Depth/cm	颜色 Soil color	质地 Soil texture	土壤结构 Soil structure	pH	有机质 OM/(g/kg)	全氮 TN/(g/kg)	全磷 TP/(g/kg)	全钾 TK/(g/kg)	碱解氮 AN/(mg/kg)	有效磷 AP/(mg/kg)	速效钾 AK/(mg/kg)	阳离子交换量CEC/(cmol/kg)	土壤母质 Parent material	剖面点坐标 Profile coordinate	匹配指数 Matching index/%
剖1	人为土	水稻土	潴育水稻土	潴育型红砂泥田	弱潴灰壤砂泥田	A	0—12	棕红色	轻壤土	碎块状	5.2	18.3	0.99	0.42		90	≤1.0	37		红砂岩类风化物	E 116°44′34.1″ N 27°09′10.6″	97
						P	12—22	灰红色	轻壤土	块状	5.2	12.9	0.63	0.37								
						W	22—45	褐红色	轻壤土	碎粒状	6.1	4.1	0.27	0.49								
						C	45—100	灰红色	轻壤土	碎粒状	6.0	7.4	0.36	0.34								
剖2	人为土	水稻土	淹育水稻土	淹育型麻砂泥田	强淹麻砂泥田	A	0—8	棕灰色	中壤土	小块状	5.4	32.4	1.68	0.87		173	14.5	60		花岗岩风化物	E 116°57′50.5″ N 27°26′28.4″	97
						P	8—12	浅棕色	中壤土	小块状	5.1	24.0	1.26	0.73								
						C	12—100	黄棕色	轻壤土	块状	5.7	10.6	0.59	0.48								
剖3	人为土	水稻土	潴育水稻土	潴育型红砂泥田	中潴灰红砂泥田	A	0—13	红棕色	中壤土	碎块状	5.7	38.5	1.31	0.59		299	4.0	101		红砂岩类风化物	E 116°48′46.6″ N 27°23′23.5″	97
						P	13—18	红棕色	中壤土	小块状	6.2	27.4	1.57	0.64								
						W	18—100	浅红棕色	中壤土	块状	6.1	10.2	0.29	0.32								
剖4	人为土	水稻土	潴育水稻土	潴育型麻砂泥田	全层中潴麻砂泥田	Ag	0—13	棕灰色	中壤土	块状	5.9	32.2	1.31	0.43		242	≤1.0	25		花岗岩风化物	E 116°51′23.3″ N 27°22′46.6″	97
						Pg	13—18	灰色	中壤土	块状	5.8	18.5	0.91	0.42								
						G	18—100	青灰色	重壤土	块状	6.3	40.7	1.78	0.62								
剖5	铁铝土	红壤		麻红泥	厚乌麻砂红泥	Ao	0—5	灰灰色	黏壤土	碎屑状	4.6	47.1	1.70	0.60	28.9					花岗岩类坡残积物	E 116°50′52.4″ N 27°20′39.2″	95
						A	5—22	亮棕色	黏壤土	碎块状	4.7	17.3	0.70	0.50	25.9							
						Bv	22—64	亮棕色	黏壤土	软块状	5.0	8.2	0.40	0.50	25.2							
						BvC	64—100		黏壤土	块状		3.4	0.30	0.40	24.3							
剖6	人为土	水稻土	潴育水稻土	潴育型麻砂泥田	中位强潴麻砂泥田	A	0—7	红棕色	中壤土	软块状	5.2	36.2	2.03	0.72		175	2.0	64		花岗岩风化物	E 116°46′21.4″ N 27°21′09.9″	97
						P	7—20	棕灰色	中壤土	软块状	5.2	34.1	1.66	0.69								
						G	20—100	青灰色	重壤土	块状	5.4	26.7	1.11	0.33								
剖7	人为土	水稻土	潴育水稻土	潴育型麻砂泥田	中位中潴灰麻砂泥田	A	0—17	灰棕色	重壤土	糊状	5.2	35.6	1.94	0.78		166	9.0	58		花岗岩风化物	E 116°47′55.1″ N 27°20′00.9″	97
						P	17—23	浅灰色	重壤土	糊状	5.6	27.7	1.41	0.56								
						G₁	23—68	灰灰色	重壤土	小块状	5.6	30.1	1.11	0.17								
						G₂	68—100	青灰色	重壤土		5.5	26.4	1.06	0.12								
剖8	半水成土	潮土		砂壤质潮土	中层砂壤质潮土	A	0—13	棕灰色	砂壤土	碎粒状	5.6	15.5	0.76	1.97		84	2.0	37		河流冲积物	E 116°59′16.2″ N 27°23′39.8″	75
						Bv	13—47	碎灰色	中壤土	碎粒状												
							47—100		中壤土	粒状												
剖9	人为土	水稻土	潴育水稻土	潴育型麻砂泥田	全层强潴麻砂泥田	Ag	0—20	蓝灰色	重壤土	糊状	5.6	58.6	2.52	1.18		197	≤1.0	46		花岗岩风化物	E 116°58′55.1″ N 27°22′45.3″	97
						G	20—100	青蓝色	中壤土	糊状	5.9	45.4	1.96	1.10								
剖10	人为土	水稻土	潴育水稻土	潴育型麻砂泥田	表潜性中潴灰麻砂泥田	Ag	0—15	浅灰色	中壤土	小块状	5.2	22.1	1.01	0.37		95	≤1.0	40		花岗岩风化物	E 116°59′24.7″ N 27°21′41.0″	97
						Pg	15—26	浅黄色	中壤土	块状	5.1	19.1	0.87	0.40								
						W₁	26—58	棕黄色	中壤土	核块状	7.2	4.5	0.21	0.20								
						W₂	58—82	灰灰色	中壤土	小块状	7.1	4.3	0.16	0.30								
						C	82—100	棕黄色	中壤土	大块状	7.1	6.8	0.85	0.27								
剖11	半水成土	潮土		砂壤质潮土	中层砂壤质潮土	1	0—35	暗灰色	砂壤土	碎粒状	6.3	17.3	0.73	1.16		74	6.0	58		河流冲积物	E 116°55′44.0″ N 27°20′02.1″	75
						2	35—100	棕灰色	砂砾土	块状	5.1	32.7	1.65	0.51								
剖12	人为土	水稻土	潴育水稻土	潴育型麻砂泥田	弱潴灰潮砂泥田	A	0—11	浅灰色	轻壤土	块状	5.4	13.0	1.25	0.72		153	4.0	65		河流冲积物	E 116°58′28.1″ N 27°19′25.4″	97
						P	11—15	浅灰色	轻壤土	块状	5.7	8.3	0.52	0.63								
						W	15—51		轻壤土													
						C	51—100		砂壤土													

续表 Continued

剖面号 Soil profile	土纲 Soil order	土类 Soil great group	亚类 Soil subgroup	土属 Soil genus	土种 Soil species	土层码 Layer code	土层厚度 Depth/cm	颜色 Soil color	质地 Soil texture	土壤结构 Soil structure	pH	有机质 OM/(g/kg)	全氮 TN/(g/kg)	全磷 TP/(g/kg)	全钾 TK/(g/kg)	碱解氮 AN/(mg/kg)	有效磷 AP/(mg/kg)	速效钾 AK/(mg/kg)	阳离子交换量CEC/(cmol/kg)	土壤母质 Parent material	剖面点坐标 Profile coordinate	匹配指数 Matching index/%
剖13	人为土	水稻土	潴育水稻土	潴育型麻砂泥田	表潜性弱潴灰潮砂泥田	Ag	0—13	棕灰色	轻壤土	碎块状	5.3	27.8	1.96	0.91		169	14.0	38		河流冲积物	E 116°57′09.4″ N 27°15′13.5″	97
						Pg	13—18	棕灰色	轻壤土	碎块状	5.2	36.3	0.83	0.83								
						W	18—44	暗灰色	中壤土	小块状	5.1	24.7		0.58								
						C	44—100	浅灰色	中壤土	碎块状	5.0	22.4	0.88	0.44								
剖14	人为土	水稻土	潴育水稻土	潴育型麻砂泥田	上位中潜灰麻砂泥田	Ag	0—15	棕灰色	轻壤土	碎块状	4.9	39.8	2.11	1.03		204	11.0	62		花岗岩风化物	E 116°53′18.7″ N 27°16′01.1″	97
						Pg	15—22	浅棕灰色	重壤土	碎块状	5.9	16.3	0.55	0.65								
						W	22—70	棕灰色	重壤土	块状	5.5	32.7	1.64	0.88								
						C	70—100		中壤土		5.5	12.7	0.36	0.52								
剖15	人为土	水稻土	潴育水稻土	潴育型麻砂泥田	全层弱潴麻砂泥田	Ag	0—23	棕灰色	重壤土	碎块状	5.2	46.9	1.88	0.63		148	≤1.0	49		花岗岩风化物	E 116°50′11.9″ N 27°10′59.0″	97
						G	23—100	浅棕灰色	中壤土	片状	5.6	42.9	1.66	0.43								
剖16	人为土	水稻土	淹育水稻土	淹育型潮砂泥田	强淹灰潮砂泥田	A	0—13	棕褐色	中壤土	块状	5.3	32.3	1.65	1.33		163	18.0	98		河流冲积物	E 116°47′53.2″ N 27°11′22.1″	97
						P	13—18	浅棕灰色	中壤土	块状	5.3	18.7	0.67	0.26								
						C	18—100	褐色	砂石		5.9	9.0	0.43	1.09								
剖17	人为土	水稻土	潴育水稻土	潴育型潮砂泥田	中潜乌潮砂泥田	A	0—15	灰黑色	中壤土	团粒状	5.6	38.7	2.37	0.85		255	7.0	61		河流冲积物	E 116°57′28.1″ N 27°14′23.6″	97
						P	15—23	深棕色	轻壤土	小块状	6.1	22.1	1.12	0.45								
						W₁	23—36	黄棕色	轻壤土	块状	6.5	8.5	0.43	0.54								
						W₂	36—61	灰棕色	砂壤土	棱块状	6.7	5.4	0.30	0.35								
						C	61—100		中壤土	棱粒状	6.8	6.7	0.29	0.42								
剖18	人为土	水稻土	潴育水稻土	潴育型麻砂泥田	表潜性中潜灰潮砂泥田	Ag	0—13	棕灰白色	轻壤土	碎块状	5.3	27.9	1.50	0.50		145	5.5	36		河流冲积物	E 116°57′38.4″ N 27°14′02.4″	97
						W₁	13—28	黄褐色	中壤土	小块状	5.7	23.2	1.23	0.73								
						W₂	28—40	棕灰色	中壤土	棱块状	6.4	12.3	0.70	1.85								
						C	40—100	白灰色	砂壤土	碎粒状	6.5	7.1	0.29	0.27								
剖19	人为土	水稻土	淹育水稻土	淹育型潮砂泥田	灰潮砂泥田	A	0—13	灰棕色	轻壤土	碎块状	5.7	14.8	0.73	0.80		98	8.0	63		河流冲积物	E 116°56′56.3″ N 27°12′37.2″	97
						P	13—27	暗棕色	中壤土	碎块状	5.2	9.5	0.36	0.77								
						C	27—100		砾石			4.4	0.24	0.40								
剖20	铁铝土	红壤		酸性结晶岩类红壤		A₁	0—10	暗棕色	轻壤土	粒状	5.2	51.1	1.70	0.57		245	≤1.0	88		酸性结晶岩类	E 117°04′48.6″ N 27°31′51.3″	75
						A₂	10—40	黄棕色	粒状	粒状	5.3	25.6	1.00	0.76	22.1							
						Bv	40—55	棕红色	砂壤土	碎块状	5.3	15.3	0.64	0.88	21.4							
						C	55—100		砂壤土	小块状	5.2	7.4	0.27	0.74	17.9							
剖21	铁铝土	红壤		花岗岩红壤		A	0—14	灰棕色	轻壤土	屑粒状	5.1	37.8	1.56	0.81	19.9	145	≤1.0	130		花岗岩风化谷填充物	E 117°04′20.5″ N 27°30′41.2″	75
						Bv	14—74	棕褐色	砂质黏土	散碎状	5.3	11.7	0.42	0.66								
						C	74—100	棕色	砂质黏土	粒状	5.3	8.0	0.38	0.59								
剖22	人为土	水稻土	潴育水稻土	青麻砂泥田	青麻砂泥田	Aa	0—13	黄灰棕色	壤质黏土	碎块状	4.9	19.4	0.90	0.20		148	5.0	97		花岗岩风化物	E 117°01′46.5″ N 27°30′01.3″	97
						Ap	13—19	灰黄棕色	中壤土	块状	4.7	17.1	0.80	0.20								
						G₁	19—45	棕红色	中壤土	块状	4.6	17.6	0.90	0.20								
						G₂	45—70	棕黑色	重壤土	碎块状	4.8	13.4	0.70	0.20								
剖23	人为土	水稻土	淹育水稻土	麻砂泥田	麻砂泥田	A	0—9	灰色	中壤土	碎块状	5.5	26.8	1.28	2.42		158	3.0	39		花岗岩风化物	E 117°04′09.7″ N 27°25′04.5″	97
						P	9—13	棕灰色	中壤土	块状	5.6	23.0	1.11	2.42								
						C	13—100	棕黄色	重壤土	块状	6.3	15.3	0.72	2.06								
剖24	人为土	水稻土	潴育水稻土	潴育型潮砂泥田	中位中潜灰潮砂泥田	A	0—12	灰棕色	中壤土	小块状	5.3	39.1	1.99	0.61						河流冲积物	E 117°01′46.5″ N 27°27′19.1″	97
						P	12—17	深棕色	中壤土	块状	5.1	38.4	1.96	0.64								
						Pg	17—92	棕青色	重壤土	大块状	5.5	26.4	1.18	0.40								
						G	92—100	深灰色	砂壤土	粒状	5.8	8.8	0.32	0.40								

续表 Continued

剖面号 Soil profile	土纲 Soil order	土类 Soil great group	亚类 Soil subgroup	土属 Soil genus	土种 Soil species	土层码 Layer code	土层厚度 Depth/cm	颜色 Soil color	质地 Soil texture	土壤结构 Soil structure	pH	有机质 OM/(g/kg)	全氮 TN/(g/kg)	全磷 TP/(g/kg)	全钾 TK/(g/kg)	碱解氮 AN/(mg/kg)	有效磷 AP/(mg/kg)	速效钾 AK/(mg/kg)	阳离子交换量CEC/(cmol/kg)	土壤母质 Parent material	剖面点坐标 Profile coordinate	匹配指数 Matching index/%
剖25	人为土	水稻土	潴育水稻土	潴育型麻砂泥田	乌麻砂泥田	A	0—15	棕灰色	黏壤土	小块状	4.9	34.5	1.95	0.56	34.0				5.0	花岗岩风化物	E 117°01′53.5″ N 27°26′14.4″	95
						P	15—21	灰色	砂质黏壤土	块状	5.4	15.9	0.90	0.65	39.2				4.6			
						W₁	21—62	浅棕色	砂质黏壤土	棱块状	5.9	7.9	0.44	0.56	36.0				5.5			
						W₂	62—76	黄色	砂质黏壤土	大块状	6.0	6.3	0.35	0.45	37.4				5.0			
剖26	铁铝土	红壤	黄红壤	麻砂泥黄红壤	薄层乌麻砂泥黄红壤	A	0—15	黄褐色	砂质黏壤土	粒状	5.0	41.3	1.32	0.31	18.6				6.1	花岗岩风化物	E 117°01′03.2″ N 27°24′01.5″	95
						ABv	15—35	黄红色	砂质黏壤土	小粒状	5.1	21.7	0.80	0.24	17.9				4.7			
						BvC	35—85	红褐色	砂质黏壤土	小块状	5.1	10.3	0.54	0.24	16.4				5.1			
						C	85—100	红褐色	砂质黏壤土	小块状	5.2	13.3	0.68	0.24	18.9				4.7			
剖27	人为土	水稻土	潴育水稻土	潴育型麻砂泥田	强潴麻砂泥田	A	0—12	浅灰色	中壤土	碎屑状	5.1	36.1	1.95	0.88		191	≤1.0	73		花岗岩风化物	E 117°04′40.3″ N 27°20′46.3″	97
						P	12—19	棕灰色	中壤土	块状	5.5	23.8	1.28	0.61								
						W₁	19—42	灰棕色	中壤土	核块状	6.2	12.9	0.71	0.64								
						W₂	42—53	棕褐色	轻壤土	块状	6.6	4.0	0.21	0.66								
						C	53—100	浅棕色		碎粒状	6.5	3.3	0.14	0.61								
剖28	铁铝土	红壤	红壤	麻砂泥红壤	厚层乌麻砂泥红壤	A₁	0—5	暗黄橙色	壤质黏土	碎屑状	4.6	47.1	1.67	0.56	28.9				5.3	花岗岩风化物	E 117°02′51.3″ N 27°21′30.7″	81
						A	5—22	橙色	壤质黏土	粒状	4.7	17.3	0.70	0.54	25.9				5.3			
						Bv	22—64	黄红色	壤质黏土	块状	5.0	8.2	0.40	0.51	25.2				4.3			
						C	64—100		壤质黏土	块状	5.2	3.4	0.32	0.40	24.3				4.0			
剖29	人为土	水稻土	潴育水稻土	青麻砂泥田	青灰麻砂泥田	Aa	0—14	浊黄橙色	黏壤土	块状	5.2	33.3	1.50	0.30	24.9					花岗岩风化物	E 117°06′18.4″ N 27°15′28.0″	95
						Apg	14—19	暗棕色	黏壤土	碎块状	5.0	26.5	1.30	0.20	25.6							
						G₁	19—40	棕黑色	黏壤土	块状	4.9	24.8	1.30	0.20	24.2							
						G₂	40—70	棕黑色	黏壤土	小块状	4.9	22.0	1.00	≤0.10	25.5							

南 丰 县

主要土类说明

红壤是南丰县主要土壤类型，占本县地域面积的74%。红壤属亚热带地区的地带性土壤，分为红壤和黄红壤两个亚类。红壤亚类面积最大，占红壤土类面积的92%，分布于海拔500m以下的广大丘陵山区。黄红壤是红壤向山地黄壤变化的过渡性土壤，分布在海拔500—800m的低山地区，占红壤土类面积的8%，分布在市山、三溪、太和、白舍、傅坊、洽湾、紫霄等乡镇，均由酸性结晶岩风化物发育，土壤表层一般保护较好，土壤肥力较高，其中薄层土壤肥力稍差，质地为中壤土至轻壤土。在山高坡陡地带，植被一旦被破坏易造成水土流失。

水稻土是南丰县第二大土壤类型，占本县地域面积的23%，广泛分布在全县各种地貌单元，海拔最高可达500m，最低分布在海拔小于100m的盱江两岸。水稻土是在长期水耕种植条件下，经过施肥、轮作等综合影响而形成的一类特殊耕作土壤。由于季节性淹水和水旱交替耕作，水稻土内有机质分解与合成、盐基淋溶与复盐基、黏粒聚积与淋洗、氧化与还原等作用交替进行，使土壤剖面形态发生深刻的变化，而具有独特的土壤剖面特征。由于本县山丘沟谷及河谷平原地貌特征差异明显，不同的地形、母质及水文条件对水稻土的形成和发育产生深刻的影响。其中，水文条件为影响土壤发育的主导因素。地形、地下水位和人为淹水的强度直接影响地面水和地下水的流动与潴积，使不同水分作用类型对土壤基本属性产生影响，从而形成在土体发育阶段上有明显差异的土壤类型。本县水稻土分为潴育水稻土、潜育水稻土和漂洗水稻土三个亚类。其中，以良水型的潴育水稻土面积最大，占水稻土面积的63%，广泛分布在沟谷和河谷小平原，灌水、排水条件较好，是地面水和地下毛管水共同作用下形成的，主要剖面构型为A-P-W、A-P-W-C、A-P-W-G、A-P-W-E等，为高产水稻土类型。潜育水稻土主要分布在山丘沟谷坑、垄田的下部或沿河低洼处，多数是中、低产田，占水稻土面积的36%。长期受渍水（地下水、泉水、上层滞水）影响，土壤处于还原状态，出现低价铁锰后，呈蓝灰色、青灰色、青蓝色等，嫌气过程强烈，土壤带腐臭味，土粒分散，结构差，成为软、烂、糊状态的深脚田。

小于本县地域面积3%的土壤类型还有黄壤、紫色土和潮土。

本区域中心区气候特征

本区域中心区气候特征值
Regional climate characteristics in central area of the region

气候带：中亚热带湿润气候 Climate region: Subtropical humid climate	
年平均气温 /℃ Annual average temperature /℃	18.3
年平均最高气温 /℃ Annual average maximum temperature /℃	23.0
年平均最低气温 /℃ Annual average minimum temperature /℃	14.9
年降水量 /mm Annual precipitation /mm	1633
≥10℃的积温 /℃ Daily temperature accumulated in a year（≥10℃）/℃	9082
年日照时数 /h Annual sunshine /h	1650
年平均相对湿度 /% Annual average relative humidity /%	81
干燥度 Dryness	0.66

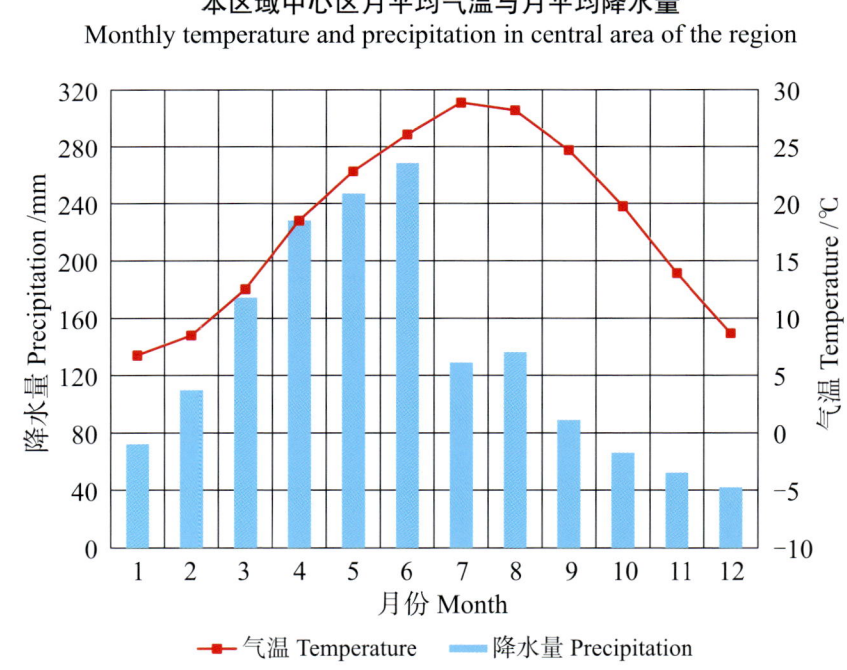

本区域中心区月平均气温与月平均降水量
Monthly temperature and precipitation in central area of the region

南丰县主要土壤类型与土壤剖面点分布图

1:250 000

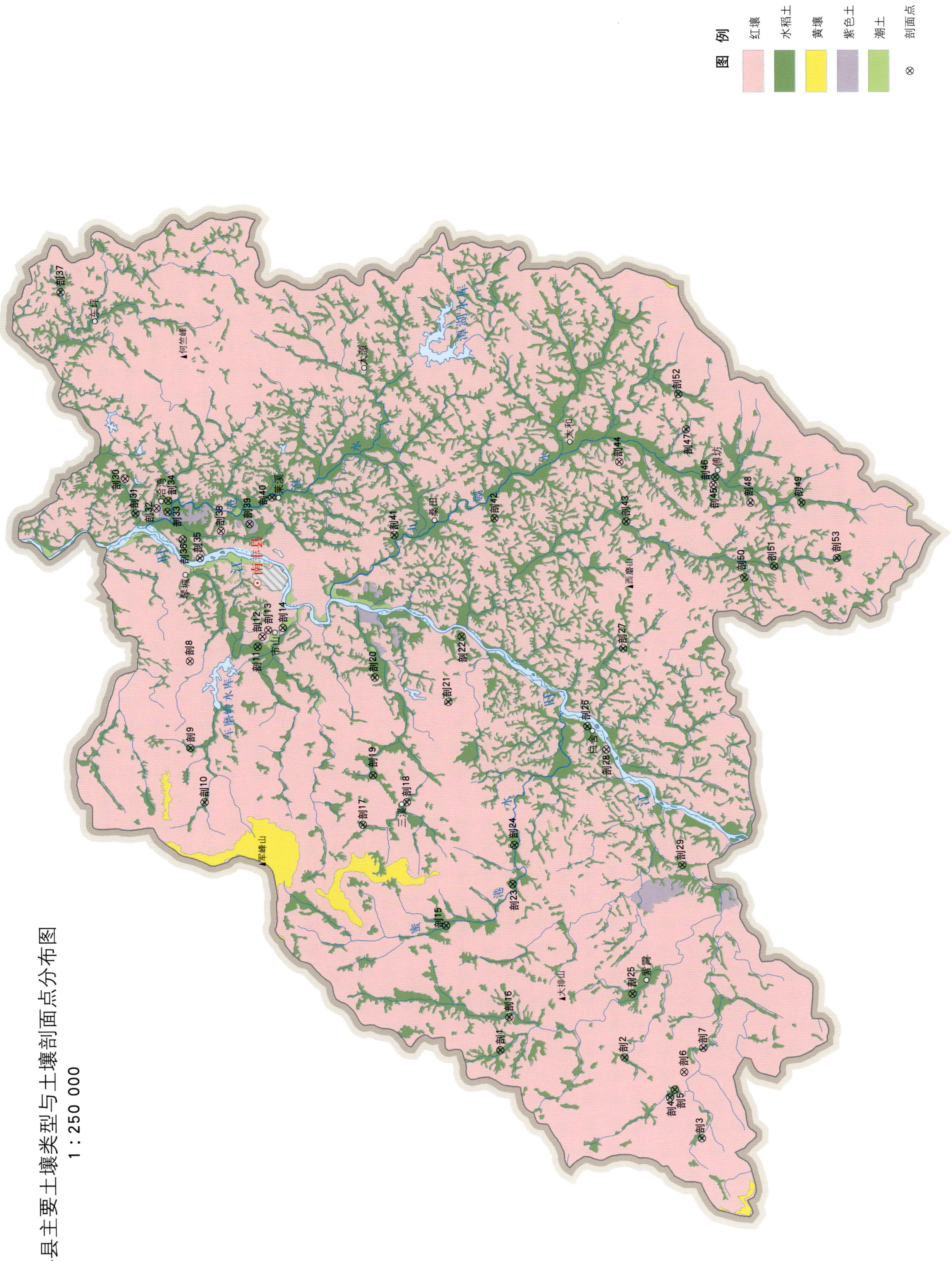

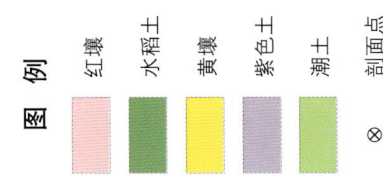

图例：红壤 水稻土 黄壤 紫色土 潮土 ⊗ 剖面点

南丰县土壤剖面理化性状表

剖面号 Soil profile	土纲 Soil order	土类 Soil great group	亚类 Soil subgroup	土属 Soil genus	土种 Soil species	土层码 Layer code	土层厚度 Depth/cm	颜色 Soil color	质地 Soil texture	土壤结构 Soil structure	pH	有机质 OM/(g/kg)	全氮 TN/(g/kg)	全磷 TP/(g/kg)	全钾 TK/(g/kg)	碱解氮 AN/(mg/kg)	有效磷 AP/(mg/kg)	速效钾 AK/(mg/kg)	阳离子交换量CEC/(cmol/kg)	土壤母质 Parent material	剖面点坐标 Profile coordinate	匹配指数 Matching index/%
剖1	人为土	水稻土	潴育水稻土	潴育型麻砂泥田	灰锡砂泥田	A	0—14	浅锡灰色	中壤土	小块状	5.6	37.4	1.75	0.73		171	6.0	73		花岗岩类风化物	E 116°14′42.2″ N 27°05′22.2″	95
						P	14—21	浅黄灰色	重壤土	块状	5.5	27.3	1.40	0.56		129	2.0	38				
						W₁	21—28	黄黄灰色	中壤土	碎状状	6.9	8.4	0.34	0.48		34	≤1.0	37				
						W₂	28—100	重灰色	重壤土	块状	6.9	8.6	0.38	0.36		33	≤1.0	45				
剖2	人为土	水稻土	潴育水稻土	潴育型麻砂泥田	上位弱潜麻砂泥田	Ag	0—15	浅绿灰色	中壤土	小块状										花岗岩类风化物	E 116°14′27.5″ N 27°01′20.7″	95
						Pg	15—21	青灰色	中壤土	棱块状												
						W₁	21—47	浅黄色	轻壤土	碎块状												
						W₂	47—100	灰棕色	轻壤土	碎块状												
剖3	人为土	水稻土	潴育水稻土	潴育型黄砂泥田	全层弱潜灰黄砂泥田	P	0—12	青灰色	重壤土	块状	5.9	33.7	2.43	1.08		151	12.1	105		石英岩类风化物	E 116°11′34.5″ N 26°58′49.6″	75
						G₁	12—21	青灰色	重壤土	块状	5.5	20.9	1.26	0.50		118	1.9	33				
						G₂	21—39	黄棕色	重壤土	块状	6.1	≤1.0	0.30	0.21		13	1.6	71				
						G₃	39—67	蓝灰色	重壤土	块状	5.8	8.2	0.47	0.68		33	6.7	32				
剖4	人为土	水稻土	潴育水稻土	潴育型红砂泥田	乌乡砂泥田	A	0—17	乌灰色	轻壤土	碎块状	5.9	30.2	1.76	0.64		188	15.7	40		红砂岩类风化物	E 116°13′06.9″ N 26°59′50.0″	75
						P	17—23	棕灰色	砂壤土	块状	6.1	16.9	1.21	0.42		106	8.8	17				
						W₁	23—55	黄棕色	砂壤土	块状	6.8	3.6	0.41	0.75		35	5.6	20				
						W₂	55—100	暗黄棕色	轻壤土	小块状	6.8	5.5	0.43	0.45		38	6.4	27				
剖5	人为土	水稻土	潴育水稻土	潴育型红砂泥田	弱潴灰黄红砂泥田	A	0—10	浅灰黄色	砂壤土	碎屑状										红砂岩类风化物	E 116°13′18.7″ N 26°59′42.5″	75
						W₁	10—17		砂壤土	块状												
						W₂	17—65		砂壤土	块状												
							65—100		砂壤土	碎块状												
剖6	铁铝土	红壤	红壤	鳝泥土	厚层灰鳝泥土	A	0—13	棕灰色	中壤土	小块状										泥质岩类风化物	E 116°13′56.5″ N 26°59′24.0″	97
						Bv	13—100	浅灰色	中壤土	块状												
剖7	人为土	水稻土	潴育水稻土	潴育型鳝泥田	全层中潜灰鳝泥田	A	0—13	棕灰色	重壤土	块状										板岩、泥质岩风化物	E 116°14′48.5″ N 26°58′46.8″	95
						G₁	13—50	浅灰白色	重壤土	棱块状												
						G₂	50—100	灰白色	黎土	块状												
剖8	铁铝土	红壤	红壤	红砂岩红壤	中层少有机质红砂岩红壤	A	0—5	棕色	砂壤土	碎屑状										红砂岩类风化物	E 116°28′46.0″ N 27°15′27.0″	97
						Bv	5—42		砂土	小块状												
						G	42—100		中壤土	块状												
剖9	人为土	水稻土	潴育水稻土	潴育型黄砂泥田	强潴灰麻砂泥田	A	0—12	青棕灰色	轻壤土	块状										花岗岩类风化物	E 116°25′36.8″ N 27°15′25.8″	95
						P	12—18	浅棕灰色	砂壤土	棱块状												
						W₁	18—30	黄灰棕色	砂壤土	棱块状												
						W₂	30—100	浅灰棕色	砂壤土	小块状												
剖10	人为土	水稻土	潴育水稻土	潴育型潮砂泥田	强潴灰潮砂泥田	A	0—12	灰黄色	砂壤土	块状										河流冲积物	E 116°23′39.0″ N 27°14′58.5″	95
						P	12—16	浅灰色	砂壤土	棱块状												
						W₁	16—40	灰黄色	砂壤土	棱块状												
						W₂	40—63	浅灰棕色	砂壤土	棱块状												
						W₃	63—100	浅灰棕色	轻壤土	碎粒状												
剖11	人为土	水稻土	潴育水稻土	潴育型麻砂泥田	全层中潜麻砂泥田	A	0—24	棕灰色	砂壤土	大块状										花岗岩风化物	E 116°29′17.8″ N 27°13′14.9″	95
						P	24—30	青灰色	砂壤土	棱块状												
						G	30—100	浅青灰色	砂壤土	大块状												

续表 Continued

剖面号 Soil profile	土纲 Soil order	土类 Soil great group	亚类 Soil subgroup	土属 Soil genus	土种 Soil species	土层码 Layer code	土层厚度 Depth/cm	颜色 Soil color	质地 Soil texture	土壤结构 Soil structure	pH	有机质 OM/(g/kg)	全氮 TN/(g/kg)	全磷 TP/(g/kg)	全钾 TK/(g/kg)	碱解氮 AN/(mg/kg)	有效磷 AP/(mg/kg)	速效钾 AK/(mg/kg)	阳离子交换量CEC/(cmol/kg)	土壤母质 Parent material	剖面点坐标 Profile coordinate	匹配指数 Matching index/%
剖12	铁铝土	红壤	红壤	红砂泥土	厚层灰红砂泥土	A	0—21	棕色	轻壤土	碎屑状	7.0	15.7	0.67	1.06		74	80.0	95		红砂岩类风化物	E 116° 29′ 44.2″ N 27° 13′ 04.2″	97
						ABv	21—53	棕色	中壤土	块状	5.3	10.4	0.53	1.82		58	≥100.0	43				
						Bv	53—100	棕褐色	轻壤土	块状	4.8	6.5	0.32	1.06		42	75.8	52				
剖13	铁铝土	红壤	红壤	红砂泥	厚红砂泥土	A₁₁	0—21	油红棕色	中壤土	碎屑状	6.1	7.8	0.50	0.30	16.3		11.1			红砂岩坡积物	E 116° 29′ 53.7″ N 27° 12′ 53.8″	95
						Bv₁	21—80	亮红棕色	砂质壤土	小块状	5.3	7.7	0.40	0.20	13.2		7.4					
						Bv₂	80—100	橙黄色	壤质黏土	大块状	5.0	4.6	0.20	0.20	9.8		13.4					
剖14	半水成土	潮土	潮土	壤质潮土	厚层壤质乌潮土	A	0—30	浅灰色	中壤土	眉粒状	6.2	14.6	0.93	0.89		96		50		河流冲积物	E 116° 29′ 58.5″ N 27° 12′ 25.6″	97
						ABv	30—100	灰棕色	中壤土	小团块状	6.0	5.6	0.33	0.76		39		25				
剖15	人为土	水稻土	漂洗水稻土	漂洗型麻砂泥田	中位中潜灰麻砂泥田	P	0—14	乌灰色	中壤土	碎块状	5.9	30.9	1.46	0.89		195	13.4	77		花岗岩风化物	E 116° 19′ 10.7″ N 27° 07′ 08.1″	98
						W₁	14—21	深军黄	砂壤土	块状	6.0	12.9	0.66	0.97		69	13.5	80				
						G₁	21—39	灰青色	中壤土	大块状	6.6	7.5	0.44	1.59		48	20.8	77				
						G₂	39—56	灰白色	重壤土	柱状	6.8	3.6	0.18	0.85		13	8.6	43				
						W₂	56—100	棕灰色	中壤土	块状	6.8	8.2	0.36	0.60		32	10.9	93				
剖16	人为土	水稻土	潜育水稻土	潜育型麻砂泥田	全层强潜灰麻砂泥田	Ag	0—10	浅青灰色	中壤土	软糊无结构										花岗岩风化物	E 116° 15′ 52.9″ N 27° 05′ 04.9″	95
						G₁	10—50	深青灰色	中壤土	大麻状												
						G₂	50—65	青灰色	中壤土	块状												
						G₃	65—100	浅灰色	中壤土	块状												
剖17	人为土	水稻土	潜育水稻土	潜育型麻砂泥田	全层弱潜灰麻砂泥田	Ag	0—16	浅青灰色	重壤土	块状	5.6	33.2	1.74	0.72		174	3.4	57		花岗岩风化物	E 116° 22′ 49.9″ N 27° 09′ 49.7″	95
						Pg	16—22	蓝青灰色	轻壤土	碎屑状	5.4	27.4	1.39	0.56		130	1.3	30				
						G₁	22—80	灰青色	轻壤土	大块状	6.0	14.5	0.68	0.50		62	≤1.0	35				
						G₂	80—100	灰白色	重壤土		6.0	11.2	0.55	0.52		55	1.9	48				
剖18	人为土	水稻土	潜育水稻土	潜育型麻砂泥田	全层中潜灰麻砂泥田	A	0—10	灰色	中壤土	块状	6.1	28.2	1.41	0.54		148	3.0	43		花岗岩风化物	E 116° 23′ 39.5″ N 27° 08′ 24.4″	95
						P	10—15	浅灰色	中壤土	碎屑状	5.8	17.8	0.96	0.40		90	2.0	38				
						W₁	15—47	深灰色	轻壤土	块状	6.1	14.5	0.78	0.39		77	≤1.0	38				
						W₂	47—100	黄灰色	中壤土	块状	6.4	8.5	0.82	1.07		56	≤1.0	43				
剖19	人为土	水稻土	漂洗水稻土	漂洗型红砂泥田	中位中潜灰红砂泥田	Ag	0—13	灰色	中壤土	碎屑状	5.5	30.9	1.80	0.74		186	8.0	50		红砂岩类风化物	E 116° 24′ 37.9″ N 27° 09′ 29.9″	95
						Pg	13—20	暗灰色	砂壤土	碎屑状	6.5	16.5	0.76	1.19		72	11.4	22				
						G₁	20—70	棕灰色	中壤土	块状	6.0	31.4	1.47	0.79		135	10.0	40				
						G₂	70—100	青灰色	重壤土	块状	5.9	28.3	1.23	0.66		142	9.3	42				
剖20	人为土	水稻土	潜育水稻土	潜育型红砂泥田	全层中潜灰红砂泥田	A	0—13	棕灰色	轻壤土	块状	5.8	17.3	0.96	0.38		113	5.7	41		红砂岩类风化物	E 116° 28′ 11.2″ N 27° 09′ 26.3″	97
						P	13—20	棕灰色	轻壤土	碎屑状	6.3	5.7	0.55	0.27		58	≤1.0	58				
						W	20—40	棕灰色	中壤土	块状	6.9	5.4	0.34	0.29		28	≤1.0	58				
						E	40—67	白色	轻壤土	块状	6.9	3.5	0.22	0.20		18	≤1.0	43				
						W₂	67—100	棕黄色	中壤土	块状	7.0	3.9	0.20	0.14		22	≤1.0	56				
剖21	人为土	水稻土	潜育水稻土	潜育型红砂泥田	中潜灰红砂泥田	A	0—15	暗灰色	中壤土	碎屑状	5.9	27.9	1.48	0.69		138	15.5	53		红砂岩类风化物	E 116° 27′ 18.0″ N 27° 07′ 02.9″	95
						P	15—20	灰红棕色	中壤土	碎屑状	6.0	5.4	0.39	0.82		30	≤1.0	30				
						W	20—100	棕黄色	轻壤土	棱黄状	6.7	3.5	0.25	0.38		19	4.5	32				
剖22	人为土	水稻土	潜育水稻土	潜育型红砂泥田	全层弱潜灰红砂泥田	Ag₁	0—12	棕黄色	轻壤土	碎屑状	5.3	21.1	1.14	0.41		119	2.0	48		红砂岩类风化物	E 116° 29′ 39.7″ N 27° 06′ 37.2″	95
						G₁	12—45	浅黄灰色	轻壤土	棱块状	5.7	11.2	0.58	0.39		52	≤1.0	30				
						G₂	45—68	棕灰色	轻壤土	块状	5.6	14.3	0.78	0.41		62	≤1.0	35				
						G₃	68—100	青灰色	中壤土	块状	5.6	43.7	0.62	0.32		53	≤1.0	40				
剖23	人为土	水稻土	潜育水稻土	潜育型潮砂泥田	乌潮砂泥田	P	0—17	深灰色	中壤土	碎块状										河流冲积物	E 116° 20′ 40.8″ N 27° 04′ 58.5″	95
						W₁	17—21	灰灰色	中壤土	团块状												
						W₂	21—60	灰棕色	轻壤土	块状												
							60—100	黄棕色														

续表 Continued

剖面号 Soil profile	土纲 Soil order	亚类 Soil subgroup	土属 Soil genus	土种 Soil species	土层码 Layer code	土层厚度 Depth/cm	颜色 Soil color	质地 Soil texture	土壤结构 Soil structure	pH	有机质 OM/(g/kg)	全氮 TN/(g/kg)	全磷 TP/(g/kg)	全钾 TK/(g/kg)	碱解氮 AN/(mg/kg)	有效磷 AP/(mg/kg)	速效钾 AK/(mg/kg)	阳离子交换量 CEC/(cmol/kg)	土壤母质 Parent material	剖面点坐标 Profile coordinate	匹配指数 Matching index/%
剖24	人为土	潜育水稻土	潜育型红砂泥田	中潜灰红砂泥田	A	0—19	深灰色	轻壤土	碎屑状										红砂岩类风化物	E 116°22′06.7″ N 27°04′55.0″	81
					P	9—14	深灰色	轻壤土	块状												
					W₁	14—34	灰棕色	砂壤土	小块状												
					H	34—51	乌黄色	轻壤土	块状												
					W₂	51—100	灰黄色	砂壤土	块状												
剖25	人为土	潜育水稻土	潜育型红砂泥田	全层强潜灰红砂泥田	Ag	0—13	灰色	中壤土	小块状										红砂岩类风化物	E 116°16′43.6″ N 27°01′05.1″	95
					Pg	13—19	浅青灰色	轻壤土	块状												
					G	19—100	灰色	轻壤土	块状												
剖26	人为土	潜育水稻土	潜育型红砂泥田	全潜灰红砂泥田	A	0—15	青灰色	黏壤土	小块状	4.7	35.3	1.70	0.35	27.5	184	20.7	95	6.0	红砂岩类风化物	E 116°26′25.2″ N 27°02′32.8″	96
					Pg	15—21	浅青灰色	黏壤土	大块状	4.9	29.5	1.45	0.33	27.8	162	17.2	62	6.0			
					G	21—60	浅青灰色	黏壤土	软块状	5.1	28.1	0.91	0.25	27.0	139	5.8	47	5.8			
剖27	人为土	潜育水稻土	潜育型潮砂泥田	中位中潜灰潮砂泥田	A	0—13	棕灰色	中壤土	碎屑状	5.2	33.8	1.92	0.78				35		河流冲积物	E 116°29′14.8″ N 27°01′23.2″	95
					P	13—17	青灰色	轻壤土	小块状	5.5	27.8	1.84	0.87								
					G₁	17—60	浅青灰色	砂壤土	小块状	5.3	23.8	1.41									
					G₂	60—100	浅黑灰色	松砂土		6.0	2.3	0.20	0.43		19	4.1					
剖28	铁铝土	红壤	泥质岩红壤	中层少有机质泥质岩红壤	A	0—10	红棕色	中壤土	细屑状										泥质岩类	E 116°25′34.8″ N 27°01′55.7″	95
					BvC	10—45	浅红棕色	中壤土	块状												
					C	45—100	黄红色	中壤土	块状												
剖29	人为土	潜育水稻土	潜育型红砂泥田	弱潜红砂泥田	A	0—12	黄棕色	中壤土	块状										红砂岩类风化物	E 116°21′23.8″ N 26°59′27.8″	95
					Pg	12—16	红棕色	中壤土	块状												
					G	16—50	红黄色	中壤土	块状												
剖30	铁铝土	红壤	黄砂泥土	厚层灰黄砂泥土	A	0—13	棕灰色	重壤土	碎屑状	4.8	3.3	0.36	0.37		22	≤1.0	61		石英岩类风化物	E 116°35′21.9″ N 27°17′32.3″	97
					Bv	13—17	暗灰色	重壤土	块状	4.6	9.6	0.59	0.41		46	≤1.0	67				
					C	45—100	黄灰色	重壤土	碎屑状	5.5	28.1	1.63	0.60		148	6.4	115				
剖31	人为土	潜育水稻土	潜育型潮砂泥田	中潜灰潮砂泥田	A	0—14	棕黄色	重壤土	柱状	5.7	20.9	1.21	0.47		111	3.4	57		第四纪红黏土	E 116°34′06.0″ N 27°17′12.6″	95
					P	14—24	青灰色	重壤土	块状	6.3	8.7	0.57	0.49		50	2.4	50				
					W₁	24—38	棕黄色	中壤土	块状	6.8	5.4	0.33	0.60		20	5.3	45				
					W₂	38—100	灰棕色	重壤土	大块状												
剖32	铁铝土	红壤	红黏土红壤	中层少有机质红黏土红壤	A	0—3	棕红色	中壤土	小块状		5.5				14	≤1.0	48		第四纪红黏土	E 116°34′17.1″ N 27°16′31.9″	98
					Bv	3—44	棕红色	中壤土	小块状		2.4				8	≤1.0	38				
					C	44—100	红色	中壤土	粒状												
剖33	人为土	潜育水稻土	潜育型麻砂泥田	全层强潜麻砂泥田	Ag	0—9	灰棕色	中壤土	碎屑状	5.3	32.2	1.67	0.69		171	5.9	43		花岗岩风化物	E 116°32′29.2″ N 27°15′07.3″	95
					G	9—100	青色	中壤土	块状	5.2	25.8	1.43	0.74		120	1.4	20				
剖34	人为土	潜育水稻土	潜育型黄泥田	灰潮砂泥田	P	0—17	浅黄色	中壤土	块状	6.5	8.2	0.42	0.77		45	3.3	48		河流冲积物	E 116°34′34.2″ N 27°16′12.2″	95
					W₁	17—21	青灰色	中壤土	块状	7.0	5.5	0.36	0.88		30	7.5					
					W₂	21—60	棕黄色	中壤土	块状												
						60—100	灰棕色	中壤土	大块状												
剖35	人为土	潜育水稻土	潜育型潮砂泥田	中层少有机质麻土红壤	Ag	0—10	暗棕色	中壤土	小块状										花岗岩风化物	E 116°32′29.2″ N 27°15′07.3″	95
					G	10—100	棕红色	中壤土	粒状												
剖36	铁铝土	红壤	黄砂泥土	厚层灰黄砂泥土	A	0—22	棕红色	轻壤土	碎屑状										第四纪红黏土	E 116°33′09.3″ N 27°15′41.0″	99
					Bv	22—100	红棕色	中壤土	碎屑状												
剖37	人为土	潜育水稻土	潜育型黄砂泥田	灰黄砂泥田	A	0—12	暗棕色	轻壤土	碎屑状	5.4	17.9	1.05	0.53		100	8.7	72	4.4	石英岩类风化物	E 116°42′05.7″ N 27°19′38.1″	95
					P	12—19	红棕色	中壤土	小块状	5.0	13.9	0.74	0.46		81	6.9	32				
					W	19—100	红棕色	中壤土	小块状	6.3	≤1.0	0.35	0.41		31	1.2	37				
剖38	铁铝土	红壤	红砂泥土	厚层灰红砂泥土	A	0—22	完红棕色	砂质壤土	粒状	5.9	15.8	0.80	0.56	24.5	83	5.0	56	4.4	红砂岩类风化物	E 116°33′27.7″ N 27°14′25.8″	82
					Bv	22—100	浅红棕色	砂质壤土	块状	6.3	4.6	0.23	0.35	25.0				4.7			

续表 Continued

剖面号 Soil profile	土纲 Soil order	土类 Soil great group	亚类 Soil subgroup	土属 Soil genus	土种 Soil species	土层码 Layer code	土层厚度 Depth/cm	颜色 Soil color	质地 Soil texture	土壤结构 Soil structure	pH	有机质 OM/(g/kg)	全氮 TN/(g/kg)	全磷 TP/(g/kg)	全钾 TK/(g/kg)	碱解氮 AN/(mg/kg)	有效磷 AP/(mg/kg)	速效钾 AK/(mg/kg)	阳离子交换量CEC/(cmol/kg)	土壤母质 Parent material	剖面点坐标 Profile coordinate	匹配指数 Matching index/%
剖39	初育土	紫色土	石灰性紫色土	紫泥土	中层灰紫泥土	A	0—13	暗灰色	重壤土	小块状										紫色泥页岩风化物	E 116°33′43.0″ N 27°13′30.5″	97
						Bv	13—50	紫色	重壤土	小块状												
						C	50—100															
剖40	人为土	水稻土	潴育水稻土	潴育型麻砂泥田	全层弱潜麻砂泥田	A	0—11	黄棕色	中壤土	碎块状										花岗岩类风化物	E 116°34′40.5″ N 27°12′46.6″	95
						Bv	11—17	黄棕色	中壤土	碎块状												
						Pg	17—60	青灰色	中壤土	柱状												
剖41	人为土	水稻土	潴育水稻土	潴育型潮泥田	弱潴弱潴砂泥田	P	16—22	棕灰色	轻壤土	碎屑状	5.2	21.3	1.06	≥10.00		123	4.5	40		河流冲积物	E 116°33′19.0″ N 27°08′48.0″	95
						W	22—64	黄灰色	轻壤土	小块状	5.5	9.3	0.45	0.20		42	≤1.0	15				
						G	64—100	浅黄色	砂壤土	碎粒状	6.5	2.2	0.12	0.23		14	2.5	35				
剖42	人为土	水稻土	潴育水稻土	潴育型潮泥田	强潴乌砂泥田	A	0—16	深灰色	轻壤土	小块状	6.1	6.5	0.30	0.30		32	1.9	42		河流冲积物	E 116°33′56.0″ N 27°05′32.9″	95
						P	16—25	青灰色	中壤土	块状												
						W₁	25—51	黄灰色	轻壤土	块状												
剖43	人为土	水稻土	漂洗水稻土	漂洗型潮泥田	中位中潜潮砂泥田	A	0—16	白色	轻壤土	碎散状										河流冲积物	E 116°33′49.3″ N 27°01′16.2″	98
						PE	12—40	灰白色	砂壤土	碎块状												
						E	40—100															
剖44	铁铝土	红壤		酸性结晶岩红土壤	表潜性强潜灰紫泥田	A	0—8	灰红色	中壤土	小块状	5.4	11.4	0.51	0.42		60	≤1.0	90		酸性结晶岩类	E 116°35′59.2″ N 27°01′30.1″	98
						Bv	8—100	棕红色	轻壤土	碎块状	5.6	5.3	0.33	0.37		26	≤1.0	100				
剖45	人为土	水稻土	潴育水稻土	潴育型红砂泥田	厚层弱潜灰潮土	Ag	0—12	青灰色	砂壤土	块状										花岗岩类风化物	E 116°35′24.5″ N 26°58′21.7″	95
						Pg	12—21	棕灰色	中壤土	块状												
						W₁	21—42	黄棕色	砂壤土	块状												
						W₂	42—100															
剖46	半水成土	潮土		砂质潮土	灰紫泥田	A	0—17	棕灰色	中壤土	碎屑状	5.7	13.5	0.69	0.48		69	5.3	50		河流冲积物	E 116°35′38.1″ N 26°58′20.1″	75
						Bv	17—100	浅灰色	轻壤土	块状	5.7	4.5	0.30			33	2.3	30				
剖47	人为土	水稻土	潴育水稻土	潴育型紫泥田	强潴灰紫泥田	A	0—14	红棕色	重壤土	块状	6.2	17.3	1.09	1.01		76	15.8	107		紫色泥页岩风化物	E 116°37′10.1″ N 26°59′19.9″	95
						P	14—22	棕红色	中壤土	块状	7.6	6.5	0.41	0.78		20	6.0	70				
						W	22—51	棕红色	轻壤土	块状	8.2	5.1	0.27	0.68		9	1.6	60				
						C	51—100	暗红色	偏重	碎屑状	8.3					10	12.1	75				
剖48	人为土	水稻土	潴育水稻土	潴育型红砂泥田	全层中潜灰紫泥田	A	0—12	棕灰色	中壤土	块状										红砂岩类风化物	E 116°34′30.3″ N 26°57′14.5″	95
						P	12—16	浅灰色	中壤土	小块状												
						W₁	16—64	黄灰色	轻壤土	柱状												
						G	64—100	黄棕色	重壤土	块状												
剖49	人为土	水稻土	潴育水稻土	潴育型紫泥田	中位中潜灰麻砂泥田	A	0—15	棕灰色	中壤土	块状	5.5	29.5	1.98	1.03		171	10.1	76		紫色泥页岩风化物	E 116°34′31.0″ N 26°55′35.2″	95
						P	11—17	青灰色	轻壤土	块状	5.6	19.5	1.35	0.86		116	10.1	73				
						W	17—55	棕红色	中壤土	碎屑状												
剖50	人为土	水稻土	潴育水稻土	潴育型麻砂泥田		A	0—12	黄灰色	中壤土	块状										花岗岩类风化物	E 116°31′48.8″ N 26°57′26.2″	95
						P	12—16	浅灰色	中壤土	块状												
						W	55—100	灰色	砂壤土	碎屑状												
剖51	人为土	水稻土	漂洗水稻土	漂洗型麻砂泥田	中位中漂麻砂泥田	P	12—16	浅青灰色	中壤土	块状										花岗岩类风化物	E 116°32′12.6″ N 26°56′28.7″	97
						W	16—47	灰白色	砂壤土	松散状												
						E	47—52	浅青灰色	砂壤土	块状												
						G	52—100															

续表 Continued

剖面号 Soil profile	土纲 Soil order	土类 Soil great group	亚类 Soil subgroup	土属 Soil genus	土种 Soil species	土层码 Layer code	土层厚度 Depth/cm	颜色 Soil color	质地 Soil texture	土壤结构 Soil structure	pH	有机质 OM/(g/kg)	全氮 TN/(g/kg)	全磷 TP/(g/kg)	全钾 TK/(g/kg)	碱解氮 AN/(mg/kg)	有效磷 AP/(mg/kg)	速效钾 AK/(mg/kg)	阳离子交换量 CEC/(cmol/kg)	土壤母质 Parent material	剖面点坐标 Profile coordinate	匹配指数 Matching index/%
剖52	人为土	水稻土	潴育水稻土	潴育型鳝泥田	灰鳝泥田	A	0—15	棕灰色	中壤土	小块状	5.0	26.2	1.55	0.68		152	13.3	57		板岩、泥质岩风化物	E 116°38′26.3″ N 26°59′34.9″	95
						P	15—20	灰棕色	中壤土	块状	4.6	10.0	0.78	0.76		75	20.3	20				
						W₁	20—30	黄灰棕色	中壤土	棱柱状	5.2	5.7	0.49	0.94		38	8.0	35				
						W₂	30—100	褐棕色	轻壤土	块状	5.3	3.2	0.28	0.44		25	3.3	30				
剖53	人为土	水稻土	潴育水稻土	潴育型麻砂泥田	中潴麻砂泥田	A	0—11	棕灰色	轻壤土	碎屑状										花岗岩风化物	E 116°32′30.4″ N 26°54′26.2″	95
						P	11—19	青灰色	中壤土	块状												
						W₁	19—75	浅棕色	砂壤土	块状												
						W₂	75—100	棕色	砂壤土	块状												

崇 仁 县

主要土类说明

红壤是崇仁县主要土壤类型，占本县地域面积的64%，分布于海拔800m以下的山地、丘陵、岗地。红壤是在亚热带生物气候条件下，铝硅酸盐类矿物强烈分解，盐基遇到强烈淋失，铁铝氧化物积聚而形成的盐基高度不饱和，具有特殊剖面形态的脱硅富铝化土壤类型，是本县发展多种经营和林业、畜牧业的重要土地资源。根据发育阶段属性，本县红壤分为红壤、黄红壤两个亚类。其中，红壤亚类分布于海拔500m以下的丘陵岗地，土层深厚，剖面发育完整，表层为灰棕色或暗棕色，心土层和底土层均为黄棕色或红棕色。有的底土可见红、白、黄相间的网纹层，其成土母质多样，占红壤土类面积的97%。黄红壤亚类是红壤向黄壤过渡的类型，分布于海拔500—800m的山地，由酸性结晶岩类、泥质岩类风化物发育而成。剖面由红色向黄色过渡，表土、心土出现黄色、黄红色，底土仍为红色，土层厚薄不一，质地较粗，轻壤土至砂壤土。植被随着土层的厚薄而有差异，厚层多为杉木、阔叶混交林；薄层多为薪炭林、灌木和茅草。

水稻土是崇仁县第二大土壤类型，占本县地域面积的32%。水稻土是经灌水种稻、长期耕作、施肥、轮作等综合影响下形成的一类耕作土壤，广泛分布于各地貌单元内，尤其是沿崇仁河、宜黄河及其支流的两岸和丘陵、盆地更为集中。不同的地形、母质、水分条件和人为生产活动，对水稻土的形成和发育产生深刻的影响。而其中水分条件是影响土壤发育的主导因素。如种稻时间短，受地表水影响为主的，形成淹育水稻土；地表淹水和地下毛管水共同作用下形成潴育水稻土；种稻时间长，土壤受地表、地下、层间水长期浸渍形成潜育水稻土。本县水稻土分为淹育水稻土、潴育水稻土、潜育水稻土三个亚类。其中，以良水型的潴育水稻土面积最大，占水稻土面积的95%，主要分布于河流两岸平原和山谷。成土母质有酸性结晶岩类、石英岩类、泥质岩类、红砂岩类、第四纪红色黏土、炭质页岩类、酸性紫色泥页岩和河流冲积物。以红砂岩类、第四纪红色黏土形成的红砂泥田和黄泥田面积较大，分别占水稻土面积的35%和25%。

小于本县地域面积3%的土壤类型还有泥炭土、潮土、黄壤、黄棕壤、紫色土等。

本区域中心区气候特征

本区域中心区气候特征值
Regional climate characteristics in central area of the region

气候带：中亚热带湿润气候 Climate region: Subtropical humid climate	
年平均气温 /℃ Annual average temperature /℃	17.8
年平均最高气温 /℃ Annual average maximum temperature /℃	22.2
年平均最低气温 /℃ Annual average minimum temperature /℃	14.6
年降水量 /mm Annual precipitation /mm	1654
≥10℃的积温 /℃ Daily temperature accumulated in a year (≥10℃) /℃	10000
年日照时数 /h Annual sunshine /h	1690
年平均相对湿度 /% Annual average relative humidity /%	80
干燥度 Dryness	0.64

本区域中心区月平均气温与月平均降水量
Monthly temperature and precipitation in central area of the region

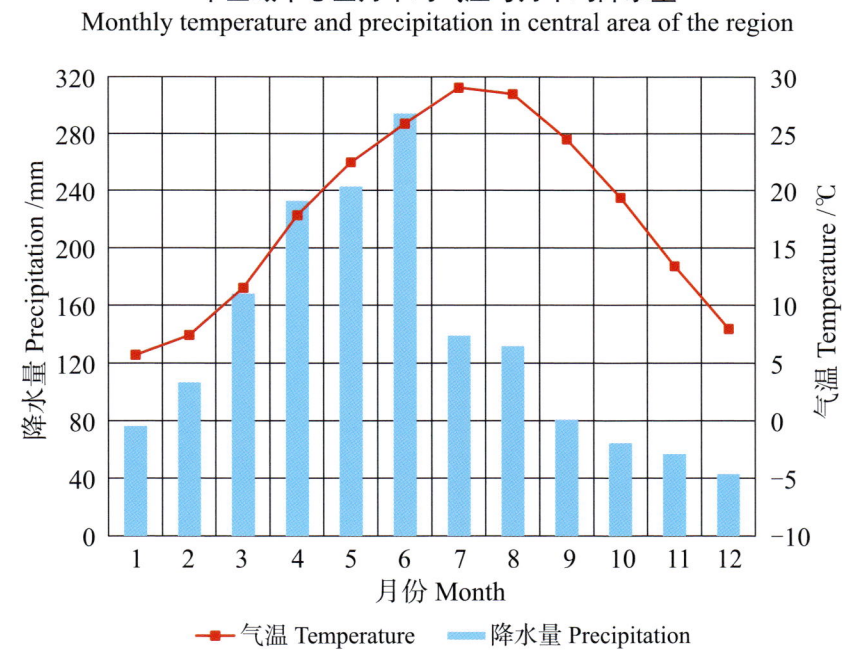

崇仁县主要土壤类型与土壤剖面点分布图
1:200 000

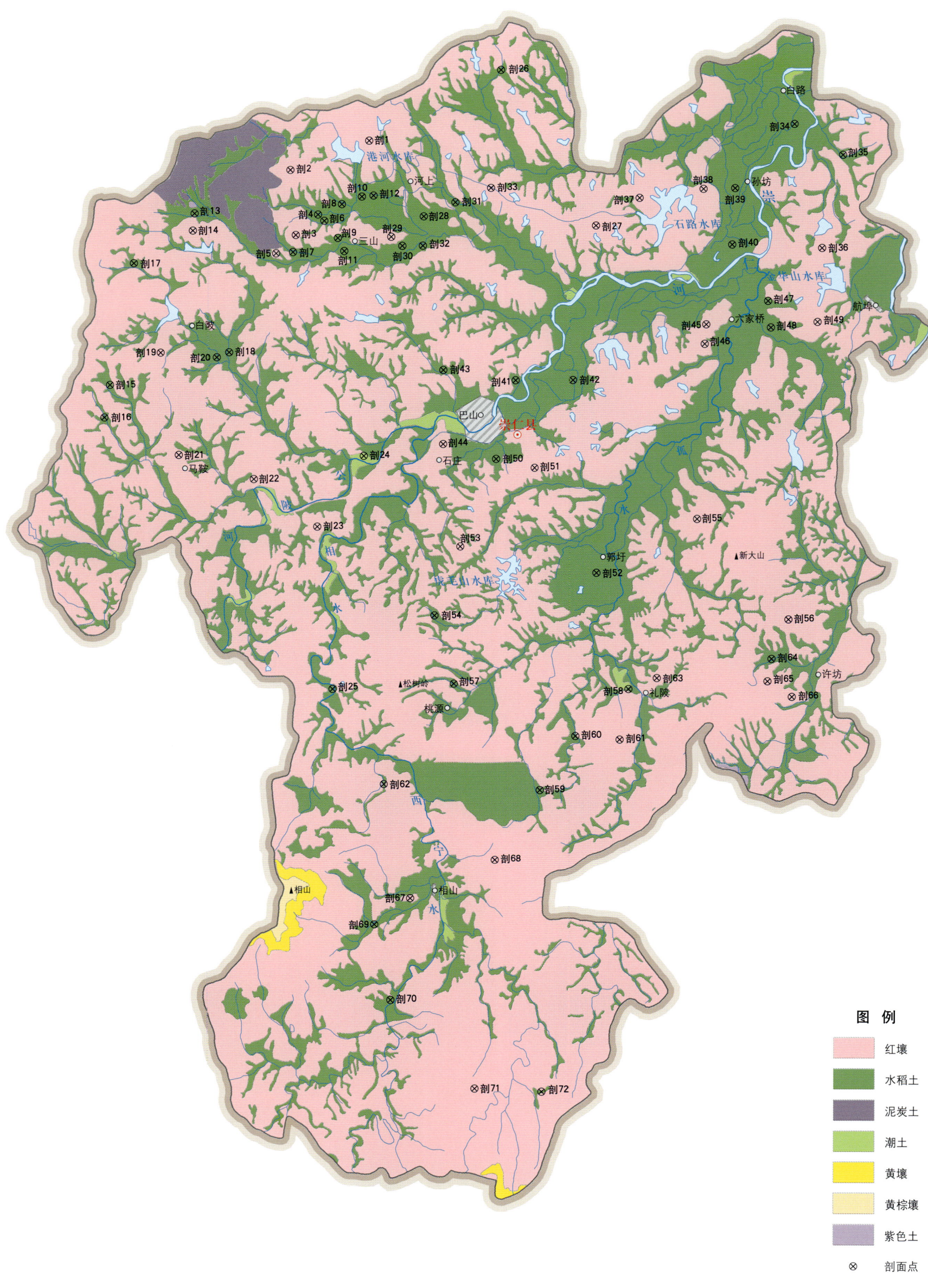

图例
- 红壤
- 水稻土
- 泥炭土
- 潮土
- 黄壤
- 黄棕壤
- 紫色土
- ⊗ 剖面点

崇仁县土壤剖面理化性状表

剖面号 Soil profile	土纲 Soil order	土类 Soil great group	亚类 Soil subgroup	土属 Soil genus	土种 Soil species	土层码 Layer code	土层厚度 Depth/cm	颜色 Soil color	质地 Soil texture	土壤结构 Soil structure	pH	有机质 OM/(g/kg)	全氮 TN/(g/kg)	全磷 TP/(g/kg)	全钾 TK/(g/kg)	碱解氮 AN/(mg/kg)	有效磷 AP/(mg/kg)	速效钾 AK/(mg/kg)	阳离子交换量CEC/(cmol/kg)	土壤母质 Parent material	剖面点坐标 Profile coordinate	匹配指数 Matching index/%
剖1	铁铝土	红壤	红壤	泥质岩红壤	厚层少有机质泥质岩类红壤	A	0—10				5.2	12.6	0.73	0.89		73	2.6	118		泥质岩类风化物	E 115°59′38.7″ N 27°53′07.1″	97
						Bv	10—84				4.9	10.4	0.63	0.83								
						C	84—100				5.0	9.3	0.55	0.63								
剖2	铁铝土	红壤	红壤	泥质岩红壤	中层多有机质泥质岩类红壤	A	0—13	灰棕色	重壤土	细块状	5.5	16.7	1.07	0.66		106	3.9	124		泥质岩类风化物	E 115°57′18.7″ N 27°52′19.4″	97
						Bv₁	13—45	红棕色	重壤土	块状	4.9	15.5	0.96	0.54								
						Bv₂	45—51	浅红色	中壤土	粒状	4.8	13.5	0.79	0.51								
						C	51—100	红色			4.8	12.7	0.68	0.38								
剖3	铁铝土	红壤	黄红壤	酸性结晶岩类黄红壤		A₁	0—5	乌灰色	砂壤土	碎屑状	4.7	100.8	3.03	0.48		316	9.0	138		酸性结晶岩类	E 115°57′29.7″ N 27°50′36.1″	95
						A₂	5—16	棕灰色	砂壤土	碎屑状	4.9	21.3	0.85	0.23								
						Bv	16—26	黄棕色	砂壤土	碎屑状	5.1	13.9	0.62	0.22								
						BvC	26—100	红棕色	砂壤土	碎屑粒状	5.2	3.2	0.14	0.18								
剖4	人为土	水稻土	潴育水稻土	潴育型黄泥田	中潴灰黄泥田	A	0—10	浅灰色	重壤土	碎屑块状	5.5	18.6	1.18	0.82		113	49.1	36		第四纪红色黏土	E 115°58′09.2″ N 27°51′09.2″	97
						P	10—14	棕红色	重壤土	块状	5.5	13.1	0.78	0.70								
						W	14—44	黄红色	重壤土	棱块状	5.4	11.7	0.75	0.71								
						C	44—100	浅棕色	轻黏土	块状	5.4	7.1	0.42	0.65								
剖5	铁铝土	红壤	红壤	第四纪红色黏土红壤		A	0—10	棕灰色	偏砂重壤土	碎屑状	5.3	28.6	1.39	0.86		106	3.3	85		第四纪红色黏土	E 115°56′54.5″ N 27°50′07.1″	75
						Bv	10—22	棕红色	重壤土	粒状	5.1	12.5	0.88	0.70								
						BvC	22—37	黄红色	重壤土	块状	4.9	10.0	0.59	0.47								
						C	37—100	红黄色	轻黏土	块状	4.9	9.1	0.47	0.43								
剖6	人为土	水稻土	潴育水稻土	潴育型黄泥田	强潴灰黄泥田	A	0—12	棕灰色	中壤土	小团块状	5.4	21.4	1.39	0.52		126	7.4	49		第四纪红色黏土	E 115°58′20.4″ N 27°50′59.5″	97
						P	12—15	灰棕色	重壤土	小块状	5.6	18.6	1.09	0.47								
						W₁	15—41	黄棕色	重壤土	棱块状	5.7	12.8	0.78	0.64								
						W₂	41—70	浅棕色	重壤土	棱块状	6.7	10.2	0.64	0.54								
						C	70—100	黄灰色	黏土	块状												
剖7	人为土	水稻土	淹育水稻土	淹育型麻砂泥田	强淹灰麻砂泥田	A	0—10		轻壤土											花岗岩风化物	E 115°57′24.7″ N 27°50′09.3″	95
						C	10—13		中壤土													
剖8	人为土	水稻土	潴育水稻土	潴育型鳝泥田	中潴灰鳝泥田	A	0—10		中壤土											泥质页岩风化物	E 115°58′51.3″ N 27°51′25.9″	97
						P	10—13		中壤土													
						W₁	13—19		中壤土													
						W₂	19—100		中壤土													
剖9	人为土	水稻土	潴育水稻土	潴育型炭质田	灰炭质泥田	A	0—13	灰色	壤土	小块状	5.5	33.3	1.19	0.27	12.0	95	6.0	33	3.1	炭质页岩风化物	E 115°58′44.8″ N 27°50′32.4″	96
						P	13—19	暗灰色	黏壤土	块状	5.3	20.3	0.99	0.25	11.8				2.5			
						W	19—100	橄榄色	黏壤土	棱块状	6.1	14.2	0.74	0.12	13.0				3.0			
剖10	人为土	水稻土	潴育水稻土	潴育型潮砂田	强潴灰潮砂泥田	A	0—13	灰棕色	轻壤土	屑粒状	4.6	26.5	1.55	1.05		146	15.7	67		河流冲积物	E 115°59′27.0″ N 27°51′38.2″	95
						P	13—20	黄棕色	壤土	小块状	5.7	14.2	0.85	1.04								
						W₁	20—82	浅棕色	黏壤土	棱块状	6.5	7.1	0.41	1.54								
						W₂	82—100	黄灰色	中壤土	块状	6.8	6.1	0.37	0.53								
剖11	人为土	水稻土	潴育水稻土	潴育型红砂泥田	中潴灰红砂泥田	A			中壤土											红砂岩类风化物	E 115°58′56.3″ N 27°50′11.6″	97
						P			重壤土													
						W₁			轻壤土													
						W₂																

续表 Continued

剖面号 Soil profile	土纲 Soil order	土类 Soil great group	亚类 Soil subgroup	土属 Soil genus	土种 Soil species	土层码 Layer code	土层厚度 Depth/cm	颜色 Soil color	质地 Soil texture	土壤结构 Soil structure	pH	有机质 OM/(g/kg)	全氮 TN/(g/kg)	全磷 TP/(g/kg)	全钾 TK/(g/kg)	碱解氮 AN/(mg/kg)	有效磷 AP/(mg/kg)	速效钾 AK/(mg/kg)	阳离子交换量CEC/(cmol/kg)	土壤母质 Parent material	剖面点坐标 Profile coordinate	匹配指数 Matching index/%
剖12	人为土	水稻土	潴育水稻土	潴育型鳝泥田	弱潜乌鳝泥田	A	0—16	乌灰色	中壤土	细粒状	5.2	29.0	1.88	0.63		164	5.7	41		泥质岩类风化物	E 115°59′47.6″ N 27°51′40.0″	95
						P	16—20	灰色	中壤土	块状	5.1	25.7	1.17	0.49								
						W₁	20—53	灰棕色	重壤土	棱块状		16.7	0.97	0.45								
						W₂	53—84	灰褐色				13.5	0.98	0.43								
						C	84—100	浅黄色	黏土	块状		12.1	0.73	0.40								
剖13	人为土	水稻土	潴育水稻土	潴育型黄砂泥田	乌黄砂泥田	A			重壤土											石英岩类风化物	E 115°54′28.9″ N 27°51′09.4″	95
									重壤土													
									重壤土													
									黏土													
剖14	铁铝土	红壤		泥质岩红壤	中层多有机质泥质岩类红壤	A	0—16		重壤土	碎屑状	6.1	45.3	1.64	0.44		160	2.0	25		泥质岩类风化物	E 115°54′25.8″ N 27°50′41.8″	97
						Bv₁	16—46	棕灰色	重壤土	块状	5.3	15.3	1.09	0.23								
						Bv₂	46—54		重壤土	棱块状	5.7	11.5	0.55	0.22								
						C	54—100															
剖15	人为土	水稻土	潴育水稻土	潴育型炭质页岩泥质田	弱潜乌碳质页岩田	A	0—14	青灰色	重壤土	团粒状	5.5	32.2	1.99	1.15		172	29.6	64		炭质页岩类风化物	E 115°52′00.8″ N 27°46′37.6″	95
						P	14—20	棕灰色	中壤土	块状	5.6	29.7	1.25	0.73								
						W	20—76	灰色	中壤土	棱块状	6.1	28.4	0.90	0.15								
						C	76—100				6.5	25.2	0.75	0.37								
剖16	人为土	水稻土	潴育水稻土	潴育型鳝泥田	表潜性中潜灰鳝泥田	Ag	0—11	棕灰色	重壤土	块状	5.2	26.2	1.78	0.50		153	5.0	37		泥质岩类风化物	E 115°51′51.6″ N 27°45′45.3″	97
						W₁	11—18	棕灰色	中壤土	棱块状	5.3	21.0	1.16	0.46								
						W₂	18—41	黄黄色	中壤土	棱块状	5.9	18.0	0.94	0.42								
						C	41—100	棕色	中壤土	块状	6.1	15.1	0.79	0.40								
剖17	人为土	水稻土	潴育水稻土	潴育型黄砂泥田	中潜乌黄砂泥田	A	0—14	棕灰色	中壤土	粒状	5.7	42.0	2.14	0.65		201	4.7	100		石英岩类风化物	E 115°52′41.1″ N 27°49′49.8″	95
						P	14—20	棕灰色	中壤土	棱块状	6.1	38.2	2.06	0.64								
						W	20—63	灰棕色	中壤土	块状	4.9	21.2	1.29	0.30								
						G	63—80	浅黄色	重壤土	块状	5.0	24.5	1.13	0.29								
						C	80—100		中壤土	粒块状	5.1	6.7	0.38	0.28								
剖18	人为土	水稻土	潴育水稻土	鳝泥黄红壤	厚层灰鳝泥黄红壤	A	0—8	棕色	轻壤土	粒状	5.0	57.4	2.42	0.60	15.4				5.8	花岗岩类风化物	E 115°55′32.4″ N 27°47′30.8″	98
						Bv	8—19	棕色	黏壤土	粒状	4.8	40.5	1.80	0.48	15.9				5.0			
						C	19—70	红色	黏壤土	小块状	4.7	26.1	1.23	0.44	16.3				5.1			
							70—															
剖19	铁铝土	黄红壤		潴育型黄砂泥田	强潜灰鳝泥田	A	0—12	深灰色	轻壤土	粒状	5.2	39.6	2.01	0.55		179	7.6	68		泥质岩类风化物	E 115°53′30.6″ N 27°47′29.3″	82
剖20	人为土	潴育水稻土				P	12—17	浅黄色	中壤土	块状	5.3	27.2	1.37	0.47						花岗岩类风化物	E 115°55′10.6″ N 27°47′22.6″	97
						W₁	17—54	棕灰色	中壤土	小块状	6.8	10.2	0.62	0.11								
						W₂	54—100	灰褐色	中壤土	棱块状	6.5	11.6	0.67	0.23								
剖21	铁铝土	红壤		红砂泥土	厚层红砂泥土	A	0—9	棕色		块状	5.8	17.3	0.89	0.79		69	5.8	82		红砂岩类风化物	E 115°54′04.6″ N 27°44′47.3″	97
						Bv	9—70	棕黄色		小块状	6.8	7.9	0.49	0.60								
						C	70—100	棕红色	轻壤土	小块状	6.4	5.8	0.41	0.60								
剖22	铁铝土	红壤		红砂岩红壤	中层中有机质泥质岩类红壤	A	0—15	棕色	轻壤土	粒状	5.1	11.6	0.68	0.58		65	2.9	71		红砂岩类风化物	E 115°56′19.0″ N 27°44′09.8″	95
						Bv	15—50	棕红色	中壤土	小块状	5.1	7.4	0.35	0.47								
						BvC	50—80	棕红色	中壤土	小块状	4.9	5.0	0.26	0.44								
						C	80—100	暗红色		大块状	4.8	3.7	0.22	0.43								

续表 Continued

剖面号 Soil profile	土纲 Soil order	土类 Soil great group	亚类 Soil subgroup	土属 Soil genus	土种 Soil species	土层码 Layer code	土层厚度 Depth/cm	颜色 Soil color	质地 Soil texture	土壤结构 Soil structure	pH	有机质 OM/(g/kg)	全氮 TN/(g/kg)	全磷 TP/(g/kg)	全钾 TK/(g/kg)	碱解氮 AN/(mg/kg)	有效磷 AP/(mg/kg)	速效钾 AK/(mg/kg)	阳离子交换量CEC/(cmol/kg)	土壤母质 Parent material	剖面点坐标 Profile coordinate	匹配指数 Matching index/%
剖23	铁铝土	红壤	黄红壤	酸性结晶岩类黄红壤		A	0—17	灰色	砂壤土	碎粒状	5.2	17.7	1.03	0.55		102	5.0	123		酸性结晶岩类	E 115°58′12.9″ N 27°42′56.0″	95
						Bv	17—37	灰棕色	砂壤土	粒状	5.0	15.4	0.93	0.50								
						C	37—100	浅红色	砂壤土	粒状	4.9	12.0	0.68	0.39								
剖24	半水成土	潮土	潮土	砂壤质潮土	厚层砂壤质黄灰潮土	A			砂壤土		6.0	12.5	0.78	1.10						河流冲积物	E 115°59′34.1″ N 27°44′48.5″	97
						Bv				屑粒状	6.1	12.0	0.51	0.55								
剖25	人为土	水稻土	潴育水稻土	潴育型潮砂泥田	中潴乌灰潮砂泥田	A	0—15	乌灰色	砂壤土		5.6	27.2	1.72	1.22		157	14.1	73		河流冲积物	E 115°58′42.6″ N 27°38′39.2″	95
						P	15—21	灰棕色	轻壤土	小块状	5.8	19.5	1.24	0.90								
						W	21—85	黄棕色	中壤土	块状	5.8	17.6	1.17	0.73								
						C	85—100	棕色	砂土	粒状	6.2	13.1	0.75	0.53								
剖26	人为土	水稻土	潴育水稻土	潴育型鳝泥田	中位弱潜灰鳝砂泥田	A	0—13	青灰色	中壤土	碎粒状	5.4	32.3	2.10	0.67		192	6.1	132		泥质岩类风化物	E 116°03′33.3″ N 27°55′00.4″	97
						P	13—18	青灰色	中壤土	小块状	6.1	22.6	1.38	0.78								
						G	18—48	青灰色	中壤土	块状	6.9	17.8	1.09	0.71								
						C	48—100	棕色		粒状	6.2	16.4	0.98	0.44								
剖27	铁铝土	红壤	红壤	酸性结晶岩红壤		A	0—9	暗红色	中壤土	块状	5.3	84.3	2.71	0.85		186	7.0	184		酸性结晶岩类	E 116°06′25.0″ N 27°50′54.9″	95
						Bv	9—50	灰白色	中壤土	小块状	5.1	18.8	0.78	0.58								
						C	50—100	棕红色	重壤土	粒状	5.1	10.0	0.46	0.50								
剖28	人为土	水稻土	潴育水稻土	潴育型黄泥底灰潮砂泥田	弱潴黄泥底灰潮砂泥田	A	0—12	灰色	轻壤土	细屑状	5.3	27.0	1.59	0.63		146	9.3	36		河流冲积物	E 116°01′17.5″ N 27°51′07.7″	95
						P	12—16	棕灰色	中壤土	块状	5.4	15.7	1.00	0.45								
						G	16—46	蓝灰色	中壤土	棱块状	6.4	11.0	0.85	0.51								
						C	46—100	黄棕色	黏土	块状	6.9	10.0	0.49	0.57								
剖29	铁铝土	红壤	红壤	第四纪红色黏土红壤		A	0—7	灰棕色	重壤土	碎粒状	5.1	19.7	1.08	4.35		94	27.0	58		第四纪红色黏土	E 116°00′19.8″ N 27°50′34.8″	95
						Bv	7—32	黄棕色	黏土	小块状	5.1	7.6	0.51	2.58								
						C	32—100	红棕色	轻黏土	块状	5.1	7.3	0.41	1.83								
剖30	人为土	水稻土	潴育水稻土	潴育型潮砂泥田	全层弱潴黄泥底灰潮砂泥田	A	0—11	棕灰色	中壤土	块状	5.5	18.1	1.15	0.57		118	4.6	68		河流冲积物	E 116°00′39.8″ N 27°50′20.8″	95
						P	11—13	灰棕色	中壤土	块状	5.7	16.5	1.03	0.57								
						G	13—93	蓝棕色	中壤土	棱块状	5.8	13.0	0.74	0.37								
						C	93—100	黄棕色	黏土	块状	5.5	11.3	0.59	0.28								
剖31	人为土	水稻土	潴育水稻土	潴育型黄泥底灰潮砂泥田	中位中潴灰黄泥田	A	0—11	灰棕色	中壤土	小块状	5.4	28.0	1.65	0.62		167	5.7	37		河流冲积物	E 116°02′13.7″ N 27°51′30.4″	97
						P	11—15	棕灰色	中壤土	块状	5.5	25.5	1.45	0.65								
						W	15—44	棕黄色	中壤土	棱块状	5.6	19.1	0.70	0.57								
						G	44—100	青灰色	轻壤土	较软块状	6.1	11.9	0.54	0.22								
剖32	人为土	水稻土	潴育水稻土	潴育型红砂泥田		A	0—12	棕灰色	中壤土	块状	5.3	16.8	1.03	0.69		101	8.1	46		红砂岩类风化物	E 116°01′16.2″ N 27°50′21.2″	98
						P	12—18	浅红色	中壤土	小块状	5.4	11.7	0.72	0.67								
						W_1	18—38	深褐色	中壤土	棱块状	6.3	9.6	0.61	0.59								
						W_2	38—100	黄棕色	轻壤土	块状	7.0	7.9	0.48	0.58								
剖33	铁铝土	红壤	红壤	第四纪红色黏土红壤		A	0—5	暗棕色	重壤土	小块状	5.3	33.2	1.96	0.50		130	≤1.0	107		第四纪红色黏土	E 116°03′17.3″ N 27°51′53.8″	95
						Bv_1	5—32	红棕色	黏土	块状	5.0	5.9	0.35	0.57								
						Bv_2	32—100	棕红色	黏土	小块状	5.1	3.6	0.22	0.55								
剖34	人为土	水稻土	潴育水稻土	潴育型潮砂泥田	中潴灰潮砂泥田	A	0—15	深棕色	中壤土	碎粒状	5.3	29.3	1.76	1.41		165	33.9	68		河流冲积物	E 116°12′18.2″ N 27°53′37.8″	95
						P	15—19	暗棕色	中壤土	块状	5.4	26.8	1.58	1.00								
						W_1	19—54	棕黄色	中壤土	块状	5.6	23.3	1.02	1.02								
						W_2	54—100	棕黄色	中壤土	棱块状	5.6	20.2	0.90	0.91								
剖35	人为土	水稻土	潴育水稻土	潴育型潮砂泥田	弱潴乌潮砂泥田	A	0—11	灰棕色	中壤土	碎粒状	5.1	17.4	1.11	1.05		109	19.0	109		河流冲积物	E 116°13′45.2″ N 27°52′49.3″	95
						P	11—17	棕灰色	中壤土	块状	6.0	11.9	0.73	0.85								
						W	17—85	棕黄色	中壤土	小块状	6.5	10.4	0.55	0.57								
						C	85—100	黄褐色	砂壤土	粒状	6.4	7.9	0.40	0.26								

续表 Continued

剖面号 Soil profile	土纲 Soil order	土类 Soil great group	亚类 Soil subgroup	土属 Soil genus	土种 Soil species	土层码 Layer code	土层厚度 Depth/cm	颜色 Soil color	质地 Soil texture	土壤结构 Soil structure	pH	有机质 OM/(g/kg)	全氮 TN/(g/kg)	全磷 TP/(g/kg)	全钾 TK/(g/kg)	碱解氮 AN/(mg/kg)	有效磷 AP/(mg/kg)	速效钾 AK/(mg/kg)	阳离子交换量CEC/(cmol/kg)	土壤母质 Parent material	剖面点坐标 Profile coordinate	匹配指数 Matching index/%
剖36	铁铝土	红壤	红壤	第四纪红色黏土红壤		A	0—14				5.3	10.4	0.72	0.54		66	1.2	78		第四纪红色黏土	E 116°13′08.6″ N 27°50′21.3″	95
						Bv	14—47				5.1	8.9	0.61	0.48								
						C	47—100				5.0	8.1	0.54	0.39								
剖37	铁铝土	红壤	黄红壤	黄红泥	乌黄鳝泥	Ao	0—8	棕黑色	黏壤土		4.5	57.4	2.40	0.60	15.4					泥质岩风化物坡残积物	E 116°07′42.5″ N 27°51′39.3″	95
						A	8—19	暗红棕色	壤质黏土	屑粒状	4.7	40.5	1.80	0.50	15.9							
						Bv	19—70	亮红棕色	壤质黏土	小块状	4.8	26.1	1.20	0.40	16.3							
剖38	铁铝土	红壤	红壤	黄泥土	中层灰黄泥土	A	0—12	灰红色	中壤土	碎块状	6.9	11.8	0.71	1.51		74	32.5	92		第四纪红色黏土	E 116°09′36.8″ N 27°51′54.1″	97
						Bv	12—50	棕红色	中壤土	块状	5.3	5.5	0.39	0.52								
						C	50—100	棕红色	重黏土	块状	5.1	4.8	0.32	0.44								
剖39	人为土	水稻土	潴育水稻土	潴育型鳝泥田	乌鳝泥田	A	0—16	棕灰色	中壤土	小块状	5.4	35.1	1.86	1.09		156	20.0	52		泥质岩类风化物	E 116°10′32.9″ N 27°51′55.5″	95
						P	16—21	棕灰色	中壤土	块状	5.6	25.2	1.46	1.05								
						W_1	21—61	黄棕色	中壤土	棱块状	6.4	7.4	0.38	1.46								
						W_2	61—100	灰棕色	中壤土	棱柱状	6.4	7.4	0.38	1.46								
剖40	人为土	水稻土	潴育水稻土	潴育型黄泥田	弱潴黄泥田	A					5.3	12.2	0.75	0.64		80	5.9	75		第四纪红色黏土	E 116°10′28.2″ N 27°50′26.1″	97
						P					5.1	10.3	0.65	0.56								
						W					5.8	9.5	0.60	0.57								
						C					6.2	7.6	0.47	0.67								
剖41	人为土	水稻土	淹育水稻土	淹育型潮砂泥田	强淹灰潮砂泥田	A	0—16	灰棕色	轻壤土	粒状	5.5	15.1	0.64	0.64		74	8.2	43		河流冲积物	E 116°04′03.9″ N 27°46′50.3″	82
						P	16—19	深棕色	轻壤土	粒块状	5.9	9.3	0.50	0.67								
						C_1	19—80	浅棕色	轻壤土	散粒状	6.2	6.9	0.31	0.82								
						C_2	80—100	浅黄色	砂壤土	散状	6.2	4.4	0.24	0.48								
剖42	人为土	水稻土	潴育水稻土	潴育型黄泥底灰潮泥田	黄泥底灰潮砂泥田	A	0—13	棕灰色	中壤土	碎块状	5.1	27.4	1.19	0.72		111	10.2	37		河流冲积物	E 116°05′46.1″ N 27°46′51.3″	95
						P	13—18	黄棕色	中壤土	小块状	6.0	15.0	0.91	0.48								
						W	18—52	灰灰色	中壤土	块块状	6.5	7.6	0.41	0.73								
						C	52—100	灰灰色	重壤土	块状	6.4	5.2	0.32	0.41								
剖43	人为土	水稻土	淹育水稻土	淹潴泥田	黄鳝泥田	Aa	0—13	亮灰棕色	黏壤土	碎块状	5.2	30.5	1.40	0.50						泥质岩类风化物坡积物	E 116°01′54.4″ N 27°47′05.6″	95
						Ap	13—19	油黄棕色	黏壤土	块状	5.0	34.0	1.50	0.50								
						C	19—60	橙色	黏壤土	大块状	5.6	11.4	0.60	0.40								
剖44	铁铝土	红壤	红壤	第四纪红色黏土红壤	薄层中有机质红砂岩类红壤	A	0—4	浅棕色	轻壤土	碎块状	5.3	17.1	0.93	0.57		99	5.2	114		第四纪红色黏土	E 116°01′55.0″ N 27°45′08.2″	95
						Bv	4—75	棕灰色	轻黏土	块状	5.0	12.5	0.68	0.47								
						C	75—100	棕黄色	轻黏土	块状	5.0	10.8	0.51	0.40								
剖45	铁铝土	红壤	红壤	红砂岩类红壤	红砂岩类红壤	A	0—11		中壤土		4.8	21.4	1.40	0.60		75	1.4	42		红砂岩类风化物	E 116°09′43.1″ N 27°48′20.4″	95
						C	11—100		中壤土		4.5	16.1	1.05	≤0.10								
剖46	人为土	水稻土	潴育水稻土	潴育型潮砂泥田	强潴灰潮砂泥田	A			中壤土											第四纪红色黏土	E 116°09′40.7″ N 27°47′50.1″	95
						Bv			轻壤土													
						C			轻壤土													
剖47	人为土	水稻土	潴育水稻土	潴育型酸性紫泥田	灰酸性紫泥田	A	0—12	紫灰色	重壤土	碎块状	5.5	25.2	1.45	4.14		123	3.8	68		紫色泥页岩风化物	E 116°11′38.8″ N 27°48′16.1″	95
						P	12—16	灰紫色	中壤土	块状	4.6	21.7	1.09	0.52								
						W	16—100	暗紫色	重壤土	棱块状	6.0	20.9	1.02	0.42								
剖48	人为土	水稻土	潴育水稻土			A	0—7				5.4	9.4	0.68	0.62		71	1.6	120		岩类风化物		
剖49	铁铝土	红壤	红壤	红砂岩类红壤		Bv	7—100				5.3	7.1	0.51	0.51						红砂岩类风化物	E 116°13′01.5″ N 27°48′25.4″	95

续表 Continued

剖面号 Soil profile	土纲 Soil order	土类 Soil great group	亚类 Soil subgroup	土属 Soil genus	土种 Soil species	土层码 Layer code	土层厚度 Depth/cm	颜色 Soil color	质地 Soil texture	土壤结构 Soil structure	pH	有机质 OM/(g/kg)	全氮 TN/(g/kg)	全磷 TP/(g/kg)	全钾 TK/(g/kg)	碱解氮 AN/(mg/kg)	有效磷 AP/(mg/kg)	速效钾 AK/(mg/kg)	阳离子交换量CEC/(cmol/kg)	土壤母质 Parent material	剖面点坐标 Profile coordinate	匹配指数 Matching index/%
剖50	人为土	水稻土	淹育水稻土	淹育型鳝泥田	淹育乌鳝泥田	A	0—13	亮棕灰色	黏壤土	碎块状	5.2	30.5	1.39	0.46	16.4				3.5	泥质岩类风化物	E 116°03′30.2″ N 27°44′45.1″	82
						B	13—18	亮黄棕色	黏壤土	块状	5.0	34.0	1.51	0.46	16.6				3.1			
						C	18—60	黄红色	黏壤土	大红状	5.6	11.4	0.59	0.41	14.8				3.9			
剖51	铁铝土	红壤	红壤	红砂岩红壤	厚层灰红砂泥土	A	0—22	暗棕色	轻壤土	碎块状	5.8	17.3	0.92	0.81		92	6.9	78		红砂岩类风化物	E 116°04′39.0″ N 27°44′31.6″	97
						Bv	22—100	红棕色	中壤土	小块状	6.4	14.0	0.66	0.67		108	5.4	65				
剖52	人为土	水稻土	淹育水稻土	淹育型麻砂泥田	强淹灰麻砂泥田	A	0—16	棕灰色	中壤土	砂粒状	5.7	17.4	1.08	0.72						花岗岩类风化物	E 116°06′30.5″ N 27°41′47.0″	95
						P	16—22	棕灰色	砂壤土	粒状	5.5	15.9	0.92	0.64								
						C	22—100	灰棕色	轻壤土	粒状	5.3	12.9	0.72	0.44								
剖53	铁铝土	红壤	红壤	红砂岩红壤	薄层少有机质红砂岩红壤	A	0—2				5.1	14.2	0.82	0.42		81	2.1	164		红砂岩类风化物	E 116°02′27.6″ N 27°42′26.8″	95
						Bv	2—26				5.0	10.1	0.45	0.25								
						C	26—54				4.7	6.2	0.24	0.35								
剖54	人为土	水稻土	潜育水稻土	潜育型鳝泥田	强潜灰鳝泥田	A	0—13	棕灰色	轻壤土	碎块状	5.4	29.7	1.60	1.30		172	4.5	39		泥质岩类风化物	E 116°01′42.6″ N 27°40′37.5″	98
						P	13—18	深棕色	中壤土	块状	5.9	24.3	1.38	1.30								
						W₁	18—54	褐灰色	中壤土	棱块状	6.7	11.9	0.64	2.78								
						W₂	54—100	灰褐色	中壤土	棱块状	6.7	4.2	0.25	0.89								
剖55	铁铝土	红壤	红壤	红砂岩红壤	薄层少有机质红砂岩红壤	A	0—5	灰棕色	砂壤土	碎粒状	5.1	22.6	1.00	0.50		101	4.8	14		红砂岩类风化物	E 116°09′29.6″ N 27°43′12.7″	95
						Bv₁	5—18	棕灰色	中壤土	粒状	5.2	9.5	0.55	0.37								
						Bv₂	18—100	棕灰色	中壤土	粒粒状	5.1	8.3	0.49	0.36								
剖56	人为土	水稻土	潜育水稻土	潜育型泥质砂红泥田	薄层少有机质泥质岩类红壤	A	0—15	灰棕色	中壤土	碎块状	5.0	18.1	1.02	0.81		78	1.2	115		泥质岩类风化物	E 116°12′13.5″ N 27°40′35.7″	95
						Bv	15—25	棕灰色	中壤土	粒状	5.4	11.1	0.69	0.86								
						C	25—100	青灰色	中壤土		5.4	10.2	0.66	1.08								
剖57	人为土	水稻土	潜育水稻土	潜育型鳝泥田	中位中潜灰鳝泥田	A	0—12	碎块状	轻壤土	碎块状	5.5	34.7	1.82	0.71		141	4.0	42		泥质岩类风化物	E 116°02′18.4″ N 27°38′49.5″	97
						P	12—15		中壤土	小块状	5.6	32.1	1.59	0.84								
						G	15—100		中壤土		5.9	44.2	1.82	4.50								
剖58	人为土	水稻土	潜育水稻土	潜育型黄泥田	中潜灰黄泥田	A	0—14	棕灰色	中壤土	碎块状	5.5	32.3	1.79	0.90		182	9.5	56		石英岩类风化物	E 116°07′29.8″ N 27°38′42.9″	97
						P	12—15	灰棕色	中壤土	团块状	6.2	10.8	0.71	0.84								
						W	15—100	浅灰色	中壤土	小块状	6.4	9.4	0.58	0.84								
剖59	人为土	水稻土	潜育水稻土	潜育型灰麻砂泥田	中位中潜灰麻砂红泥田	A	0—14	黄棕色	中壤土	块状	6.0	30.0	1.39	0.62		126	3.7	52		花岗岩类风化物	E 116°04′53.3″ N 27°36′02.8″	97
						Bv	14—24	黄棕色	中壤土	棱块状	5.0	14.9	1.25	0.62								
						G	24—61	蓝棕色	轻壤土	软块状	5.3	24.4	1.21	0.41								
						C	61—100	灰棕色	中壤土	小块状	5.4	14.5	0.72	0.36								
剖60	人为土	水稻土	潜育水稻土	潜育型泥质红泥田	中位弱潜灰红砂泥田	A	0—11	棕灰色	轻壤土	碎块状	5.6	13.1	0.77	0.36		69	3.3	39		红砂岩类风化物	E 116°05′55.7″ N 27°37′28.1″	97
						P	11—15	棕灰色	中壤土	小块状	6.4	10.1	0.59	0.31								
						G	15—100	青灰色	中壤土		6.6	6.5	0.38	0.33								
剖61	铁铝土	红壤	红壤	石英岩红壤	厚层中有机质红砂岩类红壤	A	0—20	棕灰色	中壤土	软块状	4.8	30.0	1.61	0.73		134	4.1	13		石英岩类风化物	E 116°07′14.8″ N 27°37′23.2″	97
						Bv₁	20—58	棕灰色	中壤土	湿软状	4.9	7.2	0.45	0.50								
						Bv₂	58—98	深暗色	中壤土		5.1	4.1	0.29	0.43								
						C	98—100		中壤土		5.0	1.9	0.12	0.41								
剖62	人为土	水稻土	潜育水稻土	潜育型鳝砂泥田		A	0—17	棕灰色	中壤土	粒状	5.2	45.2	2.25	0.80		207	11.0	73		花岗岩风化物	E 116°00′15.5″ N 27°36′10.0″	98
						G	17—100	蓝灰色	中壤土	粒状	5.6	25.2	1.26	0.39								
剖63	铁铝土	红壤	红壤	泥质岩红壤		A	0—16	深暗色	中壤土	粒状	4.8	45.9	2.02	1.79		230	11.4	202		泥质岩风化物	E 116°08′19.7″ N 27°39′00.9″	95
						Bv	16—28	棕灰色	中壤土	块状	4.8	31.8	2.02	1.60								
剖64	人为土	水稻土	潜育水稻土	潜育型灰鳝泥田	中潜灰鳝泥田	A	0—12	黄棕色	中壤土	棱块状	5.5	26.4	1.20	0.56		107	4.4	38		泥质岩类风化物	E 116°11′44.3″ N 27°39′32.8″	98
						P	12—16	棕黄色	中壤土	块状	5.8	15.2	0.87	0.49								
						W₁	16—65	棕黄色	中壤土	棱块状	7.2	12.2	0.58	0.46								
						W₂	65—100	浅灰色	中壤土		7.1	6.8	0.41	0.42								

续表 Continued

剖面号 Soil profile	土纲 Soil order	土类 Soil great group	亚类 Soil subgroup	土属 Soil genus	土种 Soil species	土层码 Layer code	土层厚度 Depth/cm	颜色 Soil color	质地 Soil texture	土壤结构 Soil structure	pH	有机质 OM/(g/kg)	全氮 TN/(g/kg)	全磷 TP/(g/kg)	全钾 TK/(g/kg)	碱解氮 AN/(mg/kg)	有效磷 AP/(mg/kg)	速效钾 AK/(mg/kg)	阳离子交换量CEC/(cmol/kg)	土壤母质 Parent material	剖面点坐标 Profile coordinate	匹配指数 Matching index/%
剖65	铁铝土	红壤	红壤	泥质岩红壤		A	0—18				5.1	22.1	1.27	0.80		118	1.2	114		泥质岩类风化物	E 116°11′37.2″ N 27°38′57.2″	99
						Bv	18—100				5.4	22.0	0.67	1.05								
剖66	铁铝土	红壤	黄红壤	酸性结晶岩类黄红壤		A	0—24				5.2	16.5	1.07	0.72		106	5.7	124		酸性结晶岩类	E 116°12′20.5″ N 27°38′32.8″	95
						Bv₁	24—34				5.1	16.1	0.90	0.62								
						Bv₂	34—82				5.0	15.4	0.82	0.50								
						C₁	82—100				4.9	11.8	0.65	0.42								
剖67	铁铝土	红壤	红壤	酸性结晶岩红壤		A	0—10	棕灰色	轻壤土	碎屑状	4.8	22.7	1.04	0.61		95	1.2	141		酸性结晶岩类	E 116°01′04.5″ N 27°33′08.8″	98
						Bv	10—37	棕黄色	轻壤土	粒状	5.1	16.4	1.26	0.46								
						C	37—100															
剖68	铁铝土	红壤	红壤	石英岩红壤		A	0—13	暗棕色	中壤土	屑粒状	5.1	30.2	1.43	0.55		122	1.4	13		石英岩类	E 116°03′34.1″ N 27°34′11.5″	97
						Bv	13—100	红棕色	中壤土	块状	5.1	9.1	0.57	0.44								
剖69	人为土	水稻土	潴育水稻土	潴育型麻砂泥田	弱潴灰麻砂泥田	A	0—14	棕灰色	中壤土	小块状	5.7	26.1	1.26	0.46		117	5.2	48		花岗岩风化物	E 116°00′01.2″ N 27°32′26.5″	98
						P	14—18	灰褐色	轻壤土	块状	5.8	21.3	0.95	0.37								
						W	18—100	棕灰色	轻壤土	块状	6.7	13.7	0.67	0.20								
剖70	人为土	水稻土	潴育水稻土	潴育型麻砂泥田	中潴灰麻砂泥田	A	0—11	棕灰色	中壤土	小块状	5.2	27.6	1.23	0.41		84	1.7	62		花岗岩风化物	E 116°00′31.3″ N 27°30′27.4″	98
						P	11—14	灰棕色	中壤土	块状	5.8	19.9	1.18	0.40								
						W₁	14—61	黄棕色	中壤土	棱块状	5.9	21.4	1.13	0.31								
						W₂	61—100	浅棕色	中壤土	棱块状	5.2	14.1	0.88	0.27								
剖71	铁铝土	山地黄红壤				A	0—13	浅黄色	重壤土	碎粒状	5.2	43.9	2.60	0.91		198	4.0	84		泥质岩类风化物	E 116°03′02.1″ N 27°28′09.8″	95
						Bv	13—100	红黄色	轻黏土	碎块状	4.8	12.6	0.82	0.64								
剖72	人为土	水稻土	潴育水稻土	潴育型潮砂泥田	灰潮砂泥田	A	0—13	棕棕色	中壤土	碎块状	4.9	23.4	1.89	0.71		123	10.9	37		河流冲积物	E 116°05′01.8″ N 27°28′05.8″	95
						P	13—17	灰棕色	中壤土	块状	6.7	14.0	1.84	0.59								
						W₁	17—34	黄棕色	中壤土	块状	6.5	6.4	0.65	0.58								
						W₂	34—100	黄棕色	中壤土	棱块状	6.5	6.1	0.34	0.45								

乐 安 县

主要土类说明

红壤是乐安县主要土壤类型，占本县地域面积的80%。红壤是在中亚热带生物气候条件下形成的土壤，一般土层深厚，剖面发育层次不明显，除表土层因长期枯枝落叶残存下来的腐殖质而颜色较暗外，其他颜色为均匀一致的红色或棕红色。底土常见由硅酸盐分解而生成的红、黄、白色相间的网纹层。在侵蚀地区表土或心土被冲蚀，底土出露。红壤的共同特点是土壤呈酸性，养分含量较低，严重缺磷。本县红壤分为红壤、红壤性土和黄红壤三个亚类。其中，红壤亚类面积最大，分布于海拔500m以下的高、中、低丘陵地区。红壤性土亚类位于低丘地区，在南村、增田交界地带有少量分布，是水土流失特别严重的强侵蚀红壤，由于母质颗粒粗，土体疏松，加上植被破坏严重，通常出现侵蚀沟纵横交错，表土层全部侵蚀，母质裸露地表，植被稀少的情况。黄红壤分布于金竹畲族乡等地海拔500—800m的低山地区，是红壤向山地黄壤的过渡类型，由于植被茂密，气候温湿，表层有黄化现象，有机质积累较多，自然肥力较高，是本县木、竹及油茶主要产地。

水稻土是乐安县第二大土壤类型，占本县地域面积的14%。水稻土是本县的主要耕作土壤，它是在长期的农业耕作、施肥等作用下，特别是灌溉渍水和水稻生长的影响下，经过造田、改土、轮作、复种等综合措施，人为定向培育而形成的一种独特的土壤类型。成土母质有酸性结晶岩类（花岗岩）、泥质岩类、红砂岩类、石英岩类等风化物及河流冲积物。按水型特征，本县水稻土分为淹育水稻土、潴育水稻土、潜育水稻土、侧渗水稻土四个亚类。其中，以良水型的潴育水稻土亚类面积最大，占水稻土面积的67%，集中分布在沿河（或小溪）两岸，地势平坦，水源较好的塅田及丘陵地区的坑田、垄田、排田的中下部。成土母质有酸性结晶岩类、石英岩类、泥质岩类、红色砂砾岩类、河流冲积物，其特点是排灌条件较好，种稻时间长，地下水位适中，土体中氧化还原作用交替进行，铁锰淋溶淀积现象明显，锈色斑纹密布，层段分化明显，土层深厚，宜种性广，肥力水平较高。

黄壤是乐安县第三大土壤类型，占本县地域面积的5%，主要分布于海拔800—1200m的山地，位于黄红壤之上，是在植被茂密、四季多雾、潮湿阴凉、日照少的气候条件下形成的。土壤中的矿物成分以含水化氧化铁为主，因而呈黄色。本县黄壤主要分布于南村、招携等地的边远山区，由酸性结晶岩类发育而成，由于环境湿润，植被覆盖度高，有机质含量较丰富。

本区域中心区气候特征

本区域中心区气候特征值
Regional climate characteristics in central area of the region

气候带：中亚热带湿润气候 Climate region: Subtropical humid climate	
年平均气温 /℃ Annual average temperature /℃	18.1
年平均最高气温 /℃ Annual average maximum temperature /℃	22.5
年平均最低气温 /℃ Annual average minimum temperature /℃	14.8
年降水量 /mm Annual precipitation /mm	1613
≥10℃的积温 /℃ Daily temperature accumulated in a year (≥10℃) /℃	10445
年日照时数 /h Annual sunshine /h	1665
年平均相对湿度 /% Annual average relative humidity /%	80
干燥度 Dryness	0.66

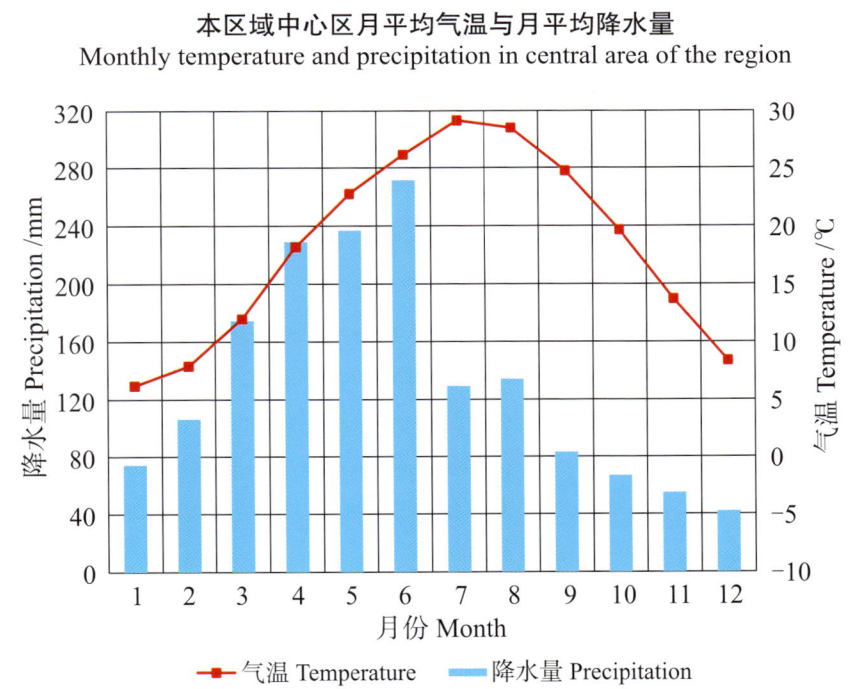

本区域中心区月平均气温与月平均降水量
Monthly temperature and precipitation in central area of the region

乐安县主要土壤类型与土壤剖面点分布图
1:280 000

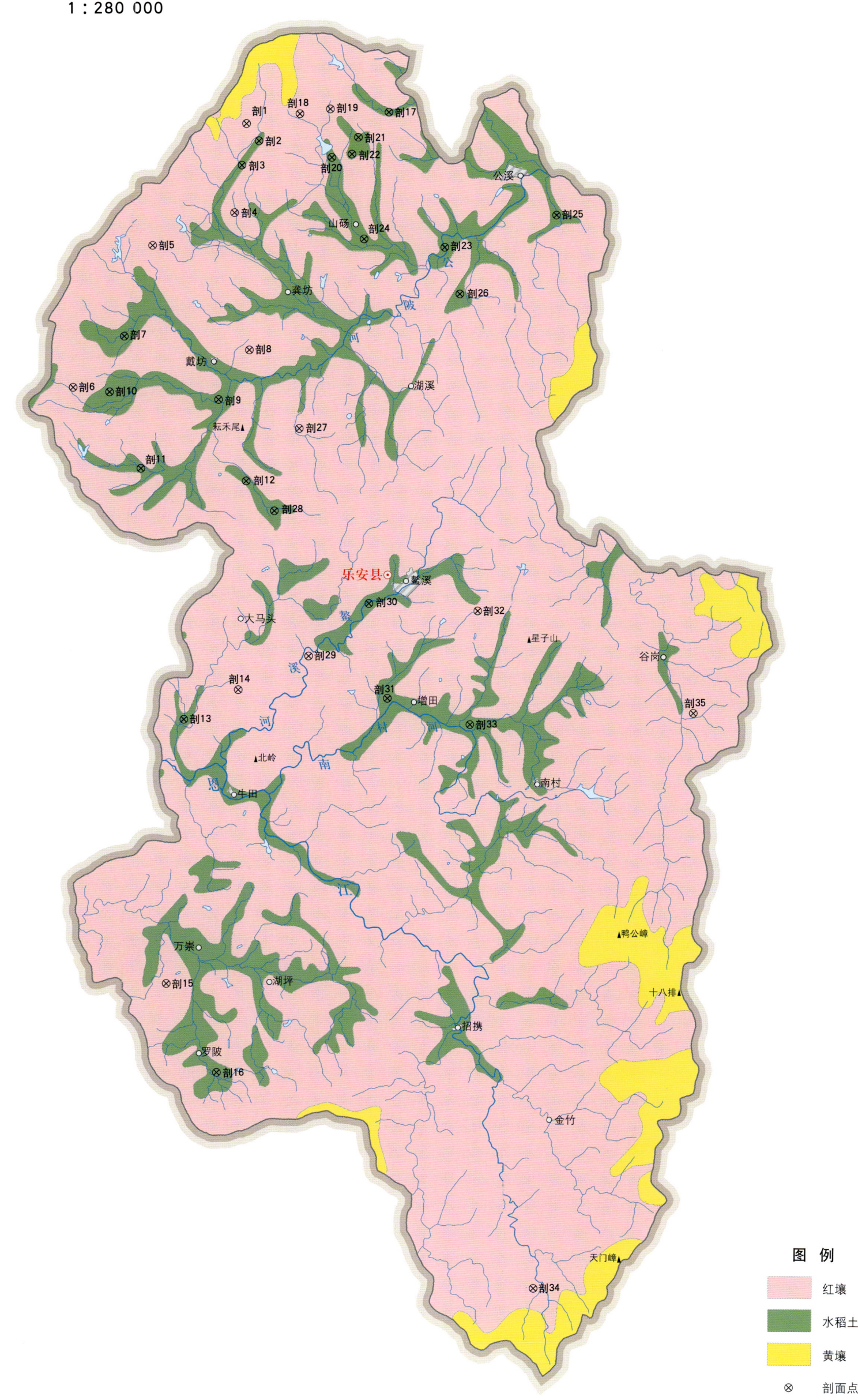

乐安县土壤剖面理化性状表

剖面号 Soil profile	土纲 Soil order	土类 Soil great group	亚类 Soil subgroup	土属 Soil genus	土种 Soil species	土层码 Layer code	土层厚度 Depth/cm	颜色 Soil color	质地 Soil texture	土壤结构 Soil structure	pH	有机质 OM/(g/kg)	全氮 TN/(g/kg)	全磷 TP/(g/kg)	碱解氮 AN/(mg/kg)	有效磷 AP/(mg/kg)	速效钾 AK/(mg/kg)	土壤母质 Parent material	剖面点坐标 Profile coordinate	匹配指数 Matching index/%
剖1	铁铝土	红壤	红壤	麻砂泥红壤		1	0–17	棕黄色	中壤土	碎粒状								酸性结晶岩类风化物	E 115°43′36.8″ N 27°41′19.4″	88
剖2	人为土	水稻土	潜育水稻土	潜育黄砂泥田	全层弱潜黄砂泥田	1	0–12	浅棕红色	中壤土	粒状								石英岩类风化物	E 115°43′59.6″ N 27°40′42.9″	98
						2	17–55			糊状										
						3	55–100													
剖3	人为土	水稻土	淹育水稻土	淹育红砂岩红泥田	强潜红砂泥田	1	0–12	浅棕色	砂壤土	块状								红砂岩类风化物	E 115°43′22.2″ N 27°39′54.9″	77
						2	12–100	浅棕灰色	轻壤土	碎粒状										
剖4	铁铝土	红壤	红壤	红砂岩红壤	厚层灰红砂泥土	1	0–10	浅棕灰色	中壤土	块状								红砂岩类风化物	E 115°43′10.9″ N 27°38′13.3″	94
						2	10–15	浅棕灰色	中壤土	块状										
						3	15–100	浅棕红色	中壤土	块状										
剖5	铁铝土	红壤	红壤	泥质岩类红壤	厚层中有机质泥质岩红壤	1	0–12	棕灰色	中壤土	碎粒状								泥质岩类风化物	E 115°39′54.0″ N 27°36′59.8″	80
						2	12–100	棕灰色	轻壤土	碎粒状										
						3	13–50	黄红色	中壤土	粒状										
							50–100	棕红色	重壤土	碎块状										
剖6	铁铝土	红壤	红壤	红砂岩红壤		1	0–8	浅棕红色	中壤土	碎块状								红砂岩类风化物	E 115°36′52.1″ N 27°32′04.9″	96
						2	8–100	浅棕色	砂壤土	碎粒状	5.4	10.4	0.66	0.46	75	6.5	20			
剖7	人为土	水稻土	淹育水稻土	淹育潮砂泥田	强潜潮砂泥田	1	0–8	浅棕色	砂壤土	碎粒状	6.1	9.3	0.61	0.45				河流冲积物	E 115°38′53.5″ N 27°33′51.2″	92
						2	8–15	黄棕色	松土	粒状	6.4	5.8	0.30	0.76						
						3	15–100	灰白色												
剖8	铁铝土	红壤	红壤	泥质岩红壤		1	0–10	灰白色	中壤土	碎粒状	5.1	44.2	1.65	0.65	127	5.4	156	泥质岩类风化物	E 115°43′40.8″ N 27°33′30.2″	82
						2	10–100	浅黄色	砂壤土	小块状	5.9	17.5	0.93	0.48						
剖9	人为土	水稻土	淹育水稻土	淹育红砂岩红泥田	强淹灰红砂泥田	1	0–11	黄棕色	砂壤土	碎粒状	5.3	22.6	1.48	0.60	114	6.7	28	红砂岩类风化物	E 115°42′38.4″ N 27°31′43.2″	75
						2	11–18	青灰色	砂壤土	块状	5.5	18.2	1.24	0.60						
						3	18–100	浅棕灰色	轻壤土	小块状	6.2	5.5	0.57	0.57						
剖10	人为土	水稻土	淹育水稻土	淹育鳝泥田	强淹鳝泥田	1	0–9	浅棕黄色	中壤土	小块状	5.4	23.3	1.42	0.91	84	22.6	73	泥质岩类风化物	E 115°38′21.1″ N 27°32′00.1″	86
						2	9–14	黄棕色	中壤土	块状	6.3	16.7	1.04	0.57						
						3	14–100	浅棕色	重壤土	块状	6.5	5.4	0.37	0.63						
剖11	人为土	水稻土	淹育水稻土	淹育麻砂泥田	强淹麻砂泥田	1	0–11	灰白色	轻壤土	屑状								花岗岩类风化物	E 115°39′45.9″ N 27°29′12.1″	99
						2	11–20	浅黄色	砂壤土	单粒状										
						3	20–100	浅黄色	砂壤土	屑状										
剖12	人为土	水稻土	潜育水稻土	潜育黄砂泥田	全层弱潜黄麻砂泥田	1	0–11	棕灰色	中壤土	小块状	5.2	13.1	0.68	0.47	65	14.7	36	花岗岩类风化物	E 115°43′41.2″ N 27°28′56.7″	87
						2	11–15	灰棕色	轻壤土	碎块状	5.9	7.5	0.33	0.59						
						3	15–100	黄棕色	轻壤土	棱粒状	6.6	4.4	0.19	0.40						
剖13	人为土	水稻土	淹育水稻土	淹育黄砂泥田	灰黄砂泥田	1	0–13	黄棕色	中壤土	碎粒状								石英岩类风化物	E 115°43′23.7″ N 27°20′37.3″	97
						2	13–18	棕黄色	中壤土	小块状										
						3														
剖14	铁铝土	红壤	红壤	泥质岩红壤	薄层多有机质泥质岩类红壤	1	0–10	灰棕色	重壤土	小块状	6.8	25.5	1.11	1.02	84	37.3	156	泥质岩类风化物	E 115°41′24.2″ N 27°21′39.5″	94
						2	10–25	浅棕红色	中壤土	块状	6.4	4.0	0.27	0.27						
						3	25–100													
剖15	铁铝土	红壤	红壤	鳝泥田	厚层灰鳝泥土	1	0–10	棕黄色	重壤土	块状	5.8	4.9	0.22	0.54				泥质岩类风化物	E 115°41′00.2″ N 27°11′29.6″	83
						2	10–35													
						3	35–100													

续表 Continued

剖面号 Soil profile	土纲 Soil order	土类 Soil great group	亚类 Soil subgroup	土属 Soil genus	土种 Soil species	土层码 Layer code	土层厚度 Depth/cm	颜色 Soil color	质地 Soil texture	土壤结构 Soil structure	pH	有机质 OM/(g/kg)	全氮 TN/(g/kg)	全磷 TP/(g/kg)	碱解氮 AN/(mg/kg)	有效磷 AP/(mg/kg)	速效钾 AK/(mg/kg)	土壤母质 Parent material	剖面点坐标 Profile coordinate	匹配指数 Matching index/%
剖16	人为土	水稻土	侧渗水稻土	侧渗麻砂泥田	中漂灰麻砂泥田	1	0—9	浅灰色	轻壤土	小团块状								花岗岩类风化物	E 115°42′50.6″ N 27°08′13.1″	76
剖17	人为土	水稻土	潜育水稻土	潜育鳝泥田	全层中潜灰鳝砂泥田	1	0—16	浅灰色	砂壤土	碎块状								泥质岩类风化物	E 115°49′03.7″ N 27°41′46.2″	87
						2	9—17	灰白色	松砂土	碎块状										
						3	17—100			软糊无结构										
剖18	铁铝土	红壤		红砂岩泥土	厚层红砂泥土	1	0—16	棕黄色	中壤土	糊状	5.5	10.8	0.60	0.34	37	1.5	≤5	红砂岩类风化物	E 115°45′32.9″ N 27°41′40.6″	87
						2	16—100	蓝棕色	重壤土	碎块状	5.3	7.4	0.44	0.27						
剖19	铁铝土	红壤		红砂岩红壤	中层中有机质红砂岩类红壤	1	0—14	黄黄色	砂壤土	碎块状								红砂岩类风化物	E 115°46′46.0″ N 27°41′48.1″	89
						2	14—100	棕灰色	砂壤土	粒粒状										
						1	0—6	棕灰色	轻壤土	粒粒状										
						2	6—47		轻壤土	碎块状										
						3	47—100													
剖20	人为土	水稻土	侧渗水稻土	侧渗潮砂泥田	中漂灰潮砂泥田	1	0—12	灰色	砂壤土	碎块状								河流冲积物	E 115°46′49.2″ N 27°40′16.9″	75
						2	12—20	棕灰色	轻壤土	碎块状										
						3	20—54	灰白色	松砂土	碎块状										
						4	54—100	灰黄色	中壤土	小块状										
剖21	人为土	水稻土	侧渗水稻土	潜渗红砂泥田	弱渗灰红砂泥田	1	0—11	浅灰色	轻壤土	碎块状								红砂岩类风化物	E 115°47′53.8″ N 27°40′51.3″	100
						2	11—16	棕灰色	轻壤土	块状										
						3	16—39	灰白色	松砂土	块状										
						4	39—100	青灰色	轻壤土											
剖22	人为土	水稻土	潜育水稻土	潜育红砂泥田	全层强潜灰麻砂泥田	1	0—22	灰棕色	中壤土	碎块状								花岗岩类风化物	E 115°47′38.5″ N 27°40′15.4″	73
						2	22—100	青棕色	中壤土	软糊无结构										
剖23	人为土	水稻土	潜育水稻土	潜育红砂泥田	中位灰弱潜红砂岩灰红砂泥田	1	0—15	棕黄色	中壤土	碎块状								红砂岩类风化物	E 115°51′21.9″ N 27°37′00.2″	83
						2	15—20	黄棕色	中壤土	块状										
						3	20—65	青灰色	中壤土	块状										
						4	65—100	灰棕色	重壤土	小块状										
剖24	人为土	水稻土	淹育水稻土	淹育红砂泥田	灰红砂泥田	1	0—14	黄黄棕色	中壤土	块状								红砂岩类风化物	E 115°48′11.6″ N 27°37′17.7″	97
						2	14—18	浅黄棕色	中壤土	肩柱状										
						3	18—100	棕灰色	中壤土	棱柱状										
剖25	人为土	水稻土	潜育水稻土	潜育鳝泥田	乌鳝泥田	1	0—15	灰黄色	中壤土	粒状								泥质岩类风化物	E 115°55′35.6″ N 27°38′14.1″	98
						2	15—22	青灰色	中壤土	块状										
						3	22—100	青灰色	重壤土	块状										
剖26	人为土	水稻土	潜育水稻土	潜育鳝泥田	强潜灰鳝泥田	1	0—12	灰棕色	中壤土	块状								泥质岩类风化物	E 115°51′55.6″ N 27°35′31.0″	98
						2	12—19	灰黄棕色	中壤土	块状										
						3	19—60	棕黄色	中壤土	块状										
						4	60—100	灰棕色	中壤土	小块状										
剖27	铁铝土	红壤		酸性结晶岩红壤	中层多有机质酸性结晶岩红壤	1	0—7	灰棕色	重壤土	碎块状								酸性结晶岩类风化物	E 115°45′39.6″ N 27°30′49.9″	96
						2	7—45	棕黄色	重壤土	块状										
						3	45—100	青灰色	重壤土	块状										
剖28	人为土	水稻土	潜育水稻土	潜育鳝泥田	全层弱潜灰鳝泥田	1	0—12	灰黄色	中壤土	软糊无结构					120	18.6	99	泥质岩类风化物	E 115°44′52.4″ N 27°27′56.6″	81
						2	12—19	灰黄色	中壤土	粒状	5.2	21.4	1.24	0.69						
						3	19—100	棕灰色	中壤土	小块状	5.4	13.6	0.61	0.54						
剖29	铁铝土	红壤		泥质岩红壤	薄层中有机质泥质岩类红壤	1	0—3	灰黄色	紧砂土	屑粒状								泥质岩类风化物	E 115°46′14.3″ N 27°22′51.0″	100
						2	3—19	棕灰色	紧砂土	块状										
						3	19—39	灰灰色												
剖30	人为土	水稻土	淹育水稻土	淹育麻砂泥田	强潜灰麻砂泥田	1	0—11	棕灰色	中壤土	小块状	5.7	6.2	0.36	0.26				花岗岩类风化物	E 115°48′32.4″ N 27°24′43.9″	98
						2	11—17	灰黄色												
						3	17—100													

续表 Continued

剖面号 Soil profile	土纲 Soil order	土类 Soil great group	亚类 Soil subgroup	土属 Soil genus	土种 Soil species	土层码 Layer code	土层厚度 Depth/cm	颜色 Soil color	质地 Soil texture	土壤结构 Soil structure	pH	有机质 OM/(g/kg)	全氮 TN/(g/kg)	全磷 TP/(g/kg)	碱解氮 AN/(mg/kg)	有效磷 AP/(mg/kg)	速效钾 AK/(mg/kg)	土壤母质 Parent material	剖面点坐标 Profile coordinate	匹配指数 Matching index/%
剖31	人为土	水稻土	潴育水稻土	潴育麻砂泥田	乌麻砂泥田	1	0—13	浅灰色	中壤土	屑粒状								花岗岩风化物	E 115°49′18.8″ N 27°21′22.2″	81
						2	13—20	灰黄色	中壤土	块状										
						3	20—50	棕黄色	中壤土	棱块状										
						4	50—100	棕灰色	中壤土	块状										
剖32	铁铝土	红壤	红壤	麻砂泥红壤		1	0—15	棕灰色	轻壤土	屑粒状	5.4	22.1	1.11	1.57	95	17.5	336	酸性结晶岩类风化物	E 115°52′50.2″ N 27°24′29.0″	99
						2	15—100	棕黄色	中壤土	碎块状		13.4	0.72	0.82						
剖33	人为土	水稻土	潴育水稻土	潴育麻砂泥田	表潜性中潴灰麻砂泥田	1	0—12	青灰色	中壤土	小块状								花岗岩风化物	E 115°52′34.3″ N 27°20′31.9″	73
						2	12—19	青灰色	中壤土	块状										
						3	19—100	灰棕色	中壤土	棱块状										
剖34	铁铝土	红壤	黄红壤	酸性结晶岩黄红壤	薄层中有机质酸性结晶岩类黄红壤	1	0—5	黄红色	中壤土	碎块状								酸性结晶岩类风化物	E 115°55′22.7″ N 27°01′02.8″	84
						2	5—25	棕黄色	中壤土	碎块状										
						3	25—100													
剖35	铁铝土	红壤	红壤	麻砂泥红壤		1	0—10	浅灰棕色	轻壤土	粒状								酸性结晶岩类风化物	E 116°01′05.5″ N 27°20′59.6″	70
						2	10—28	浅黄棕色	轻壤土	粒状										
						3	28—100													

宜 黄 县

主要土类说明

红壤是宜黄县主要土壤类型，占本县地域面积的77%。红壤是在中亚热带生物气候条件下形成的典型地带性土壤，主要分布在海拔800m以下的低山、丘陵地带。一般土层深厚，发育程度较好，土壤层次明显可见。除表层颜色因自然肥力原因显得稍为灰暗外，心土层和底土层均为红色或黄红色。土壤质地因母质不同而异，由于海拔差异，特别是气候、生物等因素的影响，土壤在垂直高度上出现不同属性，本县红壤分为红壤和黄红壤两个亚类。红壤亚类分布于海拔500m以下的低山、丘陵地区，占本土类的81%。由第四纪红色黏土和千枚岩等发育形成的红壤，质地多黏重，多数为中壤土至重壤土；由酸性结晶岩类、红色砂岩类风化发育形成的红壤，质地为轻壤土至中壤土，土层厚度因地形地貌不同而存在差异，土壤呈酸性。

水稻土是宜黄县第二大土壤类型，占本县地域面积的18%，广泛分布于本县各种地貌单元。水稻土是在人类长期水耕种稻条件下发育形成的土壤。在季节性水耕种稻或水旱交替过程中，水稻土的氧化还原交替进行，影响土壤有机质的分解与合成，黏粒和盐基的淋溶和淀积，使土壤剖面形态发生深刻变化，形成了特殊的土壤剖面构型和肥力特性。根据地形、水文和水耕熟化程度的差异，本县水稻土分为淹育水稻土、潴育水稻土、潜育水稻土三个亚类。其中，潴育水稻土亚类占水稻土面积的70%，是高产水稻土类型，主要分布于河流两岸的平缓地带，高中低丘地的垄田、畈田、中低山、高丘地区的垄谷小盆地，坑田亦有分布。由于灌溉和生产条件优越，水旱交替、氧化还原作用强烈交替进行，土壤中矿物成分、有机质等在分解与合成过程中发生淋溶与淀积，使土壤层次分化极为明显。犁底层以下形成明显潴育层，有明显的锈纹锈斑、灰色胶膜及褐色斑纹，土壤通透性好，保水保肥力强。多数具 A-P-W-C、A-P-W_1-W_2 和 A-P-W-G 剖面构型。

黄壤是宜黄县第三大土壤类型，占本县地域面积的4%，主要分布在南源、东陂、神岗、圳口、中港等乡镇，位于海拔800m以上的中山地带，在黄红壤之上，各种母质类型均可以发育形成。这一地段由于常年云雾多、湿度大、气候凉冷，植被生长较好，土壤有极为明显的黄化现象，但又未见滞水情况，因此土壤呈灰黄色、黄色。土壤表层上有厚厚的枯枝落叶层，这些物质逐渐腐烂后，土壤的腐殖质含量逐渐增加，使土壤表层颜色呈深灰色，亚表层及心土层均为黄色，该土壤土层一般比较深厚，但也有薄层出现。土壤质地砂黏不一，但较疏松，呈团块状或块状结构，肥力较高。

小于本县地域面积3%的土壤类型还有潮土、紫色土、黄棕壤等。

本区域中心区气候特征

本区域中心区气候特征值
Regional climate characteristics in central area of the region

气候带：中亚热带湿润气候 Climate region: Subtropical humid climate	
年平均气温 /℃ Annual average temperature /℃	18.1
年平均最高气温 /℃ Annual average maximum temperature /℃	22.6
年平均最低气温 /℃ Annual average minimum temperature /℃	14.8
年降水量 /mm Annual precipitation /mm	1633
≥10℃的积温 /℃ Daily temperature accumulated in a year (≥10℃) /℃	9832
年日照时数 /h Annual sunshine /h	1657
年平均相对湿度 /% Annual average relative humidity /%	80
干燥度 Dryness	0.65

宜黄县主要土壤类型与土壤剖面点分布图
1∶250 000

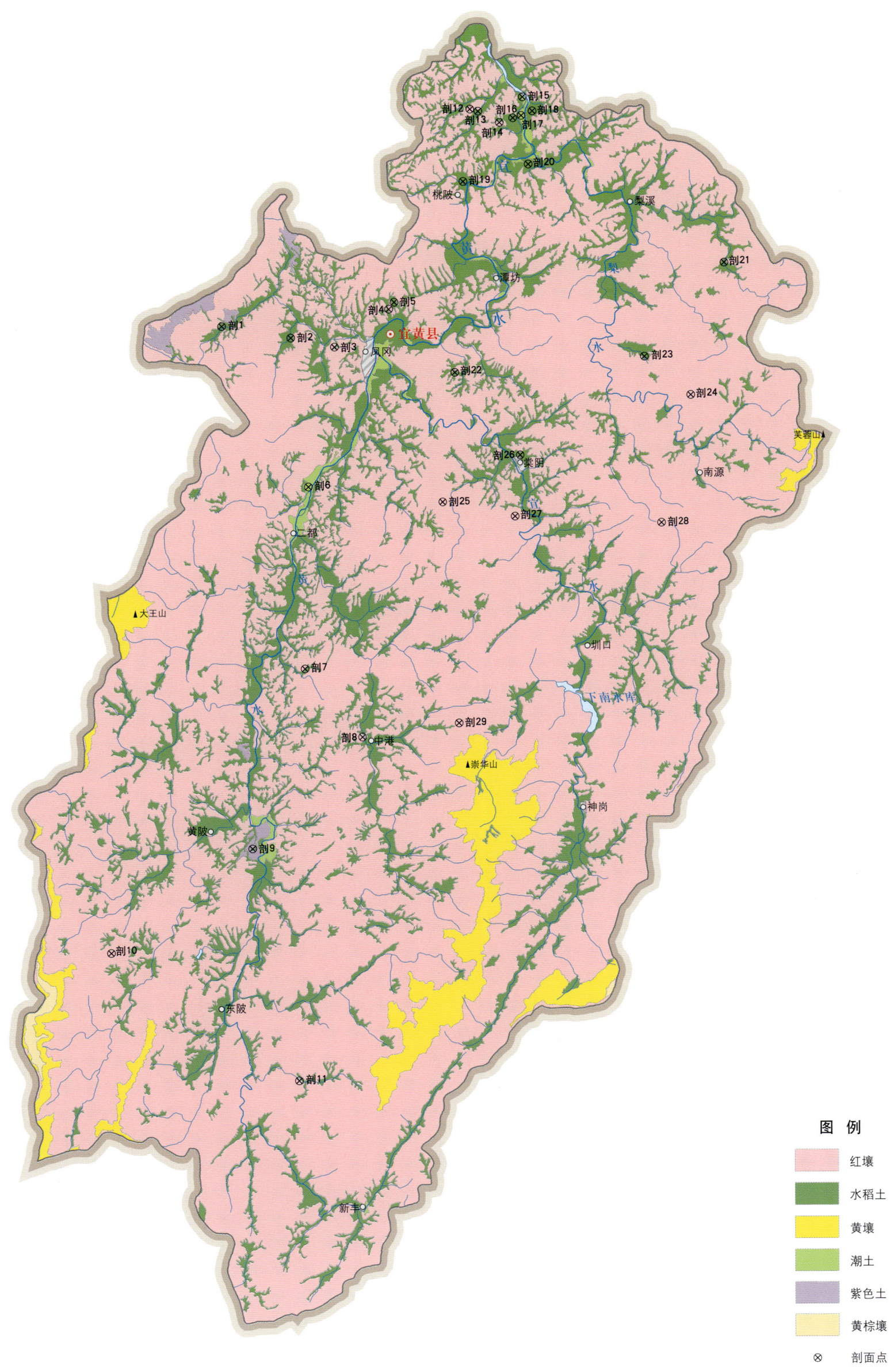

宜黄县土壤剖面理化性状表

剖面号 Soil profile	土纲 Soil order	土类 Soil great group	亚类 Soil subgroup	土属 Soil genus	土种 Soil species	土层码 Layer code	土层厚度 Depth/cm	颜色 Soil color	质地 Soil texture	土壤结构 Soil structure	pH	有机质 OM/(g/kg)	全氮 TN/(g/kg)	全磷 TP/(g/kg)	全钾 TK/(g/kg)	碱解氮 AN/(mg/kg)	有效磷 AP/(mg/kg)	速效钾 AK/(mg/kg)	阳离子交换量CEC/(cmol/kg)	土壤母质 Parent material	剖面点坐标 Profile coordinate	匹配指数 Matching index/%
剖1	人为土	水稻土	潴育水稻土	潴育型红砂泥田	中潴灰红砂泥田	A	0—12	灰棕色	轻壤土	碎粒状	5.1	20.3	0.95	0.50		125	2.5	44		红砂岩类风化物	E 116°07′47.7″ N 27°33′42.9″	95
						P	12—16	灰色	轻壤土	细块状	4.6	19.6	0.93	0.50								
						W₁	16—47	棕黄色	轻壤土	块状	5.7	10.7	0.39	0.47								
						W₂	47—76	棕灰色	轻壤土	梭块状	5.2	6.7	0.29	0.35								
						G	76—100	浅灰色	中壤土	块状	5.6	7.1	0.31	0.51								
剖2	人为土	水稻土	淹育水稻土	淹育型麻砂泥田	强淹麻砂泥田	A	0—10	浅棕色	中壤土	小块状	5.3	20.2	0.94	0.43		106	5.4	30		花岗岩类风化物	E 116°10′12.6″ N 27°33′21.9″	95
						P	10—14	浅棕色	中壤土	小块状	5.3	14.2	0.51	0.23								
						W	14—20	黄褐色	中壤土	粒状	5.7	4.1	0.45	0.21								
						C	20—100	浅紫红色	砂壤土	粒状	6.4	1.5	0.39	0.18								
剖3	人为土	水稻土	淹育水稻土	淹育型红砂泥田	强淹灰红砂泥田	A	0—10	黄褐色	轻壤土	屑粒状	5.3	17.5	0.84	0.96		97	27.4	96		红砂岩类风化物	E 116°11′44.2″ N 27°33′05.7″	95
						P	10—20	黄褐色	砂壤土	小块状	5.2	5.6	0.17	0.47								
						C	20—		稻砂土													
剖4	铁铝土	红壤		泥质岩红壤	中层中有机质泥质岩红壤	1	0—8	棕灰色	中壤土	碎粒状	4.6	37.5	1.37	1.04		137	1.2	32		泥质岩类	E 116°13′41.9″ N 27°34′18.7″	97
						2	8—36	棕黄色	中壤土	小块状	4.9	12.5	0.43	1.01								
						3	36—100	黄色	中壤土	粒状	5.2	2.9	0.12	0.53								
剖5	人为土	水稻土	潜育水稻土	壤质岩鳝泥田	全潜鳝岩鳝泥田	A	0—18	浅黄橙色	砂壤土	小块状	5.4	29.0	1.46	0.41	18.5				4.2	泥质岩类风化物	E 116°13′48.9″ N 27°34′30.5″	95
						Pg	18—25	黄色	砂壤土	块状	5.5	31.6	1.50	0.27	18.4				4.4			
						G	25—70	灰白色	砂壤土		5.8	31.9	1.41	0.28	19.5				4.8			
剖6	半水成土	潮土		壤质潮土	厚层壤土灰潮土	1	0—10	浅棕色	轻壤土	粒状	5.8	8.3	0.42	0.96		35	8.8	35		河流冲积物	E 116°10′51.2″ N 27°28′45.7″	98
						2	10—50	灰棕色	轻壤土	粒状	5.6	12.2	0.38	0.94								
						3	50—70	黄青色	轻壤土	粒状	5.3	9.0	0.33	0.85								
						4	70—100	青灰色	中砾石土	粒状	5.6	≤1.0	≤0.10	0.24								
剖7	人为土	水稻土	潜育水稻土	潴育型潮灰砂泥田	全层弱潜灰潮砂泥田	A	0—14	浅灰色	重壤土	粒状	5.0	35.3	1.41	0.82		149	7.0	35		河流冲积物	E 116°10′45.3″ N 27°23′06.8″	95
						P	14—21	棕青色	中壤土	块状	4.8	35.1	1.20	0.27								
						G₁	21—61	青灰色	中壤土	粒状	4.7	34.6	1.12	0.26								
						G₂	61—100	浅灰色	轻壤土	块状	4.5	32.8	0.91	0.34								
剖8	铁铝土	红壤		泥质岩红壤	厚层中有机质泥质岩红壤	1	0—15	灰棕色	重壤土	粒状	4.3	30.6	2.49	0.68		298	9.1	61		泥质岩类	E 116°12′46.2″ N 27°21′00.7″	98
						2	15—60	黄棕色	中壤土	小块状	4.8	19.5	1.11	0.46								
						3	60—100	黄色	中壤土	块状	4.9	8.2	0.73	0.13								
剖9	人为土	水稻土	潜育水稻土	潜育型潜性紫泥田	中位弱潜灰紫泥田	A	0—16	紫棕色	重壤土	碎屑状	5.1	35.7	1.39	1.11		129	3.8	32		紫色泥页岩风化物	E 116°08′56.6″ N 27°17′30.7″	97
						P	16—27	棕棕色	重壤土	块状	5.7	35.2	1.12	0.49								
						G₁	27—61	棕青灰色	重壤土	块状	5.7	25.9	0.95	0.47								
						G₂	61—100	青灰色	重壤土	块状	5.9	25.5	0.83	0.34								
剖10	铁铝土	红壤		酸性结晶岩红壤	厚层少有机质花岗岩红壤	A₁₁	0—15	棕色	砂质黏壤土	屑粒状	6.6	29.5	1.70	0.40	24.9	105	≤1.0	21		花岗岩坡积物、残积物	E 116°04′01.4″ N 27°14′14.2″	95
						Bv	15—62	亮棕色	砂质黏壤土	小块状	4.9	9.3	0.50	0.40	26.0							
						BvC	62—100	亮棕色	黏土	块状	4.5	6.2	0.40	0.60	26.1							
剖11	铁铝土	红壤		麻砂泥土	厚层灰麻砂泥土	1	0—18	灰棕色	中壤土	碎粒状	5.0	22.2	0.99	0.54						花岗岩风化物	E 116°10′35.8″ N 27°10′18.9″	97
						2	18—40	棕棕色	轻壤土	小块状	4.9	23.3	0.84	0.45								
						3	40—70	棕黄色	中壤土	块状	5.0	12.7	1.47	0.53								
						4	70—100	棕灰色	重壤土	块状	5.0	7.0	0.32	0.35								

续表 Continued

剖面号 Soil profile	土纲 Soil order	土类 Soil great group	亚类 Soil subgroup	土属 Soil genus	土种 Soil species	土层码 Layer code	土层厚度 Depth/cm	颜色 Soil color	质地 Soil texture	土壤结构 Soil structure	pH	有机质 OM/(g/kg)	全氮 TN/(g/kg)	全磷 TP/(g/kg)	全钾 TK/(g/kg)	碱解氮 AN/(mg/kg)	有效磷 AP/(mg/kg)	速效钾 AK/(mg/kg)	阳离子交换量 CEC/(cmol/kg)	土壤母质 Parent material	剖面点坐标 Profile coordinate	匹配指数 Matching index/%
剖12	铁铝土	红壤	红壤	红黏土红壤	厚层少有机质黏土红壤	1	0—5	棕黄色	重壤土	碎屑状	4.6	13.3	0.69	0.61		73	1.1	54		第四纪红色黏土	E 116°16′26.5″ N 27°40′29.8″	98
						2	5—35	黄红色	重壤土	碎粒状	4.6	10.8	0.46	0.45								
						3	35—83	红黄色	轻壤土	块状	4.7	11.1	0.46	0.44								
						4	83—100	黄色	重壤土	小块状	4.8	7.3	0.20	0.51								
剖13	人为土	水稻土	潴育水稻土	潴育型黄泥田	中潴灰黄泥田	P	0—12	灰棕色	重壤土	碎屑状	4.9	31.9	1.55	0.91		143	14.8	69		第四纪红色黏土	E 116°16′43.3″ N 27°40′26.1″	97
						W₁	12—20	深黄棕色	中壤土	小块状	4.8	23.4	1.40	0.62								
						W₂	20—52	黄褐色	重壤土	棱块状	4.7	13.2	0.64	0.44								
							52—100	黄褐色	重壤土	棱柱状	6.1	7.8	0.35	0.36								
剖14	铁铝土	红壤	红壤	黄泥土	厚层灰黄泥土	1	0—10	棕灰色	重壤土	大粒状	4.8	12.6	0.56	0.50		61	1.7	57		第四纪红色黏土	E 116°17′28.2″ N 27°40′05.1″	97
						2	10—67	红黄色	重壤土	团块状	4.7	3.5	0.41	0.45								
						3	67—100	黄色	重壤土	柱状	4.9	2.9	1.90	0.32								
剖15	半水成土	潮土	潮土	砂潮土	厚层少有机质砂质潮土	1	0—9	棕色	砂壤土	屑粒状	5.1	8.5	0.36	0.57		37	3.6	32		河流冲积物	E 116°18′16.8″ N 27°40′53.6″	75
						2	9—37	黄黄色	砂壤土	单粒状	5.4	7.9	0.21	0.53								
						3	37—70	白色	松砂土	粒状	6.1	1.7	0.19	0.26								
						4	70—100	白色	轻砾石土		6.0	≤1.0	≤0.10	0.11								
剖16	人为土	水稻土	潴育水稻土	潴育型麻砂泥田	全层中潴灰碱砂泥田	A	0—13	灰棕色	轻壤土	小块状	4.6	19.0	1.18	0.35		115	3.5	49		花岗岩风化物	E 116°17′56.4″ N 27°40′14.2″	95
						P	13—17	浅黄棕色	砂壤土	粒状	4.6	14.1	0.84	0.26								
						W₁	17—60	棕黄色	砂壤土	棱块状	5.5	9.0	0.47	0.20								
						W₂	60—100	灰黄色	砂壤土	棱柱状	5.9	8.6	0.21	0.20								
剖17	半水成土	潮土	潮土	砂质潮土	中层砂质潮土	1	0—13	黄白色	轻壤土	细粒状	5.1	6.6	0.53	0.64		45	1.2	42		河流冲积物	E 116°18′14.2″ N 27°40′18.6″	75
						2	13—45	棕色	中壤土	小块状	5.2	5.5	0.42	0.53								
						3	45—86	棕黄色	中壤土	细粒状	5.7	6.0	0.23	0.40								
						4	86—100	浅黄色	紧砂土	粒状	5.4	2.6	0.24	0.48								
剖18	人为土	水稻土	潴育水稻土	潴育型麻砂泥田	全层中潴灰碱砂泥田	A	0—16	灰棕色	中壤土	小块状	5.4	32.1	1.42	0.64		195	7.1	48		花岗岩风化物	E 116°18′37.5″ N 27°40′27.3″	95
						P	16—19	棕灰色	中壤土	小块状	5.3	31.5	1.31	0.52								
						W₁	19—43	暗棕色	中壤土	块状	5.3	32.4	0.88	0.56								
						W₂	43—100	青灰色	中壤土	块状	4.9	4.5	0.27	0.92								
剖19	人为土	水稻土	潴育水稻土	潴育型红砂泥田	中位弱潴红砂泥田	A	0—14	灰棕色	中壤土	碎粒状	4.9	28.6	1.30	1.31		162	3.7	25		红砂岩类风化物	E 116°16′12.8″ N 27°38′15.1″	96
						P	14—19	青棕色	中壤土	小块状	5.1	23.1	1.02	0.27								
						G	19—63	青色	中壤土	块状	5.1	22.4	0.78	0.22								
						E	63—100	灰棕色	中壤土	糊状	5.0	11.3	0.41	0.15								
剖20	人为土	水稻土	潴育水稻土	潴育型黄砂泥田	弱潴灰黄砂泥田	A	0—14	棕色	中壤土	碎粒状	4.8	30.3	1.80	0.72		175	10.8	48		石英岩类风化物	E 116°18′29.5″ N 27°38′48.0″	95
						P	14—23	棕灰色	中壤土	小块状	6.5	16.1	1.07	0.50								
						G₁	23—62	棕色	中壤土	大块状	6.1	9.7	0.60	0.41								
						G₂	62—100	黄白色	中壤土	大块状	6.5	2.2	0.14	≤0.10								
剖21	人为土	水稻土	潴育水稻土	潴育型黄砂泥田	全层弱潴黄砂泥田	A	0—15	灰棕色	轻壤土	碎粒状	4.7	39.5	1.76	0.31		169	1.1	17		石英岩类风化物	E 116°25′21.0″ N 27°35′48.0″	95
						P	15—23	浅棕灰色	轻壤土	小块状	5.0	33.5	1.22	0.27								
						G₁	23—40	棕灰色	轻壤土	块状	4.7	32.4	1.14	0.40								
						G	40—100	蓝灰色	轻壤土	块状	5.0	23.7	0.98	0.37								
剖22	人为土	水稻土	潴育水稻土	潴育型潮砂泥田	灰潮砂泥田	P	0—15	灰色	砂壤土	块状	5.2	28.7	1.49	1.69		196	40.6	11		河流冲积物	E 116°15′57.2″ N 27°32′19.5″	95
						W₁	15—21	棕灰色	砂壤土	块状	5.4	16.0	0.65	1.54								
						W₂	21—45	浅棕灰色	砂壤土	小棱块状	6.1	5.9	0.30	1.67								
							45—63	棕色	砂壤土	棱块状	6.2	5.5	0.19	0.90								
						C	63—100	浅黄色	轻砾石土	粒状	6.3	4.8	1.60	0.87								

续表 Continued

剖面号 Soil profile	土纲 Soil order	土类 Soil great group	亚类 Soil subgroup	土属 Soil genus	土种 Soil species	土层码 Layer code	土层厚度 Depth/cm	颜色 Soil color	质地 Soil texture	土壤结构 Soil structure	pH	有机质 OM/(g/kg)	全氮 TN/(g/kg)	全磷 TP/(g/kg)	全钾 TK/(g/kg)	碱解氮 AN/(mg/kg)	有效磷 AP/(mg/kg)	速效钾 AK/(mg/kg)	阳离子交换量CEC/(cmol/kg)	土壤母质 Parent material	剖面点坐标 Profile coordinate	匹配指数 Matching index/%
剖23	人为土	水稻土	淹育水稻土	淹育型鳝泥田	鳝泥田	A	0—13	棕灰色	中壤土	小块状	5.2	38.1	1.73	0.95		178	9.7	31		泥质岩类风化物	E 116°22′34.4″ N 27°32′51.8″	97
						P	13—17	浅棕黄色	重壤土	小块状	5.1	25.9	1.25	0.83								
						C	17—50	浅棕红色	轻壤土	块状	6.0	7.1	0.34	0.50								
剖24	铁铝土	红壤	红壤	红砂岩红壤	厚层中有机质红砂岩红壤	1	0—14	灰黄色	重壤土	粒状	4.9	27.4	1.16	0.44		99	2.5	36		红砂岩类	E 116°24′11.9″ N 27°31′40.7″	95
						2	14—28	浅黄红色	重壤土	粒状	4.8	14.9	0.65	0.38								
						3	28—62	浅棕红色	轻砾石土	粒状	4.8	7.5	0.32	0.31								
						4	62—100	黄红色	重壤土	粒状	4.7	7.6	0.21	0.29								
剖25	铁铝土	红壤	红壤	鳝泥土	厚层灰鳝泥土	1	0—15	棕灰色	轻壤土	粒状	6.7	16.3	0.51	2.39		61	1.9	32		泥质岩类风化物	E 116°15′32.6″ N 27°28′19.7″	95
						2	15—32	褐棕色	中壤土	块状	6.7	8.3	0.25	1.60								
						3	32—61	棕褐色	中壤土	大块状	6.6	8.7	0.27	1.42								
						4	61—100	棕褐色	中壤土	大块状	6.6	8.6	0.18	0.77								
剖26	人为土	水稻土	淹育水稻土	淹育型潮砂泥田	灰潮砂泥田	1	0—10	棕色	松砂土	细粒状	6.2	1.8	0.23	0.29		26	1.1		5.7	河流冲积物	E 116°18′14.8″ N 27°29′47.4″	95
						2	10—18	褐棕色	松砂土	小粒状	6.1	1.6	0.21	0.46					3.7			
						3	18—100	浅褐色	紧质砂土	颗粒状	6.7	≤1.0	≤0.10	≤0.10					4.5			
剖27	铁铝土	红壤	红壤	麻砂泥土	厚层乌麻砂泥土	A	0—15	棕色	砂质黏壤土	屑粒状	6.6	39.5	1.66	0.44	24.9	136	7.0	40		花岗岩残积物、坡积物	E 116°18′04.5″ N 27°27′53.2″	95
						Bv	15—62	红橙色	砂质黏壤土	小块状	4.9	9.3	0.54	0.42	26.0							
						C	62—100	暗红色	黏土	块状	4.5	6.2	0.36	0.61	26.1							
剖28	铁铝土	红壤	黄红壤	泥质岩黄红壤	厚层中有机质泥质岩黄红壤	1	0—12	棕灰色	重壤土	小块状	6.2	18.7	1.00	0.69		114	2.2	107		泥质岩类	E 116°23′11.4″ N 27°27′43.3″	97
						2	12—30	浅棕红色	中壤土	小粒状	5.6	11.8	0.45	0.79								
						3	30—47	红棕色	轻壤土	块状	5.7	7.0	0.21	0.77								
						4	47—100	红棕色	中壤土	块状	6.0	5.5	0.15	0.83								
剖29	铁铝土	红壤	黄红壤	酸性结晶岩类黄红壤	中层多有机质黄红壤	1	0—15	棕黑色	中壤土	团粒状	4.9	46.6	2.06	0.49		220	3.3	≤5		酸性结晶岩类	E 116°16′08.3″ N 27°21′27.6″	95
						2	15—45	红黄色	重壤土	小块状	5.4	15.1	0.12	0.40								
						3	45—100	红棕色	中壤土	块状	5.6	5.1	≤0.10	0.24								

金 溪 县

主要土类说明

红壤是金溪县主要土壤类型，占本县地域面积的62%，在海拔800m以下各地均有分布。红壤发生于亚热带生物气候条件下，铝硅酸盐类矿物强烈分解，盐基遭到强烈淋失，铁铝氧化物明显积聚而形成的盐基不饱和、具有特殊剖面形态、呈中度脱硅富铝化特征的土壤类型。由于母质、地形及成土条件的差异，土壤属性和利用有所差异。本县东南部低山、丘陵地区的红壤，成土母质主要是石英岩类和花岗岩类风化物，海拔多在200—800m，分布集中连片，坡度常在15°—35°，少数达45°，山体挺拔。水湿条件及成土条件较优越，表土层腐殖质含量较高，在植被较好的山地，地表尚有枯枝落叶覆盖，疏松腐殖质层厚度大于10cm，土壤湿润肥沃。风化土层厚度及土壤发育度随山地岩性的差异而不同。本县中北部中低丘陵岗地的红壤面积较大，海拔在200m以下，以海拔100—150m为多，成土母质为花岗岩、凝灰岩、红砂岩类风化物，坡度多为5°—15°，因整个地势相对平坦，部分地区杂草、灌木或马尾松疏林覆盖尚好，部分地区有轻度片蚀和沟蚀，虽然土体发育较好，但表土冲刷严重，可见网纹层或母质外露的红土，各地土层厚度因母质类型与冲刷差异而不同。本县红壤分为红壤、红壤性土和黄红壤三个亚类。

水稻土是金溪县第二大土壤类型，占本县地域面积的34%，是在淹灌植稻情况下而形成的一类耕作土壤，广泛分布于本县各地貌单元内，尤其是沿抚河、芦河、琉璃、陆坊等地河谷平原和丘陵沟谷地区最为集中。成土母质有花岗岩、凝灰岩、石英岩类、云母片岩、红砂岩、紫色砂岩、河流冲积物。其中以花岗岩、凝灰岩发育的麻砂泥田和棕砂泥田面积最大。不同的地形、母质、水文和人为耕种活动，对水稻土的形成和发育产生深刻影响。这些因素相互制约，其中水文条件为影响土壤发育过程的主导因素。由于地形、土壤地下水位高低和人为淹水植稻作用的时间和强度，以及不同水分作用类型对土壤基本属性的影响，体现在发育阶段上即为有明显差异的土壤类型。受地表水淹水作用为主，形成了淹育水稻土；受地表淹水和地下毛管水共同作用，形成了潴育水稻土；在地表、地下或层间水长期浸渍下，形成了潜育水稻土；受侧渗水作用，形成了漂洗水稻土。其中，良水型的潴育水稻土亚类占水稻土总面积的77%，广泛分布于河流两岸平原，山丘沟谷地形较开阔平坦的地带。由于灌排条件较好，土体中氧化还原交替进行，除耕作层和犁底层外，形成深厚的潴育层，由于在较少障碍层次下发育，土体通透性较好，渗水不漏水，渍水不滞水，为高产水稻土类型。

小于本县地域面积3%的土壤类型还有黄壤、潮土等。

本区域中心区气候特征

本区域中心区气候特征值
Regional climate characteristics in central area of the region

气候带：中亚热带湿润气候 Climate region: Subtropical humid climate	
年平均气温 /℃ Annual average temperature /℃	17.7
年平均最高气温 /℃ Annual average maximum temperature /℃	22.2
年平均最低气温 /℃ Annual average minimum temperature /℃	14.5
年降水量 /mm Annual precipitation /mm	1709
≥10℃的积温 /℃ Daily temperature accumulated in a year（≥10℃）/℃	8811
年日照时数 /h Annual sunshine /h	1685
年平均相对湿度 /% Annual average relative humidity /%	81
干燥度 Dryness	0.61

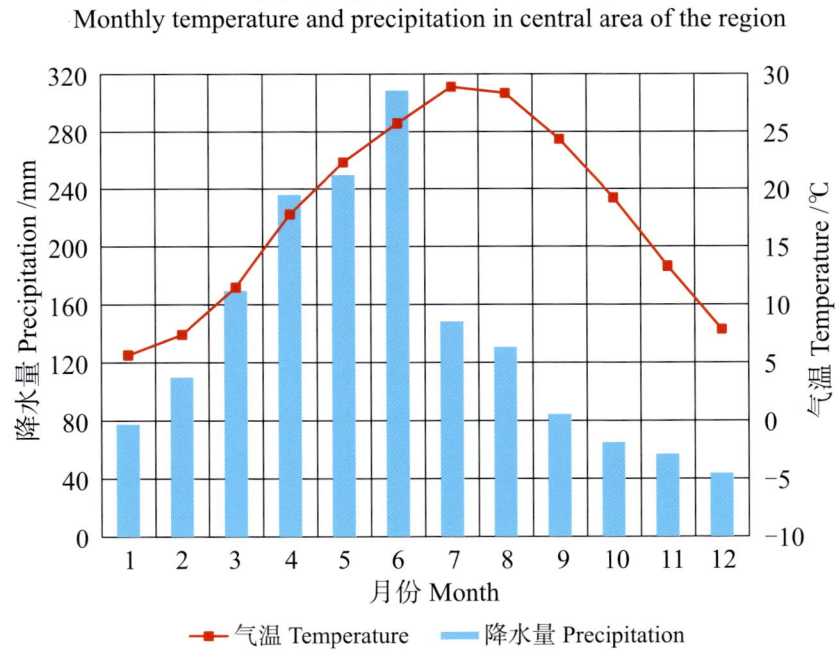

本区域中心区月平均气温与月平均降水量
Monthly temperature and precipitation in central area of the region

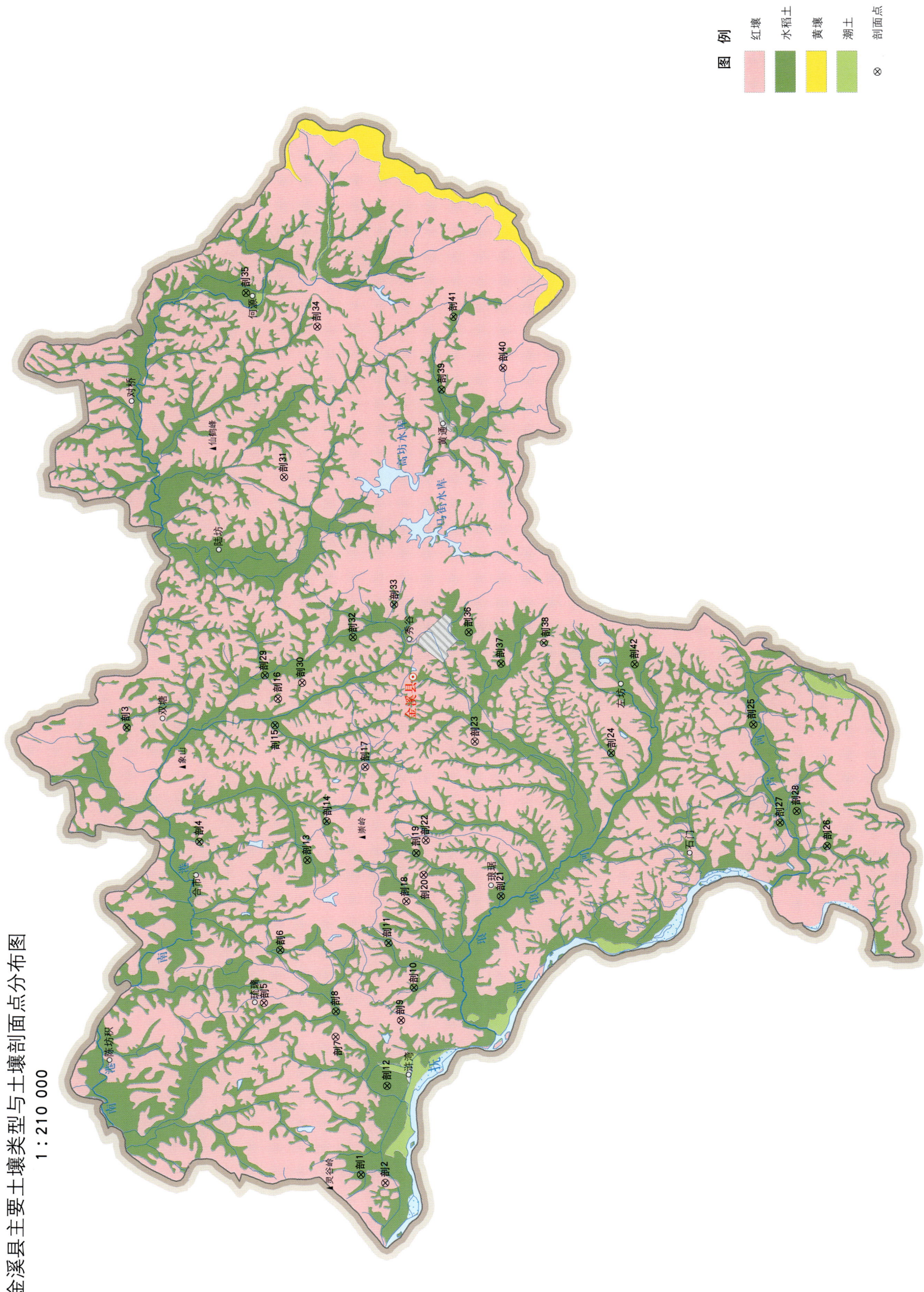

金溪县主要土壤类型与土壤剖面点分布图
1∶210 000

金溪县土壤剖面理化性状表

剖面号 Soil profile	土纲 Soil order	土类 Soil great group	亚类 Soil subgroup	土属 Soil genus	土种 Soil species	土层码 Layer code	土层厚度 Depth/cm	颜色 Soil color	质地 Soil texture	土壤结构 Soil structure	pH	有机质 OM/(g/kg)	全氮 TN/(g/kg)	全磷 TP/(g/kg)	全钾 TK/(g/kg)	碱解氮 AN/(mg/kg)	有效磷 AP/(mg/kg)	速效钾 AK/(mg/kg)	阳离子交换量 CEC/(cmol/kg)	土壤母质 Parent material	剖面点坐标 Profile coordinate	匹配指数 Matching index/%
剖1	人为土	水稻土	淹育水稻土	淹育型红砂泥田	灰红砂泥田	A	0—13	浅棕色	轻壤土		5.7	17.9	1.10	0.51		96	7.5	36		红砂岩类风化物	E 116°29′46.6″ N 27°56′31.2″	95
						P	13—21	棕黄色	轻壤土		6.3	7.9	0.45	0.66								
						C	21—100	红棕色			6.3	6.9	0.45	0.31								
剖2	铁铝土	红壤	山地黄红壤	石英岩类黄红壤		1	0—15		中壤土		5.8	27.7	0.94	0.61		98	1.5	90		石英岩类	E 116°29′31.9″ N 27°55′50.3″	75
						2	15—33		砾石土		5.6	10.3	0.39	0.51								
						3	33—56		砾石土		5.7	7.7	0.36	0.70								
						4	56—100		砾石土		6.3	5.6	0.27	0.94								
剖3	人为土	水稻土	潴育水稻土	潴育型鳝泥田	强潴灰棕泥田	1	0—13		中壤土		5.7	22.0	1.33	0.69		113	5.5	42		泥质岩类风化物	E 116°43′41.7″ N 28°03′07.1″	95
						2	13—20		中壤土		6.7	9.8	0.62	0.66								
						3	20—42		中壤土		5.6	6.6	0.44	0.77								
						4	42—100		重壤土		6.2	6.3	0.40	0.73								
剖4	人为土	水稻土	潴育水稻土	潴育型棕砂泥田	弱潴乌棕砂泥田	1	0—15		中壤土		5.5	35.5	2.21	0.76		193	7.1	55		中性结晶岩类风化物	E 116°40′08.2″ N 28°01′04.9″	95
						2	15—24		中壤土		5.5	29.3	1.87	0.68								
						3	24—62		中壤土		5.9	18.7	1.23	0.66								
						4	62—100		重壤土		5.9	11.6	0.72	0.41								
剖5	铁铝土	红壤		中性结晶岩类红壤	中层中有机质凝灰岩红壤	1	0—4		中壤土		5.5	40.7	1.09	0.29		80	≤1.0	43		凝灰岩	E 116°35′04.7″ N 27°59′15.0″	95
						2	4—24		中壤土		4.9	15.9	0.48	0.25								
						3	24—100		中壤土		4.3	6.7	0.23	0.23								
剖6	人为土	水稻土	潴育水稻土	潴育型棕泥田	弱潴灰棕砂泥田	A	0—13	棕灰色	中壤土	碎粒状	5.5	29.4	1.58	0.73		137	20.8	46		中性结晶岩类风化物	E 116°36′43.9″ N 27°58′48.2″	95
						P	13—21	浅棕灰色	中壤土	小块状	5.3	14.7	0.91	0.81								
						W	21—68	灰棕色	中壤土	棱柱状	6.1	5.9	0.40	0.93								
						C	68—100	黄棕色	轻壤土	块状	5.3	21.3	0.65	0.16								
剖7	铁铝土	红壤		中性结晶岩类红壤		1	0—2				5.5	7.6	0.18	≤0.10		55	≤1.0	41		凝灰岩	E 116°34′02.5″ N 27°57′15.0″	95
						2	2—100				5.8	44.2	2.59	2.90								
剖8	人为土	潴育水稻土		潴育型麻砂泥田	乌麻砂泥田	1	0—15		中壤土		7.3	12.2	0.74	1.34		187	25.0	150		花岗岩风化物	E 116°34′49.5″ N 27°57′14.8″	95
						2	15—20		中壤土		5.4	9.1	0.59	0.70								
						3	20—54		重壤土		7.1	7.4	0.48	0.60								
						4	54—100		重壤土													
剖9	铁铝土	红壤	红砂岩红壤性土	红砂岩红壤性土		1	0—2				5.2	30.2	1.83	0.81		176	7.6	57		红砂岩类风化物	E 116°34′33.9″ N 27°55′26.2″	93
						2	2—20		中壤土	颗粒状	5.4	29.7	1.53	0.77								
						3	20—100		中壤土	块状	6.2	15.5	0.69	≥10.00								
剖10	人为土	水稻土	潴育水稻土	潴育型黄砂泥田	弱潴灰黄砂泥田	1	0—15	棕灰色	中壤土	棱柱状	5.1	7.5	0.34	0.46		110	9.4	23		石英岩风化物	E 116°35′35.6″ N 27°55′04.7″	95
						2	14—20	灰棕色	中壤土	块状	5.8	24.2	1.39	0.85								
						3	20—66	浅灰棕色	重壤土	棱块状	6.7	11.8	0.61	0.81								
						4	66—100	棕灰色	重壤土	大块状	6.8	9.8	0.48	0.32								
剖11	人为土	水稻土	潴育水稻土	潴育型麻砂泥田	中潴麻砂泥田	A	0—15	棕灰色	中壤土		6.7	8.0	0.39	1.15		157	21.6	185		花岗岩风化物	E 116°36′59.1″ N 27°55′47.5″	95
						P	15—23	灰棕色	中壤土		5.7	36.3	2.11	1.15								
						W	23—70	浅灰棕色	重壤土		6.9	15.2	0.93	0.86								
						C	70—100	棕黄色	重壤土		6.4	6.6	0.50	0.82								
剖12	人为土	水稻土	潴育水稻土	潴育型棕砂泥田	乌棕砂泥田	1	0—14		中壤土		5.7		0.44	0.61						中性结晶岩类风化物	E 116°32′31.3″ N 27°55′48.4″	95
						2	14—18				6.8	6.5										
						3	18—64															
						4	64—100															

续表 Continued

剖面号 Soil profile	土纲 Soil order	土类 Soil great group	亚类 Soil subgroup	土属 Soil genus	土种 Soil species	土层码 Layer code	土层厚度 Depth/cm	颜色 Soil color	质地 Soil texture	土壤结构 Soil structure	pH	有机质 OM/(g/kg)	全氮 TN/(g/kg)	全磷 TP/(g/kg)	全钾 TK/(g/kg)	碱解氮 AN/(mg/kg)	有效磷 AP/(mg/kg)	速效钾 AK/(mg/kg)	阳离子交换量CEC/(cmol/kg)	土壤母质 Parent material	剖面点坐标 Profile coordinate	匹配指数 Matching index/%
剖面13	人为土	水稻土	潴育水稻土	潴育型红砂泥田	强潴灰红砂泥田	1	0—15		轻黏土		5.9	27.6	1.46	0.74		133	4.3	39		红砂岩类风化物	E 116°39′34.0″ N 27°58′04.3″	95
						2	15—19		轻黏土		6.3	10.8	0.61	1.07								
						3	19—74		中黏土		6.9	8.1	0.44	1.22								
						4	74—100		中黏土		6.6	6.7	0.41	1.17								
剖面14	人为土	水稻土	淹育水稻土	淹育型潮砂泥田	强潴灰潮砂泥田	A	0—11	浅棕色	轻壤土	粒状										河流冲积物	E 116°40′47.9″ N 27°57′32.5″	95
						P	11—16	棕灰色	轻壤土	小块状												
						C₁	16—52	棕色	砂土	粒状												
						C₂	52—100		粗砂土													
剖面15	人为土	水稻土	潴育水稻土	潴育型麻砂泥田	弱潴麻砂泥田	A	0—11	浅棕灰色	中壤土	粒状	5.8	26.7	1.51	1.25		126	6.2	33		花岗岩风化物	E 116°43′46.9″ N 27°58′59.5″	95
						P	11—16	深棕灰色	重壤土	棱柱状	5.5	24.1	1.44	1.25								
						W	16—58	灰棕色	重壤土	大块状	6.7	11.1	0.56	1.34								
						C	58—100	棕黄色	中壤土		6.5	10.5	0.49	1.28								
剖面16	铁铝土	红壤	红壤	麻砂泥土	厚层乌麻砂泥土	1	0—19	棕灰色	中壤土	碎粒状	4.9	37.5	1.67	0.65		169	11.5	25		花岗岩风化物	E 116°44′36.1″ N 27°58′54.9″	99
						2	19—59	黄棕色	重壤土	小块状	4.7	16.7	0.83	0.32								
						3	59—100	棕红色	重壤土	大块状	4.8	7.3	0.38	0.28								
剖面17	铁铝土	红壤	酸性结晶岩红壤		厚层少有机质花岗岩红壤	1	0—15			粒状	5.3	37.6	1.31	0.47		145	3.6	104		花岗岩风化物	E 116°42′30.3″ N 27°56′28.8″	95
						2	15—41				5.0	12.8	0.48	0.40								
						3	41—100				5.2	4.2	0.21	0.25								
剖面18	铁铝土	红壤性土				1	0—2		轻壤土		4.9	66.2	2.14	0.31		167	24.9	83		酸性结晶岩类	E 116°38′17.2″ N 27°55′18.5″	95
						2	2—100		中壤土		4.8	37.5	1.43	0.24								
剖面19	人为土	水稻土	潴育水稻土	麻砂泥土	中潴麻砂泥田	1	0—14				5.6	50.2	2.99	1.77		215	63.8	126		花岗岩风化物	E 116°39′48.6″ N 27°55′02.6″	95
						2	14—19				5.8	13.3	1.10	0.29								
						3	19—53				6.4	10.4	0.50	1.52								
						4	53—100				6.5	9.9	0.47	0.85								
剖面20	铁铝土	红壤	淹育水稻土	麻砂泥土	中层灰麻砂泥田	1	0—18				5.3	17.8	0.56	0.19		129	≤1.0	162		花岗岩风化物	E 116°39′08.0″ N 27°54′50.2″	98
						2	18—52				5.3	≤1.0	0.36	0.14								
						3	52—100				5.3	2.4	0.11	0.13								
剖面21	人为土	水稻土	淹育水稻土	淹育型麻砂泥田	强淹灰麻砂泥田	A	0—13	棕灰色	中壤土	粒状	5.7	28.2	1.64	0.61		138	9.7	55		花岗岩风化物	E 116°38′27.6″ N 27°52′40.7″	95
						P	13—18	黄棕色	中壤土	块状		21.4	1.11	0.57								
						C	18—100	浅黄色	中壤土	块状	5.4	11.0	0.64	0.64								
剖面22	铁铝土	红壤	潴育水稻土	麻砂泥土	薄层乌麻砂泥田	1	0—21				5.4	40.8	1.76	1.27		151	38.6	287		花岗岩风化物	E 116°40′13.0″ N 27°54′46.6″	99
						2	21—37		中壤土		4.4	11.3	0.59	0.23								
						3	37—100				4.2	4.9	0.39	0.17								
剖面23	铁铝土	红壤	酸性结晶岩红壤		厚层多有机质花岗岩红壤	1	0—5		重壤土		5.3	49.9	2.05	0.37		19	4.6	52		酸性结晶岩类	E 116°43′18.4″ N 27°53′25.6″	95
						2	5—70		重壤土		5.4	7.0	0.35	0.22								
						3	70—100				5.4	3.4	0.17	0.18								
剖面24	人为土	水稻土	潴育水稻土	潴育型潮砂泥田	乌潮砂泥田	1	0—14				5.8	31.7	1.75	0.71		125	15.9	66		河流冲积物	E 116°42′58.0″ N 27°49′37.9″	95
						2	14—18				5.9	26.9	1.32	0.95								
						3	18—58				5.2	9.2	0.53	0.80								
						4	58—100				6.1	14.9	0.81	0.41								
剖面25	人为土	水稻土	潴育水稻土	潴育型黄砂泥田	强潴灰黄砂泥田	1	0—12				5.4	26.9	1.53	1.74		117	66.4	117		石英岩类风化物	E 116°43′52.3″ N 27°45′41.2″	95
						2	12—19				5.9	22.4	1.25	2.08								
						3	19—68				6.8	9.4	0.42	1.59								
						4	68—100				6.5	5.4	0.25	0.59								

续表 Continued

剖面号 Soil profile	土纲 Soil order	土类 Soil great group	亚类 Soil subgroup	土属 Soil genus	土种 Soil species	土层码 Layer code	土层厚度 Depth/cm	颜色 Soil color	质地 Soil texture	土壤结构 Soil structure	pH	有机质 OM/(g/kg)	全氮 TN/(g/kg)	全磷 TP/(g/kg)	全钾 TK/(g/kg)	碱解氮 AN/(mg/kg)	有效磷 AP/(mg/kg)	速效钾 AK/(mg/kg)	阳离子交换量CEC/(cmol/kg)	土壤母质 Parent material	剖面点坐标 Profile coordinate	匹配指数 Matching index/%
剖26	人为土	水稻土	潴育水稻土	潴育型鳝泥田	乌鳝泥田	1	0—13				5.3	59.8	3.18	1.42		254	18.0	141		泥质岩类风化物	E 116°40′06.0″ N 27°43′36.5″	95
						2	13—19				6.7	50.7	2.35	0.32								
						3	19—61				6.4	13.1	0.77	1.39								
						4	61—100				5.5	12.4	0.59	0.59								
剖27	人为土	水稻土	潴育水稻土	潴育型红砂泥田	中位弱潜灰红砂泥田	1	0—14				5.8	18.8	1.16	0.47		101	8.1	30		红砂岩类风化物	E 116°40′49.4″ N 27°44′55.8″	95
						2	14—26				6.3	5.6	0.24	0.30								
						3	26—42				6.7	5.9	0.37	0.29								
						4	42—100				6.5	4.5	0.29	0.18								
剖28	人为土	水稻土	潴育水稻土	潴育型麻砂泥田	全层弱潜灰麻砂泥田	1	0—11				6.2	31.8	1.60	0.69		124	5.8	75		花岗岩风化物	E 116°41′11.3″ N 27°44′27.9″	95
						2	11—33				5.5	25.8	1.19	0.67								
						3	33—100				5.7	7.1	0.41	0.54								
剖29	人为土	水稻土	潴育水稻土	潴育型麻砂泥田	全层强潜乌麻砂泥田	A	0—22	深灰色	重壤土	铁糊无结构	5.0	63.6	2.80	0.59		194	4.4	63		花岗岩风化物	E 116°45′19.6″ N 27°59′16.7″	95
						G_1	22—66	青灰色	轻壤土	块状	5.1	51.7	2.38	0.39								
						G_2	66—100	深灰色	中壤土	大块状	4.8	51.3	2.34	0.25								
剖30	铁铝土	红壤		麻砂红土	厚层乌麻砂土	1	0—19		重壤土			14.3	0.77	0.43	15.0	85	6.0	99	5.3	花岗岩风化物	E 116°45′06.5″ N 27°58′14.4″	99
						2	19—54		中壤土			8.1	0.50	0.25	14.0				7.2			
						3	54—100					3.5	0.36	0.24	16.5				7.0			
剖31	铁铝土	红壤		麻砂红土	厚层灰麻砂土	A	0—13	暗黄棕色		屑粒状	6.0		2.13			170	17.3	96		花岗岩残积物、坡积物	E 116°51′31.5″ N 27°58′46.1″	82
						ABv	13—35	暗黄棕色	砂壤土	碎块状	5.3		1.57									
						BvC	35—100	橙红色	砂质黏壤土	块状	5.4		0.99									
剖32	人为土	水稻土	潴育水稻土	潴育型黄砂泥田	上位弱潜乌黄砂泥田	1	0—13		重壤土		5.4	46.4	2.14	0.55		164	6.1	98		石英岩类风化物	E 116°46′32.4″ N 27°56′50.3″	95
						2	13—20		中壤土		5.4	30.3	1.33	0.29								
						3	20—100		轻壤土		5.4	17.1	0.12	0.21								
剖33	人为土	水稻土	潴育水稻土	潴育型黄砂泥田	上位中潜乌黄砂泥田	1	0—15	浅灰色	重壤土		5.5	35.5	0.71	0.46		60	≤1.0	65		花岗岩类风化物	E 116°47′34.4″ N 27°55′41.6″	95
						2	15—68	浅黄色	轻壤土		5.5	24.3	0.45	0.45								
						3	68—100				6.8	2.6	0.44	0.44								
剖34	铁铝土	红壤		石英型红壤		1	0—21		重壤土	粒状	5.4	15.1	1.70			125	12.5			石英岩类	E 116°56′14.3″ N 27°57′51.1″	95
						2	21—72		中壤土		5.5	7.9										
						3	72—100		中壤土		5.3	7.1										
剖35	人为土	水稻土	淹育水稻土	淹育型黄砂泥田	强潜灰黄砂泥田	A	0—10	浅灰色	轻壤土			33.7	1.11	0.59		92	8.0	45		石英岩类风化物	E 116°57′12.8″ N 27°59′43.8″	95
						P	10—16	黄棕色	轻壤土		5.7	18.1	0.58	0.50								
						C	16—100	灰棕色	中壤土			7.9	0.47	0.62								
剖36	人为土	水稻土	淹育水稻土	淹育型棕砂泥田	灰棕砂泥田	A	0—13		中壤土		5.4	6.2	0.40	0.40		170	8.8	56		中性结晶岩类风化物	E 116°46′42.7″ N 27°53′36.7″	95
						P	13—22				5.4	5.2	2.09	0.73								
						C_1	22—57					40.1	0.95	0.58								
						C_2	57—100					17.6										
剖37	人为土	水稻土	淹育水稻土	淹育型乌潮泥田	强淹乌潮砂泥田	1	0—20				5.5	57.8	0.30	0.90		233	12.7	73		河流冲积物	E 116°45′43.8″ N 27°52′42.9″	95
						2	20—27				5.2	47.6	2.09	0.91								
						3	27—															
剖38	人为土	水稻土	潴育水稻土	潴育型潮砂泥田	全层弱潜乌潮砂泥田	1	0—12				6.4	38.8	2.01	0.90						河流冲积物	E 116°46′23.3″ N 27°51′31.3″	95
						2	12—17				4.8	12.6	0.58	0.31								
						3	17—53															
						4	53—100															

续表 Continued

剖面号 Soil profile	土纲 Soil order	土类 Soil great group	亚类 Soil subgroup	土属 Soil genus	土种 Soil species	土层码 Layer code	土层厚度 Depth/cm	颜色 Soil color	质地 Soil texture	土壤结构 Soil structure	pH	有机质 OM/(g/kg)	全氮 TN/(g/kg)	全磷 TP/(g/kg)	全钾 TK/(g/kg)	碱解氮 AN/(mg/kg)	有效磷 AP/(mg/kg)	速效钾 AK/(mg/kg)	阳离子交换量CEC/(cmol/kg)	土壤母质 Parent material	剖面点坐标 Profile coordinate	匹配指数 Matching index/%
剖39	人为土	水稻土	潴育水稻土	潴育型潮砂泥田	强潴灰潮砂泥田	A	0—14	灰色	轻壤土	团粒状	5.5	52.3	2.69	0.95		223	15.1	93		河流冲积物	E 116°54′16.6″ N 27°54′23.7″	95
						P	14—19	棕灰色	中壤土	小块状	6.0	39.6	2.13	0.83								
						W	19—60	浅棕灰色	中壤土	棱块状	5.5	9.1	0.45	0.75								
						C	60—100	浅黄棕色	轻壤土		6.5	8.4	0.45	0.50								
剖40	铁铝土	红壤		酸性结晶岩红壤	厚层中有机质花岗岩红壤	1	0—15				4.8	66.4	3.33	0.86		255	10.0	50		酸性结晶岩类	E 116°54′57.7″ N 27°52′41.2″	95
						2	15—30				4.9	43.4	2.29	0.70								
						3	30—80				4.9	20.6	1.25	0.58								
						4	80—100				5.4	14.5	0.92	0.49								
剖41	人为土	水稻土	潜育水稻土	潜育型潮砂泥田	全层弱潜乌潮砂泥田	A	0—12	浅青灰色	中壤土		5.8	40.3	2.12	1.30		188	46.4	27		河流冲积物	E 116°56′33.1″ N 27°54′04.0″	95
						P	12—16	青灰色	中壤土	块状	5.4	24.3	1.23	1.26								
						C_1	16—36	浅灰色	中壤土	块状	6.1	22.1	1.01	0.91								
						C_2	36—100	浅灰色	中壤土	块状	5.6	12.6	0.61	0.59								
剖42	人为土	水稻土	潴育水稻土	潴育型黄砂泥田	乌黄砂泥田	A	0—15	棕灰色	轻壤土	粒状	5.5	38.8	2.18	1.16		193	5.3	60		石英岩类风化物	E 116°45′43.5″ N 27°48′59.9″	95
						P	15—22	浅灰色	轻壤土	片块状	5.8	31.4	1.85	1.72								
						W	22—100	灰棕色	轻壤土	棱柱状	6.1	24.5	1.00	1.42								

资 溪 县

主要土类说明

红壤是资溪县主要土壤类型，占本县地域面积的84%。红壤主要分布在本县海拔800m以下的丘陵及低山中、下部，随着海拔的升高，红壤面积逐渐缩小。根据成土作用的差异，本县红壤分为红壤、山地黄红壤两个亚类。红壤亚类面积占本县红壤土类的68%，广泛分布于本县海拔500m以下的丘陵地区，土壤呈酸性，具有红色心土层，质地较黏，土层深厚，有机质分解快，成土母质以花岗岩、石英岩、中性结晶岩为主。山地黄红壤亚类面积占本县红壤土类的32%，主要分布在海拔500—800m地区，原生植被多数遭受破坏，现存植被以残次林和人工栽培杉、松、樟、竹及灌木为主。土壤有机质含量略高于红壤。剖面表层和亚表层有黄化现象，心土层和底土层呈棕红色，表现出红壤向黄壤过渡的特点。

水稻土是资溪县第二大土壤类型，占本县地域面积的8%。水稻土是本县最主要的耕种土壤，在种植水稻、长期水耕熟化等影响下形成的具有独特剖面形态特征的一类土壤。按照形成水稻土的母质和发育特征的不同及土壤形成过程中水分条件的差异，本县水稻土分为淹育水稻土、潴育水稻土、潜育水稻土和侧渗水稻土四个亚类。其中，以良水型的潴育水稻土亚类分布最广、面积最大，占本县水稻土面积的78%，该类土壤排灌条件较好，地下水位适中，土壤中的氧化还原作用强烈，铁锰氧化物淋溶淀积明显，耕作层之下的心土层呈花斑状，常可见铁锰质新生体和锈色斑纹，结构面上常有灰色胶膜，多具 A-P-W-C 或 A-P-W-G 剖面构型。由于种稻时间长，通过人们精耕细作，水耕熟化程度高，为本县高产土壤类型。

黄壤是资溪县第三大土壤类型，占本县地域面积的7%，分布在海拔800—1300m的山地上部。土壤表土层色暗，枯枝落叶层较厚，腐殖质层厚，淀积层呈黄色或棕黄色，有效土层一般大于100cm，少数为30—100cm，具 O-A-AB-B-C 剖面构型。黄壤富含水合氧化物（针铁矿），呈黄色，中度富铝化，有时多含三水铝石。土壤有机质累积较高，可达 100g/kg，pH 为 4.5—5.5。

小于本县地域面积3%的土壤类型还有潮土等。

本区域中心区气候特征

本区域中心区气候特征值
Regional climate characteristics in central area of the region

气候带：中亚热带湿润气候 Climate region: Subtropical humid climate	
年平均气温 /℃ Annual average temperature /℃	17.9
年平均最高气温 /℃ Annual average maximum temperature /℃	22.7
年平均最低气温 /℃ Annual average minimum temperature /℃	14.5
年降水量 /mm Annual precipitation /mm	1724
≥10℃的积温 /℃ Daily temperature accumulated in a year（≥10℃）/℃	7803
年日照时数 /h Annual sunshine /h	1673
年平均相对湿度 /% Annual average relative humidity /%	81
干燥度 Dryness	0.61

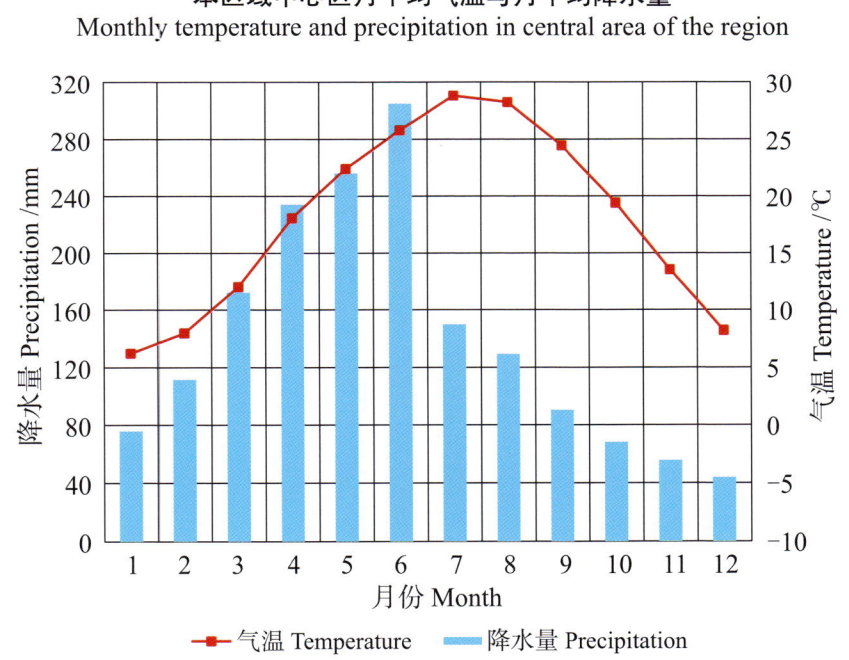

本区域中心区月平均气温与月平均降水量
Monthly temperature and precipitation in central area of the region

资溪县主要土壤类型与土壤剖面点分布图

1∶220 000

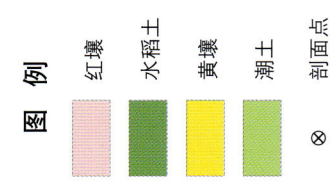

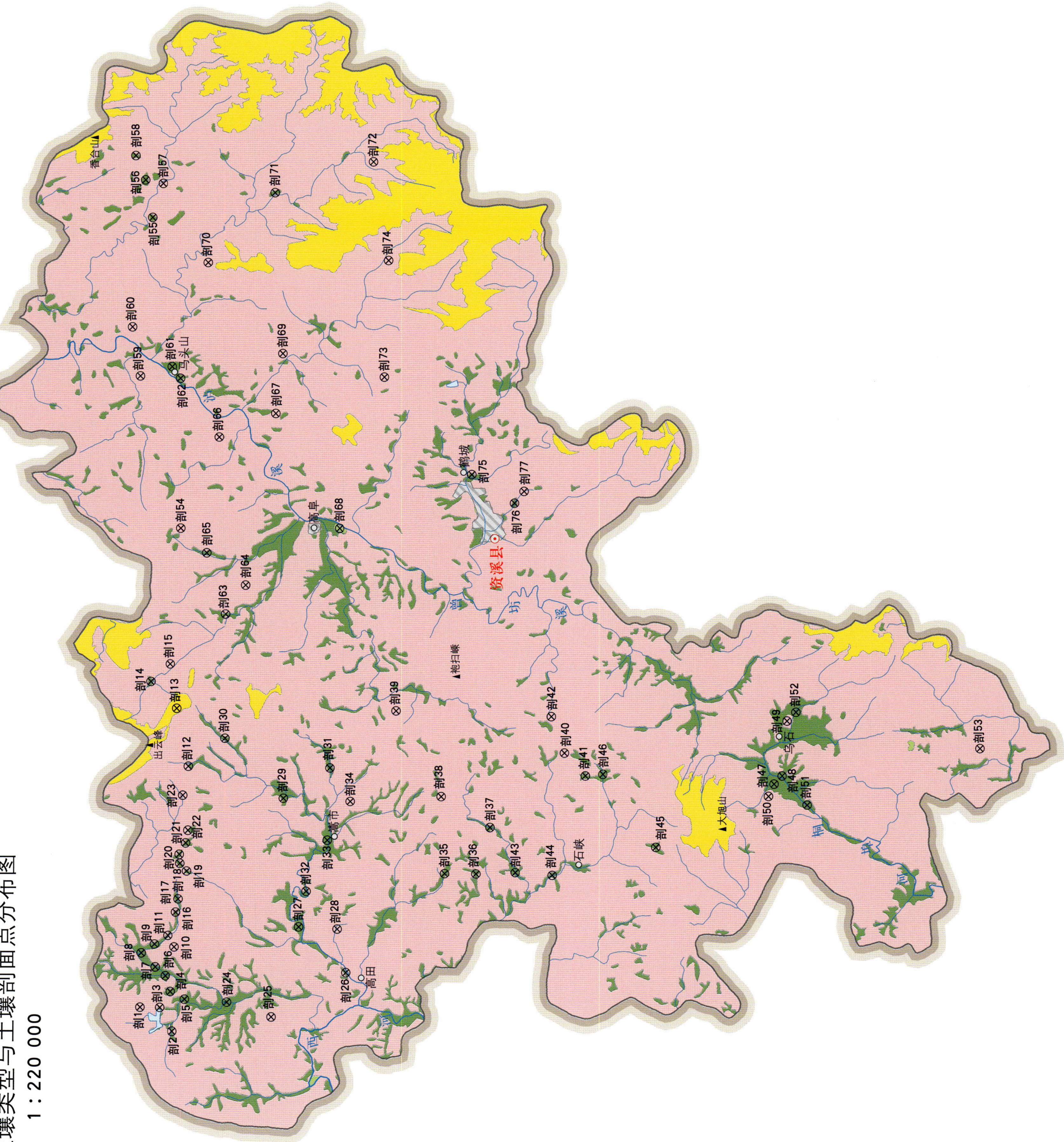

资溪县土壤剖面理化性状表

剖面号 Soil profile	土纲 Soil order	土类 Soil great group	亚类 Soil subgroup	土属 Soil genus	土种 Soil species	土层码 Layer code	土层厚度 Depth/cm	颜色 Soil color	质地 Soil texture	土壤结构 Soil structure	pH	有机质 OM/(g/kg)	全氮 TN/(g/kg)	全磷 TP/(g/kg)	全钾 TK/(g/kg)	碱解氮 AN/(mg/kg)	有效磷 AP/(mg/kg)	速效钾 AK/(mg/kg)	土壤母质 Parent material	剖面点坐标 Profile coordinate	匹配指数 Matching index/%
剖1	铁铝土	红壤	红壤	红砂岩红壤		1	0-14		中壤土										红砂岩类	E 116°50′07.2″ N 27°51′10.8″	95
						2	14-20		中壤土												
						3	20-46		中壤土												
						4	46-74		中壤土												
						5	74-100		轻壤土												
剖2	人为土	水稻土	潴育水稻土	潴育型黄砂泥田	强潴育型黄砂泥田	1	0-12	棕灰色	中壤土	屑粒状	5.9	46.6				35		66	石英岩类风化物	E 116°49′27.3″ N 27°50′23.0″	75
						2	12-17	棕灰色	中壤土	块状											
						W_1	17-36	棕黄色	轻壤土	棱块状											
						W_2	36-100	灰棕色	轻壤土	块状											
剖3	人为土	水稻土	潴育水稻土	潴育型潮砂泥田	灰潮砂泥田	1	0-10	棕灰色	中壤土	碎块状	5.3	33.7	1.56	0.64		166	3.7	88	河流冲积物	E 116°50′06.6″ N 27°50′41.8″	75
						2	10-15	棕灰色	中壤土	小块状	5.3	31.0	0.98	0.52			4.5				
						3	15-48	棕黄色	轻壤土	块状	6.7	14.7	0.57	0.36							
						4	48-100	棕灰色	中壤土	块状	6.9	4.7	0.30	0.24							
剖4	人为土	水稻土	淹育水稻土	潴育型潮砂泥田	灰潮砂泥田	1	0-18	灰棕色		屑粒状	5.2					165	9.0	59	河流冲积物	E 116°50′33.3″ N 27°50′25.9″	75
						2	18-32	浅棕灰色		块状											
						3	32-100	黄棕色		粒状											
剖5	人为土	水稻土	潴育水稻土	潴育型麻砂泥田	弱潴育灰麻砂泥田	1	0-14	灰棕色	中壤土	屑粒状	5.4					132	17.5	33	花岗岩风化物	E 116°50′20.8″ N 27°50′04.7″	75
						2	14-18	中壤土	中壤土	块状											
						3	18-45	中壤土	中壤土	块状											
						4	45-100	砂壤土	砂壤土	粒状											
剖6	人为土	水稻土	潴育水稻土	潴育型麻砂泥田	表潜性中潴灰麻砂泥田	1	0-11	棕灰色	中壤土	屑粒状	4.6	40.8	0.94	0.75		202	12.3	88	花岗岩风化物	E 116°50′59.4″ N 27°50′33.4″	95
						2	11-22	青灰色	中壤土	块状	5.3	27.8	1.24	0.51							
						3	22-58	棕灰色	中壤土	块状	6.1	3.7	0.23	0.37							
						4	58-100	灰黄色	砂壤土	块状	5.8	2.2	0.22	0.27							
剖7	人为土	水稻土	潴育水稻土	潴育型黄砂泥田	灰黄砂泥田	1	0-16	灰色	中壤土	屑粒状	5.3	34.9	2.09	1.91		227	49.0	67	石英岩类风化物	E 116°51′14.2″ N 27°50′48.4″	75
						2	16-24	灰棕色	中壤土	小块状	5.9	17.3	0.47	0.54							
						3	24-56	黄棕色	中壤土	块状	6.2	14.0	0.42	0.44							
						4	56-100	灰白色	中壤土	块状	6.4	12.4	0.38	0.35							
剖8	人为土	水稻土	潴育水稻土	潴育型潮砂泥田	中位中潴灰潮砂泥田	1	0-19	棕灰色	中壤土	屑粒状	5.6	3.4	1.49	0.48		142	7.0	10	河流冲积物	E 116°51′37.1″ N 27°51′09.5″	75
						2	19-28	青灰色	中壤土	块状	5.3	20.4	1.02	0.43							
						3	28-95	蓝灰色	中壤土	块状	5.4	25.9	0.88	0.25							
						4	95-100	灰白色	砂壤土	粒状	5.5	39.9	0.20	≤0.10							
剖9	人为土	水稻土	潴育水稻土	潴育型潮砂泥田	全层强潴灰潮砂泥田	1	0-15	棕红色	中壤土	屑粒状	5.8	31.8	1.51	0.43		139	7.5	49	河流冲积物	E 116°51′52.2″ N 27°50′49.9″	75
						2	15-100	棕黄色	中壤土	粒状	4.7	30.2	1.00	0.25		116	3.5	68			
剖10	铁铝土	红壤	红壤	花岗岩红壤	厚层少有机质花岗岩类红壤	1	0-6	黄棕色	中壤土	粒状									花岗岩类风化物	E 116°51′47.4″ N 27°50′20.3″	95
						2	6-36	棕黄色	中壤土	块状											
						3	36-100	青灰色	中壤土	块状											
剖11	人为土	水稻土	潴育水稻土	潴育型麻砂泥田	上位弱潴灰麻砂泥田	1	0-12	深灰色	中壤土	屑粒状	5.1	33.7	1.11	0.55		147	7.3	64	花岗岩风化物	E 116°52′06.8″ N 27°50′29.9″	75
						2	12-17	红灰色	中壤土	块状	5.1	24.7	0.89	0.49							
						3	17-34	红棕色	中壤土	块状	6.5	14.2	0.46	≤0.10							
						4	34-100	棕褐色	中壤土	块状	6.5	4.0	0.25	0.22							

续表 Continued

剖面号 Soil profile	土纲 Soil order	土类 Soil great group	亚类 Soil subgroup	土属 Soil genus	土种 Soil species	土层码 Layer code	土层厚度 Depth/cm	颜色 Soil color	质地 Soil texture	土壤结构 Soil structure	pH	有机质 OM/(g/kg)	全氮 TN/(g/kg)	全磷 TP/(g/kg)	全钾 TK/(g/kg)	碱解氮 AN/(mg/kg)	有效磷 AP/(mg/kg)	速效钾 AK/(mg/kg)	土壤母质 Parent material	剖面点坐标 Profile coordinate	匹配指数 Matching index/%
剖12	人为土	水稻土	潴育水稻土	潴育型潮砂泥田	乌潮砂泥田	1	0—18	乌棕色	中壤土	屑粒状	5.6	41.2	2.13	1.79		248	14.8	72	河流冲积物	E 116°56′51.0″ N 27°50′00.2″	75
						2	18—25	灰黄色	中壤土	小块状	5.6	29.8	1.28	0.95							
						3	25—62	灰棕色	轻壤土	块状	6.2	21.3	1.01	0.93							
						4	62—100	黄棕色	轻壤土	小块状	6.3	5.7	0.35	0.76							
剖13	铁铝土	黄壤	山地黄壤	石英岩类山地黄壤	弱潴灰麻砂泥田	1	0—18	灰黑色	砂壤土	粒状									石英正长斑岩	E 116°58′28.7″ N 27°50′17.9″	74
						2	18—35	灰黄色	砂壤土												
剖14	人为土	水稻土	潴育水稻土	潴育型麻砂泥田		1	0—20				5.4	45.0	1.50			125	6.8	45	花岗岩风化物	E 116°59′13.3″ N 27°50′56.7″	75
剖15	铁铝土	红壤	山地红壤			1	0—8	棕灰色	中壤土	粒状	4.5					111	3.5	66	中性结晶岩类	E 116°59′43.3″ N 27°50′28.1″	75
						2	8—100	黄红色	中壤土	小块状											
剖16	人为土	水稻土	潴育水稻土	潴育型棕砂泥田	全层强潴灰棕砂泥田	1	0—15	青灰色	中壤土	屑粒状									中性结晶岩类风化物	E 116°52′46.1″ N 27°50′18.3″	75
						2	15—100	青蓝色	中壤土	块状											
剖17	人为土	水稻土	潴育水稻土	潴育型麻砂泥田	中位中潴麻砂泥田	1	0—10				5.2	37.4	1.80	0.57		168	6.0	77	花岗岩风化物	E 116°53′08.9″ N 27°50′14.6″	75
						2	10—19				5.4	33.9	1.70	0.51							
						3	19—27				6.7	25.4	0.70	0.32							
						4	27—100				6.9	22.5	0.70	0.32							
剖18	人为土	水稻土	潴育水稻土	潴育型棕砂泥田	灰棕砂泥田	1	0—12												中性结晶类风化物	E 116°54′08.7″ N 27°50′12.6″	75
						2	12—17														
						3	17—40														
						4	40—100														
剖19	人为土	水稻土	潴育水稻土	潴育型黄砂泥田	全层强潴灰黄砂泥田	1	0—19	深灰色	轻壤土	屑粒状	5.4	42.7	1.87	1.18		251	2.0	34	石英岩类风化物	E 116°53′55.6″ N 27°50′02.6″	75
						2	19—100	青灰色	轻壤土	块状											
剖20	人为土	水稻土	潴育水稻土	潴育型棕砂泥田	乌棕砂泥田	1	0—17	灰棕色	中壤土	屑粒状	5.4	43.7	1.63	0.89		225	10.0	105	中性结晶岩类风化物	E 116°54′23.9″ N 27°50′13.3″	75
						2	17—21	浅灰棕色	中壤土	块状	5.4	33.2	0.27	0.45							
						3	21—47	黄棕色	中壤土	块状	7.0	5.2									
						4	47—100	深棕色	重壤土	棱块状	7.0	4.5	0.24	0.27							
剖21	人为土	水稻土	潴育水稻土	潴育型黄砂泥田	强潴乌黄砂泥田	1	0—15	深棕灰色	轻壤土		5.5	52.2				49	2.0	38	石英岩风化物	E 116°54′42.8″ N 27°50′03.7″	75
						2	15—21	棕灰色	中壤土	屑粒状											
						W	21—100	青灰色	中壤土	块状											
剖22	人为土	水稻土	潴育水稻土	潴育型黄砂泥田	表潴性中潴灰黄砂泥田	1	0—18	灰棕色	中壤土	块状									石英岩类风化物	E 116°54′53.7″ N 27°50′00.6″	75
						2	18—22	灰棕色	中壤土	块状											
						3	22—55	深棕色	中壤土	块状											
						4	55—69	灰色	中壤土	块状											
						5	69—100														
剖23	铁铝土	红壤		石英岩红壤	中层中有机质石英岩红壤	1	0—16	灰褐色	中壤土	粒状	5.7	21.5	0.38	0.75		120	3.0	65	变质岩	E 116°56′03.2″ N 27°50′08.4″	75
						2	16—28	棕灰色	中壤土	粒状	5.3	8.4	0.30	0.67							
						3	28—48	红灰色	中壤土	粒状	5.4	8.2	0.18	0.70							
剖24	人为土	水稻土	淹育水稻土	淹育型黄砂泥田	灰棕砂泥田	1	0—14	棕灰色	中壤土	小粒状	4.9	32.3				170	5.3	45	石英岩风化物	E 116°55′15.9″ N 27°50′02.2″	75
						2	14—19														
						3	19—100														
剖25	铁铝土	红壤		花岗岩红壤	厚层中有机质花岗岩红壤	1	0—14	黑灰色	中壤土	小粒状	4.7	45.4	1.50	0.67		291	9.5	130	花岗岩类风化物	E 116°49′51.5″ N 27°47′55.4″	95
						2	14—29	灰褐色	中壤土	小块状	4.6	6.4	0.20	0.76							
						3	29—100	棕红色	中壤土	粒状	4.3	2.5		0.19							
剖26	人为土	水稻土	淹育水稻土	淹育型潮砂泥田	灰潮砂泥田	1	0—12	棕灰色			5.5		0.20			155	11.9	55	河流冲积物	E 116°51′05.6″ N 27°46′04.8″	95
						2	12—19														
						3	19—100														

续表 Continued

剖面号 Soil profile	土纲 Soil order	土类 Soil great group	亚类 Soil subgroup	土属 Soil genus	土种 Soil species	土层码 Layer code	土层厚度 Depth/cm	颜色 Soil color	质地 Soil texture	土壤结构 Soil structure	pH	有机质 OM/(g/kg)	全氮 TN/(g/kg)	全磷 TP/(g/kg)	全钾 TK/(g/kg)	碱解氮 AN/(mg/kg)	有效磷 AP/(mg/kg)	速效钾 AK/(mg/kg)	土壤母质 Parent material	剖面点坐标 Profile coordinate	匹配指数 Matching index/%
剖27	人为土	水稻土	潴育水稻土	潴育型麻砂泥田	中位中潜灰麻砂泥田	1	0—16	棕灰色	中壤土	屑粒状	5.2	51.0	2.30	1.00		227	16.5	159	花岗岩风化物	E 116°52′21.9″ N 27°47′15.3″	95
						2	16—26	青灰色	中壤土	块状	5.1	44.2	1.60	0.90							
						3	26—74	青灰色	中壤土	块状	6.3	24.2	1.30	0.60							
						4	74—100	棕灰色	轻壤土	小粒状	6.1	16.7	0.90	0.60							
剖28	铁铝土	红壤	红壤	花岗岩红壤	厚层中有机质花岗岩类红壤	1	0—6	灰褐色	轻壤土	粒状									花岗岩类风化物	E 116°52′18.7″ N 27°46′18.0″	95
						2	6—14	棕红色	中壤土	块状											
						3	14—40	红棕色	中壤土	块状											
						4	40—100	深棕红色	中壤土	块状											
剖29	人为土	水稻土	淹育水稻土	淹育型潮砂泥田	灰潮砂泥田	1	0—11				5.2					109	7.5	25	河流冲积物	E 116°55′58.4″ N 27°47′38.8″	95
						2	11—16														
						3	16—100														
剖30	人为土	水稻土	淹育水稻土	淹育型棕砂泥田	强潴灰棕砂泥田	1	0—11	灰色	中壤土	小块状	5.0	32.2	1.58	0.88		179	11.0	75	中性结晶岩类风化物	E 116°57′38.6″ N 27°49′06.6″	95
						2	11—14	棕灰色	中壤土	块状	5.0	29.3	1.52	0.77							
						3	14—100	棕黄色	重壤土	块状	5.9	12.8	0.53	0.78							
剖31	人为土	水稻土	潴育水稻土	潴育型黄砂泥田	中潴灰黄砂泥田	1	0—13	深棕灰色	中壤土	屑粒状									石英云母片岩	E 116°56′48.7″ N 27°46′29.6″	95
						2	13—18	灰棕色	中壤土	块状											
						W₁	18—37	棕黄色	中壤土	块状											
						W₂	37—100	灰棕色	中壤土	块状											
剖32	人为土	水稻土	潴育水稻土	潴育型黄砂泥田	中位中潜灰黄砂泥田	1	0—11	棕灰色	中壤土	屑粒状	6.2	30.0	1.45	1.55		174	30.0	50	石英岩类风化物	E 116°53′22.3″ N 27°47′04.4″	95
						2	11—17	灰色	中壤土	块状	7.0	18.3	0.92	0.61							
						3	17—51	青灰色	中壤土	块状	6.9	16.0	0.74	0.78							
						4	51—100	黄灰色	中壤土	块状	6.9	10.4	0.39	0.21							
剖33	人为土	水稻土	淹育水稻土	淹育型黄砂泥田	强潴灰黄砂泥田	1	0—15	棕灰色	中壤土	小块状	5.6	36.2	1.12	2.02		217	20.3	54	石英岩类风化物	E 116°54′47.9″ N 27°46′33.3″	95
						2	15—20	灰黑色	中壤土	块状	5.8	20.2	0.68	1.80							
						3	20—100	棕黄色	中壤土	块状	6.9	5.1	0.36	≥10.00							
剖34	铁铝土	红壤	红壤	石英岩红壤		1	0—21	灰黄色	中壤土	粒状	5.4	41.4	1.62	1.79		123	5.0	102	石英岩类	E 116°55′53.4″ N 27°45′59.1″	95
						2	21—36	棕灰色	中壤土	小块状	5.0	12.7	0.80	1.37							
剖35	人为土	水稻土	潴育水稻土	潴育型黄砂泥田	强潴黄砂泥田	1	0—11	浅棕灰色	中壤土	块状	5.1	30.0				35	1.2	14	石英岩类风化物	E 116°53′53.3″ N 27°43′38.2″	95
						2	11—15		中壤土												
						W	15—100		中壤土												
剖36	人为土	水稻土	潴育水稻土	潜育型麻砂泥田	全层强潜麻砂泥田	1	0—14	灰棕色	中壤土	粒状	5.1	32.5	1.30	0.92		143	12.5	79	花岗岩类风化物	E 116°53′52.8″ N 27°42′51.8″	95
						2	14—100		中壤土	块状	5.6	25.2	0.35	0.90							
剖37	人为土	水稻土	淹育水稻土	淹育型黄砂泥田	灰麻砂泥田	1	0—13	灰棕色	中壤土		5.3	41.9				209	4.3	54	花岗岩风化物	E 116°55′10.1″ N 27°42′31.5″	95
						2	13—15		中壤土												
						3	15—100		中壤土												
剖38	铁铝土	红壤	红壤	花岗岩红壤	厚层中有机质花岗岩类黄红壤	1	0—15	棕灰色	中壤土	粒状	4.5	2.5	1.20	1.00		159	5.0	77	花岗岩风化物	E 116°56′02.2″ N 27°43′43.9″	95
						2	15—40	棕红色	中壤土	块状	4.5	2.5	1.20	1.00							
						3	40—61	红棕色	中壤土	小块状	4.5	7.7	0.20	0.60							
剖39	铁铝土	红壤	山地黄红壤	石英岩类山地黄红壤	厚层中有机质石英岩类黄红壤	Ao	0—2	灰黑色	中壤土	小块状	4.5	4.7	0.20	0.60		159	5.0	77	变质岩	E 116°58′24.8″ N 27°44′51.7″	95
						2	2—14	棕黑色	中壤土	块状											
						3	14—30	棕黄色	中壤土	块状											
						4	30—100	棕红色	中壤土	粒状											
剖40	铁铝土	红壤	红壤	酸性结晶岩红壤	中层多有机质石英岩类红壤	Ao	0—1	黑色	中壤土	粒状									石英岩类	E 116°57′15.3″ N 27°40′40.9″	95
						2	1—5	灰褐色	中壤土	粒状											
						3	5—23	棕红色	中壤土	粒状											
						4	23—56		中壤土	小粒状夹砂粒											

续表 Continued

剖面号 Soil profile	土纲 Soil order	土类 Soil great group	亚类 Soil subgroup	土属 Soil genus	土种 Soil species	土层码 Layer code	土层厚度 Depth/cm	颜色 Soil color	质地 Soil texture	土壤结构 Soil structure	pH	有机质 OM/(g/kg)	全氮 TN/(g/kg)	全磷 TP/(g/kg)	全钾 TK/(g/kg)	碱解氮 AN/(mg/kg)	有效磷 AP/(mg/kg)	速效钾 AK/(mg/kg)	土壤母质 Parent material	剖面点坐标 Profile coordinate	匹配指数 Matching index/%
剖41	人为土	水稻土	淹育水稻土	淹育型麻砂泥田	灰砾砂泥田	1	0—15	棕灰色	轻壤土	粒状	5.3	35.3	1.69	0.98		178	13.0	95	花岗岩风化物	E 116°56′37.1″ N 27°40′10.0″	95
						2	15—32	浅棕色	轻壤土	小块状	5.7	11.3	0.36	0.64							
						3	32—48	棕红色	砂壤土	粒状	6.1	8.7	0.30	0.73							
						4	48—100	棕黄色	砂壤土	粒状	6.1	8.5	0.27	0.29							
剖42	铁铝土	红壤	黄地黄红壤	石英岩山地黄红壤		1	0—13		重壤土										石英岩类	E 116°58′16.3″ N 27°41′00.6″	95
						2	13—26		重壤土												
						3	26—50		重壤土												
						4	50—100		重壤土												
剖43	人为土	水稻土	潜育水稻土	潜育型黄砂泥田	弱潜灰黄砂泥田	1	0—18	棕灰色	中壤土	碎块状	6.1	43.4				190	4.3	53	石英岩类风化物	E 116°53′55.5″ N 27°41′53.5″	95
						2	18—27	浅棕灰色	中壤土	小块状											
						W₁	27—59	浅灰棕色	砂壤土	块状											
						W₂	59—100	棕灰色	轻壤土	块状											
剖44	人为土	水稻土	淹育水稻土	淹育型潮砂泥田	灰潮砂泥田	1	0—15				5.7					61	8.4	32	河流冲积物	E 116°53′51.1″ N 27°40′58.3″	95
						2	15—21														
						3	21—100														
剖45	人为土	水稻土	潜育水稻土	潜育型潮砂泥田	中位弱潜灰潮砂泥田	1	0—19	棕灰色	中壤土	屑粒状									河流冲积物	E 116°54′38.1″ N 27°38′24.3″	95
						2	19—24	青灰色	中壤土	块状											
						3	24—60	深棕黑	中壤土	块状											
						4	60—89	黄灰色	中壤土	块状											
						5	89—100	棕黄色	中壤土	块状											
剖46	人为土	水稻土	侧渗水稻土	侧渗型黄砂泥田	弱潺灰黄砂泥田	1	0—18	浅灰色	中壤土	小粒状									石英岩类风化物	E 116°56′39.8″ N 27°39′43.6″	95
						2	18—28	棕灰色	中壤土	小块状											
						3	28—48	灰白色	砂壤土	碎块状											
						4	48—68	棕白色	砂壤土	小块状											
						5	68—100	灰青色	重壤土	块状											
剖47	人为土	水稻土	潜育水稻土	潜育型麻砂泥田	弱潜灰麻砂泥田	1	0—20				5.6					157	4.0	32	花岗岩风化物	E 116°56′24.6″ N 27°35′29.1″	95
剖48	人为土	水稻土	潜育水稻土	潜育型麻砂泥田	弱潜麻砂泥田	1	0—13	棕灰色	中壤土	屑粒状									花岗岩风化物	E 116°56′38.4″ N 27°35′16.7″	95
						2	13—18	灰棕色	中壤土	块状											
						3	18—49	黄棕色	中壤土	块状											
						4	49—100	棕黄色	中壤土	块状											
剖49	铁铝土	红壤	山地黄红壤	厚层多有机质花岗岩类山地黄红壤		1	0—16	棕灰色	轻壤土	小粒状	4.8	58.7	1.53	0.55		192	8.8	70	花岗岩	E 116°58′09.5″ N 27°35′07.8″	95
						2	16—41	浅黄色	中壤土	小块状	5.0	23.0	0.62	0.28							
						3	41—68	黄棕色	砂壤土	小块状	6.7	7.8	0.31	0.21							
						4	68—100	棕黄色	中壤土	块状											
剖50	铁铝土	红壤	山地黄红壤	厚层中有机质花岗岩类山地黄红壤		1	0—12	暗灰色	中壤土	小粒状	4.3	47.7	2.52	0.57		116	3.5	68	花岗岩风化物	E 116°56′04.1″ N 27°35′36.9″	95
						2	12—34	浅黄色	中壤土	粒状	4.2	22.7	1.18	0.40							
						3	34—68	红棕色	中壤土	块状	4.1	14.8	0.33	0.34							
						4	68—100	棕红色	中壤土	块状	4.2	9.0	0.25	0.35							
剖51	人为土	水稻土	潜育水稻土	潜育型黄砂泥田	上位中潜灰黄砂泥田	1	0—13	灰色	轻壤土	屑粒状									石英岩类风化物	E 116°55′49.9″ N 27°34′39.4″	95
						2	13—22	青灰色	轻壤土	块状											
						3	22—60	灰黄色	轻壤土	块状											
						4	60—100	浅棕灰色	中壤土	块状											
剖52	人为土	水稻土	潜育水稻土	潜育型黄砂泥田	强潜黄砂泥田	1	0—11		中壤土		5.4	39.0				35	1.7	15	石英岩类风化物	E 116°58′24.4″ N 27°34′56.7″	95
						2	11—15														
						W	15—100														

续表 Continued

剖面号 Soil profile	土纲 Soil order	土类 Soil great group	亚类 Soil subgroup	土属 Soil genus	土种 Soil species	土层码 Layer code	土层厚度 Depth/cm	颜色 Soil color	质地 Soil texture	土壤结构 Soil structure	pH	有机质 OM/(g/kg)	全氮 TN/(g/kg)	全磷 TP/(g/kg)	全钾 TK/(g/kg)	碱解氮 AN/(mg/kg)	有效磷 AP/(mg/kg)	速效钾 AK/(mg/kg)	土壤母质 Parent material	剖面点坐标 Profile coordinate	匹配指数 Matching index/%
剖53	铁铝土	红壤	山地黄红壤	花岗岩类山地黄红壤	厚层少有机质花岗岩类黄红壤	1	0—20				5.1	26.0	0.95	0.32		67	5.8	81	花岗岩	E 116°57′24.8″ N 27°30′22.4″	95
						2	20—61				5.0	6.4	0.25	0.21							
						3	61—100				4.9	14.9	0.21	0.14							
剖54	铁铝土	红壤	山地黄红壤	中性结晶岩类山地黄红壤	厚层多有机质中性结晶岩类黄红壤	1	0—4				4.4	59.7	4.11	0.32		259	9.0	118	中性结晶岩类	E 117°03′30.0″ N 27°50′13.0″	95
						2	4—20				4.4	40.4	0.74	0.23							
						3	20—40				4.3	10.3	0.35	0.21							
						4	40—100				4.2	8.7	0.29	0.23							
剖55	人为土	水稻土	潴育水稻土	潴育型棕砂泥田	中潴灰棕砂泥田	1	0—14	棕灰色	中壤土	屑粒状	5.7	27.7	0.93	0.56		147	15.0	114	中性结晶岩类风化物	E 117°12′08.8″ N 27°50′55.3″	95
						2	14—17	棕灰色	重壤土	块状	5.9	19.9	0.87	0.50							
						3	17—44	灰棕色	中壤土	块状	6.0	9.3	0.55	0.34							
						4	44—100	棕黄色	重壤土	梭块状	6.9	6.2	0.42	0.20							
剖56	人为土	水稻土	淹育水稻土	淹育型棕砂泥田	灰砂棕砂泥田	1	0—17	棕灰色	中壤土	块状	5.3	37.3	1.83	0.96		208	11.5	181	中性结晶岩类风化物	E 117°13′11.8″ N 27°51′05.8″	95
						2	17—28	灰棕色	重壤土	块状	6.2	13.5	0.78	0.72							
						3	28—100	棕黄色	中壤土	块状	6.5	11.0	0.50	0.79							
剖57	铁铝土	红壤		黄砂泥土	薄层灰黄砂泥土	1	0—10	灰棕色	中壤土	屑粒状									石英岩类风化物	E 117°13′05.5″ N 27°50′39.6″	95
						2	10—16	浅灰棕色	中壤土	块状											
						3	16—21	棕黄色	中壤土	块状											
						4	21—100	棕黄色	砂壤土	松散状											
剖58	人为土	水稻土	淹育水稻土	淹育型潮砂泥田	强淹灰砂潮泥田	1	0—15	棕灰色	轻壤土	块状	5.3					65	15.5	32	河流冲积物	E 117°13′52.3″ N 27°51′20.2″	95
						2	15—21	浅灰棕色	砂壤土	小块状											
						3	21—100	灰白色	砂壤土												
剖59	铁铝土	红壤		石英岩红壤		1	0—13		中壤土										石英岩类	E 117°07′44.8″ N 27°51′13.3″	95
						2	13—26		中壤土												
						3	26—50		中壤土												
						4	50—100		中壤土												
剖60	铁铝土	红壤	山地黄红壤	中性结晶岩类山地黄红壤	厚层多有机质中性结晶岩类黄红壤	1	0—5	棕灰色	中壤土	碎块状	4.2	36.0	1.39	0.62		77	3.5	75	中性结晶岩类	E 117°09′06.8″ N 27°51′25.3″	95
						2	5—27	灰棕色	中壤土	小块状	4.2	26.6	0.86	0.42							
						3	27—50	灰棕色	中壤土	块状	4.3	11.7	0.57	0.42							
						4	50—100	棕黄色	轻壤土	块状	4.5	6.6	0.46	0.46							
剖61	人为土	水稻土	淹育水稻土	淹育型麻砂泥田	强淹棕灰麻砂泥田	1	0—16	棕灰色	中壤土	屑粒状	4.9	32.6				169	11.0	46	花岗岩类风化物	E 117°08′00.1″ N 27°50′25.7″	95
						2	16—22	棕灰色	中壤土	块状	5.2	30.2	1.35	0.35							
						3	22—100	深棕色	中壤土	块状	5.4	25.1	0.53	0.28							
剖62	人为土	水稻土	潴育水稻土	潴育型黄砂泥田	黄砂泥田	1	0—15	灰棕色	轻壤土	块状	5.6	15.4	0.33	0.28		172	3.5	82	石英岩类风化物	E 117°07′40.9″ N 27°50′13.6″	95
				W₁		15—20	灰棕色	中壤土	块状	5.6	9.0	0.28	0.42								
				W₂		20—68	棕黄色	中壤土		5.3	5.9					127	10.5	74			
						3	68—100														
剖63	人为土	水稻土	潜育水稻土	潜育型麻砂泥田	中位弱潜灰麻砂泥田	1	0—18	深棕灰色	中壤土	屑粒状	5.0	39.3	1.93	0.65		189	6.5	78	花岗岩风化物	E 117°01′06.7″ N 27°49′06.2″	95
						2	18—20	青灰色	中壤土	块状	4.9	37.2	1.73	0.56							
						3	20—68	深棕灰色	中壤土	块状	5.1	21.0	1.50	0.43							
						4	68—100		砂壤土	粒状	6.4	8.6	0.37	0.15							
剖64	铁铝土	红壤	山地黄红壤	花岗岩类山地黄红壤	中层多有机质花岗岩类黄红壤	1	0—15		中壤土	粒状	5.0	43.6	1.12	0.31		141	5.0	121	中、细粒花岗岩	E 117°01′55.2″ N 27°48′36.5″	95
						2	15—39	浅黄棕色	中壤土	小块状	5.0	9.3	0.32	0.17							
						3	39—72	棕红灰色	中壤土	块状	4.8	5.8	0.26	0.16							

续表 Continued

剖面号 Soil profile	土纲 Soil order	土类 Soil great group	亚类 Soil subgroup	土属 Soil genus	土种 Soil species	土层码 Layer code	土层厚度 Depth/cm	颜色 Soil color	质地 Soil texture	土壤结构 Soil structure	pH	有机质 OM/(g/kg)	全氮 TN/(g/kg)	全磷 TP/(g/kg)	全钾 TK/(g/kg)	碱解氮 AN/(mg/kg)	有效磷 AP/(mg/kg)	速效钾 AK/(mg/kg)	土壤母质 Parent material	剖面点坐标 Profile coordinate	匹配指数 Matching index/%
剖65	人为土	水稻土	潴育水稻土	潴育型麻砂泥田	中潴灰麻砂泥田	1	0—15	深棕色	中壤土	屑粒状	5.5	37.3	1.27	0.76		187	9.5	83	黑云母花岗岩	E 117° 02′ 48.9″ N 27° 49′ 33.9″	95
						2	15—19	灰棕色	中壤土	块状	5.3	10.2	0.68	0.68							
						3	19—31	灰棕色	中壤土	块状	6.2	10.2	0.24	0.34							
						4	31—100	棕黄色	中壤土	块状	6.8	1.7	≤0.10	0.16							
剖66	铁铝土	红壤		麻石泥	厚灰麻砂红泥	A	0—33	暗红棕色	壤质黏土	碎块状	4.8	29.1	1.20	0.30	20.4				花岗岩残积物、坡积物	E 117° 06′ 02.3″ N 27° 49′ 16.0″	95
						Bv	33—90	亮红棕色	壤质黏土	块状	5.1	7.0	0.40	0.20	23.0						
						C	90—110	亮黄棕色	砂质黏土	块状	5.0	2.7	≤0.10	≤0.10	27.4						
剖67	铁铝土	红壤	黄红壤	黄红泥	乌麻砂黄泥	A	0—19	暗棕色	壤质黏土	屑粒状	5.2	47.2	2.40	0.30	21.5				酸性结晶岩坡积物、残积物	E 117° 06′ 41.7″ N 27° 47′ 51.7″	95
						ABv	19—48	亮红棕色	壤质黏土	小块状	5.1	14.4	0.50	0.20	19.8						
						Bv	48—86	亮红棕色	砂质黏土	小块状	5.1	8.7	0.40	≤0.10	18.3						
剖68	半水成土	潮土		壤质潮土	壤质乌潮土	1	0—20	暗棕色	砂壤土	小粒状	5.3	44.2	1.88	1.70		241	13.3	60	河流冲积物	E 117° 03′ 29.9″ N 27° 46′ 16.2″	97
						2	20—32	灰棕色	轻壤土	小粒状	5.9	10.4	0.40	1.57							
						3	32—62	灰棕色	中壤土	块状	6.4	5.7	0.31	1.16							
						4	62—73	棕灰色	中壤土		6.5	5.6	0.57	0.96							
						5	73—100	浅灰棕色	砂壤土	粒状	6.2	3.8	0.48	0.62							
剖69	铁铝土	红壤	黄红壤	石英岩山地黄红壤	厚层石英质中性岩类黄红壤	1	3—20	暗黑色	轻壤土	小块状	4.9	43.4	1.21	0.46		237	9.0	108	石英岩类风化物	E 117° 08′ 22.1″ N 27° 47′ 41.2″	95
						2	20—60	暗棕色	轻壤土	块状	4.9	43.4	1.21	0.46		237	9.0	108			
						3	60—100	黄灰色	中壤土	块状	5.7	3.1	0.28	0.53							
剖70	铁铝土	红壤		中性结晶岩类红壤	厚层中性结晶岩红壤	1	0—18	棕红色	重壤土	小粒状	6.4	2.3	0.26	0.21		180	3.5	116	中性结晶岩类	E 117° 10′ 53.7″ N 27° 49′ 32.6″	95
						2	18—36	深棕灰色	重壤土	块状	5.0	50.6	2.26	0.79							
						3	36—58	棕红色	重壤土	块状	4.7	27.6	0.82	0.61							
						4	58—100	红棕色	重壤土	块状	4.5	16.6	0.71	0.86							
剖71	人为土	水稻土	潴育水稻土	潴育型麻砂泥田	强潴灰麻砂泥田	1	0—12	浅棕灰色	轻壤土	屑粒状	5.3	9.2	0.40	0.83					黑云母花岗岩	E 117° 12′ 50.1″ N 27° 47′ 52.8″	95
						2	12—17	浅棕灰色	中壤土	块状	5.5	45.0	1.45	1.45		207	13.5	100			
						3	17—48	灰棕色	中壤土	块状	5.9	19.9	0.73	0.73							
						4	48—100		中壤土	粒状		8.1	0.39	0.62							
剖72	铁铝土	红壤		中性结晶岩类红壤	中层少有机质中性结晶岩类红壤	1	0—8	灰棕色	中壤土	小粒状	4.8	37.5	1.34	0.40		103	2.5	73	中性结晶岩类	E 117° 13′ 41.5″ N 27° 45′ 26.5″	95
						2	8—28	黄棕色	重壤土	块状	4.9	22.9	1.19	0.20							
						3	28—51	棕黄色	重壤土	块状	4.8	14.3	0.31	0.17							
剖73	铁铝土	红壤		花岗岩红壤	中层多有机质花岗岩红壤	1	0—3	暗棕色	中壤土	团粒状	4.7								花岗岩风化物	E 117° 07′ 42.9″ N 27° 45′ 10.6″	95
						2	3—18	棕灰色	中壤土	小粒状	4.2	49.3	1.12	0.30		125	3.5	113			
						3	18—57	红灰色	中壤土	小块状	4.2	49.3	1.12	0.30		125	3.5	113			
剖74	铁铝土	红壤	黄红壤	中性结晶岩类山地黄红壤	厚层中有机质中性结晶岩类黄红壤	1	0—3	浅棕灰色	轻壤土	小块状	4.5	15.1	0.61	0.22					中性结晶岩类	E 117° 10′ 57.0″ N 27° 45′ 03.9″	95
						2	3—16	棕灰色	中壤土	块状	5.2	5.5	0.27	0.23		127	5.4	92			
						3	16—32	棕黄色	重壤土	粒状											
						4	32—100		中壤土												
剖75	人为土	水稻土	潴育水稻土	潴育型麻砂泥田	弱潴乌麻砂泥田	1	0—20	乌灰色	中壤土	屑粒状	5.5	56.6	2.40	1.15		255	19.5	94	花岗岩风化物	E 117° 05′ 00.0″ N 27° 42′ 60.0″	95
剖76	人为土	水稻土	潴育水稻土	潴育型麻砂泥田	中潴乌麻砂泥田	2	18—32	棕灰色	中壤土	小块状	5.3	20.9	0.96	≥10.00						E 117° 04′ 12.5″ N 27° 41′ 56.4″	95
						3	32—49	棕黄色	轻壤土	粒状	6.0	12.3	0.35	≥10.00							
						4	49—100	棕灰色	中壤土	粒状	6.2	11.7	0.35	≥10.00							
剖77	铁铝土	红壤	山地黄红壤	花岗岩类山地黄红壤	厚层少有机质花岗岩类黄红壤	Ao	0—2	灰棕色	中壤土	小粒状									花岗岩	E 117° 04′ 31.7″ N 27° 41′ 42.1″	95
						2	2—16	浅棕灰色	中壤土	小块状											
						3	16—40	棕灰色	中壤土	粒状											
						4	40—100	棕红色	中壤土	粒状											

广 昌 县

主要土类说明

红壤是广昌县主要土壤类型，占本县地域面积的71%。红壤是中亚热带生物气候条件下的地带性土壤，一般土层深厚，除表层颜色较灰暗外，心土层和底土层均为红色的紧实黏土层，呈块状或棱块状结构，在底土有时可见黄、红、白相间的网纹层。全剖面土壤呈酸性，缺磷、少钾，在侵蚀地区表土或心土被冲蚀，底土出露，自然肥力低。本县红壤分为红壤、山地黄红壤两个亚类。其中，红壤亚类处于海拔500m以下的地区，本县各乡镇均有分布，由酸性结晶岩类、石英岩类、红砂岩类风化物及第四纪红色黏土发育而成。由于受人为活动的影响，植被受到不同程度的破坏，距离村庄和公路越近的地方，破坏越严重，其土壤侵蚀可达中度，其余大部分地区植被保护较好，多数为轻度水土流失。山地黄红壤分布在海拔500—800m的低山地带。土层较厚，表层和心土层有黄化现象，心土层仍然是红土层。有机质含量较高，黄化特征被暗色腐殖质所掩盖而不明显，有利于各种植物的生长。

水稻土是广昌县第二大土壤类型，占本县地域面积的17%，是本县主要的农业土壤。在长期种植水稻，人为耕作、施肥、灌溉等影响下，土壤干湿交替、氧化还原交替，土体内进行着有机质合成与分解、复盐基与盐基淋溶、黏粒淀积与淋溶等作用，从而形成水稻土特殊的剖面形态、理化和生物特性。根据土壤水分动态和剖面形态特征，本县水稻土分为淹育水稻土、潴育水稻土、潜育水稻土和侧渗水稻土四个亚类。其中潴育水稻土面积最大，占水稻土总面积的94%，主要分布于沿河两岸的墩田，丘陵地区的垄田，排田和梯田的中、下部。成土母质有酸性结晶岩类、石英岩类、红色砂砾岩、紫色或紫红色砂砾岩、紫色或紫红色泥页岩风化物及第四纪红色黏土、河流冲积物。水源条件好，种稻时间长，淹水与排水交替进行，土体氧化还原作用强烈，铁锰淋溶、淀积明显，具有锈纹、锈斑、铁锰软结核，土壤腐殖质和黏粒随水向下移动，淀积形成土壤结构体表面的灰色胶膜，层段分化明显。耕层质地适中，耕性良好，宜种性广，肥力水平较高。

紫色土是广昌县第三大土壤类型，占本县地域面积的10%，分布在低、中丘陵地区，由紫色岩石风化物发育而成。紫色岩层组成复杂，有紫色砂岩、砂砾岩类和紫色泥页岩类。由于紫色岩石中所含矿物成分的差异，在岩石中反应有酸性、中性和石灰性之分。根据岩石酸碱度，本县紫色土分为酸性紫色土、中性紫色土和石灰性紫色土三个亚类。

小于本县地域面积3%的土壤类型还有黄壤、潮土等。

本区域中心区气候特征

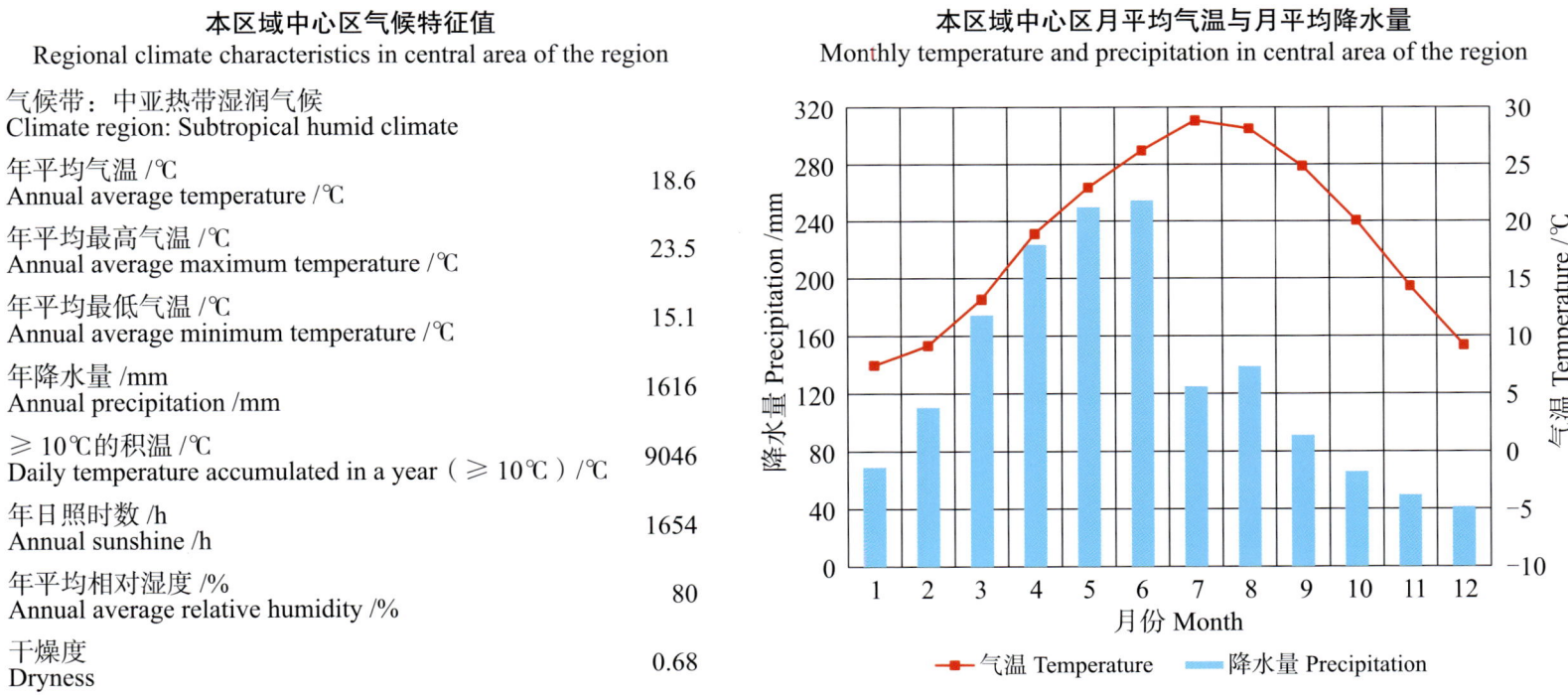

本区域中心区气候特征值
Regional climate characteristics in central area of the region

气候带：中亚热带湿润气候 Climate region: Subtropical humid climate	
年平均气温 /℃ Annual average temperature /℃	18.6
年平均最高气温 /℃ Annual average maximum temperature /℃	23.5
年平均最低气温 /℃ Annual average minimum temperature /℃	15.1
年降水量 /mm Annual precipitation /mm	1616
≥10℃的积温 /℃ Daily temperature accumulated in a year（≥10℃）/℃	9046
年日照时数 /h Annual sunshine /h	1654
年平均相对湿度 /% Annual average relative humidity /%	80
干燥度 Dryness	0.68

本区域中心区月平均气温与月平均降水量
Monthly temperature and precipitation in central area of the region

广昌县主要土壤类型与土壤剖面点分布图
1 : 200 000

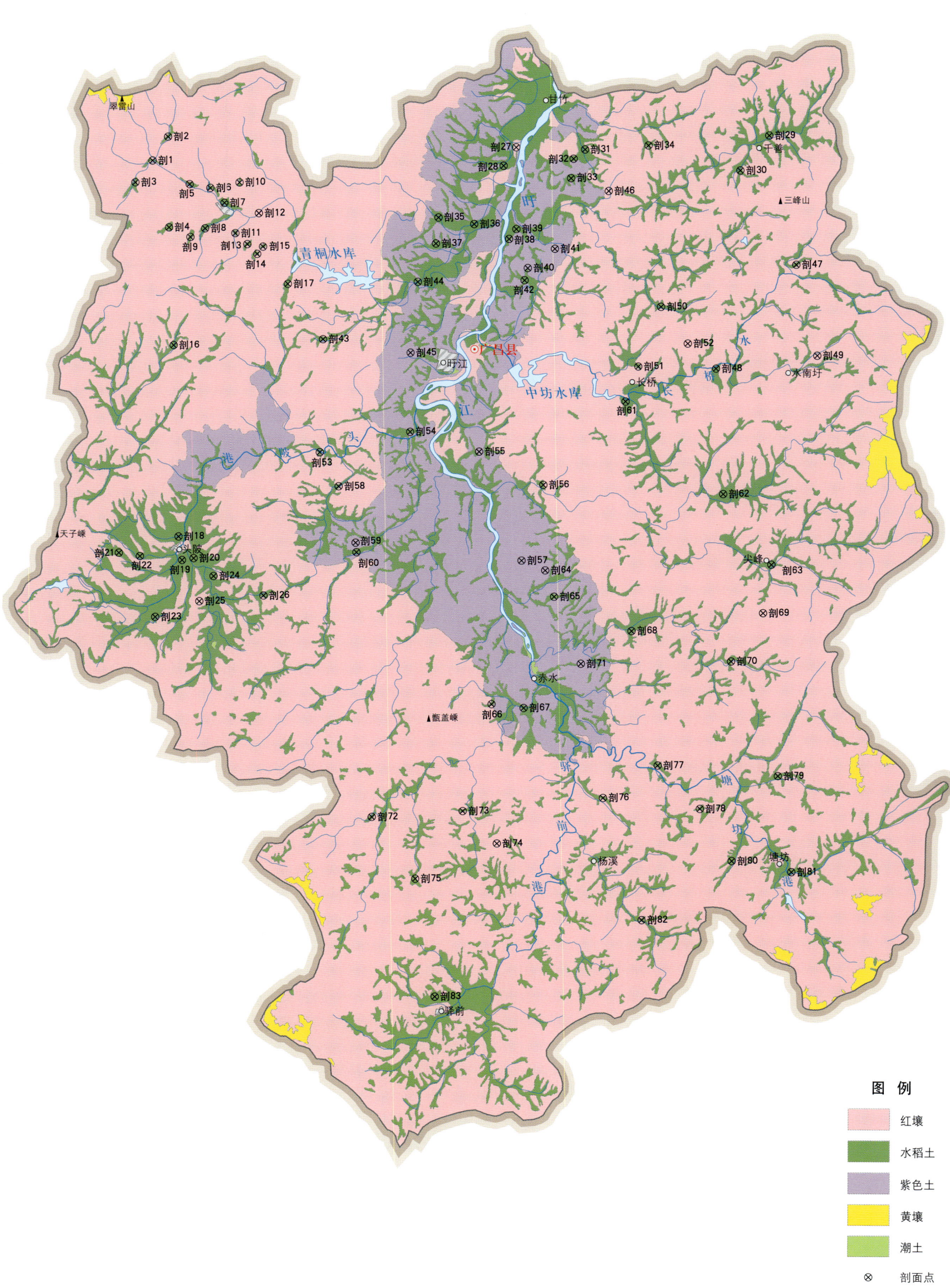

图 例
- 红壤
- 水稻土
- 紫色土
- 黄壤
- 潮土
- ⊗ 剖面点

广昌县土壤剖面理化性状表

剖面号 Soil profile	土纲 Soil order	土类 Soil great group	亚类 Soil subgroup	土属 Soil genus	土种 Soil species	土层码 Layer code	土层厚度 Depth/cm	颜色 Soil color	质地 Soil texture	土壤结构 Soil structure	pH	有机质 OM/(g/kg)	全氮 TN/(g/kg)	全磷 TP/(g/kg)	全钾 TK/(g/kg)	碱解氮 AN/(mg/kg)	有效磷 AP/(mg/kg)	速效钾 AK/(mg/kg)	阳离子交换量CEC/(cmol/kg)	土壤母质 Parent material	剖面点坐标 Profile coordinate	匹配指数 Matching index/%
剖1	人为土	水稻土	潴育水稻土	潴育型黄泥田	乌黄泥田	1	0—18	浅灰黄色	中壤土	屑粒状	5.2	35.0	1.99	1.07		160	15.8	30		第四纪红色黏土	E 116°10′37.4″ N 26°55′23.5″	75
						2	18—30	浅灰黄色	中壤土	块状	6.3	26.0	1.55	0.73								
						3	30—51	灰黄色	重壤土	棱块状		9.0	0.52	0.87								
						4	51—100	灰白色	重壤土	棱粒状	6.2	9.0	0.23	1.05								
剖2	人为土	水稻土	淹育水稻土	淹育型麻砂泥田	弱淹麻砂泥田	1	0—10	浅黄灰色	轻壤土	屑粒状										花岗岩风化物	E 116°11′04.1″ N 26°56′01.0″	75
						2	10—14	浅黄色	砂壤土	小块状												
						3	14—100	浅灰黄色	砂壤土	单粒状												
剖3	人为土	水稻土	潴育水稻土	潴育型紫泥田	紫泥田	1	0—9	浅灰黄色	重壤土	屑粒状	6.6	14.0	0.98	0.45		78	3.0	59		紫色泥页岩风化物	E 116°10′08.2″ N 26°54′49.6″	75
						2	9—18	浅紫黄色	轻黏土	棱块状	6.6	7.0	0.63	0.40								
						3	18—55	浅紫色	重黏土	棱块状	7.2	5.0	0.48	0.38								
						4	55—100	紫色	轻黏土	棱块状	7.3	6.0	0.53	0.33								
剖4	人为土	水稻土	潴育水稻土	潴育型潮砂泥田	灰潮砂泥田	1	0—17		砂壤土		5.7	23.0	1.40	0.53		118	9.1	55		河流冲积物	E 116°11′06.9″ N 26°53′40.0″	75
						2	17—30		中壤土	屑粒状	5.6	11.0	0.45	0.44								
						3	30—54		轻壤土	棱块状	6.6	6.0	0.94	0.47								
						4	54—80		重壤土	棱块状	6.6	5.0	0.37	0.44								
剖5	人为土	水稻土	潴育水稻土	潴育型麻砂泥田	乌麻砂泥田	1	0—15		中壤土		5.8	30.0	1.83	1.29		152	17.5	54		花岗岩风化物	E 116°11′42.8″ N 26°54′47.5″	75
						2	15—23		中壤土		5.7	18.0	0.99	1.81								
						3	23—58		中壤土		6.2	9.0	0.50	2.22								
						4	58—100		中壤土			8.0	0.40	1.83								
剖6	人为土	水稻土	潴育水稻土	潴育型潮砂泥田	弱潴砂泥底	1	0—15	浅灰棕色	轻壤土	屑粒状	5.4	19.0	0.96	0.49		96	1.8	36		河流冲积物	E 116°12′18.7″ N 26°54′41.6″	75
						2	15—26	灰棕色	砂壤土	块状	5.7	18.0	0.92	0.41								
						3	26—40	灰棕色	中壤土	小块状	5.8	7.0	0.85	0.75								
						4	40—100	灰棕色	细砂土													
剖7	人为土	水稻土	潴育水稻土	潴育型黄砂泥田	乌黄砂泥田	1	0—17	浅灰黄色	轻壤土	屑粒状	6.0	31.0	1.49	1.21		135	30.4	50		石英岩类风化物	E 116°12′43.3″ N 26°54′18.8″	95
						2	17—27	灰棕黄色	砂壤土	块状	7.3	6.0	0.41	0.88								
						3	27—60	棕黄色	中壤土	块状	5.5	12.0	0.82	1.08								
						4	60—100	灰白色	砂壤土	小块状	5.5	12.0	0.82	1.08								
剖8	人为土	水稻土	潴育水稻土	潴育型黄砂泥田	中潴乌黄砂泥田	1	0—15	紫棕色	重壤土		5.5	21.0	1.44			134	5.6	36		石英岩类风化物	E 116°12′10.1″ N 26°53′39.2″	75
						2	16—24	棕紫色	轻黏土		5.3	19.0	1.11	0.41								
						3	24—48	棕紫色	轻黏土		5.5	10.0	0.65	0.32								
						4	48—100	紫色	轻壤土		6.9	5.0	0.39	0.43								
剖9	人为土	水稻土	潴育水稻土	潴育型酸性紫色砂泥田	酸性紫砂泥田	1	0—15		中壤土		6.6	3.0	0.21	0.39		94	2.4	52		酸性紫红色砂砾类风化物	E 116°11′44.8″ N 26°53′25.3″	95
						2	15—18		砂壤土		6.7			0.87								
						3	18—50															
						4	50—62															
						5	62—100															
剖10	人为土	水稻土	潴育水稻土	潴育型紫泥田	紫油泥田	1	0—16	紫棕色	重壤土	屑粒状	6.4	26.0	1.59	1.06		124	9.4	54		紫色泥页岩风化物	E 116°13′09.0″ N 26°54′50.8″	75
						2	16—24	棕紫色	轻黏土	块状	7.1	13.0	1.17	1.02								
						3	24—48	棕紫色	棕柱土	棱柱状	7.4	7.0	0.90	0.81								
						4	48—100	紫色	轻砂土	块状	7.7	5.0	0.51	0.68								
剖11	人为土	水稻土	潴育水稻土	潴育型紫泥田	灰紫泥田	1	0—15	浅紫灰色	重黏土	屑粒状	5.1	28.0	1.49	0.34		124	5.8			紫色泥页岩风化物	E 116°13′02.5″ N 26°53′31.8″	75
						2	15—23	浅灰紫色	重黏土	块状	5.6	18.0	1.09	0.36								
						3	23—46	浅棕紫色	重黏土	棱块状	7.3	11.0	1.42	0.48								
						4	46—100	浅紫色	重黏土	块状	7.2	9.0	0.57	0.36								

续表 Continued

剖面号 Soil profile	土纲 Soil order	土类 Soil great group	亚类 Soil subgroup	土属 Soil genus	土种 Soil species	土层码 Layer code	土层厚度 Depth/cm	颜色 Soil color	质地 Soil texture	土壤结构 Soil structure	pH	有机质 OM/(g/kg)	全氮 TN/(g/kg)	全磷 TP/(g/kg)	全钾 TK/(g/kg)	碱解氮 AN/(mg/kg)	有效磷 AP/(mg/kg)	速效钾 AK/(mg/kg)	阳离子交换量CEC/(cmol/kg)	土壤母质 Parent material	剖面点坐标 Profile coordinate	匹配指数 Matching index/%
剖12	铁铝土	红壤	红壤	酸性结晶岩红壤		1	0~10	浅黄灰色	中壤土	粒状										酸性结晶岩类	E 116°13′43.8″ N 26°54′03.2″	98
						2	10~32	浅灰黄色	中壤土	小块状												
						3	32~62	黄红色	重壤土	块状												
						4	62~100	红黄色	重壤土	块状												
剖13	人为土	水稻土	潴育水稻土	潴育型潮砂泥田	砂底潮砂泥田	1	0~15				5.5	20.0	1.03			102	11.0	31		河流冲积物	E 116°13′23.6″ N 26°53′15.1″	75
剖14	人为土	水稻土	潴育水稻土	潴育型灰紫泥田	石灰性紫石油泥田	1	0~23	紫灰色	重壤土	屑粒状										紫色泥页岩类风化物	E 116°13′41.0″ N 26°52′60.0″	75
						2	23~31	棕紫色	轻黏土	核块状												
						3	31~60	浅棕紫色	轻黏土	核柱状												
						4	60~100	紫黄色	轻黏土	核柱状												
剖15	人为土	水稻土	潴育水稻土	潴育型黄砂泥田	砂砾底黄砂泥田	1	0~17	浅灰棕色	轻壤土	屑粒状	5.5	39.0	1.67	1.06		161	14.8	62		石英岩类风化物	E 116°13′51.4″ N 26°53′11.3″	75
						2	17~27	浅灰棕色	中壤土	块状	5.2	21.0	0.97	0.99								
						3	27~45	棕黄色			5.9	5.0	0.25	0.57								
						4	45~100	棕黄色			6.6	2.0	≤0.10	0.65								
剖16	人为土	水稻土	潴育水稻土	潴育型黄砂泥田	全层强潜灰黄砂泥田	1	0~31	青灰色	中壤土	软糊无结构	5.2	53.0	2.44	0.54		156	26.4	38		石英岩类风化物	E 116°11′17.1″ N 26°50′36.3″	95
						2	31~72	蓝黄色	中壤土	软糊无结构	5.1	41.0	1.13	0.36								
						3	72~100	蓝黄色	中壤土	软糊无结构	4.9	9.0	1.49									
剖17	人为土	水稻土	潴育水稻土	潴育型黄泥田	中潴乌砂泥田	1	0~14				5.4	34.0	2.11	0.97		168	13.4	72		花岗岩风化物	E 116°14′34.7″ N 26°52′13.9″	95
						2	14~23				6.1	27.0	1.78	0.61								
						3	23~50				7.1	9.0	0.53	1.09								
剖18	人为土	水稻土	淹育水稻土	淹育型灰黄泥田	强淹灰黄泥田	1	0~13	浅灰黄色	中壤土	小块状	5.3	19.0	1.23	1.52		108	26.4	73		第四纪红色黏土	E 116°11′28.8″ N 26°45′39.0″	95
						2	13~21	棕黄色	轻壤土	块状	5.4	10.0	0.93	1.54								
						3	21~100	棕黄色	重壤土	块状	5.7	5.0	0.50									
剖19	人为土	水稻土	潴育水稻土	潴育型黄泥田	中潴灰黄泥田	1	0~10	棕黄灰色	中壤土	小块状										第四纪红色黏土	E 116°11′35.5″ N 26°45′01.6″	95
						2	10~20	棕黄色	重壤土	块状												
						3	20~42	棕黄色	重壤土	块状												
						4	42~100	棕黄色	轻壤土	块状												
剖20	人为土	水稻土	潴育水稻土	潴育型黄砂泥田	砂砾底中潴乌黄砂泥田	1	0~15	暗黄色	轻壤土	屑粒状	5.5	28.0	1.56	0.99		76	5.6	38		河流冲积物	E 116°11′55.6″ N 26°45′05.2″	95
						2	15~21	灰色	中壤土	块状	5.4	19.0	1.10	1.02								
						3	21~50	棕黄色	中壤土	块状	6.4	9.0	0.67	1.74								
						4	50~100	棕黄色	中壤土	块状	6.7	2.0	≤0.10	0.79								
剖21	人为土	水稻土	潴育水稻土	潴育型黄泥田	中潴灰黄泥田	1	0~15	棕黄灰色	中壤土	屑粒状	5.1	27.0	1.42	0.66		124	7.6	26		第四纪红色黏土	E 116°11′35.5″ N 26°45′12.8″	95
						2	15~25	棕黄色	重壤土	块状	5.3	18.0	1.08	0.65								
						3	25~59	棕黄色	重壤土	块状	6.4	9.0	0.54	0.51								
						4	59~100	棕黄色	轻壤土	块状	6.0	6.0	0.49	0.45								
剖22	人为土	水稻土	潴育水稻土	潴育型麻砂泥田	砂砾底麻砂泥田	1	0~15	浅灰棕色	中壤土	屑粒状										花岗岩风化物	E 116°10′21.9″ N 26°45′07.6″	95
						2	15~24	棕色	中壤土	块状												
						3	24~46	棕色	中壤土	块状												
						4	46~100		砂土或砾质土	单粒状												
剖23	人为土	水稻土	潴育水稻土	潴育型黄砂泥田	中潴灰黄砂泥田	1	0~15	浅灰黄色	轻壤土	屑粒状	5.6	21.0	1.21			101	19.0	42		石英岩类风化物	E 116°10′49.6″ N 26°43′32.5″	95
剖24	人为土	水稻土	潴育水稻土	潴育型麻砂泥田	弱潴灰麻砂泥田	1	0~15	浅灰黄色	中壤土	块状										花岗岩风化物	E 116°12′30.5″ N 26°44′37.2″	95
						2	15~23	浅灰黄色	中壤土	棱块状												
						3	23~53	浅灰黄色	中壤土	块状												
						4	53~100	浅灰黄色														

续表 Continued

剖面号 Soil profile	土纲 Soil order	土类 Soil great group	亚类 Soil subgroup	土属 Soil genus	土种 Soil species	土层码 Layer code	土层厚度 Depth/cm	颜色 Soil color	质地 Soil texture	土壤结构 Soil structure	pH	有机质 OM/(g/kg)	全氮 TN/(g/kg)	全磷 TP/(g/kg)	全钾 TK/(g/kg)	碱解氮 AN/(mg/kg)	有效磷 AP/(mg/kg)	速效钾 AK/(mg/kg)	阳离子交换量CEC/(cmol/kg)	土壤母质 Parent material	剖面点坐标 Profile coordinate	匹配指数 Matching index/%
剖25	铁铝土	红壤	红壤	第四纪红色黏土红壤	中潴黄砂泥田	1	0—7	黄色	重壤土	小块状	5.1	17.0	0.83	2.21			39.6	27		第四纪红色黏土	E 116°12′06.2″ N 26°43′57.8″	98
剖26	人为土	水稻土	潴育水稻土	潴育型黄砂泥田	中潴黄砂泥田	2	7—25	浅棕红色	轻黏土	大块状	5.0	5.0	0.25	2.32						石英岩类风化物	E 116°13′57.8″ N 26°44′07.6″	95
						3	25—50	棕红色	轻黏土	块状	5.1	3.0	0.25	1.89		144	22.8	68				
						4	50—100	浅黄棕色	轻黏土	块状	5.2	≤1.0	0.15	1.05		119	17.1	101				
剖27	铁铝土	红壤	红壤	黄泥土	厚层灰黄泥土	1	0—11				5.1	33.0	1.90	1.02						第四纪红色黏土	E 116°21′10.4″ N 26°55′48.5″	98
						2	0—16	浅黄灰色	重壤土	粒状	6.1	25.0	1.44	1.38								
						3	16—35	棕黄色	轻黏土	小块状	5.2	20.0	1.14	0.88								
						4	35—63	棕黄色	黏土	块状	5.3	6.0	1.82	0.94								
							63—100	浅黄红色	轻黏土	大块状	5.4	5.0	0.46	0.76								
剖28	人为土	水稻土	侧渗水稻土	侧渗型麻砂泥田	强漂麻砂底麻砂泥田	1	0—20	浅黄灰色	砂壤土	屑粒状										花岗岩风化物	E 116°20′48.8″ N 26°55′19.5″	95
						2	20—34	灰色	砂壤土	小块状												
						3	34—48	灰白色	砂壤土	块状												
						4	48—100	灰白色	砂土	单粒状												
剖29	人为土	水稻土	潴育水稻土	潴育型麻砂泥田	中层弱潜灰麻砂泥田	1	0—12	棕灰色	中壤土	屑粒状	5.2	24.0	1.07	0.38		110	4.3	63		花岗岩风化物	E 116°28′30.7″ N 26°56′08.9″	95
						2	12—20	青灰色	中壤土	块状	5.2	22.0	1.41	0.27								
						3	20—59	青灰色	轻壤土	块状	5.4	19.0	0.89	0.28								
						4	59—100	蓝灰色	砂壤土		5.2	22.0	0.98	0.27								
剖30	人为土	水稻土	侧渗水稻土	侧渗型酸性紫砂泥田	中漂砂底酸性紫砂泥田	1	0—11	浅黄灰色	砂壤土	粒状		32.0	1.75	1.10		137	10.8	37		酸性紫红色砂砾岩类风化物	E 116°27′41.2″ N 26°55′14.4″	95
						2	11—21	灰紫色	砂壤土	小块状	6.4	28.0	1.39	1.33								
						3	21—34	紫红色	细砂壤土	单粒状	6.4	25.0	1.31	1.13								
						4	34—100	浅棕灰色	粗砂壤土	单粒状	6.6	4.0	0.18	0.52								
剖31	人为土	水稻土	潴育水稻土	潴育酸性紫砂泥田	酸性灰紫砂泥田	1	0—17	浅黄灰色	轻壤土	屑粒状	5.5	30.0	1.71	0.86		156	9.0	82		酸性紫红色砂砾岩类风化物	E 116°23′10.4″ N 26°55′45.4″	95
						2	17—28	浅黄灰色	轻壤土	小块状	6.1	17.0	0.89	0.86								
						3	28—66	紫红色	轻壤土	块状	6.7	6.0	0.37	0.88								
						4	66—100	浅棕灰色	轻壤土	块状	6.8	6.0	0.36	0.71								
剖32	人为土	水稻土	潴育水稻土	潴育型麻砂泥田	乌麻砂泥田	1	0—15		轻壤土		5.6	30.0	1.57	1.29		136	13.7	56		花岗岩风化物	E 116°22′50.6″ N 26°55′30.9″	95
						2	15—24	浅黄灰色	轻壤土	屑粒状	5.6	16.0	0.88	1.14								
						3	24—54	灰色	轻壤土	块状	6.2	7.0	0.37	1.39								
						4	54—100	棕色	轻壤土	大块状	6.2	8.0	0.45	0.67								
剖33	人为土	水稻土	潴育水稻土	潴育型黄砂泥田	乌黄砂泥田	1	0—14	浅黄灰色	轻壤土	块状	5.7	36.0	2.35	2.17		181	46.3	61		石英岩类风化物	E 116°22′01.0″ N 26°55′52.2″	95
						2	14—23	棕色	中壤土	块状	5.2	21.0	1.15	0.53								
						3	23—42	黄棕色	中壤土	大块状	4.9	12.0	0.53	0.45								
						4	42—100	暗棕色	轻壤土	块状	6.4	11.0	0.60	0.51		89	2.2	36				
剖34	人为土	水稻土	潴育水稻土	潴育型黄砂泥田	黄砂泥田						6.7	11.0	0.79	0.40						石英岩类风化物	E 116°25′01.0″ N 26°55′52.2″	95
剖35	人为土	水稻土	潴育水稻土	潴育型潮砂泥田	砂底潮砂泥田	1	0—15	暗黄灰色	轻壤土	粒状	5.4	29.0	1.53			126	9.2	65		河流冲积物	E 116°18′55.7″ N 26°53′59.0″	95
						2	15—25	灰黄灰色	轻壤土	块状												
						3	25—38	浅黄灰色	细砂夹石砾	单粒状												
						4	38—100															
剖36	人为土	水稻土	潴育水稻土	紫泥田	灰紫泥田	Aa	0—16	淡红棕色	黏壤土	小块状	5.3	25.4	1.50	0.30	25.3	118	9.0	50		紫色泥页岩冷谷填充物	E 116°19′57.9″ N 26°53′49.0″	95
						Ap	16—24	暗红棕色	壤土	块状	6.0	15.6	1.10	0.30	24.9							
						W	24—100	暗红棕色	黏壤土	棱块状	6.8	6.0	0.50	0.30	25.3							
剖37	人为土	水稻土	潴育水稻土	潴育型黄砂泥田	砂砾底灰黄砂泥田	1	0—10				5.6	21.0	1.06	0.45		119	5.2	34		石英岩类风化物	E 116°18′51.8″ N 26°53′18.3″	95
						2	10—18				5.7	15.0	0.69	0.45								
						3	18—49				6.0	19.0	0.78	0.38								
						4	49—100				6.6	8.0	0.35	0.49								

续表 Continued

剖面号 Soil profile	土纲 Soil order	土类 Soil great group	亚类 Soil subgroup	土属 Soil genus	土种 Soil species	土层码 Layer code	土层厚度 Depth/cm	颜色 Soil color	质地 Soil texture	土壤结构 Soil structure	pH	有机质 OM/(g/kg)	全氮 TN/(g/kg)	全磷 TP/(g/kg)	全钾 TK/(g/kg)	碱解氮 AN/(mg/kg)	有效磷 AP/(mg/kg)	速效钾 AK/(mg/kg)	阳离子交换量CEC/(cmol/kg)	土壤母质 Parent material	剖面点坐标 Profile coordinate	匹配指数 Matching index/%
剖38	人为土	水稻土	潴育水稻土	潴育型麻砂泥田	乌麻砂泥田	1	0—16	浅灰色	轻壤土	粒状										花岗岩风化物	E 116°20′59.4″ N 26°53′26.1″	95
						2	16—25	浅灰黄色	中壤土	棱块状												
						3	25—59	浅灰黄色	中壤土	棱块状												
						4	59—100	浅灰色	中壤土	块状												
剖39	人为土	水稻土	淹育水稻土	淹育型黄砂泥田	黄砂泥田	1	0—8	浅黄黄色	轻壤土	团块状										石英岩类风化物	E 116°21′11.6″ N 26°53′41.7″	95
						2	8—14	浅灰黄色	轻壤土	块状												
						3	14—100	棕黄色	轻壤土	块状												
剖40	初育土	紫色土	石灰性紫色土	石灰型紫色土	薄层石灰性紫泥土	1	0—13	暗紫色	重壤土	团粒状	7.3	12.0	0.50	0.55		26	1.2	133		钙质紫色泥页岩类风化物	E 116°21′32.2″ N 26°52′41.3″	97
						2	13—34	棕紫色	重黏土	团粒状	8.4	6.0	0.77	1.23								
						3	34—100	暗紫色	重黏土	小块状	7.4	6.0	0.47	0.62								
剖41	初育土	紫色土	石灰性紫色土	石灰性紫色土	薄层少有机质石灰性紫色土	1	0—6	棕紫色	轻黏土	屑粒状	8.2	12.0	0.81	1.31		42	2.2	100		钙质紫色泥页岩类风化物	E 116°22′18.7″ N 26°53′11.3″	98
						2	6—12	棕紫色	轻黏土	屑粒状	8.2	10.0	0.70	1.55								
						3	12—16	棕紫色	轻黏土	屑粒状	8.0	10.0	0.78	1.69		37	2.2	138				
						4	16—48	暗紫色	重黏土	块状	8.4	4.0	0.56	1.55								
						5	48—100	暗紫色	重黏土	块状	8.4	4.0	0.48	1.56								
剖42	人为土	水稻土	淹育水稻土	淹育型灰性紫泥田	强淹育石灰性紫泥土	1	0—12	暗紫色	轻壤土	小块状										石灰性紫色泥页岩类	E 116°21′26.6″ N 26°52′22.1″	95
						2	12—20	暗紫色	轻黏土	块状												
						3	20—100	暗紫色	轻黏土	块状												
剖43	人为土	水稻土	潴育水稻土	潴育型红砂泥田	中潴灰红砂泥田	1	0—20	浅灰黄色	轻壤土	屑粒状	5.8	22.0	1.00	0.51		84	4.3	18		红砂岩类风化物	E 116°15′36.8″ N 26°50′47.5″	95
						2	20—30	浅黄灰色	轻壤土	块状	6.5	5.0	0.36	0.50								
						3	30—63	棕黄色	轻壤土	棱块状	6.9	9.0	0.38	0.49								
						4	63—100	浅黄灰色	重黏土	块状	5.8	29.0	2.84	1.87								
剖44	人为土	水稻土	潴育水稻土	潴育型黄砂泥田	全层中潜灰黄砂泥田	1	0—15	浅紫棕色	中壤土	屑粒状	5.1	34.0	1.52	0.72		119	13.1	26		石英岩类风化物	E 116°18′21.0″ N 26°52′18.6″	95
						2	15—19	暗紫灰色	中壤土	软糊无结构	5.2	31.0	1.43	0.49								
						3	19—55	暗紫灰色	中壤土	软糊无结构	5.0	24.0	1.19	0.33								
						4	55—100	蓝灰色	重壤土	软糊无结构	4.6	28.0	1.22	0.33								
剖45	初育土	紫色土	酸性紫色土	酸性紫色土	薄层灰酸性紫色土	A	0—16	红褐色	砂质壤土	小块状	5.7	14.3	0.67	0.67	18.1	72	3.0	76	5.9	紫色砂砾岩风化物	E 116°18′09.2″ N 26°50′27.4″	95
						ABv	16—30	红褐色	砂质壤土	小块状	6.7	5.0	0.47	0.53	21.1				14.1			
						C	30—100	浅红褐色	砂质壤土	大块状	6.6	3.1	0.26	0.44	21.4				12.1			
剖46	铁铝土	红壤	红壤	酸性结晶岩红壤	酸性结晶岩红壤	1	0—6	棕灰色	中壤土	粒状	5.1	5.0	0.17	0.44						酸性结晶岩类	E 116°23′51.7″ N 26°54′41.4″	97
						2	6—25	棕红色	轻壤土	粒状	5.1	8.0	0.16	0.42								
						3	25—67	黄红色	轻壤土	块状			0.14	0.41								
						4	67—100	棕黄色	重壤土	块状	4.8	3.0										
剖47	人为土	水稻土	潴育水稻土	潴育型麻砂泥田	中潴灰麻砂泥田	1	0—14	浅灰色	轻壤土		5.3	20.0	0.92	0.63		92	10.4	43		花岗岩风化物	E 116°29′19.2″ N 26°52′48.6″	95
						2	14—21	浅黄灰色	轻壤土		5.2	17.0	0.75	0.58								
						3	21—55	浅灰黄色	多砾质砂土		6.1	7.0	0.38	0.56								
剖48	人为土	水稻土	潴育水稻土	潴育型麻砂泥田	中潴灰麻砂泥田	1	0—12	浅灰色	轻壤土	屑粒状										花岗岩风化物	E 116°27′01.1″ N 26°50′06.1″	95
						2	12—20	浅黄灰色	中壤土	小块状												
						3	20—57	浅灰黄色	轻壤土	块状												
						4	57—100	浅红黄色	轻壤土	粒状												
剖49	铁铝土	红壤	红壤	石英岩红壤	厚层中有机质石英岩类红壤	1	0—15	棕红色	中壤土	粒状	6.1	19.0	0.70	0.47						石英岩类	E 116°29′56.7″ N 26°50′27.0″	97
						2	15—38	浅黄红色	轻壤土	块状	5.1	5.0	0.28	0.41								
						3	38—62	棕黄色	轻壤土	块状	5.2	5.0	0.24	0.39								
						4	62—100	浅红黄色	轻壤土	块状	5.3	2.0	0.11	0.50								

续表 Continued

剖面号 Soil profile	土纲 Soil order	土类 Soil great group	亚类 Soil subgroup	土属 Soil genus	土种 Soil species	土层码 Layer code	土层厚度 Depth/cm	颜色 Soil color	质地 Soil texture	土壤结构 Soil structure	pH	有机质 OM/(g/kg)	全氮 TN/(g/kg)	全磷 TP/(g/kg)	全钾 TK/(g/kg)	碱解氮 AN/(mg/kg)	有效磷 AP/(mg/kg)	速效钾 AK/(mg/kg)	阳离子交换量CEC/(cmol/kg)	土壤母质 Parent material	剖面点坐标 Profile coordinate	匹配指数 Matching index/%
剖50	人为土	水稻土	潴育水稻土	潴育型麻砂泥田	全层中潜麻砂泥田	1	0—17	棕黄灰色	轻壤土	糊状	5.5	29.0	1.70	0.62		114	2.4	27		花岗岩风化物	E 116°25′24.4″ N 26°51′41.9″	95
						2	17—44	浅蓝色	中壤土	糊状	5.6	24.0	1.08	0.45								
						3	44—100	蓝灰色	轻壤土	糊状	5.2	21.0	0.81	0.58								
剖51	人为土	水稻土	潴育水稻土	潴育型麻砂泥田	弱潴灰砂泥田	1	0—8	浅灰黄色	中壤土	小块状	5.6	18.0	1.01	0.53		111	7.8			花岗岩风化物	E 116°24′45.8″ N 26°50′08.6″	95
						2	8—15	棕黄色	中壤土	块状	5.4	18.0	0.99	1.00								
						3	15—60	棕棕黄色	中壤土	棱块状	6.4	8.0	0.46	0.73								
						4	60—100	浅棕黄色	中壤土	块状	6.6	8.0	0.45	0.97								
剖52	铁铝土	红壤	山地黄红壤	酸性结晶岩类黄红壤		1	0—18	灰黑色	轻壤土	粒状										酸性结晶岩类	E 116°26′11.5″ N 26°50′44.7″	95
						2	18—34	棕黄色	轻壤土	块状												
						3	34—46	棕黄色	轻壤土	块状												
						4	46—100	浅黄黄色	轻壤土	小块状												
剖53	人为土	水稻土	潴育水稻土	酸性紫油紫砂泥土		1	0—15				6.5	31.0	1.83	≥10.00		10	76.0				E 116°15′33.1″ N 26°47′51.8″	95
剖54	人为土	水稻土	潴育水稻土	潴育型潮砂泥田	中潴灰潮砂泥田	1	0—11		中壤土		5.6	27.0	1.55	0.78				67		河流冲积物	E 116°18′09.7″ N 26°48′24.8″	95
						2	11—17		中壤土		5.6	23.0	1.47	0.82			13.0					
						3	59—100		中壤土		6.6	6.0	0.55	0.85								
剖55	初育土	紫色土	中性紫色土	中性紫泥土	厚层中潜紫砂泥土	A	0—16	赤褐色	砂质壤土	小粒状	6.3	14.3	0.67	0.67	18.1	72	4.0	75	5.9	紫色砂砾岩风化残积物、坡积物	E 116°20′10.0″ N 26°47′54.5″	95
						ABv	16—30	红褐色	砂质壤土	小块状	6.7	3.1	0.26	0.44	21.4				14.1			
						BvC	30—100	浅红褐色	砂质壤土	块状	6.6	5.0	0.47	0.53	21.1				12.1			
剖56	人为土	水稻土	潴育水稻土	潴育型潮砂泥田	砂底灰砂泥田	1	0—15	浅灰黄色	中壤土	粒状	6.0	36.0	1.88	0.84		165	9.4			河流冲积物	E 116°22′01.8″ N 26°47′03.9″	95
						2	15—22	棕黄色	轻壤土	块状	6.6	20.0	1.77	0.62								
						3	22—41	棕黄色	中壤土	块状	6.0	3.0	0.28	0.45								
						4	41—100	浅黄黄色	砂壤土	块状	6.8	4.0	0.18	0.65								
剖57	初育土	紫色土	酸性紫色土	酸性紫砂泥土	中层酸性紫砂泥土	1	0—20	浅紫紫色	中壤土	屑粒状	5.1	27.0	1.67	0.80		111	1.9	43		紫色砂砾岩风化物	E 116°21′25.1″ N 26°45′05.2″	95
						2	20—35	棕紫色	轻壤土	块状	4.9	20.0	1.28	0.62								
						3	35—58	浅棕紫色	砂壤土	块状	6.1	3.0	0.29	0.42								
						4	58—100	浅紫紫色	中壤土	屑粒状	6.5	8.0	0.48	0.50								
剖58	人为土	水稻土	潴育水稻土	潴育型潮砂泥田	弱潴灰砂泥田	1	0—14	棕黄色	中壤土	小块状	5.1	2.0	0.17	0.16		13	≤1.0	58		河流冲积物	E 116°16′06.6″ N 26°46′59.0″	99
						2	14—23	紫红色	少量砂泥土	无结构	5.2	≤1.0	0.18	0.11								
						3	23—60	紫色	砂壤土	块状	4.9	≤1.0	≤0.10	0.13								
						4	60—100	紫色	砂壤土	块状	5.6	≤1.0	≤0.10	0.17								
剖59	初育土	紫色土	酸性紫色土	酸性紫砂泥土	薄层少有机质酸性紫色土	1	0—26	浅灰黄色	中壤土	屑粒状	5.4	27.0	1.23	0.77		111	5.1	87		紫色砂砾岩风化物	E 116°16′37.0″ N 26°45′31.5″	95
						2	26—52	棕黄色	轻壤土	小块状	5.3	13.0	0.92	0.77								
						3	52—70	棕棕色	中壤土	块状	6.2	11.0	0.78	0.34								
						4	70—100	浅灰黄色	轻壤土	粒状	5.3	37.0	1.86	1.00								
剖60	人为土	水稻土	淹潴水稻土	强潴酸性灰紫砂泥田	强潴酸性灰紫砂泥田	1	0—15	暗棕色	中壤土	大块状	5.2	33.0	1.76	0.92		182	14.0	100		酸性紫色砂砾岩类风化物	E 116°16′38.4″ N 26°45′16.7″	95
						2	15—24	暗紫色	中壤土	单粒状	6.4	4.0	0.28	0.66								
						3	24—57	紫色	多砾质砂土		6.7	2.0	0.17	0.42								
剖61	人为土	水稻土	潴育水稻土	潴育型潮砂泥田	中潴乌砂泥田	1	0—15	紫色	轻壤土	屑粒状	5.6	24.0	1.46	0.85		115	5.8	62		河流冲积物	E 116°24′23.9″ N 26°49′14.0″	95
						2	15—31	暗紫色	轻黏土	块状	7.0	9.0	0.71	0.88								
剖62	人为土	水稻土	潴育水稻土	潴育型石灰性紫泥田	石灰性紫泥田	3	31—64	棕紫色	砾质轻黏土	大块状											E 116°27′14.9″ N 26°46′51.1″	95
						4	64—100		轻壤土	大块状												

续表 Continued

剖面号 Soil profile	土纲 Soil order	土类 Soil great group	亚类 Soil subgroup	土属 Soil genus	土种 Soil species	土层码 Layer code	土层厚度 Depth/cm	颜色 Soil color	质地 Soil texture	土壤结构 Soil structure	pH	有机质 OM/(g/kg)	全氮 TN/(g/kg)	全磷 TP/(g/kg)	全钾 TK/(g/kg)	碱解氮 AN/(mg/kg)	有效磷 AP/(mg/kg)	速效钾 AK/(mg/kg)	阳离子交换量CEC/(cmol/kg)	土壤母质 Parent material	剖面点坐标 Profile coordinate	匹配指数 Matching index/%
剖63	人为土	水稻土	潴育水稻土	潴育型麻砂泥田	弱潴乌麻砂泥田	1	0—17	棕灰色	中壤土	屑粒状										花岗岩风化物	E 116°28′39.9″ N 26°45′01.6″	95
						2	17—24	浅灰色	中壤土	块状												
						3	24—56	浅灰色	中壤土	块状												
						4	56—100	浅灰色	中壤土	屑粒状												
剖64	初育土	紫色土	中性紫色土	中性紫色土	薄层少有机质中性紫色土	1	0—4	紫色	重壤土	屑粒状											E 116°22′06.8″ N 26°44′50.2″	99
						2	4—30	棕紫色	重壤土	块状												
						3	30—	暗紫色														
剖65	人为土	水稻土	潴育水稻土	潴育型紫泥田	中潴紫油泥田	A	0—16	亮红棕色	黏壤土	小块状	5.3	25.4	1.54	0.34	25.3	118	9.0	50	7.2	紫色岩矿各堆积物	E 116°22′22.3″ N 26°44′09.2″	95
						P	16—24	亮红棕色	黏壤土	块状	6.0	15.6	1.08	0.28	24.9				7.4			
						W	24—100	红棕色	黏壤土	棱块状	6.8	6.0	0.49	0.31	25.3				≥50.0			
剖66	人为土	水稻土	潴育水稻土	潴育型黄砂泥田	中潴灰黄砂泥田	1	0—12	浅黄色	重壤土	屑粒状	5.6	26.0	0.97							石英岩类风化物	E 116°20′35.2″ N 26°41′21.6″	95
						2	12—19	浅黄色	轻壤土	屑粒状												
						3	19—63	棕黄色	轻壤土	块状						110	5.7	96				
						4	63—100	棕黄色	中壤土	棱块状												
剖67	人为土	水稻土	潴育水稻土	潴育型红砂泥田	上位弱潴灰黄砂泥田	1	0—23	浅灰色	轻壤土	屑粒状	5.3	39.0	1.88	0.82		148	5.6	40		红岩岩类风化物	E 116°21′31.3″ N 26°41′16.0″	95
						2	23—34	浅灰色	轻壤土	粒状	5.2	27.0	1.19	0.63								
						3	34—64	红棕色	中壤土	块状	5.2	16.0	0.69	0.52								
						4	64—100	蓝黄色	轻壤土	小块状	5.0	12.0	0.57	0.48								
剖68	铁铝土	红壤		酸性结晶岩红土壤	全层中潴红砂泥土	1	0—20	棕灰色	重壤土	稀糊松软状	7.0	18.0	0.85	1.23		69				花岗岩风化物	E 116°24′37.3″ N 26°43′16.6″	95
						2	20—43	棕灰色	重壤土	软糊无结构	5.2	8.0	0.54	0.91								
						3	43—100	棕紫色	重壤土	软糊无结构	5.2	9.0	0.82	0.88				240				
剖69	人为土	水稻土	潴育水稻土	潴育型潮砂泥田	厚层中性紫泥土	1	0—14	棕灰色	重壤土	粒状	5.3	8.0	0.57	0.84						花岗岩风化物	E 116°28′25.5″ N 26°43′45.9″	95
						2	14—27	浅灰黄色	重壤土	粒状												
						3	27—52	黄灰色	重壤土	棱块状												
						4	52—100	棕灰色	重壤土	棱块状												
剖70	人为土	水稻土	潲渍水稻土	潲渍型麻砂泥田	强潲麻砂泥田	1	0—12	浅灰色	轻壤土	屑粒状	5.6	29.0	1.72	0.70		149	17.0	48		花岗岩风化物	E 116°27′30.9″ N 26°42′30.4″	95
						2	12—19	灰白色	砂壤土	块状	5.4	31.0	1.36	0.82		171	4.8	69				
						3	19—100	浅棕紫色	砂壤土	单粒状	6.3	7.0	0.43	0.62								
剖71	初育土	紫色土	中性紫色土	中性紫泥土		1	0—13	棕紫色	中壤土	屑粒状	5.7	20.0	1.14	0.89						河流冲积物	E 116°23′10.1″ N 26°42′25.2″	97
						2	13—19	浅棕紫色	中壤土	块状	6.4	6.0	0.37	0.82								
						3	19—55	紫色	重壤土	棱块状	6.8	8.0	0.52	1.29		81	29.5	169				
						4	55—100	棕紫色	重壤土	棱块状												
剖72	人为土	水稻土	潴育水稻土	潴育型潮砂泥田	砂底潮砂泥田	1	0—15	浅棕灰色	轻壤土	屑粒状	6.2	19.0	1.03	0.62						河流冲积物	E 116°17′09.4″ N 26°38′24.1″	95
						2	15—40	灰棕红色	中壤土	块状	6.2	6.0	0.45	0.62								
						3	40—66	浅红棕色	中壤土	块状	6.2	5.0	0.40	0.54								
						4	66—100	浅红黄色				2.0	0.18									
剖73	铁铝土	红壤		黄砂泥土	中层灰黄砂泥土	1	0—15	浅棕灰色	轻壤土	屑粒状	5.1	24.0	1.26			101	2.8	73		石英岩类风化物	E 116°19′47.0″ N 26°38′34.5″	95
剖74	人为土	水稻土	潴育水稻土	潴育型黄砂泥田	中潴黄砂泥田	1	0—12	浅黄灰色	中壤土	小块状	5.6	26.0	1.55	0.92		131	4.1	81		石英岩类风化物	E 116°20′46.5″ N 26°37′43.9″	95
						2	12—20	浅黄色	中壤土	块状		21.0	1.66	0.77								
剖75	人为土	水稻土	淹育水稻土	淹育型黄砂泥田	强淹黄砂泥田	1	0—15	浅黄灰色	中壤土	小块状										石英岩类风化物	E 116°18′25.5″ N 26°36′47.7″	95
剖76	人为土	水稻土	淹育水稻土	淹育型黄砂泥田		2																
						3	20—100	浅黄灰色	中壤土	块状	6.6		0.50	0.81							E 116°23′50.2″ N 26°38′56.8″	95

续表 Continued

剖面号 Soil profile	土纲 Soil order	土类 Soil great group	亚类 Soil subgroup	土属 Soil genus	土种 Soil species	土层码 Layer code	土层厚度 Depth/cm	颜色 Soil color	质地 Soil texture	土壤结构 Soil structure	pH	有机质 OM/(g/kg)	全氮 TN/(g/kg)	全磷 TP/(g/kg)	全钾 TK/(g/kg)	碱解氮 AN/(mg/kg)	有效磷 AP/(mg/kg)	速效钾 AK/(mg/kg)	阳离子交换量 CEC/(cmol/kg)	土壤母质 Parent material	剖面点坐标 Profile coordinate	匹配指数 Matching index/%
剖77	人为土	水稻土	潴育水稻土	潴育型黄砂泥田	中潴灰黄砂泥田	1	0—15				5.5	28.0	1.45			118	13.7	30		石英岩类风化物	E 116°25′24.9″ N 26°39′47.9″	95
剖78	人为土	水稻土	潴育水稻土	潴育型麻砂泥田	弱潴乌麻砂泥田	1	0—17				6.0	48.0	2.10	1.05		181	14.2	48		花岗岩类风化物	E 116°26′38.3″ N 26°38′40.7″	95
						2	17—29				5.7	8.0	0.48	1.18								
						3	29—78				5.6	7.0	0.36	1.03								
						4	78—100				6.0	5.0	0.35	0.59								
剖79	人为土	水稻土	潴育水稻土	潴育型麻砂泥田	上位弱潴灰黄砂泥田	1	0—12				5.3	40.0	1.86	0.58		139	2.6	45		石英岩类风化物	E 116°28′53.8″ N 26°39′32.7″	81
						2	12—28				5.3	34.0	1.72	0.62								
						3	28—58				5.3	27.0	1.25	0.56								
						4	58—100				5.2	22.0	1.09	0.69								
剖80	人为土	水稻土	潴育水稻土	潴育型麻砂泥田	中潴灰麻砂泥田	1	0—15	浅灰色	中壤土	屑块状										花岗岩类风化物	E 116°27′34.8″ N 26°37′18.8″	95
						2	15—23	浅灰黄色	中壤土	块状												
						3	23—58	灰棕色	中壤土	块状												
						4	58—100	棕黄色	中壤土	块状												
剖81	人为土	水稻土	淹育水稻土	淹育型麻砂泥田	灰麻砂泥田	1	0—12	浅灰黄色	轻壤土	小块状										花岗岩类风化物	E 116°29′18.5″ N 26°37′02.1″	95
						2	12—18	浅黄灰色	轻壤土	块状												
						3	18—100	棕黄色	砂壤土	小块状												
剖82	人为土	水稻土	潴育水稻土	潴育型潮砂泥田	砂底潮砂泥田	1	0—15				5.5	29.0	1.48			135	10.4	54		河流冲积物	E 116°24′59.7″ N 26°35′45.9″	95
剖83	人为土	水稻土	潴育水稻土	潴育型黄砂泥田	中潴黄砂泥田	1	0—13	浅灰黄色	轻壤土	粒状	5.7	27.0	1.48	1.16		121	17.0	46		石英岩类风化物	E 116°19′01.7″ N 26°33′44.3″	95
						2	13—17	浅灰黄色	轻壤土	块状	6.2	15.0	0.98	0.87								
						3	17—49	浅灰黄棕色	轻壤土	块状												
						4	49—100	浅黄灰色	轻壤土	块状												

上 饶 市

广 丰 区

主要土类说明

红壤是广丰区主要土壤类型,占本区地域面积的38%。成土母质较多,有酸性结晶岩类、中性结晶岩类、红砂岩类、石英质岩类、泥质岩类风化物和第四纪红色黏土等。本区红壤大部分为非耕地,只有少数被垦殖为旱地和园林用地,是本区发展竹木和多种经营的基地。由于母质和其他成土条件的差异,本区红壤发育的特征各有不同,利用方式也有差异。

紫色土是广丰区第二大土壤类型,占本区地域面积的25%。成土母质主要是紫色母岩(紫色泥页岩或紫色砂砾岩)风化物。本区紫色土一般土层较薄,一般不足1m,目前一部分已被垦殖为旱地或园林用地,一部分仍为自然土壤,生长一些林木和杂草。这类土壤的基础肥力条件较好,土壤中矿物养分的含量比红壤高。由于容易被冲刷,如开垦不当,水土流失严重。

水稻土是广丰区第三大土壤类型,占本区地域面积的24%。水稻土是本区耕作土壤中数量最多的一个土类,主要分布在全区各河流冲积平原和沟谷地带,也有部分分布在山丘的梯田上。由于地形和水分条件不同,本区水稻土分为淹育水稻土、潴育水稻土和潜育水稻土三个亚类。

黄壤占本区地域面积的7%,分布在海拔800—1200m地区。成土母质主要是花岗岩和凝灰岩风化物,土层上都有明显的枯枝落叶覆盖层,腐殖质聚积层明显,腐殖质含量都在3%以上,个别剖面在2%以上,呈暗灰色或灰黑色,土壤质地偏黏,但有粗砂粒,表层以下的各层都呈黄色,偶见小铁锰斑状淀积,土层中多见砾石,土体一般湿度较大,但未见滞水现象。

小于本区地域面积3%的土壤类型还有石灰(岩)土、黄棕壤、潮土等。

本区域中心区气候特征

本区域中心区气候特征值
Regional climate characteristics in central area of the region

气候带:中亚热带湿润气候 Climate region: Subtropical humid climate	
年平均气温 /℃ Annual average temperature /℃	17.8
年平均最高气温 /℃ Annual average maximum temperature /℃	22.5
年平均最低气温 /℃ Annual average minimum temperature /℃	14.3
年降水量 /mm Annual precipitation /mm	1748
≥10℃的积温 /℃ Daily temperature accumulated in a year(≥10℃)/℃	7676
年日照时数 /h Annual sunshine /h	1772
年平均相对湿度 /% Annual average relative humidity /%	79
干燥度 Dryness	0.60

本区域中心区月平均气温与月平均降水量
Monthly temperature and precipitation in central area of the region

广丰县主要土壤类型与土壤剖面点分布图
1：210 000

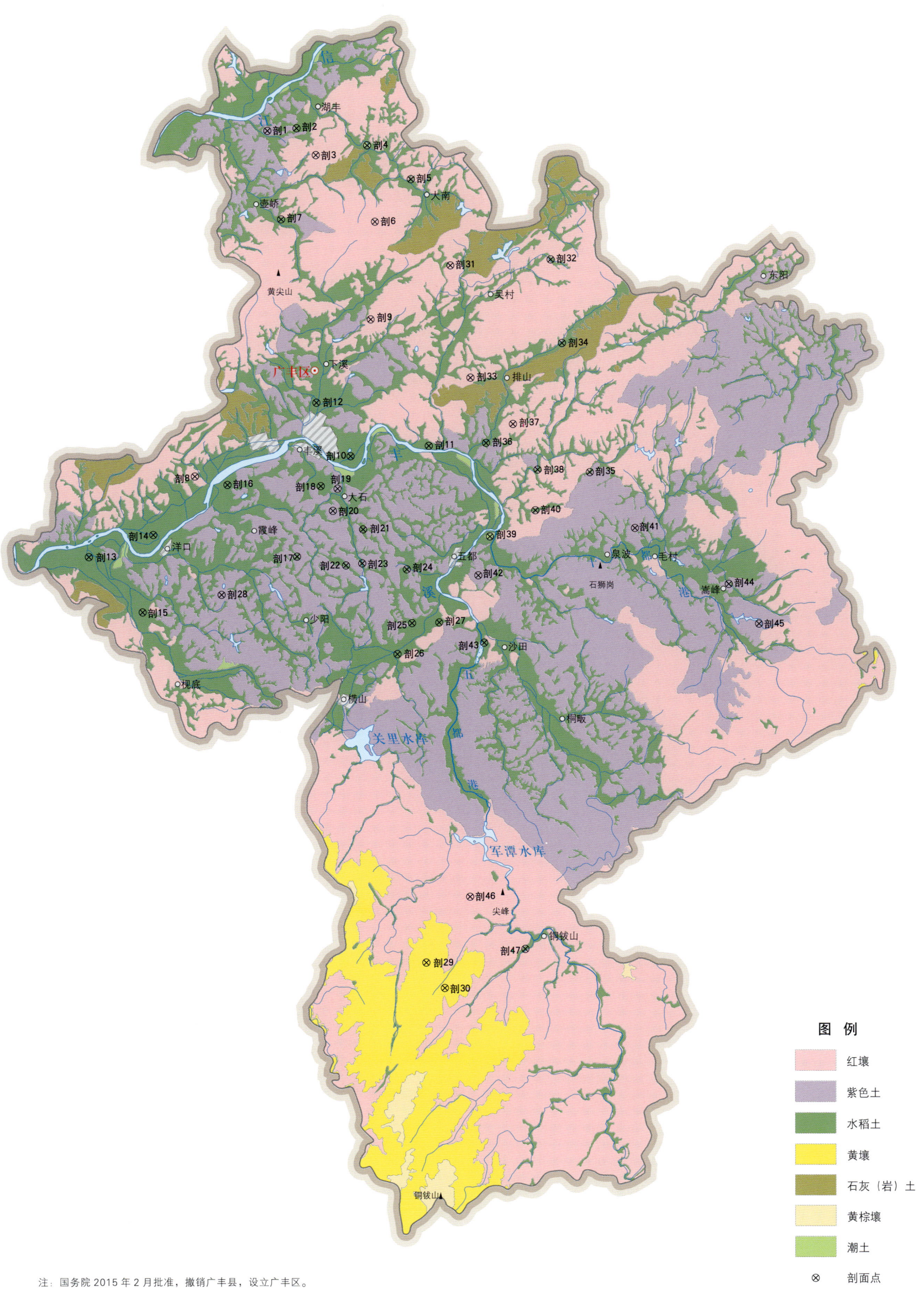

图 例
- 红壤
- 紫色土
- 水稻土
- 黄壤
- 石灰（岩）土
- 黄棕壤
- 潮土
- ⊗ 剖面点

注：国务院 2015 年 2 月批准，撤销广丰县，设立广丰区。

广丰区土壤剖面理化性状表

剖面号 Soil profile	土纲 Soil order	土类 Soil great group	亚类 Soil subgroup	土属 Soil genus	土种 Soil species	土层码 Layer code	土层厚度 Depth/cm	颜色 Soil color	质地 Soil texture	土壤结构 Soil structure	pH	有机质 OM/(g/kg)	全氮 TN/(g/kg)	全磷 TP/(g/kg)	全钾 TK/(g/kg)	碱解氮 AN/(mg/kg)	有效磷 AP/(mg/kg)	速效钾 AK/(mg/kg)	阳离子交换量 CEC/(cmol/kg)	土壤母质 Parent material	剖面点坐标 Profile coordinate	匹配指数 Matching index/%
剖1	初育土	紫色土	酸性紫色土	紫砂岩酸性紫色土		1	0—17		轻壤土		5.0	10.9	0.50	≥10.00		48	≤1.0	52		紫砂岩	E 118°09′29.8″ N 28°34′44.0″	95
剖2	人为土	水稻土	潴育水稻土	潴育型潮砂泥田	灰潮砂泥田	2	17—100		轻壤土		5.0	10.6	0.53	≥10.00		36	≤1.0	93		河流冲积物	E 118°10′24.5″ N 28°34′48.2″	95
						1	0—15		中壤土		6.3	15.7	1.00	0.70		74	5.9	31				
						2	15—19		中壤土		6.4	12.7	0.98	0.60		58	2.6	28				
						3	19—28		中壤土		6.4	9.8	0.60			45		27				
						4	28—100		重壤土		6.5	4.4	0.30	0.76		32	3.5	33				
剖3	铁铝土	红壤	红壤性土	石英质岩红壤性土		1	0—15		重壤土		5.0	4.4	0.37	0.12		31	1.5	78		石英质岩类	E 118°11′00.8″ N 28°34′03.2″	93
						2	15—52		中壤土		5.0	4.4	0.29	0.12		18	1.5	40				
						3	52—100		中壤土		5.1	1.8	0.28	≤0.10		19	1.5	39				
剖4	半成土	潮土	潮土	厚层囊质灰潮土	厚层囊质灰潮土	1	0—19		轻壤土		5.5	15.3	0.73	0.55		55	1.3	99		河流冲积物	E 118°12′37.9″ N 28°34′19.0″	75
						2	19—51		中壤土		5.6	3.2	0.19	0.19		28	2.1	57				
						3	51—100		中壤土		5.6	3.2	0.19	0.25		25	2.5	87				
剖5	人为土	水稻土	潴育水稻土	潴育型鳝泥田	中潴灰鳝泥田	1	0—16		重黏土		6.0	24.6	1.69	0.17		113	3.8	74		泥质岩类风化物	E 118°13′59.9″ N 28°33′22.2″	95
						2	16—26		重黏土		6.1	17.2	0.79	0.69		56	2.3	40				
						3	26—74		重黏土		6.1	5.6	0.38	0.38		31	1.5	54				
						4	74—100		重壤土		6.2	5.2	0.50	0.21		29	≤1.0	54				
剖6	铁铝土	红壤		酸性结晶岩红壤		1	0—3		轻壤土		5.4	70.2	2.87	0.23		269	≤1.0	97		酸性结晶岩类	E 118°12′51.5″ N 28°32′12.5″	95
						2	3—23		轻壤土		5.6	34.1	1.40	0.15		203	≤1.0	53				
						3	23—62		轻壤土		6.0	5.8	0.30	0.11		56	≤1.0	33				
						4	62—100		砂壤土		6.0	4.6	0.53			72		64				
剖7	人为土	水稻土	淹育水稻土	浅黄红土田	乌紫褐泥田	Aa	0—12	灰棕色	壤质黏土	小团块状	5.5	37.1	1.90	1.50	17.3					玄武岩坡积物	E 118°09′54.0″ N 28°32′17.4″	95
						Ap	12—20	泛红棕色	壤质黏土	块状	5.7	21.1	1.10	1.70	17.4							
						C_1	20—43	暗红棕色	黏质壤土	棱柱状	6.6	14.1	0.80	1.60	16.9							
						C_2	43—100	暗红棕色	黏质壤土	棱块状	6.8	9.4	0.60	1.10	15.5							
剖8	铁铝土	红壤	红壤性土	泥质岩红壤性土		1	0—6		中壤土		5.1	38.4	2.26	0.59		161	≤1.0	107		泥质岩类	E 118°07′06.7″ N 28°25′11.7″	95
						2	6—25		中壤土		5.2	13.5	1.20	0.57		101	≤1.0	89				
						3	25—100		重壤土		5.4	5.7	0.71	0.67		74	≤1.0	118				
剖9	铁铝土	红壤	黄红壤	中性结晶岩黄红壤		1	0—15		轻壤土		5.0	43.0	1.94	0.41		142	≤1.0	49		中性结晶岩类	E 118°12′41.3″ N 28°29′29.7″	95
						2	15—84		轻壤土		5.3	8.1	0.53	0.38		40	≤1.0	43				
						3	84—100		中壤土		5.5	6.7	0.44	0.38		40	≤1.0	48				
剖10	人为土	水稻土	潴育水稻土	潴育型麻砂泥田	灰麻砂泥田	1	0—16		中壤土		5.8	44.3	2.23	1.30		209	20.4	54		花岗岩风化物	E 118°12′01.1″ N 28°25′43.3″	95
						2	16—23		中壤土		5.9	24.8	1.60	1.08		174	15.9	92				
						3	23—53		中壤土		6.5	17.4	1.48	1.24		69	3.0	58				
						4	53—100		轻壤土		6.5	4.4	0.37	0.12		28	≤1.0	93				
剖11	人为土	水稻土	潴育水稻土	潴育型紫砂泥田	中潴灰紫砂泥田	1	0—12		轻壤土		5.7	17.8	1.30	0.51		130	2.0	49		紫色砂岩风化物	E 118°14′28.8″ N 28°25′59.6″	95
						2	12—25		中壤土		6.6	9.3	0.72	0.45		79	2.2	39				
						3	25—39		中壤土		6.2	10.4	0.79	0.34		73	2.1	39	20.8			
						4	39—100	暗棕色	轻壤土		7.0	3.7	0.43	0.45	8.0	42	2.0	35				
剖12	人为土	水稻土	潜育水稻土	潜育型紫褐泥田	全潴灰紫褐泥田	A	0—11	暗棕色	壤质黏土	块状	5.2	15.0	2.26	0.79		162	12.0	88	20.5	玄武岩风化物	E 118°10′57.7″ N 28°27′12.5″	95
						Pg	11—18	暗灰棕色	壤质黏土	块状	5.2	40.9	2.09	0.71	7.6	148	13.0	66				
						G	18—100	暗棕灰色	壤质黏土	糊状	5.5	35.6	1.68	0.54	7.0	118	7.0	75	20.1			

续表 Continued

剖面号 Soil profile	土纲 Soil order	土类 Soil great group	亚类 Soil subgroup	土属 Soil genus	土种 Soil species	土层码 Layer code	土层厚度 Depth/cm	颜色 Soil color	质地 Soil texture	土壤结构 Soil structure	pH	有机质 OM/(g/kg)	全氮 TN/(g/kg)	全磷 TP/(g/kg)	全钾 TK/(g/kg)	碱解氮 AN/(mg/kg)	有效磷 AP/(mg/kg)	速效钾 AK/(mg/kg)	阳离子交换量CEC/(cmol/kg)	土壤母质 Parent material	剖面点坐标 Profile coordinate	匹配指数 Matching index/%
剖13	人为土	水稻土	潴育水稻土	潴育型红砂泥田	乌潴红砂泥田	1	0–14	浅灰色	中壤土		6.1	36.6	2.77	3.93		180	6.8	34		红色岩类风化物	E 118°03′45.2″ N 28°22′58.7″	95
						2	14–29	灰棕色	中壤土		6.3	8.8	0.97	0.71		47	1.9	26				
						W₁	29–57	灰白色	中壤土		6.4	4.4	0.37	0.21		29	1.5	28				
						W₂	57–100	棕黄色	中壤土		6.6	1.7	0.17	0.25		15	1.9	24				
剖14	人为土	水稻土	潴育水稻土	潴育型黄砂泥田	乌黄砂泥田	1	0–14	灰色	中壤土	碎块状	5.5									石英岩类风化物	E 118°05′47.2″ N 28°23′34.9″	81
						2	14–27	棕色	中壤土	块状	5.8											
						W₁	27–60	棕黄色	中壤土	块状	5.6											
						W₂	60–100	棕黄色	重壤土	块状	5.6											
剖15	人为土	水稻土	潴育水稻土	潴育型紫泥田	乌紫砂泥田	1	0–16	棕色	重壤土	碎块状	5.1	50.6	2.80	0.81		263	4.4	113		紫色砂岩风化物	E 118°05′25.8″ N 28°21′26.6″	95
						2	16–26	灰棕色	重壤土	块状	5.3	41.2	2.19	0.76		209	2.3	59				
						W₁	26–81		重壤土	棱块状	5.4	14.2	0.69	0.78		48	2.1	51				
						W₂	81–100		中壤土	块状	5.4	5.5	0.46	0.37		31	≤1.0	47				
剖16	人为土	水稻土	潴育水稻土	潴育型黄泥田	乌黄褐泥田	1	0–14		中壤土		5.5	34.0	1.96	0.28		183	5.5	44		石英岩类风化物	E 118°08′08.1″ N 28°24′57.4″	95
						2	14–27	棕色	中壤土	块状	5.6	26.4	1.11	0.15		29	1.6	41				
						3	27–60	棕黄色	中壤土	块状	5.6	5.9	0.41	0.27		86	3.6	41				
						4	60–100	棕黄色	重壤土	块状	5.6	4.4	0.47	0.18		25	1.5	45				
剖17	人为土	水稻土	潴育水稻土	潴育型紫褐泥田	乌紫褐泥田	A	0–12	灰棕色	壤质黏土	小团状	5.0	37.1	1.85	1.50	17.3	122	8.1	25	15.8	基性结晶岩类	E 118°10′18.0″ N 28°22′56.6″	81
						P	12–20	红棕色	壤质黏土	块状	5.7	21.1	1.12	1.73	17.4	59	3.6	40	16.4			
						W₁	20–43	红棕色	黏壤土	棱块状	6.6	14.1	0.76	1.55	16.9	31	3.6	33	17.9			
						W₂	43–100	红棕色	重壤土	棱块状	6.8	9.4	0.59	1.12	15.5	19	2.0	43	15.7			
剖18	人为土	水稻土	淹育水稻土	潴育型紫砂泥田	灰紫砂泥田	1	0–15		中壤土		6.2	20.8	1.30	0.68		70	2.8	100		紫色砂岩风化物	E 118°11′04.3″ N 28°24′54.0″	95
						2	15–23		中壤土	块状	6.6	11.0	0.82	0.42		40	≤1.0	48				
						3	23–53		中壤土	块状	6.7	4.6	0.37	0.35		29	≤1.0	44				
						4	53–100		轻壤土		6.6	1.8	0.29	0.29		52	5.0	56				
剖19	初育土	紫色土	中性紫色土	中性紫砂泥土	厚层灰中性紫砂泥土	1	0–20	紫棕色	轻壤土	碎粒状	6.7	10.8	0.55	1.35	21.5	52	5.0	56	32.7	玄武岩坡积物	E 118°11′35.7″ N 28°24′49.5″	81
						2	20–60		中壤土	碎粒状	7.9	5.1	0.39	0.25	20.3	40	≤1.0	67	24.9			
						3	60–100		中壤土		7.0	2.7	0.29	0.13	20.0	29	≤1.0	55	23.5			
剖20	初育土	紫色土	中性紫色土	浅薄红土	灰紫褐泥土	A	0–13	紫棕色	黏壤土	碎粒状	7.4	15.8	0.74	0.47		52	5.0	56		紫色砂岩岩风化物	E 118°11′26.4″ N 28°24′12.6″	95
						ABv	13–24	油棕红色	黏壤土	块状	7.3	10.5	0.52	0.39		35	≤1.0	67				
						Bv	24–43	油红棕色	砂质壤土	块状	7.3	5.1	0.36	0.38		25	≤1.0	55				
						C	43–76	油红棕色	砂质壤土													
剖21	人为土	水稻土	潴育水稻土	潴育型紫泥田		Aa	0–13	棕色	壤质黏土	块状	5.2	33.2	1.80	2.50	22.6	110	2.1	69		玄武岩坡积物	E 118°12′23.1″ N 28°23′41.4″	95
						Ap	13–19	油棕黄色	壤质黏土	块状	5.5	24.6	1.30	2.40	18.8	75	2.1	47				
						C	19–100	油黄棕色	壤质黏土	小块状	6.6	12.5	0.80	1.90	17.7	26	2.4	56				
剖22	人为土	水稻土	潴育水稻土	潴育型紫褐泥田	乌紫褐泥田	1	0–15	褐色	中壤土	棱块状	5.5	26.8	1.72	0.47		21	2.1	48		紫色泥页岩风化物	E 118°11′50.2″ N 28°22′41.5″	95
						2	15–29	黄褐色	中壤土		5.5	17.0	0.60	0.42		142	35.8	102				
						W₁	29–88	栗色	重壤土		6.0	6.6	0.32	0.37		10	32.7	152				
						W₂	88–100	紫色	轻黏土		5.7	4.5	0.17	0.46		45	22.6	141				
剖23	人为土	水稻土	潴育水稻土	潴育型紫褐泥田	中潴乌紫褐泥田	1	0–14	紫棕色	重壤土	屑粒状	6.0	32.5	2.00	5.23		121	2.9	47		基性结晶岩类	E 118°12′20.8″ N 28°22′44.6″	95
						2	14–25	紫棕色	重壤土	块状	6.0	22.0	0.90	4.77		50	5.9	48				
						W	25–100	紫色	轻黏土		6.1	8.3	0.42	3.85								
剖24	人为土	水稻土	潜育水稻土	潜育型紫褐泥田	弱潜灰紫褐泥田	1	0–15		中壤土		6.0	35.3	1.77	0.74		41	3.7	53		基性结晶岩类	E 118°13′45.3″ N 28°22′34.0″	95
						2	15–35		中壤土		6.4	9.4	0.40	0.72		50						
						3	35–100		重壤土		6.9	9.0	0.35	1.31								

续表 Continued

剖面号 Soil profile	土纲 Soil order	土类 Soil great group	亚类 Soil subgroup	土属 Soil genus	土种 Soil species	土层码 Layer code	土层厚度 Depth/cm	颜色 Soil color	质地 Soil texture	土壤结构 Soil structure	pH	有机质 OM/(g/kg)	全氮 TN/(g/kg)	全磷 TP/(g/kg)	全钾 TK/(g/kg)	碱解氮 AN/(mg/kg)	有效磷 AP/(mg/kg)	速效钾 AK/(mg/kg)	阳离子交换量CEC/(cmol/kg)	土壤母质 Parent material	剖面点坐标 Profile coordinate	匹配指数 Matching index/%
剖25	人为土	水稻土	潴育水稻土	潴育型石灰岩田	灰石灰泥田	1	0—11		重壤土		6.8	39.5	2.40	0.33		86	7.7	54		石灰岩风化物	E 118°13′53.8″ N 28°21′05.0″	95
						2	11—21		重壤土		6.8	33.4	1.99	0.43		109	4.5	36				
						3	21—70		重壤土		6.9	22.5	1.18	0.35		151	≤1.0	27				
						4	70—100		轻黏土		7.6	5.0	0.54	0.27		32	2.0	30				
剖26	人为土	水稻土	潴育水稻土	潴育型棕砂泥田	灰棕砂泥田	1	0—16		中黏土		6.5	27.6	1.82	0.80		197	6.4	48		中性结晶岩类风化物	E 118°13′25.7″ N 28°20′14.1″	95
						2	16—28		重黏土		6.5	24.0	1.29	0.56		101	3.6	40				
						3	28—53		重黏土		6.7	13.9	0.82	0.35		57	2.7	34				
						4	53—100		重黏土		6.7	6.9	0.66	0.42		42	2.1	36				
剖27	人为土	水稻土	潴育水稻土	潴育型紫砂泥田	灰紫砂泥田	1	0—14		中壤土		5.6	24.3	1.55	0.52		125	1.8	34		紫色砂岩风化物	E 118°14′45.0″ N 28°21′05.9″	81
						2	14—15		中黏土		5.6	15.9	0.77	0.64		125	2.6	32				
						3	15—100		中黏土		5.6	9.9	0.68	0.67		57	3.5	30				
剖28	初育土	紫色土	酸性紫色土	紫砂酸性紫色土	中层中有机质酸性紫砂土	1	0—15	棕紫色	轻壤土	碎粒状	5.1									紫砂岩类	E 118°07′55.0″ N 28°21′54.4″	95
						2	15—63	棕紫色	轻壤土	粒块状	4.8											
						3	63—100															
剖29	铁铝土	黄壤	黄壤	中性结晶岩黄壤		1	0—9		中壤土		5.5	41.0	1.78	0.49		129	≤1.0	179		中性结晶岩类	E 118°14′13.4″ N 28°11′39.4″	75
						2	9—25		中壤土		5.6	7.3	0.37	0.43		34	≤1.0	137				
						3	25—100		中壤土		5.6	3.0	0.24	0.31		20	≤1.0	103				
剖30	铁铝土	黄壤	黄壤	中性结晶岩黄壤	厚层棕砂泥土	1	0—15		中壤土		5.3	45.3	1.89	0.70		246	≤1.0	65		中性结晶岩类	E 118°14′48.1″ N 28°10′57.1″	75
						2	15—61		中壤土		5.4	15.0	0.92	0.61		93	≤1.0	49				
						3	61—100		中壤土		5.4	14.8	0.88	0.77		86	≤1.0	49				
剖31	铁铝土	红壤	红壤	第四纪红色黏土红壤		1	0—17		轻壤土		5.2	7.4	0.71	0.56		73	2.4	62		第四纪红色黏土	E 118°15′13.3″ N 28°30′58.8″	95
						2	17—50		重黏土		4.7	4.9	0.76	0.47		32	≤1.0	28				
						3	50—78		重黏土		4.3	4.5	0.37	0.52		26	≤1.0	26				
						4	78—100		重黏土		4.9	3.9	0.36	0.39		23	≤1.0	45				
剖32	人为土	水稻土	潴育水稻土	潴育型黄砂泥田	中潴乌黄砂泥田	1	0—14		中壤土		5.5	28.5	1.77	0.34		158	1.3	20		石英岩类风化物	E 118°14′22.7″ N 28°31′07.2″	95
						2	14—24		中壤土		5.6	24.3	1.24	0.34		103	≤1.0	16				
						3	24—49		中壤土		6.4	10.5	0.49	0.37		49	≤1.0	18				
						4	49—100		中壤土		6.7	4.3	0.37	0.28		24	≤1.0	38				
剖33	铁铝土	红壤	红壤	棕砂泥土	厚层棕砂泥土	1	0—16		轻壤土		5.3	12.7	0.82	0.21		75	1.8	58		中性结晶岩类风化物	E 118°15′48.8″ N 28°27′51.7″	95
						2	16—20		重壤土		5.2	7.8	0.57	0.19		83	2.4	70				
						3	20—100		重壤土		5.3	6.0	0.39	0.13		48	1.8	60				
剖34	人为土	水稻土	潴育水稻土	潴育型鳝泥田	乌鳝泥田	1	0—15	黄褐色	重壤土	梭状	5.8	37.3	2.17	0.70		167	4.9	50		泥质岩风化物	E 118°18′42.2″ N 28°28′48.2″	95
						2	15—23	灰色	重壤土	块状	6.0	28.5	1.56	0.70		129	3.7	34				
						3	23—37	棕灰色	中壤土	块状	6.0	8.4	0.58	0.32		79	1.9	30				
						4	37—100	灰棕色	中壤土	块状	6.2	7.1	0.62	0.47		42	2.1	41				
剖35	人为土	水稻土	潴育水稻土	潴育型石灰泥田	乌石灰泥田	1	0—15		重壤土		5.2	24.2	1.64	0.93		111	5.4	44		石灰岩类风化物	E 118°18′42.2″ N 28°28′48.2″	95
						W_1	15—26		重壤土		5.8	19.9	1.32	0.70		82	2.7	31				
						W_2	26—47		中壤土		6.8	9.1	0.71	0.73		49	2.5	35				
						W_3	47—72		中壤土		7.2	8.2	0.63	0.64		37	2.3	39				
						4	72—100		重壤土		7.2	7.2	0.64	0.63		33	1.6	45				
剖36	人为土	水稻土	潴育水稻土	潴育型紫褐泥田	中潴灰紫褐泥田	1	0—15		中壤土		6.1	20.0	1.49	1.33		138	10.1	57		基性结晶岩类	E 118°19′32.1″ N 28°25′13.3″	95
						2	15—25		中壤土		6.6	13.1	0.98	1.26		104	13.4	36				
						3	25—100		中壤土		6.8	4.8	0.35	1.29		58	2.4	57				
剖37	铁铝土	红壤	红壤	泥质岩红壤	薄层低有机质红壤	1	0—13		轻壤土		5.1	20.7	1.05	1.63		78	≤1.0	39		泥质岩风化物	E 118°17′08.1″ N 28°26′34.4″	81
						2	13—45		轻壤土		5.2	6.2	0.74	1.55		35	≤1.0	27				
						3	45—100		轻壤土		5.2	4.9	0.42	2.02		45	≤1.0	27				

续表 Continued

剖面号 Soil profile	土纲 Soil order	土类 Soil great group	亚类 Soil subgroup	土属 Soil genus	土种 Soil species	土层码 Layer code	土层厚度 Depth/cm	颜色 Soil color	质地 Soil texture	土壤结构 Soil structure	pH	有机质 OM/(g/kg)	全氮 TN/(g/kg)	全磷 TP/(g/kg)	全钾 TK/(g/kg)	碱解氮 AN/(mg/kg)	有效磷 AP/(mg/kg)	速效钾 AK/(mg/kg)	阳离子交换量CEC/(cmol/kg)	土壤母质 Parent material	剖面点坐标 Profile coordinate	匹配指数 Matching index/%
剖38	人为土	水稻土	潴育水稻土	潴育型炭质泥田	灰炭质泥田	1	0—15		中壤土		5.1	104.0	3.36	1.26		158	4.6	60		炭质页岩风化物	E 118°17′53.8″ N 28°25′18.5″	95
						2	15—23		中壤土		5.2	102.5	2.69	1.25		140	4.1	59				
						3	23—51		重壤土		5.4	45.7	1.87	0.91		39	3.1	42				
						4	51—80		中壤土		5.6	9.0	0.68	0.57		38	≤1.0	38				
剖39	半水成土	潮土	潮土	砂质潮土	低有机质砂质潮土	1	0—20		砂壤土		6.3	6.4	0.45	0.90		43	2.0	56		河流冲积物	E 118°16′22.5″ N 28°23′27.8″	95
						2	20—100		紫砂土		6.4	2.6	0.17	0.75		23	2.0	20				
剖40	人为土	水稻土	潴育水稻土	潴育型紫鳝泥田	中潴乌鳝泥田	1	0—15	黄棕色	黏土	碎块状	5.8									泥质岩类风化物	E 118°17′48.8″ N 28°24′10.5″	95
						2	15—23	黄褐色	黏土	块状	6.0											
						W₁	23—37	棕黄色	黏土		6.1											
						W₂	37—100	红棕色	较黏	碎块状	6.1											
剖41	初育土	紫色土	中性紫色土	中性紫砂泥土		1	0—16		中壤土		6.6	4.2	0.53	2.13		35	3.8	45			E 118°20′56.0″ N 28°23′39.4″	95
						2	16—42		砂壤土		6.8	3.5	0.16	4.10		25	6.5	41				
						3	42—100		砂壤土		6.0	1.8	0.11	0.64		25	3.0	47				
剖42	初育土	紫色土	酸性紫色土	酸性紫砂泥土		1	0—22		轻壤土		4.9	9.3	0.56	0.16		69	1.9	38			E 118°15′59.6″ N 28°22′23.1″	95
						2	24—54		中壤土		5.0	4.8	0.29	0.12		50	1.8	44				
						3	54—100		重壤土		5.2	3.2	0.20	0.57		29	1.8	49				
剖43	人为土	水稻土	淹育水稻土	淹育型紫泥田	紫泥田	1	0—15		中壤土		6.7	16.3	1.00	0.76		88	5.0	40		紫色泥质岩风化物	E 118°16′09.6″ N 28°20′31.6″	95
						2	15—27		中壤土		6.7	9.2	0.34	0.61		51	2.9	35				
						3	27—100		中壤土		7.1	2.0	0.30	0.17		14	≤1.0	25				
剖44	初育土	紫色土	酸性紫色土	紫砂岩酸性紫色土	薄层中有机质酸性紫色土	1	0—15		轻壤土		5.1	15.5	0.83	0.19		86	≤1.0	85		紫砂岩	E 118°23′48.6″ N 28°22′01.2″	95
						2	15—63		轻壤土		4.8	13.3	0.59	0.20		75	≤1.0	91				
剖45	初育土	紫色土	酸性紫色土	紫砂岩酸性紫色土		1	0—10		中壤土		5.1	14.9	0.85	≤0.10		68	1.8	82		紫砂岩	E 118°24′48.1″ N 28°20′58.7″	95
						2	10—40		中壤土		5.3	9.6	0.44	0.12		48	1.9	51				
						3	40—100		中壤土		5.4	4.9	0.21	≥10.00		27	≤1.0	47				
剖46	铁铝土	红壤	黄红壤	中性结晶岩黄红壤		1	0—19		轻壤土		5.1	23.8	1.00	0.20		103	≤1.0	52		中性结晶岩类	E 118°15′37.5″ N 28°13′28.6″	95
						2	19—29		重壤土		5.2	16.4	0.82	0.14		84	≤1.0	63				
						3	29—79		重壤土		5.3	6.5	0.38	≤0.10		57	≤1.0	96				
						4	79—100		重壤土		5.5	4.4	0.44	≤0.10		28	≤1.0	58				
剖47	人为土	水稻土	淹育水稻土	淹育型棕砂泥田	灰棕砂泥田	1	0—14		轻壤土		6.3	29.6	1.56	0.91		146	3.3	32		中性结晶岩类风化物	E 118°17′20.4″ N 28°12′00.5″	95
						2	14—22		轻壤土		6.5	34.5	1.99	0.89		140	5.8	31				
						3	22—100		轻壤土		6.7	25.4	0.96	1.65		138	5.8	34				

广 信 区

主要土类说明

红壤是广信区主要土壤类型，占本区地域面积的59%，广泛分布在低山和丘陵地区。红壤形成的主要特征是具有脱硅富铝化过程，可以在各种母质上形成。一般土层稍厚，低丘地区的红壤多具1m以上的红色土层，剖面发育比较完整，A、B、C层清晰可见，除表层颜色较暗外，心土层和底土层均为红色或黄红色，呈棱块状或块状结构，有时可见黄、白、红相间的网纹层，全剖面呈酸性。

水稻土是广信区第二大土壤类型，占本区地域面积的18%。水稻土是在长期水耕熟化条件下形成的具有独特剖面形态特征的一类耕作土壤。本县水稻土分为潴育水稻土、淹育水稻土和潜育水稻土三个亚类。潴育水稻土面积最大，肥力较高。潜育水稻土一般土质较黏重，通透性差。淹育水稻土一般分布在本区丘陵排田或垄田的上部，地下水位深，灌溉水源差，大部分是"望天丘"，水耕熟化程度低，肥力也较低。

黄棕壤是广信区第三大土壤类型，占本区地域面积的15%，分布于海拔1000m以上山区。地面也有枯枝落叶层，腐殖质层松散柔软，颜色深暗。下部为棕色或黄棕色的心土层，有少量铁锰淀积，但不明显，向下为半风化的岩层。整个土层厚度为60—80cm，有的只有30cm，下部为母质层。

黄壤占本区地域面积的4%，分布于海拔800m以上的山区。由于植被生长良好，加上云雾多、日照少、湿度大等因素，土壤形成过程中的氧化铁强烈水化，使土体上下出现黄色。土壤一般地面有枯枝落叶层，厚1—2cm或3—5cm，为腐烂、半腐烂的植物残体。此层之下为腐殖质含量较高、颜色较深较暗的表土层，向下逐渐过渡到黄色的心土层，土壤呈酸性。

小于本区地域面积3%的土壤类型还有紫色土、石灰（岩）土、潮土等。

本区域中心区气候特征

本区域中心区气候特征值
Regional climate characteristics in central area of the region

气候带：中亚热带湿润气候 Climate region: Subtropical humid climate	
年平均气温 /℃ Annual average temperature /℃	17.7
年平均最高气温 /℃ Annual average maximum temperature /℃	22.5
年平均最低气温 /℃ Annual average minimum temperature /℃	14.1
年降水量 /mm Annual precipitation /mm	1773
≥10℃的积温 /℃ Daily temperature accumulated in a year (≥10℃) /℃	8824
年日照时数 /h Annual sunshine /h	1774
年平均相对湿度 /% Annual average relative humidity /%	79
干燥度 Dryness	0.59

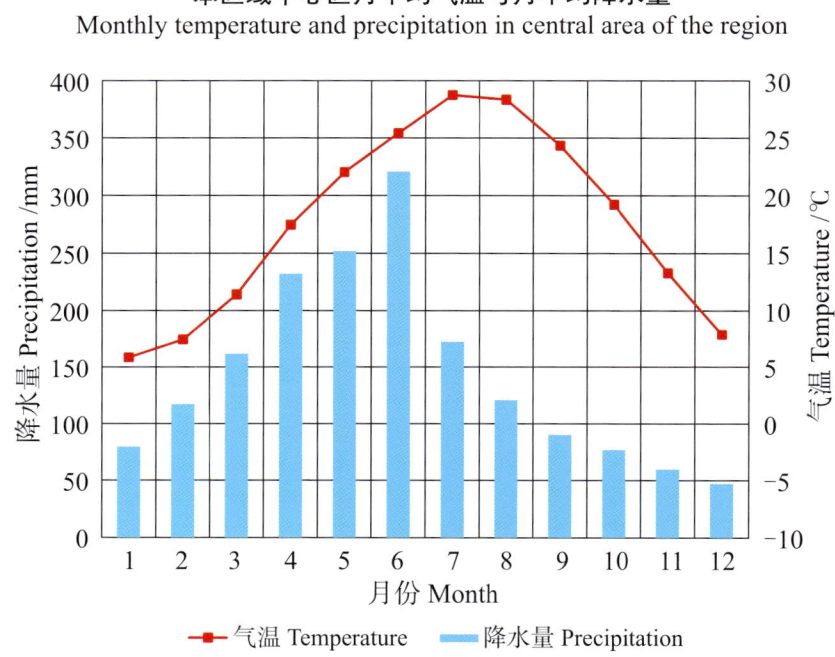

本区域中心区月平均气温与月平均降水量
Monthly temperature and precipitation in central area of the region

上饶县主要土壤类型与土壤剖面点分布图
1:320 000

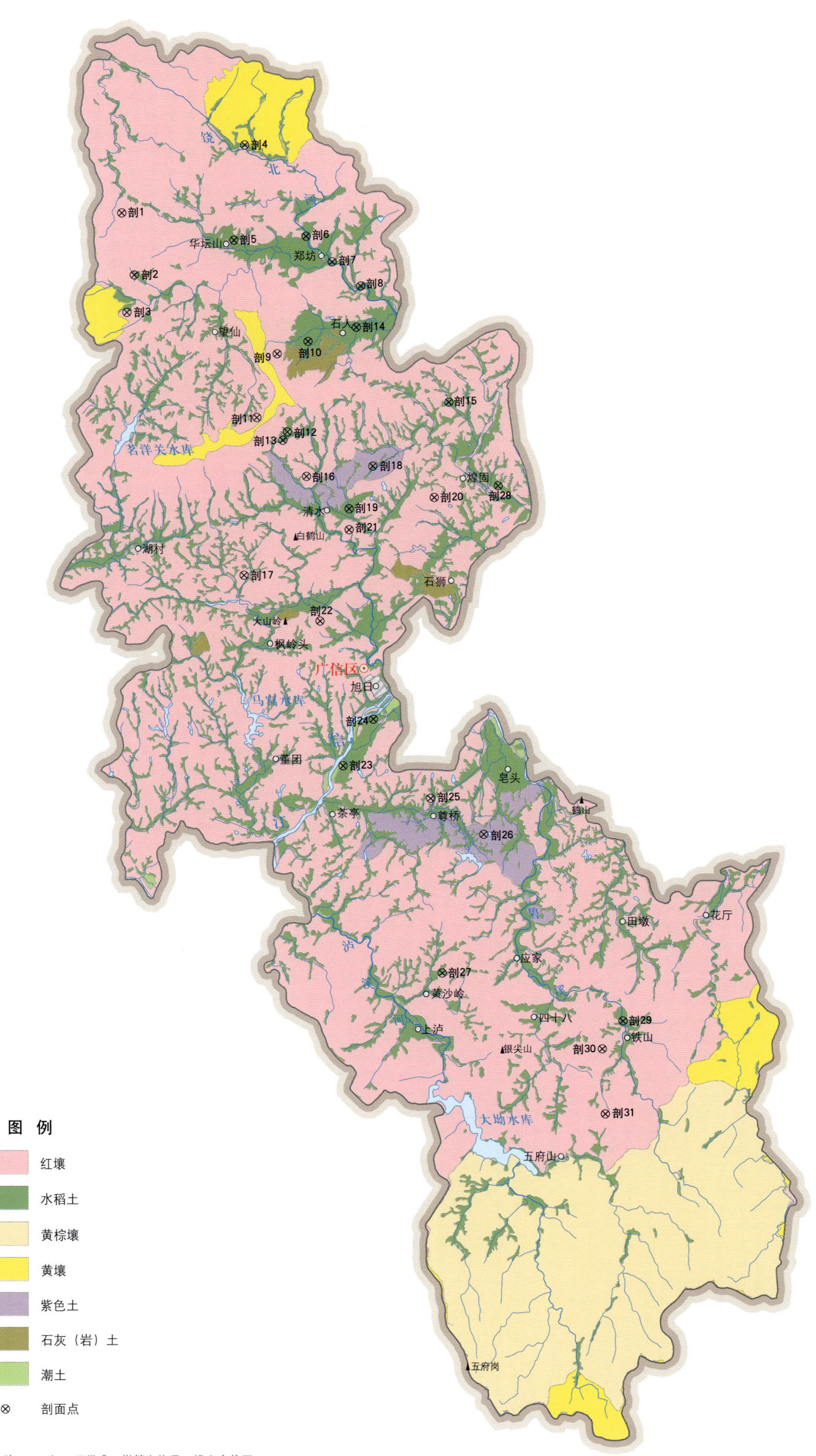

图例
- 红壤
- 水稻土
- 黄棕壤
- 黄壤
- 紫色土
- 石灰（岩）土
- 潮土
- ⊗ 剖面点

注：国务院2019年7月批准，撤销上饶县，设立广信区。

广信区土壤剖面理化性状表

剖面号 Soil profile	土纲 Soil order	土类 Soil great group	亚类 Soil subgroup	土属 Soil genus	土种 Soil species	土层码 Layer code	土层厚度 Depth/cm	颜色 Soil color	质地 Soil texture	土壤结构 Soil structure	pH	有机质 OM/(g/kg)	全氮 TN/(g/kg)	全磷 TP/(g/kg)	碱解氮 AN/(mg/kg)	有效磷 AP/(mg/kg)	速效钾 AK/(mg/kg)	土壤母质 Parent material	剖面点坐标 Profile coordinate	匹配指数 Matching index/%
剖1	铁铝土	红壤	红壤	泥质岩红壤	厚层鳝泥土	1	0—21	棕黄色	中壤土	粒状		9.1	0.78	0.12	7	20.0	56	泥质岩类风化物	E 117°44′26.1″ N 28°43′48.1″	95
						2	21—76	棕黄色	中壤土	块状		10.7	0.73	0.12	9					
						3	76—100	红黄色	中壤土	棱块状										
剖2	人为土	水稻土	潜育水稻土	潜育型潮砂泥田	中位中潜乌潮砂泥田	1	0—15	棕灰色	中壤土	块状								河流冲积物	E 117°44′57.5″ N 28°41′29.9″	75
						2	15—23	青灰色												
						3	23—60	青灰色		软糊无结构										
						4	60—100	黑色	砂烁石											
剖3	铁铝土	红壤	红壤	酸性结晶岩红壤		1	0—15	黄棕色	轻壤土	粒状								花岗岩风化物	E 117°44′38.0″ N 28°40′05.6″	75
						2	15—100	黄红色	轻壤土	块状										
剖4	人为土	水稻土	潜育水稻土	潜育型鳝泥田	中位弱潜鳝泥田	1	0—18	棕黄色	轻黏土	块状		33.0	2.12	0.58	9	≤1.0	144	泥质岩类风化物	E 117°49′40.6″ N 28°46′17.5″	95
						2	18—25	蓝灰色	轻黏土	块状		9.2	0.68	0.28	8					
						3	25—77	青灰色	轻黏土	不明显		37.3	1.67	0.45	18					
						4	77—100					9.3	0.67	0.38	9					
剖5	人为土	水稻土	潜育水稻土	潜育型棕砂泥田	表潜性中潜灰棕砂泥田	1	0—15	浅灰棕色	重壤土	棱状	5.9	20.0	1.41	0.62	8		62	中性结晶岩类风化物	E 117°49′11.2″ N 28°42′46.1″	95
						2	15—25	灰棕色	轻黏土	块状		8.5	0.30	0.59	6					
						W_1	25—72	棕黄色	重壤土	块状		12.6	0.83	0.63	9					
						W_2	72—100	黄棕色	重壤土	块状		5.2	0.93	0.71						
剖6	人为土	水稻土	潜育水稻土	潜育型石灰泥田	上位弱潜乌石灰泥田	1	0—15	棕灰色	轻壤土	块状		48.5	2.90	0.85	10	5.0	52	石灰岩类风化物	E 117°52′15.2″ N 28°42′54.5″	95
						2	15—22	灰色	重壤土	块状		48.5	2.62	0.67	10					
						3	22—47	青灰色	重壤土	块状		41.3	1.93	0.44	12					
						4	47—	棕灰色	重壤土	棱块状		38.5	1.85	0.44	12					
剖7	人为土	水稻土	潜育水稻土	潜育型红砂泥田	表潜性中潜灰棕红砂泥田	1	0—16	棕灰色	中壤土	块状		25.6	1.84	0.56	11	3.0	96	红砂岩类风化物	E 117°53′21.9″ N 28°41′57.2″	95
						2	16—24	灰棕色	重壤土	块状		9.3	1.14	0.45	5					
						3	24—35	棕灰色	中壤土	软糊无结构		9.2	0.72	0.49	7					
						4	35—63	蓝灰色	重壤土	块状		7.3	0.46	0.24	9					
						5	63—100	灰黄色	重壤土	粒状		2.3	0.45	0.16	3					
剖8	人为土	水稻土	潜育水稻土	潜育型麻砂泥田	中位弱潜乌麻砂泥田	1	0—18	棕灰色	重壤土	块状	5.9	35.2	1.19	1.19	13	7.0		花岗岩风化物	E 117°54′33.4″ N 28°41′02.3″	95
						2	18—25	棕红色	中壤土	块状		26.8	0.73	0.74	13					
						3	25—40	蓝灰色	重壤土	软糊无结构		16.8	0.81	0.65	12					
						4	40—100	灰棕色	重壤土	块状		17.2		0.73						
剖9	铁铝土	红壤	黄红壤	泥质岩黄红壤	厚层多有机质泥质岩类黄红壤	A	0—4	棕红色	中壤土	粒状								泥质岩类	E 117°50′59.5″ N 28°38′31.2″	97
						ABv	4—34	红棕色	中壤土	小块状										
						Bv	34—64	粉红色	重壤土	块状										
						C	64—100	灰色	重壤土	块状	6.9	34.5	1.64	0.74	12	4.0	58			
剖10	人为土	水稻土	潜育水稻土	潜育型潮砂泥田	乌潮砂泥田	1	0—12	棕灰色	中壤土	粒状		19.8	0.89	0.80	13			河流冲积物	E 117°52′18.4″ N 28°38′59.0″	95
						2	12—22	黄棕色	轻壤土	粒状		6.1	0.47	0.47	8					
						W	22—48		中壤土	小块状		2.8		0.37						
							48—100													
剖11	铁铝土	红壤	红壤	泥质岩红壤	薄层多有机质泥质岩类红壤	1	0—8	灰色	重壤土	小块状		1.6		≥10.00	12	5.0		泥质岩类	E 117°50′06.7″ N 28°36′09.4″	95
						2	8—30		轻壤土			≤1.0			9					
						3	30—100		重壤土			≤1.0			8					

续表 Continued

剖面号 Soil profile	土纲 Soil order	土类 Soil great group	亚类 Soil subgroup	土属 Soil genus	土种 Soil species	土层码 Layer code	土层厚度 Depth/cm	颜色 Soil color	质地 Soil texture	土壤结构 Soil structure	pH	有机质 OM/(g/kg)	全氮 TN/(g/kg)	全磷 TP/(g/kg)	碱解氮 AN/(mg/kg)	有效磷 AP/(mg/kg)	速效钾 AK/(mg/kg)	土壤母质 Parent material	剖面点坐标 Profile coordinate	匹配指数 Matching index/%
剖12	半水成土	潮土	潮土	壤质潮土	厚层壤质潮土	1	0—14	灰褐色	轻壤土	碎粒状	6.2	7.7	0.47	0.58	10	2.0	41	河流冲积物	E 117°51′24.6″ N 28°35′36.9″	97
						2	14—21	灰褐色	轻壤土	碎块状		6.9	0.43		9					
						3	21—100	浅黄色	中壤土	碎块状		6.6	0.46		9					
剖13	人为土	水稻土	潜育水稻土	潜育型鳝泥田	灰鳝泥田	1	0—14					29.0	1.70	1.04	10	3.0	42	泥质岩类风化物	E 117°51′18.5″ N 28°35′24.0″	95
						2	14—32					14.8	0.51		16					
						3	32—100					5.7	0.55		6					
剖14	人为土	水稻土	潜育水稻土	潜育型红砂岩泥田	中位中潜灰红砂岩泥田	1	0—32	灰褐色	重壤土	小块状	6.0	21.1	0.94	0.47	13	≤1.0	45	红砂岩类风化物	E 117°54′21.9″ N 28°39′30.0″	95
						2	32—43	青灰色	中壤土			3.8	0.29	0.24	8					
						3	43—100	棕黄色	中壤土			1.2	0.20	0.24	34					
剖15	人为土	水稻土	潜育水稻土	潜育型红砂岩泥田	乌红砂岩泥田	1	0—12	灰色	中壤土		5.8	45.4	1.80	0.73	14	5.0		红砂岩类风化物	E 117°58′15.2″ N 28°36′40.7″	95
						2	12—27	浅灰色	中壤土			34.2	1.23	0.61	16					
						W_1	27—60	黄棕色	重壤土			13.2	0.49	0.39	15					
						W_2	60—100	黄灰色	重壤土			4.0	0.37	0.34	6					
剖16	铁铝土	红壤	红壤	红砂泥土	厚层红砂泥土	1	0—15	紫红色	轻壤土	棱状		7.8	0.68	≥10.00	7	≤1.0		红砂岩类风化物	E 117°52′11.6″ N 28°33′57.8″	95
						2	15—47	紫红色	中壤土	碎屑状		3.5	0.26		8					
						3	47—100	紫红色	轻壤土	粒状		2.1	0.26		5					
剖17	铁铝土	红壤	红壤	中性结晶岩红壤	薄层中有机质中性结晶岩类红壤	1	0—6		轻壤土	粒状		21.3	1.06	0.90	11	≤1.0	56	中性结晶岩类	E 117°49′31.7″ N 28°30′17.8″	97
						2	6—43		轻壤土			7.3	0.40		11					
						3	43—100		砂壤土			4.0	0.28		8					
剖18	人为土	水稻土	潜育水稻土	潜育型紫砂泥田	中位弱潜紫砂泥田	1	0—22	灰褐色	中壤土	块状	6.3	19.8	1.09	0.49	11	≤1.0	32	紫色砂岩类风化物	E 117°55′00.3″ N 28°34′19.5″	95
						2	22—41	蓝灰色	重壤土	轻糊状		17.9	0.81	0.30	13					
						3	41—100	黄紫色				4.0			6					
剖19	人为土	水稻土	潜育水稻土	潜育型麻砂泥田	强潜乌麻砂泥田	1	0—18		中壤土	粒状	6.1	37.8	2.04	1.40	34	12.0	100	花岗岩风化物	E 117°54′00.1″ N 28°32′44.8″	96
						2	18—31	浅灰色	轻壤土	棱状		19.9	1.13	0.86	18					
						W_1	31—64	黄棕色	轻壤土	粒状		5.6	0.45	0.64	17					
						W_2	64—100	棕黄色	轻壤土	块状		5.0	0.58	0.67	11					
剖20	铁铝土	红壤	黄红壤	酸性结晶岩黄红壤	中层多有机质中性花岗岩黄红壤	A	0—16	棕灰色	轻壤土	粒状		88.7	9.51	0.78	12	5.0	138	酸性结晶岩类	E 117°57′35.7″ N 28°33′09.1″	95
						Bv	16—36	浅棕色	轻壤土	块状		66.3	2.26	0.79	7					
						C	36—100	棕黄色	中壤土	小块状		15.5	0.85	1.80	3					
剖21	铁铝土	红壤	红壤	酸性结晶岩红壤	薄层少有机质泥质岩红壤	1	0—6	浅灰色	中壤土	块状		48.8	2.30	0.75	7	≤1.0	93	花岗岩	E 117°53′59.3″ N 28°31′58.1″	95
						2	6—26	灰黄色	中壤土	块状		12.3	1.00	0.74	5					
						3	26—100	黄灰色	砂壤土			2.9	0.51	0.76	5					
剖22	铁铝土	红壤	红壤	泥质岩红壤	厚层多有机质泥质岩红壤	1	0—15	浅灰色	轻黏土	块状	5.0	6.5	0.57	0.73	14	4.0	42	泥质岩类	E 117°52′43.8″ N 28°28′33.5″	99
						2	15—24	灰黄色	轻黏土	块状		5.7	0.62	0.55	15					
						3	24—100	黄灰色	中壤土			5.5	0.63	0.36	7					
剖23	人为土	水稻土	潜育水稻土	潜育型鳝泥田	弱潜乌鳝泥田	1	0—16					42.5	1.68	0.25	9	3.0	90	泥质岩类风化物	E 117°53′39.1″ N 28°23′11.0″	95
						2	16—26					26.3	1.00	0.19	10					
						3	26—40					8.1	0.64	0.68	11					
						4	40—62					9.9	0.67		11					
						5	62—100					12.2	0.72		10					
剖24	人为土	水稻土	潜育水稻土	潜育型潮砂泥田	中潜灰潮砂泥田	1	0—10		中壤土			26.5	1.45	0.78	11			河流冲积物	E 117°54′56.7″ N 28°24′54.5″	95
						2	10—20		中壤土			23.1	1.26	0.78	10					
						3	20—60		中壤土			15.9	0.90		10					
							60—100					5.8	0.70	0.43	5					

续表 Continued

剖面号 Soil profile	土纲 Soil order	土类 Soil great group	亚类 Soil subgroup	土属 Soil genus	土种 Soil species	土层码 Layer code	土层厚度 Depth/cm	颜色 Soil color	质地 Soil texture	土壤结构 Soil structure	pH	有机质 OM/(g/kg)	全氮 TN/(g/kg)	全磷 TP/(g/kg)	碱解氮 AN/(mg/kg)	有效磷 AP/(mg/kg)	速效钾 AK/(mg/kg)	土壤母质 Parent material	剖面点坐标 Profile coordinate	匹配指数 Matching index/%
剖25	铁铝土	红壤	红壤	红砂岩砾岩红壤	厚层中有机质红砂岩类红壤	1	0—17		中壤土			26.0	1.26	0.44	12	2.0	172	红砂岩类	E 117°57′19.8″ N 28°21′57.0″	98
						2	17—60		重壤土			3.4	0.48	0.32	4					
						3	60—100		中壤土			10.8	0.50	0.33	13					
剖26	初育土	紫色土	酸性紫色土	紫色砂砾岩酸性紫色土		1	0—20	紫灰色	中壤土	粒状	5.9	18.0	0.55	0.36	19	2.0	76	紫色砂砾岩类	E 117°59′33.8″ N 28°20′34.9″	95
						2	20—100	紫棕色	中壤土	粒状		5.7	0.36	0.36	9					
剖27	人为土	水稻土	潴育水稻土	潴育型紫砂泥田	灰紫砂泥田	1	0—14	灰棕色	重壤土	块状	6.2	26.9	1.51	0.77	10	6.0	42	紫色砂岩风化物	E 117°57′45.0″ N 28°15′24.5″	95
						W₁	14—23	棕灰色	重壤土	块状		20.4	1.17	0.71	10					
						W₂	23—32	棕紫色	轻壤土	块状		11.0	0.45	0.68	14					
						3	32—100	红紫色	轻壤土	块状		6.4	0.58	0.66	6					
剖28	人为土	水稻土	潴育水稻土	潴育型紫砂泥田	乌紫砂泥田	1	0—15		重壤土			33.2	1.80	0.79	7		34	紫色砂岩风化物	E 118°00′19.0″ N 28°33′34.3″	95
						2	15—24		重壤土			18.9	2.70	0.76	6					
						3	24—36		中壤土			5.9	0.80	0.83	6					
						4	36—100		中壤土			9.6	0.62	0.72	9					
剖29	人为土	水稻土	潴育水稻土	潴育型鳝泥田	乌鳝泥田	1	0—11					37.5	1.93	1.52	11	11.0	48	泥质岩类风化物	E 118°05′21.7″ N 28°13′33.7″	95
						2	11—16					6.6	0.53	1.49	7					
						3	16—46					9.7	0.73	1.48	8					
						4	46—100					25.7	1.32	1.43	11					
剖30	铁铝土	红壤	红壤	酸性结晶岩红壤	薄层中有机质花岗岩红壤	A	0—12	棕灰色	中壤土	粒状		15.6	0.86	0.56	11	9.0	124	酸性结晶岩类	E 118°04′28.8″ N 28°12′31.0″	95
						Bv	12—50	灰褐色	中壤土	块状		13.1	0.75	0.88	10					
						C	50—100	灰黄色	重壤土	块状		4.6	4.50	0.28	6					
剖31	铁铝土	红壤	红壤	红砂岩红壤	厚层多有机质红砂岩类红壤	A	0—6	灰褐色	轻壤土	粒状		44.8	1.93	0.97	13	3.0	50	红砂岩类	E 118°04′35.1″ N 28°10′06.0″	97
						ABv	6—13	紫灰色	轻壤土	粒状		29.6	1.26	0.25	13					
						Bv	13—60	红黄色	重壤土	块状		11.6	0.76	0.22	9					
						BvC	60—100	黄红色	轻黏土	块状		6.2	0.46	0.22	8					

玉 山 县

主要土类说明

红壤是玉山县主要土壤类型，占本县地域面积的70%。成土母质种类多，有泥质岩类、红砂岩、酸性结晶岩类、石灰岩风化物和第四纪红色黏土等。这些风化物以残积、坡积、洪积、冲积等运移方式在山区、丘陵和平原阶地上堆积残存，成为红壤发育的基础物质。本县红壤只有少数被垦殖为旱地和园林用地，是发展林木和多种经营的基地。由于母质和其他成土条件的差异，红壤发育特征、利用方式也有差异，本县红壤分为红壤、红壤性土和黄红壤三个亚类。其中，红壤亚类是红壤土类中的典型亚类，主要分布在本县丘陵及低山区，成土母质多样，土层较厚，发育完善，具有红壤土类各层的典型特征，A、B、C三层分化明显，B层的胶膜斑淀现象可见，有些剖面中铁锰结核多量聚积。红壤性土亚类土层较浅，层次分化不甚明显，表层之下常见半风化母质或心土裸露，是土壤侵蚀严重的一部分幼年红壤。各地都有分布，母质多样，有的已开垦为旱地或种植经济果木，有的尚未开垦，生长稀疏林木。一般分布地形位置较高，坡度较陡，有明显的冲刷现象，土壤质地偏黏，但土层中含有大小砾石。黄红壤亚类分布于比红壤和红壤性土亚类都高的山地，海拔在500m以上，土壤上部土层有明显黄化现象。这种土壤的剖面特征是表层都有一个枯枝落叶层，向下有一个十几厘米的腐殖质富集层，腐殖质含量为5%—6%，再下是黄化层，有明显的淋溶淀积现象，黄化层下部仍为棕红色的红壤土层直至母质层。

水稻土是玉山县第二大土壤类型，占本县地域面积的20%。水稻土是本县耕作土壤中数量最多的一个土类，主要分布在全县各河流冲积平原和沟谷地带，也有部分分布在山丘的梯田上。由于地形和水分条件的不同，本县水稻土分为淹育水稻土、潴育水稻土、表潜侧渗水稻土和潜育水稻土四个亚类。其中，潴育水稻土面积最大，是全县的主要高产和中产田土壤，对全县的农业生产起着主导作用。

黄壤是玉山县第三大土壤类型，占本县地域面积的4%，主要分布在紫湖、怀玉及南山等地的山地上。本县黄壤只在山地垂直带谱中出现，一般分布在黄红壤之上，但与黄红壤交错出现，海拔600—1200m。它的母岩种类很多，但主要是花岗岩和泥页岩类风化物。目前全部为林地，生长各种林木，针叶、阔叶树都有，是本县的用材林基地。土层上部有明显的枯枝落叶覆盖层，腐殖质聚积层明显，腐殖质含量都在3%以上。呈暗灰色或灰黑色，土壤质地偏黏，但有粗砂粒，表层以下的各层都呈黄色，偶见小铁锰斑状淀积，土层中多见砾石，土体一般湿度较大，但未见滞水。

小于本县地域面积3%的土壤类型还有紫色土、石灰（岩）土、粗骨土、黄棕壤、山地草甸土等。

本区域中心区气候特征

本区域中心区气候特征值
Regional climate characteristics in central area of the region

气候带：中亚热带湿润气候 Climate region: Subtropical humid climate	
年平均气温 /℃ Annual average temperature /℃	17.6
年平均最高气温 /℃ Annual average maximum temperature /℃	22.4
年平均最低气温 /℃ Annual average minimum temperature /℃	14.0
年降水量 /mm Annual precipitation /mm	1764
≥10℃的积温 /℃ Daily temperature accumulated in a year（≥10℃）/℃	8526
年日照时数 /h Annual sunshine /h	1784
年平均相对湿度 /% Annual average relative humidity /%	79
干燥度 Dryness	0.59

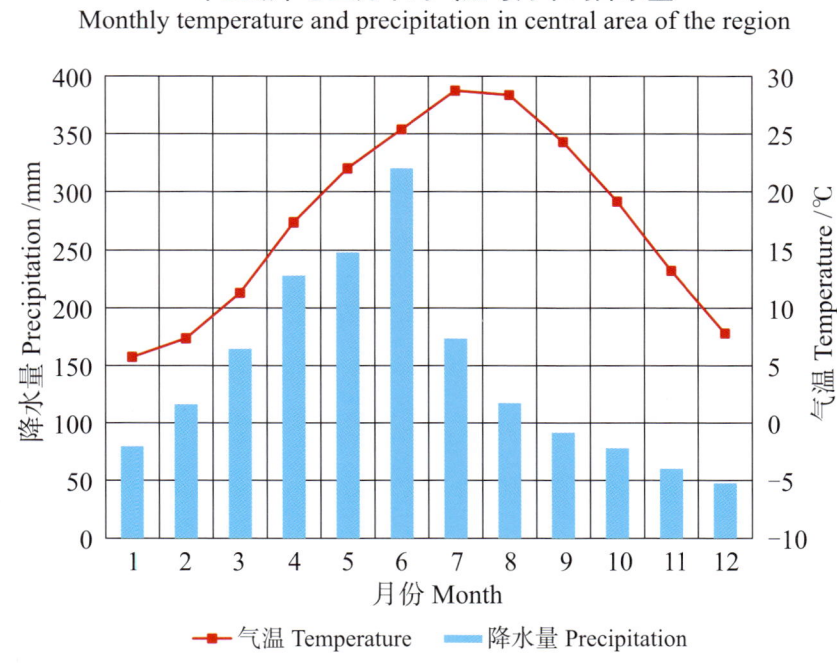

本区域中心区月平均气温与月平均降水量
Monthly temperature and precipitation in central area of the region

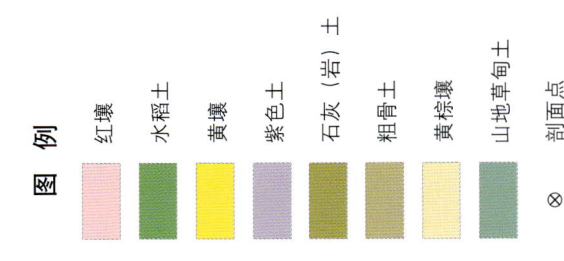

玉山县主要土壤类型与土壤剖面点分布图
1:250 000

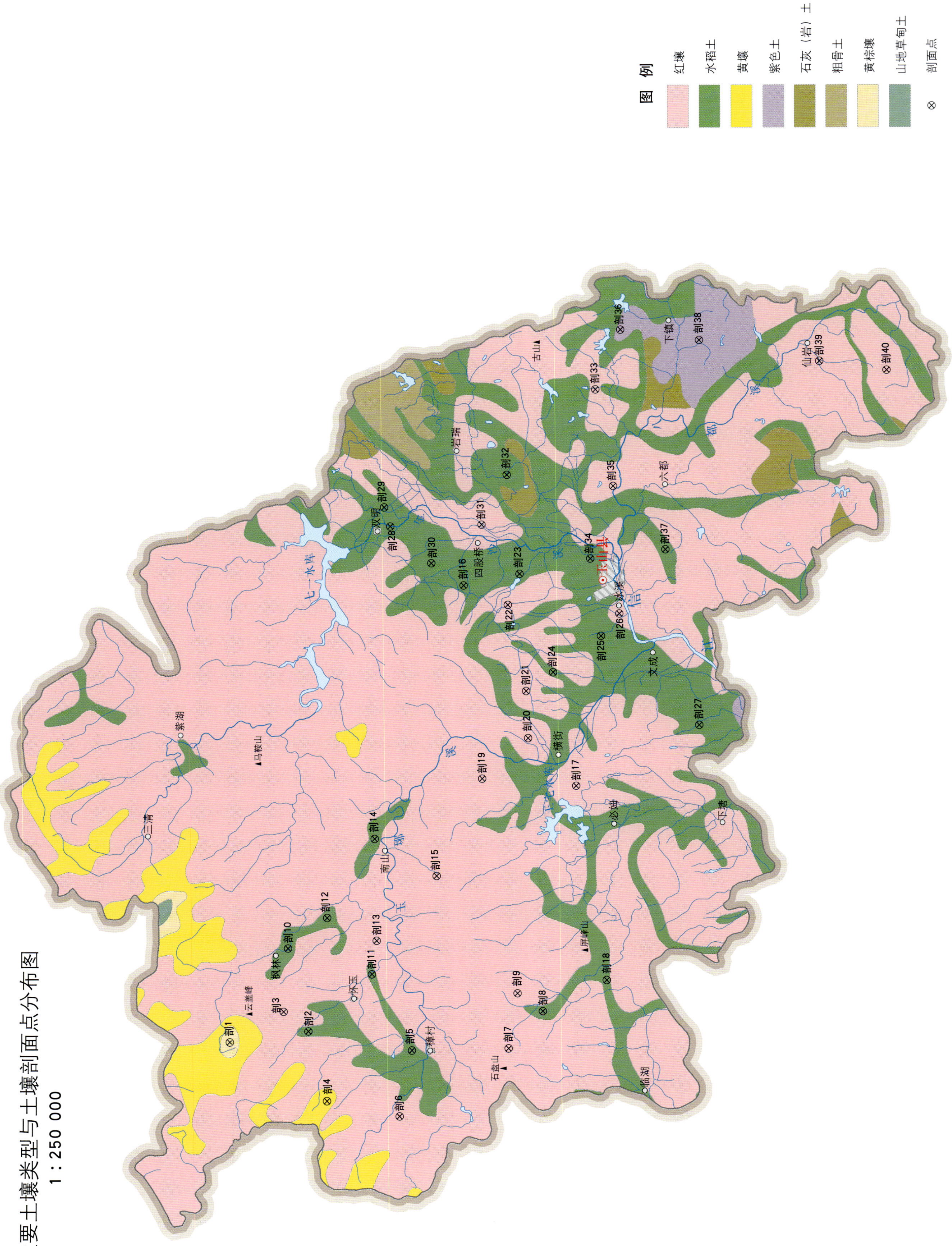

玉山县土壤剖面理化性状表

剖面号 Soil profile	土纲 Soil order	土类 Soil great group	亚类 Soil subgroup	土属 Soil genus	土种 Soil species	土层码 Layer code	土层厚度 Depth/cm	颜色 Soil color	质地 Soil texture	土壤结构 Soil structure	pH	有机质 OM/(g/kg)	全氮 TN/(g/kg)	全磷 TP/(g/kg)	全钾 TK/(g/kg)	阳离子交换量CEC/(cmol/kg)	土壤母质 Parent material	剖面点坐标 Profile coordinate	匹配指数 Matching index/%
剖1	淋溶土	黄棕壤	山地黄棕壤	山地黄棕壤	山地黄棕壤	1	0—40				4.6	107.1	5.30	1.43				E 117°57′57.5″ N 28°52′50.2″	75
						2	40—55				5.0	72.1	4.20	1.34					
						3	55—				5.1	60.2	3.50	0.71					
剖2	人为土	水稻土	潴育水稻土	潴育型麻砂泥田	乌麻砂泥田	1	0—16		轻壤土		6.8	42.3	2.30	1.25			花岗岩风化物	E 117°58′20.0″ N 28°50′19.3″	95
						2	16—23		轻壤土		6.8	28.2	2.40	0.70					
						W	23—46		重黏土		7.6	10.4	0.70	0.39					
剖3	铁铝土	红壤	红壤性土	森林红壤性土	林地石灰岩棕红土	1	0—10		重黏土		5.8	17.8	1.50	1.12			石灰岩类	E 117°59′03.7″ N 28°51′06.5″	93
						2	10—36		重黏土		6.3	10.4	1.10	1.18					
						3	36—		重黏土		5.8	9.6	1.20	1.22					
剖4	铁铝土	黄壤	山地黄壤	山地黄壤	山地黄壤	1	2—20		轻黏土		5.2	106.2	4.80	1.78				E 117°55′49.5″ N 28°49′44.0″	75
						2	20—40		轻黏土		5.2	52.0	2.80	0.83					
						3	40—60		轻黏土		5.8	58.0	1.60	0.83					
剖5	人为土	水稻土	潴育水稻土	潴育型潮砂泥田	石灰性灰潮砂泥田	1	0—18		重壤土		6.6	24.0	3.30	1.80			河流冲积物	E 117°57′37.4″ N 28°47′00.8″	95
						2	18—28		重壤土		6.2	19.9	2.60	1.12					
						W	28—48		重壤土		7.7	24.5	2.70	0.85					
剖6	铁铝土	红壤	红壤	麻砂泥红壤	黄泥土	1	0—15		轻壤土		4.6	35.4	1.50	1.57			花岗岩风化物	E 117°55′15.7″ N 28°47′24.7″	95
						2	15—20		轻壤土		5.2	16.3	0.90	0.86					
						3	20—100		重黏土		5.0	10.1	0.50	1.12					
剖7	铁铝土	红壤	红壤	熟化红壤	黄泥土	1	0—16		重黏土		4.4	14.9	0.90	0.65			第四纪红色黏土	E 117°57′40.2″ N 28°43′54.5″	95
						2	16—58		重黏土		4.5	5.2	0.50	0.67					
						3	58—		重黏土		4.6	4.8	0.50	0.72					
剖8	人为土	水稻土	潴育水稻土	潴育型鳝泥田	乌鳝泥田	1	0—16	黑灰色	黏土	碎块状	5.2	30.9	2.20	1.20			泥质岩类风化物	E 117°59′00.9″ N 28°42′48.6″	95
						2	16—29	灰带黄色	黏土	块板状	6.2	24.0	2.10	1.17					
						3	29—59	浅黄色	黏土	块状	6.6	14.1	1.50	0.97					
						4	59—100	棕黄色	重黏土	大块状									
剖9	铁铝土	红壤	红壤	森林红壤	林地粉红壤	1	0—20		重黏土		4.4	17.6	1.00	0.83			千枚岩类风化物	E 117°59′40.9″ N 28°43′36.7″	95
						2	20—60		重黏土		4.4	4.3	0.30	0.69					
						3	60—100		中黏土		4.5	3.2	0.20	0.90					
剖10	人为土	水稻土	潴育型冷浸田	潴育型冷浸田	冷水田	1	0—14		中黏土		4.4	38.0	2.20	0.77			第四纪红色黏土	E 118°01′22.5″ N 28°50′57.1″	95
						2	14—24		中黏土		6.7	32.3	2.10	0.78					
						3	24—30		中黏土		≤3.5	20.4	1.40	0.77					
剖11	人为土	水稻土	潴育型泜水田	潴育型泜水黄泥田	泜水黄泥田	1	0—20		中黏土		5.8	31.4	2.10	2.10			第四纪红色黏土	E 118°00′24.3″ N 28°48′16.1″	75
						2	20—50		中黏土		6.4	34.1	2.20	2.20					
						3	50—100		中黏土		5.9	59.8	2.70	2.70					
剖12	人为土	水稻土	潴育型鳝泥田	潴育型鳝泥田	灰鳝泥田	1	0—17		中黏土		6.2	20.3	1.50	8.75			泥质岩类风化物	E 118°02′28.3″ N 28°49′41.5″	75
						2	17—23		重黏土		5.8	14.7	1.10	0.59					
						3	23—58		重黏土		5.5	4.6	0.60	0.41					
剖13	铁铝土	红壤	红壤	熟化红壤	麻砂土	1	0—10		中壤土		5.0	47.8	1.80	0.69			花岗岩风化物	E 118°01′38.0″ N 28°48′07.0″	95
						2	10—20		轻壤土		5.6	23.7	1.90	0.59					
						3	20—100		砂壤土		5.5	7.6	0.70	0.44					
剖14	人为土	水稻土	潴育水稻土	潴育型麻砂泥田	灰麻砂泥田	1	0—9		砂壤土		5.9	24.4	1.40	0.97			花岗岩风化物	E 118°05′20.5″ N 28°48′08.9″	95
						2	9—19		砂壤土		5.5	27.0	1.30	0.95					
						W	19—		砂壤土		7.2	20.1	1.10	0.86					

续表 Continued

剖面号 Soil profile	土纲 Soil order	土类 Soil great group	亚类 Soil subgroup	土属 Soil genus	土种 Soil species	土层码 Layer code	土层厚度 Depth/cm	颜色 Soil color	质地 Soil texture	土壤结构 Soil structure	pH	有机质 OM/(g/kg)	全氮 TN/(g/kg)	全磷 TP/(g/kg)	全钾 TK/(g/kg)	阳离子交换量CEC/(cmol/kg)	土壤母质 Parent material	剖面点坐标 Profile coordinate	匹配指数 Matching index/%
剖15	铁铝土	红壤	红壤性土	熟化红壤性土	花岗岩红壤性土	1	0—9		中黏土		5.5	27.1	1.20	1.03			花岗岩	E 118° 03′ 58.7″ N 28° 46′ 10.6″	93
						2	9—29		中黏土		5.5	15.6	0.50	0.72					
						3	29—		中黏土		5.5	14.7	0.50	0.77					
剖16	人为土	水稻土	潴育水稻土	潴育型红砂泥田	火疙红砂泥田	1	0—14		重壤土		6.0	18.3	1.20	0.59			红砂岩类风化物	E 118° 14′ 30.6″ N 28° 45′ 14.2″	95
						2	14—21		重壤土		6.4	14.9	1.00	0.62					
						W	21—47		重黏土		6.8	4.4	0.60	0.70					
剖17	铁铝土	红壤	红壤性土	熟化红壤性土	页岩红壤性土	1	0—17		重黏土		6.3	10.9	1.30	0.91			页岩	E 118° 07′ 12.5″ N 28° 41′ 41.4″	93
						2	17—62		重黏土		5.9	10.9	1.20	0.89					
						3	62—		重黏土		5.9	20.2	1.80	0.94					
剖18	人为土	水稻土	潴育水稻土	潴育型呕水田	呕水紫泥田	1	0—13		重黏土		6.0	28.5	1.70	1.70			紫色泥页岩风化物	E 118° 00′ 08.0″ N 28° 40′ 45.4″	75
						2	13—21		重黏土		6.0	21.9	1.30	1.30					
						3	21—32		重黏土		5.8	17.0	0.90	0.90					
剖19	铁铝土	红壤	红壤	熟化红壤	粉红土	1	0—16		重壤土		6.4	23.3	1.40	1.88			千枚岩类风化物	E 118° 07′ 30.0″ N 28° 44′ 42.1″	95
						2	16—57		轻黏土		6.0	15.4	1.00	1.32					
						3	57—100		轻黏土		5.5	13.6	1.00	1.61					
剖20	铁铝土	红壤	红壤	熟化红壤	红砂岩红壤	1	0—15		轻黏土		6.0	23.4	1.50	0.82			红砂岩类风化物	E 118° 08′ 57.5″ N 28° 43′ 12.6″	95
						2	15—21		重壤土		6.2	24.8	1.40	0.83					
剖21	铁铝土	红壤	森林红壤性土	森林红壤性土	林地页岩棕红土	1	0—10		中壤土		4.5	36.1	1.90	0.68			页岩	E 118° 10′ 40.1″ N 28° 43′ 15.5″	93
						2	10—32		重壤土		4.4	19.3	1.20	0.54					
						3	32—		重壤土		4.8	7.5	0.80	0.56					
剖22	铁铝土	红壤	黄红壤	森林黄红壤	林地页岩黄红壤	1	0—22		轻黏土		4.9	58.1	2.10	0.78			页岩	E 118° 13′ 47.2″ N 28° 43′ 49.1″	95
						2	22—65		重黏土		5.2	23.0	1.00	0.76					
剖23	人为土	水稻土	潴育水稻土	潴育型冷浸田	冷浆田	1	0—12		重黏土		5.0	35.9	2.50	0.59				E 118° 14′ 54.6″ N 28° 43′ 26.1″	75
						2	12—20		重黏土		4.7	37.0	2.50	0.55					
						3	20—40		重黏土		4.4	27.2	1.80	0.28					
剖24	人为土	水稻土	潴育水稻土	潴育型潮砂泥田	乌潮砂泥田	1	0—14		黏土	碎块状	5.7	32.8	1.20	1.47			河流冲积物	E 118° 11′ 20.1″ N 28° 42′ 23.7″	75
						2	14—23		轻黏土	块状	5.8	21.6	1.40	1.42					
						W	23—52		轻黏土	块状	5.4	11.3	0.90	0.66					
						4	52—		重壤土	块状									
剖25	铁铝土	红壤	黄红壤	麻砂泥黄红壤	厚层灰麻砂泥黄红壤	1	0—11	暗棕色	重壤土	粒状	6.2	18.5	1.20	0.33			红砂岩类风化物	E 118° 12′ 37.7″ N 28° 40′ 50.8″	95
						2	11—47	红棕色	重黏土	块状	6.9	4.4	0.50	0.28					
						W	47—		中黏土		6.8	3.8	0.40	0.19					
剖26	人为土	水稻土	潴育水稻土	潴育型红砂泥田	灰红砂泥田	A	0—27	灰黑色	壤质黏土		5.1	15.0	0.92	0.31	20.2	7.4	花岗岩风化物	E 118° 13′ 25.9″ N 28° 40′ 15.7″	95
						Bv	27—53	黄灰色	壤质黏土		5.1	14.7	0.85	0.26	21.3	7.6			
						BvC	53—90	灰黄色	壤质黏土		5.2	14.8	0.77	0.26	20.4	6.1			
剖27	人为土	水稻土	潴育水稻土	潴育型黄泥田	灰黄泥田	1	0—14	棕黄色	重黏土		7.5	12.6	0.80	0.61			第四纪红色黏土	E 118° 09′ 22.3″ N 28° 37′ 43.9″	95
						2	14—21		重黏土		7.5	12.5	0.80	0.53					
						W	21—62		轻黏土		7.8	4.5	0.60	0.23					
剖28	人为土	水稻土	潴育水稻土	潴育型黄泥田	灰黄泥田	1	0—14		重黏土		6.9	20.6	0.20	0.37			第四纪红色黏土	E 118° 16′ 40.7″ N 28° 47′ 33.7″	95
						2	14—21		重黏土		6.5	20.7	1.40	0.33					
						W	21—73		重黏土		6.8	6.4	0.50	0.21					
剖29	人为土	水稻土	潴育水稻土	潴育型潮砂泥田	火疙潮砂泥田	1	0—9		中壤土		6.1	25.3	1.50	1.40			河流沉积物	E 118° 17′ 23.1″ N 28° 47′ 45.0″	95
						2	9—15		中壤土		6.4	24.3	1.40	1.42					
						W	15—57		中壤土		6.4	17.1	1.20	1.66					

续表 Continued

剖面号 Soil profile	土纲 Soil order	土类 Soil great group	亚类 Soil subgroup	土属 Soil genus	土种 Soil species	土层码 Layer code	土层厚度 Depth/cm	颜色 Soil color	质地 Soil texture	土壤结构 Soil structure	pH	有机质 OM/(g/kg)	全氮 TN/(g/kg)	全磷 TP/(g/kg)	全钾 TK/(g/kg)	阳离子交换量 CEC/(cmol/kg)	土壤母质 Parent material	剖面点坐标 Profile coordinate	匹配指数 Matching index/%
剖30	人为土	水稻土	潴育水稻土	潴育型泥砂水田	泥水红砂泥田	1	0—17		轻黏土		5.4	36.0	2.10	2.10			红砂岩类风化物	E 118°15′19.7″ N 28°46′15.3″	95
						2	17—26		轻黏土		5.6	26.7	1.70	1.70					
						3	26—		轻黏土		5.1	26.3	1.40	1.40					
剖31	铁铝土	红壤	红壤	熟化红壤	红砂泥土	1	0—22		砂壤土		6.1	32.5	1.50	1.89			红砂岩类风化物	E 118°16′42.7″ N 28°44′38.5″	95
						2	22—81		轻壤土		5.7	11.1	0.60	0.57					
						3	81—		轻壤土		5.4	4.5	0.50	0.17					
剖32	人为土	水稻土	潴育水稻土	潴育型鳝泥田	火揭鳝泥田	1	0—12		轻黏土		5.8	29.1	2.00	0.65			泥质岩类风化物	E 118°18′30.8″ N 28°43′48.3″	95
						2	12—19		中黏土		5.8	22.3	1.60	0.89					
						3	19—47		轻黏土		6.8	6.9	0.70	0.47					
剖33	铁铝土	红壤	红壤	森林红壤	林地红砂泥土	1	0—30		中壤土		5.1	24.5	1.10	0.37			红砂岩类风化物	E 118°21′33.0″ N 28°40′56.6″	95
						2	30—54		轻壤土		4.5	9.6	0.50	0.24					
						3	54—		轻壤土		4.3	4.3	0.40	0.28					
剖34	人为土	水稻土	潴育型冷浸田		鸭尿泥田	1	0—12		中黏土		6.4	33.8	2.10	1.03				E 118°15′26.0″ N 28°41′10.0″	95
						2	12—18		中黏土		6.7	32.3	2.00	0.97					
						3	18—100		中黏土		7.4	22.1	1.40	1.02					
剖35	铁铝土	红壤	红壤	熟化红壤	石灰泥土	1	0—16		中黏土		5.6	23.3	1.90	1.69				E 118°18′03.7″ N 28°40′25.0″	95
						2	16—30		中黏土		6.3	28.5	1.60	1.30					
						3	30—100		中黏土		5.6	15.8	1.00	0.82					
剖36	初育土	紫色土	中性紫色土	中性紫色土		1	0—30		中黏土		5.6	12.6	0.80	0.49				E 118°23′42.3″ N 28°40′07.2″	75
						2	30—50		重黏土		5.4	8.2	0.70	0.39					
						3	50—60		重黏土	块状	4.8	4.5	0.50	0.39					
剖37	人为土	水稻土	潴育型紫砂泥田	乌紫砂泥田		1	0—11		中黏土		5.8	39.2	1.90	0.94			紫色砂岩风化物	E 118°15′44.3″ N 28°38′45.6″	95
						2	11—17		重黏土		5.9	18.5	1.40	0.95					
						W₁	17—39	棕紫色	中黏土										
						W₂	39—	暗灰色 棕褐色 黄紫色	黏土	碎块状	5.9	7.6	0.50	0.43					
剖38	初育土	紫色土	中性紫色土	中性紫色土		1	0—3		重壤土		4.3	12.9	2.70	1.07				E 118°23′17.2″ N 28°37′36.3″	95
						2	3—19		重壤土		4.4	18.7	1.00	0.57					
						3	19—57		轻壤土		5.0	17.0	0.90	0.57					
剖39	铁铝土	红壤性土	熟化红壤性土	红砂岩红壤性土		1	0—17		中壤土		6.0	15.2	1.00	1.38			红砂岩风化物	E 118°22′28.5″ N 28°33′45.8″	95
						2	17—71		中黏土		5.9	19.1	1.10	1.58					
						3	71—		轻壤土		5.8	6.4	0.40						
剖40	铁铝土	红壤	黄红壤	森林黄红壤	林地花岗岩黄红壤	1	0—17		轻壤土		5.2	60.7	2.30	0.90			花岗岩	E 118°22′07.2″ N 28°31′36.4″	95
						2	17—42		中壤土		5.0	12.4	0.70	0.56					
						3	42—		中壤土		4.7	11.8	0.60						

铅 山 县

主要土类说明

红壤是铅山县主要土壤类型，占本县地域面积的 67%，分布于丘陵和低山地区。成土母质为酸性结晶岩类、石英岩类、红砂岩类风化物和第四纪红色黏土等，其风化物以残积、坡积、洪积等方式在山地、丘陵和平原阶地上堆积或残存。本县红壤分为红壤和黄红壤两个亚类。红壤亚类是红壤土类中的典型亚类，分布在海拔 580m 以下的丘陵区，占红壤土类的 95%，土层深厚，有 1m 以上的红色土体，剖面发育完整，具 A-B-C 剖面构型，除表层颜色较灰暗外，心土和底土均为红色的紧实土层，呈块状或棱块状结构，褐色胶膜淀积明显，有时底土可见黄、白、红相间的网纹红土，全剖面呈酸性。

水稻土是铅山县第二大土壤类型，占本县地域面积的 17%。水稻土的土体自上而下分为耕作层、犁底层、潴育层、潜育层等基本层段。耕作层有较多锈色斑纹出现。犁底层为长期犁耕而压实的土层，在种稻起保水保肥作用，但又保持一定的渗漏条件，耕作层的物质可通过犁底层缓慢下渗、淀积。潴育层是水稻土的典型层段之一，它是在灌溉水和地下水双重作用下，氧化还原交替，铁锰化合物溶淀聚积，含有大量铁锰锈斑和结核，因胶粒淋淀和干湿交替，使这一土层的结构形成了明显的柱状、棱柱状或棱块状结构，并在结构面上有明显胶膜出现，这层的上段，常有初期潴育的渗育层。潜育层是一个以还原作用为主的土层，铁化合物因还原而变成亚铁化合物在土体淀积，出现明显的青灰色或蓝灰色。此外，在坡地上，还有因侧向淋溶而出现的漂白土层，即漂洗层。最下就是母质层。

黄壤是铅山县第三大土壤类型，占本县地域面积的 7%，分布于东南部的武夷山、天柱山、篁碧畲族乡等乡镇的中山上，海拔 850—1200m，一般垂直分布于黄红壤之上，与黄红壤交错出现。黄壤具 O-A-AB-B-C 剖面构型。富含水合氧化物（针铁矿），呈黄色，中度富铝化，有时多含三水铝石。土壤有机质累积较高，可达 100g/kg，pH 为 4.5—5.5。

黄棕壤占本县地域面积的 3%，分布在东南部的武夷山镇和篁碧乡境内的黄岗山、读书尖、五府岗等各中山的中上部。土层一般厚 50—100cm，在缓坡处土层更厚，上下均呈黄棕色。表面枯枝落叶层和腐殖质层均较厚，Ao 层 2—3cm，A_1 层可达 13cm，腐殖质层松散柔软，颜色乌黑，呈团粒状、粒状结构，下部为棕色或黄棕色的心土层，淀积层结构面上胶膜可见，在淀积层下夹有母岩碎片的风化残积物和坡积物。剖面构型为 Ao-A_1-B-C。B 层黏聚现象明显，硅铝率在 2.5 左右，铁的游离度较红壤低，交换性酸 B 层大于 A 层。土壤 pH 为 5.5—6.0。本县黄棕壤只有山地黄棕壤一个亚类。

小于本县地域面积 3% 的土壤类型还有潮土、石灰（岩）土、山地草甸土等。

本区域中心区气候特征

本区域中心区气候特征值
Regional climate characteristics in central area of the region

气候带：中亚热带湿润气候 Climate region: Subtropical humid climate	
年平均气温 /℃ Annual average temperature /℃	17.9
年平均最高气温 /℃ Annual average maximum temperature /℃	22.7
年平均最低气温 /℃ Annual average minimum temperature /℃	14.4
年降水量 /mm Annual precipitation /mm	1754
≥10℃的积温 /℃ Daily temperature accumulated in a year (≥10℃) /℃	8194
年日照时数 /h Annual sunshine /h	1731
年平均相对湿度 /% Annual average relative humidity /%	80
干燥度 Dryness	0.60

本区域中心区月平均气温与月平均降水量
Monthly temperature and precipitation in central area of the region

铅山县主要土壤类型与土壤剖面点分布图
1:250 000

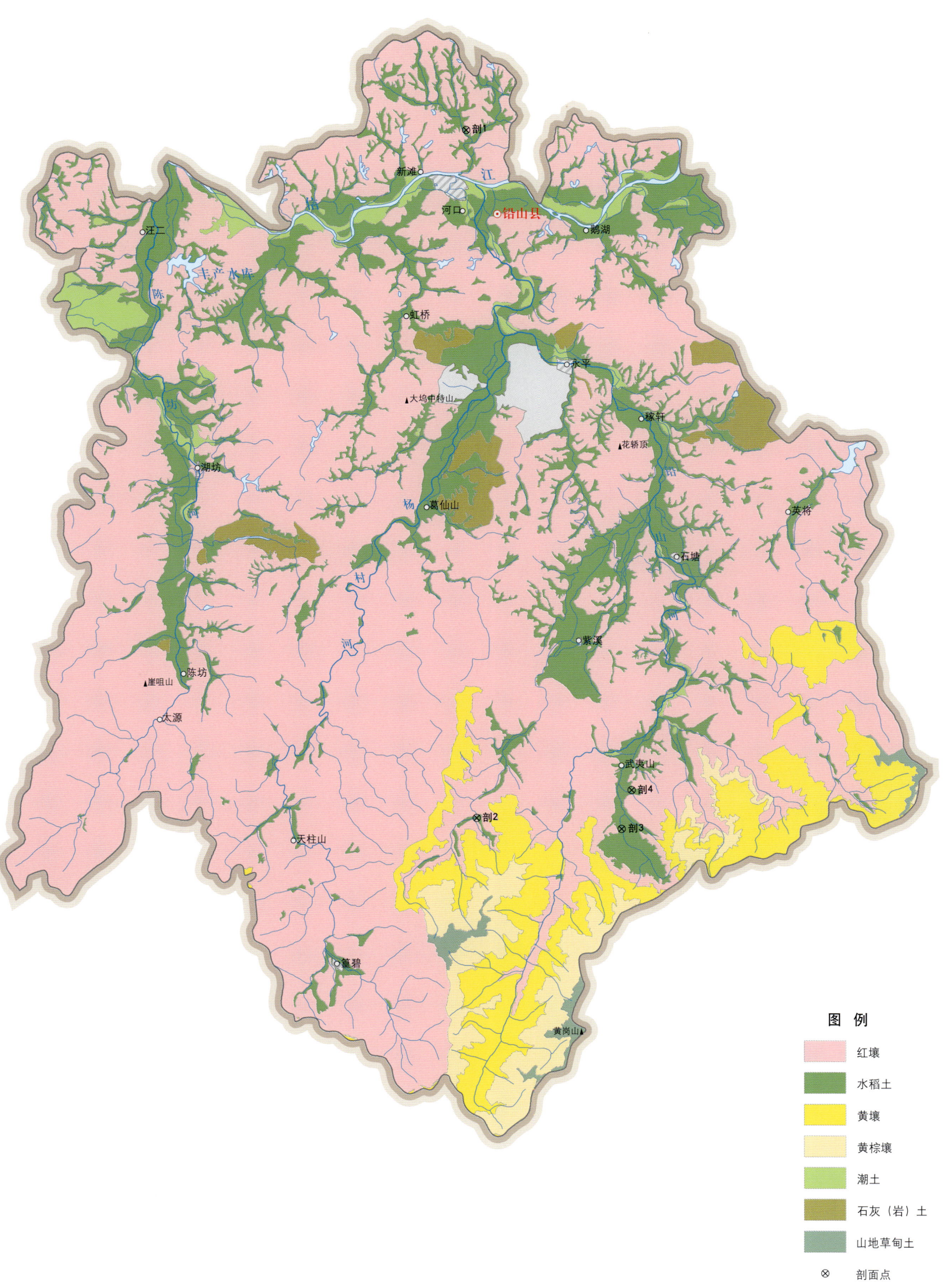

铅山县土壤剖面理化性状表

剖面号 Soil profile	土纲 Soil order	土类 Soil great group	亚类 Soil subgroup	土属 Soil genus	土种 Soil species	土层码 Layer code	土层厚度 Depth/cm	颜色 Soil color	质地 Soil texture	土壤结构 Soil structure	pH	有机质 OM/(g/kg)	全氮 TN/(g/kg)	全磷 TP/(g/kg)	全钾 TK/(g/kg)	碱解氮 AN/(mg/kg)	有效磷 AP/(mg/kg)	速效钾 AK/(mg/kg)	阳离子交换量CEC/(cmol/kg)	剖面点坐标 Profile coordinate	匹配指数 Matching index/%
剖1	人为土	水稻土	潴育水稻土	潴育红沙泥田	中潴灰红沙泥田	Aa	0—14	灰黄棕色	砂壤土	屑粒状	5.8	20.9	1.20	8.30	8.3					E 117°42′50.7″ N 28°20′40.2″	81
						Apg	14—23	黄棕色	砂壤土	软块状	5.6	19.1	1.00	7.40	7.4						
						G	23—42	灰色	砂壤土	软块状	6.3	12.8	0.90	7.70	7.7						
						C	42—63	黄棕色	砂质黏壤土	块状	6.7	3.6	0.30	6.80	6.8						
剖2	人为土	水稻土	淹育水稻土	淹育麻沙泥田	强潴麻沙泥田	A	0—13	紫棕色	砂壤土	粒状	5.0	13.8	0.79	0.36	23.5	76	5.0	50	4.8	E 117°43′06.0″ N 27°58′26.1″	95
						P	13—35	紫红色	壤质砂土	碎块状	5.1	10.3	0.43	0.34	23.0	37	5.0	77	3.9		
						C	35—100	暗红棕色	砂质黏壤土	小块状	4.7	4.8	0.18	0.35	23.0	74	15.0	117	5.8		
剖3	人为土	水稻土	潴育水稻土	潴育麻沙泥田	弱潴麻沙泥田	A	0—14	灰黄棕色	砂壤土	团粒状	5.8	20.8	1.17	0.27	8.3				5.3	E 117°48′23.0″ N 27°58′03.0″	95
						Pg	14—23	浅黄灰色	砂壤土	软块状	5.6	19.0	1.04	0.15	7.4				4.7		
						G	23—42	灰色	砂壤土	软块状	6.3	12.8	0.93	0.11	7.7				5.2		
						W	42—63	黄棕色	砂质黏壤土	柱状	6.7	3.6	0.27	≤0.10	6.8				8.5		
剖4	人为土	水稻土	潴育水稻土	潴育鳝泥田	中潴灰鳝泥田	A	0—9	油棕色	砂壤土	核粒状	4.6	16.4	0.79	0.34	19.3	65	13.0	50	7.6	E 117°48′45.5″ N 27°59′18.9″	95
						P	9—13	棕色	砂壤土	块状	5.0	11.3	0.45	0.32	17.5	45	9.0	29	6.8		
						C	13—100	橙色	砂壤土		6.0	11.8	0.58	0.28	17.3	54	≤1.0	13	8.5		

横峰县

主要土类说明

红壤是横峰县主要土壤类型，占本县地域面积的67%，主要分布在中、低丘陵地。目前大部分为林地和荒草地，只有少部分开垦为旱地和园地，生产旱粮、茶叶和果品，也有较多的油茶林，是本县林木生产基地。本县红壤分为红壤、红壤性土、黄红壤三个亚类。红壤亚类面积最大，主要分布在本县各丘陵区和山地的山麓部分，一般土层很薄，没有明显的淀积层，在A层下面，可以看到一些淀积特征。腐殖质层厚度只有几厘米，而且腐殖质累积量少，土色棕红，草根或树根稍多，向下逐渐向母质层过渡。红壤性土亚类的成土母质主要是红砂岩类风化物，集中分布在莲荷、司铺等地的丘岗上，和裸露的红砂岩混存，呈复区分布，受水土流失影响，植被很差，土壤的上部往往都是裸露的红砂岩。黄红壤亚类只出现在中、低山地的垂直带谱中，位于红壤亚类之上、黄壤土类之下，大致分布高度的上限为800m，下限接红壤亚类，主要分布在本县东北部的新篁、葛源和山黄林场等地。这类土壤的基本特征是土层厚度数十厘米至1m，可以明显地划分出A、B、C三个发生层次。A层的厚度一般有十余厘米，上部因腐殖质积累，土色灰暗，逐渐过渡为灰棕色至棕色，B层有明显的黏粒移动，呈块状结构，腐殖质胶膜和铁锰氧化物的淀积均可见，土壤呈暗红色或棕红色，再向下逐渐过渡为母质层。在坡积母质上，土层常较厚，可达1m或更厚些，在残积母质上土层较薄，只有30—40cm或40—50cm，并夹有岩石碎块。

水稻土是横峰县第二大土壤类型，占本县地域面积的27%。成土母质为红砂岩类、酸性结晶岩类、石英岩类、泥质岩类、紫色泥页岩类、中性结晶岩类、碳酸岩类以及炭质土、第四纪红色黏土和河流冲积物。本县水稻土分为潴育水稻土、淹育水稻土、潜育水稻土三个亚类。其中潴育水稻土亚类面积最大，排灌条件较好，肥力水平较高，土层深厚，质地适中，适耕性能较好。其地形条件有利于排水，故地下水位不高，大部分在50cm以下，只有少数排水不良，有轻度潜育现象。淹育水稻土分布在本县各丘陵地坡面上，一般水利条件差，大部分是"望天田"，只能种一季早稻或中稻，或在早、中稻收割后再种旱作物。水耕熟化程度低，土壤剖面分化不明显，土壤有机质含量在20g/kg左右。潜育水稻土所处地势低洼，排水不畅，土体内水分过多，长期处于嫌气条件下土体中的生物化学反应过程中还原作用强烈，高价铁被还原为低价的化合物而淀积。使土体呈蓝灰色、青灰色或蓝绿色，土壤剖面构型为A-P-G或A-G，质地极为黏重，田脚深陷，通气性差。

小于本县地域面积3%的土壤类型还有紫色土、草甸土、泥炭土、潮土、黄壤等。

本区域中心区气候特征

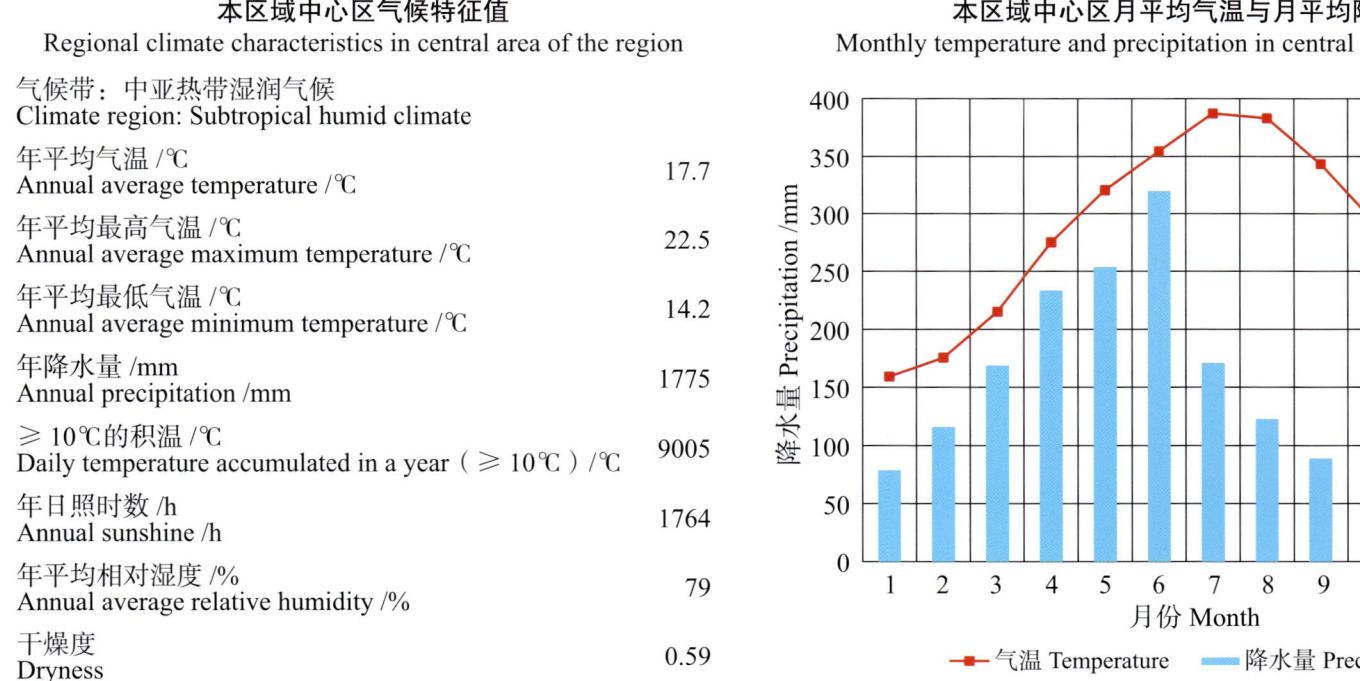

本区域中心区气候特征值
Regional climate characteristics in central area of the region

气候带：中亚热带湿润气候 Climate region: Subtropical humid climate	
年平均气温 /℃ Annual average temperature /℃	17.7
年平均最高气温 /℃ Annual average maximum temperature /℃	22.5
年平均最低气温 /℃ Annual average minimum temperature /℃	14.2
年降水量 /mm Annual precipitation /mm	1775
≥10℃的积温 /℃ Daily temperature accumulated in a year（≥10℃）/℃	9005
年日照时数 /h Annual sunshine /h	1764
年平均相对湿度 /% Annual average relative humidity /%	79
干燥度 Dryness	0.59

本区域中心区月平均气温与月平均降水量
Monthly temperature and precipitation in central area of the region

横峰县主要土壤类型与土壤剖面点分布图
1∶170 000

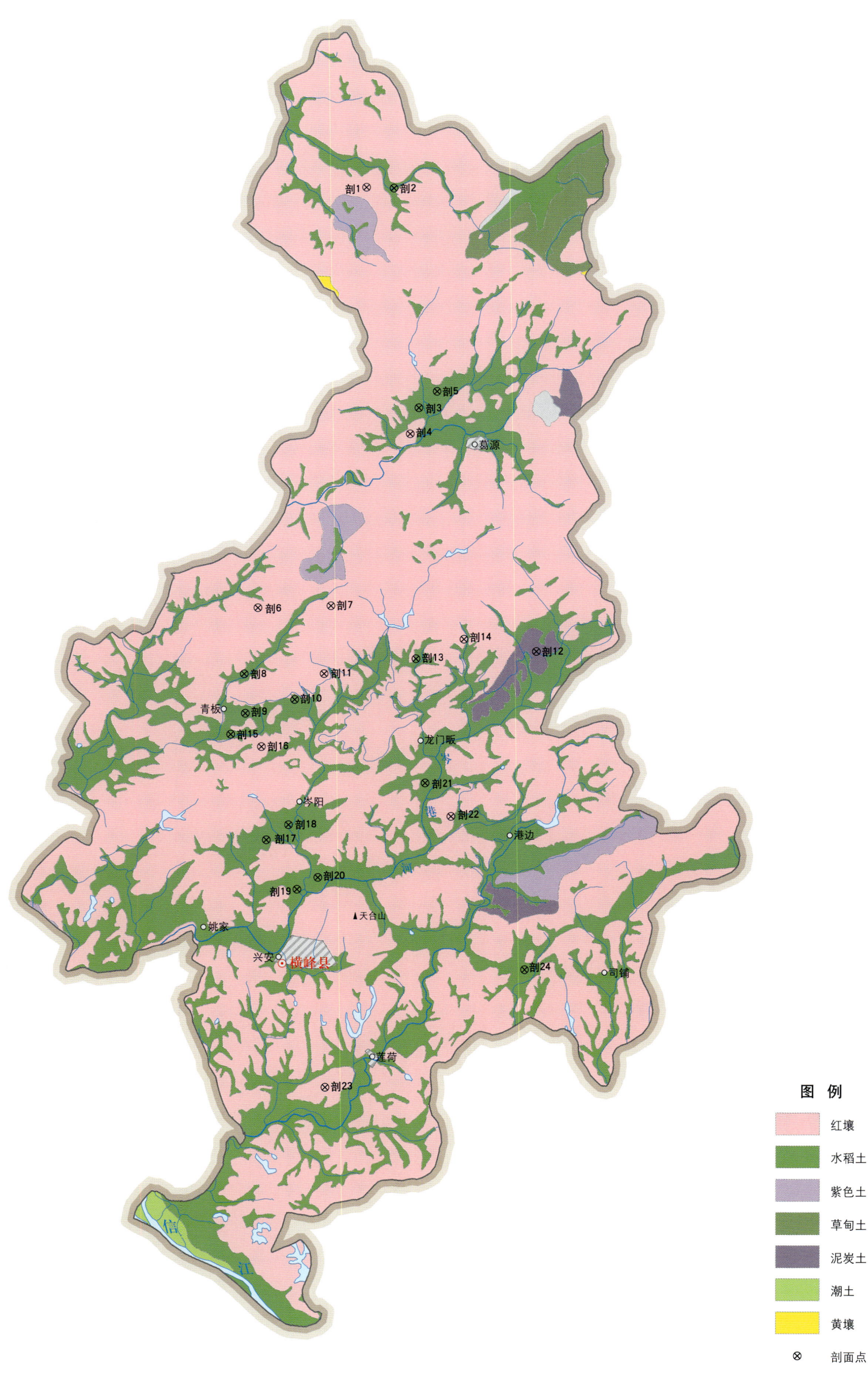

横峰县土壤剖面理化性状表

剖面号 Soil profile	土纲 Soil order	土类 Soil great group	亚类 Soil subgroup	土属 Soil genus	土种 Soil species	土层码 Layer code	土层厚度 Depth/cm	颜色 Soil color	质地 Soil texture	土壤结构 Soil structure	pH	有机质 OM/(g/kg)	全氮 TN/(g/kg)	全磷 TP/(g/kg)	全钾 TK/(g/kg)	碱解氮 AN/(mg/kg)	有效磷 AP/(mg/kg)	速效钾 AK/(mg/kg)	阳离子交换量CEC/(cmol/kg)	土壤母质 Parent material	剖面点坐标 Profile coordinate	匹配指数 Matching index/%
剖1	铁铝土	红壤	红壤	泥质岩红壤	厚层鳝泥红壤	A	0—22	暗灰黄色	粉砂质黏土	小块状	5.4	14.6	0.72	0.16	16.0	71	2.0	100	5.3	泥质岩类风化物	E 117°37′37.2″ N 28°41′23.4″	95
						ABv	22—46	灰黄褐色	粉砂质黏土	块状	5.4	11.4	0.48	0.15	15.0	45	2.0	95	12.2			
						Bv	46—76	浅黄色	粉砂质黏土	块状	5.5	6.7	0.31	0.14	14.3	30	≤1.0	47	14.3			
						C	76—100	浅黄色	壤质黏土	状状	5.5	4.6	0.24	0.14	13.8	20	2.0	83	15.1			
剖2	人为土	水稻土	潴育水稻土	潴育型红砂泥田	灰红砂泥田	1	0—17				5.7	30.2	1.48	0.13		134	7.3	45		红砂岩类风化物	E 117°38′16.5″ N 28°41′22.0″	95
						2	17—34				6.5	23.5	1.08	≤0.10		96	1.5	37				
						3	34—100				6.9	13.3	0.63	≤0.10		52	≤1.0	42				
剖3	人为土	水稻土	淹育水稻土	淹育型麻砂泥田	灰砾砂泥田	1	0—11	浅灰色	轻壤土	粒状	5.1	18.5	1.12	0.18		112	2.5	46		花岗岩类风化物	E 117°38′50.5″ N 28°36′44.3″	95
						2	11—20	浅黄色	轻壤土	粒状	5.2	24.3	1.25	0.22		70	2.5	42				
						3	20—100	灰黄色	中壤土	小块状	5.3	8.9	0.57	0.15		46	1.5	28				
剖4	铁铝土	红壤	红壤	鳝泥土	中层鳝泥土	1	0—20		中壤土		6.7	25.4	1.62	2.42		145	25.5	111		泥质岩类风化物	E 117°38′38.2″ N 28°36′11.7″	97
						2	20—100		轻壤土		6.6	12.8	0.96	1.97		81	14.0	68				
剖5	人为土	水稻土	潴育水稻土	潴育型炭质泥田	乌炭砂泥田	A	0—14	灰色	黏壤土	碎屑状	5.0	57.3	2.47	0.39	16.3	38	10.0	73	6.0	炭质页岩风化沟谷堆积物	E 117°39′16.9″ N 28°37′05.2″	95
						P	14—23	灰色	黏壤土	小块状	5.4	63.0	2.05	0.35	16.3	46	10.0	73	5.7			
						W₁	23—40	灰黄棕色	黏壤土	块状	5.7	76.2	1.77	0.34	15.5	52	6.0	70	6.2			
						W₂	40—100	灰色	黏壤土	块状	5.7	66.0	1.72	0.33	13.5	48	6.0	70	13.0			
剖6	铁铝土	红壤	黄红壤	黄红泥	黄鳝泥	A	0—12	灰红橙色	粉砂质黏土	小块状	4.6	14.0	0.70	0.20	16.0			40		泥质岩类坡积物、残积物	E 117°34′58.0″ N 28°32′32.9″	95
						Bv	12—76	浅红橙色	粉砂质黏土	块状	4.7	8.8	0.40	≤0.10	14.6			38				
						BvC	76—100	浅红橙色	粉砂质黏土	块状	4.7	4.6	0.20	≤0.10	13.7			50				
剖7	铁铝土	红壤	黄红壤	鳝泥黄红壤	厚层鳝泥黄红壤	A	0—22	暗灰黄色	粉砂质黏土	小块状	4.4	14.6	0.72	0.16	16.0	71	2.0	100	5.3	泥质岩类残积物、坡积物	E 117°36′42.8″ N 28°32′35.3″	81
						Bv₁	22—46	灰黄褐色	粉砂质黏土	块状	4.4	11.4	0.48	0.15	15.0	45	2.0	95	12.2			
						Bv₂	46—76	浅黄褐色	粉砂质黏土	块状	4.5	6.7	0.31	0.14	14.3	30	≤1.0	48	14.3			
						C	76—100	浅黄色	粉砂质黏土	块状	4.5	4.6	0.24	0.14	13.8	20	3.0	83	15.1			
剖8	人为土	水稻土	潴育水稻土	潴育型紫砂泥田	中潴乌紫砂泥田	1	0—13	暗灰色	中壤土		7.7	42.0	1.86	≤0.10		180	4.5	40		紫色砂岩风化物	E 117°34′37.9″ N 28°31′09.1″	95
						2	13—22	灰棕色	轻黏土	粒状	7.8	39.3	1.62	≤0.10		145	≤1.0	38				
						3	22—34		黏土		6.5	15.9	0.72	≤0.10		61	6.5	50				
						4	34—100				6.3	9.1	0.42	0.17		49	5.5	48				
剖9	人为土	水稻土	潴育水稻土	潴育型黄砂泥田	灰黄砂泥田	1	0—14	暗灰色	重壤土		5.6	46.0	1.99	0.84		205	20.0	69		石英岩类风化物	E 117°34′39.4″ N 28°30′19.0″	95
						2	14—21	灰棕色	轻壤土	小块状	4.7	20.7	1.50	0.75		135	25.5	55				
						W₁	21—40	浅棕色	轻壤土	块状	6.7	11.3	0.60	0.36		76	≤1.0	93				
						W₂	40—100	浅黄色	轻壤土	块状	6.7	5.5	0.34	0.27		60	2.0	70				
剖10	人为土	水稻土	潴育水稻土	潴育型红砂泥田	乌红砂泥田	1	0—14	暗灰色	中壤土	粒状	7.0	27.1	1.80	0.27		178	7.8	53		红砂岩类风化物	E 117°35′50.2″ N 28°30′36.0″	95
						2	14—28	深灰色	中壤土	粒状	5.5	11.9	0.76	0.15		80	6.0	32				
						W₁	28—46	浅灰色	中壤土	块状	7.0	3.8	0.20	0.27		36	2.5	37				
						W₂	46—100		重壤土	块状	7.8	2.8	0.18	0.19		25	6.0	46				
剖11	铁铝土	红壤	红壤	酸性结晶岩红壤	中层中有机质花岗岩红壤	1	0—4	黑灰色	重壤土	小块状	5.5	31.4	0.92	≤0.10		155	1.8	66		酸性结晶岩类	E 117°36′32.5″ N 28°31′08.7″	95
						2	2—33		重壤土	块状	5.5	9.6	0.20	≤0.10		67	≤1.0	21				
						3	33—100				6.4	3.2	0.18	0.14		29	≤1.0	30				
剖12	水成土	泥炭土	炭质类	炭质土	薄层中有机质炭质泥土	1	0—4	黑灰色	重壤土	块状	5.1	114.1	2.70	0.60		112	2.0	125		酸性结晶岩类	E 117°41′37.8″ N 28°31′35.4″	75
						2	4—55	黑灰色	重壤土	块状	4.7	77.8	2.50	0.93		59	1.3	60				
						3	55—100	黑色	轻壤土	块状	5.0	49.6	1.00	0.11		38	≤1.0	58				

续表 Continued

剖面号 Soil profile	土纲 Soil order	土类 Soil great group	亚类 Soil subgroup	土属 Soil genus	土种 Soil species	土层码 Layer code	土层厚度 Depth/cm	颜色 Soil color	质地 Soil texture	土壤结构 Soil structure	pH	有机质 OM/(g/kg)	全氮 TN/(g/kg)	全磷 TP/(g/kg)	全钾 TK/(g/kg)	碱解氮 AN/(mg/kg)	有效磷 AP/(mg/kg)	速效钾 AK/(mg/kg)	阳离子交换量CEC/(cmol/kg)	土壤母质 Parent material	剖面点坐标 Profile coordinate	匹配指数 Matching index/%
剖13	人为土	水稻土	潴育水稻土	潴育型麻砂泥田	灰麻砂泥田	1	0—13				6.9	20.7	1.03	0.58		58	3.8	49		花岗岩风化物	E 117°38′44.6″ N 28°31′27.3″	95
						2	13—24				7.2	6.4	0.35	0.12		30	2.5	33				
						3	24—100				7.7	5.8	0.32	≤0.10		25	1.5	45				
剖14	铁铝土	红壤	红壤	泥质岩红壤	中层中有机质泥质岩类红壤	1	0—7				5.7	47.0	1.50	≤0.10		191	2.5	100		泥质岩类	E 117°39′53.5″ N 28°31′51.4″	95
						2	7—60				5.8	16.3	0.77	≤0.10		91	≤1.0	37				
						3	60—100				6.7	7.6	0.37	≤0.10		80	1.5	31				
剖15	人为土	水稻土	潴育水稻土	潴育型潮砂泥田	强潴灰潮砂泥田	1	0—13				6.8	32.5	1.36	≤0.10		117	3.0	54		河流冲积物	E 117°34′18.2″ N 28°29′52.9″	95
						2	13—23				7.2	17.5	0.74	0.59		80	2.3	42				
						3	23—47				7.7	13.1	0.63	0.24		66	1.8	45				
						4	47—100				7.7	9.3	0.52	≤0.10		53	≤1.0	51				
剖16	铁铝土	红壤	红壤	黄砂泥土	中层灰黄砂泥土	1	0—28				7.5	14.1	0.82	≤0.10		73	9.0	68		石英质岩风化物	E 117°35′01.9″ N 28°29′36.8″	97
						2	28—50				7.3	5.2	0.37	1.05		46	9.0	28				
						3	50—100				7.2	6.1	0.44	≤0.10		43	≤1.0	28				
剖17	人为土	水稻土	潴育水稻土	潴育型炭质泥田	乌炭泥质田	1	0—14	暗灰色	中壤土	小粒状	5.8	43.2	1.90	0.34		154	3.0	90		炭质页岩风化物	E 117°35′08.6″ N 28°27′39.1″	95
						2	14—22	浅灰褐色	重壤土	小块状	5.8	31.2	1.45	≤0.10		140	2.5	71				
						W₁	22—51	灰灰色	重壤土	块状	7.0	4.7	0.23	≤0.10		25	3.5	78				
						W₂	51—100	浅灰褐色	重壤土	块状	7.5	4.3	0.26	≤0.10		23	1.8	86				
剖18	人为土	水稻土	潴育水稻土	潴育型鳞泥田	乌鳞泥田	1	0—17	暗灰色	重壤土	碎屑状	5.7	51.2	2.12	0.53		185	3.5	133		泥质岩风化物	E 117°35′40.5″ N 28°27′58.2″	95
						2	17—27	灰褐色	轻黏土	小块状	7.1	17.8	0.75	0.12		59	2.0	74				
						W	27—100	棕褐色		块状	7.1	10.5	0.61	≤0.10		43	≤1.0	65				
剖19	人为土	水稻土	潴育水稻土	潴育型鳞泥田	弱潴灰潮鳞泥田	1	0—17				5.5	12.1	0.63	≤0.10		63	≤1.0	74		泥质岩风化物	E 117°35′52.3″ N 28°26′36.3″	95
						2	17—100	暗灰色	中壤土	粒状	6.2	9.1	0.57	0.78		88	3.3	76				
剖20	人为土	水稻土	潴育水稻土	潴育型麻砂泥田	灰麻砂泥田	1	0—13	暗灰色	中壤土	小块状	7.0	20.1	1.03	0.58		58	3.8	18		河流冲积物	E 117°36′22.2″ N 28°26′51.5″	95
						2	13—24	浅灰色	中壤土	小块状	7.1	6.4	0.35	0.12		30	2.5	32				
						W	24—100	灰灰色	中壤土	粒状	7.2	5.8	0.32	≤0.10		26	1.5	45				
剖21	人为土	水稻土	潴育水稻土	潴育型麻砂泥田	弱潴灰麻砂泥田	1	0—14	暗灰色	中壤土	小块状	6.3	33.5	1.64	0.46		181	7.0	45		花岗岩风化物	E 117°38′56.9″ N 28°28′50.3″	95
						2	14—23	浅灰褐色	中壤土	粒状	7.2	11.4	0.59	1.74		98	3.5	64				
						W	23—100	暗棕色	中壤土	块状	7.7	8.7	0.45	0.14		81	5.5	68				
剖22	铁铝土	红壤	红壤	酸性结晶岩红壤	中层中有机质花岗岩类红壤	1	0—18	浅灰色	砂壤土	粒状	6.6	10.2	0.68	0.53		66	3.5	82		花岗岩风化物	E 117°39′33.8″ N 28°28′08.0″	95
						2	18—62	稍深灰色	轻壤土	小块状	7.0	8.4	0.39	0.16		59	≤1.0	35				
						3	62—100	棕灰色	中壤土	块状	7.1	4.1	0.28	0.36		32	≤1.0	38				
剖23	铁铝土	红壤	红壤	泥质岩红壤		1	0—12				4.8	27.4	1.21	≤0.10		71	≤1.0	48		泥质岩类	E 117°36′31.4″ N 28°22′25.0″	95
						2	12—100				4.7	16.4	0.75	1.46		201	4.0	164				
剖24	人为土	水稻土	潴育水稻土	潴育型鳞泥田	中潴灰鳞泥田	1	0—15				6.9	39.0	1.99	0.75		170	7.8	136		泥质岩类风化物	E 117°41′18.2″ N 28°24′52.1″	95
						2	15—26				6.6	31.5	2.19	0.68		127	4.5	95				
						3	26—75				7.8	8.8	0.59	0.65		64	3.8	95				
						4	75—100				7.3	7.1	0.48	0.73		40	9.5	110				

弋 阳 县

主要土类说明

红壤是弋阳县主要土壤类型，占本县地域面积的62%，广泛分布于本县各地丘陵和低山地区。红壤是在高温高湿的生物气候条件下，铝硅酸盐类矿物强烈分解，盐基遭到强烈淋洗，高岭化的黏粒和其他次生矿物不断形成，铁铝氧化物明显积聚而形成的盐基不饱和、具有特殊剖面形态、呈中度脱硅富铝化的土壤类型。本县红壤分为红壤、红壤性土、黄红壤三个亚类。红壤亚类分布于丘陵山区，占红壤土类的94%，土层深厚，多具有1m以上的红色土层，剖面发育完整，除表层颜色较灰暗外，心土层和底土层均为红色的紧实土层，有时底土层可见黄、白、红相间的网纹红土，全剖面呈酸性。

水稻土是弋阳县第二大土壤类型，占本县地域面积的27%，广泛分布于本县各种地貌单元内。在季节性淹水耕作、水旱交替耕作过程中，土体内进行着有机质分解与合成、盐基淋溶与复盐基、黏粒淋溶和聚积等作用，氧化还原作用交替进行，使土壤剖面形态发生深刻变化，形成水稻土独特的形态特征和农业生产特性。尤其在高温多雨的中亚热带气候条件下，双季稻的栽植及其他一系列耕作管理措施使得土体中有机及无机物质转化速度快，土壤阳离子交换量低，盐基不饱和并呈酸性，易溶性元素淋失，铁、锰等元素的氧化还原不断发生，最终水稻土形成独有的各种发生层次，一般具有耕作层、犁底层、潴育层或潜育层和母质层等。不同地形、母质及水文条件，对水稻土的形成和发育产生深刻影响，其中水分条件是主导因素。

石灰（岩）土是弋阳县第三大土壤类型，占本县地域面积的4%，是在石灰岩类（包括其他碳酸岩类）风化物上发育的一类盐基饱和土壤。其中下部土层有的有石灰反应，有的没有石灰反应，基本为A-C剖面结构，是一种岩性土壤。由于土壤中碳酸钙与腐殖质相结合，使土体染色，并形成良好的粒状结构，土层松软，喜钙草类生长茂盛。本县石灰（岩）土分为黑色石灰土、棕色石灰土和红色石灰土三个亚类。黑色石灰土中腐殖质大量积累，表层呈暗黑色，有机质含量很高，可达100g/kg以上，为松软散碎、粒状结构，上下土层过渡明显，下部质地黏重，一般土层浅薄，分布在石灰岩山顶部，岩隙或谷地低平处。棕色石灰土有机质含量较少，土体染色为棕色至棕褐色，有较明显的心土层发育。黏粒和铁锰有移动现象，出现块状结构和棕色胶膜淀积。红色石灰土在石灰岩山丘地区有零星分布，多在山麓坡地、谷地出现；土层厚薄不一，厚的在1m以上。全剖面呈红棕色或棕红色，质地偏黏，酸性。上部土层钙盐被淋洗，铁、锰含量有所增加，黏粒和铁、锰有移动淀积现象，心土层比表土层黏重，出现棱块状结构，有多量红棕色胶膜。全剖面土壤盐基饱和。

小于本县地域面积3%的土壤类型还有紫色土、黄壤和潮土等。

本区域中心区气候特征

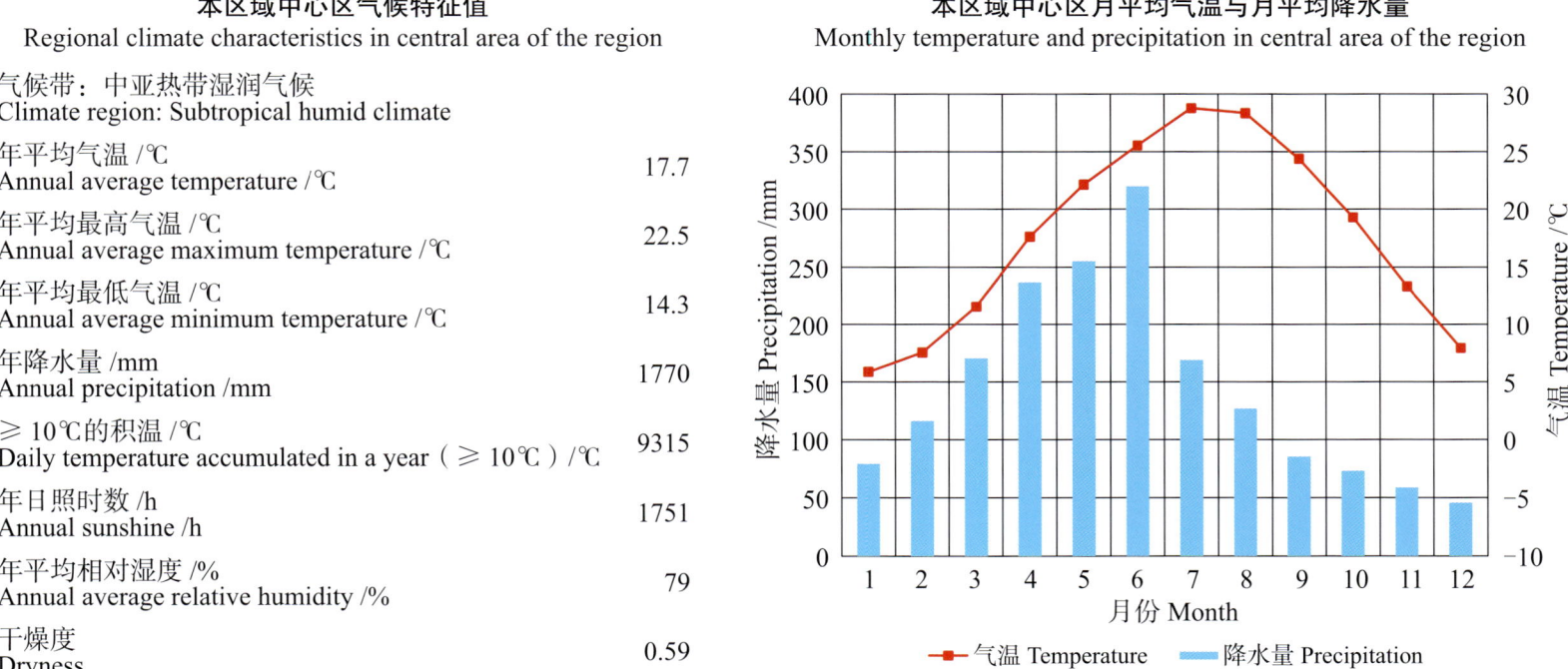

本区域中心区气候特征值
Regional climate characteristics in central area of the region

气候带：中亚热带湿润气候 Climate region: Subtropical humid climate	
年平均气温 /℃ Annual average temperature /℃	17.7
年平均最高气温 /℃ Annual average maximum temperature /℃	22.5
年平均最低气温 /℃ Annual average minimum temperature /℃	14.3
年降水量 /mm Annual precipitation /mm	1770
≥10℃的积温 /℃ Daily temperature accumulated in a year (≥10℃) /℃	9315
年日照时数 /h Annual sunshine /h	1751
年平均相对湿度 /% Annual average relative humidity /%	79
干燥度 Dryness	0.59

本区域中心区月平均气温与月平均降水量
Monthly temperature and precipitation in central area of the region

弋阳县主要土壤类型与土壤剖面点分布图
1:260 000

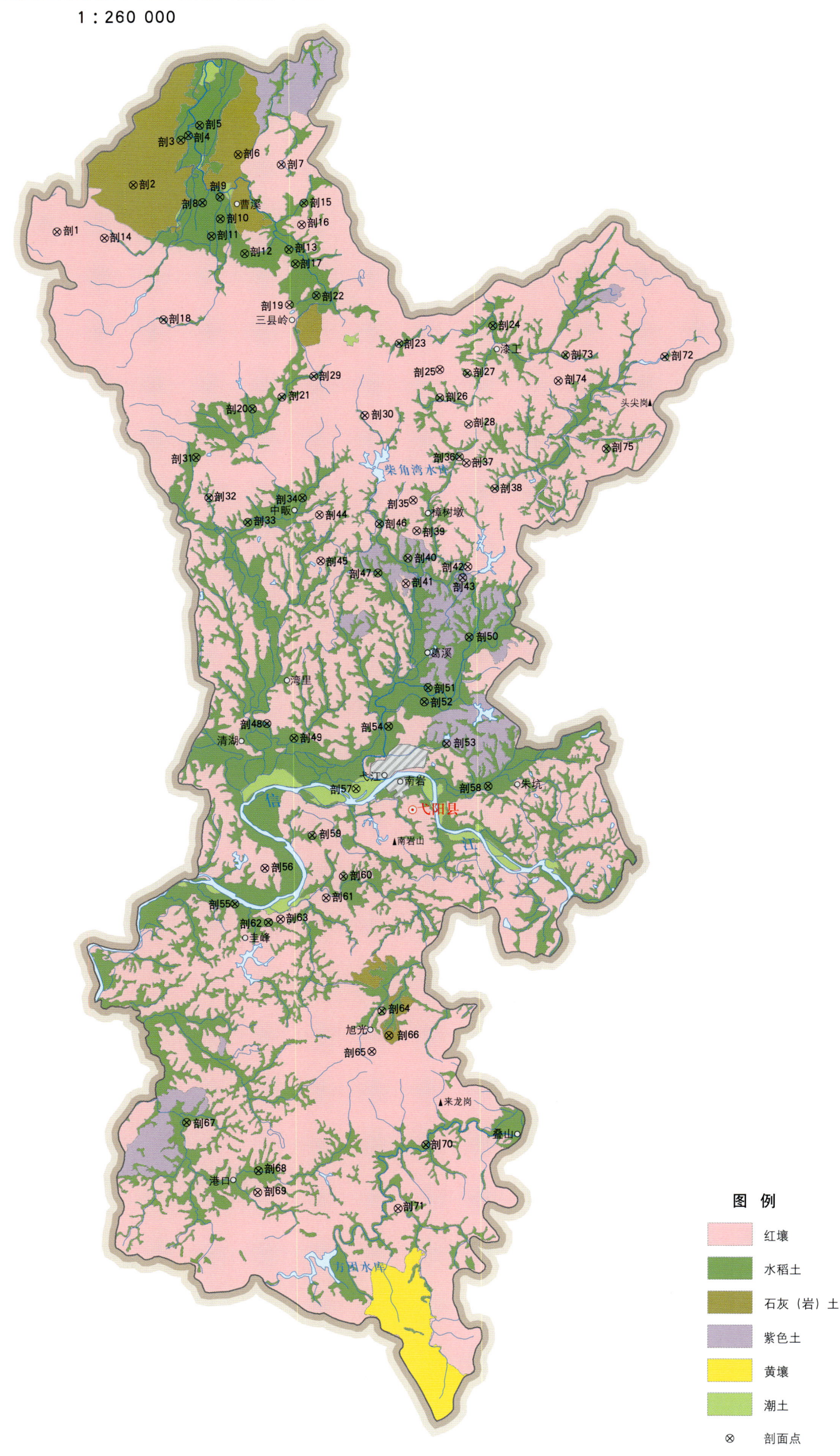

弋阳县土壤剖面理化性状表

剖面号 Soil profile	土纲 Soil order	土类 Soil great group	亚类 Soil subgroup	土属 Soil genus	土种 Soil species	土层码 Layer code	土层厚度 Depth/cm	颜色 Soil color	质地 Soil texture	土壤结构 Soil structure	pH	有机质 OM/(g/kg)	全氮 TN/(g/kg)	全磷 TP/(g/kg)	全钾 TK/(g/kg)	碱解氮 AN/(mg/kg)	有效磷 AP/(mg/kg)	速效钾 AK/(mg/kg)	阳离子交换量 CEC/(cmol/kg)	土壤母质 Parent material	剖面点坐标 Profile coordinate	匹配指数 Matching index/%
剖1	铁铝土	红壤	红壤	泥质岩红壤	厚层中有机质泥质岩红壤	1	0~15				4.5	6.3	5.80	3.70		33	3.8	103		泥质岩类	E 117°14′02.2″ N 28°41′10.4″	97
						2	15~90				4.3	6.8	0.56	0.36								
						3	90~100				4.4	6.8	5.15	0.38								
剖2	初育土	石灰(岩)土	棕色石灰土	棕色石灰岩土	表潜性中潴灰黄泥田	1	0~6	暗棕色	中壤土		7.9	43.4	2.45	1.08		199	4.5	130		石灰岩风化物	E 117°16′45.9″ N 28°42′38.0″	95
						2	6~46	棕色	中壤土		7.7	30.0	1.99	0.97								
						3	46~74	棕色	轻黏土		8.2	29.7	1.99	1.77								
剖3	人为土	水稻土	潴育水稻土	潴育型黄泥田	表潜性中潴灰黄泥田	1	0~27	灰棕色	重壤土	软糊无结构	5.4	36.8	1.76	0.56		15	3.0	75		第四纪红色黏土	E 117°18′32.9″ N 28°44′04.3″	75
						2	27~35	浅灰色	重壤土	大块状	5.3	34.0	1.62	0.45								
						W	35~100	暗灰色	重壤土	块状	4.8	29.7	1.38	0.92								
剖4	人为土	水稻土	潴育水稻土	潴育型砂泥田	中潴灰潮砂泥田	1	0~13				5.5	19.7	1.09	0.57		92	4.5	45		河流冲积物	E 117°18′44.7″ N 28°44′10.8″	95
						2	13~20				5.6	14.0	0.79	0.56								
						3	20~55				4.5	5.4	0.41	0.57								
剖5	人为土	水稻土	潴育水稻土	潴育型鳝泥田	鳝泥田	1	0~11				5.2	25.4	1.69	0.59		146	10.5	130		泥质岩类风化物	E 117°19′08.7″ N 28°44′29.2″	95
						2	11~21				6.9	17.4	1.17	0.38								
						3	21~52				5.4	11.8	0.73	0.36								
剖6	初育土	石灰(岩)土	黑色石灰土	黑色石灰土		1	0~4				8.0	37.7	4.85	2.51		358	7.5	174		石灰岩风化物	E 117°20′31.2″ N 28°43′34.4″	95
						2	4~8				8.1	39.6	2.46	2.27								
						3	8~23				8.2	44.3	2.76	2.51								
剖7	铁铝土	红壤	红壤	酸性结晶岩红壤		1	0~9	棕色	轻壤土	粒状										酸性结晶岩类	E 117°22′03.3″ N 28°43′15.2″	75
						2	9~61	红黄色	轻壤土	块状												
						3	61~100		中壤土													
剖8	人为土	水稻土	潴育水稻土	潴育型砂泥田	灰潮砂泥田	1	0~10	浅灰色	中壤土	碎粒状	5.6	25.7	1.35	0.65		127	3.0	70		河流冲积物	E 117°19′14.5″ N 28°42′04.1″	75
						2	10~17	灰黄色	中壤土	大块状	6.2	11.3	0.58	0.76								
						W	17~50	棕灰色	中壤土	块状	6.4	8.0	0.39	0.80								
						4	50~100	灰棕色		小块状												
剖9	人为土	水稻土	潴育水稻土	潴育型鳝泥田	弱潴灰鳝泥田	1	0~16				5.9	26.4	1.52	1.06		141	7.5	34		泥质岩类风化物	E 117°19′51.7″ N 28°42′14.7″	95
						2	16~21				6.0	19.6	1.12	0.71								
						3	21~46				6.1	8.2	0.56	0.68								
剖10	人为土	水稻土	潴育水稻土	潴育型潮砂泥田	火砌中潴红砂泥田	1	0~13				5.4	28.3	1.87	1.06		278	9.0	79		红砂岩类风化物	E 117°19′52.3″ N 28°41′33.7″	95
						2	13~21				6.0	7.8	0.63	0.92								
						3	21~48				6.5	5.3	0.43	0.88								
剖11	人为土	水稻土	潴育水稻土	潴育型潮砂泥田	上位弱潴灰潮砂泥田	1	0~14				6.3	20.8	1.22	0.53		112	3.0	49		河流冲积物	E 117°19′33.2″ N 28°41′00.5″	95
						2	14~33				6.0	13.9	0.96	0.42								
						3	33~66				6.2	10.5	0.77	0.44								
剖12	人为土	水稻土	潴育水稻土	潴育型潮砂泥田	弱潴乌潮砂泥田	1	0~12				5.6	31.8	2.03	0.89		186	6.5	53		红砂岩类风化物	E 117°20′44.4″ N 28°40′27.8″	95
						2	12~29				5.2	16.0	1.98	0.80								
						3	29~44				6.1	33.6	1.16	0.62								
剖13	人为土	水稻土	潴育水稻土	潴育型黄泥田	弱潴灰黄泥田	1	0~13				5.7	33.6	1.84	0.81		205	12.0	114		第四纪红色黏土	E 117°22′18.9″ N 28°40′35.4″	95
						2	13~30				6.8	4.6	0.45	0.58								
						3	30~100				6.3	17.1	1.00	0.60								
剖14	铁铝土	红壤	红壤	红砂泥	灰红砂泥	A	0~16	红棕色	砂质黏壤土	碎块状	4.7	25.0	1.10	0.20	9.0					红砂岩风化残积物	E 117°15′44.3″ N 28°40′57.9″	95
						Bv	16~76	红棕色	砂质黏土	小块状	4.8	6.6	0.40	≤0.10	6.9							
						C	76~100	红棕色	砂质黏土	块状	4.9	4.2	0.30	≤0.10	5.2							

续表 Continued

剖面号 Soil profile	土纲 Soil order	土类 Soil great group	亚类 Soil subgroup	土属 Soil genus	土种 Soil species	土层码 Layer code	土层厚度 Depth/cm	颜色 Soil color	质地 Soil texture	土壤结构 Soil structure	pH	有机质 OM/(g/kg)	全氮 TN/(g/kg)	全磷 TP/(g/kg)	全钾 TK/(g/kg)	碱解氮 AN/(mg/kg)	有效磷 AP/(mg/kg)	速效钾 AK/(mg/kg)	阳离子交换量CEC/(cmol/kg)	土壤母质 Parent material	剖面点坐标 Profile coordinate	匹配指数 Matching index/%
剖15	人为土	水稻土	潴育水稻土	潴育型棕砂泥田	灰棕砂泥田	1	0—14				5.9	16.6	1.03	0.37		130	10.0	109		中性结晶岩类风化物	E 117°22′51.3″ N 28°42′02.9″	75
						2	14—30				5.6	8.1	0.57									
						3	30—60				6.4	6.2	0.43									
剖16	铁铝土	红壤	黄红壤	泥质岩红壤		1	0—6	灰棕色	中壤土	碎粒状	6.3	84.7	3.13	1.61		284	3.0	384		泥质岩类风化物	E 117°22′46.3″ N 28°41′22.3″	95
						2	6—23	棕黄色	中壤土	粒状	5.2	48.2	1.96	1.26								
						3	23—100	棕红色	重壤土	块状	5.4	14.5	0.79	1.34								
剖17	人为土	水稻土	潴育水稻土	潴育型紫砂泥田	弱路灰杂砂泥田	1	0—14	暗红色	轻壤土	小粒状	5.0	28.4	1.75	1.27		167	9.0	104		洪积物	E 117°22′32.5″ N 28°40′08.1″	75
						2	14—24	浅黄棕色	砂壤土	碎粒状	5.3	11.2	0.59									
						W	24—79	灰黄色	轻壤土	小块状	5.9	18.1	0.83									
						4	79—100	灰黄色		小块状												
剖18	人为土	水稻土	潴育水稻土	潴育型紫砂泥田	表潜性弱潜紫红壤	1	0—18	暗黄棕色	中壤土	粒状	5.7	32.9	1.96	0.99		199	10.0	82			E 117°17′50.2″ N 28°38′23.4″	95
						2	18—25	棕褐色	中壤土	块状	7.0	20.6	1.95	1.23								
						3	25—35	黄棕色	中壤土	块状	7.2	11.3	0.79	1.28								
						W_1	35—82	浅棕色	中壤土	块状												
						W_2	82—100	暗棕色	中壤土	核块状												
剖19	人为土	水稻土	潴育水稻土	潴育型紫砂泥田	上位弱潜紫泥田	1	0—15			粒状	5.7	31.1	1.75	7.89		16	8.0	78		石英岩类风化物	E 117°22′28.3″ N 28°38′57.6″	95
						2	15—30			块状	6.9	15.7	0.93	0.40								
						3	30—60			块状	7.3	6.2	0.32	6.38								
剖20	人为土	水稻土	潴育水稻土	潴育型红砂岩红壤	中位中潜灰红砂泥田	1	0—15				4.8	25.8	1.45	4.85		129	7.5	91			E 117°20′59.9″ N 28°35′35.2″	95
						2	15—30				5.2	19.3	1.15	0.28								
						3	30—100				5.2	11.2	0.66	0.30								
剖21	人为土	水稻土	潴育水稻土	潴育型紫砂泥田	乌棕砂泥田	1	0—12	灰红色	中壤土	粒状	5.3	23.0	1.35	0.78		153	10.4	92		中性结晶岩类风化物	E 117°22′03.1″ N 28°35′57.2″	95
						2	12—18	暗红色	中壤土	粒块状	5.2	25.9	1.53	0.35								
						3	18—74	灰红色	中壤土	块状	6.8	5.6	0.43	0.44								
剖22	人为土	水稻土	潴育水稻土	潴育型紫砂泥田	弱潜灰紫红泥田	1	0—13			块状	5.8	16.6	0.88	0.41		74	4.5	≤5		紫色砂岩风化物	E 117°23′17.4″ N 28°39′07.8″	95
						2	13—24				5.6	20.3	1.06	0.48								
						3	24—40				6.1	14.0	0.69	0.40								
剖23	人为土	水稻土	潴育水稻土	潴育型紫砂泥田	中层中潜灰红砂泥田	1	0—14				5.7	30.9	1.62	0.45		131	4.5	85		红砂岩类风化物	E 117°26′14.4″ N 28°37′36.8″	95
						2	14—26				5.2	21.2	1.25	0.43								
						3	26—44				5.5	17.8	0.75	0.43								
剖24	人为土	水稻土	潴育水稻土	潴育型紫砂泥田	乌棕砂泥田	1	0—18	灰红色	中壤土	粒状	7.1	22.0	1.15	0.47		97	5.8	71		紫色砂岩风化物	E 117°29′35.6″ N 28°38′09.5″	95
						2	18—32	暗红色	重壤土	粒块状	6.3	13.0	0.71	0.35								
						3	32—70	灰棕色	重壤土	块状	6.0	12.9	0.77	0.40								
							70—100	灰棕色														
剖25	铁铝土	红壤	红壤	红砂岩红壤	中层中有机质红砂泥	1	0—8		重壤土	块状	6.3	19.9	0.95	0.87		95	10.0	78		红砂岩类	E 117°27′41.2″ N 28°36′47.6″	95
						2	8—17		重壤土		5.2	16.7	0.74	0.95								
						3	17—40		重壤土		6.3	15.3	0.64	0.81								
剖26	人为土	水稻土	潴育水稻土	潴育型紫褐泥田	上位弱潜灰紫褐泥田	1	0—20	灰棕色	重壤土	块状	6.3	44.6	1.97	0.78		174	5.0	58		基性结晶岩类	E 117°27′41.1″ N 28°35′54.6″	95
						2	20—27	棕灰色	重壤土		5.8	47.9	2.46	0.79								
						3	27—100	青灰色	重壤土		5.8	47.9	2.46	0.79								
剖27	人为土	水稻土	潴育水稻土	潴育型麻砂泥田	灰麻砂泥田	1	0—14	栗色	重壤土	粒状	5.5	30.8	1.66	1.87		169	26.8	69		花岗岩风化物	E 117°28′39.8″ N 28°36′40.4″	95
						2	14—23		重壤土		6.7	11.4	0.59	8.22								
						3	23—69				7.1	14.0	0.67	0.59								
剖28	铁铝土	红壤	红壤	基性结晶岩红壤		1	0—10	红色	重壤土	粒状	5.0	46.3	1.98	1.05		228	7.5	134		基性结晶岩类	E 117°28′42.2″ N 28°35′05.1″	95
						2	10—40	红棕色	重壤土	核块状	5.0	19.8	1.05	0.74								
						3	40—100		重壤土	块状	5.0	20.0	1.10	0.94								

续表 Continued

剖面号 Soil profile	土纲 Soil order	土类 Soil great group	亚类 Soil subgroup	土属 Soil genus	土种 Soil species	土层码 Layer code	土层厚度 Depth/cm	颜色 Soil color	质地 Soil texture	土壤结构 Soil structure	pH	有机质 OM/(g/kg)	全氮 TN/(g/kg)	全磷 TP/(g/kg)	全钾 TK/(g/kg)	碱解氮 AN/(mg/kg)	有效磷 AP/(mg/kg)	速效钾 AK/(mg/kg)	阳离子交换量 CEC/(cmol/kg)	土壤母质 Parent material	剖面点坐标 Profile coordinate	匹配指数 Matching index/%
剖29	人为土	水稻土	潴育水稻土	潴育型鳝泥田	中潴灰鳝泥田	1	0—13	灰黑色	砂壤土	屑粒状	5.9	18.6	1.26	0.82		107	10.0	101		泥质岩类风化物	E 117°23′11.0″ N 28°36′35.9″	95
						2	13—23	灰棕色	轻壤土	块状	5.9	14.0	0.60	1.32								
						W₁	23—51	灰褐色	轻壤土	粒状	7.3	6.8	0.52	1.32								
						W₂	51—100	黄棕色	重壤土	片块状												
剖30	铁铝土	红壤		红砂岩红壤	厚层多有机质红砂岩红壤	1	0—6				5.5	42.6	1.65	0.60		221	5.0	119		红砂岩类	E 117°25′00.6″ N 28°35′22.1″	95
						2	6—36				4.6	17.3	0.87	0.52								
						3	36—100				4.6	6.1	0.69	0.55								
剖31	人为土	水稻土	淹育水稻土	淹育型鳝泥田	弱育灰鳝泥田	1	0—16	灰黄色	重壤土	屑粒状	5.1	31.3	1.61	1.47		176	26.3	84		泥质岩类风化物	E 117°18′59.1″ N 28°34′04.4″	95
						2	16—100	红黄色	重壤土	块状												
剖32	人为土	水稻土	潜育水稻土	潜育型鳝泥田	弱潜灰鳝泥田	1	0—10				5.6	44.3	2.71	0.89		22	6.5	71		泥质岩类风化物	E 117°19′26.1″ N 28°32′48.1″	95
						2	10—20				5.7	42.8	2.41	0.83								
						3	20—36				6.2	35.0	1.88	0.58								
剖33	人为土	水稻土	淹育水稻土	淹育型麻砂泥田	麻砂红泥田	1	0—11	暗褐色	轻壤土	粒状	4.9	22.0	1.22	1.07		138	8.0	85		花岗岩风化物	E 117°20′49.3″ N 28°32′01.4″	95
						2	11—20	灰黄色	轻壤土	块状	5.2	15.7	0.93	1.00								
						3	20—28	棕红色	轻壤土	块状	6.1	10.1	0.70	1.14								
剖34	人为土	水稻土	潴育水稻土	潴育型紫红泥田	灰紫红泥田	1	0—16	褐棕色	中壤土	块状	5.2	16.6	1.09	0.76		≤1	10.0	58		泥质岩类风化物	E 117°22′46.3″ N 28°32′47.1″	95
						2	16—35	灰黄棕色	重壤土		6.4	6.9	0.47	0.66								
						3	35—60	暗黄棕色	重壤土		6.6	6.6	0.55	0.76								
剖35	铁铝土	红壤		红砂岩红壤	厚层灰红砂岩红壤	A	0—16	黄棕色	砂质黏壤土	碎块状	4.7	25.0	1.06	0.23	9.0				7.6	红砂岩坡积物、残积物	E 117°26′43.6″ N 28°32′42.0″	81
						Bv	16—76	橙红色	砂质黏土	小块状	4.8	6.6	0.38	≤0.10	6.9				9.6			
						C	76—100	橙红色	砂质黏土	块状	4.9	4.2	0.33	0.15	5.2				10.0			
剖36	人为土	水稻土	潴育水稻土	潴育型鳝泥田	中潴灰鳝泥田	1	0—15	棕灰色	轻黏土	小粒状	5.1	31.4	1.68	0.50		149	6.5	106		泥质岩类风化物	E 117°28′29.5″ N 28°33′58.3″	95
						2	15—24	青灰色	轻黏土	糊状	5.5	19.7	1.20	0.38								
						3	24—100	红黄色	重壤土	粒状	6.1	10.7	0.61	0.45								
剖37	铁铝土	红壤		泥质岩红壤	中层中有机质泥质岩红壤	1	0—2	红黄色	重壤土	块状	4.9	46.9	2.02	0.53		188	6.5	220		泥质岩类风化物	E 117°26′37.5″ N 28°33′52.1″	98
						2	2—20	红黄色	轻壤土	块状	5.0	28.2	1.49	1.53								
						3	20—50	红棕色	重壤土	块状	5.2	12.2	0.70	1.08								
						4	50—100															
剖38	人为土	水稻土	潴育水稻土	潴育型石灰泥田	灰灰泥田	1	0—10			碎粒状	6.5	24.5	1.93	0.73		17	3.8	81		石灰岩风化物	E 117°29′38.0″ N 28°33′03.4″	95
						2	10—15			碎粒状	6.4	14.4	1.00	0.52								
						3	15—36			块状	6.9	22.9	0.72	0.75								
剖39	铁铝土	红壤		红砂岩红壤	薄层红砂岩红壤	1	0—22	棕灰色	中壤土	块状	4.8	7.9	0.43	0.23		41	10.0	43		红砂岩类	E 117°26′50.8″ N 28°31′44.4″	95
						2	22—62	黄灰色	中壤土	块状	5.1	3.4	0.28	0.20								
						3	62—100	黄棕色	中壤土	块状	5.2	1.6	0.22	0.19								
剖40	初育土	紫色土	酸性紫色土	紫砂岩酸性紫色土	中层中有机质石英岩红壤	1	0—10	暗棕色	中壤土	小块状	6.5	12.4	0.85	0.85		84	6.5	90		紫砂岩类	E 117°26′31.6″ N 28°30′53.1″	99
						2	10—25			块状	7.8	10.4	0.72	0.86								
						3	25—49			块状	8.1	13.4	0.88	0.86								
剖41	铁铝土	红壤		石英岩红壤		1	0—4		中壤土	碎粒状	5.3	26.9	1.07	0.19		160	4.5	149		石英岩风化物	E 117°26′27.0″ N 28°30′05.0″	97
						2	4—18	黄灰色	中壤土	碎粒状	5.0	9.0	0.51									
						3	18—33	黄灰色	中壤土	块状	5.1	5.1	0.41									
						4	33—60															
						5	60—100															
剖42	铁铝土	红壤		第四纪红色黏土红壤	厚层乌紫红泥土	1	0—17	暗棕色	中壤土	小块状	6.3	22.2	1.06	0.36		120	14.0	100		第四纪红色黏土	E 117°28′39.3″ N 28°30′36.0″	95
						2	17—63	紫红色	中壤土	块状	6.1	13.1	0.78	1.01								
						3	63—100	紫红色														

续表 Continued

剖面号 Soil profile	土纲 Soil order	土类 Soil great group	亚类 Soil subgroup	土属 Soil genus	土种 Soil species	土层码 Layer code	土层厚度 Depth/cm	颜色 Soil color	质地 Soil texture	土壤结构 Soil structure	pH	有机质 OM/(g/kg)	全氮 TN/(g/kg)	全磷 TP/(g/kg)	全钾 TK/(g/kg)	碱解氮 AN/(mg/kg)	有效磷 AP/(mg/kg)	速效钾 AK/(mg/kg)	阳离子交换量CEC/(cmol/kg)	土壤母质 Parent material	剖面点坐标 Profile coordinate	匹配指数 Matching index/%
剖43	初育土	紫色土	酸性紫色土	紫砂岩酸性紫色土		1	0—6		重壤土	碎粒状	5.1	22.1	1.08	0.53		116	4.0	91		紫砂岩类	E 117°28′28.4″ N 28°30′15.2″	97
						2	6—20	紫灰色	重壤土	粒状	5.2	17.1	0.93	0.55								
						3	20—60	紫色	重壤土	块状	5.0	7.4	0.51	0.44								
						4	60—100	紫色		块状												
剖44	铁铝土	红壤	红壤	第四纪红色黏土红壤		1	0—27				5.0	14.3	0.76	0.56		68	≤1.0	102		第四纪红色黏土	E 117°23′22.5″ N 28°32′15.3″	95
						2	27—60				5.0	9.0	0.63	0.57								
						3	60—100				5.2	7.8	0.42	5.49								
剖45	铁铝土	红壤	红壤	红砂泥红土	厚层乌红砂泥田	A	0—15	灰黄棕色	砂壤土	粒状	4.7	27.5	0.94	0.31	7.0	90	11.0	55		红砂岩类风化物	E 117°23′25.0″ N 28°30′48.2″	95
						ABv	15—27	灰黄棕色	砂质黏壤土	小块状	4.6	21.8	0.89	0.33	7.9	60	5.0	38	3.2			
						Bv	27—51	浅红黄色	砂质黏土	块状	4.6	7.9	0.33	0.28	8.9	33	6.0	36	4.8			
						C	51—100	红棕色	壤质黏土	小块状	4.6	3.7	0.27	0.24	8.5				5.1			
剖46	人为土	水稻土	潴育水稻土	潴育型红砂泥田	强潴灰紫砂泥田	1	0—15				6.1	38.2	2.21	0.64		199	8.0	128		紫色砂岩风化物	E 117°25′29.9″ N 28°31′57.7″	95
						2	15—26				7.1	33.4	1.82	0.62								
						3	26—46				8.0	6.3	0.46	0.39								
剖47	人为土	水稻土	潴育水稻土	潴育型红砂泥田	中潴灰红砂泥田	1	0—14				5.6	20.8	1.22	0.28		102	6.5	40		红砂岩类风化物	E 117°25′26.7″ N 28°30′24.8″	95
						2	14—29				6.2	12.7	0.65	0.24								
						3	29—54				7.0	4.9	0.43	0.29								
剖48	人为土	水稻土	潴育水稻土	潴育型红砂泥田	强潴红砂泥田	1	0—17				6.1	59.2	2.19	0.91		219	4.0	79		红砂岩类风化物	E 117°21′28.9″ N 28°25′42.4″	95
						2	17—100				5.6	40.2	1.50	0.34								
剖49	人为土	水稻土	潴育水稻土	潴育型紫砂泥田	弱潴紫砂泥田	1	0—16				6.8	33.8	1.76	0.72		153	7.0	132		紫色砂岩风化物	E 117°22′26.9″ N 28°25′14.9″	95
						2	16—100				8.2	17.8	1.21	0.61								
剖50	人为土	水稻土	潴育水稻土	潴育型紫砂泥田	中潴灰紫砂泥田	1	0—17				6.7	29.8	1.32	0.46		120	7.5	129		紫色砂岩风化物	E 117°28′41.7″ N 28°28′23.6″	95
						2	17—27				7.2	22.1	0.86	0.48								
						3	27—57				7.8	7.8	0.43	0.55								
剖51	人为土	水稻土	潴育水稻土	潴育型紫砂泥田	弱潴乌紫砂泥田	1	0—19		中壤土	粒状	6.0	35.8	1.91	0.58		186	6.5	92		紫砂岩类	E 117°27′13.7″ N 28°26′49.2″	95
						2	19—33		重壤土	小块状	7.6	4.8	0.43	0.79								
						3	33—64		轻黏土	块状	7.8	6.4	0.62	0.47								
剖52	人为土	水稻土	潴育水稻土	潴育型潮砂泥田	中潴灰潮砂泥田	1	0—14	灰棕色	砂壤土	碎块状	5.8	27.5	1.27	0.83		128	10.5	55		河流冲积物	E 117°27′05.7″ N 28°26′22.5″	95
						2	14—25	暗棕色	砂壤土	块状	5.9	20.9	1.06	0.79								
						3	25—45	灰棕色	砂壤土	棱块状	6.3	11.2	0.54	1.43								
剖53	初育土	紫色土	中性紫色土	紫砂岩中性紫色土		1	0—2	紫色	中壤土	棱块状	6.8	34.2	1.59	0.67	13.4	147	4.5	213	2.9	紫砂岩类	E 117°27′52.6″ N 28°25′04.2″	97
						P	12—19	紫色	重壤土	块状	6.2	21.1	0.90	0.54	13.9				5.0			
						W₁	19—39	紫色	砂质黏壤土	小块状	7.2	8.3	0.76	0.89	15.4				3.2			
						W₂	39—100								17.3				6.5			
剖54	人为土	水稻土	潴育水稻土	潴育型红砂泥田	红砂泥田	Aa	0—13	灰棕色	砂壤土	块状	5.5	13.4	0.69	0.31	11.9					红砂岩类风化物	E 117°25′48.8″ N 28°25′36.7″	95
						Ap	13—20	灰黄色	砂壤土	块状	5.1	6.7	0.44	0.31	12.0							
						W₁	20—34	棕色	砂质黏壤土	块状	5.5	4.2	0.26	0.25	10.3							
						W₂	34—52	黄黄色	砂质黏壤土	块状	6.4	3.4	0.29	0.16	10.1							
剖55	人为土	水稻土	潴育水稻土	红砂泥田	乌红砂泥田			灰黄色	砂质黏壤土	块状	5.3	30.8	1.80	0.40						红砂岩类风化物	E 117°20′19.3″ N 28°20′02.2″	95
								灰黄色	砂质黏壤土	块状	5.2	31.6	1.80	0.30								
								黄黄色	中壤土	碎粒状	5.4	6.8	0.40	0.30								
								浅黄色	中壤土	碎粒状	6.5	3.8	0.30	0.30								
剖56	铁铝土	红壤	红壤	第四纪红色黏土红壤		1	0—15	浅红色	轻壤土	粒状	5.1	20.1	0.90	0.36		88	3.0	43		第四纪红色黏土	E 117°21′23.7″ N 28°21′09.1″	95
						2	15—73	浅红黄色	重壤土		5.6	4.5	0.36	0.31								
						3	73—100	浅红黄色			5.3	5.9	0.43	0.24								

续表 Continued

剖面号 Soil profile	土纲 Soil order	土类 Soil great group	亚类 Soil subgroup	土属 Soil genus	土种 Soil species	土层码 Layer code	土层厚度 Depth/cm	颜色 Soil color	质地 Soil texture	土壤结构 Soil structure	pH	有机质 OM/(g/kg)	全氮 TN/(g/kg)	全磷 TP/(g/kg)	全钾 TK/(g/kg)	碱解氮 AN/(mg/kg)	有效磷 AP/(mg/kg)	速效钾 AK/(mg/kg)	阳离子交换量CEC/(cmol/kg)	土壤母质 Parent material	剖面点坐标 Profile coordinate	匹配指数 Matching index/%
剖57	半水成土	潮土	潮土	砂质潮土	砂底砂质乌潮土	1	0–10	灰色	砂壤土	细粒状	5.3	27.6	1.28	3.42		114	≥100.0	142		河流冲积物	E 117°24′38.9″ N 28°23′39.1″	99
						2	10–32	浅灰色	砂壤土	粒状	5.0	22.8	0.78	4.29								
						3	32–100	灰棕色	砂壤土	粒状	5.5	6.9	0.35	2.43								
剖58	人为土	水稻土	潴育水稻土	潴育型红砂泥田	乌红砂泥田	1	0–20	灰白色	砂壤土	粒状	5.8	32.4	1.22	0.40		109	9.5	45		红砂岩类风化物	E 117°29′21.2″ N 28°23′42.6″	95
						2	20–34	灰棕色	紫砂土	屑粒状	6.6	10.1	0.43	0.26								
						W₁	34–55	灰棕色	松砂土	碎粒状	7.2	5.6	0.40	0.19								
						W₂	55–100	黄棕色														
剖59	人为土	水稻土	潴育水稻土	潴育型红砂泥田	弱潴灰红砂泥田	1	0–14				6.3	20.7	1.23	0.34		106	3.0	66		红砂岩类风化物	E 117°23′11.5″ N 28°22′10.6″	95
						2	14–21				6.2	6.9	0.46	0.28								
						3	21–53				5.8	8.2	0.52	0.33								
剖60	人为土	水稻土	潴育水稻土	潴育型潮砂泥田	全层强潴潮砂泥田	1	0–16	棕灰色	重壤土	细粒状	5.2	72.2	3.22	0.82		254	5.5	119		河流冲积物	E 117°24′11.5″ N 28°20′53.4″	95
						2	16–100	暗灰色		糊状	5.8	63.6	2.58	0.68								
剖61	铁铝土	红壤	红壤	第四纪红色黏土红壤	厚层灰黄泥土	1	0–20				4.9	30.8	0.79	1.34		170	3.0	98		第四纪红色黏土	E 117°23′34.7″ N 28°20′13.0″	95
						2	20–57				5.2	17.9	1.57	1.22								
						3	57–100					8.7	1.16	0.64								
剖62	人为土	水稻土	淹育水稻土	浅红砂岩红壤	圭峰红砂泥田	1	0–11	浅黄色	砂质黏壤土	小团块状	5.3	25.1	1.20	0.40	7.1					红砂岩风化、残积坡积物	E 117°21′31.5″ N 28°19′27.4″	95
						2	11–16	浅黄色	砂质黏壤土	碎粒状	5.5	6.8	0.40	0.30	6.5							
						3	16–79	亮黄棕色	砂质黏壤土	碎粒状	6.1	5.0	0.40	0.30	5.4							
剖63	铁铝土	红壤	红壤	酸性结晶岩红壤		1	0–9				4.6	85.4	2.61	1.00		273	9.5	254		酸性结晶岩类	E 117°21′57.3″ N 28°19′33.5″	95
						2	9–56				4.8	39.1	1.30	0.89								
						3	56–100				4.8	9.6	0.81	0.75								
剖64	人为土	水稻土	潴育水稻土	潴育型鳝泥田	灰鳝泥田	1	0–13				5.5	26.5	1.58	0.71		145	13.0	49		泥质岩类风化物	E 117°25′32.7″ N 28°16′38.8″	95
						2	13–24				7.2	14.9	0.79	0.52								
						3	24–40				7.6	8.2	0.72	0.57								
剖65	铁铝土	红壤	红壤性土	石英岩红壤性土		1	0–3	紫棕色	中壤土	粒状	5.7	46.7	2.20	≤0.10		260	6.0	139		石英砂岩	E 117°25′11.5″ N 28°15′22.5″	98
						2	3–20	暗棕色	中壤土	粒块状												
						3	20–100	黄棕色														
剖66	初育土	石灰(岩)土	红色石灰土	红色石灰岩红色石灰土		1	0–12	浅棕红色	重壤土	碎粒状	4.8	33.0	1.42	0.92		154	2.0	121		石灰岩风化物	E 117°25′47.9″ N 28°15′52.7″	95
						2	12–48	黄红色	轻黏土	核块状	4.7	15.9	0.95	0.85								
						3	48–100	红红色														
剖67	人为土	水稻土	潴育水稻土	潴育型鳝泥田	乌鳝泥田	1	0–23				6.0	53.3	3.31	0.96		269	12.5	89		泥质岩类风化物	E 117°18′36.4″ N 28°13′08.1″	95
						2	23–27				6.2	6.7	0.71	0.96								
						3	27–52				6.9	3.3	0.46	0.71								
剖68	人为土	水稻土	潴育型	潴育型麻砂泥田	弱潴乌砂麻泥田	1	0–11	灰黄色	中壤土	小块状	5.9	32.5	1.76	0.86		169	10.0	109		花岗岩类风化物	E 117°21′09.7″ N 28°11′38.5″	95
						2	11–19	灰黄色	重壤土	块状	5.5	24.4	1.27	0.76								
						3	19–32	黄红色	重壤土	块状	6.6	13.3	0.76	0.74								
剖69	铁铝土	红壤	红壤	中性结晶岩红壤		1	0–5	黄红色	中壤土	粒状	4.6	44.4	1.66	0.45		172	8.0	273		中性结晶岩类	E 117°21′07.8″ N 28°10′58.1″	95
						2	5–24		重壤土		4.4	33.0	1.59	0.38								
						3	24–40		重壤土		4.4	21.8	1.16	0.34								
						4	40–80		重壤土													
						5	80–															
剖70	人为土	水稻土	潴育水稻土	潴育型潮砂泥田	中潴乌潮砂泥田	1	0–13				5.5	38.8	1.96	0.61		164	5.0	102		河流冲积物	E 117°27′06.6″ N 28°12′26.2″	95
						2	13–29				5.3	16.2	0.77	1.05								
						3	29–46				6.7	5.9	0.46	0.87								

续表 Continued

剖面号 Soil profile	土纲 Soil order	土类 Soil great group	亚类 Soil subgroup	土属 Soil genus	土种 Soil species	土层码 Layer code	土层厚度 Depth/cm	颜色 Soil color	质地 Soil texture	土壤结构 Soil structure	pH	有机质 OM/(g/kg)	全氮 TN/(g/kg)	全磷 TP/(g/kg)	全钾 TK/(g/kg)	碱解氮 AN/(mg/kg)	有效磷 AP/(mg/kg)	速效钾 AK/(mg/kg)	阳离子交换量CEC/(cmol/kg)	土壤母质 Parent material	剖面点坐标 Profile coordinate	匹配指数 Matching index/%
剖71	铁铝土	红壤	红壤	酸性结晶岩红壤		1	0—5				5.0	54.7	2.07	1.38		221	6.5	193		酸性结晶岩类	E 117°26′06.8″ N 28°10′27.7″	95
						2	5—41				4.9	25.7	1.10	1.16								
						3	41—100				5.3	3.7	0.29	0.93								
剖72	人为土	水稻土	潴育水稻土	潴育型黄泥田	灰黄泥田	1	0—16				5.7	16.2	1.43	0.83		131	9.3	6		第四纪红色黏土	E 117°35′43.2″ N 28°37′09.1″	95
						2	16—27				5.5	8.8	0.49	0.75								
						3	27—50				6.7	5.5	0.43	0.54								
剖73	人为土	水稻土	潴育水稻土	潴育型潮砂泥田	强潴乌潮砂泥田	1	0—15				6.4	29.9	1.48	0.64		155	9.0	52		河流冲积物	E 117°32′10.7″ N 28°37′13.6″	95
						2	15—21				6.4	21.8	1.19	0.62								
						3	21—64				7.5	5.0	0.43	0.39								
剖74	铁铝土	红壤	红壤	红砂岩红壤	厚层中有机质红砂岩红壤	1	0—10	灰红色	中壤土	碎粒状	4.9	25.3	1.30	0.43		112	5.0	68		红砂岩类	E 117°31′54.8″ N 28°36′25.3″	95
						2	10—26	棕红色	重壤土	碎块状	4.5	4.5	0.50	0.32								
						3	26—62	棕红色	重壤土	块状	4.7	4.6	0.38	0.22								
						4	62—100	棕红色	重壤土	块状												
剖75	人为土	水稻土	潜育水稻土	潜育型砂泥田		1	0—14				5.9	36.5	1.91	1.05		177	13.0	122		花岗岩风化物	E 117°33′36.9″ N 28°34′17.1″	95
						2	14—100				6.0	17.7	0.86	0.57								

余 干 县

主要土类说明

水稻土是余干县主要土壤类型，占本县地域面积的44%。水稻土是在淹灌植稻条件下形成的一类耕作土壤，广泛分布于本县各地，以信河两岸的河谷平原和鄱阳湖滨、平原以及丘陵沟谷区最为集中。在人为耕作活动下，氧化还原交替发生，土体内进行着有机质分解与合成、盐基淋溶和复盐基、黏粒的移动和积聚等过程，使得母质或起源土壤原有的剖面特征发生改变，形成了水稻土独特的剖面形态特征和农业生产特性。水稻土具耕作层、犁底层、潴育层或潜育层和母质层等基本发生层段。本县水稻土在形成发育过程中，主要受水文条件影响，形成了淹育水稻土、潴育水稻土、潜育水稻土和侧渗水稻土四个亚类。其中，潴育水稻土占水稻土总面积的86%，主要分布在河湖平原、丘陵沟谷中地形较为开阔平坦的地带。由于灌溉条件较好，土体中氧化还原过程交替进行，剖面层次发育明显，除耕层和犁底层外，有深厚的潴育层，土壤通气性较好，渗水而不漏水，潴水而不滞水，是高产的水稻土类型。

红壤是余干县第二大土壤类型，占本县地域面积的27%，广泛分布于本县丘陵、冈阜地带，是本县林业生产和多种经营的重要土壤资源。红壤是在中亚热带生物气候条件下形成的典型地带性土壤。在高温高湿的条件下，由于铝硅酸盐类矿物强烈分解，盐基和硅酸遭到强烈淋洗，高岭和其他次生黏土矿物不断形成，铁铝氧化物明显积聚，形成了盐基高度不饱和的强酸性土壤。本县红壤的成土母质类型多样，有泥质岩类、红砂岩类、石英岩类风化物和第四纪红色黏土等，这些风化物分别以坡积、残积、堆积、洪积、冲积等运移方式在丘陵、冈阜和平原冈地上残存，成为本县红壤发育的母质。本县红壤大部分为非耕地，只有极少数被垦殖为旱地和园林用地。本县红壤分为红壤和红壤性土两个亚类。

草甸土是余干县第三大土壤类型，占本县地域面积的6%，主要分布在本县西北部，绝大部分位于圩堤之外的鄱阳湖低湿地带。成土母质为河流冲积物、湖积物，大部分质地较黏，也有部分较砂或砂黏相间。质地层次排列变化多样，差异较大。草甸土的形成，首先是土壤母质搬运和沉积，然后经过草甸过程，形成特有的草甸植被和腐殖质层。草甸土剖面结构主要有两层，上层为较多量的腐殖质聚积层，下层为地下水升降活动所造成的铁锰氧化物移动聚积而成的锈纹、锈斑和铁锰结核淀积层。

小于本县地域面积3%的土壤类型还有潮土等。

本区域中心区气候特征

本区域中心区气候特征值
Regional climate characteristics in central area of the region

气候带：中亚热带湿润气候 Climate region: Subtropical humid climate	
年平均气温 /℃ Annual average temperature /℃	17.5
年平均最高气温 /℃ Annual average maximum temperature /℃	22.1
年平均最低气温 /℃ Annual average minimum temperature /℃	14.2
年降水量 /mm Annual precipitation /mm	1725
≥10℃的积温 /℃ Daily temperature accumulated in a year（≥10℃）/℃	11406
年日照时数 /h Annual sunshine /h	1793
年平均相对湿度 /% Annual average relative humidity /%	78
干燥度 Dryness	0.60

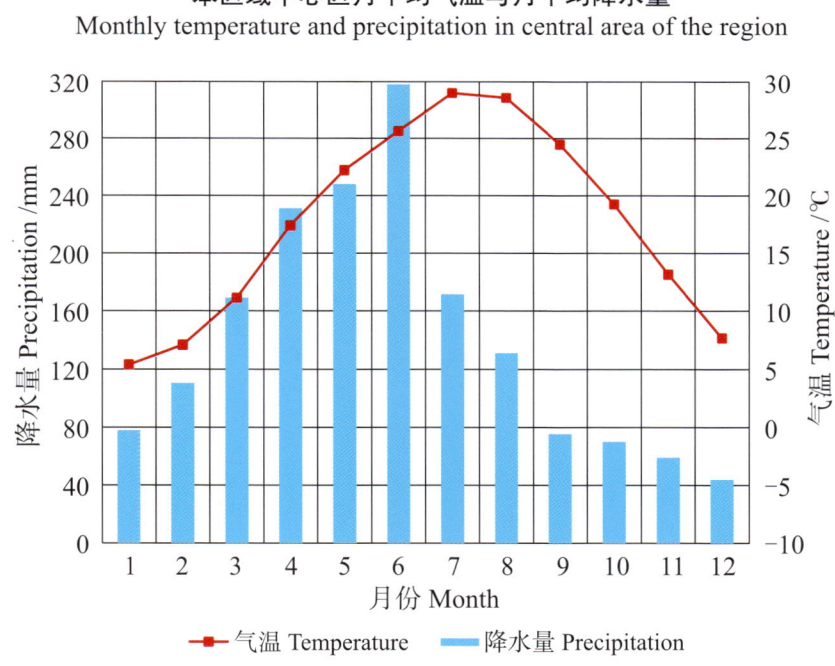

本区域中心区月平均气温与月平均降水量
Monthly temperature and precipitation in central area of the region

余干县主要土壤类型与土壤剖面点分布图

余干县土壤剖面理化性状表

剖面号 Soil profile	土纲 Soil order	土类 Soil great group	亚类 Soil subgroup	土属 Soil genus	土种 Soil species	土层码 Layer code	土层厚度 Depth/cm	颜色 Soil color	质地 Soil texture	土壤结构 Soil structure	pH	有机质 OM/(g/kg)	全氮 TN/(g/kg)	全磷 TP/(g/kg)	全钾 TK/(g/kg)	碱解氮 AN/(mg/kg)	有效磷 AP/(mg/kg)	速效钾 AK/(mg/kg)	阳离子交换量 CEC/(cmol/kg)	土壤母质 Parent material	剖面点坐标 Profile coordinate	匹配指数 Matching index/%
剖1	半水成土	草甸土	草甸土	黏质草甸土		1	0~9				7.0	14.8	1.06	0.66		101	8.5	121		河积物、湖积物	E 116°22′29.4″ N 28°47′51.9″	97
						2	9~56				5.5	9.8	0.89	0.24								
						3	56~100				5.5	7.7	0.75	0.30								
剖2	人为土	水稻土	潜育水稻土	潜育型黄泥田	全层强潜乌黄泥田	1	0~14				6.2	63.8	3.41	1.06		254	17.6	150		第四纪红色黏土	E 116°24′25.8″ N 28°48′38.7″	75
						2	14~20				5.6	49.5	2.66	0.73								
						3	20~42				6.0	40.1	2.04	0.69								
						4	42~80				6.4	104.0	2.50	0.50								
剖3	人为土	水稻土	淹育水稻土	淹育型湖泥田	弱淹灰湖泥田	A	0~16	灰棕色	轻黏土	碎块状	5.3	29.2	1.89	1.21		164	7.1	120		湖积物	E 116°25′24.2″ N 28°48′07.5″	97
						P	16~36	棕色	轻黏土	块状	6.4	17.7	0.93	1.33								
						C	36~100	灰棕色	轻黏土	棱块状												
剖4	人为土	水稻土	淹育水稻土	淹育型湖泥田	灰湖泥田	1	0~10				5.3	16.8	0.89	0.58		98	6.1	117		湖积物	E 116°25′10.3″ N 28°47′32.8″	97
						2	10~15				6.2	15.3	0.80	0.55								
						3	15~51				6.9	7.5	0.25	0.61								
剖5	人为土	水稻土	潜育水稻土	潜育型潮砂泥田	黄泥底强潜潮砂泥田	1	0~13				5.6	28.2	1.68	0.80		167	4.0	76		河流冲积物	E 116°27′34.8″ N 28°47′43.7″	75
						2	13~17				6.5	19.6	1.30	0.57								
						3	17~100				6.1	5.3	0.43	0.42								
剖6	人为土	水稻土	潜育水稻土	潜育型湖泥田	黄泥底中潜乌湖泥田	1	0~12				5.7	35.4	1.78	1.13		345	29.3	243		湖积物	E 116°27′12.3″ N 28°47′08.7″	97
						2	12~19				5.6	32.7	1.67	0.90								
						3	19~78				6.1	16.5	0.98	0.54								
剖7	人为土	水稻土	潜育水稻土	潜育型黄泥田	中潜多黄泥田	1	0~11				5.2	28.5	1.61	0.76		146	14.4	120		第四纪红色黏土	E 116°28′24.2″ N 28°45′01.7″	97
						2	11~18				5.2	23.0	1.37	0.79								
						3	18~35				6.2	11.8	0.63	0.96								
剖8	人为土	水稻土	淹育水稻土	淹育型黄泥田	弱淹灰黄泥田	A	0~8	灰棕色	轻黏土	棱块状	5.7	25.0	1.50	1.34		113	11.1	127		第四纪红色黏土	E 116°29′35.0″ N 28°46′42.1″	97
						P	8~12	灰棕色	重壤土	块块状	5.7	22.5	1.49									
						C	12~100	棕红色	轻黏土	棱块状	6.5	10.7	0.72									
剖9	人为土	水稻土	潜育水稻土	潜育型湖泥田	黄泥底潜弱潮泥田	1	0~13		中壤土	屑粒状	6.0	29.9	1.78	1.05		143	17.3	133		湖积物	E 116°29′26.1″ N 28°46′12.9″	97
						2	13~18	灰棕色	重壤土	块状	6.0	21.9	1.81	0.89								
						3	18~35		中壤土	块状	6.6	10.0	0.82	0.64								
剖10	铁铝土	红壤	红壤性土	泥质岩类粗骨性红壤	中层多有机质泥质岩红壤	A	0~9	灰棕色	轻黏土	块状	5.4	7.7	0.69	0.66		64	5.2	95		泥质岩类	E 116°29′29.7″ N 28°45′16.9″	95
						Bv	9~28	棕红色	轻黏土	棱块状	5.2	7.3	0.77	0.65								
						C	28~82	棕红色			5.4	5.7	0.35	0.22								
剖11	铁铝土	红壤	红壤	泥质岩类红壤	黄泥底中淹湖湿泥田	A	0~12	棕红色	轻黏土	块状	5.1	31.4	1.46	0.56		125	3.2	77		泥质岩类	E 116°23′19.7″ N 28°45′45.3″	95
						Bv	12~51	红红色	轻黏土	棱块状	5.9	7.0	0.34	0.59								
						C	51~100	红色			6.2	7.9	0.72	0.36								
剖12	人为土	水稻土	淹育水稻土	淹育型湖泥田	黄泥底中淹湖湿泥田	1	0~13	灰棕色	轻壤土	粒状	5.1	29.3	1.64	0.96		184	7.9	143		湖积物	E 116°24′41.9″ N 28°46′54.7″	97
						2	13~17	棕灰色	砂壤土	粒块状	5.5	22.9	1.11	0.66								
						3	17~100	棕黄色			5.6	12.9	0.65	0.73								
剖13	人为土	水稻土	淹育水稻土	淹育型潮砂泥田	灰潮砂泥田	A	0~10		轻壤土	粒状	5.7	27.5	1.49	0.73		151	3.3	36		河流冲积物	E 116°24′57.4″ N 28°45′21.0″	95
						P	10~16		砂壤土	粒块状	5.9	14.7	0.85									
						C	16~100		松砂土	粒状												

续表 Continued

剖面号 Soil profile	土纲 Soil order	土类 Soil great group	亚类 Soil subgroup	土属 Soil genus	土种 Soil species	土层码 Layer code	土层厚度 Depth/cm	颜色 Soil color	质地 Soil texture	土壤结构 Soil structure	pH	有机质 OM/(g/kg)	全氮 TN/(g/kg)	全磷 TP/(g/kg)	全钾 TK/(g/kg)	碱解氮 AN/(mg/kg)	有效磷 AP/(mg/kg)	速效钾 AK/(mg/kg)	阳离子交换量CEC/(cmol/kg)	土壤母质 Parent material	剖面点坐标 Profile coordinate	匹配指数 Matching index/%
剖14	人为土	水稻土	潴育水稻土	潴育型潮砂泥田	灰潮砂泥田	1	0—10				5.1	26.2	1.55	0.60		121	8.6	85		河流冲积物	E 116°25′51.6″ N 28°45′17.5″	95
						2	10—18				6.1	11.9	0.80	0.59								
						3	18—100				7.0	16.7	0.76	0.74								
剖15	人为土	水稻土	潴育水稻土	潴育型湖泥田	黄泥底中位弱潴灰湖泥田	1	0—13				5.6	27.7	1.62	0.95		198	10.7	146		湖积物	E 116°27′48.3″ N 28°43′31.6″	97
						2	13—17				5.5	22.3	1.45	0.82								
						3	17—30				6.1	13.4	0.97	0.40								
剖16	人为土	水稻土	潴育水稻土	潴育型黄泥田	中潴黄泥田	A	0—15	棕黄色	重壤土	棱块状	6.1	14.5	0.91	0.56		81	4.6	53		第四纪红色黏土	E 116°28′43.4″ N 28°43′56.3″	97
						P	15—23	黄棕色	重壤土	块状	6.7	11.9	0.72	0.54								
						W	23—49	灰棕色	重壤土	块状	7.0	10.5	0.43	0.64								
						C	49—100	红白相间	轻黏土	棱块状	6.3	6.1	0.58	1.25								
剖17	人为土	水稻土	潴育水稻土	潴育型湖泥田	全层弱潴灰湖泥田	1	0—11				5.5	25.8	1.58	0.93		186	10.0	137		湖积物	E 116°28′10.5″ N 28°42′56.8″	97
						2	11—16				5.5	23.2	1.51	1.12								
						3	16—33				6.4	15.4	0.97	1.20								
剖18	人为土	水稻土	潴育水稻土	潴育型黄泥田	强潴乌鳝泥田	1	0—12				5.2	38.1	2.22	0.75		221	≤1.0	≤5		泥质岩类风化物	E 116°29′23.1″ N 28°44′41.5″	97
						2	12—15				5.1	32.4	1.82	0.74								
						3	15—43				6.0	9.8	0.85	0.73								
剖19	人为土	水稻土	潴育水稻土	潴育型黄泥田	强潴乌黄泥田	1	0—12				5.6	35.0	1.90	1.07		189	27.3	171		第四纪红色黏土	E 116°29′11.0″ N 28°43′30.5″	97
						2	12—17				5.4	32.5	2.04	1.16								
						3	17—34				6.7	15.0	0.91	0.91								
剖20	人为土	水稻土	潴育水稻土	潴育型潮砂泥田	鳝泥底中潴潴乌潮泥田	1	0—11				5.4	33.3	1.93	0.71		186	9.2	66		河流冲积物	E 116°27′58.3″ N 28°42′06.9″	95
						2	11—17				5.5	26.5	1.50	0.57								
						3	17—44				6.4	17.1	0.91	0.69								
剖21	人为土	水稻土	潴育水稻土	潴育型湖泥田	强潴灰湖泥田	1	0—12				5.6	30.0	1.79	1.02		220	13.0	136		湖积物	E 116°28′23.6″ N 28°40′17.3″	97
						2	12—17				5.8	23.3	1.57	0.95								
						3	17—47				6.1	13.9	0.99	0.57								
剖22	人为土	水稻土	潴育水稻土	潴育型黄泥田	弱潴乌黄泥田	1	0—8				5.3	35.1	1.59	0.77		164	10.0	76		第四纪红色黏土	E 116°28′49.9″ N 28°40′34.7″	97
						2	8—20				6.6	12.5	0.76	0.64								
						3	20—70				6.9	10.9	0.58	0.91								
剖23	人为土	水稻土	潴育水稻土	潴育型灰湖泥田	弱潴灰湖泥田	1	0—13				5.4	29.2	1.49	0.93		167	11.9	163		湖积物	E 116°28′36.1″ N 28°39′45.3″	99
						2	13—22				5.6	31.8	1.84	0.87								
						3	22—100				5.4	29.6	1.45	1.31								
剖24	人为土	水稻土	潴育水稻土	潴育型灰湖泥田	全层强潴灰湖泥田	1	0—15				5.5	29.7	1.75	0.75		161	4.5	98		湖积物	E 116°29′59.1″ N 28°35′57.3″	97
						2	15—59				5.9	16.0	0.93	0.65								
						3	59—100				6.0	9.7	0.59	1.05								
剖25	铁铝土	红壤	红壤性土	石英岩类红壤性土		A	0—4	灰棕色	中壤土	粒状	4.9	26.9	1.32	0.37		119	6.8	116		石英岩类	E 116°35′08.0″ N 28°48′54.4″	95
						Bv	4—37	红棕色	轻黏土	粒块状	5.0	11.1	0.69	0.95								
						C	37—100			粒状												
剖26	人为土	水稻土	潴育水稻土	潴育型红砂泥田	全层强潴红砂泥田	1	0—11				6.3	13.4	0.74	1.31		72	2.7	27		红砂岩类风化物	E 116°34′42.3″ N 28°47′60.0″	97
						2	11—18				5.6	12.0	0.68	0.32								
						3	18—78				5.7	8.0	0.53	0.19								
						4	78—100				5.8	7.7	0.39	0.13								
剖27	人为土	水稻土	潴育水稻土	潴育型潮砂泥田	弱潴潮砂泥田	1	0—16				5.6	21.5	1.15	0.84		155	6.1	92		河流冲积物	E 116°35′12.5″ N 28°45′48.6″	95
						2	16—22				5.5	24.3	1.13	0.75								
						3	22—37				5.9	10.5	0.37	0.75								

续表 Continued

剖面号 Soil profile	土纲 Soil order	土类 Soil great group	亚类 Soil subgroup	土属 Soil genus	土种 Soil species	土层码 Layer code	土层厚度 Depth/cm	颜色 Soil color	质地 Soil texture	土壤结构 Soil structure	pH	有机质 OM/(g/kg)	全氮 TN/(g/kg)	全磷 TP/(g/kg)	全钾 TK/(g/kg)	碱解氮 AN/(mg/kg)	有效磷 AP/(mg/kg)	速效钾 AK/(mg/kg)	阳离子交换量 CEC/(cmol/kg)	土壤母质 Parent material	剖面点坐标 Profile coordinate	匹配指数 Matching index/%
剖28	人为土	水稻土	潴育水稻土	潴育型潮砂泥田	上位弱潴灰潮砂泥田	1	0—12				5.4	28.2	1.84	0.78		169	9.7	120		河流冲积物	E 116°36′39.5″ N 28°45′40.3″	95
						2	12—21				6.4	19.6	1.13	0.73								
						3	21—78				6.2	13.6	0.87	0.77								
剖29	人为土	水稻土	潴育水稻土	潴育型潮砂泥田	弱潴漂潮砂泥田	1	0—14				5.5	31.3	2.05	0.61		177	6.9	60		河流冲积物	E 116°30′30.2″ N 28°47′07.9″	95
						2	14—19				5.5	20.4	1.38	0.54								
						3	19—32				6.1	12.7	0.85	0.61								
剖30	人为土	水稻土	潴育水稻土	潴育型鳝泥田	中潴乌潮泥田	1	0—15				5.9	41.6	2.65	0.94		280	15.0	86		泥质岩类风化物	E 116°31′05.6″ N 28°47′05.6″	97
						2	15—20				6.2	28.9	1.75	0.77								
						3	20—60				7.6	5.8	0.67	0.52								
剖31	人为土	漂洗水稻土	漂洗型鳝泥田	上位强漂鳝泥田		A	0—13	浅灰色	中黏土	块状	5.5	14.9	0.80	0.57		76	14.0	40		泥质岩类风化物	E 116°32′56.5″ N 28°45′01.1″	95
						P	13—18	浅灰色	轻黏土	块状	5.8	20.2	1.25	0.56								
						We	18—35	灰棕色	轻黏土	棱块状	6.6	8.2	0.54	0.54								
						E	35—58	白灰色	重壤土	粉块状	6.6	3.3	0.24	0.23								
						C	58—100	灰棕色	轻黏土	棱块状	6.8			0.59								
剖32	人为土	水稻土	潴育水稻土	潴育型鳝泥田	红砂泥底中潴乌潮泥田	1	0—10			团粒状	5.4	41.9	1.81	0.77		217	13.5	92		河流冲积物	E 116°38′34.5″ N 28°48′04.4″	95
						2	10—16		重壤土	块状	5.4	31.9	1.04	0.64								
						3	16—50		轻黏土	棱块状	6.0	21.6	1.33	0.51								
剖33	人为土	潴育水稻土	潴育型潮砂泥田	乌潮砂泥田		A	0—13	灰色	重壤土	块状	5.6	30.3	1.63	0.73		177	13.1	122		河流冲积物	E 116°42′49.4″ N 28°48′10.2″	95
						P	13—22	深棕色	轻壤土	块状	5.8	18.6	1.02	0.64								
						W₁	22—41	灰棕色	轻壤土	棱块状	6.4	9.9	0.54	0.58								
						W₂	41—100	灰棕色	重壤土	棱块状	6.5	7.7	0.55	0.75								
剖34	人为土	水稻土	潴育水稻土	潴育型湖泥田	中潴灰湖泥田	A	0—14	灰色	重壤土	屑块状	5.3	29.5	1.69	1.19		158	17.3	103		湖积物	E 116°41′55.7″ N 28°46′09.0″	97
						P	14—22	深棕色	重壤土	块状	5.8	22.2	1.16	1.25								
						W₁	22—62	灰棕色	重壤土	棱块状	6.0	16.2	0.99	1.15								
						W₂	62—88	灰棕色	中壤土	棱块状	5.8	10.1	0.56	0.71								
						C	88—100	灰棕色	重壤土	棱块状	5.8	10.2	0.67	0.83								
剖35	人为土	水稻土	潴育水稻土	潴育型潮砂泥田	黄泥底弱潴潴灰潮砂泥田	1	0—10				6.5	15.2	0.89	0.99		71	15.9	96		河流冲积物	E 116°44′24.8″ N 28°45′04.6″	95
						2	10—17				6.4	26.5	1.31	0.12								
						3	17—100				7.0	11.6	0.68	1.03								
剖36	人为土	水稻土	潴育水稻土	潴育型湖泥田	上位潴潜中潴灰湖泥田	1	0—12				5.7	21.9	1.65	1.11		149	14.6	103		湖积物	E 116°39′33.0″ N 28°45′32.2″	97
						2	12—20				6.2	18.8	1.37	1.14								
						3	20—52				6.7	11.2	1.01	1.37								
剖37	人为土	水稻土	潴育水稻土	潴育型湖泥田	中潴青灰湖泥田	A	0—13	灰棕色	轻黏土	软糊无结构	5.6	22.2	1.45	0.53		117	4.8	86		湖积物	E 116°40′40.7″ N 28°46′00.1″	97
						P	13—22	灰棕色	中黏土	块状	5.7	17.7	1.36	0.52								
						G₁	22—47	青灰色	轻黏土	块状	5.3	20.0	1.01	0.84								
						G₂	47—63	灰棕色	轻黏土	块状	5.0	8.0	0.45	0.57								
剖38	人为土	水稻土	潴育水稻土	潴育型鳝泥田	中潴灰鳝泥田	1	0—11				6.0	23.8	1.96	0.57		160	13.4	101		泥质岩类风化物	E 116°32′48.7″ N 28°44′32.9″	98
						2	11—19				5.8	20.4	1.50	0.50								
						3	19—100				5.6	14.5	0.59	0.58								
剖39	人为土	水稻土	潴育水稻土	潴育型鳝泥田	中潴灰鳝泥田	1	0—10				6.0	15.0	1.02	0.77			13.4			泥质岩类风化物	E 116°35′10.3″ N 28°40′57.2″	97
						2	10—19				6.5	17.5	1.22	0.58								
						3	19—53				7.0	7.3	0.61	0.71								
剖40	人为土	水稻土	潴育水稻土	潴育型潮砂泥田	强潴乌潮砂泥田	1	0—10				5.7	31.7	1.54	0.66		145	4.0	67		河流冲积物	E 116°36′27.7″ N 28°41′38.3″	95
						2	10—17				6.3	18.2	1.22	0.62								
						3	17—55				6.5	10.8	0.44	0.87								

续表 Continued

剖面号 Soil profile	土纲 Soil order	土类 Soil great group	亚类 Soil subgroup	土属 Soil genus	土种 Soil species	土层码 Layer code	土层厚度 Depth/cm	颜色 Soil color	质地 Soil texture	土壤结构 Soil structure	pH	有机质 OM/(g/kg)	全氮 TN/(g/kg)	全磷 TP/(g/kg)	全钾 TK/(g/kg)	碱解氮 AN/(mg/kg)	有效磷 AP/(mg/kg)	速效钾 AK/(mg/kg)	阳离子交换量CEC/(cmol/kg)	土壤母质 Parent material	剖面点坐标 Profile coordinate	匹配指数 Matching index/%
剖41	人为土	水稻土	潜育水稻土	潜育型潜黄砂泥田	乌黄砂泥田	A	0—14	灰棕色	重壤土	碎块状	5.4	31.2	1.58	1.08		184	19.7	84		石英岩类风化物	E 116°36′15.5″ N 28°40′32.5″	95
						P	14—19	灰棕色	重壤土	块状	5.9	14.4	0.95	0.88								
						W	19—100	灰棕色	轻黏土	碎粒状	6.2	5.7	0.59	0.83								
剖42	铁铝土	红壤	红壤	黄泥土	厚层灰黄泥土	A	0—20	乌灰色	中壤土	屑粒状	6.8	11.9	1.04	0.82		265	6.9	307		第四纪红色黏土	E 116°32′22.3″ N 28°40′12.2″	95
						Bv	20—100	棕红色	中黏土	棱块状	5.7	11.3	1.17	0.67								
剖43	铁铝土	红壤	红壤	黄泥土	中层灰黄泥土	1	0—10	棕黄色	重壤土	屑粒状	5.6	23.3	1.41	0.79		175	6.8	77		第四纪红色黏土	E 116°33′11.1″ N 28°40′10.5″	95
						2	10—50				6.2	7.5	0.77	0.60								
						3	50—100				6.0	3.2	0.42	0.53								
剖44	人为土	水稻土	潜育水稻土	潜育型潜潮泥田	全层灰潮砂泥田	A	0—12	灰棕色	粉砂质黏土	块状	4.8	30.5	1.62	0.38	26.5	124	9.0	58	6.3	河流冲积物	E 116°39′32.0″ N 28°44′17.1″	96
						Pg	12—16	暗棕灰色	粉砂质黏土	块状	4.9	24.0	1.18	0.36	18.3	89	9.0	39	6.1			
						G	16—100	棕棕灰色	粉砂质黏土	软糊状	4.8	15.2	0.66	0.31	17.8				7.0			
剖45	人为土	水稻土	漂洗水稻土	漂洗型潜黄泥田	上位强漂灰黄泥田	A	0—14	灰色	轻黏土	屑块状	5.5	28.4	1.62	0.53		172	5.8	73		第四纪红色黏土	E 116°42′21.2″ N 28°41′42.3″	95
						P	14—23	灰白色	轻黏土	块块状	5.5	23.9	1.57	0.42								
						3	23—45	灰白色	轻黏土	粉块状	6.0	9.5	0.65	0.45								
						E_2	45—77	黄白色	重壤土	棱块状	5.7	4.7	0.32	0.16								
						C	77—100	棕红色	轻黏土	棱块状	5.4	6.0	0.55	1.42								
剖46	人为土	水稻土	潜育水稻土	青潮黏土	青潮砂泥田	Aa	0—12	灰棕色	粉砂质黏土	块状	4.8	30.5	1.60	0.40	26.5	124	9.0	58		多气湖积物	E 116°41′22.3″ N 28°40′50.6″	82
						Ap	12—16	灰棕色	粉砂质黏土	块状	4.9	24.0	1.20	0.40	18.3	89	9.0	39				
						G	16—100	黄棕色	轻黏土	软块状	4.8	15.2	0.66	0.30	17.8							
剖47	人为土	水稻土	潜育水稻土	潜育型潜砂泥田	全层弱潜灰潮砂泥田	Ag	0—12	青灰色	重壤土	粒糊状	5.6	24.2	1.43	1.03		161	17.0	113		河流冲积物	E 116°42′53.0″ N 28°40′11.4″	95
						Pg	12—19		轻黏土	糊状	5.7	23.8	1.47	1.02								
						G_1	19—35	铅灰色	轻黏土	棱块状	6.3	17.4	1.08	1.15								
						G_2	35—71	铅灰色	轻黏土	棱块状	6.8	15.6	0.87	1.11								
						C	71—100	浅灰色	轻黏土	棱块状	5.3	13.5	0.91	1.15								
剖48	人为土	水稻土	潜育水稻土	鳝泥底中潜灰湖泥田		1	0—14				5.6	23.0	1.42	0.83		137	6.0	191		湖积物	E 116°44′59.3″ N 28°42′26.8″	97
						2	14—18				5.5	19.9	1.40	0.73								
						3	18—54				5.5	13.9	0.82	0.91								
剖49	铁铝土	红壤	棕红壤	黏棕红泥	薄棕黄泥	A	0—11	亮红棕色	黏土	小块状	5.6	10.4	0.50	0.50	15.5					第四纪红色黏土	E 116°44′34.9″ N 28°40′32.7″	95
						Bv	11—25	红棕色	黏土	块状	5.5	5.5	0.30	0.40	15.3							
						Bvv	25—100	亮棕色	黏土	块状	5.5	5.4	0.30	0.30	15.9							
剖50	铁铝土	红壤	红壤	红砂岩红壤	薄层少有机质红砂岩红壤	A	0—8	棕黄色	重壤土	碎块状	5.1	5.1	0.34	0.29		36	4.7	63		红砂岩类	E 116°35′06.2″ N 28°39′26.7″	95
						Bv	8—22	棕黄色	重壤土	屑块状	5.4	3.3	0.36	0.26								
						C	22—100	棕黄色	重壤土	棱块状	4.4	2.7	0.23	0.12								
剖51	半水成土	潮土	潮土	壤质潮土	壤层灰潮泥土	A	0—13	棕黄色	轻壤土	屑块状	6.6	20.1	1.15	0.74		119	30.4	88		第四纪红色黏土	E 116°39′03.8″ N 28°39′00.6″	99
						ABv	13—39	灰棕色	轻壤土	碎块状	6.0	5.5	0.36	0.73								
						C	39—100	黄棕色	轻壤土	碎粒状	5.9	4.2	0.23	0.62								
剖52	铁铝土	红壤	红壤	第四纪红色黏土		1	0—10	红棕色	黏土	小块状	5.2	18.3	1.00	1.80		102	14.0	97	6.5	第四纪红色黏土	E 116°41′53.2″ N 28°39′01.4″	98
						2	10—69	暗棕红色	黏土	棱块状	5.1	8.7	0.70	1.72					6.5			
						3	69—100	浅黄红色	黏土	块状	5.4	12.0	0.98	1.66					6.1			
剖53	铁铝土	红壤	棕红壤	黄泥棕壤	薄层黄泥棕红壤	A	0—11		黏土	小块状	4.7	10.4	0.52	0.46	15.5					第四纪红色黏土	E 116°42′52.9″ N 28°39′40.7″	82
						Bv	11—25		黏土	棱块状	4.6	5.6	0.32	0.36	15.4							
						C	25—100		黏土	块状	4.6	5.4	0.30	0.34	15.9							
剖54	人为土	水稻土	潜育水稻土	潜育型潜砂泥田	黄泥底上位弱潜灰潮砂泥田	1	0—13				5.6	24.0	1.33	0.60		142	5.4	136		河流冲积物	E 116°31′23.0″ N 28°34′43.9″	95
						2	13—30				5.9	10.2	0.77	0.66								
						3	30—70				6.4	5.4	0.57	0.70								

续表 Continued

剖面号 Soil profile	土纲 Soil order	土类 Soil great group	亚类 Soil subgroup	土属 Soil genus	土种 Soil species	土层码 Layer code	土层厚度 Depth/cm	颜色 Soil color	质地 Soil texture	土壤结构 Soil structure	pH	有机质 OM/(g/kg)	全氮 TN/(g/kg)	全磷 TP/(g/kg)	全钾 TK/(g/kg)	碱解氮 AN/(mg/kg)	有效磷 AP/(mg/kg)	速效钾 AK/(mg/kg)	阳离子交换量CEC/(cmol/kg)	土壤母质 Parent material	剖面点坐标 Profile coordinate	匹配指数 Matching index/%
剖55	半水成土	潮土	潮土	砂质潮土	砂质灰潮土	A	0~5	灰黄色	中壤土	粒状	6.3	12.1	0.82	0.86		66	6.9	92		河流冲积物	E 116°34′47.8″ N 28°34′58.6″	95
						ABv	5~15	灰黄色	砂壤土	粒状	5.6	7.6	0.41	0.85								
						Bv₁	15~26	灰黄色	砂壤土	粒状	5.9	6.7	0.37	0.72								
						Bv₂	26~55	灰黄色	轻壤土	粒状	5.9	5.5	0.27	0.76								
						C	55~100	褐黄色	轻壤土	碎块状	5.8	8.3	0.36	0.67								
剖56	人为土	水稻土	潴育水稻土	潴育型红砂泥田	弱潴灰红砂泥田	A	0~15	灰棕色	中壤土	碎块状	5.4	24.7	1.38	0.57		74	25.2	135		红砂岩类风化物	E 116°34′18.0″ N 28°33′38.2″	97
						P	15~35	灰色	中壤土	块状	5.7	8.6	0.86	1.18								
						W	35~85	棕黄色	中壤土	棱块状	6.8	5.4	0.59	0.57								
						WC	85~100	棕黄色	重壤土	棱块状	6.6	18.2	1.16	1.22								
剖57	铁铝土	红壤	红壤	红砂泥土	厚层灰红砂泥土	A	0~11	黄红色	轻黏土	碎块状	6.3	12.4	0.89	0.99		94	18.8	75		红砂岩类风化物	E 116°34′36.7″ N 28°32′53.1″	95
						Bv	11~100	红色	重壤土	棱块状	5.4	25.3	1.74	0.67								
剖58	人为土	水稻土	潴育水稻土	潴育型黄泥田	中位弱潴灰黄泥田	A	0~14	棕黄色	轻黏土	屑块状	6.9	16.9	1.31	0.60		168	4.7			第四纪红色黏土	E 116°36′58.1″ N 28°33′51.8″	97
						P	14~25	灰棕色	轻黏土	块状	5.8	10.9	1.02	0.55								
						G₁	25~36	灰黄色	轻黏土	棱块状	6.9	6.6	0.36	0.45								
						G₂	36~72	灰白色	中壤土	块状		14.0	0.94	0.64		87	4.5	50		石英岩类	E 116°40′20.2″ N 28°34′19.8″	95
剖59	铁铝土	红壤	石英岩红壤	中层少有机质石英岩红壤	A	0~20	棕红色		屑粒状	5.1	12.6	0.89										
						Bv₁	20~35	暗红色		块状	5.2	8.6	0.55									
						Bv₂	35~100	红色		块状	5.3	37.8	1.75	1.13		166	4.8	95		泥质岩类风化物	E 116°42′53.9″ N 28°33′35.8″	97
剖60	人为土	水稻土	潴育水稻土	潴育型乌鳞泥田	全层强潴乌鳞泥田	1	0~16				4.6	31.1	1.39	0.88								
						2	16~26				5.4	29.4	0.99	0.45								
						3	26~100															
剖61	人为土	水稻土	潴育水稻土	潴育型乌鳞泥田	全层中潴灰鳞泥田	Ag	0~16	灰棕色	重壤土	块状	6.1	21.1	1.37	0.83		126	9.0	15		泥质岩类风化物	E 116°39′51.3″ N 28°31′27.8″	97
						Pg	16~24	青灰色	轻壤土	块状	5.8	15.8	1.23	0.73								
						G	24~100	青灰色	重壤土	块状	6.0	10.7	0.93	0.76								
剖62	铁铝土	红壤	第四纪红色黏土红壤			A	0~13	红棕色	重壤土	屑粒状	5.1	20.5	0.90	0.80		48	1.1	90		第四纪红色黏土	E 116°37′36.1″ N 28°28′23.1″	97
						Bv	13~66	紫红色	轻壤土	屑粒状	6.1	11.5	0.85	1.02								
						C	66~100	棕红色	轻壤土	块状	6.0	6.3	0.55	1.00								
剖63	人为土	水稻土	潴育水稻土	潴育型杂砂泥田	中位中潴乌杂砂泥田	1	0~17	棕色	中壤土	碎粒状	5.7	33.3	1.53	0.49		163	6.0	63		洪积物	E 116°42′36.8″ N 28°29′07.9″	98
						2	17~23				6.2	37.4	1.32	0.45								
						3	23~46				5.1	36.2	1.55	0.37								
						4	46~65				4.4	30.5	0.98	0.22								
						5	65~100				5.2	14.3	0.68	0.23								
剖64	人为土	水稻土	潴育水稻土	潴育型鳞砂泥田	砾底中潴乌鳞泥田	A	0~13	灰棕色	重壤土	屑块状	5.5	36.0	2.15	0.52		231	11.7	76		泥质岩类风化物	E 116°39′13.2″ N 28°24′02.6″	97
						P	13~23	灰色	重壤土	棱块状	5.4	21.4	1.50	0.50								
						W	23~59	灰棕色	轻壤土	棱块状	6.6	16.9	0.93	0.45								
						4	59~64				7.2	8.5	0.82	0.47								
						C	64~100	棕黄色	中壤土	碎粒状	5.5	13.6	0.79	0.31								
剖65	人为土	水稻土	潴育水稻土	潴育型潮砂泥田	黄泥底中潴潮砂泥田	1	0~10				5.1	32.4	2.27	0.67		183	5.8	58		河流冲积物	E 116°46′49.9″ N 28°43′17.5″	95
						2	10~14				5.4	29.9	1.65	0.65								
						3	14~32				6.2	14.2	0.95	0.69								
剖66	人为土	水稻土	潴育水稻土	潴育型鳞泥田	弱潴乌鳞泥田	1	0~11				4.9	35.9	1.97	0.72		217	10.0	77		泥质岩类风化物	E 116°45′58.0″ N 28°39′14.3″	98
						2	11~24				5.2	17.0	0.93	0.85								
						3	24~38				6.4	10.0	0.78	0.70								
剖67	人为土	水稻土	潴育水稻土	潴育型鳞泥田	中位弱潴灰鳞泥田	1	0~10				5.7	29.9	1.77	0.94		276	13.2	118		泥质岩类风化物	E 116°45′57.0″ N 28°36′13.6″	98
						2	10~14				5.8	26.6	1.27	0.71								
						3	14~47				5.9	45.7	2.14	0.49								

续表 Continued

剖面号 Soil profile	土纲 Soil order	土类 Soil great group	亚类 Soil subgroup	土属 Soil genus	土种 Soil species	土层码 Layer code	土层厚度 Depth/cm	颜色 Soil color	质地 Soil texture	土壤结构 Soil structure	pH	有机质 OM/(g/kg)	全氮 TN/(g/kg)	全磷 TP/(g/kg)	全钾 TK/(g/kg)	碱解氮 AN/(mg/kg)	有效磷 AP/(mg/kg)	速效钾 AK/(mg/kg)	阳离子交换量CEC/(cmol/kg)	土壤母质 Parent material	剖面点坐标 Profile coordinate	匹配指数 Matching index/%
剖68	铁铝土	红壤	红壤	鳝泥土	厚层灰鳝泥土	A	0—15	灰色	重壤土	碎块状	5.9	17.2	1.15			105	17.0	140		泥质岩类风化物	E 116°49′03.7″ N 28°32′35.9″	95
						ABv	15—23	灰色	轻黏土	块状	5.5	12.3	0.94	1.17								
						C	23—100	棕红色	中黏土	块状	5.2	8.7	0.80	0.78								
剖69	人为土	水稻土	潴育水稻土	潴育型杂砂泥田	乌杂砂泥田	A	0—14	灰棕色	重壤土	屑粒状	5.6	33.4	1.64	0.69		150	11.3	86		洪积物	E 116°48′55.3″ N 28°26′20.2″	81
						P	14—21	灰棕色	轻黏土	块状	6.5	13.6	0.80	0.71								
						W₁	21—48	灰色	轻黏土	碎块状	6.8	12.5	0.74	0.79								
						W₂	48—69	灰色	轻黏土	碎块状	6.7	9.1	0.61	0.91								
						W₃	69—100	灰色	轻黏土	块状	6.8	9.1	0.67	0.82								
剖70	人为土	水稻土	淹育水稻土	淹育型红砂泥田	灰红砂泥田	A	0—9	浅灰色		块状	5.9	23.6	1.20	0.91		117	8.0	105		红砂岩类风化物	E 116°49′55.4″ N 28°26′50.9″	97
						P	9—13	灰棕色		块状	5.8	18.8	1.30	0.57								
						C	13—100	灰棕色		块状	5.9	5.9	0.42	0.91								

鄱 阳 县

主要土类说明

红壤是鄱阳县主要土壤类型，占本县地域面积的44%，广泛分布在低山和丘陵地区。在红壤的形成过程中，脱硅富铝化作用明显，硅铝率较低。由于淋溶作用强烈，使土壤胶体中交换性阳离子多数为氢离子所代换，盐基离子淋失，呈盐基高度不饱和，土壤呈强酸性，铁的游离度高，土壤呈红色。受母质影响，不同类型岩石形成的富铝化壳及所发育的土壤，在化学组成上也存在一定的差异。由酸性结晶岩类风化物发育形成的红壤，钠、钙、磷等强烈淋失，钾、硅也有相当淋失，镁淋失不明显且略有积累，铁、铝显著积累。由第四纪红色黏土发育形成的红壤除含有较多的硅、铝外，也含有较多的铁，而钾含量较低。由泥质岩类风化物发育形成的红壤中含有较高的钾、磷，其他元素则没有太大的差异。由红砂岩类、石英岩类发育形成的红壤硅含量高，铁、铝特别少，钾、磷含量也低。人为活动影响了红壤的退化过程和熟化过程两方面。过量森林砍伐以及不合理开垦利用，造成红壤侵蚀，有机质含量迅速降低，自然肥力严重下降；耕作熟化过程促进了黏粒的机械淋溶作用，导致心土层黏粒含量增加，黏粒淀积层位置下移，剖面水分状况的改善使土层呈明显黄色；且土壤复盐基过程强度大，酸度、代换性酸和盐基状况明显变化。本县红壤分为红壤、红壤性土和黄红壤三个亚类。红壤亚类广泛分布于本县丘陵、冈阜地带，占红壤总面积的99%。红壤性土亚类为红壤亚类遭受侵蚀或不完全发育，表层浅薄，没有明显淀积层的土壤。黄红壤亚类为红壤向黄壤的过渡类型，主要分布在莲花山乡海拔500m以上的低山高丘陵区。

水稻土是鄱阳县第二大土壤类型，占本县地域面积的36%，广泛分布于本县各地，尤以河谷、湖滨平原及丘陵沟谷地区最为集中。水稻土是在长期的水耕熟化条件下形成的一种人为土壤，起源于各种土壤或母质。在水稻土的形成过程中，由于周期性干湿交替，土壤氧化还原交替进行，出现铁锰物质淋溶淀积，以及一系列的生物化学过程的变化，形成了特定的发生层次，出现了水稻土所特有的剖面形态特征。由于植稻后的下渗水淋洗，土壤物理性质也发生了变化，黏粒由上往下淋移淀积，出现比较紧实的柱状和棱块状结构的心土层。根据特定发生层构成情况，本县水稻土分为淹育水稻土、潴育水稻土、潜育水稻土三个亚类。其中潴育水稻土占水稻土总面积的94%，是水稻土主要亚类。潴育水稻土的形成受地表灌溉水和地下毛管水升降的双重影响，具有典型水稻土剖面特征，广泛分布在本县湖滨平原及山丘沟谷中，地下水位大部分都在60—150cm。灌排条件一般都能满足双季稻生产对水文条件的要求。典型剖面结构为A-P-W-G。土壤物理性质因母质而异，一般通透性较好，农业性状较好。

小于本县地域面积3%的土壤类型还有紫色土、草甸土、潮土等。

本区域中心区气候特征

本区域中心区气候特征值
Regional climate characteristics in central area of the region

气候带：中亚热带湿润气候 Climate region: Subtropical humid climate	
年平均气温 /℃ Annual average temperature /℃	17.4
年平均最高气温 /℃ Annual average maximum temperature /℃	22.3
年平均最低气温 /℃ Annual average minimum temperature /℃	13.7
年降水量 /mm Annual precipitation /mm	1783
≥10℃的积温 /℃ Daily temperature accumulated in a year（≥10℃）/℃	11514
年日照时数 /h Annual sunshine /h	1803
年平均相对湿度 /% Annual average relative humidity /%	78
干燥度 Dryness	0.57

本区域中心区月平均气温与月平均降水量
Monthly temperature and precipitation in central area of the region

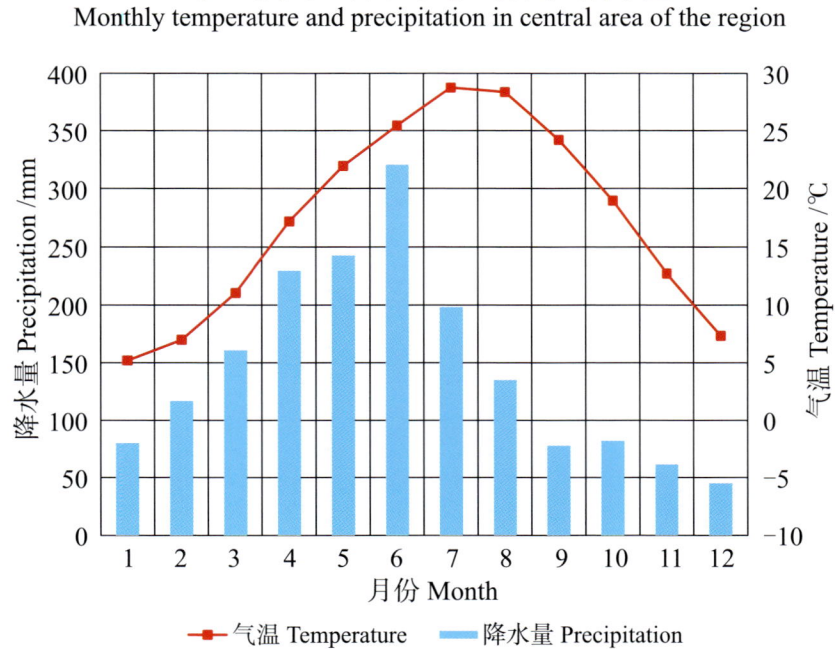

鄱阳县主要土壤类型与土壤剖面点分布图
1：340 000

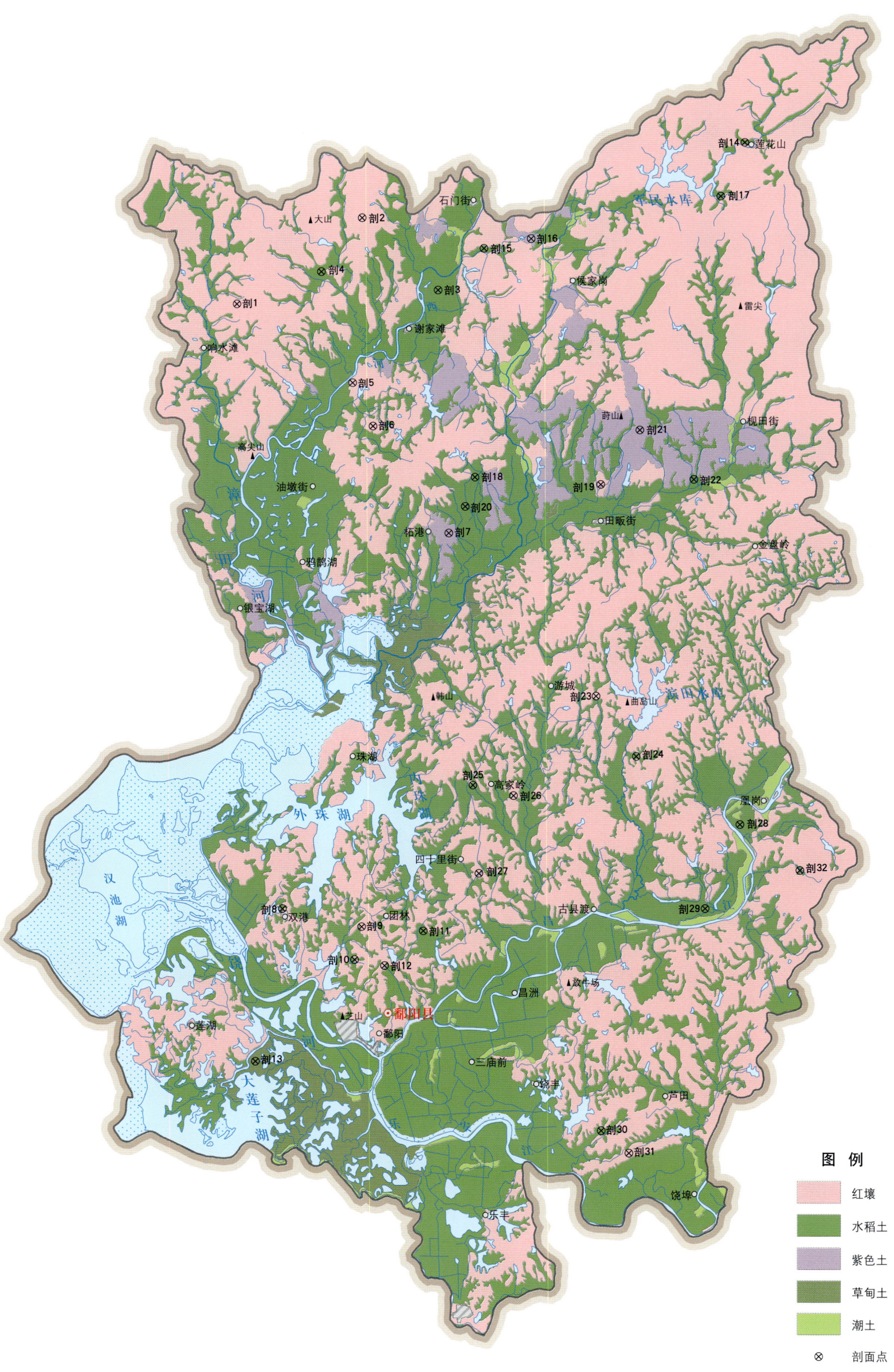

图例
- 红壤
- 水稻土
- 紫色土
- 草甸土
- 潮土
- ⊗ 剖面点

鄱阳县土壤剖面理化性状表

剖面号 Soil profile	土纲 Soil order	土类 Soil great group	亚类 Soil subgroup	土属 Soil genus	土种 Soil species	土层码 Layer code	土层厚度 Depth/cm	颜色 Soil color	质地 Soil texture	土壤结构 Soil structure	pH	有机质 OM/(g/kg)	全氮 TN/(g/kg)	全磷 TP/(g/kg)	全钾 TK/(g/kg)	碱解氮 AN/(mg/kg)	有效磷 AP/(mg/kg)	速效钾 AK/(mg/kg)	阳离子交换量CEC/(cmol/kg)	土壤母质 Parent material	剖面点坐标 Profile coordinate	匹配指数 Matching index/%
剖1	铁铝土	红壤	红壤	石英岩红壤	薄层中有机质石英岩红壤	A₁	0—5	浅灰色	砂壤土	粒状	4.9	21.0	1.54	0.12		143	2.0	25		石英砂岩	E 116°34′35.8″ N 29°30′19.9″	95
						Bv	5—20	灰黄色	砂壤土	粒状	5.6	9.0	0.67	1.1								
						C	20—40	灰白色	砂壤土	粒状	5.6	≤1.0	0.21	≤0.10								
剖2	铁铝土	红壤	红壤性土	泥质岩红壤性土	少有机质泥质岩红壤性土	A	0—10	红棕色	轻壤土	粒状	5.2	9.8	0.56	1.02		74	2.0	75		泥质岩类风化物	E 116°40′40.0″ N 29°33′59.4″	95
						C	10—30	浅红色	重壤土	块状	5.6	4.3	0.27	0.84			1.0					
						D	30—		重壤土		5.5	2.4	0.13	0.47								
剖3	人为土	水稻土	淹育水稻土	淹育型黄泥田	强淹育黄泥田	A	0—10	棕褐色	轻黏土	粒状	5.5	24.8	1.40	1.35		103	6.1	67		第四纪红色黏土	E 116°44′22.4″ N 29°30′56.4″	95
						P	10—13	灰棕色	中壤土	块状	5.6	19.3	1.08	1.16			5.3					
						W	13—37	黄棕红色	轻黏土	棱块状	5.9	9.3	0.69	1.43			3.2					
						C	37—100	棕红色	轻黏土	棱块状	6.2	8.4	0.54	0.16			≤1.0					
剖4	人为土	水稻土	潴育水稻土	潴育型砂泥田	中潴灰黄砂泥田	A	0—10	深灰色	中壤土	粒状	5.2	28.7	1.68	0.47		168	4.5	70		石英岩类风化物	E 116°38′41.5″ N 29°31′42.6″	97
						P	10—17	浅灰色	中壤土	棱柱状	5.6	16.5	1.01	0.58			3.5					
						W₁	17—37	灰黄棕色	中壤土	棱柱状	5.9	7.5	0.55	0.31			≤1.0					
						W₂	37—80	棕黄色	中壤土	棱块状	6.0	7.2	0.47	0.40			4.5					
						C	80—100	棕黄色	重壤土	碎块状	6.4	6.8	0.55	0.32			1.4					
剖5	铁铝土	红壤	红壤	红砂泥土	厚层红砂泥土	A	0—14	浅灰棕色	砂壤土	粒状	4.9	9.6	0.71	0.96		80	3.0	41		红砂岩类风化物	E 116°40′13.8″ N 29°26′59.5″	97
						ABv	14—21	灰棕色	中壤土	粒状	5.1	9.4	0.73	8.38			≤1.0					
						Bv	21—100	红棕色	中壤土	棱块状	5.3	2.0	0.55	1.00			≤1.0					
剖6	铁铝土	红壤	红壤	泥质岩红壤	中层中有机质泥质岩红壤	A	0—8	黄棕色	中壤土	粒状	5.4	19.3	1.12	0.34		134	7.2	120		泥质岩类风化物	E 116°41′13.2″ N 29°25′09.1″	98
						Bv	8—50	黄棕色	重壤土	棱柱状	6.1	8.2	0.82	0.56			3.1					
						C	50—100	黄棕色	重壤土	棱柱状	6.2	≤1.0	0.12	0.23			2.2					
剖7	初育土	紫色土	酸性紫色土	紫砂岩酸性紫色土		A	0—5	紫红色	轻壤土	粒状	5.1	13.4	0.57	1.32		77	4.0	72		紫砂岩类	E 116°44′54.1″ N 29°20′38.6″	97
						Bv	5—40	紫红色	轻黏土	棱粒状	5.3	7.5	0.49	2.13			≤1.0					
						C	40—100	红棕色	轻壤土	核块状	5.4	6.0	0.46	3.80			≤1.0					
剖8	人为土	水稻土	潴育水稻土	潴育型湖泥田	中位中潴灰潮湖泥田	A	0—10	灰色	重壤土	粒状	6.0	24.7	0.78	1.20		168	8.5	65		湖积物	E 116°36′55.2″ N 29°04′39.9″	95
						Pg	10—16	蓝灰色	中壤土	块状	6.2	22.4	2.13	1.76			8.0					
						G	16—61	蓝灰色	中壤土	片状	6.6	12.9	1.52	1.63			3.5					
						C	61—100	红灰色	重壤土	棱块状	6.4	8.8	0.96	2.28								
剖9	铁铝土	红壤	红壤	黄泥土	厚层灰黄泥土	A	0—5	灰棕色	轻壤土	粒状	5.9	20.5	0.84	0.55		126	9.0	175		第四纪红色黏土	E 116°40′45.1″ N 29°03′54.6″	95
						Bv	5—40	棕灰色	轻黏土	棱块状	6.0	9.9	1.15	2.20			4.5					
						C	40—100	棕红色	轻壤土	棱块状	6.0	5.9	1.03	1.45			4.0					
剖10	人为土	水稻土	淹育水稻土	淹育型鳝泥田	灰鳝泥田	A	0—13	灰色	中壤土	粒状	5.1	11.6	0.95	0.46		98	5.0	42		泥质岩类风化物	E 116°40′25.4″ N 29°02′30.4″	97
						P	13—21	棕色	重壤土	块状	5.4	15.4	1.34	0.65			2.5					
						C	21—100	红黄色	中壤土	块状	5.9	6.9	0.58	0.58			≤1.0					
剖11	人为土	水稻土	潴育水稻土	潴育型黄泥田	强潴乌黄泥田	A	0—16	深棕色	中壤土	屑粒状	5.5	36.0	2.48	0.50		193	4.0	70		第四纪红色黏土	E 116°43′44.7″ N 29°03′44.4″	97
						P	16—23	棕褐色	中壤土	棱块状	6.1	16.5	1.35	0.32			≤1.0					
						W₁	23—60	褐棕色	重壤土	棱块状	6.1	7.7	0.88	7.50			≤1.0					
						W₂	60—100	红棕色	重壤土	碎块状	6.3	3.1	0.51	5.00			≤1.0					
剖12	铁铝土	红壤	红壤性土	石英岩红壤性土	少有机质石英岩红壤性土	A	0—4	灰灰色	砂壤土	粒状		2.4	0.56	0.21		61	2.0	32		石英砂岩	E 116°41′52.2″ N 29°02′15.6″	95
						BvC	4—20	红棕色	砂壤土	粒状		≤1.0	0.12	0.30			≤1.0					
						C	20—	灰白色	砂壤土	块状		≤1.0	≤0.10	0.27			≤1.0					

续表 Continued

剖面号 Soil profile	土纲 Soil order	土类 Soil great group	亚类 Soil subgroup	土属 Soil genus	土种 Soil species	土层码 Layer code	土层厚度 Depth/cm	颜色 Soil color	质地 Soil texture	土壤结构 Soil structure	pH	有机质 OM/(g/kg)	全氮 TN/(g/kg)	全磷 TP/(g/kg)	全钾 TK/(g/kg)	碱解氮 AN/(mg/kg)	有效磷 AP/(mg/kg)	速效钾 AK/(mg/kg)	阳离子交换量CEC/(cmol/kg)	土壤母质 Parent material	剖面点坐标 Profile coordinate	匹配指数 Matching index/%
剖13	半水成土	草甸土	草甸土	壤质潮土	灰壤质潮土	A	0—15	暗棕色	轻壤土	碎粒状	5.4	10.7	0.58	≤0.10		72	3.1	35		河流冲积物	E 116°35′38.7″ N 28°58′10.2″	85
						ABv	15—49	浅棕色	中壤土	碎粒状	5.6	5.2	0.66	≤0.10			7.5					
						Bv	49—100	棕色	砂壤土	棱粒状	6.2	3.3	0.49				8.0					
剖14	人为土	水稻土	潴育水稻土	潴育型湖泥田	灰湖泥田	A	0—14	灰棕色	轻黏土	粒状	5.7	29.6	2.27	1.85		87	7.3	70		湖积物	E 116°59′17.3″ N 29°37′10.7″	95
						P	14—24	棕灰色	轻黏土	块状	5.9	8.9	1.20	1.92			6.5					
						W₁	24—100	浅灰色	重黏土	块状	6.6	7.1	0.82	0.74			8.5					
剖15	人为土	水稻土	潴育水稻土	潴育型鳝泥田	中潴灰鳝泥田	A	0—9	棕灰色	中壤土	团块状	5.2	17.8	1.73	0.29		130	4.0	36		泥质岩类风化物	E 116°46′35.6″ N 29°32′42.3″	98
						W₁	9—15	浅棕灰色	重黏土	碎块状	5.4	10.5	2.05	≤0.10			1.5					
						W₂	15—44	黄灰色	重黏土	棱块状	5.9	9.1	1.19	≤0.10			≤1.0					
						W₃	44—69	黄色	重黏土	棱块状	6.2	4.5	0.69	≤0.10			≤1.0					
							69—100	黄色	中壤土	棱块状	6.6	4.5	0.65	0.32								
剖16	初育土	紫色土	酸性紫色土	紫泥土	全层中潴紫砂潮土	A	0—10	紫灰色	中壤土	团粒状	5.9	8.1	1.05	0.69		114	12.0	70			E 116°48′53.3″ N 29°33′07.0″	97
						ABv	10—16	灰褐色	重壤土	粒状块状	6.2	11.2	0.78	0.94			4.0					
						Bv	16—23	红棕色	重壤土	块状	6.6	4.9	0.51	1.06			2.0					
						BvC	23—60	紫红色	重壤土	棱块状	6.9	2.1	0.20	1.08			3.0					
						C	60—100	暗紫紫色	轻壤土	棱块状	7.0	≤1.0	0.13	1.13			≤1.0					
剖17	人为土	水稻土	潴育水稻土	潴育型潮砂泥田		A	0—18	棕灰色	中壤土	粒状	5.8	29.4	2.02	4.11		142	12.0	70		河流冲积物	E 116°58′07.2″ N 29°34′54.0″	95
						Pg	18—30	青灰色	重壤土	块状	6.0	23.1	1.98	1.12			18.0					
						G	30—100	蓝青灰色	轻壤土	块状	6.2	19.1	1.69	1.90			10.0					
剖18	人为土	水稻土	潴育水稻土	潴育型紫泥田	中潴灰紫泥田	A	0—12	紫红色	重壤土	棱块状	5.5	24.0	1.13	0.74		113	5.3	64		紫色泥页岩风化物	E 116°46′10.9″ N 29°23′00.3″	97
						P	12—19	紫灰色	轻黏土	棱块状	5.6	19.8	0.85	0.47			2.6					
						W₁	19—31	暗紫色	轻黏土	棱块状	6.3	9.2	0.34	0.43			≤1.0					
						W₂	31—66	浅黄紫色	中壤土	棱块状	6.9	4.3	0.22	0.21			1.8					
						W₃	66—100	深黄紫色	轻壤土	棱块状	7.0	2.7	0.19	0.36			2.3					
剖19	初育土	紫色土	酸性紫色土	鳝泥土	中层灰紫泥土	A	0—9	灰色	重壤土	团粒状	5.9	18.7	1.01	0.87		78	4.7	74		紫色泥页岩风化物	E 116°52′17.0″ N 29°22′41.5″	95
						Bv	9—47	灰棕黄色	重壤土	棱块状	6.0	6.2	0.42	0.41			3.2					
						C	47—100	棕红色	轻黏土	核状	6.2	2.2	0.11	0.43			1.7					
剖20	人为土	水稻土	淹育水稻土	淹育型紫泥田	强潴灰紫泥田	A	0—11	浅紫棕色	中壤土	团块状	5.6	18.3	1.02	0.90		71	4.9	72		紫色泥页岩风化物	E 116°45′42.1″ N 29°21′46.0″	95
						P	11—15	紫紫色	重壤土	块状	5.8	5.4	0.47	0.53			2.3					
						W	15—41	棕紫色	重壤土	块状	6.6	3.2	0.38	0.42			1.1					
						C	41—100	紫色	中壤土	棱块状	7.0	3.0	0.35	0.40			1.2					
剖21	初育土	紫色土	酸性紫色土	紫色泥页岩风化紫色土		A	0—13	浅紫棕色	重壤土	碎粒状	5.9	19.6	1.03	0.30		62	3.1	165		紫色泥页岩岩类	E 116°54′11.5″ N 29°24′59.9″	98
						Bv	13—58	深紫棕色	重壤土	棱块状	6.0	60.0	0.88									
						C	58—100	紫紫色	重壤土	核状	6.8	68.0	0.13					6				
剖22	人为土	水稻土	潴育水稻土	潴育型紫砂泥田	中潴灰紫砂泥田	A	0—13	灰紫色	重壤土	核状	5.2	22.3	1.42	1.42		131	8.8	38		紫色砂岩风化物	E 116°56′48.4″ N 29°22′54.5″	98
						P	13—17	棕紫色	重壤土	粒状块状	5.7	20.1	1.07	1.41			7.4	30				
						W₁	17—40	浅棕色	轻壤土	块状	6.5	9.7	0.65	0.98			3.1	24				
						W₂	40—100	暗棕色	轻壤土	块状	6.9	3.4	0.40	0.36			4.5					
剖23	铁铝土	红壤	棕红壤	麻砂泥质红壤	薄层灰麻砂棕红壤	A	0—3	暗棕红色	壤质黏土	块状	4.8	18.0	1.03	0.31	9.0	82	2.0	125	5.0	花岗岩岩风化物	E 116°52′05.0″ N 29°13′42.9″	82
						Bv	3—24	暗棕红色	壤质黏土	块状	4.9	12.6	0.54	0.26	9.0	44	≤1.0	55	4.3			
						C	24—100	橙红色	壤质黏土	块状	5.2	3.9	0.30	0.24	8.0	21	≤1.0	40	5.0			
剖24	人为土	水稻土	潜育水稻土	潜育型鳝泥田	中位中潴灰鳝泥田	A	0—14	灰色	中壤土	粒状		29.6	0.82	0.85		179	4.0	100		泥质岩类风化物	E 116°54′02.1″ N 29°11′10.4″	97
						P	14—19	蓝灰色	中壤土	棱块状		18.0	0.69	0.82			1.3					
						G	19—59	铅灰色	中壤土	棱块状		10.1	0.58	0.72			≤1.0					
						C	59—100	灰棕色	轻壤土	棱状		8.6	0.89	0.75			2.5					

续表 Continued

剖面号 Soil profile	土纲 Soil order	土类 Soil great group	亚类 Soil subgroup	土属 Soil genus	土种 Soil species	土层码 Layer code	土层厚度 Depth/cm	颜色 Soil color	质地 Soil texture	土壤结构 Soil structure	pH	有机质 OM/(g/kg)	全氮 TN/(g/kg)	全磷 TP/(g/kg)	全钾 TK/(g/kg)	碱解氮 AN/(mg/kg)	有效磷 AP/(mg/kg)	速效钾 AK/(mg/kg)	阳离子交换量 CEC/(cmol/kg)	土壤母质 Parent material	剖面点坐标 Profile coordinate	匹配指数 Matching index,%
剖25	人为土	水稻土	潴育水稻土	潴育型黄泥田	中潴乌黄泥田	A	0—12	棕灰色	中壤土	粒状	5.6	31.0	2.05	3.30		161	2.0	72		第四纪红色黏土	E 116°46′05.4″ N 29°09′45.5″	100
						P	12—17	棕灰色	中壤土	核块状	6.2	20.4	1.32	1.83			4.0					
						W₁	17—45	棕褐色	重壤土	棱块状	6.2	20.4	0.81	3.78			3.0					
						W₂	45—100	褐黄色	重壤土	棱块状	6.3	4.2	1.78	7.97			8.0					
剖26	铁铝土	红壤		第四纪红色黏土红壤		A₁	0—8	灰棕红色	轻黏土	粒状	5.1	10.1	0.89	0.81		46	4.1	38		第四纪红色黏土	E 116°48′05.2″ N 29°09′30.6″	98
						Bv	8—62	棕红色	重壤土	棱块状	5.6	4.2	0.31	0.93			≤1.0					
						BvC	62—100	深红色	轻黏土	棱块状	5.6	≤1.0	0.14	0.54			1.9					
剖27	铁铝土	红壤		泥质岩红壤	薄层少有机质泥岩红壤	A	0—2	棕灰色	中壤土	粒状	5.3	9.4	0.80	2.10		140	2.1			泥质岩类风化物	E 116°46′25.3″ N 29°06′11.7″	99
						Bv	2—27	棕红色	重壤土	棱柱状	5.8	1.2	0.23	1.30			≤1.0					
						C	27—100	棕红色	轻黏土	棱柱状	5.9	≤1.0	≤0.10	1.80			≤1.0					
剖28	人为土	水稻土	潴育水稻土	潴育型黄泥田	上位弱潜灰黄泥田	A	0—10	棕灰色	中壤土	块状	5.5	24.0	1.98	0.40		124	1.4	110		第四纪红色黏土	E 116°59′03.6″ N 29°08′17.3″	95
						Pg	10—17	青灰色	中壤土	棱块状	5.4	13.0	1.01	0.31			2.5					
						G	17—36	暗灰色	重壤土	棱块状	5.4	12.1	0.98	0.34			≤1.0					
						W	36—100	黄棕色	轻壤土	块状	5.6	4.9	0.56	0.26								
剖29	人为土	水稻土	潴育水稻土	潴育型潮砂泥田	黄泥底中潴灰潮砂泥田	A	0—13	深灰色	重壤土	粒块状	5.8	31.7	2.24	0.96		231	7.2	67		河流冲积物	E 116°57′22.7″ N 29°04′42.3″	95
						P	13—19	深灰色	重壤土	棱块状	6.1	20.0	5.50	1.12			2.0					
						W₁	19—42	浅黄灰色	重壤土	棱块状	6.3	8.1	0.80	1.54			7.3					
						W₂	42—100	灰棕色	重壤土	粒块状	6.7	5.6	0.81	1.56								
剖30	人为土	水稻土	潴育水稻土	潴育型红砂岩泥田	中潴红砂岩泥田	A	0—9	深灰色	中壤土	粒块状	6.4	17.7	1.22	1.11		119	11.0	57		红砂岩类风化物	E 116°52′22.4″ N 28°55′17.0″	98
						P	9—15	灰色	中壤土	棱块状	6.5	≤1.0	0.89	1.76			6.8					
						W₁	15—33	褐黄色	中壤土	棱柱状	6.9	≤1.0	0.72	1.05			5.0					
						W₂	33—100	浅黄褐色	轻壤土	块状	7.0	≤1.0	0.64	0.99			7.8					
剖31	铁铝土	红壤		红砂岩红壤	厚层少有机质岩红壤	A	0—11	棕灰棕色	砂壤土	粒状	5.6	9.7	0.87	≤0.10		67	≤1.0	40		红砂岩风化物	E 116°53′42.9″ N 28°54′20.5″	98
						Bv	11—58	浅灰棕色	轻壤土	粒状	5.6	6.2	0.51	0.13			≤1.0					
						BvC	58—100	黄棕色	中壤土	粒状	6.6	≤1.0	≤0.10	0.20			1.5					
剖32	人为土	水稻土	潴育水稻土	潴育型麻砂泥田	中潴灰麻砂泥田	A	0—13	褐棕色	砂壤土	粒块状	6.0	29.2	1.75	≤0.10		120	9.0	121		花岗岩风化物	E 117°01′58.7″ N 29°06′19.6″	97
						P	13—17	暗灰色	砂壤土	棱块状	6.3	23.2	1.22	≤0.10			7.0					
						W₁	17—47	黄灰色	砂壤土	棱块状	6.4	16.4	0.88	≤0.10			9.0					
						W₂	47—100	灰黄色	砂壤土	棱块状	7.0	13.2	0.77	≤0.10			7.0					

万 年 县

主要土类说明

红壤是万年县主要土壤类型，占本县地域面积的61%。成土母质为酸性结晶岩（花岗岩）类、泥质岩类风化物和第四纪红色黏土等。本县红壤大部分是非耕地。少数比较平坦，水利条件好，土层比较深厚肥沃的红壤丘坡已被开垦为林园用地和旱作地。本县红壤只有红壤一个亚类，分布于全县各地，但以低山丘陵区最多。其土层深厚，发育完善，具有红壤土类的各层特征，层次分化明显，有些剖面土体中可见到铁锰结核。本亚类根据母质的不同，进一步划分为多个土属，其中黄泥土是指由第四纪红色黏土母质发育而成的耕种红壤；鳝泥土是指由泥页岩类风化发育的耕种红壤；泥质岩类红壤是指泥质岩类风化物发育而成的红壤；第四纪红色黏土红壤是由第四纪红色黏土发育的红壤；石英岩类红壤是由石英岩类风化物发育而成的红壤。

水稻土是万年县第二大土壤类型，占本县地域面积的35%。水稻土是本县最主要的农业土壤类型，面积大，分布广，分为淹育水稻土、潴育水稻土、潜育水稻土三个亚类。良水型的潴育水稻土亚类在本县分布最广，占水稻土面积最大，肥力较高。根据其母质不同，可分为潮砂泥田、鳝泥田、黄泥田和麻砂泥田等八个土属。潮砂泥田是由河流冲积母质发育而来的水稻土；潴育鳝泥田是指由泥质岩类（包括泥页岩、千枚岩、板岩、片岩）风化物母质发育起来的水稻土；潴育黄泥田是指由第四纪红色黏土母质发育成的水稻土；潴育麻砂泥田的母质为酸性结晶岩类风化物，质地较轻而多粗砂粒，土层一般较薄，剖面层次清楚；潴育紫泥田是指由紫色泥页岩风化物母质发育成的水稻土；潴育石灰泥田是指由碳酸岩类风化物发育起来的水稻土。

小于本县地域面积3%的土壤类型还有石灰（岩）土、紫色土、潮土等。

本区域中心区气候特征

本区域中心区气候特征值
Regional climate characteristics in central area of the region

气候带：中亚热带湿润气候 Climate region: Subtropical humid climate	
年平均气温 /℃ Annual average temperature /℃	17.6
年平均最高气温 /℃ Annual average maximum temperature /℃	22.4
年平均最低气温 /℃ Annual average minimum temperature /℃	14.1
年降水量 /mm Annual precipitation /mm	1779
≥10℃的积温 /℃ Daily temperature accumulated in a year (≥10℃) /℃	10705
年日照时数 /h Annual sunshine /h	1773
年平均相对湿度 /% Annual average relative humidity /%	79
干燥度 Dryness	0.58

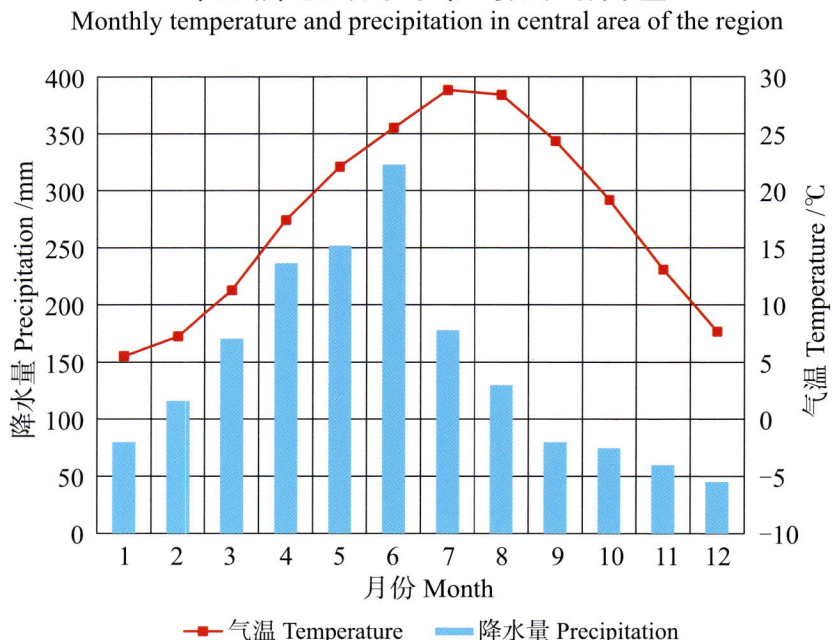

本区域中心区月平均气温与月平均降水量
Monthly temperature and precipitation in central area of the region

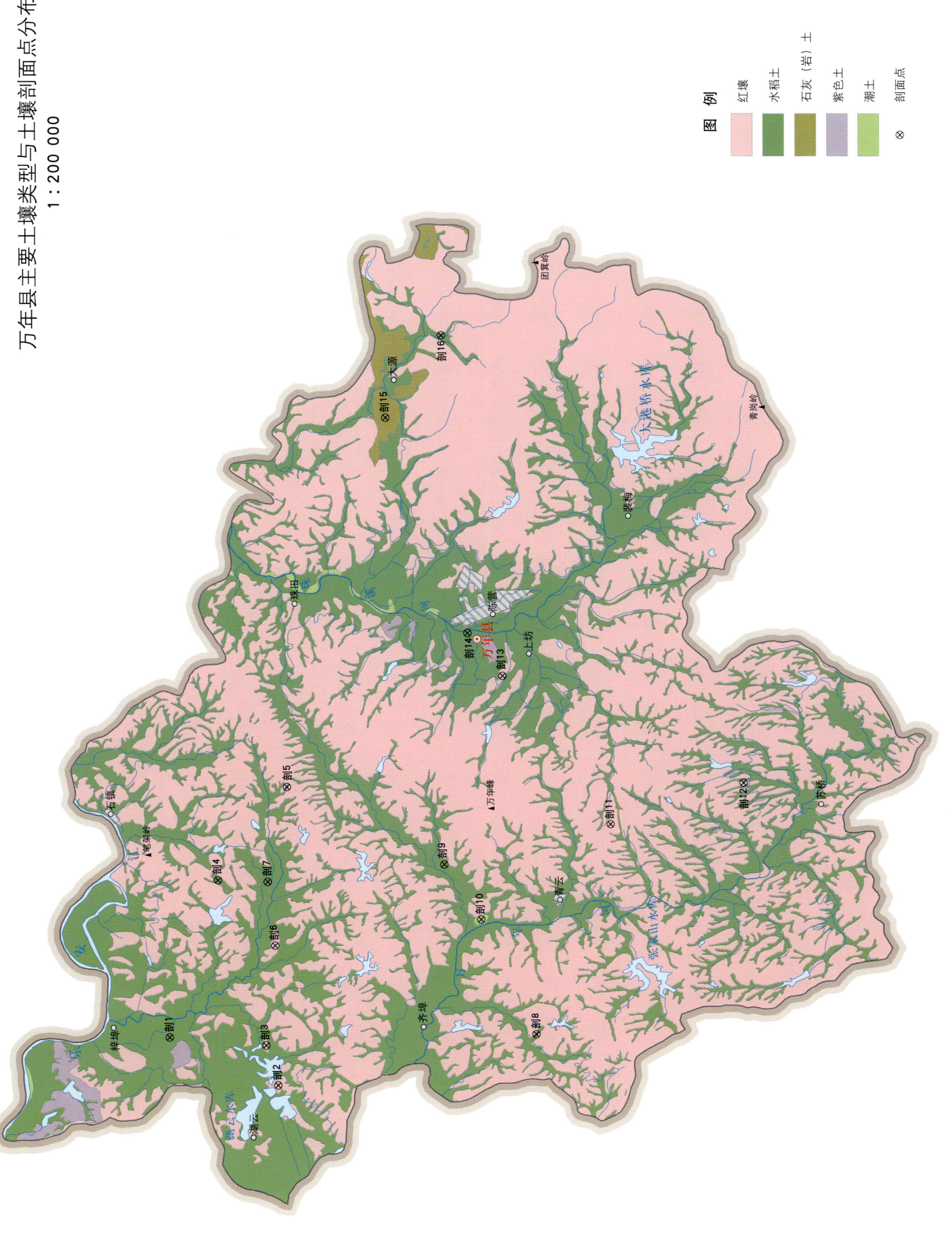

万年县土壤剖面理化性状表

剖面号 Soil profile	土纲 Soil order	土类 Soil great group	亚类 Soil subgroup	土属 Soil genus	土种 Soil species	土层码 Layer code	土层厚度 Depth/cm	颜色 Soil color	质地 Soil texture	土壤结构 Soil structure	pH	有机质 OM/(g/kg)	全氮 TN/(g/kg)	全磷 TP/(g/kg)	碱解氮 AN/(mg/kg)	有效磷 AP/(mg/kg)	速效钾 AK/(mg/kg)	土壤母质 Parent material	剖面点坐标 Profile coordinate	匹配指数 Matching index/%
剖1	人为土	水稻土	潴育水稻土	潴育型鳝泥田	灰鳝潮泥田	A	0–13	暗灰棕色	中壤土	粒状	5.5	18.2	1.34	0.49	146	5.5	24	泥质岩类风化物	E 116°51′32.3″ N 28°49′40.8″	95
						P	13–22	黄灰棕	中壤土	块状	4.6	10.7	0.85	0.65	72	2.5	14			
						W₁W₂	22–100	浅红色		柱状							17			
						4	22–51							0.40	30	2.0	17			
剖2	铁铝土	红壤		石英岩红壤		5	51–100						0.32	0.45	21	2.8		石英岩类	E 116°50′10.3″ N 28°46′54.2″	97
剖3	铁铝土	红壤		黄泥土	厚层灰黄泥土	1	0–5	棕灰色	中壤土	碎粒状	5.3	27.3	2.79	2.01	121	6.3	44	第四纪红色黏土	E 116°51′18.7″ N 28°47′12.4″	97
						C	5–100	红黄色	中壤土	碎粒状	4.6	10.6	1.69	1.94	41	2.0	19			
						1	0–11	暗红棕色	轻壤土	粒状	5.3	15.4	0.43	1.55	86	3.1				
						2	11–53	红棕色	轻黏土	块状	4.6		1.23	≥10.00	51	5.0	36			
						3	53–100	浅棕红色	轻黏土	碎块状	5.0		0.88	2.30	37	40.0				
剖4	人为土	水稻土	潴育水稻土	潴育型潮砂泥田	强潴灰潮砂泥田	A	0–14	灰黄棕色	中壤土	碎粒状	4.7	17.4	0.88	1.16	85	4.5	14	河流冲积物	E 116°56′06.0″ N 28°48′26.1″	95
						P	14–21	灰黄色	中壤土	块状	6.0	12.0	1.18	0.98	60	3.8	16			
						W	21–77	浅棕黄色		块状	5.5		1.34		25	4.8				
						C	77–100	黄灰棕色			5.5		0.17							
剖5	人为土	水稻土	潴育水稻土	潴育型石灰泥田	弱潴灰石泥田	A	0–12	棕灰色	重壤土	粒状	6.3	32.3	3.34	0.33	195	3.5	84	石灰岩风化物	E 116°58′48.6″ N 28°46′39.9″	95
						P	12–17	暗灰色	重壤土	棱块状	7.0	24.7	1.52	0.72	61	1.5	36			
						G	17–100	灰白色	重壤土	块状	7.4		0.62	0.23	27	1.3	31			
						4	17–75						0.43	1.41	21	1.5	28			
剖6	铁铝土	红壤		酸性结晶岩红壤		5	75–100												酸性结晶岩类	E 116°54′11.6″ N 28°46′58.2″	95
						1	0–3	暗棕色	重壤土	碎粒状	4.5	24.5	1.70	0.91	113	2.0	120			
						2	3–100	棕红色	重壤土	粒状	4.5	16.6	0.26	0.93	28	2.5	58			
剖7	人为土	水稻土	潴育水稻土	潴育型石灰泥田	乌石灰泥田	A	0–12	棕红色	轻黏土	粒状	5.3	9.4	2.27	0.98	177	6.3	54	石灰岩风化物	E 116°56′02.9″ N 28°47′09.5″	95
						P	12–17	棕黄色	中壤土	块状	5.7	7.2	0.84	0.54	143	5.5	50			
						W	17–64	棕黄色	重壤土	棱柱状	7.2	2.8	0.26	0.38	39	10.5	64			
						C	64–100	棕黄色	中壤土	块状	7.4		0.26	0.35	29	10.0	52			
剖8	人为土	水稻土	潴育水稻土	潴育型潮砂泥田	中潴潮砂泥田	A	0–18	浅棕灰色	中壤土	糊状	5.1	11.1	1.46	0.55	102	2.8	18	河流冲积物	E 116°51′37.6″ N 28°40′16.3″	95
						P	18–40	浅棕黄色	中壤土	棱块状	5.2	12.8	1.11	0.39	60	3.0	20			
						G	40–100	灰黄色	壤土	棱块状	4.7		0.43	0.54	41	4.0				
剖9	人为土	水稻土	淹渍水稻土	壤质潮灰泥田	强潴灰黄泥田	A	0–11	暗黄棕色	中壤土	碎块状	5.0	1.9	0.94	0.82	119	6.8	46	第四纪红色黏土	E 116°56′33.3″ N 28°42′37.6″	95
						P	11–15	棕褐色	中壤土	块状	5.7	1.9	0.67	1.15	53	5.5	18			
						C	15–100	暗棕红色	重壤土	大块状	5.7		0.33	1.45	31	8.5				
剖10	半水成土	潮土		酸性结晶岩红壤	薄层少有机质泥质岩红壤	1	0–17	暗灰色	中壤至轻壤土	碎粒状	5.1	≤1.0	0.17	0.75	41	3.0	18	河流冲积物	E 116°54′57.4″ N 28°41′41.0″	95
						2	17–45	浅棕黄色	轻壤土	碎粒状	5.2	4.6	0.86	0.72	119	5.5	46			
						3	45–100	浅棕色	轻壤土	碎粒状			0.42	0.70	31	2.0	18			
剖11	铁铝土	红壤		酸性结晶岩红壤		1	0–7	栗色	砂土	屑粒状	6.5	33.2	0.87	0.80	176	4.1	21	酸性结晶岩类	E 116°57′43.1″ N 28°38′21.0″	95
						2	7–100	浅棕色	砂土	屑粒状	4.3	18.6	1.04	0.75	111	1.8	84			
剖12	铁铝土	红壤		泥质岩红壤		1	0–15	暗棕色	中壤土	碎粒状	5.0	28.7	1.87	0.47	155	1.4	16		E 116°58′55.3″ N 28°34′56.3″	98
						2	15–36	暗棕红色	轻壤土	碎粒状	5.5	21.3	0.86	4.70	65	≤1.0	14			
						3	36–100	浅棕红色	轻壤土	碎粒状	5.5	9.2	0.69	0.65	39	≤1.0	50			
剖13	铁铝土	红壤		鳝泥土	中层灰鳝泥土	1	0–10	暗棕色	轻壤土	碎粒状	5.5		1.29	0.63	88		21	泥质岩类风化物	E 117°02′02.8″ N 28°41′07.2″	95
						2	10–60	浅棕色	轻壤土	碎粒状			1.47	0.73	78					
						C	60–100	浅棕红色	轻壤土	碎粒状	5.0			0.80	26		20			

续表 Continued

剖面号 Soil profile	土纲 Soil order	土类 Soil great group	亚类 Soil subgroup	土属 Soil genus	土种 Soil species	土层码 Layer code	土层厚度 Depth/cm	颜色 Soil color	质地 Soil texture	土壤结构 Soil structure	pH	有机质 OM/(g/kg)	全氮 TN/(g/kg)	全磷 TP/(g/kg)	碱解氮 AN/(mg/kg)	有效磷 AP/(mg/kg)	速效钾 AK/(mg/kg)	土壤母质 Parent material	剖面点坐标 Profile coordinate	匹配指数 Matching index/%
剖14	人为土	水稻土	潴育水稻土	潴育型紫泥田	灰紫泥田	A	0—11	紫棕色	重壤土	碎块状	5.7	23.7	0.85	0.70	68	3.5	30	紫色泥页岩风化物	E 117°03′17.4″ N 28°42′00.8″	95
						P	11—19	紫色	中壤土	块状	6.8	11.6	0.69	2.73	59	2.5	82			
						W	19—100	暗紫红色	轻黏土	块状	6.2	11.2	0.51	2.68	32	4.8	84			
剖15	初育土	石灰(岩)土	红色石灰土	碳酸岩类红色石灰土	薄层中有机质红色石灰土	1	0—4	暗棕色	重壤土	粒状	7.7	33.7	0.99	1.21	388	3.3	124	石灰岩风化物	E 117°09′33.0″ N 28°44′06.0″	95
						2	4—9	棕红色	重壤土	粒状	7.7	43.4	0.39	1.27	229	1.5	72			
						3	9—100	浅红色	重壤土	粒状	7.5									
剖16	人为土	水稻土	潜育水稻土	潜育型鳝泥田	中潜灰鳝泥田	A	0—9	暗灰色	重壤土	糊状	5.2	30.2	1.47		130	1.8			E 117°11′55.7″ N 28°42′40.4″	95
						P	9—16	浅黄色	重壤土	棱块状	5.0	23.1	1.20		95	1.8				
						G	16—100	暗灰或浅灰色	重壤土	块状	5.9									
						4	16—40						1.29		61	18.8				
						5	40—100						0.77		22	18.8				

婺源县

主要土类说明

红壤是婺源县主要土壤类型，占本县地域面积的82%，主要分布在海拔600m以下的低山、丘陵地区。红壤发生于中亚热带高温多雨气候条件下，铝硅盐类矿物强烈分解，盐基遭到强烈淋失，高岭化的黏粒矿物不断形成，铁铝氧化物明显积聚而形成的盐基不饱和、具有特殊剖面形态、呈中度脱硅富铝化特征的土壤类型。本县降水量较多，植被覆盖度高，林木茂盛，每年有大量的枯枝落叶进入土层，土壤有机质含量较高，具有一定的土壤肥力。本县红壤多发育于泥质岩类和酸性结晶岩类风化物，一般土层较厚，有机质含量较高。本县红壤分为红壤和黄红壤两个亚类。其中红壤亚类是红壤土类中的典型亚类，全县分布很广，占红壤土类的95%。其特点是土层深厚，大多数都具有1m以上红土层，剖面发育完整，除表层颜色较灰暗外，心土层和底土层均为红色的紧实土层，呈块状或棱块状结构，褐色胶膜淀积明显，有些底土层可见黄、白、红相间的网纹红土层，全剖面呈酸性。有局部地区在强烈侵蚀的情况下，表土流失，裸露出紧实的心土层以至底土层，丧失其自然肥力，影响林业、农业的发展。

水稻土是婺源县第二大土壤类型，占本县地域面积的11%，集中分布于河流两岸的河谷平原和丘陵沟谷地段。水稻土是在水耕熟化过程中逐渐形成的土壤，在成土过程中，土体内进行着有机质的分解与合成、盐基的淋溶和复盐基、黏粒的淋失和聚积等作用，氧化还原作用交替进行，土壤剖面形态发生着深刻变化，形成了水稻土耕作层、犁底层、潴育层或潜育层和母质层等基本层段。本县水稻土分为潴育水稻土、淹育水稻土和潜育水稻土三个亚类。其中以潴育水稻土面积最大，占水稻土面积的88%，主要分布在河谷平原的畈田，丘陵沟谷的垄田、排田等处。成土母质多样，由于排灌条件较好，土体中氧化还原过程交替频繁，剖面发育层段明显，尤其是潴育层明显，具P_1-P_2-W-C、$A-P-W-G-C$等剖面构型。土壤肥力通常较高，是本县的主要高产土壤类型。潜育水稻土是受地下水作用而形成的一种水稻土，发育于不同的成土母质，多分布于山丘沟谷或平原低洼地段，尤以垄田和坑田最为常见。土壤长期处于渍水状态，土壤还原作用强烈，铁离子被还原成为亚铁，土壤剖面中出现蓝灰色或青灰色的潜育特征，这类稻田一般土层深厚、泥脚深、土性冷、通透性差、结构不良，养分分解慢，影响作物正常生长，产量水平低，占水稻土总面积的11%。

小于本县地域面积3%的土壤类型还有石灰（岩）土、黄壤、紫色土、潮土和山地草甸土等。

本区域中心区气候特征

本区域中心区气候特征值
Regional climate characteristics in central area of the region

气候带：中亚热带湿润气候 Climate region: Subtropical humid climate	
年平均气温 /℃ Annual average temperature /℃	17.4
年平均最高气温 /℃ Annual average maximum temperature /℃	22.2
年平均最低气温 /℃ Annual average minimum temperature /℃	13.7
年降水量 /mm Annual precipitation /mm	1763
≥10℃的积温 /℃ Daily temperature accumulated in a year (≥10℃) /℃	9594
年日照时数 /h Annual sunshine /h	1799
年平均相对湿度 /% Annual average relative humidity /%	78
干燥度 Dryness	0.58

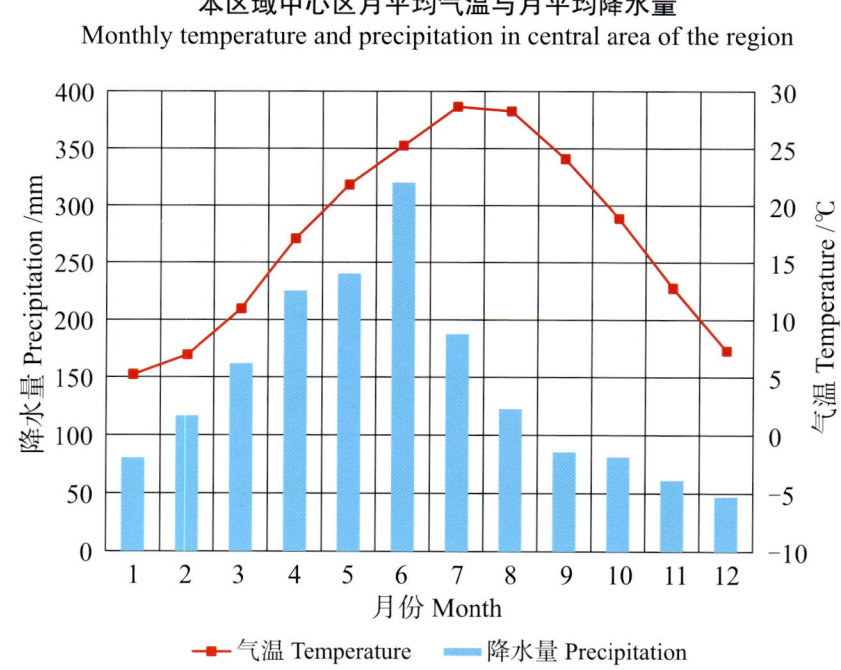

本区域中心区月平均气温与月平均降水量
Monthly temperature and precipitation in central area of the region

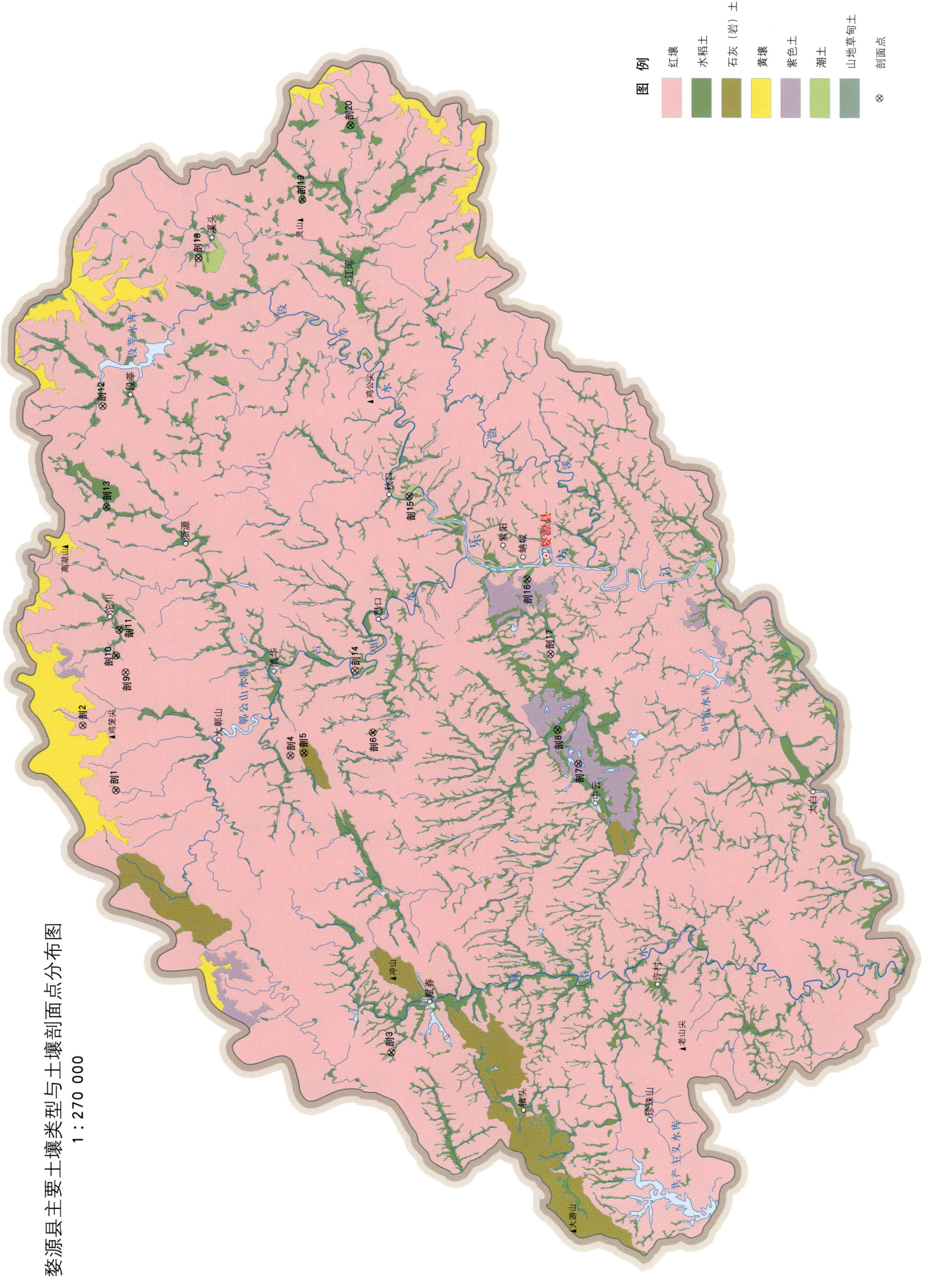

婺源县土壤剖面理化性状表

剖面号 Soil profile	土纲 Soil order	土类 Soil great group	亚类 Soil subgroup	土属 Soil genus	土种 Soil species	土层码 Layer code	土层厚度 Depth/cm	颜色 Soil color	质地 Soil texture	土壤结构 Soil structure	pH	有机质 OM/(g/kg)	全氮 TN/(g/kg)	全磷 TP/(g/kg)	全钾 TK/(g/kg)	碱解氮 AN/(mg/kg)	有效磷 AP/(mg/kg)	速效钾 AK/(mg/kg)	阳离子交换量CEC/(cmol/kg)	土壤母质 Parent material	剖面点坐标 Profile coordinate	匹配指数 Matching index/%
剖1	铁铝土	红壤	红壤	泥质岩红壤	厚层灰鳝泥红壤	A	0—12	暗黄红色	壤质黏土	小块状	5.0	22.2	1.13	0.50	19.8				5.7	泥页岩类风化物	E 117°41′35.0″ N 29°30′57.9″	82
						ABv	12—28	暗橙红色	壤质黏土	小块状	5.1	16.1	1.03	0.48	21.8				5.5			
						Bv	28—85	暗橙红色	壤质黏土	块状	5.2	12.6	0.99	0.49	22.4				4.7			
						C	85—100	浅黄红色	壤质黏土	块状	5.3	7.5	0.82	0.32	18.2				4.0			
剖2	铁铝土	红壤	红壤	红泥土	灰鳝泥	A	0—12	油橙色	壤质黏土	小块状	5.0	22.2	1.10	0.50	19.8					泥页岩类风化物	E 117°44′20.3″ N 29°32′10.8″	95
						ABv	12—28	油橙色	壤质黏土	块状	5.1	16.1	1.00	0.50	21.8							
						Bv	28—85	油橙色	壤质黏土	块状	5.2	12.6	1.00	0.50	22.4							
						C	85—100	浅橙色	壤质黏土	块状	5.3	7.5	0.80	0.30	18.2							
剖3	人为土	水稻土	潴育水稻土	潴育型鳝泥田	弱潴灰鳝泥田	1	0—14	灰色	轻黏土	糊块状	5.4	26.9	1.44	0.95		171	1.4	32		泥质岩类风化物	E 117°30′31.1″ N 29°20′50.1″	97
						2	14—21	青灰色	轻黏土	棱块状	5.8	46.4	0.98	0.95								
						3	21—53	浅青灰色	轻黏土	软块状	6.1	34.2	1.69	1.21								
						4	53—100	灰棕色	重壤土	块状	6.4	19.7	0.32	0.57								
剖4	铁铝土	红壤	红壤	泥质岩红壤	薄层中有机质泥质岩类红壤	1	0—2	褐色	重壤土	团粒状	5.3	81.2	3.42	1.64		231	17.7	181		泥页岩类风化物	E 117°43′00.5″ N 29°24′30.1″	95
						2	2—13	灰褐色	重壤土	团粒状	5.0	51.8	2.20	1.24								
						3	13—51	灰棕色	重壤土	碎块状	5.1	18.8	1.11	1.32								
						4	51—100	黄棕色	重壤土	块状	5.0	7.6	0.60	2.00								
剖5	初育土	石灰(岩)土	红色石灰土	红色石灰土		1	0—9	灰棕色	轻黏土	团块状	5.7	23.6	1.92	0.78		212	3.4	86		石灰岩风化物	E 117°43′07.2″ N 29°23′59.6″	93
						2	9—85	红灰色	轻黏土	粒状	6.3	8.5	0.72	0.62								
剖6	人为土	水稻土	潴育水稻土	潴育型鳝泥田	强潴鳝泥田	1	0—13	灰色	中壤土	糊状	5.0	27.8	1.53	0.60		231	12.4	20		泥质岩类风化物	E 117°43′58.1″ N 29°21′26.9″	97
						2	13—100	青灰色	重壤土	软块状	4.9	19.2	1.08	0.32								
剖7	初育土	紫色土	酸性紫色土	紫砂岩酸性紫色土		1	0—2	紫色	轻黏土	碎块状	5.4	19.2	0.63	0.34		62	1.8	80		紫砂岩类风化物	E 117°42′36.4″ N 29°13′51.2″	95
						2	2—40	紫红色	中壤土	棱块状	4.9	7.8	0.63	0.37								
						3	40—58	紫红色	中壤土	块状	5.1	4.7	0.18	0.36								
剖8	人为土	水稻土	潴育水稻土	潴育型红砂泥田	中潴夹红砂泥田	1	0—12	灰棕色	重壤土	小块状	5.4	23.9	1.40	0.60		135	6.6	99		红砂岩类风化物	E 117°44′02.2″ N 29°14′36.6″	97
						2	12—20	棕黄色	重壤土	棱块状	5.8	16.3	0.81	0.42								
						3	20—55	红棕色	重壤土	块状	6.3	10.4	0.41	0.63								
						4	55—100	灰红棕色	重壤土	块状	6.3	6.2	0.26	0.50								
剖9	铁铝土	红壤	红壤	泥质岩红壤	厚层乌鳝泥土	1	0—25	深灰色	重壤土	团块状	5.3	94.7	3.25	0.90		333	9.3	141		泥质岩类风化物	E 117°46′33.7″ N 29°30′35.0″	95
						2	25—100	棕灰色	重壤土	粒块状	5.6	41.2	2.01	0.40								
剖10	人为土	水稻土	淹育水稻土	淹育型麻砂泥田	灰麻砂泥田	1	0—14	棕灰色	中壤土	小块状	4.9	29.5	1.29	0.64		215	2.4	54		花岗岩类风化物	E 117°47′15.9″ N 29°30′55.4″	97
						2	14—19	棕黄色	中黏土	碎粒状	4.9	26.5	1.00	0.69								
						3	19—100		石砾泥混土													
剖11	人为土	水稻土	潴育水稻土	潴育型潮砂泥田	中层灰鳝泥土	1	0—13	灰色	中壤土	小块状	5.1	33.5	1.05	1.03		137	7.6	13		河流冲积物	E 117°48′20.8″ N 29°30′48.4″	97
						2	13—16	浅灰色	中壤土	小块状	5.2	32.2	1.12	1.02								
						3	16—43	灰棕色	中壤土	碎粒状	5.6	21.0	0.77	1.03								
						4	43—100	灰棕色	中壤土	碎粒状	5.6	5.0	0.42	0.90								
剖12	铁铝土	红壤	红壤	泥质岩红壤		1	0—17	灰棕色	轻黏土	碎粒状	5.0	30.5	1.10	0.69		117	4.2	62		泥质岩类风化物	E 117°57′46.8″ N 29°31′20.2″	95
						2	17—53	黄棕色	中黏土	碎粒状	5.5	14.9	0.88	0.62								
						3	53—100	灰色	轻黏土	块状	5.1	7.6	0.70	0.33								
剖13	人为土	水稻土	潴育水稻土	潴育型鳝泥田	中潴乌鳝泥田	1	0—15	暗灰色	重壤土	团块状	5.5	42.7	2.52	0.73		228	3.8	50		泥质岩类风化物	E 117°53′31.5″ N 29°31′14.1″	97
						2	15—21	灰色	重壤土	棱块状	5.6	25.0	2.14	0.73								
						3	21—100		轻壤土	棱柱状	5.8	1.4	0.34	0.32								

续表 Continued

剖面号 Soil profile	土纲 Soil order	土类 Soil great group	亚类 Soil subgroup	土属 Soil genus	土种 Soil species	土层码 Layer code	土层厚度 Depth/cm	颜色 Soil color	质地 Soil texture	土壤结构 Soil structure	pH	有机质 OM/(g/kg)	全氮 TN/(g/kg)	全磷 TP/(g/kg)	全钾 TK/(g/kg)	碱解氮 AN/(mg/kg)	有效磷 AP/(mg/kg)	速效钾 AK/(mg/kg)	阳离子交换量 CEC/(cmol/kg)	土壤母质 Parent material	剖面点坐标 Profile coordinate	匹配指数 Matching index/%
剖14	铁铝土	红壤	红壤	酸性结晶岩红壤		1	0—7	褐色	重壤土	团粒状	5.2	80.8	3.90	1.35		237	6.3	≤5		酸性结晶岩类	E 117°46′34.6″ N 29°22′06.0″	95
						2	7—46	灰棕色	重壤土	碎粒状	5.1	47.0	1.18	1.07								
						3	46—100	红棕色	轻黏土	碎块状	5.3	21.6	0.86	1.06								
剖15	半水成土	潮土	潮土	壤质潮土	厚层壤质灰潮土	1	0—26	棕褐色	轻壤土	粒状										河流冲积物	E 117°53′53.6″ N 29°20′02.2″	75
						2	26—47	灰棕色	砂壤土	碎块状												
						3	47—100	黄棕色	砂壤土	碎块状												
剖16	人为土	水稻土	潜育水稻土	潜育型紫砂泥田	中潜紫砂泥田	1	0—15	棕灰色	轻黏土	糊状	5.6	49.0	2.13	0.88		163	3.1	36		紫色砂岩风化物	E 117°50′22.0″ N 29°15′41.9″	97
						2	15—48	青灰色	轻黏土	软糊状	5.7	46.0	2.14	0.72								
						3	48—100	蓝灰色	轻黏土	块状	5.8	4.4	0.18	0.37								
剖17	铁铝土	红壤	红壤	红砂泥土	中层灰红砂泥土	1	0—13	灰红色	轻黏土	碎粒状	4.7	27.5	0.99	0.46		42	1.2	33		红砂岩类风化物	E 117°47′14.1″ N 29°14′51.4″	95
						2	13—46	棕红色	轻黏土	碎块状	4.6	10.4	0.22	0.36								
剖18	铁铝土	红壤	红壤	麻砂泥土	中层灰麻砂泥土	1	0—12	黑棕色	重壤土	粒状	6.1	21.9	0.75	1.23		116	≤1.0	44		花岗岩风化物	E 118°03′58.2″ N 29°27′45.3″	96
						2	12—57	棕黄色	重壤土	屑粒状	5.4	11.1	0.42	0.51								
						3	57—100	红黄色	砂砾土													
剖19	人为土	水稻土	潴育水稻土	潴育型鳝砂泥田	强潴灰鳝泥田	1	0—14	灰色	中壤土	小块状	6.4	19.4	1.27	1.37		99	26.0	19		泥质岩类风化物	E 118°06′24.8″ N 29°23′53.7″	98
						2	14—21	浅灰色	黏壤土	块状	6.5	16.1	1.04	1.18								
						3	21—35	黄灰色	中壤土	棱块状	6.5	8.8	0.80	1.20								
						4	35—100	中黄色	中壤土	碎块状	6.6	7.5	0.62	1.00								
剖20	人为土	水稻土	潴育水稻土	潴育型麻砂泥田	弱潴麻砂泥田	1	0—16	灰色	中壤土	棱块状	5.5	11.1	1.67	0.89		158	8.4	102		花岗岩风化物	E 118°09′30.4″ N 29°22′05.5″	97
						2	16—22	灰棕色	中壤土	棱块状	5.5	11.3	1.66	0.79								
						3	22—47	灰黄色	中壤土	棱块状	5.6	7.4	0.71	0.61								
						4	47—100	黄色	中壤土	棱块状	5.8	≤1.0	0.48	0.46								

德 兴 市

主要土类说明

红壤是德兴市主要土壤类型，占本市地域面积的75%，主要分布于中山以下、河谷阶地以上的广大山丘地区。红壤是中亚热带高温多雨气候条件下，铝硅酸类矿物强烈分解，盐基遭到彻底淋失，高岭化的黏粒和其他次生矿物不断形成，铁铝氧化物明显积聚而形成的盐基高度不饱和、呈中度脱硅富铝化特征的土壤类型。在本市低山至丘陵地区的红壤，其成土母质为泥质岩类风化物，也有部分为酸性结晶岩类风化物，丘陵岗地处部分为红砂岩类风化物，红砂岩风化物中常有多种普通砂性岩的风化物。本市红壤分为红壤、红壤性土和黄红壤三个亚类。

水稻土是德兴市第二大土壤类型，占本市地域面积的16%，以乐安河、长乐河和建节水等河谷平原和丘陵沟谷地区最为集中，本市各乡镇均有分布。在季节性淹水耕作条件下，水稻土进行着一系列的以氧化还原作用为主的生物化学过程，包括有机质分解与合成、盐基淋溶与复盐基、黏粒淋洗与淀积等，使土壤剖面形态发生了深刻变化，形态各异的多种自然土壤发育为具有独特形态特征和农业生产特性的土壤。水稻土一般都具有耕作层、犁底层、潴育层或潜育层以及母质层等土层构型。不同的地形、母质及水文条件，对水稻土的形成和发育有着深刻影响，其中水文条件最为明显。本市水稻土分为潴育水稻土和潜育水稻土两个亚类。

黄壤是德兴市第三大土壤类型，占本市地域面积的4%，主要分布在海拔700—1200m的地区，呈不连续的带状或斑块状存在。黄壤的主要成土过程为黄化过程。由于云雾多、日照少、湿度大，土壤经常保持潮润状态，使氧化铁不断水化，出现以针铁矿、褐铁矿和多水氧化铁为主的铁化合物沉积，使土体颜色呈黄色。表土层因腐殖质的干扰而色泽深暗，心土层的黄色更为明显。本市黄壤只有山地黄壤一个亚类。

紫色土占本市地域面积的4%，是由紫色和紫红色砂页岩、砂砾岩等风化物发育而成的一种幼年土壤，土壤特性与母岩风化物特性基本相同，反映了岩性土的特点。紫色岩系的岩性松脆，抗蚀力小，在南方的湿热条件下，风化作用强烈，但因雨水多，成土作用常为周期性的土壤侵蚀作用所打断，阻止或延缓了土壤的正常发育，致使土壤经常处于幼年发育阶段，不能形成完整的发育层次。剖面基本构型为AB-C或A-C，全剖面色泽均一，多为紫色、紫红色、暗紫色或紫棕色等，完全反映母岩的色调。一般土层浅薄，不少地方基岩裸露，然而在丘陵坡脚，土层厚的在1m以上，但发育仍不明显。在地面覆盖较好，土层很少有冲刷的地点，发育稍为稳定，略可分辨出A-B-C土体结构。本市紫色土只有中性紫色土一个亚类。

小于本市地域面积3%的土壤类型还有潮土、石灰（岩）土等。

本区域中心区气候特征

本区域中心区气候特征值
Regional climate characteristics in central area of the region

气候带：中亚热带湿润气候 Climate region: Subtropical humid climate	
年平均气温 /℃ Annual average temperature /℃	17.5
年平均最高气温 /℃ Annual average maximum temperature /℃	22.4
年平均最低气温 /℃ Annual average minimum temperature /℃	13.9
年降水量 /mm Annual precipitation /mm	1793
≥10℃的积温 /℃ Daily temperature accumulated in a year（≥10℃）/℃	10063
年日照时数 /h Annual sunshine /h	1786
年平均相对湿度 /% Annual average relative humidity /%	79
干燥度 Dryness	0.57

本区域中心区月平均气温与月平均降水量
Monthly temperature and precipitation in central area of the region

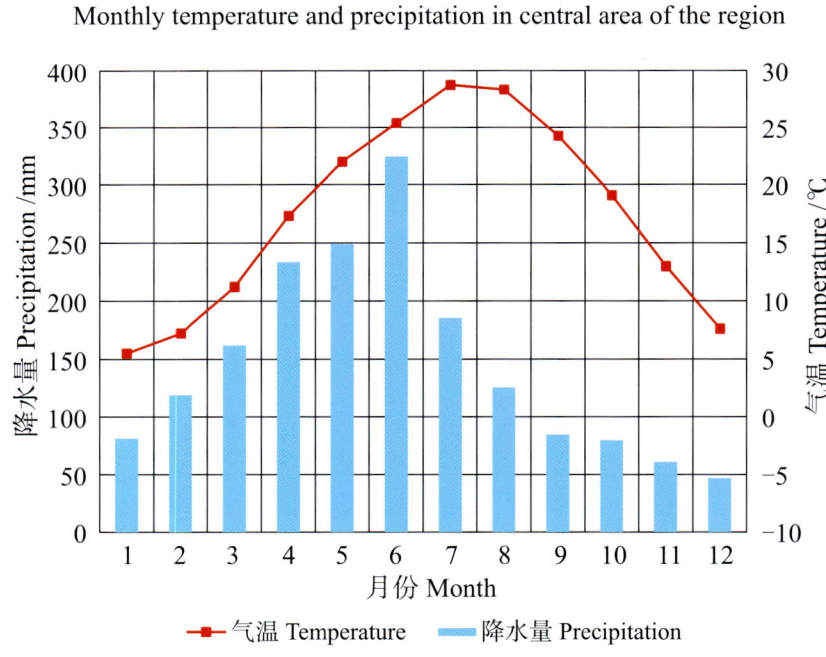

德兴市主要土壤类型与土壤剖面点分布图
1:310 000

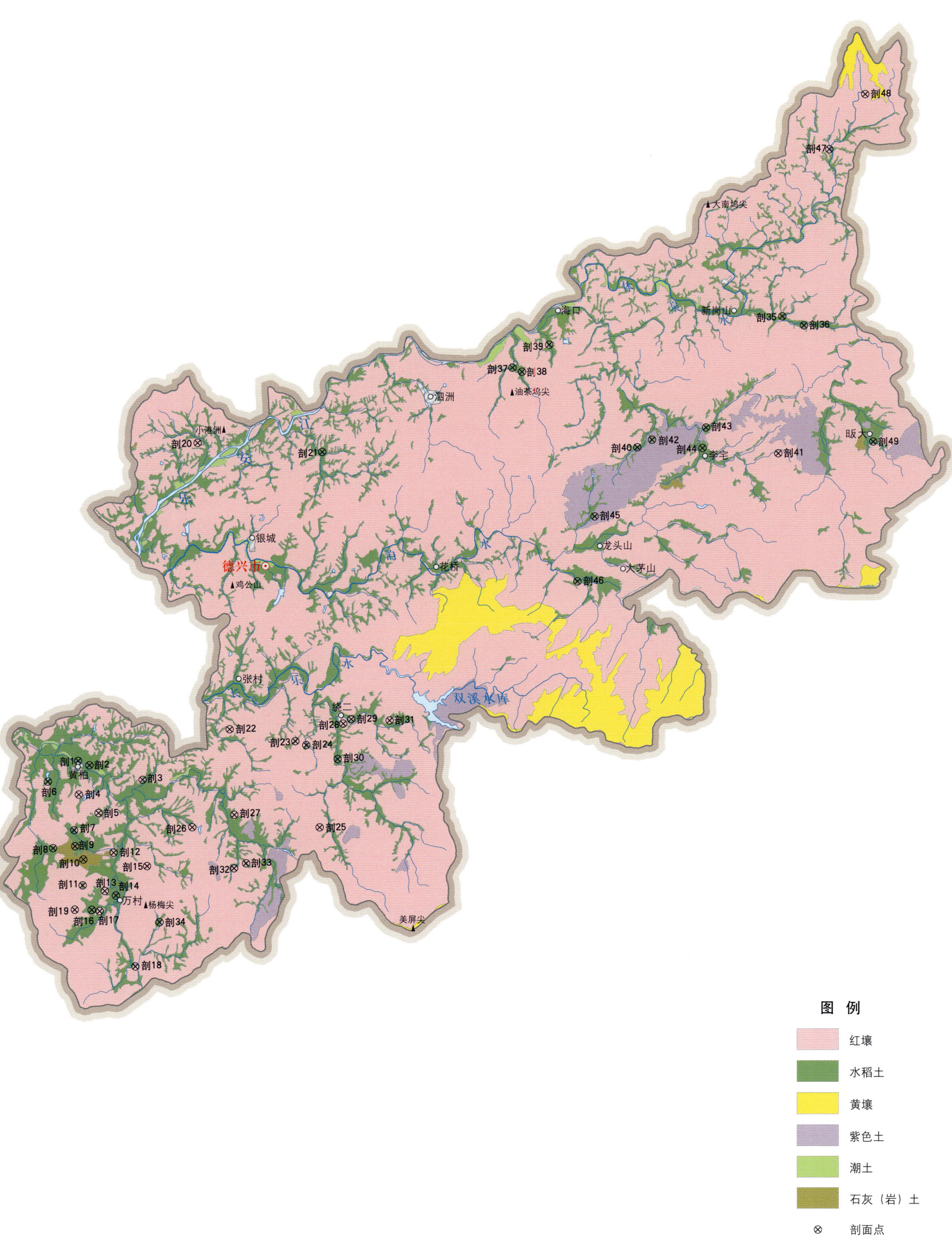

德兴市土壤剖面理化性状表

剖面号 Soil profile	土纲 Soil order	土类 Soil great group	亚类 Soil subgroup	土属 Soil genus	土种 Soil species	土层码 Layer code	土层厚度 Depth/cm	颜色 Soil color	质地 Soil texture	土壤结构 Soil structure	pH	有机质 OM/(g/kg)	全氮 TN/(g/kg)	全磷 TP/(g/kg)	全钾 TK/(g/kg)	碱解氮 AN/(mg/kg)	有效磷 AP/(mg/kg)	速效钾 AK/(mg/kg)	阳离子交换量CEC/(cmol/kg)	土壤母质 Parent material	剖面点坐标 Profile coordinate	匹配指数 Matching index/%
剖1	人为土	水稻土	潴育水稻土	潴育型红砂泥田	中潴乌红砂泥田	A	0—15				5.7	43.9	2.27	0.72		218	6.4	53		红砂岩类风化物	E 117°26′24.6″ N 28°48′18.6″	97
						P	15—22				6.3	37.8	1.98	0.67		186	3.8	33				
						W₁	22—39				7.7	27.9	1.44	0.68		38	3.2	26				
						W₂	39—55				7.9	27.7	1.42	0.53		39	1.9	22				
						W₃	55—100				7.9	7.1	0.34	0.65		43	≤1.0	29				
剖2	人为土	水稻土	潴育水稻土	潴育型红砂泥田	中位中潜红砂泥田	A	0—16				5.7	25.5	1.49	1.46		140	2.9	24		红砂岩类风化物	E 117°26′55.3″ N 28°48′07.9″	75
						P	16—22				6.6	23.5	1.16	0.32		99	1.4	20				
						G₁	22—60				6.8	13.3	0.85	0.32		69	1.2	27				
						G₂	60—100				6.4	4.2	0.26	0.21		43	2.3	14				
剖3	铁铝土	红壤	红壤	红砂岩红壤		A	0—6				5.7	15.7	0.93	3.04		95	2.5	217		红砂岩类风化物	E 117°29′20.4″ N 28°47′31.5″	97
						C	6—100				5.5	13.7	0.83	2.50		88	1.8	98				
剖4	铁铝土	红壤	红壤	红砂岩红壤	中层中有机质红砂岩类红壤	A	0—8				5.2	29.2	1.59	0.99		189	6.5	156		红砂岩类风化物	E 117°26′26.0″ N 28°46′56.4″	97
						ABv	8—18				5.4	28.1	1.36	0.54		175	4.2	28				
						Bv	18—58				5.7	14.6	0.90	0.59		171	1.2	22				
						C	58—100				5.8	13.3	0.81	0.60		194	1.2	39				
剖5	铁铝土	红壤	红壤	泥质岩红壤	中层中有机质泥质岩类红壤	A	0—6				5.2	23.5	1.30	0.61		220	8.4	69		泥质岩类风化物	E 117°27′19.2″ N 28°46′11.9″	97
						Bv	6—50				5.5	18.2	1.07	0.57		59	≤1.0	42				
						C	50—100				6.0	6.3	0.32	0.65		58	1.8	54				
剖6	人为土	水稻土	潴育水稻土	青鳝泥田	青鳝泥田	Aa	0—14	暗棕色	壤质黏土	块状	5.4	44.9	2.40	0.40	12.8					泥质岩坡积物	E 117°25′01.0″ N 28°47′27.9″	95
						Ap	14—21	浊黄橙色	壤质黏土	块状	5.3	25.5	1.60	0.20	16.6							
						G	21—74	浅灰色	壤质黏土	软糊状	6.0	48.3	1.90	0.30	15.4							
剖7	人为土	水稻土	潴育水稻土	潴育型鳝泥田	强潴灰鳝泥田	A	0—19	浅黄色	重壤土	碎块状	5.2	29.4	1.91	1.09		182	14.0	44		泥质岩类风化物	E 117°26′12.5″ N 28°45′31.1″	97
						P	19—24	灰黄色	重壤土	棱块状	5.4	26.5	1.59	0.97		126	8.2	30				
						W₁	24—37			块状	6.6	16.3	1.07	1.36		72	1.5	32				
						W₂	37—67			块状	6.9	9.7	0.75	1.29		52	10.3	38				
						W₃	67—100			块状	6.9	7.5	0.55	0.82		38	2.6	74				
剖8	人为土	水稻土	潴育水稻土	潴育型石灰泥田	弱潴灰石灰泥田	A	0—14	褐色	轻黏土	碎块状	6.2	28.8	1.73	1.20		156	10.4	55		石灰岩风化物	E 117°25′14.5″ N 28°44′48.2″	97
						P	14—20	灰黄色	重壤土	棱块状	6.8	14.5	1.15	1.16		94	6.3	48				
						W₁	20—32	棕色	轻黏土	块状	8.1	8.6	0.73	1.06		52	9.8	35				
						W₂	32—49	灰棕色	轻黏土	块状	8.0	8.6	0.64	0.68		50	6.5	42				
						W₃	49—100	灰棕色	重壤土	块状	6.2	5.6	0.51	1.22		40	6.2	54				
剖9	初育土	石灰（岩）土	棕色石灰土	棕色石灰泥土	厚层灰棕色石灰泥土	A	0—14	褐色	重壤土	碎块状	6.5	20.5	1.14	0.84		84	4.7	43		石灰岩风化物	E 117°26′14.9″ N 28°44′52.5″	97
						Bv	14—61	棕红色	轻黏土	块状	7.2	10.2	0.75	0.62		59	3.5	32				
						C	61—100	灰黄色	轻黏土	块状	7.3	8.3	0.70	0.56		56	1.7	30				
剖10	初育土	石灰（岩）土	棕色石灰土	棕色石灰土	中层多有机质褐色石灰土	A	0—5	褐棕色	中壤土	碎块状	7.9	96.9	4.43	1.54		267	2.0	133		石灰岩风化物	E 117°26′37.6″ N 28°44′20.5″	99
						Bv	5—39	棕黄色	轻黏土	棱块状	8.6	34.9	1.77	1.28		107	≤1.0	32				
						C	39—51	棕色	轻黏土	块状	8.3	18.2	1.15	1.18		63	≤1.0	64				
剖11	人为土	水稻土	潴育水稻土	潴育型麻砂泥田	强潴灰麻砂泥田	A	0—14				6.2	30.6	1.91	0.96		175	9.6	68		花岗岩风化物	E 117°26′35.0″ N 28°43′18.1″	97
						P	14—20	棕黄色	轻壤土	块状	6.1	20.4	1.24	0.89		106	3.6	64				
						W₁	20—35	棕黄色	轻壤土	块状	6.6	9.0	0.68	0.84		58	1.3	46				
						W₂	35—57	黄棕色	重壤土	块状	7.0	5.7	0.47	0.82		42	5.3	71				
						W₃	57—100	棕红色	轻黏土	块状	7.3	4.1	0.31	0.82		38	1.8	76				

续表 Continued

剖面号 Soil profile	土纲 Soil order	土类 Soil great group	亚类 Soil subgroup	土属 Soil genus	土种 Soil species	土层代码 Layer code	土层厚度 Depth/cm	颜色 Soil color	质地 Soil texture	土壤结构 Soil structure	pH	有机质 OM/(g/kg)	全氮 TN/(g/kg)	全磷 TP/(g/kg)	全钾 TK/(g/kg)	碱解氮 AN/(mg/kg)	有效磷 AP/(mg/kg)	速效钾 AK/(mg/kg)	阳离子交换量CEC/(cmol/kg)	土壤母质 Parent material	剖面点坐标 Profile coordinate	匹配指数 Matching index/%
剖12	铁铝土	红壤	红壤	鳝泥土	厚层灰鳝泥土	A	0—14				5.3	25.1	1.00	0.63		71	2.6	66		泥质岩类风化物	E 117°28′00.4″ N 28°44′36.6″	97
						ABv	14—33				5.1	11.4	0.58	0.60		86	1.6	72				
						Bv	33—100				5.0	6.8	0.34	0.62		42	≤1.0	73				
剖13	铁铝土	红壤	棕红壤	红泥	厚层棕砂土	A_{v1}	0—20	暗红色	壤质黏土	屑粒状	4.8	45.3	1.50	0.40	23.0		7.0	120		花岗岩类风化物	E 117°27′35.1″ N 28°43′04.1″	95
						Bv	20—30	暗褐色	壤质黏土	小块状	4.8	32.7	1.30	0.40	22.2		4.0	69				
						C	30—90	橙色	砂质壤土		4.7	13.5	0.70	0.40	21.5		4.0	65				
剖14	人为土	水稻土	潴育水稻土	潴育型鳝泥田	中潴乌鳝泥田	A	0—19	黄灰色	重壤土	碎块状	5.3	47.1	3.14	0.83		253	7.8	55		泥质岩类风化物	E 117°28′11.9″ N 28°42′50.2″	97
						P	19—25				5.5	36.8	2.46	0.76		208	1.6	36				
						W_1	25—39				6.0	20.9	1.42	0.86		126	2.6	30				
						W_2	39—64				7.7	7.0	0.57	0.33		47	≤1.0	14				
剖15	铁铝土	红壤	红壤	泥质岩类红壤	中层多有机质泥岩类红壤	A	0—15	褐灰色	轻黏土	碎块状	5.0	57.6	2.90	0.79		299	11.8	140		泥质岩类	E 117°29′31.6″ N 28°44′03.7″	97
						ABv	15—46	红黄色	中黏土	碎块状	5.2	24.7	1.07	0.64		59	≤1.0	78				
						Bv	46—100	红棕色	中壤土	块状	5.3	10.7	0.55	0.59		74	≤1.0	30				
剖16	人为土	水稻土	潴育水稻土	潴育型潮砂泥田	灰潮砂泥田	A	0—15		重壤土		4.8	20.2	1.11	1.25		128	19.1	46		河流冲积物	E 117°27′00.2″ N 28°42′19.4″	95
						P	15—22				5.2	13.9	0.82	1.22		70	17.0	32				
						W_1	22—32				5.4	6.5	0.44	9.70		44	≤1.0	31				
						W_2	32—100				6.7	3.4	0.27	1.18		33	4.0	56				
剖17	铁铝土	红壤	红壤	酸性结晶岩类红壤		A	0—5	灰褐色	重壤土	碎块状	4.2	131.9	3.78	0.45		282	13.2	180		酸性结晶岩类	E 117°27′21.3″ N 28°42′16.4″	97
						ABv	5—26	棕褐色	中壤土	碎块状	5.0	46.3	1.84	0.30		107	3.5	54				
						Bv	26—60	黄褐色	中壤土	碎块状	5.2	11.7	0.66	0.14		52	≤1.0	45				
						C	60—100	棕黄色	中壤土	块状	5.5	7.2	0.36	≤0.10		26	≤1.0	54				
剖18	铁铝土	红壤	红壤	红砂岩类红壤	厚层多有机质红砂岩类红壤	A	0—5	灰灰色	重壤土	碎块状	5.4	38.7	1.85	0.99		196	8.6	94		红砂岩类	E 117°28′58.1″ N 28°40′04.2″	97
						ABv	5—13	红棕色	重壤土	棱块状	5.5	24.6	1.32	0.72		120	3.1	32				
						Bv	13—61	棕红色	重壤土	棱块状	5.5	16.1	0.68	0.78		76	1.3	32				
						C	61—100	棕红色	重壤土	块状	5.5	6.0	0.36	0.61		56	1.5	26				
剖19	铁铝土	红壤	红壤	红砂岩类红壤	厚层灰红砂土	A	0—15	灰褐色	重壤土	碎块状	5.1	27.0	1.35	2.95		194	12.5	78		红砂岩类	E 117°28′13.2″ N 28°42′20.0″	97
						ABv	15—65	棕褐色	中壤土	棱块状	5.4	22.6	1.12	2.14		156	4.5	70				
						C	65—100	棕灰色	中壤土	块块状	5.5	17.6	0.99	1.95		109	3.5	49				
剖20	铁铝土	红壤	红壤	红砂岩类红壤	全层强潜鳝泥田	A	0—10	褐灰色	重壤土	块块状	5.6	29.0	1.55	1.24		186	4.9	119		红砂岩类	E 117°31′55.4″ N 29°01′03.7″	98
						Bv	10—65	棕灰色	重壤土	软块状	5.5	15.7	0.74	1.32		107	1.8	50				
剖21	人为土	水稻土	潜育水稻土	潜育型鳝泥田	薄层多有机质红岩类红壤	A	0—5	灰红色	重壤土	碎块状	5.4	30.0	1.83	0.54		173	3.0	23		泥质岩类风化物	E 117°37′37.8″ N 29°00′40.6″	95
						G	14—100	蓝灰色	轻壤土		5.5	29.5	1.51	0.59		129	7.0	12				
剖22	铁铝土	红壤	红壤	红砂岩类红壤	厚层多有机质红岩类红壤	A	0—8		重壤土	碎块状	5.0	53.6	1.86	0.75		158	3.6	126		红砂岩类	E 117°33′20.1″ N 28°49′33.9″	97
						Bv	8—26		轻壤土		5.3	23.9	1.13	0.72		99	≤1.0	42				
						C	26—100															
剖23	人为土	水稻土	潜育水稻土	潜育型石灰泥田	中位弱潜石灰泥田	A	0—17	褐灰色	轻黏土	碎块状	8.4	50.5	2.96	2.12		219	17.2	40		石灰岩类风化物	E 117°36′19.9″ N 28°49′04.6″	95
						P	17—22	浅灰色	轻黏土	棱块状	8.2	24.3	1.41	1.13		88	8.2	34				
						G_1	22—56	蓝灰色	轻壤土	块状	8.5	13.0	0.89	0.72		47	4.1	30				
						G_2	56—100	蓝灰色	轻壤土	块状	7.7	10.5	0.84	0.45		48	3.1	28				
剖24	人为土	水稻土	潜育水稻土	潜育型鳝泥田	表潜强潜乌鳝泥田	Ag	0—11				5.8	38.3	2.18	0.86		222	8.2	88		泥质岩类风化物	E 117°36′50.1″ N 28°48′55.2″	95
						Pg	11—21				6.0	31.6	1.83	0.92		158	8.0	32				
						W	21—100				5.0	9.9	0.65	1.23		57	10.5	39				
剖25	铁铝土	红壤	红壤	红砂岩类红壤		A	0—8				5.0	35.5	1.87	0.81		128	8.8	52		红砂岩类	E 117°37′25.3″ N 28°45′35.1″	95
						Bv	8—60				5.1	21.5	1.04	0.61		65	≤1.0	32				
剖26	铁铝土	红壤	红壤	泥质岩类红壤		A	0—10				5.3	22.8	1.16	1.07		139	5.2	107		泥质岩类	E 117°31′35.6″ N 28°45′37.2″	98
						Bv	10—70				5.3	13.3	0.70	1.10		100	1.4	70				

续表 Continued

剖面号 Soil profile	土纲 Soil order	土类 Soil great group	亚类 Soil subgroup	土属 Soil genus	土种 Soil species	土层码 Layer code	土层厚度 Depth/cm	颜色 Soil color	质地 Soil texture	土壤结构 Soil structure	pH	有机质 OM/(g/kg)	全氮 TN/(g/kg)	全磷 TP/(g/kg)	全钾 TK/(g/kg)	碱解氮 AN/(mg/kg)	有效磷 AP/(mg/kg)	速效钾 AK/(mg/kg)	阳离子交换量CEC/(cmol/kg)	土壤母质 Parent material	剖面点坐标 Profile coordinate	匹配指数 Matching index/%
剖27	铁铝土	红壤	红壤	麻砂泥土	厚层乌麻砂泥土	A	0—10	灰黑色	轻黏土	碎块状	5.3	51.4	2.48	1.55		241	3.2	116		花岗岩风化物	E 117°33′31.8″ N 28°46′06.2″	97
						ABv	10—27	棕灰色	轻黏土	块状	5.3	49.4	2.40	1.27		241	3.1	54				
						Bv	27—100	棕红色	轻黏土	块状	5.5	21.1	1.13	1.42		113	3.0	44				
剖28	铁铝土	红壤	红壤	泥质岩红壤	厚层多有机质泥质岩类红壤	A	0—5				5.4	38.7	1.85	0.99		196	8.6	94		泥质岩类风化物	E 117°38′35.9″ N 28°49′46.5″	97
						ABv	5—13				5.4	24.6	1.32	0.72		120	3.1	32				
						Bv₁	13—41				5.5	16.1	0.68	0.78		76	1.3	32				
						Bv₂	41—100				5.5	6.0	0.26	0.61		56	1.5	26				
剖29	铁铝土	红壤	红壤	鳝泥土	中层灰鳝泥土	A	0—14				5.4	25.9	1.13	0.75		102	2.6	55		泥质岩类风化物	E 117°38′53.6″ N 28°49′56.8″	97
						ABv	14—20				5.3	18.3	0.91	0.62		85	4.1	46				
						Bv	20—24				5.2	6.4	0.29	0.61		41	≤1.0	35				
						BvC	24—100				5.6	4.5	0.21	0.56		26	≤1.0	24				
剖30	人为土	水稻土	潴育水稻土	潴育型紫泥田	弱潴乌紫泥田	A	0—16	褐色	轻黏土	碎块状	5.6	36.8	1.89	0.79		158	5.1	36		紫色泥页岩风化物	E 117°38′15.5″ N 28°48′21.1″	95
						P	16—28	紫黑色	轻黏土	块状	5.7	32.7	1.37	0.57		143	2.2	27				
						G₁	28—58	黄褐色	中黏土	棱块状	6.6	16.6	0.83	0.45		54	≤1.0	26				
						G₂	58—100	灰黄色	轻黏土	棱块状	7.0	6.3	0.42	0.35		28	2.5	17				
剖31	铁铝土	红壤	红壤	酸性结晶岩红壤性土		Ao	0—1				6.3	63.8	2.14	0.96		193	8.5	176		酸性结晶岩类	E 117°40′38.9″ N 28°49′53.7″	97
						A	1—15			碎块状	6.0	20.3	1.08	0.75		103	1.5	54				
						C	15—100				6.0	5.0	0.21	2.10		31	≤1.0	42				
剖32	铁铝土	红壤性土	泥质岩类红壤性土			A	0—14	暗黄色	轻黏土	块状	5.1	33.0	1.69	0.80		152	3.3	94		泥质岩类风化物	E 117°33′29.9″ N 28°43′58.2″	95
						BvC	14—39	黄灰色	轻黏土	块状	5.4	32.0	1.39	0.88		102	≤1.0	81				
						C	39—100	紫红色														
剖33	水稻土	潴育水稻土	潴育型紫泥田	中位中潴紫泥田		A	0—10	紫黄色	轻黏土	碎块状	5.1	30.8	1.74	1.28		146	6.9	34		紫色泥页岩风化物	E 117°34′02.9″ N 28°44′09.9″	95
						P	10—24	浅紫灰色	轻黏土	块状	5.2	25.6	1.58	0.89		127	3.5	12				
						G₁	24—62	青灰色	轻黏土	棱块状	7.1	14.7	0.85	0.89		60	2.2	12				
						G₂	62—100	紫灰色	轻黏土	块状	6.9	10.2	0.67	1.04		64	4.8	10				
剖34	人为土	水稻土	潴育水稻土	潴育型鳝泥田	表潜性弱潴灰鳝泥田	A	0—16	棕灰色	重壤土	块状	5.3	30.0	2.06	0.89		262	11.8	49		泥质岩类风化物	E 117°30′05.4″ N 28°41′50.0″	95
						P	16—27		轻黏土	块状	5.8	28.7	1.53	0.81		220	8.8	41				
						W₁	27—38		轻黏土	块状	5.8	18.9	1.24	0.98		103	6.7	31				
						W₂	38—58		轻黏土	块状	6.4	16.0	1.03	1.08		83	14.4	30				
						W₃	58—100		轻黏土	块状	6.2	12.1	0.78	0.31		64	16.6	39				
剖35	人为土	水稻土	潴育水稻土	潴育型鳝泥田	全潴灰鳝泥田	A	0—14	暗棕色	壤质黏土	块状	5.4	44.9	2.39	0.42	12.8				7.7	泥质岩类风化物	E 117°58′44.1″ N 29°06′00.9″	81
						Ap	14—21	浅棕色	壤质黏土	棱块状	5.3	25.5	1.56	0.20	16.6				6.6			
						G	21—74	暗棕灰色	壤质黏土	软糊无结构	6.0	48.3	1.89	0.29	15.4				9.1			
剖36	人为土	水稻土	潴育水稻土	潴育型潮砂泥田	弱潴潮砂泥田	A	0—11				5.9	15.0	0.75	0.78		126	10.7	34		河流冲积物	E 117°59′43.0″ N 29°05′38.6″	95
						P	11—19				5.7	6.2	0.36	0.96		58	7.6	19				
						W₁	19—38				6.0	3.6	0.29	0.83		43	1.5	27				
						W₂	38—100				6.5	4.0	0.28	0.97		41	1.5	29				
剖37	人为土	水稻土	潴育水稻土	潴育型鳝泥田	弱潴灰鳝泥田	A	0—15	棕灰色	轻黏土	碎块状	5.6	28.0	2.23	0.53		206	8.5	48		泥质岩类风化物	E 117°46′21.7″ N 29°04′01.2″	98
						P	15—23	浅棕灰色	轻黏土	棱块状	6.5	15.5	1.07	0.91		94	≤1.0	29				
						W₁	23—34	黄棕色	轻黏土	块状	6.6	13.8	1.25	0.61		105	2.2	15				
						W₂	34—49	黄棕色	中黏土	块状	6.8	12.0	9.50	0.55		73	2.6	20				
						W₃	49—100	棕黄色	轻黏土	块状	6.7	7.2	0.51	0.50		49	2.9	18				
剖38	人为土	水稻土	潴育水稻土	潴育型鳝泥田	强潴乌鳝泥田	A	0—15	棕黄色	轻黏土	块状	5.7	32.6	2.11	1.57		192	34.8	34		泥质岩类风化物	E 117°46′47.7″ N 29°03′51.2″	98
						P	15—18				5.9	25.0	1.46	1.65		149	25.8	30				
						W₁	18—41				6.5	13.5	0.69	1.34		76	8.4	29				
						W₂	41—100				6.7	7.3	0.53	1.06		37	9.1	52				

续表 Continued

剖面号 Soil profile	土纲 Soil order	土类 Soil great group	亚类 Soil subgroup	土属 Soil genus	土种 Soil species	土层码 Layer code	土层厚度 Depth/cm	颜色 Soil color	质地 Soil texture	土壤结构 Soil structure	pH	有机质 OM/(g/kg)	全氮 TN/(g/kg)	全磷 TP/(g/kg)	全钾 TK/(g/kg)	碱解氮 AN/(mg/kg)	有效磷 AP/(mg/kg)	速效钾 AK/(mg/kg)	阳离子交换量CEC/(cmol/kg)	土壤母质 Parent material	剖面点坐标 Profile coordinate	匹配指数 Matching index/%
剖39	人为土	水稻土	潴育水稻土	潴育型潮砂泥田	弱潴灰潮砂泥田	A	0–12				5.9	17.8	0.88	1.06		96	10.1	34		河流冲积物	E 117°48′03.8″ N 29°04′56.0″	95
						P	12–17				5.9	11.4	0.52	0.85		69	10.3	28				
						W₁	17–28				6.6	6.4	0.44	1.02		50	8.9	25				
						W₂	28–53				6.9	4.3	0.33	0.93		48	5.9	33				
						C	53–100				6.7	4.1	0.30	0.99		18	1.4	30				
剖40	人为土	水稻土	潴育水稻土	潴育型紫砂泥田	中潴乌紫砂泥田	A	0–12	紫红色	轻黏土	碎块状	5.1	33.2	1.96	1.69		197	12.8	75		紫色砂岩风化物	E 117°52′02.9″ N 29°00′48.5″	97
						P	12–20	暗灰色	轻黏土	棱块状	5.7	24.9	1.60	1.61		116	11.6	44				
						W₁	20–32	棕灰色	中黏土	块状	7.0	11.2	0.74	1.25		55	2.1	28				
						W₂	32–100	棕灰色	轻黏土	块状	7.2	6.9	0.53	0.83		27	3.4	24				
剖41	铁铝土	红壤	棕红壤	麻砂泥红土	厚层灰砂泥棕红土	A	0–20	暗灰红色	斜黏土	屑粒状	5.1	45.3	1.48	0.41	23.0	125	7.0	120	4.7	花岗岩风化物	E 117°58′29.9″ N 29°00′32.5″	95
						ABv	20–30	暗褐色	斜壤土	小块状	5.1	32.7	1.26	0.40	22.3	114	4.0	69	6.4			
						BvC	30–90	橙色	壤土	块状	4.8	13.5	0.70	0.36	21.5	61	4.0	65	4.6			
剖42	人为土	水稻土	潴育水稻土	潴育型紫砂泥田	弱潴乌紫砂泥田	A	0–14				5.2	30.1	1.90	1.00		158	4.2	64		紫色砂岩风化物	E 117°52′43.2″ N 29°01′07.1″	97
						P	14–18				6.2	21.6	1.56	0.75		94	3.8	56				
						W₁	18–34				7.0	9.1	0.65	0.51		29	1.6	34				
						W₂	34–56				7.1	5.1	0.37	0.58		16	1.6	35				
						W₃	56–100				7.0	5.1	0.37	0.53		23	5.1	39				
剖43	人为土	水稻土	潴育水稻土	潴育型鳝泥田	石灰性弱潴灰鳝泥田	A	0–14	棕褐色	轻黏土	碎块状	6.3	30.0	1.99	0.88		159	5.8	45		泥质岩类风化物	E 117°55′11.9″ N 29°01′35.4″	98
						P	14–23	棱块色	轻黏土	棱块状	7.5	19.9	1.23	0.84		68	1.9	33				
						W₁	23–47	浅紫灰色	轻黏土	块状	7.3	8.6	0.68	0.81		29	3.4	48				
						W₂	47–100	浅蓝灰色	轻黏土	块状	8.1	6.0	0.35	1.05		17	2.5	33				
剖44	人为土	水稻土	潴育水稻土	潴育型鳝泥田	全层中潴鳝泥田	A	0–16	浅紫灰色	轻黏土		6.0	41.5	2.27	0.76		176	2.5	41		泥质岩类风化物	E 117°55′01.8″ N 29°00′46.2″	95
						P	16–31				6.5	36.3	1.98	0.72		158	≤1.0	31				
						G	31–100				7.0	25.5	1.78	0.50		115	≤1.0	26				
剖45	人为土	水稻土	潴育水稻土	潴育型紫砂泥田	中潴灰紫砂泥田	A	0–12	棕褐色	轻黏土	碎块状	6.1	29.9	1.89	0.57		135	2.9	37		紫色砂岩风化物	E 117°50′04.2″ N 28°58′02.3″	95
						P	12–23	褐灰色	轻黏土	块状	6.2	16.9	1.12	0.78		49	≤1.0	18				
						G₁	23–36	棕黄色	轻黏土	块状	6.0	11.0	0.91	0.57		42	2.5	30				
						G₂	36–100	红黄色	轻黏土		5.9	8.9	0.83	0.80		54	2.6	40				
剖46	人为土	水稻土	潴育水稻土	潴育型紫砂泥田	厚层乌鳝泥田	A	0–14	红黄色			6.0	27.0	1.31	0.75		107	4.0	44		花岗岩风化物	E 117°49′15.9″ N 28°55′26.1″	98
						P	14–24	棕黑色	中黏土	碎块状	6.4	17.7	1.10	0.86		63	3.5	29				
						W₁	24–48	褐黄色	中黏土	棱块状	7.3	14.0	0.91	0.57		30	≤1.0	31				
						W₂	48–56	红黄色	轻黏土	块状	7.1	10.0	0.53	0.84		32	1.2	36				
						W₃	56–100	红黄色	轻黏土	块状	7.0	8.5	0.46	0.91		20	3.0	41				
剖47	铁铝土	红壤	红壤	鳝泥土	厚层乌鳝泥田	A	0–14	棕黑色	中黏土	碎块状	5.4	51.3	2.23	1.34		209	4.6	67		泥质岩类风化物	E 118°00′56.5″ N 29°12′42.7″	97
						ABv	14–28	棕黄色	中黏土	棱块状	5.3	43.6	1.95	1.48		194	3.3	58				
						Bv₁	28–60	红黄色	中黏土	块状	5.4	22.2	1.16	1.08		133	5.0	29				
						Bv₂	60–100	红黄色	中黏土	块状	5.6	9.2	0.48	0.73		50	4.7	41				
剖48	铁铝土	红壤	红壤性土			A	0–5	棕黑色	重黏土	粒块状	5.1	113.3	5.12	0.60		440	15.0	112		酸性结晶岩类	E 118°02′37.4″ N 29°14′54.6″	97
						A	5–100	棕黄色														
剖49	人为土	水稻土	潴育水稻土	潴育型杂砂泥田	中潴灰杂砂泥田	A	0–17	浅灰色	重黏土	棱块状	6.3	29.4	1.93	0.92		177	8.8	44		洪积物	E 118°02′50.6″ N 29°00′59.0″	98
						P	17–23	灰灰色	重黏土	块状	6.2	22.5	1.34	0.54		118	6.5	23				
						W	23–30	灰棕色			6.8	9.1	0.63	0.74		49	6.5	29				
						C	30–100	棕黄色		碎块状	7.4	6.8	0.49	0.97		32	5.0	68				

中国土壤剖面数据集·江西卷

附 录

附录1　江西省县级行政区及分县主要土壤类型与土壤剖面点分布图地域名对照表

地级行政区划	县级行政区划[1]	分县主要土壤类型与土壤剖面点分布图地域名[2]	地级行政区划	县级行政区划[1]	分县主要土壤类型与土壤剖面点分布图地域名[2]
南昌市	东湖区	市辖区*	九江市	修水县	修水县
	西湖区			永修县	永修县
	青云谱区			德安县	德安县
	青山湖区			都昌县	都昌县
	红谷滩区			湖口县	湖口县
	新建区	新建县		彭泽县	彭泽县
	南昌县	南昌县		瑞昌市	瑞昌市
	安义县	安义县		共青城市	
	进贤县	进贤县		庐山市	星子县
景德镇市	昌江区	市辖区*	新余市	渝水区	市辖区*
	珠山区			分宜县	分宜县
	浮梁县		鹰潭市	月湖区	
	乐平市	乐平市		余江区	余江县
萍乡市	安源区	市辖区*		贵溪市	贵溪县
	湘东区		赣州市	章贡区	市辖区*
	上栗县			南康区	南康县
	芦溪县			赣县区	赣县
	莲花县	莲花县		信丰县	信丰县
九江市	濂溪区	市辖区*		大余县	大余县
	浔阳区			上犹县	上犹县
	柴桑区	九江县		崇义县	崇义县
	武宁县	武宁县		安远县	安远县

续表

地级行政区划	县级行政区划[1]	分县主要土壤类型与土壤剖面点分布图地域名[2]	地级行政区划	县级行政区划[1]	分县主要土壤类型与土壤剖面点分布图地域名[2]
赣州市	定南县	定南县	宜春市	靖安县	靖安县
	全南县	全南县		铜鼓县	铜鼓县
	宁都县	宁都县		丰城市	丰城市
	于都县	于都县		樟树市	樟树市
	兴国县	兴国县		高安市	高安市
	会昌县	会昌县	抚州市	临川区	市辖区*
	寻乌县	寻乌县		东乡区	东乡县
	石城县	石城县		南城县	南城县
	瑞金市	瑞金县		黎川县	黎川县
	龙南市	龙南县		南丰县	南丰县
吉安市	吉州区			崇仁县	崇仁县
	青原区	青原区		乐安县	乐安县
	吉安县	吉安县		宜黄县	宜黄县
	吉水县	吉水县		金溪县	金溪县
	峡江县	峡江县		资溪县	资溪县
	新干县	新干县		广昌县	广昌县
	永丰县	永丰县	上饶市	信州区	
	泰和县	泰和县		广丰区	广丰县
	遂川县	遂川县		广信区	上饶县
	万安县	万安县		玉山县	玉山县
	安福县	安福县		铅山县	铅山县
	永新县	永新县		横峰县	横峰县
	井冈山市	井冈山市		弋阳县	戈阳县
宜春市	袁州区	市辖区*		余干县	余干县
	奉新县	奉新县		鄱阳县	鄱阳县
	万载县	万载县		万年县	万年县
	上高县	上高县		婺源县	婺源县
	宜丰县	宜丰县		德兴市	德兴市

注：1）为民政部于 2022 年 3 月发布的《2021 年中华人民共和国行政区划代码》中的县级行政区名称。该名称也作为本数据集分县目录。分县排序按《2021 年中华人民共和国行政区划代码》中的地级、县级行政区排列。

2）分县主要土壤类型与土壤剖面点分布图地域名是全国第二次土壤普查中分县采样调查、制图的县级行政区名称。分县主要土壤类型与土壤剖面点分布图采用的县级行政域是从国家测绘局获取的 1∶25 万 DLG（公众版）数据（使用许可协议编号：非 2011—1011）。附录 1 显示了全国第二次土壤普查时的县级行政区域名与《2021 年中华人民共和国行政区划代码》中的县级行政区名称之间的关联。附录 1 中仅有《2021 年中华人民共和国行政区划代码》中的县级行政区名称，而没有对应的分县主要土壤类型与土壤剖面点分布图地域名的分县，表示该县级行政区无土壤剖面数据，未纳入分县目录。

* 在附录 1 中，凡分县主要土壤类型与土壤剖面点分布图地域名表示为"市辖区"的地域，均指在全国第二次土壤普查中，在城市中心区及近郊区完成的采样调查和制图。此时，县级行政区名称与分县主要土壤类型与土壤剖面点分布图地域名不是完全的对应关系。如南昌市市辖区主要土壤类型与土壤剖面点分布图代表土壤调查中南昌市城区及近郊区的土壤分布状况。此时将"市辖区"作为这一节的标题。

附录2 专题图基础地理要素图例

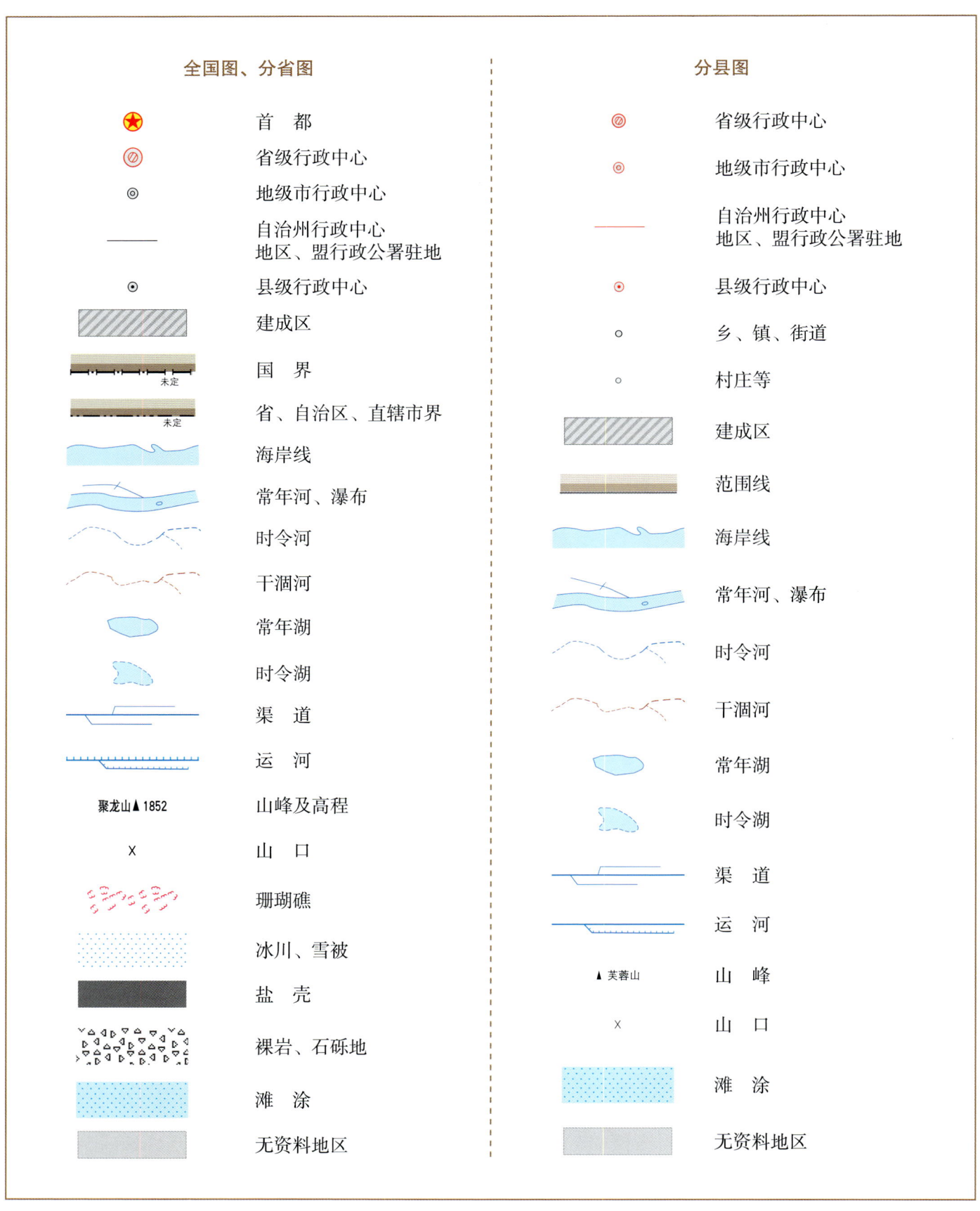

附录3　土壤图土类图例

图例	土类名	色码（RGB）	色码（CMYK）	图例	土类名	色码（RGB）	色码（CMYK）
	砖红壤	253，139，149	0，56，26，0		棕钙土	250，221，212	2，17，13，0
	赤红壤	253，160，170	0，47，17，0		灰钙土	230，214，165	11，15，40，1
	红　壤	252，199，209	1，29，6，0		灰漠土	246，237，182	4，6，36，0
	黄　壤	250，238，14	2，5，92，0		灰棕漠土	232，207，118	8，19，62，1
	黄棕壤	247，231，171	3，9，40，0		棕漠土	238，220，86	5，12，76，1
	黄褐土	249，236，121	2，5，64，0		黄绵土	249，223，2	1，13，93，0
	棕　壤	238，218，147	6，14，50，1		红黏土	247，149，143	1，52，33，0
	暗棕壤	226，181，98	9，33，68，2		新积土	184，199，156	30，11，44，2
	白浆土	223，226，205	15，7，22，0		龟裂土	254，252，55	0，7，86，0
	棕色针叶林土	206，169，142	18，35，40，4		风沙土	242，242，180	6，2，39，0
	灰化土	183，169，182	31，31，16，4		石灰（岩）土	176，175，85	28，21，75，9
	漂灰土*	220，219，162	15，9，44，1		火山灰土	223，167，170	11，41，19，2
	燥红土	250，161，9	0，46，95，0		紫色土	199，177，221	28，31，0，0
	褐　土	225，201，153	12，21，43，1		磷质石灰土	240，250，156	7，1，51，0
	灰褐土	228，219，186	12，12，30，0		石质土	171，181，150	35，18，43，5
	黑　土	142，164，151	46，21，38，8		粗骨土	196，187，132	23，21，53，4
	灰色森林土	162，178，175	40，19，27，4		草甸土	128，171，117	51，14，63，7

续表

图例	土类名	色码（RGB）	色码（CMYK）	图例	土类名	色码（RGB）	色码（CMYK）
	黑钙土	230，188，50	6，30，88，1		潮　土	169，219，118	34，1，68，0
	栗钙土	214，195，161	17，22，37，2		砂姜黑土	191，202，188	29，13，26，1
	栗褐土	240，213，157	5，18，43，1		林灌草甸土	171，191，44	31，12，93，5
	黑垆土	201，204，125	22，12，60，3		山地草甸土	132，184，161	52，9，42，3
	沼泽土	144，183，212	49，14，8，2		灌漠土	158，184，110	39，12，67，6
	泥炭土	150，140，173	46，41，10，6		草毡土	150，172，169	45，20，29，6
	草甸盐土	222，145，201	21，49，0，0		黑毡土	129，157，106	48，19，63，14
	滨海盐土	232，206，217	10，22，5，0		寒钙土	198，214，203	26，8，21，1
	酸性硫酸盐土	187，159，184	29，38，9，3		冷钙土	194，194，96	23，15，72，5
	漠境盐土	209，130，159	16，58，11，3		冷棕钙土	183，186，169	31，20，32，3
	寒原盐土	187，159，184	29，38，9，3		寒漠土	235，223，181	9，12，33，0
	碱　土	227，211，211	13，18，11，0		冷漠土	223，197，102	11，22，68，2
	水稻土	107，176，107	59，9，72，3		寒冻土	196，171，79	19，29，77，8
	灌淤土	136，146，47	38，24，90，21				

注：*漂灰土，《中国土壤分类与代码》（GB/T 17296—2009）中无此土类，在二普完成的中国1∶100万土壤图和分县土壤图中含漂灰土，主要分布于西藏自治区南部，总面积约为112 km²。

附录 4　中国主要土壤类型简表

土纲名[1]	土类名[2]	主要成土条件及特征[3]	分布区域	WRB 土组名[4]	MR[5]/%	百分比[6]/%
铁铝土纲 Ferrallisols	砖红壤 Latosols	热带雨林或季雨林下，强烈脱硅富铝化，游离铁占全铁的 80%，土壤呈砖红色，具 A–Bs–Bv–C 剖面构型	海南、广东等	Acrisols	29	0.46
	赤红壤 Latosolic red soils	南亚热带季雨林下，脱硅富铝化程度次于砖红壤、强于红壤，铁的游离度介于二者之间，土壤呈赤红色，具 A–Bs–C 剖面构型	广东、云南、广西、福建等	Acrisols	40	2.23
	红壤 Red soils	中亚热带常绿阔叶林下，中度脱硅富铝化，具有深厚红色土层，具 A–Bs–Bv 或 A–Bs–C 剖面构型	南部的江西、福建、湖南等	Cambisols	35	6.79
	黄壤 Yellow soils	亚热带湿润气候条件下，多见于海拔 700—1200m 的山区，中度富铝化，土壤有机质累积较多，土壤呈黄色，具 O–A–AB–B–C 剖面构型	贵州、四川、云南、西藏、台湾等	Cambisols	45	2.65
淋溶土纲 Alfisols	黄棕壤 Yellow-brown soils	北亚热带暖湿落叶阔叶林下，弱度富铝化，母质多为砂页岩及花岗岩风化物，黏化特征明显，土壤呈黄棕色，具 A–B–C 或 A–(B)–C 剖面构型	长江中下游沿江低山丘陵区，以及云南、贵州、四川、陕西、西藏等	Cambisols	39	2.37
	黄褐土 Yellow-cinnamon soils	北亚热带地区，黄土状母质，无游离碳酸钙，黏化淀积明显，土壤呈灰黄棕色，具 A–B–C 或 A–Bt–C 剖面构型	河南、安徽面积最大，陕南、鄂北、江苏、川东北、江西等地也有分布	Luvisols	58	0.59
	棕壤 Brown soils	湿润暖温带地区，处于硅铝风化阶段，盐基已淋失，土体见黏粒淀积，土壤呈棕色，具 O–A–Bt–C 剖面构型	辽东至苏北低山丘陵，以及内蒙古、河南、西藏、云南、湖北等地的山地垂直带	Luvisols	51	2.73
	暗棕壤 Dark brown soils	湿润温带地区，针阔叶混交林下，弱酸性淋溶，有机质富集明显，土体 B 层呈棕色，具 O–A–B–C 剖面构型	黑龙江、吉林、内蒙古等	Cambisols	48	4.12

续表

土纲名[1]	土类名[2]	主要成土条件及特征[3]	分布区域	WRB 土组名[4]	MR[5]/%	百分比[6]/%
淋溶土纲 Alfisols	白浆土 Bleached baijiang soils	湿润温带平缓岗地森林草原下，上层土壤周期性滞水，还原铁、锰，漂洗形成灰黄色至灰白色白浆土层 E，具 Ah-E-Bt-C 剖面构型	黑龙江、吉林等	Luvisols	46	0.49
	棕色针叶林土 Brown coniferous forest soils	寒温带针叶林下，酸性淋溶，表层盐基饱和度降低，B 层呈棕色，具 O-A-AB-B-C 剖面构型	内蒙古、黑龙江、四川、云南、吉林、新疆等	Cambisols	47	1.15
	灰化土 Podzolic soils	寒冷湿润针叶林下，表层有机质层深厚，强烈淋溶和 SiO_2 淀积形成灰化层 A_2，具 A_1-A_2-B-BC 剖面构型	西藏	Podzols	100	< 0.01
半淋溶土纲 Semi-alfisols	燥红土 Torrid red soils	热带、亚热带干旱河谷与雨区稀树草原下形成的盐基饱和的红色土壤，具 A-B-C（D）剖面构型	海南、贵州、云南、四川等	Luvisols	100	0.08
	褐土 Cinnamon soils	暖温带半湿润，黏化与钙质淋移淀积，盐基饱和，B 层呈棕褐色，具 A-B-Bk-C 剖面构型	河北、山西、北京等	Cambisols	48	2.88
	灰褐土 Gray-cinnamon soils	温带干旱、半干旱山地云冷杉下，腐殖质累积与钙积作用明显，弱黏淀特征，具 Ao-A-B-C 剖面构型	甘肃、内蒙古、新疆、西藏、青海、宁夏等地的山地垂直带	Cambisols	43	0.65
	黑土 Black soils	温带半湿润草甸草原下，具深厚的腐殖质层，无石灰性的黑色土壤，底层轻度淋溶，具 A-ABh-BhC-C 剖面构型	东北平原	Phaeozems	31	0.68
	灰色森林土 Gray forest soils	温带森林植被下，腐殖质层深厚，弱度淋溶，剖面下部见硅粉，具 O-A-AB 或（B）-BC-C 剖面构型	内蒙古、新疆、河北	Phaeozems	77	0.34
钙层土 Pedocals	黑钙土 Chernozems	温带半湿润草甸草原下，具深厚的腐殖质层、碳酸钙淋溶淀积层	内蒙古、新疆、吉林、黑龙江、青海、甘肃	Chernozems	50	1.51
	栗钙土 Castanozems	温带半干旱草原下，具有栗色腐殖质层和灰白色钙积层	内蒙古、新疆、河北、山西、吉林等	Kastanozems	61	4.18
	栗褐土 Castano-cinnamon soils	暖温带半干旱草原及灌木下，弱度黏化和弱度淋溶，通体有石灰反应	山西、内蒙古、河北	Cambisols	40	0.47
	黑垆土 Dark loessial soils	黄土高原上，由黄土母质发育，有机质含量低，腐殖质层深厚，无明显黏化层	甘肃面积最大，其次为陕北和宁南地区	Cambisols	59	0.21
干旱土 Aridisols	棕钙土 Brown caliche soils	温带干旱草原向荒漠过渡区，具浅棕色薄腐殖质层、灰白色薄钙积层，钙积层接近地表	内蒙古、甘肃、青海、新疆	Cambisols	36	2.81
	灰钙土 Sierozems	暖温带干旱草原下，母质多为黄土，低腐殖质、弱淋溶，具腐殖质层和钙积层	甘肃、宁夏、新疆、青海、内蒙古、陕西	Cambisols	63	0.50

续表

土纲名[1]	土类名[2]	主要成土条件及特征[3]	分布区域	WRB 土组名[4]	MR[5]/%	百分比[6]/%
漠土 Desert soils	灰漠土 Gray desert soils	温带干旱漠境边缘区	宁夏、内蒙古、甘肃、新疆等	Cambisols	44	0.72
	灰棕漠土 Gray-brown desert soils	温带干旱中心	新疆、内蒙古等	Cambisols	78	3.11
	棕漠土 Brown desert soils	暖温带极干旱漠境中心	新疆、甘肃等	Cambisols	65	2.69
初育土 Amorphic soils	黄绵土 Loessial soils	黄土高原上，由黄土母质直接翻耕形成，具 A-C 剖面构型	陕西、甘肃、山西、宁夏等	Cambisols	33	1.97
	红黏土 Red primitive soils	由第三纪红色黏土及部分第四纪老黄土发育	陕西、甘肃、河南、山西、辽宁等	Regosols	48	0.07
	新积土 Neo-alluvial soils	新近冲积、洪积、坡积、塌积或人工堆垫，具 A-C 或（A）-C 剖面构型	全国各地，以吉林、陕西面积最大，其次为黑龙江、宁夏、四川等	Fluvisols	51	0.57
	龟裂土 Takyr	干旱、漠境地区山前细土洪积微弱发育，表层为不规则龟裂结皮	新疆、甘肃、内蒙古、宁夏	Cambisols	72	0.06
	风沙土 Aeolian soils	半干旱、干旱及滨海地区，由风成沙性母质发育	新疆、内蒙古、甘肃、青海等	Arenosols	75	7.03
	石灰（岩）土 Limestone soils	由热带、亚热带石灰岩母质发育	贵州、广西、四川、湖南等	Cambisols	80	1.73
	火山灰土 Volcanic ash soils	由火山喷发碎屑、粉尘状堆积物发育，具 A-C 剖面构型	黑龙江、江苏、海南等	Andosols	53	0.04
	紫色土 Purplish soils	由热带、亚热带紫红色岩层侵蚀发育，土层浅薄，具 A-C 剖面构型	四川、云南、湖南、贵州、广西等	Cambisols	68	2.44
	磷质石灰土 Phospho-calcic soils	热带珊瑚岛礁上，由海鸟粪与珊瑚礁风化物形成	南海的西沙、南沙、东沙、中沙诸岛	Arenosols	81	<0.01
	石质土 Lithosols	石质山地岩石风化残积物，风化层厚度一般小于 10cm，具 A-R 剖面构型	西北和华北山地	Leptosols	100	1.87
	粗骨土 Skeletal soils	基岩风化残积物、坡积物，属于 A-C 或（A）-C 剖面构型	辽宁、内蒙古、山东、浙江等地的河谷阶地、丘陵、低山和中山	Regosols	93	1.76
水成土 Aqueous soils	沼泽土 Bog soils	所处地势低洼，长期地表积水，还原作用形成潜育层 G，泥炭层或腐泥层厚度小于 50cm，具 H-G 剖面构型	黑龙江、青海、内蒙古等地的沟谷、平原河湖滨低洼地区均有分布，主要分布于东北	Gleysols	53	1.53
	泥炭土 Peat soils	泥炭层 H 厚度大于 50cm，其下为潜育层 G，具 H-G 剖面构型	青海、四川、黑龙江、吉林等	Histosols	48	0.06

续表

土纲名[1]	土类名[2]	主要成土条件及特征[3]	分布区域	WRB 土组名[4]	MR[5]/%	百分比[6]/%
半水成土 Semi-aqueous soils	草甸土 Meadow soils	冷湿条件下受地下水浸润并在草甸植被下发育，有明显腐殖质累积，铁、锰氧化还原形成锈纹层 Cu，具 A-Cu 或 A-C-Cu 剖面构型	黑龙江、内蒙古、新疆、四川等	Cambisols	92	3.54
	潮土 Fluvo-aquic soils	河流冲积平原或低平阶地耕作土壤，地下水位高，底土氧化还原交替形成锈纹层 Cu，具 A_{11}-A_{12}-Cu 或 A_{11}-C-Cu 剖面构型	主要分布于黄淮海平原，内蒙古、辽宁、湖北等地的河谷平原，滨湖低地与山间谷地也有分布	Cambisols	85	3.71
	砂姜黑土 Lime concretion black soils	河湖沉积物经脱沼与长期耕作形成，底土见砂姜	主要分布于安徽、河南、山东、江苏等，河北、湖北、广西等地也有分布	Cambisols	79	0.54
	林灌草甸土 Shrubby meadow soils	漠境河谷平原沿河一带的胡杨林下发育，有交替氧化还原作用，具 Ao-AC-C 剖面构型	新疆、内蒙古、甘肃等	Cambisols	87	0.24
	山地草甸土 Mountain meadow soils	中海拔山顶平台草甸植被下发育的薄层土壤，草皮层 As 下见铁锰锈纹、胶膜，具 As-A-C-D 剖面构型	除青藏高原及西北高山区以外，各省、自治区、直辖市均有分布，以西部为多，西南部次之	Cambisols	60	0.04
盐碱土 Alkali-saline soils	草甸盐土 Meadow solonchaks	草甸土、潮土、沼泽土地区，盐分累积量大于 6g/kg，有盐化表土层 Az，具 Az-C 剖面构型	从长江口到松辽平原均有分布	Solonchaks	55	1.21
	滨海盐土 Coastal solonchaks	母质为滨海沉积物，盐分来自海水和高矿化潜水，通常含盐量为 10g/kg，具 Az-Cz 剖面构型	山东、浙江、福建等沿海地区	Solonchaks	47	0.31
	酸性硫酸盐土 Acid sulphate soils	热带、南亚热带滨海低平原的海潮可及处，红树林残体形成的硫化物经氧化形成硫酸，土壤呈强酸性	海南、广东、广西、福建、台湾等	Solonchaks	36	<0.01
	漠境盐土 Desert solonchaks	极端干旱的漠境条件，含盐量通常在 100g/kg 以上	新疆、青海、甘肃等	Solonchaks	50	0.31
	寒原盐土 Frigid plateau solonchaks	青藏高寒地区退缩内陆湖盆、河间洼地	西藏	Solonchaks	88	0.10
	碱土 Solonetzes	碱化度（交换性钠占阳离子交换量百分比）大于 20%	零星分布于东北、华北、西北的内陆地区	Solonetz	50	0.06
人为土 Anthrosols	水稻土 Paddy soils	长期季节性淹灌、排水，水下翻耕，氧化还原交替，形成多种发生层分异：淹育层 Aa、犁底层 Ap、渗育层 P、潴育层 W 与潜育层 G	全国各地，以四川、江西、湖南等地面积为大	Anthrosols	83	4.93
	灌淤土 Irrigated warped soils	引用高泥沙含量灌溉水淤灌，加厚土层大于 50cm	新疆、宁夏、甘肃、河北、青海、西藏等	Anthrosols	70	0.22

续表

土纲名[1]	土类名[2]	主要成土条件及特征[3]	分布区域	WRB 土组名[4]	MR[5]/%	百分比[6]/%
人为土 Anthrosols	灌漠土 Irrigated desert soils	干旱荒漠地区，坎儿井水长期耕灌	新疆、甘肃、宁夏、青海等地的荒漠绿洲地带	Anthrosols	68	0.12
高山土 Alpine soils	草毡土 Felty soils	高寒区平缓高原面上，强度生草腐殖质累积与弱度氧化还原形成草毡层	青海、西藏、四川、新疆等	Cambisols	69	5.46
	黑毡土 Dark felty soils	高寒区略较温湿的原面上，草毡层初步分解，色泽较暗，有机质含量较高	西藏、四川、新疆、甘肃等	Cambisols	61	2.73
	寒钙土 Frigid calcic soils	高寒半干旱区，弱度腐殖质累积，底层积钙	西藏、青海、新疆、甘肃等	Calcisols	70	7.88
	冷钙土 Cold calcic soils	高寒区冷凉半干旱原面下，具弱腐殖质累积与钙积特征	新疆、西藏、甘肃等	Cambisols	45	1.43
	冷棕钙土 Cold brown calcic soils	高寒区温凉的半干旱河谷处，土壤弱腐殖质累积，弱度淋溶与积钙	西藏	Cambisols	67	0.09
	寒漠土 Frigid desert soils	高寒干旱条件下成土	青藏高原西北部海拔4000m 以上地区，涉及新疆、四川、西藏、青海等	Cryosols	87	0.29
	冷漠土 Cold desert soils	亚高山冷凉干旱条件下成土	西藏海拔4500m 以下的湖盆、河谷及山地中下部	Cambisols	42	0.03
	寒冻土 Frigid frozen soils	高山冰川冰缘地带条件下，以物理风化为主	青藏高原冰缘地区，涉及新疆、西藏、甘肃等	Leptosols	100	3.23

注：1）中国土壤分类系统中土纲名及土纲英译名。
2）中国土壤分类系统中土类名及土类英译名。
3）本栏所用土层及后缀代码释义。
  自然土壤：A 表土层，As 草根层、草毡层，A_2 灰化层，B 母质特征消失的表下层，C 受成土作用影响小的母质层，D 未受成土作用影响的碎屑层，R 坚硬岩石层，E 漂白层、白浆层，H 泥炭状有机质层，Hi 纤维状泥炭层，He 半分解泥炭层，O 凋落物有机质层。
  旱地土壤：A_{11} 旱耕层，A_{12} 亚耕层，C_1 心土层，C_2 底土层。
  水田土壤：Aa 耕作层（淹育层），Ap 犁底层（淹育层），P 渗育层，W 潴育层，G 潜育层，Gw 脱潜层，M 腐泥层。
  土层后缀代码：d 漂灰特征，c 铁结核或硬结核，f 冰冻特征，h 有机质淀积，k 石灰聚积，n 碱化特征，q 硅聚积，t 黏粒淀积，v 网纹特征，x 脆盘，z 易溶盐聚积，su 硫化物聚积，b 埋藏或重叠，e 漂洗特征，g 潜育特征，i 弱分解有机质，m 胶结或固结，p 人工扰动，s 三氧化二物聚积，u 锈色斑纹，w 色泽或结构发育，y 石膏聚积，mo 铁锰胶膜。
4）世界土壤资源参比基础（world reference base for soil resources，WRB）工作组发布土组名，WRB 土组划分原则与中国土壤分类系统中土纲接近。
5）WRB 土组对中国土壤分类系统中各土类的最大可参比性（maximum referencibility，MR）。
6）该土类面积占各土类总面积的百分比。

附录 5 江西省主要土壤类型表

土纲名[1]	土类名[2]	WRB 土组名[3]	MR[4]/%	百分比[5]/%
铁铝土纲 Ferrallisols	红壤 Red soils	Cambisols	35	67.3
	黄壤 Yellow soils	Cambisols	45	3.0
淋溶土纲 Alfisols	黄棕壤 Yellow-brown soils	Cambisols	39	0.4
	黄褐土 Yellow-cinnamon soils	Luvisols	58	0.4
初育土 Amorphic soils	新积土 Neo-alluvial soils	Fluvisols	51	0.1
	石灰（岩）土 Limestone soils	Cambisols	80	1.8
	火山灰土 Volcanic ash soils	Andosols	53	0.1
	紫色土 Purplish soils	Cambisols	68	1.2
	粗骨土 Skeletal soils	Regosols	93	0.2
半水成土 Semi-aqueous soils	潮土 Fluvo-aquic soils	Cambisols	85	1.3
	山地草甸土 Mountain meadow soils	Cambisols	60	0.1
人为土 Anthrosols	水稻土 Paddy soils	Anthrosols	83	21.7

注：1）中国土壤分类系统中土纲名及土纲英译名。
2）中国土壤分类系统中土类名及土类英译名。
3）世界土壤资源参比基础（world reference base for soil resources, WRB）工作组发布土组名，WRB 土组划分原则与中国土壤分类系统中土纲接近。
4）WRB 土组对中国土壤分类系统中各土类的最大可参比性（maximum referencibility, MR）。
5）该土类占江西省省域面积百分比，土类面积不足本省省域面积 0.05% 的土类未列入本表。

附录6 分省土壤有机质含量图有机质含量分级图例

图例	分级序号	色码（CMYK）	色码（RGB）	图例	分级序号	色码（CMYK）	色码（RGB）
	1	2, 2, 17, 0	255, 255, 220		8	38, 0, 74, 0	157, 218, 104
	2	4, 1, 35, 0	248, 255, 190		9	42, 0, 80, 0	146, 210, 90
	3	8, 0, 47, 0	238, 255, 165		10	48, 1, 85, 0	132, 200, 80
	4	17, 0, 53, 0	220, 249, 150		11	52, 4, 89, 1	123, 190, 70
	5	23, 0, 60, 0	203, 242, 135		12	54, 11, 94, 3	115, 175, 55
	6	28, 0, 62, 0	185, 235, 130		13	61, 18, 98, 7	92, 158, 37
	7	34, 0, 68, 0	169, 225, 118		14	64, 24, 100, 15	70, 138, 20

附录7　江西省典型剖面0—20cm土层土壤理化性状中位数与平均数

土壤理化性状[1]	江西省[2]			长江中下游地区[3]			全国[4]		
	中位数	平均数	样本量*	中位数	平均数	样本量*	中位数	平均数	样本量*
有机质/(g/kg)	23.6	25.1	3121	21.8	24.5	14080	18.6	25.4	53243
pH	5.6	5.7	2808	6.2	6.4	15420	6.8	6.8	54014
全氮/(g/kg)	1.25	1.53	3019	1.24	1.43	12673	1.06	1.37	49409
全磷/(g/kg)	0.69	0.80	2968	0.63	0.77	13785	0.60	0.78	50185
全钾/(g/kg)	15.5	15.7	473	18.3	19.0	8703	18.0	17.5	29736
碱解氮/(mg/kg)	102	108	749	100	106	3304	90	114	19316
有效磷/(mg/kg)	4.2	6.2	755	4.5	7.6	6195	4.4	7.5	23100
速效钾/(mg/kg)	54	65	698	80	94	6215	90	110	23841
阳离子交换量/(cmol/kg)	5.9	8.3	101	13.0	14.2	5482	13.1	14.8	22361

注：1）土壤全氮、全磷、全钾、碱解氮、有效磷、速效钾含量均以氮、磷、钾纯养分量计。
2）本卷收录的江西省典型土壤剖面共计4453个。通过对剖面数据的土层厚度转换，附录7给出了这些典型剖面0—20cm土层土壤理化性状中位数与平均数。全国第二次土壤普查剖面采样为典型土类采样，而非网格化采样。0—20cm土层土壤理化性状中位数与平均数不代表本省土壤理化性状平均状况。但全国第二次土壤普查是我国最早的大样本量调查，附录7所示的0—20cm土层土壤理化性状中位数与平均数对了解江西省20世纪80年代土壤肥力性状量化指标具有一定参考价值。
3）长江中下游地区包括上海、江苏、浙江、江西、安徽、湖北和湖南7个省、直辖市，本数据集收录该地区的剖面共计18326个。
4）本数据集全集收录的剖面共计63792个。
* 样本量的单位为"个"。

附录 8　江西省主要土地利用类型 0—30cm 土层土壤有机质含量[1]

土地利用类型	江西省		长江中下游地区[2]		全国	
	占省域面积百分比 /%[3]	有机质 / (g/kg)	占地域面积百分比 /%	有机质 / (g/kg)	占地域面积百分比 /%	有机质 / (g/kg)
耕地	16.30	22.26	24.22	18.65	13.52	18.65
园地	3.43	20.07	3.63	19.48	2.13	16.68
林地	62.38	23.34	47.41	22.81	30.04	26.96
草地	0.53	23.57	0.59	20.37	27.97	19.18
湿地	0.17	23.64	1.12	19.51	2.48	17.56

注：1）各土地利用类型 0—30cm 土层土壤有机质含量由本卷编制的江西省土壤有机质含量图和自然资源部土地科学数据中心编制的 2019 年 1∶100 万比例尺全国土地利用缩编图通过叠加、计算生成。其中，耕地包括水田、水浇地和旱地；园地包括果园、茶园和其他园地；林地包括有林地、灌木林地和其他林地；草地包括天然牧草地、人工牧草地和其他草地；湿地包括沼泽地、沿海滩涂和内陆滩涂。
2）长江中下游地区包括上海、江苏、浙江、江西、安徽、湖北和湖南 7 个省、直辖市。
3）土地利用类型占省域面积百分比根据第三次全国国土调查发布的 2019 年土地利用现状分类面积汇总数据计算生成。

附录 9 江西省耕地、园地、林地和草地中主要土壤类型占比[1]

江西省									长江中下游地区[2]									全国								
耕地		园地		林地		草地		耕地		园地		林地		草地		耕地		园地		林地		草地	
土类名	占比/%	土类名	占比/%	土类名	占比/%	土类名	占比/%	土类名	占比/%	土类名	占比/%	土类名	占比/%	土类名	占比/%	土类名	占比/%	土类名	占比/%	土类名	占比/%	土类名	占比/%
水稻土	54.1	红壤	73.8	红壤	81.7	水稻土	30.8	水稻土	45.9	红壤	38.4	红壤	47.6	滨海盐土	23.5	水稻土	14.9	水稻土	14.3	红壤	16.7	棕钙土	21.8
红壤	38.8	水稻土	21.5	水稻土	9.4	山地草甸土	27.8	潮土	17.0	水稻土	29.0	黄棕壤	13.3	水稻土	23.3	潮土	14.3	红壤	13.1	暗棕壤	10.3	草毡土	14.4
紫色土	2.0	紫色土	2.8	黄壤	4.5	黄棕壤	11.9	红壤	12.7	紫色土	8.3	水稻土	10.6	红壤	11.3	草甸土	9.1	砖红壤	11.5	黄壤	7.0	栗钙土	9.7
潮土	1.8	潮土	1.0	石灰(岩)土	2.3	潮土	11.6	砂姜黑土	7.1	潮土	7.8	黄壤	9.6	黄棕壤	10.6	褐土	6.1	褐土	10.5	黄棕壤	6.3	棕钙土	7.4
黄褐土	1.1	石灰(岩)土	0.3	紫色土	0.9	红壤	9.4	黄褐土	5.3	黄棕壤	5.4	石灰(岩)土	6.3	石灰(岩)土	9.5	紫色土	4.8	赤红壤	9.6	棕壤	5.8	黄冻土	5.3
石灰(岩)土	1.0	黄壤	0.1	黄棕壤	0.5	黄壤	6.3	黄棕壤	2.7	粗骨土	3.0	粗骨土	5.0	黄壤	7.0	红壤	4.7	紫色土	5.6	赤红壤	5.1	风沙土	4.8
粗骨土	0.2	火山灰土	0.1	粗骨土	0.2			紫色土	2.6	紫色土	2.9	紫色土	3.9	潮土	4.3	黑土	3.4	粗骨土	5.0	褐土	4.6	灰棕漠土	4.4
火山灰土	0.1	黄褐土	0.1	黄褐土	0.1			滨海盐土	2.0	黄壤	2.1	棕壤	1.4	山地草甸土	2.0	黑钙土	3.2	潮土	4.8	紫色土	4.5	黑钙土	4.0
合计	99.1	合计	99.7	合计	99.6	合计	97.8	合计	95.3	合计	96.9	合计	97.7	合计	91.5	合计	60.5	合计	74.4	合计	60.3	合计	71.7

注: 1) 耕地、园地、林地和草地中主要土壤类型占比由本卷编制的江西省土壤图和自然资源部土地科学数据中心编制的 2019 年 1:100 万比例尺全国土地利用编图通过叠加、计算生成。其中,耕地包括水田、水浇地和旱地; 园地包括果园、茶园和其他园地; 林地包括有林地、灌木林地和其他林地; 草地包括天然牧草地、人工牧草地和其他草地。当省、自治区、直辖市中某土地利用类型所含土壤类型较多时, 本表仅列出占比较大的土壤类型。
2) 长江中下游地区包括上海、江苏、浙江、江西、安徽、湖北和湖南 7 个省、直辖市。

附录 10 《中国土壤剖面数据集》参编单位

国家科技基础性工作专项重点项目"我国 1∶5 万土壤图籍编撰及高精度数字土壤构建"主持与参加单位	
中国农业科学院农业资源与农业区划研究所	湖南农业大学
中国科学院南京土壤研究所	西北农林科技大学
中国农业科学院农业环境与可持续发展研究所	沈阳大学
中国科学院地理科学与资源研究所	山东省国土测绘院
国家基础地理信息中心	辽宁省基础测绘院
全国农业技术推广服务中心	黑龙江省农业科学院土壤肥料与环境资源研究所
中国农业大学	海南省农业科学院
华中农业大学	上海市农业科学院生态环境保护研究所
中国地质大学(北京)	城信迪赛(北京)科技有限公司
参加数据集各分卷审核和修订工作的单位	
北京市农林科学院植物营养与资源研究所	广西农业科学院农业资源与环境研究所
河北省农林科学院农业资源环境研究所	重庆市农业技术推广总站
山西省农业科学院农业环境与资源研究所	贵州省农业科学院土壤肥料研究所
辽宁省农业科学院植物营养与环境资源研究所	云南省农业科学院农业环境资源研究所
吉林省农业科学院农业资源与环境研究所	甘肃省农业科学院土壤肥料与节水农业研究所
江苏省农业科学院农业资源与环境研究所	青海省农林科学院土壤肥料研究所
福建省农业科学院	宁夏农林科学院农业资源与环境研究所
江西省土壤肥料技术推广站	新疆农业科学院土壤肥料与农业节水研究所
山东省农业科学院农业资源与环境研究所	西藏自治区农牧科学院
湖南省土壤肥料研究所	

续表

参加分县大比例尺纸质土壤图与土种志收集的单位	
北京市耕地建设保护中心	福建省农田建设与土壤肥料技术总站
天津市农田建设管理处	山东省土壤肥料总站
河北省土壤肥料总站	河南省土壤肥料站
山西省耕地质量监测保护中心	湖北省耕地质量与肥料工作总站（湖北省土壤肥料调查测试中心）
内蒙古自治区土壤肥料和节水农业工作站	湖南省土壤肥料工作站
辽宁省土壤肥料总站	广东省农业科学院农业资源与环境研究所
吉林省土壤肥料总站	河池市土壤肥料工作站
黑龙江八一农垦大学	成都土壤肥料测试中心
上海市农业技术推广服务中心	云南省土壤肥料工作站
江苏省农业科学院	陕西省耕地质量与农业环境保护工作站
扬州市土壤肥料站	甘肃省耕地质量建设保护总站
安徽省土壤肥料总站	

注：表中各参编单位仅出现一次，参与多项工作的单位不重复列出。

参考文献

[1] 张维理，徐爱国，张认连，等.土壤分类研究回顾与中国土壤分类系统的修编［J］.中国农业科学，2014，47（16）：3214-3230.

[2] 张维理，KOLBE H，张认连，等.世界主要国家土壤调查工作回顾［J］.中国农业科学，2022，55（18）：3565-3583.

[3] MCBRATNEY A B, MENDONÇA SANTOS M L, MINASNY B. On digital soil mapping［J］. Geoderma, 2003（117）: 3-52.

[4] USDA. Natural Resources Conservation Service［EB/OL］. Soils National Soil Information System（NASIS）［2021-12-01］. http://www.nrcs.usda.gov/wps/portal/ nrcs/detail/soils/survey/cid=nrcs142p2_053552.

[5] CSIRO Land and Water. Australian Soil Resource Information System（ASRIS）［EB/OL］.［2021-12-01］. http://www.asris.csiro.au/asris.

[6] European Soil Data Centre［EB/OL］.［2021-12-01］. http://eusoils.jrc.ec.europa.eu/.

[7] 全国土壤普查办公室.全国第二次土壤普查暂行技术规程［M］.北京：农业出版社，1979.

[8] 张维理，张认连，徐爱国，等.中国1∶5万比例尺数字土壤的构建［J］.中国农业科学，2014，47（16）：3195-3213.

[9] 张维理，傅伯杰，徐爱国，等.中国土壤调查结果的地统计特征［J］.中国农业科学，2022，55（13）：2572-2583.

[10] 张维理.海量空间数据提取、整合与制图表达方法概要［J］.中国农业科学，2014，47（16）：3231-3249.

[11] 张维理.智能化海量空间信息分析与地图制图软件包IMAT设计及构建［J］.中国农业科学，2014，47（16）：3250-3263.

[12]《第一次全国地理国情普查地图集》编纂委员会.第一次全国地理国情普查地图集［M］.北京：中国地图出版社，2019.

[13] 中国地图出版社.中国地图集［M］.3版.北京：中国地图出版社，2022.

[14] 全国土壤质量标准化技术委员会.土壤制图 1∶25 000 1∶50 000 1∶100 000中国土壤图用色和图例规范：GB/T 36501—2018［S］.北京：中国标准出版社，2018.

[15] 张维理，KOLBE H，张认连.土壤有机碳作用及转化机制研究进展［J］.中国农业科学，2020，53（2）：317-331.

[16] 周北燕，石家星.中国地形图［M］.北京：中国地图出版社，2009.

[17]《中华人民共和国气候图集》编委会.中华人民共和国气候图集［M］.北京：气象出版社，2002.

[18] 中国标准化与信息分类编码研究所，全国农业技术推广服务中心.中国土壤分类与代码：GB/T 17296—1998［S］.

[19] 中国标准研究中心.中国土壤分类与代码：GB/T 17296—2000［S］.

[20] 全国信息分类编码标准化技术委员会.中国土壤分类与代码：GB/T 17296—2009［S］.北京：中国标准出版社，2009.

[21] ISSS, ISRIC, FAO. World Reference Base for Soil Resources. Wageningen/Rome, 1998.

[22] SHI X Z, YU D S, XU S X, et al. Cross-reference for relating Genetic Soil Classification of China with WRB at different scales [J]. Geoderma, 2010 (155): 344-350.

[23] 全国土壤普查办公室. 中国土种志 第一卷 [M]. 北京：中国农业出版社，1993.

[24] 全国土壤普查办公室. 中国土种志 第二卷 [M]. 北京：中国农业出版社，1994.

[25] 全国土壤普查办公室. 中国土种志 第三卷 [M]. 北京：中国农业出版社，1994.

[26] 全国土壤普查办公室. 中国土种志 第四卷 [M]. 北京：中国农业出版社，1995.

[27] 全国土壤普查办公室. 中国土种志 第五卷 [M]. 北京：中国农业出版社，1995.

[28] 全国土壤普查办公室. 中国土种志 第六卷 [M]. 北京：中国农业出版社，1996.

[29] 全国土壤普查办公室. 中国土壤 [M]. 北京：中国农业出版社，1998.